MANUAL DE METODOLOGIA QUANTITATIVA PARA AS CIÊNCIAS SOCIAIS

Dados Internacionais de Catalogação na Publicação (CIP)
(Câmara Brasileira do Livro, SP, Brasil)

Kaplan, David
  Manual de metodologia quantitativa para as ciências sociais / David Kaplan ; tradução de Ricardo A. Rosenbusch. – Petrópolis, RJ : Vozes, 2024.

  Título original: The Sage handbook of quantitative methodology for the social sciences
  ISBN 978-65-5713-410-8

  1. Ciências sociais 2. Estatística 3. Pesquisa – Metodologia 4. Pesquisa qualitativa I. Título.

22-98801   CDD-121

Índices para catálogo sistemático:
1. Ciências sociais : Metodologia 121
Aline Graziele Benitez – Bibliotecária – CRB-1/3129

David Kaplan

MANUAL DE METODOLOGIA QUANTITATIVA PARA AS CIÊNCIAS SOCIAIS

TRADUÇÃO DE
Ricardo A. Rosenbusch

EDITORA VOZES

Petrópolis

© 2004 by Sage Publications, Inc.

Tradução do original em inglês intitulado *The Sage handbook of quantitative methodology for the social sciences*

Direitos de publicação em língua portuguesa – Brasil:
2022, Editora Vozes Ltda.
Rua Frei Luís, 100
25689-900 Petrópolis, RJ
www.vozes.com.br
Brasil

Todos os direitos reservados. Nenhuma parte desta obra poderá ser reproduzida ou transmitida por qualquer forma e/ou quaisquer meios (eletrônico ou mecânico, incluindo fotocópia e gravação) ou arquivada em qualquer sistema ou banco de dados sem permissão escrita da editora.

CONSELHO EDITORIAL

Diretor
Volney J. Berkenbrock

Editores
Aline dos Santos Carneiro
Edrian Josué Pasini
Marilac Loraine Oleniki
Welder Lancieri Marchini

Conselheiros
Elói Dionísio Piva
Francisco Morás
Gilberto Gonçalves Garcia
Ludovico Garmus
Teobaldo Heidemann

Secretário executivo
Leonardo A.R.T. dos Santos

Editoração: Rafaela Milara
Diagramação: Victor Mauricio Bello
Revisão gráfica: Heloisa Brown
Capa: WM Design

ISBN 978-65-5713-410-8 (Brasil)
ISBN 0-7619-2359-4 (Estados Unidos, Reino Unido e Nova Délhi)

Este livro foi composto e impresso pela Editora Vozes Ltda.

Para Allison, Rebekah e Hannah

Sumário

Prefácio	ix
Agradecimentos	xiii

Seção I – Escalonamento

1 Escalonamento duplo — 3
Shizuhiko Nishisato

2 Escalonamento multidimensional e desdobramento de relações de proximidade simétricas e assimétricas — 27
Willem J. Heiser e Frank M. T. A. Busing

3 Análise de componentes principais com transformações de escalonamento ótimo não linear para dados ordinais e nominais — 53
Jacqueline J. Meulman, Anita J. Van der Kooij e Willem J. Heiser

Seção II – Teste e medição

4 Modelagem responsável de dados de medição para inferências adequadas: avanços importantes em teoria da confiabilidade e da validez — 79
Bruno D. Zumbo e André A. Rupp

5 Modelagem de testes — 103
Ratna Nandakumar e Terry Ackerman

6 Análise do funcionamento diferencial de itens: detecção de itens DIF e teste de hipóteses DIF — 119
Louis A. Roussos e William Stout

7 Entendendo o teste adaptável computadorizado: de Robbins-Monro a Lord e mais além — 129
Hua-Hua Chang

Seção III – Modelos para dados categóricos

8 Tendências em análise de dados categóricos: ideias novas, seminovas e recicladas — 151
David Rindskopf

9 Modelos de regressão ordinal — 167
Valen E. Johnson e James H. Albert

10 Modelos de classe latente — 195
Jay Magidson e Jeroen K. Vermunt

11 Análise de sobrevivência de tempo discreto — 223
John B. Willett e Judith D. Singer

viii • Manual de metodologia quantitativa para as ciências sociais

Seção IV – Modelos para dados multiníveis

12 Uma introdução à modelagem de crescimento — 241
Donald Hedeker

13 Modelos multiníveis para pesquisa sobre eficácia escolar — 263
Russell W. Rumberger e Gregory J. Palardy

14 O uso de modelos hierárquicos ao analisar dados de experimentos e quase-experimentos realizados em campo — 291
Michael Seltzer

15 Metanálise — 317
Spyros Konstantopoulos e Larry V. Hedges

Seção V – Modelos para variáveis latentes

16 Determinação do número de fatores em análise exploratória e confirmatória — 339
Rick H. Hoyle e Jamieson L. Duvall

17 Projeto e análise experimentais, quase-experimentais e não experimentais com variáveis latentes — 357
Gregory R. Hancock

18 Aplicação de análise fatorial dinâmica em pesquisas de ciências comportamentais e sociais — 379
John R. Nesselroade e Peter C. M. Molenaar

19 Análise de variáveis latentes: modelagem de mistura de crescimentos e técnicas afins para dados longitudinais — 391
Bengt Muthén

Seção VI – Questões fundamentais

20 Modelagem probabilística com redes bayesianas — 421
Richard E. Neapolitan e Scott Morris

21 O ritual nulo: o que você sempre quis saber sobre testagem de significância, mas tinha medo de perguntar — 443
Gerd Gigerenzer, Stefan Krauss e Oliver Vitouch

22 Sobre exogeneidade — 465
David Kaplan

23 Objetividade na ciência e modelagem de equações estruturais, — 483
Stanley A. Mulaik

24 Inferência causal — 509
Peter Spirtes, Richard Scheines, Clark Glymour, Thomas Richardson e Christopher Meek

Índice onomástico — 545

Índice remissivo — 557

Sobre o editor — 569

Sobre os colaboradores — 571

PREFÁCIO

Este manual foi concebido como um meio para apresentar a especialistas em estatística aplicada, pesquisadores empíricos e alunos de pós-graduação a ampla gama de metodologias quantitativas de ponta nas ciências sociais. A metodologia quantitativa é uma área altamente especializada, e, como em qualquer área muito especializada, lidar com a linguagem idiossincrática pode ser um desafio, em especial quando os conceitos são expressos na linguagem da matemática e da estatística. Tendo esse desafio em mente, pediu-se aos autores participantes deste manual que escrevessem sobre suas áreas de conhecimento especializado de um modo que transmitisse ao leitor a utilidade de suas respectivas metodologias. Não se trataria de evitar a linguagem matemática em si, mas de, na medida do possível, acrescentar carne descritiva ao esqueleto matemático. A pertinência a problemas concretos nas ciências sociais teria de ser um ingrediente essencial de todos os capítulos. O objetivo era que um pesquisador que trabalhasse na área de – por exemplo – modelagem multinível pudesse ler o capítulo sobre – por exemplo – dupla escalagem e compreender as ideias básicas e os argumentos críticos para a utilidade do método. Na minha opinião, os autores desses capítulos atenderam às exigências de maneira admirável. Espero que vocês concordem e convido-os a mergulharem na ampla e profunda piscina da metodologia quantitativa em ciência social.

Este manual está organizado em torno de seis seções temáticas. A ordem das seções não é acidental. Na verdade, ela representa uma visão da progressão da metodologia quantitativa, começando com o escalonamento da experiência qualitativa, por meio das propriedades de testes e medições, seguindo para a aplicação de métodos estatísticos a medidas e escalas e fechando com amplos temas filosóficos que transcendem muitas das metodologias quantitativas aqui representadas.

A seção I trata do tema do escalonamento, isto é, da representação quantitativa de experiências qualitativas. Shizuhiko Nishisato abre essa seção com o escalonamento duplo. Ele começa afirmando que o principal objetivo da análise de dados é extrair tanta informação quanto possível das relações lineares e não lineares entre variáveis. O escalonamento duplo (também chamado de escalonamento ótimo) é um método para atingir esse objetivo atribuindo pesos espaçados ótimos a variáveis. Nishisato dá um exemplo interessante para mostrar se pesos de categoria de Likert são adequados para escalar dois objetos atitudinais. Depois, ele prossegue com exemplos de escalonamento duplo aplicado a dados de incidência e dominância, fornecendo muitos exemplos interessantes no percurso. O capítulo seguinte apresenta uma discussão de Willem Heiser e Frank Busing sobre escalonamento e desdobramento multidimensional de relações de proximidade simétrica e assimétrica. Os autores mostram que os métodos de escalonamento e desdobramento multidimensional proporcionam uma abordagem unificada para o estudo de sistemas relacionais completos. Esse capítulo está focado em métodos destinados, principalmente, as relações de proximidade, distintas das assim chamadas relações de dominância ou ordem, comumente encontradas em métodos estatísticos multivariados. A seção I termina com uma discussão sobre a análise de componentes principais com escalonamento ótimo não linear de dados nominais e ordinais, feita por Jacqueline Meulman, Anita Van der Kooij e Willen Heiser. Esses autores consideram o problema generalizado de escalas que têm unidades de medição arbitrárias, como um zero mal definido ou distâncias desiguais/desconhecidas entre pontos da categoria. Meulman e seus colegas mostram de que maneira se pode usar a análise de componentes principais categóricos para desenvolver valores quantitativos ótimos para escalas qualitativas.

Quando se prossegue a partir do escalonamento de experiências qualitativas, surge a pergunta a respeito das propriedades psicométricas dos instrumentos de medição. A seção II aborda avanços nessa área. No nível mais básico, há questões de confiabilidade e validez. Portanto essa seção começa com o capítulo de Bruno Zumbo e André Rupp, os quais situam os conceitos de confiabilidade e validez em seu contexto histórico, mas também apresentam um panorama geral das ideias modernas sobre a teoria da confiabilidade e da validez. Em vez de catalogarem todo método novo sob a rubrica geral de confiabilidade e validez, Zumbo e Rupp fornecem uma visão unificadora da confiabilidade e da validez por meio do prisma da modelagem estatística. Passando para ideias mais avançadas na análise de dados de resposta a item, Ratna Nandakumar e Terry Ackerman escrevem sobre o problema da modelagem de testes. O capítulo deles dá uma visão geral da modelagem de dados de testes, especificamente dentro do marco da teoria de resposta a item. Uma importante contribuição do capítulo de Nandakumar e Ackerman é a apresentação de um algoritmo para a escolha de um modelo adequado para dados de teste, além de um exemplo desse algoritmo usando dados simulados. Louis Roussos e William Stout oferecem uma análise de questões práticas e novas ideias em funcionamento diferencial de itens. Eles observam que, com uma legislação federal como a lei "Nenhuma criança fica para trás", a questão da equidade do teste é de enorme importância, e os métodos que avaliam o funcionamento diferencial de itens são cruciais para documentar essa equidade. Por fim, Hua-Hua Chang continua com avanços na área de teste adaptável computadorizado (CAT, na sigla em inglês). Dadas as bem documentadas realizações e vantagens do CAT sobre os testes feitos por escrito em papel, Chang centra sua atenção em questões e problemas do CAT, sobretudo nas questões de compatibilidade e segurança do teste.

Quanto à organização deste manual, as seções I e II são fundamentais para a modelagem estatística. O escalonamento de experiências qualitativas e o conhecimento das propriedades dos instrumentos de medição são passos iniciais necessários à interpretação de modelos estatísticos aplicados a dados resultantes do uso desses instrumentos. As três seções seguintes compõem-se de capítulos que detalham avanços em metodologia estatística moderna.

A seção III ocupa-se de modelos estatísticos para resultados categóricos. David Rindskopf apresenta um panorama das tendências recentes, bem como das recicladas, na análise de variáveis categóricas. Ele entende que um método é reciclado se, tendo sido desenvolvido muito antes, é ressuscitado num contexto mais geral do que o da ideia original. Rindskopf oferece, também, alguns métodos que são, para ele, candidatos à reciclagem. Segue-se um panorama dos modelos de regressão ordinal, de autoria de Valen Johnson e James Albert. Um exemplo especialmente interessante usado por esses autores trata da modelagem de notas dadas a redações de alunos – um problema muito importante para empresas de testes em grande escala. Em seguida, Jay Magidson e Jeroen Vermunt continuam com uma discussão sobre a análise de classe latente, na qual medições categóricas (dicotômicas) estão relacionadas a uma variável latente categórica. Magidson e Vermunt oferecem um tratamento formal do modelo fatorial de classe latente e uma discussão detalhada de modelos de regressão de classe latente. Eles mostram de que maneira o modelo para agrupamento de classe latente, como aplicado a variáveis contínuas, pode ser um avanço em comparação com métodos comuns de análise de agrupamentos. Partindo dos modelos de dados categóricos para estudos transversais, John Willett e Judith Singer abordam a análise de resultados ordinais em cenários longitudinais – concretamente, a análise de dados de sobrevivência de tempo discreto. De especial importância no capítulo de Willett e Singer é a parte em que discutem como os pesquisadores podem ser levados a engano quando usam métodos diferentes da análise de sobrevivência de tempo discreto para modelar a ocorrência de eventos.

Certamente, um dos mais importantes avanços recentes em metodologia quantitativa para as ciências sociais tem sido o advento de modelos para lidar com dados agrupados. Tais dados derivam, geralmente, do estudo de organizações sociais como as escolas, por exemplo. Entretanto a análise de mudanças individuais e os estudos metanalíticos também podem produzir dados agrupados. Os modelos para a análise de dados agrupados são o tema da seção IV. No nível mais básico está a análise de crescimento e mudança individuais. Donald Hedeker começa por oferecer uma introdução didática à análise de crescimento e mudança do ponto de vista da modelagem multinível, exemplificando ideias gerais com dados de um estudo longitudinal da resposta a antidepressivos tricíclicos em pacientes psiquiátricos que sofrem formas não endógenas e endógenas de depressão. Ao abordarem a aplicação de modelagem multinível a estudos organizacionais, Russell Rumberger e Gregory Palardy fornecem um amplo panorama da modelagem multinível aplicada ao estudo de efeitos da escola. O capítulo deles acompanha o leitor pelas muitas decisões que é preciso tomar a respeito de perguntas de pesquisa e qualidade de dados, sempre referindo essas preocupações a questões básicas concretas. O capítulo de Michael Seltzer aborda a extensão da modelagem multinível a projetos complexos de avaliação de programas. Esse capítulo é especialmente oportuno em razão da maior atenção dada à avaliação de intervenções sociais em cenários de campo experimentais e quase-experimentais. Finalmente, a metodologia de metanálise é discutida no capítulo escrito por Spyros Konstantopoulos e Larry Hedges. Os autores ressaltam que o termo *metanálise* costuma ser usado para se referir a toda a série de métodos de síntese de pesquisa, mas o capítulo deles tem como foco os métodos estatísticos de metanálise. Embora os autores forneçam uma descrição muito geral da metanálise, esse capítulo se insere, perfeitamente, na seção sobre modelagem multinível, na medida em que os modelos multinível oferecem um marco prático para estimar a variação entre estudos dos tamanhos de efeitos em nível de estudo.

A maior parte dos capítulos das seções III e IV ocupa-se da análise de resultados manifestos. Na seção V, a atenção se volta, especificamente, para a análise de variáveis inobservadas (isto é, latentes). O capítulo que abre essa seção é uma discussão de Rick Hoyle e Jamieson Duval sobre análise exploratória irrestrita de fatores. Além de apresentarem um exame das metodologias habitualmente utilizadas para determinar o número de fatores, Hoyle e Duval mostram que dois procedimentos de uso comum resultam em conclusões incorretas quanto ao número de fatores. Em seguida, temos a visão de Gregory Hancock sobre modelos de variável latente para projetos quase-experimentais, experimentais e não experimentais. Hancock tem como foco, especificamente, a utilidade da análise de meio estruturado e da análise de modelagem de múltiplos indicadores e múltiplas causas (MIMIC, na sigla em inglês) para eliminar problemas de erro de medição do teste de hipóteses em estudos projetados. Deixando os modelos de variável latente para dados transversais, voltamonos para o método de análise de fator dinâmico abordado no capítulo de John Nesselroade e Peter Molenaar. Esse capítulo se concentra no exame da história dos enfoques de análise de fatores para dados de séries cronológicas e apresenta novos avanços que visam aperfeiçoar aplicações de análise de fator dinâmico à pesquisa em ciências sociais e comportamentais. Fecha a seção o capítulo de Bengt Muthén sobre modelagem de mistura de crescimentos, em que se combinam, habilmente, diversas metodologias discutidas nas seções IV e V, incluindo modelagem multinível, modelagem de curva de crescimento, análise de classe latente e modelagem de sobrevivência em tempo discreto.

Ao ponderar o conteúdo deste manual, considerei importante fornecer ao leitor uma análise de algumas das principais questões filosóficas subjacentes ao uso de metodologia quantitativa. Assim, a seção VI cobre diversos assuntos fundamentais mais ou menos aplicáveis a todas as metodologias abordadas neste manual. Essa seção começa com um capítulo de Richard Neapolitan e Scott Morris que se ocupa da modelagem probabilística com redes bayesianas. Em seu capítulo, Neapolitan e Morris fornecem, primeiro, um contexto filosófico, ao comparar o enfoque frequentista de Von Mises com o enfoque de probabilidade subjetiva/bayesiano mais estreitamente associado com Lindley. Dali, eles vão para os modelos de redes bayesianas, também denominados modelos de grafos dirigidos acíclicos (DAG, na sigla em inglês). Segue-se ao capítulo de Neapolitan e Morris uma interessante crítica de Gerd Gigerenzer, Stefan Krauss e Oliver Vitouch ao "ritual da hipótese nula". Nesse capítulo, Gigerenzer, Krauss e Vitouch defendem, de forma convincente, a reconsideração dos aspectos rituais do teste de hipótese nula, que passa a ser considerado como uma entre muitas ferramentas de pesquisa empírica. Minha contribuição para as perspectivas apresentadas no manual ocupa-se do problema de se definir e testar a exogeneidade. Analiso o problema da exogeneidade a partir da perspectiva econométrica, ressaltando problemas de definições *ad hoc* de exogeneidade que achamos com frequência em livros-texto de estatística aplicada, e aponto critérios estatísticos que distinguem entre três tipos de exogeneidade estatística. Em seguida, Stanley Mulaik discute sobre objetividade na ciência e modelagem de equações estruturais. Ao situar o problema da objetividade na obra de Emanuel Kant, o capítulo de Mulaik oferece um amplo exame do modo pelo qual diversas metáforas da teoria da percepção de objetos subjazem à prática da modelagem de equações estruturais e de como recentes avanços nas ciências cognitivas proporcionam uma ampliação das ideias de Kant. Finalmente, o manual termina com uma pormenorizada discussão sobre inferência causal escrita por Peter Spirtes, Richard Scheines, Clark Glymour, Thomas Richardson e Chris Meek. Esses autores analisam, em profundidade, questões como a diferença entre um modelo causal e um modelo estatístico, os limites teóricos da inferência causal e a confiabilidade de certos métodos de inferência causal habitualmente utilizados em ciências sociais.

AGRADECIMENTOS

Este manual é o resultado de uma conversa que tive com minha amiga C. Deborah Laughton num almoço por ocasião da reunião anual da American Educational Research Association, em 2000.

O incentivo de Deborah ao longo de todas as etapas deste projeto foi essencial para me ajudar a manter o senso de perspectiva e o humor. Não é exagero dizer que este livro não teria sido possível sem o apoio e a amizade de Deborah.

Em seguida, gostaria de agradecer aos editores das seções: Rick Hoyle, Ratna Nandakumar, Stanley Mulaik, Shizuhiko Nishisato, David Rindskopf e Michael Seltzer. Contei com a ajuda desses prestigiosos acadêmicos para compreender os capítulos que estavam fora da minha área de conhecimento e para manter o adequado equilíbrio entre exaustividade e legibilidade que procurei alcançar neste manual.

Gostaria, também, de agradecer à equipe da Sage Publications: Gillian Dickens, Claudia Hoffman, Alison Mudditt, Benjamin Penner e Lisa Cuevas Shaw, cujo profissionalismo editorial evidencia-se do início ao fim deste manual. Finalmente, quero agradecer a Laura Dougherty, Doug Archbald, Chris Clark, Andrew Walpole e "Moose", que talvez não façam ideia do quanto nossos interlúdios musicais ajudaram a me manter são ao longo deste projeto.

Seção I

ESCALONAMENTO

Capítulo 1

ESCALONAMENTO DUPLO

SHIZUHIKO NISHISATO[1]

1.1 POR QUE ESCALONAMENTO DUPLO?

Cursos introdutórios e intermédios de estatística baseiam-se quase exclusivamente nos seguintes pressupostos: (a) os dados são contínuos, (b) são uma amostra aleatória extraída de uma população e (c) a distribuição da população é normal. Nas ciências sociais, é muito raro nossos dados satisfazerem esses pressupostos. Mesmo se conseguirmos usar um método de amostragem aleatória, os dados podem não ser contínuos, mas qualitativos, e, nesse caso, o pressuposto da distribuição normal torna-se irrelevante. Então o que podemos fazer com nossos dados? O escalonamento duplo oferecerá uma resposta a essa pergunta como alternativa razoável.

O mais importante, todavia, é o fato de a análise estatística tradicional ser geralmente o que chamamos de *análise linear*, que é uma consequência natural quando se usam variáveis contínuas, para as quais foram desenvolvidos procedimentos estatísticos tradicionais, como a análise de variância, a análise de regressão, a análise de componentes principais e a análise de fatores. Na análise de componentes principais tradicional, por exemplo, podemos investigar um fenômeno linear como "a pressão sanguínea aumenta conforme a pessoa envelhece", ao passo que deixamos de captar um fenômeno não linear como "as enxaquecas ocorrem com maior frequência quando a pressão sanguínea é muito baixa ou muito alta". Quando examinamos possíveis formas de relações entre duas variáveis, percebemos que a maioria das relações é não linear e que não é conveniente restringirmos a nossa atenção apenas à relação linear. O escalonamento duplo capta relações lineares e não lineares entre variáveis, sem modelar as formas de relações para análise.

O escalonamento duplo também é chamado de "escalonamento ótimo" (BOCK, 1960) porque todas as formas de relações entre variáveis são captadas mediante categorias de variáveis otimamente espaçadas. O principal propósito da análise de dados consiste em delinear relações entre variáveis, lineares ou não lineares, ou, de modo mais geral, em extrair dos dados tanta informação quanto possível. Perceberemos que o escalonamento duplo é um ótimo método para extrair uma máxima quantidade de informação de dados categóricos multivariados. Veremos, depois, que o escalonamento duplo pode ser eficazmente aplicado a muitos tipos de dados psicológicos, como dados de ob-

---

1. Nota do autor: Esta obra contou com o apoio do Conselho de Pesquisa em Ciências Naturais e Engenharia do Canadá. O ensaio foi escrito enquanto o autor era professor visitante na Escola de Administração de Empresas da Universidade Kwansei Gakuin, em Nishinomiya, Japão.

4 • SEÇÃO I / ESCALONAMENTO

servação, formulários de avaliação de professores, dados de atitude/aptidão, dados clínicos e todos os tipos de dados colhidos em questionários. Este capítulo contém um pacote mínimo de informação sobre todos os aspectos do escalonamento duplo.

1.2 ANTECEDENTES HISTÓRICOS

1.2.1 Alicerces matemáticos nos primeiros tempos

Duas grandes contribuições do passado para a área são (a) a teoria algébrica do *autovalor*, devida ao pioneirismo de matemáticos (por exemplo, Euler, Cauchy, Jacobi, Cayley e Sylvester) no século XVIII, e a teoria da *decomposição em valores singulares* (SVD), de Beltrami (1873), Jordan (1874) e Schmidt (1907).

A decomposição em autovalores (EVD) tinha como objetivo a decomposição ortogonal de uma matriz quadrada, posta em prática como análise de componentes principais (Hotelling, 1933; PEARSON, 1901). A SVD destinava-se à decomposição ortogonal conjunta da estrutura de linhas e da estrutura de colunas de qualquer matriz retangular e reapareceu muito tempo depois no escalonamento métrico multidimensional como *decomposição de Eckart-Young* (Eckart e Young, 1936). Tanto a EVD quanto a SVD baseiam-se na ideia do hiperespaço principal, isto é, no espaço descrito em termos de eixos principais.

1.2.2 Pioneiros no século XX

Com esses precursores, Richardson e Kuder (1933) apresentaram a ideia daquilo que Horst (1935) chamou de *método de médias recíprocas* (MRA) para a análise de dados de múltipla escolha. Hirschfeld (1935) forneceu uma formulação para ponderar linhas e colunas de uma tabela de duas vias, de tal forma que a regressão de linhas em colunas e a de colunas em linhas pudessem ser simultaneamente lineares, o que Lingoes (1964) chamou depois de *regressões lineares simultâneas*. Fisher (1940) considerou a análise discriminante de dados numa tabela de contingência, na qual ele também sugeriu o algoritmo de MRA. As contribuições mais importantes nos primeiros tempos foram a de Guttman (1941), por sua detalhada formulação para

o escalonamento de dados de múltipla escolha, e a de Maung (1941), por elaborar o método de pontuação de Fisher para tabelas de contingência. Guttman (1946) ainda estendeu seu enfoque de consistência interna a dados de ordem hierárquica e comparação em pares. Assim, sólidos alicerces foram lançados em 1946.

1.2.3 Período de redescobertas e posteriores desenvolvimentos

Podemos listar Mosier (1946), Fisher (1948), Johnson (1950), Hayashi (1950, 1952), Bartlett (1951), Williams (1952), Bock (1956, 1960), Lancaster (1958), Lord (1958), Torgerson (1958) e muitos outros contribuintes. Houve, entre outros, quatro grupos principais de pesquisadores: a escola Hayashi, no Japão, desde 1950; a escola Benzécri, na França, desde o início da década de 1960; o grupo de Leiden, na Holanda, desde fins dessa mesma década; e o grupo de Toronto, no Canadá, também desde o fim dos anos 1960.

Em razão de seu especial atrativo para pesquisadores de diversos países e diferentes disciplinas, o método ganhou muitos cognomes, em geral como resultado de redescobertas de essencialmente a mesma técnica. Entre outros, método de médias recíprocas (Horst, 1935; Richardson; Kuder, 1933), regressões lineares simultâneas (Hirschfelkd, 1935; Lingoes, 1964), pontuação apropriada e pontuação aditiva (Fisher, 1948), análise de componentes principais de dados categóricos (Torgerson, 1958), escalonamento ótimo (Bock, 1960), análise de correspondência (Benzécri, 1969; Escofier-Cordier, 1969), *biplot* (Gabriel, 1971), análise canônica de dados categóricos (De Leeuw, 1973), cálculo da média recíproca (Hill, 1973), escalonamento de conteúdo básico de estrutura (Jackson; Helmes, 1979), escalonamento duplo (Nishisato, 1980), análise de homogeneidade (Gifi, 1980), escalonamento de centroide (Noma, 1982), análise estatística descritiva multivariada (Lebart; Morineau; Warwick, 1984), análise multivariada não linear (Gifi, 1990) e *biplot* não linear (Gower; Hand, 1996). Uma vez que todos se baseiam na decomposição de valores singulares de dados categóricos, esses métodos são matematicamente idênticos ou não muito diferentes uns dos outros.

1.2.4 Escalonamento duplo

O nome *escalonamento duplo* (DS) foi cunhado por Nishisato (1980) como resultado da discussão no simpósio sobre escalonamento ótimo realizado em 1976, durante a reunião anual da Sociedade Psicométrica em Murray Hill, Nova Jersey (cf. Nishisato; Nishisato, 1994a). Com anuência geral dos participantes, ele adotou-o no título de seu livro de 1980. Franke (1985) afirma que "usa o termo de Nishisato por sua generalidade e porque não é ambíguo" (p. 63).

Sob o nome *escalonamento duplo*, Nishisato estendeu a aplicabilidade do método a maior variedade de dados categóricos, incluindo tanto dados de incidência quanto dados de dominância. Esse aspecto do DS está refletido na afirmação de Meulman (1988), para quem "o escalonamento duplo é um arcabouço abrangente para a análise multidimensional de dados categóricos" (p. 289). Quem se interessa pela história da teoria da quantificação pode ler De Leeuw (1973), Benzécri (1982), Nishisato (1980), Greenacre (1984), Gifi (1990), Greenacre e Blasius (1994) e Van Meter, Schiltz, Cibois e Mounier (1994).

1.3 UMA INTRODUÇÃO INTUITIVA AO ESCALONAMENTO DUPLO

1.3.1 A pontuação Likert é adequada?

Suponha que duas perguntas de múltipla escolha tenham sido feitas aos sujeitos[1].

P1: O que você acha de tomar pílulas para dormir? (1) *discorda fortemente*, (2) *discorda*, (3) *é indiferente*, (4) *concorda*, (5) *concorda fortemente*

P2: Você dorme bem todas as noites? (1) *nunca*, (2) *raramente*, (3) *às vezes*, (4) *frequentemente*, (5) *sempre*

Os dados estão na tabela 1.1. Costuma-se usar pontuações Likert para conjuntos ordenados de categorias (Likert, 1932). Suponha que atribuímos –2, –1, 0, 1, 2 às cinco categorias ordenadas de cada conjunto no exemplo anterior. Nossa pergunta aqui é se essas pontuações Likert são adequadas. Há um jeito simples de analisar isso.

Primeiro, calculamos a média de cada categoria usando pontuações Likert. Por exemplo, a média da categoria *nunca* é [15 × (–2) + 5 × (–1) + 6 × 0 + 0 × 1 + 1 × 2]/27 = –1,2. Da mesma forma, calculamos as médias de categorias de linha e as de categorias de coluna, resumidas na tabela 1.2. Agora, representamos graficamente essas médias em função das pontuações originais (–2, –1, 0, 1, 2), como vemos na figura 1.1. As duas linhas são relativamente próximas a uma linha reta, o que indica que as pontuações originais são "bastante boas". Suponha que, em lugar desses pesos de categoria subjetivos, usamos os pesos obtidos por DS, calculamos as médias de categoria ponderadas e as representamos graficamente em função dos pesos DS. Obtemos, então, a figura 1.2.

Note-se que as duas linhas se juntaram agora numa única linha reta. Isso é "matematicamente ótimo", como se verá depois. Também veremos a seguir que a inclinação da linha na figura 1.2 é

Tabela 1.2 – Pontuações Likert e médias ponderadas

Pontuação	Média	Pontuação	Média
–2	–1,2	–2	–1,3
–1	–0,5	–1	–0,8
0	0,4	0	–0,6
1	0.5	1	0,6
2	1,3	2	1,1

Tabela 1.1 – Sono e pílulas para dormir

	Nunca	Raramente	Às vezes	Frequentemente	Sempre	Soma	Pontuação
Discorda fortemente	45	8	3	2	0	28	–2
Discorda	5	17	4	0	2	28	–1
Neutro	6	13	4	3	2	28	0
Concorda	0	7	7	5	9	28	1
Concorda fortemente	1	2	6	3	16	28	2
Soma	**27**	**47**	**24**	**13**	**29**		
Pontuação	**–2**	**–1**	**0**	**1**	**2**	**140**	

---

1. Com autorização de Nishisato (1980).

Figura 1.1 Pontuações Likert

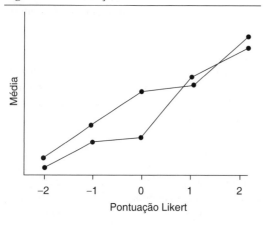

Figura 1.2 Pesos ótimos de escalagem dupla

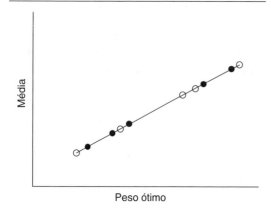

igual ao valor singular "não trivial" máximo para este conjunto de dados.

Mas como chegamos aos pesos de DS? É simples: uma vez obtidas as pontuações médias de categoria como na figura 1.1, substituímos as pontuações originais (p. ex., −2, −1 etc.) pelas correspondentes pontuações médias e depois calculamos as novas pontuações médias de categoria da mesma maneira que antes e representamos as novas pontuações de categoria em função das primeiras pontuações médias, substituímos as pontuações médias anteriores pelas novas, calculamos novas pontuações médias de categoria e as representamos graficamente. Esse é um processo convergente (Nishisato, 1980, p. 60-62/65-68). Horst (1935) chamou o processo citado anteriormente de *método de médias recíprocas* (MRA), usado por Richardson e Kuder (1933), também

sugerido por Fisher (1940) e plenamente exemplificado por Mosier (1946). O MRA é um dos algoritmos para DS.

1.3.2 O método de médias recíprocas

Vejamos um exemplo do processo de MRA[2]. Suponhamos que o desempenho de três professores (Branco, Verde e Marrom) no ensino foi avaliado por alunos (cf. tabela 1.3).

O MRA é posto em prática da seguinte maneira:

Passo 1: O MRA começa com a atribuição de pesos arbitrários a colunas (ou linhas, caso se prefira). Embora os valores sejam arbitrários, deve-se evitar dar pesos idênticos (inclusive zero) a todas as colunas (ou linhas). É sempre uma boa estratégia usar valores "razoáveis". Por exemplo, os seguintes:

$$X_1 \text{ (bom)} = 1,$$
$$X_2 \text{ (médio)} = 0,$$
$$X_3 \text{ (fraco)} = -1. \quad (1)$$

Passo 2: Calcular as médias ponderadas das linhas:

$$y_1(Branco) = \frac{1 \times x_1 + 3 \times x_2 + 6 \times x_3}{10}$$
$$= \frac{1 \times 1 + 3 \times 0 + 6 \times (-1)}{10} = -0,5, \quad (2)$$

$$y_2(Verde) = \frac{3 \times 1 + 5 \times 0 + 2 \times (-1)}{10} = 0,1000, \quad (3)$$

$$y_3(Marrom) = \frac{6 \times 1 + 3 \times 0 + 0 \times (-1)}{9} = 0,6667. \quad (4)$$

Tabela 1.3 – Avaliando professores

Professor	Bom	Médio	Fraco	Total
Branco	1	3	6	10
Verde	3	5	2	10
Marrom	6	3	0	9
Total	**10**	**11**	**8**	**29**

---
2. Com autorização de Nishisato e Nishisato (1994a).

Passo 3: Calcular as respostas médias ponderadas por y_1, y_2, y_3:

$$M = \frac{10y_1 + 10y_2 + 9y_3}{29}$$

$$= \frac{10 \times (-0,5) + 10 \times 0,1 + 9 \times 0,6667}{29}$$

$$= 0,0690. \tag{5}$$

Passo 4: Subtrair M de y_1, y_2 e y_3 e, novamente, indicar os valores ajustados como y_1, y_2 e y_3, respectivamente:

$$y_1 = -0,5000 - 0,0690 = -0,5690, \tag{6}$$

$$y_2 = 0,1000 - 0,0690 = 0,0310, \tag{7}$$

$$y_3 = 0,6667 - 0,0690 = 0,5977. \tag{8}$$

Passo 5: Dividir y_1, y_2 e y_3 pelo maior valor absoluto de y_1, y_2 e y_3, digamos, g_y. Neste ponto, $g_y = 0,5977$. Mais uma vez, os valores ajustados devem ser denominados y_1, y_2 e y_3:

$$y_1 = \frac{-0,5690}{0,5977} = 0,9519,$$

$$y_2 = \frac{0,0310}{0,5977} = 0,0519,$$

$$y_3 = \frac{0,5977}{0,5977} = 1,0000. \tag{9}$$

Passo 6: Usando esses novos valores como pesos, calcular as médias das colunas:

$$x_1 = \frac{1y_1 + 3y_2 + 6y_3}{10}$$

$$= \frac{1 \times (-0,9519) + 3 \times 0,0519 + 6 \times 1,0}{10}$$

$$= 0,5204, \tag{10}$$

$$x_2 = \frac{3 \times (-0,9519) + 5 \times 0,0519 + 3 \times 1,0000}{11}$$

$$= 0,0367, \tag{11}$$

$$x_3 = \frac{6 \times (-0,9519) + 2 \times 0,0519 + 0 \times 1,0000}{8}$$

$$= -0,7010. \tag{12}$$

Passo 7: Calcular as respostas médias ponderadas por x_1, x_2 e x_3:

$$N = \frac{10 \times 0,5204 + 11 \times 0,0367 + 8 \times (-0,7010)}{29}$$

$$= 0. \tag{13}$$

Passo 8: Subtrair N de x_1, x_2 e x_3.

Passo 9: Dividir cada elemento de x_1, x_2 e x_3 pelo maior valor absoluto dos três números, digamos, g_x. Como $-0,7010$ tem o maior valor absoluto, $g_x = 0,7010$. Novamente, os valores ajustados denominam-se x_1, x_2 e x_3:

$$x_1 = \frac{0,5204}{0,7010} = 0,7424,$$

$$x_2 = \frac{0,0367}{0,7010} = 0,0524,$$

$$x_3 = \frac{-0,7010}{0,7010} = -1,0000. \tag{14}$$

Repetir reciprocamente os processos de cálculo de média anteriores (Passos 2 a 9) até todos os seis valores ficarem estabilizados. A Iteração 5 fornece um conjunto de números idêntico ao da Iteração 4 (cf. tabela 1.4). Portanto, o processo convergiu para a solução ótima em quatro iterações. Note-se que os maiores valores absolutos de cada iteração – g_y e g_x – também convergem para duas constantes: 0,5083 e 0,7248. Nishisato (1988) mostrou que o autovalor ρ^2 é igual ao produto $g_y g_x = 0,5082 \times 0,7248 = 0,3648$, e o valor singular, ρ, é a média geométrica,

$$\rho = \text{valor singular} = \sqrt{g_y g_x}$$

$$= \sqrt{0,5083 \times 0,7248} = 0,6070. \tag{15}$$

Se começarmos com a tabela simétrica de produto cruzado, em lugar dos dados em bruto (o presente exemplo), o processo convergirá para apenas uma constante de g, que é o *autovalor*, e sua raiz quadrada positiva é o *valor singular* (Nishisato, 1980). Ver, em Nishisato (1994, p. 89), o motivo pelo qual o valor final de g é o autovalor.

Passo 10: No DUAL3 para Windows (Nishisato; Nishisato, 1994b), a unidade de pesos é escolhida de modo que a soma dos quadrados de respostas ponderadas seja igual ao número de respostas. Nesse caso, os multiplicadores constantes para ajustar a unidade de y (digamos, c_r) e x (c_c) são dados por

8 • SEÇÃO I / ESCALONAMENTO

Tabela 1.4 – Resultados iterativos

	Iter2 y	Iter2 x	Iter3 y	Iter3 x	Iter4 y	Iter4 x	Iter5 y	Iter5 x
1	−0,9954	0,7321	−0,9993	0,7321	−0,9996	0,7311	−0,9996	0,7311
2	0,0954	0,0617	0,0993	0,0625	0,0996	0,0625	0,0996	0,0625
3	1,0000	−1,0000	1,0000	−1,0000	1,0000	−1,0000	1,0000	−1,0000
g	0,5124	0,7227	0,5086	0,7246	0,5083	0,7248	0,5083	0,7248

$$c_r = \sqrt{\frac{29}{10y_2^1 + 10y_2^2 + 9y_3^2}} = 1,2325,$$

$$c_c = \sqrt{\frac{29}{10x_2^1 + 11x_2^2 + 8x_3^2}} = 1,4718. \qquad (16)$$

Obtêm-se os pesos finais multiplicando y_1, y_2 e y_3 por c_r e x_1, x_2 e x_3 por c_c. Esses pesos, chamados de *pesos normatizados*, multiplicados pelo valor singular – isto é, ρy_i e ρx_j – são chamados de *pesos projetados*, que refletem a relativa importância das categorias. A distinção entre esses dois tipos de pesos será abordada mais adiante. Enquanto isso, lembremos que pesos normatizados e pesos projetados são o que Greenacre (1984) chama de *coordenadas-padrão* e *coordenadas principais*, respectivamente, e que os pesos projetados é que são importantes, porque refletem a relativa importância da solução específica (componente, dimensão). Os resultados finais estão na tabela 1.5. Esses pesos assim obtidos são escalados de modo tal que (a) a soma das respostas ponderada por x é zero; (b) a soma dos quadrados das respostas ponderada por y é o número total de respostas, e isso vale também para x. Uma vez obtida a primeira solução, deve-se calcular as frequências residuais e aplicar o MRA à tabela residual para obter a segunda solução. Esse processo será tratado mais adiante.

1.4 DOIS TIPOS DE DADOS CATEGÓRICOS

Nishisato (1993) classificou os dados categóricos em dois grupos distintos: *dados de incidência*

Tabela 1.5 – Dois tipos de pesos ótimos

	y normatizado	x normatizado	y projetado	x projetado
1	−1,2320	1,0760	−0,7478	0,6531
2	0,1228	0,0920	0,0745	0,0559
3	1,2325	−1,4718	0,7481	−0,8933

(p. ex., tabelas de contingência, dados de múltipla escolha, dados de triagem) e *dados de dominância* (p. ex., dados de ordem hierárquica e comparação em pares).

1.4.1 Dados de incidência

São elementos de dados 1 (presença), 0 (ausência) ou frequências, como vemos em tabelas de contingência, dados de múltipla escolha e dados de triagem. O DS de dados de incidência caracteriza-se por (a) uso da "métrica qui-quadrado" (Greenacre, 1984; Lebart *et al.*, 1984; Nishisato; Clavel, 2003); (b) uma aproximação de inferior hierarquia a dados de entrada; (c) "uma solução trivial" (Gifi, 1990; Greenacre, 1984; Guttman, 1941; Nishisato, 1980, 1994); e (d) necessidade de mais de uma dimensão para descrever os dados (Nishisato, 2002, 2003). A última característica se apresenta mesmo quando todas as variáveis estão perfeitamente correlacionadas entre si. A *análise de correspondência* e a *análise de correspondência múltipla* foram desenvolvidas originalmente na França, a primeira para dados de incidência para a tabela de contingência e a segunda para dados de múltipla escolha, especificamente.

1.4.2 Dados de dominância

Os elementos de dados são maiores do que, iguais a ou menores do que, como vemos em dados de ordem hierárquica e dados de comparação em pares. Como a informação é dada geralmente em forma de relações de desigualdade, sem nenhuma quantificação específica da discrepância entre os dois atributos ou estímulos indicados, não é possível aproximar o valor dos dados diretamente, como se faz com os dados de incidência. Em vez disso, o objetivo aqui é obter novas medições para objetos, de modo a conseguir a melhor aproximação da ordem das medições às correspondente ordem dos dados de dominância originais. O DS de dados de dominância caracteriza-se por (a) uso da métrica euclidiana (Nishisato, 2002); (b) uma aproximação de menor grau às *ordens* dos dados (Nishisato, 1994, 1996); (c) nenhuma solução trivial (Greenacre; Torres-Lacomba, 1999; Guttman, 1946; Nishisato, 1978; Van de Velden, 2000); e (d) uma dimensão para descrever os dados quando todas as variáveis se correlacionam perfeitamente entre si (Nishisato, 1994, 1996).

1.4.3 Escopo do escalonamento duplo

O DS é aplicável não só a dados de incidência, como também a dados de dominância. O pacote de programas de computador para DS DUAL3 para Windows (Nishisato; Nishisato, 1994b) lida com ambos os tipos de dados categóricos. Recentemente, Greenacre e Torres-Lacomba (1999) e Van de Velden (2000) reformularam as análises de correspondência para dados de dominância, que não eram muito diferentes do anterior estudo de Nishisato (1978). Afinal, todas elas se baseiam na decomposição de valor singular.

1.5 ESCALONAMENTO DE DADOS DE INCIDÊNCIA

1.5.1 Tabelas de contingência

Costuma-se usar tabelas de contingência para resumir dados. Por exemplo, um pequeno levantamento sobre a popularidade de cinco filmes colhido em três grupos etários pode ser resumido numa tabela 5×3 do número de pessoas em cada célula. Do mesmo modo, é comum vermos grande número de tabelas de tabulação sobre o comportamento em votações, tipicamente a respeito de duas variáveis categóricas (p. ex., idade e educação). Essas tabelas são de contingência.

1.5.1.1 Alguns fundamentos

Consideremos uma tabela de contingência n por m com elemento típico f_{ij}. Dessa tabela o DS elimina primeiro as frequências esperadas quando linhas e colunas são estatisticamente independentes, ou seja, $f_i.f_{.j}/f_t$, em que f_t é a frequência total na tabela. Isso é chamado de solução trivial. Depois, a tabela residual, que consiste em elementos típicos para a linha i e para a coluna j, como

$$f_{ij} - \frac{f_i.f_{.j}}{f_t} = f_{ij} - h_{ij}, \qquad (17)$$

é decomposta em componentes independentes denominados soluções. Seja $min(n, m)$ o menor valor de n e m. Então a tabela residual n por m pode ser explicada exaustivamente por, no máximo, $[min(n, m) - 1]$ soluções. Em outras palavras, o número total de soluções triviais – isto é, soluções apropriadas $T(sol)$ – é dado por

$$T(sol) = min(n, m) - 1. \qquad (18)$$

A variância da solução k é chamada de autovalor, ρ_k^2, que é uma medida da informação transmitida pela solução k. A informação total contida na matriz residual – $T(inf)$ – é a soma dos $[min(n, m) - 1]$ autovalores, que é igual a

$$T(inf) = \sum_{k=1}^{p} \rho_k^2 = \frac{\chi^2}{f_t}, \text{ em que}$$

$$\chi^2 = \sum_{i}^{n} \sum_{j}^{m} \frac{(f_{ij} - h_{ij})^2}{h_{ij}}, \qquad (19)$$

e h_{ij} é a frequência esperada quando a i-ésima linha e a j-ésima coluna são estatisticamente independentes. A porcentagem da informação total explicada pela solução k é indicada por δ_k e dada por

$$\delta_k = \frac{100\rho_k^2}{T(inf)}. \qquad (20)$$

1.5.1.2 Exemplo: Hábitos de mordida de animais de laboratório

Os hábitos de mordida de quatro animais de laboratório foram pesquisados. Os dados a seguir foram extraídos do livro de Sheskin (1997)[3]. Como se trata de um pequeno exemplo, apresentamos o principal resultado fornecido pelo programa DUAL3 (Nishisato; Nishisato, 1994b) (tabela 1.7).

---

3. Reproduzido com autorização de Sheskin (1997).

Este conjunto de dados é uma tabela 4 × 3, $T(\text{sol}) = 2$, e a análise mostra que δ_1 e δ_2 são 94,2% e 5,8%, respectivamente. A aproximação de ordem 0 é a solução trivial. Retira-se a solução trivial dos dados, e a tabela residual é analisada nos componentes. A aproximação de ordem 1 é o que se pode prever a partir da solução trivial e da solução 1:

$$f^*_{ij(1)} = \frac{f_i \cdot f_j}{f_t}[1 + \rho_1 y_{i1} x_{j1}]. \qquad (21)$$

Uma vez que o valor de δ_1 é 94,2% (a contribuição da solução 1), essa aproximação aos dados de entrada é muito boa, e a tabela residual não contém muito mais informação a ser analisada. No exemplo atual, a aproximação de ordem 2 reproduz perfeitamente os dados de entrada:

$$f^*_{ij(2)} = \frac{f_i \cdot f_j}{f_t}[1 + \rho_1 y_{i1} x_{j1} + \rho_2 y_{i2} x_{j2}]. \qquad (22)$$

Vejamos também a tabela residual (tabela 1.7), na qual não há mais informação a ser analisada. Note-se que não fica claro quais são as relações entre os animais e os hábitos de mordida com base na tabela de entrada, mas vejamos o gráfico baseado no DS: o gráfico bidimensional (figura 1.3) mostra, entre outras coisas, que: (a) cobaias são mordedores flagrantes; (b) camundongos são mordedores entre flagrantes e moderados; (c) mordedores moderados e não mordedores situam-se relativamente próximos; (d) gerbos são não mordedores; e (e) hamsters são entre mordedores moderados e não mordedores. O gráfico é bem mais fácil de entender do que a tabela original.

Tabela 1.6 – Dados de Sheskin sobre hábitos de mordida de animais de laboratório

Animais	Não mordedor	Mordedor moderado	Mordedor flagrante
Camundongos	20	16	24
Gerbos	30	10	10
Hamsters	50	30	10
Cobaias	19	11	50

Figura 1.3 Hábitos de mordida de quatro animais

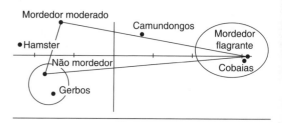

Tabela 1.7 – Aproximação à entrada

APROXIMAÇÃO DE ORDEM 0				MATRIZ RESIDUAL		
25,5	14,4	20,1	−6,5	1,6	3,9	
21,3	12,0	16,8	8,8	−2,0	−6,8	
38,3	21,5	30,2	11,8	8,5	−20,2	
34,0	19,1	26,9	−15,0	−8,1	23,1	
APROXIMAÇÃO DE ORDEM 1				MATRIZ RESIDUAL 1		SOLUÇÃO
22,7	13,1	24,2	−2,7	2,9	−0,2	Autovalor = 0,20
26,1	14,2	9,7	3,9	−4,2	0,3	Valor singular = 0,45
52,1	27,8	10,2	−2,1	2,2	−0,2	Delta = 94,2%
18,1	12,0	49,9	0,9	−1,0	0,1	DeltaCum = 94,2
APROXIMAÇÃO DE ORDEM 2				MATRIZ RESIDUAL 2		SOLUÇÃO2
20,0	16,0	24,0	0,0	0,0	0,0	Autovalor = 0,01
30,0	10,0	10,0	0,0	0,0	0,0	Valor singular = 0,11
50,0	30,0	10,0	0,0	0,0	0,0	Delta = 5,8%
19,0	11,0	50,0	0,0	0,0	0,0	DeltaCum = 100,0
	PESOS PROJETADOS				*PESOS PROJETADOS*	
	Sol-1	Sol-2			Sol-1	Sol-2
Camundongos	0,14	0,12		Não mordedor	−0,34	−0,10
Gerbos	−0,30	−0,21		Mordedor moderado	−0,27	0,19
Hamsters	−0,47	0,06		Mordedor flagrante	0,63	−0,01
Cobaias	0,61	−0,03				

1.5.2 Dados de múltipla escolha

Os dados de múltipla escolha são ubíquos na pesquisa psicológica, sobretudo em pesquisas sobre personalidade, sociais e clínicas. Cabe perguntar, porém, quão arbitrariamente esses dados costumam ser analisados. Ao ordenarem as opções de resposta (p. ex., nunca, às vezes, com frequência, sempre), pesquisadores costumam usar as pontuações inteiras 1, 2, 3 e 4 para essas categorias ordenadas e analisar os dados. Essa prática – o uso das assim chamadas pontuações Likert – não é de modo algum eficaz para recuperar informação em dados. Veremos esse problema de forma muito resumida. Por outro lado, o escalonamento duplo pode analisar esses dados de múltipla escolha de maneira muito eficaz no que tange à recuperação de informação. Também veremos um exemplo de análise de escalonamento duplo de forma resumida.

1.5.2.1 Alguns fundamentos

Consideremos n elementos de múltipla escolha, em que o elemento j tem m_j opções. Consideremos também que cada um dos N sujeitos é solicitado a escolher uma opção por elemento. Seja m o número total de opções de n elementos. Para DS, os dados de múltipla escolha são expressos na forma de (1,0) padrões de resposta (cf. o exemplo em 1.5.2.2) e têm também uma solução trivial. As estatísticas de dados de múltipla escolha anteriormente mencionadas são as seguintes:

$$T(\text{sol}) = m - n \text{ ou } N - 1, \text{ a que for menor.} \quad (23)$$

$$T(\text{inf}) = \sum_{k=1}^{m-n} \rho_k^2 = \frac{\sum_{j=1}^{n} m_j}{n} - 1 = \overline{m} - 1. \quad (24)$$

A definição de δ_k é a mesma da tabela de contingência, mas, na prática, nós a modificaremos depois, quando a discutirmos. Pesos de opções são determinados, como Lord (1958) provou, para produzir pontuações com um valor máximo de confiabilidade da consistência interna de Kuder-Richardson generalizada ou α de Cronbach

(1951), que pode inferir-se a partir das seguintes relações (Nishisato, 1980):

$$\alpha = 1 - \frac{1 - \rho^2}{(n-1)\rho^2} = \frac{n}{n-1}\left(\frac{\sum r_{jt}^2 - 1}{\sum r_{jt}^2}\right), \text{ desde que}$$

$$\rho^2 = \frac{\sum_{j}^{n} r_{jt}^2}{n}, \quad (25)$$

em que r_{jt}^2 é o quadrado da correlação entre o elemento j e a pontuação total. Sabe-se (Nishisato 1980, 1994) que a informação média em dados de múltipla escolha – isto é, $T(\text{inf})/T(\text{sol})$ – é $1/n$ e que α torna-se negativa quando ρ^2 é menor que a informação média. Portanto, Nishisato (1980, 1994) sugere interromper a extração de soluções assim que ρ^2 se torna menor que $1/n$. Logo, redefinimos a estatística δ_k como a porcentagem de acima da soma de maior que $1/n$.

1.5.2.2 Exemplo: Pressão sanguínea, enxaquecas e idade

Como já mencionamos, Torgerson (1958) chamou o DS de "análise de componente principal de dados categóricos". Como a análise de componente principal (PCA) é um método para achar uma combinação linear de variáveis contínuas (PCA) e aquela de variáveis categóricas (DS), seria interessante examinar as diferenças entre elas. O exemplo adotado a seguir é de Nishisato (2000).

1. Como você avaliaria a sua pressão arterial? (Baixa, Média, Alta): codificada como 1, 2, 3
2. Você tem enxaquecas? (Raramente, Às vezes, Com frequência): 1, 2, 3 (como acima)
3. Qual a sua faixa etária? (20-34, 35-49, 50-65): 1, 2, 3
4. Como você avaliaria seu nível de ansiedade no dia a dia: (Baixo, Médio, Alto): 1, 2, 3
5. Como você avaliaria seu peso? (Baixo, Médio, Alto): 1, 2, 3
6. E quanto a sua estatura? (Baixa, Média, Alta): 1, 2, 3

Suponha que usamos as tradicionais pontuações Likert para PCA, isto é, 1, 2, 3, para as três categorias de cada pergunta. O DS usa padrões

Tabela 1.8 – Pontuações Likert para PCA e padrões de resposta para DS

			PCA							DS			
Sujeito	PA Q1	Enx Q2	Id Q3	Ans Q4	Peso Q5	Est Q6	PA 123	Enx 123	Id 123	Ans 123	Peso 123	Est 123
1	1	3	3	3	1	1	100	001	001	001	100	100
2	1	3	1	3	2	3	100	001	100	001	010	001
3	3	3	3	3	1	3	001	001	001	001	100	001
4	3	3	3	3	1	1	001	001	001	001	100	100
5	2	1	2	2	3	2	010	100	010	010	001	010
6	2	1	2	3	3	1	010	100	010	001	001	100
7	2	2	2	1	1	3	010	010	010	100	100	001
8	1	3	1	3	1	3	100	001	100	001	100	001
9	2	2	2	1	1	2	010	010	010	100	100	010
10	1	3	2	2	1	3	100	001	010	010	100	001
11	2	1	1	3	2	2	010	100	100	001	010	010
12	2	2	3	3	2	2	010	010	001	001	010	010
13	3	3	3	3	3	1	001	001	001	001	001	100
14	1	3	1	2	1	1	100	001	100	010	100	100
15	3	3	3	3	1	2	001	001	001	001	100	010

Tabela 1.9 – Correlação produto-momento baseada em pontuações Likert

	PA	Enx	Id	Ans	Peso	Est
Pressão arterial (PA)	1,00					
Enxaqueca (Enx)	–0,06	1,00				
Idade (Id)	0,66	0,23	1,00			
Ansiedade (Ans)	0,18	0,21	0,22	1,00		
Peso (Peso)	0,17	–0,58	–0,02	0,26	1,00	
Estatura (Est)	–0,21	0,10	–0,30	–0,23	–0,31	1,00

de resposta de 1s e 0s. Veja os dois conjuntos de dados de 15 sujeitos na tabela 1.8 e a matriz de correlação produto-momento para PCA na tabela 1.9. Examine a correlação entre pressão arterial (PA) e idade (Id) ($r = 0,66$) e entre PA e enxaquecas (Enx) ($r = –0,06$) usando os dados no formato da tabela de contingência (tabela 1.10).

Repare em uma relação linear entre PA e Id e em uma relação não linear entre PA e Enx. A relação não linear entre PA e Enx parece muito mais clara do que a relação linear entre PA e Id: "Se você tem enxaquecas frequentes, a sua pressão arterial é alta ou baixa." Os dois primeiros componentes principais de pontuações Likert estão representados na figura 1.4. Note que ela registra apenas relações lineares. Os dados para DS estão expressos em termos de padrões de resposta

Figura 1.4 Duas soluções da análise de componentes principais.

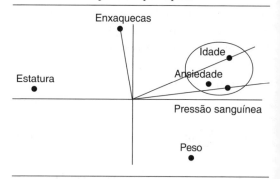

Tabela 1.10 – Relação entre pressões arteriais e idade e enxaquecas

	Idade			Enxaqueca		
	20–34	35–49	50–65	Raramente	Às vezes	Com frequência
Alta PA	0	0	4	0	0	4
Média PA	1	4	1	3	3	0
Baixa PA	3	1	1	0	0	5

Capítulo 1 / Escalonamento duplo • 13

escolhidos, e as unidades de análise são opções de resposta, não itens, como no caso da PCA. A PCA é um método para determinar as combinações ponderadas de itens mais informativas, ao passo que o DS procura as mais informativas combinações ponderadas de categorias de itens. Isso significa que o DS produz uma matriz de correlação entre itens para cada solução, em vez de uma para todo o conjunto de dados, como na PCA.

Os dados atuais geram quatro soluções associadas com valores positivos do coeficiente de confiabilidade α.

O delta ajustado é aquele redefinido em termos de soluções associadas com valores positivos de confiabilidade α. DeltaCum e DeltaAjCum são valores cumulativos de delta e delta ajustado, respectivamente. Para o espaço limitado, observaremos apenas as duas primeiras soluções e seus pesos de opção projetados (cf. tabela 1.12). Note que os pesos das opções de PA e Enx para a solução 1 são ponderados de modo a se captar a relação não linear. Estude os pesos para convencer-se. Usando esses pesos, obtêm-se matrizes de correlação entre elementos para as duas soluções de DS (cf. tabela 1.13).

Agora PA e Enx estão correlacionadas em 0,99 na solução 1. Isso se conseguiu atribuindo pesos similares a PA alta, PA baixa e enxaquecas frequentes, pesos estes que são muito diferentes

daqueles dados a PA média, enxaquecas infrequentes e enxaquecas ocasionais. A mesma correlação para a solução 2 é 0,06. É possível obter características das duas primeiras soluções de DS juntando opções de pesos similares (cf. tabela 1.14). Há "combinações não lineares" de categorias de resposta em cada solução. Em DS, maximiza-se a correlação linear transformando categorias linear ou não linearmente, a depender dos dados, ao passo que a PCA exclui todas as relações não lineares no processo de análise, razão pela qual ela é chamada de análise linear. As primeiras duas soluções de DS estão graficamente representadas na figura 1.5. À diferença das soluções de PCA, três categorias de uma mesma variável não ficam forçosamente numa única linha, mas geralmente

Tabela 1.12 – Peso projetado de opção de duas soluções

	Solução 1	Solução 2
Pressão arterial		
Baixa	−0,71	0,82
Média	1,17	−0,19
Alta	−0,86	−0,74
Ansiedade		
Baixa	1,55	1,21
Média	0,12	0,31
Alta	−0,35	−0,33
Enxaqueca		
Raramente	1,04	−1,08
Às vezes	1,31	0,70
Com frequência	−0,78	0,12
Peso		
Baixo	−0,27	0,46
Médio	0,32	0,01
Alto	0,50	−1,40
Idade		
20–34	0,37	0,56
35–49	1,03	0,22
50–65	−0,61	−0,56
Estatura		
Baixa	−0,56	−0,63
Média	0,83	−0,35
Alta	−0,27	0,98

Tabela 1.11 – Quatro soluções

	Solução 1	Solução 2	Solução 3	Solução 4
Autovalor	0,54	0,37	0,36	0,31
Valor singular	0,74	0,61	0,59	0,55
Delta	27	19	17	15
DeltaCum	27	46	63	79
Delta ajustado	34	24	22	20
DeltaAjCum	34	58	80	100

Tabela 1.13 – Matrizes de correlação de duas soluções de DS

	Solução 1						Solução 2					
	PA	Enx	Id	Ans	Peso	Est	PA	Enx	Id	Ans	Peso	Est
PA	1,0						1,0					
Enx	0,99	1,0					0,06	1,0				
Idade	0,60	0,58	1,0				0,59	−0,31	1,0			
Ans	0,47	0,52	0,67	1,0			0,07	0,35	0,35	1,0		
Peso	0,43	0,39	0,08	−0,33	1,0		0,28	0,62	−0,01	0,19	1,0	
Est	0,56	0,57	0,13	0,19	0,20	1,0	0,31	0,29	0,32	0,17	0,38	1,0

Tabela 1.14 – Características de duas soluções DS

| Solução 1 ||| Solução 2 ||
Um extremo	O outro extremo	Um extremo	O outro extremo
Baixa PA	PA média	Alta PA	Baixa PA
Alta PA	Rara enxaqueca	Rara enxaqueca	Enxaqueca ocasional
Enxaqueca frequente	Meia idade	Idoso	Jovem
Grupo idoso	Baixa ansiedade	Peso alto	Alto
Alta ansiedade	Médio peso	Baixo	
Baixo			

Figura 1.5 Primeiras duas soluções de escalagem dupla

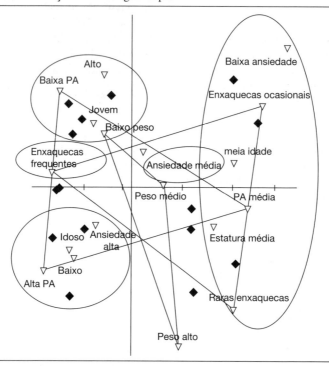

formam um triângulo, cuja área está monotonamente relacionada à contribuição da variável para essas dimensões. A PCA nunca pode revelar uma relação forte entre PA e Enx, mas esta relação é a mais predominante em DS. Em DS, PA alta e baixa estão associadas com enxaquecas frequentes, mas a segunda dimensão indica uma diferente associação entre PA baixa e alta: a primeira, com pessoas jovens, magras e altas; e a segunda, com pessoas velhas, pesadas e de baixa estatura.

1.5.3 Dados de triagem

Os dados de triagem não são tão comuns quanto as tabelas de contingência e os dados de múltipla escolha, mas, em algumas áreas – como a psicologia cognitiva –, vemos com frequência dados desse tipo. Nesta seção, veremos como os dados de triagem são colhidos e analisados otimamente mediante escalonamento duplo.

1.5.3.1 Alguns fundamentos

Os dados de triagem são colhidos da seguinte maneira: considere ser o primeiro objeto membro da primeira pilha e indique-o com 1; percorra a lista de cima para baixo e, cada vez que achar um objeto similar ao primeiro, indique-o com 1. Ao terminar de identificar todos os objetos com 1, vá para o seguinte objeto ainda não escolhido e indique-o com 2; percorra a lista e identifique todos os objetos similares ao de número 2. Assim você classifica todos os objetos da lista em pilhas. Takane (1980) demonstrou que se pode usar o DS para analisar dados de triagem transpondo os dados ou trocando os papéis de opções de sujeitos e objetos em dados de múltipla escolha por pilhas de objetos e sujeitos em dados de triagem, respectivamente. Com esse entendimento, T(sol) e T(inf) são iguais àqueles de dados de múltipla escolha.

1.5.3.2 Exemplo: Triagem de 19 países em grupos similares

Os dados contidos na tabela 1.15 foram coletados da turma de Nishisato em 1990. As duas últimas colunas da tabela indicam os pesos ótimos (projetados) dos países nas duas primeiras soluções. Observe-se que antes da análise de DS os dados são transformados em padrões de resposta

(1, 0), como no caso de dados de múltipla escolha. Um dos resultados é a matriz de correlação entre sujeitos, tal como a matriz de correlação entre objetos em dados de múltipla escolha. A tabela 1.16 mostra as matrizes de correlação entre sujeitos associada com as duas soluções. Em ambas as soluções, a correlação entre sujeitos é relativamente alta. A figura 1.6 mostra a configuração de apenas 18 dos 19 países (a França não consta porque ocupa o mesmo ponto que a Dinamarca) captados pelas duas primeiras soluções. O gráfico mostra claramente as similaridades geográficas dos países.

Uma característica habitualmente observada dos dados de triagem é que muitas vezes há soluções dominantes demais para interpretar. Isso deve decorrer da liberdade de que os sujeitos desfrutam quanto ao número e ao tamanho das pilhas que estão completamente em suas mãos. Os valores δ das primeiras oito soluções são 19%, 18%, 16%, 11%, 9%, 7%, 6% e 5%, uma

Tabela 1.15 – Triagem de 19 países por cinco sujeitos

País	S1	S2	S3	S4	S5	Solução 1	Solução 2
Grã-Bretanha	1	1	1	1	1	−0,50	−0,69
Canadá	5	2	2	2	1	1,06	−0,81
China	2	3	3	3	2	1,53	0,52
Dinamarca	1	1	1	1	3	−0,73	−0,71
Etiópia	3	5	5	4	4	−1,00	2,15
Finlândia	1	4	1	1	3	−0,81	−0,71
França	1	1	1	1	5	−0,73	−0,71
Alemanha	1	4	1	5	8	−0,50	−0,60
Índia	4	3	4	3	6	1,02	0,81
Itália	1	4	5	5	7	−0,93	−0,17
Japão	2	3	6	2	8	1,21	−0,01
Nova Zelândia	4	1	6	1	1	0,24	−0,31
Nigéria	3	5	4	4	4	−0,76	2,34
Noruega	1	4	1	1	3	−0,81	−0,71
Singapura	4	3	6	3	8	1,12	0,24
Espanha	1	5	5	1	7	−0,92	0,34
Suíça	1	4	1	5	5	−0,85	−0,71
Tailândia	4	3	6	3	6	1,20	0,46
Estados Unidos	5	2	2	2	8	1,17	−0,73

Tabela 1.16 – Correlação entre sujeitos para duas soluções de DS

	Solução 1					Solução 2				
Sujeito 1	1,00					1,00				
Sujeito 2	0,90	1,00				0,63	1,00			
Sujeito 3	0,93	0,82	1,00			0,60	0,90	1,00		
Sujeito 4	0,88	0,99	0,81	1,00		0,98	0,67	0,63	1,00	
Sujeito 5	0,77	0,87	0,75	0,85	1,00	0,90	0,87	0,82	0,90	1,00

Figura 1.6 Triagem de 19 países

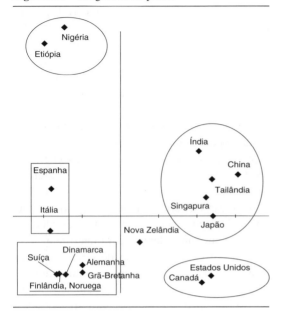

queda incomumente gradual de solução para solução. Na prática, isso coloca um problema de decidir quantas soluções extrair e interpretar.

1.6 Escalonamento de dados de dominância

Abordaremos apenas dados de ordem hierárquica e dados de comparação em pares. Quanto ao DS para dados de categorias sucessivas, ver Nishisato (1980, 1986, 1994), Nishisato e Sheu (1980) e Odondi (1997).

1.6.1 Dados de ordem hierárquica

A classificação é tarefa muito frequente em pesquisa psicológica. Por exemplo, pedimos às pessoas que classifiquem uma série de candidatos a um comitê e escolhemos o ganhador de acordo com a classificação média de cada um. Esse método habitual de processamento de dados de classificação parece razoável, mas está longe de ser bom e é bastante enganador. Por quê? Veremos por que não se deveriam usar tais classificações médias para avaliar candidatos ou votantes, o que fica óbvio assim que analisamos os mesmos dados de classificação com escalonamento duplo.

1.6.1.1 Alguns fundamentos

Suponha que cada um de N sujeitos classifica todos os n objetos conforme a ordem de preferência, sendo 1 a primeira escolha e n a última. Supondo que o número de sujeitos seja maior do que o de objetos, o número total de soluções e a informação total fornecida pelos dados são dados por:

$$T(\text{sol}) = n - 1 \quad \text{e} \quad T(\text{inf}) = \frac{n+1}{3(n-1)}. \quad (26)$$

Para submeter dados de dominância ao DS, primeiro se convertem os dados de ordem hierárquica originais em uma tabela de dominância. Indiquemos com R_{ij} a classificação dada ao objeto j pelo sujeito i. Depois, supondo que cada sujeito classifica n objetos, o correspondente número de dominância e_{ij} é dado pela fórmula

$$e_{ij} = n + 1 - 2R_{ij}, \quad (27)$$

na qual e_{ij} indica o número de vezes em que o sujeito i classificou o objeto j antes de outros objetos menos o número de vezes em que o sujeito o classificou depois de outros objetos. Logo, ele indica a popularidade relativa de cada objeto dentro de cada sujeito. A soma de números de dominância para cada sujeito é sempre zero, e o número de dominância fica limitado entre $-(n-1)$ e $(n-1)$. Como os números de dominância são *ipsativos* (ou seja, a soma de cada linha é uma constante), temos de modificar o processo de MRA definindo que a marginal de cada linha é $n(n-1)$ e a de cada coluna é $N(n-1)$. O número total de respostas na tabela de dominância é $Nn(n-1)$. Esses números baseiam-se no fato de cada elemento da tabela de dominância resultar de $(n-1)$ comparações entre cada objeto e os restantes $(n-1)$ objetos (Nishisato, 1978). Se usarmos essas marginais redefinidas, podemos utilizar MRA para a análise.

A propriedade ipsativa dos números de dominância tem outra consequência para a quantificação: nada obriga a centrar os pesos para sujeitos. Assim, os pesos para sujeitos podem ser todos positivos ou negativos. Esse aspecto da quantificação dos dados de dominância é muito diferente daquele dos dados de incidência, em que tanto os pesos para sujeitos quantos os pesos para estímulos estão centrados dentro de cada conjunto.

Capítulo 1 / Escalonamento duplo • 17

Tabela 1.17 – Classificação de 10 serviços públicos em Toronto e tabela de dominância

	A	B	C	D	E	F	G	H	I	J	*A*	*B*	*C*	*D*	*E*	*F*	*G*	*H*	*I*	*J*
1	1	7	9	10	2	6	3	8	5	4	9	-3	-7	-9	7	-1	5	-5	1	3
2	6	10	9	5	3	1	7	2	4	8	-1	-9	-7	1	5	9	-3	7	3	-5
3	9	8	4	3	5	6	10	2	1	7	-7	-5	3	5	1	-1	-9	7	9	-3
4	2	10	5	6	3	1	4	8	7	9	7	-9	1	-1	5	9	3	-5	-3	-7
5	2	10	6	7	4	1	5	3	9	8	7	-9	-1	-3	3	9	1	5	-7	-5
6	1	3	5	6	7	8	2	4	10	9	9	5	1	-1	-3	-5	7	3	-9	-7
7	7	10	1	6	5	3	8	4	2	9	-3	-9	9	-1	1	5	-5	3	7	-7
8	2	10	6	7	4	1	5	3	9	8	7	-9	-1	-3	3	9	1	5	-7	-5
9	2	10	5	8	4	1	6	3	7	9	7	-9	1	-5	3	9	-1	5	-3	-7
10	2	10	5	9	8	7	4	1	3	6	7	-9	1	-7	-5	-3	3	9	5	-1
11	9	10	7	6	5	1	4	2	3	8	-7	-9	-3	-1	1	9	3	7	5	-5
12	6	10	7	4	2	1	3	9	8	5	-1	-9	-3	3	7	9	5	-7	-5	1
13	1	10	3	9	6	4	5	2	7	8	9	-9	5	-7	-1	3	1	7	-3	-5
14	8	6	5	3	10	7	9	2	1	4	-5	-1	1	5	-9	-3	-7	7	9	3
15	8	10	9	6	4	1	3	2	5	7	-5	-9	-7	-1	3	9	5	7	1	-3
16	3	5	10	4	6	9	8	2	1	7	5	1	-9	3	-1	-7	-5	7	9	-3
17	1	10	8	9	3	5	2	6	7	4	9	-9	-5	-7	5	1	7	-1	-3	3
18	5	4	9	3	10	8	7	2	1	6	1	3	-7	5	-9	-5	-3	7	9	-1
19	2	10	6	7	8	1	5	4	3	9	7	-9	-1	-3	-5	9	1	3	5	-7
20	1	4	2	10	9	7	6	3	5	8	9	3	7	-9	-7	-3	-1	5	1	-5
21	2	10	5	7	3	1	4	6	8	9	7	-9	1	-3	5	9	3	-1	-5	-7
22	6	3	9	4	10	8	7	2	1	5	-1	5	-7	3	-9	-5	-3	7	9	1
23	6	9	10	4	8	7	5	2	1	3	-1	-7	-9	3	-5	-3	1	7	9	5
24	5	2	1	9	10	4	8	6	3	7	1	7	9	-7	-9	3	-5	-1	5	-3
25	2	10	6	7	9	1	3	4	5	8	7	-9	-1	-3	-7	9	5	3	1	-5
26	7	10	9	5	2	6	3	1	4	8	-3	-9	-7	1	7	-1	5	9	3	-5
27	8	7	10	3	5	9	4	2	1	6	-5	-3	-9	5	1	-7	3	7	9	-1
28	3	8	6	7	5	10	9	2	4	1	5	-5	-1	-3	1	-9	-7	7	3	9
29	2	10	7	9	4	1	5	3	6	8	7	-9	-3	-7	3	9	1	5	-1	-5
30	2	10	9	1	4	7	5	3	6	8	7	-9	-7	9	3	-3	1	5	-1	-5
31	4	10	9	7	5	1	3	2	6	8	3	-9	-7	-3	1	9	5	7	-1	-5

1.6.1.2 Exemplo: classificação de serviços municipais

A tabela 1.17 contém a classificação de dez serviços municipais feita por 31 alunos, colhida da turma de Nishisato em 1982, bem como a tabela de dominância. Se não houver diferenças individuais, os valores de escala ou de satisfação razoáveis dos dez serviços públicos seriam dados pelos números médios de dominância dos serviços sobre os sujeitos. Em DS, contudo, supomos que diferenças individuais são variáveis úteis. Os valores de escala dos serviços são calculados como médias ponderadas diferencialmente por pesos de sujeitos. A sua tarefa principal é determinar os pesos adequados para os sujeitos – adequados no sentido de que a variância das médias ponderadas seja um máximo. Diferenças individuais respondem pela estrutura de dados multidimensional. T(sol) é 9 e os valores δ estão na tabela 1.18. Considerando uma queda relativamen-

te brusca da solução 2 para a solução 3, pode-se decidir observar duas soluções, como aqui se faz.

Para dados de dominância, existe uma regra estrita para representação gráfica (Nishisato, 1996), ou seja, pesos de sujeitos normatizados em gráfico e pesos ponderados de objetos. Então, no espaço total, obtemos uma configuração em que cada sujeito classifica o objeto mais próximo primeiro, o segundo mais próximo em seguida e assim por diante para todos os sujeitos e objetos – isto é, uma solução para o problema de desdobramento multidimensional de Coombs (1964).

A figura 1.7, a seguir, mostra um gráfico das duas primeiras soluções. Um grande número de sujeitos está mais distante do serviço postal, o que indica que esse é o serviço menos satisfatório. Isso se deve, em parte, ao fato de os dados terem sido colhidos logo após uma grande greve dos correios. Há grupos que preferem teatros primeiro e restaurantes depois, ou vice-versa, o que sugere que

Figura 1.7 Dez serviços públicos

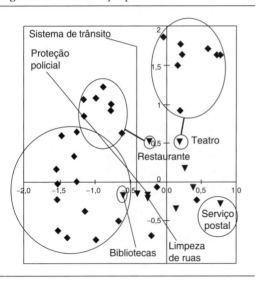

aqueles que vão a teatros devem ir a bons restaurantes perto dos teatros. O grupo mais dominante considera as bibliotecas públicas mais satisfatórias. Uma mensagem importante dessa análise gráfica é que é muito difícil – se não impossível – interpretar a configuração apenas de serviços. Quando representamos graficamente os sujeitos e vemos que estão todos dispersos no espaço, a configuração dos serviços passa a ter sentido de repente porque os sujeitos nos mostram como avaliam esses serviços em termos de satisfação.

Pode-se calcular a distância entre cada sujeito (normatizado) e cada serviço (projetado) no gráfico bidimensional e ver se a classificação de distâncias entre cada sujeito e cada um dos dez serviços é realmente próxima à classificação nos dados de entrada. A classificação assim obtida das duas primeiras soluções é chamada de aproximação de ordem 2 à classificação de entrada. A DUAL3 (Nishisato; Nishisato, 1994b) fornece essas distâncias e ordens aproximadas. As distâncias entre cada um dos primeiros cinco sujeitos e os dez serviços e as aproximações de ordem 2 e de ordem 8 às ordens de entrada estão nas tabelas 1.19 e 1.20. A aproximação de ordem 9 reproduz perfeitamente as ordens de entrada. É útil observar as disparidades de ordem quadráticas médias entre essas ordens aproximadas e as ordens originais (cf. tabela 1.21). Note-se que a aproximação de ordem 9 reproduzia as ordens de entrada e, portanto, não mostrava disparidade alguma. A tabela 1.21 lista também pesos normatizados para esses cinco sujeitos, pesos que devem ser todos iguais a 1 se não houver diferenças individuais.

Tabela 1.18 – Nove soluções e suas contribuições

	Solução								
	1	2	3	4	5	6	7	8	9
Delta	37,9	22,4	13,4	10,6	4,9	4,2	2,7	2,2	1,9
CumDelta	37,9	60,2	73,6	84,2	89,0	93,2	95,9	98,1	100,0

Tabela 1.19 – Ordem 2: Distâncias e ordens de distâncias

	Serviço									
	1	2	3	4	5	6	7	8	9	10
Distâncias										
Sujeito 1	0,20	2,05	0,66	1,32	0,26	0,13	0,29	1,29	1,81	1,29
Sujeito 2	2,05	5,42	3,65	2,79	2,43	1,81	2,33	1,14	2,09	3,64
Sujeito 3	3,03	3,48	3,40	1,76	3,08	3,35	2,94	1,08	0,94	2,49
Sujeito 4	1,33	4,82	2,48	3,56	1,57	0,95	1,63	2,97	4,10	3,60
Sujeito 5	1,31	5,26	2,81	3,40	1,65	0,87	1,66	2,29	3,55	3,72
Ordens de distâncias										
Sujeito 1	2	10	5	8	3	1	4	7	9	6
Sujeito 2	3	10	9	7	6	2	5	1	4	8
Sujeito 3	6	10	9	3	7	8	5	2	1	4
Sujeito 4	2	10	5	7	3	1	4	6	9	8
Sujeito 5	2	10	6	7	3	1	4	5	8	9

Capítulo 1 / Escalonamento duplo • 19

Tabela 1.20 – Ordem 8: Distâncias e ordens de distâncias

| | Serviço | | | | | | | | | |
	1	2	3	4	5	6	7	8	9	10
Distâncias										
Sujeito 1	13,90	16,75	17,42	17,76	14,20	16,15	14,63	16,91	15,67	15,02
Sujeito 2	5,79	8,16	6,69	4,99	4,40	4,03	5,49	4,36	4,49	6,78
Sujeito 3	11,29	11,02	9,04	8,48	9,36	9,98	11,58	8,07	7,73	10,18
Sujeito 4	4,99	8,49	6,52	6,75	5,24	4,32	6,05	7,30	7,44	7,71
Sujeito 5	2,70	6,79	4,09	4,59	3,52	2,66	3,36	3,43	5,45	5,42
Ordens de distâncias										
Sujeito 1	1	7	9	10	2	6	3	8	5	4
Sujeito 2	7	10	8	5	3	1	6	2	4	9
Sujeito 3	9	8	4	3	5	6	10	2	1	7
Sujeito 4	2	10	5	6	3	1	4	7	8	9
Sujeito 5	2	10	6	7	5	1	3	4	9	8

Tabela 1.21 – Disparidades de ordem quadráticas médias

| | Ordem k | | | | | | | | | | |
	1	2	3	4	5	6	7	8	9	Solução 1	Solução 2
Sujeito 1	8,8	7,8	9,0	4,6	4,2	1,4	1,6	0,0	0,0	0,65	–0,51
Sujeito 2	6,2	2,8	1,4	0,2	0,4	0,4	0,2	0,4	0,0	1,15	1,08
Sujeito 3	19,6	8,0	8,0	1,2	1,2	0,0	0,0	0,0	0,0	–0,16	1,51
Sujeito 4	1,4	1,0	1,2	1,6	1,6	1,6	0,6	0,2	0,0	1,39	–0,73
Sujeito 5	1,2	0,8	1,4	1,4	1,4	1,0	0,8	0,6	0,0	1,54	–0,21

1.6.2 Dados de comparação em pares

O método de comparação em pares (cf. Bock; Jones, 1968) tem sido um dos esteios na história do escalonamento psicológico. Para que uma escala de preferência unidimensional seja construída com base em dados de comparação em pares, devemos evitar julgamentos intransitivos (p. ex., A é preferido a B, B a C e C a A) e considerar as diferenças individuais como flutuações aleatórias de julgamentos. Em dados reais, porém, vemos muitos julgamentos intransitivos e diferenças individuais substanciais. Para analisarmos tais dados de comparação em pares, portanto, temos de considerar uma escala multidimensional e tratar as diferenças individuais como variáveis legítimas para análise. Esse modo de análise mais realista do que o método tradicional de comparações em pares é o que o escalonamento duplo oferece. Não é preciso preocupar-se com a unidimensionalidade, pois o escalonamento duplo gera tantas dimensões quantas os dados impuserem. Veremos como analisar dados de comparação em pares de maneira eficaz por meio do escalonamento duplo.

1.6.2.1 Alguns fundamentos

Para n objetos, crie todos os $n(n-1)/2$ possíveis pares, apresente cada par a N sujeitos e pergunte-lhes de qual objeto do par eles gostam mais. Colhidos dessa maneira, tais dados de comparação em pares têm matematicamente a mesma estrutura que os dados de ordem hierárquica N por n: T(sol) e T(inf) são idênticos àqueles de dados de ordem hierárquica. A única diferença é que, na ordem hierárquica, é preciso arrumar todos os objetos numa única ordem, ao passo que, na comparação em pares, é possível prever escolhas chamadas de intransitivas (p. ex., A é preferido a B, B é preferido a C e C é preferido a A). Para sujeito i e par (X_j, X_k), Nishisato (1978) definiu uma resposta variável, como segue:

$$_i f_{jk} = \begin{cases} 1 & \text{se } X_j > X_k \\ 0 & \text{se } X_j = X_k \ . \\ -1 & \text{se } X_j < X_k \end{cases} \qquad (28)$$

20 • SEÇÃO I / ESCALONAMENTO

Pode-se obter a tabela de dominância de sujeitos por objetos transformando $_i f_{jk}$ em e_{ij} pela seguinte fórmula:

$$e_{ij} = \sum_{\substack{k=1 \\ k \neq j}}^{n} {_i f_{jk}}. \qquad (29)$$

Lembremos que os números de dominância foram obtidos com facilidade para dados de ordem hierárquica por uma fórmula mais simples do que essa. O significado é o mesmo; isto é, e_{ij} é o número de vezes que o sujeito i preferiu X_j a X_k menos o número de vezes que o sujeito i preferiu outros objetos a X_j.

1.6.2.2 Planos para festa de Natal de Wiggins

Hoje, um bem-sucedido consultor em Toronto, Ian Wiggins, colheu, como tarefa do curso, dados de comparação em pares[4] de 14 pesquisadores de um instituto de pesquisa sobre seus oito planos para festa de Natal:

1. comes e bebes na casa de alguém à noite;
2. comes e bebes na sala do grupo;
3. um giro por bares/restaurantes depois do trabalho;
4. um almoço a preço razoável num restaurante próximo;
5. ficar sozinho;
6. um banquete noturno num restaurante;
7. comes e bebes na casa de alguém depois do trabalho;
8. um almoço chique num bom restaurante (toalhas de mesa).

A tabela 1.22 contém dados na forma de sujeitos (14) por pares (28 pares), sendo os elementos 1 se o sujeito prefere o primeiro plano ao segundo e 2 se o segundo plano é preferido ao primeiro (depois se substituirá "2" por "–1" para a análise). Os números de dominância estão na tabela 1.23. Como ocorre com os dados de ordem hierárquica, cada elemento da tabela de dominância de 14×8 é baseado em sete comparações. Ou, geralmente, para a tabela de dominância $N \times n$, cada elemento baseia-se em (n-1) comparações. Portanto, a frequência marginal de respostas para cada linha é $n(n - 1)$ e a de cada coluna é $N(n - 1)$.

Pela tabela de dominância, é claro que o Plano 5 não é muito popular, porque os correspondentes elementos dos 14 sujeitos são negativos em sua maioria. Se calcularmos os números de dominância média das oito colunas, talvez eles forneçam boas estimativas unidimensionais dos valores de preferência dos planos de festa, desde que as diferenças individuais sejam desprezíveis. Em DS,

Tabela 1.22 – Dados dos planos para festa de Natal de Wiggins

j	*1111111*	*222222*	*33333*	*4444*	*555*	*66*	*7*
k	*2345678*	*345678*	*45678*	*5678*	*678*	*78*	*8*
1	1121121	222222	21121	1121	121	21	2
2	2221212	121212	21112	1112	222	12	2
3	1111121	111121	11121	1121	222	21	1
4	2121112	111112	21222	1112	222	22	2
5	2221212	221222	21212	1111	222	12	2
6	1111111	221222	21222	1111	222	22	1
7	1111121	121121	21121	1121	222	22	1
8	1111121	121221	21221	1221	221	21	1
9	1221121	221122	11121	1121	222	22	1
10	1211222	221222	11111	1222	222	11	2
11	1211111	222222	11111	1111	222	22	2
12	2222122	121111	21111	1111	111	22	1
13	1211212	222222	11111	1212	222	11	2
14	2222121	211111	11111	2121	121	21	1

Tabela 1.23 – Tabela de dominância

j	*1*	*2*	*3*	*4*	*5*	*6*	*7*	*8*
1	3	–7	1	5	–1	–3	5	–3
2	–3	1	–1	5	–7	1	–5	7
3	5	3	1	–1	–7	–3	7	–5
4	1	5	–5	3	–7	–3	–1	7
5	–3	–3	1	7	–7	3	–3	5
6	7	–5	–3	5	–7	–1	3	1
7	5	1	–1	3	–7	–5	7	–3
8	5	–1	–3	1	–5	3	7	–7
9	1	–3	5	3	–7	–5	7	–1
10	–1	–5	7	–3	–7	5	1	3
11	5	–7	7	3	–5	–3	–1	1
12	–5	5	3	7	1	–7	–1	–3
13	1	–7	7	–1	–5	5	–3	3
14	–3	5	7	–1	1	–5	3	–7

Tabela 1.24 – Contribuições de sete soluções para a informação total

	Solução						
	1	*2*	*3*	*4*	*5*	*6*	*7*
Delta	34	26	16	13	7	3	1
DeltaCum	34	60	76	89	96	99	100

---

4. Dados usados com autorização de Ian Wiggins.

ponderamos sujeitos diferencialmente, de modo que a variância das oito médias ponderadas seja um máximo. Para o presente conjunto de dados, T(sol) é 7 e os correspondentes valores δ estão na tabela 1.24. Embora os pesos não estejam listados aqui, a solução 4 é dominada por apenas uma variável, ou seja, "giro por bares/restaurantes". Por

Figura 1.8 Soluções 1 e 2

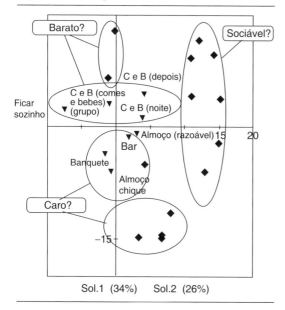

Figura 1.9 Soluções 1 e 3

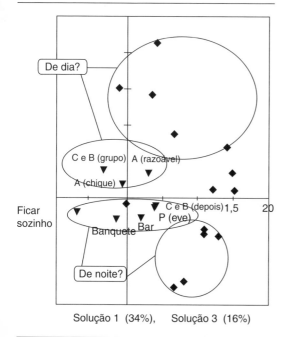

sua vez, as três primeiras soluções apresentam uma variedade de padrões de preferência. Vejamos, então, as três primeiras soluções. As figuras 1.8 e 1.9 mostram o seguinte: a dimensão 1 divide os planos de festa entre o lado sociável e o lado de "ficar sozinho"; a dimensão 2 separa os planos em caros e baratos; e a dimensão 3 divide os planos de festa em festas de dia e festas de noite. Note-se que os pesos dos sujeitos na solução 1 são mormente positivos, mas aqueles nas Soluções 2 e 3 estão muito mais uniformemente distribuídos do que na solução 1. Isso decorre da propriedade dos dados de dominância, em que os pesos dos sujeitos não estão centrados, devido à natureza ipsativa em linha desses dados, e podem variar livremente.

O fato de os sujeitos estarem dispersos no espaço tridimensional significa que diferentes sujeitos preferem diferentes planos de festa. Como já observamos, no espaço total, cada sujeito classifica o plano mais próximo primeiro. Os gráficos oferecem uma maneira interessante de observar diferenças de julgamento individuais: o DS pode abrigar quaisquer padrões ou combinações de diferentes aspectos da festa, tais como "de dia-barato", "de dia-caro", "de noite-barato" e "de noite-caro".

1.7 Classificação forçada para dados de múltipla escolha

Já vimos o escalonamento duplo de dados de múltipla escolha e observamos que ele maximiza a média de todos os possíveis coeficientes de correlação entre elementos. Às vezes, porém, não nos interessam todos os elementos, mas apenas um deles. Por exemplo, se colhemos informação sobre antecedentes médicos e psicológicos de crianças além de indagar se elas têm ou não problemas de alergia, estaríamos interessados em descobrir se as variáveis médicas e psicológicas podem ter relação com problemas de alergia. Nesse caso, já não nos interessa escalar dados para maximizar a correlação média entre variáveis, pois nosso interesse reside agora no método de escalonamento que maximize a correlação entre a variável alergia e as outras variáveis. Essa tarefa se realiza pelo procedimento denominado *classificação forçada*.

22 • SEÇÃO I / ESCALONAMENTO

Nishisato (1984) propôs, para realizar a tarefa anterior, um procedimento que é simplesmente análise discriminante com dados categóricos. O método baseia-se em dois princípios: o princípio de consistência interna (PCI) e o princípio de partição equivalente (PPE). Denominemos os dados de n perguntas de múltipla escolha de N sujeitos como

$$F = [F_1, F_2, \ldots, F_j, \ldots, F_n], \qquad (30)$$

em que F_j é uma matriz N por m_j na qual a linha i consiste na resposta do sujeito i ao elemento j, sendo 1 a escolha e 0s as não escolhas dentre m_j opções. Cada sujeito escolhe apenas uma opção por elemento. Suponha que repitamos F_j k vezes na matriz de dados. Quando k aumenta, os padrões de resposta em F_j tornam-se mais dominantes no conjunto de dados, e, finalmente, veremos que os padrões de resposta no F_j repetido determinam a primeira solução (PCI). Em vez de repetir F_j k vezes, sabe-se que os mesmos resultados de escalonamento duplo podem ser obtidos com a análise da seguinte matriz (PPE):

$$[F_1, F_2, \ldots, kF_j, \ldots, F_n]. \qquad (31)$$

Obtém-se essa matriz a partir da matriz original, substituindo cada 1 em F_j por um k. Assim, a computação aqui envolvida é DS comum com uma matriz de dados alterada pela multiplicação da submatriz escolhida por um escalar k grande o bastante. A seguir, exemplos de possíveis aplicações desse procedimento:

1. identificar traços de personalidade estreitamente relacionados com a deserção escolar;
2. verificar se o desempenho acadêmico é influenciado por alguns fatores ambientais (prédios escolares, computadores etc.);
3. ver se a alta pressão arterial está relacionada com as regiões onde as pessoas vivem;
4. colher perguntas sobre ansiedade para a elaboração de uma escala de ansiedade;
5. eliminar os efeitos da idade, se houver, de dados de consumidores sobre padrões de compra de cosméticos depois de perceber efeitos consideráveis decorrentes da idade.

Por ser limitado o espaço disponível para este capítulo, não damos aqui um exemplo numérico de classificação forçada. Vejam-se aplicações em pesquisa de *marketing* em Nishisato e Gaul (1990), bem como os últimos avanços em Nishisato e Baba (1999).

1.8 MATEMÁTICA DO ESCALONAMENTO DUPLO

1.8.1 Estrutura dos dados

Dada uma tabela de duas vias com elemento típico f_{ij}, a decomposição de valor singular pode ser descrita como decomposição bilinear:

$$f_{ij} = \frac{f_{i\cdot} f_{\cdot j}}{f_{\cdot\cdot}} [1 + \rho_1 y_{i1} x_{j1} + \rho_2 y_{i2} x_{j2} \\ + \cdots + \rho_k y_{ik} x_{jk}], \qquad (32)$$

na qual ρ_k é o k-ésimo maior valor singular, y_{ik} é o i-ésimo elemento do vetor singular y_k para as linhas, e x_{jk} é o j-ésimo elemento do vetor singular x_k para as colunas da tabela. Esses vetores singulares podem ser vistos como vetores de peso para as linhas e as colunas. O primeiro termo dentro dos colchetes – isto é, o elemento 1 – é chamado de solução trivial associada com o caso em que linhas e colunas são estatisticamente independentes. Outra expressão bastante conhecida da decomposição de valor singular é o que Benzécri *et al.* (1973) denominam *fórmulas de transição* e Nishisato (1980) chama de *relações duplas*:

$$y_{ik} = \frac{1}{\rho_k} \frac{\Sigma f_{ij} x_{jk}}{f_{i\cdot}}; \; x_{jk} = \frac{1}{\rho_k} \frac{\Sigma f_{ij} y_{ik}}{f_{\cdot j}}. \qquad (33)$$

Esses pesos y_{ik} e x_{jk} *são chamados pesos normatizados* (Nishisato, 1980) ou *coordenadas-padrão* (Greenacre, 1984). Se multiplicamos as fórmulas por ρ_k, os pesos resultantes chamam-se *pesos projetados* (Nishisato, 1980) ou *coordenadas principais* (Greenacre, 1984). Os pesos projetados são

$$\rho_k y_{ik} = \sum_{j=1}^{n} \frac{f_{ij} x_{jk}}{f_{i\cdot}}, \; \rho_k x_{jk} = \sum_{i=1}^{m} \frac{f_{ij} y_{ik}}{f_{\cdot j}}. \qquad (34)$$

Os conjuntos de fórmulas anteriores valem para qualquer matriz de dados (f_{ij}).

Para chegarmos a essas fórmulas, podemos definir a tarefa de muitas maneiras, o que é provavelmente uma das razões pelas quais tantos pesquisadores descobriram o método de forma independente e cunharam seus próprios nomes. Por exemplo, pode-se colocar o problema de qualquer uma das seguintes maneiras:

- Determinar x_{jk} e y_{ik} de modo que os dados ponderados por x_{jk} e aqueles ponderados por y_{ik} atinjam a máxima correlação produto-momento.
- Determinar x_{jk} para fazer com que a soma de quadrados entre linhas seja um máximo com relação à soma total dos quadrados; determinar y_{ik} para fazer com que a soma de quadrados entre colunas seja um máximo com relação à soma total dos quadrados.
- Determinar esses dois conjuntos de pesos para que a regressão das linhas sobre as colunas e a regressão das colunas sobre as linhas sejam simultaneamente lineares.
- Determinar esses dois conjuntos de pesos de modo que a soma das diferenças quadráticas entre f_{ij} e $\frac{f_i \cdot f_j}{f_{..}} x \rho y_{ik} x_{jk}$ seja um mínimo.

Todas elas resultam num idêntico conjunto de soluções (ρ_k, y_{ik}, x_{jk}). Há derivações matemáticas detalhadas em Benzécri (1973), Nishisato (1980, 1994), Greenacre (1984) e Gifi (1990).

1.8.2 Espaço de linha e espaço de coluna são diferentes

Estamos interessados nas relações entre linhas e colunas de uma tabela de duas vias – por exemplo, relações entre sujeitos e objetos escolhidos. Infelizmente, o espaço para variáveis de linha e o espaço para variáveis de coluna são diferentes, disparidade esta que se relaciona com o cosseno dos valores singulares. Em outras palavras, quando os valores singulares são relativamente grandes, a disparidade entre o espaço de linha e o espaço de coluna é comparativamente pequena. Quando queremos pôr as variáveis de linha e as de coluna no mesmo espaço, devemos representar graficamente pesos normatizados de linhas (ou colunas) e pesos projetados de colunas (ou linhas). Então ambos os conjuntos de pesos cobrem o mesmo espaço. Muitas vezes, falamos em escalonamento simétrico para indicar que tanto os pesos projetados de linhas quanto os de colunas estão representados, caso no qual se deve tomar muito cuidado ao avaliar suas distâncias, em razão da disparidade dos dois espaços. Ou melhor, o escalonamento simétrico só se justifica quando os valores singulares são próximos a 1. O escalonamento não simétrico de um conjunto de pesos a ser projetado para o outro é o matematicamente correto, mas, muitas vezes, temos de lidar com um problema bastante ruim quando há grande diferença entre a dispersão de pesos normatizados e aquela de pesos projetados, sendo a segunda, com frequência, muito menor do que a primeira, o que torna difícil a comparação entre elas. Veja, em Nishisato e Clavel (2003), uma análise sobre os espaços díspares e o cálculo de distâncias entre pontos em dois espaços diferentes.

1.8.3 Métrica qui-quadrado e tipos de dados

Um dos problemas difíceis da quantificação de dados de incidência reside em seu uso da métrica qui-quadrado, necessário simplesmente devido às características dos dados. Quando o Ponto A tem uma observação e o Ponto B tem nove observações, o ponto médio entre eles está a nove unidades de distância do A e a uma unidade do B. Eis um exemplo de métrica qui-quadrada, que é uma função recíproca do número de observações. No exemplo anterior, a distância entre A e o ponto médio vezes 1 (observação) é igual à distância entre o ponto médio e B vezes 9. Assim, o ponto com mais observações tem atração mais forte do que o ponto com menos observações.

Por outro lado, cada célula da tabela de dominância é representada por um número constante de observações (isto é, n – 1). Portanto, a métrica qui-quadrado se reduz à métrica euclidiana, em que o ponto médio entre A e B situa-se a meio caminho entre A e B. Convém lembrar, contudo, que o DS lida com os dados de dominância tratando os números de dominância como números cardinais, e não como ordinais. Até agora, não desenvolvemos uma maneira ordinal de lidar com números de dominância. Esse é um problema para futuras pesquisa. Outro ponto que exige cuidado é que tanto a *métrica qui-quadrado* quanto a *métrica euclidiana* estão definidas para o espaço euclidiano.

1.9 ANÁLISE LINEAR E ESCALONAMENTO DUPLO

No sistema de coordenadas principais, cada variável contínua é expressa como uma linha reta (eixo), enquanto as categorias de cada variável em DS já não ficam numa linha reta. Por consequência, quando os dados estão em espaço multidimensional, a contribuição ou a informação de cada variável em PCA é expressa pela longitude de seu vetor, que aumenta conforme a dimensionalidade aumenta, ao passo que a contribuição de cada variável em DS aumenta conforme a dimensionalidade aumenta de maneira claramente diferente de PCA. A contribuição em DS de cada variável para o espaço dado não é expressa pela longitude de vetor algum, mas pela área ou pelo volume formado ao ligar os pontos dessas categorias da variável.

Se um elemento tem três categorias, a informação da variável na dimensão dada é a área do triângulo obtido ao conectar os pontos de três categorias no espaço. A área do triângulo aumenta uniformemente conforme a dimensionalidade do espaço aumenta. Se uma variável tem quatro categorias, a informação da variável em espaço tridimensional ou de mais dimensões é dada pelo volume da forma criada ao conectar pontos de quatro categorias. Se a variável tem n categorias, a informação da variável em espaço de $n - 1$ ou mais dimensões é dada pelo volume da forma criada ao conectar n pontos.

Assim, ao estendermos a nossa imaginação para a variável contínua, na qual o número de categorias é considerado muito grande, embora finito, podemos concluir que a informação da variável no espaço dado deve ser expressa pelo volume de uma forma, e não pela longitude de um vetor. Essa conjectura pode ser reforçada pelo fato de muitas estatísticas essenciais associadas com o escalonamento duplo estarem relacionadas com o número de categorias de variáveis. A seguir, apresentamos alguns dos exemplos.

O número total de dimensões necessário para acomodar uma variável com m_j categorias é

$$N_j = m_j - 1. \qquad (35)$$

O número total de dimensões necessário para n variáveis é

$$N_T = \sum_{j=1}^{n}(m_j - 1) = \sum_{j=1}^{n} m_j - n = m - n. \qquad (36)$$

A quantidade total de informação nos dados – isto é, a soma dos quadrados dos valores singulares, excluindo 1 – é dada por

$$\sum_{k=1}^{K} \rho_j^2 = \frac{\sum_{j=1}^{n} m_j}{n} - 1 = \overline{m} - 1. \qquad (37)$$

Portanto, quando o número de categorias de cada variável aumenta, a informação total no conjunto de dados também aumenta. A informação da variável j com m_j é dada por

$$\sum_{k=1}^{m-n} r_{jt(k)}^2 = m_j - 1. \qquad (38)$$

Todos esses têm relação com o número de categorias de cada variável. Assim, podemos imaginar o que ocorrerá quando m_j aumentar até o infinito ou, na prática, até o número de observações (sujeitos) N. Logo, parece inevitável concluir que a informação total no conjunto de dados é muito mais do que a soma das longitudes de vetores das variáveis no espaço multidimensional: ela é a soma dos volumes de hiperesferas associadas com categorias de variáveis individuais.

Essa conclusão (Nishisato, 2002) indica como são poucas as informações captadas por análises lineares comuns, como PCA e análise de fatores. Tradicionalmente, define-se a informação total como a soma dos autovalores associados com um modelo linear. Mas acabamos de observar que ela parece incorreta, salvo se estivermos totalmente confinados dentro do contexto de um modelo linear. Num contexto mais geral, no qual consideremos relações lineares e não lineares entre variáveis, o DS oferece a soma dos autovalores como estatística razoável da informação total nos dados. Do mesmo modo que o analisador de ondas cerebrais filtra uma determinada onda, como a alfa, a maioria dos procedimentos estatísticos – em especial PCA, análise de fatores, outros métodos correlacionais e escalonamento multidimensional – age como um filtro linear e filtra a maior parte da informação proveniente dos dados, isto é, uma porção não linear dos dados. Nesse contexto, o escalonamento duplo deveria ser reavaliado e ressaltado como um meio para analisar informação tanto linear quanto não linear nos dados, sobretudo nas ciências comportamentais, nas quais as relações não lineares parecem ser mais abundantes do que as lineares.

REFERÊNCIAS

BARTLETT, M. S. The goodness of fit of a single hypothetical discriminant function in the case of several groups. *Annals of Eugenics*, 16, p. 199-214, 1951.

BELTRAMI, E. Sulle funzioni bilineari. *Giornale di Mathematiche*, 11, p. 98-106, 1873.

BENZÉCRI, J. P. Statistical analysis as a tool to make patterns emerge from data. *In*: WATANABE, S. (ed.). *Methodologies of pattern recognition*. Nova York: Academic Press, p. 35-74, 1969.

BENZÁCRI, J. P. *et al. L'analyse des donnees*: II. L'analyse des correspondances (The analysis of data: Vol. 2. The analysis of correspondences). Paris: Dunod, 1973.

BENZÉCRI, J. P. *Histoire et prehistoire de l'analyse des donnees* (History and prehistory of the analysis of data). Paris: Dunod, 1982.

BOCK, R. D. The selection of judges for preference testing. *Psychometrika*, 21, p. 349-366, 1956.

BOCK, R. D. Methods and applications of optimal scaling (University of North Carolina Psychometric Laboratory Research Memorandum, n. 25). Chapel Hill: Universidade da Carolina do Norte, 1960.

BOCK, R. D.; JONES, L. V. *Measurement and prediction of judgment and choice*. San Francisco: Holden-Day, 1968.

COOMBS, C. H. *A theory of data*. Nova York: John Wiley, 1964.

CRONBACH, L. J. Coefficient alpha and the internal structure of tests. *Psychometrika*, 16, p. 297-334, 1951.

DE LEEUW, J. *Canonical analysis of categorical data*. Leiden, Holanda: DSWO Press, 1973.

ECKART, C.; YOUNG, G. The approximation of one matrix by another of lower rank. *Psychometrika*, 16, p. 211-218, 1936.

ESCOFIER-CORDIER, B. L'analyse factorielle des correspondances. Paris: Bureau Univesitaire de Recherche Operationelle, Cahiers, Serie Recherche, Université de Paris, 1969.

FISHER, R. A. The precision of discriminant functions. *Annals of Eugenics*, 10, p. 422-429, 1940.

FISHER, R. A. *Statistical methods for research workers*. Londres: Oliver and Boyd, 1948.

FRANKE, G. R. Evaluating measures through data quantification: Applying dual scaling to an advertising copytest. *Journal of Business Research*, 13, p. 61-69, 1985.

GABRIEL, K. R. The biplot graphical display of matrices with applications to principal component analysis. *Biometrics*, 58, p. 453-467, 1971.

GIFI, A. *Nonlinear multivariate analysis*. Unpublished manuscript, 1980.

GIFI, A. *Nonlinear multivariate analysis*. Nova York: John Wiley, 1990.

GOWER, J. C.; HAND, D. J. *Biplots*. Londres: Chapman & Hall, 1996.

GREENACRE, M. J. *Theory and applications of correspondence analysis*. Londres: Academic Press, 1984.

GREENACRE, M. J.; BLASIUS, J. (eds.). *Correspondence analysis in the social sciences*. Londres: Academic Press, 1994.

GREENACRE, M. J.; TORRES-LACOMBA, A. *A note on the dual scaling of dominance data and its relationship to correspondence analysis* (Working Paper Ref. 430). Barcelona: Departament d'Economia i Empresa, Universitat Pompeu Fabra, 1999.

GUTTMAN, L. An approach for quantifying paired comparisons and rank order. *Annals of Mathematical Statistics*, 17, p. 144-163, 1946.

GUTTMAN, L. The quantification of a class of attributes: A theory and method of scale construction. *In*: COMITÊ DE ADAPTAÇÃO SOCIAL (ed.). *The prediction of personal adjustment*. Nova York: Social Science Research Council, p. 319-348, 1941.

HAYASHI, C. On the prediction of phenomena from qualitative data and the quantification of qualitative data from the mathematico-statistical point of view. *Annals of the Institute of Statistical Mathematics*, 3, p. 69-98, 1952.

HAYASHI, C. On the quantification of qualitative data from the mathematico-statistical point of view. *Annals of the Institute of Statistical Mathematics*, 2, p. 35-47, 1950.

HILL, M. O. Reciprocal averaging: An eigenvector method of ordination. *Journal of Ecology*, 61, p. 237-249, 1973.

HIRSCHFELD, H. O. A connection between correlation and contingency. *Cambridge Philosophical Society Proceedings*, 31, p. 520-524, 1935.

HORST, P. Measuring complex attitudes. *Journal of Social Psychology*, 6, p. 369-374, 1935.

HOTELLING, H. Analysis of complex of statistical variables into principal components. *Journal of Educational Psychology*, 24, p. 417-441, p. 498-520, 1933.

JACKSON, D. N.; HELMES, E. Basic structure content scaling. *Applied Psychological Measurement*, 3, p. 313-325, 1979.

JOHNSON, P. O. The quantification of qualitative data in discriminant analysis. *Journal of the American Statistical Association*, 45, p. 65-76, 1950.

JORDAN, C. Mémoire sur les formes bilinieres (Note on bilinear forms). *Journal de Mathematiques Pures et Appliquees, deuxiéme Série*, 19, p. 35-54, 1874.

LANCASTER, H. O. The structure of bivariate distribution. *Annals of Mathematical Statistics*, 29, p. 719-736, 1958.

LEBART, L.; MORINEAU, A.; WARWICK, K. M. *Multivariate descriptive statistical analysis*. Nova York: John Wiley, 1984.

LIKERT, R. A technique for the measurement of attitudes. *Archives of Psychology*, 140, p. 44-53, 1932.

LINGOES, J. C. Simultaneous linear regression: An IBM 7090 program for analyzing metric/nonmetric or linear/nonlinear data. *Behavioral Science*, 9, p. 87-88, 1964.

LORD, F. M. Some relations between Guttman's principal components of scale analysis and other psychometric theory. *Psychometrika*, 23, p. 291-296, 1958.

MAUNG, K. Measurement of association in contingency tables with special reference to the pigmentation of hair and eye colours of Scottish children. *Annals of Eugenics*, 11, p. 189-223, 1941.

MEULMAN, J. J. Multivariate analysis: Part I. Distributions, ordinations, and inference. Rev. W. J. Krzanowski e F. H. C. Marriott. *Journal of Classification*, 15, p. 297-298, 1998.

26 • SEÇÃO I / ESCALONAMENTO

MOSIER, C. I. Machine methods in scaling by reciprocal averages. *Proceedings, research forum*. Endicath, NY: International Business Corporation, p. 35-39, 1946.

NISHISATO, S. Optimal scaling of paired comparison and rank order data: An alternat. .o Guttman's formulation. *Psychometrika*, 43, p. 263-271, 1978.

NISHISATO, S. *Analysis of categorical data: Dual scaling and its applications*. Toronto: University of Toronto Press, 1980.

NISHISATO, S. Forced classification: A simple application of quantification technique. *Psychometrika*, 49, p. 25-36, 1984.

NISHISATO, S. Multidimensional analysis of successive categories. *In*: DE LEEUW, J.; HEISER, W.; MEULMAN, J.; CRITCHLEY, F. (eds.). *Multidimensional data analysis*. Leiden, Holanda: DSWO Press, 1986.

NISHISATO, S. *Effects of coding on dual scaling*. Paper presented at the annual meeting of the Psychometric Society. Los Angeles: University of California, jun. 1988.

NISHISATO, S. On quantifying different types of categorical data. *Psychometrika*, 58, p. 617-629, 1993.

NISHISATO, S. *Elements of dual scaling*. Hillsdale, NJ: Lawrence Erlbaum, 1994.

NISHISATO, S. Gleaning in the field of dual scaling. *Psychometrika*, 61, p. 559-599, 1996.

NISHISATO, S. Data analysis and information: Beyond the current practice of data analysis. *In*: DECKER, R.; GAUL, W. (eds.). *Classification and information processing at the turn of the millennium*. Heidelberg: Springer, p. 40-51, 2000.

NISHISATO, S. Differences in data structure between continuous and categorical variables as viewed from dual scaling perspectives, and a suggestion for a unified mode of analysis. *Japanese Journal of Sensory Evaluation*, 6, p. 89-94, 2002 (em japonês).

NISHISATO, S. Geometric perspectives of dual scaling for assessment of information in data. *In*: YANAI, H.; OKADA, A.; SHIGEMASU, K.; KANO, Y.; MEULMAN, J. J. (eds.). *New developments in psychometrics*. Tóquio: Springer, p. 453-463, 2003.

NISHISATO, S.; BABA, Y. On contingency, projection and forced classification of dual scaling. *Behaviormetrika*, 26, p. 207-219, 1999.

NISHISATO, S.; CLAVEL, J. G. A note on between-set distances in dual scaling and correspondence analysis. *Behaviormetrika*, 30(1), p. 87-98, 2003.

NISHISATO, S.; GAUL, W. An approach to marketing data analysis: The forced classification procedure of dual scaling. *Journal of Marketing Research*, 27, p. 354-360, 1990.

NISHISATO, S.; NISHISATO, I. *Dual scaling in a nutshell*. Toronto: MicroStats, 1994a.

NISHISATO, S.; NISHISATO, I. *The DUAL3 for Windows*. Toronto: MicroStats, 1994b.

NISHISATO, S.; SHEU, W. J. Piecewise method of reciprocal averages for dual scaling of multiple-choice data. *Psychometrika*, 45, p. 467-478, 1980.

NOMA, E. The simultaneous scaling of cited and citing articles in a common space. *Scientometrics*, 4, p. 205-231, 1982.

ODONDI, M. J. *Multidimensional analysis of successive categories (rating) data by dual scaling*. 1997. 198 f. Tese (Doutorado em Filosofia) – Departamento de Pós-Graduação em Educação, Universidade de Toronto, 1997.

PEARSON, K. On lines and planes of closest fit to systems of points in space. *Philosophical Magazines and Journal of Science, Series 6*, 2, p. 559-572, 1901.

RICHARDSON, M.; KUDER, G. F. Making a rating scale that measures. *Personnel Journal*, 12, p. 36-40, 1933.

SCHMIDT, E. Zür Theorie der linearen und nichtlinearen Integralgleichungen. Erster Teil. Entwickelung willkürlicher Functionen nach Systemaen vorgeschriebener. *Mathematische Annalen*, 63, p. 433-476, 1907.

SHESKIN, D. J. *Handbook of parametric and nonparametric procedures*. Boca Raton: CRC Press, 1997.

TAKANE, Y. Analysis of categorizing behavior. *Behaviormetrika*, 8, p. 75-86, 1980.

TORGERSON, W. S. *Theory and methods of scaling*. Nova York: John Wiley, 1958.

VAN DE VELDEN, M. Dual scaling and correspondence analysis of rank order data. *In*: HEIJMANS, R. D. H.; POLLOCK, D. S. G.; SATORRA, A. (eds.). *Innovations in multivariate statistical analysis*. Dordrecht, Holanda: Kluwer Academic, p. 87-99, 2000.

VAN METER, K. M.; SCHILTZ, M.; CIBOIS, P.; MOUNIER, L. Correspondence analysis: A history and French sociological perspectives. *In*: GREENACRE, M.; BLASIUS, J. (eds.). *Correspondence analysis in the social sciences*. Londres: Academic Press, p. 128-137, 1994.

WILLIAMS, E. J. Use of scores for the analysis of association in contingency tables. *Biometrika*, 39, p. 274-289, 1952.

Capítulo 2

ESCALONAMENTO MULTIDIMENSIONAL E DESDOBRAMENTO DE RELAÇÕES DE PROXIMIDADE SIMÉTRICAS E ASSIMÉTRICAS

WILLEM J. HEISER
FRANK M. T. A. BUSING*

2.1 INTRODUÇÃO:
RELAÇÕES E SISTEMAS RELACIONAIS

As ciências comportamentais e sociais produziram uma vasta metodologia para estudar as relações. Na psicologia, estudar relações implica, em muitos casos, estudar a força total de uma relação entre variáveis. Por exemplo, pode-se perguntar o quanto – se em alguma medida – a agressão depende da frustração. É comum se expressar a força de tais relações por meio de um coeficiente de correlação, uma razão F ou um valor qui-quadrado, e testar a sua significância. Contudo, há também ocasiões em que o interesse não está tanto na força total de uma única relação, mas nos *detalhes de um sistema relacional completo*. Em uma das aplicações a serem tratadas mais adiante, por exemplo, estuda-se a difusão do conhecimento numa rede social de doze publicações psicológicas, analisando os hábitos de citação entre todos os seus pares. Em outra

publicação, que servirá como exemplo de como estudar diferenças relacionais, o ponto de partida é um conjunto de pontuações fornecidas por seis amostras de juízes que tiveram de avaliar a relativa cordialidade ou hostilidade entre nações na época da Segunda Guerra Mundial. Em cada caso, o objetivo é modelar *todas as relações de pares* para descobrir ou confirmar quais fatores atuam no sistema, entre os muitos possíveis.

Uma vez que um sistema relacional pode envolver relações entre variáveis ou pessoas, entre estímulos ou respostas, entre processos ou conceitos e mesmo entre combinações de todos esses elementos, há espaço para uma variedade de sistemas relacionais. Portanto, é conveniente delinear a posição do escalonamento (MDS) e do desdobramento multidimensionais, que são um grupo de técnicas de análise para dados relacionais, quando comparados com algumas metodologias afins para analisar sistemas relacionais.

---

*Nota dos autores: Os autores agradecem a Natale Leroux pela ajuda com a entrada de dados do Breakfast.

2.1.1 Relações de proximidade e dominância

Para começar, o MDS e o desdobramento fornecem modelos para relações de proximidade. Quando Roger Shepard (1962) apresentou sua revolucionária técnica de escalonamento multidimensional não métrico, interessava-lhe modelar os erros de substituição entre estímulos durante a aprendizagem de identificação como uma maneira de descrever e explicar processos de generalização de estímulos por sua semelhança psicológica (Green; Anderson, 1955; Rothkopf, 1957). Mas ele também observou que, para outras classes de entes, a noção de semelhança ou de possibilidade de substituição parece inadequada enquanto ainda estamos interessados em relações de *proximidade* ou de *afastamento* – por exemplo, quando estudamos a comunicação entre pessoas em grupos (Frank, 1996) ou quando fazemos experimentos com associação de palavras ou tarefas de recordação livre (Henley, 1969). Depois, ele cunhou o termo genérico *proximidade* para todas as relações desse tipo.

O segundo pioneiro dos métodos de escalonamento e desdobramento multidimensionais, Clyde Coombs, expôs, em seu *Theory of Data* (1964), a noção de que toda observação psicológica pode ser interpretada como um sistema relacional e distinguiu as relações de proximidade das relações de *dominação* ou de *ordem*. *Proximidade* refere-se à cercania psicológica, que *é simétrica (se o laranja está perto do vermelho, o vermelho também deve estar perto do laranja), ao passo que dominação* diz respeito a uma hierarquia ou a um ordenamento entre os objetos envolvidos, o que implica falta de simetria (se Roger domina Clyde, Clyde não pode dominar Roger ao mesmo tempo). Técnicas típicas para o estudo de relações de dominação baseiam-se em modelos de comparação em pares se a relação é definida num conjunto de objetos, como estímulos (cf. Fischer; Molenaar, 1995; Van der Linden; Hambleton, 1997). Subsequentemente, nós só encontramos relações de dominação, de passagem, quando discutimos dados assimétricos. Elas são aqui mencionadas a título de contraste e porque a técnica de desdobramento tem sido associada com a análise de dados de dominação por Carroll (1980), DeSarbo e Rao (1984) e DeSarbo e Carroll (1985). Na terminologia deles, contudo, o termo *dominação* refere-se a relações de ordem entre proximidades, não entre pessoas e elementos.

2.1.2 Relações unipolares e bipolares

Para melhor delimitarmos nosso sujeito, introduzimos uma nova distinção. Uma medida de proximidade pode ser *bipolar* ou *unipolar*. Bipolaridade é o fato de uma medida poder ter três marcadores indicados na sua escala: um valor máximo associado com um polo, um valor neutro e um valor mínimo associado com um segundo polo. Exemplo prototípico de medida de proximidade bipolar é o coeficiente de correlação: como bem se sabe, ele mede a associação entre duas variáveis, que vão de +1, indicando perfeita associação (linear); passando por 0, indicando falta de associação (linear); até −1, indicando perfeita associação (linear) negativa. Em ambos os polos, as variáveis são completamente substituíveis, ao passo que, no ponto neutro, não é possível prever posições numa variável a partir de posições na outra. São também exemplos de medidas de proximidade bipolar a covariância, o τ de Kendall e qualquer outro coeficiente que meça a associação linear ou uniforme entre variáveis (cf. Coxon, 1982, cap. 2).

A unipolaridade caracteriza-se pela não negatividade, isto é, pela ausência de associação negativa e, portanto, pela ausência do polo negativo. Uma medida de proximidade unipolar – que pode ser entendida como semelhança ou dessemelhança – tem apenas dois marcadores em sua escala: um é associado com um polo, enquanto o outro é um ponto neutro. No caso de medida de semelhança, há algum valor máximo indicando igualdade ou possibilidade de substituição e um valor mínimo de zero que indica total falta de semelhança. Inversamente, no caso de uma medida de dessemelhança, há algum valor máximo indicando absoluta falta de semelhança e um valor mínimo de zero que indica igualdade ou possibilidade de substituição. Assim, o único polo de uma escala de proximidade unipolar está associado com máxima semelhança ou mínima dessemelhança, e o outro lado da escala desempenha o papel de um ponto zero numa escala de medida de proximidade bipolar: falta de parecença, falta de similaridade e falta de afinidade ou associação. Relações de proximidade unipolar constituíram o contexto original em que o MDS e o desdobramento foram desenvolvidos, enquanto as relações de proximidade bipolar formam o âmbito de análise de fatores e modelagem de equações estruturais. Assim, a diferença de polaridade resulta em diferente uso da geometria.

2.1.3 Relações empíricas tornam-se relações geométricas

Coombs (1964) defendeu com vigor a ideia de que qualquer sistema de relações empíricas pode ser modelado como um sistema de relações geométricas. Qual a ligação entre a polaridade e o tipo de modelo geométrico usado para representar o sistema de relações? Quando se mede a proximidade em uma escala bipolar, como no caso de correlações entre variáveis, é natural que se requeira um modelo geométrico no qual os três marcadores indicados também tenham uma representação definida. No modelo comum de análise de fatores (Mulaik, 1972; Yates, 1987), este requisito é atendido, de fato: as variáveis observadas e os fatores não observados são representados como vetores, e suas intercorrelações são representadas por ângulos entre esses vetores. Duas variáveis com uma correlação de +1 terão um ângulo de zero grau, duas variáveis com uma correlação de 0 terão um ângulo de 90 graus e duas variáveis com uma correlação de −1 terão um ângulo de 180 graus. Um modelo de escalonamento multidimensional das mesmas variáveis as representaria com um conjunto de pontos em vez de vetores e representaria suas intercorrelações por meio de alguma função decrescente das distâncias entre pontos – por exemplo, por alguma transformação ótima uniformemente decrescente, característica de MDS não métrico (Kruskal, 1964). Se a bipolaridade leva a um modelo geométrico em que cada elemento tem um antípoda (um vetor oposto exclusivo), a unipolaridade leva a um modelo geométrico em que tal noção inexiste.

Embora o escalonamento multidimensional não métrico de intercorrelações tenha sido difundido e usado com algum sucesso (Levy; Guttman, 1975; Paddock; Nowicki, 1986; Rounds; Davison; Dawis, 1979; Schlesinger; Guttman, 1969), em razão de sua tendência a dar representações de poucas dimensões, mais fáceis de compreender do que os resultados da análise de fatores, parece que também há inconvenientes. O MDS não fornece identificação de fatores nem qualquer outro mecanismo gerador de dados a partir dos quais se possam formar grupos de variáveis, ao passo que agrupar variáveis é, com frequência, a motivação final para os psicólogos analisarem suas intercorrelações. Ademais, preserva-se apenas um dos três marcadores da escala de correlação. Pares de variáveis com correlação 1 obterão distância zero (elas coincidirão), mas pares de variáveis com correlação 0 e com correlação perfeitamente negativa não são fáceis de distinguir nem de reconhecer na representação.

2.1.4 Aplicações recentes do escalonamento multidimensional

São numerosas as aplicações do escalonamento multidimensional em psicologia. Entre os exemplos recentes na psicologia cognitiva há trabalhos sobre aprendizagem de categorias e habilidades cognitivas (Griffth; Kalish, 2002; Lee; Navarro, 2002; Nosofsky; Palmeri, 1997); diagnósticos cerebrais, atividade neural e respostas evocadas (Bechmann; Gattaz, 2002; Laskaris; Ioannides, 2002; Samson; Zatorre; Ramsay, 2002; Welchew *et al.*, 2002); sentidos não visuais (Barry; Blamey; Martin, 2002; Berglund; Hassmen; Preis, 2002; Clark *et al.*, 2002; Francis; Nusbaum, 2002; Kappesser; Williams, 2002; Sulmont; Issanchou; Koster, 2002); e imagens e processos de comparação do corpo (Fischer; Dunn; Thompson, 2002; Viken *et al.*, 2002).

Todavia, há também muitas aplicações em áreas menos "sólidas", como cognição social e reconhecimento de emoções (Alvarado; Jameson, 2002; Green; Manzi, 2002; Pollick *et al.*, 2001); avaliação clínica por meio de tarefas cognitivas (Sumiyoshi *et al.*, 2001; Treat *et al.*, 2001; Treat *et al.*, 2002); questionários sobre vocação e preferências de lazer; avaliação de personalidade (Du Toit; De Bruin, 2002; Hansen; Scullard, 2002; Pukrop *et al.*, 2002; Shivy; Koehly, 2002); medição da qualidade de vida (Kemmler *et al.*, 2002; Mackie; Jessen; Jarvis, 2002; Takkinen; Ruoppila, 2001); psicologia intercultural (Smith *et al.*, 2002; Struch; Schwartz; Van der Kloot, 2002); comportamento comunicacional e influência social (Porter; Alison, 2001; Taylor, 2002); e conduta criminal e lida com o crime (Kocsis; Cooksey; Irwin, 2002; Lundrigan; Canter, 2001; Magley, 2002). As aplicações de desdobramento multidimensional ficaram muito atrás, certamente devido aos numerosos problemas técnicos, que criaram um sério obstáculo ao sucesso da análise de dados até recentemente.

2.1.5 Organização deste capítulo

O resto deste capítulo está organizado da seguinte maneira: a próxima seção apresenta o MDS e o desdobramento em pé de igualdade ao considerar uma tabela de proximidade quadrada que pode ser assimétrica. Examinam-se estratégias gerais para lidar com a assimetria, aplicando-as ao mesmo exemplo antes mencionado, referente a frequências de citação mútua entre publicações de psicologia. Em seguida, estendemos a análise a estratégias para o estudo de diferenças relacionais visando incluir projetos nos quais a coleta de dados de proximidade é feita em várias condições diferentes. Muitas dessas estratégias são demonstradas em mais duas aplicações: um estudo de MDS sobre atitudes nacionais no início da Segunda Guerra Mundial e um estudo de desdobramento sobre preferências de alimentos. O capítulo termina com uma discussão de alguns recentes avanços metodológicos.

2.2 Analisando uma relação de proximidade

A situação em que temos uma relação de proximidade entre os elementos de um conjunto de objetos é a clássica estrutura de escalonamento multidimensional, bem documentada na literatura (p. ex., Everitt; Rabe-Hesketh, 1997; Kruskal; Wish, 1978). Após um resumo da estrutura geral de MDS, damos especial atenção à análise de dados assimétricos e finalizamos esta seção com uma discussão relacionada com desdobramento, analisando uma relação de proximidade entre os elementos de dois conjuntos de objetos.

2.2.1 Estrutura geral de MDS

Em resumo, o objetivo do MDS é achar uma configuração de n pontos $\{x_i, i = 1,\ldots, n\}$, em que x_i tem coordenadas $\{x_{iu}, u = 1,\ldots, p\}$ especificando sua localização num modelo espacial p-dimensional. A configuração é geralmente bidimensional ($p = 2$), mas essa escolha só se justifica, é claro, se a adequação for razoavelmente boa. Avalia-se a qualidade da adequação determinando distâncias $d(x_i, x_j)$ entre todos os pares de pontos (é mais comum a distância euclidiana convencional). Essas distâncias entre pontos devem refletir as proximidades entre objetos: se dois objetos são relativamente similares nos dados, seus respectivos pontos devem estar próximos, mas, se dois objetos são relativamente dessemelhantes, seus respectivos pontos devem estar muito distantes. Mede-se (muito indiretamente) a excelência do ajuste da configuração pela qualidade do ajuste da equação de regressão não linear

$$\varphi[\delta(a_i, a_j)] = d(x_i, x_j) + \varepsilon_{ij}. \tag{1}$$

Aqui, $\delta(a_i, a_j)$ designa o valor de dessemelhança dado para objetos a_i e a_j, $\varphi[.]$ designa a transformação que expressa os valores de dessemelhança num conjunto de valores transformados $\hat{d}(a_i, a_j)$, chamados *pseudodistâncias* ou *d-chapéus*; e ε_{ij} são os resíduos. Em geral, $\varphi[.]$ será algum tipo de função selecionado que reflita o tipo de informação em $\delta(a_i, a_j)$ que queremos levar em consideração na análise. Por exemplo, $\varphi[.]$ poderia ser uma função linear com inclinação positiva e com ou sem uma ordenada na origem, ou poderia ser uma função degrau que atribui valores novos e identicamente ordenados ao $\delta(a_i, a_j)$ dado, de modo que apenas a informação de ordem hierárquica é preservada. Quando a relação entre os objetos é dada em termos de uma função de similaridade $\rho(a_i, a_j)$, é preciso que a transformação $\varphi[.]$ seja linear com inclinação negativa ou uniformemente decrescente.

2.2.1.1 Medidas de ajuste e pressupostos distribucionais

Em qualquer caso, conforme (1), as pseudodistâncias decorrem da *transformação ótima*, isto é, a transformação que otimiza o ajuste para x_i e x_j dados, e, portanto, são aproximadamente iguais ao $d(x_i$ e $x_j)$ em algum sentido definido. Medir a qualidade do ajuste de uma solução de MDS por um critério de mínimos quadrados foi uma ideia apresentada por Kruskal (1964), usando, de fato, a raiz do erro quadrático médio, que ele denominou *Stress* (o contrário de ajuste). Principalmente por conveniência de computação, Takane, Young e De Leeuw (1977) elevaram ao quadrado as distâncias em (1), chamando o resultado de função de deficiência do ajuste *S-Stress*. Observando que as proximidades são sempre não negativas, Ramsay (1977, 1978, 1980, 1982) propôs outra equação de regressão baseada na ideia de que as distâncias não sofrem influência de fatores aleatórios aditivos ε_{ij}, mas de fatores aleatórios positivos multiplicativos υ_{ij}, assimétricos distribuídos em torno de 1, de tal modo que log υ_{ij} está normalmente distribuído em torno de 0. De um ponto de vista similar, Takane (1981, 1982), Takane e Carroll (1981), Takane e Sergent (1983) e Sergent e Takane (1987) sugeriram e testaram diversos modelos de escalonamento multidimensional baseados numa variedade de pressupostos distribucionais para determinados processos de coleta de dados.

Aqui, ficamos no marco dos mínimos quadrados, que fornece estimativas de máxima probabilidade sob o pressuposto de erros normais. Reiteremos os pontos fortes: o método dos mínimos quadrados é flexível, os pesos podem ser usados para adequação de estruturas de erro atípicas e é sabido que funciona bem em uma ampla variedade de circunstâncias. Com efeito, Storms (1995) mostrou, num estudo de caso Monte Carlo, que violações da distribuição de erro pressuposta não tem praticamente efeito algum nos parâmetros estimados. Spence e Lewandowsky (1989) e Heiser (1988a) estudaram métodos aprofundados para MDS, mas chegaram à conclusão de que, com níveis de erro moderados, os métodos-padrão de MDS não são especialmente vulneráveis a valores anômalos, sobretudo quando as configurações iniciais usadas são sólidas.

2.2.1.2 Métodos probabilísticos

Também é possível fazer suposições distribucionais quanto ao lado do modelo da equação – isto é, quanto a x_i e x_j em (1) – do qual surgiu uma classe diferente de métodos (Ennis; Palen; Mullen, 1988; Mackay, 1989, 1995, 2001; Mullen; Ennis, 1991; Zinnes; Griggs, 1974; Zinnes; Mackay, 1983; Zinnes; Wolff, 1977). Esses modelos probabilísticos oferecem um mecanismo de variação aleatória bem diferente, cuja propriedade contraditória é que o valor esperado de um julgamento de dessemelhança sobre repetições pode ser muito distante do valor do modelo para a correspondente distância (chegando mesmo a não haver relação uniforme entre dessemelhança esperada e distância). Por isso, estudos Monte Carlo que utilizam perturbações aleatórias das localizações de ponto x_i para estudar o comportamento de métodos MDS

comuns – como Young (1970), Sherman (1972), Spence (1972) e Spence e Domoney (1974) – têm validez questionável. O mesmo comentário vale para os estudos de Girard e Cliff (1976), MacCallum e Cornelius (1977) e MacCallum (1979), que usaram um mecanismo de geração de dados com vieses nas distâncias pequenas e grandes.

2.2.1.3 O problema da assimetria

Fundamental na estrutura clássica do escalonamento multidimensional é o pressuposto da *simetria* da relação de proximidade – isto é, $\delta(a_i, a_j) = \delta(a_j, a_i)$ – de acordo com a simetria da função de distância aplicada no modelo geométrico. Com muita frequência, porém, dados relacionais não são simétricos em sua forma bruta. Por exemplo, em experimentos de identificação de estímulos, contam-se erros de confusão, e não é raro observar assimetrias bastante grandes entre a contagem de respondentes com a_j quando se apresenta o estímulo a_i e a contagem de respondentes com a_i após apresentação de a_j (cf. Heiser, 1988b). Talvez esses efeitos resultem da familiaridade com o estímulo ou com um viés na resposta ou de processos similares em outros contextos. É possível eliminá-los antes da análise ou incorporá-los explicitamente num modelo. Indicamos ao leitor estudos abrangentes sobre o tratamento da assimetria em Everitt e Rabe-Hesketh (1997, cap. 6) e Zielman e Heiser (1996).

Aqui, a atenção ficará restrita a duas estratégias para analisar dados relacionais assimétricos: a primeira divide a relação em duas partes e acha duas representações de um único conjunto de objetos; e a segunda considera os elementos de linhas e colunas da matriz de dados como dois diferentes tipos de entes e acha uma única representação de dois conjuntos de objetos. Tomando as frequências como nosso precedente de coleta de dados, chamamos as observações brutas de f_{ij} com $i = 1,\ldots, n$ e $j = 1,\ldots, n$, e supomos $f_{ij} > 0$ para todo i, j.

2.2.2 Fazer duas representações de um único conjunto de objetos

Antes de qualquer exame da autêntica assimetria, costuma ser conveniente eliminar os efeitos

32 • SEÇÃO I / ESCALONAMENTO

principais dos dados, que refletem a tendência de alguns objetos a terem frequências sempre mais altas que outros porque têm maior destaque, são mais conhecidos ou, de alguma maneira, mais volumosos. Uma simples correção para tais efeitos principais é equalizar todas as autossimilaridades pela padronização

$$s_{ij} = \frac{f_{ij}}{\sqrt{f_{ii}f_{jj}}}, \qquad (2)$$

que garante que $s_{ii} = 1$ para todo i. O uso dessa padronização tem por fundamento que, se o modelo simples $f_{ij} = \alpha_i \alpha_j \theta_{ij}$ valer, sendo α_i algum parâmetro de efeito principal específico do objeto e θ_{ij} um parâmetro de interação com elementos diagonais iguais ($\theta_{ii} = 1$), esses pressupostos dariam $s_{ij} = \theta_{ij}$ em (2). Note-se que essa padronização não afeta a assimetria em f_{ij}, exceto pela escala; ou seja, as chances de um lado e de outro da diagonal permanecem iguais: $s_{ij} / s_{ji} = f_{ij} / f_{ji}$.

2.2.2.1 Decomposição multiplicativa

Considere, agora, a decomposição multiplicativa de s_{ij} num fator simétrico e em outro assimétrico,

$$s_{ij} = r(a_i, a_j) \, t(a_i, a_j), \qquad (3)$$

em que os dois fatores constitutivos se definem como

$$r(a_i, a_j) = \sqrt{s_{ij}s_{ji}}, \qquad (4a)$$

$$t(a_i, a_j) = \sqrt{\frac{s_{ij}}{s_{ji}}}. \qquad (4b)$$

Nessas definições, os objetos são – mais uma vez – definidos explicitamente por a_i e a_j, por razões que, em breve, ficarão evidentes. Verifica-se, facilmente, por substituição de $r(a_i, a_j)$ e $t(a_i, a_j)$, que a equação (3) é sempre correta, e, portanto, a decomposição pode ser feita sempre sem quaisquer outras condições. Também fica claro em (4a) que o primeiro fator é simétrico, $r(a_i, a_j) = r(a_j, a_i)$ e que é igual à média geométrica dos elementos acima e abaixo da diagonal da matriz $\mathbf{S} = \{s_{ij}\}$, enquanto (4b) mostra que o segundo fator é assimétrico: dois elementos correspondentes em lados opostos da diagonal têm uma relação perfeitamente inversa, $t(a_i, a_j) = 1/t(a_j, a_i)$.

2.2.2.1.1 Lei universal da generalização de Shepard

Combinando (4a) com (2), obtemos a medida de similaridade simétrica

$$r(a_i, a_j) = \sqrt{\frac{f_{ij}f_{ji}}{f_{ii}f_{jj}}}, \qquad (5)$$

uma expressão desenvolvida, em primeiro lugar, por Shepard (1957) para processos de generalização de estímulo e resposta. Nesse trabalho, ele expôs também o fundamento para ligar a similaridade à distância pela regra

$$r(a_i, a_j) = e^{-d(x_i, x_j)}. \qquad (6)$$

Se (6) é correta, segue-se que um MDS não métrico de $r(a_i, a_j)$, baseado em (1), deveria resultar na transformação $\varphi[.] = -\log$. Provas obtidas em mais de dez estudos (Shepard, 1987; cf. também Nosofsky, 1992) envolvendo sujeitos humanos e animais e estímulos tanto visuais como auditivos têm confirmado essa hipótese, e, portanto, a função de declínio exponencial (6) foi denominada *lei universal da generalização*.

2.2.2.1.2 Modelo de escolha de Luce

Combinando (4b) com (2), encontramos

$$t(a_i, a_j) = \sqrt{\frac{f_{ij}}{f_{ji}}}, \qquad (7)$$

que podemos interpretar como a raiz das probabilidades de se responder com a_j se se apresenta a_i contra o oposto; $t(a_i, a_j)$ é uma medida natural da relação de dominação entre a_i e a_j. O modelo mais simples para a relação de dominação é o de Bradley-Terry-Luce (BTL), uma teoria da escolha desenvolvida por Bradley e Terry (1952) e depois ampliada e provida de uma base axiomática por Luce (1959). Ela expressa que a probabilidade de a_i dominar a_j depende apenas dos dois parâmetros não negativos associados com cada objeto, α_i e α_j, e não de qualquer outro parâmetro:

$$p_{ij} = \frac{\alpha_i}{\alpha_i + \alpha_j}. \qquad (8)$$

De (8) resulta que $p_{ij} + p_{ji} = 1$ e que a raiz das probabilidades definidas em (7) é $\sqrt{\alpha_i / \alpha_j}$, simplesmente a raiz do quociente dos dois parâmetros.

Resumindo o desenvolvimento até aqui, podemos decompor qualquer conjunto assimétrico de similaridades $\{s_{ij}\}$ em um componente simétrico $\{r(a_i, a_j)\}$, no qual podemos fazer algum tipo de escalonamento multidimensional, e um componente assimétrico $\{t(a_i, a_j)\}$, no qual podemos adequar o modelo BTL ou outro modelo similar para dados de comparação em pares.

2.2.2.2 Decomposição aditiva

Até aqui, todas as operações foram multiplicações e divisões. No entanto, quando se trabalha com frequências, muitas vezes é desejável usar uma escala logarítmica, como se faz na análise log-linear (Wickens, 1989). Obtém-se uma versão aditiva da decomposição básica (3) tirando o logaritmo de ambos os lados da equação, o que dá

$$\mu_{ij} = \rho(a_i, a_j) + \tau(a_i, a_j), \qquad (9)$$

em que $\mu_{ij} = \log s_{ij}$, $\rho(a_i, a_j) = \log r(a_i, a_j)$ e $\tau(a_i, a_j) = \log t(a_i, a_j)$. Os equivalentes de (4a) e (4b) são

$$\rho(a_i, a_j) = \frac{1}{2}[\mu_{ij} + \mu_{ji}], \qquad (10a)$$

$$\tau(a_i, a_j) = \frac{1}{2}[\mu_{ij} - \mu_{ji}]. \qquad (10b)$$

Em geral, qualquer matriz pode ser decomposta aditivamente como em (9), isto é, na soma de um componente simétrico (10a) e um componente antissimétrico (10b). Em vez de uma média geométrica (4a), temos agora uma média aritmética (10a), e, em vez da propriedade de antissimetria $t(a_i, a_j) = 1/t(a_i, a_j)$, temos agora a propriedade de assimetria $\tau(a_i, a_j) = -\tau(a_i, a_j)$. A decomposição aditiva de matrizes assimétricas é bem conhecida pelo trabalho de Gower (1977), embora a ideia pareça ser muito anterior: Halmos (1958, p. 136) chama-a de *decomposição cartesiana*. Como Gower assinala, os componentes $\rho(a_i, a_j)$ e $\tau(a_i, a_j)$ não estão correlacionados, por isso podemos analisá-los separadamente por mínimos quadrados.

2.2.2.3 Aplicação: frequências de citação entre publicações psicológicas

Para ilustrar esse enfoque da assimetria, reanalisamos agora alguns dados colhidos por Weeks e Bentler (1982) sobre padrões de citação entre 12 publicações psicológicas. As frequências brutas estão reproduzidas na tabela 2.1, junto com a lista das publicações utilizadas. Cada número na tabela 2.1 indica quantas vezes um artigo na publicação da linha cita algum artigo na publicação da coluna. É claro que o *Journal of Personality and Social Psychology* (*JPSP*) gera, de longe, o maior número de citações, incluindo muitas autocitações, ao passo que o *American Journal of Psychology* (*AJP*) e o *Multivariate Behavioral Research* (*MBR*) têm um número de citações bastante baixo (principalmente devido ao pequeno número de artigos por ano); o *AJP* cita mais frequentemente o *Journal of Experimental Psychology* (*JEP*) do que a si mesmo, e o *MBR* cita mais a *Psychometrika* do que a si mesmo. A fim de evitar problemas com frequências zero, somamos 0,5 a todos os valores da tabela. Então o cálculo de s_{ij} foi efetuado segundo (2); as similaridades simétricas $\rho(a_i, a_j)$, segundo (10a), onde se procedeu a adicionar o valor mínimo para que nenhuma quantidade seja negativa; e os dados de dominância antissimétricos $\tau(a_i, a_j)$, segundo (10b). Os resultados estão dados na tabela 2.2 acima e abaixo da diagonal, respectivamente.

2.2.2.3.1 Análise da parte simétrica por MDS

Depois, as semelhanças simétricas na seção triangular superior da tabela 2.2 foram introduzidas no programa de MDS PROXSCAL[1], com a opção de transformação ordinal escolhida, e inicializadas com a clássica solução de Torgerson (1958) nas quantidades $\rho_{máx} - \rho(a_i, a_j)$, em que $\rho_{máx}$ é o valor máximo de similaridade. A figura 2.1 mostra a solução bidimensional (como temos 12 $(12 - 1)/2 = 66$ valores de dados independentes, concentramo-nos aqui em $p = 2$, o que requer 2 $(12 - 1) - 1 = 21$ parâmetros livres para serem estimados). O ajuste da solução de acordo com Stress-1 de Kruskal é 0,192, que é "razoável", conforme as qualificações de Kruskal (1964). Em função da porcentagem de dispersão assumida (%DAF) – definida como 100 vezes a soma das

---

1. PROXSCAL é distribuído por SPSS, Inc., 233 S. Wacker Drive, 11th Floor, Chicago, IL 60606-6307 (www.spss.com), como parte do pacote de Categorias.

34 • SEÇÃO I / ESCALONAMENTO

Tabela 2.1 – Dados de citação em publicações

	AJP	JABN	JPSP	JAPP	JCPP	JEDP	JCCP	JEP	PKA	PB	PR	MBR
AJP	31	10	10	1	36	4	1	119	2	14	36	0
JABN	7	235	55	0	13	4	65	25	3	50	31	0
JPSP	16	54	969	28	15	21	89	62	16	149	141	16
JAPP	3	2	30	310	0	8	5	7	6	71	14	0
JCPP	4	0	2	0	386	0	2	13	1	22	35	1
JEDP	1	7	61	10	2	100	6	5	4	18	9	2
JCCP	0	105	55	7	3	10	331	3	19	89	22	8
JEP	9	20	16	0	32	6	1	120	2	18	46	0
PKA	2	0	0	0	0	6	0	6	152	31	7	10
PB	23	46	124	117	138	7	86	84	62	186	90	7
PR	9	2	21	6	3	0	0	51	30	32	104	2
MBR	0	7	14	4	0	0	24	3	95	46	2	56

FONTE: Weeks; Bentler, 1982.

NOTA: As linhas representam publicações que dão citações; as colunas representam publicações que recebem citações. Dados colhidos em 1979. Publicações e suas abreviaturas: *AJP = American Journal of Psychology*; *JABN = Journal of Abnormal Psychology*; *JPSP = Journal of Personality and Social Psychology*; *JAPP = Journal of Applied Psychology*; *JCPP = Journal of Comparative and Physiological Psychology*; *JEDP = Journal of Educational Psychology* (só números 1-3); *JCCP = Journal of Consulting and Clinical Psychology*; *JEP = Journal of Experimental Psychology (General)*; *PKA = Psychometrika*; *PB = Psychological Bulletin*; *PR = Psychological Review*; *MBR = Multivariate Behavioral Research*.

Tabela 2.2 – Dados de citação de periódicos: decomposição em partes simétricas e assimétricas

	AJP	JABN	JPSP	JAPP	JCPP	JEDP	JCCP	JEP	PKA	PB	PR	MBR
AJP	0	4,37	4,06	2,88	4,49	3,57	1,87	6,04	3,32	5,22	5,52	2,21
JABN	0,17	0	4,48	1,16	1,89	3,37	5,43	4,65	1,68	5,18	3,77	2,56
JPSP	−0,23	0,01	0	3,72	2,06	4,49	4,56	4,28	1,75	5,51	4,89	3,93
JAPP	−0,42	−0,80	−1,03	0	0,10	3,72	2,73	2,04	1,85	5,68	3,72	2,16
JCPP	1,05	1,65	0,91	0	0	1,47	1,85	4,31	1,01	5,07	3,75	1,51
JEDP	0,55	−0,26	−0,53	−0,11	−0,80	0	3,55	3,73	3,51	4,19	2,79	2,43
JCCP	0,55	−0,24	0,24	−0,16	−0,17	−0,24	0	2,18	2,37	5,61	2,63	4,40
JEP	1,27	0,11	0,67	1,35	−0,44	−0,08	0,42	0	3,13	5,31	5,82	2,51
PKA	0	0,97	1,75	1,28	0,55	−0,18	1,83	−0,48	0	5,31	5,82	2,51
PB	−0,24	0,04	0,09	−0,25	−0,91	0,45	0,02	−0,76	−0,34	0	5,70	4,94
PR	0,67	1,27	0,94	0,40	1,16	1,47	1,90	−0,05	−0,70	0,51	0	3,22
MBR	0	−1,35	0,06	−1,10	0,55	0,80	−0,53	−0,97	−1,10	−0,91	0	0
$\hat{\beta}_i$	0,28	0,10	0,36	0,22	−0,31	0,28	0,30	−0,46	−0,66	0,12	−0,63	0,38

NOTA: A parte triangular superior contém similaridades simétricas; a parte triangular inferior contém dominâncias antissimétricas. Publicações e suas abreviaturas: *AJP = American Journal of Psychology*; *JABN = Journal of Abnormal Psychology*; *JPSP = Journal of Personality and Social Psychology*; *JAPP = Journal of Applied Psychology*; *JCPP = Journal of Comparative and Physiological Psychology*; *JEDP = Journal of Educational Psychology*; *JCCP = Journal of Consulting and Clinical Psychology*; *JEP = Journal of Experimental Psychology (General)*; *PKA = Psychometrika*; *PB = Psychological Bulletin*; *PR = Psychological Review*; *MBR = Multivariate Behavioral Research*.

distâncias ao quadrado, dividida pela soma das pseudodistâncias ao quadrado[2] (Heiser; Groenen, 1997), e que é comparável à porcentagem de variância assumida, exceto que não se exclui a média – o ajuste é de 96,3%, bastante satisfatório. Para darmos uma impressão visual do ajuste, fornecemos, na figura 2.2a, um gráfico de regressão das distâncias ajustadas em função das proximidades transformadas, por sua vez representadas graficamente em função das similaridades originais $\rho(a_i, a_j)$ na figura 2.2b, num assim chamado gráfico de transformação. A figura 2.2b mostra que os valores uniformemente decrescentes das proximidades transformadas (que preservam a ordem das proximidades originais) são muito próximos a uma transformação linear de $\rho(a_i, a_j) = \log r(a_i, a_j)$, com inclinação negativa. Isso implica que

---

2. A dispersão assumida é igual a 1 menos a quantidade realmente minimizada em PROPXSCAL.

Figura 2.1 Solução de MDS ordinal bidimensional para a parte simétrica dos dados de citação de publicações

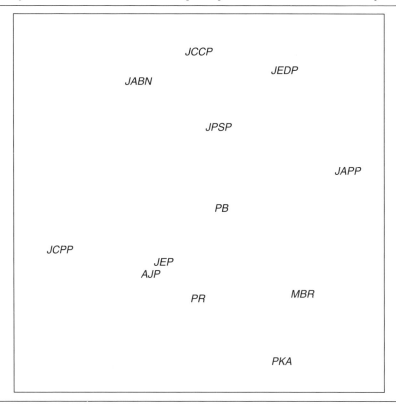

NOTA: Publicações e suas abreviaturas: *AJP* = *American Journal of Psychology*; *JABN* = *Journal of Abnormal Psychology*; *JPSP* = *Journal of Personality and Social Psychology*; *JAPP* = *Journal of Applied Psychology*; *JCPP* = *Journal of Comparative and Physiological Psychology*; *JEDP* = *Journal of Educational Psychology*; *JCCP* = *Journal of Consulting and Clinical Psychology*; *JEP* = *Journal of Experimental Psychology (General)*; *PKA* = *Psychometrika*; *PB* = *Psychological Bulletin*; *PR* = *Psychological Review*; *MBR* = *Multivariate Behavioral Research*.

(6) é correta, confirmando a lei de Shepard. A localização das publicações na figura 2.1 é próxima ao resultado que Weeks e Bentler (1982) obtiveram com seu modelo específico. Ela mostra o *Psychological Bulletin* (*PB*) no centro e, em sentido anti-horário, um grupo clínico-socioeducacional na parte de cima, um grupo fisiológico-cognitivo no canto inferior esquerdo, um grupo quantitativo-metodológico no canto inferior direito e, finalmente, o *Journal of Applied Psychology* (*JAPP*), sendo este o que menos se comunica com o *Journal of Comparative and Physiological Psychology* (*JCPP*).

2.2.2.3.2 Análise BTL da parte antissimétrica
Como Fienberg e Larntz (1976) foram os primeiros a ressaltar, as estimativas de probabilidade máxima dos parâmetros BTL em sua forma logarítmica ($\beta_i = \log \alpha_i$) podem ser obtidas mediante o programa de análise log-linear padrão (cf. Wickens, 1989, p. 255-257). Pode-se obter estimativas simples de mínimos quadrados desses parâmetros β com mais facilidade pegando as médias de coluna de uma matriz que tenha os mesmos elementos triangulares inferiores da tabela 2.2, indicados por $\tau(a_i, a_j)$, e elementos triangulares superiores definidos como $\tau(a_j, a_i) = -\tau(a_i, a_j)$; tais médias de coluna estão dadas na última linha da tabela 2.2. Os valores estimados de escala BTL variam entre –0,66 e 0,38, uma faixa relativamente pequena (são comparáveis a valores *z*), indicando assimetria moderada. Com efeito, as quantidades relativas de simetria e assimetria na tabela podem ser expressas quantitativamente porque o fato de $\rho(a_i, a_j)$ e $\tau(a_i, a_j)$ não terem correlação implica que podemos

Figura 2.2 Gráficos de dispersão de dados de citação em publicações

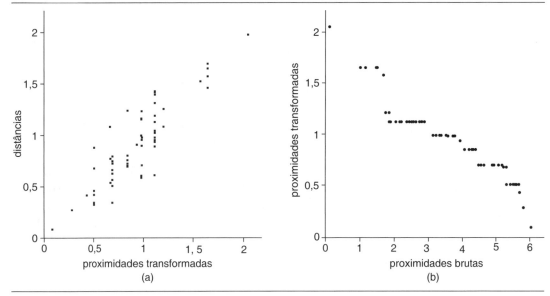

NOTA: O painel (a) mostra o gráfico de regressão de distâncias adequadas em função de proximidades transformadas, e o painel (b) mostra o gráfico de transformação de proximidades transformadas em função de frequências de entrada registradas.

derivar de (9) uma decomposição aditiva da soma dos quadrados dos valores μ_{ij}:

$$SSQ[\mu_{ij}] = SSQ[\rho(a_i, a_j)] + SSQ[\tau(a_i, a_j)]. \quad (11)$$

Nesse exemplo, obtemos $SSQ[\mu_{ij}] = 1030,22$, $SSQ[\rho(a_i, a_j)] = 988,88$ e $SSQ[\tau(a_i, a_j)] = 41,34$, resultando que as contribuições relativas do componentes simétrico e do assimétrico são 96% e 4%, respectivamente. Como mostra a última linha da tabela 2.2, *PKA, PR, JEP* e *JCPP* são publicações que costumam ser citadas, enquanto *MBR, JPSP* e *Journal of Consulting and Clinical Psychology (JCCP)* tendem a citar outras mais do que são citadas.

2.2.3 Desdobramento: análise da relação de proximidade entre dois conjuntos de objetos

No exemplo da contagem de citações entre publicações, poderíamos também considerar que os elementos de linha são diferentes dos elementos de coluna porque têm diferentes funções: as publicações das filas citam, enquanto as das colunas são citadas. De um modo mais geral, poderíamos considerar a relação de proximidade como uma entre um conjunto de objetos de linha $\{a_i, i = 1,..., n\}$ em um conjunto de objetos de coluna $\{b_j, j = 1,..., m\}$, a ser representada como um conjunto de pontos de linha $\{x_i, i = 1,..., n\}$ e um conjunto de pontos de coluna $\{y_j, j = 1,..., m\}$, respectivamente, onde x_i tem coordenadas $\{x_{iu}\}$, como antes, e y_j tem coordenadas $\{y_{ju}\}$.

2.2.3.1 Definição geral de desdobramento

Na situação de desdobramento geral, não necessariamente temos $n = m$, como ocorre no exemplo atual da citação, e poderíamos até ter tipos de objetos completamente diferentes em linhas e colunas. Mais habitualmente para desdobramento, em geral, o conjunto $\{a_i\}$ refere-se a pessoas; o conjunto $\{b_j\}$, a elementos de atitude ou estímulos; e a relação de proximidade expressa a força com que uma determinada pessoa a_i defende um determinado elemento b_j, ou a quantidade relativa de tempo ou dinheiro que a_i estaria disposta a gastar em b_j. Na representação espacial buscada, determinamos a distância euclidiana entre x_i e y_j pela fórmula

$$d(x_i, y_j) = \sqrt{\sum_u (x_{iu} - y_{ju})^2}. \quad (12)$$

Há um modelo relacionado para analisar diferenças individuais de classificações ou pontuações, muitas vezes incluído no conceito de desdobramento (Carroll, 1972; Nishisato, 1994, 1996): é o assim chamado modelo vetorial, concebido de forma independente por Tucker (1960) e Slater (1960). Posto que este capítulo se limita a modelos de distância, ao passo que o modelo de Tucker-Slater utiliza produtos internos entre vetores para representar os dados, recomendamos a obra de Heiser e De Leeuw (1981) ao leitor interessado numa comparação detalhada entre os dois.

2.2.3.2 Desdobramento de uma tabela quadrada

Note-se que a distância euclidiana usada em MDS é uma versão restrita de (12), para a qual se requer que os dois conjuntos de pontos coincidam: temos $y_{ju} = x_{iu}$ para os correspondentes i e j. Essas restrições têm duas consequências que tornam a distância usada no desdobramento fundamentalmente diferente da distância usada em MDS e que ficam especialmente aparentes na análise de tabelas quadradas. Primeiro, embora a equação (12) seja simétrica, no sentido de que $d(x_i, y_j) = d(y_j, x_i)$, esse fato só implica que, se transpusermos a matriz de distâncias e trocarmos os dois conjuntos de objetos ao mesmo tempo, nada terá mudado de fato. Entretanto, embora tenhamos $d(x_i, x_j) = d(x_j, x_i)$ no modelo comum de MDS, geralmente encontramos $d(x_i, x_j) \neq d(x_j, x_i)$ no modelo de desdobramento (desde que a gama de subscritos permita). Logo, as distâncias são inerentemente assimétricas no desdobramento. No exemplo da citação, a diagonal representa a quantidade de autocitações, que pode ser um atributo característico de uma publicação e de público leitor. Se observarmos os dados brutos na tabela 2.1, já temos a impressão de que o *Journal of Educational Psychology* (*JEDP*) tem uma quantidade relativamente grande de autocitações, enquanto o *JPSP* – cujo número absoluto de autocitações é muito maior – é citado por outros ou cita outros com relativa frequência.

2.2.3.3 Correção dos dados em função dos efeitos principais independentes

É evidente que, também no caso do desdobramento, é uma boa ideia corrigir em função dos efeitos principais. Se as publicações citassem umas às outras completamente, de uma forma aleatória, esperaríamos que as frequências conjuntas correspondessem à fórmula habitual para as frequências esperadas (e_{ij}) em condições de independência:

$$e_{ij} = N\left(\frac{f_{i+}}{N}\right)\left(\frac{f_{+j}}{N}\right) = \frac{f_{i+}f_{+j}}{N}, \qquad (13)$$

isto é, o produto da probabilidade estimada de citar e da probabilidade estimada de ser citado multiplicado pelo número total de citações N (aqui, o + nos totais marginais substitui o índice sobre o qual somamos). Como medida de similaridade a ser usada na análise de desdobramento, definimos a probabilidade de a publicação a_i citar a publicação b_j contra o que esperamos em condições de independência:

$$\rho(a_i, b_j) = \frac{f_{ij}}{e_{ij}} = \frac{Nf_{ij}}{f_{i+}f_{+j}}. \qquad (14)$$

Essas similaridades estão expressas na tabela 2.3. Note-se que $\rho(a_i, b_j) = 1$ se a publicação a_i cita a publicação b_j como se espera, de acordo com o tamanho das publicações (como *JPSP* em relação a *Psychological Review* [PR]); $\rho(a_i, b_j) < 1$ se a publicação a_i não cita a publicação b_j como se espera, de acordo com o tamanho (como *JCPP* e *JCCP*, reciprocamente); e $\rho(a_i, b_j) > 1$ se a publicação a_i não cita a publicação b_j com certa frequência (como *MBR* com relação a *PM*). As autocitações também são maiores do que o esperado. A probabilidade de um artigo no *JEDP* citar outro artigo no *JEDP* (ou ser citado por ele) em lugar de trocar referências com as outras publicações psicológicas é de 16 para 1. A *MBR* e a *PKA* também são bastante autônomas, ao passo que o *PB* e o *JPSP* são muito abertos. Na representação de desdobramento, $\rho(a_i, b_j) < 1$ resultará em uma distância $d(x_i, y_j)$ relativamente grande e $\rho(a_i, b_j) > 1$, em uma distância $d(x_i, y_j)$ relativamente pequena.

2.2.3.4 Desdobramento de frequências de citação

A figura 2.3 dá a solução de desdobramento em duas dimensões, com uma única transformação ordinal sobre toda a tabela, porque todas as inserções são comparáveis. Nessa figura, os círculos abertos indicam as posições que citam, e os

38 • SEÇÃO I / ESCALONAMENTO

Tabela 2.3 – Dados de citação de publicações: probabilidade de uma publicação de linha citar uma publicação de coluna contra os valores esperados em condições de independência

	AJP	JABN	JPSP	JAPP	JCPP	JEDP	JCCP	JEP	PKA	PB	PR	MBR
AJP	6,81	0,47	0,17	0,05	1,32	0,56	0,04	5,51	0,12	0,45	1,55	0
JABN	0,83	6,01	0,51	0	0,26	0,30	1,33	0,63	0,10	0,86	0,72	0
JPSP	0,59	0,43	2,76	0,22	0,09	0,49	0,56	0,48	0,16	0,79	1,02	0,61
JAPP	0,38	0,05	0,30	8,57	0	0,64	0,11	0,19	0,20	1,31	0,35	0
JCPP	0,50	0	0,02	0	8,04	0	0,04	0,34	0,03	0,40	0,85	0,13
JEDP	0,26	0,39	1,22	0,56	0,09	16,31	0,27	0,27	0,28	0,67	0,45	0,53
JCCP	0	2,01	0,38	0,14	0,04	0,56	5,07	0,06	0,45	1,15	0,38	0,73
JEP	1,93	0,92	0,27	0	1,15	0,82	0,04	5,44	0,12	0,56	1,93	0
PKA	0,54	0	0	0	0	1,03	0	0,34	11,04	1,22	0,37	2,79
PB	1,38	0,59	0,57	1,52	1,38	0,26	0,89	1,06	0,99	1,61	1,05	0,43
PR	2,01	0,10	0,36	0,29	0,11	0	0	2,40	1,79	1,03	4,54	0,46
MBR	0	0,35	0,25	0,20	0	0	0,95	0,15	5,88	1,54	0,09	13,33

NOTA: Publicações e suas abreviaturas: *AJP = American Journal of Psychology*; *JABN = Journal of Abnormal Psychology*; *JPSP = Journal of Personality and Social Psychology*; *JAPP = Journal of Applied Psychology*; *JCPP = Journal of Comparative and Physiological Psychology*; *JEDP = Journal of Educational Psychology*; *JCCP = Journal of Consulting and Clinical Psychology*; *JEP = Journal of Experimental Psychology (General)*; *PKA = Psychometrika*; *PB = Psychological Bulletin*; *PR = Psychological Review*; *MBR = Multivariate Behavioral Research*.

fechados indicam as citadas, estando os pontos correspondentes ligados por setas. A qualidade da solução conforme medida por %DAF é 94,3%, ligeiramente menor do que na solução MDS. A porcentagem de variância respondeu por 63,1%, o que corresponde a uma correlação de 0,79 entre distâncias e pseudodistâncias. Mais uma vez, a transformação opcional (não mostrada) confirma a lei de Shepard. A posição global da publicação é similar à solução de MDS na figura 2.2, exceto pelo fato de a configuração estar defasada 180 graus em sentido anti-horário, o que situa a *MBR* e a *PKA* no topo do gráfico. A característica mais surpreendente dessa solução talvez seja que todos os círculos abertos tendem a estar mais próximos da origem que seus correspondentes equivalentes fechados, de sorte que todas as setas apontam para fora. A interpretação desse efeito é que ele denota especialização: quase todas as publicações citam o *PB* ou a *PR* frequentemente, mas tendem a fazê-lo apenas dentro de seu próprio grupo. Por exemplo, a posição excêntrica dos círculos fechados de *JEDP, JCCP, JPSP* e *Journal of Abnormal Psychology* (*JABN*) indica que eles não são muito citados por nenhum outro, salvo eles próprios e alguns de seus vizinhos mais próximos. No grupo cognitivo há referenciamento cruzado mais amplo, embora ainda dentro do próprio grupo, principalmente.

2.2.4 Alguns comentários conclusivos

Como conclusão, as duas estratégias para assimetria mostram muitas das características do comportamento em citação de publicações, mas também há diferenças importantes. Por um lado, a decomposição em uma parte simétrica e outra assimétrica permite uma análise mais completa das relações de dominância entre as publicações em seus papéis de emitentes e destinatárias, menos evidentes na solução de desdobramento. Por outro lado, a análise por desdobramento das chances com relação à citação independente fornece melhor compreensão do comportamento de autocitação das publicações, quanto à facilidade com que elas tendem a atingir uma à outra[3].

A presente solução foi obtida com o programa PREFSCAL[4]. Cabe, aqui, advertir contra o uso acrítico de programas de desdobramento, porque é preciso ter ciência de um fenômeno chamado *degeneração*. Os programas de desdobramento – ou opções de desdobramento incluídas em programas

---

3. É possível evidenciar mais as semelhanças e as diferenças entre emitentes e destinatários na solução por desdobramento conectando com uma seta todos os pares de pontos cuja taxa de probabilidade é maior que 1. Tal gráfico mostraria, por exemplo, que a PR e o PB são bons emitentes e bons destinatários e que o JCCP é bom destinatário, mas escasso emitente.
4. Pode-se obter o PREFSCAL (versão beta) mediante solicitação endereçada ao segundo autor (*e-mail*: busing@fsw.leideniniv.nl).

Figura 2.3 Solução de desdobramento ordinal bidimensional para os dados sobre citação em publicações

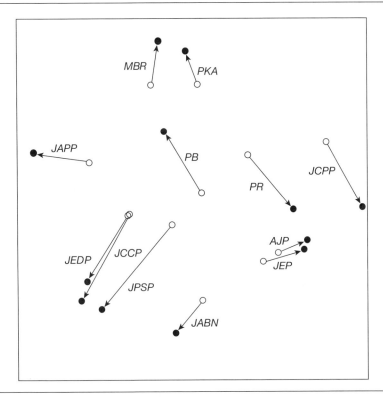

NOTA: O sentido das setas vai da posição de citar para a posição de citada da mesma publicação. Publicações e suas abreviaturas: AJP = *American Journal of Psychology*; JABN = *Journal of Abnormal Psychology*; JPSP = *Journal of Personality and Social Psychology*; JAPP = *Journal of Applied Psychology*; JCPP = *Journal of Comparative and Physiological Psychology*; JEDP = *Journal of Educational Psychology*; JCCP = *Journal of Consulting and Clinical Psychology*; JEP = *Journal of Experimental Psychology (General)*; PKA = *Psychometrika*; PB = *Psychological Bulletin*; PR = *Psychological Review*; MBR = *Multivariate Behavioral Research.*E

de MDS – calculam uma solução para a equação de regressão não linear

$$\varphi[\delta(a_i, b_j)] = d(x_i, y_j) + \varepsilon_{ij}, \qquad (15)$$

que é equivalente a (1), exceto que as dessemelhanças dizem respeito a dois conjuntos de objetos e as distâncias se referem a dois conjuntos de pontos. Não é de esperar problema algum se $\varphi[.]$ é especificada como função linear com um parâmetro de inclinação (positiva), mas sem ordenada na origem, ou com ordenada na origem, mas sem parâmetro de inclinação. Todavia, a presença simultânea de um parâmetro de inclinação e uma ordenada na origem trará problemas, uma vez que as distâncias em (15) podem ser iguais e as dessemelhanças transformadas também, dando uma solução que não fornece informação, embora

de perfeito ajuste (cf. Busing; Groenen; Heiser, 2004; Heiser, 1989). Muitas vezes, as soluções degeneradas apresentam-se como um conjunto de objetos agrupados num só ponto. Se $\varphi[.]$ é mais geral (p. ex., uma transformação ordinal) ou se há um $\varphi_i[.]$ diferente para cada linha da matriz de dados (chamada "condicionalidade de linha" ou regressão "dividida por linha"), a degeneração também ocorre na maioria das circunstâncias, contanto que se dê adequada margem para o programa convergir. Proposto por Kruskal e Carroll (1969), o remédio contra esse fenômeno – a introdução de um fator de normalização baseado na variância das distâncias – não parece ser eficaz o bastante. Portanto, Busing *et al.* (2004) optaram por um fator de normalização mais forte (na realidade, um fator de penalidade) que desencoraja soluções nas quais dessemelhanças (e, portanto, distâncias) transformadas

40 • SEÇÃO I / ESCALONAMENTO

têm pequena variação. Esse enfoque de penalidade parece funcionar bem e foi usado para os exemplos neste capítulo.

2.3 COMO LIDAR COM DIVERSAS RELAÇÕES

Muitas perguntas de pesquisa fazem necessária a coleta de diversos conjuntos de dados de proximidade. É possível estudar as relações entre os mesmos objetos em diversas condições experimentais, utilizando diferentes indivíduos ou subamostras, ou em vários pontos no tempo. Por exemplo, para estudar a mudança em padrões de citação, seria fácil colher novamente o tipo de dado analisado na seção anterior, cobrindo certo número de anos recentes. Usando o termo genérico *fonte* para descrever essas múltiplas origens dos dados relacionais, uma pergunta lógica a se fazer é se as fontes variam sistematicamente e, em tal caso, como elas variam. Outra pergunta interessante, embora não seja feita com frequência e não a abordemos aqui, é se é possível prever uma relação a partir de uma combinação linear de várias outras mediante um tipo de equação de regressão múltipla, e como testar a significância dos coeficientes de regressão nessa situação. O leitor interessado pode informar-se sobre esse tema em Krackhardt (1988).

2.3.1 Estratégias gerais para descrever diferenças relacionais

As dessemelhanças de fonte k ($k = 1,\ldots, K$) são indicadas por $\delta_k(a_i, a_j)$. Existem diversas estratégias para o estudo das diferenças entre relações, também chamadas de *diferenças relacionais*. Em princípio, embora essas estratégias sejam válidas tanto para MDS quanto para desdobramento, como o MDS é o tipo de análise mais comum, usamos $\delta_k(a_i, a_j)$ e $d(x_i, x_j)$ na discussão a seguir. Basta substituir essas últimas funções por $\delta_k(a_i, b_j)$ e $d(x_i, y_j)$, respectivamente, para ter a versão da mesma estratégia para o desdobramento.

2.3.1.1 Espaços individuais

Uma estratégia que se aproxima dos dados tanto quanto possível e que será especialmente

adequada caso se saiba muito pouco sobre as diferenças previstas consiste em analisar todas as fontes separadamente, isto é, adaptar os sistemas de equações

$$\varphi_k[\delta_k(a_i, a_j)] = d(x_{(k)i}, x_{(k)j}) + \varepsilon_{ijk} \qquad (16)$$

por meio do uso repetido de algum programa-padrão de MDS (para $k = 1,\ldots, K$). Na equação (16), $x_{(k)i}$ indica a posição do ponto i na configuração da fonte k, e φ_k [.] é a transformação admissível dessa fonte. Portanto, pode-se comparar os espaços individuais resultantes mediante inspeção visual ou por *análise de Procusto generalizada*, uma técnica que encontra translações, rotações e dilações (reescalonamento uniforme) das configurações individuais para otimizar sua adequação recíproca se elas estão sobrepostas; essa técnica tornou-se especialmente comum em pesquisa sensorial (Dijksterhuis; Gower, 1991).

2.3.1.2 Modelo de identidade

Se as fontes são repetições ou se só nos interessa o que é comum entre elas, podemos adequar apenas um modelo geométrico a todas as fontes ao mesmo tempo:

$$\varphi_k[\delta_k(a_i, a_j)] = d(x_i, x_j) + \varepsilon_{ijk}. \qquad (17)$$

Esse método é quase igual à estratégia ainda mais simples de calcular a média das dessemelhanças individuais e depois escalar a média, com a diferença de que em (17) há uma transformação φ_k distinta para cada fonte. Essas transformações permitem-nos, por exemplo, quantificar dados ordinais no nível da fonte ao mesmo tempo em que os resumimos numa única configuração comum. Se adequarmos a equação de regressão (17) por mínimos quadrados e indicarmos as proximidades transformadas ótimas por , pode-se mostrar que esse enfoque importa em ajustar um modelo de MDS à média $(1/K) \sum_k \hat{d}_k(a_i, a_j)$.

2.3.1.3 Modelo de pontos de vista (POV)

Suponhamos ter uma maneira de agrupar as fontes num número limitado de, por exemplo, L classes, com $1 \leq L < K$, então podemos calcular a média das proximidades em cada classe. Essa ideia remete a Tucker e Messick (1963) e foi desenvolvida recentemente por Meulman e Verboon (1993), resultando num método integrado. O processo de Tucker e Messick acha as classes, num primeiro passo, por meio de uma análise de componentes principais da $\delta_k(a_i, a_j)$, estendida em variáveis de longitude $n(n-1)/2$, seguida de uma rotação a estrutura simples, que gera cargas componentes μ_{kl} para fonte k e classe l. Logo, a proximidade média ponderada é

$$\bar{\delta}_l(a_i, a_j) = {}^1\!/C \sum_k \mu_{kl} \varphi_k[\delta_k(a_i, a_j)], \qquad (18)$$

sendo C a soma dos pesos em k, e é sobre essas quantidades que, num segundo passo, se ajusta um modelo de MDS (ou desdobramento) para cada uma das L classes (pontos de vista). Meulman e Verboon integraram esses passos e mostraram que o POV é uma versão restrita do modelo a ser tratado a seguir.

2.3.1.4 Modelo euclidiano ponderado

Neste modelo, supõe-se que as diferenças entre as fontes em suas relações entre os objetos resultam de uma ponderação diferencial dos eixos coordenados. Portanto, há apenas um espaço comum, e não vários, como na análise de POV. Contudo, cada fonte pode ter diferentes pesos associados com qualquer dimensão desse espaço comum. Se um peso é zero, a dimensão correspondente de modo algum afeta as proximidades dessa fonte. Esse modelo já tinha sido estudado por outros, mas deve sua fama (e seu nome, INDSCAL, por *INDividual differences SCALing*) ao artigo influente de Carroll e Chang (1970), que ofereceu uma justificação convincente e um engenhoso método computacional. Carroll e Chang frisaram que as dimensões do INDSCAL são *únicas*: de fato, faz diferença qual o conjunto de dimensões ponderadas diferencialmente, isto é, rotações não são permissíveis, mesmo que todos os espaços individuais sejam considerados euclidianos (e a rotação não faz as distâncias euclidianas mudarem). Assim, o modelo euclidiano ponderado ajuda a descobrir dimensões que importam, no sentido de causarem diferenças relacionais entre indivíduos (ou outras fontes).

O método computacional de Carroll e Chang (1970) não se generaliza com facilidade no caso não métrico, mas Bloxom (1978) mostrou como desenvolver um método de mínimos quadrados com base no ajuste de espaços distintos, como em (16), com φ_k transformações lineares (o que torna o método adequado para dados intervalares), colocando as restrições coordenadas

$$x_{(k)iu} = w_{ku} x_{iu}. \qquad (19)$$

Assim, o modelo euclidiano ponderado tem a vantagem de poder ser interpretado simplesmente por meio das coordenadas $\{x_{iu}\}$ do espaço comum e dos pesos $\{w_{ku}\}$ para cada fonte em cada dimensão. Leeuw e Heiser (1980) generalizaram o método de Bloxom para o caso não métrico.

2.3.1.5 Modelo euclidiano generalizado

Pode-se generalizar o modelo anterior permitindo a rotação diferencial dos eixos para cada fonte antes de ponderar (Carroll; Chang, 1970). Assim, podemos ajustar (16) com as restrições adicionais

$$z_{(k)iv} = \text{ROTA}_k(x_{iu}) \text{ para } k = 1, \ldots, K, \qquad (20a)$$

$$x_{(k)iv} = w_{kv} z_{(k)iv}. \qquad (20b)$$

A notação $\text{ROTA}_k(x_{iu})$ em (20a) indica que as coordenadas comuns $\{x_{iu}\}$ estão expressas com respeito a um conjunto idiossincrásico de eixos por rotação, que pode cobrir diferentes ângulos para cada fonte k (por isso o modelo também tem sido chamado de IDIOSCAL). São resultado da rotação as coordenadas específicas da fonte $\{z_{(k)iv}\}$ com respeito aos eixos $v = 1, \ldots, p$, que ainda geram as mesmas distâncias que o espaço comum. Depois, as coordenadas individuais são obtidas em (20b) ponderando o espaço comum girado. As dimensões do espaço já não são únicas nesse modelo, uma vez que qualquer rotação preliminar delas ainda resultaria na mesma $\{z_{(k)iv}\}$ em (20a) se (20b) deve prevalecer.

2.3.1.6 Modelo de ordem reduzida

A ideia do modelo de ordem reduzida (Bloxom, 1978) é que os espaços individuais têm dimensionalidade r_k menor do que a dimensionalidade p do espaço comum (daí o nome *ordem reduzida*). Por exemplo, os objetos de estímulo poderiam ser famílias, variando o número de meninos e o de meninas. Um grupo de sujeitos poderia enxergar a sua proximidade exclusivamente em função do número total de crianças, enquanto outro grupo de sujeitos poderia ver a proximidade entre famílias unicamente em função do viés sexual, isto é, da diferença entre o número de meninos e o de meninas. O primeiro grupo poderia ser representado projetando todas as famílias numa direção a 45 graus dos eixos comuns representativos do número de meninos e do número de meninas, ao passo que se poderia representar o segundo grupo projetando todas as famílias em uma direção perpendicular à primeira. Portanto, o espaço comum tem dimensionalidade 2, enquanto os espaços individuais são pontos projetados após rotação e têm dimensionalidade 1. Em geral, o processo é descrito por

$$z_{(k)iv} = \text{PROJ}_k\,[\text{ROTA}_k(x_{iu})] \text{ para } k = 1, \ldots, K,$$

$$\text{com } v = 1, \ldots, r_k < p, \tag{21a}$$

$$x_{(k)iv} = w_{kv}z_{(k)iv}. \tag{21b}$$

O modelo euclidiano ponderado possibilita também soluções nas quais as fontes têm dimensionalidade inferior à do espaço comum, mas apenas em termos dos eixos originais, não em termos de rotações deles.

2.3.2 Aplicação: MDS dos dados de grandes potências de Klingberg

O primeiro artigo sobre escalonamento multidimensional a aparecer na *Psychometrika* com uma aplicação real foi de Klingberg (1941). Ele descrevia a medição das relações amistosas ou hostis entre estados mediante opinião de especialistas, usando uma variedade de métodos de coleta de dados. Ao desbravar novos campos, Klingberg não estava interessado nas atitudes dos especialistas em assuntos internacionais com relação a certos estados, mas tentava apenas trazer à luz a avaliação deles quanto às atitudes que diversos estados tinham uns com os outros. Ele colheu dados no período entre janeiro de 1937 e junho de 1941, usando seis amostras extraídas em seis pontos no tempo. A amostra de janeiro de 1937 tinha tamanho $N = 83$, e os especialistas deviam dar a sua opinião, para 88 pares de estados, sobre a chance de "uma guerra vir a existir entre eles dentro dos próximos dez anos" (só os 21 pares das sete grandes

potências foram relatados). A amostra de novembro de 1938 tinha tamanho $N = 144$ e se propunha à tarefa menos complexa de ordenar tríades de estados de acordo com a sua relativa amistosidade ou hostilidade. Para a amostra de março de 1939, foi usado o "método de ordem hierárquica multidimensional", no qual juízes eram solicitados a classificar as sete grandes potências em ordem de amistosidade de 14 pequenos estados (e das outras seis grandes potências) com relação a eles. Para as amostras posteriores, usou-se o mesmo método de coleta de dados. O primeiro fornece imediatamente proximidades em termos de probabilidades estimadas, ao passo que os outros métodos demandam mais algum cálculo (isto é, achar a proporção média dos juízes que consideraram algum par de estados mais hostil do que todos os outros pares com os quais foi diretamente comparado), mas são mais fáceis de realizar pelos juízes. Foram usados métodos de bipartição para mostrar que a confiabilidade era alta. Depois, com uma análise tridimensional da amostra de março de 1939, Klingberg demonstrou o potencial do MDS para proporcionar uma visão integrada das relações entre as sete potências no início da Segunda Guerra Mundial.

2.3.2.1 Análise das sete potências mediante pontos de vista

Na primeira tentativa de rastrear o desenvolvimento dessas relações de estados no tempo, fizemos a primeira etapa de uma análise POV com o programa CATPCA[5], que calcula componentes principais com transformações ordinais ótimas das variáveis (Meulman; Heiser; SPSS, 1999). Nesse caso, as variáveis são as seis matrizes de proximidade, estendidas em arranjos de $7(7-1)/2 = 21$ elementos extraídos do diagrama A em Klingberg (1941). A figura 2.4 mostra um gráfico das cargas componentes dessa PCA ordinal, que exibe claramente um primeiro fator forte (83,3% de variância registrada) e um segundo fator mais fraco (15,4%, 98,7% ao todo). Não há evidência alguma para dois ou mais grupos de variáveis – por exemplo, antes e depois de certas datas importantes, como a ocupação alemã da Boêmia e da Morávia, em 14 de março de 1939,

---

5. O CATPCA é distribuído pela SPSS, Inc., 233 S. Wacker Drive, 11th Floor, Chicago, IL 60606-6307 (www.spss.com), dentro do pacote de Categorias.

Figura 2.4 Cargas componentes de uma PCA ordinal nos seis pontos no tempo dos dados das sete potências

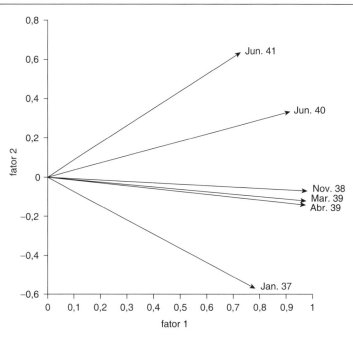

ou a deflagração da guerra com a Grã-Bretanha, em setembro de 1939. Na falta de agrupamentos, a análise de POV não foi efetuada. No entanto, parece haver mesmo alguma evidência de uma progressão contínua no tempo (ao longo do segundo fator).

2.3.2.2 Análises PROXSCAL das grandes potências

A segunda análise desses dados foi uma PROXSCAL ordinal efetuada sob o modelo euclidiano ponderado para ver se era possível captar a progressão num padrão de pesos de dimensão. Mas os resultados dessa análise foram decepcionantes, porque se observou uma variação muito pequena nos pesos, qualquer que fosse a dimensionalidade razoável escolhida. Análises bidimensionais distintas das seis tabelas mostraram claramente que a maioria das mudanças de um ano para o outro envolviam contrações ou expansões locais, não globais. Por exemplo, entre janeiro de 1937 e novembro de 1938, a Alemanha e a Itália tornaram-se mais amigáveis num lado do espaço, mas os Estados Unidos e a França ficaram menos amigáveis no outro lado. Em março de 1939 houve uma total polarização da Alemanha, da Itália e do Japão contra os outros estados, ao passo que, entre junho de 1940 e junho de 1941, a posição da França mudou drasticamente, porque o país se aproximou da Alemanha e se afastou da Inglaterra.

Em seguida, o modelo de ordem reduzida foi ajustado em diversas dimensionalidades com transformações ordinais para cada fonte. Como há apenas 6 × 21 = 126 valores de dados independentes, o número de parâmetros ajustados é um aspecto importante [temos $(n-1)p - p(p-1)/2$ parâmetros livres para o espaço comum e p_{rk} para cada fonte). Embora os modelos com $r_k = 2$ tenham se ajustado bem em quatro e três dimensões (Stress-1 de Kruskal de 0,069 e 0,092, respectivamente), o número de parâmetros livres (df) foi considerado grande demais ($df = 66$ e $df = 51$, respectivamente). Uma vez que os modelos com $r_k = 1$ tiveram Stress-1 de Kruskal de 0,129 em quatro dimensões ($df = 42$) e 0,135 em três dimensões ($df = 33$), o último foi preferido. Ele tem uma %DAF de 98,1%, que é boa. A figura 2.5 mostra o espaço comum, exibindo as dimensões 3 e 1 no painel esquerdo e as dimensões 3 e 2 no painel direito. A primeira dimensão corresponde exatamente ao primeiro eixo encontrado por Klingberg (1941), que a chamou de "dinamismo"

Figura 2.5 Espaço comum tridimensional das grandes potências segundo o modelo de ordem reduzida

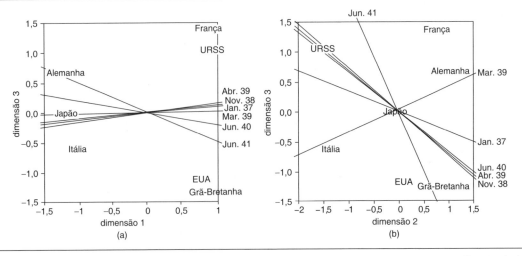

NOTA: As linhas indicam os subespaços unidimensionais projetados para cada ponto no tempo; o painel esquerdo (a) mostra as dimensões 3 e 1, e o painel direito (b) apresenta as dimensões 3 e 2.

(atitudes nacionais insistentes na mudança). A direção que corre de noroeste a sudeste no gráfico das dimensões 2 e 3 foi chamada de "comunismo" (oposição a ou medo de) por Klingberg, e a direção perpendicular a ela, contrastando Alemanha e França com Estados Unidos e Itália, foi chamada de "beligerância" (disposição e prontidão para lutar). A posição do Japão é claramente ambivalente nesse plano. As linhas dos gráficos representam as seis fontes individuais, rotuladas com suas datas; mais precisamente, a projeção perpendicular dos pontos sobre uma dessas linhas dá uma aproximação aos correspondentes espaços individuais, mostrados separadamente na figura 2.6. Ainda que o dinamismo tenha sido o fator mais importante durante todo o período, o comunismo foi o segundo em importância nas datas iniciais, mas a beligerância tornou-se decisiva em março de 1939, provocando uma cisão total em dois blocos. Após a queda da França, em junho de 1940, a posição desse país deslocou-se para o meio do eixo Estados Unidos/Inglaterra *versus* Alemanha/Japão, em junho de 1941, achando-se ainda próxima à União Soviética, que se movera em direção à Alemanha e à Itália (isso foi logo antes da deflagração da guerra russo-alemã). Em conclusão, o modelo de ordem reduzida parece captar muito bem as abruptas mudanças locais nas relações entre as grandes potências no início da Segunda Guerra Mundial.

2.3.3 Aplicação: desdobramento dos dados de desjejum de Green e Rao (1972)

Exemplo clássico de conjunto de dados de desdobramento é o que Green e Rao (1972) colheram no contexto de um estudo maior envolvendo julgamentos de dessemelhança, pontuações de elaboração de estímulo e preferências de 42 respondentes sobre 15 alimentos consumidos no desjejum e no lanche. O que aqui se analisará são as classificações dos 15 alimentos conforme seis "cenários" de preferência, sendo o primeiro para preferência geral (1) e os restantes para os seguintes menus e ocasiões de consumo: (2) "Quando estou tomando um desjejum composto de suco, *bacon e ovos* e bebida"; (3) "Quando estou tomando um desjejum composto de suco, *cereal frio* e bebida"; (4) "Quando estou tomando um desjejum composto de suco, *panquecas, salsicha* e bebida"; (5) "Desjejum só com bebida"; e (6) "Na hora do lanche, só com bebida".

2.3.3.1 Problemas de degenerescência com enfoques anteriores

Quando Green e Rao (1972, p. 87) tentaram uma análise por desdobramento nas preferências gerais, os resultados foram desapontadores, e eles concluíram:

Figura 2.6 Representações unidimensionais das grandes potências em seis pontos no tempo conforme o modelo de ordem reduzida

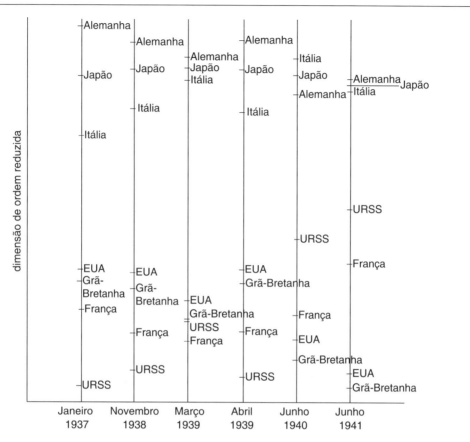

Com exceção da ejeção automática de torradas, os estímulos parecem cair aproximadamente sobre a circunferência de um círculo. Observam-se concentrações em pontos ideais no terceiro e no quarto quadrantes, o que sugere alguma polarização entre grupos de respondentes que preferem alimentos doces e aqueles que preferem os não doces. Todavia, os baixos valores de qualidade de ajuste sugerem que (a) o programa não conseguiu achar uma representação apropriada em baixa dimensionalidade ou (b) o modelo de desdobramento simples é inadequado para dar conta desses dados (p. 87).

Como já observamos ao tratar do desdobramento, é possível superar as dificuldades que havia em enfoques anteriores, devido à insuficiente percepção da necessidade de levar um método (e o programa de computação que o implementa) até seus limites, com um enfoque de penalidade que desencoraje soluções com pequena variação em suas distâncias. Busing et al. (2004) demonstraram que os dados de preferência geral, sozinhos, podiam ser desdobrados bastante bem, sem sinais de degenerescência e com razoável adequação (a média da correlação produto-momento entre distâncias e d-chapéus foi 0,75, correspondente a um %VAF de 56%). Aqui se demonstrará que a versão de desdobramento do modelo euclidiano ponderado é apropriada para ajustar também as diferenças entre os seis cenários.

2.3.3.2 Análise PREFSCAL dos dados de desjejum

A análise PREFSCAL foi feita de forma completamente não métrica, com transformações ordinais separadas para cada uma das 6 × 42 classificações[6]. Foram necessárias 27.278 iterações, porque os critérios de parada foram fixados de maneira muito estrita (nenhuma diferença maior do que 1,0E-8). A variância registrada foi 69%, mais alta do que o ajuste das preferências gerais. As figuras 2.7 e 2.8 mostram, respectivamente, o espaço comum bidimensional de estímulos e pontos ideais, bem como os pesos de dimensão para os cenários. Na figura 2.7, os pontos de respondentes espalham-se razoavelmente bem; na configuração do estímulo, temos, horizontalmente, o *fator torrada*: alimentos torrados, crocantes ou quentes à direita (diversos tipos de torrada, bolinho inglês) e alimentos brandos e resfriados à esquerda (rosquinhas, bolo de café). A dimensão vertical é o *fator levedo*: na parte superior, temos pães e pastéis feitos com massa crescida com levedo (rosquinhas, pão francês, pão torrado) e, na parte de baixo, temos pães rápidos crescidos com ovos e fermento em pó (bolo de café, bolinhos) ou feitos de massa folhada (pão de Viena). Os primeiros são os consumidos em casa, e, os últimos, os consumidos em um desjejum continental num bom hotel. Na figura 2.8, os seis cenários estão distribuídos de uma maneira interessante: o fator levedo é especialmente importante para distinguir preferências cuja condição é a entrada à base de ovo e outras entradas pesadas de café da manhã, enquanto os cenários de desjejum e lanche muito leves levam a diferenças individuais ao longo do fator torrada. A preferência geral é mais próxima desses últimos cenários.

---

6. O uso de pesos na análise visa conseguir um ajuste relativamente bom para altas preferências em comparação com as baixas preferências, uma vez que as primeiras são consideradas mais confiáveis que as últimas. Em especial, o peso para cada célula foi fixado igual a 1 sobre o valor de dessemelhança.

Figura 2.7   Representações unidimensionais das grandes potências em seis pontos no tempo conforme o modelo de ordem reduzida

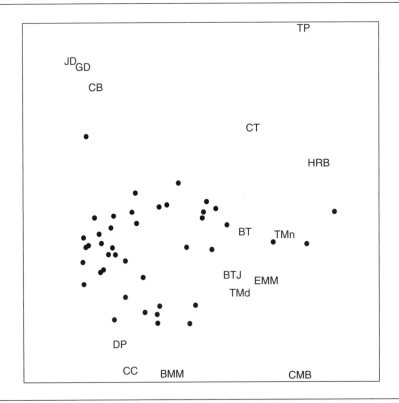

NOTA: Os alimentos de desjejum (e os códigos de representação gráfica) são os seguintes: torrada ejetada (TP), torrada com manteiga (BT), bolinho inglês e margarina (EMM), rosquinha com geleia (JD), torrada com canela (CT), rosquinha de amora e margarina (BMM), pão francês e manteiga (HRB), torrada e geleia de laranja (TMd), torrada com manteiga e geleia (BTJ), torrada e margarina (TMn), pãozinho de canela (CB), pão de Viena (DP), rosquinha glaceada (GD), bolo de café (CC) e bolinho de milho com manteiga (CMB).

Figura 2.8 Pesos de fontes para os dados de desjejum, mostrando as diferenças entre os seis cenários

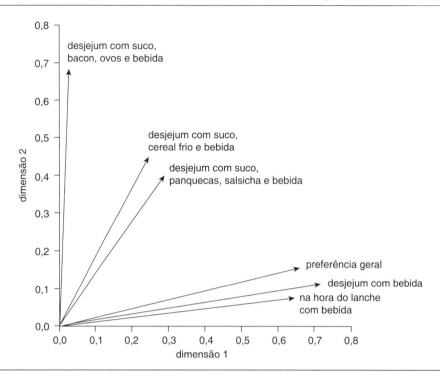

A figura 2.9 mostra a força com que os efeitos dos cenários influenciam a forma das configurações individuais. Esse resultado indica que se poderia recorrer a um modelo tridimensional, uma vez que, separadamente, as fontes não estão tão próximas da unidimensionalidade, mas não faremos essa análise aqui.

2.4 Discussão

A principal ferramenta usada neste capítulo para apresentar um panorama dos métodos de escalonamento tem sido uma equação de regressão não linear com proximidades no lado esquerdo e distâncias no lado direito. A literatura sobre es-

Figura 2.9 Dois espaços individuais extremos para os dados de desjejum, mostrando, à esquerda (a), forte ênfase no fator levedo no cenário 2, e, à direita (b), forte ênfase no fator torrada no cenário 6

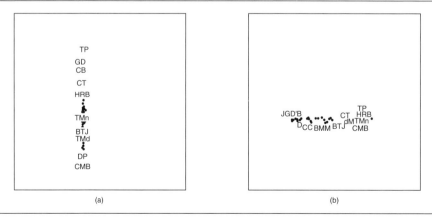

NOTA: Os alimentos de desjejum (e os códigos de representação gráfica) são os seguintes: torrada ejetada (TP), torrada com manteiga (BT), bolinho inglês e margarina (EMM), rosquinha com geleia (JD), torrada com canela (CT), rosquinha de amora e margarina (BMM), pão francês e manteiga (HRB), torrada e geleia de laranja (TMd), torrada com manteiga e geleia (BTJ), torrada e margarina (TMn), pãozinho de canela (CB), pão de Viena (DP), rosquinha glaceada (GD), bolo de café (CC) e bolinho de milho com manteiga (CMB).

48 • SEÇÃO I / ESCALONAMENTO

calonamento tem contribuído muito para a ideia geral de que pode ser preciso transformar uma variável dependente ou de resposta – nesse caso, a proximidade – antes que a ela se possa ajustar algum modelo. As transformações de dados ótimas tornaram-se muito mais comuns também em outras áreas da estatística. No lado do modelo, temos um esquema de duas vias ou de três vias. Pares de estímulos ou pares de pessoas e estímulos formam a variável independente básica, que pode ser ampliada por um fator de repetição (como foi o caso, de forma implícita, em nosso exemplo da citação, no qual as repetições são as citações individuais em qualquer artigo numa determinada publicação de qualquer outro artigo na mesma ou em outra publicação). Também se pode cruzar essa variável com outra variável independente ("tempo", no caso dos dados de Klingberg; e "cenário", no caso dos dados de Green e Rao). Para essa situação, são comuns os modelos lineares, bilineares e multilineares. Os modelos de MDS e desdobramento têm a característica de serem realmente não lineares: se movimentamos um ponto x_i em direção a algum outro ponto y_j, primeiro a distância diminui (e, portanto, se prevê que aumente a proximidade entre os correspondentes objetos), mas, depois, se deslocamos x_i para além de y_j, a distância aumenta (e, portanto, se prevê que a proximidade diminua). A formulação de regressão permitiu-nos manter em segundo plano questões técnicas como o método de estimação e a otimização. Detalhes técnicos deveriam seguir as considerações gerais sobre teoria estatística.

Em nossa discussão do enfoque probabilístico do MDS, que supõe que as locações de pontos resultam de um processo estocástico, mencionamos que esses modelos tendem a violar a relação uniforme básica entre dessemelhança e distância. Essa objeção não cabe no caso de métodos para ajustar o modelo euclidiano ponderado (INDSCAL) que tomam as localizações de pontos como parâmetros fixos, mas veem as dimensões individuais como estocásticas. Winsberg e De Soete (1993) ofereceram um enfoque no qual os pesos das dimensões vêm de um número limitado de classes latentes, enquanto Clarkson e Gonzalez (2001) propuseram um modelo genuíno de efeitos aleatórios para os pesos. Esses enfoques têm a vantagem de o

número de parâmetros diminuir drasticamente e não aumentar com o número de fontes (ou sujeitos), sem ter de sacrificar a propriedade de invariância rotacional. Há também novos enfoques de desdobramento métrico que trabalham com classes latentes para pessoas e diversas restrições nos pontos de estímulo (De Soete; Heiser, 1993; Wedel; Desarbo, 1996).

A assimetria tem sido e ainda é um problema importante. Para uma análise mais técnica dos modelos de distância para tabelas de contingência e sua relação com o conhecido modelo de associação RC (M), recomenda-se ao leitor consultar De Rooij e Heiser (2004). Okada (1997) e De Rooij (2002) propuseram, recentemente, modelos que também são adequados para analisar diversas relações assimétricas. No desdobramento dos dados de citação de publicações, ocorreu que todas as setas de correspondentes emitentes para destinatários apontavam em direções centrífugas. Modelos especiais foram desenvolvidos para o caso de todas elas apontarem na mesma direção (Zielman; Heiser, 1993) ou para alguma localização comum (Adachi, 1999). Com um pequeno ajuste, esse último modelo poderia ser aplicável no exemplo das citações.

Por fim, outra área de desenvolvimento que merece ser mencionada tem a ver com o uso de restrições. Após o trabalho pioneiro de Bloxom (1978), que introduziu uma classe de restrições completamente coberta pelas opções-padrão no programa PROXSCAL (Meulman et al., 1999), houve duas novas orientações para MDS e desdobramento restritos. A primeira é a incorporação de restrições de agrupamento em modelos de distância, permitindo uma descrição mais parcimoniosa de grandes conjuntos de dados (cf. Heiser; Groenen, 1997, para MDS; e De Soete; Heiser, 1993, para desdobramento). A segunda é a ideia de aproximar observações multivariadas com um modelo de distância, possivelmente com ótimo escalonamento das variáveis, em vez de só projetar os pontos de dados dentro de algum espaço de dimensionalidade reduzida (Commandeur; Groenen; Meulman, 1999; Meulman, 1992, 1996). O fato de se trabalhar com um modelo de distância para representações de baixa dimensão de dados de alta dimensão assegura que as relações entre os objetos sejam mais bem representadas, no que tange a suas proximidades recíprocas, do que nos resultados de outras técnicas multivariadas que trabalham com projeção. Ambos os avanços abriram uma área de aplicação totalmente nova e empolgante para técnicas de MDS e desdobramento.

Referências

ADACHI, K. Constrained multidimensional unfolding of confusion matrices: Goal point and slide vector models. *Japanese Psychological Research*, 41, p. 152-162, 1999.

ALVARADO, N.; JAMESON, K. A. Varieties of anger: The relation between emotion terms and components of anger expressions. *Motivation and Emotion*, 26, p. 153-182, 2002.

BARRY, J. G.; BLAMEY, P. J.; MARTIN, L. F. A. A multidimensional scaling analysis of tone discrimination ability in Cantonese-speaking children using a cochlear implant. *Clinical Linguistics & Phonetics*, 16, p. 101-113, 2002.

BECKMANN, H.; GATTAZ, W. F. Multidimensional analysis of the concentrations of 17 substances in the CSF of schizophrenics and controls. *Journal of Neural Transmission*, 109, p. 931-938, 2002.

BERGLUND, B.; HASSMEN, P.; PREIS, A. Annoyance and spectral contrast are cues for similarity and preference of sounds. *Journal of Sound and Vibration*, 250, p. 53-64, 2002.

BLOXOM, B. Constrained multidimensional scaling in N spaces. *Psychometrika*, 43, p. 397-408, 1978.

BRADLEY, R. A.; Terry, M. E. Rank analysis of incomplete block designs: I. The method of paired comparisons. *Biometrika*, 39, p. 324-345, 1952.

BUSING, F. M. T. A.; GROENEN, P. J. F.; HEISER, W. J. Avoiding degeneracy in multidimensional unfolding by penalizing on the coefficient of variation. *Psychometrika*, 69, 2004.

CARROLL, J. D. Individual differences and multidimensional scaling. *In*: SHEPARD, R. N.; ROMNEY, A. K.; NERLOVE, S. B. (eds.). *Multidimensional scaling: Theory and applications in the behavioral sciences: Vol. 1. Theory*. Nova York: Seminar Press, 1972. p. 105-155.

CARROLL, J. D. Models and methods for multidimensional analysis of preferential choice (or other dominance) data. *In*: LANTERMANN, E. D.; FEGER, H. (eds.). *Similarity and choice: Papers in honor of Clyde Coombs*. Berna: Hans Huber, 1980. p. 234-289.

CARROLL, J. D.; CHANG, J. J. Analysis of individual differences in multidimensional scaling via an N-way generalization of "Eckart-Young" decomposition. *Psychometrika*, 35, p. 283-319, 1970.

CLARK, W. C.; YANG, J. C.; TSUI, S. L.; NG, K. F.; CLARK, S. B. Unidimensional pain rating scales: A multidimensional affect and pain survey (MAPS) analysis of what they really measure. *Pain*, 98, p. 241-247, 2002.

CLARKSON, D. B.; GONZALEZ, R. Random effects diagonal metric multidimensional scaling models. *Psychometrika*, 66, p. 25-43, 2001.

COMMANDEUR, J. J. F.; GROENEN, P. J. F.; MEULMAN, J. J. A distance-based variety of nonlinear multivariate data analysis, including weights for objects and variables. *Psychometrika*, 64, p. 169-186, 1999.

COOMBS, C. H. *A theory of data*. Nova York: John Wiley, 1964.

COXON, A. P. M. *The user's guide to multidimensional scaling*. Londres: Heinemann, 1982.

CRITCHLOW, D. E.; FLIGNER, M. A. Paired comparison, triple comparison, and ranking experiments as generalized linear models, and their implementation on GLIM. *Psychometrika*, 56, p. 517-533, 1991.

DE LEEUW, J.; HEISER, W. J. Multidimensional scaling with restrictions on the configuration. *In*: KRISHNAIAH, P. R. (ed.). *Multivariate analysis*. Amsterdã: North-Holland, 1980. v. 5, p. 501-522.

DE ROOIJ, M. Distance models for three-way tables and three-way association. *Journal of Classification*, 19, p. 161-178, 2002.

DE ROOIJ, M.; HEISER, W. J. Graphical representations and odds ratios in a distance association model for the analysis of cross-classified data. *Psychometrika*, 69, 2004.

DESARBO, W. S.; CARROLL, J. D. Three-way metric unfolding via alternating least squares. *Psychometrika*, 50, p. 275-300, 1985.

DESARBO, W. S.; RAO, V. R. GENFOLD2: A set of models and algorithms for the GENeral unFOLDing analysis of preference/dominance data. *Journal of Classification*, 1, p. 147-186, 1984.

DE SOETE, G.; HEISER, W. J. A latent class unfolding model for analyzing single stimulus preference ratings. *Psychometrika*, 58, p. 545-565, 1993.

DIJKSTERHUIS, G.; GOWER, J. C. The interpretation of generalized Procrustes analysis and allied methods. *Food Quality and Preference*, 3, p. 67-87, 1991.

DU TOIT, R.; DE BRUIN, G. P. The structural validity of Holland's R-I-A-S-E-C model of vocational personality types for young Black South African men and women. *Journal of Career Assessment*, 10, p. 62-77, 2002.

ENNIS, D. M.; PALEN, J.; MULLEN, K. A multidimensional stochastic theory of similarity. *Journal of Mathematical Psychology*, 32, p. 449-465, 1988.

EVERITT, B. S.; RABE-HESKETH, S. *The analysis of proximity data*. Londres: Arnold, 1997.

FIENBERG, S. E.; LARNTZ, K. Log linear representation for paired and multiple comparison models. *Biometrika*, 63, p. 245-254, 1976.

FISCHER, G. H.; MOLENAAR, I. W. *Rasch Models: Foundations, recent developments, and applications*. Nova York: Springer-Verlag, 1995.

FISHER, E.; DUNN, M.; THOMPSON, J. K. Social comparison and body image: An investigation of body comparison processes using multidimensional scaling. *Journal of Social and Clinical Psychology*, 21, p. 566-579, 2002.

FRANCIS, A. L.; NUSBAUM, H. C. Selective attention and the acquisition of new phonetic categories. *Journal of Experimental Psychology: Human Perception and Performance*, 28, p. 349-366, 2002.

FRANK, K. A. Mapping interactions within and between cohesive subgroups. *Social Networks*, 18, p. 93-119, 1996.

50 • SEÇÃO I / ESCALONAMENTO

GIRARD, R. A.; CLIFF, N. A Monte Carlo evaluation of interactive multidimensional scaling. *Psychometrika*, 41, p. 43-64, 1976.

GOWER, J. C. The analysis of asymmetry and orthogonality. *In*: BARRA, J. R.; BRODEAU, F.; ROMIER, G.; VAN CUTSEM, B. (eds.). *Recent developments in statistics*. Amsterdã: North-Holland, 1977. p. 109-123.

GREEN, B. F.; ANDERSON, L. K. The tactual identification of shapes for coding switch handles. *Journal of Applied Psychology*, 39, p. 219-226, 1955.

GREEN, P. E.; RAO, V. R. *Applied multidimensional scaling*. Nova York: Holt, Rinehart & Winston, 1972.

GREEN, R. J.; MANZI, R. A comparison of methodologies for uncovering the structure of racial stereotype subgrouping. *Social Behavior and Personality*, 30, p. 709-727, 2002.

GRIFFITH, T. L.; KALISH, M. L. A multidimensional scaling approach to mental multiplication. *Memory & Cognition*, 30, p. 97-106, 2002.

HALMOS, P. R. *Finite-dimensional vector spaces*. Nova York: Van Nostrand Reinhold, 1958.

HANSEN, J. I. C.; SCULLARD, M. G. Psychometric evidence for the Leisure Interest Questionnaire and analyses of the structure of leisure interests. *Journal of Counseling Psychology*, 49, p. 331-341, 2002.

HEISER, W. J. Multidimensional scaling with least absolute residuals. *In*: BOCK, H. H. (ed.). *Classification and related methods of data analysis*. Amsterdã: North-Holland, 1988a. p. 455-462.

HEISER, W. J. Selecting a stimulus set with prescribed structure from empirical confusion frequencies. *British Journal of Mathematical and Statistical Psychology*, 41, p. 37-51, 1988b.

HEISER, W. J. Order invariant unfolding analysis under smoothness restrictions. *In*: DE SOETE, G.; FEGER, H.; KLAUER, K. C. (eds.). *New developments in psychological choice modeling*. Amsterdã: North-Holland, 1989. p. 3-31.

HEISER, W. J.; DE LEEUW, J. Multidimensional mapping of preference data. *Mathématiques et Sciences Humaines*, 19, p. 39-96, 1981.

HEISER, W. J.; GROENEN, P. J. F. Cluster differences scaling with a within-clusters loss component and a fuzzy successive approximation strategy to avoid local minima. *Psychometrika*, 62, p. 63-83, 1997.

HENLEY, N. M. A psychological study of the semantics of animal terms. *Journal of Verbal Learning and Verbal Behavior*, 8, p. 176-184, 1969.

KAPPESSER, J.; WILLIAMS, A. C. D. Pain and negative emotions in the face: Judgements by health care professionals. *Pain*, 99, p. 197-206, 2002.

KEMMLER, G. *et al*. Multidimensional scaling as a tool for analyzing quality of life data. *Quality of Life Research*, 11, p. 223-233, 2002.

KLINGBERG, F. L. Studies in measurement of the relations among sovereign states. *Psychometrika*, 6, p. 335-352, 1941.

KOCSIS, R. N.; COOKSEY, R. W.; IRWIN, H. J. Psychological profiling of sexual murders: An empirical model. *International Journal of Offender Therapy and Comparative Criminology*, 46, p. 532-554, 2002.

KRACKHARDT, D. Predicting with networks: Nonparametric multiple regression analysis of dyadic data. *Social Networks*, 10, p. 359-381, 1988.

KRUSKAL, J. B. Multidimensional scaling by optimizing goodness-of-fit to a nonmetric hypothesis. *Psychometrika*, 29, p. 1-28, 1964.

KRUSKAL, J. B.; CARROLL, J. D. Geometrical models and badness-of-fit functions. *In*: KRISHNAIAH, P. R. (ed.). *Multivariate analysis*. Nova York: Academic Press, 1969. v. 2, p. 639-671.

KRUSKAL, J. B.; WISH, M. *Multidimensional scaling*. Beverly Hills: Sage, 1978.

LASKARIS, N. A.; IOANNIDES, A. A. Semantic geodesic maps: A unifying geometrical approach for studying the structure and dynamics of single trial evoked responses. *Clinical Neurophysiology*, 113, p. 1209-1226, 2002.

LEE, M. D.; NAVARRO, D. J. Extending the ALCOVE model of category learning to featural stimulus domains. *Psychonomic Bulletin & Review*, 9, p. 43-58, 2002.

LEVY, S.; GUTTMAN, L. On the multivariate structure of wellbeing. *Social Indicators Research*, 2, p. 361-388, 1975.

LUCE, R. D. *Individual choice behavior: A theoretical analysis*. Nova York: John Wiley, 1959.

LUNDRIGAN, S.; CANTER, D. A multivariate analysis of serial murderers' disposal site location choice. *Journal of Environmental Psychology*, 21, p. 423-432, 2001.

MACCALLUM, R. C. Recovery of structure in incomplete data by ALSCAL. *Psychometrika*, 44, p. 69-74, 1979.

MACCALLUM, R. C.; CORNELIUS, E. T. A Monte Carlo investigation of recovery of structure by ALSCAL. *Psychometrika*, 42, p. 401-428, 1977.

MACKAY, D. B. Probabilistic multidimensional scaling: An anisotropic model for distance judgments. *Journal of Mathematical Psychology*, 33, p. 187-205, 1989.

MACKAY, D. B. Probabilistic multidimensional unfolding: An anisotropic model for preference ratio judgments. *Journal of Mathematical Psychology*, 39, p. 99-111, 1995.

MACKAY, D. B. Probabilistic multidimensional scaling using a city-block metric. *Journal of Mathematical Psychology*, 45, p. 249-264, 2001.

MACKIE, P. C.; JESSEN, E. C.; JARVIS, S. N. Creating a measure of impact of childhood disability: Statistical methodology. *Public Health*, 116, p. 95-101, 2002.

MAGLEY, V. J. Coping with sexual harassment: Reconceptualizing women's resistance. *Journal of Personality and Social Psychology*, 83, p. 930-946, 2002.

MEULMAN, J. J. The integration of multidimensional scaling and multivariate analysis with optimal transformations. *Psychometrika*, 57, p. 539-565, 1992.

MEULMAN, J. J. Fitting a distance model to homogeneous subsets of variables: Points of view analysis of categorical data. *Journal of Classification*, 13, p. 249-266, 1996.

MEULMAN, J. J.; HEISER, W. J.; SPSS Inc. *Categories*. Chicago: SPSS, 1999.

MEULMAN, J. J.; VERBOON, P. Points of view analysis revisited: Fitting multidimensional structures to optimal distance components with cluster restrictions on the variables. *Psychometrika*, 58, p. 7-35, 1993.

MULAIK, S. A. *The foundations of factor analysis*. Nova York: McGraw-Hill, 1972.

MULLEN, K.; ENNIS, D. M. A simple multivariate probabilistic model for preferential and triadic choices. *Psychometrika*, 56, p. 69-75, 1991.

NISHISATO, S. *Elements of dual scaling: An introduction to practical data analysis*. Hillsdale: Lawrence Erlbaum, 1994.

NISHISATO, S. Gleaning in the field of dual scaling. *Psychometrika*, 61, p. 559-599, 1996.

NOSOFSKY, R. M. Similarity scaling and cognitive process models. *Annual Review of Psychology*, 43, p. 25-53, 1992.

NOSOFSKY, R. M.; PALMERI, T. J. An exemplar-based random walk model of speeded classification. *Psychological Review*, 104, p. 266-300, 1997.

OKADA, A. Asymmetric multidimensional scaling of two-mode three-way proximities. *Journal of Classification*, 14, p. 195-224, 1997.

PADDOCK, J. R.; NOWICKI JR., S. The circumplexity of Leary's Interpersonal Circle: A multidimensional scaling perspective. *Journal of Personality Assessment*, 50, p. 279-289, 1986.

POLLICK, F. E.; PATERSON, H. M.; BRUDERLIN, A.; SANFORD, A. J. Perceiving affect from arm movement. *Cognition*, 82, p. B51-B61, 2001.

PORTER, L. E.; ALISON, L. J. A partially ordered scale of influence in violent group behavior: An example from gang rape. *Small Group Research*, 32, p. 475-497, 2001.

PUKROP, R. *et al.* Personality, attenuated traits, and personality disorders. *Nervenarzt*, 73, p. 247-254, 2002.

RAMSAY, J. O. Maximum likelihood estimation in multidimensional scaling. *Psychometrika*, 42, p. 241-266, 1977.

RAMSAY, J. O. Confidence regions for multidimensional scaling analysis. *Psychometrika*, 43, p. 145-160, 1978.

RAMSAY, J. O. Joint analysis of direct ratings, pairwise preferences, and dissimilarities. *Psychometrika*, 45, p. 149-165, 1980.

RAMSAY, J. O. Some statistical approaches to multidimensional scaling data. *Journal of the Royal Statistical Society, Series A (General)*, 145, p. 285-312, 1982.

ROTHKOPF, E. Z. A measure of stimulus similarity and errors in some paired-associate learning tasks. *Journal of Experimental Psychology*, 53, p. 94-101, 1957.

ROUNDS JR., J. B.; DAVISON, M. L.; DAWIS, R. V. The fit between Strong-Campbell Interest Inventory general occupation themes and Holland's hexagonal model. *Journal of Vocational Behavior*, 15, p. 303-315, 1979.

SAMSON, S.; ZATORRE, R. J.; RAMSAY, J. O. Deficits of musical timbre perception after unilateral temporal-lobe lesion revealed with multidimensional scaling. *Brain*, 125, p. 511-523, 2002.

SCHLESINGER, I. M., GUTTMAN, L. Smallest space analysis of intelligence and achievement tests. *Psychological Bulletin*, 71, p. 95-100, 1969.

SERGENT, J.; TAKANE, Y. Structures in two-choice reaction time data. *Journal of Experimental Psychology: Human Perception and Performance*, 13, p. 300-315, 1987.

SHEPARD, R. N. Stimulus and response generalization: A stochastic model relating generalization to distance in psychological space. *Psychometrika*, 22, p. 325-345, 1957.

SHEPARD, R. N. The analysis of proximities: Multidimensional scaling with an unknown distance function: I. *Psychometrika*, 27, p. 125-140, 1962.

SHEPARD, R. N. Toward a universal law of generalization for psychological science. *Science*, 237, p. 1317-1323, 1987.

SHERMAN, C. R. Nonmetric multidimensional scaling: A Monte Carlo study of the basic parameters. *Psychometrika*, 37, p. 323-355, 1972.

SHIVY, V. A.; KOEHLY, L. M. Client perceptions of and preferences for university-based career services. *Journal of Vocational Behavior*, 60, p. 40-60, 2002.

SLATER, P. The analysis of personal preferences. *British Journal of Statistical Psychology*, 13, p. 119-135, 1960.

SMITH, P. K.; COWIE, H.; OLAFSSON, R. F.; LIEFOOGHE, A. P. D. Definitions of bullying: A comparison of terms used, and age and gender differences, in a fourteen-country international comparison. *Child Development*, 73, p. 1119-1133, 2002.

SPENCE, I. A. Monte Carlo evaluation of three nonmetric multidimensional scaling algorithms. *Psychometrika*, 37, p. 461-486, 1972.

SPENCE, I. A.; DOMONEY, D. W. Single subject incomplete designs for nonmetric multidimensional scaling. *Psychometrika*, 39, p. 469-489, 1974.

SPENCE, I. A.; LEWANDOWSKY, S. Robust multidimensional scaling. *Psychometrika*, 54, p. 501-513, 1989.

STORMS, G. On the robustness of maximum likelihood scaling for violations of the error model. *Psychometrika*, 60, p. 247-258, 1995.

STRUCH, N.; SCHWARTZ, S. H.; VAN DER KLOOT, W. A. Meanings of basic values for women and men: A crosscultural analysis. *Personality and Social Psychology Bulletin*, 28, p. 16-28, 2002.

SULMONT, C.; ISSANCHOU, S.; KOSTER, E. P. Selection of odorants for memory tests on the basis of familiarity, perceived complexity, pleasantness, similarity and identification. *Chemical Senses*, 27, p. 307-317, 2002.

SUMIYOSHI, C.; MATSUI, M.; SUMIYOSHI, T.; YAMASHITA, I.; SUMIYOSHI, S.; KURACHI, M. Semantic structure in schizophrenia as assessed by the category fluency test: Effect of verbal intelligence and age of onset. *Psychiatry Research*, 105(3), p. 187-199, 2001.

TAKANE, Y. Multidimensional successive categories scaling: A maximum likelihood method. *Psychometrika*, 46, p. 9-28, 1981.

TAKANE, Y. The method of triadic combinations: A new treatment and its applications. *Behaviormetrika*, 11, p. 37-48, 1982.

TAKANE, Y.; CARROLL, J. D. Nonmetric maximum likelihood multidimensional scaling from directional rankings of similarities. *Psychometrika*, 46, p. 389-405, 1981.

TAKANE, Y.; SERGENT, J. Multidimensional scaling models for reaction times and same-different judgments. *Psychometrika*, 48, p. 393-423, 1983.

TAKANE, Y.; YOUNG, F. W.; DE LEEUW, J. Nonmetric individual differences in multidimensional scaling: An alternating least squares method with optimal scaling features. *Psychometrika*, 42, p. 7-67, 1977.

TAKKINEN, S.; RUOPPILA, I. Meaning in life as an important component of functioning in old age. *International Journal of Aging & Human Development*, 53, p. 211-231, 2001.

TAYLOR, P. J. A cylindrical model of communication behavior in crisis negotiations. *Human Communication Research*, 28, p. 7-48, 2002.

SEÇÃO I / ESCALONAMENTO

TORGERSON, W. S. *Theory and methods of scaling*. Nova York: John Wiley, 1958.

TREAT, T. A.; MCFALL, R. M.; VIKEN, R. J.; KRUSCHKE, J. K. Using cognitive science methods to assess the role of social information processing in sexually coercive behavior. *Psychological Assessment*, 13, p. 549-565, 2001.

TREAT, T. A.; MCFALL, R. M.; VIKEN, R. J.; NOSOFSKY, R. M.; MACKAY, D. B.; KRUSCHKE, J. K. Assessing clinically relevant perceptual organization with multidimensional scaling techniques. *Psychological Assessment*, 14, p. 239-252, 2002.

TUCKER, L. R. Intra-individual and inter-individual multidimensionality. *In*: GULLIKSEN, H.; MESSICK, S. (eds.). *Psychological scaling: Theory and applications*. Nova York: John Wiley, 1960. p. 155-167.

TUCKER, L. R.; MESSICK, S. An individual differences model for multidimensional scaling. *Psychometrika*, 28, p. 333-367, 1963.

VAN DER LINDEN, W.; HAMBLETON, R. K. *Handbook of modern item response theory*. Nova York: Springer, 1997.

VIKEN, R. J.; TREAT, T. A.; NOSOFSKY, R. M.; MCFALL, R. M.; PALMERI, T. J. Modeling individual differences in perceptual and attentional processes related to bulimic symptoms. *Journal of Abnormal Psychology*, 111, p. 598-609, 2002.

WEDEL, M.; DESARBO, W. S. An exponential-family multidimensional scaling mixture methodology. *Journal of Business & Economic Statistics*, 14, p. 447-459, 1996.

WEEKS, D. G.; BENTLER, P. M. Restricted multidimensional scaling models for asymmetric matrices. *Psychometrika*, 47, p. 201-208, 1982.

WELCHEW, D. E.; HONEY, G. D.; SHARMA, T.; ROBBINS, T. W.; BULLMORE, E. T. Multidimensional scaling of integrated neurocognitive function and schizophrenia as a disconnexion disorder. *NeuroImage*, 17, p. 1227-1239, 2002.

WICKENS, T. D. *Multiway contingency tables analysis for the social sciences*. Hillsdale: Lawrence Erlbaum, 1989.

WINSBERG, S.; DE SOETE, G. A latent class approach to fitting the weighted Euclidean model, CLASCAL. *Psychometrika*, 58, p. 315-330, 1993.

YATES, A. *Multivariate exploratory data analysis: A perspective on exploratory factor analysis*. Albany: State University of Nova York Press, 1987.

YOUNG, F. W. Nonmetric multidimensional scaling: Recovery of metric information. *Psychometrika*, 35, p. 455-473, 1970.

ZIELMAN, B.; HEISER, W. J. Analysis of asymmetry by a slide-vector. *Psychometrika*, 58, p. 101-114, 1993.

ZIELMAN, B.; HEISER, W. J. Models for asymmetric proximities. *British Journal of Mathematical and Statistical Psychology*, 49, p. 127-146, 1996.

ZINNES, J. L.; GRIGGS, R. A. Probabilistic multidimensional unfolding analysis. *Psychometrika*, 48, p. 27-48, 1974.

ZINNES, J. L.; MACKAY, D. B. Probabilistic multidimensional scaling: Complete and incomplete data. *Psychometrika*, 48, p. 27-48, 1983.

ZINNES, J. L.; WOLFF, R. P. Single and multidimensional same-different judgments. *Journal of Mathematical Psychology*, 16, p. 30-50, 1977.

Capítulo 3

ANÁLISE DE COMPONENTES PRINCIPAIS COM TRANSFORMAÇÕES DE ESCALONAMENTO ÓTIMO NÃO LINEAR PARA DADOS ORDINAIS E NOMINAIS

Jacqueline J. Meulmen
Anita J. Van der Kooij
Willem J. Heiser

3.1 Introdução

Este capítulo concentra-se na análise de dados ordinais e nominais multivariados, utilizando uma variedade especial de análise de componentes principais que inclui transformação de escalonamento ótimo não linear das variáveis. Desde o início dos anos 1930, métodos estatísticos clássicos têm sido adaptados de diversas maneiras para adequá-los às características principais da pesquisa em ciências sociais e comportamentais. A pesquisa nessas áreas resulta, muitas vezes, em dados não numéricos, com medições registradas em escalas cuja unidade de medição é incerta. Os dados consistem, geralmente, em variáveis qualitativas ou categóricas que descrevem as pessoas num número limitado de categorias. O ponto zero dessas escalas é incerto, as relações entre as diferentes categorias são, com frequência, desconhecidas, e, embora, muitas vezes, se possa supor que as categorias estão ordenadas, suas distâncias recíprocas podem ainda ser desconhecidas. A incerteza na unidade de medição não é apenas questão de erro de medição, porque sua variabilidade pode ter um componente sistemático.

Por exemplo, no conjunto de dados que será usado ao longo deste capítulo para fins de ilustração, a respeito de sentimentos de identidade nacional e envolvendo 25.000 respondentes em 23 países do mundo inteiro (Programa Internacional de Investigação Social [ISSP], 1995), há variáveis que indicam quão próximos os respondentes se sentem de seu bairro, de sua cidade e de seu país, em uma escala de 5 pontos que vai de *nada próximo* a *muito próximo*. Esse formato de resposta é típico de muitas pesquisas comportamentais e não

54 • SEÇÃO I / ESCALONAMENTO

é numérico, por certo (muito embora as categorias estejam ordenadas e possam ser codificadas numericamente).

3.1.1 Transformações de escalonamento ótimo

Importante avanço na análise de dados multidimensionais tem sido a atribuição otimizada de valores quantitativos a escalas qualitativas. Esse tipo de quantificação ótima (escalonamento ótimo, pontuação ótima) é um enfoque muito geral para tratar dados multivariados (categóricos). Tomando o modelo de regressão linear como caso principal, esperaríamos prever uma variável de resposta com base em uma série de variáveis preditoras. Isso se consegue achando uma determinada combinação linear das variáveis preditoras que tenha máxima correlação com a variável de resposta. Incorporar escalonamento ótimo importa em maximizar ainda mais essa correlação, não só com relação aos pesos de regressão, mas também com relação a funções não lineares admissíveis das variáveis preditoras. Por exemplo, nos dados do Estudo de Identidade Nacional, podemos tentar encontrar valores de escala não linear das categorias de resposta das variáveis de proximidade que melhoram o coeficiente de correlação múltipla para prever a disposição a mudar-se, porque talvez algumas categorias de resposta prevejam igualmente a alta disposição, enquanto outras categorias diferenciem marcadamente entre pequenos degraus de baixa disposição. Tais funções não lineares denominam-se transformações, escalonamentos ótimos, pontuações ou quantificações. Neste capítulo, usaremos os termos *transformações de escalonamento ótimo não linear* e *quantificações ótimas*. O processo de escalonamento ótimo transforma as variáveis qualitativas em quantitativas. Contudo, a noção de otimização é relativa, porque é sempre obtida com relação ao conjunto específico de dados que é analisado.

As transformações de escalonamento ótimo não linear de dados ordenados categóricos ou contínuos (ordinais) podem ser tratadas mediante transformações *monótonas*, que mantêm a ordem dos dados originais. Dados categóricos (nominais) nos quais as categorias não estiverem ordenadas receberão uma quantificação ótima (pontuação). Também se podem usar funções não monótonas para variáveis contínuas (numéricas) e ordinais

quando se supõem relações não lineares entre as variáveis. Nesses casos, costuma ser conveniente condensar os dados num número limitado de categorias (às vezes chamado de quantização) e achar uma quantificação ótima para as categorias (cf. seção 3.6.2). Porém, se não quisermos perder as graduações finas, podemos também ajustar um *spline* monótono ou não monótono. Um *spline* é uma função que consiste em polinômios segmentados de baixo grau que estão unidos em determinados pontos, chamados de *nós*. Obviamente, é preciso um software especial para transformar e analisar os dados simultaneamente.

3.1.2 Software para componentes principais não lineares: *CATPCA*

O programa de última geração chamado CATPCA inclui todos os recursos a serem descritos neste capítulo e está disponível a partir do SPSS Categories 10.0 (Meulman; Heiser; SPSS, 1999). Na CATPCA há grande ênfase na apresentação gráfica dos resultados, que é feita em representações conjuntas de objetos[1] e variáveis, também chamadas de *biplots* (Gower; Hand, 1996). Além de adequar pontos para objetos individuais, também é possível ajustar outros pontos para identificar grupos entre eles, e a representação gráfica pode ser um *triplot*, com variáveis, objetos e grupos de objetos. Serão objeto de especial atenção certas propriedades que tornam a técnica adequada para a prospecção de dados. Conjuntos de dados muito grandes podem ser analisados quando as variáveis são categóricas no início ou por quantização.

Como a CATPCA incorpora a ponderação diferencial de variáveis, pode ser usada como método de "classificação forçada" (Nishisato, 1984), comparável a "aprendizagem supervisionada" na terminologia de aprendizagem automática. Objetos e/ou variáveis podem ser destinados para ser complementares, isto é, podem ser omitidos na análise em si, mas incluídos na solução depois. Quando houver uma configuração de pontos previamente especificada, pode-se usar a técnica para o ajuste

---

1 Na terminologia da CATPCA, as unidades de análise são chamadas de objetos; dependendo da aplicação, os objetos podem ser pessoas, grupos, países ou outros entes nos quais as variáveis são definidas.

de propriedades (desdobramento externo), isto é, para incluir informação externa sobre objetos, grupos e/ou variáveis na solução (cf. seção 3.6.1). A informação contida nos *biplots* e nos *triplots* pode ser usada para desenhar gráficos especiais que identifiquem determinados grupos nos dados que se destacam em variáveis selecionadas.

Resumindo, a CATPCA pode ser usada para analisar dados multivariados complexos, compostos de variáveis nominais, ordinais e numéricas. Uma simples representação espacial é ajustada aos dados, sendo possível distinguir diferentes grupos de objetos na solução sem ter de acrescentar os dados categóricos de antemão. Abordaremos os diversos aspectos do método de análise, atentando para aqueles relativos à análise de dados, bem como para os aspectos gráficos e computacionais.

3.1.3 Alguns comentários históricos sobre técnicas afins

Historicamente, a ideia do escalonamento ótimo originou-se em distintas fontes. Por um lado, encontramos a história da classe de técnicas hoje conhecida como *análise de correspondência (múltipla)*, uma tradução literal de *L'analyse des correspondences (multiples)*, de Benzécri (1973, 1992). Podemos rastrear as origens dessa história nas obras de Fisher (1948), Guttman (1941), Burt (1950), Hayashi (1952), entre outros, e nas redescobertas a partir da década de 1970 (cf., entre outros, Benzécri, 1992; De Leeuw, 1973; Greenacre, 1984; Lebart; Morineau; Warwick, 1984; Saporta, 1975; Tenenhaus; Young, 1985). Essa classe de técnicas também é conhecida pelos nomes de *escalonamento duplo* (Nishisato, 1980, 1994) e *análise de homogeneidade* (Gifi, 1981, 1990). No decorrer de seu desenvolvimento, a técnica tem sido objeto de muitas interpretações diferentes. Na formulação original de Guttman (1941), a técnica foi descrita como uma análise de componentes principais de variáveis qualitativas (nominais). Há também uma interpretação que a vê como uma forma de análise de correlação canônica generalizada (Lebart; Tabard, 1973; Masson, 1974; Saporta, 1975), baseada em trabalhos anteriores de Horst (1961a, 1961b), Carroll (1968) e Kettenring (1971).

O escalonamento ótimo recebeu outro grande impulso da obra na área de escalonamento multidimensional não métrico (MDS), do qual foram pioneiros Shepard (1962a, 1962b), Kruskal (1964) e Guttman (1968). Em MDS, aproxima-se um conjunto de proximidades entre objetos mediante um conjunto de distâncias num espaço de baixa dimensão, geralmente euclidiano. Originalmente, efetuou-se o escalonamento ótimo das proximidades por meio de regressão monótona; depois, foram incorporadas as transformações em *spline* (Ramsay, 1982). Desde a assim chamada inovação não métrica do MDS, no início dos anos 1960, o escalonamento ótimo tem sido integrado em técnicas de análise multivariada que até agora só foram adaptadas para a análise de dados numéricos. Entre as contribuições iniciais estão as de Kruskal (1965), Shepard (1966) e Roskam (1968). Nos anos 1970 e 1980, as contribuições psicométricas para a área passaram a ser numerosas. Entre a extensa literatura psicométrica sobre o tema cabe ressaltar as obras de De Leeuw (1973); Kruskal e Shepard (1974); Young, De Leeuw e Takane (1976); Young, Takane e De Leeuw (1978); Nishisato (1980); Heiser (1981); Young (1981); Winsberg e Ramsay (1983); Van der Burg e De Leeuw (1983); Van der Burg, De Leeuw e Verdegaal (1988); e Ramsay (1988). Tentativas de sistematização tiveram como resultado o sistema ALSOS, de Young *et al.* (1976), Young *et al.* (1978) e Young (1981), bem como o sistema desenvolvido pelo grupo "Albert Gifi", de Leiden. O livro de Albert Gifi, *Nonlinear Multivariate Analysis* (1990), fornece um sistema abrangente que combina escalonamento ótimo com análise multivariada, inclusive avanços estatísticos como o *bootstrap*. Desde meados da década de 1980, os princípios de escalonamento ótimo foram aparecendo aos poucos na literatura estatística predominante (Breiman; Friedman, 1985; Buja, 1990; Gigula; Haberman, 1988; Hastie *et al.*, 1994; Ramsay, 1988). O sistema Gifi é discutido, entre técnicas estatísticas tradicionais, em Krzanowski e Marriott (1994).

3.2 REPRESENTAÇÃO GRÁFICA

Trataremos a análise de componentes principais (PCA) de uma maneira mais semelhante a uma técnica de escalonamento multidimensional

(MDS) do que a uma técnica do campo da análise multivariada (MVA) clássica. O conceito central na análise multivariada clássica é a covariância ou a correlação *entre variáveis*. Por consequência, a modelagem da matriz de covariância ou correlação é o principal objetivo da análise; logo, as pessoas sobre as quais se definem as variáveis costumam ser consideradas apenas como um fator de repetição. Assim, o papel das pessoas limita-se a agir como intermediárias na obtenção de medidas de covariância ou correlação que descrevem as relações entre as variáveis. No campo do escalonamento multidimensional têm sido desenvolvidas técnicas para a análise de uma tabela quadrada (não necessariamente) simétrica, em que as inserções representam o grau de dessemelhança *entre qualquer tipo de objetos*, que podem ser pessoas. O objetivo é, portanto, mapear os objetos em algum espaço de baixa dimensão no qual as distâncias se pareçam com as dessemelhanças iniciais tanto quanto possível. A fim de tornar as distinções entre MDS e MVA clássica mais explícitas do que seriam de um ponto de vista unificador, levemos em consideração a análise fatorial, uma das maiores contribuições de análise de dados para a estatística originadas nas ciências comportamentais. Infelizmente, do ponto de vista da visualização, a representação de pessoas tornou-se muito complicada nesse processo. O modelo de análise fatorial agrega observações sobre pessoas numa matriz de covariância observada para as variáveis, e o modelo aplicado para representar essa matriz de covariância concentra-se na adequação de uma matriz que incorpore as covariâncias comuns entre as variáveis e outra matriz (diagonal) que mostre a variância própria de cada variável. Ao formular-se a tarefa de análise de dados mediante tal decomposição, as pontuações de fatores que ordenariam as pessoas com relação às variáveis latentes subjacentes são indeterminadas: embora existam diversos enfoques para fazer as pessoas reaparecerem, não há uma maneira específica de determinar as pontuações delas.

Por sua vez, pode-se tratar a análise de componentes principais focando a representação conjunta de pessoas e variáveis num espaço conjunto de baixa dimensão. As variáveis incluídas na análise representam-se, geralmente, como vetores (setas) nesse espaço de baixa dimensão. Associa-se cada variável com um conjunto de cargas componentes, uma para cada dimensão, e essas cargas, sendo correlações entre as variáveis e os principais componentes, dão coordenadas às variáveis para representá-las como vetores no espaço de componente principal. A longitude ao quadrado de tal vetor corresponde à porcentagem de variância representada e, portanto, é igual à soma dos quadrados das cargas componentes em todas as dimensões. Se somarmos os quadrados das cargas componentes em cada dimensão sobre as variáveis, obteremos os autovalores. No método CATPCA, tratado posteriormente neste capítulo, uma variável pode ser vista também como um conjunto de pontos de categoria. Quando se visualiza uma variável como um vetor, esses pontos de categoria são situados numa linha cuja direção é dada pelas cargas componentes. Há, entretanto, uma alternativa para representar os pontos de categoria numa linha reta, exibindo-os como pontos situados no meio, no *centroide* da nuvem de pontos de objetos associados no espaço de representação de baixa dimensão. Essas duas maneiras de representar uma variável serão chamadas de *modelo vetorial* e *modelo do centroide*, respectivamente.

3.2.1 O modelo vetorial

Pode-se achar uma descrição realmente inicial do modelo vetorial em Tucker (1960); Kruskal (1978) usou o termo *modelo bilinear*; já Gabriel (1971) inventou o nome *biplot*. Gower e Hand (1996) são autores de um livro abrangente sobre *biplots*. O prefixo *bi*, em *bilinear* e *biplot*, refere-se a dois conjuntos de entes: os objetos e as variáveis (e não a duas dimensões, como às vezes se supõe erroneamente). Em PCA, os valores observados nas M variáveis eram calculados aproximadamente pelo produto interno das pontuações componentes de P dimensões e das cargas componentes para as variáveis, sendo P muito menor que M. A referência clássica à aproximação de ordem inferior é geralmente Eckart e Young (1936), mas talvez caiba observar que Stewart (1993) contesta essa referência ao comentar que a contribuição de Schmidt (1907) foi muito anterior, como ressaltado também por Gifi (1990). Como o ajuste é definido sobre um produto interno, é preciso fazer uma escolha coerente de normalização[2]. De modo geral, as pontuações componentes são normalizadas para terem médias de 0 e variâncias iguais a 1; a normalização coerente implica que as cargas componentes são correlações entre as variáveis e as P dimensões do espaço, ajustadas aos objetos. As cargas componentes dão coordenadas para um vetor de variável no espaço, e depois os ângulos entre os vetores aproximam as correlações entre as variáveis. O produto interno da matriz de pontuações componentes e um vetor variável aproximam uma coluna da matriz de dados, e a longitude do vetor de variável no espaço é igual à correlação entre a variável e sua aproximação.

No *biplot* de PCA clássico, as pessoas são representadas por pontos e as variáveis, por vetores no mesmo espaço de baixa dimensão. Já na análise de dados de preferências, na qual o modelo vetorial de Tucker (1960) se originou, as pessoas são representadas por vetores e os elementos, por pontos (para um estudo aprofundado do modelo vetorial no contexto da análise de preferências, cf. Carroll, 1968, 1972; Heiser; De Leeuw, 1981). Uma vez que incluímos transformações de escalonamento ótimo não linear para as variáveis na análise de componentes principais, o modelo vetorial/bilinear não representa a variável original, mas a variável transformada, à qual se atribuem quantificações otimizadas (não) monótonas para suas categorias.

3.2.2 O modelo do centroide

À diferença do modelo vetorial, baseado em projeção, o modelo do centroide é mais fácil de visualizar em termos de distâncias entre pontos de objetos e pontos de categorias. No modelo do centroide, cada categoria obtém coordenadas que a representam no mesmo espaço que os objetos. A origem desse modelo está na análise de correspondência múltipla (MCA), em que uma variável nominal é representada como um conjunto de pontos de categoria situados nos centroides dos objetos associados. As categorias de uma determinada variável desmembram a nuvem de

pontos de objetos em subnuvens. Quando essas subnuvens se sobrepõem consideravelmente, dizemos que a variável correspondente é um discriminador relativamente ruim. Por sua vez, subnuvens bem separadas estão associadas com um bom discriminador. Quando escolhemos o modelo do centroide para duas ou mais variáveis e a solução tem um ajuste razoável, os pontos de categoria associados com os mesmos objetos estarão bem próximos, ao passo que categorias da mesma variável estarão muito afastadas (cada uma representa uma subnuvem de pontos de objetos por meio de seu centroide). A distância ao quadrado média ponderada dos pontos da categoria até a origem dá uma medida similar à variância registrada e tem sido denominada *medida de discriminação* (Gifi, 1990).

O método CATPCA tem como recurso especial a possibilidade de ajustar o modelo vetorial bilinear) e o modelo do centroide (distância), para diferentes variáveis (ou até para a mesma variável) em uma única análise, recurso este não disponível em outros programas de software que efetuam análise de componentes principais não lineares.

3.2.3 Agrupamento e classificação forçada

O método CATPCA acomoda pesos diferenciais para distintas variáveis. Assim, o modelo do centroide pode ser usado para *classificação forçada* (termo criado por Nishisato, 1984), que também pode ser chamada de *aprendizagem supervisionada*. Obtém-se a classificação forçada aplicando um peso (muito) grande à variável que escolhemos para a classificação. A aplicação desse peso grande combinada com o modelo do centroide fará com que os pontos de objetos que estão interligados se agrupem em subnuvens no espaço de baixa dimensão. Quanto maior o peso dado, mais apertado será o agrupamento. Esse recurso é especialmente atrativo quando o número de objetos é muito grande e quando eles podem ser identificados como membros de um determinado subgrupo, como cidadãos de diferentes países (como no exemplo a seguir) ou membros de um determinado grupo social. Em tais casos, não estaríamos tão interessados nos resultados individuais quanto nos resultados para os grupos. Como lidamos com dados categóricos, não faria sentido calcular a média

---

2 Como o produto interno entre dois vetores **a** e **b** é definido como , ele não muda se transformamos **a** em **ã** = **Ta** e em **b** = **Sb**, com **S** = , porque = . Escolher os eixos principais e uma normalização coerente resolvem a escolha de **T** e **S** (cf. também a seção 3.2.4).

dos dados de antemão. O uso de uma variável de classificação ponderada encarrega-se desse cálculo da média durante a análise, e o tamanho do peso controla o subsequente agrupamento dos pontos de objetos em redor de seu centroide.

Dessa maneira, nós nos certificamos de que a variável de classificação desempenha um papel importante nas primeiras dimensões da solução de análise de componentes principais. Essa propriedade é sumamente útil quando pretendemos utilizar PCA como primeiro passo de uma análise discriminante para diminuir o número de preditores. Tal estratégia é usada com frequência quando o número de preditores supera o número de objetos incluídos na matriz de dados, como ocorre, entre outros casos, em genometria (análise de dados de expressão gênica de microarranjo), proteometria e quimiometria, mas também dados de método Q, com julgadores atuando como variáveis e uma variável classificatória disponível para os objetos. Do mesmo modo, pode-se usar a CATPCA como passo preliminar numa análise de regressão múltipla quando o número de preditores é maior que o número de objetos. No último caso, a variável de resposta é incluída na análise com um peso muito maior do que as outras variáveis e com a aplicação do modelo vetorial.

3.2.4 Diferentes normalizações

São possíveis diferentes opções de normalização para exibir objetos e variáveis no espaço euclidiano de baixa dimensão. A opção de normalização de uso mais habitual em análise de componentes principais é exibir os objetos em uma nuvem ortonormal de pontos de objeto, na qual as dimensões em si têm igual variância. Assim, a representação das variáveis responde pelo ajuste diferencial em dimensões subsequentes, respondendo a primeira dimensão pela maior parte da variância, enquanto as dimensões subsequentes expõem a variância correspondente a (VAF) em ordem decrescente. Quando as pontuações de objetos são normalizadas, porém, perde-se a simples interpretação da distância quanto aos objetos. Para consegui-la, seria preciso normalizar as cargas componentes e deixar livres as pontuações de objetos (mas mantendo o produto interno fixo). Portanto, há uma opção

alternativa que devemos usar se quisermos que a CATPCA efetue uma análise de coordenadas principais como descrita em Gower (1966), que é equivalente ao clássico método de MDS, geralmente atribuído a Torgerson (1958). Na análise de coordenadas principais, a ênfase recai na representação dos objetos, e a nuvem de pontos de objetos exibe o ajuste diferencial em dimensões subsequentes (a nuvem não é ortonormal, mas mostra uma forma definida). A interpretação de PCA não linear em termos de distâncias entre objetos é dada, entre outros, em Heiser e Meulman (1983) e Meulman (1986, 1992). Que os pontos de objetos ou (pontos de categoria das) variáveis sejam normalizados depende algebricamente da alocação dos autovalores no uso de decomposição de valor singular para representar ambos os conjuntos de entes no espaço de baixa dimensão. Portanto, na CATPCA, o impacto dos autovalores (que simbolizam o ajuste) poderia também ser distribuído simetricamente sobre objetos e variáveis (melhorando a exibição conjunta, em especial quando o ajuste geral não é muito grande) ou aplicado de maneira totalmente adaptada para otimizar a qualidade da representação conjunta.

3.2.5 Diferentes *biplots* e um *triplot*

Há diversos *biplots* disponíveis na CATPCA para a exibição dos resultados. Um *biplot* pode exibir os objetos (como pontos) e as variáveis (como vetores), os objetos e os grupos entre eles (representados por centroides) ou as variáveis com grupos de objetos (representados por centroides). A combinação dessas três opções revela relações entre objetos, grupos de objetos e variáveis, e chamamos essa exibição de *triplot*. O resumo final da análise combina a informação contida nos *biplots* e nos *triplots* em exibições unidimensionais, obtidas tomando centroides dos objetos, de acordo com uma determinada variável (de classificação), e projetando-os sobre os vetores que representam variáveis de especial interesse na análise. Assim, o gráfico identifica determinados grupos nos dados que se destacam sobre as variáveis escolhidas. Na seção 3.4.6 há uma demonstração do uso da representação de centroides projetados.

3.3 MVA COM DIFERENTES TRANSFORMAÇÕES DE ESCALONAMENTO ÓTIMO NÃO LINEAR

No processo de transformação não linear na CATPCA, é preciso escolher um nível de quantificação adequado para cada uma das variáveis. O nível de transformação mais restrito é denominado *numérico* – ele aplica uma transformação linear aos valores de escala inteiros originais, para que as variáveis resultantes estejam padronizadas. O nível de escalonamento numérico ajusta pontos de categoria em linha reta até a origem, com distâncias iguais entre os pontos. Em lugar de uma transformação linear, podemos escolher entre diferentes transformações não lineares, e estas podem ser monótonas – com a ordem original das categorias – ou não monótonas.

3.3.1 Transformação nominal e quantificações nominais múltiplas

Quando o único fato que levaremos em consideração é que um determinado subconjunto dos objetos está na mesma categoria (enquanto outros estão em categorias diferentes), dizemos que a transformação é *nominal* (ou *não monótona*); as quantificações só mantêm a inclusão na classe, e as categorias originais são quantificadas para proporcionar um ordenamento otimizado. A transformação não linear pode ser realizada mediante uma regressão de identidade por mínimos quadrados (que importa em calcular a média sobre objetos na mesma categoria) ou ajustando um *spline* de regressão não monotônica. Geometricamente, o nível de escalonamento nominal distribui pontos de categoria em ordem otimizada sobre uma linha reta até a origem. A direção dessa linha reta é determinada pelas correspondentes cargas componentes.

O que foi, anteriormente, denominado modelo do centroide (uma variável categórica representada por um conjunto de pontos localizados no centroide dos objetos que as associadas) é também chamado de quantificação nominal *múltipla*. Chama-se a qualificação de múltipla porque há uma quantificação separada para cada dimensão (a média das coordenadas dos objetos na primeira dimensão, a segunda dimensão etc.) e de

nominal porque não há uma relação de ordem predeterminada entre os números de categoria originais e a ordem em qualquer das dimensões. Depois daremos um exemplo da diferença entre uma quantificação nominal e outra nominal múltipla. Optamos por uma transformação nominal quando queremos que os pontos de categoria sejam representados sobre um vetor, e por uma quantificação múltipla quando queremos que eles estejam nos centroides dos objetos associados.

3.3.2 *Splines* monótonos e não monótonos

Dentro do campo das transformações monótonas ou não monótonas, dispomos de dois enfoques: transformações de mínimos quadrados otimizadas ou transformações de *spline* otimizadas. Como já mencionamos, a classe de transformações monótonas tem sua origem na literatura sobre escalonamento multidimensional não métrico (Kruskal, 1964; Shepard, 1962a, 1962b), em que dessemelhanças originais eram transformadas em pseudodistâncias para serem otimamente aproximadas por distâncias entre pontos de objetos em espaço de baixa dimensão. Desde então, transformações monótonas livres foram implementadas para generalizar também técnicas de análise multivariada (p. ex., Gifi, 1990; Kruskal, 1965; Kruskal; Shepard, 1974; Young *et al.*, 1978). Chamamos essas transformações de monótonas livres porque o número de parâmetros é livre. Como essa liberdade poderia resultar em excesso de ajuste do modelo de MVA sobre a transformação das variáveis, foi preciso introduzir uma classe mais limitada de transformações na literatura de psicometria. As mais importantes constituem a classe de *splines* de regressão, introduzidas na análise de regressão múltipla e na análise de componentes principais em Winsber e Ramsay (1980, 1983; pode-se ver um excelente resumo em Ramsay, 1988). Para *splines*, o número de parâmetros é determinado pelo grau do *spline* escolhido e pelo número de nós internos. Por usarem menos parâmetros, os *splines são, geralmente, mais uniformes e mais robustos, ainda que a custa de menor qualidade de ajuste com relação à função de perda geral, que é minimizada.*

3.3.3 Qualidade do ajuste: cargas componentes, variância registrada, autovalores e α de Cronbach

A análise de componentes principais estuda a interdependência das variáveis. As transformações não lineares maximizam a interdependência média, e essa propriedade de otimização pode ser expressa de várias maneiras. Quando as variáveis obtêm uma transformação ordinal (*spline* monótono) ou uma transformação nominal (*spline não monótono), a técnica maximiza a soma dos P* maiores autovalores da matriz de correlação entre as variáveis transformadas (em que *P* indica o número de dimensões escolhidas na solução). A soma dos autovalores, o índice de qualidade de ajuste total, é igual à variância total registrada (nas variáveis transformadas). A variância registrada em cada dimensão para cada variável em separado é igual à carga componente ao quadrado, e a carga componente em si é a correlação entre a variável transformada e um componente principal (dado pelas pontuações de objetos) numa determinada dimensão.

Existe uma relação muito importante entre o autovalor (a soma total de cargas componentes ao quadrado em cada dimensão) e o coeficiente que provavelmente é o mais usado para medir a consistência interna em psicometria aplicada: o α de Cronbach (cf., p. ex., Heiser; Meulman, 1994; Lord, 1958; Nishisato, 1980). A relação entre α e a variância total registrada expressa no autovalor λ é

$$\alpha = M(\lambda - 1)/(M - 1)\lambda, \tag{1}$$

em que M indica o número de variáveis na análise. Uma vez que λ corresponde ao maior autovalor da matriz de correlação e que a CATPCA maximiza o maior valor da matriz de correlação sobre transformações das variáveis, segue-se que a CATPCA maximiza o α de Cronbach. Essa interpretação é simples quando a solução CATPCA é unidimensional. Na seção 3.4.2, descreve-se o uso generalizado desse coeficiente em CATPCA de mais dimensões.

3.4 CATPCA em ação, parte i

Ao longo de todo este capítulo, os princípios que embasam a análise categórica de componentes principais (CATPCA) – ou a análise de componentes principais com transformações de escalonamento ótimo não linear – serão ilustrados com o uso de um conjunto de dados multivariados em grande escala do ISSP (1995), que pode ser considerado um exemplo típico de dados colhidos nas ciências sociais e comportamentais. O ISSP é um projeto transnacional anual contínuo de coleta de dados que está em andamento desde 1985. Ele reúne projetos de ciências sociais preexistentes e coordena metas de pesquisa, somando, assim, uma perspectiva transnacional aos estudos nacionais isolados. Entre 1985 e 1998, o ISSP cresceu de 6 para 30 países participantes. As páginas do ISSP na internet dão acesso a informações detalhadas sobre o serviço de dados do programa prestado pelo Zentral Archiv, em Colônia. A página inicial da secretaria do ISSP fornece informação sobre a história, os membros, as publicações e o servidor de mensagens do ISSP.

Os dados originais envolvem sentimentos de identidade nacional de cerca de 28.500 respondentes em 23 países do mundo inteiro. Como o número de respondentes na amostra de cada país participante não é proporcional ao tamanho de sua população, extraiu-se uma amostra aleatória dos dados originais para que todos os países tivessem o mesmo peso na análise, sendo todos representados por 500 respondentes. Com essa seleção, o número total de indivíduos em nossos exemplos chega a 11.500.

Para a primeira aplicação, selecionamos três grupos de variáveis do Estudo de Identidade Nacional. O primeiro grupo de cinco variáveis indica o quanto os respondentes se sentem próximos de seu bairro (CL-1), sua cidade (CL-2), seu município (CL-3), seu país (CL4) e seu continente (CL-5). (Os dados foram recodificados, de sorte que uma pontuação 1 indica *nada próximo* e uma pontuação 5 indica *muito próximo*). As cinco variáveis seguintes indicam se os respondentes estão dispostos a mudar-se de seu bairro para melhorar suas condições de trabalho ou de vida, seja para outro bairro (MO-1), outra cidade (MO-2), outro município (MO-3), outro país (MO-4) ou outro continente (MO-5), em que a pontuação 1 indica *muito relutante* e a pontuação 5 indica *muito disposto*. O terceiro conjunto de variáveis tem a ver com afirmações sobre imigrantes, perguntando-se aos respondentes se, numa escala de 1 a 5, eles *discordam veementemente* (1) ou *concordam veementemente* (5) com as seguintes afirmações: "Estrangeiros não devem ser autorizados a comprar terra [neste país]" (I-Land), "Imigrantes aumentam os índices de criminalidade" (I-Crime), "Imigrantes geralmente são bons para a economia" (I-Econ), "Imigrantes tiram empregos de pessoas que nasceram [neste país]" (I-Jobs) e "Imigrantes tornam [este] país mais aberto a novas ideias e culturas" (I-Ideas). Também se pediu aos respondentes que avaliassem sua própria opinião quanto à afirmação "O número de imigrantes em [meu país] na atualidade deveria ser *diminuído muito* (1) ... *aumentado muito* (5)". Como mais de 50% dos respondentes têm um ou mais valores a menos sobre essas 16 variáveis, é preciso ter uma estratégia para lidar com dados faltantes que não seja apagar todos os casos em que faltem dados, e, por isso, decidiu-se usar a simples opção de CATPCA de entrar com a categoria modal para cada uma das variáveis (cf., na seção 3.6.3, sobre o tratamento de dados faltantes, métodos mais elaborados que estão disponíveis no contexto do escalonamento ótimo).

3.4.1 VAF e α de Cronbach

Serão apresentados os resultados de uma solução bidimensional com transformações de *spline* monótonas que explica 41% da variância das pontuações dos 11.500 respondentes nas 16 variáveis. A porcentagem de variância registrada (PVAF) na primeira dimensão (26,7%) é quase o dobro da PVAF na segunda dimensão (14,4%). A VAF, na primeira dimensão, é igual a 0,267 × 16 (número de variáveis) = 4,275, e, na segunda dimensão, 0,144 × 16 = 2,305. Como já explicamos, a VAF está estreitamente relacionada com o α de Cronbach.

Como exemplificado em Heiser e Meulman (1994), a relação entre α e a VAF (autovalor) não é linear, mas monotonamente crescente, e é intensamente não linear quando M – o número de variáveis – cresce. Para $M = 16$, como em nosso exemplo, a VAF corresponde, na primeira dimensão, a um valor de $\alpha = 0,817$ e, na segunda dimensão, a um valor de $\alpha = 0,604$. Se tomarmos a variância total registrada (6,58) como valor de λ na equação (1), $\alpha = 0,905$ (o máximo é 1). Esse uso da equação (1) dá por certa uma interpretação

de α muito mais geral do que se pretendia originalmente, mas fornece uma indicação do ajuste global da solução de CATPCA. A VAF por dimensão é igual à soma dos quadrados das cargas componentes e igual ao autovalor associado da matriz de correlação entre as variáveis otimamente transformadas. Note-se que o valor de α para uma determinada dimensão se torna negativo quando o autovalor associado é inferior a 1. O maior autovalor da matriz de correlação entre as variáveis originais é 4,084, e o aumento da VAF é, portanto, 1 – 4,084/4,275 = 4,5%, o que não é um aumento total muito drástico. Para a maioria das variáveis, todavia, a transformação é claramente não linear, como se mostra na figura 3.1.

3.4.2 Transformações não lineares

Na figura 3.1, as transformações de CL-1 até CL-5, MO-1 até MO-5 e I-Land até I-Incr estão expostas em suas colunas; as quantificações ótimas são dadas nos eixos verticais, e os valores originais estão nos eixos horizontais. As transformações não lineares para CL-1 até CL-5 apresentam convexidade, indicando que há menos distinção entre as categorias *nada próximo* = ncl(1) e *não próximo* = ncl(2), contrastadas com a categoria *muito próximo* = ncl(4); a categoria *próximo* = ncl(3) está quase sempre perto da média de 0. As quantificações MO-1 até MO-5 mostram o padrão oposto: as transformações não lineares aproximam-se de uma função côncava, agrupando as categorias *disposto* e *muito disposto*, que são contrastadas com a categoria *muito relutante*. A categoria *relutante* tem quantificações próximas à média, exceto MO-4 e MO-5, que mostram as funções mais côncavas. Depois, quando examinamos as quantificações para I-Land, I-Crime e I-Jobs (afirmações nas quais uma alta pontuação exprime uma atitude negativa com relação aos imigrantes), vemos que as transformações são de novo convexas, contrastando a parte plana para as categorias de *discorda (vigorosamente)* no extremo inferior desde a parte de acentuada inclinação em direção à categoria *concorda vigorosamente* no extremo superior. Assim, essas transformações assemelham-se àquelas para as variáveis CL. Ao observarmos as quantificações para I-Econ e I-Incr, que exprimem uma atitude positiva quanto aos imigrantes, vemos que suas quantificações dão

62 • SEÇÃO I / ESCALONAMENTO

funções côncavas, como ocorre com as variáveis MO: *discorda veementemente* (no extremo inferior) é contrastada com *concorda* e *concorda veementemente* (no extremo superior) para I-Econ, e *diminuído muito* é contrastada com *aumentar* e *aumentar muito* no extremo superior para I-Incr ("o número de imigrantes deveria ser..."). A conclusão geral é que as partes de forte inclinação de cada transformação expressam sentimentos negativos quanto aos imigrantes porque se verificam no extremo superior para as atitudes negativamente manifestas e no extremo inferior para as atitudes positivamente manifestas. Ao mesmo tempo, esse padrão se reflete nas transformações para as variáveis CL, em que a parte de forte inclinação indica que a pessoa se sente muito próxima do ambiente em que vive, e para as variáveis MO, em que a parte inclinada indica que a pessoa é muito relutante em se mudar.

3.4.3 Representação de variáveis como vetores

O processo de quantificação otimizada transforma uma variável qualitativa nominal (ou ordinal) em uma variável quantitativa numérica. A variável resultante, transformada de maneira não linear, pode ser representada como um vetor no espaço determinado para os objetos. As coordenadas para tal vetor são dadas pelas cargas componentes associadas que dão a correlação entre a variável transformada e as dimensões do espaço de objetos. A figura 3.2 (painel esquerdo) apresenta as cargas componentes, mostrando vetores que vão em quatro diferentes direções a partir da origem (o ponto 0,0). Em sentido horário, o primeiro grupo de vetores aponta na direção norte-nordeste e contém I-Econ, I-Incr e I-Idea; o segundo grupo aponta para leste-sudeste e inclui as variáveis MO. As variáveis I-Land, I-Crime e I-Jobs apontam na direção sul-sudoeste, e, finalmente, as variáveis CL apontam para oeste-noroeste. Sabemos, pelos diagramas de transformação anteriormente descritos, que essas direções indicam atitudes positivas com relação aos imigrantes, disposição a se mudar, atitudes muito negativas quanto aos imigrantes e sentir-se muito próximo do ambiente em que se vive, respectivamente. Cabe observar que cada um desses quatro grupos de vetores tem pontos de partida representativos do significado oposto que se estende no lado oposto da origem.

Logo, muito perto dos vetores de I-Econ, I-Incr e I-Idea, deveríamos prever também os pontos de partida de I-Land, I-Crime e I-Jobs, que representam atitudes positivas, como nas partes planas dos correspondentes diagramas de transformação. E, portanto, o contrário também é verdade: os lados mais baixos e muito negativos dos vetores de I-Econ, I-Incr e I-Idea estão muito próximos dos lados muito negativos representados dos vetores de I-Land, I-Crime e I-Jobs. Tudo isso pode ser repetido para os vetores de MO e CL, que se estendem quer para a direita, quer para a esquerda a partir da origem (cf. também a figura 3.3).

Os pontos finais inferiores de *muito relutante em se mudar* estão perto dos pontos finais superiores de *muito próximo*, enquanto os pontos finais inferiores de *não próximo* estão perto dos pontos finais superiores de *disposto a se mudar*. Agora que já interpretamos os extremos das categorias otimamente escaladas representadas nos diagramas de transformação, podemos interpretar também o leque completo de quantificações com respeito a seus rótulos de categoria originais. Antes de fazermos isso na seção 3.4.5, todavia, examinaremos um tipo diferente de variável que pode ser introduzido na análise descrita até aqui.

3.4.4 Variáveis complementares

Na análise das variáveis CL, MO e IM, acrescentamos uma variável complementar denominada *país*, que indica de qual dos 23 países o respondente é originário. Uma variável complementar não tem influência alguma na análise real, mas suas quantificações são computadas depois, de modo a estabelecer a sua relação com a solução obtida. No caso dos dados do Estudo de Identidade Nacional, o número de respondentes é grande demais para as pontuações de objetos a serem examinadas individualmente. Tendo a variável país como variável complementar, entretanto, há a oportunidade de representar grupos de respondentes do mesmo país com um único ponto. Quando os respondentes de um determinado país forem muito heterogêneos, seus pontos individuais estarão espalhados por todo o espaço bidimensional, e seu correspondente ponto de país, computado como o centroide dos pontos individuais pertinentes, estará situado próximo à origem da configuração. Para obtermos tais centroides para os 23 países incluídos no

Capítulo 3 / Análise de componentes principais... • 63

Figura 3.1 Transformação de *spline* de variáveis CL (primeira coluna), variáveis MO (segunda coluna) e variáveis IM da CATPCA do Estudo de Identidade Nacional do ISSP de 1995

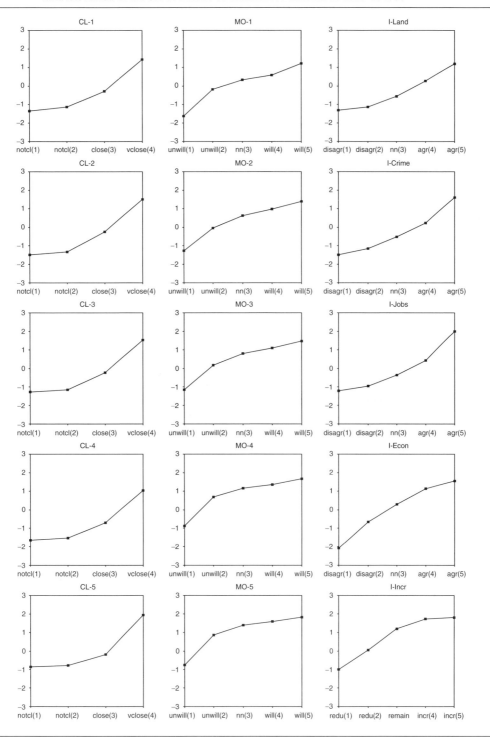

Figura 3.2 Cargas para variáveis de MO, CL e IM (painel à esquerda) e pontos de categoria por país (painel à direita) extraídos da análise CATPCA

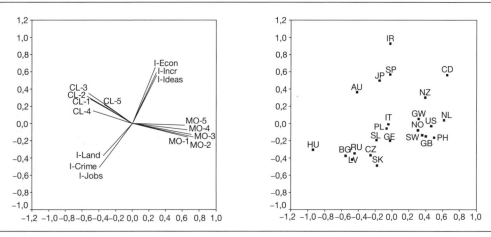

NOTA: Os países estão identificados como segue: IT = Itália; PL = Polônia; SL = Eslovênia; GE = Alemanha Oriental; HU = Hungria; BG = Bulgária; LV = Letônia; RU = Rússia; CZ = República Tcheca; SK = República Eslovaca; AU = Áustria; JP = Japão; SP = Espanha; IR = Irlanda; GW = Alemanha Ocidental; NO = Noruega; SW = Suécia; GB = Grã-Bretanha; PH = Filipinas; US = Estados Unidos; NL = Holanda; NZ = Nova Zelândia; CD = Canadá.

Estudo de Identidade Nacional, temos de especificar que a variável país deve obter múltiplas quantificações nominais. O resultado está exposto no painel esquerdo da figura 3.2. Nesse gráfico, vemos diversas aglomerações de pontos em três direções distintas, começando a partir da origem, ela própria próxima da Itália (IT) e da Polônia (PL) (e da Eslovênia [SL] e da Alemanha Oriental [GE]). Primeiro, um aglomerado de pontos contém Hungria (HU), Bulgária (BG), Letônia (LV), Rússia (RU), República Tcheca (CZ) e República Eslovaca (SK) no canto inferior esquerdo. Indo na direção superior esquerda, vemos a Áustria (AU), o Japão (JP), a Espanha (SP) e a Irlanda (IR). Finalmente, indo da origem em linha reta para a direita, temos a Alemanha Ocidental (GW), a Noruega (NO), a Suécia (SW), a Grã-Bretanha (GB), as Filipinas (PH), os Estados Unidos (US) e a Holanda (NL). Nova Zelândia (NZ) e Canadá (CD) estão quase numa linha reta a partir da origem em direção ao canto superior direito do gráfico. Com essas coordenadas para os 23 países, podemos preparar um *biplot* dos pontos de países e dos vetores para as variáveis CL, MO e IM.

3.4.5 Um *biplot* de centroides e vetores

Como descrito anteriormente, a metodologia de CATPCA permite uma variedade de *biplots*

diferentes. Como o número de objetos no Estudo de Identidade Nacional é grande demais para que a relação entre os objetos e as variáveis seja examinada no nível individual, representamos os pontos individuais por meio dos centroides obtidos pela variável complementar de país. Há duas maneiras diferentes de se representar em conjunto os pontos de países e os vetores para as variáveis. A mais simples é um gráfico com os centroides do painel direito da figura 3.2 sobrepostos às cargas componentes expostas no painel esquerdo. Elementos desse gráfico (não mostrados) podem ser ressaltados pela representação conjunta dos centroides e dos pontos de categoria para determinadas variáveis. Para fins de ilustração em nosso caso, escolhemos MO-1 e I-Crime e apresentamos o gráfico resultante na figura 3.3. Observamos, aqui, os três aglomerados mais importantes: o Aglomerado 1 contém HU, BG, RU, LV, SK e CZ; o Aglomerado 2 contém AU, JP, SP e IR; e o Aglomerado 3 contém GW, NO, SW, GB, PH, US e NL, localizados entre os vetores dados por MO-1 e I-Crime. À diferença do gráfico de componentes na figura 3.2, agora uma variável é representada pelo conjunto completo de pontos de categoria numa linha reta até a origem. Para I-Crime, os pontos de categoria "disagr(1) = *discorda vigorosamente*" e "disagr(2) = *discorda*" estão situados no lado do vetor que aponta para o norte, ao passo que "agr(5) =

concorda vigorosamente" se localiza no extremo oposto, apontando para o sul. A categoria "agr(4) = *concorda*" encontra-se perto da origem (compare a quantificação próxima a 0 no diagrama de transformação). O vetor para a variável MO-1 contrasta "unwill(1) = *muito relutante*" à esquerda com "will(4) = *disposto*" e "will(5) = *muito disposto*" à direita; aqui, a categoria "unwill(2) = *relutante*" está perto da origem.

Com base na localização dos pontos de país em relação aos vetores para as variáveis, podemos deduzir as posições relativas por projeção: por exemplo, Irlanda (IR) e Canadá (CD) têm alta pontuação no extremo *discorda* do vetor "Imigrantes aumentam criminalidade". Quanto à estrutura de aglomerados anteriormente descrita, o Aglomerado 1 (com Rússia [RU] no centro) concorda com a afirmação de que os imigrantes aumentam o índice de criminalidade e reluta em seu mudar. O Aglomerado 2, que inclui o Japão, também reluta em se mudar, mas discorda (vigorosamente) com a afirmação de I-Crime. O Aglomerado 3 (que contém os Estados Unidos) discorda moderadamente, mas está disposto a mudar-se (do seu bairro).

3.4.6 Centroides projetados

A posição conjunta relativa de países a respeito de afirmações está representada com maior clareza no gráfico de "centroides projetados", que vemos na figura 3.4. Aqui, como no *biplot*, os 23 países foram projetados sobre os vetores para as afirmações, mas agora essas projeções estão expostas sobre linhas retas paralelas representativas das afirmações. As afirmações utilizadas são as seguintes, de esquerda para a direita: CL-1, MO-1, I-Crime e I-Econ. Como sabemos pela figura 3.2 (painel à esquerda), CL-1 e MO-1 são opostas uma à outra, o que também se vê na figura 3.4, em que HU, AU, IR, JP e BG têm alta pontuação em CL-1 (e baixa em MO-1), enquanto NL, PH, CD, US e os outros países do Aglomerado 3 têm alta pontuação em MO-1 (e baixa em CL-1). As outras duas variáveis representadas mostram contrastes entre o Aglomerado 1 (pontuação alta em I-Crime e baixa em I-Econ) e CD, IR, NZ, SP e NL (pontuação baixa em I-Crime e alta em I-Econ).

Figura 3.4 Centroides projetados para países sobre variáveis escolhidas (da direita para a esquerda)

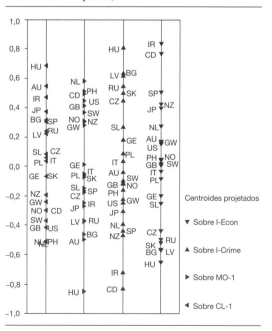

Figura 3.3 Pontos de categoria conjuntos para país, MO-1 e I-Crime

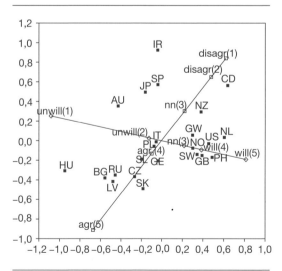

NOTA: Os países estão identificados como segue: IT = Itália; PL = Polônia; SL = Eslovênia; GE = Alemanha Oriental; HU = Hungria; BG = Bulgária; LV = Letônia; RU = Rússia; CZ = República Tcheca; SK = República Eslovaca; AU = Áustria; JP = Japão; SP = Espanha; IR = Irlanda; GW = Alemanha Ocidental; NO = Noruega; SW = Suécia; GB = Grã-Bretanha; PH = Filipinas; US = Estados Unidos; NL = Holanda; NZ = Nova Zelândia; CD = Canadá.

NOTA: Os países estão identificados como segue: IT = Itália; PL = Polônia; SL = Eslovênia; GE = Alemanha Oriental; HU = Hungria; BG = Bulgária; LV = Letônia; RU = Rússia; CZ = República Tcheca; SK = República Eslovaca; AU = Áustria; JP = Japão; SP = Espanha; IR = Irlanda; GW = Alemanha Ocidental; NO = Noruega; SW = Suécia; GB = Grã-Bretanha; PH = Filipinas; US = Estados Unidos; NL = Holanda; NZ = Nova Zelândia; CD = Canadá.

66 • SEÇÃO I / ESCALONAMENTO

Deveríamos lembrar, contudo, que os dados analisados são de 1995 e que os pontos de vista terão mudado desde então, muito provavelmente, ao menos em alguns dos países incluídos neste estudo.

3.5 ANTECEDENTES TÉCNICOS DA ANÁLISE DE COMPONENTES PRINCIPAIS NÃO LINEARES

3.5.1 Matrizes de indicadores

O método de transformação não linear lida com as variáveis categóricas da seguinte maneira: uma variável categórica $\mathbf{h}_m$ define uma matriz de indicadores binários $\mathbf{G}_m$ com N linhas e C_m colunas, em que C_m expressa o número de categorias. Depois, elementos h_{im} definem elementos $g_{ic(m)}$, como segue:

$$g_{ic(m)} = \begin{cases} 1 \text{ se } h_{im} = c_m \\ 0 \text{ se } h_{im} \neq c_m \end{cases}, \qquad (2)$$

em que $c_m = 1,..., C_m$ é o índice corrente a indicar um número de categoria na m-ésima variável. Se o vetor $\mathbf{y}_m$ (com C_m elementos) indica as quantificações de categoria, pode-se escrever a variável transformada $\mathbf{q}_m$ como $\mathbf{G}_m\mathbf{y}_m$. Por exemplo, num modelo linear padrão, com M variáveis preditoras em $\mathbf{X}$ e b_m indicando o peso de regressão para a m-ésima variável, a combinação linear dos preditores que se correlaciona maximamente com a resposta $\mathbf{z}$ pode ser escrita como $\hat{\mathbf{z}} = \sum_{m=1}^{M} b_m\mathbf{x}_m$. Incorporando o escalonamento não linear das variáveis preditoras $\varphi_m(\mathbf{x}_m)$, para $m = 1,..., M$ sendo $\varphi_m(\mathbf{x}_m)$ uma função não linear admissível de $\mathbf{x}_m$, a combinação linear ótima é expressa agora por $\hat{\mathbf{z}} = \sum_{m}^{M} b_m\varphi_m(\mathbf{x}_m) = \sum_{m}^{M} b_m\mathbf{G}_m\mathbf{y}_m$. Ao mapear uma variável categórica dentro de uma matriz de indicadores, assegura-se a invariância sob a transformação não linear individual da variável original. Pode-se achar a ideia de substituir uma variável categórica por uma matriz de indicadores já em Guttman (1941). O termo *matriz de indicadores* foi criado por De Leeuw (1968); e outras denominações são: *matriz de atributos* ou *traços* (LINGOES, 1968), *tabela de padrões de resposta* (NISHISATO, 1980), *matriz de incidência* ou *falsas variáveis* (em projeto experimental).

3.5.2 A função de objetivo conjunto

Descreveremos, nesta seção, a função de objetivo que ajusta conjuntamente o modelo vetorial e o modelo do centroide. Supomos que há M_V variáveis ajustadas conforme o modelo vetorial e M_B variáveis ajustadas conforme o modelo do centroide; assim, temos $M_V + M_B = M$. Para começar, definimos a seguinte terminologia. A matriz $\mathbf{Q}$ $N \times M$ contém as pontuações para os N objetos sobre M variáveis: a índole das variáveis individuais $\mathbf{q}_m$ será tratada brevemente; a matriz $\mathbf{X}$ $N \times M$ contém as coordenadas para os N objetos num espaço de representação de P dimensões; e a matriz $\mathbf{A}$ (de tamanho $M_V \times P$) dá as coordenadas no mesmo espaço para os pontos finais dos vetores que são ajustados às variáveis no modelo bilinear (vetorial). Logo, $\mathbf{a}_m$ contém as coordenadas para a representação da variável m-ésima. Por consequência, a parte da função de objetivo que minimiza o valor da própria função com respeito ao modelo bilinear/vetorial pode ser escrita como segue:

$$\overline{L}_V(\mathbf{Q}; \mathbf{X}; \mathbf{A}) = M_V^{-1} \sum_{m \in K_V} \|\mathbf{q}_m - \mathbf{X}\mathbf{a}_m\|^2, \qquad (3)$$

em que K_V indica o conjunto que contém os índices das variáveis que são ajustadas com o modelo vetorial, e $\| \cdot \|^2$ significa tomar a soma dos quadrados dos elementos. Supondo que os dados em $\mathbf{q}_m$ têm C_m diferentes valores, também podemos escrever

$$\overline{L}_V(\mathbf{y}_V; \mathbf{X}; \mathbf{A}) = M_V^{-1} \sum_{m \in K_V} \|\mathbf{G}_m\mathbf{y}_m - \mathbf{X}\mathbf{a}_m\|^2, \qquad (4)$$

sendo $\mathbf{G}_m$ é uma matriz de indicadores que classifica todos os objetos em apenas uma categoria. As quantificações de categorias ótimas a serem obtidas estão contidas no vetor $\mathbf{y}_m$ de C_m, em que C_m indica o número de categorias para a m-ésima variável. O vetor $\mathbf{y}_V$ coleta as quantificações para as M_V diferentes variáveis e tem longitude $\sum_{m \in K_V} C_m$.

A projeção dos pontos de objetos $\mathbf{X}$ sobre o vetor $\mathbf{a}_m$ dá a aproximação da variável escalada (otimamente quantificada) não linearmente $\mathbf{q}_m = \mathbf{G}_m\mathbf{y}_m$ em espaço euclidiano de P dimensões. Pode-se demonstrar que a minimização da função de perda $\overline{L}_V$ para o modelo bilinear/vetorial é equivalente à minimização de

$$L_V(\mathbf{y}_V; \mathbf{A}; \mathbf{X}) = M_V^{-1} \sum_{m \in K_V} \|\mathbf{G}_m\mathbf{y}_m\mathbf{a}_m' - \mathbf{X}\|^2 \qquad (5)$$

(cf. Gifi, 1990). Aqui, uma matriz **X** de *P* dimensões está sendo aproximada pelo produto interno $\mathbf{G}_m \mathbf{y}_m \mathbf{a}'_m$, que dá as coordenadas das categorias da *m*-ésima variável localizada sobre a linha reta até a origem no espaço conjunto de *P* dimensões. A grande vantagem dessa reformulação da função de objetivo é a sua capacidade de captar o modelo do centroide no mesmo arcabouço. Pode-se escrever a última simplesmente como

$$L_B(\mathbf{Y}_B; \mathbf{X}) = M_B^{-1} \sum_{m \in K_B} \|\mathbf{G}_m \mathbf{Y}_m - \mathbf{X}\|^2, \quad (6)$$

em que K_B é o conjunto de índices das variáveis para as quais se escolheu o modelo do centroide. A matriz $\mathbf{Y}_m$ $C_m \times P$ contém as coordenadas das categorias no espaço de *P* dimensões, e $\mathbf{Y}_B$ coleta as quantidades para as M_B variáveis dispostas sobre cada uma. A função de objetivo para o modelo do centroide implica que, para se obter um ajuste perfeito, um ponto de objeto em **X** deve coincidir com seu ponto de categoria associado numa das linhas de $\mathbf{Y}_m$.

Aqui podemos escrever a função de objetivo conjunto para CATPCA como uma combinação linear ponderada das perdas separadas:

$$L(\mathbf{Y}; \mathbf{A}; \mathbf{X}) = (M_V + M_B)^{-1}[M_V L_V(\mathbf{y}_V; \mathbf{A}; \mathbf{X})$$
$$+ M_B L_B(\mathbf{Y}_B; \mathbf{X})], \quad (7)$$

em que a primeira parte é minimizada para variáveis indexadas por *m*, para as quais se escolhe uma representação vetorial, e a segunda parte é minimizada para a representação de variáveis categóricas. O $\hat{\mathbf{X}}$ ótimo é dado por

$$\hat{\mathbf{X}} = M^{-1} \left[\sum_{m \in K_V} \mathbf{G}_m \mathbf{y}_m \mathbf{a}'_m + \sum_{m \in K_B} \mathbf{G}_m \mathbf{Y}_m \right],$$

após o qual as pontuações de objetos se ortonormalizam como $\hat{\mathbf{X}}'\hat{\mathbf{X}} = N\mathbf{I} = N\mathbf{I}$ (portanto, elas não se correlacionam).

3.5.3 Quantificações e geometria

Nesta seção, descreveremos o processo iterativo que converte quantificações múltiplas $\mathbf{Y}_k$ em coordenadas vetoriais $\mathbf{y}_m \mathbf{a}'_m$, possivelmente incorporando informação ordinal e numérica das variáveis originais. Lembremos que, na figura 3.3, demos uma representação conjunta para centroides (para as categorias da variável país) e para coordenadas vetoriais (para as categorias das variáveis MO-1 e I-Crime). Pode-se dar exatamente a mesma representação para a mesma variável. Exemplifica-se essa ideia incluindo na análise uma cópia da variável País complementar, bem como dando a essa cópia complementar não múltiplas quantificações nominais, mas uma transformação nominal que posicione pontos de categoria sobre um vetor. O resultado está exposto na figura 3.5, na qual os rótulos em maiúscula são para os centroides da análise prévia, enquanto os rótulos em minúscula são para as coordenadas vetoriais adicionais. Vemos que a direção predominante na nuvem de pontos de país é de nordeste para sudoeste, de CD para HU e por meio dos Agrupamentos 1 e 3. Em termos computacionais, a transição de centroides para coordenadas vetoriais envolve os passos descritos a seguir.

Figura 3.5 Centroides (quantificação nominal múltipla) e coordenadas vetoriais (transformação nominal) para país na CATPCA

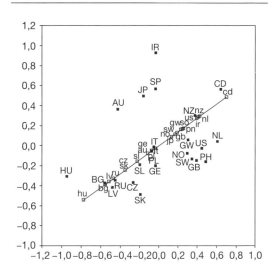

NOTA: Os países estão identificados como segue: IT = Itália; PL = Polônia; SL = Eslovênia; GE = Alemanha Oriental; HU = Hungria; BG = Bulgária; LV = Letônia; RU = Rússia; CZ = República Tcheca; SK = República Eslovaca; AU = Áustria; JP = Japão; SP = Espanha; IR = Irlanda; GW = Alemanha Ocidental; NO = Noruega; SW = Suécia; GB = Grã-Bretanha; PH = Filipinas; US = Estados Unidos; NL = Holanda; NZ = Nova Zelândia; CD = Canadá.

3.5.3.1 Dos centroides às coordenadas vetoriais desordenadas

Para cada variável, começamos ajustando um modelo de centroide conforme (6), o que dá o mínimo sobre $\mathbf{Y}_m$ como $\mathbf{Y}_m = \mathbf{D}_m^{-1}\mathbf{G}_m'\mathbf{X}$, em que $\mathbf{D}_m = \mathbf{G}_m'\mathbf{G}_m$ contém as frequências marginais das categorias da m-ésima variável. Em seguida, para o modelo vetorial, projetam-se os centroides $\mathbf{Y}_m$ sobre uma linha mais bem ajustada, denominada $\mathbf{a}_m$, um vetor até a origem. O ajuste de mínimos quadrados que é o mínimo de

$$\|\mathbf{G}_m\mathbf{Y}_m - \mathbf{G}_m\mathbf{y}_m\mathbf{a}_m'\|^2$$
$$= \mathrm{tr}(\mathbf{Y}_m - \mathbf{y}_m\mathbf{a}_m')'\mathbf{D}_m(\mathbf{Y}_m - \mathbf{y}_m\mathbf{a}_m') \qquad (8)$$

sobre $\mathbf{y}_m$ e $\mathbf{a}_m$ determina as quantificações de categoria $\mathbf{y}_m$ e (a orientação de) o vetor $\mathbf{a}_m$. As coordenadas $\mathbf{y}_m\mathbf{a}'_m$, produto externo das quantificações de categoria $\mathbf{y}_m$ e do vetor $\mathbf{a}_m$, representam os pontos de categoria sobre essa linha, que representa a m-ésima variável no espaço conjunto de objetos e variáveis. Também chamados de cargas componentes, os $\mathbf{a}_m$ dão as correlações entre as variáveis e as dimensões do espaço dos componentes principais. Fixando-se em 0 as derivadas parciais em (8) com respeito às cargas componentes $\mathbf{a}_m$, obtém-se $\hat{\mathbf{a}}_m$ como

$$\hat{\mathbf{a}}_m = \frac{\mathbf{Y}_m'\mathbf{D}_m\mathbf{y}_m}{(\mathbf{y}_m'\mathbf{D}_m\mathbf{y}_m)}. \qquad (9)$$

Em seguida, a fixação em zero das derivadas parciais em (8) com respeito a $\mathbf{y}_m$ mostra que o $\hat{\mathbf{y}}_m$ ótimo não normalizado é dado por

$$\tilde{\mathbf{y}}_m = \frac{\mathbf{Y}_m\mathbf{a}_m}{\mathbf{a}_m'\mathbf{a}_m}. \qquad (10)$$

De modo a atender às convenções de normalização $\mathbf{q}_m'\mathbf{q}_m = N$, a variável padronizada $\mathbf{q}_m$ deve conter quantificações $\hat{\mathbf{y}}_m$, que são reescaladas:

$$\hat{\mathbf{y}}_m = N^{1/2}\tilde{\mathbf{y}}_m(\tilde{\mathbf{y}}_m'\mathbf{D}_m\tilde{\mathbf{y}}_m)^{-1/2}. \qquad (11)$$

Note-se que a longitude do vetor $\mathbf{a}_m$ tem de ser diminuída na mesma medida em que se aumenta o tamanho das quantificações $\hat{\mathbf{y}}_m$ para manter $\mathbf{y}_m\mathbf{a}'_m$ igual. A equação (10) simboliza a projeção dos centroides $\mathbf{Y}_m$ sobre o vetor $\mathbf{a}_m$ e define as coordenadas da categoria para uma transformação nominal. É muito improvável as quantificações de categoria em $\mathbf{y}_m$ serem proporcionais aos valores de escala inteiros originais $1,\dots,C_m$ ou sequer da mesma ordem deles. Em muitos casos, todavia, gostaríamos de manter na transformação a informação numérica e/ou de ordem hierárquica original, o que se pode conseguir como veremos a seguir.

3.5.3.2 Das transformações nominais às transformações ordinais e numéricas

Caso se deva manter a informação ordinal de ordem hierárquica, escolhe-se uma transformação monótona ordinal para a variável m e é preciso restringir as quantificações $\mathbf{y}_m$ para serem monótonas com a ordem das categorias originais. Como mencionado anteriormente, esse requisito pode ser satisfeito por meio de uma de duas classes principais de transformações monótonas. A primeira é – também historicamente – a classe das transformações monótonas de mínimos quadrados, obtida por uma regressão monótona dos valores em $\hat{\mathbf{y}}_m$ sobre os valores de escala originais $1,\dots,C_m$, levando em conta as marginais sobre a diagonal de D_m. A segunda classe é definida por *splines* de regressão monótona. Como vimos na seção 3.3.2, transformações por *splines* de regressão utilizam menos parâmetros do que transformações obtidas por regressão monótona. Para a regressão monótona, o número de parâmetros a serem ajustados é $C_m - 2$; para *splines* de regressão, o que determina o número de parâmetros é o grau do *spline* escolhido e o número de nós internos. Se o número de categorias é pequeno, a regressão monótona e os *splines* de regressão darão praticamente o mesmo resultado. Quando o número de categorias é grande, geralmente se recomenda usar *splines* de regressão, porque a regressão monótona pode resultar em ajuste excessivo: a variância registrada aumentará, mas também a instabilidade será maior. (Observação: há uma conciliação entre o número de categorias e o número de objetos nessas categorias. Se o número de objetos é grande e todas as categorias estão suficientemente preenchidas, a regressão monótona não resultará, em geral, em ajuste excessivo.)

Quando se decide dar uma transformação numérica à variável m-ésima, isso implica que as distâncias entre os pontos de categorias $\mathbf{y}_m\mathbf{a}'_m$, têm de ser iguais, e as quantificações de categorias $\mathbf{y}_m$ serão proporcionais aos números de categorias originais. Isso pode ser feito por regressão linear do $\hat{\mathbf{y}}_m$ sobre os valores de escala originais e resultará em uma versão padronizada do conjunto de valores de escala inteiros $1,\ldots,C_m$, $\mathbf{G}_m\mathbf{y}_m = \alpha_m\mathbf{h}_m + \beta_m$, na qual a constante multiplicadora e o segmento são ajustados levando-se em consideração as frequências marginais. Se as distâncias entre as categorias tiverem de ser muito esticadas para se conseguir variância unitária, a VAF (expressa no quadrado da longitude do vetor a_m) será muito pequena. É importante entender que isso vale também para PCA comum com variáveis contínuas (que pode ser considerada uma CATPCA com N categorias, onde N é o número de objetos, como é habitual).

3.6 MAIS ALGUMAS OPÇÕES DO PROGRAMA CATPCA

3.6.1 Ajuste externo de variáveis

O programa CATPCA fornece não só uma opção para a análise de variáveis complementares, como vimos na seção 3.4.4, mas também para objetos complementares. Como aconteceu com as variáveis complementares, os objetos complementares não estão ativos na análise, mas entram na representação depois. Outra aplicação interessante da opção de variáveis complementares é a seguinte: a CATPCA oferece a possibilidade de ler uma configuração fixa de pontos de objetos, e, portanto, o método CATPCA pode ser usado para o assim chamado ajuste de propriedade ou desdobramento externo (Carroll; Chang, 1967; Meulman; Heiser; Carroll, 1986). Destarte, a informação externa sobre os objetos (contida em variáveis chamadas de externas) é ajustada dentro do espaço representacional fixo por meio do modelo vetorial (ou do modelo do centroide). Essa opção admite a mesma variedade de níveis de transformação que a análise CATPCA-padrão (com tratamento nominal, ordinal e numérico das variáveis, inclusive o uso de *splines*).

3.6.2 Conversão de variáveis contínuas em discretas – Quantização

Embora o algoritmo da CATPCA harmonize com a análise de variáveis categóricas, também

é possível incluir variáveis contínuas na análise, isso depois de torná-las discretas por meio de uma das várias opções apresentadas. Esse processo é comparável ao de adequar um histograma a uma distribuição contínua. As opções de agrupamento descritas a seguir também podem ser usadas para fundir um grande número inicial de categorias em uma quantidade menor, o que se justifica, especialmente quando a distribuição dos objetos sobre as categorias originais é muito enviesada ou quando algumas das categorias têm pouquíssimas observações.

3.6.2.1 Agrupamento num número específico de categorias para uma distribuição uniforme ou normal

Em Max (1960), computavam-se pontos de discretização ótimos para transformar uma variável contínua em outra categórica, na qual o número de categorias pode variar entre 2 e 36. Esses pontos de discretização são ótimos com relação a uma distribuição suposta, em especial uma distribuição normal univariada padrão ou uma distribuição uniforme univariada. Tomamos como exemplo a variável idade do Estudo Nacional de Identidade: os respondentes tinham entre 14 e 98 anos de idade; a categoria de idade modal é 30. Quando se transforma essa variável em discreta com sete categorias, supondo que a distribuição da população seja normal, obtêm-se as seguintes faixas (com as correspondentes frequências marginais entre parênteses): 14-17 (107), 18-30 (2.596), 31-40 (2.335), 41-49 (2.002), 50-59 (1.794), 60-72 (1.916) e 73-98 (699). Por outro lado, caso se suponha uma distribuição uniforme, as categorias e as frequências marginais resultantes são as seguintes: 14-25 (1.653), 26-33 (1.691), 34-39 (1.444), 40-46 (1.657), 47-55 (1.731), 56-65 (1.639) e 66-98 (1.634).

3.6.2.2 Agrupamento em intervalos iguais com tamanho especificado

Quando se prefere substituir uma variável contínua por uma variável categórica em que os valores originais estão agrupados em intervalos de igual tamanho, essa opção também é viável. Obviamente, a escolha de uma faixa específica para o intervalo determina o número de categorias (recipientes num histograma). Para a variável idade, a escolha de intervalos de 10 anos dá o seguinte: 14-23 (1.216), 24-33 (2.128), 34-43 (2.394), 44-53 (2.066), 54-63 (1.669), 64-73 (1.397), 74-83 (493), 84-93 (79) e 94-98 (7). Com essa opção, os agrupamentos para as faixas etárias mais altas têm frequências marginais bastante baixas. Comparando essa distribuição com as duas anteriores, preferiríamos a opção uniforme.

3.6.2.3 Classificação

Essa forma especial de processamento prévio é adequada para ao menos duas situações diferentes. Em primeiro lugar, cabe reiterar que o marco de escalonamento ótimo garante que qualquer transformação ordinal dos dados originais – inclusive a substituição de valores numéricos por ordens – deixará os resultados da análise iguais quando as variáveis forem tratadas ordinalmente. Quando não há vínculos na variável original, o número de categorias na nova variável será N, o número de objetos. Porém tal análise ordinal poderia envolver parâmetros demais para serem ajustados. Quando o número de categorias é próximo ao número de objetos, em geral, é melhor optar por ajustar um *spline* monótono de baixo grau com um limitado número de nós. Outro uso da classificação é dar um nível de transformação às variáveis de ordem hierárquica resultantes. No último caso, a análise de componentes principais consiste na análise das correlações de ordem de Spearman. Ao se aplicar a operação de classificação a uma variável que contém uma identificação singular para os objetos incluídos na análise, a variável resultante – definida como *suplementar* – pode ser usada para identificar objetos individuais em diversos diagramas (p. ex., nos centroides projetados). É claro que essa rotulação só é factível e útil quando o número de objetos não é demasiadamente grande.

3.6.2.4 Multiplicação

As propriedades distributivas de uma variável contínua que contém valores não inteiros podem-se manter tanto quanto possível mediante a transformação linear que transforma a variável de valor real numa variável discreta que contém números inteiros. Esse processo resulta em uma variável que pode ser tratada como numérica; quando assim tratamos todas as variáveis submetidas à análise, voltamos à clássica análise de componentes principais. Entretanto, quando se supõem relações monótonas (não lineares) entre uma tal variável e outras variáveis incluídas na análise, é recomendável ajustar uma transformação de *spline* monótono. Quando as relações são completamente não lineares, devem-se ajustar *splines* não monótonos para que essas relações sejam reveladas na análise.

3.6.3 Dados faltantes

A fim de lidar com dados incompletos na análise, existe uma opção elaborada que leva em conta apenas os dados não faltantes quando se minimiza a função de perda. A matriz de indicadores para uma variável com dados incompletos conterá, nesse caso, linhas só com zeros para um objeto do qual falta uma observação. A função de perda na seção 3.5.2 estende-se com o uso de pesos de objetos (gerados internamente), colhidos numa matriz diagonal em que os elementos diagonais indicam o número de observações não faltantes para cada um dos objetos. Embora muito atraente, essa opção que desconsidera totalmente os dados faltantes tem também vários inconvenientes, ainda que não necessariamente graves (cf. Meulman, 1982). Como os objetos têm um número diferente de observações, a média *ponderada* das pontuações de objetos é, agora, igual a 0, e, uma vez que a média em si não é 0, diversas propriedades de caráter otimizado da PCA não linear deixam de ser válidas. Como o valor máximo/mínimo das cargas componentes já não é igual a 1 e −1, não mais se pode interpretar uma carga componente como uma correlação. (Ainda podemos, contudo, projetar uma variável transformada no espaço dos objetos.) Além disso, já não é verdadeira a propriedade da PCA não linear de otimizar a soma dos maiores autovalores P da matriz de correlações entre as variáveis transformadas. (Mas, ao se computar essa matriz de correlações, há várias opções disponíveis a fim de inserir valores para os dados faltantes.) Nishisato e Ahn (1994) dão indicações sobre quantos elementos de dados podem faltar sem causar grande dificuldade.

Há outras estratégias simples para tratar os dados faltantes na análise primária. A primeira é excluir objetos com valores faltantes; a segunda oferece um método de imputação muito simples, usando o valor da categoria modal. Também se pode ajustar uma categoria adicional distinta para todos os objetos que têm um valor faltante referente a uma determinada variável. Para todos os níveis de transformação, essa categoria posiciona-se otimamente com relação às categorias não faltantes. Caso seja preciso recorrer a outras estratégias mais avançadas para lidar com dados faltantes (como a estratégia de imputação de Van Buuren e Van Rijckevorsel, 1992), elas teriam de fazer parte de um processamento efetuado antes da análise CATPCA.

3.7 CATPCA em ação, parte 2

O fato de se dispor da metodologia CATPCA dá várias possibilidades interessantes em comparação com uma análise de correspondência comum que consiste em ajustar duas variáveis conforme o modelo do centroide (Gifi, 1990). Primeiro, consideremos as variáveis nominais – país e situação de emprego (Emp-Stat) do Estudo de Identidade Nacional. Uma análise de correspondência padrão mostraria os pontos de categorias para ambas as variáveis num espaço conjunto de poucas dimensões. Uma análise de correspondência ampliada poderia incluir as mesmas duas variáveis nominais múltiplas, mas também uma terceira variável ordinal. Essa ideia será exemplificada com o uso das variáveis País e Emp-Stat, agora acrescidas da variável Democ (também para o Estudo de Identidade Nacional). A variável Democ indica, em uma escala de 1 a 4, se o respondente está *muito orgulhoso* (4), *um tanto orgulhoso* (3), *não muito orgulhoso* (2) ou *nada orgulhoso* (1) da democracia de seu país. A distribuição da variável original mostra que o respondente modal está "um tanto orgulhoso" ($n = 4.140$); a menor categoria é "muito orgulhoso" ($n = 1.361$), seguida da categoria "nada orgulhoso" ($n = 1.606$), sendo "não muito orgulhoso" a segunda maior categoria ($n = 3.496$). Onde é que essa variável se adapta no espaço país × Emp-Stat? A resposta está na figura 3.6, diagrama conjunto das categorias para país, Emp-Stat e Democ. Ademais, acrescentamos também nesse diagrama as representações vectoriais para País e Emp-Stat, obtidas pela inclusão de cópias delas como variáveis complementares a serem ajustadas com o modelo vetorial.

A representação do centroide para País e Emp-Stat mostra a relação deles em termos de seus pontos de categoria. A representação vetorial de Emp-Stat mostra que as duas categorias extremas numa escala unidimensional seriam "Aposentado" e "Desempregado" no ponto final norte-nordeste e "Donas de casa" no extremo que aponta para sul-sudeste. Na representação vetorial, é fácil ver que a categoria "Casa = donas de casa" tem pontuação relativamente alta nas Filipinas (PH), na Espanha (SP), na Irlanda (IR), no Japão (JP), na Itália (IT) e nos Países Baixos (NL). As categorias "Aposentado" e "Desempregado" têm alta pontuação na Alemanha Oriental (GE), na Bulgária (BG) e na Suécia (SW). Segundo mostra a projeção unidimensional dos pontos de categoria de país, a direção principal é de oeste a

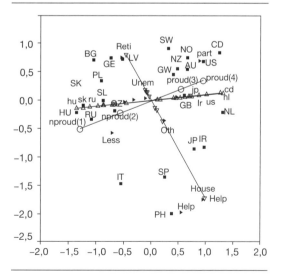

Figura 3.6 Uso da CATPCA: análise de correspondência ampliada de País e Emp-Stat com Democ [nproud(1) = *nada orgulhoso* até proud(4) = *muito orgulhoso*] como variável ordinal adicional

NOTA: Os países estão identificados como segue: IT = Itália; PL = Polônia; SL = Eslovênia; GE = Alemanha Oriental; HU = Hungria; BG = Bulgária; LV = Letônia; RU = Rússia; CZ = República Tcheca; SK = República Eslovaca; AU = Áustria; JP = Japão; SP = Espanha; IR = Irlanda; GW = Alemanha Ocidental; NO = Noruega; SW = Suécia; GB = Grã-Bretanha; PH = Filipinas; US = Estados Unidos; NL = Holanda; NZ = Nova Zelândia; CD = Canadá.

72 • SEÇÃO I / ESCALONAMENTO

leste. A relação entre País e Emp-Stat na análise de correspondência comum muda quando se leva Democ em consideração. A transformação ordinal de Democ (não mostrada) acabou sendo quase linear, mas ela ressalta a categoria modal "um tanto orgulhoso", quantificada com um valor mais alto do que sua contraparte numérica se a variável original contendo as pontuações 1 a 4 tivesse sido padronizada. O vetor para Democ é ortogonal à direção que liga as categorias "Aposentados" e "Donas de casa" e está relacionado, na maioria das vezes, com a representação vetorial de País, a contrastar os países "muito orgulhosos da democracia" – como Canadá, Estados Unidos e Holanda – com os países "nada orgulhosos" – como Itália, Rússia, República Eslovaca e Hungria.

3.8 DISCUSSÃO

3.8.1 Escalonamento ótimo e análise de correspondência (múltipla)

Embora tenhamos afirmado antes que não está no escopo deste capítulo abordar a técnica chamada de análise de correspondência múltipla (MCA), precisamos mencionar explicitamente a relação entre componentes principais com transformações de escalonamento ótimo não lineares e MCA. Quando se escolhe o nível de transformação de modo a fornecer múltiplas quantificações nominais para todas as variáveis, as duas técnicas são absolutamente equivalentes. Portanto, o atual programa de CATPCA – com todas as suas opções especiais para discretização, dados faltantes, objetos e variáveis complementares e diversos diagramas – pode ser usado também para realizar a MCA. Em termos da função de perda na seção 3.5.2, temos $M_V = 0$ e $M_B = M$, e minimizamos (6) para todas as variáveis.

O caso clássico de análise de correspondência simples ocupa-se de duas variáveis categóricas expostas em uma tabela cruzada, com as categorias da primeira variável nas linhas e as da segunda variável, nas colunas. Assim, as células da tabela contêm as frequências de ocorrência conjunta da categoria C_A da variável A e da categoria C_B da variável B, e a análise de correspondência exibe os resíduos da independência entre as duas variáveis (sua interdependência). Existem alguns detalhes a serem levados em consideração quanto a normalizar as dimensões do espaço, mas uma análise de correspondência comum e uma CATPCA são basicamente equivalentes quando as duas variáveis recebem múltiplas quantificações nominais. A semelhança é maior quando as pontuações de objetos na CATPCA são padronizadas de modo que as categorias são a média dessas pontuações, e, geometricamente, os pontos de categorias estarão no centroide dos pontos de objetos.

Quando temos *duas* variáveis, diversas técnicas de escalonamento ótimo são equivalentes, de fato. Com duas variáveis *nominais* e combinada com otimização em uma dimensão, a CATPCA equivale à regressão simples com escalonamento ótimo e maximiza o coeficiente de correlação de Pearson sobre todas as possíveis quantificações nominais (Hirschfield, 1935). Quando as duas variáveis têm uma relação não linear, a regressão é linearizada, porque se permite o reordenamento (permuta) das categorias, e as distâncias entre elas são escaladas de forma otimizada. Nesse contexto, deve-se o termo *escalonamento ótimo* a Bock (1960); pode-se ver também Fisher (1940, 1948) sobre o princípio de discriminação mútua máxima, bem como o resumo de De Leeuw (1990). A aplicação de transformações ordinais (*splines*) maximiza o coeficiente de correlação sob restrições de monotonia. Quando tratamos uma das variáveis como numérica e submetemos a outra a uma transformação nominal, a técnica da CATPCA é equivalente à análise discriminante linear, mas com apenas um preditor. É óbvio que, ao se permitir uma transformação ordinal em vez do nível de transformação numérica, se generaliza a última técnica, maximizando-se a taxa de variação de intermediária a total em condições de transformação monótona da variável preditora.

3.8.2 Aplicações especiais

Nas próximas subseções, abordaremos brevemente alguns tipos especiais de aplicações da CATPCA. Para escolher aplicações concretas, às vezes fazendo uso do programa precursor PRINCALS, o usuário pode consultar as seguintes obras: Arsenault *et al.* (2002); Beishuizen, Van Putten e Van Mulken (1997); De Haas *et al.* (2000); De Schipper *et al.* (2003); Eurelings-Bontekoe, Duijsens e Verschuur (1996); Hopman-Rock, Tak e Staats (2001); Huyse *et al.* (2000); Theunissen *et al.* (2003); Vlek e Stallen (1981); Zeijl *et al.* (2000) e Van der Ham *et al.* (1997).

3.8.2.1 Dados de escolha preferencial

Nos dados de escolha preferencial, os respondentes dão uma classificação de objetos (às vezes chamados de *estímulos*) de acordo com algum atributo, dando uma comparação explícita. Por exemplo, pode-se pedir a consumidores que classifiquem um conjunto de marcas de produtos, ou a psicólogos que classifiquem uma quantidade de publicações de psicologia (cf. Gifi, 1990, p. 183-187). Costuma-se colher tais classificações em uma matriz de dados, com os estímulos, as opções ou os objetos nas linhas e as pessoas (julgadores) nas colunas a agirem como variáveis da análise. Essa situação foi exatamente a mesma em que se aplicou o modelo vectorial de Tucker (1960) a dados preferenciais em Carroll (1972). Na última aplicação mencionada, a análise foi métrica, porque não era possível nenhum escalonamento ótimo das classificações. Sendo as classificações ordinais por definição, o escalonamento ótimo por transformações monótonas (*spline*) parece mais adequado.

3.8.2.2 Dados de seleção-Q e seleção livre

Outra situação em que as pessoas agem como variáveis é a assim chamada análise de dados de seleção-Q. Aqui, um certo número de julgadores tem de agrupar N objetos dados num número predeterminado de pilhas (categorias), em que as categorias têm uma determinada ordem e as frequências devem seguir uma distribuição tão próxima da normal quanto possível. Mais uma vez, essa é uma situação muito comum em uma análise CATPCA com transformações ordinais. Quando os M julgadores só recebem um conjunto de objetos e têm liberdade para agrupá-los em tantas categorias quantas quiserem, sem seguir nenhuma ordem predeterminada, dizemos que se trata de dados de *seleção livre*. Nesse caso, lança-se mão de opções de quantificação nominal, quer na forma de transformações nominais (não monótonas) – quando os julgadores parecem agrupar em uma dimensão (desconhecida) –, quer na forma de quantificações nominais múltiplas – quando os julgadores usam mais de uma dimensão latente e quando se permitem distintos ordenamentos das categorias para cada dimensão. (Transformações de *spline* nominais ou não monótonas darão o mesmo reordenamento em todas as dimensões.)

Há exemplos de quantificações nominais múltiplas em dados de seleção livre em, entre outros, Van der Kloot e Van Herk (1991) e Meulman (1996). Nesse último trabalho, os agrupamentos foram analisados na forma de uma seleção livre de afirmações sobre o chamado mito do estupro.

3.8.2.3 A análise de escalas de avaliação e objetos de teste

A aplicação da CATPCA em uma dimensão é sumamente útil porque estuda a homogeneidade entre um conjunto de variáveis que se supõe que medem a mesma propriedade (característica latente). O escalonamento ótimo minimiza a heterogeneidade e maximiza o maior autovalor da matriz de correlações. Veja-se um amplo tratamento dessa aplicação e a sua relação com a ponderação diferencial de variáveis e psicometria clássica em Heiser e Meulman (1994).

3.8.3 A CATPCA e a matriz de correlações entre as variáveis transformadas

Na PCA comum, os resultados de uma solução bidimensional são iguais àqueles das duas primeiras dimensões de uma solução tridimensional. Essa propriedade é chamada de *aninhamento*. Quando as quantificações são escolhidas para serem otimizadas em uma dimensão, o maior autovalor da matriz de correlações é maximizado. Quando elas são ótimas para P dimensões, a soma dos primeiros P autovalores é ótima; isso implica que o primeiro autovalor em si não precisa ser tão grande quanto possível, e, sendo verdade por definição para a solução unidimensional, significa que soluções da CATPCA com distintas dimensionalidades não necessariamente estão aninhadas. A inspeção dos autovalores da matriz de correlações transformada mostra a distribuição da soma total dos autovalores (que é igual a M, o número de variáveis) sobre as dimensões ótimas e não ótimas. Quando a CATPCA inclui variáveis com múltiplas quantificações nominais e se obtém uma solução de mais dimensões, a situação é um tanto mais complicada. A primeira dimensão da CATPCA otimiza o maior autovalor entre as variáveis transformadas, incluindo o primeiro conjunto das quantificações nominais múltiplas, ao passo que a segunda dimensão otimiza o maior

74 • SEÇÃO I / ESCALONAMENTO

autovalor da mesma matriz de correlações, mas incluindo, agora, o segundo conjunto das quantificações nominais múltiplas. Portanto, se o objetivo principal é maximizar a homogeneidade, quer numa dimensão para todas as variáveis juntas ou em duas dimensões, quando as variáveis parecem formar dois grupos (como em nosso exemplo na seção 3.4.3), deve-se dar uma transformação nominal (ou *spline* não monótono) às variáveis não ordenadas.

3.8.4 Perspectivas

Uma vez que as variáveis categóricas ordenadas ou não são muito comuns nas ciências comportamentais, as perspectivas para a análise de componentes principais não linear parecem boas, de modo especial em contextos nos quais se colheu um grande número de respostas e se classificaram suas relações mútuas, como em pesquisas de levantamento. Outra área de aplicação evidente para a CATPCA é o desenvolvimento de instrumentos, no qual ela pode complementar a habitual análise de fatores e os cálculos de α de Cronbach para a seleção de objetos. Como a CATPCA analisa diretamente a matriz de dados e não a matriz de correlações dela derivada, não é preciso se preocupar com ter pelos menos 15 vezes mais observações do que o número de variáveis. Com efeito, a CATPCA é perfeitamente adequada para análises nas quais há (muito) mais variáveis do que objetos.

Finalmente, gostaríamos de mencionar que há software similar de escalonamento ótimo no módulo de Categorias de SPSS para técnicas de análise multivariada. Entre eles, o CATREG, para análise de regressão (múltipla) com escalonamento ótimo; o CORRESPONDENCE, para análise de correspondência; e o OVERALS, para análise canônica não linear de correlações (Meulman *et al.*, 1999). Como a CATPCA, esses métodos nos permitem manter objetivos clássicos de análise multivariada quando os dados não atendem aos clássicos requisitos de medição quantitativa, por serem qualitativos.

REFERÊNCIAS

ARSENAULT, L.; TREMBLAY, R. E.; BOULERICE, B.; Saucier, J. F. Obstetrical complications and violent delinquency: Testing two developmental pathways. *Child Development*, 73, p. 496-508, 2002.

BEISHUIZEN, M.; VAN PUTTEN, C. M.; VAN MULKEN, F. Mental arithmetic and strategy use with indirect number problems up to hundred. *Learning and Instruction*, 7, p. 87-106, 1997.

BENZÉCRI, J.-P. *L'analyse des Données, Tome II, L'analyse des Correspondances*. Paris: Dunod, 1973.

BENZÉCRI, J.-P. *Correspondence analysis handbook*. Nova York: Marcel Dekker, 1992.

BOCK, R. D. *Methods and applications of optimal scaling* (Report 25). Chapel Hill: L. L. Thurstone Lab, University of North Carolina, 1960.

BREIMAN, L.; FRIEDMAN, J. H. Estimating optimal transformations for multiple regression and correlation. *Journal of the American Statistical Association*, 80, p. 580-598, 1985.

BUJA, A. Remarks on functional canonical variates, alternating least squares methods and ACE. *Annals of Statistics*, 18, p. 1032-1069, 1990.

BURT, C. The factorial analysis of qualitative data. *British Journal of Psychology*, 3, p. 166-185, 1950.

CARROLL, J. D. Generalization of canonical correlation analysis to three or more sets of variables. *Proceedings of the 76th Annual Convention of the American Psychological Association*, 3, p. 227-228, 1968.

CARROLL, J. D. Individual differences and multidimensional scaling. *In*: SHEPARD, R. N.; ROMNEY, A. K.; NERLOVE, S. B. (eds.). *Multidimensional scaling: Theory and applications in the behavioral sciences*. Nova York: Seminar Press, 1972. v. 1, p. 105-155.

CARROLL, J. D.; CHANG, J. J. *Relating preferences data to multidimensional scaling solutions via a generalization of Coomb's unfolding model*. Dissertação apresentada na reunião anual da Psychometric Society, Madison, WI, abr. 1967.

DE HAAS, M.; ALGERA, J. A.; Vantuijl, H. F. J. M.; MEULMAN, J. J. Macro and micro goal setting: In search of coherence. *Applied Psychology*, 49, p. 579-595, 2000.

DE LEEUW, J. *Canonical discriminant analysis of relational data* (Research Report RN-007–68). Leiden: University of Leiden, 1968.

DE LEEUW, J. *Canonical analysis of categorical data*. Dissertação doutoral inédita, Universidade de Leiden, Leiden, 1973. (Reeditada em 1986 por DSWO Press, Leiden.)

DE LEEUW, J. Multivariate analysis with optimal scaling. *In*: DAS GUPTA, S.; SETHURAMAN, J. (eds.). *Progress in multivariate analysis*. Calcutá: Indian Statistical Institute, 1990.

DE SCHIPPER, J. C.; TAVECCHIO, L. W. C.; VAN IJZENDOORN, M. H.; LINTING, M. The relation of flexible child care to quality of center day care and children's socioemotional functioning: A survey and observational study. *Infant Behavior & Development*, 26, p. 300-325, 2003.

ECKART, C.; YOUNG, G. The approximation of one matrix by another of lower rank. *Psychometrika*, 1, p. 211-218, 1936.

EURELINGS-BONTEKOE, E. H. M.; DUIJSENS, I. J.; VERSCHUUR, M. J. Prevalence of DSM-III-R and ICD-10 personality disorders among military conscripts suffering from homesickness. *Personality and Individual Differences*, 21, p. 431-440, 1996.

FISHER, R. A. The precision of discriminant functions. *Annals of Eugenics*, 10, p. 422-429, 1940.

FISHER, R. A. *Statistical methods for research workers*. 10th ed. Edimburgo: Oliver & Boyd, 1948.

GABRIEL, K. R. The biplot graphic display of matrices with application to principal components analysis. *Biometrika*, 58, p. 453-467, 1971.

GIFI, A. *Nonlinear multivariate analysis*. Chichester: John Wiley, 1990. (Obra original publicada em 1981.)

GILULA, Z.; HABERMAN, S. J. The analysis of multivariate contingency tables by restricted canonical and restricted association models. *Journal of the American Statistical Association*, 83, p. 760-771, 1988.

GOWER, J. C. Some distance properties of latent roots and vector methods used in multivariate analysis. *Biometrika*, 53, p. 325-338, 1966.

GOWER, J. C.; HAND, D. J. *Biplots*. Londres: Chapman & Hall, 1996.

GREENACRE, M. J. *Theory and applications of correspondence analysis*. Londres: Academic Press, 1984.

GUTTMAN, L. The quantification of a class of attributes: A theory and method of scale construction. *In*: HORST, P. *et al.* (eds.). *The prediction of personal adjustment*. Nova York: Social Science Research Council, 1941. p. 319-348.

GUTTMAN, L. A general nonmetric technique for finding the smallest coordinate space for a configuration of points. *Psychometrika*, 33, p. 469-506, 1968.

HASTIE, T.; TIBSHIRANI, R.; BUJA, A. Flexible discriminant analysis by optimal scoring. *Journal of the American Statistical Association*, 89, p. 1255-1270, 1994.

HAYASHI, C. On the prediction of phenomena from qualitative data and the quantification of qualitative data from the mathematico-statistical point of view. *Annals of the Institute of Statistical Mathematics*, 2, p. 93-96, 1952.

HEISER, W. J. *Unfolding analysis of proximity data*. Dissertação doutoral inédita, Universidade de Leiden, Leiden, 1981.

HEISER, W. J.; DE LEEUW, J. Multidimensional mapping of preference data. *Mathématiques et Sciences Humaines*, 19, p. 39-96, 1981.

HEISER, W. J.; MEULMAN, J. J. Analyzing rectangular tables by joint and constrained multidimensional scaling. *Journal of Econometrics*, 22, p. 139-167, 1983.

HEISER, W. J.; MEULMAN, J. J. Homogeneity analysis: Exploring the distribution of variables and their nonlinear relationships. *In*: GREENACRE, M.; BLASIUS, J. (eds.). *Correspondence analysis in the social sciences*: Recent developments and applications. Nova York: Academic Press, 1994. p. 179–209.

HIRSCHFELD, H. O. A connection between correlation and contingency. *Proceedings of the Cambridge Philosophical Society*, 31, p. 520-524, 1935.

HOPMAN-ROCK, M.; TAK, E. C. P. M.; STAATS, P. G. M. Development and validation of the Observation List for early signs of Dementia (OLD). *International Journal of Geriatric Psychiatry*, 16, p. 406-414, 2001.

HORST, P. Generalized canonical correlations and their applications to experimental data. *Journal of Clinical Psychology*, 17, p. 331-347, 1961a.

HORST, P. Relations among *m* sets of variables. *Psychometrika*, 26, p. 129-149, 1961b.

HUYSE, F. J. *et al*. European consultation-liaison psychiatric services: The ECLN Collaborative Study. *Acta Psychiatrica Scandinavica*, 101, p. 360-366, 2000.

INTERNATIONAL SOCIAL SURVEY PROGRAMME (ISSP). *National identity study*. Cologne: Zentralarchiv fur Empirische Sozialforschung, 1995.

KETTENRING, J. R. Canonical analysis of several sets of variables. *Biometrika*, 58, p. 433-460, 1971.

KRUSKAL, J. B. Multidimensional scaling by optimizing goodness of fit to a nonmetric hypothesis. *Psychometrika*, 29, p. 1-28, 1964.

KRUSKAL, J. B. Analysis of factorial experiments by estimating monotone transformations of the data. *Journal of the Royal Statistical Society, Series B*, 27, p. 251-263, 1965.

KRUSKAL, J. B. Factor analysis and principal components analysis: Bilinear methods. *In*: KRUSKAL, W. H.; TANUR, J. M. (eds.). *International encyclopedia of statistics*. Nova York: Free Press, 1978. p. 307–330.

KRUSKAL, J. B.; SHEPARD, R. N. A nonmetric variety of linear factor analysis. *Psychometrika*, 39, p. 123-157, 1974.

KRZANOWSKI, W. J.; MARRIOTT, F. H. C. *Multivariate analysis*: Part I. Distributions, ordination and inference. Londres: Edward Arnold, 1994.

LEBART, L.; MORINEAU, A.; WARWICK, K. M. *Multivariate descriptive statistical analysis*. Nova York: John Wiley, 1984.

LEBART, L.; TABARD, N. *Recherche sur la Description Automatique des Donn'ees Socio-Economiques*. Paris: CORDES-CREDOC, 1973.

LINGOES, J. P. The multivariate analysis of qualitative data. *Multivariate Behavioral Research*, 3, p. 61-94, 1968.

LORD, F. M. Some relation between Guttman's principal components of scale analysis and other psychometric theory. *Psychometrika*, 23, p. 291-296, 1958.

MASSON, M. Analyse non-linéaire des données (Nonlinear data analysis). *Comptes Rendues de l'Academie des Sciences (Paris)*, 287, p. 803-806, 1974.

MAX, J. Quantizing for minimum distortion. *Proceedings IEEE (Information Theory)*, 6, p. 7-12, 1960.

MEULMAN, J. J. *Homogeneity analysis of incomplete data*. Leiden: DSWO Press, 1982.

MEULMAN, J. J. *A distance approach to nonlinear multivariate analysis*. Leiden: DSWO Press, 1986.

MEULMAN, J. J. The integration of multidimensional scaling and multivariate analysis with optimal transformations of the variables. *Psychometrika*, 57, p. 539-565, 1992.

MEULMAN, J. J. Fitting a distance model to homogeneous subsets of variables: Points of view analysis of categorical data. *Journal of Classification*, 13, p. 249-266, 1996.

MEULMAN, J. J.; HEISER, W. J.; CARROLL, J. D. *PREFMAP-3 users' guide*. Murray Hill: AT&T Bell Laboratories, 1986.

MEULMAN, J. J.; HEISER, W. J.; SPSS. *SPSS Categories 10.0*. Chicago: SPSS, 1999.

NISHISATO, S. *Analysis of categorical data*: Dual scaling and its applications. Toronto: University of Toronto Press, 1980.

NISHISATO, S. Forced classification: A simple application of a quantification method. *Psychometrika*, 49, p. 25-36, 1984.

NISHISATO, S. *Elements of dual scaling*: An introduction to practical data analysis. Hillsdale: Lawrence Erlbaum, 1994.

NISHISATO, S.; AHN, H. When not to analyse data: Decision making on missing responses in dual scaling. *Annals of Operations Research*, 55, p. 361-378, 1994.

RAMSAY, J. O. Some statistical approaches to multidimensional scaling data. *Journal of the Royal Statistical Society, Series A*, 145, p. 285-312, 1982.

RAMSAY, J. O. Monotone regression splines in action. *Statistical Science*, 3(4), p. 425-461, 1988.

ROSKAM, E. E. C. I. *Metric analysis of ordinal data in psychology*. Voorschoten: VAM, 1968.

SAPORTA, G. *Liaisons entre Plusieurs Ensembles de Variables et Codage de Donn'ees Qualitatives*. Dissertação doutoral inédita, Universidade de Paris VI, Paris, 1975.

SCHMIDT, E. Zur Theorie der linearen und nichtlinearen Integralgleichungen. *Mathematische Annalen*, 63, p. 433-476, 1907.

SHEPARD, R. N. The analysis of proximities: Multidimensional scaling with an unknown distance function: I. *Psychometrika*, 27, p. 125-140, 1962a.

SHEPARD, R. N. The analysis of proximities: Multidimensional scaling with an unknown distance function: II. *Psychometrika*, 27, p. 219-246, 1962b.

SHEPARD, R. N. Metric structures in ordinal data. *Journal of Mathematical Psychology*, 3, p. 287-315, 1966.

STEWART, G. W. On the early history of the singular value decomposition. *SIAM Review*, 35, p. 551-566, 1993.

TENENHAUS, M.; YOUNG, F. W. An analysis and synthesis of multiple correspondence analysis, optimal scaling, dual scaling, homogeneity analysis, and other methods for quantifying categorical multivariate data. *Psychometrika*, 50, p. 91-119, 1985.

THEUNISSEN, N. C. M. *et al*. Changes can be studied when the measurement instrument is different at different time points. *Health Services and Outcomes Research Methodology*, 4(2), 2003.

TORGERSON, W. S. *Theory and methods of scaling*. Nova York: John Wiley, 1958.

TUCKER, L. R. Intra-individual and inter-individual multidimensionality. *In*: GULLIKSEN, H.; MESSICK, S. (eds.). *Psychological scaling*: Theory and applications. Nova York: John Wiley, 1960. p. 155-167.

VAN BUUREN, S.; VAN RIJCKEVORSEL, L. A. Imputation of missing categorical data by maximizing internal consistency. *Psychometrika*, 57, p. 567-580, 1992.

VAN DER BURG, E.; DE LEEUW, J. Non-linear canonical correlation. *British Journal of Mathematical and Statistical Psychology*, 36, p. 54-80, 1983.

VAN DER BURG, E.; DE LEEUW, J.; VERDEGAAL, R. Homogeneity analysis with k sets of variables: An alternating least squares method with optimal scaling features. *Psychometrika*, 53, p. 177-197, 1988.

VAN DER HAM, T.; MEULMAN, J. J.; VAN STRIEN, D. C.; VAN ENGELAND, H. Empirically based subgrouping of eating disorders in adolescents: A longitudinal perspective. *British Journal of Psychiatry*, 170, p. 363-368, 1997.

VAN DER KLOOT, W. A.; VAN HERK, H. Multidimensional scaling of sorting data: A comparison of three procedures. *Multivariate Behavioral Research*, 26, p. 563-581, 1991.

VLEK, C.; STALLEN, P. J. Judging risks and benefits in the small and in the large. *Organizational Behavior and Human Performance*, 28, p. 235-271, 1981.

WINSBERG, S.; RAMSAY, J. O. Monotonic transformations to additivity using splines. *Biometrika*, 67, p. 669-674, 1980.

WINSBERG, S.; RAMSAY, J. O. Monotone spline transformations for dimension reduction. *Psychometrika*, 48, p. 575-595, 1983.

YOUNG, F. W. Quantitative analysis of qualitative data. *Psychometrika*, 46, p. 357-387, 1981.

YOUNG, F. W.; DE LEEUW, J.; TAKANE, Y. Regression with qualitative and quantitative variables: An alternating least squares method with optimal scaling features. *Psychometrika*, 41, p. 505-528, 1976.

YOUNG, F. W.; TAKANE, Y.; DE LEEUW, J. The principal components of mixed measurement level multivariate data: An alternating least squares method with optimal scaling features. *Psychometrika*, 43, p. 279-281, 1978.

ZEIJL, E.; TE POEL, Y.; DU BOIS-REYMOND, M.; RAVESLOOT, J.; MEULMAN, J. J. The role of parents and peers in the leisure activities of young adolescents. *Journal of Leisure Research*, 32, p. 281-302, 2000.

Seção II

TESTE E MEDIÇÃO

Capítulo 4

MODELAGEM RESPONSÁVEL DE DADOS DE MEDIÇÃO PARA INFERÊNCIAS ADEQUADAS: AVANÇOS IMPORTANTES EM TEORIA DA CONFIABILIDADE E DA VALIDEZ

BRUNO D. ZUMBO
ANDRÉ A. RUPP

4.1 INTRODUÇÃO

Se as atividades estatísticas, conceituais e práticas de medição fossem uma safra semeada por Spearman, Yule, Pearson e outros que trabalharam nos primórdios dos campos de pesquisa social e comportamental, poderíamos dizer com orgulho que essas sementes resultaram em farta colheita. A produção anual de pesquisa sobre medição continua a crescer, e o número de novas publicações periódicas e livros que se dedicam à área, estudam-na e relatam avanços tem aumentado durante a última década. A meta de indexar a qualidade dos dados tem longa tradição na modelagem estatística, e, por consequência, sua ubiquidade na modelagem psicométrica não traz surpresa alguma, motivo pelo qual a pesquisa em teoria da confiabilidade e da validez continua

sendo importante hoje, tal como revela uma rápida olhada na lista de referências deste capítulo. Antes de começarmos a descrever o processo de colheita de safras estatísticas que foram semeadas, todavia, vamos examinar a tarefa do analista na própria medição.

Em geral, analistas de dados de testes deparam-se apenas com um arranjo de números, com frequência consistente em 0s e 1s quando se atribui pontuação de forma dicotômica a todos os itens incluídos num teste. O propósito do analista é usar esse arranjo para uma variedade de inferências significativas sobre os examinados e o instrumento de medição em si, e essa é uma tarefa que deve ser considerada desafiadora. A modelagem estatística sempre se ocupou de decompor valores observacionais em um componente *determinista* e outro *estocástico*, para que as relações

80 • SEÇÃO II / TESTE E MEDIÇÃO

entre variáveis manifestas e inobservadas possam ser enunciadas de forma explícita e para que se possa estimar a incerteza quanto a parâmetros de modelos, usando-a para qualificar as inferências que forem possíveis sob determinado modelo. Os modelos psicométricos são, claro, descendentes dessa tradição (cf. Goldstein; Wood, 1989; McDonald, 1982; Mellenbergh, 1994; Rupp, 2002), mas são peculiares porque se situam na *interseção* dos espaços do examinado e do objeto, *ambos* os quais costumam ser do interesse dos especialistas em medição. Por exemplo, a teoria clássica de testes (CTT) (cf., Lord; Novick, 1968) decompõe genericamente a pontuação observada em uma parte determinista (ou seja, pontuação verdadeira) e uma parte estocástica (isto é, erro); a teoria da generalizabilidade (teoria *g*) (p. ex., Brennan, 2001; Cronbach *et al.*, 1972; Shavelson; Webb, 1991) esquadrinha mais a parte estocástica e redefine parte do erro como componentes sistemáticos; e a teoria de resposta de objeto (IRT) (p. ex., Lord, 1980; Van der Linden; Hambleton, 1997) reformula os dois componentes do modelo induzindo variáveis latentes na estrutura de dados. Modelos de equação estrutural (SEM) (p. ex., Muthén, 2002) e modelos de análise exploratória e confirmatória de fatores (EFA e CFA, respectivamente) (p. ex., McDonald, 1999) decompõem a matriz de covariância de dados multivariados em componentes deterministas (isto é, matriz de covariância reproduzida) e estocásticos (isto é, matriz residual), modelo esse que pode ser escrito de maneira equivalente como uma formulação a envolver variáveis latentes.

Muito embora os valores indicadores de traços latentes e as pontuações compostas observadas estejam geralmente muito correlacionados, a injeção de um *continuum* latente na matriz de dados nos proporcionou a propriedade de invariância de parâmetro de objeto e o exame para um perfeito ajuste do modelo em diferentes populações e condições. Isto permitiu definir erros-padrão condicionais de medição similares à teoria *g* (Brennan, 1998b) e abriu o caminho para a realização de testes adaptáveis mediante o uso de funções de informação de objeto e teste (p. ex., Segall, 1996; Van der Linden; Hambleton, 1997). Contudo, esses avanços tiveram um preço. Melhoras no nível de modelagem e na quantificação do erro de medição vieram à custa

de grandes tamanhos de amostras, geralmente necessários para estimar parâmetros em esquemas, tanto frequencistas quanto bayesianos (cf. Rupp; Dey; Zumbo, no prelo). Por exemplo, para dados categóricos, e, em especial, dados dicotômicos, é preciso recorrer a métodos de estimação, como o de mínimos quadrados ponderados, que torna suspeitas as estimativas de confiabilidade baseadas em amostras de pequeno tamanho (Raykov, 1997a).

Este capítulo tem como foco a confiabilidade e a validez, dois temas que já geraram muitos ensaios e livros, mesmo se considerarmos apenas os últimos 25 anos. Sendo quase impossível examinar todos os avanços num único capítulo, temos o propósito de apresentar um amplo panorama dos avanços recentes em teoria da confiabilidade e da validez e, periodicamente, dar mais detalhes para mostrar a vasta série de metodologias e enfoques de medição hoje disponíveis para ajudar-nos a esclarecer nossa compreensão dos fenômenos sociais e comportamentais. Observaremos esses avanços pela lente de modelagem estatística, para ressaltar as consequências da escolha – talvez até do abuso – de um determinado esquema de modelagem para decisões inferenciais.

Embora suponhamos um conhecimento básico da teoria de medição e teste, vamos definir termos fundamentais. O leitor interessado em um resumo acessível e nos progressos na base estatística da teoria da confiabilidade pode consultar Feldt e Brennan (1989), Knapp (2001) e Traub (1994); sobre teoria e prática da validez, o leitor pode consultar Messick (1995) e os ensaios em Zumbo (1998). Posto que nosso capítulo pressupõe um conhecimento efetivo de esquemas de modelagem utilizados em problemas práticos de medição, o leitor pode recorrer a Hambleton, Swaminathan e Rogers (1991) ou Lord (1980) como referências úteis para a IRT; Kaplan (2000) ou Byrne (1998) para modelagem de equações estruturais; e Comrey (1973), Everitt (1984) ou McDonald (1999) para métodos de análise de fatores.

Começamos com uma visão geral dos termos básicos de uso frequente na literatura sobre medição, no intuito de ajudar a compreender os quatros temas tratados a seguir, esclarecer alguns equívocos comuns e permitir afirmações mais precisas. Apresentamos, depois, alguns achados importantes e de relevância prática na literatura sobre teoria da confiabilidade, sobretudo da última década, focando, especialmente, os avanços em coeficientes de confiabilidade, erros-padrão de medição e outros quantificadores locais do erro de medição. Por fim, uma seção sobre teoria da validez mostra como os modelos de avaliação diagnóstica cognitiva obrigaram os especialistas em medição a repensarem seus enfoques, a fim de definir e medir inferências válidas extraídas de pontuações de testes. Primeiro, porém, vamos fornecer alguns fundamentos com uma breve análise da terminologia pertinente para a modelagem de dados a partir de medidas.

4.2 TERMOS COMUMENTE USADOS E MAL INTERPRETADOS EM MEDIÇÃO

As definições apresentadas nesta seção são fundamentais, mas é notável a frequência com que elas são usadas de maneira inadequada na literatura sobre medição. Provavelmente isso seja, em parte, um equívoco gerado pelo uso histórico incongruente, mas também pode ter origem em uma discrepância que costuma existir entre o uso cotidiano desses termos e o seu significado exato num contexto de modelagem matemática.

Primeiro, há a própria palavra *confiabilidade*. Em contextos não acadêmicos, *confiável* costuma ser entendido como aquilo que apresenta "contínua segurança no juízo, no caráter, no desempenho ou no resultado" (cf. Braham, 1996, p. 1628). Para especialistas em medição aplicada, a confiabilidade é uma propriedade desejada em testes, que devem ser instrumentos seguros para a medição dos constructos que se destinam a medir ou para a avaliação de desempenho (Klieme; Baumert, 2001). Embora intuitivamente atraentes, essas noções são relativamente imprecisas e devem ser traduzidas em propriedades que possam ser matematicamente testadas e estimadas mediante quantidades de amostras. Por consequência, "confiabilidade" costuma ser entendida, em sentido não matemático, como muito mais do que a confiabilidade em sentido estritamente matemático, porque, sob essa última lente, o termo é traduzido, basicamente, na estimação de um coeficiente baseado em componentes de variância num modelo estatístico.

Um tal *coeficiente de confiabilidade* avalia *pontuações* congruentes, mas, em si, pouco diz sobre o próprio instrumento de avaliação, as inferências relacionadas e as consequências sociais, porque esses aspectos estão inseridos no contexto social e ético mais amplo e imbuído de valores do uso do teste (Messik, 1995).

Como observam Zimmerman e Zumbo (2001), os dados de testes são, em termos formais, a realização de um evento estocástico definido num espaço-produto $\Omega = \Omega_I \times \Omega_J$, onde os componentes ortogonais Ω_I e Ω_J são os espaços de probabilidade para itens e examinados, respectivamente. O espaço-produto conjunto pode expandir-se para incluir também outros espaços, como aqueles gerados por avaliadores ou ocasiões, conceito formalizado na teoria g a partir de uma perspectiva de pontuação observada e do enfoque de facetas em medição, do ponto de vista da IRT. Portanto, a modelagem de dados de teste necessita de, no mínimo, amostragem de pressupostos sobre itens e examinados, bem como da especificação de um processo estocástico que supostamente tenha gerado os dados (leitores interessados num enfoque de espaço de Hilbert em teoria da medição para a análise de dados de teste podem ver Zimmerman e Zumbo, 2001). Logo, duas direções diferentes de generalizabilidade são de interesse e demandam a compreensão das propriedades de confiabilidade e validez de pontuações e inferências. Em primeiro lugar, interessa fazer afirmações sobre o funcionamento de um determinado instrumento de avaliação para grupos de examinados que têm características em comum com aqueles examinados já avaliados com ele. Segundo, interessa fazer afirmações sobre o funcionamento de conjuntos de itens que têm características em comum com os itens já incluídos numa determinado forma de teste. Por exemplo, com frequência interessa mostrar que as pontuações e as inferências resultantes para diferentes grupos de examinados são comparavelmente confiáveis e válidas quando o que se aplica aos distintos grupos é o mesmo instrumento, uma versão paralela desse instrumento ou determinados subconjuntos de itens. Isso também implica, concretamente, que os pesquisadores deveriam informar estimativas de coeficientes de confiabilidade e outros parâmetros para seus próprios dados, e que é preciso avaliar continuamente a validez comparável, em lugar de dá-la

82 • SEÇÃO II / TESTE E MEDIÇÃO

por certo com base em uma única calibração da avaliação. Vejamos alguns termos de uso habitual para descrever o processo de modelagem de dados de avaliação.

É conveniente, primeiro, distinguir entre os *modelos em nível de teste* (p. ex., CTT, modelos de teoria *g*), em que a modelagem se dá no nível de pontuação total observada, e os *modelos em nível de item* (p. ex., IRT para dados binários ou dados de itens de escala de pontos e modelos de análise de fatores para dados de itens contínuos), em que a modelagem ocorre no nível da pontuação do item junto ao nível de pontuação total. Para esses últimos modelos, a unidade de modelagem *primária* é o *item*, que pode ser um estímulo escrito, auditivo ou gráfico que induz os examinados a darem respostas comportamentais. Mas a noção aparentemente clara de um item é bastante fluida e dependente do contexto. Por exemplo, podem-se coletar itens quer naturalmente, apresentando-os junto a informação de consulta em uma avaliação, quer estatisticamente, mediante definição, em pacotes de itens ou *testlets*, que depois podem ser tratados com um único item em análises matemáticas subsequentes (aliás, também podem ser modeladas explicitamente as possíveis dependências da resposta; cf. Bradlow; Wainer; Wang, 1999; Wang; Bradlow; Wainer, 2002). De mais a mais, em outros contextos de teste com produtos de trabalho complexos, a definição de um único item pode se tornar muito difícil, se não impossível, e, no futuro, talvez, seria preferível e necessário pensar de modo mais geral em *oportunidades de medição*. Para uma descrição recente da variedade de itens hoje utilizados na prática de medição, ver Zenisky e Sireci (2002).

Podemos reunir itens para diferentes fins, como avaliação de traços de personalidade ou avaliação de conhecimento, sendo esse último cenário o que costuma resultar nos instrumentos comumente chamados de *testes*. Na literatura de ciências sociais sobre avaliação de personalidade, também se usa com frequência o termo *escala* como alternativa a *questionário*. Os termos *teste*, *escala* e *medida* são usados indistintamente neste capítulo, embora se admita que *teste* faz referência, na linguagem comum, a alguma prova de realização educacional ou conhecimento com respostas corretas ou incorretas.

Assim, a resposta de um sujeito a um item torna-se uma *observação comportamental* num sentido conceitual abstrato que tem de ser quantificado com uma *pontuação* que, por sua vez, constitui uma *observação estatística*. São formas típicas de pontuação, entre outras, a composta linear (ponderada) ou *total* que se obtém ao avaliar itens individuais de forma *dicotômica* ou *politômica*. Depois, os especialistas em medição recorrem a *esquemas de modelagem* específicos para levar em consideração o fato de as observações comportamentais serem representações imperfeitas da *variável latente* cuja relativa ausência ou presença deve ser quantificada pelo instrumento de avaliação e que, portanto, elas contêm *erro de medição*. Com efeito, a escolha do modelo de medição tem consequências cruciais para o modo de se ver o erro de medição, diferenças essas que levam os modeladores a escolher determinadas estatísticas específicas do modelo para quantificar esse erro. O erro, portanto, embora fenômeno presente em toda e qualquer resposta comportamental observada, é concebido e quantificado de maneira diferente em microuniversos alternativos criados por diferentes esquemas de modelagem. Curiosamente, a conhecida expressão psicométrica $X = T + E$ é axiomática para todos os modelos em tais esquemas.

Em qualquer esquema de modelagem, as pontuações observáveis ou *manifestas* criadas pela interação de examinados com itens sobre uma medida são consideradas *indicadores* ou marcadores de variáveis inobserváveis ou *latentes*. Neste capítulo, usaremos o termo *variável latente* para referir-nos a uma variável aleatória que é propositalmente concebida ou derivada das respostas a um conjunto de itens e que constitui o alicerce de um modelo estatístico (p. ex., θ pontuações em IRT ou pontuações de fatores em AF). Isto é, as pontuações são indicadores da variável latente, por sua vez considerada um indicador de um *traço latente* subjacente que é inerente aos examinados e supostamente explorado pelos itens. Mas essas quantidades e esses objetos não são idênticos: a variável latente é uma construção *psicométrica*, ao passo que o traço é um fenômeno *psicológico*. Em poucas palavras, define-se um *constructo* com relação a uma *rede nomológica* de outros fenômenos, descobertas empíricas e teorias ligando variáveis latentes a constructos abstratos (Embretson, 1983; Messick, 1995), enquanto uma variável latente é uma construção matemática. Muitas vezes, isso causa confusão em especialistas aplicados quando as dimensionalidades psicométricas dos testes não coincidem com as dimensionalidades psicológicas consideradas, mesmo que essa aparente divergência seja perfeitamente previsível quando se faz a distinção exata anterior.

Vejamos um exemplo dessa distinção. O Centro de Estudos Epidemiológicos-Depressão (CES-D) é uma escala de 20 itens apresentada originalmente por Lenore S. Radloff para medir sintomas depressivos na população em geral. Se estivermos estudando as propriedades de medição do CES-D por meio de modelos CFA ou IRT, os itens serão considerados indicadores de uma variável latente (que a maioria dos pesquisadores chamaria de "depressão"), mas a variável latente *não é* a própria depressão, pois é apenas uma construção matemática. A variável latente está, entretanto, *relacionada* com o constructo de depressão, definido pelas complexas inter-relações de ideias, definições e descobertas empíricas na literatura clínica. Do mesmo modo, se estivermos dando pontuação ao CES-D de forma empírica, somando as respostas a itens, a pontuação de escala composta resultante também *não é* depressão em si, mas está, novamente, apenas *relacionada* com esse constructo, do qual é um indicador observável. Ainda mais exatamente, a pontuação é um indicador da *gravidade* dos sintomas depressivos.

É de se observar, porém, que a literatura sobre medição é, geralmente, um tanto imprecisa e inconstante no seu uso do termo *variável latente*. O termo tem diversos significados diferentes na literatura de medição e estatística, cada um dos quais pode levar a variáveis bem distintas. Pelo menos três usos são relevantes para este capítulo. A primeira definição, que é a descrição mais próxima de uma variável latente (inobservada) na teoria clássica de testes, é que variáveis latentes são variáveis reais que poderiam, em princípio, ser medidas (p. ex., proficiência ou conhecimento num domínio – tal como a matemática – ou nível de sintomatologia depressiva). Uma segunda forma de variável latente é quando surgem pontuações observadas ao registrar se uma variável subjacente tem valores acima ou abaixo de limiares fixos (p. ex., uma resposta a uma pergunta tipo Likert). Pode-se conceitualizar a primeira definição dentro de um arcabouço da segunda definição, embora não necessariamente tenha de ser assim. A terceira definição é o significado mais usado na análise de fatores e descreve uma variável latente como uma variável concebida que vem antes dos itens (ou indicadores) daquilo que medimos. Tendo respostas a item à mão e usando de um modelo estatístico, pode-se prever uma pontuação sobre essa variável latente para toda pessoa na amostra. Esse terceiro significado é usado com mais frequência em análise de fatores, modelagem de variáveis latentes e modelos de estrutura de covariância e, portanto, é o que usaremos neste capítulo. Em termos do enfoque psicométrico em análise de fatores, uma variável latente é razão ou resumo de manifestações comportamentais ou cognitivas. No âmbito estatístico, o que define uma variável latente é a independência local ou condicional (entidade estatística sem nenhum propósito teórico real). Estatisticamente, supõe-se que, se duas variáveis estão correlacionadas, elas têm algo não observado em comum (isto é, a variável latente). Portanto, erros não correlacionados (ou seja, a correlação residual entre os itens para além dos fatores) são um aspecto-chave a definir os modelos de variável latente.

Finalmente, é útil distinguir entre os modelos de pontuação observada e os de variável latente. Quando se decompõe uma pontuação composta observada em dois componentes aditivos independentes, pontuação real e erro, sem quaisquer outros pressupostos sobre a estrutura da pontuação real, os pesquisadores têm denominado isso de *CTT*. Ao mesmo tempo, diferentes conjuntos de pressupostos sobre a estrutura de erro e pontuações reais para avaliações repetidas e diferentes esquemas de amostragem para itens e examinados levaram à definição de pontuações de testes *paralelos*, *essencialmente paralelos*, *τ-equivalentes*, *essencialmente τ-equivalentes* e *congenéricos*. Além disso, se não se adota nenhum modelo estatístico para as respostas, os modelos em CTT são denominados *modelos fracos de pontuação real*, e, quando se adota um modelo estatístico (p. ex., binomial ou binomial composto), eles se denominam *modelos fortes de pontuação real*. Se a relação entre a pontuação observada e a pontuação real e os componentes

84 • SEÇÃO II / TESTE E MEDIÇÃO

de erro é de uma determinada forma funcional e pode ser formulada num *esquema de modelo (de variável latente) linear generalizado*, geralmente falamos em modelos de variável latente. As variáveis latentes pertencem à classe de variáveis aleatórias inobserváveis, mas são um subconjunto específico dela, porque sua existência é *postulada* e sua *métrica* se estabelece por meio da especificação do modelo e do método de estimação de parâmetros. Quando os dados de resposta se modelam no nível do item, os especialistas em medição chamam esses modelos de modelos IRT, que se tornaram cada vez mais conhecidos nos últimos 20 anos devido à crescente capacidade de computação e à sua formulação matemática flexível. É interessante salientar que não existe teoria substancial em IRT, mas, em geral, o modelo *é* a teoria, o que, na opinião de alguns, faz com que o vínculo racional entre a variável latente e o constructo subjacente que ela pode indexar seja mais difícil de estabelecer, pois também se pode conceber a variável latente como um simples filtro de processamento de dados que permite inferências ordenadas sobre examinados e itens (cf. Junker, 1999). De modo geral, os esquemas de variável observada e latente se beneficiam uns dos outros e são compatíveis, como os métodos de análise de estrutura de covariância, que são apropriados para testar pressupostos sobre estruturas de erro associadas com CTT.

Aqui, é importante fazer um pequeno adendo para ressaltar uma diferença essencial entre a análise de fatores (como habitualmente usada) e a IRT em calibração de itens. Muito embora AF e IRT possam ser escritos como modelos de variável latente linear generalizada, em IRT, o problema de estimação estatística é complexo, porque as respostas a item são variáveis aleatórias binárias ou politômicas ordenadas, e o método de estimação precisa estimar a pontuação da variável latente para cada indivíduo, de modo a estimar os parâmetros da função de resposta a item (isto é, calibrar os itens). Isso difere diametralmente da maioria dos modelos de análise de fatores, nos quais a variável latente é integrada a partir da equação de estimação, essencialmente, ao marginalizar sobre essa variável (isto é, ao reproduzir a matriz de covariância observada).

Com os itens já calibrados, os examinados avaliados e os quantificadores de erro devidamente computados, efetuam-se inferências com base no modelo matemático utilizado. Idealmente, essas inferências deveriam ser exatas e resultar em *conferências justas* para os examinados e a disciplina de avaliação. Investigações sobre o *grau* em que as pontuações são congruentes em diferentes condições de aplicação caem dentro da abrangência do termo *teoria da confiabilidade*, ao passo que investigações a respeito do *grau* em que as inferências feitas com base em pontuações de testes e as consequências das decisões nelas fundamentadas são adequadas são englobadas pelo termo *teoria da validez*. Concretamente, confiabilidade é questão de *qualidade de dados* e validez é questão de *qualidade inferencial*. É claro que as teorias da confiabilidade e da validez são campos de pesquisa interligados, e as quantidades obtidas na primeira limitam as inferências na última. Isso fica evidente na estatística de CTT, por exemplo, em que é fácil mostrar que um coeficiente de correlação de validez nunca é maior do que a raiz quadrada do coeficiente de confiabilidade do teste. De mais a mais, a fim de aumentar tanto a confiabilidade das pontuações quanto a validez das inferências, uma vaga de modelos de *avaliação diagnóstica cognitiva* obrigou os especialistas em medição a atentarem para os *processos cognitivos* em que os examinados se envolvem ao responder a itens. Isso levou a uma nova análise das formas de *prova* que sustentam inferências válidas e fez com que o foco das investigações se voltasse novamente para os examinados.

A escolha do título deste capítulo se propôs a ressaltar que, ao lidarmos com questões de confiabilidade e validez, estamos, na verdade, lidando com a questão de fazer inferências com base em pontuações de testes ou escalas. Em outras palavras, os dados sobre confiabilidade e validez reunidos no processo de medição ajudam os pesquisadores sociais e comportamentais a julgarem a *adequação* e as *limitações* de suas inferências baseadas nas pontuações de testes ou escalas. Na seção a seguir, apresentaremos uma visão geral da teoria da confiabilidade e das propriedades estatísticas de pontuações de testes e escalas. Na seção subsequente, daremos um panorama da teoria da validez, e, depois, encerraremos o capítulo com algumas dicas sobre futuros avanços.

4.3 UMA VISÃO UNIFICADA SOBRE CONFIABILIDADE E ERRO DE MEDIÇÃO COMO BASE PARA INFERÊNCIAS VÁLIDAS

A quantificação do erro de medição pode-se dar de diversas formas, a depender do esquema de pontuação utilizado para modelar os dados. Tradicionalmente, desenvolvedores de testes e especialistas aplicados têm usado sobretudo a CTT. Na CTT, quantifica-se a confiabilidade por meio de *coeficientes de confiabilidade*, enquanto a incerteza em pontuações é quantificada usando *erro-padrão de medição* incondicional e condicional. Nos últimos anos, a literatura cada vez mais abundante sobre modelos de variável latente – em especial, modelos de IRT – talvez pareceria sugerir que os modelos de CTT são antiquados. Essa seria uma percepção incorreta da realidade, todavia, mais alimentada pela prática de pesquisa acadêmica do que pela prática de testes em uma ampla variedade de situações, e por isso trataremos brevemente dessa controvérsia. Por exemplo, Brennan (1998a, p. 6) escreve: "A teoria clássica de testes está viva, passa bem e continuará a sobreviver, eu acho, por razões conceituais e práticas".

No entanto, o crescente interesse de teóricos e profissionais em IRT ao longo dos últimos 30 anos tem sido simplesmente espetacular. Isso se evidencia na quantidade de sessões, em conferências sobre medição e testes, dedicadas a avanços teóricos ou aplicações de IRT. Mesmo sendo verdade que se costuma utilizar a IRT em programas e projetos de teste de média a grande escala, a estatística da CTT continua a ser amplamente usada para desenvolver e avaliar testes e medidas em muitas áreas das ciências educacionais, sociais e comportamentais que se interessem em testes e medidas de limitado volume de produção e distribuição. Por exemplo, uma esmagadora maioria dos testes e das medidas analisados em livros de referência – como a série *Mental Measurements Yearbook*, produzida pelo Instituto Buros de Medições Mentais, ou o livro *Measures of Personality and Social Psychological Attitudes*, de Robinson, Shaver e Wrightsman (1991) – se refere, principalmente, à estatística da CTT. O motivo pelo qual se usa a CTT em programas de teste de pequeno volume e em ambientes de pesquisa é o grande tamanho de amostras que se faz necessário quando se pretende aplicar um enfoque de modelagem de variável latente, como a IRT e o SEM (p. ex., Bedeian; Day; Kelloway, 1997; Bentler; Dudgeon, 1996; Junker, 1999). Com as medidas de pontuação observada ainda vivas e passando bem, vale a pena estudar os avanços ocorridos nessas medidas na última década. Como corresponde, começaremos por um dos indicadores de congruência da pontuação mais antigos e versáteis, o coeficiente de confiabilidade.

4.3.1 Avanços recentes nos coeficientes da teoria da confiabilidade

Nos últimos 10 anos, sobretudo em razão do impacto do crescimento da capacidade de computação, a modelagem psicométrica tem visto surgir uma profusão de modelos elaborados a requerer a estimação simultânea de seus parâmetros, com uso intensivo de computação, o que tem levado a repensar o papel dos coeficientes de confiabilidade. Cabe afirmar, porém, que o papel dominante de coisas como a função de informação em IRT não mudou o anseio dos modeladores por *confiabilidade conceitual*, mas mudou o nosso modo de olhar para a *formalização matemática da confiabilidade*.

Como já dissemos, costuma-se medir a confiabilidade mediante um coeficiente, muitas vezes denominado ρ_{xx}, definido na CTT ou em modelos de pontuação observada como o quociente entre a variância da pontuação real e a variância da pontuação observada ou a proporção da variação nos dados que pode ser explicada pelas diferenças entre indivíduos ou objetos de medição. Como a pontuação observada é decomposta em dois componentes aditivos não observados, o que gera ambiguidades quanto à contribuição relativa de cada componente não observado para a variância total observada, não é possível computar o coeficiente de confiabilidade diretamente. Em lugar disso, é preciso definir estimadores que forneçam estimativas do coeficiente de confiabilidade baseadas em dados de teste obtidas em uma ou várias ocasiões de medição. No entanto, convém frisar que, no contexto de múltiplas ocasiões de medição, a própria definição de um coeficiente de confiabilidade apresenta sutis desafios para os especialistas em medição, assombrados durante mais de 40 anos pelas complicações originadas em *diferenças entre pontuações*. Houve quem pedisse até a

86 • SEÇÃO II / TESTE E MEDIÇÃO

proibição das diferenças entre pontuações por sua suposta baixa confiabilidade, mas essa proibição já foi levantada. Reconhece-se que, embora reais, as tão citadas limitações das diferenças entre pontuações valem sobretudo em situações restritas, havendo muitos cenários em que as diferenças entre pontuações são muito adequadas (Zumbo, 1999b).

Se o coeficiente de confiabilidade é um índice especialmente natural em modelos de pontuação observada, a definição de tal coeficiente é bem mais artificial em modelos de variável latente como IRT ou SEM. Tanto para modelos de variável latente quanto para modelos de pontuação observada, a formulação de erro de medição condicional e informação é um caminho natural conectando diferentes modelos. Contudo, o coeficiente de confiabilidade está estreitamente relacionado com o erro de medição. Por exemplo, as relações de variância nos modelos de efeitos aleatórios prevalentes em teoria g ou a variância assimptótica da distribuição de características de habilidade em modelos de IRT dependem diretamente de quantidades que medem o erro nos modelos associados. Não obstante, às vezes prefere-se usar o próprio coeficiente de confiabilidade como índice da quantidade de incerteza de medição inerente às pontuações de testes, porque ele é adimensional, é um único número informativo, é fácil de computar na prática e está incluído na maioria dos pacotes de software comuns (cf. Feldt; Brennan, 1989). Além disso, é fácil de interpretar. Voltemo-nos, agora, para alguns estimadores comuns do coeficiente de confiabilidade de população.

4.3.2 Estimadores do coeficiente de confiabilidade e suas propriedades

É fato fundamental no que tange à inconfiabilidade que, em geral, ela não pode ser estimada com base em um único ensaio. São necessários dois ou mais ensaios para provar a existência de variação na pontuação de uma pessoa em um item, bem como para estimar o tamanho dessa variação caso ela exista. As dificuldades experimentais para obter ensaios independentes ensejaram muitas tentativas de se estimar a confiabilidade de um teste com apenas um ensaio apresentando diversas hipóteses. Em geral, essas hipóteses não conseguem

uma solução real porque não podem ser verificadas sem a ajuda de ao menos dois ensaios independentes, que é precisamente o que elas se propõem a evitar (Guttman, 1945, p. 256).

Afirma-se, comumente, que os estimadores de confiabilidade se dividem em três classes distintas: (a) coeficientes de consistência interna, (b) coeficientes de confiabilidade de formas alternativas e (c) coeficientes de teste-teste repetido. Entretanto, como os coeficientes de confiabilidade que envolvem múltiplas ocasiões de teste ou avaliação podem ser estimados mediante coeficientes intragrupo, parece mais apropriado distinguir somente coeficientes de consistência e coeficientes intragrupo. De mais a mais, o coeficiente intragrupo na CTT é, essencialmente, uma extrapolação de Spearman-Brown do α de Cronbach (Feldt, 1990), que, por sua vez, é a média de todos os coeficientes de correlação de consistência interna bipartidos sob adequados pressupostos de modelo (Cronbach, 1951), e é, como tal, preferido ao coeficiente bipartido computado para alguma divisão aleatória arbitrária. Pode-se computar o α de Cronbach a partir dos dados de uma única aplicação de um teste, sem necessidade de formas paralelas, cenário de teste-teste repetido nem múltiplos julgadores para os quais pode usar-se um coeficiente de correlação intragrupo. Para testes ou itens menos essencialmente τ equivalentes com erros não correlacionados, α é igual ao coeficiente de correlação, e, para testes congenéricos, é um limite inferior (Lord; Novick, 1968; cf. Komaroff, 1997).

O coeficiente α é um dos índices estatísticos mais referidos em todas as ciências sociais e comportamentais. O que o torna tão útil para pesquisadores e desenvolvedores de testes? Primeiro, ele dá uma estimativa conservadora de limite inferior da confiabilidade teórica na pior das situações (isto é, quando a equivalência essencial τ não se mantém). Ou seja, a proporção da variância de pontuação observada que resulta de diferenças reais entre os indivíduos é, na verdade, pelo menos da magnitude do coeficiente α. Segundo, ele fornece essa estimativa sem ter de recorrer a repetidas ocasiões de teste e sem necessitar de formas paralelas de um teste. Terceiro, ele é fácil de computar e está disponível na maioria dos programas de estatística para computador. A maior limitação do coeficiente α é que ele resulta num erro de medição indiferenciado. Por outro lado, a teoria da generalizabilidade admite que há diversas fontes de erro de medição, a depender dos vários fatores modelados no experimento de medição, e que podemos querer modelar essas diversas fontes. Obviamente, temos de observar que, ao diferenciarmos o erro de medição, também estamos, de fato, redefinindo a parte correta ou de pontuação real dos dados.

Ao que parece, os receios de Guttman não se justificavam, e acabamos por superar o problema de estimar a confiabilidade, uma propriedade de pontuações obtidas em repetidas aplicações, com pontuações de uma só aplicação. Infelizmente, as coisas podem não ser tão simples se os pressupostos a embasarem o modelo de pontuação forem descumpridos. Ao ponderar os pressupostos de modelos de medição (e, especialmente, erros não correlacionados), Rozeboom (1966) nos lembra, em seu clássico texto sobre teoria dos testes, que pressupostos estatísticos são *compromissos empíricos*:

> Por agradável que possa ser esquadrinhar as estatísticas internas de um teste composto em busca de uma fórmula que dê a estimativa mais próxima da confiabilidade de um teste em condições de erros não correlacionados, para fins práticos, isso é como vestir uma camisa limpa para lutar com um porco (p. 415).

Mais de 35 anos atrás, Maxwell (1968) mostrou, analiticamente, que erros correlacionados geram estimativas enviesadas do coeficiente de correlação quando se usa um coeficiente de correlação intragrupo como estimador e afirmou que esse viés é, muito provavelmente, uma superestimação. Estudos de simulação confirmaram que o α de Cronbach subestima $\rho_{XX'}$ em condições de descumprimento de equivalência τ essencial e que ele superestima $\rho_{XX'}$ se os erros são correlacionados (Zimmerman; Zumbo; Lalonde, 1993; e Raykov, 1998b, para testes compostos; e Zumbo, 1999a, para um esquema de simulação), mas esses efeitos podem ser atenuados em parte se ambos os pressupostos forem descumpridos ao mesmo tempo (Komaroff, 1997). Todavia, parece que α é relativamente robusto contra descumprimentos moderados desses pressupostos (cf. Bacon; Sauer;

Young, 1995; Feldt, 2002). Similares resultados se obtiveram para projetos de teoria g com múltiplos pontos no tempo. Em tais projetos houve subestimação no caso de erros não correlacionados com variâncias crescentes ao longo do tempo, houve superestimação para erros correlacionados com variâncias iguais ao longo do tempo e houve viés de estimação nos dois sentidos para erros correlacionados com variâncias desiguais ao longo do tempo (Bost, 1995). É importante notar que erros correlacionados podem surgir por diversas razões. Com o advento de novos formatos de item, uma das razões mais comuns para erros correlacionados são os itens vinculados. Isto é, historicamente, especialistas em medição têm defendido que os itens sejam afirmações separadas que não resultariam em mais covariação na modelagem de variável latente devido ao formato do item. Itens vinculados, no entanto, podem induzir covariação adicional entre os itens que aparecem como erros correlacionados (p. ex., Higgins; Zumbo; Hay, 1999). Aos pesquisadores que se defrontam com erros correlacionados decorrentes do formato do item, recomendamos ver em Gessaroli e Folske (2002) um método útil, ainda que geral, para se estimar a confiabilidade.

Em modelagem de variável latente, erros correlacionados equivalem a introduzir uma variável latente adicional (isto é, um fator) que carrega sobre as variáveis manifestas (p. ex., MacCallum *et al.*, 1993; Raykov, 1998a). Hoje, métodos de AF – em especial, CFA – continuam a ser ferramentas úteis para avaliar o grau de erros correlacionados (p. ex., Reuterberg; Gustafssom, 1992) e têm sido usados, recentemente, para conceber α ajustados que diminuem e às vezes eliminam o efeito de inflação (Komaroff, 1997). Além disso, a SEM possibilita a estimação de um coeficiente de confiabilidade para testes congenéricos que não é um limite inferior para o coeficiente de confiabilidade real (à diferença do α de Cronbach) (Raykov, 1997a), junto a uma estimação de *bootstrap* de seu erro-padrão que não depende de pressupostos de normalidade (Raykov, 1998b). Infelizmente, são necessários grandes tamanhos de amostra para a estimação estável de parâmetros de modelo, e nem todos os métodos de estimação são recomendáveis (cf. Coenders *et al.*, 1999). É preciso os pesquisadores estarem cientes dos pressupostos adicionais que são necessários para uma estimação correta numa análise de estrutura de covariância (Bentler; Dudgeon, 1996). Entre eles estão a normalidade multivariada dos dados de resposta, necessária para alguns métodos de estimação, que dificilmente se aplica a dados categóricos, e os grandes tamanhos de amostra necessários para a teoria assimptótica, que dificilmente existem para avaliações em pequena escala.

Também se têm feito estimações de coeficientes de confiabilidade e avaliações de pressupostos de modelos durante mais de três décadas por meio de métodos de AF (p. ex., Feldt, 2002; Fleishman; Benson, 1987; Jöreskog, 1970, 1971; Kaiser; Caffrey, 1965). Demonstrou-se repetidas vezes que a pressuposição de erros correlacionados – junto à unidimensionalidade e o uso de pontuação total simples na modelagem de pontuação observada – corresponde a um modelo de fator ortogonal com um único fator dominante que tem cargas para cada item do teste. Conforme esse modelo, estima-se o coeficiente de confiabilidade como a soma dos quadrados das cargas (isto é, as comunalidades) dividida pela soma dos quadrados das cargas mais as cargas de erro (isto é, comunalidades mais variâncias singulares).

Juntamente com os modelos de AF, as SEM permitem efetuar testes flexíveis de diversos pressupostos, como tipo de modelo (ou seja, paralelo, τ equivalente, congenérico), correlação de erros, invariância no tempo e invariância entre subgrupos (p. ex., Feldt, 2002; Fleishman; Benson, 1987; Raykov, 1997a, 1997b, 1998a, 1998b, 2000, 2001). Num esquema de SEM, pode-se estimar o coeficiente de confiabilidade como um parâmetro interno ou um parâmetro externo do modelo, e os pesos de teste ou item podem ser predeterminados pelo pesquisador ou estimados como cargas de fator, simultaneamente com todos os outros parâmetros de modelo. O método geral para testar pressupostos sobre estruturas de erro usando SEM requer pelos menos quatro itens ou testes, devido aos requisitos de identificação do modelo, para que todos os testes de hipóteses – inclusive aquele sobre congeneridade – possam ser realizados (p. ex., Raykov, 1997a). Além do coeficiente α, também foi proposto o coeficiente ômega

com pesos iguais e desiguais; alguns autores preferem pesos desiguais, porque o coeficiente nunca aumenta quando se suprimem itens. No entanto, não necessariamente se recomenda o uso de estimativas de confiabilidade como único critério para elaborar o teste (Bacon *et al.*, 1995). Mais recentemente, alguns especialistas têm defendido o uso da SEM para modelar o tipo de estrutura de correlação mediante modelos integrados de séries temporais, mas a utilidade prática desse enfoque segue sendo limitada (Green; Hershberger, 2000). Finalmente, observemos que, assim como se verificou que os coeficientes de correlação atenuada são suscetíveis às distribuições de pontuação real para examinados (Zimmerman; Williams, 1997), o coeficiente α é suscetível à distribuição de pontuação de examinados, o que deu ensejo à proposta de uma ampla generalização do α que seja imune a flutuações posteriores nessa distribuição (Wilcox, 1992).

Então, o que faz um profissional quando é preciso estimar o coeficiente α? Para amostras de pequeno tamanho, parece que os modelos elaborados de traço latente não dariam resultados confiáveis e o esforço para estimá-los não valeria a pena. Se o tamanho da amostra é grande (p. ex., ao menos 200 examinados para testes moderados, como orientação em princípio) e os formatos de itens são complexos, modelos de traço latente como a SEM podem ser úteis para estimar a confiabilidade e as magnitudes relacionadas. É importante, contudo, estar sempre ciente dos pressupostos de modelo que ficam em segundo plano quando se escolhe um determinado modelo de pontuação (Zumbo, 1994), e, para maiores tamanhos de amostra e cenários de avaliação de alto risco, é preciso investigá-los de modo a obter a estimativa mais exata de confiabilidade e erro de medição. Recomendamos o enfoque de Gessaroli e Folske (2002).

4.3.3 Testes de hipóteses para coeficientes de confiabilidade

Podendo ser utilizado para teste-teste repetido, formas paralelas, subteste e confiabilidade entre observadores, o coeficiente de correlação intragrupo encontrou uma ampla variedade de aplicações em pesquisa social e comportamental

(Alsawalmeh; Feldt, 1992). Recentemente, sua teoria de distribuição e a teoria de distribuição para o α de Cronbach foram desenvolvidas com maior detalhe (Feldt, 1990; Van Zyl; Neudecker; Nel, 2000). Portanto, surgiram testes aproximados desenvolvidos para dois coeficientes de confiabilidade intragrupo independentes (Alsawalmeh; Feldt, 1992), dois coeficientes α independentes (Alsawalmeh; Feldt, 2000; Charter; Feldt, 1996) e dois coeficientes α dependentes (Alsawalmeh; Feldt, 2000). Da mesma forma, é possível formular facilmente testes para coeficientes de correlação desatenuada num esquema de SEM (Hancock, 1997).

Note-se, todavia, que nem todos os resultados distribucionais são fáceis de aplicar a uma ampla variedade de situações. Por exemplo, a distribuição assimptótica do estimador de α de máxima probabilidade (ML) obtido por Van Zyl *et al.* (2000) não requer pressuposto algum sobre as estruturas de covariância dos itens; no entanto, por ser um resultado assimptótico, ela requer grandes tamanhos de amostra. Ademais, é improvável que persista a distribuição normal multivariada dos dados de resposta a item no caso de itens cuja pontuação é dicotômica.

Uma vez que a interpretação pertinente de resultados de testes de hipóteses depende da eficácia do teste, é essencial compreender que o poder de um teste não é uma função do coeficiente de confiabilidade, mas uma relação dele (Williams; Zimmerman; Zumbo, 1995; Zimmerman; Williams; Zumbo, 1993a, 1993b). Como esses autores nos lembram, o poder é função do valor absoluto da variância observada e sua decomposição relativa é irrelevante, embora influencie a magnitude do coeficiente de confiabilidade. Entretanto, fórmulas para computar o poder e o tamanho de amostra necessária de um teste para comparar os coeficientes α de duas populações podem depender, de fato, da magnitude direta dos respectivos valores de amostra para os coeficientes α, devido à teoria de amostragem aplicada (Feldt; Ankenmann, 1998). Em suma, a classe de testes estatísticos para coeficientes de confiabilidade de população foi ampliada, e, ainda que seja preciso consultar nos respectivos textos a maneira exata de realizar esses testes, em geral, eles não são difíceis.

4.3.4 Maximização de coeficientes de confiabilidade e pontuações compostas

Há muito tempo se entende que o α de Cronbach não é um indicador de homogeneidade ou unidimensionalidade do teste (p. ex., Green; Lissitz; Mulaik, 1977; Miller, 1995), e já houve pesquisas sobre descumprimentos do pressuposto de homogeneidade do teste (p. ex., Feldt; Qualls, 1996). Se os testes medem diversos constructos relacionados, os modeladores em CTT lidam com isso elaborando pontuações de teste compostas, às quais se atribuem pesos adequados mediante uma tabela de especificações. Todavia, utilizar uma análise de pontuação composta em vez de uma de pontuação total pode ter grande efeito na estimativa de confiabilidade para os dados. Existem fórmulas – geralmente para testes congenéricos – que maximizam medidas de confiabilidade em diferentes condições (p.ex., Armstrong; Jones; Wang, 1998, para coeficiente α; Goldstein; Marcoulides, 1991; Sanders; Theunissen; Baas, 1989, para coeficientes de generalizabilidade; Knott; Bartholomew, 1993, para um modelo de fator normal; Li, 1997, para uma pontuação composta; Li; Rosenthal; Rubin, 1996, para considerações de custo; Rozeboom, 1989, para o uso de pesos de regressão sobre uma variável de critério; Segall, 1996, para testes linearmente equiparados; e Wang, 1998, para modelos congenéricos).

Maximizar a confiabilidade é semelhante a determinar o tamanho ideal de amostra para um experimento projetado sob considerações relativas a poder, e, portanto, como no projeto estatístico tradicional, a consideração prática será o fator determinante final para a elaboração do teste ou o método de análise, pois alguns testes propostos para maximizar a confiabilidade parecem ter características irrealistas (p. ex., 700 itens de múltipla escolha; cf. Li *et al.*, 1996). Além disso, para a maioria das fórmulas de coeficientes de confiabilidade composta, é preciso conhecer os coeficientes de confiabilidade componentes. Se não se dispuser de informação de confiabilidade sobre os subcomponentes a serem ponderados, pode-se recorrer a um enfoque de análise de estrutura de covariância, havendo também fórmulas para pesos que maximizam a confiabilidade, criadas para alguns casos (Wang, 1998).

90 • SEÇÃO II / TESTE E MEDIÇÃO

O coeficiente α e os coeficientes de correlação intragrupo não são os únicos meios para indicar a precisão da medição. Com efeito, há apenas números individuais que ex͵ ͵sam a qualidade das pontuações num sentido bastante superficial. Para obtermos informação mais precisa sobre como o erro de medição realmente afeta as pontuações e, por consequência, as decisões sobre examinados, temos de nos voltar para medidas da precisão no nível da pontuação.

4.3.5 Estimativas locais da precisão em pontuações

Atribuir pontuação aos dados de testes tem consequências para os examinados. São consequências matematicamente dependentes da exata estimação do erro associado com as pontuações dos examinados, que é mais crucial para aqueles examinados cuja pontuação observada é próxima à pontuação de corte em avaliação referenciada por critério ou ao longo de todo o *continuum* para avaliação referenciada por norma. Verificou-se, há muito tempo, que o erro de pontuação não é constante ao longo do *continuum*, muito embora se tenha mencionado e utilizado SEM de pontuação original incondicional em obras iniciais sobre CTT. Contudo, analistas de dados e tomadores de decisão responsáveis estão cientes de que o erro de pontuação varia ao longo do *continuum* de habilidade, o que foi corroborado por mais evidência acumulada na última década com base em diferentes métodos de estimação. De modo geral, para modelos de pontuação observada, as curvas representativas da SEM condicional terão forma similar a um U invertido, com erros-padrão menores perto dos extremos superior e inferior do *continuum* de pontuação real e maiores erros-padrão no centro desse *continuum*. Pelo contrário, a curva de precisão local para um teste analisado por métodos de IRT tem forma de U normal. Isto é, há menos erro no centro do *continuum* latente próximo ao ponto de máxima informação de teste e mais erro para valores extremos no *continuum* latente. Portanto, é preciso contemplar medidas de precisão local em modelos de variável observada e latente. Além do mais, é evidente que se deveria usar um *erro-padrão de medição de pontuação original condicional (CRS-SEM)* para tomar decisões justas baseadas em pontuações

originais e que se deveria informar um *erro-padrão de medição de pontuação de escala condicional (CSS-SEM)* se pontuações originais forem transformadas mediante transformações lineares ou não lineares em alguma outra escala pertinente em termos práticos, como a de percentis, a de nota equivalente ou a *stanine* (*standard nine*).

Ainda que, no capítulo escrito por Feldt e Brennan em 1989, o CRS-SEM tenha sido abordado em apenas duas páginas incluídas numa seção sobre problemas "especiais" de confiabilidade e o CSS-SEM não tenha sido discutido em grande detalhe, pesquisadores da área de medição produziram, na última década, uma série de ensaios que investiga meticulosamente diferentes métodos para estimar erros-padrão locais ou condicionais para modelos de pontuação em diversas escalas, bem como o comportamento desses métodos em diferentes situações de calibração (p. ex., Brennan, 1998b; Brennan; Lee, 1999; Feldt, 1996; Feldt; Qualls, 1996, 1998; Kolen; Hanson; Brennan, 1992; Kolen; Zeng; Hanson, 1996; Lee, 2000; Qualls Payne, 1992; cf. também May; Nicewander, 1994). Em geral, a maioria dos métodos dá resultados semelhantes, que só causam pequenas diferenças na amplitude do intervalo de confiança se elaborados com o uso de erros-padrão condicionais. Como de costume, os métodos de CTT são comparativamente mais fáceis de computar e não dependem tanto de maiores tamanhos de amostra para fornecer uma estimação estável de parâmetros.

Análises anteriores já devem ter evidenciado que o tratamento explícito de determinadas estruturas de erro em modelos de pontuação foi uma das contribuições mais importantes da última década. Num contexto de pontuação observada de erro-padrão condicional, o resultado mais notável disso foi uma síntese de métodos de estimação de erro-padrão condicional para esquemas de teoria g, bem como estimações que incluem cenários de CTT como casos especiais (Brennan, 1998b). Dentro de um esquema de traço latente, a dependência de respostas para itens apresentados com o mesmo estímulo em *testlets* levou pesquisadores a desenvolverem o esquema bayesiano de estimação para itens dicotômicos e politômicos no mesmo teste, com pontuação feita mediante modelos de IRT (Bradlow *et al.*, 1999;

Wainer; Bradlow; Du, 2000; Wainer; Thissen, 1996; Wainer; Wang, 2001; Wang *et al.*, 2002; cf. também Sireci; Thissen; Wainer, 1991, sobre estimação de confiabilidade, bem como Lee; Frisbie, 1999). Esses estudos revelaram que a incorporação de efeitos de *testlet* num modelo de IRT ou de teoria *g* sempre melhorou a exatidão da estimação, ao incluir informação de padrão de resposta interno do *testlet* nas estimativas de parâmetros, e que ela é necessária se efeitos intensos do *testlet* estiverem presentes, para evitar o viés nas estimações de habilidade e, por consequência, decisões incorretas. Essa conclusão foi reforçada por uma comparação direta de estimativas de CRS-SEM com modelos que indicou que os efeitos do *testlet* proporcionam um CRS-SEM mais exato em quaisquer condições, muito embora a estimação por teoria *g* tenha funcionado bem, como alternativa a modelos de *testlet* em IRT, com moderada dependência do *testlet* (Lee, 2000; cf. também Lee; Frisbie, 1999). Mais uma vez, vemos que, para maiores tamanhos de amostra, é especialmente importante avaliar se os pressupostos do modelo têm probabilidade de prevalecer, mas, para tamanhos de amostra menores ou maiores, é preciso computar os erros-padrão condicionais e usá-los para decidir. Ao que parece, para a maioria das decisões práticas, não importa muito qual o método utilizado para computar o CRS-SEM ou o CSS-SEM, devendo-se escolher o que for mais fácil de implementar.

4.3.6 Relações entre estimativas de erro em diferentes esquemas de pontuação

Queremos finalizar o tratamento do tema de confiabilidade e erro de medição com uma seção sobre as relações entre os modelos de pontuação observada e de IRT, pois, com frequência, há confusão entre alguns conceitos. Como acabamos de ver, a noção de uma medida local da precisão, captada pela função de informação em IRT, também existe na CTT por meio de erros-padrão condicionais para pontuações originais e de escala. Além disso, é similarmente possível computar funções de informação em CTT (Feldt; Brennan, 1989; Mellenberg, 1996), bem como erros-padrão incondicionais e coeficientes de confiabilidade em IRT (p. ex., Samejina, 1994). Especificamente, o

equivalente em IRT ao erro-padrão incondicional em CTT é a expectativa do erro-padrão condicional assimptótico:

$$ \text{SEM} = \sigma_\varepsilon = \int_{-\infty}^{\infty} [I(\theta)]^{-1/2} f(\theta) d\theta. $$

Para fins práticos de estimação, a função de informação na equação anterior é substituída pela função de informação de teste estimada, e a distribuição de habilidade pode ser empiricamente estimada se houver neutralidade condicional de $\hat{\theta}$; em caso contrário, deve-se usar funções de informação de teste ajustadas conforme o viés (Samejima, 1994). Agora, pode-se prever o coeficiente de confiabilidade com uma única aplicação de um teste, usando a variação observada em θ e o erro-padrão estimado como se descreve anteriormente (na fórmula, SEM indica erro-padrão):

$$ \hat{\rho}_{\hat{\theta}_1, \hat{\theta}_2} = \frac{\text{Vâr}(\hat{\theta}) - \hat{\text{SEM}}}{\text{Vâr}(\hat{\theta})} = \frac{\text{Vâr}(\theta)}{\text{Vâr}(\hat{\theta})}. $$

A relação entre os estimadores de múltiplas ocasiões do coeficiente de confiabilidade em CTT e os modelos de IRT foi estudada por algum tempo, e alguns autores chegam até a considerar esse coeficiente supérfluo (Samejima, 1994). Uma afirmação um tanto extremada, porque a adequação de uma estimação de confiabilidade por IRT depende da exatidão do modelo ajustado (cf. Meijer; Sijtsma; Molenaar, 1995, p. 334, a respeito desse argumento num contexto não paramétrico) e o ajuste de um modelo de IRT mais complexo pode demandar mais dados, além dos disponíveis num determinado momento. De mais a mais, embora em IRT os erros-padrão sejam maiores nos extremos da escala (Lord, 1980), isso depende da escolha da transformação da pontuação real para a escala de traço latente, observando-se grandes diferenças entre erros-padrão condicionais para diferentes opções de transformação (cf. Brennan, 1998b). Como outra semelhança entre modelos de CTT e de IRT, recordemos que o coeficiente de confiabilidade em CTT é o quociente entre variância de pontuação real e variância observada total ou o quociente entre o sinal e o sinal mais ruído. Em outras palavras, o quociente sinal/ruído é igual ao coeficiente de correlação dividido por 1 menos o coeficiente de correlação. Portanto, podemos definir um coeficiente de confiabilidade local como uma função da função de informação do item, ele próprio proporcional ao quociente sinal/ruído local (Nicewander, 1993).

Também se podem formular erros-padrão condicionais para decisões absolutas (e, portanto, coeficientes de segurança) ou decisões relativas (e, portanto, coeficientes de generalizabilidade) na teoria g (Brennan, 1998b, 2001). Na teoria g, a classe de especificações de modelo – apesar de todos os modelos lineares generalizados (MLGs) – foi ampliada, mas comumente são necessárias amostras de maior tamanho para uma estimação exata dos componentes da variância. Em IRT, a classe dos MLGs emprega diferentes funções de ligação, mas agora é preciso escolher entre modelos *logit* e *probit*, decidir o número de parâmetros no modelo e optar entre formulação paramétrica ou não paramétrica. No último caso, a estimação da confiabilidade nem sequer é uma prática comum, e, mesmo sendo possível estimar um coeficiente de confiabilidade relacionado a um coeficiente de escalabilidade nas alternativas de Mokken ao modelo Rasch, seus usos complementares ainda são pouco claros (Meijer *et al.*, 1995; Meijer; Sijtsma; Smid, 1990).

Por fim, é preciso salientar que uma das vantagens da estimação da confiabilidade em CTT é a relativa simplicidade do modelo cujas únicas alternativas importantes consistiam em diferentes pressupostos sobre seus componentes inobservados. Afirmar que a CTT é só um caso especial da IRT (Nicewander, 1993) ou do AF parece ser um exagero e parece também ignorar a diferença entre modelagem em nível de pontuação e em nível de item, bem como entre uma variável latente e uma variável inobservada mais geral, como a pontuação real em CTT. Ao contrário desse exagero, pode-se afirmar que a IRT é uma aproximação de primeira ordem à CTT. O exagero também desconsidera o papel da estratégia de estimação de parâmetros na definição de um modelo psicométrico. Em termos simples, a liberalização da CTT em teoria g – juntamente com sua reformulação e extensão, em termos de variável latente, em AF e SEM – e o surgimento da IRT tiveram como preço maiores exigências quanto aos dados, o que afetou a estimação da confiabilidade. Para maiores tamanhos de amostra, certamente, podemos pesquisar cenários de avaliação mais complexos mediante a teoria g, bem como estruturas de dependência mais complexas mediante AF e SEM, e obter propriedades de invariância para teste adaptável em IRT (cf. Rupp, 2003; Rupp; Zumbo, 2003, no prelo, sobre quantificação de uma falta de invariância em modelos de IRT), mas, em geral, esses avanços são pouco vantajosos para o profissional. Ademais, por mais sofisticadas que as rotinas de declaração e estimação do modelo tenham se tornado, um teste de escassa validez e – por consequência – escassa confiabilidade conceitual seguirá sempre inalterado. Isso nos leva à nossa última seção.

4.4 A VALIDEZ E A PRÁTICA DE VALIDAÇÃO

A teoria da validez ajuda-nos na inferência da pontuação real ou de variável latente até o constructo de interesse. Aliás, um dos temas atuais na teoria da validez é que a validez do constructo é a totalidade dessa teoria que sua discussão é abrangente, integradora e baseada em evidências. Nesse sentido, a validez do constructo alude ao grau em que, legitimamente, com base nas pontuações observadas, se podem fazer inferências dos constructos teóricos sobre os quais essas observações conteriam informação. Em resumo, a validez do constructo implica generalizar, com base em nossas observações comportamentais ou sociais, o *conceito* contido nessas observações. A prática da validação visa determinar em que medida a interpretação de um teste se justifica *conceitual* e *empiricamente* e deve ter por objetivo tornar explícitos os valores éticos e sociais encobertos a influenciarem o processo (Messick, 1995).

É difícil não tratar dos problemas de validez ao discorrer sobre erros de medição. Entretanto, os avanços em teoria da validez nos últimos 15 anos não foram tão notáveis quanto os ocorridos no desenvolvimento do modelo de estimação e medição da confiabilidade. Para uma rápida visão geral do tema, há diversos ensaios que descrevem avanços atuais importantes em teoria da validez (Hubley; Zumbo, 1996; Johnson; Plake, 1998; Kane, 2001). Em resumo, talvez as seguintes observações exprimam melhor a história recente da teoria da validez.

- Como podemos ver no volume de Zumbo (1998), há um movimento para levar em consideração as *consequências* de inferências baseadas em pontuações de testes. Isto é, junto à elevação da validez do constructo a um arcabouço de validez geral para avaliar a interpretação e ao uso do teste veio a consideração do papel das consequências éticas e sociais como evidência de validez a contribuir para o significado da pontuação. Esse movimento tem sido recebido com certa resistência. No fim, Messick (1998) foi ao ponto de forma muito sucinta ao afirmar que não deveríamos nos preocupar simplesmente com as óbvias e gritantes consequências negativas da interpretação da pontuação, mas ponderar as consequências mais sutis e sistêmicas do uso "normal" do teste. A questão e o papel das consequências continuam a ser controversos e ganharão novo impulso no clima atual, em que resultados de testes em grande escala têm efeitos nas áreas de financiamento e pessoal da educação nos Estados Unidos e no Canadá.
- Embora posta de lado, a princípio, no movimento que visava elevar a validez do constructo, a evidência baseada em critério volta a ganhar impulso, em parte, graças ao trabalho de Sireci (1998).
- De todas as ameaças a inferências válidas baseadas em pontuações de testes, cresce a consciência a respeito da tradução de testes em razão da quantidade de iniciativas internacionais de teste e medição (cf. Hambleton; Patsula, 1998).
- O uso de modelos cognitivos como alternativa à validação tradicional de testes vem ganhando muito impulso. Uma das limitações dos métodos tradicionais de validação de testes quantitativos (p. ex., métodos de análise de fatores, coeficientes de validez e enfoques com múltiplos traços e métodos) é o fato de eles serem descritivos em lugar de explicativos. Isto é, eles são estatísticos, em vez de psicológicos. Modelos de avaliação diagnóstica cognitiva – em especial, o trabalho de Susan Embretson e Kikumi Tatsuoka – ampliaram a base probatória para a validação de testes, bem como a extensão nomotética da rede nomológica. A ideia básica é que, se pudéssemos entender por que uma pessoa respondeu de certa maneira a um item, daríamos um grande passo para transpor a lacuna inferencial entre pontuações de testes e constructos.

Uma vez que os modelos cognitivos apresentam um dos avanços recentes mais empolgantes com implicações para a teoria da validez, a próxima seção aborda-os mais detalhadamente.

4.4.1 Modelos cognitivos para uma base probatória mais sólida da validação de testes

É instrutivo iniciarmos esta análise referindo-nos ao uso do termo *psicologia cognitiva* na literatura sobre modelos cognitivos. Em muitas situações de avaliação, os pesquisadores usam a palavra *cognição* para se referirem a qualquer processo de alguma maneira baseado em nossa mente e, portanto, em nosso cérebro. Mas há pouca dúvida de que os especialistas em medição não se interessam pelos fundamentos biológicos ou neurocientíficos dos processos cognitivos para típicas avaliações diagnósticas cognitivas, de modo que, na verdade, muitas vezes nos referimos a uma forma "moderada" de psicologia cognitiva num contexto de medição.

Certamente haverá quem diga que não cabe ao modelador de dados psicométricos se preocupar com o que se faz com as estimativas numéricas depois de entregues, mas é precisamente esse descaso com inferências pertinentes à custa de sofisticadas técnicas de estimação o que, muitas vezes, tem eliminado a psicologia na psicometria. A percepção de que é hora de reintroduzir a psicologia na equação, para os modeladores darem aos pesquisadores que desejarem testes "confiáveis" a certeza de que seus dados realmente fornecem evidência para inferências pertinentes e seguras. Para apreciarmos a importância e a pertinência de modelos cognitivos, temos de entender que não fizemos muitos progressos significativos visando à validação explícita das inferências extraídas de pontuações de testes mediante modelos matemáticos. Isso persiste apesar da injeção de um *continuum* latente com o qual os modeladores podem extrair informação de dados de testes, de forma mais flexível e exata, no nível de item em IRT. Por exemplo, Junker (1999, p. 10) sugere que,

> apesar da persistência da terminologia de "traço latente" em seus trabalhos, hoje poucos psicometristas acreditam que a variável de proficiência contínua latente num modelo de IRT tenha qualquer realidade profunda como "traço"; porém,

94 • SEÇÃO II / TESTE E MEDIÇÃO

como veículo para resumir, classificar e selecionar eficazmente com base no desempenho num domínio, a proficiência latente pode ser muito útil.

O objetivo principal da modelagem de dados de teste deveria ser sempre fazer inferências válidas sobre os examinados, mas se pode aumentar mecanicamente a validez dessas inferências induzindo constructos latentes na estrutura de dados.

Os modelos cognitivos procuram representar explicitamente os processos cognitivos efetuados por examinados ao responderem a itens por meio de parâmetros em modelos matemáticos, tipicamente consistentes em modelos de IRT aumentados, algoritmos classificatórios baseados em modelos comuns de IRT ou redes de inferência bayesiana que têm modelos de IRT como componente central. A *metodologia de regra-espaço* é um enfoque de avaliação diagnóstica cognitiva que tenta classificar examinados em distintos estados de atributo com base em dados de resposta a item observados, num modelo de IRT adequado e na especificação de atributos para os itens (Tatsuoka, 1983, 1991, 1995, 1996; Tatsuoka; Tatsuoka, 1987). A despeito da falta de consenso na literatura sobre o que se quer dizer exatamente com *atributo* e da suscetibilidade da classificação à adequação do modelo de IRT escolhido, esse enfoque obriga os desenvolvedores a especificarem características cognitivas que são pré-requisitos dos examinados, idealmente antes de se projetar um teste (Gierl; Leighton; Hunka, 2000). Outros métodos baseados em incidência de atributos de item ou matrizes Q já foram desenvolvidos (p. ex., Dibello; Stout; Roussos, 1995), mas eles ainda têm como principal deficiência a imprecisão e a falta de orientação na especificação de atributos (p. ex., Junker; Sijtsma, 2001). Contudo, houve avanços em modelos cognitivos, sobretudo em contextos de sucesso educacional e avaliação psicoeducacional. A exceção foi o trabalho de Zumbo, Pope, Watson e Hubley (1997) sobre avaliação da personalidade, no qual eles estudaram a relação da abstração e da concretude de itens com as propriedades psicométricas de uma medida de personalidade. Outros progressos estão em curso com o desenvolvimento de *software* de avaliação baseada em simulação, que enfatiza uma compreensão mais rica e profunda dos processos cognitivos necessários para realizar certas tarefas

nas quais se faz a análise dos dados mediante redes bayesianas (Mislevy *et al.*, 1999).

Os modelos mais elaborados para avaliação cognitiva sempre têm algum custo. Um dos componentes desse custo é, mais uma vez, o tamanho da amostra, porque, com modelos de IRT mais complexos, modelos de estado cognitivo ou redes de inferência bayesiana, geralmente, é preciso estimar um maior número de parâmetros. Mais importante, porém, é o fato de os modelos mais úteis para avaliação diagnóstica cognitiva serem elaborados com base em uma profunda compreensão dos processos cognitivos inerentes às tarefas avaliadas. Como exemplo excelente, tome-se o trabalho de Embretson (1998), que utilizou a análise do processo cognitivo do teste de Matrizes Progressivas Avançadas de Raven, De Carpenter, Just e Shell (1990), para modelar respostas de examinados, extrair informação de diagnóstico e gerar itens similares. São ainda relativamente raros os modelos abrangentes de habilidades cognitivas, e, mesmo tendo havido avanços, é preciso observar que sua principal pedra angular – a análise de processos cognitivos – ainda é seu elemento mais fraco.

O problema não é tanto a falta de modelos para novos tipos de dados de teste, mas o desconhecimento, no mundo da aplicação concreta, de que esses modelos coexistem com uma inadequação dos instrumentos de avaliação e da prática de modelagem. Em outras palavras, se os desenvolvedores de testes pretendem proporcionar a examinados e instituições perfis de habilidades mais valiosos e progresso no desenvolvimento, a índole dos métodos de avaliação tem de mudar, de modo a fornecer conjuntos de dados mais úteis dos quais se possa extrair informação relevante de forma mais pertinente. O significado atribuído a *mais pertinente* acabará por depender, é claro, do uso dos dados de avaliação, mas, hoje, em geral, autoridades dessa área começam a admitir que precisamos mais do que simples respostas a testes avaliadas com 0 e 1 para validar as inferências feitas com base nos dados de testes. Como a obra de Embretson (1998) demonstra, o fundamental para modelos cognitivos úteis é eles serem explicativos, e não apenas mais um conjunto de modelos descritivos em termos cognitivos, em vez de em termos matemáticos (Zumbo; MacMillan, 1999).

Dito de outro modo, não basta mudar de terminologia para pretender ter feito verdadeiros avanços na obtenção de evidência mais pertinente e de considerável validez.

Verificou-se similar impulso em busca de poder explicativo também na área de funcionamento diferencial de itens, em que se usam variáveis atitudinais, contextuais e cognitivas para considerar perfis de realização diferenciais, de modo a pesquisar a comparabilidade inferencial de pontuações entre populações (Klieme; Baumert, 2001; Watermann; Klieme, 2002). Os avanços atualmente em andamento servem, em parte, como um instrumento de tomada de consciência que ajuda os desenvolvedores e os usuários de testes a refletirem mais a fundo sobre o real grau de validez de suas inferências baseadas em dados de testes e sobre como essas inferências podem ser aperfeiçoadas. Isso segue na senda rumo a um processo de validação abrangente e unificado dos instrumentos de avaliação, tão eloquentemente formulado por Messick (1989, 1995).

4.4.2 Implicações de modelos cognitivos para modelar novas estruturas de dependência

Em modelos psicométricos tradicionais, as dependências entre respostas a itens para além do que as variáveis inobservadas podem representar têm sido um aspecto temido dos dados de testes, e sempre se fez o possível para eliminar essa dependência ao projetar ou modelar testes. Talvez a lente aplicada aos dados seja errada, e parece que as avaliações diagnósticas cognitivas – além de modelos para estruturas de *testlet* e dependências de erros mais complicadas – são os novos números que vão tomando forma sob uma nova perspectiva quanto a itens e respostas a itens. Começamos a voltar nosso pensamento, novamente, para os examinados a título individual, porque passamos a dar-nos conta de que a meta de qualquer avaliação – seja ou não rigorosamente diagnóstica cognitiva – é chegar a melhores inferências sobre as habilidades dos examinados. Além do mais, a dificuldade e a discriminação dos itens são propriedades dos examinados que respondem a eles, porque os itens são janelas dentro da mente dos examinados – elas não são qualidades inerentes aos itens e independentes das populações de examinados.

Tudo isso é para dizer que o atual impulso visando à avaliação diagnóstica cognitiva parece ser mais do que uma simples extensão de modelos e metodologias estatísticas já existentes a âmbitos mais importantes. Na verdade, é a nossa oportunidade de limpar nossas janelas dentro da mente dos examinados e reorientar nossas lentes para eles, como a unidade de investigação mais importante. De um ponto de vista matemático, isso significa procurar distintos tipos de informação em estruturas de dados que possam propor novos desafios aos modeladores. Em especial, se os processos cognitivos estão altamente inter-relacionados no nível biológico-químico das redes neurais complexas, podemos prever que as respostas a itens talvez também estejam inter-relacionadas em muito maior grau, o que nos anima. Com efeito, precisamos é de uma extensão dos modelos atualmente utilizados na análise de estrutura de covariância, porque o futuro parece residir em aceitar a covariação e as inter-relações em lugar de temê-las.

Pode-se ver isso não só nos modelos e nos cenários até aqui apresentados como também ao olhar para a variedade de tipos de item que encontramos em novos testes em diversas disciplinas (Zenisky; Sireci, 2002). Como esses autores mostram, os formatos tradicionais de testes foram acrescidos de toda uma nova bateria de itens para os quais quem toma o teste tem de efetuar processos cognitivos complexos e mais elaborados. Por certo, temos escolhas quando damos pontuação a esses tipos de itens, como de fato também temos quando lidamos com os itens usados em avaliações diagnósticas cognitivas. Poderíamos, teoricamente, atribuir a todos eles pontuação 0-1 ou numa simples escala graduada e aplicar às respostas modelos tradicionais em CTT, teoria g ou IRT. Talvez descobriríamos, no entanto, que as estruturas de dependência nos conjuntos de dados poderiam comprometer nossas simples análises, uma vez que os itens já não são itens isolados. Na verdade, para usar tais itens com maior sucesso, faria muito mais sentido concentrar-se nas interdependências e prosseguir a partir dali.

Caberia também observar que a índole das dependências que são propositalmente incluídas em tipos de itens mais complexos se apresenta do mesmo modo com os testes tradicionais.

SEÇÃO II / TESTE E MEDIÇÃO

Por exemplo, pesquisadores têm se ocupado de investigar a estrutura de dados para modelos de CTT em termos do grau de paralelismo de testes. Como uma dimensão de complexidade, os pesquisadores definiram testes paralelos, τ equivalentes, essencialmente τ equivalentes e congenéricos; como segunda dimensão, eles consideram erros não correlacionados e correlacionados; e, como terceira, eles estudam o tipo de amostragem (isto é, Tipo 1, Tipo 2, Tipo 12). Diante de todas essas considerações, os psicometristas têm se empenhado na tentativa de achar os melhores estimadores de quantidades, como o coeficiente de confiabilidade ou os erros-padrão condicionais para diferentes estruturas de dados. Todavia, hoje, nos deparamos com estruturas de dados que não condizem com nenhum dos critérios anteriores (p. ex., matrizes de covariância esféricas; cf. Barchard; Hakstian, 1997; Hakstian; Barchard, 2000), que nos impelem a procurar melhores descrições da estrutura de dados em causa.

4.5 Conclusão

Este capítulo tem se concentrado em erro de medição, confiabilidade e validez através das lentes de dados de pontuação provenientes de testes dentro de um determinado esquema de pontuação. Temos ressaltado, em diversas ocasiões, as diferenças entre esquemas de variável observada (isto é, CTT e teoria g) e esquemas de variável latente (isto é, AFE, AFC, SEM e IRT). Consideramos importante entender que o uso de um determinado modelo de pontuação é sempre escolha do analista de dados, e não uma necessidade dos dados. A escolha de um determinado modelo de pontuação é, com frequência, resultado de crenças pessoais, formação e convenções de trabalho (Rupp; Zumbo, 2003). Mas ela tem graves consequências no modo de definirmos, quantificarmos e usarmos o erro de medição e nas decisões que tomamos com base nisso. Escolher um modelo de pontuação é um *compromisso empírico* que exige que o analista de dados assuma a responsabilidade pelas consequências dessa escolha para os examinados.

Para salientar essa responsabilidade pela última vez, consideremos, por um momento, alguns problemas que podem surgir com certos modelos habituais de pontuação. Quando se trabalha dentro de um esquema de variável latente, é sem dúvida irresponsável ajustar modelos de IRT às cegas a qualquer tipo de dados – mesmo se os modelos se adequam formalmente ao tipo de pontuações dadas (p. ex., dicotômicas, politômicas) – sem verificar que se dispõe de amostras para calibração *suficientemente grandes* e *representativas* para permitir a obtenção de estimativas de parâmetros *estáveis* e *representativas*. Se os parâmetros não forem bem estimados, as decisões serão tendenciosas. Ademais, se o propósito for fazer uma única calibração num só ponto no tempo e apenas um conjunto de examinados, logicamente, não é coerente justificar o uso de um modelo de IRT, porque os parâmetros de modelos se caracterizam pela *invariância*. A invariância diz respeito à identidade de parâmetros de item e examinado como resultado de calibração *reiterada* para o *perfeito* ajuste do modelo e não é necessária nesse caso. Logo, não caberia citá-la como razão *principal* para utilizar um modelo como esse.

Outro exemplo vem da área de avaliação diagnóstica cognitiva. Sem colher dados detalhados sobre examinados e sem tentativas detalhadas de desenvolver modelos realistas de processamento, é impossível fazer uma avaliação diagnóstica verdadeiramente cognitiva. Além disso, um modelo de IRT aumentada para avaliação cognitiva precisa ser escolhido *criteriosamente*, com base na teoria cognitiva que fundamenta os processos de resposta a testes, e não só por ser uma extensão interessante de modelos básicos de IRT (há excelentes exemplos em Embretson, 1998 e em Maris, 1995).

Na área de modelagem de pontuação observada, é igualmente irresponsável usar erro-padrão de pontuação original incondicional quando um grande corpo de evidência tem mostrado, durante anos, que o CRS-SEM varia ao longo do *continuum* da pontuação. Do mesmo modo, é preciso computar o CSS-SEM separadamente se as pontuações se transformam em escalas como *stanine*, percentis ou de nota equivalente, pois ele também varia e, geralmente, não é igual ao CRC-SEM. O uso de medidas de erro inadequadas pode causar decisões incorretas e injustas para alguns alunos, se não para a maioria. Em nível mais sutil, a maioria dos métodos de pontuação observada baseia-se em pressupostos sobre a matriz de pontuações, tais como paralelismo, τ equivalência essencial ou congeneridade. Em alguns casos, o fato de não ajustar os coeficientes de confiabilidade ou outras medidas do erro ao modelo certo pode levar a afirmações parciais sobre um teste, excesso de confiança no uso do teste e decisões injustas quanto a examinados. Além do mais, hoje em dia, é fácil utilizar procedimentos e software de análise fatorial para pôr à prova esses pressupostos e conseguir estimativas de erro adequadas para amostras de maior tamanho.

Cabe aos psicometristas com formação matemática a responsabilidade de informar àqueles menos versados na teoria quanto às consequências de suas decisões, de modo a assegurar que os examinados sejam avaliados de maneira justa. Como os modelos – entre eles, em parte, a estratégia de estimação de parâmetros – são compromissos empíricos, os especialistas em medição é que têm de assumir parte da responsabilidade pelas decisões tomadas com os modelos que eles fornecem a outrem. É bem sabido que uma ferramenta útil e essencial, como um automóvel, uma motosserra ou um modelo estatístico, pode ser muito perigosa nas mãos de pessoas sem suficiente instrução e experiência de manuseio ou que não estejam dispostas a usá-la de forma responsável.

Tudo isso não significa que ocorrerão desastres de imediato quando se tomarem decisões sem cumprir integralmente o supramencionado. No entanto, como também pode ser tentador demais pretextarmos esse fato para sermos menos severos e menos cuidadosos quanto às nossas práticas, entendemos que é importante que todos nós, na comunidade da psicometria, colaboremos para garantir a tomada de decisões justas e sensatas. Os avanços tecnológicos nos abriram as portas para fazermos um trabalho de simulação mais elaborado e complexo, analisarmos estruturas de dados mais ricas e localizadas do que nunca e resumirmos descobertas de diversas análises. Ao mesmo tempo, é importante lembrar que, de modo geral, os examinados não têm interesse nos modelos específicos de pontuação utilizados para obter suas pontuações, mas sim numa avaliação justa, o que se traduz simplesmente em decisões justas baseadas em suas respostas. O termo *justo* é, por certo, fortemente carregado de valores, e seu significado

pode assumir diferentes matizes para diferentes examinados, mas os modelos de dados responsáveis levam em consideração as consequências da interpretação de pontuações de testes, para a qual eles fornecem os componentes numéricos.

Muitas perguntas sobre a confiabilidade de testes têm sido formuladas na última década, e houve importantes avanços no âmbito da estimação do erro-padrão condicional para transformações de escala não lineares, para estimar o viés de estimativas de coeficiente de confiabilidade, como o coeficiente α em casos de descumprimentos simultâneos de pressupostos, deduzir algoritmos para maximizar α, obter testes para coeficientes α de diferentes populações e estabelecer relações entre CTT, teoria g, IRT e SEM que mostrem a interligação desses procedimentos. Em outras palavras, conseguimos expor argumentos convincentes sobre a unificação de modelos de medição (cf. McDonald, 1999; Rupp, 2002; Zimmerman; Zumbo, 2001), bem como sobre as vantagens da teoria g com relação à CTT, da IRT com relação à teoria g, da IRT com relação à CTT e da SEM com relação à teoria g, à CTT, à IRT e assim por diante. Ainda há necessidade de pesquisas importantes nessa área e inúmeras perguntas de pesquisa sem resposta nas seções finais de mais de uma centena de artigos que pudemos achar em publicações nos últimos 10 anos.

Acreditamos que este trabalho é proveitoso, mas não é menos importante refletirmos sobre a nossa prática de testes no novo milênio. As avaliações diagnósticas cognitivas terão um importante papel a desempenhar, embora acreditemos que elas não substituirão inteiramente as avaliações tradicionais nem darão resposta a todos os problemas que os psicometristas encontram no momento. Porém, elas são o meio pelo qual a disciplina psicométrica assinala que os modeladores de dados estão prestes a enfrentar novos desafios decorrentes da necessidade de informação mais completa sobre examinados, novos tipos concorrentes de itens, redefinições do constructo de um item em si e um maior grau de inter-relação das respostas de um ponto de vista tanto matemático quanto de cognição social. A confiabilidade e a validez sempre serão importantes no desenvolvimento de testes. Os índices de confiabilidade não são irrelevantes, como alguns afirmam, porque atendem a fins diferentes que a SEM e as funções

SEÇÃO II / TESTE E MEDIÇÃO

de informação de testes, e a validez sempre será o fundamento do desenvolvimento e do uso de teste, sobretudo se optarmos por um processo mais unificado de desenvolvimento, modelagem de dados e uso do teste. Especialistas em medição começam a conversar e se encontrar cada vez mais em diferentes disciplinas, superando fronteiras culturais. Especialistas em conteúdo, analistas de dados psicométricos e psicólogos cognitivos talvez ainda não estejam sentados à mesma mesa, mas, ao menos, estão partilhando seu conhecimento específico na mesma sala metafórica, o que certamente é bom. Estamos longe de uma revolução *prática* na realização de testes, mas parecemos estar em um momento decisivo e empolgante para parar e refletir sobre o objetivo a perseguir.

REFERÊNCIAS

ALSAWALMEH, Y. M.; FELDT, L. S. Test of the hypothesis that the intraclass reliability coefficient is the same for two measurement procedures. *Applied Psychological Measurement*, 16, p. 195-205, 1992.

ALSAWALMEH, Y. M.; FELDT, L. S. Testing the equality of two independent α coefficients adjusted by the Spearman-Brown formula. *Applied Psychological Measurement*, 23, p. 363-370, 1999.

ALSAWALMEH, Y. M.; FELDT, L. S. A test of the equality of two related α coefficients adjusted by the Spearman--Brown formula. *Applied Psychological Measurement*, 24, p. 163-172, 2000.

ARMSTRONG, R. D.; JONES, D. H.; WANG, Z. Optimization of classical reliability in test construction. *Journal of Educational and Behavioral Statistics*, 23, p. 1-17, 1998.

BACON, D. R.; SAUER, P. L.; YOUNG, M. Composite reliability in structural equations modeling. *Educational and Psychological Measurement*, 55, p. 394-406, 1995.

BARCHARD, K. A.; HAKSTIAN, R. A. The robustness of confidence intervals for coefficient alpha under violation of the assumption of essential parallelism. *Multivariate Behavioral Research*, 32, p. 169-191, 1997.

BEDEIAN, A. G.; DAY, D. V.; KELLOWAY, E. K. Correcting for measurement error attenuation in structural equation models: Some important reminders. *Educational and Psychological Measurement*, 57, p. 785-799, 1997.

BENTLER, P. M.; DUDGEON, P. Covariance structure analysis: Statistical practice, theory, and directions. *Annual Review of Psychology*, 47, p. 563-592, 1996.

BOST, J. E. The effects of correlated errors on generalizability and dependability coefficients. *Applied Psychological Measurement*, 19, p. 191-203, 1995.

BRADLOW, E. T.; WAINER, H.; WANG, X. A Bayesian random effects model for testlets. *Psychometrika*, 64, p. 153-168, 1999.

BRAHAM, C. G. (ed.). *Random House Webster's dictionary*. Nova York: Ballantine, 1996.

BRENNAN, R. L. Misconceptions at the intersection of measurement theory and practice. *Educational Measurement: Issues and Practice*, 17, p. 5-9, 30, 1998a.

BRENNAN, R. L. Raw-score conditional standard errors of measurement in generalizability theory. *Applied Psychological Measurement*, 22, p. 307-331, 1998b.

BRENNAN, R. L. *Generalizability theory*. Nova York: Springer-Verlag, 2001.

BRENNAN, R. L.; LEE, W. Conditional scale-score standard errors of measurement under binomial and compound binomial assumptions. *Educational and Psychological Measurement*, 59, p. 5-24, 1999.

BYRNE, B. M. *Structural equation modeling with LISREL, PRELIS, and SIMPLIS*: Basic concepts, applications, and programming. Mahwah: Lawrence Erlbaum, 1998.

CARPENTER, P. A.; JUST, M. A.; SHELL, P. What one intelligence test measures: A theoretical account of processing in the Raven's Progressive Matrices Test. *Psychological Review*, 97, p. 404-431, 1990.

CHARTER, R. A.; FELDT, L. S. Testing the equality of two alpha coefficients. *Perceptual and Motor Skills*, 82, p. 763-768, 1996.

COENDERS, G.; SARIS, W. E.; BATISTA-FOGUET, J. M.; ANDREENKOVA, A. Stability of three-wave simplex estimates of reliability. *Structural Equation Modeling*, 6(2), p. 135-157, 1999.

COMREY, A. L. *A first course in factor analysis*. Nova York: Academic Press, 1973.

CRONBACH, L. J. Coefficient alpha and the internal structure of tests. *Psychometrika*, 16, p. 297-334, 1951.

CRONBACH, L. J.; GLESER, G. C.; NANDA, H.; RAJARATNAM, N. *The dependability of behavioral measurements*: Theory of generalizability scores and profiles. Nova York: John Wiley, 1972.

DIBELLO, L. V.; STOUT, W. F.; ROUSSOS, L. Unified cognitive psychometric assessment likelihood-based classification techniques. *In*: NICHOLS, P. D.; CHIPMAN, S. F.; BRENNAN, R. L. (eds.). *Cognitively diagnostic assessment*. Hillsdale: Lawrence Erlbaum, 1995. p. 361-389.

EMBRETSON, S. E. Construct validity: Construct representation versus nomothetic span. *Psychological Bulletin*, 93, p. 179-197, 1983.

EMBRETSON, S. E. A cognitive design system approach to generating valid tests: Application to abstract reasoning. *Psychological Methods*, 3, p. 380-396, 1998.

EVERITT, B. S. *An introduction to latent variable models*. Nova York: Chapman & Hall, 1984.

FELDT, L. S. The sampling theory for the intraclass reliability coefficient. *Applied Measurement in Education*, 3, p. 361-367, 1990.

FELDT, L. S. Estimation of measurement error variance at specific score levels. *Journal of Educational Measurement*, 33, p. 141-156, 1996.

FELDT, L. S. Estimating the internal consistency reliability of tests composed of testlets varying in length. *Applied Measurement in Education*, 15, 33-48, 2002.

FELDT, L. S.; ANKENMANN, R. D. Appropriate sample sizes for comparing alpha reliabilities. *Applied Psychological Measurement*, 22, p. 170-178, 1998.

FELDT, L. S.; BRENNAN, R. L. Reliability. *In*: LINN, R. L. (ed.). *Educational measurement*. 3. ed. Nova York: Macmillan, 1989. p. 105-146.

FELDT, L. S.; QUALLS, A. L. Bias in coefficient alpha arising from heterogeneity of test content. *Applied Measurement in Education*, 9, p. 277-286, 1996.

FELDT, L. S.; QUALLS, A. L. Approximating scale score standard error of measurement from the raw score standard error. *Applied Measurement in Education*, 11, p. 159-177, 1998.

FLEISHMAN, J.; BENSON, J. Using LISREL to evaluate measurement models and scale reliability. *Educational and Psychological Measurement*, 47, p. 925-939, 1987.

GESSAROLI, M. E.; FOLSKE, J. C. Generalizing the reliability of tests comprised of testlets. *International Journal of Testing*, 2, p. 277-296, 2002.

GIERL, M.; LEIGHTON, J. P.; HUNKA, S. M. Exploring the logic of Tatsuoka's rule-space model for test development and analysis. *Educational Measurement: Issues and Practice*, 19, p. 34-44, 2000.

GOLDSTEIN, H.; WOOD, R. Five decades of item response modeling. *British Journal of Mathematical and Statistical Psychology*, 42, p. 139-167, 1989.

GOLDSTEIN, Z.; MARCOULIDES, G. A. Maximizing the coefficient of generalizability in decision studies. *Educational and Psychological Measurement*, 51, p. 79-88, 1991.

GREEN, S. B.; HERSHBERGER, S. L. Correlated errors in true score models and their effect on coefficient alpha. *Structural Equation Modeling*, 7, p. 251-270, 2000.

GREEN, S. B.; LISSITZ, R.W.; MULAIK, S. A. Limitations of coefficient alpha as an index of test unidimensionality. *Educational and Psychological Measurement*, 37, p. 827-838, 1977.

GUTTMAN, L. A basis for analyzing test-retest reliability. *Psychometrika*, 10, p. 255-282, 1945.

HAKSTIAN, A. R.; BARCHARD, K. A. Toward more robust inferential procedures for coefficient alpha under sampling of both subjects and conditions. *Multivariate Behavioral Research*, 35, p. 427-456, 2000.

HAMBLETON, R. K.; PATSULA, L. Adapting tests for use in multiple languages and cultures. *In*: ZUMBO, B. D. (ed.). *Validity theory and the methods used in validation*: Perspectives from the social and behavioral sciences. Amsterdã: Kluwer Academic, 1998. p. 153-171.

HAMBLETON, R. K.; SWAMINATHAN, H.; ROGERS, H. J. *Fundamentals of item response theory*. Newbury Park: Sage, 1991.

HANCOCK, G. R. Correlation/validity coefficients disattenuated for score reliability: A structural equation modeling approach. *Educational and Psychological Measurement*, 57, p. 598-606, 1997.

HIGGINS, N. C.; ZUMBO, B. D.; HAY, J. L. Construct validity of attributional style: Modeling context-dependent item sets in the Attributional Style Questionnaire. *Educational and Psychological Measurement*, 59, p. 804-820, 1999.

HUBLEY, A. M.; ZUMBO, B. D. A dialectic on validity: Where we have been and where we are going. *Journal of General Psychology*, 123, p. 207-215, 1996.

JOHNSON, J. L.; PLAKE, B. S. A historical comparison of validity standards and validity practices. *Educational and Psychological Measurement*, 58, p. 736-753, 1998.

JÖRESKOG, K. G. A general method for analysis of covariance structures. *Biometrika*, 57, p. 239-251, 1970.

JÖRESKOG, K. G. Statistical analysis of sets of congeneric tests. *Psychometrika*, 36, p. 109-133, 1971.

JUNKER, B. W. *Some statistical models and computational methods that may be useful for cognitively-relevant assessment*, 1999. Manuscrito inédito. Disponível em: https://www.stat.cmu.edu/~brian/nrc/cfa/documents/final.pdf. Acesso em: 09 mar. 2022.

JUNKER, B. W.; SIJTSMA, K. Cognitive assessment models with few assumptions, and connections with non-parametric item response theory. *Applied Psychological Measurement*, 25, p. 258-272, 2001.

KAiSER, H. F.; CAFFREY, J. Alpha factor analysis. *Psychometrika*, 30, p. 1-14, 1965.

KANE, M. T. Current concerns in validity theory. *Journal of Educational Measurement*, 38, p. 319-342, 2001.

KAPLAN, D. *Structural equation modeling*: Foundations and extensions. Thousand Oaks: Sage, 2000.

KLIEME, E.; BAUMERT, J. Identifying national cultures of mathematics education: Analysis of cognitive demands and differential item functioning in TIMSS. *European Journal of Psychology of Education*, 16, p. 385-402, 2001.

KNAPP, T. R. *The reliability of measuring instruments*. Vancouver: Edgeworth Laboratory for Quantitative Educational and Behavioral Science Series, 2001. Disponível em: https://citeseerx.ist.psu.edu/viewdoc/download?doi=10.1.1.418.554&rep=rep1&type=pdf. Acesso em: 09 mar. 2022.

KNOTT, M.; BARTHOLOMEW, D. J. Constructing measures with maximum reliability. *Psychometrika*, 58, p. 331-338, 1993.

KOLEN, M. J.; HANSON, B. A.; BRENNAN, R. L. Conditional standard errors of measurement for scale scores. *Journal of Educational Measurement*, 29, p. 285-307, 1992.

KOLEN, M. J.; ZENG, L.; HANSON, B. A. Conditional standard errors of measurement for scale scores using IRT. *Journal of Educational Measurement*, 33, p. 129-140, 1996.

KOMAROFF, E. Effect of simultaneous violations of essential τ-equivalence and uncorrelated error on coefficient α. *Applied Psychological Measurement*, 21, p. 337-348, 1997.

LEE, G. A comparison of methods of estimating conditional standard errors of measurement for testlet-based scores using simulation techniques. *Journal of Educational Measurement*, 36, p. 91-112, 2000.

LEE, G.; FRISBIE, D. A. Estimating reliability under a generalizability theory model for test scores composed of testlets. *Applied Measurement in Education*, 12, p. 237-255, 1999.

LI, H. A unifying expression for the maximal reliability of a composite. *Psychometrika*, 62, p. 245-249, 1997.

LI, H.; ROSENTHAL, R.; RUBIN, D. B. Reliability of measurements in psychology: From Spearman-Brown to maximal reliability. *Psychological Methods*, 1, p. 98-107, 1996.

100 • SEÇÃO II / TESTE E MEDIÇÃO

LORD, F. M. *Applications of item response theory to practical testing problems*. Hillsdale: Lawrence Erlbaum, 1980.

LORD, F. M.; NOVICK, M. R. *Statistical theories of mental test scores*. Reading: Addison-Wesley, 1968.

MACCALLUM, R. C.; WEGENER, D. T.; UCHINO, B. N.; FABRIGAR, L. R. The problem of equivalent models in applications of covariance structure analysis. *Psychological Bulletin*, 114, p. 185-199, 1993.

MARIS, E. Psychometric latent response models. *Psychometrika*, 60, p. 523-547, 1995.

MAXWELL, A. E. The effect of correlated errors on estimates of reliability coefficients. *Educational and Psychological Measurement*, 28, p. 803-811, 1968.

MAY, K.; NICEWANDER, W. A. Reliability and information functions for percentile ranks. *Journal of Educational Measurement*, 31, p. 313-325, 1994.

MCDONALD, R. P. Linear versus nonlinear models in item response theory. *Applied Psychological Measurement*, 6, p. 379-396, 1982.

MCDONALD, R. P. *Test theory*: A unified treatment. Mahwah: Lawrence Erlbaum, 1999.

MEIJER, R. R.; SIJTSMA, K.; MOLENAAR, I. W. Reliability estimation for single dichotomous items based on Mokken's IRT model. *Applied Psychological Measurement*, 19, p. 323-335, 1995.

MEIJER, R. R.; SIJTSMA, K.; SMID, N. G. Theoretical and empirical comparison of the Mokken and Rasch approach to IRT. *Applied Psychological Measurement*, 14, p. 283-298, 1990.

MELLENBERGH, G. J. Generalized linear item response theory. *Psychological Bulletin*, 115, p. 300-307, 1994.

MELLENBERGH, G. J. Measurement precision in test score and item response models. *Psychological Methods*, 1, p. 293-299, 1996.

MESSICK, S. Validity. Em R. L. Linn (Ed.), *Educational measurement*. 3. ed. Nova York: American Council on Education/Macmillan, 1989. p. 13-103

MESSICK, S. Validity of psychological assessment: Validation of inferences from persons' responses and performances as scientific inquiry into score meaning. *American Psychologist*, 50, p. 741-749, 1995.

MESSICK, S. Test validity: A matter of consequence. *In*: ZUMBO, B. D. (ed.). *Validity theory and the methods used in validation*: Perspectives from the social and behavioral sciences. Amsterdã: Kluwer Academic, 1998. p. 35-44.

MILLER, M. B. Coefficient alpha: A basic introduction from the perspectives of classical test theory and structural equation modeling. *Structural Equation Modeling*, 2, p. 255-273, 1995.

MISLEVY, R. J.; STEINBERG, L. S.; BREYER, F. J.; ALMOND, R. G.; JOHNSON, L. A cognitive task analysis with implications for designing simulation-based performance assessment. *Computers in Human Behavior*, 15(3-4), p. 335-374, 1999.

MUTHÉN, B. O. Beyond SEM: General latent variable modeling. *Behaviormetrika*, 29, p. 81-117, 2002.

NICEWANDER, W. A. Some relationships between the information function of IRT and the signal/noise ratio and reliability coefficient of classical test theory. *Psychometrika*, 58, p. 139-141, 1993.

QUALLS-PAYNE, A. L. A comparison of score level estimates of the standard error of measurement. *Journal of Educational Measurement*, 29, p. 225-231, 1992.

RAYKOV, T. Estimation of composite reliability for congeneric measures. *Applied Psychological Measurement*, 21, p. 173-184, 1997a.

RAYKOV, T. Scale reliability, Cronbach's coefficient alpha, and violations of essential tau-equivalence with fixed congeneric components. *Multivariate Behavioral Research*, 32, p. 329-353, 1997b.

RAYKOV, T. Coefficient alpha and composite reliability with interrelated nonhomogeneous items. *Applied Psychological Measurement*, 22, p. 375-385, 1998a.

RAYKOV, T. A method for obtaining standard errors and confidence intervals of composite reliability for congeneric items. *Applied Psychological Measurement*, 22, p. 369-374, 1998b.

RAYKOV, T. A method for examining stability in reliability. *Multivariate Behavioral Research*, 35, p. 289-305, 2000.

RAYKOV, T. Bias of coefficient α for fixed congeneric measures with correlated errors. *Applied Psychological Measurement*, 25, p. 69-76, 2001.

REUTERBERG, S.; GUSTAFSSON, J. Confirmatory factor analysis and reliability: Testing measurement model assumptions. *Educational and Psychological Measurement*, 52, p. 795-811, 1992.

ROBINSON, J. P.; SHAVER, P. R.; WRIGHTSMAN, L. S. (eds.). *Measures of personality and social psychological attitudes*. San Diego: Academic Press, 1991.

ROZEBOOM, W. W. *Foundations of the theory of prediction*. Homewood: Dorsey, 1966.

ROZEBOOM, W. W. The reliability of a linear composite of nonequivalent subtests. *Applied Psychological Measurement*, 13, p. 277-283, 1989.

RUPP, A. A. Feature selection for choosing and assembling measurement models: A building-block-based organization. *International Journal of Testing*, 3-4, p. 311-360, 2002.

RUPP, A. A. *Quantifying subpopulation differences for a lack of invariance using complex examinee profiles*: An exploratory multi-group approach using functional data analysis. Manuscrito submetido para publicação, 2003.

RUPP, A. A.; DEY, D. K.; ZUMBO, B. D. To Bayes or not to Bayes, from whether to when: Applications of Bayesian methodology to item response modeling. *Structural Equation Modeling*, no prelo.

RUPP, A. A.; ZUMBO, B. D. Which model is best? Robustness properties to justify model choice among unidimensional IRT models under item parameter drift. *Alberta Journal of Educational Research*, 49, p. 264-276, 2003.

RUPP, A. A.; ZUMBO, B. D. A note on how to quantify and report whether invariance holds for IRT models: When Pearson correlations are not enough. *Educational and Psychological Measurement*, no prelo.

SAMEJIMA, F. Estimation of reliability coefficients using the test information function and its modifications. *Applied Psychological Measurement*, 18, p. 229-244, 1994.

SANDERS, P. F.; THEUNISSEN, T. J. J. M.; BAAS, S. M. Minimizing the number of observations: A generalization of the Spearman-Brown formula. *Psychometrika*, 54, p. 587-598, 1989.

SEGALL, D. O. Multidimensional adaptive testing. *Psychometrika*, 61, p. 331-354, 1996.

SHAVELSON, R. J.; WEBB, N. M. *Generalizability theory*: A primer. Newbury Park: Sage, 1991.

SIRECI, S. G. The construct of content validity. *In*: ZUMBO, B. D. (ed.). *Validity theory and the methods used in validation*: Perspectives from the social and behavioral sciences. Amsterdã: Kluwer Academic, 1998. p. 83-117.

SIRECI, S. G.; THISSEN, D.; WAINER, H. On the reliability of testlet-based tests. *Journal of Educational Measurement*, 28, p. 237-247, 1991.

TATSUOKA, K. K. Rule space: An approach for dealing with misconceptions based on item-response theory. *Journal of Educational Measurement*, 20, p. 345-354, 1983.

TATSUOKA, K. K. *Boolean algebra applied to determination of universal set of knowledge states* (Tech. Rep. n. RR-91–44-ONR). Princeton: Educational Testing Service, 1991.

TATSUOKA, K. K. Architecture of knowledge structures and cognitive diagnosis: A statistical pattern recognition and classification approach. *In*: NICHOLS, P. D.; CHIPMAN, S. F.; BRENNAN, R. L. (eds.). *Cognitively diagnostic assessment*. Hillsdale: Lawrence Erlbaum, 1995. p. 327-259.

TATSUOKA, K. K. Use of generalized person-fit indices, Zetas for statistical pattern classification. *Applied Measurement in Education*, 9, p. 65-75, 1996.

TATSUOKA, K. K.; TATSUOKA, M. Bug distribution and statistical pattern classifications. *Psychometrika*, 52, p. 193-206, 1987.

TRAUB, R. E. *Reliability for the social sciences: Theory and applications*. Thousand Oaks: Sage, 1994.

VAN DER LINDEN, W. J.; HAMBLETON, R. K. *Handbook of modern item response theory*. Nova York: Springer-Verlag, 1997.

VAN ZYL, J. M.; NEUDECKER, H.; NEL, D. G. On the distribution of the maximum likelihood estimator of Cronbach's alpha. *Psychometrika*, 65, p. 271-280, 2000.

WAINER, H.; BRADLOW, E. T.; DU, Z. Testlet response theory: An analog for the 3pl model useful in testlet-based adaptive testing. *In*: VAN DER LINDEN, W. J.; GLAS, C. A. W. (eds.). *Computerized adaptive testing*: Theory and practice. Boston: Kluwer Academic, 2000. p. 245-269.

WAINER, H.; THISSEN, D. How is reliability related to the quality of test scores? What is the effect of local dependence on reliability? *Educational Measurement: Issues and Practice*, 15(1), p. 22-29, 1996.

WAINER, H.; WANG, X. *Using a new statistical model for testlets to score TOEFL* (Tech. Rep. n. TR-16). Princeton: Educational Testing Service, 2001.

WANG, T. Weights that maximize reliability under a congeneric model. *Applied Psychological Measurement*, 22, p. 179-187, 1998.

WANG, X.; BRADLOW, E. T.; WAINER, H. A general Bayesian model for testlets: Theory and applications. *Applied Psychological Measurement*, 26, p. 109-128, 2002.

WATERMANN, R.; KLIEME, E. Reporting results of large-scale assessments in psychologically and educationally meaningful terms. *European Journal of Psychological Assessment*, 18, p. 190-203, 2002.

WILCOX, R. R. Robust generalizations of classical test reliability and Cronbach's alpha. *British Journal of Mathematical and Statistical Psychology*, 45, p. 239-254, 1992.

WILLIAMS, R. H.; ZIMMERMAN, D. W.; ZUMBO, B. D. Impact of measurement error on statistical power: Review of an old paradox. *Journal of Experimental Education*, 63, p. 363-370, 1995.

ZENISKY, A. L.; SIRECI, S. G. Technological innovations in large scale assessment. *Applied Measurement in Education*, 15, p. 337-362, 2002.

ZIMMERMAN, D. W.; WILLIAMS, R. H. Properties of the Spearman correction for attenuation for normal and realistic non-normal distributions. *Applied Psychological Measurement*, 21, p. 253-270, 1997.

ZIMMERMAN, D. W.; WILLIAMS, R. H.; ZUMBO, B. D. Reliability of measurement and power of significance tests based on differences. *Applied Psychological Measurement*, 17, p. 1-9, 1993a.

ZIMMERMAN, D. W.; WILLIAMS, R. H.; ZUMBO, B. D. Reliability, power, functions, and relations: A reply to Humphreys. *Applied Psychological Measurement*, 17, p. 15-16, 1993b.

ZIMMERMAN, D. W.; ZUMBO, B. D. The geometry of probability, statistics, and test theory. *International Journal of Testing*, 1, p. 283-303, 2001.

ZIMMERMAN, D. W.; ZUMBO, B. D.; LALONDE, C. Coefficient alpha as an estimate of test reliability under violation of two assumptions. *Educational and Psychological Measurement*, 53, p. 33-49, 1993.

ZUMBO, B. D. The lurking assumptions in using generalizability theory to monitor an individual's progress. *In*: LAVEAULT, D.; ZUMBO, B. D.; GESSAROLIE, M. E.; BOSS, M. (eds.). *Modern theories of measurement*: Problems & issues. Ottawa: University of Ottawa, 1994. p. 261-278.

ZUMBO, B. D. (ed.). Validity theory and the methods used in validation: Perspectives from the social and behavioral sciences [Special issue]. *Social Indicators Research: An International and Interdisciplinary Journal for Quality-of-Life Measurement*, 45(1-3), 1998.

ZUMBO, B. D. *A glance at coefficient alpha with an eye towards robustness studies: Some mathematical notes and a simulation model* (Paper n. ESQBS-99-1). Prince George: University of Northern British Columbia, Edgeworth Laboratory for Quantitative Behavioural Science, 1999a.

ZUMBO, B. D. The simple difference score as an inherently poor measure of change: Some reality, much mythology. *In*: THOMPSON, B. (ed.). *Advances in social science methodology*. Greenwich: JAI, 1999b. v. 5, p. 269-304.

ZUMBO, B. D.; MACMILLAN, P. D. An overview and some observations on the psychometric models used in computer-adaptive language testing. *In*: CHALHOUB-DEVILLE, M. (ed.). *Issues in computer-adaptive testing of reading proficiency*. Cambridge: Cambridge University Press, 1999. p. 216-228.

ZUMBO, B. D.; POPE, G. A.; WATSON, J. E.; HUBLEY, A. M. An empirical test of Roskam's conjecture about the interpretation of an ICC parameter in personality inventories. *Educational and Psychological Measurement*, 57, p. 963-969, 1997.

Capítulo 5

MODELAGEM DE TESTES

RATNA NANDAKUMAR
TERRY ACKERMAN

Desde a década de 1960, descobertas com princípios da teoria de resposta a itens (IRT) resultaram em importantes inovações em avaliação psicológica e educacional. Por exemplo, com os princípios da IRT, é possível determinar a posição relativa de um examinado no *continuum* latente aplicando alguma amostra de itens de um determinado campo de conhecimento. Isso se consegue mediante o princípio de invariância da IRT, segundo o qual é possível determinar propriedades do item, como dificuldade e discriminação, independentemente do nível de habilidade do examinado. Portanto, pode-se usar qualquer conjunto de itens de um determinado campo para estimar a posição de um examinado ao longo do *continuum* latente, o que contraria a tradicional teoria clássica do teste (CTT), na qual as estatísticas de itens são função do grupo específico de examinados que tomou o item, e o desempenho do examinado é função dos itens no teste. Isto é, na CTT, o mesmo item pode ter diferentes valores de p, dependendo do nível de habilidade dos examinados que tomam esse item, e não é possível generalizar o desempenho de um examinado para além de um determinado conjunto de itens de teste.

As vantagens das técnicas de IRT relacionam-se com os modelos fortes utilizados para caracterizar o desempenho de examinados num teste, ao contrário dos modelos fracos da CTT, que são tautologias e não são testáveis. As potencialidades da modelagem de IRT e suas consequências só podem percebidas se houver perfeita adequação entre o modelo e os dados. Aplicar técnicas de IRT aos dados sem verificar o ajuste entre estes e o modelo pode ocasionar uma classificação desleal e injustificada dos examinados no *continuum* latente da área de interesse.

Os modelos de resposta a itens têm por pressupostos fundamentais a monotonia, a dimensionalidade e a independência local. A monotonia implica que o desempenho no item está monotonamente relacionado à habilidade. Isto é, um examinado com alta habilidade tem maior probabilidade de responder corretamente ao item do que um examinado de baixa habilidade. Como os itens de testes de aproveitamento atendem inerentemente a esse pressuposto, ele é implicitamente admitido[1]. A independência local (LI) implica que as respostas a itens são condicionalmente independentes. O vetor de habilidade condicional que garante a independência do item é crucial para se determinar a dimensionalidade dos dados. Por exemplo, se a independência local é conseguida mediante condicionamento a um vetor de traço latente bidimensional, diz-se que os dados de

---

1. Normalmente, durante o processo de elaboração do teste, todo item que não atende à presunção de monotonia é suprimido.

resposta são bidimensionais. Portanto, os pressupostos de independência local e dimensionalidade estão entrelaçados: só se pode testar estatisticamente um dos pressupostos admitindo o outro.

Além desses pressupostos fundamentais básicos, um determinado modelo pode ter outros pressupostos. Por exemplo, entre os modelos paramétricos há aqueles associados com diferentes tipos de itens, como os itens dicotômicos (pontuação do item correto *vs.* incorreto) e itens politômicos (originados em ensaios de pontuação e tarefas de tipo de desempenho). Cada modelo tem um conjunto de pressupostos a ele vinculado. Pode-se encontrar uma lista de modelos de IRT para diferentes formatos de item e seu desenvolvimento em Van der Linden e Hambleton (1997). Até hoje, uma grande maioria dos testes é feita com o propósito de ser unidimensional ($d = 1$). Ou seja, o teste visa avaliar o nível do traço de um examinado com base em suas respostas a itens de teste unidimensional. Num teste unidimensional, podemos resumir o desempenho do examinado com a pontuação de apenas uma escala. Também se sabe que todo teste unidimensional é influenciado por dimensões (habilidades) transitórias comuns a apenas alguns dos itens. Conforme já bem documentado (Hambleton; Swaminathan, 1985; Humphreys, 1985, 1986; Stout, 1987), resumir o desempenho de examinados com a pontuação de uma única escala em presença de habilidades transitórias não é prejudicial. Entretanto, quando as habilidades transitórias não são insignificantes, como num teste de compreensão de parágrafos ou quando um teste é propositalmente multidimensional, a pontuação em única escala não é formato pertinente para resumir o desempenho do examinado. Assim, conforme os dados do teste, temos de determinar empiricamente se a modelagem unidimensional e o resumo de pontuação de única escala são adequados. Se a modelagem unidimensional não for apropriada, será preciso ocupar-se de escolher um modelo adequado.

O foco deste capítulo é exemplificar a modelagem de dados dicotômicos. Aborda-se tanto a modelagem unidimensional quanto a multidimensional. Nas seguintes seções, definiremos os pressupostos de independência local e de dimensionalidade, descreveremos diversas ferramentas para avaliar esses pressupostos e daremos exemplos dessas ferramentas com vários conjuntos de dados reais. Com base em tais ferramentas e índices, esboçaremos orientações para a determinação de um modelo adequado aos dados fornecidos.

5.1 Definição de independência local e dimensionalidade

A maioria dos testes padronizados tem o propósito de medir apenas um constructo, uma habilidade ou dimensão. Portanto, uma grande pergunta que se coloca para o desenvolvimento, a análise e a interpretação de qualquer teste é se é adequado, para resumir o desempenho de um examinado, testar itens utilizando apenas uma pontuação escalonada. Ou seja, é possível modelar o teste usando um modelo unidimensional monótono e localmente independente? A resposta é simples: se os itens do teste investigam só um constructo ou uma dimensão prevalente e se a subpopulação de examinados submetida ao teste é homogênea no que tange ao construto a ser medido, uma única pontuação escalonada resumirá o desempenho dos examinados no teste. Embora a resposta seja simples, determinar que o teste realmente está medindo um constructo predominante não é tão fácil. Supondo que se verifique e se cumpra o pressuposto de monotonia no processo de desenvolvimento do teste[2], examinemos as definições de independência local e de dimensionalidade.

Seja $\mathbf{U_n} = (U_1, U_2, \ldots, U_n)$ o padrão de resposta a item de um examinado escolhido aleatoriamente num teste de longitude n. A variável aleatória U_i toma o valor 1 se a resposta ao item é correta e 0 se a resposta é incorreta. Seja Θ a habilidade latente – possivelmente multidimensional – que subjaz às respostas a item.

Definição 1. Os itens de teste $\mathbf{U_n}$ são considerados *localmente independentes* se

$$\text{Prob}(\mathbf{U_n} = \mathbf{u_n}|\Theta = \theta) = \prod_{i=1}^{n} \text{Prob}(U_i = u_i|\theta) \quad (1)$$

para cada padrão de resposta $\mathbf{u_n} = (u_1, u_2, \ldots, u_n)$ e para todo θ. Isto é, condicionadas à habilidade do examinado, as respostas a diferentes itens são independentes.

---

2. A monotonia de itens é estabelecida por uma elevada correlação bisserial positiva entre a pontuação do item e a do teste.

A dimensionalidade d de um teste $\mathbf{U}_n$ é a dimensionalidade mínima necessária para Θ para produzir um modelo tanto monótono quanto localmente independente (Stout *et al.*, 1996). Quando Θ consiste em apenas um componente, θ, diz-se que o teste é unidimensional. A definição anterior de independência local é denominada independência local forte (ILF), pois implica completa independência entre os itens condicionados à habilidade do examinado. Por sua vez, a independência local débil (ILD) implica que a covariância condicional de par de itens seja 0 para todos os pares de itens. Isto é, $\text{cov}(U_i, U_j|\theta) = 0$.

Definição 2. Considera-se que os itens de teste $\mathbf{U}_n$ são *debilmente independentes localmente* se

$$\text{Prob}(U_i = u_i, U_j = u_j|\Theta = \theta) = \text{Prob}(U_i = u_i|\Theta = \theta)\text{Prob}(U_j = u_j|\Theta = \theta) \quad (2)$$

para todos os $n(n - 1)/2$ pares de itens e para todo θ. Também se chama a ILD de independência local pareada (MCDONALD, 1994,1997). Obviamente, ILF implica ILD. Admite-se, em geral, que, se é possível conseguir a unidimensionalidade mediante independência local pareada, com ILF se chega muito perto dela (Stout, 2002).

De um ponto de vista de análise fatorial, não é realista conceber um teste estritamente unidimensional. Em qualquer teste, não é raro achar habilidades transitórias comuns a mais de um item (Humphreys, 1985; Tucker; Koopman; Linn, 1969). Nesse sentido, a unidimensionalidade refere-se à habilidade predominante medida pelo teste. Embora muito útil para a pesquisa empírica de uma estrutura dimensional subjacente aos dados do teste, a ILD não capta o conceito de dimensões predominantes subjacentes aos dados.

Stout (1987, 1990, 2002) conceitualizou teoricamente a separação das dimensões predominantes com relação às dimensões não essenciais ou transitórias, chamando as primeiras de *dimensões essenciais*, ou seja, aquilo que o teste essencialmente está medindo. Stout (1987) também desenvolveu um teste estatístico de unidimensionalidade essencial. Em sua formulação conceitual e em sua definição da dimensionalidade essencial, Stout (1990) se valeu da abstração do "teste de extensão infinita". Isto é, para compreender a estrutura subjacente aos dados resultantes da aplicação de um teste finito e de um grupo finito de examinados, Stout deduziu resultados teóricos baseados na abstração de um teste de extensão infinita U_∞ aplicado a um grande grupo de examinados. Nesse arcabouço conceitual do teste de extensão infinita, define-se a dimensionalidade essencial da seguinte maneira:

Definição 3. Um teste U_∞ é essencialmente unidimensional com relação à variável latente aleatória unidimensional Θ se, para todo θ,

$$\frac{\sum_{1 \leq i < j \leq n} |\text{Cov}(U_i, U_j|\Theta = \theta)|}{\binom{n}{2}} \to 0, \quad (3)$$

quando $n \to \infty$. A definição anterior implica que, no limite, a covariância média aproxima-se de 0 quando a extensão do teste aumenta e tende ao ∞. Em outras palavras, traços transitórios ou não essenciais comuns a um ou mais itens podem resultar em covariância condicional distinta de 0, mas a covariância média aproxima-se de 0. A dimensionalidade essencial é uma forma mais fraca de dimensionalidade estrita baseada em ILF ou ILD.

A definição de dimensionalidade essencial levou também a resultados teóricos indicativos da utilidade da pontuação numericamente correta como estimador consistente de habilidade unidimensional sobre a escala de pontuação real latente (Stout, 1990), bem como à estimação não paramétrica de funções de resposta a item (Douglas; Cohen, 2001).

5.2 Representação geométrica de estrutura multidimensional

Ainda que, na verdade, a dimensionalidade seja determinada por itens de teste junto com a população de examinados que se submete ao teste, a descrição geométrica de itens no espaço latente proporciona uma compreensão intuitiva do modo pelo qual a *direção* do item com relação à *direção* do teste contribui para os dados de teste subjacentes da estrutura dimensional. Para explicar geometricamente a estrutura dimensional de itens de testes, só itens de teste bidimensionais são levados em consideração.

Pode-se representar um item geometricamente por meio de um vetor que, se estendido, passa pela origem de um sistema coordenado. Os eixos de coordenadas representam as duas direções, θ_1 e θ_2, subjacentes aos dados de teste. A origem do sistema de coordenadas é a média multidimensional em nível de traço da população. A direção do vetor representa a composição θ_1, θ_2 de máxima discriminação, que é adequadamente definida pelo modelo em uso. A longitude do vetor é uma medida da magnitude da discriminação do item, indicado por

$$\text{MDISC} = (a_1^2 + a_2^2)^{1/2},$$

em que a_1 e a_2 são os parâmetros discriminantes associados com as duas dimensões. A localização da base do vetor do item corresponde a esse nível de habilidade multidimensional em que a probabilidade de resposta correta ao item é 0,5. O vetor do item é ortogonal ao contorno de equiprobabilidade $p = 0,5$ (Ackerman, 1996; Reckase, 1997). Por exemplo, num espaço bidimensional, os itens localizam-se somente no primeiro ou no terceiro quadrante. Isso porque as discriminações de item só podem ter valores positivos. Itens fáceis estão localizados no terceiro quadrante, e itens difíceis se localizam no primeiro quadrante. A figura 5.1 mostra representação vetorial de itens num espaço bidimensional. O item 1 é fácil, com baixa discriminação, ao passo que os itens 2 e 3 são mais difíceis e altamente discriminantes. A direção angular do item medida a partir do eixo θ_1 representa uma composição das dimensões mais bem medidas pelo item. Por exemplo, num espaço bidimensional, se a distância angular de um item a partir da dimensão θ_1 é pequena, este está medindo, principalmente, a dimensão θ_1 (item 3 na figura 5.1). Por outro lado, se o vetor de item está a 45 graus, a sua composição de habilidade mede ambas as dimensões igualmente (item 1 na figura 5.1).

Intuitivamente falando, um teste de itens cujos vetores se agrupam num setor estreito (isto é, onde todos os itens medem composições de habilidades similares) é considerado essencialmente unidimensional. Se todos os itens de teste se encontrarem sobre o eixo coordenado (e não num setor estreito), o teste seria considerado estritamente unidimensional.

Num espaço multidimensional, o modo de os vetores de itens se agruparem com respeito aos eixos de coordenadas determina a estrutura dimensional

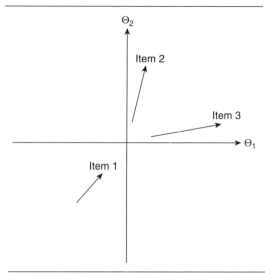

Figura 5.1 Representação vetorial de itens bidimensionais

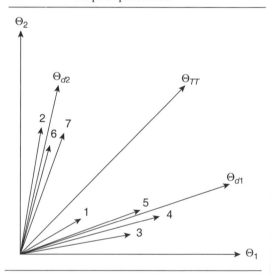

Figura 5.2 Um exemplo de teste de estrutura simples aproximada

do teste. Para o espaço latente bidimensional, a figura 5.2 dá um exemplo de um teste com dois agrupamentos, cuja direção de melhor medição é representada pelos vetores Θ_{d1} e Θ_{d2}.[3] A direção do vetor de melhor medição Θ_{d1} é uma média ponderada de vetores de discriminação de item a incluir seu agrupamento, o que vale também para Θ_{d2}. O

---

3. Os eixos de coordenadas não necessariamente são ortogonais. Por exemplo, se cov(Θ_i, Θ_j) > 0, os eixos de coordenadas não são ortogonais.

vetor Θ_{TT} representa a direção de melhor medição do teste total a incluir os dois agrupamentos.

Considera-se que um teste é de *estrutura simples* se todos os itens nele incluídos se localizam ao longo dos eixos de coordenadas. Nesse caso, embora os agrupamentos dimensionais possam estar correlacionados, cada um é um agrupamento de itens independente. Se, por outro lado, os itens do teste estão espalhados ao longo de um setor estreito em redor dos eixos de coordenadas, entende-se que cada setor estreito de itens apresenta uma *estrutura simples aproximada*. A figura 5.2 dá um exemplo de um teste de estruturas simples aproximadas com dois agrupamentos de itens. Em termos matemáticos, pode-se definir a *estrutura simples aproximada* como um eixo coordenado latente de k dimensões, situado dentro de um espaço latente de d dimensões ($d \geq k$), de sorte que os itens se localizam somente dentro de setores estreitos em redor do eixo de coordenadas. Em tal caso, há k dimensões predominantes (Stout *et al.*, 1996).

Zhang e Stout (1999a) têm resultados teóricos provados para o uso de covariâncias condicionais como base para determinar a estrutura dimensional subjacente a dados multidimensionais. A questão central de seus resultados é que se pode descobrir completamente a estrutura dimensional de dados de testes mediante covariâncias condicionais de pares de itens (CCOV), condicionadas ao vetor de teste representado por Θ_{TT}, desde que haja uma estrutura simples aproximada subjacente aos dados do teste. O padrão da $CCOV_{ij}$ é positivo, se os itens i e j medem similares composições de habilidades; negativo, se os itens i e j medem diferentes composições de habilidades; e 0, se um dos itens mede a mesma composição que Θ_{TT}. Por exemplo, no caso de uma estrutura bidimensional, como na figura 5.2, a CCOV de um par de itens é positiva se os vetores de item no par se localizam no mesmo lado da direção de melhor medição da variável condicionante, Θ_{TT} (p. ex., itens 3 e 4). A CCOV é negativa se os vetores de itens se encontram em lados opostos de Θ_{TT} (p. ex., itens 1 e 2). A CCOV é 0, se um dos itens se localiza próximo à direção de melhor medição, Θ_{TT}. Zhang e Stout generalizaram esse raciocínio a mais dimensões por meio de hiperplanos de $d-1$ dimensões ortogonais a Θ_{TT} e projetando cada item sobre esse hiperplano.

A magnitude da CCOV indica o grau de proximidade entre as direções de melhor medição dos itens e a proximidade delas ao vetor condicional Θ_{TT}. A CCOV aumenta conforme o ângulo entre vetores de pares de itens diminui e à medida que o ângulo que qualquer um dos itens faz com o eixo Θ_{TT} aumenta. A CCOV também se relaciona com o grau de discriminação dos vetores. A CCOV aumenta em proporção aos vetores de discriminação dos itens. Portanto, as CCOVs constituem a base para se estabelecer a estrutura dimensional que subjaz aos dados fornecidos. A seguir, descreveremos e exemplificaremos métodos baseados em CCOV para avaliar a estrutura dimensional.

5.3 MÉTODOS PARA AVALIAR A ESTRUTURA DIMENSIONAL SUBJACENTE AOS DADOS DE TESTES

Esta seção descreve metodologias não paramétricas para determinar empiricamente a estrutura dimensional subjacente a dados de teste com base em CCOVs. Supomos que se recorrerá a esses procedimentos quando o teste já estiver bem desenvolvido e sua confiabilidade e validez tiverem sido comprovadas. Como já explicamos, é muito importante avaliar a estrutura dimensional do teste para determinar a sua pontuação e as questões relacionadas, como equiparação e funcionamento diferencial do item. Se o modelo unidimensional não for adequado, daremos recomendações para achar um modelo que o seja.

Usaremos as ferramentas não paramétricas DIMTEST e DETECT para ilustrar os passos da determinação do modelo correto para os dados. Escolhemos esses métodos porque eles não dependem de nenhum modelo paramétrico em especial para dar pontuação e descrever os dados, além de serem simples e fáceis de usar. A seguir, a descrição do DIMTEST e do DETECT, seguida de um fluxograma para determinar corretamente o modelo adequado para determinados dados.

5.3.1 DIMTEST

O DIMTEST (Stout, 1987; Nandakumar; Stout, 1993; Stout; Froelich; GAO, 2001) é um procedimento estatístico não paramétrico destinado a testar a hipótese de os dados de teste terem sido gerados a partir de um modelo com IL e $d = 1$. O procedimento para testar a hipótese

108 • SEÇÃO II / TESTE E MEDIÇÃO

nula consta de dois passos. No primeiro passo, n itens de teste são divididos em dois subtestes: AT e PT. O subteste AT tem longitude m ($4 \leq m <$ metade da longitude do teste) e o subteste PT tem longitude $n - m$. O subteste AT consiste em itens considerados dimensionalmente homogêneos, e o subteste PT consiste nos restantes itens do teste. Uma maneira de selecionar itens para os subtestes AT e PT é por meio de análise fatorial linear da matriz de correlações tetracóricas (Froelich, 2000; Hattie *et al.*, 1996; Nandakumar; Stout, 1993). Trata-se de um procedimento automatizado que emprega parte da amostra para selecionar itens para os subtestes AT e PT. Os itens selecionados no subteste AT pesam sobre a mesma direção. Recorrer a opinião especializada é outro meio para selecionar itens dentro desses subtestes (Seraphine, 2000). Em razão do modo pelo qual se selecionam os itens, quando houver multidimensionalidade nos dados de teste, os itens incluídos no subteste AT medirão principalmente o mesmo constructo unidimensional, ao passo que os itens restantes incluídos no subteste PT serão de índole multidimensional. Por outro lado, se o teste é essencialmente unidimensional, itens tanto do subteste AT quanto do PT medirão o mesmo construto unidimensional válido.

No segundo passo, computa-se a estatística de DIMTEST, T, da seguinte maneira: formam-se subgrupos de examinados de acordo com a sua pontuação no subteste PT consistente em $n - m$ itens. O k-ésimo subgrupo consiste em examinados cuja pontuação total no subteste PT, indicada por X_{PT}, é k. Em cada subgrupo k se computam dois componentes de variância, $\hat{\sigma}_k^2$ e $\hat{\sigma}_{U,k}^2$, por meio de itens incluídos no subteste AT:

$$\hat{\sigma}_k^2 = \frac{1}{J_k} \sum_{j=1}^{J_k} (Y_j^{(k)} - \bar{Y}^{(k)})^2$$

e

$$\hat{\sigma}_{U,k}^2 = \sum_{i=1}^{m} \hat{P}_i^{(k)} (1 - \hat{p}_i^{(k)}),$$

em que

$$Y_j^{(k)} = \sum_{i=1}^{m} U_{ij}^{(k)}, \quad \bar{Y}^{(k)} = \frac{1}{J_k} \sum_{j=1}^{J_k} Y_j^{(k)},$$

$$\hat{p}_i^{(k)} = \frac{1}{J_k} \sum_{j=1}^{J_k} U_{ij}^{(k)},$$

e U_{ij}^k indica a resposta do j-ésimo examinado do subgrupo k ao i-ésimo item de avaliação em AT e J_k indica o número de examinados no subgrupo k. Uma vez eliminados os subgrupos esparsos com muito poucos examinados, K indica o número total de subgrupos utilizados no cálculo da estatística T.

Para cada subgrupo de examinados k, calcula-se

$$T_{L,k} = \hat{\sigma}_k^2 - \hat{\sigma}_{U,k}^2 = 2 \sum_{i<l \in AT} \widehat{\text{Cov}}(U_i, U_l | X_{PT} = k),$$

em que $\widehat{\text{Cov}}(U_i, U_l | X_{PT} = k)$ é uma estimativa da covariância entre itens U_i e U_l para examinados cuja pontuação no subteste PT é k.

A estatística T_L é dada por

$$T_L = \frac{\sum_{k=1}^{K} T_{L,k}}{\sqrt{\sum_{k=1}^{K} S_k^2}},$$

em que S_k^2 é a variância assimptótica adequadamente calculada (Nandakumar; Stout, 1993; Stout *et al.*, 2001) da estatística $T_{L,k}$. Para longitudes finitas de testes, é sabido que a estatística T_L mostra viés positivo (Stout, 1987). Para eliminar o viés positivo em T_L aplica-se uma técnica de *bootstrap* da seguinte maneira: para cada item, calcula-se uma estimativa da sua função de resposta a item (FRI) unidimensional por meio de um procedimento de alisamento de núcleo (Douglas, 1997; Ramsay, 1991). Com o uso de FRIs estimadas, são geradas respostas de examinado para cada item. Usando os dados gerados e a partição original em subtestes AT e PT, calcula-se outra estatística DIMTEST indicada por T_G (detalhes em Froelich, 2000). Repete-se N vezes esse processo de geração aleatória de dados unidimensionais com estimativas de itens alisadas no núcleo e cálculo de T_G, indicando-se a média com $\bar{T}_G$, que mostra a inflação ou o viés em T_L que resulta da longitude de teste finita aplicada a uma amostra finita de examinados. A estatística T do DIMTEST com viés corrigido é dada por

$$T = \frac{T_L - \bar{T}_G}{\sqrt{(1 + 1/N)}}. \tag{4}$$

A estatística T segue a distribuição normal padrão quando o número de itens e o número de examinados tendem a infinito. A hipótese nula de unidimensionalidade é rejeitada no nível α se T é maior do que o $100(1 - \alpha)$-ésimo percentil da distribuição normal padrão.

Vários estudos consideraram o DIMTEST uma metodologia confiável e coerente para avaliar a unidimensionalidade. Se comparada a outras metodologias, ela é sumamente eficaz por seu poder de detectar a multidimensionalidade (Hattie *et al.*, 1996; Nandakumar, 1993, 1994; Nandakumar; Stout, 1993). Com revisões recentes de Stout *et al.* (2001), a versão atual do DIMTEST é ainda mais eficaz do que a anterior e pode ser aplicada a pequenos tamanhos de teste, até de apenas 15 itens.

5.3.2 DETECT

A DETECT (Kim, 1994; Zhang; Stout, 1999a, 1999b) é uma metodologia estatística para determinar a estrutura multidimensional subjacente aos dados de testes. Ela divide os itens de teste em agrupamentos, de tal modo que os itens incluídos nos agrupamentos sejam dimensionalmente coesos. A metodologia DETECT usa a teoria de covariâncias condicionais para chegar à partição de itens de teste em agrupamentos. Como resultado, os itens incluídos num agrupamento têm CCOVs positivas uns com outros, e itens de diferentes agrupamentos têm CCOVs negativas. O procedimento DETECT também quantifica o grau de multidimensionalidade presente nos dados de teste em questão. Vale notar que o número de dimensões e o grau de multidimensionalidade são duas peças de informação distintas. Por exemplo, pode haver um teste bidimensional no qual os dois agrupamentos de itens são dimensionalmente muito distantes ou muito próximos. O grau de multidimensionalidade é maior no primeiro caso do que no segundo. Por exemplo, na figura 5.2, os agrupamentos representados pelos vetores Θ_{d1} e Θ_{d2} são as duas dimensões subjacentes aos dados de teste incluindo todos os itens de teste. Se o ângulo entre os vetores Θ_{d1} e Θ_{d2} é pequeno, o grau de multidimensionalidade existente nos dados do teste é pequeno, o que implica que os dois agrupamentos são dimensionalmente similares. Se, por outro lado, o ângulo entre os vetores é grande, os dois agrupamentos de itens são dimensionalmente distantes.

Descrevemos, aqui, brevemente, o cálculo teórico do índice DETECT (detalhes em Zhang; Stout, 1996): seja n o número de itens dicotômicos de um teste, seja $P = \{A_1, A_2, \ldots, A_k\}$ a partição dos n itens de teste em k agrupamentos, o índice DETECT teórico $D(P)$ que dá o grau de multidimensionalidade da partição P é definido como:

$$D(P) = \frac{2}{n(n-1)}$$
$$\times \sum_{1 \leq i \leq j \leq N} \delta_{ij} E[\mathrm{Cov}(X_i, X_j | \Theta_{TT} = \theta)], \quad (5)$$

em que Θ_{TT} é a composição de testes, X_i e X_j são pontuações nos itens i e j, e

$$\delta_{ij} = \begin{cases} 1 & \text{se os itens } i \text{ e } j \text{ estão no mesmo} \\ & \quad\quad \text{agrupamento de } P \\ -1 & \text{se não estão} \end{cases} \quad (6)$$

O índice $D(P)$ é uma medida do grau de multidimensionalidade presente na partição P. Obviamente, há muitas maneiras de dividir os itens de um teste em agrupamentos e cada partição resulta num valor de $D(P)$. Seja P^* uma partição tal que $D(P^*) = $ máx. $\{D(P)|P$ é uma partição$\}$. Depois, P^* é tratada como estrutura de dimensionalidade simples ótima do teste, e $D(P^*)$ é tratada como a máxima quantidade de multidimensionalidade presente nos dados do teste. Por exemplo, para um teste puramente unidimensional, a estrutura de dimensionalidade ótima do teste é que todos os itens sejam divididos num único agrupamento, caso no qual $D(P^*)$ para o teste será próximo de 0. Zhang e Stout (1996) demonstraram que, se existir uma estrutura simples real subjacente aos dados do teste, $D(P)$ será maximizada apenas para a partição correta.

A fim de determinarmos se a partição P^* que gerou o índice DETECT máximo $D(P)$ é de fato a estrutura simples correta do teste, podemos usar a seguinte relação:

$$R(P^*) = \frac{D(P^*)}{\tilde{D}(P^*)}, \quad (7)$$

em que

$$\tilde{D}(P^*) = \frac{2}{n(n-1)}$$
$$\times \sum_{1 \leq i \leq j \leq n} |E[\mathrm{Cov}(X_i, X_j | \Theta_{TT} = \theta)]|. \quad (8)$$

Quando existe uma estrutura simples aproximada subjacente aos dados do teste, a relação $R(P^*)$ é próxima a 1. A medida em que $R(P^*)$ difere de 1 é indicativa do grau em que a estrutura do teste se afasta da estrutura simples.

Posto que a habilidade real de um examinado é inobservável, não se pode calcular $E[Cov(X_i, X_j|\Theta_{TT} = \theta)]$ diretamente da equação (5), mas estimá-la com base em dados observáveis. Há duas estimativas comuns de $E[Cov(X_i, X_j|\Theta_{TT} = \theta)]$:

$$\widehat{Cov}_{ij}(T) = \sum_{m=0}^{N} \frac{J_m}{J} \widehat{Cov}(X_i, X_j|T = m), \quad (9)$$

em que a pontuação condicional $T = \sum_{l=1}^{N} X_l$ é a pontuação total de todos os itens do teste, J é o número total de examinados e J_m é o número de examinados no subgrupo m com a pontuação total $T = m$. A outra é o estimador baseado na pontuação total dos demais itens, dado por

$$\widehat{Cov}_{ij}(S) = \sum_{m=0}^{N-2} \frac{J_m}{J} \widehat{Cov}(X_i, X_j|S = m), \quad (10)$$

em que $S = \sum_{l=1,l \neq i,j}^{N} X_l$ é a pontuação total dos demais itens, exceto os itens i e j, e J_m é o número de examinados no subgrupo m com a pontuação condicional $S = m$.

Quando um teste é unidimensional, $\widehat{Cov}_{ij}(T)$ tende a ser negativa, porque os itens X_i e X_j fazem parte de T. Portanto, o resultado de $\widehat{Cov}_{ij}(T)$ como estimador de $E[Cov(X_i, X_j|\Theta_T = \theta)]$ é um viés negativo (Junker, 1993; Zhang; Stout, 1999a). Por sua vez, $\widehat{Cov}_{ij}(S)$ tende a ser positiva e resulta num viés positivo (Holland; Rosenbaum, 1986; Rosenbaum, 1984; Zhang; Stout, 1999a).

Como $\widehat{Cov}_{ij}(T)$ tende a ter viés negativo e $\widehat{Cov}_{ij}(S)$ tende a ter viés positivo como estimadores de $E[Cov(X_i, X_j|\Theta_T = \theta)]$ no caso unidimensional, Zhang e Stout (1999b) propuseram uma média dessas duas estimativas, cujo resultado é o seguinte índice como estimador do índice DETECT teórico $D(P)$:

$$D_{ZS}(P) = \frac{2}{n(n-1)} \sum_{1 \leq i \leq j \leq N} \delta_{ij} \widehat{Cov}_{ij}^*, \quad (11)$$

em que

$$\widehat{Cov}_{ij}^* = \frac{1}{2} [\widehat{Cov}_{ij}(S) + \widehat{Cov}_{ij}(T)]. \quad (12)$$

Pode-se obter uma estimativa de $R(P)$ de maneira similar. O software de DETECT adota uma técnica especial, chamada de algoritmo genérico, para dividir os itens de um teste em diferentes agrupamentos dimensionais. O algoritmo genérico muda itens iterativamente para diferentes agrupamentos dimensionais até se obter o máximo grau de multidimensionalidade do teste, $D_{máx}$, uma estimativa de $D(P^*)$. O padrão de agrupamento dimensional que origina $D_{máx}$ é considerado a estrutura final de dimensionalidade do teste. O processo acelera-se quando se obtém a solução de agrupamento inicial para o algoritmo genérico mediante a análise de agrupamentos desenvolvida por Roussos, Stout e Marden (1993).

Para interpretar os resultados do DETECT em aplicações, Zhang e Stout (1999b) estabeleceram a seguinte regra prática baseada em estudos com simulação: divida a amostra de examinados em duas partes – amostra 1 e amostra 2 (amostra de validação cruzada); usando a amostra 1, ache a partição de itens P_1^*, que maximiza o índice *detect* para a amostra 1, chamado $D_{máx}$; usando a amostra 2, ache P_2^*, que maximiza o índice *detect* para a amostra 2; em seguida, usando a partição de itens P_2^*, da amostra de validação cruzada, calcule o valor *detect* para a amostra 1, chamado D_{ref}. Geralmente, esse valor é menor ou igual a $D_{máx}$. Considera-se um teste essencialmente unidimensional se D_{ref} é inferior a 0,1 ou se $\frac{D_{máx} - D_{ref}}{D_{ref}} > 0,5$

5.4 MODELAGEM DE DADOS

Propõe-se, a seguir, um algoritmo para modelar dados de testes. Como ressaltado até aqui, o objetivo é determinar se a pontuação unidimensional é pertinente para determinados dados. Embora se possa aplicar qualquer metodologia para executar as etapas do algoritmo, DIMTEST e DETECT são as recomendadas, pois são especificamente desenvolvidas para tal fim, fáceis de usar e não paramétricas.

O fluxograma da figura 5.3 detalha os passos da modelagem de testes, descritos no algoritmo que vem logo a seguir. Ilustram esses passos as análises de dados simulados na seção seguinte.

Figura 5.3 Fluxograma descritivo dos passos da modelagem de testes

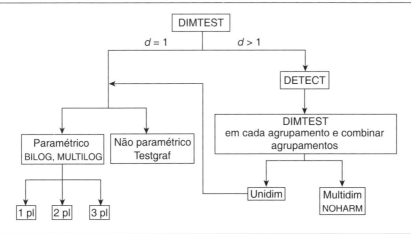

5.4.1 Um algoritmo para modelagem de testes

Passo 1: Use o DIMTEST para determinar se a dimensionalidade – d – subjacente aos dados do teste é essencialmente 1.

Passo 2: Se $d = 1$, ajuste um modelo unidimensional aos dados. Escolha um modelo unidimensional adequado. Saia.

Passo 3: Se $d > 1$, investigue se itens do teste podem ser decompostos em agrupamentos unidimensionais por meio do DETECT.

Passo 4: Teste cada agrupamento com o DIMTEST para determinar se $d = 1$.

Passo 5: Combine agrupamentos, se necessário, com base em opinião especializada e conteúdo de itens do subteste AT do DIMTEST. Teste novamente a hipótese $d = 1$.

Passo 6: Se $d = 1$, siga no passo 2. Se $d > 1$ para quaisquer dos agrupamentos, exclua-os do teste ou recorra à modelagem multidimensional.

Se a modelagem unidimensional for adequada em todo o teste ou em subtestes (passo 2), podemos ajustar um modelo paramétrico ou não paramétrico. Se desejarmos um modelo paramétrico, há vários deles a escolher. Entre os modelos comumente utilizados estão o modelo logístico de um parâmetro (1PL), o modelo logístico de dois parâmetros (2PL) ou o modelo logístico de três parâmetros (3PL). Podem-se estimar os parâmetros desses modelos com o uso de software comum como BILOG (Mislevy; Bock, 1989), MULTILOG (Thissen, 1991) e RUMM (Sheridan; Andrich; Luo, 1998).

Para informação mais detalhada sobre ajuste de diversos modelos paramétricos, estimação de parâmetros e pontuação, consultar Embretson e Reise (2001) e Thissen e Wainer (2001). A modelagem não paramétrica é uma alternativa. A estimação não paramétrica de funções de resposta a item pode ser realizada mediante o software TESTGRAF (Douglas; Cohen, 2001; Ramsay, 1993). Se a modelagem unidimensional não é adequada para o teste inteiro ou depois de ser dividido em subtestes (passo 6), a modelagem multidimensional de dados se faz necessária. Na atualidade, são limitados os modelos multidimensionais e a estimação de seus parâmetros. O programa NOHARM (Fraser, 1986) tem se mostrado muito promissor na estimação de parâmetros multidimensionais. Há detalhes sobre ajuste de modelos multidimensionais em Reckase (1997), McDonald (1997) e Ackerman, Neustel e Humbo (2002).

5.4.2 Ilustração da modelagem de testes

A modelagem de dados será exemplificada com o uso de dados unidimensionais e bidimensionais simulados. Todos os conjuntos de dados têm 30 itens e 2 mil examinados, quantidades típicas e frequentemente encontradas em aplicações. Um teste unidimensional e quatro testes bidimensionais foram gerados. Utilizou-se um modelo logístico unidimensional de dois parâmetros (Hambleton; Swaminathan, 1985) para gerar os dados unidimensionais.

Figura 5.4 Vetores de itens representando o teste de estrutura simples

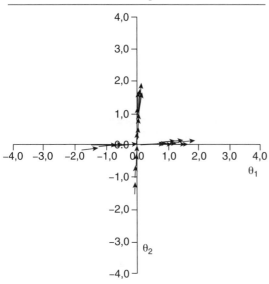

Figura 5.5 Vetores de itens representando o teste de estrutura complexa

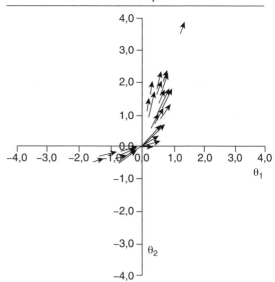

$$P_i(\theta_j) = \frac{1}{1 + \exp[-1.7[a_i(\theta_j - b_i)]]}, \quad (13)$$

em que $P_i(\theta_j)$ é a probabilidade de um examinado com habilidade (θj) dar uma resposta correta ao item dicotômico i, a_i é o parâmetro de discriminação do item dicotômico i e b_i é o parâmetro de dificuldade desse item.

Habilidades de examinados foram geradas aleatoriamente a partir da distribuição normal padrão com média 0 e do desvio-padrão 1. Extraíram-se, aleatoriamente, parâmetros de itens de um conjunto de estimativas de parâmetros provenientes de diversos testes de aproveitamento padronizados aplicados no âmbito nacional.

Foram gerados dois tipos de dados bidimensionais: estrutura simples e estrutura complexa. Os parâmetros de itens para a estrutura simples eram tais que os itens de cada dimensão se localizavam dentro de um ângulo de até 15 graus dos respectivos eixos, como mostra a figura 5.4. Os parâmetros de itens para a estrutura complexa foram selecionados de uma calibração bidimensional de um teste ACT (American College Testing) de matemática, no qual os itens abarcam todo o espaço bidimensional, como se vê na figura 5.5.

Tivemos em conta dois níveis de correlação entre dimensões ($\rho_{\theta1,\theta2}$): 0,5 e 0,7. Disso resultaram quatro testes bidimensionais: estrutura simples com $\rho = 0{,}5$; estrutura simples com $\rho = 0{,}7$; estrutura complexa com $\rho = 0{,}5$; e estrutura complexa com $\rho = 0{,}7$. Para cada teste bidimensional, a primeira metade dos itens (itens 1 a 15) media, predominantemente, a primeira dimensão, enquanto a segunda metade media, predominantemente, a segunda dimensão. As habilidades θ_1 e θ_2 de cada examinado foram geradas aleatoriamente com base numa distribuição normal bivariada com um coeficiente de correlação adequado entre as habilidades. Para gerar dados bidimensionais, utilizou-se o seguinte modelo compensatório bidimensional de dois parâmetros (Reckase, 1997; Reckase; Mckinley, 1983):

$$P_i(\theta_{1j}, \theta_{2j}) = \frac{1}{1 + \exp[-1{,}7(a_{1i}\theta_{1j} + a_{2i}\theta_{2j} + b_i)]}, \quad (14)$$

em que $P_i(\theta_{1j}, \theta_{2j})$ é a probabilidade de um examinado j com habilidade (θ_{1j}, θ_{2j}) dar uma resposta correta ao item dicotômico i, a_{1i} é o parâmetro de discriminação do item dicotômico i sobre a dimensão θ_1, a_{2i} é o parâmetro de discriminação do item i sobre a dimensão θ_2 e b_i é o parâmetro de dificuldade do item i. Os conjuntos de dados simulados estão descritos na tabela 5.1.

5.4.3 Resultados das análises de dados

Para cada conjunto de dados, chegou-se ao modelo correto seguindo os passos descritos no algoritmo para modelagem de testes, como mostra a figura 5.3. Os resultados das análises estão nas tabelas 5.2 e 5.3 e, a seguir, resumidos em detalhe para cada um dos testes.

Uni.dat: Os resultados do DIMTEST ($T = 0,85$ e $p = 0,20$) mostraram que ele é essencialmente unidimensional. Portanto, a modelagem unidimensional é adequada para esses dados.

simplr5.dat: Os resultados do DIMTEST ($T = 9,69$ e $p = 0$) indicaram a presença de mais de uma dimensão dominante subjacente aos dados do teste. As análises DETECT resultaram numa solução de dois agrupamentos com um alto valor de $D_{máx}$ (1,33) e um valor de R próximo a 1, indicando duas dimensões com uma solução de estrutura simples. Como previsto, os itens 1 a 15 formaram um único agrupamento e os itens restantes formaram o segundo. Ulteriores análises desses agrupamentos, apresentadas na tabela 5.3, mostraram que ambos são unidimensionais

Tabela 5.1 – Descrição de dados simulados

Teste	Quant. de itens	Quant. de examinados	ρ^a	Dimensionalidade
uni.dat	30	2.000	—	$d = 1$
simplr5.dat	30	2.000	0,5	$d = 2$, estrutura simples
simplr7.dat	30	2.000	0,7	$d = 2$, estrutura simples
realir5.dat	30	2.000	0,5	$d = 2$, estrutura complexa
realr7.dat	30	2.000	0,7	$d = 2$, estrutura complexa

a. Indica a correlação entre habilidades latentes para testes bidimensionais.

Tabela 5.2 – Resultados de DIMTEST e DETECT

	DIMTEST		DETECT			
Teste	T	p	$D_{máx}$	R	Quant. de agrupamentos	Agrupamentos de itens
uni.dat	0,85	0,20	—	—	—	—
simplr5.dat	9,69	0	1,33	0,98	2	1-15, 16-30
simplr7.dat	6	0	1,58	0,74	2	1-15, 16-30
realr5.dat	2,63	0	0,16	0,29	3	(1, 4, 6, 7, 10, 11, 13, 14, 15, 27); (2, 5, 8, 9, 12, 19, 23, 29); (3, 16, 17, 18, 20, 21, 22, 24, 25, 26, 28, 30)
realr7.dat	0,86	0,19	—	—	—	—

Tabela 5.3 – Ulteriores análises de dados bidimensionais

		DIMTEST		DETECT	
Teste	Agrupamento de itens	T	P	$D_{máx}$	R
simplr5.dat	1-15	−0,77	0,78	—	—
	16-30	0,03	0,49	—	—
simplr7.dat	1-15			—	—
	16-30	−1,36	0,91	—	—
realr5.dat	1, 4, 6, 7, 10, 11, 13, 14, 15, 27	0,90	0,18	—	—
	2, 5, 8, 9, 12, 19, 23, 29	−0,76	0,78	0,01	0,02
	3, 16, 17, 18, 20, 21, 22, 24, 25, 26, 28, 30	—	—		
	1, 2, 4 a 15, 19, 23, 27, 29	1,04	0,15		
realr5.dat				—	—
agrupamentos 1 e 2		0,52	0,30		

Figura 5.6 Vetores de itens representando os três agrupamentos no teste: realr5

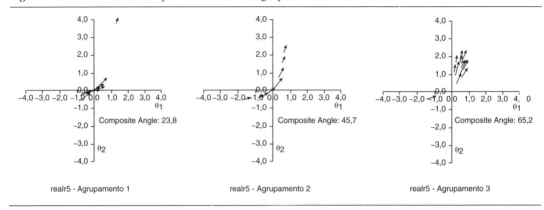

($T = -0,77$ e $p = 0,78$ para itens 1 a 15; $T = 0,03$ e $p = 0,49$ para itens 16 a 30). Portanto, esses subtestes são suscetíveis de modelagem unidimensional.

simplr7.dat: Esses dados de testes também foram considerados multidimensionais ($T = 6,0$ e $p = 0$) pelos DIMTEST. Análises DETECT sobre esses dados resultaram numa solução de dois agrupamentos. Todavia, os valores de $D_{máx}$ (0,58) e R (0,74) não eram altos, o que indica que a solução de estrutura simples não é tão explícita quanto o foi para simplr5.dat. Isso se deve à elevada correlação entre habilidades latentes. Entretanto, vale observar que DETECT conseguiu classificar corretamente os itens em agrupamentos dado o alto grau de correlação entre habilidades. Posterior análise desses agrupamentos, apresentada na tabela 5.3, mostrou que ambos são unidimensionais ($T = 1,36$ e $p = 0,91$ para itens 1 a 15; $T = 0,90$ e $p = 0,18$ para itens 16 a 30).

realr5.dat: Os resultados do DIMTEST ($T = 2,63$ e $p = 0$) indicaram que os dados infringiam o pressuposto de unidimensionalidade. Posteriores análises DETECT mostraram três agrupamentos. Embora o procedimento DETECT tenha dividido os itens do teste em três agrupamentos, os valores correspondentes de $D_{máx}$ (0,16) e R (0,29) eram pequenos, indicando que o grau de multidimensionalidade não era motivo de preocupação. Com efeito, o valor de $D_{máx}$ estava dentro da faixa prevista para um teste unidimensional. Não se cumpre aqui o pressuposto de unidimensionalidade, mas não há evidência de multidimensionalidade suficiente para justificar agrupamentos separados significativos.

A fim de compreender a natureza da multidimensionalidade, todos os agrupamentos foram submetidos a outra análise para verificar a unidimensionalidade mediante o DIMTEST. Como sugerem os resultados na tabela 5.3, o DIMTEST confirmou a unidimensionalidade dos agrupamentos 1 e 3 ($T = -0,76$ e $p = 0,78$ para o agrupamento 1; $T = 1,04$ e $p = 0,15$ para o agrupamento 3). Uma vez que o agrupamento 2 continha itens por demais escassos para a aplicação do DIMTEST, sua dimensionalidade foi estimada por meio do DETECT. Observe-se que o valor de $D_{máx}$ (0,01) para o agrupamento 2 foi muito pequeno e é similar a um valor associado com testes unidimensionais. Podemos, portanto, tratar esse agrupamento como unidimensional.

O DIMTEST também forneceu indícios quanto à fonte da multidimensionalidade. Se a hipótese nula de $d = 1$ é rejeitada, isso significa que itens do subteste AT estão contribuindo para a multidimensionalidade. Ao observar o subteste AT dos resultados do DIMTEST de realr5.dat, descobriu-se uma sobreposição de itens entre o agrupamento 3 e o subteste AT. Presumiu-se, então, que o agrupamento 3 era dimensionalmente distinto dos agrupamentos 1 e 2. Logo, os agrupamentos 1 e 2 foram combinados para confirmar se o subteste combinado é unidimensional. A análise do DIMTEST confirmou a unidimensionalidade desse subteste ($T = 0,52$ e $p = 0,30$). Portanto, há dois subtestes unidimensionais de realr5.dat.

A figura 5.6 mostra uma representação gráfica de traçados vetoriais de itens nos três agrupamentos identificados pelo DETECT. A comparação entre as figuras 5.5 e 5.6 mostra que, na figura 5.5 (na qual as habilidades têm uma correlação de 0,5), os vetores de itens são divididos em três agrupamentos pelos procedimento DETECT. O vetor da composição de testes do agrupamento 1 está a 23,8 graus do eixo θ_1, o vetor da composição de testes do agrupamento 2 está a 45,7 graus do eixo θ_1 e o vetor da composição de testes do agrupamento 3 está a 65,2 graus do eixo θ_1. Ambos os procedimentos DIMTEST e DETECT são sensíveis a diferenças entre esses três agrupamentos. Como as análises detalhadas revelaram, é possível combinar os agrupamentos 1 e 2 para formar um subteste unidimensional, ao passo que o agrupamento 3 é independente e dimensionalmente diferente dos outros dois.

realr7.dat: As análises do DIMTEST desse teste revelaram unidimensionalidade ($T = 0,86$ e $p = 0,19$). E não surpreende, uma vez que os itens abarcam todo o espaço bidimensional em que as duas habilidades estão altamente correlacionadas. Assim, esse grupo de itens é mais bem representado por um vetor unidimensional que abrange todos os itens no espaço. A pontuação unidimensional é a melhor maneira de se resumirem esses dados.

Em suma, a modelagem unidimensional foi adequada para os seguintes dados de teste: uni.dat e realr7.dat. O primeiro é um teste inerentemente unidimensional, ao passo que o segundo se assemelha a um teste unidimensional devido à grande correlação entre habilidades, bem como ao fato de os itens abarcarem todo o espaço dimensional, como na figura 5.5. Para ambos os testes, os resultados do DIMTEST indicaram unidimensionalidade. Os conjuntos de dados bidimensionais – simplr5.dat e simplr7.dat, ambos testes de estrutura simples – foram considerados multidimensionais com base nas análises do DIMTEST. Os resultados do DETECT confirmaram esse fato ao indicarem um alto grau de multidimensionalidade, evidenciado por grandes valores de $D_{máx}$ e R. É notável que, apesar das habilidades altamente correlacionadas para simplr7.dat, o DETECT tenha dividido corretamente os itens de teste em agrupamentos/subtestes. Depois, os subtestes de simplr5.dat e simplr7.dat foram avaliados como unidimensionais pelo DIMTEST. Portanto, a modelagem unidimensional é pertinente para todos esses subtestes. De todos os dados de teste simulados, a estrutura de dimensionalidade de realr5. dat mostrou-se a mais complexa. Para esses dados

de teste, a despeito de as análises do DIMTEST indicarem a presença de multidimensionalidade, as análises do DETECT revelaram o baixíssimo grau dessa multidimensionalidade. Posteriormente, a investigação e a detecção da fonte de multidimensionalidade em realr5.dat levaram a identificar dois subtestes, ambos os quais eram unidimensionais. Com isso, todos os três testes bidimensionais podiam ser divididos em subtestes para modelagem unidimensional ou combinados para modelagem e pontuação bidimensionais.

5.5 RESUMO E CONCLUSÕES

O objetivo de um teste é captar com exatidão a posição do examinado num *continuum* de traço(s) latente(s) que são objeto de interesse. Para conseguir isso, devemos utilizar um modelo que explique melhor os dados fornecidos, que são uma interação dos itens com a população de examinados submetida ao teste. Os modelos aplicados correntemente para explicar dados de testes incluem pressupostos de monotonia, independência local e unidimensionalidade. Entretanto, e cada vez mais, os testes se destinam a medir mais do que um traço dominante. Por consequência, torna-se cada vez mais importante investigar empiricamente a adequação da modelagem unidimensional de dados de testes. Este capítulo apresentou um algoritmo de modelagem que se utiliza de uma série de procedimentos para analisar se os dados de teste são passíveis de modelagem monótona, localmente independente e unidimensional. O algoritmo proposto para modelagem unidimensional foi exemplificado com dados de teste simulados. Muito embora o algoritmo aqui descrito ofereça um arcabouço para a modelagem de testes, o processo é mais uma arte do que uma ciência. Muitas vezes, no mundo real, os dados podem não atender aos critérios aqui propostos para a modelagem de testes. Por exemplo, talvez os resultados do DIMTEST e do DETECT levem à conclusão de que os dados do teste não se adéquam à modelagem unidimensional. Ao mesmo tempo, os dados do teste podem não justificar a modelagem multidimensional (p. ex., realr5.dat). Em tal situação, é importante ir além das análises estatísticas e consultar especialistas em conteúdo e especificações de teste

116 • SEÇÃO II / TESTE E MEDIÇÃO

para escolher a modelagem mais adequada dos dados. Certamente, a modelagem de dados de testes envolve muitas decisões e por isso é mais um ofício do que uma ciência exata.

Outro aspecto importante da modelagem de testes é levar em conta considerações sobre dimensionalidade. Existem metodologias consagradas e uma variedade de softwares para ajustar modelos unidimensionais e estimar parâmetros de itens e examinados. Portanto, é preciso examinar com cuidado a opção por modelos multidimensionais em lugar dos unidimensionais. Também é importante levar em consideração fatores como o custo, a melhora da exatidão e da compreensão dos resultados e a comunicação dos resultados ao público.

REFERÊNCIAS

ACKERMAN, T. Graphical representation of multidimensional item response theory. *Applied Psychological Measurement*, 20, p. 311-329, 1996.

ACKERMAN, T. A.; NEUSTEL, S.; HUMBO, C. *Evaluating indices used to access the goodness-of-fit of the compensatory multidimensional item response model*. Ensaio apresentado na reunião anual do Conselho Nacional sobre Medição na Educação, Nova Orleans, abr. 2002.

DOUGLAS, J. A. Joint consistency of nonparametric item characteristic curve and ability estimation. *Psychometrika*, 62, p. 7-28, 1997.

DOUGLAS, J. A.; COHEN, A. Nonparametric ICC estimation to assess fit of parametric models. *Applied Psychological Measurement*, 25, p. 234-243, 2001.

EMBRETSON, S. E.; REISE, S. P. *Item response theory for psychologists*. Mahwah: Lawrence Erlbaum, 2000.

FRASER, C. *NOHARM*: An IBM PC computer program for fitting both unidimensional and multidimensional normal ogive models of latent trait theory. Armidale: University of New England, 1986.

FROELICH, A. G. *Assessing unidimensionality of test items and some asymptotics of parametric item response theory*. Dissertação doutoral inédita, Universidade de Illinois, Urbana-Champaign, 2000.

HAMBLETON, R. K.; SWAMINATHAN, H. *Item response theory*: Principles and applications. Amsterdã: Kluwer Nijhoff, 1985.

HATTIE, J.; KRAKOWSKI, K.; ROGERS, J.; SWAMINATHAN, H. An assessment of Stout's index of essential dimensionality. *Applied Psychological Measurement*, 20, p. 1-14, 1996.

HOLLAND, P. W.; ROSENBAUM, P. R. Conditional association and unidimensionality in monotone latent variable models. *The Annals of Statistics*, 14, p. 1523-1543, 1986.

HUMPHREYS, L. G. General intelligence: An integration of factor, test, and simplex theory. *In*: WOLMAN, B. B. (ed.). *Handbook of intelligence*. Nova York: John Wiley, 1985. p. 201-224.

HUMPHREYS, L. G. An analysis and evaluation of test and item bias in the prediction context. *Journal of Applied Psychology*, 71, p. 327-333, 1986.

JUNKER, B. Conditional association, essential independence and monotone unidimensional item response models. *The Annals of Statistics*, 21, p. 1359-1378, 1993.

KIM, H. R. *New techniques for the dimensionality assessment of standardized test data*. Dissertação doutoral inédita, Universidade de Illinois, Urbana-Champaign, 1994.

MCDONALD, R. P. Normal-ogive multidimensional model. *In*: VAN DER LINDEN, W.; HAMBLETON, R. K. (eds.). *Handbook of modern item response theory*. Nova York: Springer-Verlag, 1997. p. 258-269.

MISLEVY, R. J.; BOCK, R. D. *BILOG*: Item analysis and test scoring with binary logistic models. Chicago: Scientific Software, 1989.

NANDAKUMAR, R. Assessing essential unidimensionality of real data. *Applied Psychological Measurement*, 1, p. 29-38, 1993.

NANDAKUMAR, R. Assessing latent trait unidimensionality of a set of items: Comparison of different approaches. *Journal of Educational Measurement*, 31, p. 1-18, 1994.

NANDAKUMAR, R.; STOUT, W. Refinements of Stout's procedure for assessing latent trait unidimensionality. *Journal of Educational Statistics*, 18, 41-68, 1993.

RAMSAY, J. O. Kernel smoothing approaches to nonparametric item characteristic curve estimation. *Psychometrika*, 56, p. 611-630, 1991.

RAMSAY, J. O. *TESTGRAF*: A program for the graphical analysis of multiple choice test and questionnaire data: TESTGRAF user's guide. Montreal: Department of Psychology, McGill University, 1993.

RECKASE, M. D. A liner logistic multidimensional model for dichotomous item response data. *In*: VAN DER LINDEN, W.; HAMBLETON, R. K. (eds.). *Handbook of modern item response theory*. Nova York: Springer-Verlag, 1997. p. 271-286.

RECKASE, M. D.; MCKINLEY, R. L. *The definition of difficulty and discrimination for multidimensional item response theory models*. Ensaio apresentado na reunião anual da Associação Americana de Psicologia Educacional, Montreal, abr. 1983.

ROSENBAUM, P. R. Testing the conditional independence and monotonicity assumptions of item response theory. *Psychometrika*, 49, p. 425-435, 1984.

ROUSSOS, L. A.; STOUT, W. F.; MARDEN, J. I. *Dimensional and structural analysis of standardized tests using DIMTEST with hierarchical cluster analysis*. Ensaio apresentado na reunião anual da NCME, Atlanta, abr. 1993.

SERAPHINE, A. E. The performance of the Stout T procedure when latent ability and item difficulty distributions differ. *Applied Psychological Measurement*, 24, p. 82-94, 2000.

SHERIDAN, B.; ANDRICH, D.; LUO, G. *RUMM*: Rasch unidimensional measurement models. Duncraig: RUMM Laboratory, 1998.

STOUT, W. A nonparametric approach for assessing latent trait unidimensionality. *Psychometrika*, 52, p. 589-617, 1987.

STOUT, W. A new item response theory modeling approach with applications to unidimensionality assessment and ability estimation. *Psychometrika*, 55, p. 293-325, 1990.

STOUT, W. Psychometrics: From practice to theory and back. *Psychometrika*, 67, p. 485-518, 2002.

STOUT, W.; FROELICH, A. G.; GAO, F. Using resampling to produce an improved DIMTEST procedure. *In*: BOOMSMA, A.; VAN DUIJNE, M. A. J.; SNIJDERS, T. A. B. (eds.). *Essays on item response theory*. Nova York: Springer-Verlag, 2001. p. 357-376.

STOUT, W.; HABING, B.; DOUGLAS, J.; KIM, H. R.; ROUSSOS, L.; ZHANG, J. Conditional covariance-based nonparametric multidimensionality assessment. *Applied Psychological Measurement*, 20, p. 331-354, 1996.

THISSEN, D. *MULTILOG user's guide* – (Version 6). Chicago: Scientific Software, 1991.

THISSEN, D.; WAINER, H. (eds.). *Test scoring*. Mahwah: Lawrence Erlbaum, 2001.

TUCKER, L. R.; KOOPMAN, R. F.; LINN, R. L. Evaluation of factor analytic research procedures by means of simulated correlation matrices. *Psychometrika*, 34, p. 421-459, 1969.

VAN DER LINDEN, W. J.; HAMBLETON, R. K. (eds.). *Handbook of modern item response theory*. Nova York: Springer-Verlag, 1997.

YU, F.; NANDAKUMAR, R. Poly-Detect for quantifying the degree of multidimensionality of item response data. *Journal of Educational Measurement*, 38, p. 99-120, 2001.

ZHANG, J.; STOUT, W. F. Conditional covariance structure of generalized compensatory multidimensional items. *Psychometrika*, 64, p. 129-152, 1999a.

ZHANG, J.; STOUT, W. F. The theoretical DETECT index of dimensionality and its application to approximate simple structure. *Psychometrika*, 64, p. 213-249, 1999b.

Capítulo 6

ANÁLISE DO FUNCIONAMENTO DIFERENCIAL DE ITENS:
detecção de itens DIF e teste de hipóteses DIF

LOUIS A. ROUSSOS
WILLIAM STOUT

A realização de teste padronizados permeia nosso sistema educacional da escola primária até a pós-graduação. Em especial, testes padronizados nos quais há muito em jogo se disseminaram a partir da educação pós-secundária para as escolas secundárias e primárias. Atualmente, por exemplo, 19 estados exigem que os alunos passem num exame final de ensino médio para se formar. Além disso, o governo dos Estados Unidos sancionou a lei "Nenhuma Criança Fica para Trás", de 2001, que obrigou todos os estados a colocarem em vigor, no máximo em 2005-2006, testes anuais de leitura e de matemática da 3ª à 8ª série (U.S. Department of Education, 2002). Portanto, a comunidade de medição educacional deve garantir que se mantenham os mais elevados padrões para o desenvolvimento, a aplicação, a pontuação e o uso desses testes. Um dos padrões importantes (alguém diria que o *mais* importante) é o de *equidade do teste*, que é a certeza da validez do teste com relação a determinados subgrupos da população que faz a prova. Isto é, todos os subgrupos da população deveriam experimentar uma avaliação igualmente válida para examinados de igual competência no(s) constructo(s) que se pretende medir com o teste. (No decorrer deste capítulo, restringiremos nossa discussão a testes destinados a medir apenas um constructo dominante, pois essa é, de longe, a situação mais comum.) Os subgrupos de interesse mais frequente baseiam-se em etnia ou gênero, mas é claro que grupos baseados em outras variáveis – como antecedentes educacionais ou experiência em testes – também seriam considerados dignos de estudo.

Consegue-se equidade nos testes principalmente certificando que um teste meça apenas diferenças *pertinentes ao constructo* entre subgrupos da população submetida à prova (Messick, 1999). Em todas as fases de um teste – desenvolvimento, aplicação, pontuação e uso –, implementam-se procedimentos que ajudam a garantir a equidade. Este capítulo concentra-se num procedimento em especial, a análise de funcionamento diferencial de itens (DIF). A análise de DIF é muito útil quando acontece na fase de desenvolvimento do teste, mas também (às vezes *somente*) é feita na fase de pontuação do teste.

Considera-se que há DIF no item de um teste quando examinados de igual competência no constructo que se pretende medir com o teste, mas de distintos subgrupos da população, têm diferente pontuação prevista no item. (Para facilitar a exposição, a maior parte de nossos exemplos e de nossa argumentação será para testes consistentes em itens cuja pontuação é dicotômica, embora as técnicas que descrevemos se apliquem com a mesma facilidade a itens de pontuação politômica.) Itens de DIF dão vantagem desleal a um grupo com relação a outro. Por certo, o DIF envolve componentes substanciais (p. ex., o constructo que o teste pretende medir) e estatísticos (p. ex., diferenças estatisticamente significativas). Infelizmente, as estatísticas de DIF têm sido usadas, durante a maior parte da sua história, em quase total isolamento com relação aos aspectos substanciais. Até recentemente, o procedimento padrão de DIF tem sido a aplicação de uma estatística de DIF em uma análise puramente estatística e automática de um item por vez.

Neste capítulo, começamos por examinar a terminologia e a nomenclatura de DIF, inclusive uma ampla estrutura para organizar os diversos componentes teóricos, estatísticos e práticos da análise de DIF. Em seguida, abordamos a implementação prática de procedimentos de análise de DIF. Aqui, descrevemos, em primeiro lugar, o enfoque tradicional da análise de DIF, ponderando seus sucessos e também suas limitações, e, depois, apresentamos uma descrição detalhada de um enfoque mais elaborado que se ocupa das limitações dessa análise tradicional. Em seguida, examinamos brevemente artigos e ensaios recentes que demonstram que os últimos avanços em análise de DIF resultaram em novo e significativo progresso na compreensão das causas profundas do DIF, aumentando, assim, a equidade do teste para quem se submete a testes padronizados. Finalmente, resumimos o capítulo e encorajamos um enfoque otimizado (e prático) da análise de DIF, que combine as vantagens do procedimento tradicional mais simples com as vantagens advindas do uso do procedimento mais sofisticado.

6.1 Terminologia de DIF

Para itens de pontuação dicotômica, ocorre DIF quando examinados de igual competência no constructo que o teste pretende medir, mas de subgrupos distintos da população examinada, têm probabilidades diferentes de dar uma resposta correta sobre o item.

Na prática atual, testes padronizados geram pontuações em uma escala unidimensional. O constructo que se pretende medir com o teste é aquele que corresponde à interpretação substantiva dada à pontuação do teste. Chama-se esse constructo de *dimensão primária* do teste. Aqui, usa-se o termo *dimensão* para denominar qualquer característica substantiva de um item que possa afetar a probabilidade de uma resposta correta sobre esse item. Admite-se, em geral, que, de fato, todos os testes medem múltiplas dimensões, mas a dimensão primária é a única comum a todos os itens. As outras dimensões no teste denominam-se *dimensões secundárias*. Uma minoria dos itens do teste mede cada dimensão secundária.

O item que está sendo testado quanto ao DIF costuma ser chamado de *item estudado*. Os itens com cujas pontuações se igualam os examinados na dimensão primária do teste são denominados *subteste de comparação* ou *critério de comparação*. Os subgrupos de interesse para análises de DIF baseiam-se comumente em etnia ou gênero. Costuma-se estudar os subgrupos em pares, sendo um grupo rotulado de *grupo de referência* (p. ex., caucasianos ou pessoas de sexo masculino) e o outro, de *grupo focal* (p. ex., diversos grupos minoritários ou pessoas de sexo feminino). O termo *focal* refere-se ao grupo de especial interesse para a análise de DIF, e *referência* refere-se ao grupo com o qual o grupo focal será comparado. Quando se estudam diversos itens em conjunto para testar a significância estatística da soma de suas estimativas individuais de DIF, o conjunto de itens é chamado de *pacote de itens estudados* e a soma de suas estimativas de DIF se denomina estimativa de funcionamento diferencial de *pacote* (*DBF*).

Há muito se reconhece e se admite que a causa geral de DIF é a existência de multidimensionalidade em itens que apresentam DIF (cf. Ackerman, 1992); isto é, tais itens medem ao menos uma dimensão secundária além da dimensão primária que cada um pretende medir. Embora a presença de DIF implique automaticamente a presença de uma dimensão secundária, a presença de uma dimensão secundária *não* implica automaticamente a presença DIF. Algumas dimensões secundárias causam DIF e outras não, dependendo da diferença de competência entre o grupo de referência e o focal na segunda dimensão. Isso é tratado com maior detalhe a seguir, podendo o leitor consultar análises mais aprofundadas em Ackerman (1992) e Roussos e Stout (1996).

Quando dimensões secundárias realmente causam DIF, passam a ser categorizadas como dimensão *auxiliar* ou dimensão *perturbadora*. É auxiliar a dimensão secundária que se pretende que seja medida pelo item (talvez conforme disposto pelas especificações do teste e, em geral, estreitamente ligada à dimensão primária), ao passo que é perturbadora a dimensão secundária não destinada a ser medida pelo item (p. ex., o contexto de um problema matemático em palavras quando esse contexto não consta das especificações do teste). O DIF causado por uma dimensão auxiliar é chamado de DIF *benigno*, enquanto aquele causado por uma dimensão perturbadora é denominado DIF *adverso*. Considera-se benigno o DIF causado por uma dimensão auxiliar porque o item *se destina* a medir a dimensão auxiliar; no entanto, como aponta Linn (1993, p. 353), "o ônus deveria recair sobre aqueles que desejam manter um item com alto DIF para dar uma justificação em função dos propósitos do teste". De mais a mais, não necessariamente se deve ignorar o DIF benigno quando dimensões auxiliares com grande DIF benigno podem ser substituídas por dimensões auxiliares igualmente válidas com menos DIF ou quando é possível modificar a distribuição de itens nas diversas dimensões auxiliares, de modo a reduzir a quantidade total de DIF benigno. Considera-se adverso o DIF causado por uma dimensão perturbadora porque a diferença de probabilidade de uma resposta correta sobre o item entre distintos grupos decorre unicamente de diferenças sobre um constructo irrelevante.

Antes de abordarmos procedimentos específicos para a implementação de análises de DIF, é importante reconhecer que a implementação de um procedimento é o último dos três passos de um processo no desenvolvimento de um método de análise de DIF. Eis os três passos:

1. conceitualização de um parâmetro de DIF;
2. formulação de uma estatística de DIF;
3. implementação de um procedimento de análise de DIF.

Em termos de teoria de resposta a item (IRT), existe mesmo um número infinito de maneiras de se especificar um parâmetro representativo da quantidade de DIF num item. É importante esse parâmetro ser explicitamente especificado para os pesquisadores poderem testar se uma estatística adequada de DIF consegue estimá-lo eficazmente (ver em Roussos; Schnipke; Pashley, 1999 um exemplo surpreendente de como um parâmetro imperfeito pode ter consequências prejudiciais imprevistas). Assim, o seguinte passo é desenvolver uma estatística para estimar o parâmetro de DIF. Deve-se pesquisar essa estatística cuidadosamente tanto no aspecto teórico – para assegurar que seu valor previsto se aproxime do valor do parâmetro de DIF conforme o número de itens e o de examinados aumentam – quanto em estudos com simulação (para documentar suas taxas de erro tipo 1 e de poder). O último passo e foco deste capítulo é a explicação de um procedimento para realizar análise de DIF com dados reais. Evidentemente, para descrever a implementação de procedimentos de análise de DIF, há necessidade de alguma consulta e discussão sobre parâmetros e estatística de DIF, mas o leitor contará com indicações adequadas para o estudo detalhado desses temas.

6.2 PROCEDIMENTOS DE ANÁLISE DE DIF

Em nossa descrição de procedimentos de análise de DIF, faremos distinção entre dois cenários: um teste "isolado" e um teste "vinculado". Com o termo *isolado*, referimo-nos a um teste desenvolvido, ministrado e pontuado sem conexão estatística formal alguma com qualquer outro teste. Todos os itens de tal teste devem ser pontuados. Pode-se realizar um estudo-piloto antes de se utilizar o teste para fins de pontuação pela primeira vez. Após o teste ser aplicado uma vez, toda aplicação posterior faz uso dos mesmos itens que a primeira, com a notável exceção de quaisquer itens que se mostrarem falhos nessa primeira aplicação.

Usamos o termo *vinculado* para denominar um teste ligado a outros testes por meio de itens de pré-teste em uma cadeia de testes estatisticamente equiparados. Quando se aplica um teste como esse, ele é composto de dois tipos de itens: itens operacionais e itens de pré-teste. São operacionais os itens que foram previamente testados

122 • SEÇÃO II / TESTE E MEDIÇÃO

com testes já aplicados na cadeia e mostraram ser de alta qualidade. É nos itens operacionais que as pontuações dos examinados serão baseadas. Os itens de pré-teste são aqueles que ainda não foram aplicados e estão sendo experimentados para ver se são de qualidade suficientemente alta para serem usados em futuras aplicações. O desempenho do examinado nos itens de pré-teste não contribui para a sua pontuação registrada no teste. Os itens de pré-teste servem também para garantir que todo teste tenha alguns itens em comum com pelo menos algum outro teste, podendo-se utilizar esses itens comuns para manter uma escala comum em toda a cadeia de testes ao empregar a metodologia de equiparação da IRT. (Para uma introdução à equiparação na IRT, cf. Lord, 1980).

Para fins de detecção de DIF, prefere-se o uso de testes vinculados ao de testes isolados, porque é possível testar os itens quanto ao DIF antes de apresentá-los operacionalmente. O uso de testes vinculados é uma prática habitual de grandes empresas de testes no desenvolvimento de ensaios padronizados. Todavia, em muitas situações, não é conveniente ou viável efetuar o pré-teste de itens, mas continua sendo importante realizar a análise de DIF.

6.2.1 Procedimento tradicional de análise de DIF

6.2.1.1 Testes isolados

Essa análise de DIF é realizada na primeira vez em que se aplica o teste, quer num estudo-piloto, quer num ambiente operacional. Costuma-se chamar o método tradicional de análise de DIF "um item por vez", porque se efetua o teste quanto ao DIF em cada item, individualmente, sendo os outros itens do teste o critério de comparação.

Pode-se resumir o método nos seguintes passos:

1. Calcular uma estatística de DIF e seu erro-padrão para cada item do teste.
2. Se o DIF for de grande magnitude e, em termos estatísticos, significativamente maior do que um determinado nível desprezível, marca-se o item como apresentando DIF inaceitavelmente alto.

   O método tradicional pode incluir também um passo de "purificação", no qual se refaz a análise anterior aplicando um critério de comparação consistente apenas nos itens não marcados na análise inicial.
3. Excluir do critério de comparação todos os itens marcados no passo 2. Cria-se, assim, um critério de comparação "purificado".
4. Repetir os passos 1 e 2 anteriores. Pode-se optar por estudar apenas os itens marcados no passo 2 ou todos os itens.

Finalmente, decide-se se itens marcados – ou quais deles – serão descartados:

5. Quer o profissional descarte automaticamente todos os itens marcados, quer uma comissão examinadora de itens se encarregue de investigá-los e descartá-los somente se conseguir chegar a um acordo sobre uma explicação substancial de por que o DIF aconteceu. Esse último método é preferido quando a substituição de itens é dispendiosa.

É concebível que se possa usar qualquer estatística de DIF já consagrada para levar adiante essa análise tradicional de DIF; contudo, a análise mais usada tem sido a estatística de DIF de Mantel-Haenszel (MH) (Holland; Thayer, 1988), indicada com $\hat{\Delta}$. Note-se que, quando se usa a estatística MH de DIF, a pontuação no item estudado é incluída no critério de comparação. Como a estatística de MH tem sido usada habitualmente, foram desenvolvidos critérios-padrão (p. ex., Zieky, 1993) para o passo 2, ainda que, na verdade, eles não se destinassem a usos fora dos programas de teste (em Serviço de Testes Educacionais) para os quais foram desenvolvidos. O critério a ser aplicado no passo 2 é o seguinte: marcar um item por DIF quando $|\hat{\Delta}| \geq 1,5$ e consideravelmente maior do que 1 no sentido do teste estatístico de hipóteses. Em outras palavras, para esse cenário substancial, considera-se que um valor de $|\hat{\Delta}|$ acima de 1,5 indica uma grande quantidade de DIF e um valor inferior a 1 é considerado insignificante. Assim, se $|\hat{\Delta}|$ é grande e significativamente maior do que um nível desprezível, o item é marcado por ter DIF inaceitavelmente grande.

Seria possível estabelecer regras semelhantes para outras estatísticas de DIF. O exemplo mais notável seria provavelmente o da estatística SIBTEST (talvez MH e SIBTEST sejam os dois métodos estatísticos mais meticulosamente testados), cuja estimativa de DIF é indicada por $\hat{\beta}$.

Nesse contexto, seria razoável a seguinte regra, baseada em Dorans (1989): marca-se um item por DIF quando $|\hat{\beta}| \geq 0,1000$ e significativamente maior que 0,050 em termos de teste de hipóteses.

Essas regras para MH e SIBTEST são bastante arbitrárias. Área muito fecunda para futura pesquisa é o desenvolvimento de métodos que ajudem os profissionais a proporem orientações mais adequadas para determinadas situações de teste. A fim de facilitarmos a exposição, no restante deste capítulo, faremos uso das regras arbitrárias supramencionadas (e respectivas regras para DIF moderado, como se verá a seguir), mas lembrando ao leitor da necessidade de mais pesquisa nessa área.

6.2.1.2 Testes vinculados

Nesse cenário, para a aplicação de um determinado teste, realiza-se a análise de DIF tanto nos itens de pré-teste quantos nos operacionais, embora o processo difira consideravelmente para os dois tipos de itens. Para ambos, porém, a análise ainda segue o mesmo método geral de um item por vez.

6.2.1.2.1 Itens operacionais. Para os itens operacionais, o método é quase o mesmo descrito anteriormente para o teste isolado. As principais diferenças são que geralmente não se aplica o processo de purificação e que itens com DIF não são descartados automaticamente, mas examinados por uma comissão, sendo descartados só se a comissão concorda quanto a um problema observado neles. Eleva-se o limite para rejeição de itens operacionais porque eles já passaram numa prova de DIF como itens de pré-teste e porque o custo de rejeitar itens quando atingem o estágio operacional é muito alto.

6.2.1.2.2 Itens de pré-teste. Portanto, nesse cenário, é muito importante marcar itens com DIF na fase de pré-teste, quando o custo da rejeição de um item é muito menor do que na fase operacional. Na fase de pré-teste, é desejável encarar a marcação de itens com DIF de forma mais flexível, de modo a garantir que poucos itens com grande DIF consigam passar para a fase operacional.

Aqui, o procedimento geral é similar ao descrito anteriormente para o teste isolado, mas há várias diferenças notórias. Uma delas é que o critério de comparação são os itens operacionais. Ter um critério de comparação externo (isto é, externo aos itens estudados de pré-teste) é uma grande vantagem, porque todos os itens estudados têm o mesmo critério de comparação, o que contribui para uma análise estatística mais válida. Quando o critério de comparação são simplesmente os outros itens estudados (um critério de comparação interno), as estimativas de DIF ficam artificialmente forçadas a somar perto de zero, sejam quais forem os verdadeiros níveis de DIF nos itens. Outra vantagem do uso de itens operacionais como critério de comparação é que estes já foram testados quanto ao DIF e, assim, provavelmente, só haverá valores insignificantes de DIF a eles associados.

Uma segunda diferença é que não se efetua nenhuma purificação do critério de comparação. Isso porque os itens operacionais já submetidos a triagem para DIF quando eram itens de pré-teste são o critério de comparação.

Uma terceira diferença é o fato de o item que apresentar DIF grande e significativamente maior do que o DIF desprezível ser *automaticamente* descartado.

Além disso há uma regra, aplicada em algumas ocasiões, pela qual o item que apresenta DIF moderado e significativamente superior a zero é substituído, se possível, por outro item com menor estimativa de DIF.

Por haver tantas diferenças entre o procedimento de DIF para os itens pré-testados e aquele para o teste isolado, oferecemos um resumo separado do procedimento, um passo a passo para itens de pré-teste:

1. Calcular uma estatística de DIF e seu erro-padrão para cada item de pré-teste, tomando os itens operacionais como critério de comparação.
2. Se o DIF for de grande magnitude e, em termos estatísticos, significativamente maior do que um determinado nível desprezível, marca-se o item como apresentando DIF inaceitavelmente alto. Se a magnitude do DIF é moderada e significativamente maior que zero em termos estatísticos, marca-se o item como apresentando DIF moderadamente alto.

3. O profissional descarta automaticamente todos os itens marcados com elevado DIF. Os itens marcados com DIF moderadamente alto são substituídos, quando possível, por itens com estimativas de DIF mais baixo.

O critério-padrão (cf. Zieky, 1993) desenvolvido para marcar itens de DIF moderado no passo 2 por meio de estatística de MH é o seguinte: marca-se um item como de DIF moderadamente alto quando $|\hat{\Delta}| \geq 1$ e significativamente maior que 0 no sentido de teste estatístico de hipóteses. De maneira semelhante, para SIBTEST, marca-se um item como de DIF moderadamente alto quando $|\hat{\beta}| \geq 0{,}050$ e significativamente maior que 0 em termos de teste de hipóteses.

6.2.1.3 Vantagens e limitações do método tradicional

A principal vantagem do método tradicional anteriormente descrito é ele ter fornecido o primeiro procedimento estatisticamente rigoroso para análise de DIF. O método tradicional deu à análise de DIF um forte fundamento estatístico. Em segundo lugar, mesmo que as regras de tamanho do efeito de DIF para a estatística de DIF não se destinem ao uso geral, a especificação de um conjunto de regras é um grande avanço, que proporciona um marco de referência importante para as muitas situações às quais ainda não há regras estabelecidas. Ademais, a introdução de algum exame substancial de itens marcados com DIF permitiu que começasse a se formar certa compreensão das causas profundas do DIF, capaz de prover informação ao processo de desenvolvimento de testes.

Com o avanço da pesquisa em DIF ao longo dos anos, desde a introdução da estatística de MH e o simultâneo desenvolvimento do tradicional procedimento de análise de DIF, ficaram evidenciadas diversas limitações importantes do procedimento. Primeiro, o procedimento se limita a analisar só um item por vez (limitação inerente à estatística de MH). Pode-se ganhar poder estatístico maior analisando pacotes de itens, *se os pacotes forem cuidadosamente selecionados*. Portanto, não teria sentido simplesmente recorrer à análise de pacotes de itens sem se ocupar de uma limitação ainda mais importante: o procedimento tradicional foca-se em testar itens para detectar o DIF em lugar de testá-los para descobrir as causas profundas do DIF. Embora se saiba que as causas originais do DIF decorrem da existência de multidimensionalidade, considerações sobre dimensionalidades só entram no enfoque tradicional desempenhando um papel muito limitado, quando se efetuam análises substanciais de itens marcados no intuito de determinar a causa do DIF em itens individuais.

Prevalente no procedimento tradicional de análise de DIF, a análise estatística num item por vez é um componente essencial na análise de DIF, mas, ao incorporar considerações de análise estatística e de dimensionalidade substancial nessa análise, ela pode ser transformada e passar a testar dimensões secundárias quanto ao DIF/DBF, em vez de se limitar a testar itens quanto ao DIF.

6.2.2 Avanços mais recentes em procedimentos de análise de DIF

Roussos e Stout (1996) apresentaram um novo procedimento de análise de DIF baseado em multidimensionalidade, que integra análise de dimensionalidade e análise de DIF tanto no nível substancial quanto no estatístico. O resultado é um procedimento de análise focado em descobrir as causas profundas do DIF ao testar dimensões secundárias mediante pacotes de itens. Assim, podemos descrever o procedimento de análise de DIF com dois passos simples:

1. desenvolvimento de hipóteses de DIF; e
2. teste de hipóteses de DIF.

6.2.2.1 Desenvolvimento de hipóteses de DIF

O primeiro passo é desenvolver hipóteses sobre a possibilidade de determinadas características substanciais de itens causarem DIF. Uma maneira habitual de fazê-lo é, primeiro, identificar características substanciais de itens e, depois, se possível, determinar se é de se esperar que o grupo de referência ou um dos grupos focais correspondentes é favorecido, com base no modelo multidimensional para DIF (Shealy; Stout, 1993), como descrito em Roussos e Stout (1996).

Outra maneira de desenvolver hipóteses de DIF é a partir de considerações substanciais puramente teóricas. Um bom exemplo disso é um estudo de Gierl *et al.* (2002), o qual faz referência a uma teoria cognitiva que implica que certas características substanciais de itens deveriam resultar em DIF favorável às mulheres, enquanto outras características resultariam em DIF favorável aos homens.

A identificação de características de itens capazes de representar dimensões secundárias potencialmente causadoras de DIF pode se dar, ao menos, de três maneiras comuns:

1. por especialistas em redação de itens lerem os itens de testes e se valerem de seu juízo especializado;
2. por marcar itens com DIF em um procedimento de implementação de análise tradicional de DIF e submeter o texto desses itens ao exame de especialistas em redação de itens;
3. por efetuar análises estatísticas exploratórias de dimensionalidade e inspecionar os resultados substancialmente. (Cf. em Stout *et al.*, 1996, uma recapitulação dos últimos avanços em análise de dimensionalidade não paramétricos.)

Há uma discussão mais completa dos métodos disponíveis para desenvolver hipóteses de DIF em Roussos e Stout (1996). Além do mais, esses métodos já foram amplamente demonstrados em artigos e ensaios de pesquisa, como: Douglas, Roussos e Stout (1996); Walker e Beretvas (2001); Stout *et al.*, (2003); Bolt (2000, 2002); Gierl e Kaliq (2001); McCarty, Oshima e Raju (2002); Ryan e Chiu (2001) e Gierl *et al.* (2002).

Uma vez identificadas essas dimensões secundárias, utiliza-se o modelo multidimensional para DIF descrito em Roussos e Stout (1996) para ver se cabe conjecturar uma hipótese de DIF direcional. Segundo esse modelo, quando a proficiência média na dimensão secundária – condicionada à proficiência na dimensão primária – é maior para um grupo do que para outro, é possível o DIF favorecer o primeiro grupo. É evidentemente mais fácil reconhecer dimensões secundárias que podem causar DIF do que conjecturar se um grupo tem maior proficiência média do que outro numa distribuição condicional, por isso as hipóteses bicaudais de DIF (detecta-se uma segunda dimensão, mas não se sabe qual grupo ela favoreceria) são as desenvolvidas com mais frequência. Contudo, Bolt (2002) começou a trabalhar numa linha de pesquisa promissora a esse respeito, com estimação de um modelo paramétrico multidimensional de IRT.

6.2.2.2 Teste de hipóteses de DIF

Uma vez identificadas as características de itens que representam dimensões secundárias potencialmente causadoras de DIF, formam-se pacotes de itens, de tal modo que todos os itens de um determinado pacote tenham em comum uma característica suspeita de causar DIF. Como um item pode conter diversas características eventualmente compartilhadas com outros itens, pode existir alguma sobreposição entre esses pacotes no que se refere aos itens neles contidos. Depois, os pacotes de itens são testados quanto ao DIF com uma estatística adequada a esse fim, como SIBTEST (a estatística de MH não é aplicável a pacotes de itens).

O procedimento para testar essas hipóteses de DIF varia, de fato, dependendo de o teste ser isolado ou vinculado, assim como o procedimento tradicional varia. Cabe notar que o desenvolvimento de hipóteses de DIF não é restrito pelo fato de o teste ser isolado ou vinculado. Hipóteses de DIF são constructos teóricos eventualmente surgidos de qualquer teste ou situação e depois aplicados a outros testes.

A seguir, um marco geral para testar hipóteses de DIF no caso de testes isolados:

1. Ler os itens e rotulá-los conforme eles apresentem cada uma das dimensões secundárias de interesse previstas com base nas hipóteses de DIF.
2. Formar pacotes de itens de acordo com essas dimensões secundárias que podem causar DIF.
3. O critério de comparação será dado pelos itens não identificados como medindo uma dimensão secundária potencialmente causadora de DIF. Se esses itens são muito poucos (p. ex., menos de 20, ou talvez menos de 15), o critério de comparação para cada pacote de itens consistiria simplesmente nos outros itens do teste.

126 • SEÇÃO II / TESTE E MEDIÇÃO

4. Calcular a estimativa de DBF e o erro-padrão para cada pacote de itens e testar se ela é estatisticamente significativa (com relação ao DIF zero).

5. Pacotes de itens com estimativas de DBF estatisticamente significativas representam dimensões secundárias que mostram forte evidência de causarem DIF. As estimativas de DBF divididas pelo número de itens no pacote dão uma estimativa aproximada da quantidade média de DIF por item causada por essa dimensão secundária quando ela parece estar presente num item. Análises mais sofisticadas dos índices de DIF baseados em análise de variância também podem ser usadas para os pacotes sobrepostos, a fim de estimar o tamanho do efeito de DIF para uma dimensão secundária – o leitor pode encontrar dois exemplos detalhados em Stout *et al.* (2003) e Bolt (2000).

6. Se uma dimensão secundária de DIF é dimensão auxiliar, rotula-se o DIF como *benigno*; se a dimensão secundária é uma dimensão perturbadora, o DIF é rotulado como *adverso*. Dependendo de quão grande for o efeito do DIF e do tipo de DIF, diferentes ações seriam levadas em consideração em resposta às dimensões observadas do DIF. Se o DIF é estatisticamente significativo, mas pequeno, provavelmente não se tomará nenhuma medida exceto documentar o achado para futura consulta. Por óbvio, diante de um DIF adverso significativamente grande, revisores e redatores de itens terão de ser alertados para poderem garantir que itens com essa dimensão de DIF sejam evitados em futuros testes. Em caso de DIF benigno significativamente grande, deve-se alertar o pessoal de desenvolvimento de testes para que leve isso em conta durante o processo de montagem do teste e até desenvolva novos métodos ou especificações de teste capazes de minimizar o uso de tais dimensões auxiliares. Aliás, os programas automáticos de montagem de testes poderiam incluir DBF de dimensão auxiliar como variável que deve ficar abaixo de certo valor.

Para o caso de testes vinculados, o procedimento para testes isolados anteriormente exposto poderia ser executado nos itens operacionais. Para itens de pré-teste, esse procedimento seria realizado tomando os itens operacionais como critério de comparação. Convém ressaltar aqui que os critérios de tamanho do efeito de DBF para pacotes de itens são uma área de pesquisa que ainda precisa de um estudo mais aprofundado.

6.2.2.3 Exemplos de progresso na descoberta de causas de DIF

Apresentamos aqui breves exemplos de como os avanços mais recentes em procedimentos de análise de DIF focados em desenvolver e testar hipóteses de DIF resultaram em considerável progresso em descobrir as causas de DIF em testes padronizados.

1. Bolt (2000) analisou itens de pré-teste especialmente concebidos para testar hipóteses de DIF previamente elaboradas sobre DIF de gênero num teste de matemática do SAT. Em concreto, ele descobriu que, quando os itens se apresentam em formato de múltipla escolha em vez de formato aberto, exibem DIF em favor dos homens. Segundo outra hipótese que Bolt pôde confirmar, também ocorria DIF em favor dos homens para itens de tipo concreto, e não em itens de tipo abstrato. Em ambos os casos, porém, o tamanho do efeito do DIF era pequeno o bastante para não ser motivo de preocupação.

2. Walker e Beretvas (2001) analisaram testes de matemática de 4ª e 7ª séries e confirmaram outra hipótese prévia de DIF, de que um pacote de itens composto de itens abertos de matemática sobre cuja solução os alunos têm de se expressar por escrito favoreceria aqueles mais competentes na escrita. As descobertas deles ensejaram recomendações concretas visando melhorar tanto a equidade da pontuação dos itens abertos quanto a comunicação dos resultados dos testes aos professores (e, portanto, resultaram em melhor instrução).

3. Stout *et al.* (2003) analisaram o pré-teste de matemática e dados operacionais do Graduate Record Examination (GRE) e acharam 15 dimensões secundárias (principalmente dimensões auxiliares) mediante uma combinação de análises de dimensionalidade substanciais e estatísticas. Valendo-se de dois conjuntos diferentes e muito grandes

de dados de pré-teste, eles conseguiram testar a consistência das hipóteses de DIF num estudo de validação cruzada. Os resultados obtidos mostraram consistência notavelmente alta para ambos os pacotes de itens que apresentaram rejeição estatística e aqueles que não mostraram rejeição.

4. No encontro anual do Conselho Nacional de Medição em Educação em Nova Orleans, Lousiana, em 2002, houve um simpósio dedicado a "Novos enfoques para identificar e interpretar o funcionamento diferencial de pacotes". Nesse simpósio, um artigo apresentado por Gierl *et al.* (2002) estudou hipóteses de DIF pré-elaboradas com base em uma teoria cognitiva sobre diferenças de gênero na solução de problemas matemáticos. As análises de DBF desses autores sinalizaram sólida corroboração para a hipótese de que itens que demandam considerável processamento espacial mostram um DIF substancial em favor dos homens. Além disso, análises de DBF *e* de dimensionalidade sustentaram a existência dessa dimensão secundária.

5. No mesmo simpósio, outro artigo de McCarty *et al.* (2002) analisou pacotes de itens num instrumento de levantamento para DIF de avaliador entre pais e professores em determinadas dimensões secundárias. Eles verificaram que os professores são mais estritos do que os pais em suas avaliações de comportamentos assertivos das crianças, mas também são mais indulgentes ao avaliarem comportamentos cooperativos e de autocontrole das crianças. Desenvolvedores de testes podem aproveitar essa informação para melhor adaptar perguntas de levantamentos para tipos específicos de avaliadores, de modo a minimizar o DIF observado.

Por certo, quando os procedimentos de análise de DIF incorporam o paradigma de análise de DIF baseado em multidimensionalidade de Roussos e Stout (1996) concentrando-se no teste de dimensões secundárias em forma de pacotes de itens, é possível conseguir progresso significativo na detecção de dimensões secundárias causadoras de DIF e estimar a quantidade de DIF que elas causam.

6.3 Resumindo: um enfoque mais completo de análise de DIF

O objetivo geral de uma análise de DIF é ajudar a garantir a equidade do teste. A marcação estatística de itens que mostram evidências de DIF representa uma contribuição essencial para a consecução desse objetivo. Posto que os testes são inerentemente multidimensionais e a multidimensionalidade é a causa básica de DIF, maior compreensão da multidimensionalidade dos testes e dos efeitos dessas dimensões no DIF pode propiciar uma interpretação mais exata da pontuação do teste, um maior controle sobre a influência de dimensões auxiliares pertinentes e uma diminuição da influência de dimensões perturbadoras indesejadas e irrelevantes.

Assim, o método ideal para um procedimento de análise de DIF parece ser aquele que incorpore o objetivo crítico imediato de detectar itens de DIF, que é o foco do método tradicional dessa análise, bem como o objetivo de maior alcance de descobrir as dimensões secundárias de DIF, que é o foco dos avanços mais recentes obtidos em pesquisas sobre o tema.

É importante ressaltar que o processo de concepção e desenvolvimento de testes já implica levar em consideração uma ampla variedade de características substanciais de itens por meio dos processos de exame de itens (inclusive o exame de itens marcados com DIF e o exame de sensibilidade de itens para linguagem ofensiva capaz de causar DIF) e de criação e implementação de especificações de testes, e essas características identificadas proporcionam uma fonte disponível de dimensões secundárias para hipóteses de DIF. Também, no caso de testes vinculados, o grande número de itens de pré-teste que geralmente são testados oferece um conjunto mais do que adequado para formar pacotes de itens para essas hipóteses. De mais a mais, já é frequente o uso de itens de pré-teste para fins de pesquisa, portanto essas aberturas de pré-teste podem ser reservadas para testes controlados de hipóteses de DIF (p. ex., cf. Bolt, 2000).

Assim, as vantagens de uma maior compreensão de dimensões secundárias de DIF, que resultam de agregar ao procedimento de implementação da tradicional análise de DIF o desenvolvimento e o teste de hipótese de DIF,

128 • SEÇÃO II / TESTE E MEDIÇÃO

não necessariamente implicam qualquer aumento significativo no gasto. De modo geral, a inclusão do desenvolvimento e do teste de hipóteses de DIF num procedimento de implementação de análise de DIF envolve apenas maior consciência de que as hipóteses já existem e é fácil testá-las.

REFERÊNCIAS

ACKERMAN, T. A didactic explanation of item bias, item impact, and item validity from a multidimensional perspective. *Journal of Educational Measurement*, 29, p. 67-91, 1992.

BOLT, D. A SIBTEST approach to testing DIF hypotheses using experimentally designed test Items. *Journal of Educational Measurement*, 37, p. 307-327, 2000.

BOLT, D. *Studying the DIF potential of nuisance dimensions using bundle DIF and multidimensional IRT analyses.* Artigo apresentado na reunião anual do Conselho Nacional de Medição em Educação, Nova Orleans, abr. 2002.

DORANS, N. J. Two new approaches to assessing differential item functioning: Standardization and the Mantel-Haenszel method. *Applied Measurement in Education*, 2, p. 217-233, 1989.

DOUGLAS, J.; ROUSSOS, L. A.; STOUT, W. F. Item bundle DIF hypothesis testing: Identifying suspect bundles and assessing their DIF. *Journal of Educational Measurement*, 33, p. 465-485, 1996.

GIERL, M. J.; BISANZ, J.; BISANZ, G. L.; BOUGHTON, K. A. *Identifying content and cognitive skills that produce gender differences in mathematics*: A demonstration of the DIF analysis framework. Artigo apresentado na reunião anual do Conselho Nacional de Medição em Educação, Nova Orleans, abr. 2002.

GIERL, M. J.; KALIQ, S. N. Identifying sources of differential item and bundle functioning on translated achievement tests: A confirmatory analysis. *Journal of Educational Measurement*, 38, p. 164-187, 2001.

HOLLAND, P. W.; THAYER, D. T. Differential item performance and the Mantel-Haenszel Procedure. *In*: WAINER, H.; BRAUN, H. (eds.). *Test validity.* Hillsdale: Lawrence Erlbaum, 1988. p. 129-145.

LINN, R. L. The use of differential item functioning statistics: A discussion of current practice and future implications. *In*: HOLLAND, P. W.; WAINER, H. (eds.). *Differential item functioning.* Hillsdale: Lawrence Erlbaum, 1993. p. 349-364.

LORD, F. M. *Applications of item response theory to practical testing problems.* Hillsdale: Lawrence Erlbaum, 1980.

MCCARTY, F. A.; OSHIMA, T. C.; RAJU, N. *Identifying possible sources of differential bundle functioning with polytomously scored data.* Artigo apresentado na reunião anual do Conselho Nacional de Medição em Educação, New Orleans, abr. 2002.

MESSICK, S. Validity. *In*: LINN, R. L. (ed.). *Educational measurement.* 3. ed. Nova York: Macmillan, 1989. p. 13-103.

ROUSSOS, L. A.; SCHNIPKE, D. L.; PASHLEY, P. J. A generalized formula for the Mantel-Haenszel differential item functioning parameter. *Journal of Educational and Behavioral Statistics*, 24, p. 293-322, 1999.

ROUSSOS, L. A.; STOUT, W. F. A multidimensionality based DIF analysis paradigm. *Applied Psychological Measurement*, 20, p. 355-371, 1996.

RYAN, K. E.; CHIU, S. An examination of item context effects, DIF, and gender DIF. *Applied Measurement in Education*, 14, p. 73-90, 2001.

SHEALY, R.; STOUT, W. F. An item response theory model for test bias. *In*: HOLLAND, P. W.; WAINER, H. (eds.). *Differential item functioning.* Hillsdale: Lawrence Erlbaum, 1993. p. 197-239.

STOUT, W. F.; BOLT, D.; FROELICH, A. G.; HABING, B.; HARTZ, S. M.; ROUSSOS, L. A. *Development of a SIBTEST bundle methodology for improving test equity with applications for GRE test development* (GRE Board Professional Rep. n. 98-15P, ETS Research Rep. n. 03-06). Princeton: Educational Testing Service, 2003.

STOUT, W. F.; HABING, B.; DOUGLAS, J.; KIM, H. R.; ROUSSOS, L. A.; ZHANG, J. Conditional covariance-based nonparametric multidimensionality assessment. *Applied Psychological Measurement*, 20, p. 331-354, 1996.

U.S. Department of Education. *Draft regulations to implement Part A of Title I of the Elementary Secondary Education Act of 1965 as amended by the No Child Left Behind Act of 2001.* Washington: Author, 2002.

WALKER, C. M.; BERETVAS, S. N. An empirical investigation demonstrating the multidimensional DIF paradigm: A cognitive explanation for DIF. *Journal of Educational Measurement*, 38, p. 147-163, 2001.

ZIEKY, M. Practical questions in the use of DIF statistics in test development. *In*: HOLLAND, P. W.; WAINER, H. (eds.). *Differential item functioning.* Hillsdale: Lawrence Erlbaum, 1993. p. 337-347.

Capítulo 7

ENTENDENDO O TESTE ADAPTÁVEL COMPUTADORIZADO:
de Robbins-Monro a Lord e mais além

HUA-HUA CHANG*

7.1 VISÃO GERAL

O teste adaptável computadorizado (CAT) tornou-se uma modalidade de avaliação educacional muito comum nos Estados Unidos. São exemplos de CATs em grande escala o Graduate Record Examination (GRE), o Graduate Management Admission Test (GMAT), o Conselho Nacional de Direções Estaduais de Enfermagem e a Prova de Aptidão Vocacional dos Serviços Armados (ASVAB).

Há profundas diferenças entre um teste CAT e um teste de papel e lápis (PeL). No primeiro, diferentes examinados são testados com diferentes conjuntos de itens. No segundo, todos os examinados são testados com o mesmo conjunto de testes. O objetivo principal do CAT é medir os níveis de traços dos examinados (θ_s) com maior precisão do que os testes PeL convencionais, elaborando um teste individualizado para cada examinado. Ajusta-se exatamente o nível de traço latente de cada examinado ao escolher itens de teste de forma sequencial de um grande conjunto de itens, conforme o desempenho atual do

examinado. Isto é, adapta-se o teste ao nível θ de cada examinado, adequando, assim, as dificuldades dos itens ao examinado a ser medido. Examinados inteligentes podem evitar responder a demasiados itens fáceis, e examinados menos inteligentes podem evitar ser expostos a demasiados itens difíceis. Assim, os examinados são desafiados durante todo o desenrolar do teste. A maior vantagem do CAT é fornecer estimações de traço latente (θ) mais eficientes com menos itens dos que seriam necessários em testes convencionais (p. ex., Weis, 1982).

Embora a implementação de CATs tenha trazido diversas vantagens – como novos formatos de perguntas, possibilidade de medir novos tipos de habilidades, análise de dados mais fácil e mais rápida e maior agilidade na comunicação da pontuação –, muitas questões referentes a CATs carecem de melhor compreensão. Uma delas é a compatibilidade entre testes CAT e PeL. Muito se conjecturou que alguns examinados talvez obtenham pontuações bem mais baixas das que obteriam com uma versão PeL alternativa. Segundo Carlson (2000), o Serviço de Testes

---

*Nota do autor: A redação deste capítulo recebeu apoio parcial de NSF PJ SES-0241020 "Improving Computerized Adaptive Testing in the U.S.".

130 • SEÇÃO II / TESTE E MEDIÇÃO

Educacionais (ETS) descobriu, em 2000, que o sistema de CAT do GRE não gera pontuações confiáveis para cerca de 0,5% dos examinados. O ETS ofereceu-lhes a oportunidade de refazer o teste sem custo. Mas os examinados que hoje devem submeter-se ao GRE não têm a chance de escolher entre a versão PeL padrão dos testes e as versões de CAT. Desde o fim da década de 1990, o programa de testes do GRE fez uma transição completa de PeL para CAT nos Estados Unidos. Por conseguinte, sem medidas corretivas eficazes, a credibilidade do CAT poderia ser seriamente abalada.

Outra questão importante no desenvolvimento e na implementação do CAT tem a ver com a segurança do teste e o uso do conjunto de itens. Wainer *et al.* (2000) apontaram que a noção básica de um teste adaptável é imitar automaticamente o que um examinador sensato faria. Com isso, os computadores tendem a selecionar sempre certos tipos de itens, enquanto muitos itens nunca são selecionados, fazendo com que as taxas de exposição a itens sejam bastante xdesiguais. Uma vez que é habitual aplicar CATs a pequenos grupos de examinados a intervalos frequentes, examinados que fazem os testes antes podem passar informações a examinados que farão os testes depois, aumentando o risco de muitos itens se tornarem conhecidos.

Em 1994, os Centros Educativos Kaplan mandaram seus funcionários fazerem o GRE várias vezes para memorizar tantos itens quantos pudessem e levá-los ao conhecimento da Kaplan. Em pouco tempo, a Kaplan descobriu que a maioria dos itens coletados por seus funcionários já estava na lista de itens comprometidos. A Kaplan informou o ETS sobre o incidente. Em razão da grande porção do conjunto de itens de que a Kaplan tomara conhecimento, o ETS suspendeu os testes enquanto desenvolvia novos itens (Davey; Nering, 2002).

Como tão claramente indicou o episódio Kaplan-GRE, a principal falha de segurança do CAT reside nos *testes contínuos*. Hoje, o GRE por CAT é aplicado mais de 100 dias por ano, ao passo que a versão PeL convencional é aplicada apenas três vezes por ano. Na realidade, já se passaram quase dez anos desde o incidente Kaplan-ETS, e só agora as pessoas começaram a perceber o quanto os conjuntos de itens podem ser vulneráveis ao furto organizado durante o período em

que esses conjuntos estão sendo usados. Em 6 de agosto de 2002, após uma investigação que expôs uma grande quantidade de *sites* em línguas asiáticas oferecendo perguntas extraídas de versões ao vivo do Teste Geral do GRE por computador, o ETS suspendeu a versão em CAT desse teste e reintroduziu versões tipo PeL na China, em Hong Kong, em Taiwan e na Coreia (www.ets.org, 20 de agosto de 2020).

Neste capítulo, nosso objetivo principal é abordar questões relacionadas com a compatibilidade e a segurança do teste CAT. Para acharmos a origem dos problemas precisamos compreender alguns princípios gerais e pressupostos fundamentais do *plano sequencial* em que o CAT de desenvolvimento teórico se baseia. Assim, também precisamos compreender como ele funciona para o procedimento de informação Fisher, mais utilizado na atualidade, adotado por alguns grandes programas de teste – entre eles, o GRE e o GMAT. Além disso, como já dissemos, nossa análise se ocupará exclusivamente de *questões* e *problemas*, e não de *vantagens* e *avanços* do CAT, que já têm sido tratados em detalhe em outro texto.

7.2 SELEÇÃO DE ITENS EM CAT

O componente mais importante no CAT é o procedimento de seleção utilizado para escolher itens no decorrer do teste. Suponhamos que θ é o traço latente a ser medido para um determinado examinado. Segundo Lord (1970), mede-se o examinado de forma mais eficaz quando os itens do teste não são nem difíceis, nem fáceis demais. O problema é como selecionar esses n itens de teste de um conjunto de itens para que as correspondentes respostas do examinado nos permitam estimar θ tão eficazmente quanto possível. Do ponto de vista heurístico, se o examinado responde corretamente a um item, o item seguinte deveria ser mais difícil; se a resposta é incorreta, o próximo item deveria ser mais fácil. Chama-se isso de *regra de ramificação* (cf. Lord, 1970). Entretanto, para pôr em prática a regra de ramificação, é preciso calibrar previamente todos os itens existentes no conjunto conforme suas características psicométricas, tais como *dificuldade do item*, *discriminação do item* e *probabilidade de acerto casual*.

7.2.1 Modelos para CAT

7.2.1.1 O modelo logístico de três parâmetros

O modelo mais usado na aplicação de CAT é o logístico de três parâmetros (1), descrito a seguir. Seja X_j a pontuação sobre o j-ésimo para um examinado escolhido aleatoriamente, em que $X_j = 1$, se a resposta é correta, e $X_j = 0$, se é incorreta, e seja $X_j = 1$ com probabilidade $P_j(\theta)$ e $X_j = 0$ com probabilidade $1 - P_j(\theta)$, em que $P_j(\theta)$ indica a probabilidade de uma resposta correta para um examinado escolhido aleatoriamente de traço latente θ que é

$$P_j(\theta) = P\{X_j = 1|\theta\},$$

em que θ é desconhecido e tem a faixa $(-\infty, \infty)$ ou algum subintervalo de $(-\infty, \infty)$. Quando se utiliza o modelo logístico de três parâmetros (3PL), a probabilidade passa a ser

$$P_j(\theta) = c_j + (1 - c_j)\frac{1}{1 + e^{-a_j(\theta - b_j)}}, \quad (1)$$

em que

a_j é o parâmetro de discriminação do item,
b_j é o parâmetro de dificuldade,
c_j é o parâmetro de acerto casual.

A figura 7.1 mostra funções de resposta a item para quatro itens hipotéticos. O eixo horizontal apresenta a escala do traço latente (θ), e o eixo vertical corresponde a $P_i(\theta)$. Os itens 1 e 2 têm os maiores parâmetros de discriminação, e suas curvas são mais "íngremes". Os itens 3 e 4 têm menores parâmetros de discriminação, e suas curvas aumentam mais devagar. O item 2 é o mais difícil, porque tem o maior valor de b, enquanto o item 3 é o mais fácil, porque seu valor de b é o menor. O item 3 tem um parâmetro de acerto $c = 0,2$, a indicar a probabilidade de examinados com baixo nível de habilidade darem uma resposta correta por acerto casual.

Há dois casos especiais: um é o modelo logístico de dois parâmetros (2PL), no qual $c_i \equiv 0$; o outro é o modelo logístico de um parâmetro (1PL), no qual $c_i \equiv 0$ e a_i é uma constante fixa para todos os itens.

De acordo com o modelo de probabilidade, um item difícil terá grande valor de b e um item fácil, valor de b pequeno. Conhecendo-se os níveis de dificuldade de todos os itens do conjunto, é possível desenvolver um algoritmo de seleção de

Figura 7.1 Quatro itens com parâmetros de item

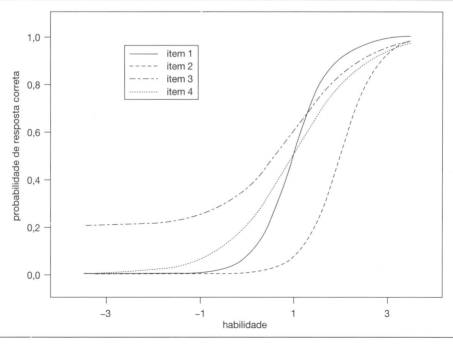

NOTA: Item 1: $a = 1,5$, $b = 1$, $c = 0$; Item 2: $a = 1,5$, $b = 2$, $c = 0$; Item 3: $a = 0,5$, $b = 1$, $c = 0,2$; Item 4: $a = 0,8$, $b = 1$, $c = 0$.

132 • SEÇÃO II / TESTE E MEDIÇÃO

itens baseado em ramificação. Por exemplo, se o examinado responde incorretamente a um item, o item escolhido a seguir deverá ter baixo valor de b. Do mesmo modo, se ele ou ela responder corretamente, o próximo item deverá ter um valor de b mais elevado. No entanto, é preciso encarar duas perguntas fundamentais para explicar como o algoritmo funciona: (a) quanto se deveria variar o valor de b de um item para outro e (b) como pontuar as respostas depois de os itens terem sido aplicados.

Seja $b_1, b_2, ..., b_n$ uma sequência dos parâmetros de dificuldade após a aplicação de n itens ao examinado. Os novos deveriam ser escolhidos de modo a b_n tender a uma constante b_0 quando n é infinitamente grande, sendo que b_0 representa o nível de dificuldade de um item o qual o examinado tem cerca de 50% de chance de responder corretamente. Uma vez que a probabilidade de um examinado escolhido a esmo com θ responder corretamente a um item é 0,5 (pois $\theta = b_0$), conhecer b_0 equivale a conhecer θ. Em termos matemáticos,

$$b_n \to b_0, \text{ quando } n \to \infty \qquad (2)$$

na qual b_0 é o nível de dificuldade de item para o qual $P\{X = 1|\theta = b_0\} = 0,5$. Se isso ocorrer, a estratégia de seleção de itens nos permitirá indicar com exatidão o nível de dificuldade em que o examinado responde a metade dos itens corretamente. A convergência de b_n para b_0 em (2) indica que, no início do teste, as diferenças de b_s podem variar muito de item para item e serão diminuídas de forma gradativa para atingir um nível de dificuldade aproximadamente igual. Isso implica que b_0 é uma estimação razoável para θ e, portanto, podemos caracterizar θ em termos do nível de dificuldade do item. Como nosso objetivo é estimar θ, podemos usar b_0 como pontuação para as respostas do examinado. Repare-se que é possível transformar b_0 linearmente a qualquer escala de pontuação pertinente, de modo que é conveniente para nós pontuar as respostas do examinado ao teste com uma função de b_0.

O método anterior é chamado de processo Robbins-Monro, e Lord foi a primeira pessoa a introduzi-lo em aplicação em teste adaptável.

7.2.2 Processo de Robbins-Monro

A aproximação estocástica de Robbins e Monro (1951) é um esquema de traçado sequencial para localizar um ponto de interesse, geralmente formulado como o zero de uma função de regressão desconhecida. Seja b o ponto de traçado, x a respectiva resposta e m, a média de x, que é função de b. Robbins e Monro propuseram usar b_n, gerado a partir da seguinte recursão

$$b_{n+1} = b_n - \delta_n x_n, \qquad (3)$$

para aproximar a raiz m, em que δ_n é uma sequência de constantes predefinidas. Robbins e Monro mostraram que, se δ_n for corretamente escolhido, o b_n determinado sequencialmente converge para a raiz de m. O trabalho pioneiro foi seguido de diversos aprimoramentos, e essa simples aproximação estocástica (3) já inspirou muitas aplicações importantes, inclusive em engenharia (Goodwin; Ramage; Caines, 1980), em ciência biomédica (Finney, 1978) e em educação (Lord, 1970).

Lord (1970) propôs vários procedimentos como aplicações do processo Robbins e Monro, um deles descrito na seguinte equação:

$$b_{n+1} = b_n + d_n(x_n - m), \qquad (4)$$

em que x_n é a resposta ao n-ésimo item ($x_n = 1$, se a resposta é correta, $x_n = 0$, se a resposta é incorreta), $d_1, d_2, ...$ é uma sequência decrescente de números positivos escolhidos antes do teste, e m é uma constante predeterminada – por exemplo, $m = 0,5$. Suponhamos que o conjunto de itens seja tão abundante que possamos escolher qualquer valor de b entre $-\infty$ e $+\infty$. A equação (4) indica que o nível de dificuldade do (n + 1)-ésimo item a ser escolhido é determinado por aquele do n-ésimo item mais $d_n/2$ se a resposta é correta ou, caso contrário, menos $d_n/2$. Se d_1 não é pequeno demais, segundo Hodges e Lehmann (1956), a sequência de d pode ser escolhida como

$$d_i = d_1/i, \ i = 2, 3, ... \qquad (5)$$

Aqui, cabe frisar que a sequência de $b_1, b_2, b_3, ...$ construída com (4) convergirá para b_0, em que se pode interpretar b_0 como o nível de dificuldade de um item ao qual o examinado terá 50% de chance de responder corretamente.

Ao aplicar o processo Robbins-Monro, é fundamental conhecer os valores de b para todos os itens incluídos no conjunto, e esse conjunto deve ser tão abundante em b que, para qualquer b_{n+1} definido em (4), haja um item correspondente com o nível de dificuldade b_{n+1}. Curiosamente, a convergência de b_n para b_0 não demanda pressupostos rígidos, incluindo o pressuposto de independência local ou o de que as formas exatas das curvas características dos itens sejam conhecidas como descritas por (1). Como o ponto de traçado é apenas b_n para o processo Robbins-Monro, não são necessários os parâmetros de acerto casual e os de discriminação definidos no modelo 3PL.

7.2.3 Processo de informação máxima de Lord

Seja $\hat{\theta}_n$ um estimador de θ baseado em n respostas. Chama-se $\hat{\theta}_n$ de estimador consistente se ele converge para θ quando n tende a ∞. A consistência é a propriedade mais importante em nosso esquema adaptável, porque nosso objetivo é identificar o θ desconhecido. Para tal fim, o processo Robbins-Monro é acessível e pode ser usado adequadamente para elaborar um estimador consistente ao ponto desejado para θ. Como demonstrado por Lord (1970), podem-se aproximar as condições para a convergência na prática. Todavia, o conjunto de itens deve ser de grande tamanho para conter diversos valores de b. Por outro lado, a convergência não é rápida. Em outras palavras, talvez sejam necessários muitos itens para $\hat{\theta}_n$ ser próximo a θ. Outro problema que surge com frequência no projeto de CAT é a eficiência. Além da consistência, gostaríamos de saber se nosso estimador tem a menor variância amostral entre os estimadores consistentes. Para fazê-lo, precisamos comparar a eficiência de diferentes métodos em estimar a habilidade de um examinado, e, por consequência, é necessário incluir mais informação em nosso esquema adaptável, como as formas exatas das funções de resposta a item e as funções de informação.

7.2.3.1 Algumas condições preliminares

Um dos pressupostos mais importantes na teoria de resposta a item (IRT) é a *independência local*, definida a seguir.

Definição 1. Um teste $X = (X_1, X_2, \ldots, X_n)$ é localmente independente com relação a uma variável latente Θ se, para todo $x = (x_1, x_2, \ldots, x_n)$ e θ,

$$P\{X = x|\theta\} = \prod_{i=1}^{n} P\{X_i = x_i|\Theta = \theta\}.$$

Suponhamos que um examinado com θ fixo recebe n itens $X_1, X_2, \ldots, X_n$. Conforme o pressuposto de independência local, a função de verossimilhança pode ser expressa como

$$L_n(\theta) = \prod_{i=1}^{n} P_i(\theta)^{X_i} Q_i(\theta)^{1-X_i}, \tag{6}$$

sendo $Q_i(\theta) = 1 - P_i(\theta)$. Então podemos estimar θ maximizando a função de verossimilhança. Seja $\hat{\theta}_n$ o estimador resultante. Evidentemente, $\hat{\theta}_n$ também resolve a seguinte equação de estimação de máxima verossimilhança:

$$U_n(\theta) = \frac{\partial}{\partial \theta} \log L_n(\theta)$$

$$= \sum_{i=1}^{n} \frac{\partial}{\partial \theta} \log \frac{P_i(\theta)}{Q_i(\theta)}[X_i - P_i(\theta)] = 0. \tag{7}$$

É sabido que, para testes convencionais com lápis e papel, em condições adequadas de regularidade, inclusive a condição de independência local, $\hat{\theta}_n$ é consistente e assimptoticamente normal, centrado no θ real e com variância aproximada por $I^{-1}(\hat{\theta}_n)$, em que $I(\theta)$ é a função de informação do teste de Fisher. Sob a condição de independência local, uma característica importante de $I(\theta)$ é que a contribuição de cada item para a informação total é aditiva:

$$I(\theta) = \sum_{i=1}^{n} I_j(\theta), \tag{8}$$

em que $I_j(\theta)$ é a informação de item de Fisher para o item j, definida como

$$I_j(\theta) = \left[\frac{\partial P_j(\theta)}{\partial \theta}\right]^2 / P_j(\theta)[1 - P_j(\theta)].$$

Assim, sob o pressuposto de independência local, é fácil determinar a quantidade total de informação para um teste. Essa característica é muito desejável em CATs, porque, com ela, os desenvolvedores de testes podem calcular individualmente

134 • SEÇÃO II / TESTE E MEDIÇÃO

as informações para todos os itens e combiná-las para formar informação atualizada do teste em cada etapa. Para a variância amostral de $\hat{\theta}_n$ ser pequena, podemos selecionar n itens consecutivamente, de modo que a informação deles em $\hat{\theta}_j$, $j = 1, 2,\ldots, n$, seja a maior possível.

7.2.3.2 O método de informação máxima

Lord (1970) propôs um método-padrão de seleção de itens em CAT que consiste em escolher, como próximo item, aquele com o máximo de informação Fisher. Observe que a motivação original para o teste adaptável é combinar itens com o nível de traço θ do examinado (LORD, 1970). No modelo 3PL, maximizar a informação de Fisher significa combinar intuitivamente os valores de parâmetro de dificuldade de itens com o nível de traço latente de um examinado. Posto que o traço latente é desconhecido, não se pode implementar a regra de seleção de item ótimo, mas aproximá-la utilizando a estimação atualizada toda vez que se deve selecionar um novo item. Esse é, na essência, o intuito básico por trás da proposta original de teste adaptável de Lord. Conforme o esquema baseado em máxima informação, itens com altos parâmetros a serão escolhidos preferencialmente.

O motivo para maximizar a informação de Fisher é tornar $\hat{\theta}_n$ o mais eficiente possível. Pode-se conseguir isso estimando θ recursivamente com dados atuais disponíveis e designando mais itens de maneira adaptável. Note que, na IRT, as propriedades de grande amostra de $\hat{\theta}_n$ – como consistência e normalidade assimptótica – foram estabelecidas sob o pressuposto de independência local. No esquema adaptável, a seleção do próximo item depende das respostas do examinado aos itens previamente aplicados. Por conseguinte, a função de verossimilhança pode não ser expressa pela equação (6) (há, em Mislevy e Chang [2000], uma análise detalhada do pressuposto de independência local no teste adaptável). É preciso, portanto, estabelecer as correspondentes propriedades de grande amostra para o método de máxima informação. Chang e Ying (no prelo) mostraram que a normalidade assimptótica e a validez do uso da informação de Fisher para se estimar a variância continuam valendo com a alocação adaptável de itens do CAT. O resultado deles indica que, para o modelo 1PL ($c_j \equiv 0$ e $a_j \equiv 1$ na equação [1]) e um

conjunto de itens infinitamente grande, o estimador de máxima verossimilhança de θ com seleção de itens de máxima informação é muito coerente. Para o 2PL ($c_j \equiv 0$ na equação [1]), a coerência persiste sob o pressuposto realista de que os parâmetros de discriminação são limitados. Para o modelo 3PL, os mesmos resultados valem em certas condições de razoável regularidade, tais como cumprir um limite no parâmetro de acerto casual e que as equações de verossimilhança não tenham solução múltipla.

O método de máxima informação é mais eficiente do que o processo de Robbins-Monro. Para o grande n, a informação de Fisher mede a eficácia do estimador, porque sua recíproca é o limite assimptótico inferior da variância amostral de $\hat{\theta}_n$. $\mathrm{Var}(\hat{\theta}_n) \to 1/I(\theta)$ quando $n \to \infty$ em condições adequadas.

7.3 LIMITAÇÕES DO MÉTODO DE MÁXIMA INFORMAÇÃO

O pressuposto de um "conjunto de itens infinitamente grande" nunca se verifica na realidade. Em geral, um conjunto de itens operacionais compõe-se de várias centenas de itens. Quanto maior o número de restrições que precisamos impor, menos graus de liberdade podemos ter num projeto. Para concebermos um bom algoritmo de CAT, necessitamos aprofundar o estudo analítico.

7.3.1 Restrição do controle de exposição a item

Sob o esquema baseado em máxima informação, os itens selecionados serão, preferencialmente, aqueles com altos parâmetros a. No caso simples de todos os itens terem $c = 0$, a informação de Fisher vem a ser

$$I_j(\theta) = \frac{a_j^2 e^{a_j(\theta - b_j)}}{[1 + e^{a_j(\theta - b_j)}]^2}. \qquad (9)$$

Suponhamos ser θ_0 a habilidade real do examinado. Para um a_j fixo, a informação de Fisher atingiu o máximo $a^2/4$ em $b_j = \theta_0$. Assim, se a habilidade real é conhecida, o método de informação tende a escolher um item com b_j próximo a θ_0 e a_j tão grande quanto possível. O fundamento é que isso resulta num ganho substancial de eficiência (Hau; Chang, 2001).

Quando se utilizam métodos de seleção de itens com base em informação, itens com altos parâmetros *a* podem ser expostos com frequência, enquanto outros nunca o são. Define-se a taxa de exposição de um item como o quociente entre o número de vezes em que o item é aplicado e o número total de examinados. Uma vez que os CATs são aplicados frequentemente a pequenos grupos de examinados, existe o risco de examinados tomarem conhecimento de itens com altas taxas de exposição. Por isso, é preciso controlar as taxas de exposição a itens (p. ex., Hau; Chang, 2001; Mills; Stocking, 1996).

McBride e Martin (1983), Sympson e Hetter (1985), Stocking e Lewis (1995), Davey e Parshall (1995), Thomasson (1995) e outros propuseram recursos para restringir a excessiva exposição de itens com elevado *a*. O método mais comum para controlar a taxa de exposição foi desenvolvido por Sympson e Hetter (SH), cuja ideia básica é pôr um "filtro" entre a seleção e a aplicação – avaliar o item selecionado pelo critério de máxima informação para determinar se será aplicado. Dessa maneira, consegue-se manter a taxa de exposição dentro de certo valor predefinido. Chamemos de FSH o método de seleção de itens que maximiza a informação de Fisher ao mesmo tempo em que impõe o controle de exposição SH. Por óbvio, ao restringir o uso efetivo dos itens escolhidos com frequência, o método FSH põe limite às taxas de exposição de itens "comuns" e as mantém dentro de certas margens desejáveis.

O método de controle SH suprime o uso dos itens mais excessivamente expostos e dissemina-o sobre o patamar seguinte de itens excessivamente expostos (p. ex., Chang; Ying, 1999). Segundo Hua e Chang (2001), o inconveniente do método de controle SH é que ele não aumenta a exposição dos itens menos expostos. O método FSH tem diversas limitações. A regra de seleção leva o computador a escolher itens com certas características específicas (p. ex., alta discriminação); no entanto, o método FSH cria um mecanismo que elimina a possibilidade de esses itens serem escolhidos, para evitar seu uso excessivo. Em virtude dessas orientações contraditórias, a eficiência na estimação de habilidades do FSH é menor do que a do método Fisher original.

7.3.2 Deve-se usar itens de baixa discriminação alguma vez?

Se o algoritmo de computação seleciona apenas itens de elevado *a*, talvez tenhamos de obrigar os redatores de itens a gerarem unicamente itens de elevado *a*. Porém, quando redatores de itens os produzem, estes seguem certas características de distribuição. Os redatores de itens talvez controlem algumas das características, como conteúdo e nível de dificuldade do item, mas é dificílimo produzir só itens altamente discriminantes. Como apontam Mills e Stocking (1996), os atuais programas de teste sofrem maior pressão para produzir os "melhores" itens para CAT mais rápido do que para testes PeL tradicionais. A fim de gerar mais itens de *a* relativamente alto, é prática comum descartar itens com valores do parâmetro *a* abaixo de um determinado limiar.

Por outro lado, muitos dos itens do conjunto ainda não serão selecionados pelo computador. Antes de serem incluídos no conjunto, os itens já passaram por certos processos rigorosos de revisão sem apresentar problema algum. Itens com parâmetros de discriminação relativamente baixos ainda são de boa qualidade e deveriam ser usados. Na prática, porém, a maioria dos procedimentos de controle de exposição a itens hoje disponíveis não conseguiu induzir um uso mais equilibrado dos itens que compõem um conjunto. Wainer (2000) analisou o uso de itens dentro dos conjuntos de CAT do GRE e descobriu que apenas 12% dos itens disponíveis poderiam responder por até 50% do conjunto funcional (esses itens eram aplicados de fato). Obviamente, aumentar o uso de itens com *a* mais baixo é uma maneira de resolver esse problema.

7.3.3 Quando se deve usar itens pouco discriminantes?

Seria ideal que todos os itens de um conjunto tivessem taxas de exposição similares para atender também aos requisitos de segurança e eficiência do teste (Hau; Chang, 2001; Mills; Stocking, 1996). Quando se deve usar itens com *a* mais baixo? O estudo de Hau e Chang (2001) confirmou que o FSH aplicava itens com maiores valores de *a* nas primeiras etapas do teste. Conforme o teste avançava, mais itens com menores valores de

136 • SEÇÃO II / TESTE E MEDIÇÃO

a eram selecionados. Esse método segue a filosofia de maximização da informação de Fisher. Hau e Chang chamaram-no de *método de a decrescente*. É essencial saber quando se deve usar um item com baixo *a*. Para efeitos de exatidão, itens com baixo *a* deveriam ser usados primeiro, porque a estimação de θ poderia ser inexata no início do teste.

De acordo com (9), para o modelo 2PL, itens com altos valores de *a* e valores de *b* próximos ao θ real do examinado fornecem a maior parte da informação. Isso vale também para o modelo 3PL. Portanto, com $\hat{\theta}$s mais exatos, os itens com altos valores de *a* podem fornecer mais informação. O uso dos itens de *a* mais alto no início do teste pode acarretar o problema de subestimação. Um grande fator de incerteza decorre da estimação inexata do traço latente nas etapas iniciais quando o número de itens aplicados é pequeno. Isso poderia resultar em grosseira subestimação de θ nas etapas iniciais. Para instruir pesquisadores no campo de pesquisa e desenvolvimento de CAT, deve-se demonstrar sólida evidência baseada em dedução analítica.

7.3.4 Sempre se maximiza a informação do item quando $\theta \approx b$?

Para criar um sistema de CAT, é preciso especificar certo modelo matemático para funções de resposta a item. Os modelos logístico e de ogiva normal são os mais usados em pesquisa e implementação de CAT. Lord (1980) provou que, para o modelo logístico, a informação de Fisher do item correspondente é unimodal. Com efeito, $I_j(\theta)$ atinge o valor máximo em $\theta = b_j$ para os modelos 1PL e 2PL e

$$\theta = b_i + \frac{1}{a_i} \ln\left(\frac{1}{2} + \frac{\sqrt{1+8c_i}}{2}\right)$$

para o modelo 3PL. Segundo Bickel *et al.* (2001), essa propriedade também se verifica para o modelo de ogiva normal. Para os dois modelos, portanto, a função de informação de item atinge o máximo valor quando θ é próximo ao parâmetro de dificuldade. Por consequência, o método de máxima informação é equivalente ao esquema básico que está por trás da proposta original de teste adaptável de Lord. O pressuposto fundamental sobre a equivalência entre combinar habilidade com dificuldade e maximizar informação significa que $I_j(\theta)$ atinge o valor máximo quando $\theta \approx b$.

Entretanto, como o modelo logístico e o de ogiva normal são apenas dois modelos matemáticos práticos para as reais funções de resposta a item que estão subjacentes, é importante verificar se esse pressuposto fundamental vale para uma classe mais geral de modelos de IRT na qual os modelos logístico e de ogiva normal se incluem como casos especiais. Deve-se abordar essa questão da modelagem de entrega de CAT à luz do enfoque de informação máxima de Lord (1970). Bickel *et al.* (2001) estudaram a sensibilidade da estratégia de seleção de itens de máxima informação à influência da família de modelagem de função de resposta a item adotada. Eles mostram que duas famílias funcionais de resposta a item podem ser similares na forma, mas terem diferente estratégias para otimizar a informação. Se o modelo de IRT se utiliza de um tipo de família funcional, obtém-se a regra habitual de seleção de item ótimo, ou seja, escolher um item cuja dificuldade se aproxima da habilidade estimada do examinado. Mas, se o modelo de IRT se utiliza do outro tipo de família funcional, obtém-se a regra contraintuitiva de seleção de item ótimo, pela qual se escolhe um item com dificuldade tão distante quanto possível da habilidade estimada. Embora não interpretemos esse estudo de um ponto de vista prático, ele sugere um possível excesso de confiança no método de seleção de item de máxima informação.

7.4 REVELANDO A CAUSA DA SUBESTIMAÇÃO

Chang e Ying (2002) tentaram revelar quantitativamente a causa mais provável do fenômeno de subestimação no exame de CAT no GRE noticiado por *The Chronicle of Higher Education* (Carlson, 2000). Um importante fator de incerteza decorre da estimação inexata do traço latente nas etapas iniciais, quando o número de itens aplicados é pequeno. Como os métodos baseados em máxima informação dependem demasiadamente dos itens aplicados das etapas iniciais, isso pode resultar em flagrante subestimação do traço latente nessa fase. A dedução analítica de Chang e Ying mostra que, com a atual estratégia de seleção de item adotada pelo ETS, se um examinado errar em alguns itens no início do teste, é provável que itens fáceis (porém mais discriminantes) sejam aplicados, e tais itens são ineficazes para fazer a estimação se aproximar do θ real, a menos que o teste seja longo o bastante ou de extensão variável. As deduções desses autores mostram que é necessário algum mecanismo de ponderação para fazer com que o algoritmo dependa menos dos itens aplicados no início do teste.

7.4.1 Informação e MLE

Suponhamos que um examinado com θ fixo receba n itens X_1, X_2,..., X_n. Assim, pode-se estimar θ maximizando a função de verossimilhança especificada em (6). Seja $\hat{\theta}_n$ o estimador resultante. É evidente que $\hat{\theta}_n$ resolve também a seguinte equação de estimação de verossimilhança máxima (7).

É bem sabido que, em adequadas condições de regularidade, $\hat{\theta}_n$ é assimptoticamente normal, centrado no θ real e com variância aproximada por $I_n^{-1}(\hat{\theta}_n)$, em que $I_n(\theta)$ é a função de informação de Fisher.

Uma motivação original do CAT é maximizar a informação de Fisher de modo a $\hat{\theta}_n$ ser o mais exato possível. Pode-se conseguir isso estimando θ recursivamente com dados atuais disponíveis e designando mais itens de maneira adaptável.

7.4.2 Sensibilidade de $\hat{\theta}_n$ para pequeno n

Chang e Ying (2002) propuseram uma maneira de exemplificar a sensibilidade de $\hat{\theta}_n$ em itens iniciais em CAT. O objetivo deles é encorajar soluções para o problema da subestimação e, ao mesmo tempo, promover a aprendizagem dos desenvolvedores de CAT. Demonstraremos somente o caso do modelo 2PL. Embora os casos dos modelos 1PL e 3PL sejam semelhantes ao do modelo 2PL, esse último é mais conveniente para mostrar onde reside o problema. O leitor interessado na análise dos modelos 1PL e 3PL deve remeter-se a Chang e Ying. Para o modelo 2PL, a função de informação de teste de Fisher torna-se

$$I_n(\theta) = \sum_{i=1}^{n} a_i^2 \frac{e^{a_i(\theta - b_i)}}{[1 + e^{a_i(\theta - b_i)}]^2}, \quad (10)$$

e a função de estimação de verossimilhança toma a forma

$$U_n(\theta) = \sum_{i=1}^{n} a_i \left(X_i - \frac{e^{a_i(\theta - b_i)}}{1 + e^{a_i(\theta - b_i)}} \right) \quad (11)$$

após n itens terem sido aplicados. Para o estimador de máxima verossimilhança, $\hat{\theta}_n$, $U_n(\hat{\theta}_n) = 0$. Chang e Ying provaram

$$\hat{\theta}_{n+1} = \hat{\theta}_n$$

$$+ \frac{a_{n+1}}{I_{n+1}(\theta_{n+1}^*)} \left(X_{n+1} - \frac{e^{a_{n+1}(\hat{\theta}_n - b_{n+1})}}{1 + e^{a_{n+1}(\hat{\theta}_n - b_{n+1})}} \right), \quad (12)$$

em que $\hat{\theta}_n$ é o estimador atual, $\hat{\theta}_{n+1}$ é o próximo estimador, b_{n+1} é o parâmetro b do $(n + 1)$-ésimo item e $\theta*$ é um ponto entre $\hat{\theta}_n$ e $\hat{\theta}_{n+1}$. Se o conjunto de itens for suficientemente abundante, de modo a permitir que cada θ dado combine com um parâmetro de dificuldade b do mesmo valor, então ou $b_{n+1} \approx \hat{\theta}_n$ ou $e^{a_{n+1}(\hat{\theta}_n - b_{n+1})}/(1 + e^{a_{n+1}(\hat{\theta}_n - b_{n+1})}) \approx \frac{1}{2}$. Isso implica que a atualização de um degrau de $\hat{\theta}_n$ para $\hat{\theta}_{n+1}$ é $\pm\frac{1}{2}$ multiplicado por $a_{n+1} I_{n+1}^{-1}(\theta_{n+1}^*)$, indicando que o tamanho do passo pode ser determinado pelo valor de a para pequeno n. Consequentemente, quanto maior é n, menor é o ajuste de um degrau que ele experimenta. Como já dissemos, o método de máxima informação selecionaria os itens com os mais altos valores de a, o que poderia causar um grande tamanho do degrau no início do teste. Portanto, é plausível que, se o examinado errar uma quantidade de itens iniciais e o teste for de curta ou moderada extensão, talvez ele/ela não consiga recuperar uma pontuação (estimação) comparável (próxima) ao verdadeiro θ, mesmo se responder bem aos itens restantes.

Por meio de suas deduções analíticas e seus estudos com simulação, Chang e Ying (1999) sustentaram que, desde que cumpridas as necessárias restrições, o parâmetro a deveria ser escolhido em ordem ascendente. As motivações deles vinham de considerações de aumento da eficiência e equilíbrio de exposição a itens. Tendo em vista (12), o método de a estratificado de Chang e Ying tem também a vantagem de ajustar automaticamente os tamanhos de degraus ao atualizar a estimação de θ. Concretamente, ele reduz pesos em etapas iniciais, tornando menos provável haver valores extremos na estimação de θ. Ele também infla os pesos nas etapas finais, contrapondo-se ao efeito do multiplicador $I_{n+1}^{-1}(\theta_{n+1}^*)$ e tornando mais provável ajustar o estimador final de θ.

138 • SEÇÃO II / TESTE E MEDIÇÃO

7.4.3 A superestimação também é possível

No incidente do GRE em 2000, embora o ETS tenha se recusado a comentar se os examinados aos quais ofereceu a oportunidade de refazer o GRE tinham recebido pontuação mais baixa ou mais alta (Carlson, 2000), nossa presunção é que eles receberam pontuações extremamente baixas. Uma explicação para tal conjectura é que os examinados que receberam pontuações altas muito provavelmente não aceitariam refazer o teste, ou seja, não faz sentido pedir a eles que refaçam o teste. Se essa presunção for correta, no ano 2000, um número de examinados aproximadamente igual ao dos que receberam o oferecimento do ETS ganhou pontuação mais alta do que merecia. De acordo com a equação (12), é possível que uma pessoa que acertou por acaso no início do teste tenha sido superestimada. Mais especificamente, sob o esquema atual, itens com grande a são usados primeiro, o que permite grandes movimentos nas estimações de habilidade. Assim, uma pessoa que acerta por acaso nas primeiras etapas do teste pode obter uma estimação alta de seu nível de habilidade, mesmo que não se saia bem no resto da prova. De fato, no período de 2000 a 2002, diversos *sites* chineses de preparação para o GRE (p. ex., www.taisha.org) recomendavam o seguinte: "nunca erre os primeiros cinco itens".

7.5 MÉTODOS ALTERNATIVOS

Uma alternativa ao enfoque de máxima informação é o método bayesiano (p. ex., Owen, 1975). Em lugar de usar a informação de item em $\hat{\theta}_n$, o enfoque bayesiano utiliza a variância posterior como critério para a seleção de itens. Nas etapas iniciais, as distribuições posteriores dependem em alto grau da escolha da distribuição anterior para θ, mas a dependência diminui em etapas ulteriores. Além disso, segundo Chang e Stout (1993), a variância posterior aproxima-se da recíproca da informação do teste quando o número de itens se torna grande. Quem se interessar por outros modelos de seleção pode ver detalhes em Folk e Smith (2002).

7.5.1 Procedimentos para lidar com a estimação em etapas iniciais

Há vários procedimentos que lidam com grandes erros de estimação no início do teste. Chang e

Ying (1996) sugeriram substituir a informação de Fisher pela informação de Kullback-Leibler. Em geral, a informação de Kullback-Leibler mede a "distância" entre duas verossimilhanças. Quanto maior a informação de Kullback-Leibler, mais fácil é discriminar entre duas verossimilhanças. Veerkamp e Berger (1997) sugerem utilizar informação de Fisher ponderada com a função de verossimilhança e escolher o k-ésimo item conforme a máxima informação integrada. Van der Linden (1998) recomenda aplicar um critério bayesiano para seleção de itens que inclua alguma forma de ponderação baseada na distribuição posterior de θ. Uma vez que a distribuição posterior é uma combinação da função de verossimilhança e uma distribuição *a priori*, a diferença básica com o critério anterior é o pressuposto de uma distribuição *a priori*.

7.5.2 O método a estratificado

Com base em sua teoria da informação global (1996), Chang e Ying (1999) propuseram o método de seleção de itens de a estratificado ascendente. Podemos descrever uma versão simples do método de a estratificado, como segue:

1. Dividir o conjunto de itens em K níveis conforme os valores a dos itens.
2. Dividir o teste em K etapas.
3. Na k-ésima etapa, selecionar n_K itens do k-ésimo nível baseando-se na semelhança entre b e $\hat{\theta}$, depois, aplicar os itens (observar que $n_1 + n_2 +,..., + n_K$ é igual à extensão do teste).
4. Repetir o passo 3 desde $k = 1, 2,..., K$.

O fundamento lógico do método de a estratificado é que, como a exatidão de geralmente aumenta à medida que o teste avança, é uma estratégia eficaz de teste estratificar o banco de itens em níveis de acordo com os valores de a dos itens e depois dividir o teste nas correspondentes etapas. Isto é, itens do nível de a mais baixo seriam aplicados nas etapas iniciais do teste e aqueles do nível mais alto ficariam para a última etapa. Em cada etapa, só se selecionam itens do respectivo nível.

A estratificação do conjunto de itens também influi nas taxas de exposição a itens. Como apontaram Chang e Ying (1999), uma das principais causas de as taxas de exposição a itens estarem desigualmente distribuídas é que, quando se efetua a seleção de itens de máxima informação, é mais provável selecionar itens com grandes valores de a do que aqueles com baixos valores. Ao agrupar itens com valores de a semelhantes e escolher dentro de um grupo em cada etapa, as taxas de exposição estariam mais uniformemente distribuídas, porque itens com todos os valores de a seriam escolhidos com a mesma frequência. Portanto, a estratificação tanto diminuiria as taxas de itens com alto a quanto aumentaria as taxas de itens com baixo a.

O esquema de a estratificado mereceu comentários positivos de muitos pesquisadores. Davey e Nering (2002, p. 181) apontaram o seguinte:

> Itens altamente discriminantes são como um holofote focalizado com precisão, que brilha intensamente, mas joga pouca luz fora de um feixe estreito. Itens menos discriminantes se parecem mais com luminárias que iluminam uma ampla área, mas não tão intensamente. A ideia de Chang e Ying é usar as luminárias no início, para procurar e localizar o examinado, e, depois, mudar para os holofotes, a fim de inspecionar as coisas com mais detalhe.

Mas esse método também foi alvo de crítica. Segundo Stocking (1998):

> Se o enfoque sugerido funcionasse bem em conjuntos reais concebidos para CATs, as demoradas iterações necessárias para desenvolver parâmetros estáveis de controle de exposição em métodos de controle de exposição como os de Hetter e Sympson (1997), Stocking e Lewis (1998) e Davey e Nering (1998) poderiam ser eliminadas. Isso poderia ser acompanhado também de um uso mais eficiente do conjunto, de modo que itens nunca ou raramente usados fossem utilizados com mais frequência.

As críticas de Stocking (1998) vêm sobretudo dos três aspectos a seguir:

1. É motivo de preocupação a correlação entre os parâmetros de dificuldade de item e a discriminação de itens, relação esta talvez capaz de interferir com as características operacionais previstas de esquemas de teste CAT, dependendo da estratificação do conjunto em discriminação de itens.
2. O esquema de a estratificado não incluiu a capacidade de mexer no conteúdo do item.

3. Outras críticas referem-se à falta de orientações quanto ao número de estratos a se utilizar, bem como ao número de itens de cada estrato a serem aplicados.

O método de a estratificado proposto em Chang e Ying (1999) é apenas uma versão prototípica. Os estudos iniciais deles eram simplistas demais, e eles não abordaram questões de projeto, por exemplo, qual poderia ser o melhor conjunto de propriedades da estratificação ou se essas características são gerais ou dependem da estrutura do conjunto de itens e da distribuição da população. Houve pesquisas posteriores que trouxeram muitos avanços. Chang, Qian e Ying (2001) desenvolveram o esquema de a estratificado com bloqueio de b para superar o primeiro problema, ao equilibrar as distribuições de valores de b entre todos os estratos. Esse método começa por dividir o conjunto de itens conforme os valores de b e depois efetua a estratificação por a. O estudo de simulação realizado pelos autores mostrou que o método de bloqueio funciona consideravelmente melhor do que o método estratificado original, no sentido de que melhora o controle da taxa de exposição a itens, reduz os erros quadráticos médios (MSE) e aumenta a confiabilidade do teste. Chang e Van der Linden (2003) e Van der Linden e Chang (2003) propõem modelos matemáticos de programação 0-1, junto com o método de a estratificado, para balancear conteúdos e melhorar a precisão. Yi e Chang (2003) e Leung, Chang e Hau (2003) propuseram soluções para incorporar a capacidade de mexer no conteúdo dos itens.

Pode-se ir mais além na aplicação do método de a estratificado para superar o problema da superestimação. Como Chang e Ying (2002) demonstraram analiticamente, itens com altos parâmetros de discriminação tendem a causar "grandes saltos" do estimador de traço latente na etapa inicial do teste. A fim de manter um ritmo normal no início do teste, os itens a serem aplicados devem ter a característica de baixa discriminação. O estudo com simulação de Chang e Ying revelou que a metodologia proposta de a ascendente é crucial para superar o problema da superestimação.

Os resultados teóricos obtidos por Chang e Ying (2002) mostram que, para o modelo 3PL, o uso da ordem ascendente de a_n na seleção de itens, como defendido em Chang e Ying (1999), desempenha um papel crucial em superar o problema da superestimação em aplicações atuais de CATs em grande escala. Eis algumas vantagens evidentes:

- robustez, diminuindo a flutuação devido à irregularidade na resposta a itens no início;
- eficácia, compensando a influência inicial do item pelo desempenho do teste baseado nas respostas a itens posteriores;
- taxas de exposição mais equilibradas, melhorando o uso do conjunto de itens e reforçando a segurança do teste;
- alta confiabilidade, aumentando a congruência da pontuação entre teste e repetição do teste; e
- maior nível de eficiência, mantendo a alta qualidade da estimação de traço latente ao usar itens altamente discriminantes quando eles podem ser usados com maior eficácia.

7.6 Aferição de brechas de segurança no teste CAT

Cerca de dez anos se passaram desde o incidente Kaplan-ETS. Todavia, à diferença de muitos outros aspectos do CAT, faltam avanços teóricos na aferição de brechas de segurança no teste. Way (1998) apontou que, até agora, não existe entendimento comum sobre questões como o que sejam taxas aceitáveis de exposição a item e durante quanto tempo deveriam usar-se os conjuntos de itens do CAT. Muitas regras hoje em uso em programas de CAT de grande escala derivaram principalmente de estudos com simulação, o que pode não ser suficiente para aferir brechas de segurança no teste provocadas por furto organizado de itens.

Em 6 de agosto de 2002, o ETS anunciou a suspensão temporária do Teste Geral CAT do GRE e reintroduziu versões em papel em vários países estrangeiros. O boletim informativo é o seguinte (www.ets.org, 20 de agosto de 2002):

> O ETS incumbe-se da mudança a pedido do Conselho do GRE, órgão que estabelece as políticas do exame, após uma investigação ter descoberto uma quantidade de *sites* de internet em línguas asiáticas que ofereciam perguntas de versões ao vivo do Teste Geral do GRE para computador. Os *sites* incluíam perguntas e respostas ilegalmente obtidas por examinados que memorizam e reconstroem perguntas e as compartilham com outros examinados. Os *sites* de internet localizam-se na China e na Coreia, e é fácil ter acesso a eles em Hong Kong e Taiwan.

É claro que se deve analisar a segurança do teste CAT num contexto amplo e é preciso desenvolver certas justificações teóricas. A ênfase deveria recair no furto organizado de itens. Mais especificamente, para um determinado conjunto de itens do GRE, se cada examinado pode memorizar β itens (por exemplo, $\beta = 10$), quantos ladrões são necessários para roubar a parte suficientemente grande do conjunto? Uma vez que diferentes estratégias de seleção de itens podem resultar em diferentes taxas de roubo, o objetivo desse tipo de pesquisa é desenvolver um limite superior teórico para o número previsto de ladrões em diversos cenários de CAT. Uma aferição geralmente necessária para os desenvolvedores de testes poderia ser a seguinte: supondo que a extensão do teste é 30 e o tamanho do conjunto de itens é 700, se cada ladrão pode lembrar 20 itens, são necessários, quando muito, 20 ladrões para roubar cerca de 60% dos itens do conjunto.

7.6.1 Índice de agregação de itens de Chang e Zhang

Segundo a sua definição original, uma *taxa de sobreposição de itens* é o quociente entre o número esperado de itens sobrepostos encontrados por dois examinados aleatoriamente escolhidos no grupo e a extensão do teste. O diagrama de Venn, na figura 7.2, mostra dois conjuntos de itens para os exami-

Figura 7.2 Dois examinados podem compartilhar itens

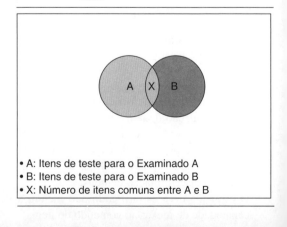

- A: Itens de teste para o Examinado A
- B: Itens de teste para o Examinado B
- X: Número de itens comuns entre A e B

nados A e B, respectivamente. A interseção indica que ambos os examinados podem ver os itens comuns. Podemos estimar as taxas de sobreposição de itens calculando a porcentagem de itens compartilhados pelos pares de examinados e, depois, a média de todos os pares de examinados do grupo. A taxa estimada de sobreposição de itens também é denominada *taxa média de sobreposição de itens* (Way, 1998). Idealmente, o número de itens sobrepostos em qualquer grupo de examinados deveria ser o mínimo possível. Para Chang e Zhang (2002), taxas de sobreposição mais elevadas evidenciam um acentuado desvio das taxas de exposição a itens. Se todos os itens do conjunto tiverem igual possibilidade de serem escolhidos, o número de itens em comum entre examinados será o mínimo possível.

Há duas limitações na definição original. A primeira é que ela considera apenas dois examinados no cálculo da taxa, em vez de um grupo de α examinados. Na realidade, em muitos casos, um examinado reúne informação de outros vários examinados que já fizeram o teste. A segunda é que ela não distingue o *beneficiário* do *não beneficiário*. O examinado que vai fazer o teste é um beneficiário, ao passo que os examinados que já o fizeram são os não beneficiários. Portanto, é preciso ampliar a definição para superar as limitações.

Seja X_α o número de itens em comum encontrado por um grupo de examinados, em que α é o número de examinados. Por exemplo, X_3 representa o número de itens em comum encontrado por três examinados; X_α é uma variável aleatória, e sua aleatoriedade decorre tanto do algoritmo de seleção de itens quanto da amostragem de examinados. Já que neste capítulo consideramos somente um grupo fixo de examinados, a aleatoriedade de X_α decorre, exclusivamente, do algoritmo de seleção de itens. Suponhamos α conjuntos de itens reunidos para α examinados; os itens em comum deveriam ser a interseção desses α conjuntos. Na figura 7.3, vemos o caso de $\alpha = 3$, na qual a área sombreada representa os itens comuns encontrados pelos três examinados. Chamamos isso de *compartilhamento de itens*, porque todos os α examinados podem *compartilhar* a informação contida na interseção. De preferência, gostaríamos de conhecer a distribuição de X_α para poder calcular seu valor esperado. Um grande valor de $E[X_\alpha]$ indica que a taxa de sobreposição do teste (para α examinados) é alta.

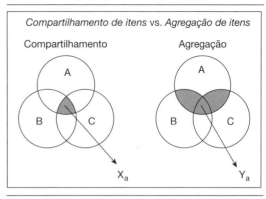

Figura 7.3 Comparação entre compartilhamento e agregação de itens para três examinados

Chang e Zhang (2002) generalizam a definição de taxas de sobreposição de itens, estendendo-a de dois examinados para um grupo de α examinados.

Definição 2. Seja X_α o número de itens comuns compartilhados por um grupo de α examinados aleatoriamente escolhidos; então, chamamos $E[X_\alpha]$, que é o valor esperado de X_α, de índice de compartilhamento de itens.

Quando $\alpha = 2$, $E[X_\alpha]$ tem um significado intuitivo indicando quantos itens em comum esperaríamos que um aluno pudesse conseguir com um amigo que acaba de fazer o teste. Todavia, quando $\alpha \geq 3$, embora $E[X_\alpha]$ ainda seja um bom indicador da segurança do teste, talvez a sua interpretação seja menos intuitiva. É de se notar que a informação sobre os itens em comum é benéfica para aqueles que vão fazer o teste, mas não para os que já o fizeram. Porém $E[X_\alpha]$ não distingue os primeiros dos últimos quando $\alpha \geq 3$.

Suponhamos que o examinado A, que ainda fará o teste, procura a ajuda dos amigos B e C, que já o fizeram. Chamamos isso de *agregação de informação*, no sentido de que um beneficiário reúne informação de diversos não beneficiários. Seja Y_α o número de itens sobrepostos encontrados por um examinado com outros α examinados que já fizeram o teste. A figura 7.3 é uma representação gráfica para $\alpha = 2$, na qual A, B e C representam os itens feitos pelos examinados A, B e C, respectivamente. Evidentemente, $A \cap (B \cup C)$ são os itens que o examinado A pode agregar de B e C. Aparentemente, $Y_1 \equiv X_2$. Mas Y_α é diferente de $X_{\alpha+1}$ para $\alpha \geq 2$. Chang e Zhang propuseram usar uma

142 • SEÇÃO II / TESTE E MEDIÇÃO

nova definição para distinguir *compartilhamento de itens* de *agregação de itens*.

Definição 3. Seja Y_α o número de itens em comum que um examinado pode agregar de α examinados aleatoriamente escolhidos, então chamamos $E[Y_\alpha]$, que é o valor esperado de Y_α, de índice de agregação de itens.

7.6.2 Limites inferiores de $E[X_\alpha]$ e $E[Y_\alpha]$

Manter as taxas de sobreposição de testes abaixo de um limite razoável deveria ser um aspecto do controle de segurança do teste. Isso coloca uma pergunta interessante: qual o critério para uma taxa de sobreposição ser considerada pequena? No controle da taxa de exposição a itens, é comum estabelecer um limite superior e exigir que a taxa de uso de nenhum item exceda tal limite. Analogamente, um modo simples de se estabelecer um critério para o controle da taxa de sobreposição de testes seria baseá-la num valor mínimo de taxas de sobreposição. As taxas de sobreposição de testes são, porém, muito sensíveis à influência dos métodos utilizados para selecionar itens, estimar habilidades e controlar a exposição. Para fazermos comparações com todos os métodos possíveis, devemos procurar uma candidata promissora entre todas as possíveis regras de seleção de itens, metodologias de estimação de habilidades e estratégias de controle de exposição. Se existir, esse valor mínimo pode servir como limite inferior. Um painel de segurança de testes pode avaliar a discrepância entre o limite inferior teórico e a taxa de sobreposição de testes observada, gerada pelo algoritmo de seleção de itens a ser investigado. Uma grande diferença indica a necessidade de aperfeiçoar o algoritmo diminuindo a taxa de sobreposição, uma diferença pequena indica não haver muito a melhorar.

Como procedimentos diferentes podem gerar diferentes taxas de sobreposição, as distribuições de X_α e Y_α dependem do procedimento de seleção de itens incluído no teste CAT, e assim, em geral, talvez não seja possível deduzir distribuições teóricas para as duas variáveis aleatórias. Contudo, para o procedimento de seleção aleatória de itens (isto é, simplesmente escolhemos n itens aleatoriamente para cada examinado), as distri-

buições teóricas de X_α e Y_α podem ser deduzidas. A necessidade de *randomização* é importante na dedução matemática das distribuições teóricas de X_α e Y_α, mas pode não ser evidente para alguns profissionais, porque nenhum dos programas de CAT recomenda o método de seleção aleatória de itens. Quanto à consequência do pressuposto de randomização, como apontado por Wainer (2000), quando todos os itens têm igual possibilidade de serem aplicados aos examinados, a segurança do teste atingirá o máximo. Sendo assim, as expectativas das definições 2 e 3 podem servir como dois limites inferiores teóricos para as taxas de sobreposição de itens.

7.6.3 Sobre deduções teóricas

Um dos propósitos do controle de segurança do teste num CAT é reduzir a taxa de sobreposição de testes. Para isso, é desejável achar distribuições das variáveis aleatórias X_α e Y_α, $\alpha = 2, 3, \ldots, n$, de modo que seja possível calcular os valores esperados de X_α e Y_α. Tais valores podem servir como limites inferiores teóricos das taxas de sobreposição de testes para desenvolvedores de testes, que podem avaliar os esquemas de seleção de seu CAT comparando as taxas de sobreposição observadas ou simuladas com esses limites inferiores. Com o pressuposto de todos os itens terem igual possibilidade de serem escolhidos, Chang e Zhang (2002) deduziram as distribuições teóricas para as variáveis de compartilhamento X_α e de agregação Y_α para qualquer número α.

Ainda que as deduções deles sejam matematicamente rigorosas, são muito simples para X_2 ou, de forma equivalente, para Y_1. Vejamos o caso mais simples, com apenas dois examinados, A e B. Para A, escolhemos, aleatoriamente, m itens de um conjunto que se compõe de N itens. Quando A terminou o teste, repusemos os m itens ao conjunto. Agora, podemos considerar "ruins" esses m itens por terem sido usados por A. Já para o examinado B, extrairemos um grupo de m itens do mesmo conjunto que contém m itens "ruins". É interessante observar que esse processo é equivalente ao experimento em que se selecionam, aleatoriamente, m unidades de um conjunto de N unidades com m unidades defeituosas. Por óbvio, a quantidade de unidades defeituosas que seriam encontradas nas

m extrações segue a distribuição hipergeométrica (Bickel; Doksum, 1977). Lembremos que X_a é o número de itens comumente sobrepostos encontrado por α examinados. Logo, X_2 tem distribuição hipergeométrica, ou seja,

$$\text{Prob}\{X_2 = k\} = \frac{\binom{m}{k}\binom{N-m}{m-k}}{\binom{N}{m}},$$

$$k = 0, 1, 2, \ldots, m,$$

em que N é o tamanho do conjunto de itens, m é a extensão do teste e k é o número de itens em comum. Conforme qualquer dos livros-texto de estatística básica, temos

$$E[X_2] = \frac{m^2}{N}.$$

Quanto às deduções para $\alpha \geq e$, cf. Chang e Zhang (2002).

7.6.4 Como usar os limites inferiores

Agora, de acordo com o critério da *melhor* segurança do teste, pode-se calcular com precisão a taxa esperada de sobreposição de itens entre um examinado e um grupo de α examinados. E, com base no cálculo, é fácil elaborar uma tabela de limites inferiores de taxas de sobreposição de itens para diversas combinações de cenários de teste. Tal tabela é útil como modelo para profissionais na avaliação de algoritmos de segurança do teste e na seleção de itens.

Observe-se que os resultados deduzidos por Chang e Zhang (2202) são os limites inferiores e as taxas de sobreposição observadas deveriam ser mais altas do que esses limites. A diferença entre o limite inferior teórico e a taxa observada conforme um determinado método de seleção de itens fornece informação a respeito da perspectiva de segurança desse esquema de teste. Evidentemente, o uso da taxa de agregação de itens permitiria avaliar melhor a segurança do teste para os métodos usados nas seleções de itens.

7.6.5 Limitações na dedução original de Chang e Zhang

O índice de compartilhamento de itens é o limite inferior do número esperado de itens em comum encontrados por um grupo de α examinados. Embora a dedução seja interessante do ponto de vista teórico, talvez não forneça informação prática aos profissionais quando se trata de um grande número de examinados. Segundo a figura 7.4, à medida que α aumentar, o número de itens em comum na parte da interseção se tornará muito pequeno. Por outro lado, muito mais útil deveria ser o índice de agregação de itens, que calcula o limite inferior do número esperado de itens que um examinado pode reunir de um grupo de α examinados. Todavia, a dedução baseia-se no pressuposto de que todo examinado consegue memorizar todos os itens do teste, o que parece improvável na realidade. Até que ponto se pode avaliar a gravidade da atividade de agregação de itens? O resultado de Chang e Zhang dá uma resposta parcial para testes CAT de pouca extensão. Para CAT com extensão moderada a longa, não é realista pressupor que alguém memorize todos os itens.

Figura 7.4 Compartilhamento de itens *vs.* agregação de itens para cinco examinados

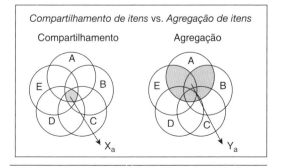

7.6.6 Ampliação do índice de agregação de itens de Chang e Zhang

Chang e Zhang (2003) descobriram que, para aplicar o índice de agregação de itens, basta pressupor que cada examinado memoriza apenas β itens, em que $1 \leq \beta \leq n$, sendo n a extensão do teste. Note-se que o resultado de Chang e Zhang (2002) é um caso especial de $\beta = n$.

Uma propriedade interessante em Chang e Zhang (2002) é que a extensão do teste pode variar no cálculo da taxa de agregação de itens, sendo essa a condição mais concreta e prática que

Figura 7.5 Itens podem ser comprometidos por N ladrões

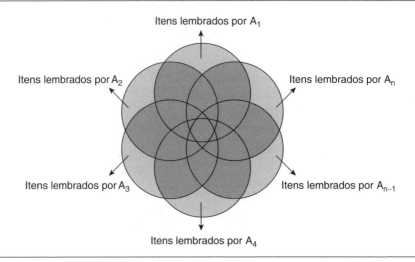

pode ser empregada na ampliação. Suponhamos que cada ladrão possa lembrar apenas β itens do total de n itens que lhe forem aplicados; uma vez que esses $n - \beta$ itens que o ladrão não consegue recordar não causam brecha na segurança do teste, podemos simplesmente tirá-los do teste, de modo que a "autêntica" extensão será β. Mesmo com a extensão do teste reduzida de n para β itens, todas as deduções permanecem iguais. Por consequência, o resultado de Chang e Zhang pode ser usado facilmente, com o pressuposto de que cada ladrão só se lembra de β itens, e essa generalização é bastante simples na condição atenuada.

7.6.7 Aferir o roubo organizado de itens

Por muitos anos, os esforços de pesquisa em defesa da segurança do teste CAT concentraram-se nas atividades de compartilhamento de itens entre examinados. Os índices analisados até agora neste capítulo não se destinam especificamente a medir brechas de segurança decorrentes de atividade de roubo organizado. O incidente Kaplan-ETS prova que o roubo organizado de itens pode causar danos mais graves do que a informação compartilhada entre amigos. A fim de propormos um modelo quantitativo para roubo organizado de itens, seria melhor pensar no exemplo Kaplan-ETS. Suponhamos que um grupo de ladrões faz um CAT consecutivamente. Por conveniência, esses ladrões estão ordenados segundo a sequência do horário de seus testes. Para os administradores do teste, os itens contidos na união de A_1, A_2,..., A_α podem ser considerados "ruins", em que A_i é o conjunto de itens feito pelo i-ésimo examinado. A figura 7.5 apresenta uma demonstração.

Definição 4. Seja A_α o conjunto de n itens que o α-ésimo ladrão faz, e $\bigcup_{i=1}^{\alpha} A_i$ são itens "ruins" que os α ladrões podem comprometer. Seja Z_α o número de itens em $\bigcup_{i=1}^{\alpha} A_i$.

Sob o pressuposto de seleção aleatória de itens, Chang e Zhang (2002) deduziram a distribuição teórica de Z_α para que se possa calcular $E[Z_\alpha]$ analiticamente – pode-se interpretar $E[Z_\alpha]$ como o valor esperado do *limite superior* do número de itens comprometidos pelos α ladrões. Mais uma vez, consideremos que A_i contém apenas os β itens que o ladrão consegue lembrar, então seria possível prever quantos ladrões são necessários para recuperar $\gamma\%$ ($0 \leq \gamma \leq 100$) do conjunto de itens.

7.6.8 Quantos ladrões são necessários para comprometer um conjunto de itens de CAT do GRE?

Até que ponto um teste CAT de importantes consequências, como o GRE, pode ficar comprometido? Com base nas descobertas de Chang e Zhang (2003), pode-se preparar uma tabela de limites teóricos superiores dos valores esperados da quantidade de ladrões, necessários para diversas combinações de cenários de teste. Os cenários incluirão o GRE e o GMAT como casos especiais. Tabelas desse tipo são úteis para aferir brechas de segurança de testes em lugares onde tendem a acontecer crimes organizados de roubo e compartilhamento de CAT.

Stocking (1994) propôs um tamanho do conjunto de itens de aproximadamente 12 vezes a extensão do exame de CAT, o que Way (1998) disse ser uma regra geral. De acordo com o cenário de extensões de o teste do CAT do GRE (www.gre.org, 18 de junho de 2003), o teste Verbal consiste em 30 itens, enquanto o teste Quantitativo tem 28 itens. Seguindo a regra geral, os tamanhos do conjunto seriam 360 para o teste Verbal e 336 para o teste Quantitativo. Contudo, esses números podem parecer pequenos demais. Vamos dobrar os tamanhos, supondo que cada subteste consiste em dois conjuntos com chances aleatórias de serem atribuídos a cada examinado. Assim, há cerca de 700 itens em cada um dos subconjuntos. Ao computar $E[Z_\alpha]$ de Chang e Zhang (2003), β pode ser qualquer número fixo limitado por n, no qual n é a extensão do teste. Seja $\beta = 10$, isto é, cada ladrão pode lembrar 10 itens. Chang e Zhang (2003) calcularam $E[Z_\alpha]$ para $\alpha = 2, 3, \ldots, 100$, em que α representa o número de ladrões que já fizeram o teste. Os autores acharam resultados preocupantes para o cenário de GRE anterior – se cada ladrão puder recordar 10 itens, bastam, no máximo, 50 ladrões para comprometer cerca de 55% dos itens do conjunto. Mas, se cada ladrão se lembrar de 20 itens, são necessários 20 ladrões – quando muito – para roubar a mesma quantidade de itens.

Atos ilegais de roubo e compartilhamento de itens de CAT inflarão as pontuações de alguns examinados e prejudicarão examinados honestos. Se não houver medidas eficazes, isso poderia abalar consideravelmente a credibilidade dos CATs. As descobertas de Chang e Zhang (2003) são, ao mesmo tempo, encorajadoras e preocupantes para pesquisadores do CAT. Os índices teóricos propostos permitirão aferir o rigor da segurança do teste em diversas situações. Enquanto isso, cálculos baseados nesses índices podem ajudar os desenvolvedores de CAT a melhorarem seus esquemas quanto ao uso do conjunto de itens e à segurança do teste. No entanto, o resultado numérico obtido por Chang e Zhang indica que a atual maneira de se elaborar um CAT de importantes

consequências, com apenas algumas centenas de itens, talvez não seja adequada para regiões onde não se pode garantir a prevenção de roubos e compartilhamentos de itens de CAT.

Como já dissemos, os resultados de Chang e Zhang baseiam-se em seleção aleatória de itens, um tipo de seleção que equaliza as taxas de exposição a itens e, portanto, oferece o melhor controle de segurança de testes. Mesmo com o melhor esquema de segurança, pode-se acabar com 385 comprometidos, de um total de 700, ao falar para 50 examinados que só podem recordar 10 itens após o teste. Com efeito, o ETS utiliza um método restrito de seleção de itens de máxima informação que produz uma distribuição muito enviesada da exposição a itens. Assim, o número de ladrões necessário para comprometer 55% dos itens do conjunto pode ser bem menor que 50. É interessante salientar que a Kaplan enviou apenas 20 "ladrões" no incidente de 1994, cujo resultado levou o ETS a suspender o teste CAT do GRE.

7.7 Conclusões

Os testes computadorizados adaptáveis ficaram na moda em muitos programas de teste de importantes consequências. No CAT, o principal componente é o procedimento de seleção de itens incluído no sistema, que escolhe o próximo item para o examinado com base em suas repostas aos itens previamente aplicados. Nas duas últimas décadas, o procedimento de seleção de itens utilizado com mais frequência baseou-se na maximização da informação dos itens. Mas, especificamente, seleciona-se um item que tem máxima informação no nível de θ estimado ($\hat{\theta}$) a partir das respostas disponíveis.

Porém, o algoritmo original de seleção de itens desenvolvido por Lord (1970) baseia-se no processo de Robbins-Monro e pode ser considerado um método de pontuação não ligado à IRT. Como Lord observou, um teste adaptável visa adequar os níveis de dificuldade dos itens aplicados ao traço latente θ do examinado submetido à prova. Por isso, os itens escolhidos para aplicação devem ter valores de b condizentes com o $\hat{\theta}$ do examinado. Quando se usam certos modelos matemáticos para as funções de resposta a itens, como o modelo logístico e o de ogiva normal, o item selecionado ao maximizar a informação de itens em $\hat{\theta}$ deve ter valor de b próximo a $\hat{\theta}$. Bickel *et al.* (2001) mostram que o método de máxima informação é sensível à influência do modelo. Muitos modelos razoáveis, cujos formatos são similares aos do modelo logístico, têm diferentes formatos de funções de informação e, portanto, diferentes estratégias de otimização. Embora difícil de compreender, a perspectiva prática desse estudo sugere que talvez o enfoque de máxima informação dependa demais de determinados modelos matemáticos de IRT. Vários profissionais já ressaltaram a conveniência de ter em conta algumas alternativas para a pontuação de testes computadorizados (p. ex., Dodd; Fitzpatrick, 2002; Plake, 2002).

Sim, o método de máxima informação fornece estimativas mais eficientes. Todavia, a eficiência se dá sob o pressuposto de um "conjunto de itens infinitamente grande" que nunca se verifica na realidade. Em geral, um conjunto de itens operacionais compõe-se de várias centenas de itens. Ademais, os itens do conjunto selecionados para cada examinado devem atender a restrições não estatísticas, como o equilíbrio do conteúdo. Quanto mais restrições tivermos de impor, menos graus de liberdade poderemos ter num esquema. Para projetarmos um algoritmo de CAT que funcione razoavelmente bem, deveríamos recorrer a alguma estratégia de amostragem, inclusive estratificação.

Um dos principais objetivos deste capítulo é revelar intuitivamente a causa do fenômeno de subestimação/superestimação. Conforme os resultados teóricos de Chang e Ying (2002), esses problemas podem ser causados pela excessiva dependência de itens de alta discriminação no início do teste, acarretando falta de estabilidade e consistência, essenciais em toda aplicação de CAT, especialmente quando os testes têm importantes consequências. Para tanto, Chang e Ying propõem modificar o procedimento estatístico para seleção de itens de CAT mediante a incorporação de algumas técnicas analíticas. Seus resultados mostram que ponderar a pontuação de verossimilhança é uma possibilidade para mitigar o problema da subestimação, pois o θ real estará mais próximo de seu estimador contínuo, $\hat{\theta}$, depois de mais itens do CAT terem sido aplicados.

O CAT foi desenvolvido, originalmente, para avaliar o traço latente unidimensional, θ.

Tatsuoka (2002) e Xu, Chang e Douglas (2003) propuseram diversos métodos promissores de seleção de itens para aplicações diagnósticas cognitivas, que incluem a capacidade de avaliação diagnóstica para fornecer informação diagnóstica útil a examinados. Uma futura aplicação inovadora dessa pesquisa seria utilizar o método adaptável computadorizado de diagnose cognitiva na área de aprendizagem na internet. Poder-se-ia desenvolver um programa de computador para usar a informação fornecida por testes diagnósticos como um tutor *online*. Seria possível aplicar essa pesquisa no campo da instrução por internet para gerar um programa que use a informação diagnóstica baseada na estimativa do estado de conhecimento de uma pessoa para ministrar instrução adicional por esse meio. Essa instrução específica poderia ser individualizada para fornecer informação para todos os atributos não dominados, mas não os atributos dominados, para o indivíduo.

Finalmente, quais conclusões poderíamos tirar sobre roubo organizado de itens no contexto da segurança de testes? Os resultados analíticos abordados por Chang e Zhang (2003) indicam claramente que o fato de estruturar um exame de CAT operacional com apenas algumas centenas de itens deveria ser considerado negligência proposital. Um exame de CAT de importantes consequências deve ter, entre muitas outras coisas, um grande conjunto de itens. Pode-se conseguir isso, em parte, incluindo muitos itens que nunca foram escolhidos pelos atuais algoritmos de seleção de máxima informação. Chang e Zhang mostram que se pode reforçar muito a segurança dos testes aumentando o tamanho do conjunto de itens, de várias centenas para alguns milhares. Também se pode conseguir isso incluindo muitos itens já usados no passado (talvez 20 mil itens, no caso do GRE). Segundo Green (2000, p. 33):

> Se o conjunto de itens é grande o bastante, um examinado que estudou o conjunto tem relativamente pouca vantagem – estudar o conjunto equivale a rever a área de conhecimento. Mas, se o conjunto é pequeno, a pessoa que estudou os itens pode ter vantagem. Uma possibilidade é ter dois ou mais conjuntos de itens distintos ou diferentes formulários de teste.

Além disso, e ainda mais importante, a estrutura da organização deveria incluir a geração imediata de itens (p. ex., ver geração de itens em

Bennet, 2003) a partir de planos que permitem, para alguns tipos de itens, a criação de uma quantidade ilimitada de itens. Em tais testes, conhecer os princípios que embasam os itens vem a ser a estratégia mais eficaz (Robert Mislevy, comunicação pessoal, 7 de junho de 2003).

REFERÊNCIAS

BENNET, R. E. An electronic infrastructure for a future generation of tests. *In*: O'NEIL, H. F.; PEREZ, R. (eds.). *Technology applications in education*: A learning view. Hillsdale: Lawrence Erlbaum, 2003. p. 267-281.

BICKEL, P.; BUYSKE, S.; CHANG, H.; YING, Z. On maximizing item information and matching ability with item difficulty. *Psychometrika*, 66, p. 69-77, 2001.

BICKEL, P. J.; DOKSUM, K. A. *Mathematical statistics*. San Francisco: Holden-Day, 1977.

CARLSON, S. ETS finds flaws in the way online GRE rates some students. *Chronicle of Higher Education*, 47(8), A47, 20 out. 2000.

CHANG, H.; QIAN, J.; YING, Z. *a*-Stratified multistage computerized adaptive testing with *b* blocking. *Applied Psychological Measurement*, 25, p. 333-341, 2001.

CHANG, H.; STOUT, W. The asymptotic posterior normality of the latent trait in an IRT model. *Psychometrika*, 58, p. 37-52, 1993.

CHANG, H.; VAN DER LINDEN, W. J. Optimal stratification of item pools in *a*-stratified adaptive testing. *Applied Psychological Measurement*, 27, p. 262-274, 2003.

CHANG, H.; YING, Z. A global information approach to computerized adaptive testing. *Applied Psychological Measurement*, 20, p. 213-229, 1996.

CHANG, H.; YING, Z. *a*-Stratified multistage computerized adaptive testing. *Applied Psychological Measurement*, 23(3), p. 211-222, 1999.

CHANG, H.; YING, Z. *To weight or not to weight? Balancing influence of initial and later items in CAT*. Artigo apresentado na reunião anual do Conselho Nacional de Medição em Educação, New Orleans, abr. 2002.

CHANG, H.; YING, Z. Nonlinear sequential designs for logistic item response theory models with applications to computerized adaptive tests. *Annals of Statistics*, no prelo.

CHANG, H.; ZHANG, J. Hypergeometric family and item overlap rates in computerized adaptive testing. *Psychometrika*, 67, p. 387-398, 2002.

CHANG, H.; ZHANG, J. *Assessing CAT security breaches by the item pooling index to compromise a CAT item bank, how many thieves are needed?* Artigo apresentado na reunião anual do Conselho Nacional de Medição em Educação, Chicago, abr. 2003.

DAVEY, T.; NERING, N. Controlling item exposure and maintaining item security. *In*: MILLS, C. N.; POTENZA, M. T.; FREMER, J. J.; WARD, W. C. (eds.). *Computer-based testing*: Building the foundation for future assessments. Mahwah: Lawrence Erlbaum, 2002. p. 165-191.

DAVEY, T.; PARSHALL, C. G. *New algorithms for item selection and exposure control with computerized adaptive testing*. Artigo apresentado na reunião anual da Associação Americana de Pesquisa Educacional, San Francisco, abr. 1995.

DODD, B. G.; FITZPATRICK, S. J. Alternative for scoring CBTs. *In*: MILLS, C. N.; POTENZA, M. T.; FREMER, J. J.; WARD, W. C. (eds.). *Computer-based testing*: Building the foundation for future assessments. Mahwah: Lawrence Erlbaum, 2002. p. 215-236.

FINNEY, D. J. *Statistical method in biological assay*. Nova York: Academic Press, 1978.

FOLK, V. G.; SMITH, R. L. Models for delivery of CBTs. *In*: MILLS, C. N.; POTENZA, M. T.; FREMER, J. J.; WARD, W. C. (eds.). *Computer-based testing*: Building the foundation for future assessments. Mahwah: Lawrence Erlbaum, 2002. p. 41-66.

GOODWIN, G. C.; RAMAGE, P. J.; CAINES, P. E. Discrete time multivariable adaptive control. *IEEE Transactions on Automatic Control*, 25, p. 449-456, 1980.

GREEN, B. F. System design and operation. *In*: WAINER *et al.* (eds.). *Computerized adaptive testing*: A primer. 2. ed. Hillsdale: Lawrence Erlbaum, 2000. p. 23-35.

HAU, K.-T.; CHANG, H. Item selection in computerized adaptive testing: Should more discriminating items be used first? *Journal of Educational Measurement*, 38, p. 249-266, 2001.

HODGES, J. L.; LEHMANN, E. L. The efficiency of some nonparametric competitors of the *t*-test. *Annual of Mathematical Statistics*, 27, p. 324-335, 1956.

LEUNG, K.; CHANG, H.; HAU, K. T. Incorporation of content balancing requirements in stratification designs for computerized adaptive testing. *Educational and Psychological Measurement*, 63, p. 257-270, 2003.

LORD, M. F. Some test theory for tailored testing. *In*: HOLZMAN, W. H. (ed.). *Computer assisted instruction, testing, and guidance*. Nova York: Harper & Row, 1970. p. 139-183.

MCBRIDE, J. R.; MARTIN, J. T. Reliability and validity of adaptive ability tests in a military setting. *In*: WEISS, D. J. (ed.). *New horizons in testing*: Latent trait test theory and computerized adaptive testing. Nova York: Academic Press, 1983. p. 223-236.

MILLS, C. N.; STOCKING, M. L. Practical issues in large scale computerized adaptive testing. *Applied Measurement in Education*, 9, p. 287-304, 1996.

MISLEVY, R.; CHANG, H. Does adaptive testing violate local independence? *Psychometrika*, 65, p. 149-165, 2000.

OWEN, R. J. A Bayesian sequential procedure for quantal response in the context of adaptive mental testing. *Journal of the American Statistical Association*, 70, p. 351-356, 1975.

PLAKE, B. S. Alternatives for scoring CBTs and analyzing examinee behavior. *In*: MILLS, C. N.; POTENZA, M. T.; FREMER, J. J.; WARD, W. C. (eds.). *Computer-based testing*: Building the foundation for future assessments. Mahwah: Lawrence Erlbaum, 2002. p. 267-274.

ROBBINS, H.; MONRO, S. A stochastic approximation method. *Annual of Mathematical Statistics*, 22, p. 400-407, 1951.

148 • SEÇÃO II / TESTE E MEDIÇÃO

STOCKING, M. L. *Three practical issues for modern adaptive testing item pools* (ETS Research Rep. n. 94-5). Princeton: Educational Testing Service, 1994.

STOCKING, M. L. *A framework for comparing adaptive test designs.* Manuscrito em revisão, 1998.

STOCKING, M. L.; LEWIS, C. *A new method of controlling item exposure in computerized adaptive testing* (Research Rep. n. 95-25). Princeton: Educational Testing Service, 1995.

SYMPSON, J. B.; HETTER, R. D. Controlling item-exposure rates in computerized adaptive testing. *In: Proceedings of the 27th Annual Meeting of the Military Testing Association.* San Diego: Navy Personnel Research and Development Center, out. 1985. p. 973-977.

TATSOUKA, C. Data analytic methods for latent partially ordered classification models. *Journal of Royal Statistical Society*, 51, p. 337-350, 2002.

THOMASSON, G. L. *New item exposure control algorithms for computerized adaptive testing.* Artigo apresentado na reunião anual da Sociedade Psicométrica, Minneapolis, jun. 1995.

VAN DER LINDEN, W. J. Bayesian item-selection criteria for adaptive testing. *Psychometrika*, 63, p. 201-216, 1998.

VAN DER LINDEN, W. J.; CHANG, H. *a*-Stratified adaptive testing with large number of content constraints. *Applied Psychological Measurement*, 27, p. 107-120, 2003.

VEERKAMP, W. J. J.; BERGER, M. P. F. Item-selection criteria for adaptive testing. *Journal of Educational and Behavioral Statistics*, 22, p. 203-226, 1997.

WAINER, H. Rescuing computerized adaptive testing by breaking Zipf's law. *Journal of Educational and Behavioral Statistics*, 25, p. 203-224, 2000.

WAINER, H. *et al.* (eds.). *Computerized adaptive testing*: A primer. 2. ed. Hillsdale: Lawrence Erlbaum, 2000.

WAY, W. D. Protecting the integrity of computerized testing item pools. *Educational Measurement: Issues and Practice*, 17, p. 17-27, 1998.

WEISS, D. J. Improving measurement quality and efficiency with adaptive testing. *Applied Psychological Measurement*, 6, p. 473-492, 1982.

XU, X.; CHANG, H.; DOUGLAS, J. *A simulation study to compare CAT strategies for cognitive diagnosis.* Artigo apresentado na reunião anual da Associação Americana de Pesquisa Educacional, Chicago, abr. 2003.

YI, Q.; CHANG, H. *a*-Stratified multistage CAT design with content-blocking. *British Journal of Mathematical and Statistical Psychology*, 56, p. 359-378, 2003.

Seção III

MODELOS PARA DADOS CATEGÓRICOS

Capítulo 8

TENDÊNCIAS EM ANÁLISE DE DADOS CATEGÓRICOS:

ideias novas, seminovas e recicladas

DAVID RINDSKOPF

Provavelmente, Kierkegaard nada sabia de estatística, mas resumiu adequadamente o drama dos estatísticos quando escreveu que "só se pode compreender a vida olhando para trás, mas ela deve ser vivida olhando para frente" (citado por Smith, 1990, p. 6). Na análise de dados, tentamos prever o futuro entendendo o passado.

Até recentemente, aqueles de nós que lidávamos com dados categóricos tivemos de usar um conjunto de ferramentas muito limitado para conseguir conhecimento. E, quer propositalmente, quer por força das circunstâncias, a maioria dos pesquisadores acabava diante de muitas variáveis em formato categórico. Durante muitos anos, a análise de tais dados limitava-se, em geral, a um simples teste de independência qui-quadrado numa tabela de duas vias de variáveis categóricas e, talvez, ao cálculo de uma adequada medida de associação. Hoje, a área abunda em novas técnicas, e problemas que pareciam insolúveis já foram resolvidos ou estão a ponto de sê-lo.

Abordo, neste capítulo, alguns desses novos métodos. Começo com uma tarefa mais ampla, a de apresentar uma visão geral de recentes avanços importantes em estatística aplicada. Ilustrarei esses avanços com exemplos de pesquisa,

tanto meus próprios quanto de outrem, na área de análise de dados categóricos. Se alguns avanços envolvem ideias completamente novas, outros representam a ressurreição ou a reciclagem de ideias antigas.

A redescoberta independente de ideias que, na verdade, são velhas é mais frequente agora, pois a literatura é tão vasta que ninguém poderia conhecer todas as ideias nela incluídas. Mas nem todas as ideias com raízes no passado são, hoje, como eram originalmente, quando foram propostas. Eu digo que uma ideia é reciclada se esta foi desenvolvida muito tempo atrás em sua forma básica, mas inserida no contexto da teoria e dos métodos modernos. Em estatística aplicada, ideias recicladas são postas num contexto mais geral do que a ideia original; elas são apresentadas num sólido arcabouço estatístico, muitas vezes mediante o uso de métodos de estimação de máxima verossimilhança ou bayesianos, e implementadas num programa de computação que torna sua aplicação viável para o pesquisador típico. Mais adiante, tratarei da partição do qui-quadrado em tabelas de contingência, que é uma boa ideia velha e uma boa ideia para reciclar.

152 • SEÇÃO III / MODELOS PARA DADOS CATEGÓRICOS

8.1 EQUILÍBRIO DA ÊNFASE EM ESTATÍSTICA APLICADA

Podemos entender com mais facilidade as tendências gerais no desenvolvimento de estatística aplicada ao ponderar a ascensão e a queda da ênfase em seus três principais componentes: descrição, exploração e inferência. A *descrição* trata da pergunta básica "O que há ali?"; seu propósito fundamental é resumir informação, tanto numérica quanto graficamente. A *exploração* lida com a geração da hipótese e responde à pergunta "O que os dados poderiam significar?". A *inferência* visa resolver a questão na medida do possível; teste de hipóteses, intervalos de confidência, previsão e métodos afins respondem ao desejo de quantificar o volume de evidências nos dados. A evolução da matemática, da probabilidade, da estatística e dos métodos computacionais resultou em mudanças na ênfase dada à descrição, à exploração e à inferência.

Muitos anos atrás, quando o campo da estatística aplicada ainda não existia, as pessoas faziam principalmente descrições qualitativas e inferência informal (ou não). Aos poucos, a necessidade de descrições quantitativas passou a ser reconhecida, mas a inferência ainda era informal. Por fim, a teoria estatística começou a se desenvolver, e a inferência formal foi possível. Infelizmente, a inferência formal começou a monopolizar a área, seja substituindo, seja dominando a função descritiva.

Só recentemente temos visto um movimento visando ao equilíbrio entre descrição e inferência, uma ênfase tanto na geração como no teste de hipóteses e o surgimento da exploração como objetivo primordial da estatística aplicada. Durante muito tempo, a geração de hipóteses foi negligenciada, não só nos cursos de estatística como, de modo mais geral, nos cursos de metodologia. Para alguns, formalizar esses métodos era difícil demais ou até impossível, pois o "elemento humano" estava demasiadamente envolvido. Outros – equivocadamente – achavam isso desnecessário, porque as hipóteses pareciam simples e óbvias demais, como "O Tratamento A tem o mesmo efeito do Tratamento B". Assim, muitos alunos inferiram erroneamente que gerar hipóteses é menos importante do que testá-las.

Agora, por sorte, os métodos exploratórios estão na moda, provavelmente porque foram defendidos por John Tukey, respeitado pelos teóricos estatísticos inflexíveis. Os métodos exploratórios não costumam gerar hipóteses sozinhos, mas certamente ajudam no processo ao ressaltar características importantes dos dados.

Embora os métodos exploratórios mais conhecidos lidem com variáveis quantitativas, fez-se algum progresso visando analisar dados qualitativos. A análise de correspondências vem se tornando rapidamente uma técnica muito utilizada nessa área – ela é um bom exemplo de ideia antiga que foi ressuscitada e reciclada, com aditamentos como a representação gráfica dos resultados. Proposta primeiro por R. A. Fisher (1930), entre outros, a técnica é, de fato, simplesmente uma correlação canônica de frequências numa tabulação cruzada de duas vias. Recentemente, Leo Goodman (1978) desenvolveu as correspondentes técnicas inferenciais que se valem da estimação de máxima verossimilhança.

Métodos gráficos para variáveis quantitativas tornaram-se mais amplamente conhecidos e utilizados nos últimos anos, mas quem analisa dados categóricos tem tido poucas ferramentas para trabalhar. Essa situação está mudando, e muitos métodos novos e promissores estão sendo desenvolvidos. O mais avançado está exposto no excelente livro de Friendly (2000) sobre métodos gráficos para dados categóricos.

8.2 FOCO NA MATEMÁTICA *VERSUS* FOCO NA ANÁLISE DE DADOS

É intrigante a causa do conflito entre geração e teste de hipóteses. Ele surgiu sobretudo em razão de uma diferença de foco entre estatísticos matemáticos e analistas de dados. Em geral, os estatísticos querem obter exatamente a resposta correta. Os analistas de dados não costumam se importar se a resposta é aproximada, desde que seja uma resposta à pergunta correta. Talvez essa caricatura seja exagerada, mas não muito.

Estatísticos teóricos são, essencialmente, matemáticos – eles atribuem grande valor à exatidão. Analistas de dados norteiam-se por perguntas de pesquisa que devem ser respondidas da melhor maneira possível, independentemente de as respostas serem ou não exatas. Com frequência, os analistas de dados desenvolvem métodos *ad hoc* para enfrentar problemas importantes para os quais não existem métodos baseados na teoria estatística. Avessos à índole *ad hoc* desses métodos, os estatísticos rejeitam-nos ou tentam elaborar e aplicar uma teoria estatística apropriada. Assim, estatísticos e analistas de dados às vezes se diferem em seu método de enfoque de um problema, bem como no que entendem ser critérios aceitáveis para uma solução satisfatória.

Na arquitetura, a ideia de que "a forma segue a função" já foi a regra. Em demasiados casos, porém, a forma substituiu ou suplantou a função, de sorte que os prédios pareciam interessantes, mas não funcionavam. Na estatística, com demasiada frequência, a matemática sofisticada substitui a conceitualização ponderada (em vez de basear-se nela). Felizmente, ao menos em algumas áreas, há um apelo para estabelecer um equilíbrio entre o objetivo de responder à pergunta certa e o de ser rigoroso (Wilkinson; Task Force On Statistical Inference, 1999). Na área de dados categóricos, a partição do qui-quadrado quase desapareceu, mesmo que os habituais modelos hierárquicos log-lineares não possam substitui-la na sua função.

Como veremos com algum detalhe ao tratar dos modelos de partição do qui-quadrado e do log-linear não padronizado, a atual metodologia estatística está avançando no sentido de deixar quase todo mundo satisfeito: as perguntas certas podem ser respondidas, e de forma rigorosa o bastante para agradar à maioria dos estatísticos.

8.3 Realismo, complexidade, computabilidade e generalidade

As últimas três décadas viram mudanças gigantescas no realismo dos modelos estatísticos. Entre as realidades que agora podem ser incluídas estão as seguintes:

- Muitas vezes faltam dados.
- Quase sempre há erro nas medições, e muitos constructos em psicologia são variáveis latentes que só podem ser objeto de observação imperfeita.
- Em muitos estudos, as pessoas incluem-se por si mesmas nos grupos ou desligam-se do estudo.

- As pessoas vivem e trabalham em grupos, como famílias, vizinhanças e salas de aula, necessitando de modelos de múltiplos níveis.
- A distribuição normal não aproxima adequadamente o comportamento de toda variável contínua.
- Em muitos casos, os modelos lineares precisam permitir curvas ou interações entre preditores, e, às vezes, nem isso basta para dispensar modelos estatísticos não lineares.
- Nem sempre é possível expressar hipóteses substanciais importantes só em termos de quais efeitos ou interações principais são significativos.

Mais realismo resulta, necessariamente, em maior complexidade dos métodos teóricos e computacionais empregados na análise. Infelizmente, a maior complexidade leva, muitas vezes, à obtenção de resultados incompreensíveis ou impossíveis de interpretar. Nem sempre sabemos se nossos resultados são corretos, pois, às vezes, não há uma maneira fácil de perguntar se eles parecem razoáveis.

Em sua forma teórica, modelos estatísticos complexos existem há muito tempo. Muitas boas ideias ficaram relegadas durante décadas porque eram impraticáveis quando propostas pela primeira vez. Por exemplo, Fisher inventou a estimação de máxima verossimilhança (inclusive o caso com dados faltantes) nos anos 1920, e Lawley desenvolveu a teoria da análise fatorial de máxima verossimilhança na década de 1940, mas ninguém pôde fazer uso desses conhecimentos até se dispor de capacidade de computação e métodos numéricos, nos anos 1960. O rápido progresso no desenvolvimento de capacidade de computação não só fez com que alguns desses modelos fossem viáveis como, curiosamente, também gerou muitos métodos novos (como os métodos exatos, a prospecção de dados, as técnicas de *bootstrap* e Monte Carlo) que ninguém sequer cogitava até recentemente. Quando as novas ferramentas ficaram disponíveis, muitos usos para elas foram descobertos de repente.

O avanço inicial foi a capacidade de solucionar grande número de equações lineares ao mesmo tempo, de modo a facilitar a regressão múltipla com grandes quantidades de variáveis. Depois,

154 • SEÇÃO III / MODELOS PARA DADOS CATEGÓRICOS

métodos para achar autovalores e autovetores possibilitaram muitas técnicas multivariadas. Técnicas para resolver sistemas não lineares foram aperfeiçoadas em grande medida, as evoluíram, em parte, com base em métodos especializados como o algoritmo de EM. Métodos de integração numérica viabilizaram muitas técnicas bayesianas. Finalmente, métodos Monte Carlo, *bootstrap* e outras técnicas computacionais tornaram possível testar hipóteses sem pressupostos quanto à distribuição de probabilidade subjacente envolvida, bem como ver o quanto as técnicas habituais resistem quando seus pressupostos não se cumprem.

Já foi aqui mencionada uma desvantagem do progresso computacional, o fato de muitos pesquisadores terem perdido o contato estreito com seus dados, que era a característica distintiva do trabalho anterior, porque, muitas vezes, é difícil saber se essas técnicas complicadas dão resultados razoáveis. Por outro lado, torna-se mais fácil trabalhar com modelos estatísticos mais gerais, que podem servir para analisar diversos tipos de dados de diferentes esquemas de pesquisa, para os quais costumava ser preciso usar distintos métodos de análise. Um exemplo simples é o uso de regressão múltipla para fazer testes t, ANOVA, ANOVA e assim por diante.

Muitas ideias atuais sobre a análise de dados categóricos têm suas origens em avanços feitos décadas atrás. Algumas dessas velhas ideias podem ser usadas como estão, sem necessidade de mexer nelas. Outras precisaram de alguma "reciclagem", com mudanças para inseri-las no contexto da teoria estatística e da metodologia da atualidade. E, ainda, outras ideias são totalmente novas e, muitas vezes, representam uma importante extensão ou generalização de anteriores pesquisas. O resto deste capítulo tem dois propósitos: primeiramente, descreverei, em linhas gerais, algumas das principais áreas em que houve progresso, bem como ilustrarei essas ideias e tendências em estatística aplicada com exemplos de pesquisa e de análise de dados categóricos. Depois, oferecerei um contexto no qual podemos incluir os outros capítulos desta seção.

8.4 PARTIÇÃO DO QUI-QUADRADO

A partição do qui-quadrado é uma antiga ideia sobre o teste de hipóteses muito específicas

quanto a dados de frequência, em lugar de testar só uma hipótese geral, como a de independência de linha e colunas numa tabela de contingência. Como muitas ideias no campo da estatística, a da partição do qui-quadrado remete a Fisher, e o exemplo mais simples encontra-se em seu livro *Statistical Methods for Research Workers* (1930). Fisher descreveu dados de um experimento de genética em que se classificava milho como rico em amido ou em açúcar, e se a folha da base era verde ou branca. Segundo uma teoria genética, as frequências nas quatro células da tabela de contingência deveriam estar na relação 9:3:3:1. Um teste qui-quadrado mostrou que as frequências não eram como a teoria previa, então o que se deveria concluir? Obviamente, que a teoria está errada, mas pode-se dizer algo mais?

Fisher (1930) observou que a teoria em teste podia ser equivocada em qualquer de seus três pressupostos: a relação 3:1 esperada entre rico em amido e rico em açúcar poderia não se verificar; a relação 3:1 esperada entre verde e branco poderia não se verificar; ou os traços poderiam não ser independentes. Para testar esses pressupostos, ele dividiu o qui-quadrado total com três graus de liberdade em três componentes, cada um com um grau de liberdade, para testar esses três pressupostos. Ele comprovou que se verificava a relação 3:1 para todos os fatores, mas eles não eram independentes.

O método de Fisher não teve aceitação, talvez porque ele só examinou exemplos de genética, talvez porque não indicou um método geral para a partição (embora tenha, sim, mostrado como testar combinações lineares de frequências em células). Ao examinar outro exemplo, contudo, Fisher (1930, p. 93) sinalizou a necessidade de a teoria do tema determinar quais testes de hipótese seriam realizados:

> Matematicamente, pode-se efetuar a subdivisão de mais de uma maneira, mas a única que parece ser de interesse biológico é aquela que separa as partes devido à desigualdade dos alelomorfos dos três fatores, e as três possíveis conexões de ligação.

Um exemplo simples com uma tabela de duas vias mostrará como a partição do qui-quadrado pode permitir aos pesquisadores abordar as questões que eles considerem importantes, em lugar de se limitarem aos habituais testes de hipóteses. Vejamos a tabulação cruzada apresentada na tabela 8.1, adaptada de Goleman (1985), na qual se mostra em que medida pacientes de câncer de mama com diversas atitudes psicológicas sobrevivem bem dez anos após o tratamento. Quase todo pesquisador saberia fazer um teste de independência para os dados nessa tabela; a conhecida estatística qui-quadrado de Pearson é 8,01 com três graus de liberdade. Aqui, $p < 0,05$, de modo que há uma relação entre as duas variáveis: a atitude relaciona-se com a sobrevida. Do ponto de vista tradicional, é só isso, não há mais nada a dizer. Poucos livros-textos analisam a questão em que reside essa relação, a maioria deles escrita antes de 1980 (com a agradável exceção de Wickens, 1989).

Tabela 8.1 – Sobrevida de dez anos de pacientes de câncer de mama com diversas atitudes psicológicas

	Resposta	
Atitude	Vivos	Mortos
Negação	5	5
Luta	7	3
Estoicismo	8	24
Impotência	1	4

NOTA: LR = 7,95; P = 8,01. LR é a estatística de qualidade do ajuste da razão de verossimilhança; P é a estatística de qualidade de ajuste de Pearson. Cada teste tem três graus de liberdade.

Nesse exemplo, os pesquisadores tinham uma teoria de que as respostas ativas ante o câncer, como luta e negação, seriam mais benéficas do que as respostas passivas, como estoicismo e impotência. Eles não sabiam ao certo se pacientes com diferentes modos de resposta ativa teriam distintas taxas de sobrevida, nem se haveria tal diferença entre pacientes com diferentes modos de resposta passiva.

A teoria sugere, imediatamente, que, em vez de um único teste geral de independência, três testes deveriam ser feitos. O primeiro deveria investigar se lutadores e negadores diferem; o segundo, se há diferença entre estoicos e impotentes; e o terceiro, se os que reagem ativamente diferem daqueles que reagem com passividade. Todos esses testes estão expostos na tabela 8.2, junto aos testes qui-quadrado de Pearson e de razão de verossimilhança. (O qui-quadrado da razão de verossimilhança – aqui indicado com LR nas tabelas – pouco difere do habitual qui-quadrado de Pearson, mas veremos que é mais útil para o que faremos aqui. A fórmula real aparece a seguir, na seção sobre modelos log-lineares.) Cada um dos três testes tem um grau de liberdade, e os resultados são como previstos pelos pesquisadores: lutadores e negadores não diferem na taxa de sobrevida, tampouco estoicos e impotentes diferem, mas aqueles com modos ativos de resposta sobrevivem melhor do que aqueles com modos passivos. Não teria sido possível testar esses resultados se não se dispusesse de uma técnica como a partição do qui-quadrado.

Tabela 8.2 – Partição do qui-quadrado para dados de atitude e sobrevida ao câncer

	Resposta	
Atitude	Vivos	Mortos
Negação	5	5
Luta	7	3

LR = 0,84, P = 0,06

	Resposta	
Atitude	Vivos	Mortos
Estoica	8	24
Impotente	1	4

LR = 0,06, P = 0,06

	Resposta	
Atitude	Vivos	Mortos
Negação + Luta	12	8
Estoica + Impotente	8	28

LR = 7,05, P = 7,1

NOTA: LR é a estatística de qualidade do ajuste da razão de verossimilhança e P é a estatística de qualidade de ajuste de Pearson para a tabela 2 × 2 que as precede. Cada teste tem um grau de liberdade.

Note-se que as estatísticas de razão de verossimilhança para os três testes das hipóteses específicas somam o valor do teste da hipótese geral de independência. Isto é, o qui-quadrado total foi dividido em três componentes, e cada um deles testa uma hipótese específica sobre comparações entre os grupos. (Embora não dividam exatamente, as estatísticas do teste de Pearson continuam a ser testes válidos da mesma hipótese.)

Embora tradicionalmente aplicada a estudos com apenas duas variáveis, a partição do qui-quadrado pode ser estendida ao teste de hipóteses em

156 • SEÇÃO III / MODELOS PARA DADOS CATEGÓRICOS

tabelas que incluírem três ou mais variáveis – há alguns exemplos em Rindskopf (1990). Mas o método também tem suas limitações, porque nem todas as hipóteses que poderíamos querer testar podem ser especificadas mediante a partição. Além disso, podem surgir diversos problemas quanto ao correto uso da partição; os mais importantes são determinar se o uso *post hoc* é justificável e o que se deveria fazer para controlar a taxa de erro tipo 1 de testes *post hoc* divididos.

A partição do qui-quadrado é uma técnica singela e pode ser ensinada em pouco tempo a qualquer pessoa familiarizada com o habitual teste de independência em uma tabela de contingência. Existe software disponível com facilidade: todo mundo tem acesso a um programa capaz de produzir estatísticas de qui-quadrado. E, o mais importante, que permite aos pesquisadores testarem hipóteses que eles consideram relevantes, em vez de hipóteses que os estatísticos lhes mandam testar. Pode-se dizer que a partição do qui-quadrado é uma *técnica estatística dependente do contexto*, porque a maneira de implementá-la na análise de um determinado conjunto de dados depende do contexto em que é utilizada. Os estatísticos podem mostrar algumas das possibilidades da técnica, mas as hipóteses de pesquisa sugeridas pelo tema determinam como ela há de ser usada em qualquer caso específico. Aiken e West (1991) e Rosenthal e Rosnow (1985), entre outros, discorrem sobre a importância do teste de tais contrastes focalizados para o caso de variáveis contínuas, e Rindskopf (1990, 1999) o faz para variáveis categóricas.

8.5 MODELOS LOG-LINEARES E LOGIT

Faz tempo que o desenvolvimento de métodos estatísticos para dados categóricos vem ficando para trás no desenvolvimento de técnicas para dados contínuos. Diante de conjuntos de dados multivariados compostos de dados contínuos, os pesquisadores podiam escolher entre uma variedade de ferramentas, como regressão, análise fatorial e de componentes principais, análise de agrupamentos e correlação canônica. Ao se deparar com dados categóricos multivariados, a maioria dos pesquisadores pouco podia fazer além de amalgamar todas as variáveis exceto

duas e aplicar o habitual teste de independência nessas duas variáveis restantes. O resultado final seria um conjunto de testes de independência de todos os pares de variáveis.

Essa metodologia é inadequada por muitas razões. A principal delas é o problema de a relação geral entre duas variáveis, se desconsideradas (ou seja, amalgamadas) as outras variáveis, poder ser muito diferente da relação entre essas duas variáveis em cada nível das outras (isto é, condicionada às outras). Até agora, a maioria dos pesquisadores tem visto exemplos disso em forma de paradoxo de Simpson. Por exemplo, em uma amostra aleatória de pessoas, existe uma forte relação entre receber tratamento médico e morrer: aquelas submetidas a tratamento médico têm maior probabilidade de morrer. Claro, nós desconsideramos uma variável importante: essas pessoas estavam gravemente enfermas? Se observarmos aquelas gravemente enfermas, a relação é oposta à relação geral: as pessoas tratadas têm menor probabilidade de morrer.

8.5.1 Modelos log-lineares

Precisávamos de novos métodos para lidar com o problema da análise de dados categóricos multivariados; a solução veio com o desenvolvimento de modelos log-lineares. De um ponto de vista, existe clara analogia entre modelos log-lineares e análise de variância (ANOVA). A ênfase da ANOVA concentra-se em testar hipóteses sobre os principais efeitos e interações. O mesmo se dá nos modelos log-lineares, mas a variável dependente neles é o logaritmo da frequência de célula. Por exemplo, consideremos uma situação com três variáveis categóricas A, B e C, com níveis indicados pelos subscritos i, j e k, respectivamente. Um modelo log-linear só com efeitos principais seria expresso como

$$\ln(F_{ijk}) = \mu + a_i + b_j + c_k,$$

em que F_{ijk} é a frequência de célula esperada para $A = i$, $B = j$ e $C = k$, e $\ln(.)$ significa logaritmo natural. Exceto pelo logaritmo, a forma é idêntica a um modelo ANOVA. Visto que nesse modelo não há termos de interação, que permitiriam relações entre variáveis, ele é o modelo para completa independência entre as três variáveis. Costuma-se especificar o modelo por uma notação como [A]

[B] [C], {A, B, C} ou simplesmente A, B, C para indicar quais termos estão incluídos.

Assim como no modelo para independência em tabelas de duas vias, as frequências esperadas podem ser calculadas para esse modelo. Depois, elas podem servir para avaliar se o modelo é congruente com os dados, comparando-as com as frequências observadas. Isso pode ser feito com a habitual estatística de qualidade de ajuste de Pearson,

$$X^2 = \sum_t \{(O_t - E_t)^2 / E_t\},$$

em que se indicam com t as células, O representa a frequência observada e representa a frequência esperada numa célula. O símbolo $\sum_t$ significa somar todas as células da tabela. (O uso de um único subscrito t permite utilizar essa fórmula para representar facilmente tabelas de qualquer dimensão e também conjuntos de dados não retangulares.) Em termos conceituais, para cada célula da tabela, calcula-se um número que mede quão próxima a frequência observada da célula é do valor que seria esperado se o modelo fosse exato. Depois, efetua-se a soma desses números para dar X^2. Se o modelo for exato, prevemos que o valor de X^2 seja pequeno; se o modelo não for exato, prevemos um grande valor de X^2.

Como vimos na seção sobre partição do qui-quadrado, a estatística de razão de verossimilhança é uma estatística alternativa de ajuste,

$$G^2 = 2 \sum_t O_t \ln(O_t / E_t).$$

Embora não seja tão óbvio o motivo pelo qual essa é uma medida razoável do ajuste de um modelo aos dados, reparemos no que aconteceria se o modelo se ajustasse perfeitamente aos dados: toda frequência observada seria igual à frequência esperada, ou seja, O_t/E_t seria igual a 1 para todas as células. Como o logaritmo de 1 é 0, o valor de G^2 seria zero, indicando um ajuste perfeito.

Quão grande precisa ser o valor de X^2 ou G^2 para um modelo ser rejeitado como inadequado para dar conta do padrão de frequências observado? Como ocorre com qualquer estatística que segue uma distribuição qui-quadrado, deve-se contar o número de graus de liberdade para achar o valor crítico numa tabela. O número total de graus de liberdade nos dados é o número de células na tabulação cruzada. Desse total, subtrai-se

o número de parâmetros no modelo para obter o número de graus de liberdade para a estatística de qualidade de ajuste.

É fácil achar o número de parâmetros no modelo, porque ele é o mesmo que em modelos de ANOVA. Há um grau de liberdade para a constante (ordenada na origem). Para cada efeito principal, o número de graus de liberdade é um a menos do que o número de níveis dessa variável. Para interações (analisadas em detalhe a seguir), multiplicam-se os graus de liberdade para cada variável envolvida na interação.

Por exemplo, consideremos uma tabela com duas variáveis e suponhamos que uma variável tem três níveis e a outra tem quatro. Portanto, a tabela tem $3 \times 4 = 12$ células. O modelo log-linear correspondente ao habitual teste de independência teria uma ordenada na origem, $3 - 1 = 2$ parâmetros para um efeito principal, e $4 - 1 = 3$ parâmetros para o outro efeito principal. Ao todo, seis parâmetros são estimados, então o teste de qualidade de ajuste tem $12 - 6 = 6$ graus de liberdade. (Note-se que a regra habitual para testar a independência daria também $(2)(3) = 6$ graus de liberdade).

Como outro exemplo, o modelo de independência para a tabela de três vias anteriormente descrita, em que há três, quatro e cinco níveis de variáveis A, B e C, respectivamente. Haveria, então, $1 + 2 + 3 + 4 = 10$ parâmetros no modelo, e $3 \times 4 \times 5 = 60$ células na tabela. O teste de qualidade de ajuste teria $60 - 10 = 50$ graus de liberdade. (Note-se que aqui não daria certo a tentativa de se estender a regra habitual: $(2)(3)(4) = 24$, resultado incorreto.)

É claro que modelos de completa independência não só são simples demais para explicar a maioria dos dados multivariados como os pesquisadores ficariam arrasados se eles, de fato, se ajustassem; afinal, ninguém examina variáveis porque todos acham que nenhuma delas tem relação com as outras. Pelo contrário, esperamos que haja relações e queremos achar o modelo mais simples capaz de revelar essas relações. Para tanto, começamos por acrescentar ao modelo o que se chamaria de interações no contexto da ANOVA.

Para ilustrarmos o procedimento geral, reexaminaremos um famoso conjunto de dados sobre úlcera e tipo sanguíneo, originalmente apresentado em Woolf (1955) e reproduzido na tabela 8.3.

158 • SEÇÃO III / MODELOS PARA DADOS CATEGÓRICOS

Há três variáveis nesse conjunto: cidade (Londres, Manchester e Newcastle), tipo sanguíneo (apenas O e A constam aqui) e úlcera (se a pessoa tem ou não úlcera). A tabela tem $3 \times 2 \times 2 = 12$ células. A tabela 8.4 contém o ajuste de vários modelos log-lineares para esse conjunto de dados. Usa-se uma notação abreviada comum: se uma interação está listada, todas as interações de ordem inferior e efeitos principais dessas variáveis também estão no modelo. Por exemplo, se um termo AB está no modelo (ou seja, uma interação $A \times B$ está incluída), supõe-se que também os efeitos principais de A e B estão presentes. É o que se chama de princípio de hierarquia, seguido pela maioria das aplicações de modelos log-lineares.

Tabela 8.3 – Relação entre úlcera e tipo sanguíneo

| Cidade | Tipo sanguíneo | Úlcera? | | |
		Sim	Não	% de úlceras
Londres	O	911	4.578	16,6
	A	579	4.219	12,1
Manchester	O	361	4.532	7,4
	A	246	3.775	6,1
Newcastle	O	396	6.598	5,7
	A	219	5.261	4

Tabela 8.4 – Ajuste de modelos log-lineares a dados de úlcera e tipo sanguíneo

Modelo	G^2	df	p
U, B, C	754,47	7	0,000
BU, C	700,97	6	0,000
CU, B	83,59	5	0,000
BC, U	737,74	5	0,000
Bu, BC	684,25	4	0,000
BU, CU	30,10	4	0,000
BC, CU	66,87	3	0,000
BC, BU, CU	2,96	2	0,227
BCU	0	0	1

NOTA: U = úlcera; B = tipo sanguíneo; C = cidade

Como se pode ver na tabela 8.4, nenhum modelo simples se adapta aos dados. O último modelo, denominado modelo saturado, não tem nenhum grau de liberdade restante para ser testado: ele ajusta-se aos dados com exatidão porque utiliza toda a informação contida nas células. Uma vez que esse modelo não representa simplificação alguma sobre as próprias frequências, é de se esperar que outros modelos se ajustem aos dados. Nesse caso, o modelo $[BC]$ $[BU]$ $[CU]$, com to-

dos os efeitos principais e três relações de duas vias (BC, BU e CU), mas nenhuma relação de três vias, ajusta-se bem. Portanto, o tipo sanguíneo tem relação com a cidade, o tipo sanguíneo tem relação com as úlceras e a cidade tem relação com as úlceras, mas a relação entre quaisquer duas dessas variáveis é a mesma em todo nível da terceira variável (nenhuma relação de três vias).

Os pesquisadores têm, em muitos casos, uma ou mais variáveis ordenadas (p. ex., sem sintomas, sintomas leves, sintomas graves). A estratégia mais utilizada consistia em tratar as variáveis ordenadas como se fossem contínuas. Agora, existem muitos métodos para analisar tais dados de maneira mais adequada; Johnson e Albert abordam esses métodos no capítulo 9 deste livro.

8.5.2 Modelos logit

Frequentemente, o pesquisador considera uma variável como variável de resultado e as outras como variáveis de controle ou preditoras. Para esse conjunto de dados, poderíamos considerar a úlcera (U) como um resultado, o tipo sanguíneo (B) como um preditor e a cidade (C) como um controle ou possível moderador do efeito do tipo sanguíneo na úlcera. Na terminologia habitual da ANOVA, estaríamos interessados no principal efeito de tipo sanguíneo (na probabilidade de úlcera), no efeito principal da cidade e na interação entre tipo sanguíneo e cidade. O método mais óbvio seria modelar a probabilidade de úlcera como uma função do tipo sanguíneo e da cidade. Todavia, é problemático usar a probabilidade como um resultado, pois ela só pode variar entre 0 e 1, ao passo que, nos modelos de ANOVA, a variável de resultado pode ter qualquer valor. A solução é tomar o logit da probabilidade como resultado, definindo-se o logit como o logaritmo da chance:

$$\text{logit}(p) = \ln\{p/(1-p)\}.$$

O logit pode tomar qualquer valor real e, portanto, é apropriado como variável de resultado.

Embora os modelos logit possam ser representados de diversas maneiras, é útil reparar na correspondência entre esses modelos e os modelos log-lineares: todo modelo logit equivale a um modelo log-linear (mas nem todos os modelos log-lineares são modelos logit). Para compreender a equivalência, vejamos cada modelo logit como se fosse um modelo de regressão. Em modelos de regressão, não se impõe restrição alguma às relações entre os preditores – eles podem ser independentes, mas é mais provável estarem relacionados. Do mesmo modo, a versão log-linear de um modelo logit contém (isto é, permite) todas as possíveis relações entre variáveis preditoras. Isso porque não nos interessam as relações entre os preditores, mas sim as relações entre os preditores e a variável de resultado.

Nos dados de úlcera, isso significa que qualquer modelo logit incluiria um termo BC (e, devido ao princípio de hierarquia, termos B e C por consequência). Além disso, todos os modelos logit incluem um termo que envolve a variável dependente U. Todo modelo log-linear com tais componentes é também um modelo logit. Por exemplo, o modelo log-linear $[BC]$ $[BU]$ pode ser interpretado como um modelo logit no qual o tipo sanguíneo está relacionado com as úlceras (BU), mas a cidade não o está (nenhum termo CU). Note-se que BU é uma interação num modelo log-linear, mas um efeito principal (de B sobre U) no correspondente modelo logit. Ademais, já que não há interação (termo BCU), o efeito do tipo sanguíneo nas úlceras é igual em todas as cidades.

O modelo log-linear que realmente se ajustou aos dados foi $[BC]$ $[BU]$ $[CU]$. Pode-se interpretá-lo como um modelo logit em que tanto o tipo sanguíneo quanto a cidade afetam as úlceras, mas não existe interação entre os efeitos do tipo sanguíneo e os da cidade sobre as úlceras. (Como exemplo de modelo log-linear que não é modelo logit, temos o modelo de independência: $[B][C][U]$. Por não ter um termo BC, não é um modelo logit.)

8.5.3 Regressão logística

Em alguns casos, a variável de resultado é dicotômica, mas um ou mais preditores são contínuos. Em tais casos, é desejável uma análise que, embora semelhante à regressão múltipla, leva em consideração a índole categórica da variável dependente. A regressão logística é um procedimento desse tipo – o resultado é o logit da probabilidade de o evento resultante ocorrer. Isto é, o modelo é igual a um modelo logit, a não ser pelo fato de um ou mais preditores serem contínuos.

Tendo em vista que um ou mais preditores são contínuos, os dados não são fáceis de resumir numa tabela de contingência; tal tabela teria grande número de células. Muitas das células estariam vazias e poucas conteriam mais do que uma observação. Isso significa que as estatísticas G^2 e X^2 não são boas aproximações à distribuição qui-quadrado e não podem ser usadas para aferir a qualidade de ajuste do modelo. Deve-se aferir a utilidade das variáveis preditoras examinando tanto a relação entre parâmetros e seus erros-padrão (geralmente, indicada por t ou z na saída do computador) quanto a diferença na estatística G^2 para modelos com e sem um conjunto de parâmetros. O primeiro método é similar ao que se faz ao testar parâmetros individuais num modelo de regressão; o segundo método é comparável a testar o aumento de R^2 quando se agrega um conjunto de preditores a um modelo de regressão.

Assim como os modelos log-lineares, as extensões de modelos logit e de regressão logística permitem variáveis dependentes politômicas (com mais de duas categorias). Algumas variáveis politômicas são desordenadas (p. ex., raça), outras são ordenadas; versões mais complexas dos modelos antes examinados lidam com ambos os tipos de situações.

8.6 MODELOS LOG-LINEARES E LOGIT NÃO PADRONIZADOS

A partição do qui-quadrado é uma técnica simples, fácil de aprender e usar e que pode adiantar muito para provar hipóteses importantes para os pesquisadores. Mas, como ela não pode testar todas as hipóteses importantes, é preciso um método mais geral.

Para contextualizar, consideremos os dados sobre admissões à escola de pós-graduação na UC Berkeley que têm sido muito divulgados (p. ex., em Freedman; Pisani; Purves, 1978, p. 12-15). A tabela 8.5 apresenta dados sobre a proporção de cada gênero admitida em cada uma de seis áreas de especialização de estudo. As três variáveis serão chamadas de *Especialização*, *Gênero* e *Admissão* (ou E, G e A, para abreviar).

Supomos que possa haver uma relação entre gênero e especialização (um efeito $G \times E$) porque homens e mulheres tendem a se candidatar para diferentes áreas de especialização em diferentes proporções. Seria de se supor, também, que possa haver uma relação en-

160 • SEÇÃO III / MODELOS PARA DADOS CATEGÓRICOS

tre área de especialização e admissões (um efeito $E \times A$), porque algumas áreas de especialização recebem mais candidatos por vaga do que outras.

Se não houver viés nas admissões, porém, não esperaríamos achar relação alguma entre gênero e admissão em nenhuma área de especialização. (Aqui, simplificamos demais e desconsideramos a possibilidade de outras variáveis que trazem confusão, como desempenho anterior ou aptidão). O modelo log-linear habitual descrito por essa situação seria especificado como [GE] [EA], de modo a mostrar a inclusão dos efeitos $G \times E$ e $E \times A$ no modelo. Se houver viés, o modelo seria acrescido do termo (GA) para mostrar que o gênero tem relação com as admissões.

Se houver viés, e esse viés diferir entre as áreas de especialização, haverá, no modelo, uma interação de três vias: Gênero × Especialização × Admissão (GEA). Esse é o modelo log-linear saturado, com zero grau de liberdade; ele se ajustará exatamente aos dados, mas não oferece nenhuma interpretação simples desses dados.

Com efeito, isso é o que acontece para os dados de Berkeley: o modelo sem interação de três vias não se ajusta aos dados e é rejeitado, deixando a conclusão de que há viés e que ele difere entre as áreas de especialização. Para aqueles que se limitam aos modelos log-lineares hierárquicos habituais, não há muito mais a dizer aqui, mas o exame dos dados na tabela 8.5 mostra algo muito interessante. Na área de especialização A, ao que parece, homens são admitidos em menor proporção do que mulheres. Não há diferenças aparentes na proporção de admissão em nenhuma das outras áreas.

Tabela 8.5 – Dados de admissões de pós-graduação na UC Berkeley

Área de especialização	Gênero	% admitida
A	M	62
	F	82
B	M	63
	F	68
C	M	37
	F	34
D	M	33
	F	35
E	M	28
	F	24
F	M	6
	F	7

Essa descrição não corresponde a nenhum modelo log-linear padrão; portanto, é necessário um modelo log-linear não padronizado. (Nesse exemplo, poderíamos recorrer à partição do qui-quadrado, mas isso não será possível para todos os modelos não padronizados.) Um modelo sem viés nas áreas de especialização de B até F, mas com possível viés na área A, tem um qui-quadrado de razão de verossimilhança de 2,33 com 5 graus de liberdade e, assim, ajusta-se bastante bem aos dados. A maneira mais simples de se representar o modelo é um modelo logit, sendo a admissão (A) a variável dependente. A matriz do modelo – às vezes chamada de matriz de planejamento – para o formato logit do modelo é a seguinte:

$$
\begin{bmatrix}
1 & 1 & 0 & 0 & 0 & 0 & 1 \\
1 & 1 & 0 & 0 & 0 & 0 & 0 \\
1 & 0 & 1 & 0 & 0 & 0 & 0 \\
1 & 0 & 1 & 0 & 0 & 0 & 0 \\
1 & 0 & 0 & 1 & 0 & 0 & 0 \\
1 & 0 & 0 & 1 & 0 & 0 & 0 \\
1 & 0 & 0 & 0 & 1 & 0 & 0 \\
1 & 0 & 0 & 0 & 1 & 0 & 0 \\
1 & 0 & 0 & 0 & 0 & 1 & 0 \\
1 & 0 & 0 & 0 & 0 & 1 & 0 \\
1 & 0 & 0 & 0 & 0 & 0 & 0 \\
1 & 0 & 0 & 0 & 0 & 0 & 0
\end{bmatrix}
$$

As linhas dessa matriz correspondem aos 12 grupos no estudo, mostrados na tabela 8.5 (isto é, seis áreas de especialização por dois gêneros). Quem costuma observar tais matrizes reparará que a primeira coluna representa o termo de ordenada na origem, e as cinco colunas seguintes representam o efeito principal da área de especialização. Não há colunas para o efeito principal do gênero, mas sim uma coluna para interação de gênero e especialização. Normalmente, haveria cinco colunas como essa; elas seriam o produto do efeito do gênero com os efeitos de cada uma das cinco áreas de especialização. Aqui, porém, incluímos uma interação desse tipo apenas para a área de especialização A. A omissão do efeito principal do gênero e dos quatro termos de interação origina os 5 graus de liberdade supramencionados para testar o modelo. Logicamente, a hipótese aqui testada é *post hoc*, e os resultados devem ser considerados provisórios.

Os modelos log-lineares não padronizados são exemplos de uma das principais tendências em estatística aplicada, já examinada na seção sobre partição do qui-quadrado: o teste de modelos dependentes do contexto. Os modelos não padronizados exemplificam também uma outra tendência, a crescente generalidade dos modelos estatísticos. Eles proporcionam um quadro que abrange, como casos especiais, muitas situações previamente tratadas em separado por outros pesquisadores. Obviamente, os habituais modelos log-lineares hierárquicos e a partição do qui-quadrado podem incluir-se nesse quadro. Ademais, o método log-linear não padronizado inclui modelos para dados com zeros estruturais, esquemas incompletos, modelos para simetria e quase simetria, modelos com restrições lineares de parâmetros, modelos polinomiais e muitos dos modelos de Goodman para associação com variáveis ordenadas (podemos encontrar detalhes em Rindskopf, 1990). Um quadro geral e um programa de computação podem lidar com essa ampla variedade de problemas.

8.7 MÉTODOS PARA TAXAS (ANÁLISE DE SOBREVIVÊNCIA)

Nem sempre a melhor análise de dados originados em estudos com variáveis de resultado dicotômicas é aquela realizada com modelos logit ou log-lineares. Alguns resultados – como casamento, divórcio, contrair uma doença ou perder o emprego – acontecem após diferentes períodos de tempo em diferentes pessoas, e tais diferenças de tempo ou duração deveriam ser usadas na análise de dados. Além disso, o evento não ocorre com todas as pessoas incluídas no estudo. Se tentássemos usar o tempo até o evento ocorrer como uma variável de resultado, qual a extensão de tempo que deveríamos considerar quando o evento não acontece (ao menos enquanto o estudo está sendo realizado)? Lida-se com esses problemas mediante um conjunto de procedimentos estatísticos conhecido como *análise de sobrevivência*, tema tratado em detalhe por Willett e Singer no capítulo 11 deste livro; abordaremos, aqui, um método para análise de sobrevivência relacionado aos modelos log-lineares.

Usarei como exemplo um conjunto de dados muito conhecido de quem faz análise de sobrevivência (Laird; Olivier, 1981). É também um conjunto de dados pequeno o bastante para ser analisado manualmente. A tabela 8.6 lista o número de mortes de homens velhos e jovens que tinham sido submetidos à substituição da válvula aórtica ou mitral. Por certo, poderíamos listar o número de pessoas de cada grupo que não morreram e ajustar um modelo logit para a probabilidade de morrer como função da idade e do tipo de válvula. Mas, com isso, não levaríamos em conta o fato de conseguirmos observar algumas pessoas durante períodos mais longos do que outras. Além disso, ainda que acabasse morrendo a mesma proporção de pessoas em cada grupo, talvez as pessoas de alguns grupos viveriam mais do que as de outros.

Tabela 8.6 – Dados sobre cirurgias de substituição de válvulas cardíacas

Tipo	Idade	Mortes	Exposição	Taxa de mortalidade
A	J	4	1.259	3,177
M	J	1	2.082	0,480
A	I	7	1.417	4,940
M	I	9	1.617	5,464

NOTA: Por tipo de operação: A = aórtica, M = mitral; por idade: J = jovem, I = idoso; a exposição é dada em pacientes-mês; taxa de mortalidade (= 1.000 × Mortes/Exposição) é por 1.000 pacientes-mês.

Para lidarmos com esses problemas, em vez de considerar a quantidade de mortes, calcularemos a taxa de mortalidade por unidade de tempo em que as pessoas são observadas. Por exemplo, se observamos cinco pessoas durante 2, 3, 3, 5 e 7 meses, o período total de observação é 20 meses. Se duas dessas pessoas morrem durante o nosso estudo, a taxa de mortalidade é 2/20 = 0,10 morte por pessoa-mês. A tabela 8.6 lista 1.000 vezes a taxa de mortalidade para cada um dos quatro grupos. Por exemplo, os jovens que receberam válvulas aórticas têm uma taxa de mortalidade de 3,177 por 1.000 pessoas-mês.

Simbolicamente, podemos representar a taxa esperada como F_i/z_i, onde F_i é o número de mortes esperado no grupo i e z_i é o tempo total de exposição de todas as pessoas desse grupo i. A fim de estendermos o modelo log-linear para que as taxas sejam modeladas em lugar das frequências, podemos escrever

$$\ln(F_i/z_i) = b_0 + b_1 X_1 + b_2 X_2 + \ldots,$$

em que X_1, X_2 e assim por diante são variáveis preditoras e b_0, b_1, b_2 e assim por diante são os parâmetros do modelo (como coeficientes de re-

162 • SEÇÃO III / MODELOS PARA DADOS CATEGÓRICOS

gressão). A única diferença entre esse modelo e o modelo log-linear habitual é o denominador z_i.

Ao ajustarmos o modelo com efeitos principais da idade e do tipo de cirurgia aos dados de válvula cardíaca, encontramos que o qui-quadrado da razão de verossimilhança é 3,233 com um grau de liberdade. Esse modelo ajusta-se bem, mas pode ser simplificado; testes da significância estatística dos dois parâmetros indicam que só o efeito da idade – e não o do tipo de cirurgia – é significativamente distinto de zero. Ajustar um modelo com apenas um efeito principal da idade dá um qui-quadrado da razão de verossimilhança de 3,790 com dois graus de liberdade. Esse modelo também se ajusta bem. O exame da diferença no ajuste dos dois modelos (3,790 – 3,233 = 0,567, com 2 – 1 = 1 grau de liberdade) mostra que o segundo modelo não se ajusta pior do que o primeiro, e, portanto, o segundo é preferido por ser mais parcimonioso.

Testes de modelo padrão parariam nesse ponto, mas o exame das taxas de mortalidade leva-nos a considerar um outro modelo. As taxas de mortalidade para três dos grupos parecem semelhantes, só os jovens que receberam válvulas mitrais parecem ter uma taxa menor. Por meio de modelos log-lineares não padronizados, podemos testar a hipótese de os outros três grupos terem iguais taxas de mortalidade. O qui-quadrado da razão de verossimilhança para esse modelo é 0,909 com dois graus de liberdade, o que dá sustentação ao modelo. (Para distinguir esse modelo daquele com apenas o efeito principal da idade, seria preciso contar com maior quantidade de dados.)

8.8 ANÁLISE DE CLASSE LATENTE

A análise de classe latente é um exemplo de tecnologia reciclada que traz uma mudança radical na estatística aplicada para dados categóricos. A maioria dos psicólogos quantitativos está familiarizada com a análise fatorial; em muitos casos, a análise de classe latente (ACL) é o análogo da análise fatorial para variável categórica. Como a análise fatorial, a ACL presume ser possível explicar as relações entre certo número de variáveis observadas por meio de um número menor de variáveis inobservadas ou latentes. Nesses modelos, supõe-se que as variáveis por nós

observadas são medidas com erro; preferiríamos observar diretamente a variável latente, mas não podemos fazê-lo.

A ACL está estreitamente relacionada com uma área com a qual a maioria dos pesquisadores está pelo menos um pouco familiarizada: modelos genéticos para traços discretos como tipo sanguíneo, cor dos olhos e certas doenças. Esses modelos genéticos supõem que características observadas (fenótipos) são determinadas por características não observadas (genótipos).

Um exemplo psicológico interessante surge ao examinar as teorias de Piaget. Num grupo de crianças, deveria haver dois tipos: aquelas capazes de conservar números e aquelas que não conseguem fazê-lo. Se formos aplicar a crianças um teste de quatro itens para aferir a conservação e não houver erros de resposta, as crianças que conseguem conservar dariam respostas corretas a todos os itens, mas aquelas que não conseguem errariam em todos. Segundo a teoria, ninguém acertaria em alguns itens e erraria em outros.

É claro, por melhor que escrevamos os itens e desenvolvamos planos de pontuação para avaliar o raciocínio a embasar as respostas, as crianças – por pura perversidade – não nos farão o obséquio de responder perfeitamente. Então isso significa que a teoria de Piaget estava errada? Ou será possível um modelo para dois tipos de crianças ainda ser correto se admitirmos erros de resposta?

Podemos testar essas hipóteses com os modelos de classe latente. O mais simples deles incluiria os dois tipos (isto é, classes) de crianças especificados pelo modelo original. Um tipo de criança seria aquela capaz de conservar, o outro tipo seria o das crianças que não conseguem conservar. Esses tipos seriam as duas classes latentes. Para qualquer item destinado a testar a conservação, um tipo de criança deveria ter alta (mas não necessariamente absoluta) probabilidade de responder corretamente, ao passo que o outro tipo de criança teria baixa (embora não necessariamente nula) probabilidade de dar a resposta correta. Se tivermos suficientes itens (quatro, nesse caso), podemos testar a teoria de que há apenas dois tipos de crianças.

Se esse modelo simples for errado, poderemos experimentar outros modelos, como aqueles que incluem uma classe de transição para crianças que estão "a caminho" de adquirir a capacidade de conservação. Modelos mais complicados podem testar teorias sobre a sequência de aquisição de diversos tipos de conservação. Rindskopf (1987) examina vários desses modelos no contexto da psicologia do desenvolvimento, bem como o trabalho de outros nessa área. O capítulo de Magidson e Vermunt neste livro (capítulo 10) dá exemplos de muitas extensões do modelo de classe latente básico. Os artigos originais que puseram a ACL sobre uma sólida base estatística foram reeditados em Goodman (1978).

Os modelos de classe latente ilustram uma variedade de tendências na análise de dados. Primeiro, eles envolvem variáveis latentes e são, portanto, mais realistas do que os modelos que não o fazem. Por conseguinte, eles (como os modelos de análise fatorial) podem ser complexos do ponto de vista computacional e costumam incluir diversas sutilezas ausentes na maioria dos modelos que envolvem somente variáveis observadas.

Em segundo lugar, muitos modelos de classe latente são dependentes do contexto, especialmente aqueles de aprendizagem e desenvolvimento, que supõem sequências específicas nas quais as habilidades deveriam se desenvolver. É possível delinear muitos casos especiais de modelos de classe latente para testar determinadas teorias e hipóteses.

Por fim, os modelos de classe latente também refletem a tendência à generalidade em modelos estatísticos, pois muitos modelos aparentemente diferentes cabem no quadro de classe latente. Por exemplo, o modelo para uma variável de resultado dicotômica com erro de classificação, que pode ser testado mediante análise de classe latente. No entanto, o seguinte exemplo sobre dados categóricos demonstra a existência de quadros ainda mais gerais que incluem modelos de classe latente como casos especiais.

8.9 Problemas com dados faltantes

A falta de dados é um problema que aflige a maioria dos pesquisadores, e, só recentemente, os avanços computacionais e teóricos têm permitido tratá-lo de maneira adequada. Para dados categóricos, pouco se avançou durante décadas após Fisher (1930) se valer da máxima verossimilhança para estimar o parâmetro de um modelo genético com dados faltantes.

Hoje, conseguimos tratar muitos problemas de dados faltantes de forma realista, à custa de certa complexidade computacional. O enfoque que usarei como exemplo resulta num quadro muito geral para análise com dados categóricos faltantes, no qual muitos casos especiais se encaixam.

Os princípios gerais são muito simples, embora nem sempre seja evidente de que maneira um determinado caso se encaixa no quadro. Primeiro se elabora um modelo que exprime as relações que seriam observadas se não faltasse nenhum dado. Com frequência, pode-se usar o tipo habitual de modelo linear ou log-linear para representar essas relações. Depois, outra parte do modelo especifica como condensar (ou seja, resumir) os hipotéticos dados completos para formar os dados observados.

Para vermos como implementar esse quadro, consideremos o seguinte exemplo: efetuou-se um estudo em que uma variável ordenada foi classificada de forma mais minuciosa do que outras, talvez por razões de custo. Num estudo de psicoterapia, alguns pacientes podem ter sido classificados conforme estejam melhores ou não, enquanto, para outros, essas categorias podem ter sido divididas, por exemplo, em muito melhor ou ligeiramente melhor, estável, ligeiramente pior ou muito pior.

A figura 8.1 ilustra alguns dados hipotéticos para um estudo como esse. Num estudo real haveria outras variáveis, como preditores de melhoria e variáveis de controle, mas, para maior clareza, elas foram omitidas da figura. Os números nas células indicam frequências observadas; um sinal de interrogação indica as frequências não observadas. As cinco frequências no lado esquerdo da figura representam pessoas realmente avaliadas na escala de 5 pontos. Os números 18 e 10 são observados apenas para pessoas classificadas como havendo ou não melhorado. Cada uma dessas duas frequências é a soma de células que gostaríamos de observar diretamente, mas não podemos. Não sabemos quantas das 18 classificadas só como havendo melhorado estavam realmente muito melhores e quantas estavam ligeiramente melhores.

Haveria um modelo estatístico especificado para os dados completos que seriam observados se todas as pessoas fossem avaliadas na variável de categorização mais precisa. A parte restante do modelo especificaria que certas células não são observadas, mas apenas suas somas, como as in-

Figura 8.1 Dados de uma variável imprecisamente categorizada, conceitualizados como dados incompletamente observados

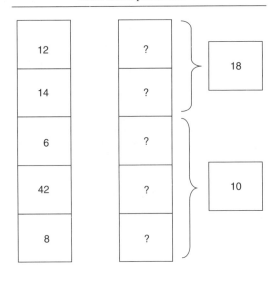

dicadas na figura. Nesse caso, a segunda parte do modelo mostraria que, para o segundo grupo de pessoas, duas células inobservadas seriam fusionadas (ou seja, somadas) para criar a categoria observada "melhorado", e três células inobservadas seriam condensadas para criar a categoria observada "não melhorado". Talvez os pesquisadores familiarizados com análise fatorial confirmatória e modelos de equação estrutural imaginem (corretamente) que alguns modelos de dados faltantes têm parâmetros não identificados, o que, às vezes, complica a análise.

O quadro mencionado permite a análise de uma ampla variedade de casos de dados faltantes. Entre eles, estimar frequências quando algumas pessoas carecem de dados sobre algumas variáveis; ajustar modelos log-lineares quando há dados faltantes; ajustar modelos de classe latente e, em geral, modelos com células fusionadas (como os modelos genéticos); ajustar modelos quando algumas variáveis são categorizadas com maior precisão do que outras e ajustar modelos com diversos pressupostos sobre o processo de omissão de dados. Como alguns dos modelos anteriores não foram previamente conceitualizados como problemas de dados faltantes, não se percebeu quantas situações poderiam ser tratadas dentro de um quadro geral. Rindskopf descreve esses modelos em detalhe.

É possível estimar modelos mais gerais para dados faltantes fazendo uso do programa bayesiano BUGS (Spiegelhalter; Thomas; Best, 1999; Spiegelhalter *et al.*, 1996). Embora desenvolvido principalmente para análise bayesiana com dados faltantes, o BUGS tem sido aplicado a uma ampla variedade de modelos estatísticos. Entre os modelos de dados categóricos em que foi utilizado estão os de regressão logística, regressão de Poisson, teoria de resposta a itens, análise de classe latente, modelos multiníveis (encaixados) e modelos log-lineares.

Uma tendência ilustrada por esse exemplo é, obviamente, o avanço rumo a um modelo geral e abrangente que inclua muitos casos especiais. Esse enfoque também requer métodos numéricos com intenso uso de computação, em especial para grandes problemas. Hoje, mesmo problemas relativamente grandes podem ser analisados com um microcomputador.

8.10 Resumo e consequências

Como a maioria das estatísticas aplicadas, a análise de dados categóricos tornou-se mais realista, mais geral, mais abrangente e mais complexa. Aliás, existem modelos ainda mais gerais do que alguns examinados aqui. Por exemplo, já foram desenvolvidos modelos lineares generalizados (McCullagh; Nelder, 1989) que incluem regressão, ANOVA, regressão logística e modelos log-lineares – entre outros – como casos especiais. *Hardware* e software (p. ex., BUGS, Mplus, LEM, SPlus) antes inexistentes possibilitaram muitos desses novos métodos, bem como incentivaram o desenvolvimento de mais métodos estatísticos.

Muitas outras áreas de pesquisa recente ampliaram o leque de ferramentas para a análise de dados categóricos. Algumas delas são especializadas demais para serem abordadas aqui (p. ex., métodos exatos, metanálise e métodos de prospecção de dados como CHAID, CART e redes neurais). Outras são tratadas em distintas seções deste livro (p. ex., modelos multiníveis, modelos longitudinais, teoria de resposta a itens e modelos de equação estrutural).

Os pesquisadores também devem ter em mente que a análise tem consequências no projeto – uma análise brilhante não consegue salvar um estudo mal projetado. Métodos estatísticos complexos demandam mais considerações de projeto, para além daquelas observadas em projetos mais tradicionais. Em especial, não é possível utilizar modelos multiníveis sem um estudo adequadamente projetado.

Espero que os exemplos aqui apresentados tenham dado uma síntese dos novos e empolgantes avanços na análise de dados categóricos. Temos métodos empolgantes, não só novos como também antigos. O que poderia ser melhor?

REFERÊNCIAS

AIKEN, L. C.; WEST, S. G. *Multiple regression*: Testing and interpreting interactions. Newbury Park: Sage, 1991.

FISHER, R. A. *Statistical methods for research workers*. 3. ed. Edimburgo: Oliver e Boyd, 1930.

FREEDMAN, D.; PISANI, R.; PURVES, R. *Statistics*. Nova York: W. W. Norton, 1978.

FRIENDLY, M. *Visualizing categorical data*. Cary: SAS Publishing, 2000.

GOLEMAN, D. Strong emotional response to disease may bolster patient's immune system. *New York Times*, p. C1, 22 out. 1985.

GOODMAN, L. A. *Analyzing qualitative/categorical data*: Log-linear models and latent structure analysis. Cambridge: Abt Books, 1978.

LAIRD, N. M.; OLIVIER, D. Covariance analysis of censored survival data using log-linear analysis techniques. *Journal of the American Statistical Association*, 76, p. 231-240, 1981.

MCCULLAGH, P.; NELDER, J. A. *Generalized linear models*. 2. ed. Londres: Chapman & Hall, 1989.

RINDSKOPF, D. Using latent class analysis to test developmental models. *Developmental Review*, 7, p. 66-85, 1987.

RINDSKOPF, D. Nonstandard loglinear models. *Psychological Bulletin*, 108, p. 150-162, 1990.

RINDSKOPF, D. A general approach to categorical data analysis with missing data using generalized linear models with composite links. *Psychometrika*, 57, p. 29-42, 1992.

RINDSKOPF, D. Some hazards of using nonstandard log-linear models, and how to avoid them. *Psychological Methods*, 4, p. 339-347, 1999.

ROSENTHAL, R.; ROSNOW, R. L. *Contrast analysis*: Focused comparisons in the analysis of variance. Nova York: Cambridge University Press, 1985.

SMITH, J. Take my advice. *Los Angeles Times Magazine*, p. 6, 7 out. 1990.

SPIEGELHALTER, D. J.; THOMAS, A.; BEST, N. G. *WinBUGS Version 1.2 user manual*. Cambridge: MRC Biostatistics Unit, 1999.

SPIEGELHALTER, D. J.; THOMAS, A.; BEST, N. G.; GILKS, W. R. *BUGS*: Bayesian inference using Gibbs sampling, Version 0.5 (Version ii). Cambridge: MRC Biostatistics Unit, 1996.

WICKENS, T. D. *Multiway contingency tables analysis for the social sciences*. Hillsdale: Lawrence Erlbaum, 1989.

WILKINSON, L.; TASK Force on Statistical Inference. Statistical methods in psychology journals: Guidelines and explanations. *American Psychologist*, 54(8), p.594-604, 1999.

WOOLF, B. On estimating the relation between blood group and disease. *Annals of Human Genetics*, 19, p. 251-253, 1955.

Capítulo 9

MODELOS DE REGRESSÃO ORDINAL

VALEN E. JOHNSON
JAMES H. ALBERT[1]

9.1 MODELOS DE REGRESSÃO PARA DADOS ORDINAIS

Os dados do tipo ordinal são os mais frequentemente encontrados nas ciências sociais. São exemplos comuns desse tipo de dados aqueles obtidos em levantamentos, quando respondentes são solicitados a caracterizar suas opiniões em escalas que variam entre *discordo fortemente* e *concordo fortemente*. Para os nossos fins, a propriedade definitória dos dados ordinais é a existência de um claro ordenamento das categorias de resposta, mas não de uma escala intervalar subjacente entre elas. Por exemplo, em geral, é razoável pressupor um ordenamento no formato

discordo fortemente < discordo < não sei
< concordo < concordo fortemente,

mas não faz sentido atribuir valores inteiros a essas categorias. Assim, afirmações do tipo

discordo – discordo fortemente
= concordo – não sei

não são consideradas como válidas.

9.2 DADOS ORDINAIS POR VIA DE VARIÁVEIS LATENTES

A maneira mais natural de se encarar os dados ordinais é supor a existência de uma variável latente (inobservada) subjacente ligada a cada resposta. Costuma-se supor que tais variáveis são extraídas de uma distribuição contínua centrada num valor médio variável de indivíduo para indivíduo. Muitas vezes, esse valor médio é modelado como função linear do vetor covariado do respondente.

Para ilustrarmos esse conceito, suponhamos estar interessados em estimar os efeitos de, por exemplo, pontuações SAT sobre o desempenho de alunos em curso universitário de introdução à estatística. Supondo que o curso seja pontuado em uma escala entre A e F, pode-se definir o enfoque de variável latente nesse problema pressupondo a existência de quatro cortes de categorias, na escala latente, que separam os valores observados das variáveis latentes nas categorias de nota observadas. Também, posto que as categorias de resposta estão ordenadas, devemos impor uma correspondente restrição aos cortes de notas. Indicando com γ_1 o corte de nota superior para um F, com γ_2 o corte superior de nota para um D e assim por

---

1. Nota dos autores: Grande parte do material deste capítulo foi adaptada de *Ordinal Data Modeling*, de Johnson e Albert (© 1999). Reimpresso com autorização da Editora Springer.

Figura 9.1 Interpretação de traço latente de classificação ordinal.

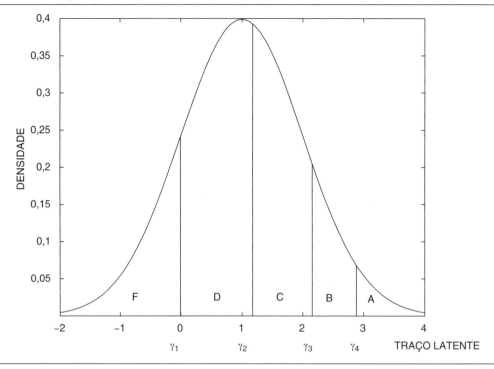

NOTA: Nesse gráfico, a densidade logística representa a distribuição de traços latentes para um determinado indivíduo. Supõe-se que, dessa densidade, se extrai uma variável aleatória cujo valor determina a classificação de uma pessoa. Por exemplo, se o desvio extraído é de 0,5, a pessoa recebe uma nota D.

diante, essa restrição de ordenamento pode ser matematicamente expressa por

$$-\infty < \gamma_1 \equiv 0 \leq \gamma_2 \leq \gamma_3 \leq \gamma_4 \leq \gamma_5 \equiv \infty.$$

Note-se que o corte superior para um A, γ_5, é considerado ilimitado. Por praticidade de notação, definimos $\gamma_0 = -\infty$.

A figura 9.1 mostra, geometricamente, como se pode usar uma formulação de variável latente para definir um modelo para a probabilidade de alunos na turma de estatística receberem notas de A até F, supondo os cortes de notas $\gamma_1, \ldots, \gamma_4$. Imaginamos, nessa figura, uma variável latente – digamos, Z – que subjaz à geração dos dados ordinais. Ao estendermos esse quadro ao cenário de regressão, supomos também que a variável Z pode ser expressa como

$$Z = \mathbf{x}'\beta + \varepsilon, \qquad (1)$$

em que ε é uma variável aleatória extraída da distribuição logística padrão. Quando Z cai entre os cortes de notas γ_{c-1} e γ_c, a observação é classificada na categoria c. Para ligar esse modelo de geração de dado à probabilidade de uma pessoa receber uma determinada nota, f indica a densidade da distribuição logística padrão e F, a função de distribuição logística. Indiquemos com p_c a probabilidade de uma pessoa receber uma nota c. Então, a partir de (1), segue-se que

$$p_c = \int_{\gamma_{c-1} - \mathbf{x}'\beta}^{\gamma_c - \mathbf{x}'\beta} f(z) dz$$
$$= \Pr(\gamma_{c-1} < Z < \gamma_c)$$
$$= F(\gamma_c - \mathbf{x}'\beta) - F(\gamma_{c-1} - \mathbf{x}'\beta).$$

Assim, a formulação de variável latente do problema fornece um modelo para a probabilidade de um aluno receber uma determinada nota no curso ou, no caso mais geral, de que se registre uma resposta numa determinada categoria. Se supormos também que as respostas ou as notas para uma amostra de n indivíduos dependem umas das outras, dadas essas probabilidades, a distribuição da amostragem para os dados observados é dada por uma distribuição multinomial.

A fim de especificar essa distribuição multinomial, suponhamos que há C notas possíveis indicadas com $1,\ldots, C$. Suponhamos, também, que n itens são observados, aos quais se atribuem notas ou categorias indicadas com $y_1,\ldots, y_n$; y_i é a nota observada para o i-ésimo indivíduo[2]. Associada com a resposta do i-ésimo indivíduo, definimos uma variável latente contínua Z_i e, como fizemos anteriormente, supomos que $Z_i = x'_i\beta + \varepsilon_i$, em que x_i é o vetor de covariáveis associado com o i-ésimo indivíduo e ε_i está distribuído conforme a distribuição F. Observamos a nota $y_i = c$ se a variável latente Z_i cair no intervalo (γ_{c-1}, γ_c). Se p_{ic} designa a probabilidade de uma única resposta do i-ésimo respondente cair na categoria c, podemos escrevê-la como

$$p_{ic} = \Pr(\gamma_{c-1} < Z_i < \gamma_c)$$
$$= F(\gamma_c - x'_i\beta) - F(\gamma_{c-1} - x'_i\beta). \quad (2)$$

Além disso, seja p_i o vetor de probabilidades relacionado ao i-ésimo item nas categorias $1,\ldots, C$; isto é, $p_i = (p_{i1},\ldots, p_{iC})$. Seja $y = (y_1,\ldots, y_n)$ o vetor de respostas observado para todos os indivíduos. Segue-se, então, que a probabilidade de se observarem os dados y para um valor fixo de vetores de probabilidade $\{p_i\}$ é dada por uma densidade multinomial proporcional a

$$\Pr[y|\{p_i\}] \propto \prod_{i=1}^{n} p_{iy_i}. \quad (3)$$

Substituindo o valor de p_{iC} de (2), chega-se à seguinte expressão para a função de verossimilhança para β:

---

2. Ao definirmos a densidade de amostragem multinomial para uma resposta ordinal, admitimos ser 1 o denominador multinomial associado com todas as respostas. Para o caso mais geral em que se agrupam as respostas ordinais por covariável, de modo que o denominador multinomial (digamos, m_i) para o i-ésimo indivíduo é maior do que 1, isso significa, simplesmente, que as m_i observações ligadas ao i-ésimo indivíduo são consideradas de forma independente em nossa descrição de modelo. Já que sempre se pode expressar uma observação multinomial com denominador maior que $m_i > 1$ como m_i observações multinomiais com denominador 1, essa distinção é irrelevante para a maior parte do desenvolvimento teórico examinado neste capítulo e simplifica um pouco a notação e a exposição. Por certo, essa mudança não afeta a função de verossimilhança. A distinção só tem importância na definição da estatística do desvio e das contribuições individuais ao desvio, mas outros comentários sobre essa questão ficam para quando apresentarmos essas quantidades, na seção 9.4.

$$L(\beta, \gamma) = \prod_{i=1}^{n} [F(\gamma_{y_i} - x'_i\beta)$$
$$- F(\gamma_{y_i-1} - x'_i\beta)]. \quad (4)$$

Em termos das variáveis latentes Z, pode-se expressar a função de verossimilhança também como

$$L(\beta, \gamma, Z) = \prod_{i=1}^{n} f(Z_i - x'_i\beta) I(\gamma_{y_i-1} \leq Z_i < \gamma_{y_i}),$$
$$(5)$$

em que $I(\cdot)$ assinala a função indicadora. Note-se que as variáveis latentes Z_i podem ser integradas de (5) para obter (4).

9.2.1 Probabilidades cumulativas e interpretação de modelos

Muitas vezes se especificam modelos de regressão ordinal em função de probabilidades cumulativas, e não de probabilidades de categorias individuais. Se definirmos

$$\theta_{ic} = p_{i1} + p_{i2} + \cdots + p_{ic},$$

o componente de regressão de um modelo ordinal da forma (2) pode ser reescrito como

$$\theta_{ic} = F(\gamma_{ic} - x'_i\beta). \quad (6)$$

Por exemplo, se pressupomos uma função de ligação logística, a equação (6) torna-se

$$\log\left(\frac{\theta_{ic}}{1 - \theta_{ic}}\right) = \gamma_c - x'_i\beta. \quad (7)$$

Note-se que o signo do coeficiente do preditor linear é negativo, à diferença do signo positivo desse termo no âmbito da regressão binária habitual. É característica interessante do modelo (7) que a relação entre as chances do evento $y_1 \leq c$ e do evento $y_2 \leq c$ seja

$$\frac{\theta_{1c}/(1 - \theta_{1c})}{\theta_{2c}/(1 - \theta_{2c})} \exp[-(x_1 - x_2)'\beta], \quad (8)$$

independentemente da categoria de resposta, c. Por isso, (7) costuma ser chamado de *modelos de chances proporcionais* (cf. McCullagh, 1980).

Outro modelo comum de regressão para dados ordinais é o modelo de riscos proporcionais, que

170 • SEÇÃO III / MODELOS PARA DADOS CATEGÓRICOS

podemos obter supondo uma ligação log-log complementar em (2). Nesse caso,

$$\log[-\log(1 - \theta_{ic})] = \gamma_c - \mathbf{x}_i'\beta.$$

Se interpretamos $1 - \theta_{ic}$ como a probabilidade de sobrevivência além da categoria (de tempo) c, podemos considerar esse modelo uma versão discreta do *modelo de riscos proporcionais* proposto por Cox (1972). Há mais detalhes a respeito da relação entre esse modelo e o de riscos proporcionais em McCullagh (1980).

Outra função de ligação utilizada com frequência para modelar probabilidades cumulativas de sucesso é a distribuição normal padrão. Com tal ligação, (2) torna-se

$$\Phi(\theta_{ic})^{-1} = \gamma_c - \mathbf{x}_i'\beta.$$

Esse é o denominado *modelo probit ordinal*, que produz probabilidades previstas similares àquelas obtidas no modelo de chances proporcionais, do mesmo modo que as previsões fornecidas por um modelo probit para dados binários produzem previsões similares àquelas obtidas com um modelo logístico. Mas o modelo probit ordinal tem uma propriedade que faz com que a amostragem com base em sua distribuição *a posteriori* seja especialmente eficiente. Por isso, ele pode ser o preferido em relação a outras ligações de modelos (ao menos em estudos preliminares) quando se trata de efetuar uma análise bayesiana.

9.3 RESTRIÇÕES PARAMÉTRICAS E MODELOS *A PRIORI*

Um modelo de regressão ordinal com C categorias e $C - 1$ parâmetros de corte desconhecidos $\gamma_1,..., \gamma_{C-1}$ está excessivamente parametrizado se há uma ordenada na origem incluída na função de regressão. Para ver isso, observemos que, se adicionamos uma constante a cada valor de corte e subtraímos a mesma constante da ordenada na origem na função de regressão, os valores de $\gamma_c - \mathbf{x}_i'\beta$ usados para definir as probabilidades de categorias não mudam. Podemos adotar dois enfoques para resolver esse problema de identificabilidade. O primeiro é, simplesmente, fixar o valor de um corte, geralmente o primeiro. Ou seja, podemos supor que o corte superior para a

categoria de resposta mais baixa (γ_1) é zero. Um segundo enfoque a ser adotado, a fim de estabelecer a identificabilidade de parâmetros, é especificar uma adequada distribuição *a priori* sobre o vetor de cortes de categorias, γ. Obviamente, para dados ordinais contendo mais de três categorias, um enfoque bayesiano da inferência requer que se especifique uma distribuição prévia para, pelo menos, um corte de categoria, seja qual for o enfoque adotado. Por isso, agora, voltamos a atenção para as especificações *a priori* para modelos de regressão ordinal.

9.3.1 Distribuições *a priori* não informativas

Em situações nas quais se dispõe de informação *a priori*, o enfoque mais simples para elaborar uma distribuição *a priori* sobre os cortes de categorias e parâmetros de regressão começa por fixar o valor de um corte – geralmente, γ_1 – em 0. Depois, os valores dos demais cortes se definem com relação ao primeiro, e posteriores variâncias de cortes de categorias representam as variâncias dos contrastes $\gamma_c - \gamma_1$. Tendo o valor de um corte já fixado, pode-se supor uma distribuição *a priori* uniforme para os demais cortes, desde que, claro, com a seguinte restrição:

$$\gamma_1 \leq \cdots \leq \gamma_{C-1},$$

Normalmente, supõe-se, *a priori*, que os componentes do vetor de cortes de categoria e o parâmetro de regressão são independentes, bem como se adota uma distribuição *a priori* uniforme para β.

Essa escolha de resultados *a priori* numa estimativa máxima *a posteriori* (MAP) dos valores dos parâmetros é idêntica à estimação de máxima verossimilhança (MLE). Em geral, esses estimadores pontuais dão estimativas satisfatórias das probabilidades de células multinomiais quando se observam contagens moderadas em todas as C categorias. No entanto, se houver categorias em que não se observa contagem alguma ou que as observações forem poucas, as estimativas MLE e MAP serão significativamente diferentes da média *a posteriori*. Além disso, o viés e as outras propriedades de estimadores de cortes de categorias extremas podem diferir substancialmente das correspondentes propriedades dos cortes de categorias internas.

9.3.2 Distribuições *a priori* informativas

Como no caso da regressão binária, podemos especificar distribuições *a priori* informativas sobre os componentes de γ e β fazendo uso do método de meios condicionais de Bedrick, Christensen e Johnson (1996). Porém, além da especificação de uma avaliação independente para cada componente do parâmetro de regressão β, também se deve especificar uma avaliação independente para cada componente aleatório de γ. Se a dimensão do parâmetro de regressão é a e a dimensão do componente aleatório de γ é b, são necessárias $a + b$ avaliações independentes para especificar uma distribuição *a priori* correta. Por exemplo, se um termo de ordenada na origem é incluído no parâmetro de regressão, de modo que a dimensão total de β é b, e γ_1 é fixado em 0 para que haja $C - 2$ componentes aleatórios de γ, é preciso solicitar $b + C - 2$ avaliações independentes para estabelecer a distribuição *a priori* conjunta sobre γ e β. Deve-se especificar, também, a precisão de cada avaliação.

Ao determinar a distribuição *a priori* usando o método de meios condicionais, muitas vezes é mais fácil especificar estimativas *a priori* de probabilidades de sucesso cumulativas do que estimativas da probabilidade de observar determinadas categorias de resposta. Além disso, para estabelecermos a identificabilidade de parâmetros na distribuição *a priori*, precisamos estimar, pelo menos, uma probabilidade cumulativa para cada componente cumulativo do vetor γ. Isto é, se houver quatro categorias de resposta e $\gamma_1 = 0$, tem de ser feita, pelo menos, uma avaliação *a priori* da probabilidade cumulativa de se observar que uma resposta é menor ou igual que a segunda categoria ($\gamma_i \le 2$) e, pelo menos, uma avaliação *a priori* da probabilidade de se observar ao menos uma resposta menor ou igual que a terceira categoria. Ademais, a matriz de projeto escolhida para os valores de covariáveis (incluindo cortes de categorias) deve ser invertível.

Suponhamos, então, que há a componentes desconhecidos do vetor de corte γ e b componentes desconhecidos do vetor de regressão β. A fim de elaborarmos uma disposição *a priori* de meios condicionais, devemos examinar $M = a + b$ valores do vetor covariável x – denominemos esses vetores covariáveis $x_2, \ldots, x_M$. Para cada vetor covariável x_j, especificamos uma estimativa e uma

precisão *a priori* da nossa estimativa da correspondente probabilidade cumulativa de corte $\theta_{(j)}$. Assim, para cada valor covariável, especificam-se dois itens:

1. Uma avaliação da probabilidade cumulativa $\theta_{(j)}$, que denominamos g_j.
2. Um relatório sobre a precisão dessa avaliação em termos do número de "observações *a priori*". Indicamos esse tamanho de amostra *a priori* com K_j.

Essa informação *a priori* sobre $\theta_{(j)}$ pode ser incorporada à especificação do modelo utilizando a densidade de Dirichlet com parâmetros $K_j g_j$ e $K_j (1 - g_j)$, contanto que se admita que as distribuições *a priori* das probabilidades cumulativas são independentes. Em tal caso, segue-se que a densidade *a priori* conjunta é dada pelo produto

$$g(\theta_{(1)}, \ldots, \theta_{(M)}) \propto \prod_{j=1}^{M} \theta_{(j)}^{K_j g_j - 1} (1 - \theta_{(j)})^{K_j (1 - g_j) - 1}.$$

Transformando essa distribuição *a priori* sobre as probabilidades cumulativas novamente em (β, γ), a distribuição *a priori* de meios condicionais induzidos pode ser escrita como

$$g(\beta, \gamma) \propto \prod_{j=1}^{M} F(\gamma_{(j)} - \mathbf{x}_j' \beta)^{K_j g_j}$$

$$\cdot [1 - F(\gamma_{(j)} - \mathbf{x}_j' \beta)]^{K_j (1 - g_j)} f(\gamma_{(j)} - \mathbf{x}_j' \beta), \quad (9)$$

desde que $\gamma_1 \le \gamma_2 \le \cdots \le \gamma_{C-1}$. Como antes, $F(\cdot)$ indica a função de distribuição da ligação e $f(\cdot)$ é a densidade da ligação.

9.4 ANÁLISE RESIDUAL E QUALIDADE DO AJUSTE

Associadas com toda observação multinomial estão C categorias, de cada uma das quais se pode usar a resposta (ou a falta de resposta) de um indivíduo para definir um resíduo. Para dados binomiais ($C = 2$), $y_i - n_i p_i$ e $y_i - n_i (1 - p_i)$ são dois desses resíduos. Por óbvio, se você conhece o valor do primeiro resíduo – ou seja, se conhece p_i – pode calcular o valor do segundo, que só depende de $(1 - p_i)$ (porque y_i e n_i são considerados conhecidos). Assim também, no caso de dados ordinais com C categorias, se souber os valores de

172 • SEÇÃO III / MODELOS PARA DADOS CATEGÓRICOS

p_{ic} para $C - 1$ das categorias, você pode calcular a probabilidade para a última, porque a soma das probabilidades tem de ser 1. Assim, para dados ordinais, podemos ter $C - 1$ resíduos para cada observação multinomial.

Com esse aumento da dimensionalidade, de 1 para $C - 1$, a análise residual se complica. Não só há mais valores residuais a examinar como os $C - 1$ resíduos de cada observação também estão correlacionados. Portanto, não está claro como devem ser expostos e analisados os resíduos clássicos (p. ex., Pearson, desvio e resíduos de desvio ajustados). No caso de análises residuais bayesianas, tanto o resíduo bayesiano padrão quanto os resíduos preditivos *a posteriori* envolvem distribuições de dimensão $(C - 1)$, o que, de novo, complica a crítica ao modelo. Uma possível solução para o problema é criar uma sequência de resíduos binários condensando categorias de resposta. Por exemplo, poderíamos redefinir um "sucesso" como o ato de exceder a primeira, a segunda,… ou a $(C - 1)$-ésima categoria. Os resíduos binários resultantes podem ser analisados por meio dos procedimentos descritos, por exemplo, no capítulo 3 de Johnson e Albert (1999), lembrando que os resíduos definidos para cada limiar de sucesso estão estreitamente correlacionados. De um ponto de vista prático, os resíduos binários formados com o excedente das categorias extremas (Categorias 1 e $[C - 1]$) costumam ser os mais informativos para identificar valores atípicos, e, portanto, poderíamos centrar a atenção primeiro nesses resíduos.

Já os resíduos baseados no vetor de variáveis latentes $\mathbf{Z}$ não sofrem o problema de dimensionalidade, porque se define apenas uma variável latente para cada indivíduo. Define-se o resíduo latente para a i-ésima observação como

$$r_{i,L} = Z_i - x'_i \beta.$$

Nominalmente, os resíduos $r_{i,L}, \ldots, r_{n,L}$ estão independentemente distribuídos, como resulta da distribuição F. Portanto, desvios com relação à estrutura do modelo deveriam ser refletidos como desvios dos valores observados dessas quantidades com relação a amostras típicas extraídas de F. Por isso, as análises de casos são, geralmente, mais fáceis de realizar e interpretar utilizando resíduos latentes com valor escalar.

Para avaliarmos a qualidade de ajuste total de um modelo de regressão ordinal, podemos usar a estatística de desvio, definida como

$$D = 2 \sum_{i=1}^{n} \sum_{j=1}^{C} I(y_i = j) \log(I(y_i = j)/\hat{p}_{ij}),$$

em que $\hat{p}_{ij}$ é a estimação de máxima verossimilhança da probabilidade de cela p_{ij} e I é a função indicadora. Nessa expressão, supõe-se que o termo $I() \log(I()\hat{p}_{ij})$ é 0 sempre que a função indicadora for 0. Os graus de liberdade ligados à estatística de desvio são $n - k - (C - 1)$, na qual k é o número de parâmetros de regressão no modelo, incluída a ordenada na origem. Assimptoticamente, a estatística de desvio para modelos de regressão ordinal tem distribuição qui-quadrado só quando as observações são agrupadas de acordo com valores de covariáveis e as contagens esperadas em cada célula se tornam grandes. Quando se verifica apenas uma observação em cada valor de covariável, a distribuição qui-quadrado não dá uma boa aproximação da estatística de desvio[3].

Além de sua aplicação como estatística de qualidade de ajuste, a estatística de desvio pode ser usada também para seleção de modelos. Talvez para nossa surpresa, a distribuição de diferenças em estatística de desvio para modelos encaixados costuma ser notavelmente próxima a uma variável qui-quadrado aleatória, mesmo para dados em que as contagens esperadas de célula são relativamente pequenas. Os graus de liberdade da variável qui-quadrado aleatória que aproxima a distribuição da diferença em desvios são em número igual ao de covariáveis suprimidas do modelo maior para obter o modelo menor.

---

3. Para dados ordinais agrupados, é necessária uma definição mais geral do desvio. Se y_{ij} indica as contagens observadas na categoria j para a i-ésima observação, podemos redefinir a estatística de desvio como

$$2 \sum_{i=1}^{n} \sum_{j=1}^{C} y_{ij} \log(y_{ij}/\hat{y}_{ij}),$$

em que $\hat{y}_{ij}$ é a estimativa de máxima verossimilhança das contagens de célula esperadas y_{ij}. Quando o número esperado de contagens em cada célula de toda observação se aproxima de infinito (ou seja, > 5), a distribuição dessa forma mais geral de estatística de desvio aproxima-se, de fato, de uma distribuição qui-quadrado. Quando não for possível agrupar observações, essa forma de função de desvio deveria ser usada para avaliar qualidade de ajuste e para seleção de modelo.

Relacionam-se com o desvio do modelo as contribuições para o desvio originadas em observações individuais. No caso de resíduos binários, usava-se a raiz quadrada sinalizada desses termos para definir os resíduos de desvios. Para dados ordinais, contudo, é preferível examinar diretamente os valores da contribuição para o desvio dada por observações individuais ou

$$d_i = 2 \sum_{j=1}^{C} I(y_i = j) \log(I(y_i = j)/\hat{p}_{ij}).$$

Observações que contribuem desproporcionalmente para o desvio total do modelo devem ser vistas com receio[4].

Voltando-nos para as análises de caso bayesianas, os resíduos preditivos *a posteriori* proporcionam uma ferramenta geralmente aplicável e que permite avaliar a adequação do modelo e identificar observações atípicas. Como no caso de regressão binária, observações para as quais as distribuições residuais preditivas *a posteriori* se concentram longe do 0 representam possíveis valores atípicos.

9.5 EXEMPLOS

9.5.1 Notas em um curso de estatística

Para uma aplicação simples dessa metodologia, consideramos, em primeiro lugar, as notas obtidas por alunos de um curso de estatística avançada. Neste exemplo, o interesse está focado em prever as notas dos alunos desse curso com base em suas pontuações em matemática do SAT e em suas notas em um curso que é pré-requisito. A tabela 9.1 apresenta os dados desse exemplo. Começamos mostrando a estimação de máxima verossimilhança para um modelo de chances proporcionais. Depois de tratarmos dos procedimentos clássicos de checagem de modelos, abordamos análises bayesianas de distribuições *a priori* informativas e não informativas.

---

4. Para dados ordinais agrupados, uma definição alternativa da contribuição de uma observação individual para o desvio é

$$\frac{2}{m_i} \sum_{j=1}^{C} y_{ij} \log(y_{ij}/\hat{y}_{ij}),$$

em que $m_i = \sum_j y_{ij}$.

9.5.1.1 Análise de máxima verossimilhança

Como primeiro passo da análise, supomos que o logit da probabilidade de um aluno receber uma nota na categoria c ou pior é função linear de sua pontuação no SAT-M. Isto é, supomos um modelo de chances proporcionais do tipo

$$\log\left(\frac{\theta_{ic}}{1 - \theta_{ic}}\right) = \gamma_c - \beta_0 - \beta_1 \times \text{SAT} - \text{M}_i. \quad (10)$$

Visto que essa relação inclui uma ordenada na origem, fixamos $\gamma_1 = 0$, de modo a estabelecer a identificabilidade.

A tabela 9.2 mostra as estimações de máxima verossimilhança e os erros-padrão associados para os parâmetros γ e β. Essas estimativas foram obtidas mediante rotina MATLAB descrita em Johnson e Albert (1999) e estão disponíveis no *site* dessa publicação. As correspondentes estimativas das probabilidades ajustadas de um aluno ganhar cada uma das cinco notas possíveis estão representadas como função da pontuação do SAT-M na figura 9.2. Ali, a área branca indica a probabilidade de um aluno com um determinado SAT-M receber um A, a área ligeiramente sombreada indica a probabilidade de um B e assim por diante. Vemos, no gráfico, que a probabilidade de um aluno com pontuação de 460 no SAT-M receber um D ou um F é de cerca de 57%, que um aluno que tira 560 no SAT-M tem, aproximadamente, 50% de chance de receber um B e que um aluno que teve 660 pontos no seu SAT-M tem mais de 80% de chance de ganhar um A no curso.

Uma propriedade importante do modelo de regressão ordinal em que se baseia o modelo para esses dados é que a interpretação de parâmetros de regressão não varia com o número de categorias de classificação. No presente caso, o parâmetro de regressão β no modelo de chances proporcionais tem a mesma interpretação que teria o parâmetro de regressão no modelo logístico, no qual as categorias de notas foram condensadas num sistema de sucesso/fracasso (isto é, notas entre D e F foram consideradas fracasso e, entre A e C, sucesso). Pode-se encontrar discussão mais profunda sobre esse ponto no contexto desse exemplo em Johnson e Albert (1999).

Como verificação rápida do ajuste do modelo, na figura 9.3, representamos, graficamente, as contribuições para desvio originadas em observações individuais em função do número da observação.

174 • SEÇÃO III / MODELOS PARA DADOS CATEGÓRICOS

Tabela 9.1 – Notas para uma turma de alunos de estatística

Nº do aluno	Nota	Pontuação no SAT-M	Nota em curso prévio de estatística
1	D	525	B
2	D	533	C
3	B	545	B
4	D	582	A
5	C	581	C
6	B	576	D
7	C	572	B
8	A	609	A
9	C	559	C
10	C	543	D
11	B	576	B
12	B	525	A
13	C	574	F
14	C	582	D
15	B	574	C
16	D	471	B
17	B	595	B
18	D	557	C
19	F	557	A
20	B	584	A
21	A	599	B
22	D	517	C
23	A	649	A
24	B	584	C
25	F	463	D
26	C	591	B
27	D	488	C
28	B	563	B
29	B	553	B
30	A	549	A

NOTA: A primeira coluna é o número do aluno, a segunda coluna lista as notas recebidas pelo aluno no curso e a terceira e a quarta colunas dão a pontuação em matemática no SAT e a nota do curso de estatística que é pré-requisito.

Tabela 9.2 – Estimações de máxima verossimilhança e erros padrão para o modelo de chances proporcionais no exemplo de notas em curso de estatística

Parâmetro	Estimativa	Erro-padrão
γ_2	2,22	0,64
γ_3	3,65	0,78
γ_4	6,51	1,33
β_0	−20,08	6,98
β_1	0,0430	0,012

A observação mais extrema no modelo de chances proporcionais parece ser o Aluno 19, que ganhou um F no curso, mas teve pontuação de 559 – acima da média – no SAT. É também interessante reparar que a nota do Aluno 30 resultou na segunda maior

contribuição para o desvio – esse aluno teve pontuação ligeiramente abaixo da média no SAT-M, mas recebeu um A no curso.

Em seguida, para fins de comparação, ajustamos o modelo probit ordinal aos mesmos dados. Nesse caso, o modelo probit ordinal toma a forma

$$\theta_{ic} = \Phi(\gamma_c - \beta_0 - \beta_1 \times \text{SAT} - \text{M}_i). \quad (11)$$

Como antes, a ordenada na origem foi incluída nesse modelo porque γ_1 teve o valor 0 atribuído.

As estimações de máxima verossimilhança para o modelo probit aparecem na tabela 9.3 e foram obtidas por meio das funções de MATLAB descritas em Johnson e Albert (1999).

Como ocorre no modelo de chances proporcionais, podemos representar graficamente as contribuições de cada observação para o desvio. A aparência desse gráfico é quase idêntica à da figura 9.3, de modo que os comentários sobre o ajuste do modelo de chances proporcionais a notas de alunos individuais aplicam-se também ao modelo probit ordinal. A semelhança entre os dois gráficos de desvio decorre do fato de os valores ajustados sob cada modelo serem quase idênticos. Vemos isso na figura 9.4, em que as probabilidades de células previstas conforme os dois modelos estão representadas umas com relação às outras. O desvio foi 73,5 sob o modelo probit ordinal, mas foi 72,7 sob o modelo de chances proporcionais.

9.5.1.2 Análise bayesiana com uma distribuição *a priori* não informativa

De modo a investigarmos mais a fundo a relação entre as notas dos alunos e a pontuação no SAT-M, consideramos, a seguir, um modelo bayesiano utilizando uma distribuição *a priori* difusa sobre os parâmetros γ e β. Em razão da semelhança entre os valores ajustados obtidos com o modelo probit ordinal e o modelo de riscos proporcionais, bem como da simplicidade computacional da amostragem a partir do modelo probit ordinal por meio do algoritmo de Cowles (1996), limitamos nossa atenção à ligação probit.

Ao aplicarmos o algoritmo de Cowles a esses dados, inicializamos os vetores paramétricos com os valores de máxima verossimilhança. Em seguida, fizemos 20.000 iterações da cadeia Markov em Monte Carlo (MCMC). As amostras de estimativas

Figura 9.2 Probabilidades multinomiais ajustadas a partir do ajuste de máxima verossimilhança do modelo de chances proporcionais

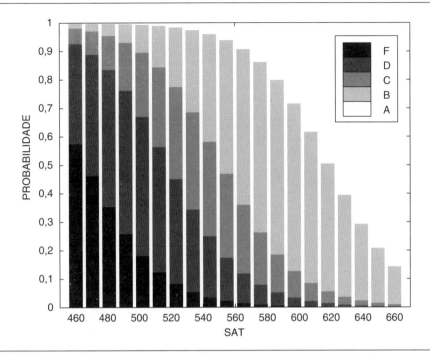

NOTA: Para cada valor do SAT, as cinco áreas sombreadas do gráfico de barras empilhadas representam as probabilidades ajustadas das cinco notas.

Figura 9.3 Contribuições para o desvio no modelo de chances proporcionais para notas de alunos

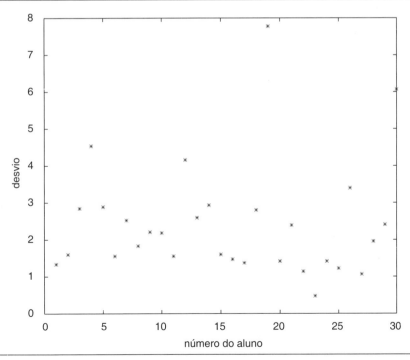

NOTA: Esse gráfico não representa resíduos de desvio, já que não se calculou a raiz quadrada das contribuições para o desvio (nem havia uma maneira simples de se atribuir um sinal a cada observação).

Figura 9.4 Probabilidades ajustadas sob o modelo probit ordinal *versus* probabilidades ajustadas para o modelo de chances proporcionais

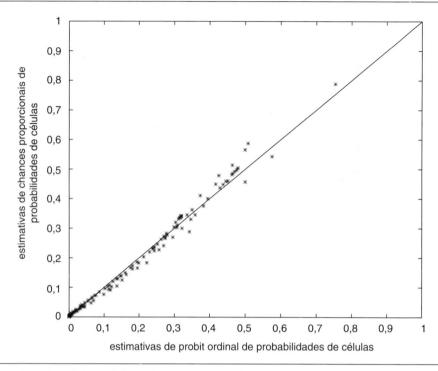

NOTA: Todas as 150 probabilidades de células previstas com base nas 30 observações estão expostas.

Tabela 9.3 – Estimações de máxima verossimilhança e erros-padrão para o modelo probit ordinal

Parâmetro	Estimativa	Desvio-padrão assimptótico
γ_2	1,29	0,35
γ_3	2,11	0,41
γ_4	3,56	0,63
β_0	−11,22	3,64
β_1	0,0238	0,0063

Tabela 9.4 – Estimativas simuladas de médias a *posteriori* e desvios-padrão para o modelo probit ordinal obtidos utilizando distribuições *a priori* difusas

Parâmetro	Média a posteriori	Desvio-padrão a posteriori
γ_2	1,38	0,37
γ_3	2,26	0,42
γ_4	3,86	0,63
β_0	−12,05	3,73
β_1	0,0257	0,0065

do MCMC para as médias *a posteriori* dos valores de parâmetros estão expostas na tabela 9.4 e indicam boa concordância das médias *a posteriori* com as estimações de máxima verossimilhança contidas na tabela 9.3. Isso sugere que a distribuição *a posteriori* das estimativas de parâmetros é, aproximadamente, normal. Os histogramas estimativos das distribuições marginais *a posteriori* apresentados na figura 9.5 corroboram essa conclusão.

Um subproduto do algoritmo MCMC usado para estimar as médias *a posteriori* das estimativas de parâmetros é o vetor de variáveis latentes Z. Como vimos no fim da seção 9.4, essas variáveis oferecem um diagnóstico conveniente para detectar valores atípicos e avaliar a qualidade do ajuste. *A priori*, os resíduos latentes $Z_1 - x'_1\beta, \ldots, Z_n - x'_n\beta$ são uma amostra aleatória de uma distribuição $N(0, 1)$. Portanto, desvios nos valores dos resíduos latentes com relação a uma amostra independente de desvios normais padrão são sintomáticos de violações de pressupostos do modelo.

Figura 9.5 Histogramas estimativos das distribuições marginais *a posteriori* dos parâmetros de regressão e corte de categoria no exemplo das notas em estatística

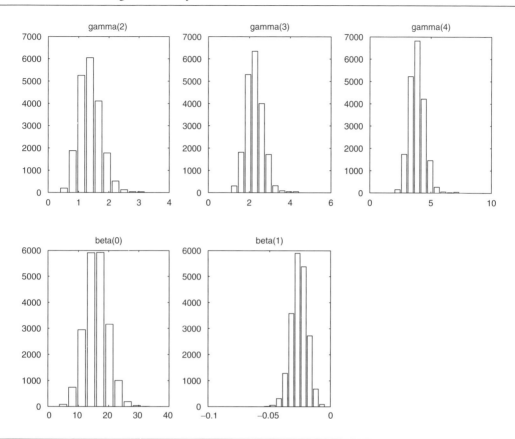

A figura 9.6 apresenta um gráfico de pontuações normais das médias *a posteriori* dos resíduos latentes. Como seria previsível, com base nos gráficos de desvio apresentados anteriormente, os resíduos latentes mais extremos correspondem aos Alunos 19 e 30. Uma vez que o valor do resíduo latente do Aluno 19 (−2,57) é menor do que seria esperado numa amostra desse tamanho, essa observação talvez poderia ser considerada um valor atípico. O valor do resíduo latente do Aluno 30 é 2,27, algo menos suspeito.

De modo geral, o gráfico de pontuações normais não sugere graves violações de pressupostos do modelo.

9.5.2 Previsão de pontuação de redações com base em atributos gramaticais

Grandes empresas de testes educacionais (p. ex., ETS e ACT) deparam-se com o problema de dar nota a milhares de redações de alunos. Por isso, existe grande interesse em automatizar o trabalho de dar nota a redações de alunos ou, caso não se consiga, determinar qualidades facilmente mensuráveis das redações que se relacionem com sua classificação. O propósito desse exemplo é estudar as relações entre as notas e os atributos das redações. Os dados desse exemplo consistem em notas atribuídas a 198 redações por cinco especialistas, cada um dos quais avaliou todas as redações numa escala de 10 pontos. Uma nota 10 indica uma excelente redação. Dados similares já foram analisados também por Page (1994) e Johnson (1996), por exemplo. Para nossos fins atuais, só examinamos as notas dadas pelo primeiro avaliador especializado e as seguintes características da redação: extensão média de palavras e sentenças, número de palavras e números de preposições, vírgulas e erros ortográficos.

Figura 9.6 Gráfico de pontuações normais das médias *a posteriori* dos resíduos latentes escolhidos do exemplo das notas

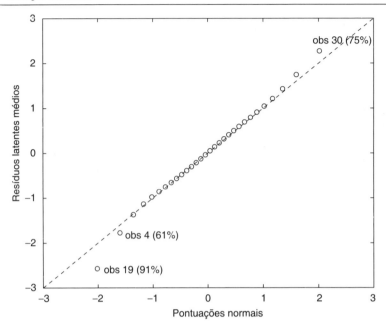

Após uma análise gráfica preliminar dos dados, optamos por examinar as relações previsíveis entre a nota que um especialista dá a uma redação e as variáveis raiz quadrada do número de palavras da redação (SqW), longitude média das palavras (WL), porcentagem de preposições (PP), número de vírgulas × 100 sobre o número de palavras da redação (PC), porcentagem de erros ortográficos (OS) e longitude média das sentenças (SL). A figura 9.7 apresenta gráficos de todas essas variáveis em função das notas das redações.

Com base nos gráficos da figura 9.7, postulamos um modelo básico na forma

$$\Phi^{-1}(\theta_{ic}) = \gamma_c + \beta_0 + \beta_1 \text{WL} + \beta_2 \text{SqW} + \beta_3 \text{PC} + \beta_4 \text{PS} + \beta_5 \text{PP} + \beta_6 \text{SL}, \quad (12)$$

em que, como antes, θ_{ic} é a probabilidade cumulativa de uma redação ter recebido pontuação c ou inferior, e Φ é a função de distribuição normal padrão. As estimações de máxima verossimilhança para esse modelo estão na tabela 9.5.

O desvio do modelo (12) foi 748,7 sobre 198 − 15 = 183 graus de liberdade, seguindo a convenção habitual de que o número de graus de liberdade num modelo linear generalizado é igual ao número de observações menos o número de parâmetros estimados. A estatística de desvio é muito maior do que os graus de liberdade, sugerindo algum excesso de dispersão no modelo. Isso confirma a nossa intuição de que as seis variáveis explicativas no modelo não podem prever exatamente as notas dadas por qualquer especialista humano em particular. (De fato, poderíamos esperar considerável variação entre as notas dadas por diferentes especialistas a uma mesma redação.) Assim, provavelmente é prudente aplicarmos uma correção por excessiva dispersão para interpretar os erros-padrão na tabela. Como a estimativa habitual de excesso de dispersão para modelos de regressão ordinal é desvio/graus de liberdade (nesse caso, 4,09), todos os erros-padrão incluídos na tabela 9.5 deveriam ser multiplicados pela raiz quadrada da dispersão excessiva estimada (≈ 2) para se obter uma estimativa mais realista da incerteza de amostragem associada com cada parâmetro.

Para investigarmos a origem da excessiva dispersão, precisamos examinar a contribuição de cada nota de redação para o desvio. Para isso, a figura 9.8 fornece um gráfico da contribuição para o desvio em função da raiz quadrada do número de palavras. Como vemos na figura, há várias observações nas quais o desvio excede 8 e duas nas quais o desvio é superior a 14. Os valores 8 e 14 correspondem a, aproximadamente, 0,995 e 0,9998 pontos de uma variável aleatória χ_1^2, embora seja improvável que uma variável qui-quadrado aleatória aproxime com precisão a distribuição assimptótica do desvio total ou do desvio de observações individuais. Contudo, os grandes valores de desvio ligados a essas observações confirmam que as variáveis gramaticais incluídas no modelo não captam todas as características consideradas pelo avaliador de redações.

Da tabela 9.5 e dos gráficos preliminares de notas de redações em função das variáveis explicativas, depreende-se, claramente, que algumas das variáveis incluídas no modelo básico não foram importantes na previsão das notas das redações. Para determinar quais das variáveis deveriam permanecer na função de regressão, recorremos a um procedimento de seleção regressiva, pelo qual variáveis foram excluídas do modelo de forma sucessiva. Os resultados desse procedimento estão resumidos na tabela 9.6, de análise de desvio, incluindo tanto a redução do desvio ligada à supressão de cada variável do modelo quanto a redução do desvio corrigido por excesso de dispersão.

Tabela 9.5 – Estimações de máxima verossimilhança e desvios padrão assimptóticos para o modelo de regressão básico para notas de redação

Parâmetro	Estimação de máxima verossimilhança	Desvio-padrão assimptótico
γ2	0,632	0,18
γ3	1,05	0,20
γ4	1,63	0,21
γ5	2,19	0,22
γ6	2,71	0,23
γ7	3,39	0,24
γ8	3,96	0,26
γ9	5,09	0,35
β0	−3,74	1,08
β1	0,656	0,23
β2	0,296	0,032
β3	0,0273	0,032
β4	−0,0509	0,038
β5	0,0461	0,023
β6	0,00449	0,013

Comparando as mudanças corrigidas no desvio com as correspondentes probabilidades posteriores de uma variável aleatória χ_1^2, parece que as

Figura 9.7 Gráficos de notas de redação obtidas do primeiro avaliador especializado em função de seis variáveis explicativas

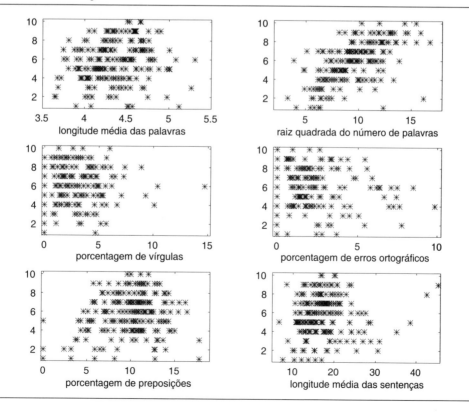

variáveis SL, PC e OS (longitude média das sentenças, porcentagens de vírgulas e erros ortográficos) não foram importantes para prever as notas dadas por esse avaliador de redações. Também a variável PP (porcentagem de preposições) parece ter importância apenas marginal como preditor, ao passo que as variáveis WL e SqW (longitude das palavras e raiz quadrada do número de palavras) são relevantes ou altamente relevantes. Esses resultados sugerem que poderíamos excluir as variáveis SL, PC e OS do modelo, deixando-o com a forma

$$\Phi^{-1}(\theta_{ic}) = \gamma_c + \beta_0 + \beta_1 WL + \beta_2 SqW + \beta_3 PP. \quad (13)$$

Voltando-nos, agora, para uma análise bayesiana predefinida desses dados, se supormos uma distribuição *a priori* difusa sobre todos os parâmetros do modelo, podemos aplicar um algoritmo MCMC similar ao descrito no capítulo 4 de Johnson e Albert (1999) para extrair amostras da distribuição *a posteriori* sobre os parâmetros incluídos, tanto no modelo completo (12) quanto no reduzido (13). No intuito de exemplificar, geramos 5.000 iterações a partir do modelo completo e usamos esses valores amostrados para estimar as médias *a posteriori* dos parâmetros de regressão. Apresentadas na tabela 9.7, essas estimativas são muito semelhantes às estimações de máxima verossimilhança (e, nesse caso, máximas *a posteriori*) relacionadas na tabela 9.5.

Tabela 9.6 – Tabela de análise de desvio para notas de redação

Modelo	Mudança no desvio	Mudança no desvio corrigida
Modelo completo	—	—
SL	0,12	0,03
PC	0,71	0,17
OS	1,28	0,31
PP	3,93	0,96
WL	8,84	2,16
SqW	86,42	21,13

NOTA: Os valores da segunda coluna representam o aumento no desvio resultante da supressão da variável indicada na primeira coluna em comparação com o modelo da linha anterior. Os valores na terceira coluna representam os da segunda coluna divididos por 4,09, estimativa do excesso de dispersão do modelo obtida no modelo completo.

Figura 9.8 Contribuição de notas de redações individuais para o desvio em função da raiz quadrada do número de palavras de cada redação

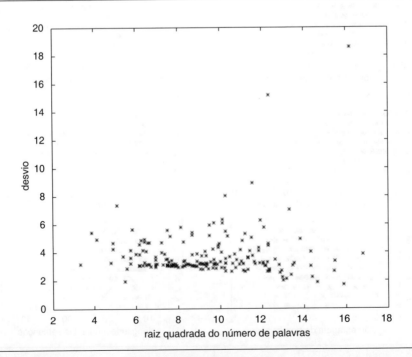

Tabela 9.7 – Médias de estimativas de parâmetros e desvio-padrão posteriores do modelo de regressão completo para as notas de redação

Parâmetro	Média posterior	Desvio-padrão posterior
γ_2	0,736	0,16
γ_3	1,19	0,18
γ_4	1,79	0,21
γ_5	2,35	0,21
γ_6	2,88	0,22
γ_7	3,59	0,22
γ_8	4,18	0,24
γ_9	5,30	0,30
β_0	-3,76	1,12
β_1	0,670	0,24
β_2	0,305	0,033
β_3	0,0297	0,033
β_4	-0,0520	0,038
β_5	0,0489	0,024
β_6	0,00463	0,013

As análises de caso bayesianas baseadas em resultados do algoritmo MCMC procedem como no exemplo anterior. Reservando os valores de variáveis latentes gerados no esquema MCMC, podemos preparar com facilidade um gráfico de pontuações normais dos resíduos latentes, como mostrado na figura 9.9. Como o gráfico de desvio, essa figura sugere que ao menos duas observações não estão de acordo com os pressupostos do modelo. Há, também, evidência de a distribuição dos resíduos latentes ser não gaussiana, outra forma de erro de especificação do modelo.

Além dos resíduos latentes, podemos examinar também os resíduos preditivos *a posteriori* para investigar mais a fundo o excesso de dispersão detectado na análise baseada em verossimilhança. Se é a distribuição *a posteriori* da nota de redação simulada para a *i*-ésima redação e y_i a nota observada da *i*-ésima redação, define-se a distribuição de resíduos preditivos *a posteriori* para a *i*-ésima observação como a distribuição de $y_i - $.

A figura 9.10 apresenta um gráfico de amplitudes interquartis estimadas dos resíduos preditivos *a posteriori*. A aparência desse gráfico indica falta de ajuste do modelo. Para quantificar essa falta de ajuste de maneira mais formal, poderíamos propor um modelo de efeitos aleatórios, mas, nesse caso, há, pelo menos, duas fontes de erro distintas que gostaríamos de modelar. A primeira é a incapacidade de o modelo de regressão explicar totalmente as nuances de avaliadores hu-

Figura 9.9 Gráfico de pontuações normais das médias posteriores dos resíduos latentes escolhidos para o exemplo da avaliação de redações

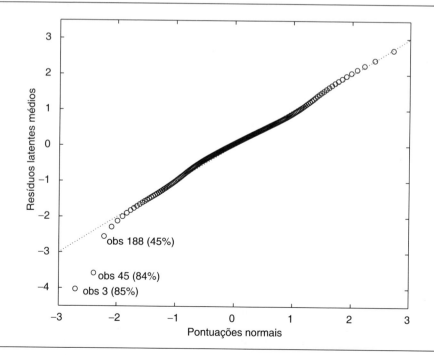

manos – o modelo de regressão, certamente, não pode dar conta de todos os atributos de redação considerados pelo especialista para chegar a uma nota para uma redação. A segunda é a variabilidade entre especialistas ao atribuírem notas a redações. Como mencionamos no início desse exemplo, há outros quatro especialistas que também deram notas a essas mesmas redações e houve considerável discordância entre eles quanto à nota apropriada para qualquer redação em especial. Portanto, é improvável que um simples modelo de efeitos aleatórios capte ambas as fontes da excessiva dispersão, e isso sugere que é necessário um modelo mais abrangente.

9.6 Análise de dados de diversos avaliadores

No exemplo da seção anterior, examinamos a relação entre as avaliações de um especialista sobre um conjunto de redações de alunos de ensino médio e vários atributos facilmente quantificáveis medidos nessas redações. Por acaso, as notas que examinamos foram dadas pelo primeiro dos cinco especialistas que avaliaram as redações. Todavia, com mais de um avaliador especializado, a seguinte pergunta torna-se óbvia: como nossa análise mudaria se usássemos as avaliações de outro especialista ou se, de alguma maneira, combinássemos as notas de todos os especialistas?

Na seção anterior, nós supusemos que a "nota certa" de cada redação era conhecida e, depois, analisamos as redações para estimar a relação entre essas notas e diversos atributos gramaticais. Infelizmente, quando examinamos avaliações feitas por diversos avaliadores, costuma acontecer que as classificações atribuídas a pessoas por diferentes avaliadores não são congruentes. Sendo assim, devemos decidir como combinar a informação colhida de diferentes avaliadores.

Muitos métodos já foram propostos para a análise de dados ordinais colhidos de diversos avaliadores. Com frequência, essas análises concentram-se em modelar a concordância entre avaliadores. Um dos índices de concordância entre avaliadores mais utilizados em ciências sociais e em medicina é a estatística κ (Cohen, 1960). Supondo que todos os juízes empreguem a mesma quantidade de categorias de avaliação,

Figura 9.10 Amplitudes interquartis dos resíduos preditivos *a posteriori*

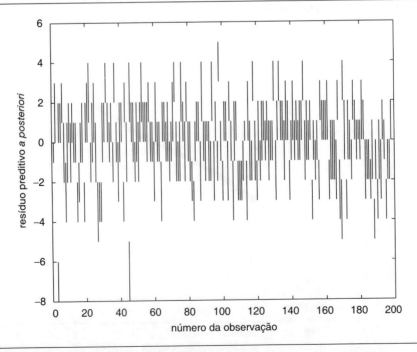

NOTA: O fato de grande parte dessas amplitudes não cobrir o 0 é sinal de excessiva dispersão ou outra falta de ajuste.

pode-se estimar a estatística κ elaborando uma tabela de contingência na qual cada juiz é considerado um fator com K níveis. Logo, a estatística κ é definida por

$$\kappa = \frac{p_0 - p_c}{1 - p_c},$$

em que p_0 representa a soma das proporções observadas nos elementos diagonais da tabela e p_c representa a soma das proporções esperadas sob a hipótese nula de independência. Grandes valores positivos de κ podem ser interpretados como indicação de concordância sistemática entre avaliadores. Essa estatística foi desenvolvida e estendida por diversos autores, como Fleiss (1971), Light (1971) e Landis e Koch (1977a, 1977b). Já Jolayemi (1991a, 1991b) propôs um índice a ela relacionado.

Mais recente é o método baseado em modelo proposto por Tanner e Young (1985) para medir a concordância de avaliadores. No paradigma dos autores, a tabela de contingência usada para elaborar a estatística κ foi analisada no contexto de um modelo log-linear. Para modelar a concordância entre juízes, foram utilizadas variáveis indicadoras correspondentes a subconjuntos de células diagonais em subtabelas. Uma vantagem desse método com relação à estatística κ é que ele permite pesquisar padrões específicos de concordância de avaliadores. Ambas as metodologias são aplicáveis a dados categóricos nominais e ordinais. Uebersax (1992) e Uebersax e Grove (1993) propuseram avanços nesse sentido.

Ao contrário desses enfoques, o método que defendemos enfatiza as tarefas de aferir a exatidão do avaliador, estimar as posições relativas de indivíduos e prever classificações com base em covariáveis observadas. À diferença dos métodos supramencionados, nós supomos, *a priori*, que todos os juízes concordam quanto ao mérito de diversos indivíduos e que um traço (ou vetor de traço) subjacente determina a posição "real" de uma pessoa em relação a todas as outras. Em geral, supomos que se trata de um traço com valor escalar.

9.7 PONTUAÇÕES DADAS A REDAÇÕES POR CINCO AVALIADORES

Para ilustrarmos nosso enfoque de modelagem, consideremos, novamente, os dados de notas de redações que encontramos no fim da seção 9.5.

A figura 9.11 mostra a distribuição marginal das notas dadas por cada um dos cinco juízes às 198 redações. Vemos, nessa figura, que a proporção de redações incluída em cada categoria de nota varia substancialmente de um juiz para outro. Os avaliadores variam tanto em suas avaliações médias quanto na dispersão de suas avaliações. Por exemplo, o Avaliador 1 parece dar notas mais altas do que o Avaliador 2. O Avaliador 3 mostra-se incomum com respeito à variação relativamente grande de suas avaliações. Por óbvio, a variação entre avaliações que vemos na figura 9.11 não necessariamente implica que as *classificações* das redações eram incongruentes entre os juízes – ela talvez signifique apenas que os juízes aplicaram diferentes cortes de nota. A fim de examinar a congruência das classificações, podemos representar graficamente as notas de redação dadas por um juiz em função daquelas dadas por outro, como vemos na figura 9.12. De modo a facilitar a interpretação desse gráfico, representamos os elementos nas tabelas cruzadas como uma imagem em escala de cinzas, em que quadrados mais escuros correspondem a contagens mais altas no histograma bivariado. A medida com a qual os avaliadores concordam é indicada pela concentração de quadrados escuros ao longo de uma linha com inclinação positiva. Quando os avaliadores concordam em suas classificações de pessoas e também usam definições similares dos cortes de categorias, a inclinação dessa linha é aproximadamente 1.

Percebemos, na figura 9.12, que a variabilidade do terceiro avaliador é comparativamente grande em relação à dos outros quatro. Observa-se, também, que o segundo, o quarto e o quinto avaliador fizeram classificações muito congruentes umas com as outras e que o segundo e o quarto usaram similares definições de categorias.

9.8 O MODELO DE MÚLTIPLOS AVALIADORES

9.8.1 A função de verossimilhança

Como nas seções precedentes, aqui, indicamos com Z_i o valor "real" do traço latente do i-ésimo indivíduo numa escala adequadamente escolhida. O vetor de traços latentes para todos os indivíduos é indicado com $\mathbf{Z} = \{Z_i\}$.

184 • SEÇÃO III / MODELOS PARA DADOS CATEGÓRICOS

Supomos que os dados disponíveis têm a seguinte forma geral. Há n indivíduos avaliados, e cada um deles é avaliado por, no máximo, J juízes ou avaliadores. Em muitos casos, todos os juízes avaliam todos os indivíduos. Quando nem todos os indivíduos são avaliados por todos os juízes, supomos que a decisão para um juiz avaliar um indivíduo é tomada independentemente das qualidades do juiz e do indivíduo. Supomos, também, que o juiz j classifica cada indivíduo em uma de K_j categorias ordenadas. Habitualmente, todos os juízes usam o mesmo número de categorias; nesse caso, dispensamos o subscrito j, e K indica o número comum de categorias ordenadas. Indicamos com $\mathbf{y} = \{y_{ij}\}$ o arranjo de dados, no qual y_{ij} é a avaliação do indivíduo i feita pelo juiz j. Denomina-se $\mathbf{X}$ a matriz de covariáveis pertinente para prever as classificações relativas dos indivíduos.

Ao atribuirmos uma categoria ou nota ao i-ésimo objeto, supomos que o juiz j observa o valor de Z_i com um erro indicado por e_{ij}. Assim, a quantidade $t_{ij} = Z_i + e_{ij}$ é a estimativa feita pelo juiz j do traço latente para o indivíduo i na escala de traços subjacente.

O termo de erro e_{ij} incorpora tanto o erro observacional do juiz j ao avaliar o indivíduo i, quanto o viés desse juiz ao avaliar o valor real de Z_i. Em alguns casos, talvez seja sensato modelar e_{ij} como uma função de covariáveis individuais, mas, no que vem a seguir, supomos igual a 0 a expectativa de e_{ij}, na média calculada de todos os indivíduos da população cujos valores de covariáveis são iguais aos do indivíduo i.

Como no caso de um só avaliador, supomos que o indivíduo i é incluído na categoria c pelo juiz j se

$$\gamma_{j,c-1} < t_{ij} \leq \gamma_{j,c} \qquad (14)$$

para cortes de categoria específicas de juiz $\gamma_{j,c-1}$ e $\gamma_{j,c}$. Como no caso de avaliador único, definimos $\gamma_{j,0} = -\infty$, $\gamma_{j,K} = \infty$ e seja $\gamma_j = (\gamma_{j,1}, \ldots, \gamma_{j,K-1})$ o vetor dos cortes para o j-ésimo juiz. Seja $\gamma = \{\gamma_1, \ldots, \gamma_J\}$ o arranjo de cortes de categorias para todos os juízes.

Até aqui, o modelo para a geração de dados ordinais de múltiplos avaliadores é inteiramente análogo ao caso de único avaliador. Entretanto, ao especificarmos a distribuição dos termos de erro e_{ij}, devemos decidir se queremos supor que todos os juízes classificam indivíduos com igual precisão ou que alguns juízes fornecem classificações mais exatas do que outros.

Em qualquer um dos casos, convém supor um arranjo distribucional comum para os termos de erro e_{ij} de todos os juízes. Supomos, portanto, que e_{ij} – o erro do j-ésimo juiz ao avaliar o i-ésimo indivíduo – tem uma distribuição com média 0 e variância σ_j^2. Escrevemos a função de distribuição de e_{ij} como $F(e_{ij}/\sigma_j)$ para uma função de distribuição conhecida F. Indicamos com f a função de densidade correspondente a F.

Ao tomarmos $\sigma_j^2 = \sigma^2$ para todo j, impomos a restrição de todos os juízes classificarem indivíduos com similar precisão. Na prática, porém, raramente os dados sustentam esse pressuposto, e, portanto, salvo explícita indicação em contrário, nós supomos distintos parâmetros de escala para cada juiz.

Com tais pressupostos, segue-se que a função de verossimilhança para os dados observados $\mathbf{y}$ (desconsiderando, por enquanto, a regressão dos traços latentes $\mathbf{Z}$ sobre as variáveis explicativas $\mathbf{X}$) pode ser escrita como

$$L(\mathbf{Z}, \gamma, \{\sigma_j^2\}) = \prod_{i=1}^{n} \prod_{j \in C_i} \left[F\left(\frac{\gamma_{j,y_{ij}} - Z_i}{\sigma_j}\right) - F\left(\frac{\gamma_{j,y_{ij}-1} - Z_i}{\sigma_j}\right) \right], \qquad (15)$$

em que C_i é o conjunto de avaliadores que classificaram o indivíduo i. Se introduzirmos as estimativas de traço latente t_{ij} no procedimento de estimação, podemos expressar a função de verossimilhança aumentada como

$$L(\mathbf{Z}, \{t_{ij}\}, \gamma, \{\sigma_j^2\}) = \prod_{i=1}^{n} \prod_{j \in C_i} \frac{I}{\sigma_j} f\left(\frac{t_{ij} - Z_i}{\sigma_j}\right)$$

$$\cdot I(\gamma_{j,y_{ij}-1} < t_{ij} \leq \gamma_{j,y_{ij}}). \qquad (16)$$

Como antes, $I(\cdot)$ é a função indicadora. Esse modelo para a função de verossimilhança está graficamente ilustrado na figura 9.13. Nesse gráfico, dois avaliadores classificam uma pessoa com traço real 1,5, indicado pela linha vertical isolada. A distribuição das observações dos avaliadores sobre o traço dessa pessoa é descrita pelas duas densidades normais, que mostram claramente que o segundo avaliador é menos exato. A zona sombreada horizontalmente representa a probabilidade de o primeiro avaliador classificar o indivíduo como "2", supondo que os cortes de categoria inferior e superior para a segunda categoria desse

Figura 9.11 Histograma estimativo da distribuição marginal das notas que cada avaliador especializado dá às redações

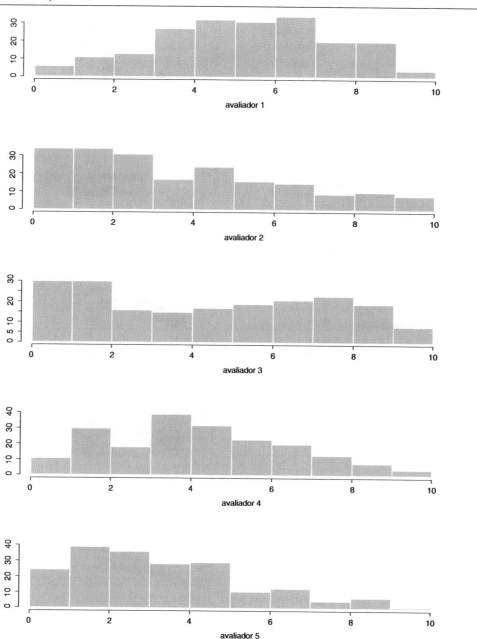

primeiro avaliador sejam $(\gamma_{1,1}, \gamma_{1,2}) = (-1, 0,1)$. Do mesmo modo, a zona verticalmente sombreada representa a probabilidade de o segundo avaliador ter classificado essa pessoa na segunda categoria, sendo os correspondentes cortes de categoria $(\gamma_{1,1}, \gamma_{1,2}) = (-0,2, 1)$.

9.8.2 A distribuição *a priori*

Após cuidadoso exame da função de verossimilhança (15 ou 16), fica claro que os parâmetros do modelo não são identificáveis. Isto é, para quaisquer constantes a e $b > 0$, podemos

Figura 9.12 Representações de histograma bivariado de distribuições marginais conjuntas das notas atribuídas às redações por cada par de avaliadores especializados

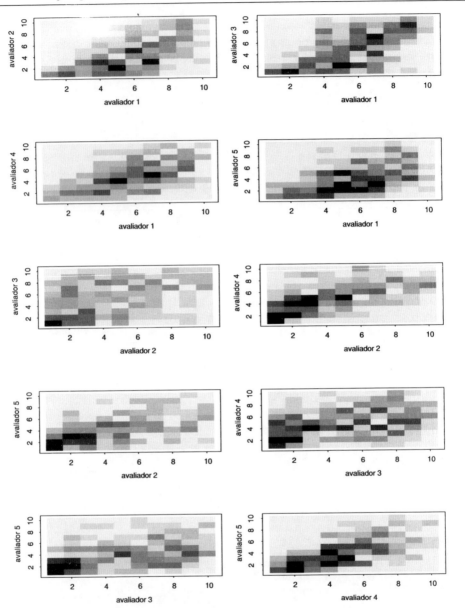

NOTA: Quadrados mais escuros representam contagens mais elevadas.

substituir $\mathbf{Z}$ por $b(\mathbf{Z} - a)$, t_{ij} por $b(t_{ij} - a)$, γ por $b(\gamma - a)$ e σ_j por $b\sigma_j$ sem alterar o valor da verossimilhança. Já tivemos um problema menos grave de identificabilidade quando montamos um modelo para dados ordinais de avaliador único. Resolvemos esse problema impondo uma restrição ao valor do corte da primeira categoria, de modo a fazer com que γ e a ordenada na origem de regressão fossem identificáveis. Nesse caso, o problema se agrava, porque, em geral, é despropositado supor que o corte superior para a categoria mais baixa é igual para todos os avaliadores. Além disso, quando só se dispõe de dados de um avaliador, a variância de avaliador σ^2 pode ter valor fixo igual a 1. Essa restrição em σ elimina o problema de escalagem (isto é, multiplicar

Figura 9.13 Representação do modelo de dados ordinais de múltiplos avaliadores

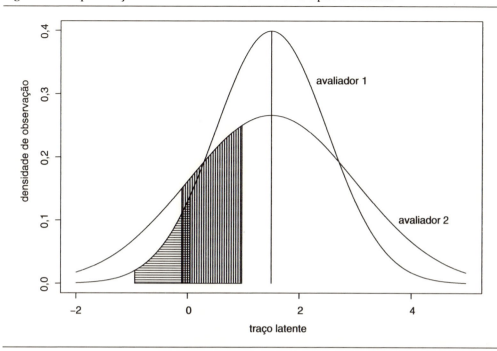

todos os parâmetros do modelo por uma constante positiva *b*), mas, como dito anteriormente, ela costuma ser inadequada para dados de múltiplos avaliadores, porque estes apresentam diferentes níveis de precisão em suas classificações.

Pode-se superar o problema da identificabilidade com a imposição de adequadas distribuições *a priori* a alguns ou todos os parâmetros do modelo. A localização da distribuição de traços pode ser fixada ao especificar uma adequada distribuição *a priori* para os traços latentes. Para simplificar, no resto deste capítulo, vamos supor que a correta distribuição *a priori* escolhida para os traços latentes é uma distribuição gaussiana, ou, em outras palavras, que os traços latentes $Z_1, \ldots, Z_n$ são distribuídos *a priori* a partir de distribuições normais padrão independentes.

Além de especificarmos uma adequada distribuição *a priori* para o vetor de traço latente **Z**, supomos um determinado arranjo distribucional para os parâmetros de variância de avaliador σ. Em especial, supomos que versões reescalonadas das variâncias de avaliador estão distribuídas conforme uma distribuição conhecida *F* e, depois, damos adequada distribuição *a priori* aos fatores de escalonamento aplicados a cada variância de avaliador para eles terem distribuição *F*. Ou seja,

supomos que os termos de erro de avaliador e_{ij}/σ_j se distribuem de acordo com *F* e tomam uma distribuição informativa *a priori* sobre σ_j. A opção prática para $F(\cdot)$ é uma distribuição normal padrão. Se combinamos esse pressuposto com aqueles adotados anteriormente, segue-se que a distribuição condicional dos traços latentes observados por avaliador $\{t_{ij}\}$, dado Z_i, são independentes e normalmente distribuídos, com média Z_i e variância σ_j^2.

O pressuposto de normalidade dos termos de erro do juiz pode ser, ao menos parcialmente, justificável se repararmos que os erros na percepção de um juiz quanto aos atributos de um indivíduo costumam resultar de muitos pequenos efeitos. Segundo o teorema central do limite, portanto, poderíamos esperar que os erros de avaliador sejam aproximadamente gaussianos. Ademais, é de se notar que as previsões obtidas com um modelo que pressupõe erros de avaliador normalmente distribuídos são, em geral, muito similares às previsões obtidas com outros modelos comuns de erro. Logo, as conclusões finais a que se chega com esse tipo de modelo tendem a ser relativamente imunes à influência do arranjo distribucional específico suposto para os componentes de e_{ij}.

Figura 9.14 Densidade gama inversa com parâmetros $\lambda\psi = 0{,}2$ e $\lambda\psi = 0{,}1$

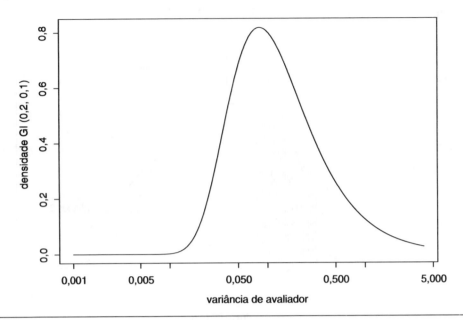

NOTA: O eixo x está em escala logarítmica para melhor representar o comportamento da densidade perto de 0.

A priori, supomos, também, que as variâncias de avaliador $\sigma_1^2, \ldots, \sigma_J^2$ são independentes. Se se determina que F é uma distribuição normal padrão, a distribuição *a priori* conjugada para os parâmetros de variância σ_j^2 é uma densidade gama inversa cuja expressão pode ser

$$\pi(\sigma_j^2; \lambda, \alpha) = \frac{\lambda^\alpha}{\Gamma(\alpha)} (\sigma_j^2)^{-\alpha-1} \exp\left(-\frac{\lambda}{\sigma_j^2}\right),$$

$$\alpha, \lambda > 0. \tag{17}$$

Nós indicamos a distribuição gama inversa correspondente a essa densidade com $IG(\alpha, \lambda)$; a média e a moda da distribuição são $\lambda/(\alpha - 1)$ (supondo $\alpha > 1$) e $\lambda/(\alpha + 1)$, respectivamente. A figura 9.14 apresenta um gráfico de densidade para uma variável aleatória $IG(0{,}2, 0{,}1)$. Os parâmetros α e λ podem ser escolhidos de modo que a densidade da distribuição *a priori* sobre as variâncias de avaliador concentre sua massa no intervalo $(0{,}01, 4)$. É importante atribuir a λ um valor positivo, a fim de evitar singularidades na distribuição *a posteriori* que ocorreriam se os componentes de σ^2 pudessem se tornar arbitrariamente pequenos.

A fim de concluirmos o modelo de distribuição *a priori*, necessitamos especificar uma distribuição sobre o vetor de cortes de categoria γ. Para tanto, fixamos distribuições *a priori* uniformes independentes sobre os vetores de corte de categoria γ_j, sujeito à seguinte restrição:

$$\gamma_{j,1} \leq \cdots \leq \gamma_{j,K-1}.$$

Combinando todos esses pressupostos, a densidade da distribuição *a priori* conjunta sobre $(\mathbf{Z}, \gamma, \{\sigma_j^2\})$ é dada por

$$g(\mathbf{Z}, \gamma, \{\sigma_j^2\}) = \prod_{i=1}^{n} \varphi(Z_i; 0, 1) \prod_{j=1}^{J} \pi(\sigma_j^2; \lambda, \alpha) \tag{18}$$

em que $\varphi(x; \mu, \sigma)$ indica uma densidade normal com média μ e desvio-padrão σ. Em conjunto, esses pressupostos definem o que denominamos modelo probit ordinal para múltiplos avaliadores. Como demonstramos a seguir, esse modelo fornece um quadro útil para a análise de uma ampla variedade de conjuntos de dados ordinais.

9.8.3 Análise de pontuações de redações dadas por cinco avaliadores (sem regressão)

Para quantificarmos as conclusões qualitativas tiradas das figuras 9.12 e 9.13, aplicamos o modelo descrito na seção anterior, de modo a obter as distribuições *a posteriori* no parâmetro de variância de cada avaliador. Como subproduto desse procedimento de ajuste do modelo, obtemos também a distribuição *a posteriori* no traço subjacente para cada nota de redação.

Com a introdução das estimativas de traço latente t_{ij} no problema de estimação, a densidade *a posteriori* conjunta de todos os parâmetros desconhecidos é dada por

$$g(\mathbf{Z}, \{t_{ij}\}, \gamma, \{\sigma_j^2\}) \propto L(\mathbf{Z}, \{t_j\},$$
$$\gamma, \{\sigma_j^2\}) g(\mathbf{Z}, \gamma, \{\sigma_j^2\}),$$

na qual a função de verossimilhança é dada por (15), e a densidade de distribuição *a priori*, por (18). Para obtermos amostras dessa distribuição *a posteriori*, modificamos o algoritmo MCMC descrito para dados de avaliador único, de modo a incluir mais avaliadores. Após inicializarmos os parâmetros do modelo, começamos o algoritmo MCMC extraindo amostras da distribuição condicional de $\mathbf{Z}$. Vemos, em (16), que a distribuição condicional do componente Z_i – dado o arranjo $\{t_{ij}\}$ e σ_i^2 – está normalmente distribuída, com média s/r e variância $1/r$, na qual

$$r = 1 + \sum_{j \in C_i} \frac{1}{\sigma_j^2} \quad \text{e} \quad s = \sum_{j \in C_i} \frac{t_{ij}}{\sigma_j^2}. \quad (19)$$

Dado o valor de $\mathbf{Z}$, a atualização dos componentes de γ_j se dá como no caso de avaliador único. Assim também se podem amostrar valores de traço específicos de avaliador t_{ij} de uma densidade gaussiana truncada com média Z_i e variância σ_i^2, truncada no intervalo .

Finalmente, a estrutura da distribuição *a priori* conjugada especificada para as variâncias $\sigma_1^2, \ldots,$ σ_j^2 facilita a amostragem das distribuições condicionais desses parâmetros. Se D_j é o conjunto de indivíduos avaliados pelo j-ésimo juiz e adotamos n_j como número de elementos de D_j, a distribuição condicional de σ_j^2 é

$$\sigma_j^2 \sim IG\left(\frac{n_j}{2} + \alpha, \frac{S}{2} + \lambda\right), \quad \text{em que}$$
$$S = \sum_{i \in D_j} (t_{ij} - Z_i)^2. \quad (20)$$

Essas distribuições condicionais podem servir para tomar amostras da distribuição posterior conjunta em todos os parâmetros do modelo, como

se descreve com mais detalhe em Johnson e Albert (1999). Uma vez implementado o algoritmo MCMC, podemos estimar as médias e as variâncias posteriores dos parâmetros de variância de avaliador com base no resultado do MCMC. A tabela 9.8 contém as estimativas obtidas dessa maneira. Note-se que os valores expostos nessa tabela coincidem qualitativamente com a análise gráfica dos dados apresentados na figura 9.12. Conforme previsto, a tendência era o terceiro avaliador dar às redações notas que não eram congruentes com as notas dadas pelos outros avaliadores.

Tabela 9.8 – Médias e desvios-padrão posteriores de parâmetros de variância de avaliador

	Avaliador				
	1	2	3	4	5
Média *a posteriori*	0,91	0,53	2,05	0,61	0,89
Desvio-padrão	0,22	0,14	0,54	0,14	0,24

Os valores obtidos com o algoritmo MCMC também podem ser utilizados para realizar análises de resíduos por meios similares aos descritos para dados de avaliador único. Por exemplo, os valores simulados de t_{ij} e $\mathbf{Z}$ obtidos com o algoritmo MCMC podem servir para definir resíduos padronizados na forma

$$r_{ij} = \frac{t_{ij} - Z_i}{\sigma_j}.$$

A figura 9.15 mostra um gráfico de pontuações normais das médias posteriores dos resíduos padronizados para as notas do primeiro avaliador. Nesse caso, nenhuma das notas dadas por esse avaliador parece ser incomumente alta.

9.9 INTRODUÇÃO DE FUNÇÕES DE REGRESSÃO NOS DADOS DE MÚLTIPLOS AVALIADORES

Se comparamos a estrutura do modelo descrita anteriormente para dados ordinais de múltiplos avaliadores com o modelo-padrão para dados ordinais de avaliador único, encontramos duas diferenças básicas. A primeira é que, no caso de dados de avaliador único, não há perda de generalidade, pelo fato de se fixar o valor do primeiro corte de categoria em 0, desde que se inclua uma ordenada na origem na regressão linear das variáveis de traço latente $\{Z_j\}$ na matriz de variáveis explicativas X. A segunda, e mais importante, é o fato de que, implicitamente, supomos um valor 0 para o parâmetro de variância do avaliador no caso de avaliador único. Junto com o pressuposto de

$$Z_i = \mathbf{x}_i'\beta + \eta_i, \quad \eta_i \sim F(\cdot), \qquad (21)$$

em que $F(\cdot)$ indica a função de ligação para o modelo de regressão, isso nos permitiu definir a escala de medição tanto das variáveis latentes como do parâmetro de regressão. É claro que, com dados de um só avaliador, não tínhamos mesmo opção, a não ser pressupor que o avaliador categorizou todas as observações corretamente, ou seja, que a variância de erro do avaliador era exatamente 0. Com efeito, em muitos casos, esse pressuposto poderia justificar-se com base em considerações concretas. Em testes para detectar falhas em peças mecânicas, por exemplo, a classificação binária das peças testadas como sucesso ou fracasso pode ser completamente objetiva.

Mas a situação muda no caso de dados de múltiplos avaliadores. O próprio fato de os dados num experimento ou estudo terem sido coletados de múltiplos avaliadores implica que a classificação dos indivíduos em categorias foi subjetiva. Ou seja, é de se *esperar* que diferentes avaliadores tenham opiniões diferentes sobre o mérito relativo de cada indivíduo. Concretamente, a subjetividade dos dados observados implica que se deve questionar a validade do pressuposto de regressão.

A fim de exemplificar a importância dessa questão, lembremos que, no caso de dados de avaliador único, supusemos que os traços latentes Z_i seguiam a relação de regressão (21). Se supomos que $F(\cdot)$ é uma função de distribuição normal padrão, a equação (21) pode ser combinada com os pressupostos de modelo da seção anterior para obtermos a seguinte expressão do valor do traço latente observado para um único avaliador:

Figura 9.15 Gráfico de pontuações normais das médias *a posteriori* dos resíduos latentes padronizados para as notas do primeiro avaliador

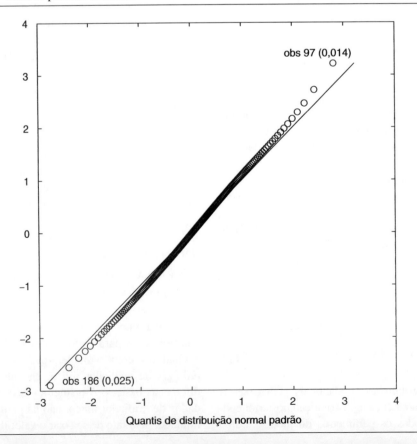

$$t_{ij} = \mathbf{x}_i'\beta + \eta_i + \varepsilon_{ij}, \quad \text{em que} \quad \eta_i \sim N(0, 1)$$
$$\text{e} \quad \varepsilon_{ij} \sim N(0, \sigma_j^2). \tag{22}$$

Segue-se que o traço latente observado pelo avaliador t_{ij} tem distribuição normal com média $\mathbf{x}_i'\beta$ e variância $1 + \sigma_j^2$. Isso implica que a variância estimada para avaliadores cujas classificações seguem a função de regressão muito de perto será a menor. Portanto, dados obtidos desses avaliadores pesarão mais do que os de outros ao estimar-se a classificação real de indivíduos.

Essas ideias estão bem ilustradas em termos do nosso exemplo sobre as notas de redação colhidas independentemente de cinco juízes. Na seção anterior, propusemos um modelo linear para a variável de desempenho latente relacionada à nota recebida do primeiro juiz. Supondo que se possa usar um modelo semelhante para prever a nota de qualquer dos cinco juízes participantes do estudo, obtemos a seguinte equação de regressão para a previsão de t_{ij}:

$$t_{ij} = \beta_0 + \beta_1 WL_i + \beta_2 SqW_i + \beta_3 PP_i + \eta_i + \varepsilon_{ij}. \tag{23}$$

Como antes, WL, SqW e PP representam a longitude média das palavras, a raiz quadrada do número de palavras na redação e a porcentagem de preposições, respectivamente. Variância de e_{ij}, σ_j^2 mede a concordância das avaliações do j-ésimo juiz com as variáveis explicativas. De um ponto de vista concreto, esta é a pergunta crucial: queremos dar mais peso às classificações dos juízes cujas notas foram mais lineares nessas variáveis explicativas? Nesse exemplo, a resposta é provavelmente não. Nosso principal interesse em fazer essa regressão foi investigar em que medida se poderia modelar a nota de um especialista por meio de variáveis gramaticais fáceis de quantificar. Não previmos que, idealmente, essas variáveis prediriam o relativo mérito das redações.

Para superar essa dificuldade, temos de especificar o nosso modelo de regressão de modo a poder admitir a falta de ajuste da função de regressão. Uma maneira de fazê-lo é supor que, para determinados valores dos parâmetros β e τ^2,

$$z_i = \mathbf{x}_i'\beta + \zeta_i, \quad \text{em que} \quad \zeta_i \sim N(0, \tau^2). \tag{24}$$

Isto é, colocamos a equação de regressão em pé de igualdade com as avaliações obtidas de um único juiz. O termo de erro ζ_i representa o erro de "falta de ajuste" associado com a equação de regressão e é inteiramente análogo ao termo ε_{ij}, associado com a observação do traço latente por um único avaliador.

A exatidão da relação de regressão depende do valor de τ^2, que também poderia ser estimado dentro da estrutura do modelo.

Essa formulação (24) tem a dificuldade de ser incongruente com os pressupostos adotados na última seção quanto à distribuição marginal de $\mathbf{Z}$ – que $\mathbf{Z} \sim N(0, \mathbf{I})$. Lembremos que esse pressuposto era necessário para os parâmetros na verossimilhança serem identificáveis. Infelizmente, se uma distribuição *a priori* difusa for especificada para β, a restrição (24) não estabelece uma escala de medição para os traços latentes.

Resumindo nossa discussão até este ponto, chegamos a duas conclusões. A primeira é que, em muitas aplicações, não é razoável supor que a função de regressão preveja exatamente a classificação "real" de um indivíduo. Por isso, os pressupostos implicados pelo modelo (22) soam como inadequados para a modelagem de dados ordinais. A segunda é o fato de não ser possível supor que os valores do vetor de traço latente $\mathbf{Z}$ são determinados por uma relação do tipo expresso em (24) sem pressupor uma distribuição *a priori* apropriada nos componentes de β, pois isso resulta em distribuição *a priori* incorreta em $\mathbf{Z}$ e não identificabilidade de todos os parâmetros do modelo.

Podemos resolver esses problemas se elaborarmos nosso modelo de regressão ordinal sobre o já descrito modelo ordinal para múltiplos avaliadores. Essencialmente, temos de especificar a distribuição condicional de β dado $\mathbf{Z}$, em lugar de inverter as relações de condicionalidade e especificar a distribuição de $\mathbf{Z}$ dado β. Assim, podemos manter o pressuposto anterior de $\mathbf{Z} \sim N(0, \mathbf{I})$, enquanto atrelamos a escala de β à escala utilizada para modelar as variâncias de avaliador.

Especificamos a distribuição condicional de β dado $\mathbf{Z}$ valendo-nos de resultados-padrão da análise bayesiana do modelo linear normal. Na configuração normal, se $\mathbf{W}$ é o vetor de dados e supomos $\mathbf{W} \sim N(\mathbf{Xb}, a^2\mathbf{I})$ para um parâmetro de regressão

192 • SEÇÃO III / MODELOS PARA DADOS CATEGÓRICOS

desconhecido $\mathbf{b}$ e variância conhecida a^2, a distribuição a posteriori de $\mathbf{b}$ é

$$\mathbf{b} \sim N((\mathbf{X}'\mathbf{X})^{-1}\mathbf{X}'\mathbf{W}, a^2(\mathbf{X}'\mathbf{X})^{-1}),$$

contanto que se suponha uma distribuição a priori uniforme para $\mathbf{b}$. Se a distribuição a priori em $\mathbf{b}$ é $N(d, D)$, a distribuição a posteriori para $\mathbf{b}$ é

$$\mathbf{b} \sim N(f, a^2 F),$$

em que

$$f = [(\mathbf{X}'\mathbf{X}) + D^{-1}]^{-1}(\mathbf{X}'\mathbf{W} + D^{-1}d)$$

e

$$F = a^2(\mathbf{X}'\mathbf{X} + D^{-1})^{-1}.$$

Ao aplicarmos esses resultados da teoria normal ao nosso problema, poderíamos supor, portanto, que a distribuição a priori para β, dados $\mathbf{Z}$ e τ^2, pode-se expressar como

$$\beta|\mathbf{Z}, \mathbf{X}, \tau^2 \sim N(c, C). \tag{25}$$

Na ausência de informação prévia específica a respeito da densidade da distribuição a priori para β, tomamos c e C como estimativas de mínimos quadrados de β e C:

$$c = (\mathbf{X}'\mathbf{X})^{-1}\mathbf{X}'\mathbf{Z} \tag{26}$$

e

$$C = \tau^2(\mathbf{X}'\mathbf{X})^{-1}. \tag{27}$$

Por outro lado, quando se dispõe de informação prévia sobre o parâmetro de regressão β, é possível escolher parâmetros c e C como

$$c = [(\mathbf{X}'\mathbf{X}) + D^{-1}]^{-1}(\mathbf{X}'\mathbf{Z} + D^{-1}d),$$
$$C = \tau^2(\mathbf{X}'\mathbf{X} + D^{-1})^{-1},$$

em que d e $\tau^2 D$ são a média a priori e a covariância de β.

Ainda na analogia com os modelos da teoria normal, concluímos a nossa especificação do modelo de distribuição a priori tomando uma distribuição a priori para τ^2, dado $\mathbf{Z}$, que é uma densidade gama inversa na forma

$$g(\tau^2|\mathbf{Z}) = \frac{(RSS/2 + \lambda_r)^{(n-p)/2+\alpha_r}}{\Gamma[(n-p)/2 + \alpha_r]}(\tau^2)^{-(n-p)/2-\alpha_r-1}$$

$$\times \exp\left(-\frac{RSS/2 + \lambda_r}{\tau^2}\right). \tag{28}$$

Em (28), RSS é a soma residual de quadrados da regressão de $\mathbf{Z}$ em $\mathbf{X}\beta$; isto é, $RSS = \mathbf{Z}'(\mathbf{I} - \mathbf{X}'(\mathbf{X}'\mathbf{X})^{-1}\mathbf{X})$ $\mathbf{Z}$, e α_r e λ_r são hiperparâmetros a priori.

Do ponto de vista técnico, interessa observar que essa especificação da densidade a priori para β e τ^2 (dado $\mathbf{Z}$) difere da densidade a priori determinada pelo modelo (24) em um fator de

$$(RSS/2 + \lambda_r)^{(n-p)/2+\alpha_r}.$$

No caso de uma distribuição a priori difusa para β e τ^2 (isto é, quando $\lambda_r = \alpha_r = 0$), esse fator tende a 0 conforme a soma residual de quadrados tende a 0. No modelo revisto, a multiplicação por esse fator impede a distribuição a posteriori de se tornar arbitrariamente grande em uma região próxima ao valor $\tau^2 = 0$, porque a soma residual de quadrados se aproxima de 0 à medida que $\mathbf{Z}$ diminui. Sem esse fator, a distribuição a priori especificada em (24) resulta em uma distribuição a posteriori ilimitada para pequenos valores de $\mathbf{Z}$ e τ^2.

Finalmente, devemos especificar valores para os hiperparâmetros α_r e λ_r. Uma escolha natural é dar a esses parâmetros os valores α e λ usados na especificação da distribuição a priori das variâncias de avaliador. Com isso, facilita-se a comparação da distribuição a posteriori das variâncias de avaliador e da variância da relação de regressão. Também se pode adotar como distribuição a priori de τ^2 uma versão escalonada da distribuição a priori suposta para σ^2, com uma constante de escalonamento determinada com base no prévio conhecimento da confiabilidade relativa das pontuações de um único juiz com respeito às previsões obtidas da relação de regressão. O leitor pode achar mais detalhes, exemplos e implementação de software para modelos de regressão ordinal de múltiplos avaliadores em Johnson e Albert (1999).

REFERÊNCIAS

BEDRICK, E. J.; CHRISTENSEN, R.; JOHNSON, W. A new perspective on priors for generalized linear models. *Journal of the American Statistical Association*, 91, p. 1450-1460, 1996.

COHEN, J. A coefficient of agreement for nominal tables. *Educational and Psychological Measurement*, 20, p. 37-46, 1960.

COWLES, M. K. Accelerating Monte Carlo Markov chain convergence for cumulative-link generalized linear models. *Statistics and Computing*, 6, p. 101-111, 1996.

COX, D. R. Regression models and life-tables (with discussion). *Journal of the Royal Statistical Society, Series B*, 34, p. 187-220, 1972.

FLEISS, J. L. Measuring nominal scale agreement among many raters. *Psychological Bulletin*, 88, p. 322-328, 1971.

JOHNSON, V. E. On Bayesian analysis of multirater ordinal data. *Journal of the American Statistical Association*, 91, p. 42-51, 1996.

JOHNSON, V. E.; ALBERT, J. H. *Ordinal data modeling*. Nova York: Springer-Verlag, 1999.

JOLAYEMI, E. T. A multirater's agreement index for ordinal classification. *Biometrics Journal*, 33, p. 485-492, 1990a.

JOLAYEMI, E. T. On the measurement of agreement between two raters. *Biometrics Journal*, 32, p. 87-93, 1990b.

LANDIS, J. R.; KOCH, G. G. An application of hierarchical kappa-type statistics in the assessment of majority agreement among multiple observers. *Biometrics Journal*, 33, p. 363-374, 1977a.

LANDIS, J. R.; KOCH, G. G. The measurement of observer agreement for categorical data. *Biometrics Journal*, 33, p. 159-174, 1977b.

LIGHT, R. J. Measures of response agreement for qualitative data: Some generalizations and alternatives. *Psychological Bulletin*, 5, p. 365-377, 1971.

MCCULLAGH, P. Regression models for ordinal data. *Journal of the Royal Statistical Society, Series B*, 42, p. 109-142, 1980.

PAGE, E. New computer grading of student prose, using modern concepts and software. *Journal of Experimental Education*, 62(2), p. 127-142, 1994.

TANNER, M.; YOUNG, M. Modeling agreement among raters. *Journal of the American Statistical Association*, 80, p. 175-180, 1985.

UEBERSAX, J. A review of modeling approaches for the analysis of observer agreement. *Investigative Radiology*, 17, p. 738-743, 1992.

UEBERSAX, J.; GROVE, W. M. A latent trait finite mixture model for the analysis of rating agreement. *Biometrics*, 49, p. 823-835, 1993.

Capítulo 10

Modelos de classe latente

Jay Magidson
Jeoren K. Vermunt

10.1 Introdução

A modelagem de classe latente (CL) foi, inicialmente, introduzida por Lazarsfeld e Henry (1968) como uma maneira de formular variáveis atitudinais latentes com base em itens dicotômicos de levantamento. À diferença da análise fatorial, que pressupõe variáveis latentes contínuas, os modelos de CL supõem variáveis latentes categóricas e áreas de aplicação mais abrangentes. A metodologia foi formalizada e estendida a variáveis nominais por Goodman (1974a, 1974b), que também desenvolveu o algoritmo de máxima verossimilhança (MV), base de muitos dos programas de software de CL da atualidade. Nos últimos anos, modelos de CL passaram a incluir variáveis observáveis do tipo de escala mista (nominais, ordinais, contínuas e contagens) e covariáveis, bem como a lidar com dados dispersos, soluções de fronteira e outras áreas problemáticas.

Neste capítulo, descrevemos três importantes casos especiais de modelos de CL para aplicações em análises de agrupamentos, fatoriais e de regressão. Começamos apresentando o modelo de agrupamento de CL aplicado a variáveis nominais (o modelo de CL tradicional), examinamos algumas limitações do modelo e mostramos como recentes ampliações permitem superá-las. Em seguida, prosseguimos com um tratamento formal do modelo fatorial de CL e uma ampla introdução aos modelos de regressão de CL, antes de voltarmos para mostrar como se pode usar o modelo de agrupamento de CL, quando aplicado a variáveis contínuas, para melhorar o método de análise de agrupamentos por k-médias. Empregamos o programa de computação Latent Gold (Vermunt; Magidson, 2003) para exemplificar o uso desses modelos aplicados a diversos conjuntos de dados.

10.2 Modelagem de classe latente tradicional

A análise de CL tradicional (isto é, GOODMAN, 1974b) supõe que toda observação é membro de uma e apenas uma de T classes latentes (inobserváveis) e que há *independência local* entre as variáveis manifestas. Isto é, sob condição de integrarem uma classe latente, as variáveis manifestas são independentes umas das outras. Pode-se expressar esse modelo usando probabilidades (incondicionais) de pertencer a cada classe latente e probabilidades de resposta condicional como parâmetros. Por exemplo, no caso de quatro variáveis manifestas nominais A, B, C e D, temos

$$\pi_{ijklt} = \pi_t^X \pi_{it}^{A|X} \pi_{jt}^{B|X} \pi_{kt}^{C|X} \pi_{lt}^{D|X}, \qquad (1)$$

em que π_t^X indica a probabilidade de estar na classe latente $t = 1, 2,..., T$ da variável latente X; $\pi_{it}^{A|X}$ é a probabilidade condicional de se obter a i-ésima resposta ao item A de membros da classe t, $i = 1, 2,..., I$; e $\pi_{jt}^{B|X}$; $\pi_{kt}^{C|X}$; $\pi_{lt}^{D|X}$; $j = 1, 2,..., J$; $k = 1, 2,..., K$; $l = 1, 2,..., L$ são as correspondentes probabilidades para os itens B, C e D, respectivamente.

196 • SEÇÃO III / MODELOS PARA DADOS CATEGÓRICOS

Pode-se descrever graficamente o modelo 1 por meio de um diagrama de caminho (ou um modelo gráfico) em que as variáveis manifestas não estão diretamente conectadas entre si, mas sim indiretamente, por meio da fonte comum X. Supõe-se que a variável latente explica todas as associações entre as variáveis manifestas. É objetivo da análise de CL tradicional determinar o menor número de classes latentes T, suficientes para explicar as associações (os relacionamentos) observadas entre as variáveis manifestas.

A análise começa, geralmente, por ajustar o modelo básico de classe $T = 1$ (H_0), que especifica independência mútua entre as variáveis. Modelo H_0:

$$\pi_{ijkl} = \pi_i^A \pi_j^B \pi_k^C \pi_l^D.$$

Supondo que esse modelo *nulo* não proporcione um adequado ajuste aos dados, opta-se por ajustar aos dados um modelo de CL unidimensional com $T = 2$ classes. Esse processo segue com o ajuste de sucessivos modelos de CL aos dados, acrescentando-se cada vez uma outra dimensão mediante o aumento do número de classes, até encontrar o modelo mais simples que permita um ajuste adequado.

10.2.1 Avaliação do ajuste do modelo

Há vários métodos complementares para avaliar o ajuste de modelos de CL. O método mais utilizado emprega a estatística qui-quadrado de razão de verossimilhança L^2 para avaliar a medida em que as estimativas de máxima verossimilhança (ML) para as frequências de célula esperadas $\hat{F}_{ijkl}$ diferem das correspondentes frequências observadas, f_{ijkl}:

$$L^2 = 2 \sum_{ijkl} f_{ijkl} \ln(\hat{F}_{ijkl}/f_{ijkl}).$$

Um modelo ajusta-se aos dados se o valor de L^2 é suficientemente baixo para ser atribuível ao acaso (dentro de limites normais de erro estatístico – em geral, o nível 0,05).

Obtém-se as $\hat{F}_{ijkl}$ por meio do seguinte processo de duas etapas: primeiro são obtidas as estimativas de ML para os parâmetros do modelo, inserindo-as, depois, no lado direito da equação (1) para se obter estimativas de ML das probabilidades $\hat{\pi}_{ijklt}$. Depois, essas estimativas de probabilidade são somadas nas classes latentes, para obter probabilidades estimadas de todas

as células da tabela observada, e multiplicadas pelo tamanho de amostra N, de modo a obter estimativas de ML para as frequências esperadas:

$$\hat{F}_{ijkl} = N \sum_{t=1}^{T} \hat{\pi}_{ijklt}.$$

Se $\hat{F}_{ijkl} = f_{ijkl}$ para todas as células (i, j, k, l), o ajuste do modelo será perfeito e L^2 será igual a 0. Quando L^2 *excede a* 0, seu valor mede a insuficiência do ajuste do modelo e indica a quantidade de associação (ausência de independência) não explicada por tal modelo. Quando N é suficientemente grande, L^2 segue uma distribuição qui-quadrado, e, como regra geral[1], o número de graus de liberdade (df) é igual ao número de células na tabela de múltiplas entradas menos o número de parâmetros distinto M menos 1. Por exemplo, no caso de quatro variáveis categóricas, o número de células é igual a $IJKL$ e o número de parâmetros é o seguinte:

$$M = T - 1 + T[(I - 1) + (J - 1)$$
$$+ (K - 1) + (L - 1)].$$

Obtém-se M contando as $T - 1$ probabilidades distintas de CL e, para cada classe latente, as $I - 1$ probabilidades condicionais distintas associadas com as categorias da variável A, as $J - 1$ probabilidades condicionais associadas com B e assim por diante. Como as probabilidades somam 1, a probabilidade associada com uma categoria de cada variável é redundante (e, portanto, não contada como um parâmetro *distinto*), podendo ser obtida como 1 menos a soma das outras.

Em situações com dados esparsos, não se deve usar a distribuição qui-quadrado para computar o valor p, porque L^2 não estaria bem aproximada. Em lugar disso, pode-se aplicar o método de *bootstrap* para estimar p (Langeheine; Pannekoek; Van de Pol, 1996). É comum haver dados esparsos quando é grande o número

---

1. Segundo a regra geral, a se verificar que $df < 0$, o modelo não é identificável, ou seja, não há estimativas específicas para todos os parâmetros. Por exemplo, para $I = J = K = L = 2$, $df = -4$ para $T = 4$, o que significa que o modelo de quatro classes não é identificável. Em alguns casos, contudo, essa regra geral de contagem pode dar como resultado $df > 0$, e, mesmo assim, o modelo não ser identificável. Por exemplo, Goodman (1974b) mostra que, nessa situação de quatro variáveis dicotômicas, o modelo de três classes também não é identificável, apesar de a regra de contagem resultar em $df = 1$.

de variáveis observadas ou o de categorias nessas variáveis. Em tais casos, o número total de células na resultante tabela de frequências de múltiplas entradas será grande em relação ao tamanho da amostra e, por consequência, haverá muitas células vazias. Ilustramos essa situação a seguir, com um exemplo de dados. Também surgem dados esparsos quando se estende o alcance de modelos de CL às variáveis contínuas, como vemos na última seção.

Um método alternativo de avaliação do ajuste do modelo no caso de dados esparsos aplica um critério de informação para ponderar o ajuste e a parcimônia. Medidas como o critério de informação de Akaike (AIC) e o critério bayesiano de informação (BIC) são especialmente úteis na comparação de modelos. O mais usado em análise de CL é a estatística de BIC, que podemos definir como segue: $BIC_{L2} = L^2 - \ln(N)df$ (Raftery, 1986). É preferível um modelo com valor de BIC mais baixo àquele cujo valor de BIC é mais elevado. Há uma definição mais geral do BIC baseada na log-verossimilhança (LL) e no número de parâmetros (M) em vez de L^2 e df. Ou seja,

$$BIC_{LL} = -2LL + \ln(N)M.$$

Novamente, prefere-se um modelo com menor valor de BIC a outro com maior valor[2].

Se o modelo básico (H_0) proporciona um adequado ajuste aos dados, a análise de CL é desnecessária, porque não há associação alguma entre as variáveis a serem explicadas. Na maioria dos casos, porém, o H_0 não se ajustará aos dados e $L^2(H_0)$ pode servir como medida básica da quantidade total de associação nos dados. Isto sugere um terceiro enfoque: avaliar o ajuste de modelos de CL por comparação entre o L^2 associado com modelos de CL para os quais $T > 1$ e o valor básico $L^2(H_0)$, a fim de determinar a redução percentual em L^2. Como a associação total nos dados pode ser quantificada por $L^2(H_0)$, a medida de redução percentual representa a associação total explicada pelo modelo. Esse enfoque menos formal pode complementar os métodos de L^2 e BIC, estatisticamente mais precisos.

Como exemplo de uso dessas medidas, suponhamos que o L^2 sugere que um modelo de três classes não consegue fornecer um ajuste adequado a alguns dados (digamos, $p = 0,04$), mas explica 90% da associação total. Suponhamos, também, que um modelo de quatro classes seja o mais simples a se ajustar de acordo com a estatística de L^2, mas explique apenas 91% da associação. Nesse caso, por motivos práticos, talvez seja preferível o modelo de três classes, já que este explica quase o mesmo tanto da associação total.

10.2.1.1 Exemplo: tipos de respondente em levantamentos

Consideraremos, agora, um primeiro exemplo do uso dessas ferramentas na prática. O exemplo baseia-se na análise de quatro variáveis do Levantamento Social Geral de 1982, feita por McCutcheon (1987) para mostrar como se pode utilizar o estudo para diferentes tipos de respondentes a levantamentos. Duas das variáveis determinam a opinião do respondente quanto (A) ao propósito dos levantamentos e (B) quão exatos eles são, e as outras são avaliações feitas pelo entrevistador dos (C) níveis de compreensão do respondente sobre as perguntas do levantamento e (D) da cooperação mostrada ao responder as perguntas. A princípio, McCutcheon supôs a existência de duas classes latentes correspondentes aos tipos "ideal" e "aquém de ideal".

O estudo incluiu amostras separadas de respondentes brancos e negros. Começando com uma análise da amostra branca, McCutcheon (1987) incluiu, depois, dados da amostra negra, a fim de ilustrar uma análise de CL de dois grupos. Usaremos esses dados para introduzir os fundamentos da modelagem de CL tradicional e exemplificar diversos avanços recentes, feitos ao longo da última década, como a possibilidade de incluir dependências locais específicas (seção 10.3.1), o uso de modelos fatoriais de CL (seção 10.3.2) e a inclusão de covariáveis, bem como a metodologia para comparações de múltiplos grupos (seções 10.3.3 e 10.3.4).

A clássica análise exploratória de CL começa pelo ajuste do modelo nulo H_0 à amostra de respondentes brancos. Como $L^2(H_0) = 257,3$ com $df = 29$ (cf. tabela 10.1), a quantidade de associação (ausência de independência) que existe nesses dados é grande demais para ser explicada por acaso, e, portanto, deve-se rejeitar o modelo nulo ($p < 0,001$) e preferir $T > 1$ classes.

---

2. As duas formulações do BIC diferem apenas com respeito a uma constante. Mais exatamente, $BIC^2{}_L$ é igual a BIC_{LL} menos o BIC_{LL} correspondente ao modelo saturado.

198 • SEÇÃO III / MODELOS PARA DADOS CATEGÓRICOS

Tabela 10.1 – Resultados de ajuste de diversos modelos de classes latentes aos dados do Levantamento Social Geral de 1982

Modelo		BIC_{LL}	L^2	df	Valor de p	% redução de $L^2(H_0)$
Amostra de respondentes brancos						
Tradicional						
H_0	Uma classe	5787,0	257,3	29	$2,0 \times 10^{-38}$	0,0
H_{1C}	Duas classes	5658,9	79,5	22	$2,0 \times 10^{-8}$	69,1
H_{2C}	Três classes	5651,1	22,1	15	0,11	91,4
H_{3C}	Quatro classes	5685,3	6,6	8	0,58	97,4
Não tradicional						
H_{1C+}	Duas classes + {CD} efeito direto	5606,1	12,6	20	0,89	95,1
H_{2F}	Básico de dois fatores	5640,1	11,1	15	0,75	95,7
Amostra de respondentes negros						
Tradicional						
H'_0	Uma classe	2402,1	112,1	29	$1,0 \times 10^{-11}$	0,0
H'_1	Duas classes	2389,6	56,9	22	0,00006	49,2
H'_{2C}	Três classes	2393,8	18,3	15	0,25	83,7
H'_{3C}	Quatro classes	2427,6	9,4	8	0,31	91,6
Não tradicional						
H'_{1C+}	Duas classes + {CD} efeito direto	2360,2	15,2	20	0,77	86,4
H'_{2F}	Básico de dois fatores	2387,0	11,5	15	0,72	89,7
Amostra completa (análise de múltiplos grupos)						
Tradicional						
M_0	Uma classe	8185,1	400	64	$4,3 \times 10^{-50}$	0
M_1	Duas classes	8013,8	169,5	56	$2,4 \times 10^{-13}$	57,6
M_{2C}	Irrestrito de três classes (heterogeneidade total)	8077,4	40,4	30	0,10	89,9
M_{2CR}	Restrito de três classes (homogeneidade parcial)	7953,0	49,4	48	0,42	87,7
M_{2CRR}	Restrito de três classes (homogeneidade total)	7962,1	73,3	50	0,02	81,7
M_{3CR}	Restrito de quatro classes (homogeneidade parcial)	7989,8	27	40	0,94	93,3
Não tradicional						
M_{2F}	Básico de dois fatores irrestrito	8059,6	22,6	30	0,83	94,4
M_{2FR}	Básico de dois fatores restrito	7934,9	31,3	48	0,97	92,2

NOTA: BIC = Critério bayesiano de informação (acrônimo em inglês)

Em seguida, examinamos o modelo de duas classes (H_1) de McCutcheon (1987). Para esse modelo, o L^2 é reduzido para 79,5[3], 69,1% a

menos do que no modelo básico, mas ainda grande demais para ser aceitável com $df = 22$. Assim, incrementamos T em 1 e estimamos o modelo H_{2C}, o modelo de três classes. Esse modelo proporciona mais uma redução substancial de L^2 para 22,1 (redução de 91,5% com relação ao modelo básico), bem como um adequado ajuste total ($p > 0,05$). A tabela 10.1 mostra que o modelo de CL de quatro classes resulta em alguma melhoria adicional. No entanto, a estatística de BIC,

---

3. Esse valor difere apenas um pouquinho de 79,3, valor fornecido por McCutcheon (1987), porque nossos modelos incluem uma constante de Bayes igual a 1 para evitar soluções de fronteira (probabilidades de modelo estimadas iguais a zero). Pode-se ver mais sobre constantes de Bayes no apêndice técnico ao manual de Latent Gold 3.0 (VERMUNT; MAGIDSON, 2003, ou www.latentclass.com).

que leva em conta a parcimônia, sugere que o modelo de três classes é preferível ao de quatro classes (cf. tabela 10.1).

As estimativas de parâmetros obtidas com o modelo de três classes aparecem na parte mais à esquerda da tabela 10.1. As classes estão ordenadas da maior à menor. Estima-se que, ao todo, 62% estejam na Classe 1; 20%, na Classe 2; e os 18% restantes, na Classe 3. De forma análoga à da análise fatorial, na qual se dão nomes aos fatores com base num exame das "cargas fatoriais", os nomes podem ser atribuídos às classes latentes com base nas probabilidades condicionais estimadas. Como as cargas fatoriais, as probabilidades condicionais fornecem a *estrutura* de medição que define as classes latentes.

McCutcheon (1987, p. 34) denominou "ideal" a Classe latente 1, com o seguinte raciocínio:

> A primeira classe corresponde, mais aproximadamente, aos nossos respondentes ideais previstos.
>
> Para quase 9 de cada 10, nessa classe, os levantamentos "servem, geralmente, a um bom propósito", 3 de cada 5 expressaram a convicção de que os levantamentos são "quase sempre certos" ou "certos a maioria das vezes", 19 de cada 20 foram considerados "amigáveis e interessados" durante a entrevista pelo entrevistador, para quem quase todos tinham boa compreensão das perguntas do levantamento.

Ele chamou as outras classes de "convencidos" e "céticos", com base nas interpretações das respectivas probabilidades condicionais dessas classes.

10.2.2 Teste da significância de efeitos

O seguinte passo numa análise de CL tradicional é eliminar do modelo qualquer variável que não apresente diferença significativa entre as classes. Por exemplo, para determinar se é preciso eliminar a variável A de um modelo de T classes, testa-se a hipótese nula de a distribuição nas I categorias de A ser idêntica dentro de cada classe t:

$$\pi_{i1}^{A|X} = \pi_{i2}^{A|X} = \cdots = \pi_{iT}^{A|X} \text{ para } i = 1, 2, \ldots, I.$$

A fim de implementarmos esse teste, fazemos uso da relação entre as probabilidades de resposta condicional e os parâmetros log-lineares (cf., p. ex., Formann, 1992; Haberman, 1979; Heinen, 1996):

$$\pi_{it}^{A|X} = \frac{\exp(\lambda_i^A + \lambda_{it}^{AX})}{\sum_{i'=1}^{I} \exp(\lambda_{i'}^A + \lambda_{i't}^{AX})}.$$

Pode-se testar a hipótese nula mediante técnicas de modelagem log-linear padrão, expressando-a em termos dos parâmetros log-lineares associados com a relação AX:

$$\lambda_{i1}^{AX} = \lambda_{i2}^{AX} = \cdots = \lambda_{iT}^{AX} = 0 \text{ para } i = 1, 2, \ldots, I.$$

Tabela 10.2 – Estimativas de parâmetros para o modelo de classe latente (CL) de três classes por amostra

	Amostra branca			Amostra negra		
	Classe 1 *Ideal*	*Classe 2* *Convencidos*	*Classe 3* *Céticos*	*Classe 1* *Ideal*	*Classe 2* *Convencidos*	*Classe 3* *Céticos*
Probabilidades de CL	0,62	0,20	0,18	0,49	0,33	0,18
Probabilidades condicionais						
(A) PROPÓSITO						
Bom	0,89	0,92	0,16	0,87	0,91	0,19
Depende	0,05	0,07	0,22	0,08	0,04	0,17
Desperdício	0,06	0,01	0,62	0,05	0,05	0,65
(B) EXATIDÃO						
Geralmente certo	0,61	0,65	0,04	0,54	0,65	0,01
Errado	0,39	0,35	0,96	0,46	0,35	0,99
(C) COMPREENSÃO						
Boa	1	0,32	0,75	0,95	0,37	0,68
Razoável, escassa	0	0,68	0,25	0,05	0,63	0,32
(D) COOPERAÇÃO						
Interessado	0,95	0,69	0,64	0,98	0,56	0,64
Cooperativo	0,05	0,26	0,26	0,01	0,37	0,25
Impaciente/hostil	0,00	0,05	0,10	0,00	0,07	0,11

200 • SEÇÃO III / MODELOS PARA DADOS CATEGÓRICOS

Uma forma de avaliar a significância dos quatro indicadores em nossos modelos de três classes é por meio de um teste de diferença de L^2, em que se calcula ΔL^2 como a diferença entre as estatísticas de L^2 obtidas com os modelos de três classes *restritos* e *irrestritos*, respectivamente. Os valores de ΔL^2 obtidos ao fixar em 0 os parâmetros de associação correspondentes a um dos indicadores foram 145,3, 125,4 e 101,1, para A, B, C e D, respectivamente. Esses números são mais altos do que as correspondentes estatísticas de Wald, cujos valores são 29,6, 8,4, 7,4 e 19. Isto porque o último teste é uniformemente menos poderoso do que a estatística de ΔL^2. Tendo como pressuposto que o modelo irrestrito é certo, ambas as estatísticas são distribuídas assimptoticamente como qui-quadrado com $df = (I - 1) \cdot (T - 1)$, sendo I indica o número de categorias na variável nominal. Os valores achados mostram que todos os quatro indicadores incluídos no modelo estão significativamente relacionados com o pertencimento à classe.

10.2.3 Classificação

O último passo numa análise de CL tradicional é usar os resultados do modelo para classificar casos nas classes latentes adequadas. Para qualquer padrão de resposta $(i, j, k, 1)$ é possível obter estimativas das probabilidades posteriores de pertencimento aplicando o teorema de Bayes, como segue:

$$\hat{\pi}_{tijkl}^{X|ABCD} = \frac{\hat{\pi}_{ijklt}^{ABCDX}}{\sum_{t=1}^{T} \hat{\pi}_{ijklt}^{ABCDX}}, \quad t = 1, 2, \ldots, T \quad (2)$$

na qual tanto o numerador quanto o denominador são obtidos substituindo os parâmetros na equação (1) pelas correspondentes estimativas de parâmetros do modelo.

Magidson e Vermunt (2001) e Vermunt e Magidson (2002) denominam esse tipo de modelo de *conglomerado* de CL, porque o objetivo da classificação em T grupos homogêneos é idêntico ao da análise de conglomerados. À diferença da análise de conglomerados, em que se define a homogeneidade mediante uma medida *ad hoc*, a análise de CL define a homogeneidade em termos de probabilidades. Como indica a equação (1), casos da mesma classe latente são similares

entre si porque suas respostas resultam da mesma distribuição de responsabilidade.

Depois, atribuem-se os casos à classe cuja probabilidade posterior é a mais alta (isto é, a classe modal). Por exemplo, conforme o modelo de CL de três classes, alguém com padrão de resposta $A = 1$ (PROPÓSITO = "bom"), $B = 1$ (EXATIDÃO = "geralmente certo"), $C = 1$ (COMPREENSÃO = "boa") e $D = 1$ (COOPERAÇÃO = "interessado") tem probabilidades posteriores de pertencimento iguais a 0,92, 0,08 e 0. Assim, uma pessoa como essa é incluída na primeira classe.

10.2.4 Representações gráficas

Uma vez que para qualquer padrão de resposta (i, j, k, l) as probabilidades de pertencimento a T classes somam 1, apenas $T - 1$ dessas probabilidades são necessárias, pois a probabilidade de pertencer à classe restante pode ser obtida a partir das outras. Portanto, as probabilidades de pertencimento a classes $\hat{\pi}_{tijkl}^{X|ABCD}$ podem ser utilizadas para posicionar cada padrão de resposta no espaço de $T - 1$ dimensões, e para $T = 3$ é possível traçar várias representações coordenadas baricêntricas.

Em vez de representar todos os muitos padrões de resposta, pode-se optar por fazer gráficos instrutivos do tipo usado em análise de correspondência, em que se representam pontos para cada categoria de cada variável, bem como outras agrupações significativas dessas probabilidades (Magidson; Vermunt, 2001).

A figura 10.1 descreve a correspondente representação coordenada baricêntrica no modelo de CL de três classes. Incluem-se pontos para cada categoria de cada uma das quatro variáveis do nosso exemplo. Como esses pontos contêm informação equivalente às estimativas de parâmetros de CL (Van Der Heijden; Gilula; Vander Ark, 1999), esse tipo de gráfico é uma alternativa à tradicional representação tabular de estimativas de parâmetros e pode proporcionar novos conhecimentos sobre os dados. Há, também, representados na figura 10.1, dois agrupamentos adicionais associados com as categorias de resposta COMPREENSÃO = "boa" e "razoável/escassa" ($k = 1, 2$) entre aqueles para quem COOPERAÇÃO = "hostil, impaciente" ($1 = 3$).

Figura 10.1 Representação coordenada baricêntrica para o modelo de três classes

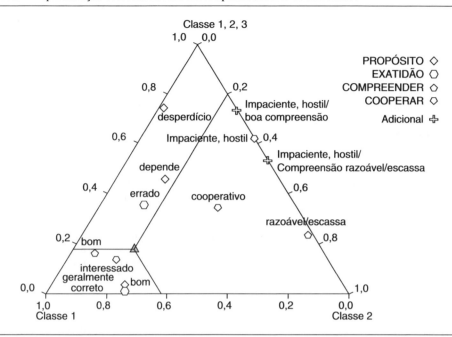

A dimensão horizontal do gráfico corresponde às diferenças entre os tipos "ideal" e "convencido" de McCutcheon (1987) (Classes latentes 1 e 2). Vemos que as categorias da variável C tendem a se espalhar ao longo dessa dimensão. Respondentes que mostram "boa" compreensão têm maior probabilidade de pertencer à classe ideal (cujo símbolo correspondente é o que se encontra mais perto do vértice inferior esquerdo representativo da Classe 1), ao passo que aqueles que mostram compreensão apenas "razoável ou escassa" estão mais perto do vértice inferior direito que representa a Classe 2.

As categorias de A e B mostram melhor as diferenças ao longo da dimensão vertical do gráfico. Por exemplo, respondentes que consideram "bom" o propósito do levantamento estão representados perto do vértice inferior esquerdo (Classe 1). Aqueles que dizem "depende" estão mais ou menos no meio entre o vértice da Classe 1 e o da Classe 3 (vértice superior). Aqueles que dizem "é um desperdício de tempo e dinheiro" estão, muito provavelmente, na Classe 3 e posicionados próximo ao vértice superior. O fato de o posicionamento de categorias para A e B se espalhar sobre a dimensão vertical sugere um alto grau de associação entre essas variáveis. Por sua vez, as categorias de C espalham-se sobre a dimensão horizontal, sugerindo que a associação entre C e as variáveis A e B é quase nula.

As categorias da variável D formam um interessante padrão diagonal. Respondentes que se mostram "interessados" nas perguntas têm grande probabilidade de estar na Classe 1 (ideal), enquanto aqueles apenas "cooperativos" ou apresentando "impaciência/hostilidade" são representados mais perto das Classes 2 e 3. Isto sugere a hipótese de a impaciência e a hostilidade surgirem por uma das seguintes razões: (a) discordância quanto a levantamentos serem exatos e servirem a um bom propósito (indicada pela dimensão vertical do gráfico) e/ou (b) falta de compreensão (indicada pela dimensão horizontal).

Os pontos adicionais representados têm a ver com a relação entre as variáveis C e D. O posicionamento desses pontos sugere que entre os respondentes impacientes/hostis, aqueles que mostram boa compreensão das perguntas tendem a estar na Classe 3, enquanto aqueles cuja compreensão é razoável/escassa tendem com a mesma probabilidade a estar na Classe 2 ou na 3.

Voltaremos a esses dados e obteremos mais conhecimento quando examinarmos um modelo de CL bidimensional *não tradicional* alternativo, o modelo de CL de dois fatores.

202 • SEÇÃO III / MODELOS PARA DADOS CATEGÓRICOS

Tabela 10.3 – Informação descritiva e estimativas de parâmetros de modelos de classe latente (CL) de três classes e dois fatores obtidas com os dados de Landis e Koch (1977)

	Informação descritiva						Dois fatores (probabilidades conjuntas)			
							Fator 1 = 1 (Real negativo)		Fator 1 = 2 (Real positivo)	
	% de slides avaliados como positivos	% de avaliações qu concordam com		Três classes			Fator 2 = 1 (Viés negativo)	Fator 2 = 2 (Viés positivo)	Fator 2 = 1 (Viés negativo)	Fator 2 = 2 (Viés positivo)
		5+ avaliado-res	6+ avaliado-res	Classe 1	Classe 2	Classe 3				
Tamanho da classe				0,44	0,37	0,18	0,36	0,19	0,30	0,16
F	21	64	58	**0,47**	0,00	0,00	0,00	0,01	**0,23**	0,86
D	27	70	62	**0,59**	0,00	0,06	0,00	0,05	**0,37**	0,92
C	38	80	64	0,85	0,00	0,01	0,00	0,00	0,83	0,83
A	56	82	64	1,00	0,06	0,51	0,06	**0,47**	0,99	1,00
G	56	85	66	1,00	0,00	0,63	0,01	**0,58**	0,99	1,00
E	60	80	64	1,00	0,06	0,76	0,06	**0,72**	0,99	1,00
B	67	75	61	0,98	0,15	0,99	0,13	**0,99**	0,97	1,00

NOTA: Valores falso negativo e falso positivo estão indicados em negrito.

10.2.4.1 Exemplo: dados esparsos de concordância entre múltiplos avaliadores

Veremos, a seguir, um exemplo com dados esparsos em que sete patologistas classificaram 118 *slides* quanto à presença ou à ausência de carcinoma no colo uterino (Landis; Koch, 1977), também analisado por Agresti (2002). Aqui se aplicará a modelagem de CL para estimar as taxas de falsos positivos e falsos negativos de cada patologista e usar múltiplas avaliações para distinguir os *slides* que indicam carcinoma daqueles que não o fazem (para ver similares aplicações em medicina: Rindskopf; Rindskopf, 1986; Uebersax; Grove, 1990). A segunda coluna da tabela 10.3 mostra que os avaliadores variam entre classificar apenas um em cinco *slides* como positivos (Avaliador D) e classificar mais de dois de cada três como positivos (Avaliador B). As duas colunas seguintes dão a porcentagem de *slides* em que as avaliações coincidem entre cinco ou mais e seis ou mais avaliadores, indicando o mais alto nível de concordância entre os Avaliadores C, A, G e E.

Como ponto de partida, Agresti (2002) formulou um modelo com duas classes latentes, no intuito de confirmar a hipótese de que os *slides* são "reais positivos" ou "reais negativos". O pressuposto de independência local no modelo de duas classes implica que a concordância

entre avaliadores decorre unicamente das diferentes características desses dois tipos de *slides*. Isto é, dado que um *slide* está na classe de "real positivo" ("real negativo"), quaisquer semelhanças e diferenças entre avaliadores representam simplesmente erro. Contudo, Agresti descobriu, em sua análise desses dados, que eram necessárias três classes para se obter um ajuste aceitável.

Embora haja $2^7 = 128$ possíveis padrões de resposta, em razão da grande quantidade de concordância entre avaliadores, 108 desses padrões não foram observados de modo algum. Como dissemos anteriormente, dados esparsos como estes causam um problema no teste do ajuste do modelo, porque a estatística L^2 não segue uma distribuição qui-quadrado. Por isso, Agresti (2002) simplesmente fez alusão à óbvia discrepância entre as frequências esperadas estimadas com o modelo de duas classes e as frequências observadas e especulou que tal modelo não proporciona um ajuste adequado a esses dados. Depois, ele comparou estimativas obtidas do modelo de três classes e sugeriu que o ajuste desse modelo era adequado.

Na tabela 10.4, fornecemos o valor p de *bootstrap*, a confirmar a especulação de Agresti (2002) sobre a deficiência do ajuste do modelo de duas classes e a adequação daquele do

Tabela 10.4 – Resultados de ajuste de diversos modelos de classe latente (CL) aos dados de Landis e Koch (1977)

Modelo		BIC_{LL}	L^2	Valor p de bootstrap	% de redução em $L^2(H_0)$
Tradicional					
H_0	Uma classe	1082,3	476,8	0,00	0,0
H_1	Duas classes	707,9	64,2	0,00	86,5
H_{2C}	Três classes	699,6	17,7	0,49	96,3
H_{3C}	Quatro classes	729,4	9,3	0,79	98,0
Não tradicional					
H_{2C+}	Três classes + {DF} efeito direto	698,0	11,3	0,83	97,6
H_{2FR}	Restrito básico de dois fatores	688,4	11,3	0,90	97,6

NOTA: BIC = Critério bayesiano de informação (acrônimo em inglês)

modelo de três classes. Ele mostra, também, que o modelo de três classes é preferível ao de quatro classes conforme os critérios BIC.

As estimativas de parâmetros obtidas com o modelo de três classes estão dadas na parte central da tabela 10.3. A maior classe (44%) abarca *slides* que, segundo todos os patologistas (exceto D e F) concordam quase sempre, mostram carcinoma ("verdadeiro positivo"). A segunda classe (37%) é composta por *slides* que não mostram carcinoma, na opinião de todos os patologistas (exceto B, ocasionalmente). A outra classe de *slides* (18%) apresenta considerável discordância entre patologistas – B, E e G habitualmente diagnosticam carcinoma, enquanto C, D e F raramente o fazem e A diagnostica carcinoma metade das vezes.

Se supusermos que a Classe 1 representa casos de carcinoma real, os resultados expostos na tabela 10.3 mostram que os patologistas que avaliaram o *menor número* de *slides* como positivos (D e F) têm as maiores taxas de falsos *negativos* (42% e 53%, respectivamente, indicadas em negrito). Da mesma forma, supondo que a Classe 2 representa casos isentos de carcinoma, os resultados mostram que o patologista que avaliou *a maioria* dos *slides* como positivos – o Avaliador B – apresenta uma taxa de falsos positivos (15%) substancialmente maior do que os outros patologistas.

Conforme a estratégia tradicional de ajuste de modelo, temos de rejeitar a nossa hipótese de duas classes e preferir a alternativa de três classes, em

que a terceira classe latente consiste em *slides* que não podem ser classificados como "positivo reais" nem como "verdadeiros negativos" para câncer. Consideramos, a seguir, alguns modelos de CL não tradicionais que classificam cada *slide* de acordo com a probabilidade de carcinoma. Mostraremos, em particular, que um modelo de CL de dois fatores oferece uma alternativa atraente pela qual o Fator 1 classifica todo *slide* como "verdadeiro positivo" ou "verdadeiro negativo", e o Fator 2 classifica os *slides* conforme uma tendência das avaliações ao erro de falso positivo ou falso negativo.

10.3 MODELAGEM NÃO TRADICIONAL DE CLASSE LATENTE

A rejeição de um modelo de CL tradicional de T classes por falta de ajuste significa que o pressuposto de independência local não se cumpre com T classes. Em tais casos, a estratégia de ajuste de modelo de CL tradicional é ajustar aos dados um modelo de $T + 1$ classes. Em ambos os nossos exemplos, a teoria sustentava um modelo de duas classes, mas, uma vez que esse modelo não proporcionou um ajuste adequado, nós formulamos um modelo de três classes. Nesta seção, consideramos algumas estratégias alternativas para modificar um modelo. Em ambos os casos, veremos as alternativas não tradicionais resultarem em modelos mais parcimoniosos do que os tradicionais, bem como em modelos mais congruentes,

204 • SEÇÃO III / MODELOS PARA DADOS CATEGÓRICOS

como nossas hipóteses iniciais. As alternativas consideradas são:

1. acrescentar um ou mais efeitos diretos;
2. suprimir um ou mais itens;
3. aumentar o número de variáveis latentes.

A alternativa 1 é incluir no modelo parâmetros de "efeito direto" (Hagenaars, 1988) que respondam pela associação residual entre as variáveis observadas responsáveis pela dependência local. Esse método é especialmente útil quando algum fator externo alheio à variável latente cria uma associação irrelevante entre duas variáveis. São exemplos de tais fatores externos a similar redação de perguntas em dois itens de levantamento e o fato de dois avaliadores aplicarem o mesmo critério incorreto ao avaliar *slides*.

A alternativa 2 também lida com a situação na qual duas variáveis são responsáveis por alguma dependência local. Em tais casos, em lugar de adicionar um efeito direto entre duas variáveis, talvez faça mais sentido eliminar a dependência suprimindo um dos dois itens, simplesmente. Esta é uma estratégia de redução de variáveis especialmente útil em situações em que há *muitas* variáveis redundantes.

A alternativa 3 é especialmente útil quando um grupo de várias variáveis responde por uma dependência local. Magidson e Vermunt (2001) mostram que, ao aumentar-se a dimensionalidade mediante o acréscimo de variáveis latentes e não de classes latentes, em geral, o modelo de CL *fatorial* resultante ajusta-se aos dados consideravelmente melhor do que os modelos de agrupamentos de CL tradicionais com o mesmo número de parâmetros. Ademais, modelos fatoriais de CL são identificados em algumas situações quando o modelo de CL tradicional não é[4].

Na seção a seguir, apresentamos uma estatística de diagnóstico chamada *resíduo bivariado* (BVR) e ilustramos seu uso para desenvolver alguns modelos alternativos não tradicionais para nossos dois exemplos de dados. O BVR ajuda a apontar as relações *bivariadas*[5] que o modelo de CL não consegue explicar adequadamente, bem como a determinar a qual das três estratégias alternativas se deve recorrer. Veremos que, mesmo quando a estatística de L^2 atesta que o modelo proporciona um adequado ajuste *geral*, talvez o ajuste seja inadequado em uma ou mais tabelas de duas vias, indicando uma falha ou deficiência do modelo.

Tabela 10.5 – Valores de resíduos bivariados obtidos com diversos modelos para a amostra de respondentes brancos

Tabela de duas vias	Modelo					
	H_0	H_1	H_{2C}	H_{3C}	H_{2C+}	H_{2F}
{AB}	61,6	0,1	0,1	0	0	0
{AC}	0,5	0,7	0,1	0	0,2	0
{AD}	10,6	0	0,1	0	0,2	0,1
{BC}	0,3	1,1	0	0	0	0
{BD}	8,6	0,4	0,3	0,2	0,2	0,4
{CD}	43,4	32,3	2,4	0	0	0,2

10.3.1 Resíduos bivariados e efeitos diretos

A estatística de BVR (Vermunt; Magidson, 2003) dá uma medida formal de até que ponto um modelo reproduz a associação observada entre duas variáveis. Cada BVR corresponde a uma estatística qui-quadrado de Pearson (dividida pelos graus de liberdade) na qual as frequências observadas numa tabulação cruzada de duas vias das variáveis são comparadas com as contagens esperadas estimadas com o correspondente modelo de CL[6]. Um valor de BVR consideravelmente maior do que 1 sugere que o modelo não chega a explicar de todo a associação na correspondente tabela de duas vias.

---

4. Por exemplo, com quatro variáveis dicotômicas, um modelo de CL de dois fatores (composto de quatro classes latentes) é identificado, mas não um modelo tradicional de três classes (GOODMAN, 1974b).

5. Com o pressuposto de normalidade multivariada, a análise fatorial tradicional restringe seu foco às relações bivariadas (isto é, às correlações), porque se supõe que inexistem relações de ordem superior. Já os modelos de CL não adotam pressupostos distribucionais estritos e, portanto, tentam explicar também as associações de ordem superior. No entanto, as associações de duas vias (bivariadas) costumam ser as mais importantes, e a capacidade de indicar tabelas de duas vias nas quais a falta de ajuste possa estar concentrada pode ser útil em sugerir modelos alternativos.

6. Esses resíduos são semelhantes a estatísticas lagrangianas. A diferença é que eles são medidas do ajuste com limitada informação, pois não levam em conta as dependências com parâmetros correspondentes a outros itens.

10.3.1.1 Exemplo: tipos de respondente em levantamentos (continuação)

A tabela 10.5 apresenta BVRs para cada par de variáveis com todos os vários modelos estimados em nosso primeiro exemplo. Como o modelo H_0 corresponde ao modelo de independência mútua, cada BVR para ele dá uma medida da associação total na correspondente tabela observada de duas vias; isto é, cada BVR é igual à estatística do qui-quadrado de Pearson, habitualmente usada para testar a independência na correspondente tabela de duas vias dividida pelos graus de liberdade. Os resultados mostram que, com exceção das relações não significativas nas tabelas $\{AC\}$ e $\{BC\}$, todos os demais BVRs são bastante grandes, atestando diversas associações (dependências locais) significativas existentes entre essas variáveis. O BVR é especialmente grande para $\{AB\}$ e $\{CD\}$. Por exemplo, na tabela $\{CD\}$, um teste do qui-quadrado de Pearson confirma que a relação observada é sumamente significativa ($\chi^2 = 86{,}8$, $df = 2$, $p < 0{,}001$; BVR = $86{,}8/2 = 43{,}4$).

Com o modelo de duas classes (H_1), vemos que todos os BVRs estão perto ou abaixo de 1, exceto um valor muito grande (32,3) para $\{CD\}$. Isto sugere que toda a falta de ajuste desse modelo pode ser atribuída a esse único BVR de grande valor. O modo tradicional de responder pela falta de ajuste é acrescentar outra classe latente. Porém, a tabela 10.5 mostra que, mesmo após a adição da terceira classe, o BVR para $\{CD\}$ com o modelo de três classes H_{2C} continua inaceitavelmente alto (BVR = 2,4). Embora a inclusão da terceira classe acrescente, de fato, uma segunda dimensão que faz com que o ajuste *total* seja adequado, é só quando adicionamos uma quarta classe (modelo H_{3C}) que *todos* os BVRs têm níveis aceitáveis.

Consideramos, a seguir, o método alternativo de acrescentar um "efeito direto" ao modelo para responder pela correlação residual. Além disso, ponderamos o uso do modelo de CL de dois fatores e exploramos mais a fundo as diferenças entre os modelos de três e de quatro classes.

10.3.1.2 Exemplo: dados esparsos de concordância entre múltiplos avaliadores (continuação)

Voltando-nos, agora, para o nosso segundo exemplo, a tabela 10.6 mostra que todos os BVRs

no modelo de uma classe de independência mútua (modelo H_0) são muito grandes[7], indicando que a quantidade de concordância entre cada par de avaliadores é sumamente significativa. Com o modelo de duas classes, muitos BVRs continuam grandes. Embora o modelo de três classes proporcione um ajuste total aceitável a esses dados, vemos, mais uma vez, que um único BVR permanece inaceitavelmente grande – BVR = 4,5 para os Avaliadores D e F, os dois patologistas que avaliaram menos *slides* como positivos (recordemos a tabela 10.3). Esse BVR grande sugere que os Avaliadores D e F podem estar aplicando algum critério de avaliação não compartilhado pelos outros avaliadores.

Para explicar essa grande associação residual, recorreremos à alternativa não tradicional 1 e modificaremos o modelo de três classes acrescentando, no modelo, o parâmetro de efeito direto de D a F, λ^{DF} (Hagenaars, 1988; em formulação ligeiramente distinta, Uebersax, 1999). A expressão formal desse novo modelo H_{2C+} é

$$\pi_{ijklmpt} = \pi_{it}^{A|X}\,\pi_{jt}^{B|X}\,\pi_{kt}^{C|X}\,\pi_{mt}^{E|X}\,\pi_{lpt}^{DF|X},$$

em que as probabilidades $\pi_{lpt}^{DF|X}$ estão restritas da seguinte maneira:

$$\pi_{lpt}^{DF|X} = \frac{\exp(\lambda_l^D + \lambda_p^F + \lambda_{lp}^{DF} + \lambda_{lt}^{DX} + \lambda_{pt}^{FX})}{\sum_{l=1}^{L}\sum_{p=1}^{P}\exp(\lambda_l^D + \lambda_p^F + \lambda_{lp}^{DF} + \lambda_{lt}^{DX} + \lambda_{pt}^{FX})}.$$

Tabela 10.6 – Resíduos bivariados obtidos com diversos modelos para dados de Landis e Koch (1977)

Tabela de duas vias[a]	Modelo					
	Tradicional			Não tradicional		
	H_0	H_1	H_{2C}	H_{2C+}	H_{2FR}	H_{2FRC}
$\{BE\}$	66,4	8,4	0,0	0,0	0,0	0,1
$\{DF\}$	38,0	7,2	4,5	0,0	0,0	0,0
$\{BG\}$	66,7	5,2	0,0	0,0	0,1	0,1
$\{EG\}$	77,2	3,3	0,1	0,1	0,2	0,2
$\{AB\}$	54,5	1,7	0,1	0,0	0,1	0,1
$\{CF\}$	28,0	1,3	0,0	0,0	0,0	0,0
$\{CE\}$	47,7	1,1	0,1	0,1	0,2	0,1
$\{DE\}$	24,5	0,0	0,7	0,6	0,6	1,2

[a] Estas são as tabelas de duas vias para as quais os resíduos bivariados foram maiores do que 1 com qualquer dos modelos

Ao relaxar o pressuposto de independência local entre os Avaliadores D e F, o modelo H_{2C+} é

---

7. O menor BVR sob o modelo H_0 é 20,8 e ocorre na tabela $\{EF\}$.

206 • SEÇÃO III / MODELOS PARA DADOS CATEGÓRICOS

capaz de responder pela excessiva associação entre D e F que não pode ser explicada pelas classes latentes. O teste de ΔL^2 mostra que a inclusão do parâmetro de efeito direto traz significativa melhora com relação ao modelo tradicional H_{2C} ($\Delta L^2 = 17,7 - 11,3 = 6,4$; $p = 0,01$).

De um ponto de vista prático, os modelos H_{2C} e H_{2C+} não diferem muito, pois ambos atribuem os 118 *slides* às mesmas classes segundo a regra de atribuição modal. Isto acontece apesar de o modelo H_{2C+} dar a D e F menos peso do que o modelo H_{2C} durante a computação das probabilidades *a posteriori*. A principal vantagem do modelo H_{2C+} é sugerir a possibilidade de os avaliadores D e F compartilharem um viés ao avaliar *slides* da Classe 1, *slides* estes que D e F costumam avaliar como negativos, enquanto os outros patologistas avaliam quase sempre como positivos (recordemos a tabela 10.3). A inclusão do efeito direto implica que o modelo H_{2C+} fornece maiores previsões de *concordância* entre os Avaliadores D e F do que o modelo H_{2C} a respeito dos *slides* da Classe 1[8].

Voltando por um momento ao primeiro exemplo de dados, poderíamos, agora, esperar achar similares informações ao incluir os parâmetros de efeito direto, λ_{kl}^{CD}, no modelo de duas classes. A tabela 10.1 mostra que esse modelo (H_{1C+}) proporciona um bom ajuste aos dados. Com ele, porém, o parâmetro que mede a contribuição de C para as classes latentes já não é significativo, e, portanto, podemos suprimir C totalmente do modelo de CL. Uma vez que isso equivale a suprimir uma associação simplesmente porque um modelo com duas classes latentes não pôde explicá-la, a alternativa 1 não fornece uma solução desejável nesse caso.

---

8. Posto que o modelo H_{2C} pressupõe independência local, pode-se calcular a probabilidade esperada de ambos os avaliadores concordarem em que um determinado *slide* de Classe 1 está livre de câncer multiplicando as respectivas probabilidades condicionais. Usando as estimativas da tabela 10.3, a probabilidade de ambos concordarem em que um *slide* da Classe 1 é negativo é $0,42 \times 0,53 = 0,22$, e, do mesmo modo, a probabilidade de eles concordarem em que um *slide* da Classe 1 é positivo é $0,59 \times 0,47 = 0,28$. Por sua vez, o modelo H_{2C+} prevê maiores probabilidades (0,31 e 0,35, respectivamente) de os Avaliadores D e F concordarem em ambos os casos. Pressupondo-se que os *slides* da Classe 1 são "verdadeiros positivos", os resultados do modelo H_{2C+} significam que D e F compartilham a tendência a cometer um erro de falso negativo.

10.3.2 Modelos fatoriais de CL

Estudaremos, agora, a alternativa 3, na qual nos valemos de modelos fatoriais de CL para incluir mais de uma variável latente no modelo. Os modelos fatoriais de CL foram propostos por Magidson e Vermunt (2001) como alternativa geral à tradicional modelagem exploratória de CL. Para ambos os exemplos, os resultados (dados nas tabelas 10.1 e 10.4) mostram que um modelo de dois fatores é preferível aos outros modelos. Veremos que o modelo de dois fatores é, na realidade, um modelo restrito de quatro classes. Em ambos os casos, o ajuste é quase tão bom quanto a solução (irrestrita) de quatro classes, mas é mais parcimonioso e parametrizado, de maneira a facilitar a interpretação dos resultados.

O primeiro a propor modelos fatoriais de CL foi Goodman (1974b), no contexto da análise confirmativa de classe latente. Certos modelos de CL tradicionais com quatro ou mais classes podem ser interpretados em função de duas ou mais variáveis latentes componentes, tratando-as como uma variável conjunta (cf., p.ex., Hagenaars, 1990; McCutcheon, 1987). Por exemplo, uma variável latente X composta de $T = 4$ classes pode ser expressa em função de duas variáveis latentes dicotômicas $V = \{1, 2\}$ e $W = \{1, 2\}$, aplicando a seguinte correspondência:

	$W = 1$	$W = 2$
$V = 1$	$X = 1$	$X = 2$
$V = 2$	$X = 3$	$X = 4$

Assim, $X = 1$ corresponde a $V = 1$ e $W = 1$; $X = 2$, a $V = 1$ e $W = 2$; $X = 3$, a $V = 2$ e $W = 1$; e $X = 4$, a $V = 2$ e $W = 2$.

Formalmente, para as nossas quatro variáveis, podemos reparametrizar o modelo de CL de quatro classes como um modelo fatorial de CL com duas variáveis latentes dicotômicas da seguinte maneira:

$$\pi_{ijklrs} = \pi_{rs}^{VW} \pi_{ijklrs}^{ABCD|VW}$$
$$= \pi_{rs}^{VW} \pi_{irs}^{A|VW} \pi_{jrs}^{B|VW} \pi_{krs}^{C|VW} \pi_{lrs}^{D|VW}.$$

Magidson e Vermunt (2001) consideram diversos modelos fatoriais restritos. Eles utilizam o termo modelos fatoriais de CL *básicos* para se referir a certos modelos de CL que contêm duas ou mais variáveis latentes dicotômicas independentes umas das outras e excluem interações de ordem superior das probabilidades de resposta condicionais. Tal modelo é análogo ao método de análise fatorial tradicional, em que se usam múltiplas variáveis latentes para modelar relações multidimensionais entre variáveis manifestas.

Acontece que, ao se formular o modelo em função de R fatores latentes dicotômicos mutuamente independentes, o modelo fatorial de CL básico tem o mesmo número de parâmetros distintos que o modelo de CL tradicional com $R + 1$ classes. Ou seja, a parametrização fatorial de CL permite a especificação de um modelo de 2^R classes com o mesmo número de parâmetros que um modelo de CL tradicional com apenas $R + 1$ classes! Isto dá uma grande vantagem quanto à parcimônia em comparação com o modelo tradicional de T classes, pois restrições naturais reduzem muito o número de parâmetros.

Como já mencionamos, o modelo básico de dois fatores proporciona um excelente ajuste aos nossos dois exemplos de conjuntos de dados. Para o primeiro exemplo, a tabela 10.1 mostra que esse modelo (o H_{2F}) é preferível a qualquer dos modelos de agrupamento de CL de acordo com o BIC. Além disso, esse modelo explica todas as relações bivariadas nos dados (cf. tabela 10.5). Na próxima seção, interpretaremos os resultados desse modelo e faremos uma análise mais ampla, tanto da amostra de brancos quanto da de negros.

10.3.2.1 Exemplo: dados esparsos de concordância entre múltiplos avaliadores (continuação)

Quanto a nosso segundo exemplo, a tabela 10.4 mostra que o modelo básico de dois fatores é preferível a todos os outros modelos de acordo com os critérios do BIC. A parte mais à direita da tabela 10.3 fornece as estimativas de parâmetros[9] que usamos para denominar os fatores. Estes são probabilidades conjuntas de classe latente e resposta condicional para combinações de níveis de fatores. Demos os nomes "verdadeiro negativo" e "verdadeiro positivo" aos Níveis 1 e 2 do Fator 1, respectivamente. Cada um desse níveis é novamente dividido em dois níveis pelo Fator 2, que

denominamos "tendência ao viés nas avaliações". Chamamos os dois níveis do Fator 2 de "tendência a viés negativo" e "tendência a viés positivo", respectivamente.

Ao compararmos as quatro células de fatores (parte mais à direita da tabela 10.3) com as classes no modelo de três classes (parte central da tabela 10.3), vemos as seguintes semelhanças: em primeiro lugar, notamos que a Classe 1 da solução de três classes (representando 44% dos *slides* avaliados sobretudo como positivos) corresponde, principalmente, a *slides* do Fator 1, Nível 2 (os chamados "verdadeiros positivos"), que somam 46% do total de *slides*. Esses *slides* "verdadeiros positivos" estão divididos conforme o fator 2 na célula (2, 1), com 30% de todos os *slides*, e na célula (2, 2), com 16% dos *slides*. Observe-se que os primeiros *slides* mostram clara tendência a um erro de falso negativo, especialmente entre os Avaliadores D e F.

Em seguida, notemos a semelhança entre a Classe 2 da solução de três classes, que representa 37% dos *slides* avaliados sobretudo como negativos, e a célula de fator (1, 1), que responde por 36% dos *slides* avaliados sobretudo como negativos. Além disso, podemos ver, também na tabela 10.3, a forte semelhança entre a Classe 3 da solução de três classes e a célula de fator (1, 2), identificada na tabela como *slides* "verdadeiros negativos" sujeitos ao erro de falso positivo, especialmente pelos Avaliadores A, B, E e G.

Em suma, temos mostrado que o modelo de CL de dois fatores ajusta-se melhor do que o tradicional modelo de três classes e tem duas vantagens concretas: primeiro, ele permite classificar os *slides* de forma clara, como "verdadeiros positivos" ou "verdadeiros negativos"; depois, ele gera um agrupamento adicional que pode ser útil em assinalar as razões da discordância entre avaliadores. Por óbvio, se o Fator 1 distingue *realmente* entre "verdadeiro negativo" e "verdadeiro positivo" e se a caracterização de erro dada pelo Fator 2 é exata são questões que poderiam ser abordadas em futuras pesquisas.

10.3.3 Modelos de múltiplos grupos

Os modelos de CL de múltiplos grupos podem ser empregados para comparar modelos em diferentes grupos. Um modelo totalmente irres-

---

9. O modelo de dois fatores na tabela 10.3 ficou ainda mais restrito ao fixar-se em 0 o efeito do indicador C no Fator 2, já que esse efeito não era significativo.

208 • SEÇÃO III / MODELOS PARA DADOS CATEGÓRICOS

trito de CL para múltiplos grupos, denominado modelo de completa heterogeneidade por Clogg e Goodman (1984), é equivalente à estimação de um modelo distinto de CL de T classes para cada grupo. Pode-se obter o ajuste de tal modelo simplesmente somando os L^2 valores (e correspondentes graus de liberdade) para os correspondentes modelos em cada grupo.

Seja G uma variável categórica a representar pertencimento ao grupo g. O modelo de *completa heterogeneidade* expressa-se por (modelo M_{2C})

$$\pi_{ijklt|g}^{ABCDX|G} = \pi_{t|g}^{X|G}\,\pi_{it|g}^{A|X,G}\,\pi_{jt|g}^{B|X,G}\,\pi_{kt|g}^{C|X,G}\,\pi_{lt|g}^{D|X,G}.$$

10.3.3.1 Exemplo: tipos de respondente em levantamentos (continuação)

A segunda parte da tabela 10.1 contém os resultados da repetição das análises do nosso Exemplo 1 para a amostra de respondentes *negros*. Esses resultados são muito similares àqueles obtidos para os respondentes brancos (ver primeira parte da tabela 10.1). Como em nossa análise da amostra de brancos, tornamos a rejeitar os modelos de uma e duas classes em favor de três classes para obter um modelo que proporciona um adequado ajuste geral aos dados. A parte mais à direita da tabela 10.2 apresenta as estimativas de parâmetros obtidas do modelo de três classes (modelo H'_{2C}) quando aplicado à amostra de negros. Como em nossa análise anterior, as classes estão ordenadas da maior à menor.

Ao comparar resultados entre esses dois grupos, é importante poder interpretar as três classes obtidas dos respondentes negros como representativas dos mesmos constructos latentes ("ideais", "convencidos" e "céticos"), como em nossa análise dos respondentes brancos. Senão, quaisquer comparações entre grupos seriam como comparar maçãs com laranjas. Mesmo sendo tentador interpretar a Classe 1 para ambas as amostras como representativa dos respondentes "ideais", isto não é correto sem antes restringir a parte de medição dos modelos (as probabilidades condicionais) a ser igual. Essas restrições se realizam mediante o modelo de homogeneidade *parcial* (modelo M_{2CR}):

$$\pi_{ijklt|g}^{ABCDX|G} = \pi_{t|g}^{X|G}\,\pi_{it}^{A|X}\,\pi_{jt}^{B|X}\,\pi_{kt}^{C|X}\,\pi_{lt}^{D|X}. \qquad (3)$$

Na parte mais à esquerda da tabela 10.7, damos estimativas obtidas com esse modelo. A terceira parte da tabela 10.1 compara o ajuste do modelo irrestrito M_{2C} com o do modelo restrito M_{2CR}. Visto que a estatística de $\Delta L^2 = 9$ com 18 *DF não* é significativa, podemos usar esse modelo restrito para nossas comparações de grupos.

O modelo de completa homogeneidade (modelo M_{2CRR}) impõe a restrição adicional de as probabilidades de classes latentes em todos grupos serem idênticas: $\pi_{t|1}^{X|G} = \pi_{t|2}^{X|G}$, para $t = 1, 2, 3$. Como tais restrições causam um considerável aumento de L^2, nós rejeitamos o modelo de completa homogeneidade, optamos pelo modelo de homogeneidade parcial e concluímos que há significativas diferenças de pertencimento à classe latente entre as amostras de brancos e negros.

A tabela 10.1 também inclui resultados obtidos com os equivalentes do modelo fatorial de CL aos modelos de heterogeneidade completa e parcial. Por conterem dois fatores dicotômicos e independentes, esses modelos contêm o mesmo número de parâmetros que os modelos de três classes M_{2C} e M_{2CR}. A parte inferior da tabela 10.1 mostra que esses modelos se ajustam melhor do que os correspondentes modelos de agrupamento de CL segundo os critérios do BIC. Além disso, os BVRs menores do que o equivalente de agrupamento de CL confirmam o melhor ajuste do modelo fatorial de CL aos dados.

As estimativas de parâmetros do modelo de dois fatores M_{2FR} estão na parte mais à esquerda da tabela 10.7. Trata-se de probabilidades marginais de classe latente e resposta condicional para os fatores V e W, obtidas somando o outro fator. Note-se que a variável D está estreitamente relacionada com ambos os fatores V e W. Isto é, respondentes no Nível 1 de cada fator têm maior probabilidade (0,90 ou 0,91) de estar "interessados" do que aqueles no Nível 2. As variáveis A e B relacionam-se apenas com o fator V, e a variável C só se relaciona com o fator W. Ou seja, para o fator V, aqueles que estão no Nível 1 têm probabilidade substancialmente maior de concordar em que os levantamentos servem a um bom propósito e são mais exatos do que aqueles no Nível 2, mas os dois níveis são quase iguais ao mostrarem boa compreensão das perguntas. Para o fator W, o Nível 1 mostra boa compreensão, mas não o Nível 2.

Capítulo 10 / Modelos de classe latente • 209

Tabela 10.7 – Estimativas de parâmetros para o modelo de classe latente (CL) de três classes de homogeneidade parcial (modelo M_{2CR}) e o correspondente modelo de CL de dois fatores, M_{2FR}

	Três classes			*Dois fatores (probabilidades marginais)*			
	Classe 1	*Classe 2*	*Classe 3*	*Fator V*		*Fator W*	
	Ideais	*Convencidos*	*Céticos*	*Nível 1*	*Nível 2*	*Nível 1*	*Nível 2*
Probabilidades de CL							
Brancos	0,68	0,15	0,17	0,81	0,19	0,85	0,16
Negros	0,51	0,30	0,19	0,79	0,21	0,70	0,31
Probabilidades condicionais							
PROPÓSITO							
Bom	0,89	0,90	0,16	0,90	0,20	0,76	0,78
Depende	0,06	0,06	0,21	0,06	0,21	0,09	0,07
Desperdício	0,05	0,04	0,63	0,05	0,59	0,15	0,15
EXATIDÃO							
Geralmente verdadeiro	0,60	0,64	0,01	0,63	0,02	0,50	0,55
Não verdadeiro	0,40	0,36	0,99	0,37	0,98	0,50	0,45
COMPREENSÃO							
Boa	0,94	0,32	0,74	0,79	0,76	0,92	0,26
Razoável, escassa	0,06	0,68	0,26	0,21	0,24	0,08	0,45
COOPERAÇÃO							
Interessado	0,95	0,57	0,65	0,86	0,66	0,90	0,50
Cooperativo	0,05	0,35	0,25	0,12	0,24	0,09	0,38
Impaciente/hostil	0,00	0,08	0,10	0,02	0,10	0,01	0,12

Além disso, a tabela 10.7 mostra que as diferenças entre grupos existem sobretudo com relação ao Fator 2 (as diferenças observadas entre grupos quanto ao fator *V* não são significativas). Respondentes negros têm o dobro de probabilidade do que os brancos de estar no Nível 2 do Fator 2 (30% *vs.* 15%). Esses resultados permitem-nos formular um teste mais rigoroso da nossa hipótese anterior, de que a cooperação pode se dever a dois fatores distintos: um associado à crença em que os levantamentos servem a um bom propósito e são exatos (avaliado pelo Fator 1 de CL) e outro relativo à compreensão das perguntas (avaliado pelo Fator 2 de CL).

Antes de concluirmos esta seção, observamos que, até agora, temos tratado as variáveis tricotômicas COOPERAR (*A*) e PROPÓSITO (*C*) como nominais. Outra possibilidade é tratá-las como ordinais, o que permite simplificar o modelo ao reduzir o número de parâmetros. O método mais simples é restringir os parâmetros log-lineares atribuindo pontuações uniformes v_i^A e v_k^C às categorias *A* e *C*, o que implica as seguintes limitações: $\lambda_{ir}^{AV} = \lambda_r^{AV} v_i^A$ e $\lambda_{is}^{AW} = \lambda_s^{AW} v_i^A$ (cf., p. ex., Formann, 1992; Heinen, 1996).

A aplicação dessas restrições em nosso exemplo aumentou muito pouco o L^2, indicando que as variáveis *A* e *C* podem mesmo ser tratadas como ordinais. Na próxima seção, apresentamos os resultados de um modelo modificado de dois fatores que trata as variáveis *A* e *C* como ordinais.

10.3.4 Covariáveis

No modelo de CL tradicional, os parâmetros consistem em probabilidades incondicionais e condicionais. As probabilidades condicionais abrangem a parte de medição do modelo, caracterizando a distribuição entre as variáveis observadas (indicadores) condicionadas às classes latentes. As probabilidades *incondicionais* descrevem a distribuição das variáveis latentes. A fim de obtermos melhor descrição/previsão das variáveis latentes, usamos um modelo logit multinomial para expressar essas probabilidades como uma função de uma ou mais variáveis exógenas **Z**, chamadas covariáveis (Dayton; MacReady, 1988).

O modelo de múltiplos grupos descrito na seção anterior é um exemplo do uso de uma única covariável (**Z** = *G*). Por exemplo, o termo $\pi_{tg}^{X|G}$ na equação (3) pode ser expresso como

$$\pi_{tg}^{X|G} = \frac{\exp(\gamma_t^X + \gamma_{tg}^{XG})}{\sum_{t=1}^{T} \exp(\gamma_t^X + \gamma_{tg}^{XG})}.$$

Embora as variáveis latentes expliquem todas as associações entre os indicadores, elas *não* explicam as associações entre as covariáveis. É isso o que distingue os indicadores das covariáveis.

210 • SEÇÃO III / MODELOS PARA DADOS CATEGÓRICOS

10.3.4.1 Exemplo: tipos de respondente em levantamentos (continuação)

No que tange à interpretação da solução de três classes, McCutcheon (1987) perguntou se parte da diferença de pertencimento à classe latente entre respondentes negros e brancos poderia explicar-se pela educação, pergunta esta que está fora do alcance da modelagem de CL tradicional. Nós abordamos essa pergunta ao incluir E: EDUCAÇÃO como uma segunda covariável no modelo de dois fatores – $\mathbf{Z} = (G, E)$.

O modelo proporciona um bom ajuste aos dados. Os resultados indicam que o efeito da educação, *de fato*, explica a maior parte, mas não a totalidade, do efeito do grupo no fator W. Damos as estimativas de parâmetros de logit na tabela 10.8, em que as estimativas não significativas foram zeradas. O modelo multinomial usado para as covariáveis foi

$$\pi_{rsge}^{VW|GE} = \frac{\exp(\gamma_r^V + \gamma_s^W + \gamma_{gs}^{GW} + \gamma_{es}^{EW})}{\sum_{r=1,s=1}^{R,S} \exp(\gamma_r^V + \gamma_s^W + \gamma_{gs}^{GW} + \gamma_{es}^{EW})}.$$

Os parâmetros gama na tabela 10.8 indicam que quanto mais alto o nível educacional, mais baixa a pontuação no fator W. É muito fraco o efeito da raça – os negros têm pontuação um pouquinho mais alta do que os brancos no fator W.

Os resultados para esse modelo restrito de dois fatores para múltiplos grupos também aparecem no gráfico *biplot* (Magidson; Vermunt, 2001) da figura 10.2. Como o gráfico coordenado baricêntrico da figura 10.1, vemos que o eixo horizontal, correspondente ao fator W, está associado com a COMPREENSÃO. Em geral, respondentes com boa compreensão têm alta probabilidade de estar no Nível 1 do fator W, ao passo que aqueles com razoável/escassa compreensão, muito provavelmente, estão no Nível 2. A figura evidencia que a educação está muito mais ligada do que a raça a esse fator. A dimensão vertical está sumamente ligada ao PROPÓSITO. A figura 10.2 mostra mais claramente do que a figura 10.1 que a COOPERAÇÃO tem relação com ambos os fatores. Em especial, entre os avaliados como impacientes/hostis, tende a haver dois tipos de respondentes: aqueles cuja compreensão é razoável/escassa e aqueles que consideram o propósito dos levantamentos "desperdício de tempo e dinheiro".

Tabela 10.8 – Estimativas de parâmetros para o modelo restrito de dois fatores para múltiplos grupos de classe latente (CL) com covariáveis

	Fator	
	V	W
Covariáveis (gamas)		
G: Grupo		
BRANCOS	0	−0,20
NEGROS	0	0,20
E: Anos de educação		
<8	0	2,19
8-10	0	0,97
11	0	0,08
12	0	−0,34
13-15	0	−1,01
16-20	0	−1,89
Variáveis indicadoras (lambdas)		
A: PROPÓSITO	2,26	0
B: EXATIDÃO		
Geralmente verdadeiro	−1,34	0
Não verdadeiro	1,34	0
C: COMPREENSÃO		
Boa	0	−5,14
Razoável/escassa	0	5,14
D: COOPERAÇÃO	0,98	1,26

10.4 OUTROS TIPOS DE MODELOS DE CLASSE LATENTE

Por enquanto, temos centrado o foco no método tradicional de modelagem de CL, incluindo algumas extensões importantes, como covariáveis, diversas variáveis latentes e dependências locais. São características comuns a esses modelos eles servirem como métodos ou ferramentas de escalagem para lidar com o erro de medição, os indicadores serem nominais ou ordinais e a independência local entre indicadores ser o principal pressuposto do modelo. Nesta seção, abordaremos outros tipos de modelos de CL. Eles não são usados como ferramentas de escalagem, mas como métodos de agrupamento, ferramentas para lidar com heterogeneidade observada, métodos de estimação de densidade ou modelos de coeficientes aleatórios (Mclachlan; Peel, 2000). Além disso, os indicadores ou as variáveis dependentes podem ser de tipos de escala diferentes da nominal ou ordinal e a independência local já não é o pressuposto básico do modelo. Em alguns casos, como veremos, há apenas um indicador ou uma variável dependente.

Figura 10.2   Biplot de modelo de dois fatores com covariáveis

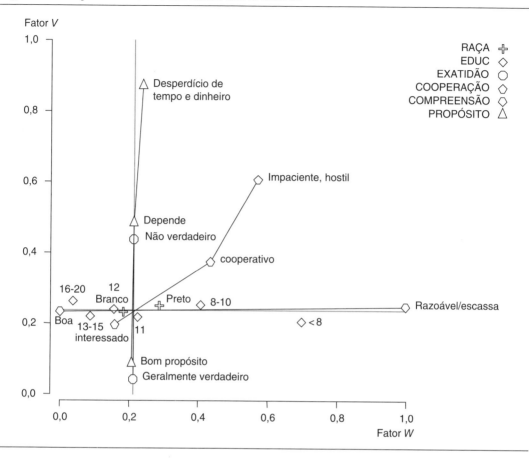

A seguinte seção apresenta simples modelos de mistura para distribuições univariadas, com exemplos de misturas de distribuições normais e misturas de distribuições de Poisson. Depois, estendemos o modelo ao incluir preditores, o que resulta no que se chama de modelos de regressão de mistura ou de regressão de CL. Apresentamos um exemplo de um modelo de regressão linear misto e mostramos como o método pode lidar com diversos tipos de medições repetidas. Dá-se especial atenção à relação com modelos hierárquicos ou de múltiplos níveis. Em seguida, apresentamos uma outra extensão do modelo de mistura simples, isto é, um modelo de mistura para distribuições multivariadas. Como mostraremos, o modelo de CL resultante pode ser visto como uma alternativa baseada em modelo aos métodos-padrão de agrupamento hierárquico, como K-médias. Finalizamos com um breve resumo de métodos de CL que não foram examinados em detalhe.

10.4.1 Modelos de mistura simples

Consideremos o histograma exposto na figura 10.3. Esse conjunto de dados gerados de 1.000 casos é obtido de uma população consistente numa mistura de duas distribuições normais. Para 60% de população, a variável de interesse segue uma distribuição normal com uma média de 0 e uma variância de 1, $N(0, 1)$; para os outros 40%, a média é 3 e a variância é 4, $N(3, 4)$. A curva normal traçada por meio do histograma mostra que, por certo, a mistura resultante não está normalmente distribuída.

Para descrever tal fenômeno, pode-se usar um modelo de mistura finita (Everitt; Hand, 1981; Mclachlan; Peel, 2000), um tipo especial de modelo de CL. A fórmula básica para uma mistura de distribuições univariadas é

$$f(y|\vartheta) = \sum_{t=1}^{T} \pi_t^X f(y|\varphi_t). \qquad (4)$$

Figura 10.3 Distribuição simulada a partir de uma mistura de dois normais

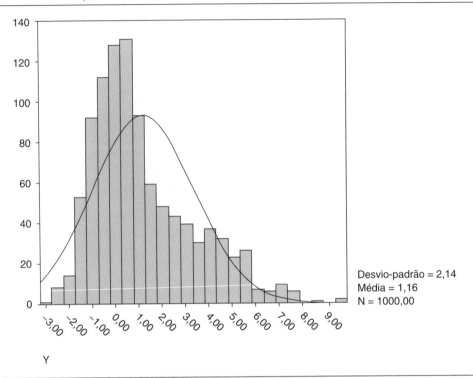

O lado esquerdo da equação (4) indica que estamos interessados em descrever a distribuição de uma variável aleatória y, dependente de um conjunto ϑ de parâmetros desconhecidos. O lado direito contém dois termos: π_t^X é a probabilidade de pertencer à classe latente ou componente de mistura t, e $f(y|\varphi_t)$ é a distribuição de y dentro da classe latente t, dados alguns parâmetros desconhecidos φ_t. Supõe-se que a distribuição específica de classe de y pertence a uma determinada família paramétrica. Dependendo do tipo de escala de y, esta pode, por exemplo, ser uma distribuição normal, de Poisson, binomial, exponencial ou gama. O somatório no lado direito indica que a distribuição de y é uma média ponderada de distribuições específicas de classe, em que as proporções de classe latente servem como pesos.

Modelos de mistura como esses têm dois tipos de aplicação importantes. O primeiro é a estimação de densidade: é possível aproximar distribuições complicadas mediante uma mistura de distribuições paramétricas simples. Outro tipo importante de aplicação é o agrupamento, no qual se utilizam parâmetros específicos da classe para definir os grupos, e as probabilidades de pertencimento a *posteriori* são usadas para classificar casos no agrupamento mais adequado.

Tabela 10.9 – Resultados de teste para mistura gerada de dados de normais

Modelo	Log-verossimilhança	BIC_{LL}	Número de parâmetros
Variâncias iguais			
Uma classe	−2177,75	4369,31	2
Duas classes	−2066,99	4161,61	4
Três classes	−2050,78	4143,00	6
Quatro classes	−2046,25	4147,75	8
Variâncias desiguais			
Duas classes	−2048,14	4130,81	5
Três classes	−2047,78	4150,83	8
Quatro classes	−2045,41	4166,80	11

NOTA: BIC = Critério de informação bayesiano (acrônimo em inglês)

A tabela 10.9 apresenta resultados para vários modelos ajustados aos dados representados na figura 10.3. Estimamos entre misturas de uma a quatro classes de distribuições normais com variâncias intra-agrupamento iguais e desiguais. Como se pode ver, a medida do BIC aponta o modelo correto, o modelo de dois agrupamentos com variâncias intra-agrupamento, como o melhor. O modelo de três classes com variâncias intra-agrupamento iguais ajusta-se quase tão bem, mostrando que, às vezes, se pode compensar uma forma paramétrica mais simples com maior número de componentes na mistura.

Tabela 10.10 – Distribuição de frequência observada e estimada de pacotes de balas duras comprados nos últimos sete dias conforme os modelos de Poisson de uma classe e de três classes

Número de pacotes	Frequências		
	Observada	Modelo de uma classe	Modelo de três classes
0	102	8,43	101,67
1	54	33,63	54,63
2	49	67,11	50,03
3	62	89,28	53,89
4	44	89,09	47,25
5	25	71,11	34,14
6	26	47,30	22,00
7	15	26,97	14,37
8	15	13,46	11,02
9	10	5,97	10,18
10	10	2,38	10,17
11	10	0,86	9,97
12	10	0,29	9,20
13	3	0,09	7,90
14	3	0,03	6,32
15	5	0,01	4,72
16	5	0,00	3,30
17	4	0,00	2,18
18	1	0,00	1,36
19	2	0,00	0,80
20	1	0,00	0,45

No modelo de duas classes com variâncias desiguais, a probabilidade estimada de pertencer à Classe 1 é 0,64. Essa classe tem média estimada de −0,03 e variância de 1,01. A média e a variância da outra classe são 3,24 e 3,95. Note-se que essas estimativas são próximas aos valores de população que usamos para gerar esse conjunto de dados.

A tabela 10.10 contém um conjunto de dados tomado de Dillon e Kumar (1994) que usaremos como um segundo exemplo. Ela dá a distribuição de frequência observada da quantidade de pacotes de balas duras consumidos por 456 respondentes ao longo dos sete dias anteriores ao levantamento. Sendo a variável de resultado uma contagem sem máximo estabelecido, o mais natural é supor que ela siga uma distribuição de Poisson. A tabela apresenta também a distribuição de frequência estimada, obtida com um modelo-padrão – ou de uma classe – de Poisson, bem como com um modelo de Poisson de mistura de três classes. Como se pode ver, o modelo-padrão de Poisson não se ajusta de modo algum à distribuição empírica, ao passo que o Poisson de três classes descreve os dados quase perfeitamente. Isto mostra que se pode utilizar uma mistura de distribuições paramétricas simples para descrever uma distribuição empírica bastante complicada.

Os resultados de testes obtidos ao aplicar modelos de mistura de Poisson ao conjunto de dados sobre balas duras mostram que modelos de mistura com dois e três componentes funcionam muito melhor do que o modelo-padrão de Poisson. Como de costume, há um ponto de saturação a partir do qual o aumento do número de classes não mais incrementa a função de log-verossimilhança; nesse caso, isso acontece com quatro classes. A solução de três agrupamentos é a preferível, de acordo com o critério BIC.

As proporções estimadas das classes latentes no modelo de três classes são 0,54, 0,28 e 0,18, e as taxas de Poisson são 3,48, 0,29 e 11,21. Isto significa que detectamos um pequeno agrupamento de consumidores excessivos (mais de 11 pacotes em sete dias), um agrupamento com pouco mais de um quarto dos respondentes que quase não consome e um grande grupo de consumidores moderados.

10.4.2 Modelos de regressão de CL

Nos modelos de mistura simples anteriormente tratados, supôs-se que a média da distribuição paramétrica escolhida difere entre classes latentes. Isto pode ser expresso também especificando um modelo de regressão linear para a média da distribuição de interesse, μ_t, depois de aplicar alguma função de transformação ou ligação $g(..)$ que depende do tipo de escala da variável y. Para a média de uma distribuição binomial ou multinomial, usamos uma transformação logit; para uma média de Poisson, uma transformação log, e, para uma média normal, nenhuma transformação ou uma ligação de identidade. O modelo de regressão tem a forma

$$g(\mu_t) = \beta_{0t}.$$

Como se pode ver, esse modelo de regressão contém apenas uma ordenada na origem, e esta ordenada na origem é específica da classe.

Seja w um conjunto de preditores ou variáveis explicativas. Suponhamos não mais estarem interessados na distribuição incondicional de y, mas na distribuição condicional de y dado w, $f(y|\mathbf{w}, \varphi_t)$. Uma maneira lógica de se expressar a dependência de y com relação a w é incluir o conjunto de preditores $\mathbf{w}$ no lado direito da equação de regressão. No caso de apenas um preditor w, o modelo de regressão de CL resultante (Wedel; Desarbo, 1994) tem a forma

$$g(\mu_t) = \beta_{0t} + \beta_{1t} w,$$

em que $\beta_{0t} + \beta_{1t}$ são os coeficientes de regressão específica da classe.

A figura 10.4 representa um conjunto de dados gerado com base numa população composta de duas classes latentes, com modelos de regressão específicos de classe iguais e $\mu_1 = 1 + 3w$ e $\mu_2 = 0 + 1w$. Ela também compara os valores estimados de y para o modelo de duas classes (YLC2) com o modelo-padrão de regressão de uma classe (YLC1). Como se pode ver, a descrição dada pelo modelo padrão de regressão é muito pobre em comparação com o modelo de duas classes. O procedimento de modelagem de regressão de CL não tem problema em identificar as duas linhas de regressão sem conhecimento prévio do pertencimento à classe.

Num modelo de regressão de CL, a variável latente é um preditor a interagir com os preditores observados, ou seja, ele serve como variável moderadora. Se comparado a um modelo-padrão de regressão no qual todos os preditores são alvo de observação, esse modelo básico de regressão de CL proporciona várias funções úteis. Primeiro, pode ser usado para abrandar habituais pressupostos de regressão sobre a natureza dos efeitos (lineares, sem interações) e o termo de erro (independentemente de preditores, distribuição particular, homoscedástico). Em segundo lugar, ele permite identificar fontes de heterogeneidade inobservada e efetuar a correção pertinente. Como explicamos a seguir, isso é especialmente útil quando há medições repetidas ou outros tipos de observações dependentes. Aplicações de dados longitudinais são chamadas às vezes de modelos de CL ou de crescimento de mistura (cada classe latente tem sua curva de crescimento). Terceiro, é possível usar esse modelo para detectar valores

Figura 10.4 Modelo simulado de regressão de classe latente (CL) de duas classes

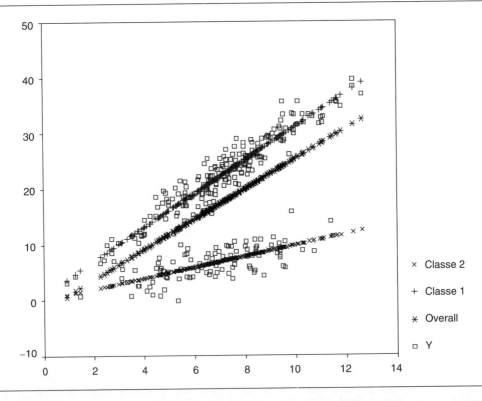

atípicos, porque se trata de casos aos quais o modelo de regressão primária não é aplicável.

A modelagem de regressão de CL tem uma importante área de aplicação no agrupamento ou na segmentação (Wedel; Kamakura, 1998). Em especial, estudos conjuntos baseados em avaliações e escolhas visam identificar subgrupos (segmentos) que reagem diferentemente a características de produtos, o que equivale a dizer que esses grupos têm diferentes coeficientes de regressão. A seguir, apresentamos um exemplo empírico que ilustra esse tipo de aplicação com mais detalhes.

10.4.2.1 Exemplo: medições repetidas de observações agrupadas

Como se explica a seguir, o modelo de regressão de CL pode ser visto como um modelo de coeficientes aleatórios que, assim como os modelos de múltiplos níveis ou hierárquicos, podem levar em conta as dependências entre observações. Isso estende a aplicação de modelos de regressão de CL a situações com medições repetidas ou outros tipos de observações dependentes.

Exemplificaremos a regressão de CL com repetidas medições apresentando uma aplicação a dados de levantamento longitudinal. Trata-se, portanto, de um exemplo de modelo de crescimento de CL.O conjunto de dados consiste em 264 participantes no Levantamento de Atitudes Sociais na Grã-Bretanha (McGrath; Waterton, 1986) de 1983 a 1986. A variável dependente é o número de resposta "sim" a sete perguntas "sim/não" sobre se a mulher tem o direito de abortar

em determinadas circunstâncias. Como essa é uma variável de contagem com um total fixo, é lógico trabalhar com uma função de ligação logit e erro binomial. Os preditores que usamos são o ano de medição (1 = 1983, 2 = 1984, 3 = 1985, 4 = 1986) e a religião (1 = católica romana, 2 = protestante, 3 = outras, 4 = nenhum). Supõe-se que o efeito do ano de medição é dependente da classe e que o efeito da religião é igual para todas as classes.

Estimamos modelos com entre uma e cinco classes, e o modelo de quatro classes mostrou-se o de melhor desempenho em termos do critério BIC. Estimamos, também, modelos mais restritos, nos quais se supõe que o efeito do tempo é linear e/ou que depende da classe. Modelos estes que não descreveram os dados tão bem quanto nosso modelo de quatro classes, o que indica que a tendência do tempo é não linear e heterogênea.

Os parâmetros obtidos com o modelo de quatro classes aparecem na tabela 10.11. As médias de parâmetros das classes indicam que as atitudes são mais positivas no último ponto no tempo e mais negativos no segundo ponto no tempo. Ademais, os efeitos da religião mostram que pessoas sem religião são mais a favor e católicos romanos e outros são mais contra o aborto. Os protestantes têm uma postura próxima à do grupo de pessoas sem religião.

Os parâmetros específicos de classe indicam que as quatro classes latentes têm ordenadas na origem e padrões de tempo muito diferentes. A Classe 1 – a maior – é, em sua maioria, contra o aborto, enquanto a Classe 3 é, majoritariamente, a favor. Ambas as classes latentes são muito está-

Tabela 10.11 – Estimativas de parâmetros para o exemplo do aborto

Parâmetro	Classe 1	Classe 2	Classe 3	Classe 4	Média	Desvio padrão
Tamanho da classe	0,30	0,28	0,24	0,19		
Ordenada na origem	−0,34	0,60	3,33	1,59	1,16	1,38
Ano						
1983	0,14	0,26	0,47	−0,58	0,12	0,35
1984	−0,12	−0,46	−0,35	−1,11	−0,45	0,34
1985	0,04	−0,44	−0,26	1,43	0,10	0,66
1986	−0,06	0,64	0,14	0,26	0,24	0,27
Religião						
Católica romana	−0,53	−0,53	−0,53	−0,53	−0,53	0
Protestante	0,20	0,20	0,20	0,20	0,20	0
Outra	−0,10	−0,10	−0,10	−0,10	−0,10	0
Nenhuma	0,42	0,42	0,42	0,42	0,42	0

216 • SEÇÃO III / MODELOS PARA DADOS CATEGÓRICOS

veis no tempo. O nível geral da Classe latente 2 é um tanto mais alto que o da Classe 1 e mostra mudança um tanto maior da atitude ao longo do tempo. As pessoas que pertencem à Classe latente 4 são muito instáveis: nos dois primeiros pontos no tempo, elas se assemelham às da Classe 2; no terceiro ponto, à Classe 4; e, no último, de novo, à Classe 2 (o que se pode ver ao combinar as ordenadas na origem com os efeitos do tempo). Sendo assim, a Classe 4 poderia ser rotulada de "respondentes aleatórios". É interessante observar que, na solução de três classes, a classe de respondentes aleatórios e a Classe 2 estão combinadas. Assim, ao passarmos de uma solução de três classes para uma de quatro, reconhecemos o grupo interessante com atitudes menos estáveis.

Vermunt e Van Dijk (2001) valeram-se do mesmo exemplo empírico para ilustrar a semelhança entre modelos de regressão de CL e modelos de coeficientes aleatórios, de múltiplos níveis ou hierárquicos. Com a terminologia da modelagem de múltiplos níveis, a variável de tempo é um preditor de Nível 1 e a religião é um preditor de Nível 2. Permite-se a variação do efeito do preditor de Nível 1 entre as unidades do Nível 2 – nesse caso, indivíduos. O resultado da regressão de CL pode ser transformado no resultado habitual produzido por um modelo-padrão de múltiplos níveis ou hierárquico – médias, variâncias, covariâncias da ordenada na origem e os três efeitos de tempo – por meio de operações estatísticas elementares. A parte mais importante desse resultado de múltiplos níveis é a que aparece nas duas últimas colunas da tabela 10.11.

Uma diferença entre a análise de regressão de CL e os modelos hierárquicos padrão é que esses últimos não adotam pressupostos sólidos quanto à distribuição dos coeficientes aleatórios. Portanto, os modelos de regressão de CL podem ser vistos como modelos hierárquicos não paramétricos em que um número limitado de pontos de massa (= classes latentes) aproxima a distribuição dos coeficientes aleatórios. Como Vermunt e Van Dijk (2001) mostraram, o método de CL tem a vantagem prática de ser muito menos intensivo em computação do que os modelos paramétricos, além de seus resultados serem, com frequência, consideravelmente mais fáceis de interpretar.

10.4.2.2 Exemplo: aplicação a estudos conjuntos baseados em escolhas

O modelo de regressão de CL é uma ferramenta muito conhecida para a análise de dados de experimentos conjuntos nos quais pessoas avaliam ou escolhem entre conjuntos de produtos com diferentes atributos (Wedel; Kamakura, 1998). O objetivo é determinar o efeito das características do produto na avaliação ou nas probabilidades de escolha. Utiliza-se a análise de CL para identificar subgrupos ou segmentos de mercado em que esses efeitos diferem.

A fim de ilustrarmos a análise de CL de dados obtidos em experimentos conjuntos baseados em escolhas, usamos um conjunto de dados gerados. Os produtos são dez pares de sapatos que diferem em três atributos: moda (0 = tradicional, 1 = moderno), qualidade (0 = baixa, 1 + alta) e preço (entre 1 e 5). Oito conjuntos de escolha oferecem 3 dos 10 possíveis produtos alternativos a 400 indivíduos. Cada tarefa de escolha consiste em indicar qual das três alternativas eles comprariam, permitindo-se a resposta "nenhum dos anteriores" como quarta opção de escolha.

Usamos um modelo logit multinomial com preditores específicos de escolha, também conhecido como modelo logit condicional. Seja M o número de conjuntos de escolhas, K o número de escolhas por conjunto e J o número de preditores. Com m, k e j indicamos um determinado conjunto, uma determinada escolha e um determinado preditor, respectivamente. O modelo de regressão em questão é

$$\pi_{mkt} = \frac{\exp(\sum_{j=1}^{J} \beta_{jt} w_{mjk})}{\sum_{k=1}^{K} \exp(\sum_{j=1}^{J} \beta_{jt} w_{mjk})}.$$

Aqui, π_{mkt} é a probabilidade de alguém pertencente à classe t optar pela alternativa de escolha k no conjunto de escolhas m. Os preditores que usamos são os três atributos do produto (moda, qualidade e preço), bem como uma variável artificial para a categoria "nenhum".

Os valores de BIC indicaram que o modelo de três classes seria preferível. As estimativas de parâmetros obtidas com o modelo de três classes constam da tabela 10.2. Como se pode ver, a moda tem grande influência na escolha para a Classe 1, bem como a qualidade para a Classe 2 e tanto a moda quanto a qualidade para a Classe 3. O efeito do preço é similar para todas as três classes.

Tabela 10.12 – Estimativas de parâmetros para o modelo logit condicional no exemplo de estudo conjunto

	Classe 1	Classe 2	Classe 3	Wald para nenhum efeito	Wald para efeitos iguais
Moda	3,03	−0,17	1,20	494,74	216,37
Qualidade	−0,09	2,72	1,12	277,96	171,16
Preço	−0,39	−0,36	−0,56	144,48	3,58
Nenhum	1,29	0,19	−0,43	82,39	59,26

Tabela 10.13 – Estimativas de parâmetros para a regressão de variável latente para o exemplo de estudo conjunto

	Classe 1	Classe 2	Classe 3	Wald
Ordenada na origem	0,37	0,00	−0,37	8,22
SEXO				
Masculino	−0,66	−0,34	1,01	24,15
Feminino	0,66	0,34	−1,01	
IDADE				
16-24	1,02	−0,15	−0,87	62,76
25-39	−0,59	−0,37	0,96	
40+	−0,43	0,52	−0,09	

O teste de Wald para a igualdade de efeitos entre classes indica que a diferença nos efeitos do preço entre classes não é significativa. Portanto, poderíamos supor que os efeitos do preço sejam independentes da classe.

Além do modelo logit condicional, que mostra como os preditores afetam a verossimilhança de se escolher uma alternativa em vez de outra, diferencialmente para cada classe, especificamos um segundo modelo logit para descrever a variável de classe latente como uma função das covariáveis sexo e idade. A tabela 10.13 mostra que as mulheres pertencem mais frequentemente à Classe 1 e os homens, à Classe 3. Pessoas mais jovens têm maior probabilidade de pertencerem à Classe 1 (enfatiza a moda nas escolhas), enquanto é mais provável pessoas mais velhas pertencerem à Classe 2 (enfatiza a qualidade nas escolhas).

Em suma, o modelo de regressão de CL oferece vantagens computacionais e interpretativas com relação ao método tradicional de modelagem hierárquica que tende a sobreajustar os dados (Andrews; Ansari; Currim, 2002). Em nosso exemplo, aplicamos o critério BIC ao selecionar um número parcimonioso de classe. Contudo, pesquisadores que preferem que os resultados mostrem níveis *mais altos* de variação individual em coeficientes de regressão podem obtê-los com modelos de regressão de CL, bastando aumentar o número de classes latentes de modo a causar o desejado aumento da variação.

10.4.3 Análise de CL como alternativa ao agrupamento por k-médias

Uma importante aplicação da análise de CL é o agrupamento (Banfield; Raftery, 1993; McLachlan; Peel, 2000; Vermunt; Magidson, 2002). De fato, já vimos diversas aplicações similares ao agrupamento. Utilizou-se o modelo de CL para elaborar uma tipologia de respondentes a levantamento fazendo uso de um conjunto de indicadores categóricos. Mostramos, também, que modelos simples de mistura, como as misturas de normais ou as de distribuições de Poisson, podiam ser usados para fins de agrupamento.

Nesta seção, abordaremos a análise de CL como ferramenta para análise de agrupamentos com indicadores *contínuos*. Esses modelos de CL podem ser considerados extensões multivariadas das misturas de normais univariados, já tratadas anteriormente. Em vez de supormos uma distribuição normal univariada, supomos distribuições normais multivariadas dentro de classes latentes. A forma mais geral do modelo de mistura em questão pressupõe que cada classe latente tem seu próprio conjunto de médias, variâncias e covariâncias. De maneira mais formal,

$$f(\mathbf{y}|\boldsymbol{\vartheta}) = \sum_{t=1}^{T} \pi_t^X f(\mathbf{y}|\boldsymbol{\mu}_t, \boldsymbol{\Sigma}_t).$$

Aqui, $\boldsymbol{\mu}_t$ é o vetor com médias específicas de classe, e $\boldsymbol{\Sigma}_t$, a matriz de variância-covariância específica de classe. Note-se que, à diferença da

Figura 10.5 Gráfico matricial de dispersão de conjunto de dados de diabetes para a classificação clínica, a solução de cinco agrupamentos associada a k-médios e a solução final de três agrupamentos

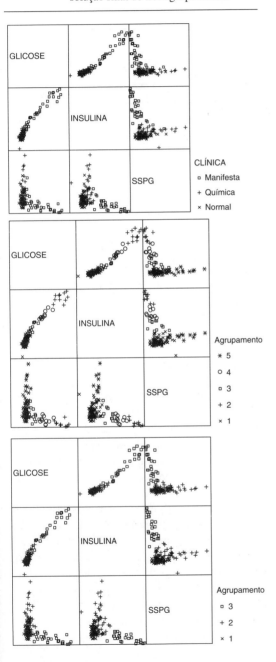

modelagem de CL tradicional, não é preciso pressupor independência local entre os indicadores.

O modelo de agrupamento de CL anterior é similar ao usado na análise discriminante. Uma importante diferença é, por certo, que, na análise de agrupamentos, o pertencimento a um grupo é inobservado ou latente, razão pela qual, às vezes, essa análise de agrupamentos de CL é chamada de análise discriminante latente.

A primeira parte da figura 10.5 apresenta um conjunto de dados que usaremos para ilustrar o modelo de agrupamentos de CL para variáveis contínuas. Há três medidas disponíveis para o diagnóstico da diabetes: glicose, insulina e glicose plasmática em estado estacionário (SSPG) (cf. Fraley; Raftery, 1998). Além dessas medidas, temos informação de diagnóstico clínico consistente em três categorias, "normal", "diabetes química" e "diabetes manifesta". Na prática, porém, não há um padrão de excelência para aplicações em agrupamentos. Nosso objetivo, aqui, é construir um modelo de mistura que forneça uma classificação próxima ao diagnóstico clínico sem utilizar informação sobre esse diagnóstico. Usamos esse conjunto de dados para demonstrar a flexibilidade do agrupamento de CL em comparação com outros métodos. O padrão de excelência permite julgar se os métodos fazem o que nós queremos que eles façam.

A análise de CL é um procedimento de agrupamento baseado em modelo. Como tal, ela é uma alternativa probabilística e mais flexível ao agrupamento por k-médios. O agrupamento por k-médios dá bom resultado em condições muitos estritas, isto é, se os indicadores são localmente independentes e se as variâncias de erro são invariantes com o agrupamento e iguais para todos os indicadores ($\Sigma_t = \sigma^2 \mathbf{I}$). Esses pressupostos implícitos de k-médios implicam que, num gráfico de dispersão tridimensional, todos os agrupamentos têm a forma de uma esfera com o mesmo raio, e, em cada gráfico bidimensional, todos os agrupamentos terão forma de esfera com o mesmo raio. O pressuposto de variâncias de erro iguais em todos os indicadores é a razão pela qual no agrupamento por k-médios se recomenda padronizar as variáveis antes da análise. A padronização melhora a situação em muitos casos, mas não resolve o problema, porque igualar a variância em toda a amostra não é o mesmo que igualar as variâncias intragrupo (Magidson; Vermont, 2002).

Tabela 10.14 – Resultados de testes para dados de diabetes

Modelo	Log-verossimilhança	BIC_{LL}	Número de parâmetros
Igual e diagonal			
Um agrupamento	−2750,13	5530,13	6
Dois agrupamentos	−2559,88	5169,52	10
Três agrupamentos	−2464,78	4999,24	14
Quatro agrupamentos	−2424,46	4938,49	18
Cinco agrupamentos	−2392,56	**4894,13**	22
Desigual e diagonal			
Um agrupamento	−2750,13	5530,13	6
Dois agrupamentos	−2446,12	4956,94	13
Três agrupamentos	−2366,92	4833,38	20
Quatro agrupamentos	−2335,38	**4805,13**	27
Cinco agrupamentos	−2323,13	4815,47	34
Desigual e completo			
Um agrupamento	−2546,83	5138,46	9
Dois agrupamentos	−2359,12	4812,80	19
Três agrupamentos	−2308,64	**4761,61**	29
Quatro agrupamentos	−2298,13	4790,34	39
Cinco agrupamentos	−2284,97	4813,79	49
Desigual e isento de $y_1 - y_2$			
Um agrupamento	−2560,40	5155,46	7
Dois agrupamentos	−2380,27	4835,19	15
Três agrupamentos	−2320,57	**4755,61**	23
Quatro agrupamentos	−2303,14	4760,56	31
Cinco agrupamentos	−2295,05	4784,19	39

NOTA: Os números em negrito (critério de informação bayesiano [BIC] mínimo) indicam o modelo que seria escolhido conforme o critério BIC.

Se examinarmos a figura 10.5 com mais atenção, veremos facilmente que é impossível descrever a forma dos três agrupamentos de diabetes mediante o modelo de k-médios, ou seja, por três esferas de igual raio. As variâncias intra-agrupamento são muito diferentes entre agrupamentos e entre indicadores. Além do mais, os indicadores de glicose e insulina estão fortemente correlacionados dentro do grupo com diabetes manifesta. Entretanto, como os agrupamentos estão bem separados, um método confiável de agrupamento deveria ser capaz de proporcionar uma solução de três agrupamentos que seja similar à classificação clínica.

Os resultados de testes apresentados na tabela 10.14 confirmam os problemas associados com k-médios. Nós estimamos modelos que incluem entre um e cinco agrupamentos, cada um com quatro especificações diferentes da matriz de variância-covariância: diagonal (= independência local) e igual em todas as classes, diagonal e desigual, covariância glicose-insulina e desigual e todas as covariâncias e desigual. Como se pode ver, quando as especificações são muito restritivas, é preciso ter cinco e quatro agrupamentos,

respectivamente. Na realidade, com a primeira especificação assemelhada a k-médios, são necessários até mais do que cinco agrupamentos.

Embora os valores do BIC indiquem que as duas dependências locais adicionais ($y_1 - y_3$ e $y_2 - y_3$) no modelo completo são desnecessárias (comparar com as soluções de três agrupamentos para as duas últimas especificações), as medidas do ajuste também mostram que tanto o modelo com a matriz de covariância totalmente irrestrita quanto o modelo com apenas a covariância glicose-insulina detectam a solução correta de três agrupamentos. Isto é, trabalhar com um modelo com restrições insuficientes não faz mal algum nesse exemplo, mas nem sempre é assim.

A parte do meio da figura 10.5 mostra os cinco agrupamentos quase esféricos identificados com a especificação mais restrita que nós utilizamos. Teríamos obtidos similares resultados com k-médios. Na parte inferior da figura 10.5, vemos a solução de três agrupamentos que mostrou ser a melhor, segundo critério BIC. Pode-se ver que os três agrupamentos identificados por esse modelo são muito similares à classificação clínica. Nossa solução de três agrupamentos é mais uniforme, no sentido

SEÇÃO III / MODELOS PARA DADOS CATEGÓRICOS

de que a sobreposição entre as classes clínicas desaparece em parte, o que, obviamente, se pode esperar de um modelo estatístico. A correspondência entre o modelo de três agrupamentos e a classificação clínica é de 87%, apenas um pouco abaixo dos 93% de classificações corretas de uma análise discriminante quadrática (na qual o pertencimento a agrupamentos é considerado conhecido).

O modelo de agrupamento de CL é aplicável não só com indicadores contínuos, como também com indicadores de outros tipos de escala e diferentes combinações de tipos de escala. A depender do tipo de escala, especificar-se-á a distribuição intra-agrupamento mais adequada para o indicador envolvido. Isto resulta num modelo de agrupamento geral para dados de modelo misto (Hunt; Jorgensen, 1999; Vermunt; Magidson, 2002). Note-se que o modelo tradicional de CL é o caso especial em que todos os indicadores são variáveis categóricas.

10.4.4 Outros avanços em modelagem de CL

Apresentamos, neste capítulo, o que acreditamos ser os tipos mais importantes de modelos de CL. Não temos discutido modelos de CL para dados de transição, supervivência ou histórico de eventos (Vermunt, 1997). A maioria desses modelos é de regressão de mistura e pode, portanto, ser aplicada dentro do marco da regressão de CL. Outra classe importante de modelos para dados de transição é a dos modelos de Markov latentes ou ocultos, que podem ser usados para distinguir a verdadeira mudança do erro de medição na variável de resultado de interesse (cf., p. ex., Langeheine; Van de Pol, 1994). A estrutura de modelos Markov latentes é semelhante à dos modelos de CL com várias variáveis latentes, discutidos na seção anterior.

Na seção anterior, apresentamos modelos de CL que podem ser usados para escalação. Existem, também, modelos de escalação de CL mais sofisticados, que podem ser obtidos ao impor certas restrições aos parâmetros do modelo tradicional de CL. Por exemplo, modelos de CL para escalação probabilística de Guttman, modelos de CL com restrições de ordem, modelos Rasch de CL, modelos de CL para dados de preferência e modelos de CL para dados de distância (cf. Böckenholt, 2002; Croon, 2002; Dayton, 1998; Heinen, 1996).

Outro tipo de modelo de CL mais avançado que gostaríamos de mencionar é o esquema tipo LISREL para variáveis categóricas, desenvolvido por Hagenaars (1990) e estendido por Vermunt (1997). Quaisquer tipos de modelos de CL com indicadores categóricos, inclusive modelos de CL para dados de transição e sofisticados modelos de escalação de CL, são casos especiais desse modelo geral. Uma limitação desse método é o fato de ele se restringir a indicadores categóricos.

Gostaríamos de mencionar um avanço recente, que é o desenvolvimento de misturas restritas de normais multivariados mais elaboradas do que as tratadas anteriormente. Já foram propostos modelos de CL em que as matrizes de covariância específicas de classe são restritas por meio do componente principal (Fraley; Raftery, 1998) ou estruturas de análise fatorial (Yung, 1997) ou modelos de equação estrutural (Jedidi; Jagpal; Desarbo, 1997).

Referências

AGRESTI, A. *Categorical data analysis*. 2. ed. Nova York: John Wiley, 2002.

ANDREWS, R. L.; ANSARI, A.; CURRIM, I. S. Hierarchical Bayes versus finite mixture conjoint analysis Models: A comparison of fit, prediction, and part worth recovery. *Journal of Marketing Research*, 39, p. 87-98, 2002.

BANFIELD, J. D.; RAFTERY, A. E. Model-based Gaussian and non-Gaussian clustering. *Biometrics*, 49, p. 803-821, 1993.

BÖCKENHOLT, U. Comparison and choice: Analyzing discrete preference data by latent class scaling models. *In*: HAGENAARS, J. A.; MCCUTCHEON, A. L. (eds.). *Applied latent class analysis*. Cambridge: Cambridge University Press, 2002. p. 163-182.

CLOGG, C. C.; GOODMAN, L. A. Latent structure analysis of a set of multidimensional contingency tables. *Journal of the American Statistical Association*, 79, p. 762-771, 1984.

CROON, M. A. Ordering the classes. *In*: HAGENAARS, J. A.; MCCUTCHEON, A. L. (eds.). *Applied latent class analysis*. Cambridge: Cambridge University Press, 2002. p. 137-162.

DAYTON, C. M. *Latent class scaling models*. Thousand Oaks: Sage, 1998.

DAYTON, C. M.; MACREADY, G. B. Concomitant-variable latent-class models. *Journal of the American Statistical Association*, 83, p. 173-178, 1988.

DILLON, W. R.; KUMAR, A. Latent structure and other mixture models in marketing: An integrative survey and overview. *In*: BAGOZZI, R. P. (ed.). *Advanced methods of marketing research*. Cambridge: Blackwell, 1994. p. 352-388.

EVERITT, B. S.; HAND, D. J. *Finite mixture distributions*. Londres: Chapman & Hall. 1981.

FORMANN, A. K. Linear logistic latent class analysis for polytomous data. *Journal of the American Statistical Association*, 87, p. 476-486, 1992.

FRALEY, C.; RAFTERY, A. E. *How many clusters?* Which clustering method? Answers via model-based cluster analysis (Rel. téc. n. 239). Seattle: Department of Statistics, University of Washington, 1998.

GOODMAN, L. A. The analysis of systems of qualitative variables when some of the variables are unobservable: Part I. A modified latent structure approach. *American Journal of Sociology*, 79, p. 1179-1259, 1974a.

GOODMAN, L. A. Exploratory latent structure analysis using both identifiable and unidentifiable models. *Biometrika*, 61, p. 215-231, 1974b.

HABERMAN, S. J. *Analysis of qualitative data*: Vol. 2. New developments. Nova York: Academic Press, 1979.

HAGENAARS, J. A. Latent structure models with direct effects between indicators: Local dependence models. *Sociological Methods & Research*, 16, p. 379-405, 1988.

HAGENAARS, J. A. *Categorical longitudinal data* – Loglinear analysis of panel, trend and cohort data. Newbury Park: Sage, 1990.

HEINEN, T. *Latent class and discrete latent trait models*: Similarities and differences. Thousand Oaks: Sage, 1996.

HUNT, L.; JORGENSEN, M. Mixture model clustering using the MULTIMIX program. *Australian and New Zealand Journal of Statistics*, 41, p. 153-172, 1999.

JEDIDI, K.; JAGPAL, H. S.; DESARBO, W. S. Finite mixture structural equation models for response-based segmentation and unobserved heterogeneity. *Marketing Science*, 16, p. 39-59, 1997.

LANDIS, J. R.; KOCH, G. G. The measurement of observer agreement for categorical data. *Biometrics*, 33, p. 159-174, 1977.

LANGEHEINE, R.; PANNEKOEK, J.; VAN DE POL, F. Bootstrapping goodness-of-fit measures in categorical data analysis. *Sociological Methods & Research*, 24, p. 492-516, 1996.

LANGEHEINE, R.; VAN DE POL, F. Discrete-time mixed Markov latent class models. *In*: DALE, A.; DAVIES, R. B. (eds.). *Analyzing social and political change*: A casebook of methods. Londres: Sage, 1994. p. 171-197.

LAZARSFELD, P. F.; HENRY, N. W. *Latent structure analysis*. Boston: Houghton Mifflin, 1968.

MAGIDSON, J.; VERMUNT, J. K. Latent class factor and cluster models, bi-plots and related graphical displays. *Sociological Methodology*, 31, p. 223-264, 2001.

MAGIDSON, J.; VERMUNT, J. K. Latent class models for clustering: A comparison with K-means. *Canadian Journal of Marketing Research*, 20, p. 37-44, 2002.

MCCUTCHEON, A. L. *Latent class analysis*. Newbury Park: Sage, 1987.

MCGRATH, K.; WATERTON, J. *British social attitudes, 1983–1986 panel survey* (Technical report). Londres: Social and Community Planning Research, 1986.

MCLACHLAN, G. J.; PEEL, D. *Finite mixture models*. Nova York: John Wiley, 2000.

RAFTERY, A. E. Choosing models for cross-classifications. *American Sociological Review*, 51, p. 145-146, 1986.

RINDSKOPF, R.; RINDSKOPF, W. The value of latent class analysis in medical diagnosis. *Statistics in Medicine*, 5, p. 21-27, 1986.

UEBERSAX, J. S. Probit latent class analysis with dichotomous or ordered category measures: Conditional independence/dependence models. *Applied Psychological Measurement*, 23, p. 283-297, 1999.

UEBERSAX, J. S.; GROVE, W. M. Latent class analysis of diagnostic agreement. *Statistics in Medicine*, 9, p. 559-572, 1990.

VAN DER HEIJDEN, P. G. M.; GILULA, Z.; VAN DER ARK, L. A. On a relationship between joint correspondence analysis and latent class analysis. *Sociological Methodology*, 29, p. 147-186, 1999.

VERMUNT, J. K. *Log-linear models for event histories*. Thousand Oaks: Sage, 1997.

VERMUNT, J. K.; MAGIDSON, J. Latent class cluster analysis. *In*: HAGENAARS, J. A.; MCCUTCHEON, A. L. (eds.). *Applied latent class analysis*. Cambridge: Cambridge University Press, 2002. p. 89-106.

VERMUNT, J. K.; MAGIDSON, J. *Latent GOLD 3.0 user's guide*. Belmont: Statistical Innovations, Inc, 2003.

VERMUNT, J. K.; VAN DIJK, L. A nonparametric random coefficients approach: The latent class regression model. *Multilevel Modelling Newsletter*, 13, p. 6-13, 2001.

WEDEL, M.; DESARBO, W. S. A review of recent developments in latent class regression models. *In*: BAGOZZI, R. P. (ed.), *Advanced methods of marketing research*. Cambridge: Blackwell, 1994. p. 352-388.

WEDEL, M.; KAMAKURA, W. A. *Market segmentation*: Concepts and methodological foundations. Boston: Kluwer Academic, 1998.

YUNG, Y. F. Finite mixtures in confirmatory factor analysis models. *Psychometrika*, 62, p. 297-330, 1997.

Capítulo 11

ANÁLISE DE SOBREVIVÊNCIA DE TEMPO DISCRETO

JOHN B. WILLETT
JUDITH D. SINGER[1]

Uma classe importante de perguntas de pesquisa indaga se ocorre uma variedade de eventos e, em tal caso, quando ela ocorre (Singer; Willett, 1991; Willett; Singer, 1991). Por exemplo, pesquisadores perguntam, ao investigarem as consequências de traumas na infância no bem-estar posterior, *se* uma pessoa sofreu alguma vez de depressão e, caso a resposta seja positiva, *quando* ocorreu pela primeira vez (Wheaton; Roszell; Hall, 1997). Outros pesquisadores fazem perguntas sobre se e quando crianças de rua voltam para seus lares (Hagan; McCarthy, 1997), se e quando estudantes universitários desistem do curso (Desjardins; Ahlburg; McCall, 1999), se e quando casais recém-casados se divorciam (South, 2001) e se e quando garotos adolescentes têm a sua primeira relação sexual (Capaldi; Crosby; Stoolmiller, 1996).

Técnicas estatísticas habituais, como regressão e análise de variância – e suas primas mais sofisticadas, como a modelagem de equações estruturais –, são inadequadas para tratar de perguntas sobre o momento e a ocorrência de fatos. Geralmente versáteis, esses métodos falham porque são incapazes de lidar com situações em que o valor do resultado – se e quando o fato ocorre – é desconhecido para algumas das pessoas em estudo. Quando se estuda a ocorrência de fatos, esse tipo de carência de informação é inevitável. Não importa por quanto tempo um pesquisador colete dados, algumas pessoas da amostra não vão experimentar o evento-alvo enquanto estiverem sendo observadas – alguns adultos não terão um episódio depressivo, algumas crianças de rua não voltarão para seus lares, alguns estudantes universitários não abandonarão a faculdade, alguns casais recém-casados não se divorciarão e alguns garotos continuarão virgens. Os estatísticos dizem que tais observações são *censuradas*.

A censura cria um dilema analítico. Mesmo que o pesquisador saiba alguma coisa sobre indivíduos com momentos de evento censurados – se eles vierem a experimentar o evento, o farão *depois* de a coleta de dados acabar –, trata-se de um conhecimento impreciso. Se um adolescente não teve relação sexual até a última série do ensino médio, por exemplo, não precisamos concluir que ele *nunca* o fará. Tudo o que podemos dizer é que o indivíduo ainda era virgem ao terminar o ensino médio. Todavia, é evidente a necessidade de analisar, simultaneamente, os dados de indivíduos com e sem momentos de evento censurados, porque os primeiros formam um grupo fundamental, o das pessoas com *menor probabilidade* de experimentar o evento.

A correta investigação da ocorrência de um fato requer um método analítico que lide de forma

---

1. NOTA DO AUTOR: A ordem dos autores foi determinada aleatoriamente.

224 • SEÇÃO III / MODELOS PARA DADOS CATEGÓRICOS

uniforme e isenta com observações censuradas e não censuradas. Ao modelarem períodos de duração de vida humana (tempo até a morte), a princípio, os bioestatísticos desenvolveram uma classe de métodos adequados, porque se depararam com um problema relacionado, já que alguns dos indivíduos incluídos em seus estudos (felizmente) não morreram antes do fim da coleta de dados (Cox, 1972; Kalbfleisch; Prentice, 2002). Em que pesem as agourentas denominações dessas técnicas, conhecidas como "análise de sobrevivência", "análise de histórico de eventos" ou "modelagem de riscos", elas são ferramentas inestimáveis para os cientistas sociais, porque fornecem uma sólida base matemática para estudar o "se" e o "quando" de *qualquer* tipo de evento.

Neste capítulo, apresentamos uma introdução conceitual aos métodos de sobrevivência, focada, especificamente, nos princípios de análise de sobrevivência em tempo discreto. Depois de distinguirmos os métodos de sobrevivência em tempo discreto dos de tempo contínuo e explicarmos por que encorajamos os leitores iniciantes a começarem com o primeiro desses enfoques, utilizamos dados que descrevem a idade em que a depressão surge pela primeira vez para apresentar os elementos constitutivos fundamentais dos métodos, as funções de risco e de sobrevivência. Em seguida, descrevemos os modelos estatísticos que podemos aplicar para ligar o padrão de risco temporal a preditores, comentando os tipos de preditores que se podem incluir nesses modelos e como interpretar os resultados da modelagem estatística. Por fim, mostramos que os pesquisadores podem se enganar se aplicarem técnicas analíticas tradicionais em lugar de métodos para sobrevivência. Nossa apresentação é conceitual, e não técnica. Os leitores interessados em informação prática e conselho sobre análise de dados devem consultar Singer e Willett (2001) antes de se valerem da análise de sobrevivência em suas pesquisas.

11.1 Como se mede o tempo e se registra a ocorrência de eventos?

Para estudar a ocorrência de eventos e os seus preditores, o pesquisador deve registrar quanto tempo leva, a partir de algum momento inicial, até cada indivíduo da amostra experimentar o evento-alvo.

Os pesquisadores têm muita flexibilidade na identificação do "início do tempo". Uma vez que o nascimento é conveniente e significativo em uma ampla variedade de contextos, a maioria dos pesquisadores opta por ele como "início do tempo", tomando a *idade* (tempo desde o nascimento) do indivíduo como marcador de quando o evento ocorreu (cf., p. ex., Wheaton *et al.*, 1997). Mas não é preciso que os pesquisadores se limitem à métrica da idade cronológica. Outra maneira comum de se fixar o início do tempo é ligá-lo à ocorrência de um fato desencadeante, que ponha todos os indivíduos da população *em risco* de experimentar o evento-alvo. Quando se modela o retorno de crianças de rua à casa dos pais, por exemplo, pode-se definir o "início do tempo" como o momento em que a criança deixou o lar pela primeira vez (assim, o "tempo na rua" é a métrica para análise).

Com um momento inicial comum já definido, o pesquisador acompanha indivíduos (quer prospectivamente de forma periódica, quer mediante reconstrução retrospectiva do histórico do evento) para registrar se e quando o evento-alvo ocorre. A todos os indivíduos que experimentam o evento-alvo durante a coleta de dados são atribuídos tempos de evento iguais ao valor do tempo no momento em que de fato experimentaram o evento. Aos indivíduos que não experimentam o evento-alvo durante a coleta de dados são atribuídos *tempos de evento censurados*, iguais ao valor do tempo quando do fim da coleta de dados ou quando o indivíduo já não corria o risco de experimentar o evento. Embora aparentemente impreciso, esse tempo de evento censurado diz muito sobre a ocorrência do fato: ele nos diz que o indivíduo *não experimentou o evento-alvo em nenhum momento anterior*.

Alguns pesquisadores podem registrar dados de ocorrência de eventos com muita precisão. Quando estudavam a relação entre experiências de adversidade e morte na infância, por exemplo, Friedman *et al.* (1995) utilizaram-se de registros públicos de estatísticas vitais para determinar o momento preciso (ano, mês e até dia) em que cada indivíduo havia falecido. Outros pesquisadores podem registrar apenas que o evento-alvo aconteceu dentro de algum *intervalo* de tempo finito. Um pesquisador pode saber, por exemplo, o *ano* em que uma pessoa teve sintomas de depressão pela primeira vez, o *mês* em que um indivíduo começou num novo emprego ou *a fase* em que um jovem deixou de estar sob a supervisão de um adulto e passou a cuidar de si mesmo. Distinguimos essas duas escalas de medição (muito exata e um tanto grosseira) uma da outra chamando a primeira de dados de *tempo contínuo* e a última de dados de *tempo discreto.*

Neste capítulo, focamos os métodos estatísticos para analisar dados registrados em tempo discreto (Singer; Willett, 1993; Willett; Singer, 1993). Temos seis razões para essa ênfase. Primeiramente, descobrimos que os métodos de tempo discreto são intuitivamente mais compreensíveis do que os seus primos de tempo contínuo, facilitando o domínio inicial e a posterior transição para métodos de tempo contínuo (se necessária). Em segundo lugar, consideramos esses métodos muito adequados para grande parte dos dados de histórico de eventos coletados por cientistas sociais, porque, por razões logísticas e financeiras, os dados são registrados apenas em termos de intervalos (cf. Lin; Ensel; Lai, 1997). Em terceiro lugar, esse enfoque facilita a inclusão tanto dos preditores *invariantes no tempo* quanto daquelas *variáveis no tempo*, ao passo que a inclusão desses últimos é mais difícil com o enfoque de tempo contínuo. Assim, com modelos de tempo discreto, os pesquisadores podem examinar com facilidade os efeitos de preditores cujos valores flutuam naturalmente ao longo da vida, como a estrutura familiar e a situação laboral. Em quarto lugar, a análise de sobrevivência de tempo discreto induz a observar como o padrão de risco se desenvolve ao longo do tempo. A estratégia mais conhecida de análise de sobrevivência de tempo contínuo – "regressão de Cox" (Cox, 1972) – desconsidera totalmente a forma do perfil de risco temporal e opta por estimar a influência de preditores no risco, fixando como restrição um pressuposto de "proporcionalidade". Em quinto lugar, sob o método de tempo discreto, verifica-se facilmente o pressuposto de proporcionalidade e ajustam-se modelos "não proporcionais". Finalmente, na análise de sobrevivência de tempo discreto, toda estimação pode ser feita com o uso de pacotes comuns de software estatístico que ajustam modelos de regressão logística. Evita-se, assim, depender do software específico necessário para análises de sobrevivência de tempo contínuo.

11.2 DESCRIÇÃO DE DADOS DE SOBREVIVÊNCIA

A *função de risco* e a *função de sobrevivência* são as duas ferramentas fundamentais para descrever a ocorrência e o momento dos eventos. Estimativas dessas funções dão respostas às duas perguntas descritivas básicas: "Quando é mais provável o evento-alvo ocorrer?" e "Quanto tempo se passa até que as pessoas possam experimentar o evento?".

11.2.1 A função de risco

Quando examinamos a ocorrência de um evento – como "passar por um primeiro episódio de depressão" – em uma amostra aleatória de indivíduos, começamos por perguntar sobre o padrão de ocorrência do evento no tempo. Poderíamos perguntar, por exemplo, o seguinte: quando as pessoas têm maior risco de experimentar um episódio de depressão pela primeira vez – na infância, na adolescência ou aos 20, aos 30 ou aos 40 anos? Ao fazermos perguntas como essa, implicitamente, estamos indagando sobre o "risco" de ocorrência do evento em diferentes períodos. Sabendo de que maneira o risco de experimentar um episódio depressivo flutua ao longo do tempo, podemos responder a perguntas sobre o "se" e o "quando" da ocorrência do evento.

Como podemos resumir o risco de ocorrência do evento entre indivíduos numa amostra, em especial se algumas dessas pessoas têm tempos de evento censurados, isto é, nunca estiveram clinicamente deprimidas até o encerramento da coleta de dados? Na análise de sobrevivência de tempo discreto, chama-se de *probabilidade do risco* a quantidade fundamental que representa o risco de ocorrência do evento em cada período de tempo. O cálculo na amostra é simples: em cada período, determina-se o conjunto de pessoas ainda "em risco" de experimentarem o evento (aquelas que chegaram até esse período sem experimentar o evento, o assim chamado "conjunto de risco") e calcula-se a proporção desse grupo experimentando o evento durante o período. Note-se que essa definição é inerentemente condicional: quem experimenta o evento (ou é censurado) num período deixa de ser integrante do conjunto de risco num período futuro. O gráfico do conjunto de probabilidades de risco em função do tempo dá a *função de risco*, um resumo cronológico do risco de ocorrência do evento.

Na parte superior esquerda da figura 11.1, apresentamos um exemplo de função de risco elaborado com dados retrospectivos reunidos de uma amostra de probabilidade de 1.393 adultos na região metropolitana de Toronto, aos quais se perguntou se haviam experimentado um episódio depressivo e, em tal caso, quando isso ocorrera pela primeira vez (há uma descrição completa desses dados em Wheaton *et al.*, 1997). O gráfico apresenta duas funções de risco na amostra que, computadas separadamente para mulheres e homens, descrevem o "risco" de se experimentar um primeiro episódio depressivo em cada um de 13 períodos sucessivos – até 9 anos, de 10 a 12, de 13 a 15, de 16 a 18 e assim por diante, em incrementos de três anos, até os intervalos de 40 a 42 e dos 43 anos em diante. O exame da função de risco na amostra ajuda a sinalizar quando há máxima e mínima probabilidade de os eventos acontecerem. Ao examinarmos essas duas funções de risco, vemos que, tanto para os homens quanto para as mulheres, o risco de experimentarem um episódio inicial de depressão é relativamente baixo na infância, cresce durante a adolescência e atinge seu pico com pouco mais de 20 anos. Após esse ponto no tempo, o risco de a depressão se desencadear pela primeira vez *entre indivíduos que ainda não tiveram um episódio depressivo* é muito menor e volta aos níveis da pré-adolescência logo depois dos 40, embora aumente de novo nas mulheres. Para além desse padrão geral de risco, observa-se também que há diferença entre os sexos em todos os períodos, exceto em dois deles: em geral, as mulheres têm maior risco de passar por um episódio depressivo do que os homens.

A "condicionalidade" inerente à definição de *risco* é crucial. Ela garante que todos os indivíduos continuem no conjunto de risco até o último período em que são elegíveis para experimentar o evento (quando eles ou são censurados ao finalizar a coleta de dados ou experimentam o evento-alvo). Por exemplo, a probabilidade do risco de primeiro desencadeamento da depressão no período de 31 a 33 anos é estimada condicionalmente com base nos dados de todos os indivíduos (852 da amostra inicial de 1.393) que tinham ao menos 31 anos quando da coleta dos dados, mas

não haviam tido um episódio depressivo em nenhum período anterior. Os indivíduos que ainda não tinham pouco mais de 30 anos ($n = 227$) ou já haviam experimentado um episódio depressivo ($n = 314$) não mais estão "em risco" e, portanto, ficam fora do cálculo do risco nesse período e em todos os subsequentes. Essa condicionalidade é crucial, porque garante que a probabilidade de risco na amostra lide equitativamente com a censura, usando *toda* a informação disponível nas histórias do evento na amostra, mas sem extrapolar esse conhecimento para além do tempo em que o pesquisador tem dados.

11.2.2 A função de sobrevivência

Além de se usar a função de risco para estudar o risco condicional de ocorrência do evento em cada período de tempo, é conveniente somar esses riscos período por período, para mostrar a proporção da amostra que "sobrevive" a todos os períodos, que *não experimenta o evento*. O termo *probabilidade de sobrevivência* refere-se a essa proporção, enquanto o termo *função de sobrevivência* faz referência a gráficos representativos das probabilidades de sobrevivência em função do tempo. As funções de sobrevivência de amostra resumem histórias de eventos acumuladas e são fáceis de computar somando as entradas na função de risco na amostra ao longo do tempo (cf. Singer; Willett, 2003).

Na parte inferior esquerda da figura 11.1, mostramos as funções de sobrevivência na amostra para homens e mulheres correspondentes às funções de risco na amostra exibidas na parte superior. Essas funções de sobrevivência indicam a proporção de adultos que "sobreviveram" – *não experimentaram um episódio depressivo inicial* – em cada período consecutivo, de 1 a 9 anos, de 10 a 12, de 13 a 15 e assim por diante. Observe-se que as curvas permanecem altas no início e caem mais abruptamente com o passar do tempo. Ao nascer, todos os indivíduos são "sobreviventes", pois nenhum deles experimentou um episódio depressivo; portanto, as probabilidades de sobrevivência são iguais a 1. Com o tempo, conforme os indivíduos experimentam episódios depressivos, as funções de sobrevivência caem. Visto que a maioria dos adultos *jamais* experimenta um episódio depressivo em sua vida, as curvas não

Figura 11.1 Funções de risco e sobrevivência representando a idade no primeiro desencadeamento da depressão para 1.393 adultos de Toronto, por gênero

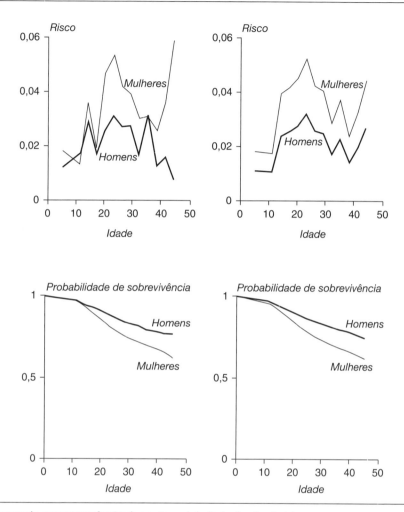

NOTA: No lado esquerdo, apresentamos funções da amostra; no lado direito, funções ajustadas.

chegam a 0, terminando, nessa amostra, em 0,77 para os homens e em 0,62 para as mulheres. Segundo essas proporções, ao chegarem ao fim da década de seus 50 anos, 77% dos homens e 62% das mulheres ainda não tinham experimentado um distúrbio depressivo. Por subtração, estimamos que 23% dos homens e 38% das mulheres *haviam* experimentado um episódio de depressão *em algum momento antes de seus 60 anos*.

Todas as funções de sobrevivência de amostra têm forma similar, uma função monotonamente não crescente do tempo. No entanto, a taxa de diminuição pode diferir entre grupos. Por exemplo, embora as duas funções de sobrevivência de amostra na figura 11.1 tenham formas similares, a diminuição mais acentuada entre as mulheres sugere que, em comparação com os homens, elas têm maior risco de passar por um episódio de depressão.

11.3 DETECÇÃO DE PREDITORES DE OCORRÊNCIA DE EVENTOS POR MEIO DE UM MODELO DE RISCO DE TEMPO DISCRETO

Funções de risco e funções de sobrevivência estimadas mostram quando (e se) há probabilidade de um grupo de indivíduos experimentar

228 • SEÇÃO III / MODELOS PARA DADOS CATEGÓRICOS

um evento-alvo. Pode-se usar essas estatísticas descritivas também para responder perguntas sobre diferenças entre grupos. As crianças maltratadas têm maior probabilidade de repetir uma série da escola do que as crianças não maltratadas (Rowe; Eckenrode, 1999)? Filhos de pais divorciados têm maior probabilidade de se divorciarem do que os filhos de famílias preservadas? Indivíduos nascidos em famílias grandes têm menor chance de experimentar um episódio depressivo do que aqueles vindos de famílias menores?

Todos esses exemplos se valem, implicitamente, de características individuais – maus-tratos a crianças, divórcio dos pais e tamanho da família – para prever o risco de ocorrência de eventos. Quando examinamos o par de funções de risco e sobrevivência de amostra exibidas no lado esquerdo da figura 11.1 também estamos, implicitamente, tratando o gênero como um preditor da idade no primeiro surgimento da depressão. Mas comparações implícitas como essas são limitadas. Como podemos examinar os efeitos de preditores contínuos utilizando-nos desses gráficos? Como podemos examinar os efeitos de diversos preditores simultaneamente ou estudar interações estatísticas entre preditores? Como podemos fazer inferências sobre a população da qual a amostra foi extraída? Com a análise de sobrevivência, nós atingimos essas metas ao propor e adaptar modelos estatísticos da função de risco e ao realizar testes de hipóteses sobre valores de parâmetros populacionais nesses modelos.

Modelos estatísticos de risco exprimem relações populacionais hipotéticas entre perfis de risco total e preditores. A fim de motivar a nossa representação desses modelos, examine as duas funções de risco de amostra no setor superior esquerdo da figura 1.1 e imagine que nós tenhamos criado uma variável fictícia, MULHER, que assume dois valores (0 para homens, 1 para mulheres). Em tal formulação, fazemos da função de risco total o "resultado" conceitual e da variável fictícia MULHER o "preditor" em potencial.

Qual a relação entre o preditor e o resultado? Deixando de lado, por enquanto, as diferenças entre as formas dos perfis, quando MULHER = 1, a função de risco de amostra é geralmente "mais alta" do que a sua localização quando MULHER = 0, indicando que, em praticamente todo o período de tempo, é mais provável as

mulheres terem um primeiro episódio depressivo. Assim, ao menos conceitualmente, o efeito do preditor MULHER é "deslocar" um perfil de risco de amostra verticalmente com relação a outro. Um modelo de risco de população formaliza essa conceitualização ao atribuir o deslocamento vertical em perfis de risco à variação nos preditores, quase do mesmo modo como um modelo de regressão linear comum atribui diferenças em níveis médios de um resultado não censurado contínuo à variação em preditores.

A diferença entre um modelo de risco e um modelo de regressão linear é que o perfil de risco total não é resultado contínuo comum. O perfil de risco de tempo discreto é um conjunto de probabilidades condicionais, todas limitadas por 0 e 1. Estatísticos que modelam um resultado limitado como função de preditores não costumam usar uma função linear para expressar essa relação, mas sim uma *função de ligação não linear* cujo efeito concreto é transformar o resultado de modo a torná-lo ilimitado. Isto impede a derivação de valores ajustados que caem fora da faixa de valores admissíveis – nesse caso, entre 0 e 1. Quando o resultado é uma probabilidade, a função de ligação *logit* é especialmente conhecida (Hosmer; Lemeshow, 2000). Se p representa uma probabilidade, então *logit* (p) é o logaritmo natural ($\log_e$) de $p/(1 - p)$ e, no caso desses dados, pode ser interpretado como *o logaritmo de chances de surgimento inicial da depressão.*

Se $h(t)$ representa o perfil de risco da população total, o modelo estatístico que relaciona a transformação do logit de $h(t)$ ao preditor MULHER é

$$\text{logit } h(t) = \beta_0(t) + \beta_1 \text{ MULHER} \qquad (1)$$

O parâmetro $\beta_0(t)$ é o *perfil logit-risco de referência* e representa o valor do resultado (o perfil logit-risco total) quando o valor do preditor MULHER é 0 (isto é, ele especifica o perfil para homem). Nós escrevemos a referência como $\beta_0(t)$, uma função do tempo, e não como β_0, um termo único independente do tempo (como na análise de regressão), porque o resultado [logit $h(t)$] é um perfil temporal total. O modelo de risco de tempo discreto em (1) especifica que diferenças no valor do preditor "deslocam" o perfil logit-risco de referência para cima ou para baixo. O parâmetro de "inclinação" β_1 capta a magnitude desse deslocamento; ele representa o deslocamento vertical no logit-risco associado com uma diferença de uma unidade no preditor. Como aqui o preditor é uma dicotomia, MULHER, β_1 capta o risco diferencial de surgimento (medido na escala logit-risco) para mulheres em comparação com homens.

A discussão de métodos para estimar os parâmetros de modelos de risco de tempo discreto, avaliar a qualidade do ajuste e tirar inferências sobre a população está fora do alcance deste capítulo. Todos esses objetivos podem ser atingidos com facilidade mediante o uso de software padrão para o ajuste de modelos de regressão logística (cf. Singer; Willett, 2003). Sem entrar em detalhes, basta dizer que, havendo um modelo de risco de tempo discreto já ajustado, é possível apresentar seus parâmetros junto com seus erros-padrão e estatísticas de qualidade de ajuste, do mesmo modo como se faz com os resultados de análises de regressão habituais. E, assim como curvas ajustadas podem servir para mostrar a influência de preditores importantes no contexto da regressão múltipla, também funções de risco (e funções de sobrevivência) ajustadas podem ser representadas para pessoas prototípicas – aquelas que compartilham valores de substancial importância de preditores estatisticamente significativos.

Ilustramos os resultados desse processo de estimação no setor direito da figura 11.1, que mostra funções de risco e sobrevivência *ajustadas* para o modelo apresentado em (1). Ao comparar os setores direito e esquerdo, observe que os gráficos *ajustados* no lado direito são bem mais uniformes, sem os cruzamentos e zigue-zagues característicos dos gráficos de *amostra* no lado esquerdo. Essa uniformidade decorre das limitações inerentes ao modelo de risco populacional estipulado em (1), pelo qual a separação vertical entre as duas funções de risco é forçosamente idêntica (em escala logit-risco) em todos os períodos de tempo. Assim como não esperamos que uma curva de regressão ajustada toque em todos os pontos de dados num diagrama de dispersão, também não esperamos que uma função de risco ajustada em análise de sobrevivência corresponda a todo valor de amostragem de risco. Com efeito, análises que usam procedimentos descritos em nossos estudos anexos revelam que as discrepâncias entre a amostra e os diagramas ajustados apresentados na figura 11.1 podem ser atribuídas apenas à variação na amostragem.

O que temos aprendido ao ajustar esse modelo estatístico a esses dados? Primeiramente, podemos ver o perfil de risco que, enunciado mais claramente no tempo, é revelado ao reunir informação de indivíduos e fazer perguntas sobre a população que dá origem a esses dados de amostragem. Aqui, isso revela um claro padrão de risco, semelhante àquele encontrado por muitos pesquisadores que estudam o surgimento inicial de distúrbios depressivos (p. ex., Sorenson; Rutter; Aneshensel, 1991): o risco de surgimento é relativamente baixo na infância, aumenta continuamente ao longo da adolescência e atinge seu pico aos 20 e poucos anos, quando passa a diminuir, sem cair de novo para zero, mas para níveis moderados que nunca se aproximam dos picos de risco do início da vida adulta.

Em segundo lugar, podemos quantificar o risco de experimentar depressão pela primeira vez, maior nas mulheres do que nos homens, e podemos fazer um teste da hipótese de que essa diferença entre gêneros seja um resultado da variação na amostragem. Nossas análises fornecem uma estimativa paramétrica de 0,52 para β_1, indicando que a separação vertical na *escala logit-risco* entre os perfis de risco para homens e mulheres é 0,52. Ao realizarmos o adequado teste de hipótese (descrito em outro lugar), obtemos uma estatística de teste do qui-quadrado de 23,30 sobre 1 grau de liberdade ($p < 0,0001$), indicando que podemos rejeitar a hipótese nula de o preditor MULHER não ter efeito algum sobre o perfil de risco da população (isto é, rejeitamos a hipótese nula $H_0: \beta_1 = 0$). Como poucos pesquisadores têm compreensão intuitiva da *escala logit-risco*, nós recomendamos o uso do mesmo método de análise de dados aplicado para ajustar modelos habituais de regressão logística: calcule o *antilogaritmo* do coeficiente e interprete-o em termos de *chances* e *razões de chances* (Hosmer; Lemeshow, 2000). Calculando o antilogaritmo de 0,52 (isto é, tomando $e^{0,52}$), concluímos que as chances estimativas de se experimentar um episódio depressivo num determinado período de tempo são 1,67 vezes maiores para mulheres do que para homens.

O ajuste de modelos de risco de tempo discreto proporciona um método flexível para investigar preditores de ocorrência de eventos que inclui dados de indivíduos censurados e não censurados. Embora possam parecer incomuns, os modelos de

230 • SEÇÃO III / MODELOS PARA DADOS CATEGÓRICOS

risco assemelham-se, de fato, a modelos comuns de regressão linear múltipla e logística. Como esses modelos habituais, os modelos de risco podem incluir diversos preditores ao mesmo tempo, simplesmente pela inclusão de preditores adicionais. A inclusão de múltiplos preditores permite o exame do efeito de um preditor enquanto se controlam estatisticamente os efeitos de outros. Do mesmo modo, podemos examinar o efeito sinérgico de diversas variáveis, incluindo interações estatísticas entre preditores.

Em lugar de descrevermos as *semelhanças* entre modelos de risco e modelos de regressão habituais (pois esses ainda serão apresentados exaustivamente), voltemo-nos, agora, para as *singulares* possibilidades analíticas oferecidas pelos modelos de risco, possibilidades que não existem com métodos estatísticos comuns. Fazemos isso por acreditar que as características *singulares* dos modelos de risco – como a capacidade de investigar efeitos variáveis no tempo – é que os tornam tão empolgantes para os pesquisadores empíricos.

11.4 E SE OS VALORES DOS PREDITORES VARIAM NO TEMPO? INCLUSÃO DE PREDITORES VARIÁVEIS NO TEMPO

Os modelos de risco podem incluir dois tipos de preditores muito diferentes: aqueles que são constantes no tempo e aqueles que variam com o tempo. Como sua denominação indica, os primeiros descrevem características imutáveis das pessoas, como sexo ou raça, cujos valores são estáveis ao longo da vida, ao passo que os últimos descrevem características das pessoas que podem flutuar com o tempo, como é o caso da autoestima, do estado civil ou da renda. Para maior clareza, quando escrevemos modelos estatísticos que incluem preditores que variam no tempo, acrescentamos um t entre parênteses ao nome da variável para distinguir esses preditores de seus primos invariantes no tempo.

Temos pelo menos duas razões para acreditar que a possibilidade de incluir preditores variáveis no tempo representa uma oportunidade analítica especialmente empolgante para pesquisadores dedicados ao estudo de preditores e consequências de acontecimentos ao longo da vida. A primeira é que os pesquisadores costumam estudar comportamentos ao longo de extensos períodos de tempo, às vezes mais de 20, 30 ou até 40 anos. Embora os pesquisadores que estudam o comportamento ao longo de períodos curtos possam argumentar razoavelmente que os valores de preditores variáveis no tempo ficarão relativamente estáveis durante o estudo (permitindo-lhes usar indicadores constantes dessas características variáveis no tempo), esse pressuposto torna-se menos sustentável conforme o tempo estudado se estende. A segunda razão é que muitas perguntas de pesquisa apontam para os *vínculos entre a ocorrência de vários eventos* diferentes. Pesquisadores perguntam se a ocorrência de um evento angustiante (p. ex., divórcio parental ou morte de cônjuge) prenuncia a ocorrência de um outro evento angustiante (p. ex., o próprio divórcio ou o surgimento da depressão). Mesmo sendo possível abordar tais perguntas comparando as trajetórias de indivíduos que passaram pelo evento desencadeador com as daqueles que não passaram por ele *em momento algum durante o intervalo coberto pela coleta de dados*, nesse método, o pesquisador precisa separar dados sobre todos os indivíduos que experimentaram o evento desencadeador *durante* o período de coleta de dados. Quando se codifica o evento desencadeador com um preditor variável no tempo, os dados de *todos os indivíduos* podem ser analisados simultaneamente.

Nós exemplificamos o uso de um preditor que varia no tempo considerando a variável fictícia PARDIV(t), que indica se os pais do indivíduo haviam se divorciado no momento t (0 = ainda não divorciados; 1 = divorciados). Para investigar os efeitos do acréscimo desse preditor variante no tempo ao modelo (1), poderíamos ajustar o seguinte modelo:

$$\text{logit } h(t) = \beta_0(t) + \beta_1 \text{MULHER} \qquad (2)$$
$$+ \beta_2 \text{PARDIV}(t).$$

Esse modelo permite que os *valores* da variável fictícia PARDIV(t) variem no tempo (começando em 0 nas famílias preservadas e mudando para 1 se – e quando – os pais do indivíduo se divorciarem). No entanto, ele também determina que o *efeito* do divórcio parental sobre o risco de surgimento é constante no tempo, representado pelo parâmetro único β_2. Se β_2 é positivo, indivíduos cujos pais se divorciaram têm maior probabilidade de desenvolver sintomas depressivos (*depois de* o divórcio acontecer); se o parâmetro é negativo, eles têm menor probabilidade; se é 0, o divórcio dos pais *não tem efeito algum* no risco.

O setor superior da figura 11.2 apresenta os resultados do ajuste do modelo de risco de tempo discreto de população proposto em (2) a esses dados de amostra. Apresentamos os resultados desse "modelo de efeitos principais" porque análises (não apresentadas aqui) confirmaram a inexistência de interação estatística entre esses preditores – em outras palavras, o efeito do divórcio parental no risco foi idêntico para homens e mulheres. A comparação das quatro funções de risco ajustadas mostra, claramente, os grandes efeitos, estatisticamente significativos, dos dois preditores: mulheres têm maior risco de sofrerem um primeiro surto de depressão do que os indivíduos cujos pais se divorciaram.

Como PARDIV(t) é um preditor variante no tempo, porém, não podemos interpretar esses diagramas ajustados do mesmo modo que os diagramas ajustados apresentados na figura 11.1. Para saber como interpretar esses diagramas, observe primeiro o perfil de risco ajustado na parte inferior (na metade de cima da figura), que representa o risco de homens cujos pais *não se* divorciaram experimentarem um episódio depressivo. Este é o mais baixo dos quatro perfis de risco ajustados, porque esse grupo de indivíduos têm o menor risco de experimentar um distúrbio depressivo. Agora, considere o perfil que resultaria se os pais de um garoto (ou um homem) se divorciassem. Enquanto os pais estivessem casados, o perfil de risco do garoto ainda seria representado pela mais baixa das quatro funções de risco. Quando eles se divorciassem, contudo, a última porção do *perfil de risco desse garoto* (aquela que ocorre *após o divórcio*) seria descrita pelo *outro* perfil de risco ajustado para homens, que é consideravelmente mais alto, refletindo o maior risco de surgimento inicial de depressão entre homens cujos pais se divorciaram. Em suma, os perfis de risco ajustados apresentados no setor superior da figura 11.2 fornecem um *envelope* de todos os perfis de risco possíveis correspondentes aos muitos momentos diferentes em que os pais podem se divorciar. Indivíduos cujos pais não se divorciaram continuam no perfil mais baixo (para seu gênero); se e quando os pais se divorciam, seu risco de surgimento inicial sobe para o nível representado pelo perfil de risco superior para seu gênero.

Outra oportunidade analítica possibilitada pela modelagem de risco é a opção de estudar diferentes maneiras de parametrizar os efeitos de preditores variantes no tempo. No modelo que acabamos de ajustar para o divórcio parental, supusemos que o efeito do divórcio dos pais no risco de depressão persiste na pessoa durante toda a sua vida. Consideremos, porém, uma outra possibilidade: o divórcio parental pode aumentar o risco de depressão de um indivíduo, *mas apenas durante o período de tempo em que o divórcio acontece*. Deixando a variável fictícia DIVNOW(t) indicar se os pais da pessoa tinham se divorciado *no momento t* (0 = não divorciados nesse período de tempo; 1 = divorciados nesse período de tempo), poderíamos pesquisar os efeitos desse preditor variante no tempo ajustando o seguinte modelo:

$$\text{logit } h(t) = \beta_0(t) + \beta_1 \text{MULHER} + \beta_2 \text{DIVNOW}(t). \tag{3}$$

Figura 11.2 Funções de risco ajustadas que descrevem a idade no primeiro surgimento da depressão, por gênero, para crianças cujos pais tinham e não tinham se divorciado

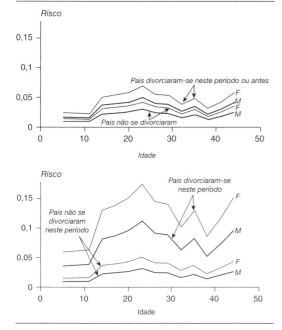

NOTA: No painel superior, os efeitos do divórcio são codificados de modo que persistam durante toda a vida do indivíduo; no painel inferior, os efeitos do divórcio são codificados de modo que sejam específicos do intervalo.

232 • SEÇÃO III / MODELOS PARA DADOS CATEGÓRICOS

Como no modelo proposto em (2), os *valores* da variável fictícia DIVNOW(t) podem variar no tempo (sendo 0 entre indivíduos cujos pais não se divorciam durante esse período e 1 se eles se divorciaram). Logo, também, continuamos a presumir que o *efeito* do divórcio parental no risco de surgimento inicial de depressão é constante no tempo e representado pelo parâmetro único β_2. A diferença entre os dois modelos é que quando a variável PARDIV(t) toma o valor 1 para um indivíduo, *mantém* o valor 1 pelo resto do registro desse indivíduo; já para a variável DIVNOW(t), ela tomaria o valor 1 *apenas durante o período de tempo em que os pais do indivíduo realmente se divorciam*. Assim, o modelo (3) supõe que os efeitos do divórcio dos pais são *específicos do intervalo*. Se β_2 é positivo, as pessoas cujos pais *se divorciaram nesse intervalo* têm maior risco de *depressão nesse intervalo*. Esse modelo não permite que os efeitos do divórcio parental se estendam a qualquer intervalo *posterior* ao divórcio.

O setor inferior da figura 11.2 apresenta os resultados do ajuste desse modelo alternativo a esses dados. Nós representamos essas funções ajustadas numa escala idêntica à usada no setor de cima, de modo a evidenciar o efeito diferente ligado ao divórcio parental nos dois modelos. De novo, comece com o perfil de risco que está mais embaixo, o qual representa o risco de surgimento de depressão em homens cujos pais *não se divorciaram durante o período de tempo em questão*. Nosso modelo especifica que um homem cujos pais continuaram casados teria esse perfil de risco no tempo. Se e quando os pais desse homem se divorciassem, entretanto, o risco de surgimento durante esse período aumentaria bruscamente, pulando para o perfil de risco superior para homens. A diferença entre esse modelo e o anterior é que aqui, *após o período em questão*, o perfil de risco do homem voltaria para o nível inferior, demonstrado pela função de risco representada embaixo.

Por que esses modelos são tão diferentes? Ambos confirmam que o efeito do divórcio parental é estatisticamente significativo, mas a *magnitude* do efeito difere porque eles codificam a variável divórcio dos pais de maneiras diametralmente distintas. O primeiro modelo admite que o efeito do divórcio parental persiste durante a vida inteira da pessoa. Ele dá um coeficiente estimado de 0,34, indicando que as chances de filhos de pais

divorciados ficarem deprimidos são $e^{0,34} = 1,41$ vezes maiores do que as de filhos de pais não divorciados. O segundo modelo, pelo contrário, estipula que o efeito do divórcio parental "contribui" *somente durante o período de tempo em que o divórcio acontece*. Ele dá um coeficiente muito maior (1,36), o que implica que o efeito do divórcio dos pais no risco de depressão é muito mais intenso *num determinado período*. Calculando o antilogaritmo desse coeficiente (tomando-o como potência), descobrimos que as chances de depressão em filhos de pais divorciados são 3,88 vezes maiores nesse momento, mas recuam posteriormente, de modo que os perfis de risco dessas crianças são indistinguíveis dos daquelas cujos pais não se divorciaram. O primeiro modelo simplesmente amortiza o risco elevadíssimo específico de um período ao longo do resto da vida da pessoa após o divórcio parental, ao passo que o último se concentra, exclusivamente, no que acontece com o indivíduo durante o período em que seus pais de fato se divorciaram.

Diante da facilidade para incorporar preditores variantes no tempo a modelos de risco, os cientistas sociais têm uma oportunidade de análise inovadora. Muitos preditores importantes de trajetórias e pontos críticos mudam naturalmente com o tempo: a estrutura familiar e social, o emprego, a oportunidade de realização emocional e, talvez mais importante, a ocorrência de outros eventos e o momento em que eles ocorrem. Em análises estatísticas tradicionais, a oscilação temporal de tais preditores deve reduzir-se a uma única medida no tempo. Com o advento da modelagem de risco, já não é bem assim. Os pesquisadores podem examinar relações entre ocorrência de eventos e preditores dinamicamente mutáveis.

11.5 E se os efeitos dos preditores variam no tempo? Inclusão de interações com o tempo

Quando os processos evoluem dinamicamente, os *efeitos* tanto de preditores invariantes quanto de variantes no tempo podem oscilar ao longo do tempo. Um preditor cujo efeito é constante no tempo tem o mesmo impacto em todos os períodos. Um preditor cujo efeito varia no tempo tem diferente impacto no risco em distintos períodos.

Tanto os preditores invariantes quanto aqueles variáveis no tempo podem ter efeitos que variem no tempo. Vejamos os efeitos do divórcio parental (medidos pela variável PARDIV(*t*)) no risco de depressão. PARDIV(*t*) é um preditor variante no tempo – seu valor vai de 0 a 1 se e quando os pais se divorciam –, mas seu *efeito* no risco poderia ser constante no tempo (como temos estipulado até agora). Se o efeito é invariante no tempo, isto significa que o efeito do divórcio parental no risco de surgimento é sempre o mesmo, quer o divórcio aconteça na infância, na adolescência ou na vida adulta. Se o efeito do divórcio parental varia com o tempo, pelo contrário, o divórcio poderia ter maior efeito sobre o risco de depressão entre crianças que ainda vivem em casa do que entre adultos que já saíram de casa.

Os modelos de risco de tempo discreto já propostos não permitiram a variação do efeito do preditor com o tempo – são chamados de *modelos de chances proporcionais*. Perfis de risco representados por tais modelos têm uma propriedade especial: o efeito do preditor sobre o logit-risco é o mesmo. Na equação (1), por exemplo, o deslocamento vertical no perfil de logit-risco para mulheres é sempre β_1, e, por consequência, os perfis logit-risco hipotéticos para mulheres e homens têm *formas* idênticas, porque seus perfis são simplesmente versões deslocadas uns dos outros. De modo geral, em modelos de chances proporcionais, todos os perfis logit-risco da família representada por todos os possíveis valores dos preditores compartilham de uma forma comum e são mutuamente paralelos, diferindo apenas em suas elevações relativas. Se os perfis logit-risco são paralelos e têm a mesma forma, os correspondentes perfis de risco *bruto* são magnificações e diminuições (aproximadas) uns dos outros – eles são *proporcionais*[2]. Como os modelos apresentados até agora incluem preditores com efeitos só constantes no tempo, as funções de risco ajustadas expostas parecem ter a necessária "proporcionalidade".

Todavia, é sensato supor que os efeitos de todos os preditores são unilateralmente constantes no tempo e que todos os perfis de risco são proporcionais na prática? Na realidade, muitos preditores não só deslocarão o perfil logit-risco como também alterarão sua forma. Se o efeito de um preditor varia com o tempo, devemos especificar um *modelo não proporcional* segundo o qual as formas dos perfis logit-risco possam diferir. Quando o efeito de um preditor difere pelos níveis de outro, dizemos que os dois preditores *interagem*; nesse caso, dizemos que o preditor *interage com o tempo*. Para acrescentarmos um efeito como esse aos nossos modelos de risco, incluímos o produto cruzado desse preditor e do tempo como um preditor adicional.

A figura 11.3 ilustra os tipos de informação obtenível ao determinar se um preditor interage com o tempo, apresentando os resultados do ajuste de dois modelos de risco de tempo discreto aos

Figura 11.3 Funções de risco ajustadas que representam a idade quando do primeiro surgimento da depressão, por gênero e número de irmãos da pessoa, conforme dois modelos de risco de tempo discreto

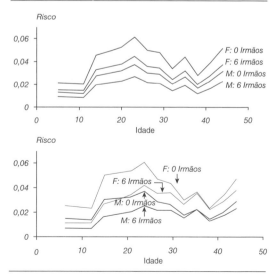

NOTA: Na parte de cima, há um modelo de efeitos principais no qual o efeito do número de irmãos é *constante no tempo*; na parte de baixo, vemos um modelo de interação com o tempo, no qual o efeito do número de irmãos *varia no tempo*.

---

2. Por razões pedagógicas, tomamos aqui algumas liberdades matemáticas. Em modelos de tempo discreto, a proporcionalidade dos perfis de risco bruto é apenas aproximada, porque deslocamentos verticais no risco de logit correspondem a magnificações e diminuições do perfil de risco não transformado só quando a magnitude da probabilidade de risco é pequena (ou seja, menos de 0,15 ou 0,20). Em muitas pesquisas empíricas, como no exemplo que aqui apresentamos, o risco de tempo discreto é dessa ordem de magnitude ou menor e, portanto, a aproximação tende a valer bastante bem na prática (para uma análise mais profunda dessa questão, cf. Singer; Willett, 2003).

234 • SEÇÃO III / MODELOS PARA DADOS CATEGÓRICOS

dados de depressão mediante o preditor invariante NSIBS, indicativo do número de irmãos de cada respondente[3]. Como NSIBS é uma variável contínua (seus valores variam de 0 a 26), apresentamos perfis de risco ajustados para dois indivíduos prototípicos: os filhos únicos (zero irmãos) e aqueles que têm famílias maiores (seis irmãos). A figura mostra perfis de risco ajustado dados por dois modelos diferentes: um de "efeitos principais" (parte de cima) e um de "interação com o tempo" (parte de baixo). O modelo de efeitos principais sugere que os irmãos protegem contra a depressão: tanto para homens como para mulheres, quanto maior o número de irmãos, menor o risco de surgimento. Os quatro perfis de risco ajustado parecem proporcionais porque o modelo de efeitos principais limita o efeito de NSIBS a ser igual em todos os períodos de tempo.

Porém, mais exato e complexo é o relato que surge do modelo de "interação com o tempo" exposto na parte de baixo da figura 11.3, em que se permite que o efeito de NSIBS varie no tempo. A comparação das funções de risco ajustado dadas pelo modelo de interação com o tempo com aquelas dadas pelo modelo de efeitos principais mostra a insustentabilidade do pressuposto de proporcionalidade devido à interação estatisticamente significativa entre NSIBS e tempo. As funções de risco na parte de baixo *são evidentemente não proporcionais*. Na infância, quando as pessoas ainda moram no lar, o tamanho da família *tem* um efeito protetor: garotos e meninas de famílias maiores têm menor risco de sofrer um episódio depressivo. Com o tempo, contudo, o efeito protetor do tamanho da família diminui, e, quando a pessoa chega a seus 30 e poucos anos, ele quase desaparece. Em lugar de haver uma separação vertical constante no espaço logit-risco, as diferenças relativas entre as funções são distintas – maiores na infância e insignificantes na idade adulta.

Nós acreditamos que a possibilidade de se incluir e testar a importância de interações com o tempo representa uma importante oportunidade analítica para pesquisadores que fazem estudos empíricos. Quando se estuda o comportamento de indivíduos durante longos períodos, parece razoável presumir que os efeitos dos preditores variem conforme as pessoas passam por diferentes etapas da vida. Embora os efeitos de alguns preditores *continuem* com a pessoa pela vida inteira, os efeitos de outros podem se dissipar ou aumentar com o tempo. Nosso exemplo dos efeitos variáveis do tamanho da família é apenas uma das centenas de possibilidades razoáveis que pesquisadores da depressão talvez queiram investigar. Caso estivéssemos procurando preditores de depressão cujos efeitos poderiam *aumentar com o tempo*, talvez veríamos que características da própria família do indivíduo na vida adulta (p. ex., número de filhos) podem ser um preditor importante da depressão nessa fase da vida.

Acreditamos não ser exagero afirmar que as interações com o tempo estão em toda parte, se os pesquisadores se derem ao trabalho de procurá-las. A atual prática de análise de dados (e a ampla disponibilidade de pacotes de programas de computação) faz possível a adoção quase irrefletida – nem testada, em muitos casos – de modelos de risco proporcional ("regressão de Cox"), nos quais os efeitos de preditores ficam restritos a permanecerem constantes no tempo. Mas temos observado, numa ampla variedade de aplicações importantes – entre as quais não só o nosso trabalho sobre duração no emprego (Murnane; Singer; Willett, 1989; Singer, 1993a, 1993b), como também trabalhos de outros pesquisadores sobre temas como idade em que surgiu a primeira ideia suicida (Bolger *et al.*, 1989) e mortalidade infantil (Trussel; Hammerslough, 1983) –, que as interações com o tempo parecem ser a regra em lugar da exceção. Temos todas as razões para acreditar que, assim que os pesquisadores começarem a buscar interações com o tempo, elas surgirão habitualmente. Trata-se de *testar* a sustentabilidade do pressuposto de um efeito invariante no tempo. Embora não tenhamos descrito aqui os procedimentos estatísticos para fazê-lo, remetemos o leitor interessado a Singer e Willett (2003).

11.6 A ANÁLISE DE SOBREVIVÊNCIA É REALMENTE NECESSÁRIA?

Neste capítulo, temos apresentado uma classe de métodos estatísticos para analisar dados longitudinais

---

3. Em razão de limitações dos dados, supõe-se que os valores desse preditor são constantes durante a vida de um indivíduo. Se tivéssemos dados que indicassem quando os irmãos do respondente nasceram, poderíamos ter codificado esse preditor como variante no tempo.

sobre ocorrência e oportunidade de eventos. Até agora, nossa apresentação encorajou os pesquisadores a aprenderem mais sobre esses métodos porque eles oferecem capacidades analíticas que outros não dispõem. Agora, porém, voltamo-nos para uma outra razão para adquirir conhecimento sobre métodos de sobrevivência: se o pesquisador não se utilizar deles quando apropriado, pode se enganar de maneira alarmante.

Como é que os métodos tradicionais de análise de ocorrência de eventos induzem o investigador a erro? A resposta a essa pergunta depende do enfoque tradicional que estiver substituindo o método de sobrevivência e como esse enfoque responde ao problema da censura. Os métodos de sobrevivência lidam de maneira imparcial com casos censurados – eles fornecem informação para a análise até o momento em que são censurados. Já os métodos analíticos tradicionais lidam com a censura de maneira específica, o que pode gerar uma série de problemas que agora descrevemos.

Um jeito comum de se "resolver" o dilema da censura é ignorar totalmente os casos censurados, tratando-os como se não existissem. Assim, as análises estatísticas tradicionais podem ser realizadas na subamostra de indivíduos não censurados, cabendo ao tempo do evento (ou talvez a seu logaritmo) o papel de variável dependente. Pode-se usar estatística descritiva para resumir a variabilidade da subamostra no tempo do evento. Análises de correlação, de regressão e de variância podem servir para investigar a relação entre o tempo e os preditores. Infelizmente, esse método reduz o poder estatístico (porque o tamanho da amostra é menor) e resulta em estimativas de viés negativo do tempo agregado de evento (com a correspondente influência na relação entre tempo de evento e preditores). Ao estudar a idade no primeiro divórcio, por exemplo, um pesquisador pode se ver tentado a extrair subamostra apenas dos indivíduos que se divorciaram até o fim da coleta de dados. Mas a exclusão de pessoas que continuaram casadas modifica a amostra de maneira desfavorável, pois reduz seu tamanho eliminando precisamente os indivíduos que têm o mais baixo risco de divórcio! Afinal, alguns desses indivíduos *vão se divorciar*, só que o farão após o fim da coleta de dados. O tempo médio até o divórcio entre toda a população de "sempre casados" deve ser mais prolongado do que na subamostra não censurada ("divorciados") analisada.

Uma alternativa ao método de "converter todos os casos censurados em valores faltantes" envolve inserir seus tempos de evento desconhecidos e fazendo a regressão de seu logaritmo nos preditores à maneira habitual. A imputação permite incluir os casos censurados (para os quais não há dados de duração contínua disponíveis) em análises com casos não censurados. A ideia básica é bem-intencionada: tem de haver informação equivalente disponível sobre ambos os grupos se eles têm de ser incluídos na mesma análise tradicional. O método mantém a amostra no seu tamanho original (com isso, evita, aparentemente, uma perda de poder estatístico), mas não resolve o problema do viés. Costuma-se atribuir os tempos de evento censurados arbitrariamente ou simplesmente considerá-los iguais à extensão da coleta de dados. Essa decisão não é de todo irrazoável, porque nem todos os indivíduos censurados experimentaram o evento-alvo até esse ponto no tempo. Mas muitos não experimentaram o evento-alvo por muitos anos. Resumos de amostra completa de tempos de evento baseados em tais dados necessariamente subestimam a extensão real do tempo até o evento, porque, para uma proporção desconhecida da amostra, os tempos de evento definitivos devem ser maiores do que o valor imputado.

De modo a evitarem a imputação de dados enquanto retêm tanto os casos censurados quanto os não censurados, muitos pesquisadores deixam de lado a informação contínua sobre tempo de evento (desconhecida por um dos subgrupos) e focam os dados categóricos que são conhecidos por ambos os grupos – dados sobre se todos os membros da amostra experimentaram o evento-alvo até um determinado ponto no tempo, geralmente o fim da coleta de dados. A dicotomização dá um novo resultado analítico, para o qual os indivíduos que experimentaram o evento-alvo antes do ponto de corte escolhido têm atribuído um valor de 1, e aqueles que não o experimentaram (os casos censurados) têm atribuído o valor 0. Estatísticas descritivas podem resumir a proporção de casos que experimentam o evento antes do momento escolhido, podendo-se usar a regressão logística para investigar a relação entre ocorrência de evento e preditores.

Pode-se ver a dicotomização como a forma mais imprecisa de análise de sobrevivência de tempo discreto disponível. Mas essa imprecisão traz problemas que podem turvar o conhecimento sobre transições. Primeiro, o método destrói dados de duração contínua perfeitamente bons para criar o novo resultado dicotômico. Pensemos o que aconteceria, por exemplo, se acompanhássemos uma amostra de indivíduos durante 50 anos e perguntássemos se eles experimentaram um primeiro episódio depressivo e, em tal caso, quando isso ocorreu. A dicotomização eliminaria a variação conhecida e potencialmente significativa nos tempos de evento ao agrupar todos os que tiveram o desencadeamento antes do corte aos 50 anos. Aqueles cujos episódios depressivos iniciais ocorreram na primeira infância ficariam junto com os que não ficaram deprimidos até seus quase 50 anos, embora haja enormes diferenças entre as causas da depressão e a prognose final desses indivíduos.

Outro problema é que, de alguma maneira, qualquer tempo-limite que se determine – mesmo se aparentemente pertinente ao processo em estudo – é arbitrário. Um pesquisador que estude os preditores de obtenção de emprego após a demissão poderia, por exemplo, acompanhar uma amostra de pessoas por um ano para ver se elas conseguiram arranjar um primeiro trabalho (como em Ginexi; Howe; Caplan, 2000). Mas perfis temporais de risco sumamente díspares podem resultar em taxas de emprego semelhantes num determinado ponto no tempo. O fato de indivíduos com alta e com baixa autoestimas terem igual probabilidade de arranjar emprego depois de dois anos não significa que uns e outros seguiram trajetórias similares para chegar lá. Talvez a maioria dos indivíduos com alta autoestima tenha obtido empregos com relativa rapidez e os perdeu logo depois, enquanto os indivíduos com baixa autoestima podem ter conseguido seus empregos só depois de muitos meses de busca. O ponto de corte de dois anos é conveniente, mas não proposital. Evitando a dicotomização e utilizando-nos da análise de sobrevivência para desagregar o risco, podemos documentar melhor a variação do risco ao longo do tempo; ao descobrirmos o que prevê variação no risco, podemos melhor compreender por que algumas pessoas acham emprego logo e outras não. Os métodos tradicionais desconsideram o perfil temporal de risco; com métodos de sobrevivência, o perfil de risco torna-se o principal foco da análise.

Não levar em consideração a variação temporal do risco acarreta, ainda, outro problema com o enfoque de dicotomização: simples diferenças no tempo-limite adotado podem resultar em conclusões contraditórias. Não só a proporção total da amostra que experimenta o evento será diferente quando o limite for modificado, pois a relação com preditores também pode mudar. Em nosso exemplo anterior, a escolha de limites de dois meses, um ano e dois anos pode levar a três conclusões totalmente discordantes quanto à taxa dos que abandonam o ensino médio e acham emprego. As taxas para dois meses podem indicar erroneamente que indivíduos com *baixa autoestima* têm maior probabilidade de achar emprego (porque vão aceitar o primeiro emprego que aparecer); as taxas para um ano talvez não registrem diferença alguma; e as taxas para dois anos podem sugerir que indivíduos com *alta autoestima* têm mais chance de conseguir trabalho (porque persistem e acabam mesmo por arranjar emprego). Quando se estuda a relação entre risco e autoestima mediante análise de sobrevivência, a fonte dessas diferenças cumulativas no risco pode revelar-se como uma interação estatisticamente significativa entre autoestima e tempo. Pesquisadores que se valem de métodos tradicionais devem sempre se lembrar de que suas conclusões podem oscilar quando eles modificam seu ponto de corte. Avisos desse tipo costumam aparecer na seção de "Resultados" de um artigo, mas, muitas vezes, desaparecem já na seção "Discussão". Na análise de sobrevivência, o próprio marco temporal é parte integrante da resposta; ele ressalta a variação do risco no tempo, em vez de mascará-la.

A "solução" de dicotomização torna-se ainda mais ineficaz se a censura se dá em diferentes momentos para diferentes membros da amostra. Isso acontece quando indivíduos amostrados são observados durante tempos de diferente extensão, talvez em virtude do projeto de pesquisa (como quando se entrevista uma amostra heterogênea em idade e se obtêm dados retrospectivos do histórico de eventos) ou devido ao surgimento gradual de desistência (um problema comum em pesquisas longitudinais). Se os tempos de censura diferem entre membros da amostra, o tempo-limite e a oportunidade de ocorrência do evento também diferem. Pessoas acompanhadas durante períodos mais longos têm maior oportunidade de experimentar o evento-alvo do que aquelas acompanhadas durante períodos mais breves. Portanto, as diferenças observadas no risco acumulado seriam atribuíveis apenas ao projeto de pesquisa. Embora seja possível fazer com que os períodos de risco sejam equivalentes para todos os membros da amostra ao descartar dados que descrevem comportamentos ocorridos depois do primeiro ponto de censura para qualquer membro da amostra, isso eliminará grandes quantidades de dados já coletados e perfeitamente aceitáveis. Com análise de sobrevivência, uma pessoa que não experimenta o evento em questão é censurada quando o registro de seus dados termina; não é preciso que os tempos de censura sejam idênticos para todos os incluídos no estudo.

Por fim, os métodos analíticos tradicionais oferecem poucos mecanismos para a inclusão de preditores cujos valores variam no tempo ou para permitir que os efeitos de preditores mudem no tempo. De modo a superarem essa limitação, os pesquisadores que estudam os efeitos de variáveis como funcionamento da família, condição socioeconômica ou estado civil costumam usar valores de preditor correspondentes a um único ponto no tempo, a média de diversos valores ao longo do tempo ou talvez uma taxa de mudança dos valores com o tempo. A análise de sobrevivência torna esse método desnecessário. O esforço analítico é idêntico quer se incluam preditores estáticos no tempo ou preditores que mudam com o tempo; logo, também é fácil determinar se os efeitos de preditores são constantes ou diferem ao longo do tempo. Os métodos tradicionais forçam os pesquisadores a criarem modelos estáticos de processos dinâmicos, ao passo que os métodos de sobrevivência lhes permitem modelar processos dinâmicos também de forma dinâmica.

Por todas essas razões, acreditamos que quem faz pesquisa empírica deveria investigar as possibilidades oferecidas pelos métodos de sobrevivência. No passado recente, quando esses métodos eram incipientes e o software estatístico não estava disponível nem era fácil de usar, os pesquisadores adotavam outros enfoques, como é razoável. Mas esses métodos, inicialmente desenvolvidos para modelar um evento que parecia fora do controle da pessoa (p. ex., morte), prestam-se naturalmente ao estudo do comportamento e do desenvolvimento individuais. Já é hora de os pesquisadores empíricos aproveitarem toda a utilidade da análise de sobrevivência. Estamos convencidos de que esses métodos têm muito a revelar.

REFERÊNCIAS

BOLGER, N.; DOWNEY, G.; WALKER, E.; STEININGER, P. The onset of suicide ideation in childhood and adolescence. *Journal of Youth and Adolescence*, 18, p. 175-189, 1989.

CAPALDI, D. M.; CROSBY, L.; STOOLMILLER, M. Predicting the timing of first sexual intercourse for at-risk adolescent males. *Child Development*, 67, p. 344-359, 1996.

COX, D. R. Regression models and life tables. *Journal of the Royal Statistical Society, Series B*, 34, p. 187-202, 1972.

DESJARDINS, S. L.; AHLBURG, D. A.; MCCALL, B. P. An event history model of student departure. *Economics of Education Review*, 18, p. 375-390, 1999.

FRIEDMAN, H. S.; TUCKER, J. S.; SCHWARTZ, J. E.; TOMLINSON-KEASEY, C. Psychosocial and behavioral predictors of longevity: The aging and death of the "Termites". *American Psychologist*, 50, p. 69-78, 1995.

GINEXI, E. M.; HOWE, G. W.; CAPLAN, R. D. Depression and control beliefs in relation to reemployment: What are the directions of effect? *Journal of Occupational Health Psychology*, 5, p. 323-336, 2000.

HAGAN, J.; MCCARTHY, B. Intergenerational sanction sequences and trajectories of street-crime amplification. *In*: GOTLIB, I. H.; WHEATON, B. (eds.). *Stress and adversity over the life course*: Trajectories and turning points. Nova York: Cambridge University Press, 1997. p. 212-232.

HOSMER JR., D. W.; LEMESHOW, S. *Applied logistic regression*. Nova York: John Wiley, 2000.

KALBFLEISCH, J. D.; PRENTICE, R. L. *The statistical analysis of failure time data*. 2. ed. Nova York: John Wiley, 2002.

LIN, N.; ENSEL, W. M.; LAI, W. G. Construction and use of the life history calendar: Reliability and validity of recall data. *In*: GOTLIB, I. H.; WHEATON, B. (eds.). *Stress and adversity over the life course*: Trajectories and turning points. Nova York: Cambridge University Press, 1997. p. 343-354.

MURNANE, R. J.; SINGER, J. D.; WILLETT, J. B. The influences of salaries and "opportunity costs" on teachers' career choices: Evidence from North Carolina. *Harvard Educational Review*, 59, p. 325-346, 1989.

ROWE, E.; ECKENRODE, J. The timing of academic difficulties among maltreated and nonmaltreated children. *Child Abuse & Neglect*, 23(8), p. 813-832, 1999.

SINGER, J. D. Are special educators' career paths special? Results of a 13-year longitudinal study. *Exceptional Children*, 59, p. 262-279, 1993a.

SINGER, J. D. Once is not enough: Special educators who return to teaching. *Exceptional Children*, 60, p. 58-73, 1993b.

SINGER, J. D.; WILLETT, J. B. Modeling the days of our lives: Using survival analysis when designing and analyzing longitudinal studies of duration and the timing of events. *Psychological Bulletin*, 110, p. 268-298, 1991.

SINGER, J. D.; WILLETT, J. B. It's about time: Using discrete-time survival analysis to study duration and the timing of events. *Journal of Educational Statistics*, 18, p. 155-195, 1993.

SINGER, J. D.; WILLETT, J. B. *Applied longitudinal data analysis*: Modeling change and event occurrence. Nova York: Oxford University Press, 2003.

SORENSON, S. G.; RUTTER, C. M.; ANESHENSEL, C. S. Depression in the community: An investigation into age of onset. *Journal of Consulting and Clinical Psychology*, 57, p. 420-424, 1991.

SOUTH, S. J. Time-dependent effects of wives' employment on marital dissolution. *American Sociological Review*, 66, p. 226-245, 2001.

TRUSSEL, J.; HAMMERSLOUGH, C. A hazards-model analysis of the covariates of infant and child mortality in Sri Lanka. *Demography*, 20, p. 1-26, 1983.

WHEATON, B.; ROSZELL, P.; HALL, K. The impact of twenty childhood and adult traumatic stressors on the risk of psychiatric disorder. *In*: GOTLIB, I. H.; WHEATON, B. (eds.). *Stress and adversity over the life course*: Trajectories and turning points. Nova York: Cambridge University Press, 1997.

WILLETT, J. B.; SINGER, J. D. From whether to when: New methods for studying student dropout and teacher attrition. *Review of Educational Research*, 61(4), p. 407-450, 1991.

WILLETT, J. B.; SINGER, J. D. Investigating onset, cessation, relapse and recovery: Why you should, and how you can, use discrete-time survival analysis to examine event occurrence. *Journal of Consulting and Clinical Psychology*, 61, p. 952-965, 1993.

Seção IV

MODELOS PARA DADOS MULTINÍVEIS

Capítulo 12

UMA INTRODUÇÃO À MODELAGEM DE CRESCIMENTO

DONALD HEDEKER[1]

12.1 INTRODUÇÃO

Estudos longitudinais são cada vez mais comuns na pesquisa em ciências sociais. Nesses estudos, os sujeitos são medidos repetidas vezes e costuma-se centrar o interesse na caracterização do crescimento deles ao longo tempo. Métodos tradicionais de análise de variância para analisar essa curva de crescimento foram descritos em Bock (1975). Entretanto, o uso desses métodos tradicionais é limitado em razão de pressupostos restritivos no que diz respeito à falta de dados no tempo e à estrutura de variância-covariância das medições repetidas. A análise de variância por "modelo misto" univariado pressupõe que as variâncias e as covariâncias da variável dependente ao longo do tempo são iguais (ou seja, simetria composta). Alternativamente, a análise multivariada de variância para medidas repetidas inclui apenas sujeitos com dados completos ao longo do tempo. É por essas e outras razões que os modelos lineares hierárquicos (MLHs) (Bryk; Raudenbush, 1992) se tornaram o método apropriado para a modelagem de crescimento de dados longitudinais.

Diversas características tornam os MLHs especialmente úteis para a pesquisa longitudinal.

Em primeiro lugar, não se supõe que os sujeitos sejam medidos na mesma quantidade de pontos no tempo; portanto, incluem-se na análise sujeitos com dados incompletos ao longo do tempo. A possibilidade de incluir sujeitos com dados incompletos no tempo é uma vantagem importante com relação a procedimentos que requerem dados completos no tempo, porque, (a) ao incluir todos os dados, a análise tem maior poder estatístico e (b) a análise de dados completos pode sofrer desvios, na medida em que os sujeitos com dados completos não são representativos de toda a população de sujeitos. Como nos MLHs o tempo é considerado uma variável contínua, não é preciso medir os sujeitos nos mesmos pontos no tempo. Isto é útil para a análise de estudos longitudinais nos quais os tempos de acompanhamento não são uniformes para todos os sujeitos. O modelo pode incluir covariáveis tanto constantes como variantes no tempo. Logo, mudanças na variável de resultado podem decorrer de características estáveis do sujeito (p. ex., gênero ou raça) e de características que mudam com o tempo (p. ex., fatos da vida). Finalmente, enquanto os enfoques tradicionais estimam a mudança média (ao longo do tempo) numa população, os MLHs podem também estimar a mudança para

---

1. NOTA DO AUTOR: O autor agradece a David Kaplan e Michael Seltzer por seus comentários úteis e construtivos sobre uma versão anterior deste capítulo, cuja preparação contou com o apoio do Subsídio MH44826 dos Institutos Nacionais de Saúde Mental (NIMH).

cada sujeito. Essas estimativas de mudança individual no tempo podem ser especialmente úteis em estudos longitudinais nos quais uma parte dos sujeitos apresenta uma mudança no tempo que se afasta da tendência média.

Conforme esses métodos se desenvolveram, foram publicados diversos textos que descrevem MLHs para análise de dados longitudinais, em diferentes graus (Brown; Prescott, 1999; Bryk; Raudenbush, 1992; Davis, 2002; Diggle; Liang; Zeger, 1994; Goldstein, 1995; Hand; Crowder, 1996; Hox, 2002; Longford, 1993; Raudenbush; Bryk, 2002; Singer; Willett, 2003; Verbeke; Molenberghs, 2000). Do mesmo modo, várias coletâneas (Bock, 1989B; Collins; Sayer, 2001; Leyland; Goldstein, 2001; Moskowitz; Hershberger, 2002) contêm uma variedade de elaborações de MLH. Proliferaram, também, artigos de revisão, comparação e/ou tutoriais sobre análise de dados longitudinais que tratam de MLHs (Albert, 1999; Burchinal; Bailey; Snyder, 1994; Cnaan; Laird; Slasor, 1997; Delucchi; Bostrom, 1999; Everitt, 1998; Gibbons *et al*., 1993; Gibbons; Hedeker, 2000; Keselman *et al*., 1999; Lesaffre; Asefa; Verbeke, 1999; Manor; Kark, 1996; Omar *et al*., 1999; Sullivan; Dukes; Losina, 1999). A maioria desses artigos refere-se a variáveis de resposta contínua, embora tenham aparecido também alguns que lidam especificamente com resultados categóricos (Agresti; Natarajan, 2001; Fitzmaurice; Laird; Rotnitzky, 1993; Gibbons; Hedeker, 1994; Hedeker; Mermelstein, 1996, 2000; Pendergast *et al*., 1996; Zeger; Liang, 1992).

Surgem cada vez mais aplicações de modelagem de crescimento, e em áreas muito diferentes, inclusive estudos sobre álcool (Curran; Stice; Chassin, 1997), tabagismo (Niaura *et al*., 2002), HIV/aids (Gallagher *et al*., 1997), abuso de drogas (Carroll *et al*., 1884; Halikas *et al*., 1997), psiquiatria (Elkin *et al*., 1995; Serretti *et al*., 2000) e desenvolvimento infantil (Campbell; Hedeker, 2001; Huttenlocher *et al*., 1991), para mencionar apenas alguns. Esses artigos não só ilustram a ampla aplicabilidade dos MLHs como dão uma ideia do modo pelo qual os resultados de MLH são relatados nas diversas literaturas. Por isso, eles são muito úteis a pesquisadores que se iniciam nos MLHs e no seu uso.

Este capítulo terá por objetivo o de descrever MLHs para resultados contínuos de maneira muito prática. Mostraremos, primeiro, que os MLHs podem ser considerados uma extensão de um modelo de regressão linear comum. Começaremos com um modelo simples de regressão linear, estendendo-o e descrevendo-o lentamente para guiar o leitor, a partir de um território familiar, para outro menos conhecido. Após as descrições dos modelos estatísticos, apresentaremos diversas análises de MLH utilizando um conjunto de dados psiquiátricos longitudinais. Essas análises ilustrarão muitos dos recursos principais de MLHs para modelagem de crescimento. Para maior conhecimento, leitores interessados podem baixar os arquivos de conjunto de dados e programa para repetir as análises neste relatório disponível em http://www.uic.edu/~hedeker/long.html.

12.2 MLHs PARA DADOS LONGITUDINAIS

Como introdução aos MLHs, consideremos um modelo de regressão linear simples para a medição y do indivíduo i ($i = 1, 2,..., N$ sujeitos) na ocasião j ($j = 1, 2,..., n_i$ ocasiões):

$$y_{ij} = \beta_0 + \beta_1 t_{ij} + \varepsilon_{ij}. \qquad (1)$$

Ignorando os subscritos, esse modelo representa a regressão da variável de resultado y sobre a variável independente (denominada t). Os subscritos referem-se aos detalhes dos dados – a saber, de quem é a observação (subscrito i) e a ordem relativa da observação (o subscrito j). A variável independente t dá um valor ao nível de tempo e pode representar tempo em semanas, meses e assim por diante. Como y e t têm subscritos i e j, tanto a variável de resultado quanto a de tempo podem variar entre indivíduos e ocasiões.

Em modelos de regressão linear, como (1), supõe-se que os erros ε_{ij} estão distribuídos de forma normal e independente na população com média 0 e variância comum σ^2. Esse pressuposto de independência faz com que o modelo dado na equação (1) seja ilógico para dados longitudinais. Isso porque os resultados y são repetidamente observados nos mesmos indivíduos, e, portanto, é bem mais provável supor que erros num indivíduo estejam correlacionados em certa medida. Além disso, o modelo anterior implica que o crescimento – ou a mudança no tempo – é igual para todos os indivíduos porque os parâmetros do modelo que descrevem o crescimento (β_0, a ordenada na origem ou no nível inicial, e β_1, a mudança linear ao longo do tempo) não variam entre os indivíduos. Por essas duas razões, convém acrescentar ao modelo efeitos específicos de indivíduo que representem a dependência dos dados e denotem a diferença de crescimento entre distintos indivíduos. É exatamente isso o que os MLHs fazem. Assim, um MLH simples é dado por

$$y_{ij} = \beta_0 + \beta_1 t_{ij} + \upsilon_{0i} + \varepsilon_{ij}, \qquad (2)$$

em que υ_{0i} representa a influência do indivíduo i sobre suas repetidas observações.

Para melhor refletirmos sobre como esse modelo caracteriza a influência de um indivíduo sobre suas observações, podemos representar o modelo de forma hierárquica ou multinível. Para tanto, ele é dividido em modelo intrassujeitos (ou Nível 1),

$$y_{ij} = b_{0i} + b_{1i} t_{ij} + \varepsilon_{ij}, \qquad (3)$$

e modelo intersujeitos (ou Nível 2),

$$b_{0i} = \beta_0 + \upsilon_{0i},$$
$$b_{1i} = \beta_1. \qquad (4)$$

Aqui, o modelo de Nível 1 indica que a resposta do indivíduo i no tempo j é influenciada por seu nível inicial b_{0i} e sua tendência no tempo ou inclinação, b_{1i}. O modelo de Nível 2 indica que o nível inicial do indivíduo i é determinado pelo nível inicial da população, β_0, acrescido de uma contribuição própria desse indivíduo, υ_{0i}. Assim, cada indivíduo tem seu próprio nível inicial. O presente modelo, ao contrário, indica que a inclinação é igual para todos os indivíduos, sendo sempre igual à inclinação da população, β_1. Uma outra maneira de se entender isso é que a reta de tendência de cada pessoa é paralela à tendência da população determinada por β_0 e β_1. A diferença entre a tendência de cada indivíduo e a da população é υ_{0i}, que é constante no tempo.

O modelo intersujeitos ou de Nível 2 é chamado, às vezes, de modelo de "inclinações como resultados" (Burstein, 1980). A representação hierárquica mostra que, do mesmo modo que covariáveis intrassujeitos (Nível 1) podem ser incluídas no modelo para explicar a variação em resultados de Nível 1 (y_{ij}), covariáveis intersujeitos (Nível 2) podem ser incluídas para explicar a variação em resultados de Nível 2 (a ordenada na origem b_{0i} e a inclinação b_{1i}). Note-se que a combinação dos modelos intrassujeitos e intersujeitos (3) e (4) gera o modelo prévio de equação única.

Uma vez que os indivíduos que compõem uma amostra são, de modo geral, considerados representativos de uma população maior de indivíduos, os efeitos específicos de indivíduo υ_{0i} são tratados como efeitos aleatórios. Isto é, os υ_{0i} são considerados representativos de uma distribuição de efeitos de indivíduo na população. A forma mais comum dessa distribuição na população é a distribuição normal, com média 0 e variância σ_υ^2. No modelo dado pela equação (2), supõe-se, agora, que os erros ε_{ij} estão distribuídos de forma normal e *condicionalmente independente* na população, com média 0 e variância comum σ^2. Aqui, *independência condicional* significa condicionada aos efeitos aleatórios específicos de indivíduo υ_{0i}. Como agora se remove dos erros a influência devida aos indivíduos, esse pressuposto de independência condicional é muito mais razoável do que o pressuposto de independência ordinária associado com (1). Como os indivíduos se desviam da regressão de y sobre t de maneira paralela (porque há apenas um efeito de sujeito υ_{0i}), esse modelo é chamado, às vezes, de modelo de ordenadas na origem aleatórias, em que cada υ_{0i} indica de que modo o indivíduo i se desvia do modelo. A figura 12.1 representa esse modelo graficamente.

Nessa figura, a linha contínua representa a tendência média da população, baseada em β_0 e β_1. Há, também, duas tendências individuais descritas, uma abaixo e outra acima da tendência (média) da população. Para a amostra dada, há N linhas como essas, uma para cada indivíduo. O termo de variância σ_υ^2 representa a dispersão dessas linhas. Se σ_υ^2 é próximo de 0, as linhas individuais não se afastam muito da tendência da população. Nesse caso, os indivíduos não apresentam grande heterogeneidade de crescimento. Pelo contrário, quando os indivíduos diferem da tendência da população, as linhas se afastam da linha dessa tendência da população e σ_v^2 aumenta. Nesse caso, há maior heterogeneidade individual no crescimento.

Para dados longitudinais, o modelo de ordenadas na origem aleatórias costuma ser simplista demais, por várias razões. Primeiro, é improvável o índice de crescimento – ou a tendência no tempo – ser o mesmo para todos os indivíduos. É mais provável que os indivíduos tenham diferentes índices de crescimento ao longo do tempo. Nem todos mudam no mesmo ritmo. Além do mais, o modelo anterior implica um pressuposto de simetria composta para as variâncias e as covariâncias das medidas repetidas. Isto é, tanto as variâncias como as covariâncias ao longo do tempo são supostamente iguais, a saber,

$$V(y_{ij}) = \sigma_v^2 + \sigma^2$$

$$C(y_{ij}, y_{ij'}) = \sigma_v^2, \text{ em que } j \neq j'. \quad (5)$$

De modo geral, esse pressuposto é insustentável para a maioria dos dados longitudinais. Medições em pontos próximos no tempo tendem a estar mais correlacionadas do que aquelas mais afastadas no tempo. Também, em muitos estudos, os sujeitos são mais similares no início e crescem a taxas diferentes ao longo do tempo. Assim, é natural esperar que a variabilidade aumente com o tempo.

Por tais razões, um MLH mais realista permite que tanto a ordenada na origem como a tendência no tempo variem entre indivíduos. Para tanto, o modelo de Nível 1 é como antes, em (3), mas o modelo de Nível 2 é ampliado como segue:

$$b_{0i} = \beta_0 + \upsilon_{0i},$$
$$b_{1i} = \beta_1 + \upsilon_{1i}. \quad (6)$$

Nesse modelo, β_0 é a ordenada na origem da população em geral, β_1 é a inclinação da população em geral, υ_{0i} é o desvio da ordenada na origem para o sujeito i e υ_{1i} é o desvio da inclinação para o sujeito i. Como antes, ε_{ij} é um termo de erro independente, normalmente distribuído com média 0 e variância σ^2. O pressuposto quanto à independência dos erros é de independência condicional, isto é, eles são independentes, mas condicionados a υ_{0i} e υ_{1i}. Com dois efeitos específicos de indivíduo aleatórios, supõe-se que a distribuição populacional dos desvios de ordenada na origem e inclinação é normal bivariada $N(0, \Sigma_v)$, com matriz variância-covariância de efeitos aleatórios dada por

$$\Sigma_v = \begin{bmatrix} \sigma_{\upsilon_0}^2 & \sigma_{\upsilon_0 \upsilon_1} \\ \sigma_{\upsilon_0 \upsilon_1} & \sigma_{\upsilon_1}^2 \end{bmatrix}.$$

Pode-se ver esse modelo como um modelo de tendência ou mudança pessoal, porque ele representa as medidas de y como uma função do tempo, tanto no nível do indivíduo (υ_{0i} e υ_{1i}) quanto no da população ($\beta_0 + \beta_1$). Os parâmetros de ordenada na origem indicam o grau de mudança no tempo. Os parâmetros de ordenada na origem e

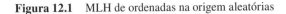

Figura 12.1 MLH de ordenadas na origem aleatórias

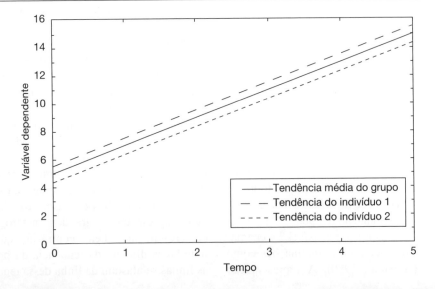

inclinação da população representam a tendência geral (populacional), enquanto os parâmetros de indivíduo mostram como os sujeitos se afastam da tendência da população. A figura 12.2 é uma representação gráfica desse modelo.

Aqui, mais uma vez, a figura representa a tendência da população com a linha cheia e as tendências de dois indivíduos, que agora apresentam desvio tanto de ordenada na origem quanto de inclinação. Como a inclinação varia nos indivíduos, esse modelo dá a possibilidade de alguns indivíduos não mudarem ao longo do tempo enquanto outros apresentam drástica mudança. A tendência na população é a média dos indivíduos, e os termos de variância indicam quanta heterogeneidade há na população. Concretamente, o termo de variância $\sigma^2_{v_0}$ indica o grau de dispersão em torno da ordenada na origem da população, e $\sigma^2_{v_1}$ representa a dispersão em inclinações. À medida que o desvio de cada indivíduo com relação à tendência da população resultar apenas de erro aleatório, esses termos de variância se aproximarão de 0. Por sua vez, quando o desvio de cada indivíduo com relação à tendência da população não for aleatório, mas caracterizado pelos parâmetros de tendência de indivíduo v_{0i} e v_{1i} como distintos de 0, esses termos de variância aumentarão a partir de 0. Ademais, o termo de covariância $\sigma_{v_0v_1}$ representa o grau em que os parâmetros de ordenada na origem e inclinação do indivíduo covariam. Por exemplo, um termo de covariância positivo sugeriria que indivíduos com valores iniciais mais altos têm maiores inclinações positivas, ao passo que uma covariância negativa sugeriria o contrário.

A codificação da variável de tempo t tem consequências para a interpretação dos parâmetros do modelo. Por exemplo, em modelos de crescimento, t começa, às vezes, com o valor 0 como nível de referência e aumenta conforme o cronograma de medição (p. ex., 1, 2, 3, 4 para quatro seguimentos mensais). Nessa formulação, os parâmetros da ordenada na origem (β_0, v_{0i} e $\sigma^2_{v_0}$) caracterizam aspectos do ponto inicial no tempo. Também se pode expressar t de forma centrada, subtraindo a média de tempo de cada valor de tempo (p. ex., −2, −1, 0, 1, 2). Nesse caso, o significado dos parâmetros da ordenada na origem muda para refletir aspectos sobre o ponto médio no tempo, em lugar do ponto inicial. Ainda outra opção de codificação se dá quando, às vezes, há substancial interesse centrado no fim do cronograma de medição. Aqui, o tempo poderia ser codificado como −4, −3, −2, −1 e 0 (nesse exemplo, com cinco pontos no tempo), de modo que os parâmetros de ordenada na origem revelem aspectos do ponto final no tempo. A escolha da representação a se utilizar depende, em muitos casos, da facilidade de interpretação e das hipóteses que são objeto de interesse.

As ocasiões vão de $j = 1$ até n_i na especificação do modelo, medindo-se cada pessoa em n_i pontos no tempo. Como n é acompanhado do subscrito i,

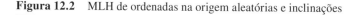

Figura 12.2 MLH de ordenadas na origem aleatórias e inclinações

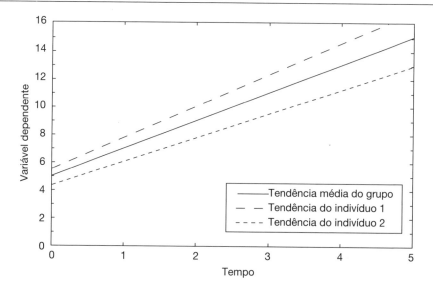

SEÇÃO IV / MODELOS PARA DADOS MULTINÍVEIS

os sujeitos podem diferir no que se refere ao número de ocasiões medidas. Ademais, não há restrição do número de observações por indivíduo; sujeitos que estão ausentes em determinado ponto no tempo não ficam excluídos da análise. Além disso, como a variável de tempo t traz o subscrito i, é possível medir os sujeitos em diversas ocasiões. O pressuposto subjacente ao modelo é que os dados que estão disponíveis para um determinado indivíduo são representativos de como esse indivíduo se afasta da tendência da população durante o prazo do estudo.

Quanto a dados faltantes, como aponta Lairds (1988), os MLHs para dados longitudinais que usam estimação de verossimilhança máxima fornecem testes estatísticos válidos em presença de não resposta ignorável. O termo *não resposta ignorável* significa que a probabilidade de não resposta depende de covariáveis observadas *e* de valores prévios da variável dependente dos sujeitos com dados faltantes. A noção, aqui, é que, se a desistência do sujeito se relaciona com o desempenho anterior, além de outras características observáveis do sujeito, o modelo oferece inferências estatísticas válidas para os parâmetros do modelo. Como muitos casos de dados faltantes têm relação com o desempenho anterior ou outras características do sujeito, os MLHs proporcionam um método eficaz para se lidar com conjuntos de dados longitudinais quando há dados faltantes.

12.2.1 Formulação matricial

Obtém-se uma representação mais compacta do modelo mediante o uso de matrizes e vetores. Essa formulação é especialmente útil na programação de modelos e ajuda a resumir aspectos estatísticos do modelo. Para isso, o MLH para o vetor $\mathbf{y}$ da resposta $n_i \times 1$ pode ser escrito como

$$\mathbf{y}_i = \mathbf{X}_i \; \boldsymbol{\beta} \; + \; \mathbf{Z}_i \boldsymbol{\upsilon}_i + \; \boldsymbol{\varepsilon}_i$$

$$\underset{n_i \times 1}{} \; \underset{n_i \times p}{} \; \underset{p \times 1}{} \; \underset{n_i \times r}{} \; \underset{r \times 1}{} \; \underset{n_i \times 1}{} \qquad (7)$$

com $i = 1\ldots N$ indivíduos e $j = 1\ldots n_i$ observações por indivíduo i. Aqui, $\mathbf{y}_i$ é o vetor da variável dependente $n_i \times 1$ para o indivíduo i, $\mathbf{X}_i$ é a matriz de covariáveis para o indivíduo i, $\boldsymbol{\beta}$ é o vetor $p \times 1$ de parâmetros de regressão fixa, $\mathbf{Z}_i$ é a matriz de planejamento $n_i \times r$ para os efeitos aleatórios, $\boldsymbol{\upsilon}_i$ é

o vetor $r \times 1$ de efeitos de indivíduo aleatórios e $\boldsymbol{\varepsilon}_i$ é o vetor residual $n_i \times 1$.

Por exemplo, no MLH de ordenadas de origem aleatórias e inclinações que acabamos de tratar, teríamos

$$\mathbf{y}_i = \begin{bmatrix} y_{i1} \\ y_{i2} \\ \ldots \\ \ldots \\ y_{in_i} \end{bmatrix} \quad \text{e} \quad \mathbf{X}_i = \mathbf{Z}_i = \begin{bmatrix} 1 & t_{i1} \\ 1 & t_{i2} \\ \ldots & \ldots \\ \ldots & \ldots \\ 1 & t_{in_i} \end{bmatrix}$$

para as matrizes de dados e

$$\boldsymbol{\beta} = \begin{bmatrix} \beta_0 \\ \beta_1 \end{bmatrix} \quad \text{e} \quad \boldsymbol{\upsilon}_i = \begin{bmatrix} \upsilon_{0i} \\ \upsilon_{1i} \end{bmatrix}$$

para os vetores de parâmetro de tendência populacional e individual, respectivamente. Os pressupostos distribucionais sobre os efeitos aleatórios e resíduos são

$$\boldsymbol{\varepsilon}_i \sim N(\mathbf{0}, \sigma^2 \mathbf{I}_{n_i}),$$

$$\boldsymbol{\upsilon}_i \sim N(\mathbf{0}, \boldsymbol{\Sigma}_\upsilon).$$

Como resultado, pode-se mostrar que a matriz de variâncias-covariâncias de medidas repetidas $\mathbf{y}$ tem a seguinte forma:

$$V(\mathbf{y}_i) = \mathbf{Z}_i \boldsymbol{\Sigma}_\upsilon \mathbf{Z}'_i + \sigma^2 \mathbf{I}_{n_i}. \qquad (8)$$

Por exemplo, com $r = 2$, $n = 3$ e

$$\mathbf{Z}_i = \begin{bmatrix} 1 & 0 \\ 1 & 1 \\ 1 & 2 \end{bmatrix},$$

a matriz de variâncias-covariâncias é igual a $\sigma^2 \mathbf{I}_{n_i} +$

$$\begin{bmatrix} \sigma^2_{\upsilon_0} & \sigma^2_{\upsilon_0} + \sigma_{\upsilon_0 \upsilon_1} & \sigma^2_{\upsilon_0} + 2\sigma_{\upsilon_0 \upsilon_1} \\ \sigma^2_{\upsilon_0} + \sigma_{\upsilon_0 \upsilon_1} & \sigma^2_{\upsilon_0} + 2\sigma_{\upsilon_0 \upsilon_1} + \sigma^2_{\upsilon_1} & \sigma^2_{\upsilon_0} + 3\sigma_{\upsilon_0 \upsilon_1} + 2\sigma^2_{\upsilon_1} \\ \sigma^2_{\upsilon_0} + 2\sigma_{\upsilon_0 \upsilon_1} & \sigma^2_{\upsilon_0} + 3\sigma_{\upsilon_0 \upsilon_1} + 2\sigma^2_{\upsilon_1} & \sigma^2_{\upsilon_0} + 4\sigma_{\upsilon_0 \upsilon_1} + 4\sigma^2_{\upsilon_1} \end{bmatrix},$$

permitindo que as variâncias e as covariâncias mudem ao longo do tempo. Por exemplo, se $\sigma_{\upsilon_0 \upsilon_1}$ e $\sigma^2_{\upsilon_1}$ são positivos, é evidente que a variância aumenta com o tempo. Também é possível a variância diminuir com o tempo se, por exemplo, $-2\sigma_{\upsilon_0 \upsilon_1} > \sigma^2_{\upsilon_1}$. Outros padrões são possíveis, dependendo dos valores desses parâmetros de variância e covariância.

Modelos com mais do que ordenadas na origem aleatórias e tendências lineares também são possíveis, como os que permitem erros correlacionados; isto é, $\boldsymbol{\varepsilon}_i \sim N(\mathbf{0}, \sigma^2 \boldsymbol{\Omega}_i)$. Aqui, $\boldsymbol{\Omega}$ poderia, por exemplo, representar um processo autorregressivo (SR) ou de médias móveis (MA) para os resíduos. Os modelos de regressão de erros autocorrelacionados são comuns em econometria. Chi e Reinsel (1989) e Hedeker (2000) tratam da aplicação desses modelos numa formulação de MLH, amplamente descrita em Verbeke e Molenberghs (2000). Ao se incluírem tanto efeitos aleatórios como erros autocorrelacionados, é possível uma ampla variedade de estruturas de variância-covariância para as medidas repetidas. Essa flexibilidade contrasta com os modelos ANOVA tradicionais que adotam uma estrutura de simetria composta (ANOVA univariada) ou uma estrutura totalmente geral (MANOVA). Em geral, a simetria composta é restritiva demais, e uma estrutura geral não é parcimoniosa. Já os MLHs proporcionam essas duas e tudo o que existir entre uma e outra, permitindo, assim, uma eficiente modelagem da estrutura de variância-covariância das medidas repetidas.

12.3 EXEMPLO DE MLH

A fim de exemplificar uma aplicação de MLH, analisaremos dados de um estudo psiquiátrico descrito em Reisby *et al.* (1977). O estudo abordou a relação longitudinal entre os níveis plasmáticos de imipramina (IMI) e desipramina (DMI) e a resposta clínica em 66 pacientes internados. A imipramina é a droga prototípica da série de compostos conhecidos como antidepressivos tricíclicos e costuma ser prescrita para o tratamento da depressão profunda (Seiden; Dykstra, 1977). Como a biotransformação da imipramina resulta no metabólito ativo desmetilimipramina (ou desipramina), nesse estudo, efetuou-se também a medição da desipramina. Costuma-se classificar a depressão profunda em dois tipos: o primeiro é a depressão não endógena ou reativa, associada com algum acontecimento trágico da vida, como a morte de um amigo íntimo ou um parente, ao passo que o segundo, a depressão endógena, não é resultado de nenhum fato concreto e parece ocorrer espontaneamente. Afirma-se, às vezes, que os medicamentos antidepressivos são mais eficazes na depressão endógena (Willner, 1985). Nessa amostra, 29 pacientes foram classificados como não endógenos e os 37 restantes, como endógenos.

O esquema do estudo foi o seguinte: após um período de uma semana com placebo, os pacientes receberam doses de 225 mg/dia de imipramina durante quatro semanas. Nesse estudo, as pessoas foram classificadas com a escala de Hamilton (HD) para avaliação da depressão (Hamilton, 1960) duas vezes na semana inicial com placebo, bem como ao terminar cada uma das quatro semanas de tratamento do estudo. Foram feitas medições do nível plasmático de IMI e de seu metabólito DMI no fim de cada semana do tratamento. O sexo e a idade de cada paciente foram registrados e foi realizado um diagnóstico de depressão endógena ou não endógena. Embora fossem 66 sujeitos nesse estudo, o número com todas as medidas em cada uma das semanas variou: 61 na Semana 0 (início da semana do placebo), 63 na Semana 1 (fim da semana do placebo), 65 na Semana 2 (fim da primeira semana de tratamento medicamentoso), 65 na Semana 3 (fim da segunda semana de tratamento medicamentoso), 63 na Semana 4 (fim da terceira semana de tratamento medicamentoso) e 58 na Semana 5 (fim da quarta semana de tratamento medicamentoso). Dos 66 sujeitos, apenas 46 tiveram dados completos em todos os pontos no tempo. Portanto, a análise de caso completo conforme MANOVA para medidas repetidas recusaria mais ou menos um terço do conjunto de dados. Pelo contrário, o MLH utiliza os dados disponíveis de todos os 66 sujeitos.

12.3.1 Modelo de crescimento heterogêneo

O primeiro modelo ajustado a esses dados corresponde ao modelo intrassujeitos (3) e ao modelo intersujeitos (6). Aqui se trata do tempo mediante valores incrementais de 0 a 5. A tabela 12.1 apresenta os resultados.

Tabela 12.1 – Resultados de MLH para o Modelo de Nível 1 (3) e o Modelo de Nível 2 (6)

Parâmetro	Estimativa	SE	z	$p <$
β_0	23,58	0,55	43,22	0,0001
β_1	−2,38	0,21	−11,39	0,0001
$\sigma_{v_0}^2$	12,63	3,47		
$\sigma_{v_0 v_1}$	−1,42	1,03		
$\sigma_{v_1}^2$	2,08	0,50		
σ^2	12,22	1,11		

NOTA: $-2 \log L = 2219,04$.

248 • SEÇÃO IV / MODELOS PARA DADOS MULTINÍVEIS

Focando-se primeiro nos parâmetros de regressão estimada, esse modelo indica que os pacientes começam, em média, com um índice HD de 23,58 e mudam à razão de −2,38 por semana. Pontuações mais baixas no HD indicam menor depressão, portanto os pacientes estão melhorando com o tempo, cerca de 2 pontos por semana. A pontuação de HD estimada na Semana 5 é igual a 23,58 − (5 × 2,38) = 11,68. No seu relatório, Reisby *et al.* (1977) classificaram os pacientes em três grupos baseados em suas pontuações finais de HD: os respondentes tiveram pontuações abaixo de 8, os respondentes parciais tiveram pontuações entre 8 e 15 e os não respondentes tiveram pontuações acima de 15. Segundo esse critério, a tendência média está na faixa de resposta parcial no ponto final do tempo.

Tanto a ordenada na origem quanto a inclinação são estatisticamente significantes ($p < 0,0001$) pelo assim chamado "teste de Wald" (Wald, 1943), que se vale da razão entre a estimativa do parâmetro de máxima verossimilhança e seu erro-padrão para determinar a significância estatística. Comparam-se essas estatísticas de teste (p. ex., z = razão entre a estimativa de parâmetro e seu erro-padrão) com uma tabela de frequência normal padrão para testar a hipótese nula de o parâmetro ser igual a 0. Alternativamente, algumas vezes, essas estatísticas z são elevadas ao quadrado, em cujo caso a estatística de teste resultante é distribuída como qui-quadrado sobre um grau de liberdade. Em ambos os casos, os valores de p são idênticos. O fato de a ordenada na origem ser significativa não é de grande relevância, mas apenas indica que as pontuações de HD são distintas de 0 na origem. Entretanto, como a inclinação é significativa, podemos concluir que a taxa de melhoria é significativamente diferente de 0 nesse estudo. Na média, os pacientes estão melhorando com o tempo.

Para os termos de variância e covariância, há problemas com o uso de erros-padrão na elaboração de estatísticas do teste de Wald, especialmente quando se entende que a variância da população é próxima de 0 e o número de sujeitos é pequeno (Bryk; Raudenbush, 1992). Isto porque os parâmetros de variância têm limites – não podem ser menores que 0; portanto, não é razoável aplicar a norma-padrão para a distribuição de amostragem. Logo, não se indica a significância estatística para os parâmetros de variância e covariância nas tabelas. Todavia, a magnitude das estimativas revela, de fato, o grau de heterogeneidade individual tanto nas ordenadas na origem quanto nas inclinações. Por exemplo, embora a média estimada da ordenada na origem na população seja 23,58, o desvio-padrão estimado da população é 3,55 (= $\sqrt{12,63}$). Do mesmo modo, a inclinação média da população é −2,38, mas o desvio-padrão estimado para a inclinação é igual a 1,44, logo se prevê que aproximadamente 95% dos sujeitos tenham inclinações no intervalo −2,38 ± (1,96 × 1,44) = −5,20 a 0,44. Que o intervalo incluía inclinações positivas reflete o fato de nem todos os sujeitos melhorarem com o tempo. Assim, há considerável heterogeneidade no que se refere ao nível inicial de depressão e à mudança dos pacientes ao longo do tempo. Por fim, a covariância entre a ordenada na origem e a tendência linear é negativa; expressa como uma correlação, ela é −0,28, um valor moderado. Isto sugere que pacientes inicialmente mais deprimidos (ou seja, maiores ordenadas na origem) melhoram em maior proporção (ou seja, inclinações negativas mais acentuadas). Uma outra explicação é, todavia, a de um efeito de base devido à escala de avaliação de HD. Simplesmente, pacientes com menores pontuações de depressão no início têm uma gama mais limitada de pontuações mais baixas do que aqueles com pontuações iniciais mais altas.

É interessante, neste ponto, perguntar se o modelo intersujeitos na equação (6) é necessário sobre aquele na equação (4). Em outras palavras, o pressuposto de simetria composta é rejeitado ou não? O ajuste do modelo de simetria composta mais restritivo (não mostrado) dá −2 log L = 2285,14. Como se trata de modelos encaixados, podem ser comparados mediante um teste de razão de verossimilhança. Para isso, comparam-se os valores de desvio do modelo (isto é, −2 log L) com uma distribuição qui-quadrado, em que os graus de liberdade se igualam ao número de parâmetros determinados iguais a 0 no modelo mais restritivo. No presente caso, χ_2^2 = 2285,14 − 2219,04 = 66,1, $p < 0,0001$, para $H_0 : \sigma_{v0v1} = \sigma_{v1}^2 = 0$. Convém observar que o uso do teste de razão de verossimilhança para esse fim também sofre o problema de fronteira de variância supramencionado (Verbeke; Molenberghs, 2000). Com base em estudos de simulação, pode-se mostrar que o teste de razão de verossimilhança é conservador demais (para testar hipóteses nulas sobre parâmetros de variância) – isto é, ele não rejeita a hipótese nula com suficiente frequência. Assim se acabaria por aceitar uma estrutura de variância-covariância mais restritiva do que é correto. Como observam Berkhof e Snijders (2001), esse viés pode ser corrigido, em grande parte, ao dividir por 2 o valor de p obtido no teste de razão de verossimilhança (de termos de variância). No presente caso, na verdade, isso não importa, mas dessa modificação resulta $p < 0,0001/2 = 0,00005$. Logo, há clara evidência de que o pressuposto de simetria composta é rejeitado.

Com a ordenada na origem (β_0) e a inclinação (β_1) estimadas da população, podemos estimar a pontuação média de HD em todos os pontos no tempo, mostrada na tabela 12.2, junto com a média observada e o tamanho de amostra para cada ponto.

Como se pode ver, as médias observadas e estimadas são quase coincidentes. Portanto, a mudança média no tempo é muito congruente com o modelo de mudança linear proposto. O leitor interessado numa avaliação mais quantitativa pode consultar a obra de Kaplan e George (1998), que descrevem o uso de estatística de previsão econométrica para avaliar diversas formas de ajuste entre médias observadas e estimadas.

Do mesmo modo, podemos tratar do ajuste da matriz de variância-covariância observada das medidas repetidas, apresentada a seguir. Elas são calculadas com base nos dados pareados para as covariâncias e nos dados disponíveis para todas as variâncias.

$$V(\mathbf{y}) = \begin{bmatrix} 20,55 & & & & & \\ 10,50 & 22,07 & & & & \\ 10,20 & 12,74 & 30,09 & & & \\ 9,69 & 12,43 & 25,96 & 41,15 & & \\ 7,17 & 10,10 & 25,56 & 36,54 & 48,59 & \\ 6,02 & 7,39 & 18,25 & 26,31 & 32,93 & 52,12 \end{bmatrix}$$

Baseando-nos nas estimativas do modelo, obtemos

$$\hat{V}(\mathbf{y}) = \mathbf{Z}\hat{\mathbf{\Sigma}}_v\mathbf{Z}' + \hat{\sigma}^2\mathbf{I}$$

$$= \begin{bmatrix} 24,85 & & & & & \\ 11,21 & 24,08 & & & & \\ 9,79 & 12,52 & 27,48 & & & \\ 8,37 & 13,18 & 18,00 & 35,03 & & \\ 6,95 & 13,84 & 20,73 & 27,63 & 46,74 & \\ 5,53 & 14,50 & 23,47 & 32,44 & 41,41 & 62,60 \end{bmatrix}$$

em que a matriz de projeto dos efeitos aleatórios e a matriz de estimativas de variância-covariância dos efeitos aleatórios são dadas por

$$\mathbf{Z}' = \begin{bmatrix} 1 & 1 & 1 & 1 & 1 & 1 \\ 0 & 1 & 2 & 3 & 4 & 5 \end{bmatrix},$$

$$\hat{\mathbf{\Sigma}}_v = \begin{bmatrix} 12,63 & -1,42 \\ -1,42 & 2,08 \end{bmatrix},$$

e $\hat{\sigma}^2 = 12,22$. Uma vez que essa matriz de variância-covariância de 21 elementos é representada por quatro estimativas de parâmetros, o ajuste é razoavelmente bom. O modelo está, evidentemente, detectando a variância crescente ao longo do tempo e a covariância em diminuição fora da diagonal.

Finalmente, estimativas dos efeitos aleatórios individuais – $\hat{b}_{0i}$ e $\hat{b}_{1i}$ – costumam ser objeto de interesse. Elas estão representadas na figura 12.3. As linhas de traços indicam as ordenadas na origem e inclinações estimadas da população. Assim, a distância horizontal entre um ponto e a linha horizontal representa $\hat{v}_{0i}$, e a distância entre um ponto e a linha vertical representa $\hat{v}_{1i}$.

Esse diagrama de dispersão revela o amplo leque de ordenadas na origem e inclinações observadas nessa amostra. Em particular, alguns pacientes estão muito deprimidos no início, mas melhoram em grande medida (canto superior esquerdo). Do mesmo modo, alguns pacientes mostram pouca ou nenhuma melhora ao longo do tempo (em direção ao lado direito).

Tabela 12.2 – Médias observadas e estimadas

	Semana					
	0	*1*	*2*	*3*	*4*	*5*
Observada	23,44	21,84	18,31	16,42	13,62	11,95
Estimada	23,58	21,21	18,82	16,45	14,07	11,69
Tamanho da amostra	61	63	65	65	63	58

Convém mencionar que as estimativas dos efeitos aleatórios individuais, apresentadas na figura 12.3, são estimativas de Bayes empíricas (BE) que refletem um compromisso entre uma estimativa baseada apenas nos dados de um indivíduo e uma estimativa para a população em estudo. Portanto, elas não são equivalentes a estimativas de mínimos quadrados ordinários (OLS, na sigla em inglês), que dependeriam exclusivamente dos dados de um indivíduo. Uma vantagem importante das estimativas BE sobre as estimativas de OLS é que elas estão menos sujeitas à influência indevida de valores atípicos, especialmente quando um indivíduo tem poucas medições para embasar essas estimativas. Por isso se diz que as estimativas de BE são *contraídas para a média*, em que a média dos efeitos aleatórios é igual a 0 na população. O grau de contração depende do número de medições que o indivíduo tem. Logo, se um sujeito tiver poucas medições, a estimativa de BE será menor (em valor absoluto) que a correspondente estimativa de OLS. Alternativamente, se o sujeito tem muitas medições ao longo do tempo, as estimativas de BE e OLS seriam muito semelhantes. Essas estimativas de BE estão à disposição com facilidade na maioria dos programas de MLH.

12.3.2 Efeito do diagnóstico no crescimento

Aqui talvez seja interessante ver se podemos explicar parte da heterogeneidade das ordenadas na origem e inclinações, exposta na figura 12.3, em termos de determinadas características do sujeito. Para tanto, ampliaremos o modelo de Nível 2 para incluir uma covariável DX que é igual a 0 se o diagnóstico do paciente é não endógeno (NE) e 1 se o paciente é endógeno (E). Essa variável entra no modelo de Nível 2 em vez de entrar no modelo de Nível 1, porque só varia com os sujeitos (i), e não com o tempo (j).

$$b_{0i} = \beta_0 + \beta_2 DX_i + \upsilon_{0i},$$
$$b_{1i} = \beta_1 + \beta_3 DX_i + \upsilon_{1i}. \qquad (9)$$

Agora, β_0 representa o nível de HD médio na Semana 0 para pacientes NE, e β_1 é a melhora semanal de HD média para pacientes NE. Da mesma forma, β_2 representa a diferença de HD média na Semana 0 para pacientes E e β_3 é a diferença média em índices de melhora semanal de HD para pacientes E (em relação a pacientes NE). Assim, β_3 representa a interação diagnóstico-tempo, indicando o grau em que as tendências no tempo variam por grupo de diagnóstico. Nesse modelo ampliado, υ_{0i} é o desvio do

Figura 12.3 Dados de Reisby: efeitos aleatórios estimados

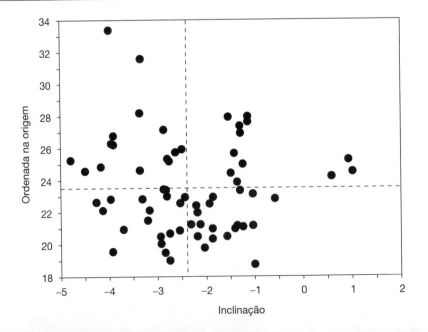

Tabela 12.3 – Resultados de MLH para o modelo de Nível 1 (3) e o modelo de Nível 2 (9)

Parâmetro	Estimativa	SE	z	p<
β_0 de ordenada na origem de NE	22,48	0,79	28,30	0,0001
β_1 de inclinação de NE	−2,37	0,31	−7,59	0,0001
β_2 de diferença de ordenada na origem de E	1,99	1,07	1,86	0,063
β_3 de diferença de inclinação de E	0,03	0,42	−0,06	0,95
$\sigma_{v_0}^2$	11,64	3,53		
$\sigma_{v_0 v_1}$	−1,40	1,00		
$\sigma_{v_1}^2$	2,08	0,50		
σ^2	12,22	1,11		

NOTA: $-2 \log L = 2214,94$

indivíduo com relação à ordenada na origem de seu grupo de diagnóstico e v_{1i} é o seu desvio com relação à inclinação desse grupo de diagnóstico. Na medida em que a variável *DX* for útil para explicar a variação de ordenada na origem e inclinação, esses desvios individuais e suas correspondentes variâncias ($\hat{\sigma}_{v_0}^2$ e $\sigma_{v_1}^2$) serão reduzidos. A tabela 12.3 apresenta resultados para esse modelo.

Pode-se recorrer a um teste de razão de verossimilhança que compare esse teste com o anterior para testar a hipótese nula de que os efeitos relacionados ao diagnóstico (isto é, β_2 e β_3) são 0. O resultado é $\chi_2^2 = 2219,04 - 2214,94 = 4,1$, não significativo em termos estatísticos. O exame das estimativas na tabela 12.3 revela uma diferença marginalmente significativa no que se refere a suas pontuações iniciais, cerca de 2 pontos mais altas nos pacientes endógenos, e absolutamente nenhuma diferença em suas tendências no tempo. Isso se verifica também ao comparar as estimativas de variância das tabelas 12.2 e 12.3. Observe-se que a variância da ordenada na origem diminuiu ligeiramente de 12,63 para 11,64 como resultado da diferença marginalmente significativa de ordenadas na origem, ao passo que a variância da inclinação é igual. Se considerados em conjunto, não há evidência real de que os dois grupos de diagnóstico diferiram em suas pontuações de HD ao longo do tempo.

12.3.3 Modelo de crescimento curvilíneo

Em muitas situações, é por demais simplista supor que a mudança no tempo seja linear. No exemplo em questão, pode ser que as pontuações de depressão diminuam de maneira curvilínea ao longo do tempo. Isto é claramente plausível para dados de escala de avaliação, como as pontuações de HD, em que valores abaixo de 0 são impossíveis. Aqui, estudaremos um modelo de crescimento curvilíneo adicionando um termo quadrático ao modelo de Nível 1. Também podemos obter modelos de crescimento polinomial mediante a adição de termos cúbicos, biquadráticos e assim por diante ao modelo de Nível 1.

$$y_{ij} = b_{0i} + b_{1i}t_{ij} + b_{2i}t_{ij}^2 + \varepsilon_{ij}. \tag{10}$$

Aqui, b_{0i} é o nível de HD na Semana 0 para o paciente i, b_{1i} é a mudança linear semanal de HD para o paciente i e b_{2i} é a mudança quadrática semanal de HD para esse paciente. Esse modelo também pode ser escrito como

$$y_{ij} = b_{0i} + (b_{1i} + b_{2i}t_{ij})t_{ij} + \varepsilon_{ij}$$

para ressaltar que o efeito total do tempo é $b_{1i} + b_{2i}t_{ij}$, ou seja, não é constante, pois muda com o tempo. O modelo intersujeitos de Nível 2 é, agora,

$$b_{0i} = \beta_0 + v_{0i},$$
$$b_{1i} = \beta_1 + v_{1i},$$
$$b_{2i} = \beta_2 + v_{2i}, \tag{11}$$

em que β_0 +é o nível de HD médio na Semana 0, β_1 é a mudança linear semanal média de HD e β_2 + é a mudança quadrática semanal média de HD. Do mesmo modo, v_{0i} é o desvio individual com respeito à média da ordenada na origem, v_{1i} é o desvio individual com respeito à mudança linear média e v_{2i} é o desvio individual com respeito à mudança quadrática média. Assim, o modelo permite a curvilinearidade tanto no nível da população (β_2) quanto no individual (v_{2i}).

O ajuste desse modelo dá os resultados que vemos na tabela 12.4.

Comparando-se esse modelo com o da tabela 12.1 (isto é, o modelo com $\beta_2 = \sigma_{v_2}^2 = \sigma_{v_0 v_2} = \sigma_{v_1 v_2} = 0$), obtém-se um desvio de 11,4, estatisticamente significativo sobre 4 graus de liberdade. Isto é interessante porque, evidentemente, o teste de Wald para β_2 não é significativo. Com efeito, a comparação do modelo anterior com outro com $\sigma_{v_2}^2 = \sigma_{v_0 v_2} = \sigma_{v_1 v_2} = 0$ (não mostrado)

Tabela 12.4 – Resultados de MLH para o modelo de Nível 1 (10) e o modelo de Nível 2 (11)

Parâmetro	Estimativa	SE	z	p<
β_0	23,76	0,55	43,04	0,0001
β_1	−2,63	0,48	−5,50	0,0001
β_2	0,05	0,09	0,58	0,56
$\sigma^2_{v_0}$	10,44	3,58		
$\sigma_{v_0 v_1}$	−0,92	2,42		
$\sigma^2_{v_1}$	6,64	2,75		
$\sigma_{v_0 v_2}$	−0,11	0,42		
$\sigma_{v_1 v_2}$	−0,94	0,48		
$\sigma^2_{v_2}$	0,19	0,09		
σ^2	10,52	1,10		

NOTA: −2 log L = 2207,64

dá um desvio de 11. Praticamente toda a melhora no ajuste do modelo resulta da inclusão do termo quadrático como efeito aleatório, e não como efeito fixo, o que sugere que, embora a tendência no tempo seja essencialmente linear no nível da população, ela é curvilínea no nível individual.

A figura 12.4 apresenta um gráfico das estimativas de tendência individual que resultam desse modelo. Obtêm-se essas estimativas calculando $\hat{y}_{ij} = \hat{b}_{0i} + \hat{b}_{1i} t_{ij} + \hat{b}_{2i} t^2_{ij}$, para $t = 0, 1,..., 5$, e conectando as estimativas de ponto no tempo para cada indivíduo.

O gráfico evidencia a ampla heterogeneidade das tendências ao longo do tempo, bem como a crescente variância das pontuações de HD no tempo. Alguns indivíduos têm tendências de diminuição acelerada, o que sugere um retardo no efeito do medicamento. Por sua vez, outras pessoas têm tendências de diminuição desacelerada, compatíveis com uma estabilização do efeito do medicamento. Alguns indivíduos têm até tendências positivas, que indicam uma piora de seus sintomas depressivos ao longo do tempo. Isto não surpreende, porque os antidepressivos, tais como a imipramina, são sabidamente ineficazes para alguns pacientes. A figura também é interessante por mostrar que muitas das linhas de tendência individual são aproximadamente lineares. Assim, talvez seja pequena a melhora que o modelo curvilíneo oferece para descrever a mudança no tempo.

Figura 12.4 Dados de Reisby: tendências curvilíneas estimadas*

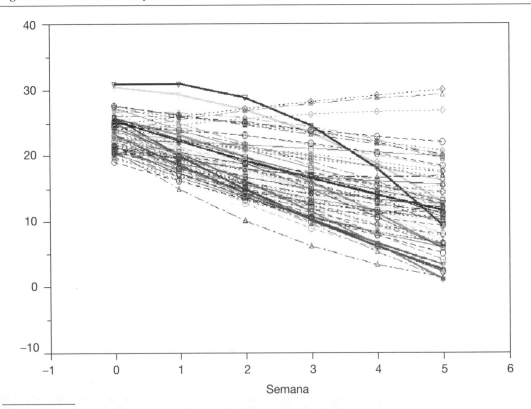

* Nota do editor brasileiro: este gráfico já estava em baixa definição no original em inglês.

Finalmente, o ajuste da matriz de variância-covariância observada das medidas repetidas se proporciona como segue:

$$\hat{V}(\mathbf{y}) = \mathbf{Z}\hat{\mathbf{\Sigma}}_v\mathbf{Z}' + \hat{\sigma}^2\mathbf{I}$$

$$= \begin{bmatrix} 20,96 & & & & & \\ 9,41 & 23,86 & & & & \\ 8,16 & 15,57 & 31,07 & & & \\ 6,68 & 16,08 & 23,11 & 38,31 & & \\ 4,98 & 14,88 & 23,26 & 30,12 & 45,98 & \\ 3,06 & 11,97 & 20,98 & 30,09 & 39,29 & 59,11 \end{bmatrix}$$

em que

$$\mathbf{Z}' = \begin{bmatrix} 1 & 1 & 1 & 1 & 1 & 1 \\ 0 & 1 & 2 & 3 & 4 & 5 \\ 0 & 1 & 4 & 9 & 16 & 25 \end{bmatrix}$$

$$\hat{\mathbf{\Sigma}}_v = \begin{bmatrix} 10,44 & -0,92 & -0.11 \\ -0,92 & 6,64 & -0.94 \\ -0,11 & -0,94 & 0.19 \end{bmatrix}.$$

Ao compararmos essa matriz com a matriz de variância-covariância observada, apresentada anteriormente, vemos que as variâncias estimadas são próximas às observadas, e que o modelo capta, evidentemente, o padrão de covariância decrescente fora da diagonal e nos anteriores pontos no tempo. Comparando esse modelo com aquele com uma estrutura de variância-covariância totalmente geral (não mostrado), obtemos uma razão de verossimilhança $\chi^2_{14} = 14,9$, que não é estatisticamente significativa. Portanto, esse modelo curvilíneo com sete parâmetros de variância-covariância (σ^2 e seis parâmetros únicos em $\mathbf{\Sigma}_v$) proporciona um ajuste parcimonioso da matriz de variância-covariância $V(\mathbf{y})$, a qual, sendo de dimensão 6×6, tem 21 elementos únicos. Wolfinger (1993) e Grady e Helms (1995) dão uma descrição mais detalhada de métodos para avaliar e comparar o ajuste ao modelo da estrutura de variância-covariância.

12.3.4 Polinômios ortogonais

Para modelos de tendência, muitas vezes, é conveniente representar os polinômios em forma ortogonal (Bock, 1975). Matematicamente, isso evita problemas de colinearidade que podem decorrer do uso de múltiplos de t (t^2, t^3 etc.) como regressores. Para ver isso, considere um modelo de tendência curvilínea com três pontos no tempo. Logo, $t = 0$, 1 e 2, ao passo que $t^2 = 0$, 1 e 4; essas

duas variáveis estão quase perfeitamente correlacionadas. Para compensá-lo, às vezes se expressa o tempo de maneira centrada – por exemplo, $(t - \bar{t}) = -1, 0$ e 1 e $(t - \bar{t})^2 = 1, 0$ e 1. Se houver o mesmo número de observações nos três pontos no tempo, essa centralização elimina totalmente a correlação entre os componentes de tendência linear e quadrática. Na situação mais habitual de diferentes números de observações ao longo do tempo, isso diminui muito a correlação entre os polinômios. Outro aspecto da centralização do tempo é que muda o significado da ordenada na origem do modelo. Na forma bruta anterior de tempo, a ordenada na origem representava diferenças no primeiro ponto no tempo (p. ex., quando o tempo = 0). Em outros casos, de forma centrada, a ordenada na origem do modelo representa diferenças no ponto meio do tempo. Por isso, costuma-se chamar a ordenada na origem de termo constante ou médio global em modelos que utilizam regressores centralizados.

O uso de polinômios ortogonais, além da simples centralização do tempo, tem também a vantagem de os polinômios serem postos na mesma escala. Assim, seus coeficientes estimados podem comparar-se no que se refere à sua magnitude, do mesmo modo que os coeficientes beta padronizados na análise de regressão ordinária. Para iguais intervalos de tempo, podem-se encontrar tabelas de polinômios ortogonais em Pearson e Hartley (1976), e Bock (1975) também explica como se podem obter polinômios ortogonais para intervalos de tempo desiguais. Para a situação atual com seis pontos no tempo igualmente espaçados, eles são dados por

$$\mathbf{X}' = \mathbf{Z}' = \begin{bmatrix} 1 & 1 & 1 & 1 & 1 & 1 \\ -5 & -3 & -1 & 1 & 3 & 5 \\ 5 & -1 & -4 & -4 & -1 & 5 \end{bmatrix} \begin{matrix} /\sqrt{6} \\ /\sqrt{70}. \\ /\sqrt{84} \end{matrix}$$

Observe-se que esses vetores de linha são independentes entre si. Também, quando se dividem os valores pela raiz quadrada das quantidades à direita, que são simplesmente a soma dos valores da linhas elevados ao quadrado, esses polinômios têm a mesma escala. Assim, esses termos tornam-se, ao mesmo tempo, independentes entre si e padronizados na mesma escala (de unidades). Isto se verifica exatamente quando o número de observações é igual em todos os pontos no tempo e de maneira aproximada quando eles são desiguais.

O ajuste desse modelo de tendência polinomial ortogonal dá os resultados contidos na tabela 12.5.

Tabela 12.5 – Resultados de MLH para versão polinomial ortogonal do modelo de Nível 1 (1) e do modelo de Nível 2 (11)

Parâmetro	Estimativa	SE	z	p<
β_0	43,24	1,37	31,61	0,0001
β_1	−9,94	0,86	−11,50	0,0001
β_2	0,31	0,54	0,58	0,56
$\sigma_{v_0}^2$	111,91	21,60		
$\sigma_{v_0 v_1}$	37,99	10,92		
$\sigma_{v_1}^2$	37,04	8,90		
$\sigma_{v_0 v_2}$	−10,14	6,19		
$\sigma_{v_1 v_2}$	−0,82	3,50		
$\sigma_{v_2}^2$	7,23	3,50		
σ^2	10,52	1,10		

NOTA: −2 log L = 2207,64

Comparando os coeficientes de regressão, como antes, vemos que apenas os termos constantes e lineares são significativos. Termos esses que também predominam no que tange à magnitude – o termo quadrático não só é insignificante, é também desprezível. Portanto, no nível médio da população, a tendência é inquestionavelmente linear. Voltando-nos para as estimativas de variância, vemos que a variância constante estimada ($\hat{\sigma}_{v_0}^2$) é muito maior do que o componente de tendência linear estimado ($\hat{\sigma}_{v_1}^2$), por sua vez muito maior que o componente de tendência quadrático estimado ($\hat{\sigma}_{v_2}^2$). Em porcentagens relativas, esses três representam 71,7, 23,7 e 4,6, respectivamente, da soma dos termos de variância individuais estimados. Assim, no nível individual, existe heterogeneidade em todos os três componentes, mas com retorno cada vez menor conforme o polinômio aumenta. Essa análise quantifica aquilo que a figura 12.4 descreve.

O exame dos termos de covariância revela uma forte ligação positiva entre os termos constantes e lineares (= 37,99, expressa como uma correlação = 0,59). Isto parece contrastar com os resultados obtidos para esse termo da análise anterior na tabela 12.4, na qual havia uma ligeira ligação negativa entre a ordenada na origem e os termos lineares (= −0,92, expressa como uma correlação $\hat{\sigma}_{v_1 v_0}^2 = -0,11$). O motivo dessa aparente divergência é que, na tabela 12.4, a ordenada na origem representa o primeiro ponto no tempo, enquanto o termo constante na tabela 12.5 representa o ponto médio no tempo. Assim, a tendência linear de um indivíduo está tanto negativamente associada com o seu nível de depressão inicial quanto positivamente associada com o seu nível de depressão

no meio do estudo. Pessoas com níveis mais altos de depressão inicial têm inclinações lineares ligeiramente mais negativas e, portanto, valores mais baixos no meio do estudo.

Finalmente, observemos que o valor de log-verossimilhança é idêntico nas tabelas 12.5 e 12.6. Logo, as duas soluções são equivalentes; uma é simplesmente a versão reiterada da outra. Por isso é possível derivar os resultados da tabela 12.5 com base naqueles da tabela 12.6 e vice-versa. Como a representação polinomial ortogonal reduz, em grande medida, qualquer colinearidade e diferenças de escala nos regressores, ela é mais fácil de obter por meios computacionais. Daí que, em casos em que ocorrem dificuldades numéricas com análises que usam valores brutos de tempo, os pesquisadores poderiam avaliar a opção por polinômios ortogonais.

12.3.5 Modelo de crescimento com covariáveis variantes no tempo

Nesta seção, examinamos os efeitos dos níveis plasmáticos variáveis de medicamento IMI e DMI. Uma vez que uma inspeção dos dados indicou que a magnitude dessas medições variava muito entre indivíduos (de 4 a 312 mg/L para IMI e de 0 a 740 mg/L para DMI), recorre-se a uma transformação logarítmica para essas covariáveis. Isto ajuda a garantir que os coeficientes de regressão estimados não sejam indevidamente influenciados por valores extremos nessas covariáveis. Além disso, essas variáveis – ln IMI e ln DMI – são expressas em forma centrada na média global, de modo que a ordenada na origem do modelo representa pontuações de HD para pacientes com níveis médios de medicamento. Para obter as versões centradas na média global dessas variáveis, subtraímos a média da amostra da variável de cada observação. Para simplificar a notação nas equações do modelo, I_{ij} e D_{ij} representarão as versões centradas na média global de ln IMI e ln DMI, respectivamente, no que vem a seguir. Também, enquanto os modelos anteriores consideravam resultados de HD das Semanas 0 a 5, os modelos desta seção incluem apenas dados de resultados de HD das Semanas 2 a 5. Isto porque os níveis plasmáticos de medicamento não estão disponíveis nos dois primeiros pontos no tempo do estudo (isto é, Semana 0 ou inicial e Semana 1, fim do período de eliminação do medicamento).

Embora o MLH permita dados incompletos ao longo do tempo, os dados devem ser completos dentro de um determinado ponto no tempo (tanto em termos da variável dependente quanto das covariáveis) para tal ponto ser incluído na análise. Portanto, as seguintes análises são para o período de quatro semanas após o período de eliminação do medicamento, com t_{ij} codificado como 0, 1, 2 e 3 para esses quatro pontos no tempo. Sendo assim, a ordenada na origem representa pontuações de HD para a Semana 2 do estudo (ou seja, quando $t_{ij} = 0$).

O primeiro modelo de Nível 1 é dado por

$$y_{ij} = b_{0i} + b_{1i}t_{ij} + b_{2i}I_{ij} + b_{3i}D_{ij} + \varepsilon_{ij}, \quad (12)$$

em que b_{0i} é o nível de HD da Semana 2 para o paciente i sob níveis médios de ln IMI e ln DMI, b_{1i} é a mudança semanal de HD para o paciente i, b_{2i} é a mudança no HD do paciente devida a ln IMI e b_{3i} é a mudança no HD devida a ln DMI. O modelo intersujeitos apresenta-se como

$$b_{0i} = \beta_0 + \upsilon_{0i},$$
$$b_{1i} = \beta_1 + \upsilon_{1i},$$
$$b_{2i} = \beta_2,$$
$$b_{3i} = \beta_3, \quad (13)$$

em que β_0 é o nível médio de HD da Semana 2 para pacientes com valores médios de ln IMI e ln DMI, β_1 é a mudança semanal média de HD, β_2 é a diferença média de HD para uma unidade de mudança em ln IMI e β_3 é a diferença média de HD para uma unidade de mudança em ln DMI. Ademais, υ_{0i} é o desvio da ordenada na origem individual e υ_{1i} é o desvio da inclinação individual. Observe-se que o modelo de Nível 2 indica que os efeitos do medicamento também poderiam ser tratados como aleatórios. Isso se conseguiria acrescentando υ_{2i} e υ_{3i} ao modelo, o que permitiria variação individual no que se refere ao efeito do medicamento nas pontuações de HD. Uma vez que antidepressivos como IMI e DMI não são eficazes para todas as pessoas, é plausível que os níveis de medicamento estejam mais relacionados com mudanças na depressão no caso de alguns indivíduos, porém nem tanto no de outros. Do mesmo modo, poderíamos acrescentar covariáveis de nível individual (p. ex., grupo endógeno/não endógeno) nos modelos para b_{2i} e b_{3i} para examinar

se os efeitos do medicamento variam com tais covariáveis. De novo, é factível que os efeitos do medicamento sobre o resultado sejam mais fortes para os pacientes endógenos do que para os não endógenos. Aqui não levaremos em consideração essas possibilidades, mas Hedeker, Flay e Petraitis (1996) descrevem um exemplo de MLH que permite tal variação individual nas relações.

Tabela 12.6 – Resultados de MLH para o modelo de Nível 1 (12) e o modelo de Nível 2 (13)

Parâmetro	Estimativa	SE	z	$p<$
β_0 da ordenada na origem	18,17	0,71	25,70	0,0001
β_1 da inclinação do tempo	−2,03	0,28	−7,15	0,0001
β_2 de ln IMI	0,60	0,85	0,71	0,48
β_3 de ln DMI	−1,20	0,63	−1,90	0,06
	24,83	5,79		
$\sigma^2_{\upsilon_0}$	−0,72	1,74		
$\sigma^2_{\upsilon_0 \upsilon_1}$	2,73	0,95		
$\sigma^2_{\upsilon_1}$	10,46	1,37		

NOTA: $-2 \log L = 1502,5$

Tabela 12.7 – Resultados de MLH para o modelo de Nível 1 (14) e o modelo de Nível 2 (13)

Parâmetro	Estimativa	SE	z	$p<$
β_0 da ordenada na origem	−5,18	0,66	−7,87	0,0001
β_1 da inclinação do tempo	−1,97	0,29	−6,90	0,0001
β_2 de ln IMI	0,63	0,82	0,77	não especificado
β_3 de ln DMI	−1,97	0,60	−3,26	0,0014
$\sigma^2_{\upsilon_0}$	20,50			
$\sigma_{\upsilon_0 \upsilon_1}$	0,84			
$\sigma^2_{\upsilon_1}$	2,78			
σ^2	10,53			

NOTA: $-2 \log L = 1498,8$

O ajuste desse modelo fornece os resultados apresentados na tabela 12.6. Interessa observar que nenhum dos níveis de medicamento parece ter relação significativa com as pontuações de depressão ao longo do tempo. Entretanto, vemos que o modelo dado em (12) especifica que o nível de medicamento de uma pessoa tem relação com a sua depressão no mesmo ponto no tempo. Talvez seria mais plausível supor que o nível de medicamento de uma pessoa tem relação com a *mudança* – ou a melhora – em sua pontuação de depressão nesse mesmo ponto no tempo. Para tanto, considera-se o seguinte modelo alternativo de Nível 1:

$$(y_{ij} - y_{i0}) = b_{0i} + b_{1i}t_{ij} + b_{2i}I_{ij}$$
$$+ b_{3i}D_{ij} + \varepsilon_{ij}, \qquad (14)$$

em que y_{i0} é a pontuação de HD da pessoa no início (ou na Semana 1 para os poucos sujeitos sem pontuação inicial). Isto dá os resultados apresentados na tabela 12.7.

Curiosamente, o efeito do DMI, o metabólito do IMI, é agora sumamente significativo e negativo. Assim, maiores valores de DMI estão associados a uma melhora mais considerável (isto é, pontuações de mudança de HD mais negativas). Todavia, o medicamento-mãe IMI não tem relação significativa com pontuações de HD; de fato, seu coeficiente é positivo. É importante lembrar que o modelo estima o efeito do IMI controlando o efeito do DMI, e vice-versa. Como esses dois níveis de medicamento estão moderadamente correlacionados ($r = 0,18$, $0,23$, $0,22$ e $0,18$ para os quatro respectivos pontos no tempo), os resultados anteriores não necessariamente indicam as relações marginais de cada medicamento com pontuações de depressão. A tabela 12.8 dá correlações dos níveis plasmáticos de medicamento com as pontuações de HD, tanto brutas quanto expressas como pontuações de mudança. Elas confirmam que os níveis de medicamento estão muito mais relacionados com as pontuações de mudança de HD do que as pontuações reais. Essas correlações mostram também a maior associação entre pontuações de mudança de HD e níveis do medicamento DMI, em lugar dos do IMI.

12.3.5.1 *Efeitos intra e intersujeitos para covariáveis que variam no tempo*

Quando se incluem covariáveis que variam no tempo num MLH, como se fez na última análise, pressupõe-se que os efeitos inter e intrassujeitos dessas variáveis são iguais. Para vermos isso, expressemos as covariáveis que variam no tempo I_{ij} e D_{ij} como

$$I_{ij} = \bar{I}_i + (I_{ij} - \bar{I}_i),$$
$$D_{ij} = \bar{D}_i + (D_{ij} - \bar{D}_i),$$

em que $\bar{I}_i$ e $\bar{D}_i$ são as médias dessas duas covariáveis que variam no tempo computadas para cada indivíduo. Assim, o primeiro termo seguinte à igualdade representa a média do indivíduo na covariável que varia no tempo (isto é, uma variável intersujeitos) e o segundo representa o desvio do indivíduo em torno de sua média (isto é, uma variável intrassujeitos). Incluindo ambos os termos no MLH, obtemos

$$(y_{ij} - y_{i0}) = b_{0i} + b_{1i}t_{ij} + b_{2i}(I_{ij} - \bar{I}_i)$$
$$+ b_{3i}(D_{ij} - \bar{D}_i) + \varepsilon_{ij}, \qquad (15)$$

e

$$b_{0i} = \beta_0 + \beta_4\bar{I}_i + \beta_5\bar{D}_i + \upsilon_{0i},$$
$$b_{1i} = \beta_1 + \upsilon_{1i},$$
$$b_{2i} = \beta_2,$$
$$b_{3i} = \beta_3, \qquad (16)$$

para os modelos de Nível 1 e Nível 2. Portanto, o efeito total do IMI, por exemplo,

$$\beta_2(I_{ij} - \bar{I}_i) + \beta_4\bar{I}_i,$$

é dividido entre os seus efeitos intrassujeitos e intersujeitos (isto é, β_2 e β_4, respectivamente). A parte intersujeitos indica a medida em que o

Tabela 12.8 – Correlação entre pontuações de HD e níveis plasmáticos
(unidades de logaritmo natural)

Medicamento	*Semana 2*	*Semana 3*	*Semana 4*	*Semana 5*
Pontuação total de HD				
IMI	−0,034	−0,038	−0,003	−0,189
DMI	−0,177	−0,075	−0,246	−0,293*
Mudança de HD				
a partir do valor inicial				
IMI	−0,049	−0,106	−0,046	−0,240
DMI	−0,366*	0,281*	−0,363*	−0,361*

NOTA: *$p < 0,05$

Capítulo 12 / Uma introdução à modelagem de crescimento • 257

nível médio de medicamento da pessoa se relaciona com o seu nível médio de depressão, em média ao longo do tempo. Em outras palavras, talvez sujeitos com níveis de medicamento continuamente altos tenham pontuações de depressão continuamente baixas. Por outro lado, o componente intrassujeitos representa a medida em que a variação do nível de medicamento de um indivíduo está associada com uma mudança em suas pontuações de depressão (ou seja, uma mudança intrassujeito). Assim, é possível que um nível de medicamento relativamente maior em uma pessoa esteja associado com uma pontuação de depressão relativamente menor em tal pessoa num determinado ponto no tempo. Se esses dois são iguais ($\beta_2 = \beta_4$), o efeito do IMI é

$$\beta_2(I_{ij} - \bar{I}_i) + \beta_2 \bar{I}_i = \beta_2 I_{ij},$$

que é exatamente o que foi usado na última análise. Portanto, supusemos, implicitamente, que os efeitos intra e intersujeitos dos níveis desses dois medicamentos eram iguais na análise anterior. Pode-se testar esse pressuposto comparando o modelo especificado por (14) e (13) com o modelo mais geral de (15) e (16). A tabela 12.9 inclui os resultados dessa última análise.

A comparação entre os dois modelos resulta numa estatística de razão de verossimilhança de $\chi^2_2 = 3$, que não é estatisticamente significativa. Sendo assim, não se pode rejeitar o pressuposto de homogeneidade das regressões inter e intrassujeitos para esses dados. O exame dos coeficientes estimados para DMI sustenta isto: $-1,8$ e $-2,4$ para os efeitos intra e intersujeitos, respectivamente. Por sua vez, as estimativas para IMI

são muito diferentes e até de signo oposto. Contudo, nenhuma é estatisticamente significativa, e os erros-padrão para essas duas estimativas de IMI são bastante grandes. Em suma, no que tange a esses dados, não há evidência suficiente para se rejeitar o pressuposto de igualdade dos efeitos intra e intersujeitos para os dois níveis de medicamento.

12.3.5.2 Interações temporais com covariáveis que variam no tempo

Em alguns casos, pode ser de considerável interesse examinar se há interações entre o tempo uma covariável que varia no tempo. Por exemplo, poderíamos supor que a relação entre a covariável que varia no tempo e o resultado aumenta ou diminui ao longo do tempo. Isto é certamente plausível no presente exemplo porque a efetividade dos antidepressivos não é considerada imediata, mas se desenvolve com o tempo (Reisby et al., 1977). Por isso é interessante examinar em que medida os efeitos que os níveis plasmáticos de medicamento variáveis no tempo têm sobre a mudança nas pontuações de depressão ao longo do tempo. Para investigarmos essa possibilidade, podemos ampliar o modelo de Nível 1 para incluir as interações temporais, a saber,

$$\begin{aligned}(y_{ij} - y_{i0}) = {} & b_{0i} + b_{1i}t_{ij} + b_{2i}I_{ij} \\ & + b_{3i}D_{ij} + b_{4i}(I_{ij} \times t_{ij}) \\ & + b_{5i}(D_{ij} \times t_{ij}) + \varepsilon_{ij},\end{aligned} \quad (17)$$

com o correspondente modelo de Nível 2,

$$\begin{aligned} b_{0i} &= \beta_0 + \upsilon_{0i}, \\ b_{1i} &= \beta_1 + \upsilon_{1i}, \\ b_{2i} &= \beta_2, \\ b_{3i} &= \beta_3, \\ b_{4i} &= \beta_4, \\ b_{5i} &= \beta_5. \end{aligned} \quad (18)$$

Para interpretar corretamente os parâmetros do modelo, é preciso lembrar que os níveis de medicamento foram centrados na média global, que a variável de semana é igual a 0 para a segunda semana do estudo e que a interpretação dos "principais efeitos" é alterada quando há

Tabela 12.9 – Resultados de MLH para o modelo de Nível 1 (15) e o modelo de Nível 2 (16)

Parâmetro	Estimativa	SE	z	p<
β_0 da ordenada na origem	−5,09	0,66	−7,71	0,0001
β_1 da inclinação	−2,02	0,29	−6,94	0,0001
β_2 intra de ln IMI	2,44	1,46	1,68	0,10
β_3 intra de ln DMI	−1,80	1,00	−1,80	0,075
β_4 inter de ln IMI	−0,31	1,00	−0,31	não especificado
β_5 inter de ln DMI	−2,37	0,80	−2,97	0,004
$\sigma^2_{\upsilon_0}$	20,32			
$\sigma_{\upsilon_0 \upsilon_1}$	0,50			
$\sigma^2_{\upsilon_1}$	2,83			
σ^2	10,38			

NOTA: $-2 \log L = 1495,8$

258 • SEÇÃO IV / MODELOS PARA DADOS MULTINÍVEIS

interações presentes (isto é, eles representam o efeito da variável quando a variável interagente é igual a 0). Assim, nesse modelo, β_0 representa a pontuação de mudança média de HD da Semana 2 para pacientes com níveis médios de medicamento, β_1 é a mudança semanal média nas pontuações de mudança de HD para pacientes com níveis médios de medicamento, β_2 a diferença na pontuação de mudança de HD por unidade de mudança de ln IMI na Semana 2, e β_3 representa a diferença de pontuação de mudança de HD por unidade de mudança de ln DMI na Semana 2. Pode-se ver β_2 como a inclinação de regressão correspondente ao gráfico de pontuações de mudança de HD em função dos níveis de ln IMI considerando apenas dados da Semana 2 (com a ressalva de que essa inclinação de regressão é realmente um ajuste parcial de inclinação de regressão para o outro nível de medicamento). Comentários similares cabem à interpretação de β_3 em termos de ln DMI. Quanto às interações β_4 e β_5, elas indicam a mudança por semana dos efeitos do medicamento nas pontuações de mudança de HD. Em termos da analogia do gráfico, essas interações correspondem à mudança nas inclinações de regressão (parcial) associadas com distintos gráficos semanais de pontuações de mudança de HD em função dos níveis de medicamento conforme as semanas transcorrem – ou seja, como varia a inclinação para um determinado medicamento ao longo do tempo. Finalmente, v_{0i} representa o desvio da ordenada na origem individual e v_{1i} é o desvio da inclinação individual no tempo. A tabela 12.10 relaciona os resultados dessa análise.

A comparação desse modelo com aquele sem a interação medicamento-tempo (isto é, da tabela 12.7) dá uma estatística de relação de verossimilhança de $\chi_2^2 = 6,8$, estatisticamente significativa no nível de 0,05. É evidente, portanto, que os efeitos do medicamento na depressão realmente variam ao longo do tempo. O exame das estimativas e de suas estatísticas de teste na tabela 12.10 mostra que é o DMI, e não o IMI, que interage significativamente com o tempo. Especificamente, o DMI tem um efeito inicial significativo (p < 0,017) na Semana 2, indicando que níveis mais altos de DMI estão associados com maior melhoria na escala de HD nesse ponto no tempo, e que esse efeito benéfico do DMI se acentua com o tempo ($p < 0,01$). Concretamente, o benefício de uma mudança de uma unidade de ln DMI na Semana 2 é uma redução de 1,5 na pontuação de mudança de HD, ao passo que, já no último ponto no tempo, a redução de 4,5 pontos (3 × 1,5).

À primeira vista, pode parecer um tanto inusitado que a interação DMI-tempo seja tão significativa, dadas as correlações apresentadas na tabela 12.8. Para melhor compreender isso, consideremos as inclinações de regressão linear simples que se obtêm da regressão de pontuações de mudança de HD sobre valores de ln DMI em todos os quatro pontos separadamente: elas são –2,081, –2,195, –3,370 e –3,3765, respectivamente. Essas inclinações de regressão comprovam mais claramente a interação DMI-tempo, pois elas aumentam – em valor absoluto – ao longo do tempo, bem mais do que as correlações análogas da tabela 12.8. Por que esses dois conjuntos de estatísticas descritivas sugerem conclusões diferentes?

Tabela 12.10 – Resultados de MLH para modelo de Nível 1 (17) e modelo de Nível 2 (18)

Parâmetro	Estimativa	SE	z	p<
β_0 da ordenada na origem	−5,12	0,65	−7,82	0,0001
β_1 da inclinação	−1,94	0,28	−7,04	0,0001
β_2 de ln IMI	0,40	0,87	0,46	*não especificado*
β_3 de ln DMI	−1,51	0,62	−2,43	0,017
β_4 ide ln IMI por tempo	0,16	0,41	0,39	*não especificado*
β_5 de ln DMI por tempo	−0,90	0,34	−2,65	0,01
$\sigma_{v_0}^2$	20,24			
$\sigma_{v_0 v_1}$	0,99			
$\sigma_{v_1}^2$	2,50			
σ^2	10,35			

NOTA: $-2 \log L = 1492$

Lembrando que a correlação é basicamente uma representação sem escala da inclinação (ou seja, $r = \hat{\beta} s_x / s_y$), é evidente que as escalas das variáveis dependentes e independentes desempenham um papel aqui. Curiosamente, a escala dessas duas vai em sentidos opostos ao longo do tempo; os desvios-padrão das pontuações de mudança de HD aumentam (5,38, 6,51, 7,35 e 7,88 nos quatro pontos no tempo), ao passo que os desvios-padrão dos valores de ln DMI diminuem (0,95, 0,84, 0,79 e 0,76 nos mesmos quatro pontos no tempo). Por consequência, a medida das inclinações ao longo do tempo é muito diferente (isto é, a razão de desvios-padrão s_x / s_y é 0,18, 0, 13, 0,11 e 0,10, respectivamente), motivo pelo qual as inclinações simples e as correlações não apresentam tão estreita concordância e a significativa interação DMI-tempo do MLH é um tanto conflitante com o aparente padrão uniforme das correlações ao longo do tempo. Como esse MLH final e as estatísticas descritivas mostram claramente, é a inclinação dependente de escala de DMI (ou seja, quanta mudança na depressão está relacionada com uma unidade de mudança desse nível no sangue) que está aumentando no tempo, e não a associação sem escala.

12.4 Discussão

Como já demonstrado, o MLH proporciona uma maneira útil de se fazer a análise de dados longitudinais. Concretamente, o MLH faz possível a presença de dados faltantes, medições irregularmente espaçadas no tempo, covariáveis que variam no tempo e invariantes, acomodação de desvios específicos do indivíduo com respeito à tendência média no tempo, bem como estimação da variância da população associada com esses efeitos individuais. Ademais, existem métodos e software para a análise de resultados contínuos e categóricos. Talvez o recurso mais conhecido do MLH seja seu tratamento de dados faltantes. Como se têm mostrado, não se supõe que os sujeitos sejam medidos no mesmo número de pontos no tempo. Uma vez que nada limita o número de observações por indivíduo, os sujeitos ausentes a uma determinada entrevista não ficam excluídos da análise. O modelo pressupõe que os dados disponíveis para

um determinado sujeito são representativos do desvio desse sujeito com relação às tendências médias ao longo do tempo (que são estimadas com base na totalidade da amostra).

Um enfoque algo mais elaborado para se lidar com dados faltantes consiste em agrupar sujeitos com base em seu padrão de dados disponíveis ao longo do tempo. Por exemplo, os sujeitos poderiam ser classificados como sujeitos com dados completos e sujeitos com dados incompletos. Depois, pode-se incluir essa variável de classificação intersujeitos na análise para examinar em que medida esses dois tipos de sujeitos diferem no que se refere à variável de resultado. Podem incluir-se também interações para ver se os efeitos do tratamento relacionados a grupo variam segundo o padrão de dados faltantes. Little (1993, 1994, 1995) chamou esse método de *modelagem de mistura de padrões*. Hedeker e Gibbons (1997) exemplificam o uso do enfoque aplicado a dados de ensaios clínicos psiquiátricos. Verbeke e Molenberghs (2000) descrevem o enfoque de mistura de padrões com muito mais detalhes estatísticos, inclusive sobre como aplicar esses modelos para avaliar a sensibilidade dos resultados a diferentes pressupostos quanto aos dados faltantes. Embora não aplicado neste capítulo, o método de mistura de padrões oferece mais um meio para lidar com dados faltantes em estudos longitudinais.

Tem proliferado o software estatístico para análise de MLH, em especial para resultados contínuos: HLM 5 (Raudenbush *et al.*, 2000), SAS PROC MIXED, MLwiN (Goldstein *et al.*, 1998) e MIXREG (Hedeker; Gibbons, 1996b), para mencionar apenas alguns programas. Para dados categóricos, dispõe-se de software para resultados dicotômicos (EGRET [Cytel, 1999]) e ordinais ou nominais (SAS PROC NLMIXED, HLM 5, MLwiN e GLLAMM [Rabe-Hesketh; Pickles; Skrondal, 2001]; MIXOR [Hedeker; Gibbons, 1996a]; MIXNO [Hedeker, 1999]). Obviamente, o software para resultados nominais e ordinais pode ser utilizado para ajustar modelos destinados a resultados dicotômicos. Entre os artigos de revisão que comparam esses programas, podemos mencionar Leeden, Vrijburg e De Leeuw (1996) e De Leeuw e Kreft (2001).

Este capítulo se ocupou dos aspectos de modelagem de MLH sem abordar a estimação de

260 • SEÇÃO IV / MODELOS PARA DADOS MULTINÍVEIS

parâmetros. Em geral, dois métodos complementares têm sido usados em quase todos os programas de software para resultados contínuos: métodos de Bayes empíricos (BE) para a estimação dos efeitos individuais (p. ex., v_{0i}) e métodos de máxima verossimilhança (ML) para estimação de parâmetros de variância e covariância (p. ex., σ^2, $\sigma^2_{v_0}$, $\sigma^2_{v_1}$ e $\sigma_{v_0v_1}$) e efeitos de covariável (β). Soluções iterativas para estimar esses dois conjuntos de parâmetros têm sido descritas mediante o algoritmo EM (Bryk; Raudenbush, 1992; Laird; Ware, 1982) e o algoritmo de pontuação de Fisher (Bock, 1989a; Longford, 1987). Sendo esses modelos mais complexos do que os modelos comuns de regressão de efeitos fixos, às vezes o procedimento iterativo não converge para uma solução. Se isso acontece, costuma ser porque o modelo é excessivamente complexo no que diz respeito aos dados usados para estimá-lo, e, portanto, é preciso simplificar o modelo. Embora nem sempre seja claro por que um determinado modelo não converge, a construção de modelos de forma sequencial e por partes pode ajudar a isolar onde os problemas ocorrem.

No exemplo, foram feitas observações repetidas localizadas em indivíduos. Isto se denomina *estrutura de dados em dois níveis* na terminologia de análise multinível (Goldstein, 1995) e de modelos lineares hierárquicos (Raudenbush; Bryk, 2002), em que os indivíduos representam o Nível 2 e as observações repetidas localizadas são o Nível 2. Por isso, os modelos que aqui apresentamos são chamados de modelos de dois níveis. Os indivíduos em si, porém, costumam ser observados agrupados dentro de alguma unidade de nível superior, como uma sala de aula, uma clínica ou em local de trabalho. Também os dados agrupados transversais podem ser considerados de dois níveis – os agrupamentos representam o Nível 2 e os sujeitos agrupados, o Nível 1. A análise de dados agrupados transversais por meio de MLH é tratada por Hedeker, Gibbons e Flay (1994) e Hedeker, McMahon, Jason e Salina (1994). Alguns estudos agrupam os sujeitos e também os medem repetidamente, obtendo três níveis de dados: a observação de agrupamento (Nível 3), a individual (Nível 2) e a repetida (Nível 1). Descreve-se a análise de dados em três níveis em Goldstein (1995), Raudenbush e Bryk (2002), Longford (1993) e Gibbons e Hedeker (1997).

Por ser cada vez mais frequente o uso de projetos longitudinais nas ciências sociais, é importante que se desenvolvam e apliquem métodos estatísticos que tirem o máximo proveito desses conjuntos de dados longitudinais. O MLH oferece um enfoque interessante para abordar algumas questões cruciais originadas em projetos longitudinais. Esperamos que este capítulo tenha contribuído para tornar esses métodos mais conhecidos e mais utilizáveis na análise de resultados longitudinais.

REFERÊNCIAS

AGRESTI, A.; NATARAJAN, R. Modeling clustered ordered categorical data: A survey. *International Statistical Review*, 69, p. 345-371, 2001.

ALBERT, P. S. Longitudinal data analysis (repeated measures) in clinical trials. *Statistics in Medicine*, 18, p. 1707-1732, 1999.

BERKHOF, J.; SNIJDERS, T. A. B. Variance component testing in multilevel models. *Journal of Educational and Behavioral Statistics*, 26, p. 133-152, 2001.

BOCK, R. D. *Multivariate statistical methods in behavioral research*. Nova York: McGraw-Hill, 1975.

BOCK, R. D. The discrete Bayesian. *In*: WAINER, H.; MESSICK, S. (eds.). *Modern advances in psychometric research*. Hillsdale: Lawrence Erlbaum, 1983a. p. 103-115.

BOCK, R. D. Within-subject experimentation in psychiatric research. *In*: GIBBONS, R. D.; DYSKEN, M. W. (eds.). *Statistical and methodological advances in psychiatric research*. Nova York: Spectrum, 1983b. p. 59-90.

BOCK, R. D. Measurement of human variation: A two stage model. *In*: BOCK, R. D. (ed.). *Multilevel analysis of educational data*. Nova York: Academic Press, 1989a. p. 319-342.

BOCK, R. D. (ed.). *Multilevel analysis of educational data*. Nova York: Academic Press, 1989b.

BROWN, H.; PRESCOTT, R. *Applied mixed models in medicine*. Nova York: John Wiley, 1999.

BRYK, A. S.; RAUDENBUSH, S. W. *Hierarchical linear models*: Applications and data analysis methods. Newbury Park: Sage, 1992.

BURCHINAL, M. R.; BAILEY, D. B.; SNYDER, P. Using growth curve analysis to evaluate child change in longitudinal investigations. *Journal of Early Intervention*, 18, 403-423, 1994.

BURSTEIN, L. The analysis of multilevel data in educational research and evaluation. *In*: D. Berliner (Ed.), *Review of research in education*. Washington: American Educational Research Association, 1980. v. 8, p. 158-233.

CAMPBELL, S. K.; HEDEKER, D. Validity of the test of infant motor performance for discriminating among infants with varying risks for poor motor outcome. *Journal of Pediatrics*, 139, p. 546-551, 2001.

CARROLL, K. M.; ROUNSAVILLE, B. J.; NICH, C.; GORDON, L. T.; WIRTZ, P.W.; GAWIN, F. One-year follow-up of psychotherapy and pharmacotherapy for cocaine dependence. *Archives of General Psychiatry*, 51, p. 989-997, 1994.

CHI, E. M.; REINSEL, G. C. Models for longitudinal data with random effects and AR(1) errors. *Journal of the American Statistical Society*, 84, p. 452-459, 1989.

CNAAN, A.; LAIRD, N. M.; SLASOR, P. Using the general linear mixed model to analyse unbalanced repeated measures and longitudinal data. *Statistics in Medicine*, 16, p. 2349-2380, 1997.

COLLINS, L. M.; SAYER, A. G. (eds.). *New methods for the analysis of change*. Washington: American Psychological Association, 2001.

CURRAN, P. J.; STICE, E.; CHASSIN, L. The relation between adolescent and peer alcohol use: A longitudinal random coefficients model. *Journal of Consulting and Clinical Psychology*, 65, p. 130-140, 1997.

CYTEL. *Egret for Windows*. Cambridge: Author, 1999.

DAVIS, C. S. *Statistical methods for the analysis of repeated measurements*. Nova York: Springer, 2002.

DE LEEUW, J.; KREFT, I. Random coefficient models for multilevel analysis. *Journal of Educational Statistics*, 11, p. 57-85, 1986.

DE LEEUW, J.; KREFT, I. Software for multilevel analysis. *In*: LEYLAND, A. H.; GOLDSTEIN, H. (eds.). *Multilevel modelling of health statistics*. Nova York: John Wiley, 2001. p. 187-204.

DELUCCHI, K.; BOSTROM, A. Small sample longitudinal clinical trials with missing data: A comparison of methods. *Psychological Methods*, 4, p. 158-172, 1999.

DEMPSTER, A. P.; RUBIN, D. B.; TSUTAKAWA, R. K. Estimation in covariance component models. *Journal of the American Statistical Society*, 76, p. 341-353, 1981.

DIGGLE, P.; LIANG, K.-Y.; ZEGER, S. L. *Analysis of longitudinal data*. Nova York: Oxford University Press, 1994.

ELKIN, I.; GIBBONS, R. D.; SHEA, M. T.; SOTSKY, S. M.; WATKINS, J. T.; PILKONIS, P. A.; HEDEKER, D. Initial severity and differential treatment outcome in the NIMH treatment of depression collaborative research program. *Journal of Consulting and Clinical Psychology*, 63, p. 841-847, 1995.

EVERITT, B. S. Analysis of longitudinal data: Beyond MANOVA. *British Journal of Psychiatry*, 172, p. 7-10, 1998.

FITZMAURICE, G. M.; LAIRD, N. M.; ROTNITZKY, A. G. Regression models for discrete longitudinal responses. *Statistical Science*, 8, p. 284-309, 1993.

GALLAGHER, T. J.; COTTLER, L. B.; COMPTON, W. M.; SPITZNAGEL, E. Changes in HIV/AIDS risk behaviors in drug users in St. Louis: Applications of random regression models. *Journal of Drug Issues*, 27, p. 399-416, 1997.

GIBBONS, R. D.; HEDEKER, D. Application of random effects probit regression models. *Journal of Consulting and Clinical Psychology*, 62, p. 285-296, 1994.

GIBBONS, R. D.; HEDEKER, D. Random effects probit and logistic regression models for three-level data. *Biometrics*, 53, p. 1527-1537, 1997.

GIBBONS, R. D.; HEDEKER, D. Application of mixed effects models in biostatistics. *Sankhya, Series B*, 62, p. 70-103, 2000.

GIBBONS, R. D. *et al*. Some conceptual and statistical issues in analysis of longitudinal psychiatric data. *Archives of General Psychiatry*, 50, p. 739-750, 1993.

GIBBONS, R. D.; HEDEKER, D.; WATERNAUX, C. M.; DAVIS, J. M. Random regression models: A comprehensive approach to the analysis of longitudinal psychiatric data. *Psychopharmacology Bulletin*, 24, p. 438-443, 1988.

GOLDSTEIN, H. *Multilevel statistical models*. 2. ed. Nova York: Halstead, 1995.

GOLDSTEIN, H. *et al. A user's guide to MLwiN*. Londres: Institute of Education, University of London, 1998.

GRADY, J. J.; HELMS, R. W. Model selection techniques for the covariance matrix for incomplete longitudinal data. *Statistics in Medicine*, 14, p. 1397-1416, 1995.

HALIKAS, J. A.; CROSBY, R. D.; PEARSON, V. L.; GRAVES, N. M. A randomized double-blind study of carbamazepine in the treatment of cocaine abuse. *Clinical Pharmacology and Therapeutics*, 62, p. 89-105, 1997.

HAMILTON, M. A rating scale for depression. *Journal of Neurology and Neurosurgical Psychiatry*, 23, p. 56-62, 1960.

HAND, D.; CROWDER, M. *Practical longitudinal data analysis*. Nova York: Chapman & Hall, 1996.

HEDEKER, D. *Random regression models with autocorrelated errors*. Dissertação de doutorado inédita, Universidade de Chicago, Departamento de Psicologia, 1989.

HEDEKER, D. MIXNO: A computer program for mixed effects nominal logistic regression. *Journal of Statistical Software*, 4(5), p. 1-92, 1999.

HEDEKER, D.; FLAY, B. R.; PETRAITIS, J. Estimating individual differences of behavioral intentions: An application of random-effects modeling to the theory of reasoned action. *Journal of Consulting and Clinical Psychology*, 64, p. 109-120, 1996.

HEDEKER, D.; GIBBONS, R. D. MIXOR: A computer program for mixed-effects ordinal probit and logistic regression analysis. *Computer Methods and Programs in Biomedicine*, 49, p. 157-176, 1996a.

HEDEKER, D.; GIBBONS, R. D. MIXREG: A computer program for mixed-effects regression analysis with autocorrelated errors. *Computer Methods and Programs in Biomedicine*, 49, p. 229-252, 1996b.

HEDEKER, D.; GIBBONS, R. D. Application of random-effects pattern-mixture models for missing data in longitudinal studies. *Psychological Methods*, 2, p. 64-78, 1997.

HEDEKER, D.; GIBBONS, R. D.; FLAY, B. R. Random effects regression models for clustered data: With an example from smoking prevention research. *Journal of Consulting and Clinical Psychology*, 62, p. 757-765, 1994.

HEDEKER, D.; MCMAHON, S. D.; JASON, L. A.; SALINA, D. Analysis of clustered data in community psychology: With an example from a worksite smoking cessation project. *American Journal of Community Psychology*, 22, p. 595-615, 1994.

HEDEKER, D.; MERMELSTEIN, R. J. Application of random-effects regression models in relapse research. *Addiction*, 91 (Suppl.), p. S211-S229, 1996.

HEDEKER, D.; MERMELSTEIN, R. J. Analysis of longitudinal substance use outcomes using random-effects regression models. *Addiction*, 95 (Suppl. 3), p. S381-S394, 2000.

HOX, J. *Multilevel analysis*: Techniques and applications. Mahwah: Lawrence Erlbaum, 2002.

HUI, S. L.; BERGER, J. O. Empirical Bayes estimation of rates in longitudinal studies. *Journal of the American Statistical Association*, 78, p. 753-759, 1983.

HUTTENLOCHER, J. E.; HAIGHT, W.; BRYK, A. S.; SELTZER, M. Early vocabulary growth: Relation to language input and gender. *Developmental Psychology*, 27, p. 236-248, 1991.

KAPLAN, D.; GEORGE, R. Evaluating latent growth models through ex post simulation. *Journal of Educational and Behavioral Statistics*, 23, p. 216-235, 1998.

KESELMAN, H. J.; ALGINA, J.; KOWALCHUK, R. K.; WOLFINGER, R. D. A comparison of recent approaches to the analysis of repeated measurements. *British Journal of Mathematical and Statistical Psychology*, 52, p. 63-78, 1999.

LAIRD, N. M. Missing data in longitudinal studies. *Statistics in Medicine*, 7, p. 305-315, 1988.

LAIRD, N. M.; WARE, J. H. Random-effects models for longitudinal data. *Biometrics*, 38, p. 963-974, 1982.

LESAFFRE, E.; ASEFA, M.; VERBEKE, G. Assessing the goodness-of-fit of the Laird and Ware model – an example: The Jimma infant survival differential longitudinal study. *Statistics in Medicine*, 18, p. 835-854, 1999.

LEYLAND, A. H.; GOLDSTEIN, H. (eds.). *Multilevel modelling of health statistics*. Nova York: John Wiley, 2001.

LITTLE, R. J. A. Pattern-mixture models for multivariate incomplete data. *Journal of the American Statistical Association*, 88, p. 125-133, 1993.

LITTLE, R. J. A. A class of pattern-mixture models for normal incomplete data. *Biometrika*, 81, p. 471-483, 1994.

LITTLE, R. J. A. Modeling the drop-out mechanism in repeated-measures studies. *Journal of the American Statistical Association*, 90, p. 1112-1121, 1995.

LONGFORD, N. T. A fast scoring algorithm for maximum likelihood estimation in unbalanced mixed models with nested random effects. *Biometrika*, 74, p. 817-827, 1987.

LONGFORD, N. T. *Random coefficient models*. Nova York: Oxford University Press, 1993.

MANOR, O.; KARK, J. D. A comparative study of four methods for analysing repeated measures data. *Statistics in Medicine*, 15, p. 1143-1159, 1996.

MOSKOWITZ, D. S.; HERSHBERGER, S. L. (eds.). *Modeling intraindividual variability with repeated measures data*. Mahwah: Lawrence Erlbaum, 2002.

NIAURA, R. *et al.* Multicenter trial of fluoxetine as an adjunct to behavioral smoking cessation treatment. *Journal of Consulting and Clinical Psychology*, 70, p. 887-896, 2002.

OMAR, R. Z.; WRIGHT, E. M.; TURNER, R. M.; THOMPSON, S. G. Analysing repeated measures data: A practical comparison of methods. *Statistics in Medicine*, 18, p. 1587-1603, 1999.

PEARSON, E. S.; HARTLEY, H. O. *Biometrika tables for statisticians*. Londres: Biometrika Trust, 1976. v. 1.

PENDERGAST, J. F.; GANGE, S. J.; NEWTON, M. A.; LINDSTROM, M. J.; PALTA, M.; FISHER, M. R. A survey of methods for analyzing clustered binary response data. *International Statistical Review*, 64, p. 89-118, 1996.

RABE-HESKETH, S.; PICKLES, A.; SKRONDAL, A. GLLAMM: A class of models and a Stata program. *Multilevel Modelling Newsletter*, 13, p. 17-23, 2001.

RAUDENBUSH, S. W.; BRYK, A. S. *Hierarchical linear models*. 2. ed. Thousand Oaks: Sage, 2002.

RAUDENBUSH, S. W.; BRYK, A. S.; CHEONG, Y. F.; CONGDON, R. *HLM5: Hierarchical linear and nonlinear modeling*. Chicago: Scientific Software International, 2000.

REISBY, N. *et al.* Imipramine: Clinical effects and pharmacokinetic variability. *Psychopharmacology*, 54, p. 263-272, 1977.

SEIDEN, L. S.; DYKSTRA, L. A. *Psychopharmacology: A biochemical and behavioral approach*. Nova York: Van Nostrand Reinhold, 1977.

SERRETTI, A.; LATTUADA, E.; ZANARDI, R.; FRANCHINI, L.; SMERALDI, E. Patterns of symptom improvement during antidepressant treatment of delusional depression. *Psychiatry Research*, 94, p. 185-190, 2000.

SINGER, J. D.; WILLETT, J. B. *Applied longitudinal data analysis*. Nova York: Oxford University Press, 2003.

STRENIO, J. F.; WEISBERG, H. I.; BRYK, A. S. Empirical Bayes estimation of individual growth curve parameters and their relationship to covariates. *Biometrics*, 39, p. 71-86, 1983.

SULLIVAN, L. M.; DUKES, K. A.; LOSINA, E. An introduction to hierarchical linear modelling. *Statistics in Medicine*, 18, p. 855-888, 1999.

VAN DER LEEDEN, R.; VRIJBURG, K.; DE LEEUW, J. A review of two different approaches for the analysis of growth data using longitudinal mixed linear models. *Computational Statistics and Data Analysis*, 21, p. 583-605, 1996.

VERBEKE, G.; MOLENBERGHS, G. *Linear mixed models for longitudinal data*. Nova York: Springer, 2000.

WALD, A. Tests of statistical hypotheses concerning several parameters when the number of observations is large. *Transactions of the American Mathematical Society*, 54, p. 426-482, 1943.

WILLNER, P. *Depression*: A psychobiological synthesis. Nova York: John Wiley, 1985.

WOLFINGER, R. D. Covariance structure selection in general mixed models. *Communications in Statistics, Simulation and Computation*, 22, p. 1079-1106, 1993.

ZEGER, S. L.; LIANG, K.-Y. An overview of methods for the analysis of longitudinal data. *Statistics in Medicine*, 11, p. 1825-1839, 1992.

Capítulo 13

MODELOS MULTINÍVEIS PARA PESQUISA SOBRE EFICÁCIA ESCOLAR

RUSSELL W. RUMBERGER

GREGORY J. PALARDY[1]

Um dos principais temas de pesquisa em ciências sociais é o estudo da eficácia escolar. Começando, em 1966, com o primeiro estudo em grande escala de eficácia escolar, conhecido como Relatório Coleman (Coleman *et al.*, 1966), foram realizadas centenas de estudos empíricos que formulavam duas perguntas básicas:

1. As escolas têm efeitos mensuráveis no aproveitamento do aluno?
2. Em tal caso, quais são as origens desses efeitos?

Estudos que visam responder essas perguntas têm utilizado diferentes fontes de dados, diferentes variáveis e diferentes técnicas analíticas. Tanto os resultados desses estudos como os métodos aplicados para realizá-los têm sido objeto de considerável debate acadêmico.

De um modo geral, tem havido ampla concordância quanto à primeira pergunta. A maioria dos pesquisadores chegou à conclusão de que, de fato, as escolas influenciam o aproveitamento dos alunos. O comentário pioneiro de Murnane (1981, p. 20) refletiu muito bem esse consenso:

Há significativas diferenças na quantidade de aprendizado que ocorre em distintas escolas e em diferentes turmas dentro da mesma escola, mesmo entre escolas de áreas carentes e até quando se levam em consideração as habilidades e as bagagens que os alunos trazem para a escola.

Outro comentarista conclui, de maneira mais sucinta, que "professores e escolas diferem radicalmente em sua eficácia" (Hanushek, 1986, p. 1159). Apesar desse nível de concordância geral quanto ao impacto total das escolas, menos clara é a dimensão do impacto de escolas e professores, questão que abordaremos mais adiante neste capítulo.

Mas é a segunda pergunta que tem gerado o maior debate. Coleman *et al.* deram início a esse debate com a publicação de seu relatório, em 1988, ao concluírem que as escolas tinham impacto relativamente pequeno no aproveitamento estudantil, se comparado com o do contexto socioeconômico dos alunos que nelas estudam. Além disso, Coleman (1990, p. 119) descobriu que "a composição social do corpo estudantil está mais relacionada com o aproveitamento, independentemente do contexto social do próprio aluno, do que qualquer fator da escola". A publicação do relatório Coleman marcou também o início do debate metodológico sobre como estimar a eficácia escolar, um debate que prossegue até hoje. Criticou-se o estudo Coleman com base em diversas questões metodológicas, inclusive a falta de controles para contexto *a priori* e as técnicas de regressão usadas

---

1. Nota do autor: Gostaríamos de agradecer os comentários úteis de David Kaplan e, especialmente, de Michael Selzter.

264 • SEÇÃO IV / MODELOS PARA DADOS MULTINÍVEIS

para avaliar os efeitos da escola (Mosteller; Moynihan, 1972).

Desde a publicação do relatório Coleman original houve muitas outras controvérsias quanto às fontes da eficácia escolar e aos enfoques metodológicos para avaliá-los. Um debate tem se concentrado em determinar se os recursos da escola influem. Numa grande revisão de 187 estudos que examinaram os efeitos de gastos educacionais no aproveitamento estudantil, Hanushek (1989, p. 47) conclui que "não há relação forte ou sistemática entre gastos na escola e desempenho dos alunos". Como já observamos, Hanushek reconhece que há amplas diferenças de aproveitamento estudantil entre escolas, mas não atribui essas diferenças aos fatores comumente associados com os gastos na escola – experiência e educação dos professores, tamanho das turmas. No entanto, uma nova análise recente dos mesmos estudos examinados por Hanushek chega a uma conclusão diferente: "O reexame com métodos analíticos mais eficazes sugere ser altamente sustentável que os recursos tenham ao menos alguns efeitos positivos e ser pouco sustentável que existam efeitos negativos" (Hedges; Laine; Greenwald, 1994, p. 13).

Outro debate refere-se à eficácia das escolas públicas em comparação com as escolas particulares. Diversos estudos empíricos mostram que os níveis médios de aproveitamento são mais altos nas escolas privadas em geral e nas católicas, em particular, do que nas escolas públicas, mesmo quando descontadas as diferenças de características e recursos dos alunos (Bryk; Lee; Holland, 1993; Chubb; Moe, 1990; Coleman; Hoffer, 1987; Coleman; Hoffer; Kilgore, 1982). Porém, embora alguns, como Chubb e Moe (1990), afirmem que todas as escolas privadas são melhores que as públicas e defendam, portanto, a opção pela escola privada como um meio para melhorar a educação, outros pesquisadores têm argumentado que as escolas católicas – mas não outras escolas privadas – são mais eficazes e mais equitativas do que as escolas públicas (Bryk *et al.*, 1993). Já outros pesquisadores acham pouca ou nenhuma vantagem nas escolas católicas (Alexander; Pallas, 1985; Gamoran, 1996; Willms, 1985). Além disso, sugeriu-se que o fato de se levarem em consideração as diferenças em características demográficas pode não bastar para levar adequadamente em conta diferenças fundamentais e importantes entre alunos nos dois setores (Witte, 1992, p. 389).

Grande parte do debate sobre eficácia escolar concentrou-se em questões metodológicas. Questões essas que dizem respeito a aspectos como dados, variáveis e modelos estatísticos aplicados para se estimar a eficácia escolar. Desde o início da pesquisa e do debate sobre eficácia escolar, quase 50 anos atrás, novas fontes de dados mais abrangentes e novos modelos estatísticos mais avançados têm sido desenvolvidos, aperfeiçoando os estudos sobre o tema. O desenvolvimento de modelos multinível e do software para estimá-los, em especial, tem dado aos pesquisadores mais e melhores métodos para investigar a eficácia escolar. Este capítulo aborda algumas das principais questões metodológicas relativas à pesquisa da eficácia escolar, com especial ênfase na possível aplicação de modelos multinível para investigar diversas questões importantes relacionadas com esse tema[2].

Ilustraremos essas questões mediante análises de um estudo longitudinal nacional em grande escala que tem sido a fonte de muita pesquisa recente sobre eficácia escolar, o Estudo Educacional Nacional Longitudinal de 1988 (NELS, na sigla em inglês). O NELS é um estudo longitudinal nacional de uma amostra representativa de 25.000 alunos da 8ª série iniciado em 1988. Dados do ano inicial foram colhidos de questionários ministrados a alunos, seus pais e professores e aos diretores de suas escolas. Depois houve coleta de dados em 1990, 1992, 1994 e em 2000, num subconjunto da amostra original (Carroll, 1996). Os alunos foram submetidos, também, a uma série de testes de aproveitamento em inglês, matemática, ciências e estudos de história/sociais nas primaveras de 1988, 1990 e 1992, anos em que a maioria dos respondentes cursava a 8ª, a 10ª e a 12ª séries, respectivamente. Neste capítulo, usaremos uma subamostra dos dados do NELS para 14.199 alunos com questionários válidos, dos levantamentos de 1988, 1990 e 1992, que frequentavam 912 escolas de ensino médio em 1990[3]. O anexo fornece informação descritiva sobre as variáveis do conjunto de dados que foram usadas para testar os modelos neste capítulo.

---

2. Muitos dos conceitos e das técnicas que tratamos podem ser usados para estudar a eficácia de outros tipos de organizações, como hospitais, por exemplo.

3. De modo a gerar medidas exatas no nível da escola, limitamos a amostra a respondentes que tinham um cartão de identificação escolar válido em 1990, tinham pontuações de testes válidos em 1988 e 1990 e estudavam numa escola de ensino médio com, pelo menos, cinco alunos.

Começamos o capítulo apresentando um modelo conceitual de ensino que pode servir para estruturar estudos da eficácia escolar. Em seguida, discutimos várias questões referentes à escolha de dados e variáveis que se utilizam para testar modelos multinível. Depois, analisamos diversos tipos e usos de modelos multinível para estimar a eficácia escolar. Por fim, analisamos técnicas para reconhecer escolas eficazes. Para cada tema, explicaremos algumas importantes decisões que os pesquisadores devem tomar ao empreenderem estudos de eficácia escolar e como essas decisões podem influenciar resultados e conclusões do estudo.

13.1 UM MODELO CONCEITUAL DE ENSINO

Para fazermos pesquisa quantitativa sobre eficácia escolar, deveríamos ter um modelo conceitual do processo educacional. Pode-se usar um modelo conceitual para orientar o plano inicial do estudo, como a seleção de participantes e a coleta de dados, bem como a escolha de variáveis e a elaboração de modelos estatísticos. Muito embora, ao longo dos anos, tenham sido desenvolvidos e aplicados diversos arcabouços conceituais em pesquisas sobre eficácia escolar (p. ex., Rumberger; Thomas, 2000; Shavelson *et al.*, 1987; Willms, 1992), todos caracterizaram o ensino como um fenômeno de múltiplos níveis ou localizado no qual as atividades de um nível são influenciadas por outras de um nível superior (Barr; Dreeben, 1983; Willms, 1992). Por exemplo, o aprendizado dos alunos é influenciado por experiências e atividades de cada um deles, como a quantidade e o tipo de dever de casa que eles fazem. Mas o aprendizado dos alunos também é influenciado pela quantidade e pelo tipo de instrução que eles recebem de seus professores nas aulas, bem como pelas qualidades das escolas que frequentam, tais como o ambiente e o caráter dos cursos ministrados. Se essas influências em múltiplos níveis são desconsideradas ou especificadas de maneira incorreta, as conclusões sobre seus efeitos no aprendizado do aluno podem resultar errôneas (p. ex., Summers; Wolfe, 1977).

Para além de seu caráter multinível, o processo de ensino pode dividir-se em distintos componentes.

Um arcabouço baseia-se na visão sociológica do ensino (Tagiuri, 1968; Willms, 1992), que descreve quatro principais dimensões da educação: ecologia (recursos físicos e materiais), meio social (características dos alunos e do pessoal), sistema social (padrões e regras de atuação e interação) e cultura (normas, crenças, valores e atitudes). Outro arcabouço baseia-se num modelo econômico de ensino (p. ex., Hanushek, 1986; Levin, 1994), que vê nele três componentes principais: os aportes ao ensino – alunos, professores e outros recursos; o processo educacional em si, que descreve como se utilizam esses aportes e recursos no processo educativo; e os resultados do ensino, isto é, a aprendizagem e o aproveitamento dos alunos[4].

A figura 13.1 apresenta um exemplo de arcabouço conceitual baseado no modelo econômico. O arcabouço mostra o processo educacional operando nos três níveis do ensino: escolas, salas de aula e alunos. Ele também assinala dois tipos principais de fatores que influenciam os resultados do ensino: (a) aportes a escolas, consistentes em estrutura (tamanho, localização), características dos alunos e recursos (professores e recursos físicos); e (b) processos e métodos escolares e de aula. Os aportes escolares são – em grande parte – "dados" à escola e, portanto, não podem ser alterados pela própria escola (Hanushek, 1989). O segundo conjunto de fatores abrange práticas e políticas sobre as quais a escola tem controle e que, portanto, interessam, em especial, aos profissionais da escola e aos formuladores de políticas ao desenvolverem indicadores de eficácia escolar (Shavelson *et al.*, 1987).

13.1.1 Variáveis dependentes

O arcabouço sugere que a pesquisa sobre eficácia escolar pode centrar seu foco em diversos resultados educacionais. A medida mais comum da eficácia escolar é o rendimento acadêmico, expresso pelas notas obtidas pelo aluno nas provas e considerado um dos mais importantes resultados do ensino. Ainda que as características contextuais dos alunos influam

---

4. Em seu estudo pioneiro da eficácia escolar, o sociólogo James Coleman valeu-se de um modelo de entrada/saída do processo educacional (cf. Coleman, 1990).

no seu rendimento acadêmico, a pesquisa tem demonstrado claramente que os resultados em termos de aproveitamento dependem, também, das características das escolas em que eles estudam (Coleman *et al.*, 1982; Gamoran, 1996; Lee; Bryk, 1989; Lee; Smith, 1993, 1995; Lee; Smith; Croninger, 1997; Witte; Walsh, 1990).

Estudos sobre eficácia escolar examinaram, ainda, outros resultados de alunos. Um deles é o abandono escolar, que, como alguns estudos mostraram, também é influenciado pelas características das escolas (Bryk *et al.*, 1993; Bryk; Thum, 1989; Coleman; Hoffer, 1987; McNeal, 1997; Rumberger, 1995; Rumberger; Thomas, 2000). Outros estudos analisaram o impacto das características da escola no absenteísmo (Bryk; Thum, 1989), no engajamento (Johnson; Crosnoe; Elder, 2001) e no comportamento social (Lee; Smith, 1993). Uma razão pela qual outros resultados de alunos também têm sido examinados é que escolas e características escolares que contribuem para melhorar o desempenho do aluno num resultado podem não ser eficazes para melhorá-lo em outro resultado (RUMBERGER; PALARDY, 2003b).

13.1.2 Variáveis independentes

O arcabouço conceitual sugere que diversos tipos de variáveis são úteis na elaboração de modelos estatísticos de eficácia escolar. Apresentamos, aqui, uma análise sucinta de algumas dessas variáveis.

13.1.2.1 Características do aluno

A pesquisa demonstrou que diversas características individuais dos alunos estão relacionadas com os resultados ndividuais obtidos por eles. Entre elas, características demográficas, como a etnia e o gênero; características da família, como a condição socioeconômica e a estrutura familiar; e antecedentes acadêmicos, como aproveitamento prévio e retenção. Verificou-se que essas características se relacionam com certos resultados do aluno, como o engajamento, o aproveitamento (pontuações em testes) e o abandono (Bryk; Thum, 1989; Chubb; Moe, 1990; Lee; Burkam, 2003; Lee; Smith, 1999; McNeal, 1997; Rumberger, 1995; Rumberger; Palardy, 2003b; Rumberger; Thomas, 2000).

Figura 13.1 Um arcabouço conceitual multinível para analisar a eficácia escolar

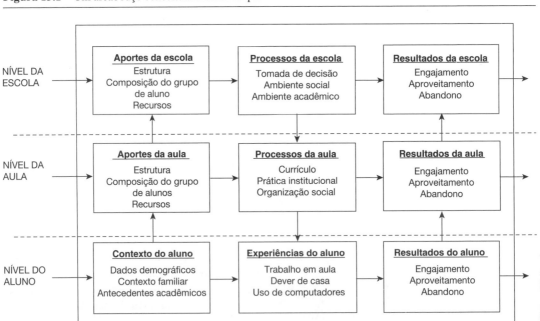

As características do aluno influenciam seu aproveitamento não só em nível individual, como também num nível conjunto ou social. Isto é, a composição social do conjunto dos alunos de uma escola (às vezes chamada de *efeitos contextuais*) pode influenciar o aproveitamento para além dos efeitos das características do aluno em nível individual (Coleman *et al.*, 1966; Gamoran, 1992). Estudos têm mostrado que a composição social das escolas prediz os índices de engajamento, aproveitamento e abandono escolar, mesmo depois de considerados os efeitos das características de contexto individual dos alunos (Bryk; Thum, 1989; Chubb; Moe, 1990; Jencks; Mayer, 1990; Lee; Smith, 1999; McNeal, 1997; Rumberger, 1995; Rumberger; Thomas, 2000).

13.1.2.2 Recursos da escola

São recursos da escola tanto os recursos fiscais como os recursos materiais que esses podem comprar. Como já dissemos, existe, na comunidade de pesquisa, um considerável debate sobre em que medida os recursos da escola contribuem para a eficácia escolar. Mas há muito menos debate quanto à importância dos recursos materiais, sobretudo o número e a qualidade dos professores. Já a exata natureza das características do professor que contribuem para a eficácia escolar – como qualificação e experiência – não é tão clara (Goldhaber; Brewer, 1997). Para além da qualidade dos professores, há ao menos alguma evidência de que a quantidade deles, medida pelo número de alunos por professor, tem efeito positivo e relevante em alguns resultados do aluno (McNeal, 1997; Rumberger; Palardy, 2003b; Rumberger; Thomas, 2000).

13.1.2.3 Características estruturais das escolas

Características estruturais da escola, como a localização (urbana, suburbana, rural), o tamanho e o tipo de controle (público ou privado), também contribuem para o seu desempenho. Ainda que se tenham observado entre as escolas generalizadas diferenças de aproveitamento baseadas em características estruturais, não está claro se essas diferenças decorrem das próprias características estruturais ou se elas se relacionam com diferenças de características dos alunos

e de recursos das escolas frequentemente associadas com os aspectos estruturais. Como já assinalamos, essa questão tem sido debatida de forma mais ampla no que diz respeito a uma característica estrutural: a diferença entre escolas públicas e privadas. Mais recentemente, outro aspecto estrutural das escolas tem sido objeto de considerável interesse: o tamanho da escola (Lee; Smith, 1997).

13.1.2.4 Processos da escola

Em que pesem a atenção e a controvérsia em torno dos fatores anteriores associados com a eficácia escolar, é na área dos processos da escola que muita gente vê a maior promessa para a compreensão e a melhoria do desempenho escolar. Embora a maioria das escolas – ou, ao menos, a maioria das escolas públicas – tenha pouco controle sobre as características, os recursos e os aspectos estruturais do aluno, elas podem ter – e de fato têm – bastante controle sobre o seu modo de organização e administração, os métodos de ensino que aplicam e o ambiente que criam para a aprendizagem do aluno, aspectos chamados de *processos da escola*. Alguns pesquisadores também os denominaram "efeitos Tipo B", porque, quando se fazem ajustes conforme outros fatores, eles fornecem uma base melhor e mais adequada para comparar o desempenho das escolas (Raudenbush; Willms, 1995; Willms, 1992; Willms; Raudenbush, 1989). Mostrou-se que diversos processos da escola influem no aproveitamento do aluno, como a reestruturação escolar e as várias políticas e práticas que influenciam o ambiente social e acadêmico das escolas (Bryk; Thum, 1989; Croninger; Lee, 2001; Gamoran, 1996; Lee; Smith, 1993, 1999; Lee *et al.*, 1997; Phillips, 1997; Rumberger, 1995).

13.2 Dados e seleção de amostras

13.2.1 Dados

Como todos os estudos quantitativos, a pesquisa sobre eficácia escolar precisa de dados adequados. O arcabouço conceitual tratado anteriormente mostra que os resultados dos alunos são influenciados por diversos fatores diferentes a agir em distintos níveis dentro do sistema educacional, inclusive fatores do aluno, fatores familiares e fatores da escola. A pesquisa criteriosa sobre eficácia escolar necessita, geralmente, de dados a respeito de todos esses fatores. De mais a mais, como analisamos a seguir, modelos longitudinais são úteis para abordar certas perguntas de pesquisa e exigem medições repetidas de resultados dos alunos ao longo do tempo. Portanto, modelos multinível para eficácia escolar podem ter vasta demanda de dados.

Para se atender a essa vasta demanda de dados, é preciso contar com consideráveis recursos, que raramente estão à disposição de estudos de pequena escala. Por isso, o governo federal investiu no projeto e na coleta de diversos estudos longitudinais em grande escala, os quais têm sido a base para a maioria dos estudos sobre eficácia escolar realizados nos últimos 40 anos. Os primeiros estudos basearam-se em levantamentos longitudinais nacionais e alguns locais (estaduais) efetuados em grupos de alunos de ensino médio (p. ex., Alexander; Eckland, 1975; Hauser; Featherman, 1977; Jencks; Brown, 1975; Summers; Wolfe, 1977). O Departamento de Educação dos Estados Unidos realizou o Estudo Longitudinal Nacional de 1972 da turma de Ensino Médio de 1972, o Estudo de 1980 sobre Ensino Médio e Posterior com alunos de 10^a e 12ª séries, o Estudo Nacional Longitudinal de Educação de 1988 com alunos da 8ª série e o Estudo Longitudinal da Primeira Infância (ECLS, na sigla em inglês) de 1998, com turmas de jardim de infância de 1998-1999 e a coorte de nascimento de 2000, bem como o Estudo Educacional Longitudinal de 2002 com alunos da 10ª série[5]. Todos esses programas de levantamento envolvem grandes amostras de alunos e escolas junto com levantamentos de alunos, pais, professores e escolas, bem como avaliações de alunos sobre aproveitamento acadêmico especialmente projetadas. O inconveniente desses estudos é eles raramente terem amostras de tamanho adequado no nível de sala de aula, o que torna problemáticas as pesquisas sobre efeitos do ensino e da sala de aula. Até pouco tempo atrás, todos os estudos federais sobre educação focavam alunos

de ensino médio. Com a disponibilidade de dados do ECLS, esse foco parece deslocar-se para as escolas de ensino elementar.

13.2.2 Seleção da amostra

Uma vez que se escolheu um adequado conjunto de dados, o passo seguinte para se realizar um estudo sobre eficácia escolar é selecionar uma amostra apropriada. Além de se escolher um conjunto de dados e uma amostra levando em consideração os tipos de perguntas de pesquisa a serem abordadas, é importante atentar para outras duas questões: dados faltantes e viés de amostragem.

13.2.2.1 Dados faltantes

Os dados faltantes são uma realidade na pesquisa social e especialmente problemáticos em análises longitudinais nas quais a desistência tende a agravar o problema. Em estudos de painel, a desistência pode ocorrer quando famílias se mudam ou alunos abandonam a escola entre ondas, ou quando, no levantamento complementar, não se consegue localizar o aluno por alguma outra razão. Outra situação é a falta de resposta sobre certos itens. Resolver como lidar com valores faltantes é um dilema muito comum. O método cujo uso é mais generalizado talvez seja a omissão de casos com dados faltantes, embora seja consenso geral que a exclusão só é o procedimento correto quando os dados estão ausentes de forma completamente aleatória (cf. uma análise detalhada dos tipos de "ausência" e soluções em Little e Rubin [1987]). A exclusão de casos em outras situações pode enviesar a amostra e as estimativas de parâmetros. Logo, é importante ponderar alternativas à exclusão.

13.2.2.2 Viés da amostragem

Há viés na amostragem quando alguma parte da população-alvo não está adequadamente representada na amostra. Esse problema costuma decorrer da exclusão de casos com dados faltantes e, como dissemos anteriormente, pode acarretar

---

5. Para maior informação, visite o *site* do National Center for Education Statistics, disponível em htpp:/nces.ed.gov/surveys/.

resultados distorcidos[6]. Outras vezes, pesquisadores podem optar por excluir alguns casos válidos por alguma razão. Por exemplo, pode ser que alunos que abandonam os estudos e aqueles que se mudam sejam excluídos de uma análise avaliativa da eficácia escolar porque o aumento de seu aproveitamento não é atribuível a uma única escola. Quer os casos tenham dados faltantes ou se cogite de sua remoção por outra razão, a exclusão é uma opção que só deveria ser considerada depois de se verificar que esses casos não diferem sistematicamente dos demais. Em geral, quanto maior a porcentagem de casos excluídos, maior a chance de haver viés na seleção. Entretanto, para resguardar-se contra o viés na amostragem, é melhor não excluir os casos com dados faltantes, mas lidar com eles por meio de uma apropriada rotina para valores faltantes.

Como sugere o título deste capítulo, a pesquisa de eficácia escolar precisa, geralmente, de um modelo multinível, porque os alunos estão agrupados em salas de aula e escolas. A discussão anterior sobre o viés de seleção concentrou-se na omissão de casos de alunos. Omissões no nível de aluno podem também causar um viés na amostra em nível de escola. É exemplo simples disso o efeito da exclusão de alunos dos quais faltam dados de aproveitamento. Se os casos omitidos tiverem níveis de aproveitamento menores que os dos casos mantidos, as estimativas de aproveitamento médio no nível da escola também terão um viés. Além disso, a omissão de casos no nível de aluno diminui o número médio de alunos por escola, o que geralmente reduz a confiabilidade dos coeficientes fixos e aleatórios no modelo.

13.3 Uso de modelos multinível para tratar perguntas de pesquisa

Uma ampla variedade de modelos multinível pode ser e tem sido utilizada para fazer pesquisa de eficácia escolar. A escolha de modelos depende tanto das perguntas que o pesquisador deseja formular quanto dos dados disponíveis para respondê-las. Dois aspectos essenciais dos dados são importantes na seleção de modelos: se esses dados representam medidas num único ponto no tempo (longitudinal) e se as medidas do resultado são continuamente distribuídas (p. ex., pontuações de teste padrão) ou categóricas (p. ex., taxas de abandono escolar). Nesta seção, examinamos vários modelos diferentes. Agrupamos os modelos pelos tipos de variáveis dependentes ou de resultado neles usados e se os dados são transversais ou longitudinais:

- modelos (transversais) de aproveitamento com resultados contínuos;
- modelos (longitudinais) de crescimento do aproveitamento com resultados contínuos;
- modelos com resultados categóricos.

Para cada grupo de modelos, propomos uma série de perguntas de pesquisa e os modelos mais adequados para abordá-las. Depois, exemplificamos os procedimentos para usá-los com os dados de amostra do NELS.

13.3.1 Modelos para aproveitamento

O tipo de modelo multinível usado com maior frequência para eficácia escolar é aquele no qual a variável dependente é o aproveitamento do aluno num único ponto no tempo. A popularidade desses modelos deve-se ao fato de eles precisarem de apenas uma rodada de coleta de dados, o que é mais fácil e menos oneroso do que as múltiplas rodadas de coleta de dados que encontramos em estudos longitudinais. De mais a mais, mesmo que esses modelos tenham algumas limitações intrínsecas, como veremos a seguir, eles ainda podem servir para tratar de uma ampla variedade de perguntas de pesquisa.

Geralmente, os modelos para aproveitamento do aluno especificam dois componentes ou submodelos distintos: (a) modelos para resultados em nível de aluno dentro de escolas, conhecidos como *modelos intraescolares*; e (b) modelos para resultados em nível de escola, chamados de *modelos interescolares*, nos quais os parâmetros obtidos do modelo intraescolar servem como variáveis dependentes no modelo interescolar. Como o modelo intraescolar pode conter diversos parâmetros, cada

---

6. O problema pode decorrer, também, das técnicas de amostragem aplicadas com frequência na coleta de estudos longitudinais multinível, como os estudos federais em grande escala já mencionados. Tais estudos fornecem, geralmente, ponderações de amostragem das quais os pesquisadores podem se utilizar para produzir estimativas exatas de parâmetros populacionais (cf. Carroll, 1996).

270 • SEÇÃO IV / MODELOS PARA DADOS MULTINÍVEIS

parâmetro gera a sua própria equação interescolar. Na maioria das aplicações, estima-se uma série de modelos, começando por uns relativamente simples e, depois, acrescentando parâmetros para desenvolver modelos mais completos. Uma vez que cada modelo é útil para abordar determinados tipos de perguntas de pesquisa, os estudos sobre eficácia escolar costumam aplicar vários modelos diferentes.

13.3.1.1 As escolas fazem diferença?

Essa é a pergunta mais fundamental na pesquisa sobre eficácia escolar que procura saber o quanto da variação no aproveitamento do aluno é atribuível às escolas que os alunos frequentam. Coleman (1990, p. 76) foi o primeiro pesquisador a abordar essa pergunta e o fez dividindo a variação total no aproveitamento do aluno em dois componentes, um dos quais consistia na variação das pontuações de testes dos indivíduos em torno das médias de suas respectivas escolas, enquanto o outro consistia na variação das médias da escola ao redor da média global para a amostra completa. Coleman (1990, p. 77) descobriu que as escolas eram responsáveis por apenas uma pequena parte da variação total nas pontuações de testes dos alunos, variando entre 5% e 38% entre diferentes níveis de ensino, grupos étnicos e regiões do país.

É fácil abordar essa pergunta de pesquisa mediante um *modelo incondicional* ou *nulo* multinível. O primeiro modelo não tem variáveis preditoras nem no modelo intraescolar nem no interescolar e é chamado de modelo ANOVA nulo ou unidirecional:

Modelo de Nível 1: $Y_{ij} = \beta_{0j} + r_{ij}, r_{ij} \sim N(0, \sigma^2)$.

Modelo de Nível 2: $\beta_{0j} = \gamma_{00} + \mu_{0j}, \mu_{0j} \sim N(0, \tau_{00})$.

Modelo combinado: $Y_{ij} = \gamma_{00} + \mu_{0j} + r_i$.

Nesse caso, o modelo de Nível 1 representa o aproveitamento do aluno i na escola j como função do aproveitamento médio na escola $j(\beta_{0j})$ e um termo de erro em nível de aluno (r_{ij}), e o modelo de Nível 2 representa o aproveitamento médio na escola j como função da média global de todas as médias de escola (γ_{00}) e de um termo de erro em nível de escola (μ_{0j}). Além de fornecer uma estimativa do único efeito fixo, a média global para aproveitamento (γ_{00}), o modelo também dá

estimativas para os componentes de variância em nível de aluno (σ^2) e em nível de escola (τ_{00}), que podem ser usados para determinar que proporção da variância total corresponde aos alunos e às escolas.

Podemos mostrar a utilidade do modelo nulo com os dados do NELS tomando pontuações de provas de matemática de 10ª série como a variável dependente. Os parâmetros estimados com base nesse modelo estão na tabela 13.1 (coluna 1)[7]. A estimativa para a média global do aproveitamento médio em matemática $(\hat{\gamma}_{00})$ entre a amostra de 912 escolas de ensino médio é 50,85, muito próxima da média real para os alunos na amostra (ver anexo). Os valores estimados para os dois componentes da variância podem ser usados para dividir a variância em pontuações de alunos em matemática entre os níveis de aluno e de escola, como mostramos a seguir:

Variância no nível de aluno $(\hat{\sigma}^2)$: 73,88

Variância no nível de escola $(\hat{\tau}_{00})$: 24,12

Variância total: 98

Proporção da variância no nível de escola: 0,25

Os resultados mostram que 25% da variância total está no nível da escola, sugerindo que as escolas contribuem, de fato, para diferenças nas pontuações dos alunos em matemática. Esse resultado está dentro da faixa que Coleman *et al.* acharam em seu estudo[8] de 1966, bem como da faixa encontrada em outros estudos sobre aproveitamento do aluno por meio de modelos similares (p. ex., Lee; Bryk, 1989; Rumberger; Willms, 1992). Uma vez que se decompõe a variância total em seus componentes de aluno e de escola, é possível construir modelos para explicar cada um deles, bem à maneira como se usam modelos de regressão de único nível para explicar a variância.

13.3.1.2 Em que medida o aproveitamento médio varia entre escolas?

Essa é uma pergunta relacionada com a qual o pesquisador pode determinar o grau de variação

---

7. Em razão do espaço disponível, só fornecemos estimativas de efeitos fixos e aleatórios. Raudenbush e Bryk (2002) sugerem que os pesquisadores examinem também outras estatísticas, inclusive de confiabilidade.

8. Coleman (1990, p. 77) oferece um resumo dos achados na tabela 3.22.1.

Tabela 13.1 – Estimativas de parâmetros para modelos alternativos multinível de aproveitamento em matemática

	Modelo nulo (1)	Modelo 1 de médias como resultado (2)	Modelo 2 de médias como resultado (3)	Modelo ANCOVA unidirecional (4)	Modelo de coeficiente aleatório (5)	Modelo de ordenadas n/origem e inclinações como resultados (6)
Efeitos fixos						
Modelo para aproveitamento médio de escola (β_0)						
ORDENADA NA ORIGEM (γ_{00})	50,85**	49,93**	50,85**	50,96**	50,84**	50,84**
	(0,18)	(0,17)	(0,12)	(0,12)	(0,18)	(0,11)
CSEM (γ_{11})			8,11**			8,11**
			(0,25)			(0,25)
CATÓLICAS (γ_{02})		3,22**	−0,21			−0,23
		(0,62)	(0,43)			(0,43)
PRIVADAS (γ_{03})		9,35**	0,76			0,73
		(0,64)	(0,53)			(0,53)
Modelo para inclinação de aproveitamento de CSE (β_1)						
ORDENADA NA ORIGEM (γ_{10})				4,95**	4,22**	4,51**
				(0,10)	(0,12)	(0,13)
CSEM (γ_{11})						1,09**
						(0,30)
CATÓLICAS (γ_{12})						−1,78**
						(0.55)
PRIVADAS (γ_{13})						−3,55**
						(0,55)
Componentes da variância						
Intraescolar (Nível 1) (σ^2)	73,88	73,91	73,95	66,55	65,88	65,97
Interescolar (Nível 2)						
Médias de escola (τ_{00})	24,12**	17,33**	5,35**	9**	24,75**	5,93**
Inclinações de aproveitamento por CSE (τ_{11})					1,34**	0,82**
Proporção explicada						
Médias de escola		0,28	0,77	0,63		0,75
Inclinações de aproveitamento por CSE						0,29

NOTA: CSE = condição socioeconômica; PRIVADAS = escolas privadas; CATÓLICAS = escolas católicas; CSEM = condição socioeconômica média.
*$p < 0,05$; **$p < 0,01$.

do aproveitamento médio de uma escola entre diversas outras. Também se pode abordar essa pergunta por meio de estimativas de parâmetros obtidas do modelo incondicional para calcular um intervalo de confiança de 95%, chamado de faixa de valores plausíveis, pressupondo-se que a variância de nível de escola tem distribuição normal (Raudenbush; Bryk, 2002, p. 71):

$$\text{Faixa de valores plausíveis} = \hat{\gamma}_{00} \pm 1,96\,(\hat{\tau}_{00})^{1/2}$$

$$= 50,85 \pm 1,96\,(24,12)^{1/2}$$

$$= (41,23,\ 60,47).$$

Os resultados anteriores indicam uma gama considerável de aproveitamento médio entre escolas de segundo grau, com nível 50% maior nas de melhor desempenho (97,5° percentil) do que nas de mais baixo desempenho (2,5° percentil).

13.3.1.3 A quais aportes da escola se devem as diferenças de resultados entre escolas?

Outra pergunta fundamental em pesquisas sobre eficácia escolar diz respeito à relação entre aportes e resultados das escolas. Mais uma vez, essa é uma

272 • SEÇÃO IV / MODELOS PARA DADOS MULTINÍVEIS

das principais perguntas abordadas por Coleman *et al.* (1966) em seu estudo pioneiro (resumido em Coleman, 1990, p. 2) e continua sendo importante para iniciativas de políticas que visam enfrentar disparidades nos aportes das escolas.

Pode-se abordar essa pergunta de pesquisa mediante um segundo tipo de modelo multinível, conhecido como *modelo de médias como resultados*. Esse modelo tenta explicar a variância no nível de escola – mas não a variância no nível de aluno – acrescentando ao modelo preditores de nível de escola, como mostramos no seguinte exemplo, no qual incluímos duas variáveis indicadoras ou fictícias para o setor de escola:

Modelo de Nível 1 = $Y_{ij} = \beta_{0j} + r_{ij}$

Modelo de nível 2 = $\beta_{0j} + \gamma_{00} + \gamma_{01}$ CATÓLICA$_j$ $+ \gamma_{02}$ PRIVADA$_j + u_{0j}$

Nesse exemplo há três efeitos fixos: um para o aproveitamento médio em matemática em escolas secundárias públicas (γ_{00}), um para a diferença de aproveitamento médio entre escolas públicas e católicas (γ_{01}) e um para a diferença de aproveitamento médio entre escolas públicas e privadas não católicas (γ_{02}). Os resultados desse modelo (cf. tabela 13.1, coluna 2) mostram que o aproveitamento médio do aluno em matemática é 49,93 em escolas públicas, enquanto é mais de 3 pontos superior em escolas católicas e mais de 9 pontos superior em escolas privadas. Ambas as variáveis preditoras são estatisticamente significativas[9].

Com esses dois preditores no modelo, a variância em nível de escola (τ_{00}) é, agora, uma variância condicional ou a variância que permanece depois de se levarem em conta os efeitos do setor escolar (Católico, Privado). Consequentemente, ela é, em geral, menor do que a variância no modelo incondicional. Pode-se usar a diferença nas duas estimativas de variância para determinar o quanto da variância incondicional é explicado pelo modelo que contém esses dois preditores:

Proporção de variância explicada

$= [\hat{\tau}_{00}(\text{Modelo 1}) - \hat{\tau}_{00}(\text{Modelo 2})] / \hat{\tau}_{00}(\text{Modelo 1})$

$= [24,12 - 17,33] / 24,12$

$= 0,28$

Os resultados indicam que 28% da variância total entre escolas em aproveitamento médio de matemática deve-se às duas variáveis de setor escolar.

Depois, acrescentamos um terceiro preditor ao modelo de nível de escola, a condição socioeconômica média dos alunos em cada escola (CSEM):

Modelo de Nível 2: $\beta_{0j} = \gamma_{00} + \gamma_{01}$ CSEM$_j$ $+ \gamma_{02}$ CATÓLICA$_j + \gamma_{03}$ PRIVADA$_j + u_{0j}$

Nesse exemplo há quatro efeitos fixos: o aproveitamento médio em matemática em escolas secundárias públicas, em que CSEM é 0 (γ_{00})[10]; o efeito da condição socioeconômica (CSE) média da escola no aproveitamento médio em matemática (γ_{01}); a diferença de aproveitamento médio entre as escolas públicas e as católicas, mantendo constante a CSE média nas escolas (γ_{02}); e a diferença de aproveitamento médio entre escolas públicas e privadas não católicas, mantendo constante a CSE média nas escolas (γ_{03}). Os resultados desse modelo (cf. tabela 13.1, coluna 3) mostram que a CSEM tem um efeito estatisticamente significativo no aproveitamento médio em matemática ($\hat{\gamma}_{01} = 8,11, p < 0,01$) – um aumento de 1 do desvio-padrão na CSEM aumenta 4,22 (8,11 × 0,52) pontos nas pontuações médias de testes. Descontado o efeito da CSE média nas escolas, os coeficientes para escolas católicas e particulares já não são estatisticamente significativos. Esse exemplo mostra que é importante especificar corretamente um modelo para obter resultados válidos e isentos de viés. Embora isso se aplique a todos os modelos estatísticos, é de especial importância em modelos multinível, pois o pesquisador deve recorrer a um leque mais amplo de literatura de pesquisa sobre fatores individuais e da escola determinantes do aproveitamento do aluno, a fim de especificar modelos corretos em cada nível da análise.

O modelo anterior explica 77% da variância em nível de escola. Isto é, apenas três preditores

---

9. Raudenbush e Bryk (2002, p. 56-65) explicam em detalhe o teste de hipótese para efeitos fixos e aleatórios. Os valores *p* mostrados nas tabelas 13.1 e 13.2 são de testes de parâmetro único, baseados em testes *t* para efeitos fixos e testes qui-quadrado para os componentes de variância.

10. Valor muito próximo ao da média da amostra, de 0,01.

explicam a maior parte da variabilidade no aproveitamento médio entre escolas[11].

13.3.1.4 Que diferença faz a escola no aproveitamento da criança que nela estuda?

Eis uma outra pergunta fundamental que Coleman (1990, p. 2) abordou em seu estudo pioneiro e é particularmente importante para os pais. De um modo geral, os pais procuram escolher uma escola que melhore o aproveitamento acadêmico de seu filho. Eles também estão cientes de que o aproveitamento médio varia muito entre escolas, em parte porque escolas, *sites* de repartições de educação pública e jornais fornecem tal informação. Todavia, não se pode atribuir toda a variância no aproveitamento do aluno em nível escolar aos efeitos das escolas. Algo dessa variância decorre das características do contexto individual dos alunos, pois elas afetam seus resultados, seja qual for a escola em que eles estudem.

Pode-se abordar essa pergunta de pesquisa utilizando outro tipo de modelo multinível, conhecido como *modelo ANCOVA unidirecional*. Uma técnica útil para descontar os efeitos das características do contexto do aluno nesse modelo consiste em "centrar" preditores em nível de aluno em redor de sua média global ou amostral.

A seguir, um exemplo simples desse tipo de modelo no qual se procede a introduzir e centrar um preditor único em nível de aluno – CSE – na média global:

Modelo de Nível 1: $Y_{ij} = \beta_{0j} + \beta_{1j}(\text{CSE}_j - \overline{\text{CSE}..}) + r_{ij}$.
Modelo de Nível 2: $\beta_{0j} = \gamma_{00} + u_{0j}$.
$$\beta_{1j} = \gamma_{10}$$

A centralização na média global modifica o significado do termo da ordenada na origem (β_{0j}). Em lugar de representar o aproveitamento médio real dos alunos em cada escola, ele representa, agora, o aproveitamento esperado de um aluno cujas características de contexto são iguais à média global de todos os alunos na amostra maior (Raudenbush; Bryk, 2002, p. 33). Isto é, as médias das escolas se ajustam pelas diferenças de características de

contexto dos alunos que nelas estudam e agora, portanto, representam o aproveitamento esperado de um aluno "médio". Nesse exemplo há dois efeitos fixos: um para a média escolar do aproveitamento esperado em matemática para alunos com CSE média (γ_{00}) e um para o efeito previsto da CSE do aluno no aproveitamento em matemática (γ_{10})[12]. Além disso, a equação para o preditor em nível de aluno é "fixa" no Nível 2 nesse modelo, porque não se especifica nenhum efeito de escola aleatório, o que pressupõe que o efeito da CSE do aluno não varia entre as escolas, pressuposto esse que testamos a seguir. Nesse caso, a variância em nível de aluno (σ^2) representa a variância residual do aproveitamento do aluno depois de descontar o efeito da CSE do aluno, e a variância em nível de escola (τ_{00}) representa a variância entre escola em médias escolares ajustadas.

Os parâmetros estimados deste modelo (cf. tabela 13.1, coluna 4) mostram que a CSE do aluno é um eficiente preditor de aproveitamento acadêmico ($\hat{\gamma}_{10} = 4,95$, $p < 0,01$). Um aumento de 1 do desvio-padrão na CSE do aluno implica um aumento de 4 ($4,95 \times 0,81$) pontos no aproveitamento do aluno. Esse único preditor, centrado na média global, explica 63% da variância em nível de escola. Isto é, quase dois terços da variância observada entre escolas no aproveitamento médio em matemática podem explicar-se pelas diferenças no contexto de CSE dos alunos que nelas estudam. A magnitude desse impacto pode verificar-se também ao calcular a faixa ajustada de valores plausíveis:

Faixa de valores plausíveis	$= \hat{\gamma}_{00} \pm 1,96\ (\hat{\gamma}_{00})^{1/2}$
	$= 50,85 \pm 1,96(9,00)1/2$
	$= (45,08,\ 56,84)$.

Os resultados anteriores indicam que, para um aluno de um contexto de CSE média, o aproveitamento esperado será 26% maior na escola de ensino médio de mais alto nível de desempenho do que na de nível mais baixo. Embora essa diferença seja

---

11. Na verdade, a CSE média sozinha explica 77% da variância, motivo pelo qual Coleman concluiu que a composição social é o aporte mais importante da escola.

12. Nos casos em que as características do aluno afetam resultados educacionais tanto no nível individual quanto no escolar, como veremos a seguir, os preditores em nível de aluno nesse modelo produzem estimadores enviesados dos efeitos intraescolares dessas características (cf. Raudenbush; Bryk, 2002, p. 135-139).

274 • SEÇÃO IV / MODELOS PARA DADOS MULTINÍVEIS

apenas metade da faixa nas médias já apresentada, ela ainda pode ser considerada significativa.

13.3.1.5. Os efeitos das características do contexto dos alunos variam entre as escolas?

No exemplo anterior, supusemos que os efeitos dos preditores em nível de aluno eram iguais em todas as escolas. Na maioria dos casos, o pesquisador deveria testar esse pressuposto, especificando-os como aleatórios no nível da escola. Se a variância do efeito aleatório não é significativamente diferente de 0, o pesquisador pode "fixar" o preditor suprimindo o efeito aleatório. Se a variância é significativamente diferente de 0, o pesquisador pode tentar explicá-la agregando preditores em nível de escola, quase do mesmo modo que se agregam preditores em nível de escola ao termo de ordenada na origem.

Esse tipo de modelo multinível é chamado de *modelo de coeficiente aleatório*. No intuito de obtermos estimativas de todos os parâmetros da variância nesse tipo de modelo, devemos recorrer a uma outra forma de centralização, conhecida como *centralização em média de grupo* (cf. Roudenbush; Bryk, 2002, p. 143-149). Nesse caso, os preditores em nível de aluno são centrados na média para os alunos em suas respectivas escolas, e, ao fazê-lo, o termo de ordenada na origem (β_{0j}) representa o aproveitamento médio não ajustado para a escola (Raudenbush; Bryk, 2002, p. 33)[13].

Para exemplificar esse modelo, consideramos um modelo similar ao anterior, mas com CSE centrada na média do grupo e um termo aleatório agregado à equação de seu Nível 2:

Modelo de Nível 1: $Y_{ij} = \beta_{0j} + \beta_{1j}(\mathrm{CSE}_{ij} - \overline{\mathrm{CSE}}_{.j}) + r_{ij}$.

Modelo de Nível 2: $\beta_{0j} = \gamma_{00} + u_{0j}$.

$$\beta_{1j} = \gamma_{10} + u_{1j}.$$

Nesse exemplo há dois efeitos fixos – a média global do aproveitamento médio em matemática entre escolas (γ_{00}) e a média da inclinação no aproveitamento por CSE entre escolas (γ_{10}) – e três

efeitos aleatórios: a variância residual do aproveitamento do aluno após descontar o efeito da CSE do aluno (σ^2), a variância no aproveitamento médio em matemática entre escolas (τ_{00}) e a variância nas inclinações no aproveitamento por CSE entre escolas (τ_{11}). Os resultados obtidos com esse modelo (cf. tabela 13.1, coluna 5) mostram estimativas de parâmetros para aproveitamento médio e CSE do aluno similares às do modelo ANCOVA anterior (coluna 4), mas, agora, o parâmetro de variância para o termo de ordenada na origem é semelhante ao do modelo incondicional (coluna 1), e há uma estimativa de variância para a equação de CSE, que, nesse caso, é estatisticamente significativa[14]. Isso sugere que os efeitos da CSE no aproveitamento, às vezes chamados de inclinação do aproveitamento por CSE, variam entre as escolas. Pode-se mostrar essa variação calculando uma faixa de valores plausíveis:

$$\text{Faixa de valores plausíveis} = \hat{\gamma}_{10} \pm 1{,}96\,(\hat{\tau}_{11})^{1/2}$$
$$= 4{,}22 \pm 1{,}96\,(1{,}34)^{1/2}$$
$$= (1{,}95,\ 6{,}49).$$

Os resultados sugerem que os efeitos da CSE do aluno no aproveitamento são mais de três vezes maiores em algumas escolas de ensino médio do que em outras, sugerindo que algumas escolas são mais equitativas porque atenuam os efeitos das características de contexto do aluno no aproveitamento.

13.3.1.6 Quão eficazes são os diferentes tipos de escolas?

Uma das perguntas mais importantes nas políticas diz respeito à medição da eficácia escolar. Aos formuladores de políticas interessa detectar escolas eficazes e ineficazes, com o intuito de reconhecer umas e intervir nas outras. Contudo, isso é mais sobre dizer do que sobre fazer. As escolas só devem ser responsabilizadas pelos fatores que estão sob seu controle. Na maioria dos casos, ao menos no setor público, as escolas não têm como controlar os tipos de alunos que nela se

---

13. Ademais, a centralização na média de grupo fornece um estimador sem viés dos efeitos em nível de aluno (cf. Raudenbush; Bryk, 2002, p. 135-139).

14. A inclinação no aproveitamento da CSE é menor que no modelo ANCOVA (4,22 *vs.* 4,95), sugerindo que a CSE tem efeitos tanto no nível de aluno quanto no de escola, como confirmamos no seguinte modelo.

matriculam (bem como os outros tipos de aportes da escola). Como já demonstramos, as características de contexto dos alunos explicam grande parte da variação no aproveitamento médio entre escolas. Além disso, as características de contexto dos alunos podem influenciar os resultados dos alunos no nível escolar, o que se conhece como efeitos de composição ou contextuais (Gamoran, 1992). Por exemplo, a CSE média de uma escola pode ter um efeito no aproveitamento do aluno para além dos níveis de CSE individuais de alunos nessa escola. Isto é, um aluno de uma escola cujo corpo discente tem baixa CSE média talvez tenha menores resultados de aproveitamento do que o aluno de uma escola na qual a CSE média do corpo discente é elevada. Dados da Avaliação Nacional de Progresso Educacional de 2000 confirmam isto: alunos de baixa renda em escolas com menos de 50% de alunos de baixa renda tiveram notas mais altas no exame de matemática da 4ª série do que alunos de renda média em escolas com mais de 75% de alunos de baixa renda (U.S. DEPARTMENT OF EDUCATION, 2003, p. 58).

Pode-se avaliar a eficácia escolar não só determinando quais escolas têm maior aproveitamento médio, já descontados os efeitos de certos aportes, mas também pelo seu grau de sucesso em atenuarem a relação entre as características de contexto e o aproveitamento dos alunos, como já sugerimos. Coleman (1990, p. 2) afirmou que há outra pergunta importante quanto à eficácia escolar: *em que medida as escolas superam as desigualdades com as quais os alunos chegam à escola?* Por exemplo, alguns estudos anteriores descobriram que as escolas católicas não só tinham maior aproveitamento que as escolas públicas, mesmo depois de descontados os efeitos das diferenças na CSE média dos alunos, como também a relação entre a CSE e o aproveitamento dos alunos era menor, indicando menor disparidade entre alunos de alta e de baixa CSE (Bryk *et al.*, 1993; Lee; Bryk, 1989). Em outras palavras, verificou-se que as escolas católicas são mais equitativas.

Para estudar ambas as perguntas sobre eficácia escolar, podemos aplicar um tipo de modelo multinível chamado de *modelo de médias/inclinações como resultados*, que inclui preditores em nível escolar nas equações de ordenada na origem e de inclinações aleatórias. A fim de gerar estimativas de parâmetros exatas, deve-se incluir um conjunto comum de preditores em nível escolar em todas as equações de Nível 2 (cf. Raudenbush; Bryk, 2002, p. 151). Além disso, de modo a deslindar os efeitos individuais e compositivos de preditores em nível de aluno, deveriam incluir-se no modelo médias escolares de todos os preditores em nível de aluno (cf. Raudenbush; Bryk, 2002, p. 152).

A seguir, um exemplo desse modelo:

Modelo de Nível 1: $Y_{ij} = \beta_{0j} + \beta_{1j}(\text{CSE}_{ij} - \overline{\text{CSE}} . j)$
$+ r_{ij}$.

Modelo de Nível 2: $\beta_{0j} = \gamma_{00} + \gamma_{01}\text{CSEM}_j$
$+ \gamma_{02} \text{CATÓLICA}_j + \gamma_{03} \text{PRIVADA}_j + u_{0j}$.

$\beta_{1j} = \gamma_{10} + \gamma_{11}\text{CSEM}_j$
$+ \gamma_{12} \text{CATÓLICA}_j + \gamma_{13} \text{PRIVADA}_j + u_{1j}$.

Nesse exemplo há oito efeitos fixos e três efeitos aleatórios. O significado do efeito aleatório em nível de aluno e os efeitos para o modelo para médias escolares (β_{0j}) são semelhantes aos descritos anteriormente. No modelo para a inclinação do aproveitamento por CSE (β_{1j}) há, agora, quatro efeitos fixos: a inclinação do aproveitamento por CSE em escolas secundárias públicas, em que a CSE média da escola é 0 (γ_{10}); o efeito da CSE média da escola na inclinação do aproveitamento por CSE (γ_{11}); a diferença entre escolas públicas e católicas na inclinação do aproveitamento por CSE, mantendo-se constante a CSE média da escola (γ_{12}); e a diferença entre escolas públicas e privadas não católicas na inclinação do aproveitamento por CSE, mantendo-se constante a CSE média da escola (γ_{13}). Nesse modelo, a variância (τ_{11}) representa, agora, a variância residual nas inclinações do aproveitamento por CSE depois de descontado o efeito da CSE do setor escolar e da escola.

Os parâmetros estimados com base nesse modelo (cf. tabela 13.1, coluna 6) produzem diversas conclusões importantes sobre diferenças de eficácia escolar entre escolas públicas, privadas e católicas. Em primeiro lugar, à diferença dos estudos antes relatados, o aproveitamento médio não é significativamente superior em escolas privadas e católicas do que em escolas públicas uma vez descontados os efeitos da CSE média da escola. Segundo, em consonância com estudos

276 • SEÇÃO IV / MODELOS PARA DADOS MULTINÍVEIS

anteriores, os efeitos da CSE do aluno no aproveitamento são maiores em escolas de CSE mais elevada do que naquelas de CSE mais baixa, e menores em escolas católicas e privadas do que em escolas públicas. Por exemplo, o efeito da CSE do aluno é 4,51 em escolas públicas, com CSE média na escola igual a 0; numa escola católica, ele é 2,73 (= 4,51 − 1,78), e, numa escola privada, é 0,96 (= 4,51 − 3,55). Terceiro, a CSE dos alunos afeta o aproveitamento na escola, tanto no nível individual quanto no nível escolar, isto é, a CSE do aluno tem efeitos individuais e composicionais ou contextuais no aproveitamento do aluno[15].

13.3.2 Modelos para crescimento do aproveitamento

Os modelos de aproveitamento examinam a relação entre resultados de alunos e variáveis preditoras somente em pontos discretos no tempo. A desvantagem desse método é não ter em conta o fato de que uma parte desconhecida do aproveitamento demonstrado pelos alunos num determinado ponto na escola resulta de aprendizado que eles obtiveram antes de chegarem a essa escola. Ainda que se possa corrigir parcialmente esse problema ao incluir medidas do aproveitamento prévio no modelo, é muito melhor optar pelo uso de uma medida de resultados que inclua apenas o aprendizado estudantil ocorrido enquanto os alunos frequentavam aquela escola.

Os modelos para crescimento são um tipo especial de modelo multinível no qual se efetuam repetidas medições para cada indivíduo da amostra (Singer; Willett, 2003). São modelos úteis para explicar padrões médios de mudança, bem como diferenças individuais nesses padrões. Os modelos para crescimento incluem dois ou mais níveis de análises. Estima-se uma trajetória de crescimento para cada indivíduo no Nível 1 do modelo multinível e também se estimam diferenças entre indivíduos no padrão de mudança no Nível 2[16]. Em geral, um modelo multinível para crescimento do aproveitamento inclui três níveis de análise (p. ex., Lee; Smith; Croninger, 1997; Seltzer; Choi; Thum, 2003). Apresenta-se uma situação especial quando há necessidade de estimar os efeitos do professor ou da turma além dos efeitos da escola. Geralmente, os alunos terão sido membros de mais de uma turma num modelo para crescimento, o que implica que eles não estão estritamente agrupados em turmas ao longo do tempo. Nesse cenário é possível usar um modelo de efeitos aleatórios com classificação cruzada para dividir a variância no aprendizado do aluno em componentes da turma e da escola (cf. Raudenbush; Bryk, 2002, cap. 12).

Nesta seção, trataremos de duas maneiras diferentes de se especificar e estimar modelos para crescimento do aproveitamento: uma delas se vale de modelos de regressão multinível semelhantes aos que analisamos anteriormente e a outra usa curvas de crescimento latente multinível. Como fizemos antes, analisamos esses modelos no que diz respeito aos tipos de perguntas de pesquisa sobre eficácia escolar que podemos abordar com eles.

13.3.2.1 Modelos multinível para crescimento

Começamos com um modelo de Nível 1 para crescimento individual, no qual medições repetidas intra-aluno de aproveitamento são modeladas como um tempo de função. O modelo mais simples representa uma trajetória de crescimento linear, embora possa ser acrescido de termos lineares e polinomiais por trechos a fim de examinar tendências não lineares se houver suficientes observações (cf. Raudenbush; Bryk, 2002, cap. 6). Pode-se escrever um modelo para crescimento linear de Nível 1 como segue:

Modelo de Nível 1: $Y_{tij} = \pi_{0ij} + \pi_{1ij}a_{tij} + e_{tij}$,

$$e_{tij} \sim N(0, \sigma^2),$$

em que Y_{tij} representa a medida do resultado de aproveitamento do aluno i na escola j no tempo t; $\pi_{0ij} + \pi_{1ij}$ representam, respectivamente, o estado

---

15. Como apontam Raudenbush e Bryk (2002), existe mais de uma maneira de separar os efeitos individuais e composicionais das características de contexto dos alunos, e a escolha do método depende de que o analista queira ou não detectar inclinações aleatórias (p. 139-149). Nesse exemplo, o efeito individual condicional da CSE (isto é, efeitos intraescolares esperados sobre o aproveitamento em escolas públicas com CSEM igual a 0) é 4,51, e o efeito composicional da CSE = 8,11 − 4,51 = 3,6.

16. Uma das vantagens desse método é que basta os indivíduos terem uma única observação para serem incluídos na análise (Raudenbush; Bryk, 2002, p. 199).

inicial (isto é, tempo = 0) e a taxa de mudança do aluno i na escola j; a_{tij} é uma medida de tempo; e e_{tij} é um termo de erro aleatório. Para os dados do NELS, codificamos o tempo 0, 0,5 e 1 para 1988, 1990 e 1992, respectivamente. Codificar a variável tempo dessa maneira traz duas vantagens na interpretação dos resultados: a primeira é que se pode interpretar a ordenada na origem como uma aproximação do nível de aproveitamento do aluno ao entrar para a escola secundária, pois a primeira rodada de testes foi realizada na primavera de 1988, pouco antes de a maioria dos alunos ingressar no ensino médio; e a segunda é o fato de a inclinação representar ganhos de aproveitamento ao longo dos quatro anos do ensino médio[17].

13.3.2.1.1 As escolas fazem diferença na aprendizagem dos alunos? Essa pergunta é similar à anterior, exceto que, aqui, nos interessa saber se as escolas fazem diferença no aprendizado do aluno, e não apenas no seu aproveitamento. É uma pergunta que pode ser abordada com um modelo totalmente incondicional, sem preditor algum nos Níveis 2 e 3:

Modelo de Nível 2:

$$\pi_{0ij} = \beta_{00j} + r_{0ij}, r_{0ij} \sim N(0, \tau_{\pi00})$$
$$\pi_{1ij} = \beta_{10j} + r_{1ij}, r_{1ij} \sim N(0, \tau_{\pi11}).$$

Modelo de Nível 3:

$$\beta_{00j} = \gamma_{000} + u_{00j}, u_{00j} \sim N(0, \tau_{\beta00}).$$
$$\beta_{10j} = \gamma_{100} + u_{10j}, u_{10j} \sim N(0, \tau_{\beta11}).$$

Observe-se que o Nível 2 daqui é equivalente ao Nível 1 no modelo transversal multinível. Nesse modelo, há dois efeitos fixos: um para o estado ou o aproveitamento inicial (γ_{000}) e um para o crescimento do aproveitamento (γ_{100}), sendo esse último o principal objetivo. Há também cinco efeitos aleatórios que podem servir para dividir a variância do aproveitamento inicial e do crescimento do aproveitamento em seus componentes intraescolar e interescolar.

Podemos ilustrar essa técnica tomando os dados do NELS e as pontuações no teste de matemática

na 8ª, na 10ª e na 12ª série como variáveis dependentes. Os parâmetros estimados com base nesse modelo estão na tabela 13.2 (coluna 1). Os resultados indicam que a nota média em matemática para alunos que ingressam no ensino médio ($\hat{\gamma}_{000}$) é 45,87 pontos e que os alunos aumentam suas notas em matemática ($\hat{\gamma}_{100}$) uma média de 8,76 pontos em quatro anos. Os valores estimados para os componentes da variância podem ser usados para dividir a variância em estado inicial e aprendizagem entre alunos e escolas, como já fizemos[18]. Os resultados mostram que cerca de um quarto da variância total, tanto no aproveitamento inicial quanto no crescimento do aproveitamento, acontece no nível escolar nessa amostra de dados (cf. tabela 13.3).

A proporção de variância em crescimento do aproveitamento no nível escolar é semelhante à proporção que calculamos antes para o aproveitamento na 10ª série. Em outro estudo, com esse mesmo conjunto de dados, verificamos que a proporção variava conforme a área temática, indo de um mínimo de 20% em leitura ao máximo de 60% em história (Rumberger; Palardy, 2003a). Um estudo de escolas elementares em Chicago determinou que quase 60% da variância no aumento do aproveitamento ocorria no nível escolar (Raudenbush; Bryk, 2002, p. 239). Em geral, esses estudos sugerem que as escolas ensejam uma parte considerável da variância tanto no aproveitamento do aluno quanto em seu crescimento[19].

A fim de mostrar a utilidade do resultado de crescimento e fazer comparações entre ele e o resultado de aproveitamento, estimamos uma série de modelos para crescimento do aproveitamento visando abordar as perguntas que formulamos anteriormente para os modelos de crescimento. Os resultados aparecem na tabela 13.2. Por limitações de espaço, não analisaremos todos os resultados desses modelos, mas indicaremos onde

---

17. Outro esquema é 0, 2, 4, que também estabelece a ordenada na origem como aproveitamento no ingresso à escola secundária, mas o parâmetro de crescimento é escalonado de modo a ser interpretado como ganhos de aproveitamento por ano.

18. Os componentes da variância também podem ser usados para analisar a correlação entre estado inicial e crescimento tanto no nível individual como no escolar (cf. Raudenbush; Bryk, 2002, p. 240). Nesse exemplo, a correlação é 0,34 no nível de estudante e 0,39 no nível de escola, o que sugere que alunos que começam o ensino médio com maior aproveitamento em matemática têm maiores taxas de aumento do aproveitamento que os alunos de menor rendimento.

19. Em razão do tamanho e da heterogeneidade das ofertas de cursos (acompanhamento) em escolas de ensino médio, talvez grande parte da variância no nível elementar em comparação com o secundário seja atribuível às escolas.

esses resultados dão respostas diferentes ao conjunto de perguntas sobre eficácia escolar.

Por exemplo, consideremos a seguinte pergunta: *Os efeitos das características de contexto dos alunos variam dependendo da escola?* Para abordarmos essa pergunta, especificamos um modelo de coeficiente aleatório similar àquele estimado anteriormente, em que a CSE do aluno está centrada na média do grupo:

Modelo de Nível 2:
$$\pi_{0ij} = \beta_{00j} + \beta_{01j}(CSE_{ij} - \overline{CSE}._j) + r_{0ij}.$$
$$\pi_{1ij} = \beta_{10j} + \beta_{11j}(CSE_{ij} - \overline{CSE}._j) + r_{1ij}.$$

Modelo de Nível 3:
$$\beta_{00j} = \gamma_{000} + u_{00j}.$$
$$\beta_{01j} = \gamma_{010} + u_{01j}.$$
$$\beta_{10j} = \gamma_{100} + u_{10j}.$$
$$\beta_{11j} = \gamma_{110} + u_{11j}.$$

O modelo para aproveitamento estimado anteriormente (cf. tabela 13.1, coluna 5) revelou que o efeito da CSE do aluno (centrada na média do grupo) no aproveitamento em matemática ($\gamma_{10} = 4,22$, $p < 0,01$) variava consideravelmente entre escolas ($\tau_{11} = 1,34, p < 0,01$). Por consequência, vários preditores foram acrescentados ao modelo e se descobriu que o efeito da CSE no aproveitamento em matemática era menor em escolas católicas e privadas – isto é, a distribuição do aproveitamento parecia ser mais equitativa em escolas católicas. No modelo para crescimento do aproveitamento (cf. tabela 13.2, coluna 4), porém, o efeito da CSE do aluno (centrada na média do grupo) sobre o crescimento do aproveitamento em matemática ($\gamma_{110} = 8,76, p < 0,01$) não variou significativamente entre escolas ($\hat{\tau}_{\beta11} = 0,055, p \geq 0,05$)[20].

---

20. Esse resultado baseia-se numa hipótese de parâmetro único, na qual $p = 0,05$, limiar de significância estatística. Os pesquisadores também podem usar um teste de múltiplos parâmetros que procura diferenças significativas no conjunto de variâncias e covariâncias entre dois modelos distintos (Bryk; Raudenbush, 2002, p. 63-65). Nesse caso, os resultados do teste multiparamétrico confirmaram os resultados do teste de parâmetro único, ou seja, que um modelo com um termo fixo de CSE/crescimento do aproveitamento não era significativamente diferente de um modelo com um termo aleatório de CSE/crescimento do aproveitamento. Podem-se aplicar modelos e procedimentos similares para examinar diferenças nos índices de crescimento do aproveitamento entre alunos da mesma escola (cf. Seltzer; Choi; Thum, 2003).

Consequentemente, o efeito da CSE do aluno no estado inicial e no crescimento do aproveitamento foi fixado e se estimou um modelo ANCOVA unidirecional (com CSE centrada na média global)[21]:

Modelo de Nível 2:
$$\pi_{0ij} = \beta_{00j} + \beta_{01j}(CSE_{ij} - \overline{CSE}..) + r_{0ij}.$$
$$\pi_{1ij} = \beta_{10j} + \beta_{11j}(CSE_{ij} - \overline{CSE}..) + r_{1ij}.$$

Modelo de Nível 3:
$$\beta_{00j} = \gamma_{000} + u_{00j}.$$
$$\beta_{01j} = \gamma_{010}.$$
$$\beta_{10j} = \gamma_{100} + u_{10j}.$$
$$\beta_{11j} = \gamma_{110}.$$

Os resultados (cf. tabela 13.2, coluna 5) mostram que as diferenças na CSE dos alunos explicam não só uma grande parte da variância no aproveitamento inicial entre escolas (0,59), como também uma parte considerável da variância no crescimento do aproveitamento entre escolas (0,36). Entretanto, mesmo depois de descontado o efeito da CSE dos alunos, continua havendo uma significativa variação no crescimento do aproveitamento do aluno. Esse modelo responde a uma pergunta similar, embora mais importante, que o modelo anterior não pôde abordar: *Que diferença faz a escola na aprendizagem (em vez de no aproveitamento) da criança que nela estuda?*

13.3.2.1.2 Quão eficazes são os diferentes tipos de escolas? Para abordarmos essa pergunta, estimamos um segundo modelo ANCOVA com o mesmo conjunto de preditores do modelo anterior para aproveitamento. Como nesse modelo a CSE do aluno está centrada na média global, o modelo estima os efeitos dos preditores em nível escolar na média escolar ajustada – nesse caso, o crescimento do aproveitamento esperado para um aluno com CSE média. Assim, o coeficiente para

---

21. Uma vez que nosso foco foi o crescimento do aproveitamento, fixamos o efeito da CSE do aluno no estado inicial, embora sua variância fosse significativamente distinta de zero. Como no caso de modelos de crescimento que já analisamos, os preditores em nível de aluno centrados na média global geram estimadores enviesados dos efeitos intra-escola das características do aluno quando essas características afetam resultados educacionais tanto em nível individual quanto escolar. As estimativas na Tabela 13.2, coluna 6 sugerem que isso acontece neste exemplo, em especial para o estado inicial.

Tabela 13.2 – Estimativas de parâmetros em modelos alternativos multinível para crescimento do aproveitamento em matemática

	Modelo nulo (1)	Modelo 1 de médias como resultado (2)	Modelo 2 de médias como resultado (3)	Modelo de coeficiente aleatório (4)	Modelo ANCOVA unidirecional 1 (5)	Modelo ANCOVA unidirecional 2 (6)
Efeitos fixos						
Modelo para estado inicial (π_{0ij})						
Modelo para média escolar de estado inicial (β_{00j})						
ORDENADA NA ORIGEM (γ_{000})	45,87**	45,10**	45,82**	45,87**	45,97**	45,92**
	(0,16)	(0,15)	(0,10)	(0,16)	(0,11)	(0,10)
CSEM (γ_{001})			7,17**			3,60**
			(0,22)			(0,25)
CATÓLICAS (γ_{002})		2,18**	−0,86*			−0,87*
		(0,54)	(0,39)			(0,39)
PRIVADAS (γ_{003})		8,21**	0,61			0,33
		(0,62)	(0,50)			(0,50)
Modelo para relação intraescolar entre CSE e estado inicial (β_{01j})						
ORDENADA NA ORIGEM (γ_{010})				3,58**	4,19**	3,59**
				(0,10)	(0,09)	(0,10)
Modelo para taxa de aprendizagem em 4 anos (π_{1ij})						
Modelo para média escolar de taxa de aprendizagem em 4 anos (β_{10j})						
ORDENADA NA ORIGEM (γ_{100})	8,76**	8,49**	8,66**	8,76**	8,79**	8,69**
	(0,08)	(0,08)	(0,08)	(0,18)	(0,07)	(0,11)
CSEM (γ_{101})			1,65**			0,53**
			(0,16)			(0,25)
CATÓLICAS (γ_{102})		1,84**	1,15**			1,15**
		(0,36)	(0,34)			(0,37)
PRIVADAS (γ_{103})		2,15**	0,40			0,40
		(0,33)	(0,37)			(0,37)
Modelo para relação intraescolar entre CSE e taxa de aprendizagem em 4 anos (β_{01j})						
ORDENADA NA ORIGEM (γ_{110})				1,12**	1,28**	1,12**
				(0,08)	(0,07)	(0,08)
Componentes da variância						
Intra-alunos (Nível 1) (σ^2)	8,18	8,18	8,18	8,19	8,20	8,19
Intraescolas (Nível 2)						
Estado inicial ($\tau_{\pi00}$)	49,81**	49,83**	49,86**	44,04**	44,62**	44,50**
Taxa de aprendizagem em 4 anos ($\tau_{\pi11}$)	13,05**	13,05**	13,04**	12,23**	12,47**	12,46**
Interescolas (Nível 3)						
Estado inicial ($\tau_{\beta00}$)	19,11**	13,98**	4,66**	19,59**	7,75**	5,03**
CSE/estado inicial ($\tau_{\beta01}$)				0,98*		
Taxa de aprendizagem em 4 anos ($\tau_{\beta10}$)	4,00**	2,91**	2,39**	3,43**	2,57**	2,42*
CSE/Taxa de aprendizagem em 4 anos ($\tau_{\beta11}$)				0,55		
Proporção de variância em nível de escola explicada						
Estado inicial		0,27	0,76		0,59	0,74
Taxa de aprendizagem em 4 anos		0,27	0,40		0,36	0,40

NOTA: CSE = condição socioeconômica; PRIVADAS = escolas privadas; CATÓLICAS = escolas católicas; CSEM = condição socioeconômica média.
*$p < 0,05$; **$p < 0,01$.

280 • SEÇÃO IV / MODELOS PARA DADOS MULTINÍVEIS

Tabela 13.3 – Decomposição da variância num modelo linear de crescimento do aproveitamento em matemática

	Estado inicial	Crescimento do aproveitamento
Variância em nível de aluno (%)	49,81	13,05
Variância em nível de escola (%)	19,11	4,00
Variância total em nível de aluno e de escola (%)	68,92	17,05
Proporção de variância em nível de escola	0,28	0,24

CSE da escola dá uma estimativa direta do efeito contextual ou compositivo da CSE do aluno. Nesse exemplo, tanto o efeito individual (γ_{110}) quanto o contextual (γ_{101}) da CSE do aluno são significativos – um aumento de uma unidade no desvio-padrão na CSE do aluno gera um aumento de 0,91 ($1,12 \times 0,81$) nas taxas de aprendizagem em quatro anos, e um aumento de uma unidade no desvio-padrão na CSE da escola aumenta 0,28 ($0,53 \times 0,51$) nas taxas de aprendizagem em quatro anos. Uma vez descontado o efeito da CSE da escola, os resultados mostram, também, que os índices de aprendizagem em matemática não são significativamente maiores em escolas privadas do que nas públicas ($\gamma_{103} = 0,4$, $p \geq 0,05$), mas são significativamente mais elevados nas escolas católicas do que nas públicas ($\gamma_{102} = 1,15$, $p < 0,05$) – 8,69 em escolas públicas *versus* 9,84 ($8,69 + 1,15$) em escolas católicas.

A pergunta anterior sobre eficácia escolar centrou-se nas diferenças entre os tipos de escolas. A fim de abordá-la de maneira mais aprofundada, o pesquisador precisa desenvolver um modelo mais abrangente, que compense mais adequadamente uma variedade de diferenças nas características de contexto dos alunos (p. ex., aproveitamento prévio, aspirações, experiências escolares) e outros diversos aportes das escolas que geralmente estão, em grande parte, fora do controle das próprias escolas (p. ex., professores, livros-texto, instalações, localização), como sugere o arcabouço conceitual anterior (cf., p. ex., Rumberger; Palardy, 2003a). Resta, ainda, uma pergunta importante: *Por que algumas escolas são mais eficazes do que outras?* Se o intuito é melhorar as escolas, é importante não só perceber com maior precisão quais escolas são eficazes e quais ineficazes, como também por que algumas escolas são mais

eficazes que outras. Determinando-se os fatores que contribuem para a eficácia da escola, talvez possa se usar essa informação para melhorar as escolas existentes. Com base no arcabouço antes apresentado, isso implica detectar os fatores que mediam a relação entre aportes e resultados das escolas e explicam a variância no aproveitamento médio dos alunos, fatores esses que chamamos de variáveis do processo.

Exemplificamos isso estimando mais dois modelos ANCOVA. Primeiro estimamos um modelo incluindo um único preditor em nível escolar, a CSEM, porque ela representa um aporte da escola que, comprovadamente, afeta muito a aprendizagem de matemática. O segundo modelo soma duas variáveis de processo da escola, sobre as quais os professores e outros funcionários escolares têm controle ao menos parcial: MEANNAEP, que mede o número médio de cursos preparatórios para a universidade (como denominados pela Avaliação Nacional do Progresso Educacional [NAEP, na sigla em inglês]) feitos pelos alunos durante o ensino médio; e MEANHW, quantidade média de tempo dedicado pelos alunos ao dever de casa, semanalmente, na 10ª série (cf. médias e desvios-padrão dessas medidas no anexo). O primeiro modelo estima os efeitos compositivos totais da CSE do aluno (sem preditores adicionais em nível de escola), enquanto o outro pode ser usado para ver se duas variáveis de processo de escola mediam a relação entre a composição e o crescimento do aproveitamento dos alunos e se influenciam na aprendizagem do aluno.

A tabela 13.4 apresenta as estimativas para os preditores em nível de escola de maneira padronizada, de modo a permitir a comparação entre a magnitude relativa dos efeitos desses fatores. Os resultados do primeiro modelo mostram que o efeito compositivo da CSE do aluno (CSEM) é sumamente significativo. Os resultados do segundo modelo mostram que a inclusão das duas variáveis de processo reduz os efeitos da CSEM a tal ponto que, de fato, ela tem impacto negativo no aprendizado de matemática ($\hat{\gamma}_{101} = -0,139$, $p < 0,05$). Isto é, os efeitos compositivos da CSE média se invertem depois de descontado o efeito do número médio de cursos preparatórios para a universidade que os alunos fazem na escola e pela quantidade média de dever de casa que eles realizam – o que alguns pesquisadores consideram outros estudos e rotularam de *pressão acadêmica* (Lee; Smith, 1999; Philips, 1997). Ademais, a MEANNAEP e a MEANHW têm efeitos positivos significativos no índice médio de aprendizagem e mediam o efeito da CSEM na aprendizagem média de matemática nas escolas ($\hat{\gamma}_{102}$ = 0,324, p < 0,01; $\hat{\gamma}_{103}$ = 0,276, p < 0,01). Note-se que, embora tenhamos concluído que a MEANNAEP e a MEANHW mediam o efeito da CSEM na aprendizagem média de matemática, nós não analisamos a índole exata dessa relação. Os modelos de regressão multinível não são adequados para estimar esse tipo de efeitos indiretos. Para abordarmos essa pergunta, apresentamos outro tipo de modelos: curvas de crescimento latente multinível (MLGC, na sigla em inglês), uma extensão da curva de crescimento latente (LGC, na sigla em inglês) na literatura sobre modelagem de equação estrutural (SEM, na sigla em inglês).

13.3.2.2 Curvas de crescimento latente multinível

Os cientistas sociais utilizam-se, com frequência, da SEM em razão de sua flexibilidade para a modelagem de estrutura de covariância tanto em modelos de medição como em modelos estruturais. A SEM multinível evoluiu nas últimas décadas (Muthén, 1989, 1991), mas não recebeu muita atenção de pesquisadores da educação até

Tabela 13.4 – Estimativas paramétricas padronizadas de preditores em nível de escola no modelo para média escolar de índice de aprendizagem de matemática em 4 anos (β_{10j})

	Modelo de composição (1)	Modelo de processo (2)
CSEM (γ_{101})	0,229**	– 0,139*
MEANNAEP (γ_{102})		0,324**
MEANHW (γ_{103})		0,276**

NOTA: CSEM = condição socioeconômica média; MEANNAEP = número médio de cursos de NAEP (preparatórios para universidade) realizados pelos alunos durante o ensino médio; MEANHW = quantidade média de tempo que os alunos dedicam ao dever de casa por semana na 10ª série. Pode-se estimar esse modelo como um modelo multinível de regressão de três níveis ou um modelo multinível de curva de crescimento latente de dois níveis. Os modelos incluem a CSE (centrada na média global) no modelo em nível de aluno (fixo) e um modelo de ordenada na origem de escola com os mesmos três preditores em nível de escola, embora essas estimativas de parâmetros não sejam mostradas.
*p < 0,05; **p < 0.01

o início dos anos 2000, embora Kaplan e seus colaboradores tenham escrito sobre a utilidade do método para o estudo dos efeitos da escola (Kaplan; Elliott, 1997; Kaplan; Kreisman, 2000). As LGCs (cf. McArdle; Epstein, 1987; Meredith; Tisak, 1990) são uma classe especial de SEMs destinadas à modelagem de mudança interpessoal num resultado ao longo do tempo. As LGCs são muito semelhantes, na função, a strajetórias de crescimento individual baseadas em regressão, mas os dois métodos evoluíram independentemente. Como outras SEMs de um só nível, as LGCs têm aplicações limitadas no estudo dos efeitos da escola porque não incluem uma análise em nível de escola.

Só no fim dos anos 1990 as LGCs foram formuladas para analisar dados multinível (Muthén, 1997), tendo como resultado um modelo especialmente apropriado para o estudo dos efeitos da escola. Tal como os modelos de crescimento com modelo linear hierárquico (MLH) de três níveis, esse método pode abranger trajetórias de crescimento individuais, bem como análise intra e interescolar quando há, ao menos, três rodadas de dados longitudinais disponíveis para o resultado de aproveitamento do aluno. O atrativo da MLGC em comparação com o modelo de crescimento com regressão multinível é justamente a vantagem da SEM sobre os modelos de regressão, ou seja, uma maior flexibilidade para especificar relações de covariância, que podem resultar num modelo mais convincente de efeitos da escola. Entre outras opções de modelagem, podemos mencionar a estimação de variáveis latentes a partir de múltiplas variáveis observadas, de erro de medição em variáveis observadas, de estruturas complexas de erro de medição e de modelos de comparação de grupos. Uma vantagem da MLGC que se destaca é a possibilidade de estimar efeitos diretos, indiretos e totais entre variáveis. Ainda que, em muitos sentidos, as MLGCs sejam idealmente adequadas ao estudo de efeitos da escola, elas raramente têm sido aplicadas a esse campo de estudo (Palardy, 2003). Nesta seção, mostramos como se pode usar esse método para estimar efeitos diretos, indiretos e totais[22].

---

22. As MLGCs permitem abordar algumas outras perguntas sobre eficácia escolar, inclusive se as estimativas de parâmetros variam entre diferentes amostras de escolas e especificações alternativas para modelos de medição para variáveis independentes e dependentes. Há alguns exemplos em Palardy (2003).

13.3.2.2.1 Quais as magnitudes dos efeitos indiretos da CSE média na aprendizagem média em matemática que fluem por meio da NAEP média e da média de dev s de casa? Lembremos que essa pergunta evoluiu a partir do nosso modelo de crescimento com regressão multinível, no qual determinamos que duas variáveis de processo – MEANNAEP e MEANHW – mediavam os efeitos da CSEM no crescimento médio do aproveitamento do aluno em matemática. Agora, examinamos as magnitudes e os níveis de significância desses efeitos indiretos.

A figura 13.2 mostra o diagrama de percurso da MLGC em nível de escola com os efeitos indiretos da CSEM fluindo por meio da MEANHW e da MEANNAEP. Note-se que esse modelo é muito similar ao modelo de "processo", cujos resultados são mostrados na tabela 13.4. Os mesmos pressupostos valem para esse modelo. Aqui, estimam-se os fatores de ordenada na origem e crescimento do aproveitamento em matemática fixando pesos de percurso num arranjo linear com a ordenada na origem centrada no Tempo 1 (1988), mas a interpretação desses parâmetros, bem como os seus valores e erros-padrão, é equivalente aos parâmetros de ordenada na origem e no crescimento do modelo de crescimento com regressão multinível. Exceto pelo fato de ser multinível, esse modelo é como outras LGCs. A tabela 13.5 mostra as estimativas de coeficiente padronizado para os efeitos diretos e indiretos da CSEM. Os resultados mostram que a MEANHW e a MEANNAEP são mediadores significativos da CSEM no crescimento do aproveitamento médio. Alunos de escolas de CSE mais elevada realizaram mais cursos preparatórios para a universidade (0,590, $p < 0,01$), o que resultou em mais aprendizagem (0,191, $p < 0,01$). Do mesmo modo, alunos de escolas de CSE mais elevada fizeram mais dever de casa (0,628, $p < 0,01$), o que resultou num maior índice de aprendizagem (0,173, $p < 0,01$). O efeito total da CSE média na aprendizagem do aluno é a soma de seu efeito direto e de seus efeitos indiretos (0,225, $p < 0,01$). Observe-se que o efeito total da CSE média na tabela 13.5 é igual ao efeito direito da CSE média no modelo compositivo, com nenhuma outra covariável mostrada na tabela 13.4. Note-se que o software de regressão multinível pode estimar algumas formas de efeitos indiretos[23].

13.3.3 Modelos de resultado categórico

A maioria dos estudos sobre eficácia escolar tem sido focada no aproveitamento e em outros

---

23. Por exemplo, o *software* de MLH pode estimar efeitos indiretos que fluem por meio de variáveis com efeitos aleatórios (cf. Raudenbush; Bryk, 2002, p. 356-360).

Figura 13.2 Diagrama de caminho de nível escolar de MLGC com efeitos indiretos

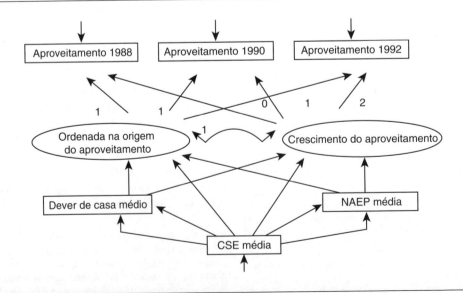

Tabela 13.5 – Efeitos indiretos da CSE média no crescimento do aproveitamento em matemática mediados pela NAEP média e pela média do dever de casa

	Variável de processo mediadora	Efeito no mediador	Efeito no crescimento
CSE média (efeito direto)	Cursos de NAEP		−0,139*
	Dever de casa	0,590**	0,191**
		0,628**	0,173**
Efeitos totais			0,225**

NOTA: Coeficientes padronizados. Os níveis de significância de efeitos indiretos foram computados mediante o método Sobel. CSE = condição socioeconômica; NAEP = acrônimo em inglês de Avaliação Nacional de Progresso Educacional.

*$p < 0,05$; **$p < 0,01$

resultados do aluno que podem ser estimados com modelos lineares nos quais os efeitos aleatórios estão normalmente distribuídos. Mas nem todos os resultados do aluno podem ser estimados com tais modelos. Particularmente, resultados do aluno como as taxas de abandono são binários, ou seja, têm um valor se o resultado está presente e outro valor se não está (p. ex., $Y = 1$ se o aluno abandonou os estudos, $Y = 0$ no caso contrário). Portanto, o efeito aleatório também pode ter apenas dois valores e não estar normalmente distribuído. Outros resultados podem envolver diversas situações discretas, como cursar uma faculdade de quatro anos, de dois anos ou nenhuma faculdade[24].

Resultados discretos requerem um tipo de modelo diferente dos modelos lineares multinível ou hierárquicos que temos discutido até agora. Trata-se dos modelos conhecidos como lineares hierárquicos generalizados ou simplesmente lineares generalizados (cf. Raudenbush; Bryk, 2002, cap. 10). Esses métodos permitem estimar uma ampla variedade de modelos usando dados multinível, inclusive modelos não lineares com efeitos aleatórios que não estão normalmente distribuídos. Aliás, os modelos lineares hierárquicos representam apenas um determinado tipo simples de modelo linear generalizado.

A estimação de modelos lineares generalizados requer várias etapas além daquelas que tratamos até agora. Primeiro, o pesquisador tem de especificar

um modelo de amostragem de Nível 1. No caso linear, o modelo de amostragem é simplesmente uma distribuição normal com uma média $-\mu_{ij}-$ e uma variância $-\sigma^{25}$. Depois, o pesquisador tem de especificar uma função de ligação que transforme o valor esperado $-\Phi_{ij}-$ num valor previsto que se possa estimar com um modelo linear. No caso linear, a função de ligação é simplesmente o valor 1, pois nenhuma transformação é necessária. Por fim, o pesquisador especifica um modelo estrutural linear para estimar o valor transformado esperado.

Podemos ilustrar esse processo para o caso de abandono escolar. Para resultados binários de aluno, como o abandono escolar, o modelo de amostragem de Nível 1 é o de Bernoulli:

$$\text{Prob}(Y_{ij} = 1|\beta_j) = \Phi_{ij},$$

em que Φ_{ij} representa a probabilidade de o aluno i na escola j abandoná-la. A função de ligação de Nível 1 é o logaritmo de uma razão de probabilidade:

$$\eta_{ij} = \log[\Phi_{ij}/(1 - \Phi_{ij})],$$

que varia entre $-u$ e $+u$ e toma o valor 0 quando a probabilidade de um resultado é 0,5 e as chances de sucesso são iguais $[0,5/(1 - 0,5) = 1]$. O logaritmo da razão de probabilidade pode ser transformado em probabilidade mediante a seguinte equação:

$$\Phi_{ij} = 1/[1 + \exp\{-\eta_{ij}\}]$$

O modelo estrutural de Nível 1 é similar aos anteriores modelos de Nível 1. No caso de um modelo nulo ou incondicional, ele é simplesmente

$$\eta_{ij} = \log[\Phi_{ij}/(1 - \Phi_{ij})] = \beta_{0j},$$

e o modelo de Nível 2 é exatamente como no caso linear:

$$\beta_{0j} = \gamma_{00} + u_{0j}.$$

---

24. Há outros exemplos em Raudenbush e Bryk (2002, capítulo 10).

25. De modo a gerar medidas de composição exatas em nível de escola, limitamos a amostra a respondentes que tinham identidade escolar válida em 1990 e pontuações de testes válidas em 1988 e 1990, além de terem estudado numa escola de ensino médio com, ao menos, cinco alunos.

284 • SEÇÃO IV / MODELOS PARA DADOS MULTINÍVEIS

Podemos construir modelos condicionais acrescentando preditores de Nível 1 e Nível 2. O programa de MLH que usamos produz, na verdade, dois conjuntos de estimativas para os efeitos fixos. O primeiro é uma estimativa específica por unidade e corresponde ao logaritmo das chances com um efeito aleatório de 0. O segundo é uma estimativa da população que dá uma melhor estimativa da média populacional real. A segunda estimativa é necessária porque a transformação não linear da probabilidade em logaritmo de chance implica que uma distribuição simétrica do logaritmo de chances resulta numa distribuição assimétrica de probabilidades com assimetria positiva e, portanto, com valor médio superior à média da distribuição do logaritmo de chances[26]. A diferença nessas duas estimativas para taxas de abandono escolar é a seguinte:

Média estimada específica de unidade: 6,49%
Média estimada da média populacional: 6,94%
Média da amostra: 6,81%

Como os números indicam, a taxa média populacional de abandono escolar é maior que a taxa específica de unidade e mais próxima à média da amostra. Os dois conjuntos de estimativas diferem não só nos valores que produzem, como também em seus pressupostos sobre a distribuição subjacente de efeitos aleatórios e no tipo de perguntas que com eles podem ser abordadas. Em geral, estimativas específicas de unidade são mais úteis para analisar diferenças nos efeitos de preditores de Nível 1 e Nível 2 sobre unidades de Nível 2, ao passo que as estimativas de média populacional são mais úteis para estimar probabilidades médias para a população como um todo.

Em seguida, estimamos o mesmo modelo que antes com um preditor em nível de aluno – CSE – e três preditores em nível de escola – CSEM, CATÓLICAS e PRIVADAS. CSE e CSEM foram centradas na média global, o que afeta o valor e a interpretação do termo de ordenada na origem. Os parâmetros estimados específicos de unidade estão na tabela 13.6. A estimativa de parâmetro para

o preditor em nível de aluno é −0,868. Um aluno com CSE média que estude numa escola pública típica com CSEM média teria um índice previsto de logaritmo da chance de abandono escolar de −2,843, correspondente a uma probabilidade prevista de $1/(1 + \exp\{2,843\}) = 0,055$. Um aluno cuja CSE é uma unidade maior do que a CSEM média teria um índice previsto de logaritmo da chance de abandono escolar de $-2,843 - 0,868 = -3,711$, correspondente a uma probabilidade prevista de $1/(1 + \exp\{3,711\}) = 0,022$. A CSE média da escola (CSEM) também afetaria a chance de abandono escolar, mesmo depois de descontados os efeitos individuais da CSE, o que se denomina efeito contextual ou compositivo da CSE (que analisamos a seguir). Um aluno com CSE média que estude numa escola com CSEM uma unidade acima da média (cerca de dois desvios-padrão, como se mostra no anexo) teria um índice previsto de logaritmo da chance de abandono escolar de $-2,843 - 0,295 = -3,138$, correspondente a uma probabilidade prevista de $1/(1 + \exp\{3,138\}) = 0,042$. Devido à relação não linear entre o logaritmo da chance e a probabilidade, um aumento de uma unidade na CSEM (aumento de 100%) só reduziria a probabilidade prevista para 0,031 (diminuição de 27%).

Tabela 13.6 – Parâmetros estimados de modelos para abandono escolar

	Modelo nulo	Modelo para escola
Efeitos fixos		
Modelo para índice de abandono		
médio de escola (β_0)	−2,667**	−2,843**
ORDENADA NA ORIGEM (γ_{00})		−0,295**
CSEM (γ_{01})		−1,358**
CATÓLICAS (γ_{02})		−0,913**
PRIVADAS (γ_{03})		
Modelo para inclinação de		
abandono por CSE (β_1)		
ORDENADA NA ORIGEM (γ_{10})		−0,868**
Componentes de variância		
Interescolar (τ_{00})	0,455**	0,207
Proporção explicada da variância		
em nível de escola		0,545
Confiabilidade	0,292	0,154

NOTA: CSE = condição socioeconômica; PRIVADAS = escolas privadas; CATÓLICAS = escolas católicas; CSEM = condição socioeconômica média.
**$p < 0,01$.

---

26. Ambas as estimativas podem ser muito similares quando o efeito fixo é quase 0 – o que corresponde a uma probabilidade de 0,5 – ou o efeito aleatório é próximo a 0. Para uma análise mais completa, cf. Raudenbush e Bryk, (2002, p. 297-304).

13.4 Como identificar escolas eficazes

Embora muitos estudos de eficácia escolar tentem reconhecer fatores em nível de escola que prevejam resultados de alunos com base numa amostra de escolas, alguns analistas se interessam, também, em identificar escolas que são especialmente eficazes. Isto é, mesmo depois de descontados os efeitos de um determinado conjunto de preditores, cada escola pode ter uma média de aproveitamento de aluno superior ou inferior à média prevista pelo modelo. Escolas cuja média está acima do nível previsto pelo modelo podem ser consideradas eficazes, enquanto aquelas cuja média está abaixo desse nível podem ser consideradas ineficazes.

A contribuição específica de cada escola para a sua eficácia é expressa pelo termo de efeito aleatório ou erro em nível de escola. Vejamos o seguinte modelo simples de dois níveis para aproveitamento:

$$\text{Modelo de Nível 1: } Y_{ij} = \beta_{0j} + r_{ij}.$$
$$\text{Modelo de Nível 2: } \beta_{0j} = \gamma_{00} + \mu_{0j}.$$

A variável dependente no modelo de Nível 2 – β_{0j} – representa o aproveitamento médio de cada escola, sendo composta de um efeito fixo – γ_{00} – e de um efeito aleatório – μ_{0j}. A análise hierárquica fornece um estimador de Bayes empírico para o efeito aleatório e dá uma estimativa do efeito específico da escola melhor e mais estável do que outros métodos (p. ex., estimativas de mínimos quadrados ordinários [OLS, na sigla em inglês]), ao ter em conta o pertencimento ao grupo e o tamanho da amostra intraescolar (Raudenbush; Bryk, 2002, p. 154). Obtêm-se estimativas mais precisas adicionando variáveis em nível de escola ao modelo de Nível 2, que proporciona estimativas de contração condicional dos efeitos aleatórios (Raudenbush; Bryk, 2002, p. 90-94). Em modelos para aproveitamento, escolas com efeitos aleatórios positivos têm índices de aproveitamento acima do previsto e deveriam ser consideradas eficazes, ao passo que, em modelos para abandono escolar (como mostramos a seguir), escolas com efeitos aleatórios negativos têm taxas de abandono abaixo do previsto e deveriam ser consideradas eficazes.

A fim de mostrar como se pode usar essa técnica para reconhecer escolas eficazes, podemos comparar as estimativas de Bayes empíricas para os efeitos aleatórios de Nível 2 obtidas com dois modelos simples para abandono escolar, um incondicional e outro condicional. Os dois modelos e as estatísticas descritivas para as estimativas de Bayes empíricas dos efeitos aleatórios de Nível 2 estão na tabela 13.7.

Como as estatísticas descritivas mostram, os efeitos aleatórios estimados no modelo condicional têm desvio-padrão muito mais estreito e, consequentemente, menor que as estimativas incondicionais.

Tabela 13.7 – Modelos e efeitos aleatórios estimados com dois modelos para abandono escolar

	Modelo incondicional	*Modelo condicional*
Modelo de Nível 1	$\log[\Phi_{ij}/(1 - \Phi_{ij})] = \beta_{0j}$	$\log[\Phi_{ij}/(1 - \Phi_{ij})] = \beta_{0j}$
Modelo de Nível 2	$\beta_{0j} = \gamma_{00} + u_{0j}$	$\beta_{0j} = \gamma_{00} + \gamma_{01}\text{CSEM}_j + u_{0j}$
Efeito aleatório estimado (u_{0j})		
Média, desvio-padrão	0, 0,365	0, 0,179
Mínimo, máximo	−0,759, 1,466	−0,409, 0,710

Tabela 13.8 – Efeitos fixos e aleatórios estimados para duas escolas

			Modelo incondicional			*Modelo condicional*		
Caso	*n*	*CSEM*	*Efeito fixo*	*Efeito aleatório*	*Índice de abandono escolar*	*Efeito fixo*	*Efeito aleatório*	*Índice de abandono escolar*
81	15	−0,332	−2,667	−0,326	4,78	−2,348	−0,219	7,13
393	16	0,785	−2,667	−0,342	4,70	−3,812	−0,066	2,03

NOTA: Os efeitos fixos e aleatórios são logaritmos de chances. Índice de abandono escolar = 1/{1 + exp[−(Efeito fixo + Efeito aleatório)]}.

286 • SEÇÃO IV / MODELOS PARA DADOS MULTINÍVEIS

Ademais, o modelo condicional oferece um método melhor para reconhecer escolas eficazes. Consideremos as duas escolas apresentadas na tabela 13.8. Segundo o modelo incondicional, ambas as escolas são igualmente eficazes – seus índices de abandono escolar logarítmico específico ou aleatório são cerca de um terço de logit menores que o índice fixo ou esperado – e, portanto, ambas as escolas têm índices de abandono escolar estimados similares e consideravelmente menores do que o índice de abandono escolar médio de 6,49 para a totalidade da amostra de escolas. Todavia, estimativas obtidas com o modelo condicional contam outra história. A Escola 393 tem CSE média muito mais alta do que a Escola 81, o que leva a prever que o índice de abandono escolar logarítmico seja muito mais alto. Porém, a sua contribuição específica para o seu índice de abandono escolar – isto é, o seu efeito aleatório – não é muito grande, de modo que a escola não é particularmente eficaz. Já a Escola 81 tem um índice de abandono escolar muito mais alto (isto é, menor índice de abandono escolar logarítmico) porque a sua CSE média é muito mais baixa, mas o seu índice estimado de abandono escolar é, de fato, mais baixo do que o esperado. Logo, a Escola 81 deve ser considerada mais eficaz do que a Escola 393, mesmo que ela tenha um índice mais alto de abandono escolar.

13.5 RESUMO E FUTURAS ORIENTAÇÕES

Estudos úteis e metodologicamente corretos sobre eficácia escolar nunca foram tão necessários como agora. Felizmente, o desenvolvimento de estudos longitudinais abrangentes e de grande escala sobre o desenvolvimento dos alunos coincidiu com o desenvolvimento de novas e poderosas técnicas estatísticas para analisar os dados desses estudos. Assim, têm surgido cada vez mais estudos avançados e abrangentes sobre eficácia escolar.

Contudo, ainda há desafios importantes. Um deles é o de desenvolver estudos ainda mais abrangentes. Estudos anteriores foram especialmente úteis para detectar fatores ligados ao aluno, à família e à escola que se relacionam com o aproveitamento ao longo do tempo, mas eles não eram particularmente adequados para o estudo dos efeitos do professor e da sala de aula. Isto se deveu, em parte, à índole do arcabouço de amostragem utilizado, com

a seleção de amostras relativamente pequenas de alunos dentro das escolas. Futuros projetos deveriam amostrar salas de aula intactas e desenvolver melhores métodos para medir as práticas em aula, de modo a concentrar-se nos efeitos do professor e da sala de aula (Mullens; Gayler, 1999).

Outro desafio é o de encorajar pesquisadores a desenvolverem e aplicarem arcabouços conceituais mais abrangentes para os seus estudos sobre eficácia escolar. Por exemplo, embora os economistas costumem examinar variáveis de recursos em seus estudos de eficácia escolar, sociólogos e pesquisadores da educação, frequentemente, não o fazem. Por sua vez, os economistas, muitas vezes, ignoram variáveis importantes do processo, como o ambiente escolar, ao elaborar seus modelos. Se houver erros de especificação nos modelos em qualquer nível de análise, as estimativas resultantes podem ser enviesadas e as conclusões, incorretas (Raudenbush; Bryk, 2002, cap. 9). Pode-se observar algo semelhante no que diz respeito à medição de resultados: os estudos sobre eficácia escolar concentram seu foco, principalmente, no aproveitamento dos alunos mensurado por pontuações de testes e, portanto, não levam em consideração resultados como o abandono escolar ou a desistência, que podem ser influenciados por diversos fatores e levar a conclusões diferentes sobre escolas eficazes (Rumberger; Palardy, 2003a).

O desafio final consiste em incentivar o melhor uso dos constantes avanços em técnicas de modelagem estatística nos estudos sobre eficácia escolar. Ainda que os avanços estatísticos em modelagem multinível e de equações estruturais tenham sido bastante rápidos, eles demoram a se inserir nos principais estudos de eficácia escolar. Embora sempre haja um atraso entre o desenvolvimento inicial de novas técnicas estatísticas e seu uso generalizado em campo, esse atraso pode aumentar quando as técnicas se tornam mais elaboradas. Isso poderia ser especialmente problemático para estudiosos atuais, muito provavelmente capacitados em técnicas anteriores e que precisarão de uma espécie de treinamento contínuo para aprender os novos métodos. Felizmente, muitas associações profissionais – como a Associação Americana de Pesquisa Educacional e a Associação Sociológica Americana – promovem sessões de treinamento desse tipo todos os anos, por ocasião de suas reuniões nacionais.

Capítulo 13 / Modelos multiníveis para pesquisa sobre eficácia escolar • 287

Anexo – Estatísticas de variáveis descritivas e etiquetas para dados do NELS

Nome da variável	M	DP	Mínimo	Máximo	Descrição e (variáveis do NELS:88)
Variáveis de medição (n = 39.241)					
Matemática	50,31	10,28	23,34	80,67	Pontuação teta (θ) de IRT em matemática (BY2XRTH, F12XRTH, F2XRTH)
Tempo	0,46	0,40	0	1	Tempo (0 = 8ª série; 0,5 = 10ª série; 1 = 12ª série)
Variáveis de aluno (n = 14.199)					
Matemática, 10ª série	51,11	9,88	24,87	72,90	Pontuação teta (θ) de IRT em matemática (F12XRTH)
CSE	0,04	0,81	−2,95	2,75	CSE composta de 10ª série (F1SES)
Transferência	0,06	0,24	0	1	Transferiram-se de escola entre a 10ª e a 12ª séries (F2F1SCFG = 1)
Abandono escolar	0,07	0,25	0	1	Abandonaram a escola (F2DOSTAT = 3, 4, 5)
Variáveis de escola (n = 912)					
CSE média	0,01	0,52	−1,33	1,54	CSE média dos alunos (F1SES)
Católica	0,07	0,25	0	1	(G10CTRL1 = 2)
Privada	0,08	0,27	0	1	(G10CTRL1 = 3-5)
Tempo de dever de casa	4,61	2,05	1,06	14	Quantidade média de horas dedicadas ao dever de casa por semana (F1S36A2)
NAEP composta	13,76	2,27	6	27,74	Número de unidades NAEP em matemática, ciência, inglês e ciências sociais obtidas no ensino médio (F2ra11_C + a12_C + geo_C, tri_C + pre_C + cal_C + bio_C + che_C + phy_C + soc_C + his_C)

NOTA: NELS = Estudo nacional longitudinal sobre educação; CSE = condição socioeconômica; IRT = teoria da resposta ao item; NAEP = Avaliação Nacional do Progresso Educacional.

REFERÊNCIAS

ALEXANDER, K. L.; ECKLAND, B. K. Basic attainment processes. *Sociology of Education*, 48, p. 457-495, 1975.

ALEXANDER, K. L.; PALLAS, A. School sector and cognitive performance: When is a little a little? *Sociology of Education*, 58, p. 115-128, 1985.

BARR, R.; DREEBEN, R. *How schools work*. Chicago: University of Chicago Press, 1983.

BRYK, A. S.; LEE, V. E.; HOLLAND, P. B. *Catholic schools and the common good*. Cambridge: Harvard University Press, 1993.

BRYK, A. S.; THUM, Y. M. The effects of high school organization on dropping out: An exploratory investigation. *American Educational Research Journal*, 26, p. 353-383, 1989.

CARROLL, D. *National Education Longitudinal Study (NELS:88/94)*: Methodology report. Washington: Government Printing Office, 1996.

CHUBB, J. E.; MOE, T. M. *Politics, markets, and America's schools*. Washington: Brookings Institution, 1990.

COLEMAN, J. S. *Equality and achievement in education*. San Francisco: Westview, 1990.

COLEMAN, J. S. *et al. Equality of educational opportunity*. Washington: Government Printing Office, 1966.

COLEMAN, J. S.; HOFFER, T. *Public and private high schools*: The impact of communities. Nova York: Basic Books, 1987.

COLEMAN, J. S.; HOFFER, T.; KILGORE, S. B. *High school achievement*: Public, Catholic, and private schools compared. Nova York: Basic Books, 1982.

CRONINGER, R. G.; LEE, V. E. Social capital and dropping out of high school: Benefits to at-risk students of teachers' support and guidance. *Teachers College Record*, 103, p. 548-581, 2001.

GAMORAN, A. Social factors in education. *In*: ALKIN, M. C. (ed.). *Encyclopedia of educational research*. Nova York: Macmillan, 1992. p. 1222-1229.

GAMORAN, A. Student achievement in public magnet, public comprehensive, and private city high schools. *Educational Evaluation and Policy Analysis*, 18, p. 1-18, 1996.

GOLDHABER, D. D.; BREWER, D. J. Why don't schools and teachers seem to matter? Assessing the impact of unobservables on educational productivity. *Journal of Human Resources*, 33, p. 505-523, 1997.

HANUSHEK, E. A. The economics of schooling: Production and efficiency in public schools. *Journal of Economic Literature*, 24, p. 1141-1177, 1986.

HANUSHEK, E. A. The impact of differential expenditures on school performance. *Educational Researcher*, 18, p. 45-62, 1989.

HAUSER, R. M.; FEATHERMAN, D. L. *The process of stratification*: Trends and analysis. Nova York: Academic Press, 1977.

HEDGES, L. V.; LAINE, R. D.; GREENWALD, R. Does money matter? A meta-analysis of studies of the effects of differential school inputs on student outcomes. *Educational Researcher*, 23, p. 5-14, 1994.

JENCKS, C. S.; BROWN, M. D. Effects of high schools on their students. *Harvard Educational Review*, 45, p. 273-324, 1975.

JENCKS, C.; MAYER, S. E. The social consequences of growing up in a poor neighborhood. In: LYNN JR., L.; MCGEARY, M. G. H. (eds.). *Inner-city poverty in the United States*. Washington: National Academy Press, 1990. p. 111-186.

JOHNSON, M. K.; CROSNOE, R.; ELDER JR., G. H. Students' attachment and academic engagement: The role of race and ethnicity. *Sociology of Education*, 74, p. 318-340, 2001.

KAHLENBERG, R. D. *All together now*: Creating middle-class schools through public school choice. Washington: Brookings Institution, 2001.

KAPLAN, D.; ELLIOTT, P. R. A model-based approach to validating education indicators using multilevel structural equation modeling. *Journal of Educational and Behavioral Statistics*, 22, p. 323-347, 1997.

KAPLAN, D.; KREISMAN, M. B. On the validation of indicators of mathematics education using TIMSS: An application of multilevel covariance structure modeling. *International Journal of Educational Policy, Research, and Practice*, 1, p. 217-242, 2000.

LEE, V. E.; BURKAM, D. T. Dropping out of high school: The role of school organization and structure. *American Educational Research Journal*, 40, p. 353-393, 2003.

LEE, V. E.; BRYK, A. S. A multilevel model of the social distribution of high school achievement. *Sociology of Education*, 62, p. 172-192, 1989.

LEE, V. E.; SMITH, J. B. Effects of school restructuring on the achievement and engagement of middle-grade students. *Sociology of Education*, 66, p. 164-187, 1993.

LEE, V. E.; SMITH, J. B. Effects of high school restructuring and size on gains in achievement and engagement for early secondary school students. *Sociology of Education*, 68, p. 241-279, 1995.

LEE, V. E.; SMITH, J. B. High school size: Which works best for whom? *Educational Evaluation and Policy Analysis*, 19, p. 205-227, 1997.

LEE, V. E.; SMITH, J. B. Social support and achievement for young adolescents in Chicago: The role of school academic press. *American Educational Research Journal*, 36, p. 907-945, 1999.

LEE, V. E.; SMITH, J. B.; CRONINGER, R. G. How high school organization influences the equitable distribution of learning in mathematics and science. *Sociology of Education*, 70, p. 128-150, 1997.

LEVIN, H. M. Production functions in education. *In*: HUSEN, T.; POSTLETHWAITE, T. N. (eds.). *International encyclopedia of education*. Nova York: Pergamon, 1994. p. 4059-4069.

LITTLE, R. J. A.; RUBIN, D. B. *Statistical analysis with missing data*. Nova York: John Wiley, 1987.

MCARDLE, J.; EPSTEIN, D. Latent growth curves within developmental structural equation models. *Child Development*, 58, p. 110-133, 1987.

MCNEAL, R. B. High school dropouts: A closer examination of school effects. *Social Science Quarterly*, 78, p. 209-222, 1997.

MEREDITH, W.; TISAK, J. Latent curve analysis. *Psychometrika*, 55, p. 107-122, 1990.

MOSTELLER, F.; MOYNIHAN, D. P. (eds.). *On equality of educational opportunity*. Nova York: Random House, 1972.

MULLENS, J. E.; GAYLER, K. *Measuring classroom instructional processes*: Using survey and case study field test results to improve item construction (Working Paper nº 1999-08). Washington: National Center for Education Statistics, 1999.

MURNANE, R. J. Interpreting the evidence on school effectiveness. *Teachers College Record*, 83, p. 19-35, 1981.

MUTHÉN, B. Latent variable modeling in heterogeneous populations: Presidential address to the Psychometric Society. *Psychometrika*, 54, p. 557-585, 1989.

MUTHÉN, B. Multilevel factor analysis of class and student achievement components. *Journal of Educational Measurement*, 28, p. 338-354, 1991.

MUTHÉN, B. Latent variable modeling with longitudinal and multilevel data. *In*: RAFTERY, A. (ed.). *Sociological methodology*. Boston: Blackwell, 1997. p. 453-480.

PALARDY, G. J. *A comparison of hierarchical linear and multilevel structural equation growth models and their application in school effectiveness research*. Tese de doutorado inédita, Universidade da California, Santa Barbara, 2003.

PHILLIPS, M. What makes schools effective? A comparison of the relationships of communitarian climate and academic climate to mathematics achievement and attendance during middle school. *American Educational Research Journal*, 34, p. 633-662, 1997.

RAUDENBUSH, S. W.; BRYK, A. S. *Hierarchical linear models*: Applications and data analysis methods. 2. ed. Thousand Oaks: Sage, 2002.

RAUDENBUSH, S. W.; WILLMS, J. D. The estimation of school effects. *Journal of Educational and Behavioral Statistics*, 20, p. 307-335, 1995.

RUMBERGER, R. W. Dropping out of middle school: A multilevel analysis of students and schools. *American Educational Research Journal*, 32, p. 583-625, 1995.

RUMBERGER, R. W.; PALARDY, G. J. *Does segregation (still) matter? The impact of student composition on academic achievement in high school*. Trabalho revisto apresentado na reunião anual da American Educational Research Association, 10-14 de abril de 2001, Seattle, 2003a.

RUMBERGER, R. W.; PALARDY, G. J. *Test scores, dropout rates, and transfer rates as alternative measures of school performance*. Trabalho revisto apresentado na reunião anual da American Educational Research Association, 1-5 de abril de 2002, New Orleans, 2003b.

RUMBERGER, R. W.; THOMAS, S. L. The distribution of dropout and turnover rates among urban and suburban high schools. *Sociology of Education*, 73, p. 39-67, 2000.

RUMBERGER, R. W.; WILLMS, J. D. The impact of racial and ethnic segregation on the achievement gap in California high schools. *Educational Evaluation and Policy Analysis*, 14, p. 377-396, 1992.

SELTZER, M.; CHOI, K.; THUM, Y. M. Examining relationships between where students start and how rapidly they progress: Using new developments in growth modeling to gain insight into the distribution of achievement within schools. *Educational Evaluation and Policy Analysis*, 25, p. 263-286, 2003.

SHAVELSON, R.; MCDONNELL, L.; OAKES, J.; CAREY, N. *Indicator systems for monitoring mathematics and science education*. Santa Monica: RAND, 1987.

SINGER, J. D.; WILLETT, J. B. *Applied longitudinal data analysis*: Modeling change and event occurrence. Nova York: Oxford University Press, 2003.

SUMMERS, A. A.; WOLFE, B. L. Do schools make a difference? *American Economic Review*, 67, p. 639-652, 1977.

TAGIURI, R. The concept of organizational climate. *In*: TAGIURI, R.; LITWIN, G. H. (eds.). *Organizational climate: Exploration of a concept*. Boston: Harvard University, Division of Research, Graduate School of Business Administration, 1968. p. 1-32.

U.S. Department of Education, National Center for Education Statistics. *The condition of education, 2003* (NCES 2003-67). Washington: Government Printing Office, 2003.

WILLMS, J. D. Catholic-school effects on academic achievement: New evidence from the High School and Beyond follow-up study. *Sociology of Education*, 59, p. 98-114, 1985.

WILLMS, J. D. *Monitoring school performance*: A guide for educators. Washington: Falmer, 1992.

WILLMS, J. D.; RAUDENBUSH, S. W. A longitudinal hierarchical linear model for estimating school effects and their stability. *Journal of Educational Measurement*, 26, p. 209-232, 1989.

WITTE, J. F. Private school versus public school achievement: Are there findings that should affect the educational choice debate? *Economics of Education Review*, 11, p. 371-394, 1992.

WITTE, J. F.; WALSH, D. J. A systematic test of the effective schools models. *Educational Evaluation and Policy Analysis*, 12, p. 188-212, 1990.

Capítulo 14

O USO DE MODELOS HIERÁRQUICOS AO ANALISAR DADOS DE EXPERIMENTOS E QUASE-EXPERIMENTOS REALIZADOS EM CAMPO

MICHAEL SELTZER[1]

14.1 INTRODUÇÃO

Em estudos de programas e intervenções numa variedade de casos (p. ex., educação, bem-estar social, epidemiologia), costuma-se agrupar os indivíduos em diferentes locais ou unidades organizacionais (p. ex., escolas, comunidades, clínicas). Não levar em consideração a estrutura agrupada dos dados em tais estudos (p. ex., aplicar técnicas de regressão comuns para analisar resultados de aluno ou cliente) pode acarretar inúmeros problemas. (Observe-se que, muitas vezes, usamos os termos *local* e *unidade organizacional* indistintamente neste capítulo).

Primeiro, em tais estudos, indivíduos agrupados em diferentes locais experimentam diferentes implementações de programas. Ademais, as características de contexto dos participantes no estudo podem variar consideravelmente de um local para outro. Fatores como esses dão origem a certo grau de dependência ou semelhança entre as observações agrupadas dentro de um local.

Não ter em conta essas dependências (isto é, não ter em conta a estrutura correlacional intraclasse dos dados de diversos locais) pode resultar em erros-padrão enganosamente pequenos para estimativas de efeitos de tratamentos.

---

1. Nota do autor: Este capítulo é dedicado a Leigh Burstein, quem fez contribuições inspiradoras para o desenvolvimento de técnicas de modelagem multinível. Quero agradecer a Maryl Gearhart e Geoff Saxe, por me permitirem utilizar os dados de seu estudo, "Integração de avaliação com instrução em matemática elementar", financiado pelo subsídio MDR 9154512 do NSF. Também gostaria de agradecer ao Projeto Matemática Escolar da Universidade de Chicago pela autorização de uso dos dados do Estudo de Campo em Matemática de Transição. Sou grato a Jin-Ok Kim pelas valiosíssimas discussões sobre as questões tratados neste capítulo e por suas muitas sugestões e comentários ponderados. Quero agradecer também a Noreen Webb e Kilchan Choi, por lerem este capítulo com atenção e por seus muitos comentários úteis.

Além disso, quando não levamos em consideração o agrupamento de indivíduos em diferentes locais em nossas análises, corremos o risco de, inadvertidamente, mascarar uma heterogeneidade possivelmente importante nos efeitos de programas em diferentes locais. Heterogeneidade esta que não nos surpreende quando ponderamos que os locais podem variar consideravelmente em termos de implementação, características de contexto de participantes no programa e muitos outros fatores capazes de atenuar ou aumentar os efeitos de um programa (cf. Campbell; Stanley, 1963, p. 19-22; Cohen; Raudenbush; Ball, 1999; Cronbach, 1975, 1982; McLaughlin, 1987; Patton, 1980). Como se verá, o fato de não se atentar para diferenças nos resultados entre locais pode resultar em conclusões errôneas quanto aos efeitos de programas e, ademais, na perda de oportunidades de se investigar a relação entre as diferenças na implementação e em outros aspectos-chave da configuração do programa com as diferenças na eficácia do programa.

Neste capítulo, mostramos como usar modelos hierárquicos (Kreft; De Leeuw, 1999; Goldstein, 2003; Longford, 1993; Raudenbush; Bryk, 2002; Snijders; Bosker, 1999) para obter erros-padrão mais adequados para estimativas de efeitos de tratamentos e outros parâmetros-chave em estudos sobre programas e intervenções em múltiplos locais. Além disso, mostramos como esses modelos podem ser usados para estudar a relação de fatores como implementação e características de contexto de participantes do programa com as diferenças de resultados entre locais. Tais análises podem oferecer esclarecimento sobre perguntas como: Em que condições um programa de interesse parece ser bem-sucedido, e para quem?

Tirar conclusões a respeito dos efeitos de programas em condições de campo pode ser sumamente desafiador. Com relação a isso, ressaltamos a importância de colher dados sobre implementação e a necessidade constante de se atentar para possíveis variáveis de confusão.

Na seguinte seção deste capítulo, tratamos a respeito de dois tipos gerais de esquemas que comumente se apresentam em estudos sobre programas e intervenções em múltiplos locais. Um desses tipos envolve agrupamento em blocos e, em suma, dá origem a uma série de "miniexperimentos" e

"mini quase-experimentos" – por exemplo, um estudo em que se implementam condições tanto de tratamento como de controle em muitas escolas. O segundo tipo envolve a formação de blocos, mas implica a atribuição de unidades organizacionais às diferentes condições que são objeto de investigação num estudo – por exemplo, um estudo no qual se atribuem às escolas condições de tratamento ou controle aleatoriamente, dando origem a uma amostra de escolas de tratamento e uma amostra de escolas de controle.

Depois, apresentamos análises de dados de dois estudos em múltiplos locais que fornecem exemplos desses principais tipos de esquema. Ambos os estudos focam currículos inovadores e instrução em matemática. As análises que apresentamos formam o cerne deste capítulo. Elas oferecem oportunidades para discutir a lógica dos modelos hierárquicos (MHs) e mostrar seu valor na análise de dados provenientes de experimentos e quase-experimentos em situações de campo.

Na última seção deste capítulo, recapitulamos os pontos essenciais e discutimos suas consequências para o esquema de estudos e a análise de dados sobre múltiplos locais. Discutimos, também, algumas das possibilidades que surgem quando se coletam dados longitudinais, isto é, quando se medem constructos de especial interesse (p. ex., resultados cruciais) em uma série de ocasiões durante o andamento de um estudo.

14.2 Dois tipos gerais de esquemas em estudos sobre múltiplos locais

Os tipos de esquemas que habitualmente se aplicam em estudos de avaliação em múltiplos locais costumam cair em duas categorias amplas. Os esquemas da primeira categoria envolvem o agrupamento em blocos e assumem duas formas básicas, chamadas de *Formas A e B*. A Forma A consiste na implementação de condições de tratamento e de comparação em todos os locais de uma determinada série (p. ex., escolas ou comunidades). Vejamos, por exemplo, a parte do estudo de Pinnell *et al.* (1994) que trata da relativa eficácia da Recuperação da Leitura em comparação com a instrução convencional corretiva de leitura: em cada uma das dez escolas, alunos da 1ª série que corriam o risco de falhar na leitura foram, aleatoriamente, destinados à Recuperação de Leitura ou a um programa corretivo mais comum. Entre outros exemplos há o estudo de Raffe (1991) sobre uma iniciativa educativa vocacional na Grã-Bretanha. Todos os locais (escolas) incluídos nesse estudo forneceram uma comparação de indivíduos que participaram da iniciativa com um grupo de indivíduos que não fizeram parte dela. Nessa avaliação, à diferença do estudo sobre Recuperação de Leitura, a inclusão em condições de programa ou de comparação não foi aleatória.

Os esquemas da Forma B implicam a formação de pares combinados de grupos ou unidades organizacionais (p. ex., pares combinados de comunidades) e a inclusão de um grupo de um par no programa ou na intervenção em estudo e do outro na condição de comparação – por exemplo, a avaliação de uma intervenção baseada na comunidade, denominada COMMIT, cujo objetivo é incentivar fumantes inveterados a pararem de fumar (Gail *et al.*, 1992). Dentro de cada um dos 11 pares de comunidades cuidadosamente combinados, uma comunidade foi aleatoriamente destinada à COMMIT e a outra fez as vezes de comunidade de comparação. Outro exemplo é o estudo de DARE (acrônimo em inglês de Educação para a Resistência ao Uso de Drogas), realizado por Rosenbaum *et al.* (1994), que consistiu na formação de 18 pares de escolas elementares adequadamente combinadas; em 12 desses pares, uma escola foi, aleatoriamente, destinada à DARE e a outra serviu como escola de comparação, ao passo que, nos seis pares restantes, a destinação não foi aleatória.

Diferentemente do que ocorre nos esquemas de Forma A, a destinação a distintas condições não se dá, nos esquemas de Forma B, no nível do indivíduo; em lugar disso, grupos intocados dentro de cada par combinado são destinados a condições diferentes. Em qualquer caso, contudo, nossas amostras consistem numa série de blocos (p. ex., escolas no caso da avaliação de Recuperação de Leitura e pares combinados no caso do estudo COMMIT) nos quais se implementam condições tanto de tratamento quanto de comparação. Assim, cada bloco pode ser considerado um "miniexperimento" (ou um "mini quase-experimento").

Em vez de nos fornecer uma série de experimentos ou quase-experimentos, o segundo tipo geral de esquema nos fornece uma amostra de unidades organizacionais em cada condição

(p. ex., tratamento, controle) que está sendo pesquisada. É exemplo disso um estudo sobre um programa de prevenção do abuso de drogas resultante de influência social, relatado em Pentz *et al.* (1989) e Chou, Bentler e Pentz (1998), no qual 32 escolas de ensino médio foram aleatoriamente destinadas ao programa e 25 à condição de controle. Um segundo exemplo é um estudo da eficácia de dois programas de prevenção da violência na escola, realizado por Fly e seus colegas. Esse estudo envolveu 12 escolas, com duas condições de tratamento e uma de controle; cada condição foi aleatoriamente atribuída a quatro escolas.

Na primeira categoria geral de esquemas anterior, os blocos (p. ex., escolas no estudo sobre Recuperação da Leitura) são vistos como um fator aleatório cruzado com o tipo de tratamento, considerado como fixo. Na segunda categoria, as unidades organizacionais (p. ex., escolas, no estudo de Pentz *et al.* [1989]) são vistas como um fator aleatório inserido no tipo de tratamento, mais uma vez considerado fixo. (Há análises desses esquemas em Raudenbush [1993] e, por exemplo, em Kirk [1982]). Portanto, para analisar dados obtidos com esses esquemas, é preciso aplicar modelos que contenham efeitos aleatórios e fixos (isto é, modelos mistos). Como observa Raudenbush (1993), nos casos mais simples, em tais modelos, as estimativas eficazes dos efeitos fixos e componentes de variância estão disponíveis em forma fechada. Consideremos, por exemplo, um esquema em que turmas estejam agrupadas dentro do tipo de tratamento. Se o número de alunos é igual para todas as turmas, se o número de turmas por tipo de tratamento é idêntico e se não precisamos fazer ajustes para diversas medidas pré-teste, a estimação pode ser feita com facilidade (cf., p. ex., Kirk, 1982, cap. 10).

Em situações de campo, porém, nossos dados sempre estarão em desequilíbrio. Além disso, quase sempre será necessário incluirmos covariáveis em nossos modelos para efetuar o ajuste por possíveis variáveis de confusão ou para obter estimativas mais exatas dos parâmetros que nos interessam. Como se verá, a modelagem hierárquica com estimação de parâmetros efetuada por meio de técnicas iterativas como o algoritmo EM é um jeito viável de se proceder em tais situações de real complexidade. Note-se que, em muitos casos, os esquemas anteriores também contêm um componente longitudinal, ensejando, assim, observações em série temporal agrupadas em indivíduos. Ademais, em alguns cenários, talvez precisemos representar explicitamente o agrupamento de alunos em diferentes turmas e, por sua vez, o agrupamento de turmas em distintas escolas. É fácil modelar estruturas agrupadas complexas desse tipo fazendo uso de MHs.

Apresentamos, primeiro, uma série de análises de dados obtidos na avaliação de um currículo inovador de pré-álgebra (University of Chicago School Mathematics Project, 1986), seguida de um conjunto de análises dos dados de um estudo dos efeitos de métodos reformistas para o ensino de matemática na compreensão de frações por alunos do ciclo elementar superior (Gearhart *et al.*, 1999; Saxe; Gearhart; Seltzer, 1999). O primeiro estudo apresenta um exemplo de um esquema de par combinado, ao passo que o segundo pode ser interpretado como um esquema em que unidades organizacionais (p. ex., aulas) estão agrupadas em tipo de tratamento.

Ressalte-se que esses estudos, de modo algum, são perfeitos de um ponto de vista metodológico. Na verdade, eles fornecem, em nossa opinião, exemplos de esforços criteriosos – com limitados recursos – para abordar importantes questões em cenários de campo e enfrentar os desafios metodológicos que surgem em tais cenários. Além disso, eles dão valiosas oportunidades para exemplificar os tipos de perguntas que podemos começar a abordar com MHs em análises de dados de avaliação em múltiplos locais.

14.3 Esquemas nos quais os blocos estão cruzados com tipo de tratamento: reanálises dos dados de matemática de transição

14.3.1 Antecedentes

Matemática de Transição (TM, na sigla em inglês) é um currículo inovador de pré-álgebra cujo objetivo é preparar os alunos visando a um maior sucesso em álgebra e geometria. É característica da TM a importância atribuída à leitura na aprendizagem de matemática. Cada capítulo do texto de TM inclui considerável quantidade de leitura com o intuito de esclarecer conceitos fundamentais e integrar material apresentado em capítulos anteriores. Outra característica notável da TM é ela se concentrar em aplicações concretas da matemática.

No ano letivo 1985-1986, teve lugar um estudo em grande escala sobre a eficácia da TM. A amostra do estudo consistiu em 20 pares de turmas cuidadosamente combinados dentro de diversos distritos escolares em todo o território dos Estados Unidos. Cada par de turmas foi combinado com base em pré-testes ministrados no início do ano letivo e em informação proporcionada por coordenadores e professores de matemática do distrito. Em cada par, os alunos de uma turma tinham aulas com um professor que usava o texto de TM, ao passo que os alunos da outra turma tinham aulas com um professor que usava os materiais já existentes na escola em questão. Outra possibilidade de esquema teria sido o mesmo professor lecionar para a turma de TM e para a de comparação num determinado estabelecimento. Todavia, havia o receio de que um professor pudesse, consciente ou inconscientemente, utilizar elementos do currículo de TM ao lecionar para a turma de comparação e vice-versa. Portanto, decidiu-se que professores diferentes lecionariam para as turmas de um mesmo par. Cabe notar que todos os professores que participaram do estudo o fizeram como voluntários e tendiam a ter considerável experiência no ensino. A decisão quanto a qual professor num estabelecimento usaria a TM e qual usaria os materiais já existentes baseou-se em atribuição aleatória no caso de dez estabelecimentos; razões logísticas impediram isso no caso dos outros dez pares. Mostraremos depois, nesta seção, como os MHs podem ser utilizados para avaliar se diferenças em certas facetas essenciais do esquema se relacionam sistematicamente com os resultados de programas. Como se verá, os efeitos da TM parecem ser semelhantes em estabelecimentos nos quais os professores foram destinados aleatoriamente e naqueles em que a destinação aleatória não foi possível.

Assim, os 20 pares bem combinados que compõem a base deste estudo podem ser vistos, na sua essência, como 20 estudos (isto é, miniexperimentos ou mini quase-experimentos) dos efeitos da TM. A fim de facilitar a exposição, chamamos cada par combinado de local (estabelecimento).

Além dos pré-testes ministrados no início do estudo, houve uma bateria de pós-testes ministrados ao finalizar o ano letivo 1985-1986. Observe-se, também, que a informação sobre a implementação do programa veio de observações da turma, diários mantidos por uma amostra de professores e questionários preenchidos por todos os professores participantes. Nas seguintes análises, o resultado que temos em foco é a aptidão em geometria, medida pela pontuação total de um aluno num teste de 19 pontos. As análises que apresentamos representam uma extensão daquelas apresentadas em Seltzer (1994).

14.3.2 Ignorar a estrutura agrupada dos dados: uma análise ordinária convencional de mínimos quadrados

Primeiramente, fazemos uma análise que ignora o agrupamento de alunos em diferentes locais. Para estimarmos a diferença prevista entre as pontuações de aptidão em geometria dos alunos que trabalham com materiais de TM e daqueles que não se utilizam deles, ajustamos o seguinte modelo de regressão aos $N = 572$ casos em nível de aluno em nosso conjunto de dados:

$$Y_i = \beta_0 + \beta_1 TRT_i + \beta_2 PRE_i + \varepsilon_i$$
$$\varepsilon_i \sim N(0, \sigma^2), \tag{1}$$

em que Y_i é a nota de aptidão em geometria para o aluno i, TRT_i é um indicador variável cujo valor é 1 se o aluno i é um aluno de TM (e 0 caso contrário) e PRE_i representa a nota do aluno i num pré-teste de matemática geral. As pontuações de aptidão em geometria variam entre 1 e 19, para uma nota possível de 19, e as pontuações de matemática geral variam entre 5 e 38, para uma nota possível de 40. O parâmetro de principal interesse é β_1, representativo da diferença esperada em notas de aptidão em geometria entre alunos de TM e do grupo de comparação, mantendo-se constantes as notas de pré-teste. Note-se que ε_i são erros considerados independentes e normalmente distribuídos com média 0 e variância σ^2. Como veremos a seguir, é problemático pressupor erros independentes.

Ao ajustarmos o modelo citado anteriormente aos dados utilizando mínimos quadrados ordinários (OLS, na sigla em inglês), obtemos uma estimativa do efeito da TM de 1,08 pontos ($SE = 0,26$,

$t = 4,15$). Assim, esses resultados sugerem que os alunos que utilizam materiais da TM superam os que não o fazem por cerca de um ponto em média.

Como a TM foi posta em prática em 20 lugares dos Estados Unidos, nesta etapa seria de grande valor proceder a uma nova análise dos dados em cada lugar. Portanto, ajustamos o modelo especificado na equação (1) aos dados de cada local. Como se pode ver na tabela 14.1, as estimativas de OLS dos efeitos da TM variam substancialmente de um local para outro, com valores de aproximadamente −2 até mais de 4,6 pontos. Ademais, os intervalos de 95% mostrados na tabela 14.1 sugerem efeitos positivos da TM em sete locais e efeito negativo em um local (Local 11). Os intervalos de 90% resultantes também sugerem um efeito negativo para o Local 8 e um efeito positivo para o Local 12. Vemos, também, diversos locais cujas estimativas de pontuação são muito próximas de 0 e cujos intervalos de 90% e 95% incluem um valor 0 sem dificuldade. Por fim, o efeito estimado da TM baseado na análise, sem considerar o agrupamento de alunos em locais (isto é, 1,08), cai fora dos intervalos de 95% para cinco locais (8, 9, 10, 11 e 16).

Visto que pode haver considerável variação no uso de materiais educativos e em outros aspectos cruciais da prática por parte dos professores, e dada a significativa diferença entre locais no estudo da TM em diversas características de composição dos alunos, os resultados que vemos na tabela 14.1 não causam muita surpresa. Há o problema, no entanto, de os resultados baseados na análise inicial mascararem essa heterogeneidade. Essa análise dá aos interessados a impressão enganosa de que os efeitos da TM são iguais em todos os locais. Além disso, os resultados de tal análise não fazem com que perguntemos se e por que a TM pode dar melhor resultado em alguns locais do que em outros.

Mostramos, agora, como os MHs oferecem um meio de refletir a localização ou o agrupamento de participantes no programa em diferentes locais e nos permitem estudar a variabilidade dos efeitos do programa entre locais.

14.3.3 Avaliação da variabilidade de efeitos da TM entre locais

Costuma-se denominar os modelos que apresentamos de MHs de duas etapas ou dois níveis

296 • SEÇÃO IV / MODELOS PARA DADOS MULTINÍVEIS

Tabela 14.1 – Análises local por local: Estimativas de mínimos quadrados ordinários (OLS) de efeitos da Matemática de Transição no local

Local (j)[a]	Tamanho (n_j)	Efeito da TM $(\hat{\beta}_{1j})$ $[SE\,(\hat{\beta}_{1j})]$	IC de 95% do efeito da TM	IC de 90% do efeito da TM	Implementação da leitura (0 = baixa, 1 = alta)	Destinação aleatória de professores (0 = não, 1 = sim)	Média de pré-testes no local
1	31	−0,25 [0,78]	[−1,85, 1,35]	[−1,58, 1,08],	0	0	23,55
2	27	2,69 [0,86]	[0,91, 4,47]	[1,21, 4,17]	1	1	16,82
3	34	0,44 [0,77]	[−1,13, 2,01]	[−0,86, 1,74]	0	0	11,79
4	44	0,10 [0,75]	[−1,41, 1,61]	[−1,16, 1,36]	0	0	19,14
5	17	0,33 [1,20]	[−2,25, 2,91]	[−1,79, 2,45]	0	0	16,41
6	35	0,78 [0,94]	[−1,14, 2,70]	[−0,82, 2,38]	1	0	21,94
7	37	1,40 [0,66]	[0,05, 2,75]	[0,28, 2,52]	1	1	28,00
8	23	−1,68 [0,85]	[−3,45, 0,09]	[−3,14, −0,22]	1	0	17,39
9	42	4,67 [0,78]	[3,10, 6,24]	[3,36, 5,98]	1	0	14,69
10	17	4,64 [1,50]	[1,43, 7,85]	[2,00, 7,28]	1	1	15,24
11	28	−2,15 [0,93]	[−4,07, −0,23]	[−3,74, −0,56]	0	1	14,50
12	31	1,68 [0,93]	[−0,22, 3,58]	[0,10, 3,26]	1	0	25,13
13	31	0,73 [1,30]	[−1,93, 3,39]	[−1,48, 2,94]	0	1	23,32
14	25	3,33 [1,18]	[0,89, 5,77]	[1,31, 5,35]	1	1	22,44
15	23	−0,25 [0,85]	[−2,02, 1,52]	[−1,71, 1,21]	0	1	21,70
16	33	−1,74 [1,10]	[−3,99, 0,51]	[−3,61, 0,13]	0	1	20,06
17	33	1,07 [0,92]	[−0,81, 2,95]	[−0,49, 2,63]	0	1	20,27
18	27	0,77 [1,16]	[−1,63, 3,17]	[−1,22, 2,76]	1	1	17,63
19	17	2,61 [1,07]	[0,31, 4,91]	[0,72, 4,50]	0	0	16,06
20	17	4,64 [1,82]	[0,75, 8,53]	[1,44, 7,84]	1	0	17,59

NOTA: IC = intervalo de confiança.

a. O subscrito j é uma forma de se fazer referência a cada local da amostra.

(cf. Mason; Wong; Entwistle, 1983; Raudenbush; Bryk, 2002). Como se verá, todos os MHs que utilizamos consistem em dois modelos: um de Nível 1 ou intralocal e um de Nível 2 ou interlocal.

Propomos, agora, o seguinte modelo intralocal:

$$Y_{ij} = \beta_{0j} + \beta_{1j}(TRT_{ij} - \overline{TRT}_{\cdot j})$$
$$+ \beta_{2j}(PRE_{ij} - \overline{PRE}_{\cdot j}) + \varepsilon_{ij}$$
$$\varepsilon_{ij} \sim N(0,\ \sigma^2), \qquad (2)$$

em que Y_{ij} é a pontuação de aptidão em geometria para o aluno i no local j; havendo 20 locais em nossa amostra, nosso subscrito ou índice para locais tem valores entre 1 e 20 (isto é, $j = 1...20$). TRT_{ij} é um indicador variável de tratamento cujo valor é 1, se o aluno i no local j é membro da turma de TM (caso contrário, 0), e PRE_{ij} é a pontuação no pré-teste para o aluno i no local j. O parâmetro de principal interesse nessa equação é β_{1j}, que representa o contraste turma de TM/turma de comparação esperado para o local j, mantendo-se constante o desempenho no pré-teste; β_{2j} é a inclinação pré-teste/pós-teste para o local j, mantendo-se TRT constante. Cabe observar que TRT_{ij} e PRE_{ij} estão centrados em torno da média do local, o que se denomina *centralização na média do grupo* (cf. RAUDENBUSH; BRYK, 2002, capítulos 2 e 5). Em virtude dessa centralização, β_{0j} representa a nota média de geometria para o local j. Os ε_{ij} são erros supostos independentes e normalmente distribuídos com média 0 e variância σ^2. É uma característica distintiva dos MHs o fato de ser possível ver os parâmetros de Nível 1 – por exemplo, médias de local (β_{0j}), efeitos da TM (β_{1j}) e inclinações pré-teste/pós-teste – como variáveis conforme o local. Para representar isso por meio de um modelo, tratamos os parâmetros de Nível 1 como resultados num modelo interlocal. Propomos, agora, um modelo desse tipo, relativamente simples, no qual os parâmetros de Nível 1 são vistos como variáveis ao redor de médias globais (p. ex., um efeito médio da TM). Assim, temos

$$\beta_{0j} = \gamma_{00} + U_{0j} \qquad U_{0j} \sim N(0,\ \tau_{00}),$$
$$\beta_{1j} = \gamma_{10} + U_{1j} \qquad U_{1j} \sim N(0,\ \tau_{11}),$$
$$\beta_{2j} = \gamma_{20} + U_{2j} \qquad U_{2j} \sim N(0,\ \tau_{22}), \qquad (3)$$

em que γ_{00}, γ_{10} e γ_{20} representam, respectivamente, a média global da aptidão em geometria, um efeito médio geral da TM e uma inclinação pré-teste/pós-teste média. Os resíduos do modelo anterior são denominados *efeitos aleatórios*. Assim, U_{0j} capta o desvio da pontuação de aptidão média para o local j (β_{0j}) a partir de γ_{00}, U_{1j} capta o desvio do efeito da TM para o local j(β_{1j}) a partir de γ_{10} e U_{2j} capta o desvio da inclinação pré-teste/pós-teste para o local j(β_{2j}) a partir de γ_{20}. Supõe-se uma distribuição normal dos efeitos aleatórios, como na equação (3). Portanto, τ_{00} representa a variação

das médias de local em torno da média global, τ_{11} representa a variação dos efeitos da TM em torno do efeito médio da TM e τ_{22} representa a variação das inclinações pré-teste/pós-teste em torno da inclinação média. Repare-se que parte da variação entre as estimativas de OLS de β_{1j} ($\hat{\beta}_{1j}$) apresentada na tabela 14.1 é, provavelmente, atribuível a erro de estimação, bem como a diferenças interlocais subjacentes na efetividade da TM. A última fonte de variação é que é captada pelo parâmetro de variância τ_{11}. Note-se, também, que os efeitos aleatórios no Nível 2 são considerados covariáveis: $Cov(U_{0j},\ U_{1j}) = \tau_{01}$, $Cov(U_{0j},\ U_{2j}) = \tau_{02}$ e $Cov(U_{1j},\ U_{2j}) = \tau_{12}$.

Chamamos de Modelo 1 o MH definido pelas equações (2) e (3). Ajustamos o Modelo 1 aos dados mediante o programa HLM5 (Raudenbush *et al.*, 2000). O programa de MLH usa o algoritmo EM e a pontuação de Fisher para obter estimativas de máxima verossimilhança dos componentes de variância de Nível 1 e Nível 2 (isto é, σ^2, τ_{00}, τ_{11}, τ_{22} e as covariâncias de Nível 2) e depois utiliza essas estimativas no cálculo de mínimos quadrados generalizados (GLS) dos efeitos fixos no modelo (isto é, γ_{00}, γ_{10} e γ_{20}) (cf. Raudenbush; Bryk, 2002, cap. 3). Os dois parâmetros de principal interesse no Modelo 1 são γ_{10} (ou seja, o efeito médio da TM) e τ_{11} (ou seja, o componente de variância que indica o quanto os efeitos da TM variam entre locais). Como se pode ver na tabela 14.2, a estimativa resultante do efeito médio da TM é 1,16, mais do que o dobro de seu erro-padrão. Embora essa estimativa seja sumamente próxima do efeito estimado da TM obtido na análise de OLS de único nível (1,08), observamos que o erro-padrão que obtemos na análise do MLH é perto do dobro (0,45 contra 0,26). Antes de explicarmos por que isso acontece, será conveniente examinar os resultados para τ_{11}. Vemos que a estimativa do ponto resultante é 2,96. Além disso, um teste qui-quadrado da hipótese de que $\tau_{11} = 0$ (isto é, um teste de homogeneidade) resulta numa estatística de teste altamente significativa (cf. uma análise desses testes em Raudenbush e Bryk [2002, p. 63-65]).

Para se perceber a significância desse resultado, é conveniente ter em conta que o modelo interlocal anterior constitui um modelo para a população de locais similares àqueles do nosso estudo. Mais especificamente, os efeitos da TM no local para a população de locais de interesse

298 • SEÇÃO IV / MODELOS PARA DADOS MULTINÍVEIS

Tabela 14.2 – Tratando os efeitos da Matemática de Transição (TM) como se variassem conforme o local: modelos hierárquicos 1 e 2

	Modelo 1		Modelo 2	
Efeitos fixos	Estimativa [SE] (IC de 95%)	Razão t	Estimativa [SE] (IC de 95%)	Razão t
Média global (γ_{00})	9,10 [0,64] (7,76, 10,44)	14,28**	9,11 [0,64] (7,77, 10,44)	14,30**
Efeito geral da TM (γ_{10})	1,16 [0,45] (0,22, 2,10)	2,60**	1,14 [0,44] (0,22, 2,06)	2,59**
Inclinação média pré-teste/pós-teste intralocal (γ_{20})	0,27 [0,03] (0,21, 0,34)	10,69**	0,29 [0,02] (0,25, 0,32)	13,94**
Componentes de variância	Estimativa	χ^2 (df)	Estimativa	χ^2 (df)
Interlocal				
Variância na aptidão média no local (τ_{00})	7,87	708,44** (19)	7,86	695,77** (19)
Variância nos efeitos da TM no local (τ_{11})	2,96	76,29** (19)	2,84	74,62** (19)
Variância em inclinações pré-teste/pós-teste (τ_{22})	0,01	26,12** (19)	—	—
Intralocal				
Variância residual (σ^2)	6,56		6,68	

NOTA: IC = intervalo de confiança.
*$p < 0,05$; **$p < 0,001$

são concebidos como normalmente distribuídos em torno do efeito médio (γ_{10}) com variância τ_{11}. É claro, há alguma incerteza ligada às nossas estimativas de (γ_{10}) e τ_{11}, mas um "bom palpite" baseado nos resultados anteriores é que os efeitos da TM no local estão, normalmente, distribuídos com uma média de 1,16 e variância de 2,96. Logo, o efeito da TM para locais situados perto da média da distribuição é pouco acima de 1 ponto. Contudo, o efeito da TM para um local que está dois desvios-padrão acima da média seria, com base nessa análise, igual a 1,16 + 2($\sqrt{2,96}$) = 4,6. Por sua vez, o efeito da TM para locais situados dos desvios-padrão abaixo da média seria igual a 1,16 − 2($\sqrt{2,96}$) = −2,28. Assim, a estimativa de pontuação de γ_{10}, juntamente com a estimativa de pontuação de τ_{11}, projeta uma variação substancial nos efeitos da TM entre locais[2].

Como mencionamos anteriormente, o erro-padrão da estimativa do efeito médio da TM

obtida na análise de MH é quase duas vezes o erro-padrão obtido na análise de OLS de único nível. Isto porque, na análise de único nível, supõe-se que as 572 observações em nível de aluno contidas na amostra do estudo, condicionadas aos preditores incluídos no modelo (isto é, *TRT, PRE*), são independentes. Assim, as observações dos 20 locais simplesmente se agrupam na estimação dos efeitos da TM. Se esse pressuposto fosse verdadeiro, porém, uma consequência seria não haver variância interlocal na eficácia da TM (ou seja, $\tau_{11} = 0$). Os resultados da análise de MLH indicam claramente que o nível de desempenho dos alunos de TM em relação às crianças do grupo de comparação dependerá, em alguma medida, do lugar onde estudarem. Isto, provavelmente, tem diversos motivos. Por exemplo, alunos de TM situados num determinado local experimentarão uma determinada implementação da TM, alunos de um determinado estabelecimento provavelmente se diferenciarão dos alunos de outros estabelecimentos por suas experiências educacionais anteriores e assim por diante. Nas análises de MH, levam-se em conta essas dependências ou agrupamentos nos dados. Intuitivamente, dada a grande variância interlocal nos efeitos da TM, é evidente que a precisão com que conseguimos estimar os efei-

2. Cabe observar que diversos diagnósticos que podem ser computados para avaliar a plausibilidade de pressupostos de normalidade no Nível 2 (p. ex., gráficos de distâncias de Mahalanobis: cf. Raudenbush; Bryk, 2002, cap. 9) sugerem ser razoável o pressuposto de normalidade no caso dessa análise em particular. Em outras partes deste capítulo, são discutidos outros procedimentos de checagem de modelos.

tos da TM dependerá não só do número de alunos, como também do número de locais incluídos em nossa amostra (J). Sendo assim, o erro-padrão da estimativa de pontuação de γ_{10} consiste em uma parte que envolve a estimativa de variância interlocal nos efeitos da TM ($\hat{\tau}_{11}$) e outra parte correspondente à estimativa de variância intralocal ($\hat{\sigma}^2$). Conforme o número de locais numa amostra aumenta, a magnitude da parte que envolve ($\hat{\tau}_{11}$) diminui. Vemos, também, que, se $\hat{\tau}_{11}$ for próximo de 0, o número de locais torna-se irrelevante, e o erro-padrão resultante seria determinado, principalmente, pelo número total de alunos nas turmas de TM e pelo número total nas turmas de comparação[3].

Na tabela 14.2, vemos também que a estimativa de pontuação da média global para aptidão em geometria é de, aproximadamente, 9 pontos. Entretanto, a estimativa resultante para τ_{00} aponta para uma variação considerável das médias de aptidão em geometria em torno da média global. Pode-se ver isso ao reparar, por exemplo, que a média de aptidão em geometria para um local que está dois erros-padrão acima da média global seria, com base nos resultados para o Modelo 1, igual a $9,1 + 2(\sqrt{7,89}) = 14,72$.

Ademais, um teste da hipótese de que a variância nas inclinações pré-teste/pós-teste do local (τ_{22}) é 0 dá algum fundamento para se manter a hipótese nula. Em proveito da parcimônia, agora, reajustamos nosso MH com τ_{22} limitado ao valor 0, isto é, tiramos U_{2j} do nosso modelo interlocal. Com isso, estamos, em essência, considerando as inclinações pré-teste/pós-teste do local como homogêneas (ou paralelas). Portanto, nosso modelo de Nível 2 é o seguinte:

---

3. De modo a ter em conta a incerteza decorrente da substituição dos erros-padrão para os efeitos fixos por estimativas pontuais dos componentes de variância, o programa HLM usa valores críticos baseados na família de distribuições de t ao realizar testes de hipótese referentes a efeitos fixos. Assim, por exemplo, num teste da hipótese em que o efeito total da TM (γ_{10}) é igual a 0, o programa HLM utiliza valores críticos baseados numa distribuição de t com $J - 1 = 19$ graus de liberdade. Convém notar que, quando J é pequeno, valores críticos baseados na distribuição de z gerarão índices de rejeição altos demais e intervalos de 95% cujos níveis de cobertura são menos do que nominais. Desde que nossos dados não sejam demasiadamente desequilibrados, o fato de basearmos valores críticos na família de distribuições de t tenderá a resultar em índices de rejeição e níveis de cobertura adequados em cenários com pequenas amostras. Para maiores detalhes, consultar Raudenbush e Bryk (2002, cap. 9).

$$\beta_{0j} = \gamma_{00} + U_{0j} \qquad U_{0j} \sim N(0, \tau_{00}),$$
$$\beta_{1j} = \gamma_{10} + U_{1j} \qquad U_{1j} \sim N(0, \tau_{11}),$$
$$\beta_{2j} = \gamma_{20.} \tag{4}$$

Como se pode ver na tabela 14.2, os resultados baseados no modelo definido pelas equações (2) e (4) (denominado Modelo 2) são extremamente semelhantes àqueles baseados em nossa primeira análise de MH.

Mostramos, agora, o uso de MHs no exame de fontes potencialmente importantes de variabilidade nos efeitos da TM: diferenças entre locais na implementação, nas características dos participantes no programa e no esquema.

14.3.4 Testagem dos pressupostos do programa: o papel da leitura da TM

As análises anteriores revelam considerável variabilidade da eficácia da TM em diferentes locais. Agora, mostramos o uso de MHs ajudando a detectar os aspectos de um programa que podem ser críticos para o seu sucesso.

Para os desenvolvedores da TM, a discussão cotidiana das passagens de leitura do texto é um elemento fundamental do programa. Sendo assim, obteve-se informação quanto ao uso da leitura do texto por meio de um questionário para professores aplicado ao término do ano letivo. Como se pode ver na tabela 14.1, as respostas dos professores de TM caem em duas categorias: aqueles que disseram ter discutido a leitura do texto diariamente, o que denominamos *alta implementação* ($IMPLRDG_j = 1$); e aqueles que disseram que a leitura foi discutida com frequência, mas não fazia parte da rotina cotidiana, o que denominamos *baixa implementação* ($IMPLRDG_j = 0$).

Como se pode ver pelos dados apresentados na tabela 14.1, as estimativas do efeito da TM tendem a ser maiores em locais nos quais a discussão das passagens de leitura do texto é diária. Agora, examinamos isso de maneira mais formal ao incluir $IMPLRDG_j$ como um preditor em nosso modelo interlocal para efeitos da TM no local (β_{1j}):

$$\beta_{0j} = \gamma_{00} + \gamma_{01}(\overline{PRE}_{.j} - \overline{PRE}) + U_{0j}$$
$$U_{0j} \sim N(0, \tau_{00}),$$
$$\beta_{1j} = \gamma_{10} + \gamma_{11}IMPLRDG_j + U_{1j}$$
$$U_{1j} \sim N(0, \tau_{11}),$$
$$\beta_{2j} = \gamma_{20.} \tag{5}$$

300 • SEÇÃO IV / MODELOS PARA DADOS MULTINÍVEIS

Considerando o método de codificação aplicado para o $IMPLRDG_j$, γ_{10} é o efeito esperado da TM em locais de baixa implementação, e γ_{11} representa o incremento da eficácia da TM previsto quando é alto o nível de implementação no local. Análogo a um modelo de regressão, U_{1j} é um resíduo que reflete o desvio de β_{1j} com relação a um valor esperado baseado no $IMPLRDG_j$. Logo, τ_{11} representa agora a variância restante nos efeitos da TM no local depois de se levar em consideração o $IMPLRDG_j$.

Como se vê, nós também temos modelado diferenças nas médias de aptidão em geometria no local como função das médias do pré-teste no local (isto é, $\overline{PRE}_{.j}$). Assim, γ_{01} capta a relação *interlocal* entre pontuações de pré-teste e aptidão em geometria (isto é, a mudança esperada na aptidão em geometria no local quando as médias de pré-teste aumentam uma unidade). Observe-se que $\overline{PRE}$ representa a média dos valores de $\overline{PRE}_{.j}$ para os 20 locais. Como $\overline{PRE}_{.j}$ centra-se em torno de $\overline{PRE}$, γ_{00} mantém seu significado como média global para aptidão em geometria.

Chamamos de Modelo 3 o MH definido pelas equações (2) e (5). Como vemos na tabela 14.3, a estimativa resultante para o efeito esperado da

Tabela 14.3 – Modelagem dos efeitos da Matemática de Transição (TM) no local como uma função da implementação e de outras características do local: modelos hierárquicos 3, 4 e 5

	Modelo 3		Modelo 4		Modelo 5	
Efeitos fixos	Estimativa [SE] (IC de 95%)	Razão t	Estimativa [SE] (IC de 95%)	Razão t	Estimativa [SE] (IC de 95%)	Razão t
Modelo para aptidão média do local						
Média global (γ_{00})	9,10 [0,28] (8,51, 9,69)	32,41**	9,10 [0,28] (8,51, 9,69)	32,41**	9,10 [0,28] (8,51, 9,69)	32,41**
Inclinação pré-teste/pós-teste interlocal (γ_{01})	0,62 [0,07] (0,47, 0,77)	8,93**	0,62 [0,07] (0,48, 0,77)	8,96**	0,62 [0,07] (0,47, 0,77)	8,94**
Modelo para efeitos da TM no local						
Efeito esperado da TM em locais de baixa implementação (γ_{10})	0,12 [0,53] (−0,99, 1,23)	0,22	0,09 [0,54] (−1,05, 1,23)	0,16	0,13 [0,55] (−1,04, 1,29)	0,23
Incremento esperado em efeitos da TM em locais de alta implementação (γ_{11})	2,03 [0,76] (0,43, 3,62)	2,68*	2,11 [0,78] (0,46, 3,76)	2,72*	2,02 [0,78] (0,38, 3,67)	2,59*
Relação entre médias de pré-teste no local e os efeitos da TM (γ_{12})	—	—	−0,07 [0,10] (−0,28, 0,14)	−0,78	—	—
Diferença esperada em efeitos da TM entre locais RA e não RA (γ_{13})	—	—			−0,22 [0.78]	−0,28
Modelo para inclinações pré-teste/pós-teste intralocal						
Inclinação média intralocal (γ_{20})	0,29 [0,02] (0,25, 0,33)	13,99**	0,29 [0,02] (0,25, 0,33)	14,00**	0,29 [0,02] (0,25, 0,33)	13,98**
Componentes da variância	Estimativa	χ^2 (df)	Estimativa	χ^2 (df)	Estimativa	χ^2 (df)
Interlocal						
Variância na aptidão média no local (τ_{00})	1,33	115,56** (18)	1,33	115,59** (18)	1,33	115,56** (18)
Variância em efeitos da TM no local (τ_{11})	1,86	51,56** (18)	1,93	49,58** (17)	2,02	51,42** (17)
Intralocal						
Variância residual (σ^2)	6,69		6,69		6,69	

NOTA: A estimativa resultante para $\hat{\tau}_{11}$ baseada nos Modelos 4 e 5 é pouco maior do que a estimativa baseada no Modelo 3. Isso pode acontecer quando se agregam a uma equação de Nível 2 preditores não relacionados com o parâmetro de Nível 1 que está sendo modelado (p. ex., β_{1j}). Ver detalhes em Raudenbush e Bryk (2002). IC = intervalo de confiança.
*$p < 0,05$; **$p < 0,001$

TM em locais de baixa implementação é de, aproximadamente, um décimo de ponto, e a razão t correspondente é baixíssima. Portanto, quando não se discute diariamente a leitura do texto da TM, os resultados sugerem que, em média, a TM e os currículos mais convencionais são igualmente eficazes no que diz respeito ao desempenho dos alunos no campo da aptidão em geometria. Todavia, a estimativa de pontuação para γ_{11} é de cerca de 2 pontos e mais de duas vezes seu erro-padrão. Isso sugere que, quando se discute a leitura diariamente, o efeito esperado da TM é superior a 2 pontos: 0,12 + 2,03 = 2,15.

Observe-se que a estimativa de τ_{11} que obtemos quando a implementação da leitura é incluída na análise é consideravelmente menor do que a estimativa obtida com base no Modelo 2 (isto é, 1,86 vs. 2,84). Logo, aproximadamente 35% da variabilidade em efeitos da TM no local resultam do $IMPLRDG_j$.

14.3.5 Uma olhada mais atenta nos resultados relativos à implementação: exame dos resíduos

Vemos, na tabela 14.1, que a estimativa de OLS do efeito da TM para um dos locais de alta implementação (Local 8) é negativa (−1,68) e consideravelmente menor do que a estimativa do efeito da TM para qualquer um dos outros locais de alta implementação. Assim, o Local 8 parece ser um caso atípico. De modo mais formal, para facilitar o reconhecimento de locais atípicos, podemos traçar gráficos em resíduos de OLS ou de Bayes empíricos (EB, na sigla em inglês) para cada local. Um resíduo de OLS seria calculado tomando a estimativa de OLS do efeito da TM para o local j (isto é, $\hat{\beta}_{1j}$) e subtraindo o valor ajustado baseado no valor do $IMPLRDG$ para o local j (ou seja, $FV_{1j} = 0,12 + 2,03\ IMPLRDG_j$): $\hat{U}_{1j} = \hat{\beta}_{1j} - FV_{1j}$). O cálculo de resíduos EB (isto é, U^*_{1j}) implica a redução de resíduos de OLS para um valor 0. Em suma, para locais em que a precisão de $\hat{\beta}_{1j}$ é relativamente alta, o grau de redução será mínimo. No entanto, para locais em que a precisão é baixa, o grau de redução a 0 será significativo. Assim, os resíduos de EB são, de certa forma, ajustados para erro de estimação ligado a $\hat{\beta}_{1j}$ (cf. Raudenbush; Bryk, 2002, p. 45-51).

Como se pode ver no gráfico de resíduos de EB em função de valores ajustados (figura 14.1), o Local 8 se mostra claramente distante dos outros locais de alta implementação. Uma possível explicação aponta para as dificuldades que muitos dos alunos de TM nesse local enfrentam ao ler o texto; para muitos desses alunos, o inglês era a segunda língua. Não podemos afirmar que essa seja a explicação correta, mas ela é congruente com a ideia de que a leitura tem um papel essencial no currículo de TM.

Em que medida o Local 8 afeta os nossos resultados? Quando deixamos à parte o Local 8 e reestimamos o Modelo 3, obtemos, como era de se esperar, uma estimativa maior para o coeficiente para $IMPLRDG_j$ (isto é, 2,29 [SE = 0,65]). Porém, de um ponto de vista prático, as conclusões a que poderíamos chegar quanto aos efeitos da TM com um alto nível de implementação são muito semelhantes[4].

Figura 14.1 Resíduos de EB *versus* implementação da leitura

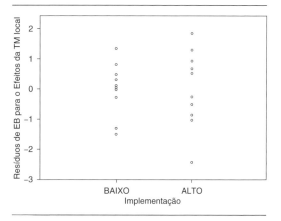

14.3.6 Consideração de possíveis variáveis de confusão

É de fundamental importância levarmos em consideração em nossa análise sobre a implementação que os 20 professores de TM incluídos neste estudo não foram destinados aleatoriamente a distintos

---

[4]. O uso das ferramentas de estimação recentemente desenvolvidas denominadas métodos *Monte Carlo via cadeias de Markov* (MCMC, na sigla em inglês) permite reajustar MHs sob pressupostos de distribuição de caudas pesadas. Isto é, em vez de se pressupor normalidade nos Níveis 1 e 2, pode-se especificar pressupostos de distribuição t com pequenos graus de liberdade (p. ex., 4) em cada nível. Com isso, o efeito é de moderar possíveis valores atípicos, proporcionando resultados sólidos para parâmetros de interesse (cf., p. ex., Seltzer *et al.*, 2002). Pode-se ajustar MHs com facilidade sob pressupostos de distribuição t mediante o *software* WinBUGS (Spiegelhalter *et al.*, 2000), gratuito, à disposição na internet.

302 • SEÇÃO IV / MODELOS PARA DADOS MULTINÍVEIS

níveis de implementação. Pelo contrário, por razões pouco claras, dez dos professores de TM discutiram diariamente com seus alunos a leitura no texto da matéria e dez não o fizeram. Em outras palavras, os próprios professores de TM incluíram-se em diferentes níveis de implementação. Portanto, quanto à tentativa de avaliar se a TM é realmente mais eficaz quando a leitura do texto é discutida todos os dias, é evidente que nos encontramos num cenário quase-experimental. Sendo assim, precisamos ponderar se há outros fatores agindo para produzir os resultados obtidos para $IMPLRDG_j$ (isto é, fatores associados com $IMPLRDG_j$ e com os contrastes entre as turmas de TM e de comparação). Ou seja, precisamos atentar para possíveis variáveis de confusão. Como se verá a seguir, abordamos esse problema em diversos pontos.

14.3.7 Quem se beneficia do programa?

Uma pergunta crucial que costuma surgir quando se desenvolve um currículo inovador é: será que alunos de uma ampla variedade de contextos sociais se beneficiam do currículo desenvolvido recentemente, ou ele terá sucesso sobretudo em locais cujos alunos têm, em geral, maiores níveis de aproveitamento anterior ou vêm de contextos sociais mais favorecidos? No estudo sobre a TM, existem diferenças substanciais nos níveis anteriores de aproveitamento dos alunos. Isso oferece uma oportunidade de examinar se os efeitos da TM têm relação com diferenças em níveis anteriores de aproveitamento. Por isso, incluímos, agora, as pontuações médias de pré-teste ($\overline{PRE}_j$) como um preditor no modelo de Nível 2 para efeitos da TM no local:

$$\beta_{1j} = \gamma_{10} + \gamma_{11}IMPLRDG_j$$
$$+ \gamma_{12}(\overline{PRE}_j - \overline{PRE}) + U_{1j}$$
$$U_{1j} \sim N(0, \tau_{11}). \qquad (6)$$

Como na análise de regressão múltipla, γ_{12} representa o incremento esperado em β_{1j} quando aumenta uma unidade, mantendo-se $IMPLRDG_j$ constante, e, do mesmo modo, γ_{11} representa, agora, o incremento esperado em β_{1j} quando a leitura é discutida diariamente, mantendo-se $\overline{PRE}_j$ constante. Com a centralização de $_j$ em torno da média global das pontuações médias de pré-teste

do local, γ_{10} representa o efeito esperado da TM num local de baixa implementação cuja média de pré-teste é igual à média global.

Na tabela 14.3, sob o título Modelo 4, vemos que a estimativa de pontos resultante de γ_{12} é $-0,07$ ($SE = 0,10$). Logo, não parece haver evidência alguma de uma relação sistemática entre médias de pré-teste do local e a eficácia da TM.

Dado esse resultado, não é de surpreender que a estimativa para o efeito fixo vinculado a $IMPLRDG_j$ seja extremamente similar à estimativa obtida na análise anterior. Ademais, note-se que, mesmo se houver, por exemplo, uma relação positiva entre médias de pré-teste do local e a eficácia da TM, isso ainda teria pouco impacto no coeficiente estimado para $IMPLRDG_j$. Isso se deve ao fato de não haver evidência de associação entre médias de pré-teste do local e o nível de implementação. Por exemplo, ao fazermos a regressão de $IMPLRDG_j$ sobre $\overline{PRE}_j$ em uma análise de regressão logística, obtemos uma estimativa do coeficiente para $\overline{PRE}_j$ de 0,06 ($SE = 0,11$). Logo, a seleção de diferentes níveis de implementação por parte de professores de TM não parece ter relação com diferenças de desempenho pré-teste médio no local.

14.3.8 Há relação entre diferenças de esquemas e diferenças de magnitude dos efeitos da TM entre locais?

Como dissemos anteriormente, a destinação de professores à TM foi aleatória no caso de dez locais. No caso dos locais em que a destinação não foi aleatória, é possível motivo de preocupação que coordenadores distritais de matemática ou diretores de escolas, ao escolherem professores para lecionar TM, possam ter optado por aqueles que eles consideravam altamente capacitados e bem-sucedidos. Em tal caso, as estimativas dos efeitos da TM tenderiam a ter um viés nesses locais; concretamente, eles seriam maiores – na média – do que as estimativas de efeitos da TM para os locais onde a designação foi aleatória. A fim de estudar essa possibilidade, estendemos nosso modelo de Nível 2 para os efeitos da TM no local, como segue:

$$\beta_{1j} = \gamma_{10} + \gamma_{11}IMPLRDG_j + \gamma_{13}RA_j + U_{1j}$$
$$U_{1j} \sim N(0, \tau_{11}), \qquad (7)$$

em que RA_j tem o valor 1 se a destinação de professores ao local j é aleatória (0 se não é); γ_{13}

representa o decréscimo (ou acréscimo) previsto nos efeitos da TM quando a destinação é aleatória, mantendo-se $IMPLRDG_j$ constante; agora, γ_{11} reflete o modo como as diferenças em implementação se relacionam com diferenças em efeitos da TM no local, mantendo-se constante o tipo de destinação; e, finalmente, γ_{10} representa o efeito esperado da TM em locais onde a implementação é escassa e a destinação de professores não é aleatória.

Na tabela 14.3, sob o título Modelo 5, vemos que a estimativa de pontos resultante para γ_{13} é de menos de um quarto de ponto, e que a correspondente razão t é extremamente pequena. Assim, os efeitos da TM em locais nos quais a alocação não foi aleatória parecem ser similares aos efeitos da TM em locais onde a alocação foi aleatória.

Não é de se surpreender que, dado esse resultado, nós também vejamos que os resultados concernentes à relação entre a implementação e a eficácia da TM sejam muito parecidos com aqueles baseados no Modelo 3. Aliás, mesmo se houvesse evidência de maiores efeitos da TM em locais onde a alocação não foi aleatória, os resultados relativos à implementação da leitura continuariam praticamente inalterados. Isso porque o tipo de alocação e o nível de implementação não estão vinculados – dos dez locais em que a alocação não é aleatória, a implementação é alta em cinco e baixa nos outros cinco, e o padrão é o mesmo nos dez locais onde a alocação é aleatória. Portanto, a seleção em diferentes níveis de implementação não tem relação com o tipo de alocação aplicado num local.

De um modo mais geral, variáveis que captam outros aspectos do esquema e da realização de um estudo e podem ser de interesse para os pesquisadores poderiam servir como preditores em modelos de Nível 2.

14.3.9 Outros fatores levados em consideração

Além das variáveis analisadas anteriormente, nós examinamos também várias outras características do local que seriam concebíveis se estivessem relacionadas com diferenças na magnitude de efeitos da TM (p. ex., diferenças entre locais no texto utilizado em turmas de comparação), mas não achamos relação sistemática alguma. Ademais, além dos fatores anteriormente considerados (desempenho no pré-teste no local, tipo

de alocação), examinamos outros diversos fatores que talvez pudessem gerar os resultados que obtivemos quanto à implementação da leitura (p. ex., até que ponto do texto cada instrutor de TM havia chegado ao terminar o ano letivo), mas nenhuma variável de confusão se apresentou. Nossa busca não foi exaustiva, de modo algum. Por exemplo, dez professores de TM foram escolhidos aleatoriamente para manterem diários. Um exame minucioso desses diários poderia sugerir outros fatores a serem explorados.

Vale ressaltar que as estimativas que obtivemos dos efeitos gerais da TM mostram o fato de a implementação estar aquém do ideal em muitos lugares. Por um lado, essas estimativas podem interessar a formuladores de políticas, porque elas refletem os vários desafios e dificuldades que os profissionais experimentam nesse campo (cf. a discussão de Shadish, Cook e Campbell [2002, p. 319-320] sobre análises por intenção de tratar). Por outro lado, porém, se estamos interessados nos efeitos da TM quando implementada com grande fidelidade, essas estimativas são enganosas. Em geral, é provável que uma quantidade considerável de variabilidade interlocal esteja ligada a diferenças importantes entre locais no que se refere à implementação, às características de participantes no programa e a certos aspectos do esquema. Entretanto, ao menos parte da variabilidade resultará, provavelmente, de características peculiares do local (p. ex., eventos inesperados, apoio administrativo mais forte do habitual).

14.4 ESQUEMAS NOS QUAIS AS UNIDADES ORGANIZACIONAIS AGRUPAM-SE NO TIPO DE TRATAMENTO: REANÁLISES DOS DADOS DE AVALIAÇÃO INTEGRADA DE MATEMÁTICA

14.4.1 Contexto

À diferença da instrução mais tradicional em matemática, caracterizada pelo exercício e pela memorização e aplicação de algoritmos, documentos influentes, como as Normas de 1989 do Conselho Nacional de Professores de Matemática (NCTM, na sigla em inglês), requerem métodos de ensino que envolvam suscitar e reforçar o

304 • SEÇÃO IV / MODELOS PARA DADOS MULTINÍVEIS

pensamento dos alunos e que lhes ofereçam oportunidades de lidar com conceitos matemáticos ao resolver problemas. Mas ensinar dessa maneira pode ser dificílimo. Quanto a isso, Saxe *et al.* (1999) e Gearhart *et al.* (1999) realizaram um estudo em que foi preciso desenvolver e implementar dois programas para ajudar os professores a desenvolverem as habilidades necessárias ao ensino de matemática para alunos do nível elementar superior de maneira condizente com as normas do NCTM, bem como comparar a aprendizagem de matemática dos alunos cujos professores participam nesses programas.

Ambos os programas se concentraram, principalmente, na instrução no campo de frações e no uso, por parte dos professores, de um livro-texto intitulado *Seeing With Fractions* ("Ver com frações", em tradução livre). Um dos programas, chamado Avaliação Integrada de Matemática (IMA, na sigla em inglês), visava ajudar os professores a: (a) desenvolver uma compreensão mais avançada de frações e temas afins, (b) perceber de que maneira a compreensão dos alunos sobre frações muda com o tempo e (c) aprender métodos de ensino que impliquem, por exemplo, suscitar e reforçar os conhecimentos dos alunos sobre frações. O objetivo do segundo programa, chamado Apoio Colegial (SUPPORT), "era dar aos professores oportunidades de refletir sobre suas práticas com uma comunidade de profissionais empenhados em esforços semelhantes" (Gearhart *et al.*, 1999, p. 291). Nesse modelo, os professores participantes preparam uma agenda com os temas que desejam discutir em cada sessão.

Dezesseis professores de ensino elementar superior da Grande Los Angeles participaram da IMA e do SUPPORT. Todos os professores tinham experiência prévia do uso do texto *Seeing With Fractions* e ofereceram-se para participar do estudo. Nove deles foram alocados à IMA e sete, ao SUPPORT, por meio de um procedimento de alocação aleatória descrito em Gearhart *et al.* (1999).

Antes do início do ano letivo, os professores da IMA participaram num instituto de verão de cinco dias de duração. Durante o ano letivo, eles assistiram a 13 reuniões noturnas, realizadas de duas em duas semanas. Os professores do SUPPORT assistiram a duas reuniões de um dia inteiro e a sete reuniões noturnas realizadas mensalmente.

Os alunos de cada professor participante do estudo foram submetidos a uma série de pré-testes ao começar o ano letivo e a uma série de pós-testes logo após a conclusão do último módulo do texto *Seeing With Fractions*. Também se obteve uma avaliação da proficiência dos alunos em idioma inglês no início do ano escolar. Nesta seção do nosso capítulo, apresentamos uma série de análises de MH centrada no desempenho dos alunos de aulas de IMA e SUPPORT num pós-teste que mede a habilidade de resolução de problemas com frações. As questões desse teste não podem ser resolvidas simplesmente aplicando algoritmos computacionais.

Embora os professores de IMA e os de SUPPORT incluídos em nossa amostra fossem, em média, muito semelhantes no que tange a experiência e capacitação, os alunos das aulas de IMA eram, em geral, um pouco mais avantajados que os alunos das aulas de SUPPORT quanto a diversas características de entrada (cf. a seguir). Isso tem a ver com o fato de que, embora seis dos nove professores de IMA estivessem lotados em seis escolas diferentes, três estavam lotados na mesma escola. Os três últimos professores foram alocados aleatoriamente à IMA, como um grupo. Receava-se que a alocação de, por exemplo, dois desses professores à IMA e um ao SUPPORT pudesse resultar na transmissão de informação e ideias dos professores do IMA ao professor de SUPPORT durante o ano letivo. Porém, essa escola atendia alunos relativamente avantajados. Como se verá, nós fazemos ajustes por diferenças em diversas características de entrada em nossas análises e efetuamos muitas análises de sensibilidade, inclusive o reajuste dos principais modelos deixando de lado esses três professores.

Um detalhe importante deste estudo é que se obteve informação aprofundada por meio de observações em sala de aula dos métodos instrutivos de cada professor durante o ensino de frações. Dados colhidos nessas observações foram utilizados para elaborar escalas que captam o grau de alinhamento dos métodos de ensino de um professor com diversos princípios reformistas. Uma escala especialmente interessante capta em que medida um professor oferece oportunidades para lidar com conceitos matemáticos (isto é, frações) em discussões de resolução de problemas, de modo a desenvolver o pensamento dos alunos (Gearhart *et al.*, 1999, p. 303). Chamamos essa medida de *ALIGN* e faremos uso dela como preditor de Nível 2 em duas das análises essenciais apresentadas a seguir. O exame da relação entre as diferenças nesse aspecto da prática e as diferenças nos resultados dos alunos têm grande destaque no trabalho de Saxe *et al.* (1999) e Gearhart *et al.* (1999).

14.4.2 Especificação de um modelo intraturma: o uso da centralização na média global

Os MHs que empregamos em nossas análises são modelos de dois níveis e cada um consiste em um modelo intraturma (Nível 1) e em um modelo interturma (Nível 2). Agora, propomos o seguinte modelo intraturma para as $J = 16$ salas de aula da nossa amostra ($j = 1...16$):

$$Y_{ij} = \beta_{0j} + \beta_{1j}(PREPS_{ij} - \overline{PREPS}_{..})$$
$$+ \beta_{2j}(INCIP_{ij} - \overline{INCIP}_{..})$$
$$+ \beta_{3j}(ELP_{ij} - \overline{ELP}_{..}) + \varepsilon_{ij}$$
$$\varepsilon_{ij} \sim N(0, \sigma^2). \tag{8}$$

Y_{ij} e $PREPS_{ij}$ são, respectivamente, as notas de pré-teste e pós-teste em resolução de problemas para o aluno i na turma j. A máxima pontuação possível em ambos os testes é 13, e os itens que compõem as provas são muito similares, mas não idênticos. $INCIP_{ij}$ é uma variável indicadora que tem o valor 1 se o aluno i da turma j demonstrou um conhecimento incipiente sobre frações com base num pré-teste especial (0 no caso contrário; detalhes em Saxe *et al.*, 1999). ELP_{ij} é uma variável indicadora que tem o valor 1 se o aluno i da turma j é categorizado como fluente em inglês (0 no caso contrário), e β_{1j}, β_{2j} e β_{3j} são inclinações que expressam as relações entre os preditores *PREPS*, *INCIP* e *ELP* e as notas de pós-teste de resolução de problemas. Os ε_{ij} são erros considerados independentes e normalmente distribuídos com média 0 e variância σ^2.

Ao contrário do modelo de Nível 1 que aplicamos em nossas análises dos dados da TM (equação 2), os preditores incluídos na equação (8) foram centrados em torno de suas médias globais. O tipo de centralização escolhido por nós tem implicações importantes para a interpretação do termo de ordenada na origem (β_{0j}) no modelo. Quando utilizamos a centralização na média do grupo, β_{0j} representa a pontuação resultante média (não ajustada) para o grupo j. Quando utilizamos a centralização na média global, β_{0j}, análoga a modelos ANCOVA, representa uma pontuação resultante média ajustada para o grupo j. Assim, por exemplo, se as pontuações do *PREPS* numa determinada turma são, em média, menores do que a pontuação de pré-teste média global, e se as pontuações de pré-teste e pós-teste estão positivamente relacionadas, a nota de resultado esperada para essa turma (β_{0j}) será ajustada para cima. Para turmas cujas pontuações de pré-teste são, em média, maiores do que a média global, a nota de resultado esperada para essa turma (β_{0j}) será ajustada para baixo. Assim, a centralização na média global em Nível 1 é uma maneira de se levarem em consideração as diferenças de características de entrada dos alunos entre as turmas (cf. Raudenbush; Bryk, 2002, capítulos 2 e 5).

Observe-se que as pontuações de *PREPS* médias da turma ($\overline{PREPS}_{.j}$) são, em média, mais altas para turmas de IMA do que para turmas de SUPPORT (3,45 ante 2,02; $t = 2,72$, $p = 0,02$), em que 3,45 representa a média dos valores de $\overline{PREPS}_{.j}$ para as nove turmas de IMA e 2,02 representa a média dos valores de $\overline{PREPS}_{.j}$ para as sete turmas de SUPPORT. As pontuações de *ELP* e *INCIP* médias de turma (isto é, as proporções de alunos numa turma que, respectivamente, são proficientes na língua inglesa e demonstraram compreensão incipiente de frações) também são um pouco mais altas, em média, para turmas de IMA do que para turmas de SUPPORT (*ELP*: 0,94 ante 0,81, $t = 1,93$, $p = 0,07$; *INCIP*: 0,77 ante 0,55, $t = 1,88$, $p = 0,08$). Quando deixamos de lado os três professores de IMA lotados na escola frequentada por alunos relativamente avantajados, as diferenças para *PREPS*, *ELP* e *INCIP* são, respectivamente, 2,68 ante 2,02 ($t = 1,87$, $p = 0,09$), 0,91 ante 0,81 ($t = 1,20$, $p = 0,26$) e 0,68 ante 0,55 ($t = 1,01$, $p = 0,34$).

14.4.3 Avaliação de efeitos contextuais

Em MHs para esquemas agrupados, como os utilizados nos estudos de Gearhart *et al.* (1999) e Saxe *et al.* (1999), as médias ajustadas são

306 • SEÇÃO IV / MODELOS PARA DADOS MULTINÍVEIS

os parâmetros de Nível 1 de principal interesse. No modelo de Nível 2, modelamos as diferenças nas médias ajustadas como uma função de diversas características principais das unidades organizacionais (p. ex., turmas) da nossa amostra.

Antes de compararmos os resultados para alunos em turmas de IMA e SUPPORT, propomos um modelo interturma da seguinte forma:

$$\beta_{0j} = \gamma_{00} + \gamma_{01}(\overline{ELP}_{.j} - \overline{ELP}) + U_{0j}$$
$$U_{0j} \sim N(0, \tau_{00}),$$
$$\beta_{1j} = \gamma_{10},$$
$$\beta_{2j} = \gamma_{20},$$
$$\beta_{3j} = \gamma_{30}. \qquad (9)$$

No modelo anterior, γ_{10}, γ_{20} e γ_{30} representam, respectivamente, a inclinação pré-teste/pós-teste intraturma média, a inclinação INCIP/pós-teste intraturma média e a inclinação ELP/pós-teste intraturma média. Em modelos iniciais que ajustamos aos dados, testes de homogeneidade indicaram pequena variação nas inclinações de Nível 1. Portanto, como se pode ver na equação (9), não especificamos efeitos aleatórios das equações para β_{1j}, β_{2j} e β_{3j}. Além de incluirmos ELP_{ij} como preditor em nosso modelo intraturma, incluímos a proporção de alunos proficientes em língua inglesa numa turma ($\overline{ELP}_{.j}$) como preditor de β_{0j}. Repare-se que γ_{30} representa a diferença prevista nas pontuações de pós-teste de resolução de problemas entre dois alunos – um dos quais é proficiente em inglês e o outro não – que estão na mesma turma e têm iguais notas de pré-teste e níveis de compreensão incipiente de frações. Raudenbush e Bryk (2002) chamam γ_{30} de efeito em nível pessoal. Por outro lado, γ_{01}, na equação (9), é um efeito contextual relacionado com a medida em que os alunos de uma turma são proficientes em inglês. Vamos supor, porém, que um aluno está numa turma na qual praticamente todos os alunos são proficientes em idioma inglês (Turma A), ao passo que o outro está numa turma na qual aproximadamente metade dos alunos é proficiente em idioma inglês (Turma B). Em razão dessas diferenças na composição da turma, pode-se imaginar que o ritmo possa ser mais rápido e/ou que a cobertu-

ra do material possa ser mais aprofundada na Turma A. Por consequência, o aluno da Turma A poderá aprender consideravelmente mais do que o aluno da Turma B, mesmo que os dois alunos tenham idênticos valores de ELP, PREPS e INCIP. Essas diferenças nos resultados, denominadas *efeito contextual*, seriam captadas por γ_{01}.

A equação para β_{0j}, diferentemente das outras equações de Nível 2, contém um efeito aleatório (U_{0j}). Supõe-se, para os efeitos aleatórios, uma distribuição normal com variância τ_{00} que representa a variância que resta nas médias ajustadas depois de considerados os efeitos de $\overline{ELP}_{.j}$.

Agora, ajustamos aos dados o modelo definido pelas equações (8) e (9), denominado Modelo 1 na tabela 14.4. Vale ressaltar que, enquanto o efeito de nível pessoal da proficiência em idioma inglês (γ_{30}) é insignificante, o efeito contextual (γ_{01}) parece ser substancial. Suponhamos dois alunos idênticos no que se refere a seus níveis de proficiência em língua inglesa, suas pontuações no pré-teste de resolução de problemas e seus níveis de conhecimento incipiente. Se um aluno está numa turma em que todas as crianças são proficientes ($\overline{ELP}_{.j} = 1$) e o outro está numa turma com 60% de alunos proficientes ($\overline{ELP}_{.j} = 0,60$), a diferença esperada nas notas de pós-teste entre esses dois alunos seria $4,02 \times (1 - 0,60) = 1,61$. (Os valores mínimo e máximo para $\overline{ELP}_{.j}$ em nossa amostra são 0,60 e 1, respectivamente.)

Quanto aos resultados para os outros efeitos fixos no modelo, vemos que a estimativa da pontuação de pós-teste média global (γ_{00}) é 5,85 pontos e que as estimativas de pontos para as inclinações de PREPS e INCIP intraturma médias (γ_{10}, γ_{20}) são positivas e estatisticamente significantes. Por fim, os resultados de γ_{00} indicam que é apreciável a variabilidade remanescente no desempenho de pós-teste médio de turma ajustado.

Antes de passarmos para a seguinte seção, frisamos que, quando se deixam de lado os três professores de IMA que lecionam na escola onde estudam alunos relativamente avantajados, a estimativa de pontos resultante para o efeito contextual de ELP é um pouco maior do que o resultado baseado na amostra completa de 16 professores, isto é, 4,34 (SE = 2,09, t = 2,08, p = 0,06) versus 4,02.

Tabela 14.4 – Análises do estudo de IMA: Modelos 1, 2, 3 e 4

Efeitos fixos	Modelo 1 Estimativa [SE] (IC de 95%)	Razão t	Modelo 2 Estimativa [SE] (IC de 95%)	Razão t	Modelo 3 Estimativa [SE] (IC de 95%)	Razão t	Modelo 4 Estimativa [SE] (IC de 95%)	Razão t
Modelo para médias de turma ajustadas								
Média global (γ_{00})	5,85 [0,24] (5,33, 6,36)	23,95**	5,84 [0,23] (5,34, 6,34)	25,26**	5,84 [0,20] (5,41, 6,28)	29,17**	5,85 [0,20] (5,42, 6,28)	29,13**
ELP de turma (γ_{01})	4,02 [1,84] (0,08, 7,97)	2,18*	2,69 [1,94] (−1,51, 6,88)	1,38	3,51 [1,75] (−0,30, 7,32)	2,01	4,30 [1,56] (0,93, 7,67)	2,76*
Contraste IMA/SUPPORT (γ_{02})	—	—	0,86 [0,53] (−0,28, 2,01)	1,63	0,49 [0,49] (−0,58, 1,56)	1,00	—	—
Alinhamento (γ_{03})	—	—	—	—	0,80 [0,35] (0,04, 1,56)	2,29*	0,92 [0,33] (0,21, 1,63)	2,78*
Inclinação pré-teste/pós-teste intraturma média (γ_{10})	0,59 [0,07] (0,45, 0,72)	7,96**	0,57 [0,07] (0,44, 0,71)	7,77**	0,58 [0,07] (0,44, 0,72)	7,91**	0,59 [0,07] (0,45, 0,73)	8,11**
Inclinação incipiente/pós-teste intraturma média (γ_{20})	1,13 [0,35] (0,44, 1,82)	3,20**	1,12 [0,35] (0,43, 1,80)	3,17**	1,17 [0,35] (0,48, 1,86)	3,34**	1,18 [0,35] (0,49, 1,87)	3,39**
Inclinação ELP/pós-teste intraturma média (γ_{30})	0,02 [0,48] (−0,92, 0,96)	0,04	0,03 [0,48] (−0,92, 0,97)	0,06	0,02 [0,48] (−0,93, 0,96)	0,04	0,01 [0,48] (−0,93, 0,95)	0,02
Componentes de variância	Estimativa	χ^2 (df)	Estimativa	χ^2 (df)	Estimativa	χ^2 (df)	Estimativa	χ^2 (df)
Interturma								
Variância nas médias ajustadas (τ_{00})	0,64	42,90** (14)	0,54	35,65** (13)	0,33	24,28** (12)	0,33	26,44** (13)
Intraturma								
Variância residual (σ^2)	7,24		7,23		7,24		7,23	

NOTA: IMA = Avaliação de Matemática Integrada; SUPPORT = Apoio Colegial; ELP = Proficiência em língua inglesa.
*$p < 0,05$; **$p < 0,001$.

308 • SEÇÃO IV / MODELOS PARA DADOS MULTINÍVEIS

14.4.4 Comparação do desempenho de alunos em turmas de IMA e SUPPORT

Agora, adicionamos um preditor à equação de Nível 2 para β_{0j} que indica se a turma j teve aulas com um professor participante da IMA ($IMA_j = 1$) ou por um professor participante do SUPPORT ($IMA_j = 0$):

$$\beta_{0j} = \gamma_{00} + \gamma_{01}(\overline{ELP}_{\cdot j} - (\overline{ELP})$$
$$+ \gamma_{02}(IMA_j - \overline{IMA}) + U_{0j}$$
$$U_{0j} \sim N(0, \tau_{00}). \tag{10}$$

Nesse modelo, γ_{02} representa a diferença prevista de desempenho no pós-teste entre os alunos que têm aulas com professores de IMA e aqueles que têm aulas com professores de SUPPORT, mantendo-se constantes os preditores de nível de aluno do nosso modelo e a proporção de alunos proficientes em língua inglesa numa turma. Isto é, para alunos com valores similares dos preditores de nível de aluno e que fazem parte de turmas com similares porcentagens de alunos proficientes em língua inglesa, a diferença esperada no desempenho no pós-teste entre esses alunos em turmas ensinadas por professores de IMA e aqueles ensinados por professores de SUPPORT é γ_{02}.

Como se pode ver na tabela 14.4 sob o cabeçalho Modelo 2, a estimativa de pontos para o contraste IMA/SUPPORT é positiva e ligeiramente inferior a 1 ponto. Mas a razão t correspondente é bastante inferior a 2. Vemos também que a estimativa de pontos resultante do coeficiente para $\overline{ELP}_j$ é consideravelmente menor do que a estimativa obtida na análise prévia (2,68 *vs.* 4,02) e que a correspondente razão t é substancialmente menor do que 2. Um gráfico de resíduos em função de valores ajustados não revelou nenhum caso inusual.

Note-se que, se fazemos uma análise de OLS na qual simplesmente regredimos pontuações de resolução de problemas em pós-teste de alunos sobre o conjunto de características de aluno e de turma no modelo anterior, obtemos uma estimativa do contraste IMA/SUPPORT que é muito semelhante à estimativa indicada na tabela 14.4 (ou seja, 0,89). No entanto, o erro-padrão resultante é consideravelmente menor (0,34 *vs.* 0,53), e a razão t e o valor p correspondentes ($t = 2,62$, $p = 0,01$) sinalizam claramente um contraste positivo. Porém, como no caso da análise de OLS em nível de

aluno dos dados de TM, uma análise desse tipo desconsidera as dependências entre observações de alunos agrupadas em unidades de Nível 2 e podem resultar em erros-padrão enganosamente pequenos para parâmetros de interesse. Como já explicamos, essas dependências ou agrupamentos nos dados se refletem nos erros-padrão obtidos em análises de MH. Por razões semelhantes, a análise de OLS também resulta num erro-padrão substancialmente menor para a estimativa do efeito contextual da proficiência em língua inglesa e, quanto a isso, uma razão t de 2,07 e um valor de 0,04.

Antes de passarmos para a seção seguinte, repare que, ao excluirmos os três professores de IMA na escola que atende alunos relativamente avantajados, obtemos estimativas um pouco maiores para o efeito contextual da proficiência em língua inglesa (3,11; $SE = 2,04$, $t = 1,52$, $p = 0,16$) e o contraste IMA/SUPPORT (1,02; $SE = 0,57$, $t = 1,79$, $p = 0,10$). Portanto, obtemos resultados parecidos com ou sem esses três professores.

14.4.5 Estudo da relação entre o método do professor e os resultados em resolução de problemas

Em comparação com a estimativa de τ_{00} baseada no Modelo 1, a inclusão da variável indicadora de IMA no modelo resulta em, aproximadamente, 15% de redução na variância (isto é, 0,54 *vs.* 0,64), o que parece indicar que a informação contida num preditor não repete simplesmente a informação contida no outro.

O preditor IMA_j indica apenas a participação em programas de IMA ou SUPPORT. Há um fator mais proximal (isto é, um fator diretamente ligado à instrução) subjacente à estimativa positiva obtida para o contraste IMA/SUPPORT?

Nessa ocasião, utilizamos a medida de método do professor anteriormente descrita (ou seja, *ALIGN*) como preditor de Nível 2. Um valor de 2 nessa escala corresponde a um altíssimo nível de implementação, ao passo que um valor −2 corresponde a um nível de implementação extremamente baixo. Os valores de *ALIGN* para os professores da nossa amostra variam consideravelmente, entre −0,75 e 1,62. O valor médio de *ALIGN* para professores de IMA é um pouco mais alto que o valor médio para professores de SUPPORT (0,57 *vs.* 0,24), embora a diferença seja modesta em magnitude e estatisticamente insignificante ($t = 1,10$, $p = 0,30$).

Agora, ampliamos a equação interturma para β_{0j} da seguinte maneira:

$$\beta_{0j} = \gamma_{00} + \gamma_{01}(\overline{ELP}_{.j} - \overline{ELP}) + \gamma_{02}(IMA_j - \overline{IMA})$$
$$+ \gamma_{03}(ALIGN_j - \overline{ALIGN}) + U_{0j}$$
$$U_{0j} \sim N(0, \tau_{00}). \tag{11}$$

Como vemos na tabela 14.4, sob o cabeçalho Modelo 3, a adição de *ALIGN* ao modelo resulta numa redução substancial na estimativa do contraste IMA/SUPPORT (0,49 [$t = 1,00$] *vs.* 0,8). Ademais, os resultados revelam uma apreciável relação positiva entre *ALIGN* e o desempenho no pós-teste. Mantendo-se constantes todos os outros preditores no modelo, quando consideramos dois professores com valores de *ALIGN* distantes 2 pontos (p. ex., 1,50 *vs.* −0,50), a diferença esperada no desempenho do aluno no pós-teste é 1,6 ponto (isto é, $2 \times 0,80$). Além disso, vemos que a estimativa de pontos para τ_{00} tem forte queda, de um valor de 0,54 na análise anterior para 0,33, o que representa uma diminuição de quase 40%. Vemos, também, que a adição de *ALIGN* ao modelo resulta num apreciável aumento na estimativa de pontos para o efeito contextual da proficiência em língua inglesa (3,51; $t = 2,01$).

Note-se que o número de unidades de Nível 2 numa amostra (J) limita o número de preditores que podemos incluir de uma vez numa equação de Nível 1. De maneira análoga ao caso de análises de regressão em cenários de pequena amostra, quando $J = 16$, deve-se ter muita precaução quanto à inclusão de mais de dois preditores ao mesmo tempo numa equação de Nível 2. Por óbvio, é preciso tomar muito cuidado quando se utiliza um ou dois preditores. No caso do Modelo 3, é fator atenuante que *ALIGN* e $\overline{ELP}_{.j}$ praticamente não estejam correlacionados ($r = -0,09$). Contudo, a fim de ajudar a aferir a solidez desses resultados, obtivemos estimativas precisas dos efeitos fixos no Modelo 3 mediante um método de estimação descrito num artigo de Seltzer *et al.* (2002)[3]. Essas estimativas são praticamente idênticas àquelas incluídas na tabela 14.4. Além disso, nós suprimimos sequencialmente vários possíveis pontos de influência (p. ex., a turma com o maior valor de $ALIGN_j$; a turma com o menor valor de $\overline{ELP}_{.j}$).

Essas análises "deixando um de fora" também deram resultados congruentes com os da tabela 14.4.

Ao omitirmos IMA_j e mantermos $ALIGN_j$ em nosso modelo de Nível 2, verificamos que a estimativa de pontos para τ_{00} continua praticamente igual (ou seja, 0,33; os resultados para o Modelo 4 estão na tabela 14.4). Vemos, também, que as estimativas de pontos dos coeficientes para $ALIGN_j$ e $\overline{ELP}_{.j}$ aumentam um pouco. Observe-se, ainda, que, ao deixarmos de lado os três professores de IMA na escola que atende crianças relativamente avantajadas e reajustarmos o Modelo 4, obtemos resultados parecidíssimos para *ALIGN* (0,98; $SE = 0,43$, $t = 2,26$, $p = 0,05$) e para o efeito contextual de *ELP* (4,26; $SE = 1,81$, $t = 2,36$, $p = 0,04$).

14.4.6 Ter em conta possíveis variáveis de confusão ao tirar conclusões quanto ao alinhamento

Mesmo que os resultados anteriormente mencionados sugiram que diferenças de alinhamento com métodos de ensino reformistas subjazem às diferenças no desempenho dos alunos em resolução de problemas, é importante levarmos em conta outras variáveis que podem estar associadas com *ALIGN* e com resultados em resolução de problemas. Vimos que é muito baixa a correlação entre *ALIGN* e a proporção de alunos proficientes em língua inglesa. Também são baixas as correlações entre *ALIGN* e outras características de composição da turma (p. ex., médias de notas da turma em pré--testes de resolução de problemas). Logo, a medida em que o método do professor está alinhado com princípios reformistas não parece depender das características de composição das turmas.

No que se refere à experiência e à capacitação do professor, embora a correlação entre *ALIGN* e anos de experiência de ensino seja próxima de zero ($r = 0,02$), nós vemos, de fato, uma correlação moderadamente grande entre *ALIGN* e a quantidade de desenvolvimento e treinamento profissional (*DTP*) recebidos pelo professor ($r = 0,52$). Entretanto, ao incluirmos o *DTP* no Modelo 4, os resultados que obtemos para *ALIGN* (1,07; $SE = 0,39$, $t = 2,78$, $p = 0,02$) e para o efeito contextual de *ELP* (3,85; $SE = 1,67$, $t = 2,31$, $p = 0,04$) são muito similares àqueles apresentados na tabela 14.4. Além disso, os resultados para *DTP* sugerem que, mantendo-se *ALIGN* e $\overline{ELP}_{.j}$ constantes, *DTP* não está sistematicamente relacionado com os resultados em resolução de problemas $(-0,31;$ $SE = 0,38, t = -0,81, p = 0,44)$[5].

Assim, como no caso do estudo sobre TM, vemos que a coleta de dados de implementação aumentou muito o valor do estudo do IMA. Embora diversos exames conceituais sobre a aprendizagem de matemática apontem para o possível valor dos métodos reformistas de ensino, Saxe *et al.* (1999) ressaltam que poucos estudos analisam empiricamente a relação entre a aprendizagem dos alunos e esses métodos. Como já vimos, o grau de

---

5. O procedimento de alocação de professores à IMA e ao SUPPORT envolveu combinação prévia baseada nos anos de experiência docente (*EXPER*) e *DTP* (cf. GEARHART *et al.*, 1999). Também entrou nesse processo a informação sobre o contexto quanto a, por exemplo, características demográficas dos alunos na escola de um determinado professor. (Uma vez que os programas de IMA e SUPPORT começaram no verão, não foi possível utilizar no processo de combinação características de composição da turma, como as anteriores pontuações médias em aproveitamento). O objetivo do procedimento de combinação no estudo de IMA não foi o de formar uma série de pares combinados, como no caso do estudo sobre TM; isto é, o estudo de IMA não foi concebido como uma série de experimentos. Em vez disso, em vista do número relativamente pequeno de professores no estudo, o procedimento de combinação tentou garantir que as amostras resultantes de professores de IMA e SUPPORT fossem, em média, comparáveis em termos de *EXPER* e *DTP*, como de fato eles eram. Deixando-se de lado os três professores de IMA na escola com alunos relativamente avantajados, os alunos dos professores de IMA e SUPPORT eram comparáveis em termos de proficiência no idioma e em diversas habilidades iniciais.

De modo mais geral, Murray (1998) frisa que a simples alocação aleatória não é um meio confiável de se obter comparabilidade inicial entre condições num estudo quando a amostra de unidades organizacionais é pequena. Em tais situações, ele recomenda a combinação ou a estratificação para aumentar a comparabilidade. Se não for possível obter combinações muito precisas, como no caso do estudo de IMA, é razoável combinar para tentar conseguir comparabilidade geral, mas ignorar a combinação na fase de análise.

Observe-se, para concluir, que nós ajustamos uma série de MHs aos dados de IMA fazendo uso do modelo de Nível 1 descrito na equação (8) e de diversos modelos de Nível 2 que envolvem *EXPER* e *DTP*. Nenhuma dessas variáveis se mostrou sistematicamente relacionada com as notas resultantes médias de turma (β_{0j}). De certa forma, isso não surpreende muito, porque 13 dos 16 professores da amostra tinham 12 ou mais anos de experiência de ensino; ademais, embora os professores tivessem recebido diferentes quantidades de treinamento prévio pertinente, todos eles haviam recebido algum treinamento prévio.

---

alinhamento do ensino com métodos reformistas surgiu como fator-chave com relação aos resultados dos alunos em resolução de problemas[6].

14.5 RECAPITULAÇÃO, IMPLICAÇÕES E NOVAS ORIENTAÇÕES

14.5.1 Obtenção de erros-padrão mais adequados

Os exemplos anteriores ajudaram a mostrar o uso de MHs a fim de obter erros-padrão mais adequados para efeitos fixos que são objeto de interesse. Vimos que fazer análises de OLS que não levem em consideração a estrutura agrupada de dados de múltiplos locais pode resultar em erros-padrão enganosamente pequenos. Concretamente, no caso do exemplo da IMA, lembremos que o erro-padrão para a estimativa do contraste IMA/SUPPORT era 40% menor do que o erro-padrão baseado numa análise de MH e que as correspondentes razões t baseadas nas análises de OLS e de MH eram 2,62 e 1,63, respectivamente.

14.5.2 A importância de coletar e usar dados na implementação

Em estudos de programas e intervenções em múltiplos locais é muito provável haver variabilidade na implementação em lugares diferentes. Assim foi, certamente, no caso dos estudos de TM e IMA. Em virtude da variedade de dificuldades e desafios que os profissionais podem achar em campo e, com isso, das diferenças na adaptação de programas ao cenário local, pode ocorrer que a implementação seja como se pretenda em alguns locais, mas parcial ou deficiente em outros.

Nesse sentido, estimativas da eficácia média geral de um programa (p, ex., estimativas do efeito

---

6. Como vimos anteriormente, os valores de *ALIGN* para professores de IMA foram, em média, maiores do que os valores de *ALIGN* para professores de SUPPORT. Note-se que o programa de IMA pode ajudar os professores a desenvolverem outros métodos de ensino além daqueles captados pela medição de *ALIGN*, o que ajuda a fomentar a aprendizagem do aluno (cf. Gearhart *et al.*, 1999, p. 308).

médio da TM na tabela 14.2) podem ser do interesse de formuladores de políticas, porque elas vão refletir diversas dificuldades que possam ter surgido em campo; elas vão refletir o fato de a implementação como um todo ter sido menos do que ideal (cf. Shadish *et al.*, 2002). É fácil ver que seria essencial saber até que ponto a implementação foi boa ou deficiente para compreender essas estimativas.

Mas é evidente que, se a implementação é deficiente em alguns lugares e boa em outros, essas estimativas são problemáticas se o objetivo for tirar conclusões quanto aos efeitos de uma versão plenamente implementada do programa em questão. Todavia, quando se tiverem coletado dados sobre a implementação, nós poderemos, por exemplo, começar a examinar as diferenças na eficácia de um programa quando implementado com alta fidelidade e quando não. Além disso, como vimos nos exemplos anteriores, podemos começar a testar alguns dos pressupostos e ideias que embasam o desenvolvimento de um programa e concentrar-nos em fatores que possam ser mais proximais a respeito de resultados de interesse.

Embora as análises que envolvem o uso de dados da implementação forneçam oportunidades para se aprender mais sobre as condições em que um programa pode ser especialmente eficaz, um aspecto importante, que permeia os exemplos anteriores do início ao fim, é que devemos estar cientes de que as diferenças na implementação podem estar associadas com outros fatores (p. ex., diferenças na experiência do pessoal, diferenças nas características de contexto de participantes no programa) ligados a resultados de interesse. Isto é, devemos atentar para possíveis variáveis de confusão. Logo, é essencial colher dados não só sobre a implementação, mas também sobre fatores que, com base em teoria pertinente e pesquisa anterior, provavelmente, tenham relação com diferenças na implementação e nos resultados de programas.

Uma consequência disso é a necessidade de estudos de múltiplos locais que cubram um maior número de locais (J). Como nos modelos de regressão múltipla, o incremento de J nos permite especificar modelos de Nível 2 com maiores conjuntos de preditores (isto é, medidas da implementação, características de composição do local e outras características de Nível 2). Isso se torna fundamental nas situações em que identificamos diversas covariáveis de Nível 2 para as quais devemos ajustar no intuito de tirar conclusões com relação a, por exemplo, interações entre um determinado aspecto da implementação e a eficácia do programa. Quanto a isso, cabe observar que amiúde nos deparamos com estudos de múltiplos locais com $J < 20$. Isso é compreensível, visto o custo de tais estudos. Mas as limitações que isso impõe ao número de covariáveis de Nível 2 para as quais podemos efetuar ajustes em nossas análises podem tolher a nossa capacidade de extrair inferências fundamentadas. Note-se, também, que, sendo J maior, com maior precisão podemos estimar efeitos fixos de interesse.

14.5.3 Interações entre características de composição do local e eficácia do programa

Vimos também como podem ser utilizados os MHs para investigar se os efeitos de um programa poderiam depender de (isto é, interagir com) características de composição dos indivíduos no local. Mas há coisas que temos de levar em conta em tais pesquisas. Suponhamos, por exemplo, ter descoberto que o aproveitamento médio prévio em leitura no local se relaciona positivamente com a eficácia de um currículo de leitura inovador para a 4ª série. Logo, é importante considerar quais fatores podem estar induzindo essa relação. Será que muitos dos alunos de locais com elevado aproveitamento médio anterior adquiriram certas habilidades, ao concluírem a 3ª série, que contribuíram para que colhessem todos os benefícios do currículo inovador? Dedicou-se mais tempo à instrução em leitura nesses locais com elevado aproveitamento médio anterior? O currículo inovador foi coberto de forma mais completa em tais locais? Poderíamos tentar abordar essas perguntas incluindo medidas desses fatores – se disponíveis – como preditores em posteriores análises de MH. Mais uma vez,

312 • SEÇÃO IV / MODELOS PARA DADOS MULTINÍVEIS

vemos a importância de se coletar informação detalhada sobre a implementação e outros fatores que possam ser relevantes[7].

14.5.4 Avaliação da adequação de modelos

Verificar a adequação dos modelos é uma parte essencial de qualquer esquema de análise de dados e torna-se vital no contexto de estudos sobre múltiplos locais, porque neles as amostras contêm, com frequência, um número relativamente pequeno de locais (J). Como vimos anteriormente, é importante examinar gráficos de resíduos de Nível 2, procurar possíveis valores atípicos, realizar análises de "deixar um de fora" e assim por diante. Seltzer *et al.* (2002) também ressaltam que valores atípicos de Nível 1 (p. ex., um aluno que tem pontuação extremamente alta em comparação com outros alunos da sua turma) podem afetar a estimação de parâmetros de interesse em estudos sobre múltiplos locais, bem como oferecem uma estratégia de estimação que reduz o efeito desses casos. Embora, em geral, os valores atípicos sejam vistos como transtornos que podem prejudicar os resultados, é importante observar que o exame de dados de campo pertencentes a indivíduos e locais atípicos pode fornecer conhecimentos sobre as condições nas quais um programa poderia ter sucesso incomum e para quem.

---

7. Quando modelamos efeitos do tratamento no local (p. ex., β_{1j}) como uma função das características desse local, estamos, de fato, especificando interações em nível transversal. Por exemplo, no caso do estudo sobre TM, os resultados dos alunos são modelados como uma função da participação no grupo de tratamento (TRT_{ij}) num modelo de Nível 1, e o correspondente coeficiente de regressão (β_{1j}) representa o efeito da TM no local j (conforme a equação [2]). Consideremos, agora, o modelo de Nível 2 especificado na equação (6), no qual os efeitos da TM estão modelados como uma função de $IMPLRDG$ e $_j$. Observe-se que a substituição de β_{1j} na equação (2) pelos termos do lado direito da equação (6) daria origem aos termos de produto $TRT_{ij} \times IMPLRDG$ e $TRT_{ij} \times \overline{ELP}_j$, e os coeficientes desses termos seriam γ_{11} e γ_{12}, respectivamente.

Por outro lado, no caso de esquemas nos quais as unidades organizacionais estão agrupadas em tipos de tratamento, as interações entre o tipo de tratamento e um preditor de interesse de Nível 2 seriam especificadas por meio da inclusão de um termo de produto no Nível 2. Consideremos o estudo IMA. Para testarmos se os efeitos do tipo de programa (IMA) interagem com a proporção de alunos proficientes em língua inglesa numa turma ($\overline{ELP}$), modelaríamos médias de pós-teste de turma ajustadas (β_{0j}) como função de IMA_j, $\overline{ELP}_j$ e o termo de produto $IMA_j \times \overline{ELP}_j$.

14.5.5 Algumas comparações de esquemas que empregam agrupamento em blocos e esquemas nos quais os locais estão agrupados dentro do tipo de tratamento

Quem está um pouco familiarizado com síntese de pesquisa há de reconhecer de imediato semelhanças entre MHs para meta-análise e MHs para a análise de dados de estudos de avaliação em múltiplos locais que se valem de agrupamento em blocos (cf. Capítulo 15, neste volume). Em tais estudos, pode-se ver cada bloco como um miniestudo da eficácia de determinado programa ou intervenção. Assim, a aplicação de MHs em tais cenários proporciona um meio de sintetizar resultados de uma série de miniestudos, o que tem grande atrativo conceitual. Por exemplo, podemos avaliar o grau de heterogeneidade nos efeitos do tratamento nos locais ("estudos") e estudar as relações entre diferenças em diversas características de locais e diferenças em efeitos do tratamento.

Quanto à precisão com que podemos estimar os principais efeitos fixos, o agrupamento em blocos pode ser sumamente vantajoso (cf., p. ex., Browne; Liao, 1999). Isso porque a variação interbloco nos resultados (p. ex., τ_{00} nas equações 3 a 7), que pode ser bastante substancial, não é um componente essencial dos erros-padrão para efeitos fixos de interesse (p. ex., o efeito total da TM nas equações 3 e 4; o coeficiente para *IMPLRDG* nas equações 5, 6 e 7). Na realidade, como se observou nas análises dos dados de TM, é fator crucial o componente de variância ligado à variância interbloco nos efeitos do tratamento (p. ex., τ_{11}). Note-se que, no caso de esquemas de par combinado, o grau de melhora na precisão dependerá, decisivamente, de quão estreitamente os fatores de correspondência estiverem relacionados com os resultados de interesse (cf., p. ex., Murray, 1998, p. 72-74). Observemos, também, que Shadish *et al.* (2002) abordam problemas que podem se apresentar quando se faz combinação em cenários quase-experimentais, bem como oferecem recomendações para obter melhores correspondências.

Por outro lado, no caso de esquemas que não incluem o agrupamento em blocos, o componente de variância ligado à variabilidade interlocal (p. ex., interturma) em pontuações de pós-teste (τ_{00}) aparece no numerador de erros padrão para estimativas de principais efeitos fixos (p. ex., o contraste IMA/SUPPORT, o coeficiente para ALIGN; cf. equações 14 e 11). Porém, como Raudenbush (1997) observa, a incorporação de covariáveis de Nível 1 e Nível 2 estreitamente relacionadas com resultados de interesse pode aumentar muito a eficiência desses esquemas.

Outra consideração que surge com relação aos esquemas para estudos em múltiplos locais gira em torno da questão da contaminação. Por exemplo, quando tanto o tratamento quanto as condições de comparação são implementados em uma série de escolas, pode haver o receio de que professores de turmas de comparação adotem certas técnicas de instrução empregadas por professores de turmas de tratamento. Em tais casos, os pesquisadores provavelmente optariam por um esquema no qual as escolas não funcionem como blocos. Essa foi uma consideração explícita no caso do estudo IMA. Além disso, por diversas razões administrativas e organizacionais, pode ser difícil implementar e prover dois (ou mais) programas numa mesma escola, e isso talvez ocorra também, em alguns casos, com os estudos comunitários.

Para discussões detalhadas e recomendações a respeito de uma série de questões importantes que se apresentam ao projetar e implementar estudos em múltiplos locais, cf. Browne e Liao (1999), Donner e Klar (2000), Murray (1998), Raudenbush (1997), Raudenbush e Liu (2000), Shadish (2002) e Shadish *et al.* (2002).

14.5.6 Olhar longitudinalmente: atentar para os efeitos de programas ao longo do tempo

A ampliação dos esquemas anteriores por meio da coleta de dados longitudinais sobre participantes no estudo abre uma série de oportunidades de modelagem que enriquece a variedade de perguntas que podemos abordar. Para fins ilustrativos, consideremos um cenário em que o crescimento individual é essencialmente linear ao longo do tempo. No caso de esquemas que envolvem agrupamento em blocos, cada bloco nos forneceria um contraste das taxas de mudança entre indivíduos em tratamento e em condições de controle. Como nas análises dos dados de TM, nós poderíamos modelar diferenças em contrastes de índice de crescimento entre locais como função da implementação e de outras características do local. No caso de esquemas com

unidades organizacionais agrupadas no tipo de tratamento, cada unidade organizacional nos forneceria uma média (ou média ajustada) do índice de crescimento. Depois, poderíamos contrastar os índices de crescimento para unidades organizacionais alocadas ao programa com os índices de crescimento para unidades organizacionais alocadas ao estado de comparação. É possível realizar análises dos dados provenientes desses tipos de esquemas longitudinais em múltiplos locais com facilidade mediante MHs de três níveis (cf. Raudenbush; Bryk, 2002, cap. 8).

Nós encorajamos, sempre que possível, o uso de esquemas cujos dados são coletados em diversos pontos no tempo antes do início da fase de tratamento. Isso nos permite analisar se membros de grupos de tratamento e comparação diferem, por exemplo, em seus índices de mudança antes de a intervenção começar, o que é uma grave ameaça em potencial para a validez interna em cenários nos quais a alocação não é aleatória (cf., p. ex., Bryk; Weisberg, 1977; Raudenbush, 2001). Ademais, avanços recentes em modelagem de crescimento possibilitariam comparar o crescimento para membros de grupos de tratamento e de comparação durante a fase de tratamento de um estudo, descontando os efeitos de possíveis diferenças de – por exemplo – situação no fim da fase de pré-tratamento *e* índices de crescimento (cf., p. ex., Muthén; Curran, 1997; Raudenbush; Bryk, 2002, cap. 11; Seltzer; Choi; Thum, 2003).

Quando a coleta de dados de série temporal também implica coletar dados durante uma fase de seguimento, é possível considerar como se saem os indivíduos uma vez que um programa tenha sido concluído. Por exemplo, os índices de mudança tendem a diminuir, permanecer constantes ou aumentar? Quais os fatores que parecem promover um progresso sustentado? Perguntas desse tipo poderiam ser abordadas fazendo uso de modelos por partes para crescimento individual em MHs de três níveis (quanto a modelos por partes, cf., p. ex., Raudenbush; Bryk, 2002, cap. 6; Seltzer; Frank; Bryk, 1994; Singer; Willett, 2003).

Vemos que para alguns indivíduos, os índices de crescimento poderiam mudar (p. ex., diminuir) imediatamente após a fase de tratamento, mas para outros talvez não vejamos uma diminuição desses índices antes do transcurso de algum tempo. Chama-se de *ponto de mudança* o ponto no tempo em que os índices de crescimento começam a mudar. Uma impo nte extensão da modelagem por partes apresentada por Thum e Bhattacharya (2001) considera os pontos de mudança potencialmente variáveis entre indivíduos.

14.5.7 Estudo de sequências de tratamentos

Merece especial atenção o trabalho de Raudenbush, Hong e Rowan (no prelo) sobre a aplicação de MHs ao estudo dos efeitos de sequências de tratamentos de educação na aprendizagem dos alunos. Especificamente, Raudenbush e seus colegas tentaram avaliar os efeitos causais, durante a 4ª e a 5ª série, da instrução em matemática, que põe ênfase em conteúdo de nível relativamente alto e ocupa considerável tempo de aula, por eles denominada instrução *intensiva* de matemática. Assim, por exemplo, alguns alunos podem experimentar instrução *intensiva* na 4ª e na 5ª série, ao passo que outros experimentam instrução *não intensiva* em ambas as séries. Outros, ainda, podem experimentar diferentes formas de instrução nessas séries (p. ex., *não intensiva* na 4ª série e *intensiva* na 5ª série). As possíveis interações entre os tipos de tratamentos em diferentes pontos no tempo são de especial interesse em estudos de sequências de tratamentos. Assim, por exemplo, o tipo de instrução de matemática recebida na 4ª série pode ampliar ou amortecer os efeitos do tipo de instrução recebida na 5ª série.

Raudenbush *et al.* (2002) observam que implementar e manter a alocação aleatória em estudos de sequências de tratamentos pode acarretar problemas graves, inclusive de natureza ética. Sendo assim, muitos estudos de sequências de tratamentos tendem a ser quase-experimentos. Portanto, não só a participação no grupo de tratamento muda com o tempo em tais estudos, mas também o tratamento que alguém recebe num ponto de uma sequência pode depender dos tipos de tratamentos que essa pessoa recebeu em pontos anteriores no tempo, de como ela se saiu, de diversas medidas iniciais e assim por diante. Evidentemente, é fundamental levar em consideração possíveis variáveis de confusão nesses estudos. Para tanto, Robins e seus colegas desenvolveram uma estratégia sumamente valiosa

(isto é, "ponderação inversa de probabilidade de tratamento") para levar adequadamente em conta possíveis variáveis de confusão em cenários nos quais se pretende estimar os efeitos causais de sequências de tratamentos (Robins, 2000; Robins; Hernan; Brumback, 2002).

Em suas análises, Raudenbush *et al.* (2002) mostram de que maneira se pode adaptar essa estratégia aos tipos de cenários complexos de modelagem multinível que surgem em estudos de sequências de tratamentos na educação. Estudos de sequências de tratamentos originam dados longitudinais (p. ex., observações em séries temporais agrupadas em alunos). Todavia, os dados analisados por Raudenbush *et al.* também têm uma estrutura de classificação cruzada. Isto é, os alunos de uma determinada escola que têm aula com um determinado professor na 4ª série são divididos entre diversas turmas na 5ª série. Ademais, os alunos e os professores dessa amostra estão agrupados em diferentes escolas. O complexo caráter longitudinal e multinível desses dados está explicitamente representado nos MHs propostos por Raudenbush *et al.*

Finalmente, note-se que o trabalho de Raudenbush *et al.* está explicitamente baseado no arcabouço de Rubin para inferência causal (cf., p. ex., Holland, 1986; Rosenbaum; Rubin, 1983; Rubin, 1974, 1978). Em suma, acreditamos que o trabalho de Raudenbush *et al.* sobre o estudo de sequências de tratamentos vai gerar considerável interesse no campo da educação e em áreas afins.

Esperamos que este capítulo tenha ajudado a expressar o valor dos MHs na análise de dados obtidos em experimentos e quase-experimentos em campo. Temos procurado ressaltar, sobretudo, algumas das possibilidades que surgem quando se conta com dados em abundância sobre a implementação. Acreditamos que, associada ao uso de dados da implementação, a modelagem hierárquica é muito promissora para a aquisição de conhecimento sobre os efeitos de programas em várias áreas, inclusive na educação, no bem-estar social, nas ciências comportamentais e na epidemiologia.

REFERÊNCIAS

BROWNE, C. H.; LIAO, J. Principles for designing randomized preventive trials in mental health: An emerging developmental epidemiology paradigm. *American Journal of Community Psychology*, 27(5), p. 673-710, 1999.

BRYK, A.; WEISBERG, H. Use of the nonequivalent control group design when subjects are growing. *Psychological Bulletin*, 84(5), 950-962, 1977.

CAMPBELL, D. T.; STANLEY, J. C. *Experimental and quasi-experimental designs for research*. Chicago: Rand McNally, 1963.

CHOU, C.-P.; BENTLER, P. M.; PENTZ, M. A. Comparisons of two statistical approaches to study growth curves: The multilevel model and the latent curve analysis. *Structural Equation Modeling*, 5(3), 247-266, 1998.

COHEN, D. K.; RAUDENBUSH, S. W.; BALL, D. L. Resources, instruction, and research. *In*: MOSTELLER, F.; BORUCH, R. (eds.). *Evidence matters*: Randomized trials in education research. Washington: Brookings Institution, 2002. p. 80-119.

CRONBACH, L. J. Beyond the two disciplines of scientific psychology. *American Psychologist*, 30, 116-127, 1975.

CRONBACH, L. J. *Designing evaluations of educational and social programs*. São Francisco: Jossey-Bass, 1982.

DONNER, A.; KLAR, N. *Design and analysis of cluster randomization trials in health research*. Londres: Arnold, 2000.

FLAY, B. R.; GRAUMLICH, S.; SEGAWA, E.; BURNS, J. L.; HOLLIDAY, M. Y. e pesquisadores de Aban Aya. *Effects of two prevention programs on high-risk behaviors among African-American youth: A randomized trial*. Manuscrito em revisão.

GAIL, M. H.; BYAR, D. P.; PECHACEK, T. F.; CORLE, D. K. Aspects of statistical design for the Community Intervention Trial for Smoking Cessation (COMMIT). *Controlled Clinical Trials*, 13, 6-21, 1992.

GEARHART, M.; SAXE, G. B.; SELTZER, M. H.; SCHLACKMAN, J.; CHING C. C.; NASIR, N. *et al.* Opportunities to learn fractions in elementary mathematics classrooms. *Journal for Research in Mathematics Education*, 30(3), 286-315, 1999.

GOLDSTEIN, H. *Multilevel statistical models*. 3. ed. Londres: Edward Arnold, 2003.

HOLLAND, P. W. Statistics and causal inference. *Journal of the American Statistical Association*, 81, p. 945-970, 1986.

KIRK, R. E. *Experimental design*: Procedures for the behavioral sciences. 2. ed. Pacific Grove: Brooks/Cole, 1982.

KREFT, I.; DE LEEUW, J. *Introducing multilevel modeling*. Londres: Sage, 1998.

LONGFORD, N. *Random coefficient models*. Oxford: Clarendon, 1993.

MASON, W. M.; WONG, G. M.; ENTWISTLE, B. Contextual analysis through the multilevel linear models. *In*: LEINHARDT, S. (ed.). *Sociological methodology*. São Francisco: Jossey-Bass, 1983. p. 72-103.

MCLAUGHLIN, M. Implementation realities and evaluation design. *In*: SHADISH, W.; REICHARDT, C. (ed.). *Evaluation studies review annual*. Newbury Park: Sage, 1987. p. 73-97.

MURRAY, D. M. *Design and analysis of group-randomized trials*. Nova York: Oxford University Press, 1998.

MUTHÉN, B.; CURRAN, P. General longitudinal modeling of individual differences in experimental designs: A latent variable framework for analysis and power. *Psychological Methods*, 2, p. 371-402, 1997.

NATIONAL COUNCIL OF TEACHERS OF MATHEMATICS. *Curriculum and evaluation standards for school mathematics*. Reston: Autor, 1989.

PATTON, M. Q. *Quclitative evaluation methods*. Beverly Hills: Sage, 1980.

PENTZ, M. A.; DWYER, J. H.; MACKINNON, D. P.; FLAY, B. R.; HANSEN, W. B.; WANG, E. Y. I. *et al.* A multicommunity trial for primary prevention of adolescent drug use. *Journal of the American Medical Association*, 261, p. 3259-3266, 1989.

PINNELL, G.; LYONS, C.; DEFORD, D.; BRYK, A.; SELTZER, M. Studying the effectiveness of early intervention approaches for first grade children having difficulty in reading. *Reading Research Quarterly*, 39, p. 8-39, 1994.

RAFFE, D. Assessing the impact of a decentralized initiative: The British Technical and Vocational Education Initiative. *In*: RAUDENBUSH, S.; WILLMS, D. (ed.). *Schools, 280 classrooms and pupils*: International studies of schooling from a multilevel perspective. San Diego: Academic Press, 1991. p. 149-166.

RAUDENBUSH, S. W. Hierarchical linear models and experimental design. *In*: EDWARDS, L. (ed.). *Applied analysis of variance in behavioral science*. Nova York: Marcel Dekker, 1993. p. 459-496.

RAUDENBUSH, S. W. Statistical analysis and optimal design for cluster randomized trials. *Psychological Methods*, 2(2), p. 173-185, 1997.

RAUDENBUSH, S. W. Comparing personal trajectories and drawing causal inferences from longitudinal data. *Annual Review of Psychology*, 52, p. 501-525, 2001.

RAUDENBUSH, S. W.; BRYK, A. S. *Hierarchical linear models*: Applications and data analysis methods. 2. ed. Thousand Oaks: Sage, 2002.

RAUDENBUSH, S. W.; BRYK, A. S.; CHEONG, Y.; CONGDON, R. T. *HLM5*: Hierarchical linear and nonlinear modeling. Chicago: Scientific Software International, 2000.

RAUDENBUSH, S. W.; HONG, G.; ROWAN, B. Studying the causal effects of instruction with application to primary school mathematics. *In*: ROSS, J. M.; BOHRNSTEDT, G. W.; HEMPHILL, F. C. (ed.). *Instructional and performance consequences of high poverty schooling*. Washington: National Council for Educational Statistics, no prelo.

RAUDENBUSH, S.; LIU, X. Statistical power and optimal design for multisite randomized trials. *Psychological Methods*, 5(2), p. 199-213, 2000.

ROBINS, J. M. Marginal structural models versus structural nested models as tools for causal inference. *In*: HALLORAN, E. M.; BERRY, D. (ed.). *Statistical models in epidemiology, the environment, and clinical trials*. Nova York: Springer, 2000. p. 95-134.

ROBINS, J. M.; HERNAN, M.; BRUMBACK, B. Marginal structural models and causal inference in epidemiology. *Epidemiology*, 11(5), p. 550-560, 2002.

SEÇÃO IV / MODELOS PARA DADOS MULTINÍVEIS

ROSENBAUM, D. P.; FLEWELLING, R. L.; BAILEY, S. L.; RINGWALT, C. L.; WILKINSON, D. L. Cops in the classroom: A longitudinal evaluation of drug abuse resistance education (DARE). *Journal of Research in Crime and Delinquency*, 31(1), p. 3-31, 1994.

ROSENBAUM, P. R.; RUBIN, D. The central role of the propensity score in observational studies for causal effects. *Biometrika*, 70, p. 41-55, 1983.

RUBIN, D. B. Estimating causal effects of treatments in randomized and nonrandomized studies. *Journal of Educational Psychology*, 66, p. 688-701, 1974.

RUBIN, D. B. Bayesian inference for causal effects: The role of randomization. *Annals of Statistics*, 6, p. 34-58, 1978.

SAXE, G. B.; GEARHART, M.; SELTZER, M. Relations between classroom practices and student learning in the domain of fractions. *Cognition and Instruction*, 17, p. 1-24, 1999.

SELTZER, M. Studying variation in program success: A multilevel modeling approach. *Evaluation Review*, 18(3), p. 342-361, 1994.

SELTZER, M.; CHOI, K.; THUM, Y. Examining relationships between where students start and how rapidly they progress: Using new developments in growth modeling to gain insight into the distribution of achievement within schools. *Educational Evaluation and Policy Analysis*, 25(3), p. 263-286, 2003.

SELTZER, M. H.; FRANK, K. A.; BRYK, A. S. The metric matters: The sensitivity of conclusions concerning growth in student achievement to choice of metric. *Educational Evaluation and Policy Analysis*, 16(1), p. 41-49, 1994.

SELTZER, M. H.; NOVAK, J.; CHOI, K.; Lim, N. Sensitivity analysis for hierarchical models employing t level-1 assumptions. *Journal of Educational and Behavioral Statistics*, 27(2), p. 181-222, 2002.

SHADISH, W. R. Revisiting field experimentation: Field notes for the future. *Psychological Methods*, 7(1), p. 3-18, 2002.

SHADISH, W. R.; COOK, T. D.; CAMPBELL, D. T. *Experimental and quasi-experimental designs for generalized causal inference*. Boston: Houghton-Mifflin, 2002.

SINGER, J. D.; WILLETT, J. B. *Applied longitudinal data analysis*: Modeling change and event occurrence. Nova York: Oxford University Press, 2003.

SNIJDERS, T. A. B.; BOSKER, R. J. *Multilevel analysis: An introduction to basic and advanced multilevel modeling*. Thousand Oaks: Sage, 1999.

SPIEGELHALTER, D.; THOMAS, A.; BEST, N.; GILKS, W. *WinBUGS, Version 1.3 user manual*. MRCBiostatistics Unit, Cambridge University, 2000.

THUM, Y. M.; BHATTACHARYA, S. K. Detecting a change in school performance: A Bayesian analysis for a multilevel join point problem. *Journal of Educational and Behavioral Statistics*, 26(4), p. 443-468, 2001.

UNIVERSITY OF CHICAGO SCHOOL MATHEMATICS PROJECT. *Transition mathematics field study* (Evaluation Report 85/86- TM-2). Chicago: University of Chicago, Department of Education, 1986.

Capítulo 15

METANÁLISE

SPYROS KONSTANTOPOULOS

LARRY V. HEDGES

O crescimento do empreendimento de pesquisas em ciências sociais teve como resultado um grande conjunto de estudos relacionados. O mero volume de pesquisa relacionada a muitos temas de interesse científico ou de formulação de políticas traz o problema de como organizar e resumir esses achados de modo a reconhecer e aproveitar o que se sabe e focar a pesquisa em áreas promissoras (cf. Garvey; Griffith, 1971). E esse problema não é exclusivo das ciências sociais. Ele surgiu em campos tão diversos como física, química, biologia experimental, medicina e saúde pública. Em todas essas áreas, como nas ciências sociais, o acúmulo de evidências de pesquisa quantitativa levou ao desenvolvimento de métodos sistemáticos de síntese quantitativa de pesquisa (cf. Cooper; Hedges, 1994). Ainda que o termo *metanálise* tenha sido criado para descrever esses métodos nas ciências sociais (Glass, 1976), os métodos aplicados em outras áreas são notavelmente similares àqueles das ciências sociais (Cooper; Hedges, 1994; Hedges, 1987).

Metanálise é uma análise dos resultados de vários estudos que visa chegar a conclusões gerais. Ela consiste na descrição dos resultados de cada estudo por meio de um índice numérico do tamanho do efeito (como um coeficiente de correlação, uma diferença média padronizada ou uma razão de chances), combinando-se depois essas estimativas entre os estudos para obter um resumo.

As técnicas analíticas específicas aplicadas dependerão da pergunta que o resumo metanalítico se propuser a abordar. Às vezes, a pergunta de interesse diz respeito ao resultado típico ou médio do estudo. Por exemplo, em estudos que medem o efeito de algum tratamento ou intervenção, o efeito médio do tratamento costuma ser objeto de interesse (cf., p. ex., Smith; Glass, 1977). Em outros casos, o grau de variação dos resultados entre estudos será o principal interesse. Por exemplo, costuma-se recorrer à metanálise para estudar a possibilidade de se generalizar validades de testes de emprego a diversas situações (cf., p. ex., Schmidt; Hunter, 1977). Ainda em outros casos, o principal interesse está nos fatores que se relacionam com os resultados do estudo. Por exemplo, com frequência, usa-se a metanálise para identificar os contextos em que um tratamento ou uma intervenção é mais exitoso ou tem mais efeito (cf., p. ex., Cooper, 1989b).

Usa-se o termo "metanálise", às vezes, para denominar todo o processo de síntese de pesquisa quantitativa. Mais recentemente, ele começou a ser usado, especificamente, para o componente estatístico da síntese de pesquisa. Este capítulo ocupa-se exclusivamente desse uso mais limitado do termo, que se refere apenas a métodos estatísticos. No entanto, é fundamental compreender que, na síntese de pesquisa, como em qualquer pesquisa, os métodos estatísticos são só uma parte do empreendimento. Os métodos

SEÇÃO IV / MODELOS PARA DADOS MULTINÍVEIS

estatísticos não podem remediar o problema dos dados de baixa qualidade. Há excelentes abordagens dos aspectos não estatísticos da síntese de pesquisa em Cooper (1989b), Cooper e Hedges (1994) e Lipsey e Wilson (2001).

15.1 TAMANHOS DE EFEITOS

Os tamanhos de efeitos são índices quantitativos utilizados para resumir os resultados de um estudo em metanálise. Isto é, os tamanhos de efeitos refletem a magnitude da associação entre variáveis de interesse em cada estudo. Há muitos tamanhos de efeitos diferentes, e o tamanho de efeito a se utilizar numa metanálise deve ser escolhido para representar os resultados de um estudo de um modo que seja fácil de interpretar e comparável entre estudos. De certa forma, os tamanhos de efeitos deveriam apresentar os resultados de todos os estudos "na mesma escala" para que possam ser interpretados, comparados e combinados com facilidade.

Importa distinguir a estimativa de tamanho de efeito num estudo do parâmetro do tamanho de efeito (o tamanho real do efeito) nesse estudo. Em princípio, a estimativa de tamanho de efeito variará um pouco de amostra para amostra que se puder obter num determinado estudo. O parâmetro de tamanho de efeito é fixo, em princípio. Pode-se entender o parâmetro de tamanho de efeito como a estimativa que se obteria se o estudo tivesse uma amostra muito grande (praticamente infinita), para a variação da amostragem ser insignificante.

A escolha de um índice de tamanho de efeito dependerá do esquema dos estudos, de como o resultado é medido e da análise estatística usada em cada estudo. A maioria dos índices de tamanho de efeito que se utilizam nas ciências sociais cai numa das três famílias de tamanhos de efeito: a família de diferenças médias padronizadas, de razões de chances e a de coeficientes de correlação.

15.1.1 A diferença média padronizada

Em muitos estudos dos efeitos de um tratamento ou uma intervenção que medem o resultado numa escala contínua, um tamanho de efeito natural é a diferença média padronizada. Trata-se da diferença entre o resultado médio no grupo de tratamento e o resultado médio no grupo de controle dividida pelo desvio-padrão intragrupo. Ou seja, a diferença média padronizada é

$$d = \frac{\bar{Y}^T - \bar{Y}^C}{S},$$

em que $\bar{Y}^T$ é a média amostral do resultado no grupo de tratamento, $\bar{Y}^C$ é a média amostral do resultado no grupo de controle e S é o desvio-padrão intragrupo do resultado. O correspondente parâmetro de diferença média padronizada é

$$\delta = \frac{\mu^T - \mu^C}{\sigma},$$

em que μ^T é a média populacional no grupo de tratamento, μ^C é o resultado médio populacional no grupo de controle e σ é o desvio-padrão intragrupo populacional do resultado. Esse tamanho de efeito é fácil de interpretar, porque é simplesmente o efeito do tratamento em unidades de desvio-padrão. Também pode ser interpretado como tendo o mesmo significado em diversos estudos (cf. Hedges; Olkin, 1985).

A incerteza de amostragem da diferença média padronizada é caracterizada pela sua variância, que é

$$v = \frac{n^T + n^C}{n^T n^C} + \frac{d^2}{2(n^T + n^C)},$$

em que n^T e n^C são os tamanhos de amostra do grupo de tratamento e do grupo de controle, respectivamente. Observe-se que é possível calcular essa variância a partir de uma única observação do tamanho do efeito se os tamanhos de amostra dos dois grupos incluídos num estudo forem conhecidos. Como a diferença média padronizada está distribuída quase normalmente, pode-se usar a raiz quadrada da variância (o erro-padrão) para calcular intervalos de confiança para o tamanho real do efeito ou o parâmetro de tamanho de efeito δ. Especificamente, um intervalo de confiança de 95% para o tamanho do efeito é dado por

$$d - 2\sqrt{v} \leq \delta \leq d + 2\sqrt{v}.$$

Às vezes também são utilizadas como tamanhos de efeito diversas variações da diferença média padronizada (cf. Rosenthal, 1994).

15.1.2 A razão de chances logarítmica

Em muitos estudos dos efeitos de um tratamento ou uma intervenção que medem o resultado numa escala dicotômica, um tamanho de efeito natural é a razão de chances logarítmica. A razão de chances logarítmica é simplesmente o logaritmo da razão entre as chances de um dos dois resultados em particular (o resultado-alvo) no grupo de tratamento e as chances desse resultado em particular no grupo de controle. Isto é, a razão de chances logarítmica é

$$\log(OR) = \log \left(\frac{p^T/(1 - p^T)}{p^C/(1 - p^C)} \right)$$
$$= \log \left(\frac{p^T(1 - p^C)}{p^C(1 - p^T)} \right),$$

em que p^T e p^C são as proporções dos grupos de tratamento e de controle, respectivamente, que têm o resultado-alvo. O correspondente parâmetro de razão de chances é

$$\omega = \log \left(\frac{\pi^T/(1 - \pi^T)}{\pi^C/(1 - \pi^C)} \right) = \log \left(\frac{\pi^T(1 - \pi^C)}{\pi^C(1 - \pi^T)} \right),$$

na qual π^T e π^C são as proporções da população nos grupos de tratamento e controle, respectivamente, que têm o resultado-alvo. A razão de chances logarítmica é muito utilizada na análise de dados que têm resultados dicotômicos e é interpretada com facilidade por pesquisadores que costumam se deparar com esse tipo de dados. Como ela também tem o mesmo significado em diversos estudos, é adequada para combinação (cf. Fleiss, 1994).

A incerteza de amostragem da razão de chances logarítmica é caracterizada pela sua variância, que é

$$v = \frac{1}{n^T p^T} + \frac{1}{n^T(1 - p^T)} + \frac{1}{n^C p^C} + \frac{1}{n^C(1 - p^C)},$$

na qual n^T e n^C são os tamanhos de amostra do grupo de tratamento e do grupo de controle, respectivamente. Como no caso da diferença média padronizada, a razão de chances logarítmica está quase normalmente distribuída, e a raiz quadrada da variância (o erro-padrão) pode ser usada para calcular intervalos de confiança para o tamanho real do efeito ou o parâmetro de tamanho do efeito, ω. Especificamente, um intervalo de confiança de 95% para o tamanho do efeito é dado por

$$d - 2\sqrt{v} \leq \omega \leq d + 2\sqrt{v}.$$

Há vários outros índices na família de razão de chances, entre eles a *razão de risco* (razão entre a proporção que tem o resultado-alvo no grupo de tratamento e aquela que o tem no grupo de controle, p^T/p^C) e a *diferença de risco* (diferença entre a proporção que tem um dos dois resultados em particular no grupo de tratamento e aquela que tem esse resultado no grupo de controle, ou $p^T - p^C$). Pode-se ver em Fleiss (1994) uma análise das medidas de tamanho de efeito para estudos com resultados dicotômicos, inclusive a família de razão de chances de tamanhos de efeitos.

15.1.3 O coeficiente de correlação

Em muitos estudos da relação entre duas variáveis contínuas, o coeficiente de correlação é uma medida natural do tamanho do efeito. Em muitos casos, essa correlação é transformada por meio da transformação z de Fisher

$$z = \frac{1}{2} \log \left(\frac{1 + r}{1 - r} \right)$$

ao efetuar análises estatísticas. O correspondente parâmetro de correlação é ρ, a correlação populacional, e o parâmetro que corresponde à estimativa z é ζ, a transformação z de ρ. A incerteza de amostragem da correlação transformada-z *é caracterizada por sua variância*

$$v = \frac{1}{n - 3},$$

em que n é o tamanho de amostra do estudo, e é utilizada para obter intervalos de confiança do mesmo modo que as variâncias da diferença média padronizada e da razão de chances logarítmica.

Os métodos estatísticos para metanálise são muito semelhantes, independentemente da medida de tamanho de efeito utilizada. Portanto, ao longo deste capítulo, não descrevemos métodos estatísticos específicos de um determinado índice de tamanho de efeito, mas os descrevemos em termos de uma medida genérica de tamanho de efeito, T_i. Supomos que as T_i estão normalmente

320 • SEÇÃO IV / MODELOS PARA DADOS MULTINÍVEIS

distribuídas ao redor do correspondente θ_i com variância conhecida v_i. Ou seja, supomos que

$$T_i - N(\theta_i, v_i), i = 1, \ldots, k.$$

Tal pressuposto é muito próximo de verdadeiro para tamanhos de efeito como o coeficiente de correlação transformada pela transformação z de Fisher e diferenças médias padronizadas. Porém, no caso de tamanhos de efeito como o coeficiente de correlação não transformada ou a razão de chances logarítmica, os resultados não são exatos, mas continuam verdadeiros como aproximações de grandes amostras. Pode-se ver uma análise das medidas de tamanho de efeito para estudos com resultados contínuos em Rosenthal (1994), e uma discussão das medidas de tamanho de efeito para estudos com resultados categóricos em Fleiss (1994).

15.1.4 Exemplo

Diferenças de habilidade de articulação de campo (às vezes chamada de habilidade espacial analítico-visual) entre os gêneros foram estudadas por Hyde (1981). Ela apresentou diferenças médias padronizadas provenientes de 14 estudos que examinaram diferenças entre gêneros em tarefas de habilidade espacial que requerem a aplicação conjunta de processos visuais e analíticos (cf. Maccoby; Jacklin, 1974). Os resultados desses 14 estudos estão na figura 15.1, na qual cada estudo é descrito como uma estimativa do tamanho do

efeito (uma diferença média padronizada) e um intervalo de confiança de 95% a refletir a incerteza de amostragem dessa estimativa. Esses intervalos de confiança de 95% são calculados como a estimativa do tamanho do efeito mais ou menos duas vezes a raiz quadrada da variância de amostragem do tamanho do efeito.

A figura suscita várias questões importantes que poderiam ser objeto de exame na metanálise. Em primeiro lugar, as estimativas de tamanho de efeito geradas pelos estudos não são idênticas. Isto é de se esperar, porque as estimativas baseiam-se em dados de amostras, e as variações aleatórias que decorrem da amostragem induzem flutuações nas estimativas. O intervalo de confiança sobre cada estimativa indica a dimensão que essas flutuações originadas na amostragem podem ter. Se todos os estudos estão estimando o mesmo efeito do tratamento, é razoável supor que a combinação de estimativas dos estudos (p. ex., tomando uma média) reduzirá a incerteza geral da amostragem, ao atenuar as flutuações da amostragem entre estudos.

Em segundo lugar, a quantidade de incerteza de amostragem não é igual em todos os estudos, como se observa nas diferentes longitudes dos intervalos de confiança. Portanto, parece razoável que, se for preciso calcular um tamanho de efeito médio de todos os estudos, seria desejável dar mais peso nessa média a estudos que têm estimativas mais precisas (menores variâncias) do que àqueles com estimativas menos precisas. Como é mesmo que se deve fazer isso?

Figura 15.1 Resultados de 14 estudos que examinaram diferenças de gênero em tarefas de habilidade espacial

Modelo	Nome do estudo	Estatísticas para cada estudo			Dif. padrão entre médias e intervalo de 95% para cada estudo e resumo				
		Dif. padrão entre médias	Limite inferior	Limite superior	−2,00	−1,00	0,00	1,00	2,00
	1,000	0,760	0,238	1,282					
	2,000	1,150	0,794	1,506					
	3,000	0,480	−0,245	1,205					
	4,000	0,290	−0,430	1,010					
	5,000	0,650	−0,803	1,383					
	6,000	0,840	0,236	1,444					
	7,000	0,700	0,062	1,338					
	8,000	0,500	−0,182	1,182					
	9,000	0,180	−0,271	0,631					
	10,000	0,170	−0,140	0,480					
	11,000	0,770	0,359	1,181					
	12,000	0,270	−0,324	0,864					
	13,000	0,400	−0,047	0,847					
	14,000	0,450	−0,154	1,054					
Fixo		0,547	0,414	0,680					

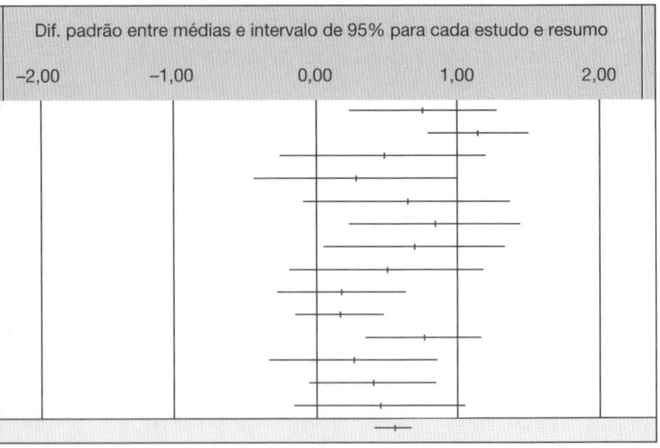

Fonte: Comprehensive Meta Analysis (www.Meta-Analysis.com).

Em terceiro lugar, quando examinamos os intervalos de confiança, existe considerável sobreposição, mas as estimativas de tamanho de efeito de alguns estudos estão fora dos intervalos de confiança de outros estudos. Isso nos leva a perguntar se os tamanhos de efeito desses estudos poderiam diferir mais do que seria de esperar só devido à variação na amostragem. Em outras palavras, é razoável supor que todos os estudos estimam o mesmo tamanho de efeito subjacente e que suas estimativas diferem apenas por variação da amostragem?

Em quarto lugar, parece haver uma tendência nesses dados ao longo do tempo, pois os estudos realizados em anos anteriores tendem a ter efeitos de maior tamanho. Como determinamos se essa tendência é estatisticamente confiável ou apenas um artefato de variação na amostragem?

Por fim, dois dos estudos – realizados em 1955 e 1959 – parecem ter tamanhos de efeito um tanto maiores que os outros. Os efeitos desses estudos são realmente diferentes dos outros? Se omitidos esses estudos, o padrão dos outros estudos é mais uniforme?

Nas seções a seguir, apresentaremos métodos para examinar essas perguntas como um paradigma para pesquisas similares que são razoáveis em metanálises de um modo geral.

15.2 ESTIMAÇÃO DO EFEITO MÉDIO EM DIVERSOS ESTUDOS

Consideremos, agora, a primeira pergunta anteriormente proposta, ou seja, combinar as estimativas de tamanho do efeito de vários estudos para estimar o tamanho médio do efeito. Seja θ_i o parâmetro (o real tamanho do efeito) de tamanho de efeito (não observado) no i-ésimo estudo, T_i a correspondente estimativa de tamanho de efeito observado do i-ésimo estudo e v_i a sua variância. Assim, os dados de um conjunto de k estudos são as estimativas de tamanho de efeito $T_1,\ldots, T_k$, e suas variâncias $v_1,\ldots, v_k$.

Uma maneira natural de se descrever os dados é mediante um modelo hierárquico de dois níveis, sendo um modelo para os dados no nível do estudo e o outro para a variação interestudos nos efeitos. No primeiro nível (intraestudo), a estimativa de tamanho de efeito T_i é simplesmente o parâmetro de tamanho do efeito mais um erro de amostragem . Isto é,

$$T_i = \theta_i + \varepsilon_i, \qquad \varepsilon_i \sim N(0, v_i).$$

O parâmetro θ é o parâmetro de tamanho de efeito médio para todos os estudos. Ele tem a interpretação de que θ é a média da distribuição da qual os parâmetros de tamanho de efeito específicos dos estudos $(\theta_1, \theta_2,\ldots, \theta_k)$ foram amostrados. Note-se que isso não é conceptualmente igual à média de $\theta_1, \theta_2,\ldots, \theta_k$, parâmetros de tamanho de efeito dos k estudos que foram observados.

No segundo nível (interestudos), um tamanho de efeito médio β_0 e um efeito aleatório específico do estudo η_i determinam os parâmetros de tamanho de efeito. Isto é,

$$\theta_i = \beta_0 + \eta_i, \qquad \eta_i \sim N(0, \tau^2).$$

Nesse modelo, os η_i representam diferenças entre os parâmetros de tamanho de efeito de estudo a estudo. Às vezes chamado de componente de variância interestudos, o parâmetro τ^2 descreve a quantidade de variação entre estudos nos efeitos aleatórios (os η_is) e, portanto, nos parâmetros de efeito (os θ_is).

O modelo é idêntico, em geral, ao modelo linear hierárquico que se costuma usar na análise primária de dados de ciências sociais, mas tem duas características que o diferenciam. A primeira é que, no modelo habitual, a variância de Nível 1 é igual em todas as unidades de Nível 1. No modelo metanalítico, as variâncias de Nível (as v_is) são diferentes em todas as unidades de Nível 1 (nesse caso, estudos). Ou seja, cada estado tem uma variância de erro de amostragem *diferente* no Nível 1. A segunda é que, no modelo habitual, a variância de Nível 1 é desconhecida e tem de ser estimada com base nos dados. No modelo metanalítico, as variâncias de Nível 1 são conhecidas, embora difiram entre os estudos.

Pode-se expressar o modelo de dois níveis anteriormente descrito como um modelo de um nível, da seguinte maneira:

$$T_i = \beta_0 + \eta_i + \varepsilon_i = \beta_0 + \xi_i,$$

em que ξ_i é um erro composto definido por $\xi_i = \eta_i + \varepsilon_i$. Ao expressar o modelo como de um só nível, vemos que cada tamanho de efeito é uma estimativa de β_0, como variância dependente de v_i e τ^2. Em modelos como esse, é preciso distinguir entre a variância de T_i quando se supõe um θ_i fixo e a variância de T_i quando se incorpora também a variância de θ_i. A primeira é a *variância de amostragem condicional* de T_i (denominada v_i), e a segunda, a *variância de amostragem incondicional* de T_i (denominada v_i^*). Visto que se supõe que o erro de amostragem ε_i e o efeito aleatório η_i são independentes e a variância de η_i é $\hat{\tau}^2$, segue-se que a variância de amostragem incondicional de T_i é $v_i^* = v_i + \hat{\tau}^2$.

A estimativa de mínimos quadrados (e máxima verossimilhança) de β_0 com o modelo é

$$\hat{\beta}_0^* = \frac{\sum_{i=1}^k w_i^* T_i}{\sum_{i=1}^k w_i^*}, \tag{1}$$

em que $w_i^* = 1/(v_i + \hat{\tau}^2) = 1/v_i^*$, e $\hat{\tau}^2$ é a estimativa de componente de variância interestudos. Observe-se que esse estimador corresponde a uma média ponderada de T_i, dando mais peso aos estudos cujas estimativas têm variância incondicional menor (e mais precisa) quando reunidas.

A variância de amostragem $v_\bullet^*$ de $\hat{\beta}_0^*$ é simplesmente a inversa da soma dos pesos,

$$v_\bullet^* = \left(\sum_{i=1}^k w_i^* \right)^{-1},$$

e o erro-padrão $SE(\hat{\beta}_0^*)$ de $\hat{\beta}_0^*$ é a raiz quadrada de $v_\bullet^*$. Conforme esse modelo, $\hat{\beta}_0^*$ é normalmente distribuído, de modo que um intervalo de confiança de $100(1 - \alpha)\%$ para β_0 é dado por

$$\hat{\beta}_0^* - t_{\alpha/2}\sqrt{v_\bullet^*} \leq \beta_0 \leq \hat{\beta}_0^* + t_{\alpha/2}\sqrt{v_\bullet^*},$$

em que t_α é o ponto de $100\alpha\%$ da distribuição t com $(k - 1)$ graus de liberdade. Do mesmo modo, um teste bilateral da hipótese de que $\beta_0 = 0$ com nível de significância α usa a estatística de teste $Z = \hat{\beta}_0^*/\sqrt{v_\bullet^*}$ e rejeita se $|Z|$ superar $t_{\alpha/2}$.

Para usar a estimativa do tamanho de efeito médio dada anteriormente e os testes e intervalos de confiança a ela associados, é necessário conhecer o componente de variância interestudos $\hat{\tau}^2$. Geralmente, é preciso estimar esse componente a partir dos dados. Num determinado conjunto de tamanhos de efeito, seja ele qual for, pode não ficar claro se a variação nas estimativas de tamanho do efeito observado é grande o bastante para dar prova convincente de que $\tau^2 > 0$. Na seguinte seção, trataremos sobre o problema de se testar se $\tau^2 = 0$ e estimar um valor exato de τ^2 a ser usado na estimação de β_0.

15.3 TESTAR SE O COMPONENTE DE VARIÂNCIA INTERESTUDOS $\tau^2 = 0$

Parece razoável que, quanto maior a variação nas estimativas de tamanho do efeito observado, mais forte a evidência de que $\tau^2 > 0$. Um simples teste (o teste de razão de verossimilhança) da hipótese de que $\tau^2 > 0$ utiliza a soma ponderada de quadrados em torno da média ponderada que se teria obtido se $\tau^2 = 0$. Ele usa especificamente a estatística

$$Q = \sum_{i=1}^k (T_i - \hat{\beta}_0)^2 / v_i,$$

em que $\hat{\beta}_0$ é a estimativa de β_0 que se obteria da equação (1) se $\tau^2 = 0$. A estatística Q tem a distribuição qui-quadrado com $(k - 1)$ graus de liberdade se $\tau^2 = 0$. Portanto, um teste da hipótese nula de que $\tau^2 = 0$ no nível de significância α rejeita a hipótese se Q ultrapassa o ponto $100(1 - \alpha)\%$ da distribuição qui-quadrado com $(k - 1)$ graus de liberdade.

Não se deveria interpretar esse teste (nem qualquer outro teste de hipótese estatística) tão ao pé da letra. O teste não é muito eficaz quando o número de estudos é pequeno ou se as variâncias condicionais (as v_i) são grandes (cf. Hedges; Pigott, 2001). Por consequência, mesmo se o teste não rejeita a hipótese de que $\tau^2 = 0$, a variação real nos efeitos entre estudos pode ser congruente com uma faixa considerável de valores de τ^2 diferentes de 0, alguns deles bastante grandes. Isso sugere que é importante se considerar a estimação de τ^2 e usar essas estimativas para elaborar estimativas da média por meio de (1).

Note-se, contudo, que, mesmo quando a estimativa de τ^2 é igual a 0, ainda pode haver muitos valores de τ^2 diferentes de 0 que são bastante compatíveis com os dados de tamanho de efeito (cf. Raudenbush; Bryk, 1985). Com isso, muitos pesquisadores passaram a ponderar o uso de estimadores bayesianos que calculam a média de toda a metanálise sobre uma faixa de possíveis valores de τ^2 (cf. Hedges, 1998).

15.4 Estimação do componente de variância interestudos τ^2

Pode-se efetuar a estimação de τ^2 sem fazer pressuposições sobre a distribuição dos efeitos aleatórios ou conforme diversos pressupostos sobre a distribuição dos efeitos aleatórios mediante outros métodos, como a estimação de máxima verossimilhança. A estimação de máxima verossimilhança é mais eficiente se os pressupostos distributivos sobre os efeitos aleatórios específicos do estudo são corretos, mas esses pressupostos, às vezes, são difíceis de justificar teoricamente e verificar empiricamente. Logo, estimativas isentas de distribuição do componente de variância interestudos costumam ser atraentes.

Uma simples estimativa independente da distribuição de τ^2 é dada por

$$\hat{\tau}^2 = \begin{bmatrix} \frac{Q-(k-1)}{a} & \text{se } Q \geq (k-1) \\ 0 & \text{se } Q < (k-1) \end{bmatrix},$$

na qual a é dado por

$$a = \sum_{j=1}^{k} w_i - \frac{\sum_{j=1}^{k} w_i^2}{\sum_{j=1}^{k} w_i}, \qquad (2)$$

e $w_i = 1/v_i$. As estimativas de τ^2 fixam-se em 0 quando $Q - (k - 1)$ dá um valor negativo porque τ^2, por definição, não pode ser negativo

Se as variâncias de erro de amostragem intraestudo $v_1,\ldots, v_k$ usadas para formar os pesos w_i são conhecidas com exatidão e a estimativa *não* é fixada em 0 quando $Q - (k - 1) < 0$, os w_i são constantes, e a estimativa não tem viés, resultado que não depende de pressupostos sobre a distribuição dos efeitos aleatórios (ou a distribuição condicional dos próprios tamanhos de efeito). Inexatidões na estimação das v_i – e, portanto, dos w_i – podem resultar em vieses, embora, em geral, não sejam substanciais. O truncamento da estimativa em 0 é mais grave como fonte de viés, embora ele melhore a precisão (reduz seu erro quadrático médio quanto a τ^2 real) das estimativas de τ^2. Esse viés pode ser considerável quando k é pequeno, mas diminui rapidamente quando k aumenta (cf. Hedges; Vevea, 1998). O viés relativo de $\hat{\tau}^2$ pode ser bem acima de 50% para $k = 3$ e $\hat{\tau}^2 = v/3$, resultado esse que enfatiza a necessidade de tomar cuidado com as estimativas de τ^2 calculadas com base em poucos estudos.

Para $k > 20$, os vieses são bem menores, sendo os vieses relativos de apenas poucos pontos percentuais (Hedges; Vevea, 1998).

O viés não é o único problema na estimação de τ^2. Quando o número de estudos é pequeno, $\hat{\tau}^2$ tem alto grau de incerteza de amostragem. Ademais, a distribuição de amostragem de $\hat{\tau}^2$ é bastante distorcida (trata-se de uma distribuição que é uma constante vezes uma distribuição qui-quadrado). O erro-padrão de $\hat{\tau}^2$ é conhecido, mas só serve para dar uma caracterização geral da incerteza de $\hat{\tau}^2$ (cf. Hedges; Pigott, 2001). Em especial, intervalos de mais ou menos 2 erros-padrão seriam aproximações muito ruins a intervalos de confiança de 95% para τ^2, a não ser que o número de estudos fosse muito grande.

15.4.1 Exemplo

Voltando ao nosso exemplo dos estudos de diferenças de gênero na habilidade de articulação de campo, os dados informados por Hyde (1981) são apresentados na tabela 15.1. As estimativas de tamanho de efeito na coluna 2 são diferenças médias padronizadas. Todas as estimativas são positivas e indicam que, em média, os homens se saem melhor do que as mulheres em articulação de campo. As variâncias das estimativas estão na coluna 3, e o ano em que o estudo foi realizado está na coluna 4.

Tabela 15.1 – Dados de articulação de campo apresentados em Hyde (1981)

ID	ES	Var	Ano
1	0,76	0,071	1955
2	1,15	0,033	1959
3	0,48	0,137	1967
4	0,29	0,135	1967
5	0,65	0,140	1967
6	0,84	0,095	1967
7	0,70	0,106	1967
8	0,50	0,121	1967
9	0,18	0,053	1967
10	0,17	0,025	1968
11	0,77	0,044	1970
12	0,27	0,092	1970
13	0,40	0,052	1971
14	0,45	0,095	1972

NOTA: ID = identificação do estudo; ES = estimativa de tamanho de efeito; Var = variância; Ano = ano do estudo.

324 • SEÇÃO IV / MODELOS PARA DADOS MULTINÍVEIS

Primeiro, nós nos voltamos para a pergunta sobre se os tamanhos de efeito têm mais variação de amostragem do que seria previsível pelo tamanho de suas variâncias condicionais. Ao calcularmos a estatística de teste Q, obtemos $Q = 24{,}103$, um pouco maior que $22{,}36$, que é o ponto de $100(1 - 0{,}05) = 95\%$ da distribuição qui-quadrado com $14 - 1 = 13$ graus de liberdade. Na verdade, Q só teria um valor de $24{,}103$ cerca de 3% do tempo, se $\tau^2 = 0$. Logo, há alguma evidência de que a variação nos efeitos entre estudos não se deve apenas à eventual variação de amostragem.

Então, investigamos quanta variação poderia haver entre estudos e calculamos a estimativa de τ^2 aplicando o método independente da distribuição anteriormente apresentado. Obtemos a estimativa

$$\hat{\tau}^2 = \frac{24{,}103 - (14 - 1)}{195{,}384} = 0{,}057.$$

Comparando esse valor com a média das variâncias condicionais, vemos que $\hat{\tau}^2$ é aproximadamente 65% da variância média do erro de amostragem. Logo, não pode ser considerado desprezível.

Agora, calculamos a média ponderada das estimativas de tamanho de efeito, incorporando a estimativa de componente de variância $\hat{\tau}^2$ nos pesos, o que dá uma estimativa de

$$\beta_0^* = 58{,}488/106{,}498 = 0{,}549,$$

com uma variância de

$$v_{\cdot}^* = 1/106{,}498 = 0{,}0094.$$

O intervalo de confiança de 95% para β_0 é dado por

$$0{,}339 = 0{,}549 - 2160.\sqrt{0{,}0094} \le \beta_0$$
$$\le 0{,}542 - 2{,}160\sqrt{0{,}00974} = 0{,}758.$$

Como esse intervalo de confiança não inclui o 0, os dados são incompatíveis com a hipótese de $\beta_0 = 0$.

15.5 ANÁLISE DE EFEITOS FIXOS

Foram desenvolvidos dois modelos estatísticos um pouco diferentes para a inferência sobre dados de tamanho de efeito a partir de uma variedade de estudos, o modelo de efeitos aleatórios e o modelo de efeitos fixos (cf., p. ex., Hedges; Vevea, 1998). Os modelos para efeitos aleatórios, que tratamos anteriormente, consideram os parâmetros de tamanho de efeito como se fossem uma amostra aleatória de uma população de parâmetros de efeito e hiperparâmetros de estimativa (geralmente, apenas a média e a variância) que descreve essa população (cf., p. ex., Dersimonian; Laird, 1986; Hedges, 1983a, 1983b; Schmidt; Hunter, 1977). O uso do termo *efeitos aleatórios* para esses modelos em metanálise é um tanto incongruente com seu uso em outras áreas da estatística. Seria mais coerente chamar esses modelos de *modelos mistos*, uma vez que a estrutura paramétrica dos modelos é idêntica àquelas do modelo misto linear geral (e sua importante aplicação em ciências sociais, os modelos lineares hierárquicos).

A ideia de que os estudos – e seus correspondentes parâmetros de tamanho de efeito – são uma amostra de uma população é conceitualmente atrativa, mas poucas vezes eles são uma amostra probabilística de alguma população bem definida. Logo, o universo (ao qual se aplicam as generalizações do modelo de efeitos aleatórios) costuma ser pouco claro. De mais a mais, alguns estudiosos se opõem à ideia de se generalizar a um universo estudos que não foram observados. Por que – eles questionam – estudos que não foram feitos haveriam de influenciar inferências sobre os estudos que foram feitos? Questionamento que faz parte de um debate mais geral sobre a condicionalidade na inferência, que remonta pelo menos a debates da década de 1920, entre Fisher e Yates, a respeito da análise correta de tabelas 2×2 (p. ex., o teste exato de Fisher *vs.* os testes qui-quadrado de Pearson; cf. Camilli, 1990). Debate esse que, como muitos outros sobre os fundamentos da inferência, talvez nunca seja resolvido definitivamente.

Os modelos de efeitos fixos tratam os parâmetros de tamanho de efeito como constantes fixas, mas desconhecidas, a serem estimadas, e, em geral – mas não necessariamente –, são usados junto com pressupostos sobre a homogeneidade de parâmetros de efeito (cf., p. ex., Hedges, 1982a; Rosenthal; Rubin, 1982). Isto é, os modelos de efeitos fixos fazem estimação e testagem como se $\tau^2 = 0$. A lógica dos modelos de efeitos fixos é que as inferências não se referem a nenhuma suposta população de estudos, mas aos estudos que tiverem sido observados.

Por exemplo, se tivesse se aplicado o método de efeitos fixos ao exemplo anterior, os pesos teriam sido calculados com $\tau^2 = 0$, de modo que o peso para cada estudo teria sido $w_i = 1/v_i$. Nesse caso, os pesos atribuídos aos estudos teriam sido bem mais desiguais, e a média teria sido estimada como $\hat{\beta}_0 = 118{,}486/216{,}684 = 0{,}547$. Ao compararmos isso com a estimativa de efeitos aleatórios de $\hat{\beta}_0^* = 0{,}549$, vemos que os efeitos médios são muito parecidos. Habitualmente é assim, mas nem sempre. Porém, a variância da média calculada na análise de efeitos fixos é $v. = 1/216{,}684 = 0{,}0046$. Isso é bem menos (cerca de 50%) do que 0,0094, variância calculada para o efeito médio na análise de efeitos aleatórios anterior. A variância da estimativa de efeitos fixos é sempre menor ou igual à estimativa de efeitos aleatórios da média, e com frequência é muito menor. A razão é que a variação interestudos nos efeitos é incluída como fonte de incerteza no cálculo da variância da média nos modelos para efeitos aleatórios, mas não como fonte de incerteza da média em modelos para efeitos fixos.

15.6 MODELAGEM DA ASSOCIAÇÃO ENTRE AS DIFERENÇAS DE ESTUDOS E OS TAMANHOS DOS EFEITOS

Um dos problemas fundamentais com que a metanálise se depara é como modelar a associação entre as características dos estudos e os tamanhos de seus efeitos. Em nosso exemplo, ressaltamos o fato de que estudos anteriores pareciam ter encontrado maiores diferenças entre os gêneros. Isso indicaria que as diferenças entre gêneros diminuem com o tempo, ou seria apenas um artefato da flutuação de amostragem em tamanhos de efeitos entre estudos? Podem-se observar muitas diferenças entre estudos que parecem associadas com diferenças em tamanhos de efeitos. Uma variedade de tratamento poderia ocasionar maiores efeitos, bem como um tratamento poderia ser mais eficaz do que outros em alguns contextos. A fim de examinarmos qualquer dessas perguntas, temos de investigar a relação entre características do estudo (covariáveis em nível de estudo) e tamanho do efeito. Para tanto, modelos mistos e metanálise são os procedimentos estatísticos mais óbvios.

Os modelos mistos considerados neste capítulo têm estreita relação com o modelo linear misto geral, profundamente estudado em estatística aplicada (p. ex., Hartley; Rao, 1967; Harville, 1977). A aplicação de modelos mistos à metanálise começou muito cedo em seu uso nas ciências sociais. Por exemplo, Schmidt e Hunter (1977) aplicaram a ideia (embora não o termo) de modelo misto em seus modelos de generalização de validez. Entre outras aplicações pioneiras de modelos mistos à metanálise temos as de Hedges (1983b), Dersimonian e Laird (1986), Raudenbush e Bryk (1985) e Hedges e Olkin (1985).

Descrevemos, primeiro, o modelo geral e as notações para metanálise de modelo misto e frisamos a ligação entre esse modelo e os clássicos modelos lineares hierárquicos utilizados em ciências sociais. Depois, estudamos análises desses modelos que independem da distribuição, valendo-nos de software para métodos de mínimos quadrados ponderados. Finalmente, mostramos como se fazem metanálises de modelo misto utilizando software para modelos lineares hierárquicos, como SAS PROC MIXED, HLM e MLwin.

15.6.1 Modelos e notação

Suponhamos que, como antes, os parâmetros de tamanho de efeito são $\theta_1, \theta_2,\ldots, \theta_k$ e nós temos k estimativas de tamanho de efeito independentes $T_1,\ldots, T_k$, com variâncias de amostragem $v_1,\ldots, v_k$. Supomos, como antes, que cada T_i está normalmente distribuída em torno de θ_i. Assim, o modelo de Nível 1 (intraestudo) é como antes:

$$T_i = \theta_i + \varepsilon_i, \qquad \varepsilon_i \sim N(0, v_i).$$

Agora, vamos supor que há p variáveis preditoras conhecidas para os efeitos fixos por $X_1,\ldots, X_p$ e que elas se relacionam com os tamanhos de efeitos por meio de um modelo linear. Nesse caso, o modelo de Nível 2 para o i-ésimo parâmetro de tamanho de efeito passa a ser

$$\theta_i = \beta_0 x_{i1} + \beta_1 x_{i2} + \cdots + \beta_p x_{ip} + \eta_i,$$
$$\eta_i \sim N(0, \tau^2),$$

em que $x_{i1},\ldots, x_{ip}$ são os valores das variáveis preditoras $X_1,\ldots, X_p$ para o i-ésimo estudo (isto é, x_{ij} é o valor da variável preditora X_j para o estudo i), e

326 • SEÇÃO IV / MODELOS PARA DADOS MULTINÍVEIS

η_i é um efeito aleatório específico do estudo com expectação 0 e variância τ^2.

Podemos também reescrever o modelo de dois níveis numa única equação como um modelo para a T_i, como segue:

$$T_i = \beta_0 x_{i1} + \beta_1 x_{i2} + \cdots + \beta_p x_{ip} + \eta_i + \varepsilon_i$$
$$= \beta_0 x_{i1} + \beta_1 x_{i2} + \cdots + \beta_p x_{ip} + \xi_i, \quad (3)$$

em que $\xi_i = \eta_i + \varepsilon_i$ é um resíduo composto a incorporar tanto o efeito aleatório específico do estudo como o erro de amostragem. Como supomos que η_i e ε_i são independentes, a variância de ξ_i é $\tau^2 + v_i$. Por consequência, se τ^2 for conhecido, poderíamos estimar os coeficientes de regressão por meio de mínimos quadrados ponderados (que também dariam as estimativas de máxima verossimilhança dos β_is). Quando não se conhece τ^2, existem quatros métodos para estimar $\boldsymbol{\beta} = (\beta_0, \beta_1, \ldots, \beta_p)$. Um deles consiste em estimar τ^2 a partir dos dados e usar a estimativa em lugar de τ^2 para obter estimativas de mínimos quadrados ponderados de $\boldsymbol{\beta}$. O segundo é estimar $\boldsymbol{\beta}$ e τ^2 em conjunto mediante máxima verossimilhança irrestrita. O terceiro é definir que τ^2 seja 0 (de fato, isso é o que se faz em análises de efeitos fixos). O quarto método é calcular uma estimativa de $\boldsymbol{\beta}$ para cada um de uma série de possíveis valores de τ^2 e calcular uma média ponderada desses resultados, atribuindo um peso a cada um conforme a sua plausibilidade (probabilidade prévia), que é, de fato, o que se faz em métodos bayesianos de metanálise. Veremos todos esses métodos a seguir.

15.6.2 Análise com *software* para análise clássica de modelo linear hierárquico

Os modelos lineares hierárquicos são de uso generalizado nas ciências sociais (cf., p. ex., Goldstein, 1987; Longford, 1987; Raudenbush; Bryk, 2002). Tem havido considerável avanço no desenvolvimento de software para estimar e testar a significância estatística de parâmetros em modelos lineares hierárquicos.

Há duas diferenças importantes entre os modelos lineares hierárquicos (ou modelos mistos gerais) habitualmente estudados e o modelo empregado em metanálise (equação 2). A primeira é que, em modelos de metanálise, como na equação (2), as variâncias dos erros de amostragem $v_1, \ldots, v_k$ *não* são idênticas para todos os estudos. Ou seja, o pressuposto de que

$v_1 = \cdots = v_k$ é irreal. Em geral, as variâncias no erro de amostragem dependem de diversos aspectos do esquema do estudo (sobretudo o tamanho da amostra), o que não se pode esperar que seja constante nos diferentes estudos. A segunda é que, embora as variâncias de erro de amostragem em metanálise sejam diferentes para cada estudo, em geral, supõe-se que elas são conhecidas.

Portanto, pode-se considerar o modelo usado em metanálise como um caso especial do modelo linear hierárquico geral em que as variâncias de Nível 1 são diferentes, mas conhecidas. Por isso, o software para a análise de modelos lineares hierárquicos pode ser usado para metanálise de modelos mistos se ele permitir – como permitem os modelos SAS PROC MIXED, HLM e MLwin – a especificação de variâncias de primeiro nível que são desiguais, embora conhecidas.

15.6.2.1 Metanálise de modelo misto com uso de SAS PROC MIXED

O SAS PROC MIXED é um programa de computação para fins gerais que pode servir para ajustar modelos mistos em metanálise (cf. SINGER, 1998). A parte superior da tabela 15.2 dá o arquivo de entrada do SAS para uma análise dos dados sobre diferenças de gênero na habilidade de articulação em campo extraídos de Hyde (1981). As primeiras 20 linhas da parte superior da tabela são os comandos para a etapa de dados do SAS, que dão nome ao conjunto de dados (nesse caso, *genderdiff* [diferença de gênero]) e listam os nomes e rótulos das variáveis. As linhas seguintes após o termo "*datalines;*" (linhas de dados) são os dados que consistem em um número de identificação, a estimativa de tamanho de efeito, a variância da estimativa de tamanho de efeito e o ano em que se realizou o estudo menos 1900 (a covariável em nível de estudo).

As sete últimas linhas da parte superior da tabela 15.2 especificam a análise. A primeira linha recorre a PROC MIXED para a *genderdiff* do conjunto de dados. O comando "cl" manda o SAS calcular intervalos de confiança de 95% para o componente de variância. A segunda linha ("class = id") informa ao SAS que as unidades agregadas são definidas pela variável "id", significando que o modelo de Nível 1 é específico de cada valor de id (isto é, cada estudo). A terceira linha ("model

Tabela 15.2 – Arquivos de entrada e saída do SAS para os dados de articulação em campo extraídos de Hyde (1981)

Arquivo de entrada

dados *genderdiff*;	rótulo de entrada	id effsize variance year; id ='ID of the study'effsize ='effect size estimate' variance ='variances of effect size estimates' year ='year the study was published'; datalines;
1	0,76	0,071 55
2	1,15	0,033 59
3	0,48	0,137 67
4	0,29	0,135 67
5	0,65	0,140 67
6	0,84	0,095 67
7	0,70	0,106 67
8	0,50	0,121 67
9	0,18	0,053 67
10	0,17	0,025 68
11	0,77	0,044 70
12	0,27	0,092 70
13	0,40	0,052 71
14	0,45	0,095 72

;

proc mixed data = genderdiff cl;

class id;

model effsize = year/solution ddfm = bw notest; random int/sub = id; repeated/group = id; parms (0,043) (0,071) (0,033) (0,137) (0,135) (0,140) (0,095) (0,106) (0,121) (0,053) (0,025) (0,044) (0,092) (0,052) (0,095)/eqcons = 2 a 15;

executar;

Arquivo de saída

Estimativas de parâmetro de covariância

Parâmetro de covariância	Sujeito	Grupo	Estimativa	Alfa	Inferior	Superior
Ordenada na origem	id		0,03138	0,05	0,008314	1,4730
Resíduo		id 1	0,0710			
Resíduo		id 2	0,0330			
Resíduo		id 3	0,1370			
Resíduo		id 4	0,1350			
Resíduo		id 5	0,1400			
Resíduo		id 6	0,0950			
Resíduo		id 7	0,1060			
Resíduo		id 8	0,1210			
Resíduo		id 9	0,0530			
Resíduo		id 10	0,0250			
Resíduo		id 11	0,0440			
Resíduo		id 12	0,0920			
Resíduo		id 13	0,0520			
Resíduo		id 14	0,0950			

Solução para efeitos fixos

Efeito	Estimativa	Erro-padrão	df	Valor t	Pr > |t|
Ordenada na origem	3,1333	1,2243	12	2,56	0,0250
Ano	−0,03887	0,01837	12	−2,12	0,0560

effsize = year/solution = ddfm = bw notest") especifica que o modelo de Nível 2 (o modelo para os efeitos fixos) vai prever o tamanho do efeito a partir do ano e indica que o método "inter/intra" de cálculo dos graus de liberdade do denominador será usado em testes para os efeitos fixos, o que geralmente é recomendável (cf. Littell *et al.*, 1996). A terceira linha também especifica primeiro (por meio de "random = intercept") que a ordenada na origem do modelo de Nível 1 (isto é, 2_j) é um efeito aleatório e (por meio de "/sub = id") que a variável "id" define as unidades de Nível 2. A terceira linha ("repeated/group = id") especifica também a estrutura da matriz de covariância de erro de Nível 1 (intraestudo), e "/group = id" indica que a matriz de covariância de ε tem estrutura diagonal por blocos com um bloco para cada valor da variável "id"; isto é, há uma variância de erro para cada estudo. O texto nas linhas 4 e 5 especifica os valores iniciais das 15 variâncias desse modelo (τ^2, $v_1, v_2, \ldots, v_{14}$). Note-se que os valores das 14 últimas variâncias – as variâncias de erro de amostragem $v_1, v_2, \ldots, v_{14}$ – são fixos, mas é preciso estimar τ^2 na análise. Aplica-se, aqui, um bom método, que consiste em usar metade da média das variâncias de erro de amostragem como valor inicial de τ^2. A parte do texto na linha 5 ("eqcons = 2 to 15") especifica que as variâncias 2 a 15 devem ser fixadas nos valores iniciais durante toda a análise. A linha 7 efetua a análise.

A parte inferior da tabela 15.2 dá o arquivo de saída para a análise especificada na parte superior. Ele começa com as covariâncias de todos os efeitos aleatórios. Uma vez que nosso modelo só especifica variâncias, todas as estimativas são variâncias, a começar pela variância da ordenada na origem no modelo de Nível 2: τ^2, mostrando que a estimativa é 0,031. Observe-se que o intervalo de confiança de 95% do componente de variância τ^2 não inclui o 0, sugerindo haver significativa variação entre estudos ou que as estimativas de tamanho do efeito variam consideravelmente de um estudo para outro. Isso justifica o uso de modelos para efeitos aleatórios, nos quais o parâmetro de tamanho do efeito é uma variável aleatória e tem sua própria distribuição. As 14 linhas seguintes repetem as variâncias de erro de amostragem específicas de estudos $v_1, v_2, \ldots, v_{14}$ como foram dadas, como valores iniciais e, depois, fixadas. As duas últimas linhas da tabela dão as estimativas dos parâmetros de Nível 2 β_1 e β_2 (os efeitos fixos), seus erros-padrão, a estatística de teste t e o valor p associado.

15.6.2.2 Análise de sensibilidade

Uma inspeção atenta dos dados sugere que as estimativas dos dois estudos realizados nos anos 1950 são um tanto maiores do que as estimativas restantes dos estudos realizados em anos mais recentes. Por isso, resolvemos realizar análise sensitiva, em que excluímos da nossa amostra cada uma dessas estimativas individualmente, bem como as duas simultaneamente. Para começar, efetuamos a nossa análise por modelos mistos, omitindo a estimativa do estudo de 1955. Nossos resultados indicaram que o coeficiente do ano do estudo era negativo (como o coeficiente informado na tabela 15.2) e significativo no nível 0,05. A estimativa de componente de variância interestudos era comparável à estimativa dada na tabela 15.2 e significativamente distinta de 0. Em nossa segunda análise, omitimos a estimativa do estudo de 1959. O coeficiente de ano de estudo ainda era negativo, mas de magnitude muito menor e sem significância estatística. A estimativa de componente de variância interestudos era estatisticamente significativa, mas perto de 50% menor do que as estimativas anteriores. Finalmente, fizemos uma análise de modelos mistos omitindo ambas as estimativas dos estudos da década de 1950. Nessa especificação, o coeficiente de ano de estudo era praticamente 0, e a estimativa de componente de variância interestudos era comparável à estimativa da nossa segunda especificação. Em conjunto, esses resultados indicavam que nossas estimativas de coeficiente e de componente de variância em nossa especificação, na qual todos os tamanhos de efeito foram incluídos na análise, eram sensíveis à omissão das estimativas do estudo dos anos 1950, em especial a estimativa de 1959.

15.6.3 Estimação por meio de mínimos quadrados ponderados

Se τ^2 for conhecido, poderíamos estimar os coeficientes de regressão por meio de mínimos quadrados ponderados (que também forneceriam as estimativas de máxima verossimilhança dos β_is). Nesta seção, vemos como estimar $\boldsymbol{\beta}$ quando se dispõe de uma estimativa de τ^2. No anexo, discute-se o processo real de obtenção da estimativa de τ^2. Facilita-se a descrição da estimação de mínimos quadrados ponderados ao se descrever o modelo em notação matricial. A matriz $\mathbf{X}$ $(k \times p)$,

$$
\mathbf{X} = \begin{bmatrix}
x_{11} & x_{12} & \cdots & x_{1p} \\
x_{21} & x_{22} & \cdots & x_{2p} \\
. & . & \cdots & . \\
. & . & \cdots & . \\
x_{k1} & x_{k2} & \cdots & x_{kp}
\end{bmatrix}
$$

é chamada de *matriz de esquema*, que se supõe não ter colunas linearmente dependentes; isto é, $\mathbf{X}$ tem hierarquia p. Muitas vezes, convém definir $x_{11} = x_{21} = \cdots = x_{kl} = 1$, de modo que primeiro coeficiente de regressão se torne uma ordenada na origem, como em regressão ordinária.

Indicamos os vetores k dimensionais de população e tamanhos de efeito por $\boldsymbol{\theta} = (\theta_1, \ldots, \theta_k)$ e $\mathbf{T} = (T_1, \ldots, T_k)$, respectivamente. Pode-se escrever o modelo para as observações $\mathbf{T}$ como modelo de um nível como

$$
\mathbf{T} = \boldsymbol{\theta} + \boldsymbol{\varepsilon}, = \mathbf{X}\boldsymbol{\beta} + \boldsymbol{\eta} + \boldsymbol{\varepsilon}, = \mathbf{X}\boldsymbol{\beta} + \boldsymbol{\varepsilon}, \qquad (4)
$$

em que $\boldsymbol{\beta} = (\beta_0, \beta_1, \beta_p)'$ é o vetor p-dimensional de coeficientes de regressão, $\boldsymbol{\eta} = (\eta_1, \ldots, \eta_k)'$ é o vetor k dimensional de efeitos aleatórios e $\boldsymbol{\xi} = (\xi_1, \ldots, \xi_k)'$ é um vetor k dimensional de resíduos de $\mathbf{T}$ em redor de $\mathbf{X}\boldsymbol{\beta}$. A matriz de covariância de $\boldsymbol{\xi}$ é uma matriz diagonal cujo i-ésimo elemento diagonal é $v_i + \hat{\tau}^2$.

Se o componente de variância residual τ^2 for conhecido, poderíamos usar o método de mínimos quadrados generalizados para obter uma estimativa de $\boldsymbol{\beta}$. Embora não saibamos o componente de variância residual τ^2, podemos calcular uma estimativa dele e usá-la para obter uma estimativa de mínimos quadrados generalizados de $\boldsymbol{\beta}$. A matriz de covariância incondicional das estimativas é uma matriz $\mathbf{V}^*$ diagonal $k \times k$ definida por

$$
\mathbf{V}^* = \mathrm{Diag}(v_1 + \hat{\tau}^2, v_2 + \hat{\tau}^2, \ldots, v_k + \hat{\tau}^2).
$$

O estimador de mínimos quadrados generalizados $\hat{\boldsymbol{\beta}}^*$, segundo o modelo (4) e usando a matriz de covariância estimada $\mathbf{V}^*$, é dado por

$$
\hat{\boldsymbol{\beta}}^* = [\mathbf{X}'(\mathbf{V}^*)^{-1}\mathbf{X}]^{-1}\mathbf{X}'(\mathbf{V}^*)^{-1}\mathbf{T},
$$

que está normalmente distribuída, com média β e matriz de covariância $\boldsymbol{\Sigma}^*$ dada por

$$
\boldsymbol{\Sigma}^* = [\mathbf{X}'(\mathbf{V}^*)^{-1}\mathbf{X}]^{-1}.
$$

Observe-se que a estimativa do componente de variância interestudos $\hat{\tau}^2$ é incluída como um termo constante no cálculo dos efeitos fixos (ou coeficientes de regressão) e sua dispersão mediante a matriz de variância-covariância das estimativas de tamanho do efeito.

15.6.4 Testes e intervalos de confiança para coeficientes de regressão individuais

Pode-se usar a distribuição de $\hat{\boldsymbol{\beta}}^*$ para obter testes de significância ou intervalos de confiança para componentes de $\boldsymbol{\beta}$. Se σ_{jj}^* é o j-ésimo elemento diagonal de $\boldsymbol{\Sigma}^*$ e $\hat{\boldsymbol{\beta}}^* = (\hat{\beta}_0^*, \hat{\beta}_1^*, \ldots, \hat{\beta}_p^*)'$, o intervalo de confiança de aproximadamente $100(1 - \alpha)\%$ para β_j, $1 \le j \le p$ é dado por

$$
\hat{\beta}_j - C_{\alpha/2}\sigma_{jj} \le \beta_j \le \hat{\beta}_j + C_{\alpha/2}\sigma_{jj},
$$

em que $C_{\alpha/2}$ é o percentil de $100(1 - \alpha)$ da distribuição normal padrão (p. ex., para $\alpha = 0,05$, $C_{0,05} = 1,64$; para $\alpha = 0,025$, $C_{0,025} = 1,96$).

Testes aproximados da hipótese de que β_j é igual a algum valor c_0 predeterminado (geralmente 0), isto é, um teste da hipótese

$$
\mathbf{H}_0 : \beta_j = c_0
$$

utiliza a estatística

$$
t^* = (\hat{\beta}_1^* - c_0)/(\sigma_{jj}^*)^{1/2}.
$$

O teste unicaudal rejeita $\mathbf{H}_0$ no nível de significância α quando $t^* > C_\alpha$, onde C_α é o percentil $100(1 - \alpha)$ da distribuição t de Student com $k - p$ graus de liberdade, e o teste bicaudal rejeita no nível α se $|t^*| > C_{\alpha/2}$. Pode-se aplicar a teoria habitual para a distribuição normal caso se desejem intervalos de confiança simultâneos.

15.6.5 Testes para blocos de coeficientes de regressão

Como no modelo de efeitos fixos, às vezes queremos testar se um subconjunto $\beta_1, \ldots, \beta_m$ dos

330 • SEÇÃO IV / MODELOS PARA DADOS MULTINÍVEIS

coeficientes de regressão é simultaneamente 0, ou seja,

$$H_0 : \beta_1 = \cdots = \beta_m = 0$$

Esse teste surge, por exemplo, em análises passo a passo quando se pretende determinar se um conjunto de m das p variáveis preditoras ($m \neq p$) está relacionado para tamanho de efeito, uma vez descontados os efeitos das outras variáveis preditoras. Por exemplo, suponhamos estar interessados em testar a importância de uma variável conceitual como o esquema de pesquisa, codificada como um conjunto de preditores. Concretamente, uma variável como essa pode ser codificada como múltiplas variáveis fictícias para experimentos randomizados, amostras combinadas, amostras de grupos de comparação não equivalentes e outros esquemas quase experimentais, mas é tratada como uma variável conceitual e tem a sua importância testada simultaneamente. Para testar essa hipótese, calcula-se $\hat{\boldsymbol{\beta}}^* = (\hat{\beta}_0^*, \hat{\beta}_1^*, \ldots, \hat{\beta}_m^*, \hat{\beta}_{m+1}^*, \ldots, \hat{\beta}_p^*)'$ e a estatística

$$Q^* = (\hat{\beta}_1^*, \ldots, \hat{\beta}_m^*)(\boldsymbol{\Sigma}_{11}^*)^{-1}(\hat{\beta}_1^*, \ldots, \hat{\beta}_m^*)', \quad (5)$$

onde $\boldsymbol{\Sigma}_{11}^*$ é a submatriz $m \times m$ superior de

$$\boldsymbol{\Sigma}^* = \begin{pmatrix} \boldsymbol{\Sigma}_{11}^* & \boldsymbol{\Sigma}_{12}^* \\ \boldsymbol{\Sigma}_{21}^* & \boldsymbol{\Sigma}_{22}^* \end{pmatrix}.$$

O teste de que $\beta_1 = \cdots = \beta_m = 0$ no nível de significância de $100\alpha\%$ consiste em rejeitar-se a hipótese nula se Q^* exceder o ponto de porcentagem $100(1 - \alpha)$ da distribuição qui-quadrado com m graus de liberdade.

Se $m = p$, o procedimento anterior fornece uma prova de que todos os β_j são simultaneamente 0, ou seja, $\boldsymbol{\beta} = 0$. Em tal caso, a estatística de teste Q^* dada em (5) torna-se a soma ponderada de quadrados devida à regressão

$$Q_R^* = \hat{\boldsymbol{\beta}}' \boldsymbol{\Sigma}^{-1} \hat{\boldsymbol{\beta}}.$$

O teste de $\boldsymbol{\beta} = 0$ é simplesmente o teste que verifica se a soma ponderada dos quadrados devida à regressão é maior do que a esperada se $\boldsymbol{\beta} = 0$, e o teste consiste em rejeitar a hipótese de $\boldsymbol{\beta} = 0$ se Q_R^* excede o ponto de porcentagem $100(1 - \alpha)$ de um qui-quadrado com p graus de liberdade.

15.6.6 Teste da significância do componente de variância residual

Às vezes é conveniente testar a significância estatística do componente de variância residual τ^2, além de estimá-la. A estatística de teste aplicada é

$$Q_E = \mathbf{T}'[\mathbf{V}^{-1} - \mathbf{V}^{-1}\mathbf{X}(\mathbf{X}'\mathbf{V}^{-1}\mathbf{X})^{-1}\mathbf{X}'\mathbf{V}^{-1}]\mathbf{T}, \quad (6)$$

onde $\mathbf{V} = \mathrm{Diag}(v_1, \ldots, v_k)$. Se a hipótese nula

$$\mathbf{H}_0 : \tau^2 = 0$$

é verdadeira, a soma de quadrados residual ponderada Q_E dada em (6) tem uma distribuição qui-quadrado com $k - p$ graus de liberdade (na qual p é o número total de preditores, incluída a ordenada na origem). Portanto, o teste de $\mathbf{H}_0$ no nível α é rejeitar se exceder o ponto de porcentagem $100(1 - \alpha)$ da distribuição qui-quadrado com ($k - p$) graus de liberdade.

15.6.7 Exemplo

Voltamos, agora, aos dados dos 14 estudos de diferenças de gênero em habilidade de articulação em campo analisados mediante SAS PROC MIXED. A hipótese de que as diferenças entre gêneros estavam mudando com o tempo foi pesquisada com o uso de um modelo linear para prever o tamanho de efeito X com base no ano em que o estudo foi realizado (menos 1900). A matriz do esquema é

$$\mathbf{X} = \begin{pmatrix} 1 & 1 & 1 & 1 & 1 & 1 & 1 & 1 & 1 & 1 & 1 & 1 & 1 & 1 \\ 55 & 59 & 67 & 67 & 67 & 67 & 67 & 67 & 67 & 68 & 70 & 70 & 71 & 72 \end{pmatrix}'$$

e o vetor de dados

$$\mathbf{T} = (0{,}76,\ 1{,}15,\ 0{,}48,\ 0{,}29,\ 0{,}65,$$
$$0{,}84,\ 0{,}70,\ 0{,}50,\ 0{,}18,\ 0{,}17,$$
$$0{,}77,\ 0{,}27,\ 0{,}40,\ 0{,}45)'.$$

Usando o método dado no anexo, calculamos a constante c como $c = 174{,}537$. Logo, $\hat{\tau}^2 = (15{,}11 - 12)/174{,}537 = 0{,}018$. Observe-se que o erro padrão de $\hat{\tau}^2$ conforme o anexo é $SE(^2) = 0{,}0339$, muito grande se comparado com $\hat{\tau}^2$, sugerindo que os dados têm relativamente pouca informação sobre τ^2. Com esse valor de $\hat{\tau}^2$, a matriz de covariância $\hat{\mathbf{V}}^*$ resulta

$\hat{\mathbf{V}}^* = \text{Diag}(0,089, 0,051, 0,155, 0,153, 0,158,$
$\quad 0,113, 0,124, 0,139, 0,071, 0,043, 0,062,$
$\quad 0,110, 0,070, 0,113).$

Usando o SAS PROC REG com a matriz de pesos $\mathbf{V}^*$ como descrevemos anteriormente, obtemos os coeficientes de regressão estimados $\hat{\beta}_0^* = 3,215$ para o termo de ordenada na origem e $\hat{\beta}_1^* = -0,040$ para o efeito do ano. A matriz de covariância de $\boldsymbol{\beta}^*$ é

$$\boldsymbol{\Sigma}^* = \begin{pmatrix} 1,25963 & -0,01887 \\ -0,01887 & 0,00028 \end{pmatrix},$$

que foi obtida solicitando a inversa da matriz $\mathbf{X}'\mathbf{X}$ ponderada. O erro-padrão de $\hat{\beta}_1^*$ – o coeficiente de regressão para o ano – é $\sqrt{0,00028} = 0,0167$, e se obtém um intervalo de confiança de 95% para β_1^* com $-0,0765 = -0,040 - 2,179(0,0167) \le \beta_1^* \le -0,040 + 2,179(0,0167) = -0,0035$.

Visto que o intervalo de confiança não contém o 0, rejeitamos a hipótese de $\beta_1 = 0$.

Como outra opção, poderíamos ter calculado

$$z(\hat{\beta}_1^*) = \hat{\beta}_1^*/SE(\hat{\beta}_1^*) = -0,040/0,0167 = -2,395,$$

que deve ser comparado com o valor crítico de 2,179, de modo que o teste resulta na rejeição da hipótese de que $\hat{\beta}_1^* = 0$ no nível de significância $\alpha = 0,05$.

A estatística de teste Q_R para se verificar que a inclinação e a ordenada na origem são simultaneamente 0 tem o valor $Q_R = 54,14$, superior a 5,99, que é o 95º ponto percentual da distribuição qui-quadrado com 2 graus de liberdade. Portanto, também rejeitamos a hipótese de $\beta_0^* = \hat{\beta}_1^* = 0$ no nível de significância $\alpha = 0,05$.

Vemos que os coeficientes de regressão estimados e seus erros padrão são próximos àqueles estimados mediante o SAS PROC MIXED.

15.6.8 Modelos para efeitos fixos

Outra opção é realizar a análise supondo que $\tau^2 = 0$, o que é conceitualmente equivalente a supor que quaisquer desvios com relação ao modelo linear no Nível 2 são inexistentes (o modelo linear ajusta-se perfeitamente no Nível 2) ou não aleatórios (p. ex., causados por características fixas de estudos que não estão no modelo). Pode-se realizar a análise de efeitos fixos por meio dos métodos anteriormente descritos com $\tau^2 = 0$ ou mediante um programa de regressão ponderada e especificando que os pesos a serem usados para o i-*ésimo* estudo são $w_i = 1/v_i$.

A análise de mínimos quadrados ponderados dá os coeficientes de regressão $\hat{\beta}_0, \hat{\beta}_1, \ldots, \hat{\beta}_p$. Os erros-padrão para os $\hat{\beta}_j$ impressos pelo programa são incorretos por um fator de $\sqrt{MS_E}$, em que MS_E é o erro ou o quadrado médio residual para a análise de variância para a regressão. Se $S(\hat{\beta}_j)$ é o erro-padrão de $_j$ impresso pelo programa de regressão ponderada, o erro-padrão correto $SE(\hat{\beta}_j)$ de $\hat{\beta}_j$ (raiz quadrada do j-ésimo elemento diagonal de $(\mathbf{X}'\boldsymbol{\Sigma}^{-1}\mathbf{X})^{-1}$) é mais fácil de calcular com base nos resultados dados na impressão calculada por

$$SE(\hat{\beta}_j) = S(\hat{\beta}_j)/\sqrt{MS_E}.$$

Como alternativa, os elementos diagonais da inversa da matriz de soma de quadrados e produtos vetoriais $(\mathbf{X}'\mathbf{W}\mathbf{X})^{-1}$ também dão as variâncias de amostragem corretas para $\hat{\beta}_0, \ldots, \hat{\beta}_p$.

Os testes F na análise de variância para a regressão devem ser desconsiderados, mas a soma (ponderada) de quadrados em torno da regressão é a estatística qui-quadrado Q_E, para testar se o componente de variância residual é 0, e a soma (ponderada) de quadrados devida à regressão dá a estatística qui-quadrado Q_R para testar se todos os componentes $\boldsymbol{\beta}$ são 0 ao mesmo tempo (ou uma estatística associada para verificar que todos os componentes de $\boldsymbol{\beta}$ exceto a ordenada na origem são 0, se o programa ajusta uma ordenada na origem). Logo, todas as estatísticas necessárias para calcular a análise de efeitos fixos podem ser calculadas com uma única rodada de um programa de mínimos quadrados ponderados.

A estatística de teste (equação 5) para a testagem simultânea para blocos de coeficientes de regressão pode ser calculadas diretamente a partir das matrizes, bem como da saída da regressão ponderada por passos como

$$Q_{\text{MUDANÇA}} = mF_{\text{MUDANÇA}}MS_E,$$

na qual $F_{\text{MUDANÇA}}$ é o valor do teste F para a significância da adição do bloco de m variáveis preditoras, e MS_E é o erro ponderado ou mínimo quadrado residual obtido na análise de variância para a regressão.

332 • SEÇÃO IV / MODELOS PARA DADOS MULTINÍVEIS

15.6.8.1 Exemplo: diferenças entre gêneros na articulação em campo

Voltamos, agora, aos dados de 14 estudos de diferenças entre gêneros na habilidade de articulação em campo, apresentados por Hyde (1981). Ajustamos um modelo linear para prever o tamanho de efeito θ com base no ano em que se realizou o estudo. Como antes, o modelo de regressão é linear com uma constante ou um termo de ordenada na origem e um preditor, que é o ano (menos 1900). A matriz de delineamento e o vetor de dados são como antes. A matriz de covariância é

$$\mathbf{V} = \text{Diag}(0{,}071,\ 0{,}033,\ 0{,}137,\ 0{,}135,$$

$$0{,}140,\ 0{,}095,\ 0{,}106,\ 0{,}121,\ 0{,}053,$$

$$0{,}025,\ 0{,}044,\ 0{,}092,\ 0{,}052,\ 0{,}095).$$

Usando o SAS PROC REG e especificando o peso para o i-ésimo estudo como $w_i = 1/v_i$, como explicamos anteriormente, obtemos os coeficientes de regressão estimados $\hat{\beta}_0 = 3{,}422$ para o termo de ordenada na origem e $\hat{\beta}_1 = -0{,}043$ para o efeito do ano. A matriz de covariância de $\boldsymbol{\beta}$ é

$$\Sigma = \begin{pmatrix} 0{,}92387 & -0{,}01385 \\ -0{,}01385 & 0{,}00021 \end{pmatrix},$$

resultado obtido ao se solicitar a inversa da matriz $\mathbf{X}'\mathbf{X}$ ponderada.

Consequentemente, o erro-padrão de efeitos fixos de $\hat{\beta}_1$, o coeficiente de regressão para o ano, é $\sqrt{0{,}00021} = 0{,}0145$, e o intervalo de confiança de 95% para β_1 é dado por $-0{,}043 \pm 2{,}179(0{,}0145)$ ou $-0{,}0749 \le \beta_1 \le -0{,}0117$.

Como o intervalo de confiança não contém o 0, rejeitamos a hipótese de que $\beta_1 = 0$.

Como outra opção, poderíamos ter calculado

$$z(\hat{\beta}_1) = \hat{\beta}_1/SE(\hat{\beta}_1) = -0{,}043/0{,}0145 = -2{,}986$$

que deve ser comparado com o valor crítico de 2,179, de modo que o teste resulta na rejeição da hipótese de que $\beta_1 = 0$ no nível de significância $\alpha = 0{,}05$.

Os coeficientes do modelo de efeitos fixos são comparáveis aos coeficientes do modelo de efeitos aleatórios. Todavia, os erros-padrão dos coeficientes de regressão são maiores no modelo de efeitos aleatórios, como previsto. No modelo de efeitos aleatórios, $\hat{\tau}^2$ está incluído na matriz de variância-covariância das estimativas de tamanho de efeito (como uma constante), e, portanto, os elementos diagonais de $\mathbf{V}$ são um pouco maiores do que no modelo de efeitos fixos, em que $\hat{\tau}^2$ é 0. Por exemplo, no modelo de efeitos aleatórios, o erro-padrão do coeficiente do ano do estudo é 15% maior do que no modelo de efeitos fixos. Cabe salientar que o ano do estudo explicava cerca de 45% da variação aleatória entre estudos, sugerindo que aproximadamente metade da variância interestudos está associada com o ano em que o estudo foi realizado.

15.6.9 Métodos bayesianos

O terceiro enfoque para a análise consiste em não fazer uso de *qualquer* valor único de τ^2, recorrendo a métodos bayesianos. O problema que surge quando se analisam efeitos aleatórios mediante substituição por algum valor fixo de τ^2 é que a informação sobre τ^2 vem da variação entre estudos, e, se o número de estudos é pequeno, qualquer estimativa do componente de variância tem de ser bastante imprecisa. Assim, uma análise – como a análise convencional de efeitos aleatórios – que considere um valor estimado do componente de variância como se fosse conhecido certamente será questionável.

As análises bayesianas lidam com esse problema reconhecendo que há uma família de análises de efeitos aleatórios, uma para cada valor do componente de variância. Podemos ver as análises bayesianas como consistentes basicamente no cálculo da média da família de resultados e em atribuir a cada um o peso que for adequado, dada a probabilidade posterior do valor de cada componente de variância condicionado aos dados observados. Alguns enfoques da inferência bayesiana para metanálise fazem isso diretamente (p. ex., Dumouchel; Harris, 1983; Hedges, 1998: Rubin, 1981). Eles calculam as estatísticas resumidas da distribuição posterior (como a média e a variância) condicionalmente dado τ^2, depois calculam a média delas (integram-nas), ponderando pela distribuição posterior de τ^2 conforme os dados. Trata-se de métodos transparentes que proporcionam um médio direto de obtenção de estimativas de parâmetros da distribuição posterior, mas demandam integrações numéricas que podem ser complicadas.

Uma opção é o uso de métodos Monte Carlo via cadeias de Markov, que dão a distribuição posterior diretamente, sem difíceis integrações numéricas. Esses métodos fornecem não só a média e a variância da distribuição posterior, como também a distribuição posterior como um todo, fazendo possível o cálculo de muitas estatísticas descritivas dessa distribuição. Outra importante vantagem desses métodos é o fato de eles permitirem modelos nos quais os efeitos aleatórios específicos de estudos não estão normalmente distribuídos, mas têm distribuições de cauda mais pesada, como a distribuição t ou gama de Student (cf. Seltzer, 1993; Seltzer; Wong; Bryk, 1996; Smith; Speigelhalter; Thomas, 1995).

15.7 CONCLUSÃO

Este capítulo apresentou diversos modelos para metanálise, situando tais métodos dentro do contexto dos modelos lineares hierárquicos. Foram discutidos os diferentes enfoques da estimação, ilustrando-se o uso de modelos de efeitos aleatórios (mistos) e de efeitos fixos com um exemplo de dados obtidos em 14 estudos de diferenças entre gêneros na articulação em campo. É fácil utilizar pacotes de software estatístico tradicional como SAS, SPSS ou Splus para realizar análises de mínimos quadrados ponderados em metanálise. Ademais, pacotes de software mais especializado, como MLH, MLwin, e o procedimento de modelos mistos em SAS podem efetuar análises de modelos mistos para dados metanalíticos com estrutura encaixada.

Os modelos de efeitos mistos aqui apresentados podem ser estendidos a três ou mais níveis de hierarquia, captando variação aleatória em níveis mais elevados. Por exemplo, com frequência, é razoável adotar uma estrutura de três níveis em metanálise, em que os próprios estudos estão encaixados. Por exemplo, quando os mesmos pesquisadores (ou laboratórios) efetuam vários estudos, uma metanálise de três níveis pode modelar a variação entre pesquisadores (ou laboratórios) no terceiro nível, bem como entre estudos no mesmo pesquisador (ou laboratório) no segundo nível.

Anexo

Uma estimativa independente da distribuição do componente de variância residual

O método de estimação independente da distribuição consiste em calcular uma estimativa do componente de variância residual e depois uma análise de mínimos quadrados ponderados condicionada a essa estimativa de componente de variância. Enquanto as estimativas e seus erros-padrão são "independentes da distribuição" no sentido de não dependerem da forma da distribuição dos efeitos aleatórios, os testes e as declarações de confiança ligados a esses métodos só são estritamente verdadeiros se os efeitos aleatórios estão normalmente distribuídos.

Estimação do componente de variância residual τ^2

O primeiro passo da análise é a estimação do componente de variância residual. É possível usar diversos estimadores, mas o estimador habitual baseia-se na estatística aplicada para testar a significância do componente de variância residual: a soma residual de quadrados condicional inversa ponderada em variância. É a generalização natural da estimativa do componente de variância interestudos, dada, por exemplo, por DerSimonian e Laird (1986).

O estimador habitual do componente de variância residual é dado por

$$\hat{\tau}^2 = (Q_E - k + p)/c,$$

em que Q_E é a estatística de teste usada para verificar se o componente de variância residual é 0 (a soma residual de quadrados a partir da regressão ponderada usando pesos $w_i = 1/v_i$ para cada estudo), e c é uma constante dada por

$$c = \mathrm{tr}(\mathbf{V}^{-1}) - \mathrm{tr}[(\mathbf{X'V}^{-1}\mathbf{X})^{-1}\mathbf{X'V}^{-2}\mathbf{X}],$$

em que $\mathbf{V} = \mathrm{diag}(v_1,\ldots, v_k)$ é uma matriz diagonal $k \times k$ de variâncias condicionais, e $\mathrm{tr}(\mathbf{A})$ é o traço da matriz $\mathbf{A}$.

O erro-padrão de $\hat{\tau}^2$

Quando os efeitos aleatórios estão normalmente distribuídos, o erro-padrão de $\hat{\tau}^2$ é dado por

$$[SE(\hat{\tau}^2)]^2 = 2\{\mathrm{tr}(\mathbf{V}^{-2}\mathbf{V*}^2) - 2\,\mathrm{tr}(\mathbf{MV}^{-1}\mathbf{V*}^2)$$
$$+ \mathrm{tr}(\mathbf{MV*MV*})\}/c^2,$$

em que a matriz $k \times k$ $\mathbf{M}$ é dada por

$$\mathbf{M} = \mathbf{V}^{-1}\mathbf{X}(\mathbf{X'V}^{-1}\mathbf{X})^{-1}\mathbf{X'V}^{-1},$$

$\mathbf{V*}$ é uma matriz simétrica $k \times k$ dada por

$$\mathbf{V*} = \mathbf{V} + \tau^2\mathbf{I},$$

e $\mathbf{I}$ é uma matriz de identidade $k \times k$. Mas é importante lembrar que a distribuição da estimativa de componente de variância residual não é próxima à normal se $(k - p)$ não é grande. Portanto, não se deveriam fazer afirmações probabilísticas baseadas em $SE(\hat{\tau}^2)$ e no pressuposto de normalidade se $(k - p)$ não for grande.

Referências

CAMILLI, G. The test of homogeneity for 2×2 contingency tables: A review of and some personal opinions on the controversy. *Psychological Bulletin*, 108, p. 135-145, 1990.

COOPER, H. *Homework*. Nova York: Longman, 1989a.

COOPER, H. *Integrating research*. 2. ed. Newbury Park: Sage, 1989b.

COOPER, H. M.; HEDGES, L. V. (eds.).*The handbook of research synthesis*. Nova York: Russell Sage Foundation, 1994.

DERSIMONIAN, R.; LAIRD, N. Meta-analysis in clinical trials. *Controlled Clinical Trials*, 7, p. 177-188, 1986.

DUMOUCHEL, W. H.; HARRIS, J. E. Bayes method for combining the results of cancer studies in humans and other species. *Journal of the American Statistical Association*, 78, p. 293-315, 1983.

FLEISS, J. L. Measures of effect size for categorical data. *In*: COOPER, H.; HEDGES, L. V. (eds.). *The handbook of research synthesis*. Nova York: Russell Sage Foundation, 1994. p. 245-260.

GARVEY, W.; GRIFFITH, B. Scientific communication: Its role in the conduct of research and creation of knowledge. *American Psychologist*, 26, p. 349-361, 1971.

GLASS, G. V. Primary, secondary, and meta-analysis of research. *Educational Researcher*, 5, p. 3-8, 1976.

GOLDSTEIN, H. *Multilevel models in educational and social research*. Oxford: Oxford University Press, 1987.

HARTLEY, H. O.; RAO, J. N. K. Maximum likelihood estimation for the mixed analysis of variance model. *Biometrika*, 54, p. 93-108, 1967.

HARVILLE, D. A. Maximum likelihood approaches to variance components estimation and to related problems. *Journal of the American Statistical Association*, 72, p. 320-340, 1977.

HEDGES, L. V. Estimation of effect size from a series of independent experiments. *Psychological Bulletin*, 92, p. 490-499, 1982a.

HEDGES, L. V. Fitting categorical models to effect sizes from a series of experiments. *Journal of Educational Statistics*, 7, p. 119-137, 1982b.

HEDGES, L. V. Combining independent estimators in research synthesis. *British Journal of Mathematical and Statistical Psychology*, 36, p. 123-131, 1983a.

HEDGES, L. V. A random effects model for effect sizes. *Psychological Bulletin*, 93, p. 388-395, 1983b.

HEDGES, L. V. How hard is hard science, how soft is soft science? The empirical cumulativeness of research. *American Psychologist*, 42, p. 443-455, 1987.

HEDGES, L. V. Bayesian approaches to meta-analysis. *In*: EVERITT, B.; DUNN, G. (eds.). *Recent advances in the statistical analysis of medical data*. Londres: Edward, 1998. p. 251-275.

HEDGES, L. V.; OLKIN, I. *Statistical methods for meta-analysis*. Nova York: Academic Press, 1985.

HEDGES, L. V.; PIGOTT, T. D. The power of statistical test in meta-analysis. *Psychological Methods*, 6, p. 203-217, 2001.

HEDGES, L. V.; VEVEA, J. L. Fixed and random effects models in meta-analysis. *Psychological Methods*, 3, p. 486-504, 1998.

HYDE, J. S. How large are cognitive gender differences: A meta-analysis using omega and d. *American Psychologist*, 36, p. 892-901, 1981.

LIPSEY, M. W.; WILSON, D. B. *Practical meta-analysis*. Thousand Oaks: Sage, 2001.

LITTELL, R. C.; MILLIKEN, G. A.; STROUP, W. W.; WOLFINGER, R. D. *SAS system for mixed models*. Cary: SAS Institute, Inc, 1996.

LONGFORD, N. *Random coefficient models*. Oxford: Oxford University Press, 1987.

MACCOBY, E. E.; JACKLIN, C. N. *The psychology of sex differences*. Stanford: Stanford University Press, 1974.

RAUDENBUSH, S. W.; BRYK, A. S. Empirical Bayes meta-analysis. *Journal of Educational Statistics*, 10, p. 75-98, 1985.

RAUDENBUSH, S. W.; BRYK, A. S. *Hierarchical linear models*: Applications and data analysis methods. Thousand Oaks: Sage, 2002.

ROSENTHAL, R. Parametric measures of effect size. *In*: COOPER, H.; HEDGES, L. V. (eds.). *The handbook of research synthesis*. Nova York: Russell Sage Foundation, 1994. p. 231-244.

ROSENTHAL, R.; RUBIN, D. B. Comparing effect sizes of independent studies. *Psychological Bulletin*, 92, p. 500-504, 1982.

RUBIN, D. B. Estimation in parallel randomized experiments. *Journal of Educational Statistics*, 6, p. 377-401, 1981.

SCHMIDT, F. L.; HUNTER, J. Development of a general solution to the problem of validity generalization. *Journal of Applied Psychology*, 62, p. 529-540, 1977.

SELTZER, M. Sensitivity analysis for fixed effects in the hierarchical model: A Gibbs sampling approach. *Journal of Educational Statistics*, 18, p. 207-235, 1993.

SELTZER, M. H.; WONG, W. H.; BRYK, A. S. Bayesian analysis in applications of hierarchical models: Issues and methods. *Journal of Educational and Behavioral Statistics*, 21, p. 131-167, 1996.

SINGER, J. D. Using SAS PROC MIXED to fit multilevel growth models, hierarchical models, and individual growth models. *Journal of Educational and Behavioral Statistics*, 24, p. 323-355, 1998.

SMITH, M.; GLASS, G. V. Meta-analysis of psychotherapy outcome studies. *American Psychologist*, 32, p. 752-760, 1977.

SMITH, T. C.; SPIEGELHALTER, D. J.; THOMAS, A. Bayesian approaches to random-effects meta-analysis: A comparative study. *Statistics in Medicine*, 14, 2685-2699, 1995.

Seção V

MODELOS PARA VARIÁVEIS LATENTES

Capítulo 16

DETERMINAÇÃO DO NÚMERO DE FATORES EM ANÁLISE EXPLORATÓRIA E CONFIRMATÓRIA

RICK H. HOYLE
JAMIESON L. DUVALL

Pesquisadores de ciências sociais interessam-se nas variáveis não observadas ou latentes que são causas ou consequências dos comportamentos que eles observam. Variáveis latentes como atitudes, sentimentos e motivos são valiosas, porque, no contexto de uma teoria bem elaborada, podem explicar uma ampla variedade de processos comportamentais valendo-se de relativamente poucos constructos. Ademais, elas acrescentam profundidade e detalhe a narrativas teóricas de comportamentos que não são descritos de maneira adequada por influências observáveis.

Tais variáveis ou fatores latentes são geralmente inferidos de padrões de associação entre conjuntos de variáveis observadas que se acredita serem causadas, ao menos em parte, por um ou mais fatores[1]. Os padrões de associação são expressos em matrizes de covariâncias e correlações e, na medida em que as associações entre as variáveis observadas são quase nulas quando se leva em consideração a influência dos fatores, proporcionam uma descrição parcimoniosa de variância fidedigna nas variáveis observadas, sem perda significativa de informação.

A principal ferramenta estatística para se chegar a tais inferências é a análise fatorial. O objetivo da análise fatorial é descrever a associação entre um número potencialmente grande de variáveis observadas – ou indicadores – por meio de relativamente poucos fatores. Supõe-se que os indicadores são falíveis em sua representação do fator subjacente. Isto é, uma parte da variabilidade nas pontuações observadas em cada indicador é compartilhada com outros indicadores do fator, ao passo que outra parte é, com relação ao fator, exclusiva do indicador. Em teoria, ainda é possível decompor o componente de exclusividade em variabilidade atribuível a outros fatores, especificidade e variabilidade atribuível a flutuação e erro aleatórios. Na prática, essa

---

1. O material apresentado neste capítulo não é pertinente a modelos fatoriais nos quais se supõe que a variável latente é causada pelos indicadores. Em tais modelos, os indicadores são chamados de *indicadores de causa* (Bollen; Lennox, 1991) ou *indicadores formativos* (Cohen *et al.*, 1990).

340 • SEÇÃO V / MODELOS PARA VARIÁVEIS LATENTES

decomposição só é possível se a matriz de dados incluir outros indicadores que manifestem a mesma especificidade ou covariáveis associadas com o componente específico (isto é, efeitos específicos) (Bentler, 1990b).

É fundamental, em aplicações de análise fatorial, o problema da determinação do número de fatores necessários à adequada descrição das comunalidades entre os indicadores que fazem parte de um conjunto. Muito embora esse problema tenha sido objeto de considerável atenção de metodologistas quantitativos nos anos 1950 e 1960 (p. ex., Cattell, 1966; Guttman, 1954; Horn, 1965), ele continuou sendo um assunto bastante debatido meio século depois (p. ex., Bollen, 2000; Hayduk; Glaser, 2000; Herting; Costner, 2000; Mulaik; Millsap, 2000) e, a julgar por aplicações de análise fatorial já publicadas, ainda é pouco compreendido pelos cientistas sociais e comportamentais (Fabrigar *et al.*, 1999).

Neste capítulo, examinaremos cinco procedimentos para determinar o número de fatores numa análise fatorial. Três deles aplicam-se exclusivamente à análise fatorial exploratória, um aplica-se tanto à análise fatorial exploratória quanto à confirmatória e um é aplicável apenas à análise fatorial confirmatória. Demonstramos que os procedimentos mais utilizados por pesquisadores substantivos com frequência levam a inferências incorretas quanto ao número de fatores subjacentes a um conjunto de indicadores. Mostramos a aplicação dos três procedimentos restantes e comparamos seus resultados numa análise fatorial de uma medida de autoavaliação muito utilizada que é fatorialmente complexa, como bem se sabe.

16.1 MODELOS FATORIAIS EXPLORATÓRIOS E CONFIRMATÓRIOS

Na análise fatorial exploratória (isto é, eixo principal, fatores comuns), modela-se cada uma das p variáveis observadas como uma combinação linear de fatores, ξ_1, ξ_2,..., ξ_k, e um componente de singularidade, δ_i. Pode-se expressar o modelo como uma série de equações de medição:

$$X_1 = \sum_{j=1}^{k} \lambda_{1j}\xi_j + \delta_1$$

$$X_2 = \sum_{j=1}^{k} \lambda_{2j}\xi_j + \delta_2$$

...

$$X_m = \sum_{j=1}^{k} \lambda_{mj}\xi_j + \delta_m.$$

Os λs são, de fato, coeficientes de regressão que indexam o grau em que a variância no indicador é compartilhada com os outros indicadores (isto é, o que é comum nele), explicado por cada um dos k fatores[2].

A análise fatorial exploratória tem como inconveniente considerável a indeterminação das estimativas dos λs e δs. Ou seja, os λs e δs – bem como as variâncias dos fatores e as covariâncias entre eles – não são determinados unicamente pelos dados observados. Em teoria, existem infinitas soluções para as equações de medição que seriam igualmente condizentes com os dados observados. Aliás, é possível derivar soluções igualmente válidas que impliquem fatores bem pouco correlacionados (Steiger, 1996). Essa propriedade matemática das soluções geradas por modelos fatoriais exploratórios tem origem no fato de que, conforme são geralmente especificados, esses modelos demandam a estimação de mais parâmetros desconhecidos ou independentes do que há dados observados[3]. Trata-se, aqui, de uma questão sobre graus de liberdade que se apresenta em todas as formas de inferência estatística e que dá origem ao problema inferencial de não ser possível refutar esses modelos.

---

2. O termo "*análise fatorial exploratória*", como é usado neste capítulo, não abrange a análise de componentes principais.

3. O problema da indeterminação fatorial pode estar caracterizado de outras maneiras e é bem mais complexo do que aqui se descreve. Este capítulo não se propõe a apresentar o problema de forma aprofundada. Aos leitores interessados em mais detalhes, será útil a leitura do capítulo de revisão histórica de Steiger e Schönemann (1978). Para os leitores interessados no pensamento atual sobre o problema da indeterminação fatorial, do ponto de vista tanto matemático quanto filosófico, será proveitosa a leitura de uma série de artigos publicados no Volume 31 de *Multivariate Behavioral Research*.

A solução para os problemas de indeterminação e de impossibilidade de refutar é impor restrições às equações de medição fixando um subconjunto de λs num valor específico. Valor esse que, em muitos casos, é 0, representando a hipótese de que o ξ não contribui para a variância comum na variável. Por exemplo, as aplicarmos ao caso de seis indicadores ($p = 6$) as equações de medição apresentadas anteriormente, poderíamos impor as seguintes restrições:

$$X_1 = \lambda_{11}\xi_1 + 0\xi_2 + 0\xi_3 + 0\xi_4 + 0\xi_5 + 0\xi_6 + \delta_1,$$

$$X_2 = \lambda_{21}\xi_1 + 0\xi_2 + 0\xi_3 + 0\xi_4 + 0\xi_5 + 0\xi_6 + \delta_2,$$

$$X_3 = \lambda_{31}\xi_1 + 0\xi_2 + 0\xi_3 + 0\xi_4 + 0\xi_5 + 0\xi_6 + \delta_3,$$

$$X_4 = 0\xi_1 + \lambda_{42}\xi_2 + 0\xi_3 + 0\xi_4 + 0\xi_5 + 0\xi_6 + \delta_4,$$

$$X_5 = 0\xi_1 + \lambda_{52}\xi_2 + 0\xi_3 + 0\xi_4 + 0\xi_5 + 0\xi_6 + \delta_5,$$

$$X_6 = 0\xi_1 + \lambda_{62}\xi_2 + 0\xi_3 + 0\xi_4 + 0\xi_5 + 0\xi_6 + \delta_6.$$

O conjunto específico de restrições impostas a essas equações gera um modelo bifatorial ($k = 2$) com um padrão de cargas de estrutura simples. Ao fixarmos em zero todos os λs para ξ_3, ξ_4, ξ_5 e ξ_6, propusemos que dois fatores bastam para explicar a comunalidade entre os indicadores. Além disso, ao fixarmos em zero os λs para ξ_2 nas três primeiras equações e para ξ_1 nas três últimas, propusemos um modelo sem indicadores fatorialmente complexos. O que é importante, reduzimos o número de incógnitas nesse conjunto de equações de 42 (36 λs e 6 λs) para 12 (6 λs e 6 δs)[4]. Cada zero nas equações de medição é uma hipótese refutável, e a coleção de zeros e parâmetros livres constitui um modelo refutável das causas subjacentes de X_1 a X_6.

É importante apreciar que temos aventurado duas hipóteses ao impor esse conjunto de restrições. A primeira e mais fundamental é que $k = 2$. A segunda é que, sendo $k = 2$, três indicadores têm ξ_1 como causa exclusiva e três são causados exclusivamente por ξ_2. É a primeira hipótese –

que k é igual a um determinado número – o tema de interesse do restante deste capítulo. Isso porque, como deveria ser evidente por esse exemplo, se essa hipótese for refutada, qualquer hipótese quanto ao padrão de cargas sobre os fatores será prematura. Em suma, uma decisão fundamental que se apresenta em qualquer aplicação de análise fatorial é quantos fatores reter – no caso de análise fatorial exploratória – ou especificar – no caso de análise fatorial confirmatória.

16.2 ESTRATÉGIAS PARA DETERMINAR O NÚMERO DE FATORES

Em geral, a questão sobre quantos fatores subjazem a um conjunto de indicadores tem sido vista como um problema em aplicações de análise fatorial exploratória, mas não em aplicações de análise fatorial confirmatória. Por exemplo, se, depois de avaliar o ajuste de um modelo fatorial confirmatório, um pesquisador determina que o grau de erro da especificação (isto é, o modelo não se ajusta) é inaceitável, o alvo típico da nova especificação são as restrições a zero impostas nas cargas de fator (os λs) ou as restrições a zero impostas nas covariâncias entre termos de erro ($\Theta\delta$s fora da diagonal). Ao permitirem que indicadores se baseiem em mais de um fator ou termos de erro escolhidos para covariar, os pesquisadores conseguem com frequência um aceitável ajuste estatístico do modelo aos dados. Ao limitarem a busca de especificação incorreta a essas opções, os pesquisadores não levam em consideração a possibilidade de seu modelo estar erroneamente especificado num aspecto mais fundamental: ele propõe fatores demais ou demasiado poucos. Quando se depara com um modelo fatorial confirmatório mal especificado, o pesquisador deve encarar a mesma pergunta que surge em toda aplicação de análise fatorial exploratória: quantos fatores são necessários para se explicar adequadamente a variância compartilhada pelos indicadores?

No restante desta seção, vamos examinar cinco estratégias para abordar a pergunta sobre o número de fatores em aplicações de análise fatorial. As duas primeiras – a regra de Kaiser-Guttman (K-G) e o gráfico de escarpa – são aplicáveis apenas à análise fatorial exploratória, incluem a ava-

---

4. Nossa discussão aqui não nos exige cogitar de restrições que poderiam ser impostas a Θ_δ, que, além dos δ_s, inclui as covariâncias entre eles, e Φ, que é a matriz de variância-covariância para os fatores. Por exemplo, as restrições a 0 em todos os λs para ξ_3, ξ_4, ξ_5 e ξ_6 implicam restrições a 0 nas variâncias desses fatores e suas covariâncias um com o outro e com ξ_1 e ξ_2. Poderíamos também restringir Φ fixando em 0 a covariância entre ξ_1 e ξ_2, o que geraria um modelo com dois fatores ortogonais.

342 ● SEÇÃO V / MODELOS PARA VARIÁVEIS LATENTES

liação das raízes latentes da matriz de correlações e são as preferidas da imensa maioria dos pesquisadores em ciências sociais. Afirmamos que essas estratégias causam problemas e não deveriam ser usadas. As outras três – análise paralela, análise fatorial exploratória de máxima verossimilhança e modelo fatorial irrestrito – são menos subjetivas, estatisticamente fundamentadas e mais exatas. Embora a análise paralela seja adequada apenas para aplicações de análise fatorial exploratória, demonstramos que a estimação de máxima verossimilhança de fatores comuns e o modelo fatorial confirmatório irrestrito são métodos equivalentes para se determinar o número de fatores em aplicações de análise fatorial exploratória e confirmatória, respectivamente.

16.2.1 Regra de K-G

Num trabalho pioneiro sobre a determinação de quantos fatores são necessários para se descrever a comunalidade entre um conjunto de indicadores, Guttman (1954), preocupado com o fato de os pesquisadores costumarem reter bem poucos fatores, propôs três regras para determinar a número mínimo de fatores a se reter. Ironicamente, a regra que Guttman achava menos satisfatória – "raiz latente maior ou igual à unidade" – tornou-se a preferida por pesquisadores aplicados. A popularidade dessa regra teve origem em Kaiser (1960), que percebeu que a regra preferida por Guttman, frequentemente, indicava um número de fatores que era mais da metade do número de variáveis, ao passo que a regra de raiz latente maior do que um indicava, habitualmente, uma quantidade de fatores entre um sexto e um terço do número de variáveis. Kaiser afirmou, também, que, quando a raiz latente cai abaixo de 1, a consistência interna das pontuações de fator é quase 0^5. Por fim, num nível mais prático, Kaiser (1960, p. 141) afirmou que, com base em sua experiência "de ter realizado mais cálculos analíticos fatoriais de caráter teórico em computadores eletrônicos do que qualquer outra pessoa", a regra de raiz latente maior do que 1 "resultava num número de fatores que correspondem quase invariavelmente... com o número de fatores que os psicólogos atuantes conseguiam interpretar" (Kaiser, 1960, p. 145).

Estudos posteriores da regra K-G não apresentaram resultados tão favoráveis. Em termos teóricos, a regra é problemática, porque, embora Guttman (1954) tenha demonstrado sua validez para a determinação do número de fatores em uma matriz populacional, sua aplicação se dá praticamente sempre a uma matriz baseada em dados de uma amostra. Devido aos erros de medição que abundam em tais dados, surgem fatores que não são substancialmente significativos (Cattell, 1966). Sendo assim, é possível que, para uma matriz estimada a partir de dados amostrais, um número relativamente grande de fatores com raízes latentes maiores do que 1 seria detectado, mas uma parte desses fatores não seria substancialmente significativa. Com efeito, estudos de simulação indicam que a regra K-G, quando aplicada a dados obtidos de uma amostra, resulta praticamente sempre em extração excessiva (p. ex., Browne, 1968; Lee; Comrey, 1979; Yeomans; Golder, 1982; Zwick; Velicer, 1986).

Apesar do desempenho deficiente da regra K-G na prática, ora bem documentado, ela ainda é muito utilizada. Em grande medida, essa persistente adesão a uma estratégia falha parece ser atribuível à simplicidade e à disponibilidade. De fato, já em meados da década de 1960, Cattell (1966, p. 261) observou que a regra K-G ganhara ampla aceitação "em virtude da sua facilidade e não da sua racionalidade". Em um influente estudo de regras para a determinação do número de componentes a se reter em análises de componentes principais, Zwick e Velicer (1986) concluíram que a K-G continua sendo muito aceita porque ainda recebe cobertura favorável em livros-texto de estatística geral e porque é a ela que a maioria dos pacotes de software estatístico de uso geral recorre automaticamente. Ao refletirem sobre sua constatação de que a regra K-G costuma superestimar notoriamente o número de componentes a se reter, Zwick e Velicer (1986, p. 439) afirmaram:

---

5. Cattell (1966) discordou da afirmação de Kaiser (1960) sobre a consistência interna de pontuações de fator para raízes latentes menores do que 1. Concretamente, ele argumentou que, muito embora o ponto principal de Kaiser aplicava-se a todas as variáveis, em geral, só nos interessam as variáveis que têm pesos salientes sobre o fator. Ele também contestou Kaiser por inferir que os pesquisadores tinham interesse em usar análise fatorial para medir conceitos, afirmando que o foco reside mais na interpretação de pesos para definir conceitos teóricos que não são medidos de forma direta.

Contestado por constatações empíricas de que é muito provável que o procedimento forneça uma resposta crassamente errada, esse padrão de apoio explícito de autores de livros-texto e apoio implícito de pacotes de computação parece garantir que muitas conclusões incorretas continuem sendo apresentadas.

Essa previsão pessimista foi confirmada. Cinco anos após a publicação das descobertas de Zwick e Velicer (1986), Fabrigar *et al.* (1999) começaram a examinar a prática habitual evidenciada em artigos publicados em duas importantes revistas de psicologia. Eles verificaram que, daqueles artigos que especificavam o método pelo qual determinavam o número de fatores, 28% usavam a regra K-G como única estratégia, muito embora "não saibamos de estudo algum sobre essa regra que mostre que ela funciona bem" (Fabrigar *et al.*, 1999, p. 278). Em resumo, a aplicação da regra K-G não é uma estratégia defensável para se determinar o número de fatores em aplicações de análise fatorial exploratória.

16.2.2 Gráfico de escarpa

Outro método comum para determinar o número de fatores a se reter é o teste de escarpa (Cattell, 1966)[6]. Como a regra K-G, o teste de escarpa envolve a avaliação das raízes latentes – ou autovalores – da matriz de correlação observada. Cattell (1966, p. 245) definiu o objetivo da análise fatorial como o de detectar "variância comum não trivial". Isto é, mesmo que a índole falível dos dados observados origine muitas fontes triviais de variância comum, o analista fatorial tem por objetivo distinguir esses "fatores de entulho" dos fatores que se destacam nos dados e são substancialmente significativos. Cattell adotou a analogia de um deslizamento de pedras com o intuito de distinguir os fatores comuns importantes e triviais. Ele observou que, ao representar os autovalores sequencialmente, o padrão resultante cai bruscamente antes de se uniformizar. Conforme a analogia, essa parte relativamente uniforme do gráfico corresponde à escarpa, "a linha reta de escombros e matacões que se forma no ângulo de estabilidade de

deslizamento no sopé de uma montanha" (Cattell, 1966, p. 249). Na figura 16.1, vemos um gráfico de escarpa de autovalores hipotéticos de uma análise fatorial de dez variáveis.

Cattell (1966, p. 249) ressaltou, com base em diversos estudos em que a quantidade real de fatores era conhecida, que "essa escarpa começava *invariavelmente* na k-ésima raiz latente quando k era o número real de fatores". Como mostra a figura 16.1, o ponto onde se inicia a escarpa é chamado de "cotovelo". Segundo a lógica de Cattell, o cotovelo situa-se num ponto do eixo horizontal correspondente ao número provável de fatores substantivos ($k = 4$, nesse exemplo). Cattell (1966, p. 256) admitiu que "mesmo um teste simples como esse requer a aquisição de *alguma* habilidade em aplicá-lo". É o caráter subjetivo do teste de escarpa o que suscita preocupações quanto à sua utilidade. É questionável a confiabilidade entre avaliadores para juízos sobre o número de fatores a reter que se baseiam no teste de escarpa usando dados típicos de pesquisa em ciências sociais. Após treinamento com instruções oferecidas por Cattell e Vogelman (1977), Zwick e Velicer (1986) observaram estimativas de confiabilidade interavaliadores de 0,61 a 1(cf. Crawford; Koopman, 1979) e correlações de 0,6 a 0,9 entre juízos de avaliadores treinados e especialistas. A correlação média de 0,8 indica que, em muitos casos, avaliadores bem treinados chegarão a uma conclusão diferente da dos especialistas quanto ao número de fatores a reter.

Sobre qualquer avaliação da validez do teste de escarpa pesam as dúvidas decorrentes de sua imperfeita confiabilidade quando usado por pessoas que não são analistas fatoriais especializados. Se combinados, juízos de avaliadores treinados produzem um juízo mais confiável do que o de qualquer desses avaliadores, podendo-se, assim, obter a melhor estimativa de exatidão. Nessas condições, Zwick e Velicer (1986) descobriram que o teste de escarpa resultava, geralmente, na retenção de fatores demais, embora o excesso de extração fosse consideravelmente menor do que com a regra K-G. Em condições de elevada saturação fatorial (isto é, pesos salientes de 0,80), o teste de escarpa indicou o número correto de fatores cerca de 70% do tempo; no entanto, a precisão caiu para 40% em condições de saturação mais típicas da pesquisa em ciências sociais.

---

6. Fabrigar *et al.* (1999) verificaram que o teste de escarpa era usado como único critério para determinar o número de fatores em 26% dos artigos publicados incluídos em sua análise.

Figura 16.1 Gráfico de escarpa da análise fatorial hipotética de dez variáveis

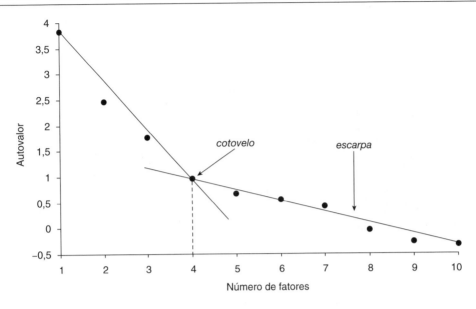

Em suma, a índole subjetiva do teste de escarpa e sua tendência a sugerir fatores demais em condições típicas de pesquisa depõem, de maneira convincente, contra seu uso como único critério para a determinação da quantidade de fatores a serem extraídos em aplicações de análise fatorial exploratória.

16.2.3 Análise paralela

Originalmente proposta por Horn (1965), a análise paralela é uma avaliação mais sistemática dos autovalores de uma matriz de correlação observada. A análise paralela baseia-se em diferenças entre os autovalores observados e os esperados de matrizes de dados aleatórios. A lógica da análise paralela é a seguinte: em dados populacionais, os autovalores de uma matriz de variáveis não correlacionadas seriam iguais a 1. Em dados de uma amostra, uma matriz com as mesmas propriedades produziria, em razão de erro de amostragem e viés devido à estimação, alguns autovalores acima e outros abaixo de 1. Com efeito, extraindo-se várias amostras da mesma população, seria possível elaborar uma distribuição de amostragem empírica em torno dos autovalores esperados se não houvesse fatores comuns na população (Glorfeld, 1995). Depois se poderia comparar cada valor observado com a distribuição de seu correspondente autovalor de dados aleatórios para determinar se esse autovalor difere significativamente (ou seja, excede a estimativa do percentil 95) do autovalor que seria esperável se não houvesse variância comum a explicar. O número de autovalores que excedem significativamente os valores esperados dos dados aleatórios é interpretado como o número de fatores ou componentes a reter.

Um aspecto da análise paralela que tem recebido considerável atenção é o método para produzir os valores e as distribuições dos autovalores a partir de dados aleatórios. Uma das opções é gerar múltiplos conjuntos de dados de desvios aleatórios-normais que contêm o mesmo número de variáveis e assumem o mesmo tamanho de amostra que o conjunto de dados observados. Valendo-se desse método, Humphreys e Montanelli (1975) verificaram que a análise paralela é exata (e superior à máxima verossimilhança) em uma variedade de situações analíticas típicas da pesquisa em ciências sociais. Hoje, dispomos de programas de computação fáceis de adaptar (p. ex., O'Connor, 2000) que rodam sob software estatístico de uso amplamente disponível (p. ex., SAS e SPSS). Tais programas estendem a estratégia usada por Humphreys e Montanelli para permitir a geração de desvios aleatórios cuja distribuição corresponde à distribuição das variáveis observadas (cf. Glorfeld, 1995).

O fascínio da análise paralela, somado à generalizada falta de familiaridade dos pesquisadores aplicados com a simulação de dados na época do trabalho de Humphreys e Montanelli (1975), levou ao desenvolvimento de métodos mais simples de geração de autovalores a partir de dados aleatórios. A maior parte dessa atividade centrou-se na especificação de equações de regressão para estimar autovalores de matrizes com unidades sobre a diagonal (p. ex., Allan; Hubbard, 1986; Lautenschlager; Lance; Flaherty, 1989; Montanelli, 1975; cf. Lautenschlager, 1989). Mesmo estando disponíveis programas e valores tabulados para determinados tamanhos de amostra e números de variáveis (p. ex., Kaufman; Dunlap, 2000; Longman *et al.*, 1989a, 1989b), bem como equações para matrizes com múltiplas correlações sobre a diagonal (Montanelli; Humphreys, 1976), o método de regressão é menos preciso que o de simulação. Além disso, esse último é agora muito viável para cientistas sociais hábeis com SAS e SPSS e geralmente familiarizados com a atividade de simulação de dados.

Avaliações iniciais da análise paralela revelaram uma ligeira tendência (cerca de 5%) ao excesso de extração em certas condições quando, como recomendado por Horn (1965), os autovalores de dados aleatórios com os quais os autovalores observados foram comparados eram simples médias de um conjunto de autovalores de dados aleatórios em cada posição da série (Harshman; Reddon, 1983). Esse viés desaparece quando o critério é a estimativa do percentil 95 dos autovalores de dados aleatórios em cada posição da série, uma lógica que se baseia no critério normal de testagem de hipótese (Glorfeld, 1995)[7]. Em que pese a exatidão da análise paralela em determinar o número de fatores a extrair em condições típicas de pesquisa em ciências sociais, seu uso continua sendo relativamente raro. Fabrigar *et al.* (1999) constataram que, dos 129 artigos que relataram o uso de análise fatorial publicados em duas importantes revistas de psicologia entre 1991 e 1995, apenas um tratou do uso dessa análise para determinar quantos fatores extrair.

16.2.4 Análise fatorial exploratória de máxima verossimilhança

Existem diversos procedimentos de ajuste de dados a um modelo fatorial comum. Esses procedimentos geram estimativas dos λs e δs nas equações de medição, diferenciando-se nos pressupostos que fazem quanto aos dados observados e na informação que fornecem sobre a pertinência de um determinado modelo para explicar as associações entre indicadores. Embora o procedimento de máxima verossimilhança precise de um conjunto relativamente sólido de pressupostos quanto à distribuição de indicadores e erros (Hu; Bentler; Kano, 1992), ele tem a vantagem de fornecer uma estatística de teste capaz de avaliar a viabilidade de determinados modelos para um conjunto de dados. Uma vez que o número de fatores que um modelo especifica é um aspecto essencial da plausibilidade de tal modelo, as estatísticas de teste que podem ser geradas quando se usa a estimação de máxima verossimilhança oferecem outra maneira de se determinar o número de fatores subjacentes ao padrão de associações entre um conjunto de indicadores.

Enquanto os principais procedimentos fatoriais visam obter estimativas que minimizem os resíduos (ou maximizem a variância assumida), o procedimento de máxima verossimilhança procura obter o conjunto de estimativas dos parâmetros livres no modelo (sobretudo os λs e δs) que tem maior probabilidade de corresponder aos valores populacionais dos parâmetros quando o tamanho da amostra se aproxima do tamanho da população (Gorsuch, 1974). Isto é, o propósito da estimação é maximizar a verossimilhança dos parâmetros com base nos dados. Quando uma busca iterativa resulta num conjunto de estimativas de parâmetros que consegue esse propósito, diz-se que a estimação convergiu. Pode-se avaliar se esse conjunto de estimativas de parâmetros oferece uma

---

7. Turner (1998) mostrou que, em certas condições, o uso do percentil 95 como critério para os autovalores de dados aleatórios poderia resultar em extração excessiva. Especificamente, quando os dados observados eram gerados por um plano multinível ou quando um único fator comum satura todos os itens, os autovalores após o primeiro autovalor para os dados observados serão subestimados e, provavelmente, ficarão abaixo da estimativa do percentil 95 para o correspondente autovalor de dados aleatórios. As circunstâncias que causam essa extração excessiva pela análise paralela são incomuns na prática e podem ser superadas pela inclusão de características conhecidas da estrutura de dados nessa análise. Ainda não existem programas de computação para essa complexa aplicação sequencial da análise paralela.

descrição dos dados não pior do que o modelo geralmente desinteressante – que é, de fato, a própria matriz de correlação observada – por meio de uma estatística de teste que tem, em teoria, uma distribuição qui-quadrado. Visto que o objetivo é obter um conjunto de estimativas de parâmetros num modelo especificado que leva totalmente em consideração os dados observados, o objetivo da testagem hipotética é não rejeitar a hipótese nula de nenhuma diferença entre a matriz de correlação observada e o conjunto de correlações que o modelo implica.

Quando se efetua a estimação de máxima verossimilhança no contexto da análise fatorial exploratória, o teste estatístico é, de fato, um teste da adequação do número de fatores especificado. Há dois enfoques ligeiramente diferentes para derivar a estatística de teste; ambas são produtos envolvendo um tamanho de amostra ajustado e o valor minimizado da função de ajuste, calculada como

$$F_{ML} = \log^* \Gamma(\boldsymbol{\Theta})^* + \text{tr}(\mathbf{S}\Gamma^{-1}(\Theta)) - \log^* \mathbf{S}^* - p,$$

em que $\Gamma(\boldsymbol{\Theta})$ é a matriz de covariância implicada dos parâmetros, $\mathbf{S}$ é a matriz de covariância observada e p é o número de indicadores. O multiplicador de uso mais generalizado é $N - 1$, sendo que N é o tamanho da amostra (Bollen, 1989; Browne, 1982). Uma alternativa inclui a correção atribuível a Bartlett (1937) e utiliza o seguinte como multiplicador:

$$(N - 1) - (2p + 4k + 5)/6,$$

em que p é o número de indicadores, e k é o número de fatores (Lawley; Maxwell, 1971). Embora as correções de Bartlett, como uma classe, sejam úteis em muitos contextos, a correção raramente é usada no contexto de análise fatorial e não é recomendada aqui.

Na típica aplicação de análise fatorial de máxima verossimilhança efetua-se um conjunto sequencial de análises que começa com a extração de um único fator e continua acrescentando um fator por vez até o qui-quadrado obtido não ser mais significativo. Um problema comum da estimação de máxima verossimilhança no contexto de análise fatorial exploratória são os casos de Heywood, soluções em que a estimativa de comunalidade associada com um ou mais fatores

é próxima ou superior a 1, resultando numa estimativa de singularidade associada que se aproxima de 0 ou, de forma contraintuitiva, toma um valor negativo. Os casos de Heywood costumam resultar do excesso de ajuste (ou seja, fatores demais), mas podem também resultar de ajuste insuficiente.

A preocupação com os casos de Heywood, a necessidade de capacidade computacional bem maior do que para procedimentos de eixo principal e a validez o teste do qui-quadrado em condições típicas de pesquisa em ciências sociais depõem contra a adoção irrestrita da análise fatorial exploratória de máxima verossimilhança e das estatísticas de ajuste a ela associadas como prática rotineira para determinar o número de fatores comuns (p. ex., Jackson; Chan, 1980); todavia, esse método é o único que oferece um teste estatístico focado sobre a plausibilidade de um determinado número de fatores. Felizmente, a capacidade computacional raramente é um problema nestes tempos, e há uma variedade de critérios de avaliação de ajuste de modelos que, embora desenvolvidos no contexto de análise fatorial confirmatória, podem ser usados também para análise fatorial exploratória de máxima verossimilhança (p. ex., Browne; Cudeck, 1993). Este capítulo descreve e exemplifica esses critérios. Ademais, como resultado do crescente interesse na análise fatorial confirmatória e da correspondente familiaridade com a estimação e a avaliação de parâmetros, os cientistas sociais estão mais bem preparados do que nunca para detectar casos de Heywood e ajustar as especificações do modelo de modo a corrigi-los ou evitá-los.

16.2.5 Modelo fatorial irrestrito

Utiliza-se a máxima verossimilhança com maior proveito como procedimento típico de estimação na análise fatorial exploratória (Hoyle, 2000). Pode-se atribuir a Jöreskog (1969) a aplicação da estimação de máxima verossimilhança da análise fatorial exploratória (ou irrestrita) à análise fatorial confirmatória (ou restrita). Como aplicados em geral, os modelos fatoriais confirmatórios especificam um determinado número de fatores e um padrão de cargas pelo qual cada indicador incide sobre apenas um fator. A figura 16.2 mostra essa especificação de estrutura simples em forma de diagrama de percurso.

Como já se observou aqui, quando índices de ajuste de uso geral indicam erro de especificação num modelo como o da figura 16.2, não está claro se esse erro decorre do padrão de cargas ou do número de fatores. Senso assim, a avaliação do ajuste do modelo é uma avaliação de uma hipótese difusa e, portanto, de significado ambíguo (ROSNOW; ROSENTHAL, 1988). Problema este que é agravado pela estratégia habitual de implementar a busca de uma especificação enquanto se mantêm diversos fatores constantes. Tal busca se limitaria, principalmente, a cargas cruzadas e correlações entre singularidades. Seria preferível deslindar os dois aspectos principais da especificação – o número de fatores e o padrão de cargas sobre eles – e avaliar cada um por sua vez. Uma maneira de se efetuar esse deslindamento é o modelo fatorial irrestrito (Jöreskog, 1977), equivalente ao modelo fatorial exploratório estimado por máxima verossimilhança, exceto pelo fato de que, uma vez determinado o número de fatores no modelo fatorial irrestrito, é possível deslocar o foco para o padrão de cargas que incidem sobre esses fatores.

Descrito por Jöreskog (1969), o modelo fatorial irrestrito foi incluído por Mulaik e Millsap (2000) num método abrangente de avaliação do ajuste de modelos de equação estrutural. Apesar de seu atrativo como ponte entre os enfoques exploratório e confirmatório em análise fatorial, o modelo é relativamente pouco conhecido por pesquisadores em ciências sociais (conhecemos três aplicações publicadas: Browne; Cudeck, 1993; Hox et al., 1999; Tepper; Hoyle, 1996). A especificação do modelo é infrequente, mas não difícil. Talvez a estimação do modelo altamente parametrizado seja complicada, mas depois mostraremos um método que dá uma solução correta praticamente sempre.

A especificação do modelo fatorial irrestrito é feita da seguinte maneira:

1. Para cada um dos k fatores, especifica-se um dos p indicadores para pesar apenas sobre esse fator, fixando-se em zero as restantes cargas para essas variáveis marcadoras. Os restantes $p - k$ indicadores ficam livres para pesar sobre todo fator.
2. As variâncias dos fatores são fixadas na unidade, estimando-se as covariâncias entre fatores com base nos dados.

Outra opção é estimar as variâncias dos fatores a partir dos dados e da métrica dos fatores estabelecida ao fixar no valor 1 a carga sobre cada um dos k fatores (Mulaik; Millsap, 2000). Num modelo corretamente especificado, fixam-se k^2 parâmetros, e o número de graus de liberdade é $[p(p + 1)/2] - [(pk - k^2) + k(k + 1)/2]$. Quando especificado da maneira descrita, o modelo será identificado e a solução, exclusiva (Howe, 1955).

Para se ter sucesso na estimação do modelo fatorial irrestrito, é preciso certo conhecimento sobre os indicadores e sua relação com os fatores. Concretamente, a variável marcadora para cada fator deve ser o indicador que mais pesa sobre esse fator, e os valores iniciais para os parâmetros livres, especialmente as cargas, devem ser razoavelmente próximos às estimativas finais. Essa exigência de considerável conhecimento prévio sobre modelo tem sido alvo de críticas (p. ex., Hayduk; Glaser, 2000) porque a maneira mais simples de se adquirir o necessário conhecimento é submeter os dados a uma análise fatorial exploratória, na qual se extrai o número de fatores que será especificado no modelo irrestrito. E, desde que a análise fatorial exploratória de máxima verossimilhança seja especificada exatamente como se descreveu anteriormente, não parece que será preciso estimar o modelo mediante análise fatorial confirmatória.

Figura 16.2 Especificação de estrutura simples típica em aplicações de análise fatorial confirmatória

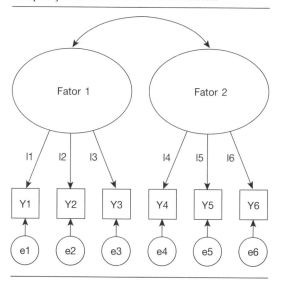

É evidente a vantagem de se estimar o modelo mediante análise fatorial confirmatória quando se considera o modelo no contexto mais amplo de um arcabouço para avaliar modelos de equação estrutural. Em geral se reconhece que, dentro desses modelos, é possível – e talvez preciso – fazer uma distinção entre o modelo de medição, que diz respeito à associação entre indicadores e variáveis latentes, e o modelo estrutural, que diz respeito entre variáveis latentes (Anderson e Gerbing, 1988; Herting; Costner, 2000). O ajuste do modelo de medição estabelece um limite superior para o ajuste do modelo completo, pois o último implica acrescentar restrições ao primeiro (isto é, ambos são modelos encaixados). Sendo assim, é essencial que se especifique corretamente a parte de medição de um modelo de equação estrutural se o modelo completo há de receber apoio ou, no caso de ajuste deficiente do modelo completo, que se faça um diagnóstico correto do erro de especificação.

Mulaik e Millsap (2000) defendem a expansão da sequência de testagem do modelo de dois para quatro passos. O segundo e o terceiro passos na sequência agrupada dos autores correspondem aos passos habituais que acabamos de descrever, e o quarto passo envolve passar do ajuste do modelo completo para testes de hipótese sobre parâmetros livres específicos dentro do modelo. O primeiro passo é o modelo irrestrito aqui descrito, e sua inclusão baseia-se na mesma lógica que deu origem à distinção entre modelos de medição e estruturais. Especificamente, se, dentro do modelo de medição, o número de fatores especificado é errado, por certo o modelo não se ajusta quando há restrições impostas às cargas, e a avaliação do padrão de cargas é prematura. Sendo assim, é preciso definir o número correto de fatores antes de passar para uma avaliação completa do modelo de medição[8].

Para os nossos objetivos, não é preciso ver o modelo irrestrito como parte da sequência agrupada de quatro passos de Mulaik e Millsap (2000), porque estamos interessados no modelo de medição como um fim em si. Então estamos, com efeito, defendendo um método de dois passos para o ajuste de modelos fatoriais comuns dentro da análise fatorial confirmatória quando não há uma base inequívoca para especificar um determinado número de fatores e padrão de cargas. O primeiro passo consiste em avaliar o ajuste de uma série de modelos irrestritos que especificam números de fatores plausíveis. Nesse aspecto, a estratégia não difere da implementação habitual de análise fatorial exploratória de máxima verossimilhança. O segundo passo consiste em impor restrições às cargas aplicando uma lógica teórica ou empírica. O ajuste de um determinado modelo no primeiro passo estabelece um teto para o ajuste de modelos restritos e, portanto, deveria ser quase perfeito. No segundo passo, os modelos estão encaixados em sua contraparte irrestrita e podem ser avaliados mediante diferenças qui-quadrado e índices de ajuste absoluto, como o índice de ajuste comparativo (Bentler, 1990a) ou erro de aproximação padrão empírico (Steiger, 1990).

16.2.6 Resumo

Temos descrito e comentado o desempenho de cinco métodos para abordar a questão do número de fatores em aplicações de análise fatorial. Muito embora a regra de Kaiser-Guttman e o gráfico de escarpa sejam os mais conhecidos pelos pesquisadores de ciências sociais e fáceis de pôr em prática com software comum para estatística, avaliações empíricas com variáveis para as quais se conhece o número de fatores comuns indicam que esses métodos raramente resultam numa inferência correta da quantidade de fatores a reter e interpretar. Como a regra K-G e o gráfico de escarpa, a análise paralela centra-se nos autovalores da matriz de correlações, mas não o faz de modo formal, aplicando critérios estatísticos. Avaliações empíricas de análise paralela mostram um excelente desempenho em condições típicas de pesquisa em ciências sociais, em especial quando a implementação original do método por Horn (1965) é ajustada tomando como critérios os autovalores de dados aleatórios de percentil 95, em lugar dos de percentil 50, em cada posição da série. A análise fatorial exploratória de máxima verossimilhança e o modelo fatorial irrestrito são métodos equivalentes que dão uma prova estatística de que

---

8. Embora o modelo fatorial irrestrito seja um teste adequado do número de fatores para a esmagadora maioria das aplicações em ciências sociais, é claro que há modelos fatoriais para os quais ele não é apropriado (Bollen, 2000; Hayduk; Glaser, 2000). Entre eles, modelos símplex, modelos com erros correlatos e modelos nos quais se preveem subfatores.

um determinado número de fatores é suficiente tendo em conta os dados observados. O modelo fatorial irrestrito é estimado no contexto da análise fatorial confirmatória e tem a vantagem de permitir restrições ao padrão de cargas uma vez estabelecido o número de fatores.

No restante do capítulo, daremos exemplos de análise paralela, análise fatorial exploratória de máxima verossimilhança e modelo fatorial irrestrito, valendo-nos de respostas a itens em uma medida de autoavaliação elaborada para ser multidimensional. São dados especialmente interessantes para esse fim porque, ainda que a medida tenha sido escrita para refletir três dimensões, há farta evidência sugerindo que ela reflete quatro ou cinco dimensões.

16.3 Exemplo: dimensionalidade da autoconsciência

A Escala de Autoconsciência (Fenigstein; Scheier; Buss, 1975), amplamente utilizada, é uma medida de autoavaliação da tendência da pessoa a voltar a atenção para si própria. A medida de 23 itens consta de três subescalas que refletem diferentes manifestação de autocontemplação. Os itens de autoconsciência privada sondam a tendência da pessoa para se concentrar sobre pensamentos e sentimentos internos. Os itens de autoconsciência pública captam a tendência da pessoa para focar em si mesma como objeto social – isto é, ver a si própria a partir do suposto ponto de vista de outrem. A subescala de ansiedade social mede a tendência a experimentar ansiedade na presença de outros como resultado da autoconsciência pública exacerbada.

As numerosas análises fatoriais de respostas a esses itens produziram resultados conflitantes no que diz respeito à correspondência entre a estrutura evidente em respostas e a hipotética estrutura tripartite. Em sua apresentação original da medida, Fenigstein *et al.* (1975) interpretaram o padrão de cargas sobre três componentes principais ortogonalmente girados. Scheier e Carver (1985) repetiram o padrão de cargas utilizando extração de fatores principais seguida de uma rotação ortogonal. Burnkrant e Page (1984) aplicaram análise fatorial confirmatória para avaliar a dimensionalidade de cada subescala isolada das

outras antes de ajustar um modelo ao conjunto completo de itens. Eles obtiveram bom apoio para modelos unidimensionais de autoconsciência pública e ansiedade social, mas evidência clara de que itens de autoconsciência privada refletem dois fatores. Os autores concluíram que quatro – não três – fatores subjazem a respostas à Escala de Autoconsciência. Um inconveniente da análise e das conclusões de Burnkrant e Page é que eles sustentaram e ajustaram modelos que excluíram 5 dos 23 itens; a recomendação deles no sentido de eliminar os cinco itens da escala não tem sido aceita por pesquisadores que usam a medida. Mittal e Balasubramanian (1987) usaram iteração manual de comunalidades com base em estimação de máxima verossimilhança para avaliar a dimensionalidade das três subescalas indicadas na origem. Eles repetiram a descoberta de que os itens de autoconsciência privada se dividem em dois fatores e descobriram que também os itens de autoconsciência pública se dividem em dois fatores. Só era viável um modelo unidimensional dos itens de ansiedade social depois de descartar dois itens.

Uma característica surpreendente dessas análises – bem como de outras análises fatoriais – de respostas à Escala de Autoconsciência (p. ex., Britt, 1992; Piliavin; Charng, 1988) é que nenhuma delas fez uso de nenhum dos métodos para determinar o número de fatores abordados neste capítulo (inclusive a regra K-G e o gráfico de escarpa, amplamente utilizados). Todas começaram com a estrutura original de três fatores como modelo assumido e buscaram meios de ajustar esse modelo para melhor levar em conta dos dados observados. Nenhuma das análises que usaram de estimação de máxima verossimilhança obteve valores de estatísticas de ajuste que sustentassem a incorporação de seu modelo de medição num modelo com percursos estruturais. Em todos os casos, os valores de qui-quadrado eram muito grandes em relação aos graus de liberdade, e em caso algum o valor do índice padronizado usado para avaliar o ajuste atingiu o típico critério mínimo de 0,90.

Como se observou na seção anterior, quando avaliado no contexto de um modelo completo de equação estrutural, um modelo de medição deve ajustar-se excepcionalmente bem, porque as restrições impostas ao modelo para avaliar associações direcionais entre fatores certamente levará a uma diminuição no ajuste. Isto é, o ajuste do modelo de medição determina o teto para o ajuste do modelo completo do qual ele faz parte. Além disso, o excelente ajuste de um modelo de medição baseia-se na especificação do número certo de fatores. Logo, se se pretende incluir a Escala de Autoconsciência num modelo de equação estrutural com variáveis latentes, é fundamental estabelecer o número correto de fatores e o correto padrão de cargas sobre esses fatores.

16.3.1 Análise paralela

Como já explicamos, a análise paralela consiste em comparar autovalores obtidos de uma análise fatorial de um conjunto de dados observados com autovalores de uma análise fatorial de conjuntos de dados aleatórios compostos do mesmo número de variáveis e observações que o conjunto de dados observados. São retidos para interpretação somente os fatores cujo autovalor excede, com alguma probabilidade predeterminada, o correspondente autovalor de dados aleatórios. Foram desenvolvidos procedimentos relativamente simples baseados em regressão para estimar autovalores de dados aleatórios, mas eles não são exatos para a maioria das aplicações. Ademais, não é difícil implementar o método de simulação mais flexível e preciso para gerar autovalores de dados aleatórios em modernos computadores de mesa, fazendo uso de programas que rodam com software estatístico muito acessível.

Para a análise atual, usamos o programa SAS de O'Connor (2000) para simular conjuntos de dados usando os dados brutos observados como entrada[9]. Geramos 500 permutações aleatórias dos dados brutos, um método que preserva as propriedades distribucionais dos dados originais

---

9. Os dados brutos observados podem ser obtidos em Rick Hoyle (rhoyle@duke.edu).

Figura 16.3 Gráfico de autovalores em posição serial para dados observados (linha cheia) e autovalores de percentil 95 baseados em 500 permutações aleatórias dos dados brutos (linha de traços)

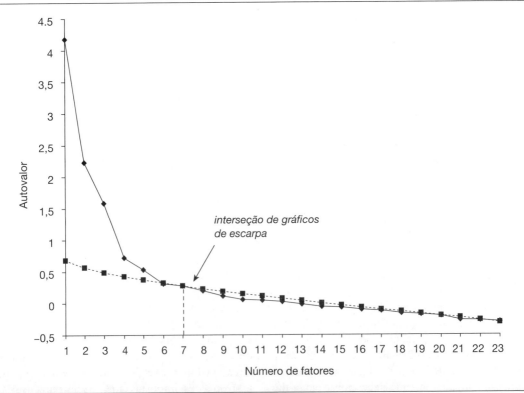

nos conjuntos de dados aleatórios. Usamos como critério a estimativa de percentil 95 do autovalor de dados aleatórios para cada fator. Ou seja, retivemos todos os fatores cujo autovalor ultrapassava o correspondente autovalor de dados aleatórios num grau improvável de ocorrer por acaso.

Os dois conjuntos de autovalores estão sobrepostos no gráfico de escarpa mostrado na figura 16.3. Como se indica na figura, as duas linhas cruzam-se entre o sétimo e o oitavo autovalores, mostrando que, para além de sete fatores, os autovalores da matriz de correlação observada não são significativamente maiores que os valores que seriam de se esperar se não houvesse nenhum fator comum. Assim, pelos resultados da análise paralela, concluímos que o número correto de fatores é sete.

16.3.2 Métodos de máxima verossimilhança

Como já verificamos, a análise fatorial exploratória de máxima verossimilhança e o modelo fatorial irrestrito são o mesmo método. Portanto, apresentamos os resultados estatísticos que seriam gerados por qualquer um deles, seguidos de análises adicionais que envolvem o padrão de cargas, utilizando o modelo fatorial irrestrito como ponto de partida.

Quer se use análise fatorial exploratória, quer se especifique formalmente o modelo fatorial irrestrito numa análise fatorial confirmatória, é preciso efetuar uma análise separada para cada número de fatores a se considerar. Uma vez que a parcimônia é desejável em modelos fatoriais, geralmente se começa por estimar um modelo com um só fator e, se necessário, continua-se de forma sequencial até conseguir justificar estatisticamente um determinado número de fatores. A justificação estatística se dá de duas maneiras. O enfoque tradicional de testagem de hipóteses no contexto de máxima verossimilhança é uma estatística de teste que, quando cumpridos certos pressupostos, está distribuída como um qui-quadrado. Caso se use esse teste para justificar a decisão de reter um número específico de fatores, o critério é um valor p maior que 0,05, o que indica a não rejeição da hipótese nula de que a matriz de covariância implicada pelo modelo é equivalente à matriz de covariância observada. Outra opção é consultar um ou mais de um crescente número de índices

de ajuste alternativos. Recomendamos o índice de ajuste comparativo (CFI) de Bentler (1990a) e o erro de aproximação quadrático médio (RMSEA) de Steiger (1990)[10]. O CFI indexa a melhora no ajuste de um modelo específico sobre um modelo que especifica ausência de comunalidade entre os indicadores – o modelo nulo ou de independência. Conforme recomendação de Mulaik e Millsap (2000), um valor de 0,95 ou mais daria justificação para um determinado modelo de medição. O RMSEA indexa a discrepância entre a matriz de covariância observada e a matriz de covariância implicada pelo modelo por grau de liberdade. Um valor zero indica que não há discrepância e, por consequência, significa um perfeito ajuste do modelo aos dados. Atualmente, é habitual pôr um intervalo de confiança de 90% em torno da estimativa pontual de RMSEA. Embora 0,08 seja um valor geralmente aceitável como máximo do limite superior, o objetivo de um ótimo ajuste do modelo fatorial irrestrito sugere que 0,05 é um máximo mais adequado para o limite superior do intervalo de confidência (Browne; Cudeck, 1993).

Para as análises fatoriais confirmatórias, especificaram-se modelos fazendo uso de resultados de uma análise fatorial exploratória para determinar a variável marcadora (isto é, indicador de carga mais elevado) para cada fator. Como já observamos, para essas variáveis só se estimou a carga sobre o fator designado; as cargas restantes sobre o fator foram fixadas em zero. Todas as outras cargas puderam ser estimadas livremente. Ademais, as variâncias dos fatores tiveram seus valores fixados na unidade, e as covariâncias entre fatores puderam estimar-se livremente. Cargas e correlações entre fatores obtidas de análises fatoriais exploratórias foram os valores iniciais.

A tabela 16.1 resume os resultados da estimação de máxima verossimilhança de uma série de modelos irrestritos da Escala de Autoconsciência. O primeiro modelo, para o qual $k = 0$, serve como

---

10. Todos os principais programas de estimação de modelos de equação estrutural (p. ex., EQS, LISREL, AMOS) oferecem esses índices de ajuste. Se os modelos são estimados por meio de análise fatorial exploratória de máxima verossimilhança, é possível obter os índices de ajuste que mencionamos, bem como vários outros, aplicando uma macro de SAS escrita por Steven Gregorich. A macro requer, como dados de entrada, o número de variáveis, os graus de liberdade e o qui-quadrado para cada modelo em questão.

352 • SEÇÃO V / MODELOS PARA VARIÁVEIS LATENTES

Tabela 16.1 – Estatísticas de ajuste para modelos que propõem de zero a oito fatores subjacentes a respostas à Escala de Autoconsciência

k	df	FML	χ^2	p	CFI	RMSEA	$RMSEA_{0,05}$	$RMSEA_{0,95}$
0	253	6,868	2238,85	0,00001	0,000	0,155	0,150	0,161
1	230	4,041	1317,24	0,00001	0,453	0,120	0,114	0,127
2	208	2,595	845,91	0,00001	0,679	0,097	0,090	0,104
3	187	1,392	453,78	0,00001	0,866	0,066	0,058	0,074
4	167	1,038	338,41	0,00001	0,914	0,056	0,047	0,065
5	148	0,807	263,07	0,00001	0,942	0,049	0,039	0,025
6	130	0,657	211,54	0,00001	0,959	0,044	0,033	0,054
7	113	0,508	165,68	0,00092	0,973	0,038	0,025	0,050
8	97	0,365	119,10	0,06341	0,989	0,026	0,000	0,041

Nota: $N = 327$; k = número de fatores; FML = função de ajuste de máxima verossimilhança; CFI = índice de ajuste comparativo; RMSEA = erro de aproximação quadrático médio (com limites de confiança de 90%). Consistente com o uso corrente em análise fatorial confirmatória, os valores de qui-quadrado não refletem a correção de Bartlett. Os valores em itálico indicam sustentação estatística para o modelo que eles acompanham.

comparação para o cálculo do CFI. Ele também pode ser visto como um teste da comunalidade entre os indicadores, e os valores sumamente indesejáveis dos diversos índices de ajuste indicam claramente que ao menos um fator comum subjaz à matriz de covariância. Como indicam os valores em itálico na tabela, os resultados apontam sete, talvez oito fatores. Embora o CFI ultrapasse 0,95 para a solução de seis fatores, nem o teste do qui-quadrado nem o RMSEA o sustentam. O RMSEA situa-se no critério, e o CFI excede-o bastante para a solução de sete fatores; entretanto, o qui-quadrado continua sumamente significativo. Um modelo com oito fatores fornece sustentação estatística a todos os critérios.

A análise paralela e dois índices de ajuste muito utilizados sustentam a interpretação de sete fatores. O tradicional teste do qui-quadrado sugere a necessidade de mais um fator. O teste do qui-quadrado demanda pressupostos estritos, talvez irrealistas, quanto aos dados e ao modelo, e é um teste um tanto irrealista, pois se trata de um teste para verificar se o modelo se encaixa exatamente na população (Browne, 1984). Apesar disso, examinamos estimativas de parâmetro para a solução de oito fatores, em lugar de descartar de vez o teste do qui-quadrado.

Após estimação inicial, tanto a solução de sete fatores quanto a de oito produziram casos de Heywood, aparente singularidade negativa para os itens 8 e 14. Quando se permitiu que os valores para a singularidade suspeita caíssem abai-

xo de 0 durante a iteração, ambos os modelos deram soluções corretas. A estimativa final para a singularidade do item 8 em ambas as soluções foi negativa, mas sem ser significativa ($p > 0,60$). A estimativa final em ambas as soluções para a singularidade do item 14 foi maior, mas não significativamente diferente de 0 ($p > 0,50$). Assim conseguimos obter soluções corretas tanto para o modelo de sete fatores como para o de oito, ao permitir que as estimativas de singularidade caíssem abaixo de 0 durante o processo iterativo de estimação (Chen *et al.*, 2001).

Antes de tentarmos interpretar as soluções, usamos o teste de Wald multivariado para reconhecer cargas e correlações interfatoriais que poderiam ser limitadas a 0 sem perda significativa no ajuste com relação ao ganho em graus de liberdade. Para o modelo de sete fatores, as covariâncias interfatoriais 8 e 21 foram não significativas e, portanto, fixadas em 0. Sessenta e duas cargas foram não significativas e limitadas a 0, e uma carga que fora fixada na especificação original ficou livre. Como resultado, houve um ganho líquido de 69 graus de liberdade, passando do modelo irrestrito para um modelo restrito. O ajuste a esse modelo excedeu nossos critérios para CFI e RMSEA, mas o qui-quadrado foi significativo: χ^2 (182, $N = 327$) = 235,13, $p = 0,004$, CFI = 0,973, RMSEA = 0,030 (0,017, 0,040). É de ressaltar que as muitas limitações a zero impostas a parâmetros que tinham sido livres no modelo irrestrito não resultaram em redução do ajuste, $\Delta\chi^2$ (69, $N = 327$) = 69,45, $p = 0,46$.

Passando às estimativas de parâmetros, a solução indicou considerável complexidade fatorial no conjunto de itens. Dos 23 itens, apenas 6 pesavam sobre um só fator. A maioria dos itens pesava significativamente sobre dois ou três fatores, mas é importante frisar que cargas de apenas 0,15 eram estatisticamente significativas. Se aplicados os critérios habituais de saliência (p. ex., 0,30 ou 0,40), a complexidade fatorial diminui, embora o padrão ainda não manifeste estrutura simples. De acordo com tentativas documentadas de se dividir a medida em fatores, os conjuntos de itens de autoconsciência privada e pública formam dois fatores cada um. Os itens de ansiedade social formam um fator relativamente coerente, mas um subconjunto desses itens junta-se com um subconjunto do fator de autoconsciência pública para formar um fator à parte. Por último, os itens 3 e 9, que geralmente não pesam em análises que extraem três ou quatro fatores, são os mais fortes indicadores de um sétimo fator.

Nossa presunção de que a solução de oito fatores constituiria uma extração excessiva foi reforçada quando seguimos a mesma estratégia quanto à solução de sete fatores ao passar do modelo irrestrito para o restrito. Um fator (o quinto fator extraído na análise fatorial exploratória de máxima verossimilhança) foi representado por um único indicador; por consequência, o modelo restrito de oito fatores foi insuficientemente identificado e não foi possível estimá-lo. Esse resultado enfatiza nossas reservas quanto ao uso do teste do qui-quadrado em análise fatorial exploratória ou confirmatória para determinar o número de fatores a interpretar. À diferença de índices como CFI e RMSEA, o teste do qui-quadrado é de ajuste exato, mesmo quando pressupostos sobre os dados e o modelo garantem que a estatística está realmente distribuída como um qui-quadrado. É bem provável que, se levado a sério, esse teste de hipótese irrealista resulte em excesso de extração, como mostra nosso modelo irrestrito de oito fatores, único modelo a ser sustentado pelo teste do qui-quadrado.

16.4 Resumo e conclusões

Descrevemos e exemplificamos três métodos formais para determinar o número de fatores que subjazem a um conjunto de variáveis. A análise paralela centra-se nos autovalores da matriz de correlação, foco esse bem conhecido pelos pesquisadores habituados a recorrerem à regra de Kaiser-Gutman ou ao uso do teste de escarpa. A análise paralela é mais trabalhosa, porque o pesquisador tem de gerar um conjunto correspondente de autovalores de dados aleatórios; contudo, há programas de computação fáceis de obter que se ocupam disso de forma bastante simples. Mais importante é que, à diferença da regra K-G e do teste de escarpa, para os quais há escassa sustentação empírica, a análise paralela é quase sempre exata nas condições típicas da pesquisa em ciências sociais.

A análise fatorial exploratória de máxima verossimilhança e o modelo fatorial irrestrito representam, como especificados na análise fatorial confirmatória, duas implementações do mesmo modelo estatístico. Em ambos os casos, é possível efetuar um teste estatístico formal da adequação de determinados números de fatores para ter em conta as associações em uma matriz de correlação observada. O teste-padrão em ambos os modelos é o teste do qui-quadrado, mas nós recomendamos aos pesquisadores evitarem esse teste de hipótese irrealisticamente estrito, optando por aproveitar índices de ajuste desenvolvidos recentemente, como o CFI e o RMSEA. Visto que, muitas vezes, os modelos fatoriais estimados por meio de análise fatorial confirmatória são incorporados a modelos estruturais que incluem associações direcionais entre fatores, propomos que esses modelos, sobretudo na etapa em que se pondera questão do número de fatores, sejam avaliados conforme critérios de ajuste mais rigorosos do que o habitual em testes de modelos estruturais (p. ex., CFI > 0,95; limite superior do intervalo de confiança de RMSEA < 0,05).

Um subproduto da nossa análise é a demonstração, em forma extrema, de que não é preciso especificar modelos fatoriais confirmatórios como modelos de estrutura simples. Com efeito, a especificação de estrutura simples – como o modelo apresentado na figura 16.2 – dificilmente se aplica a itens típicos de medidas em ciências sociais. Por isso, parece irrazoável os pesquisadores aderirem rigidamente a essa especificação padrão, deixando apenas covariâncias entre termos de singularidade abertas à busca de especificação em modelos erroneamente especificados. E, como temos afirmado, só é razoável considerar cargas

354 • SEÇÃO V / MODELOS PARA VARIÁVEIS LATENTES

cruzadas (ou qualquer padrão de carga) uma vez determinado o número correto de fatores.

A análise fatorial é uma ferramenta estatística essencial para os cientistas sociais. Quando corretamente implementada e interpretada, a análise fatorial permite definir de maneira operacional variáveis que não podem ser medidas diretamente. No cerne da análise fatorial está a pergunta sobre quantos fatores subjazem a um determinado conjunto de indicadores. Em alguns casos, essa pergunta torna-se irrelevante quando se aplica um modelo teórico detalhado ou com a cuidadosa elaboração de indicadores que têm em conta uma clara estrutura fatorial. É mais habitual, porém, que os indicadores antecedam a pesquisa da qual fazem parte e não estejam estreitamente ligados a um modelo teórico detalhado. Em tais casos, os métodos descritos e exemplificados neste capítulo proporcionam meios viáveis e justificáveis para a determinação do correto número de fatores.

REFERÊNCIAS

ALLAN, S. J.; HUBBARD, R. Regression equations for the latent roots of random data correlation matrices with unities on the diagonal. *Multivariate Behavioral Research*, 21, p. 393-398, 1986.

ANDERSON, J. C.; GERBING, D. W. Structural equation modeling in practice: A review and recommended two-step approach. *Psychological Bulletin*, 103, p. 411-423, 1988.

BARTLETT, M. S. Properties of sufficiency and statistical tests. *Proceedings of the Royal Society of London, Series A*, 160, p. 268-282. 1937

BENTLER, P. M. Comparative fit indexes in structural models. *Psychological Bulletin*, 88, p. 588-606, 1990a.

BENTLER, P. M. Latent variable structural models for separating specific from general effects. *In*: SECHREST, L.; PERRIN, E.; BUNKER, J. (eds.). *Research methodology: strengthening causal interpretations of nonexperimental data*. Rockville, MD: Department of Health and Human Services, 1990b. p. 61-83.

BOLLEN, K. A. *Structural equations with latent variables*. Nova York: John Wiley, 1989.

BOLLEN, K. A. Modeling strategies: In search of the holy grail. *Structural Equation Modeling*, 7, p. 74-81, 2000.

BOLLEN, K. A.; LENNOX, R. Conventional wisdom on measurement: A structural equation perspective. *Psychological Bulletin*, 110, p. 305-314, 1991.

BRITT, T. W. The Self-Consciousness Scale: On the stability of the three-factor structure. *Personality and Social Psychology Bulletin*, 18, p. 748-755, 1992.

BROWNE, M. W. A comparison of factor analytic techniques. *Psychometrika*, 33, p. 267-334, 1968.

BROWNE, M. W. Covariance structures. *In*: HAWKINS, D. M. (ed.). *Topics in multivariate analysis*. Cambridge: Cambridge University Press, 1982. p. 72-141.

BROWNE, M. W. Asymptotically distribution-free methods for the analysis of covariance structures. *British Journal of Mathematical and Statistical Psychology*, 37, p. 62-83, 1984.

BROWNE, M. W.; CUDECK, R. Alternative ways of assessing model fit. *In*: BOLLEN, K. A.; LONG, J. S. (eds.). *Testing structural equation models*. Thousand Oaks: Sage, 1993. p. 132-162.

BURNKRANT, R. E.; PAGE JR., T. J. A modification of the Fenigstein, Scheier, and Buss Self-Consciousness Scales. *Journal of Personality Assessment*, 48, p. 629-637, 1984.

CATTELL, R. B. The scree test for the number of factors. *Multivariate Behavioral Research*, 1, p. 245-276, 1966.

CATTELL, R. B.; VOGELMAN, S. A comprehensive trial of the scree and KG criteria for determining the number of factors. *Multivariate Behavioral Research*, 12, p. 289-325, 1977.

CHEN, F.; BOLLEN, K. A.; PAXTON, P.; CURRAN, P. J.; KIRBY, J. Improper solutions in structural equation models: Causes, consequences, and strategies. *Sociological Methods & Research*, 29, p. 468-508, 2001.

COHEN, P.; COHEN, J.; TERESI, J.; MARCHI, M.; VELEZ, C. N. Problems in the measurement of latent variables in structural equation causal models. *Applied Psychological Measurement*, 14, p. 183-196, 1990.

CRAWFORD, C. G.; KOOPMAN, P. Note: Inter-rater reliability of scree test and mean square ratio test of number of factors. *Perceptual and Motor Skills*, 49, p. 223-226, 1979.

FABRIGAR, L. R.; WEGENER, D. T.; MACCALLUM, R. C.; STRAHAN, E. J. Evaluating the use of exploratory factor analysis in psychological research. *Psychological Methods*, 4, p. 272-299, 1999.

FENIGSTEIN, A.; SCHEIER, M. F.; BUSS, A. H. Public and private self-consciousness: Assessment and theory. *Journal of Consulting and Clinical Psychology*, 43, p. 522-527, 1975.

GLORFELD, L. W. An improvement on Horn's parallel analysis methodology for selecting the correct number of factors to retain. *Educational and Psychological Measurement*, 55, p. 377-393, 1995.

GORSUCH, R. L. *Factor analysis*. Filadélfia: Saunders, 1974.

GUTTMAN, L. Some necessary conditions for common factor analysis. *Psychometrika*, 19, p. 149-162, 1954.

HARSHMAN, R. A.; REDDON, J. R. *Determining the number of factors by comparing real with random data: A serious flaw and some possible corrections*. Artigo apresentado na reunião anual da Classification Society of North America, Filadélfia, maio 1983.

HAYDUK, L. A.; GLASER, D. N. Jiving the fourstep, waltzing around factor analysis, and other serious fun. *Structural Equation Modeling*, 7, p. 1-35, 2000.

HERTING, J. R.; COSTNER, H. L. Another perspective on "the proper number of factors" and the appropriate number of steps. *Structural Equation Modeling*, 7, p. 92-110, 2000.

HORN, J. L. A rationale and test for the number of factors in factor analysis. *Psychometrika*, 30, p. 179-185, 1965.

HOWE, W. G. *Some contributions to factor analysis* (Rep. n. ORNL-1919). Oak Ridge: Oak Ridge National Laboratory, 1955.

Capítulo 16 / Determinação do número de fatores em análise exploratória e confirmatória • 355

HOX, J. *et al.* Syndrome dimensions of the Child Behavior Checklist and the Teacher Report Form: A critical empirical evaluation. *Journal of Child Psychology and Psychiatry*, 40, p. 1095-1116, 1999.

HOYLE, R. H. Confirmatory factor analysis. *In*: TINSLEY, H. E. A.; BROWN, S. D. (eds.). *Handbook of applied multivariate statistics and mathematical modeling*. Nova York: Academic Press, 2000. p. 465-497.

HU, L.; BENTLER, P. M.; KANO, Y. Can test statistics in covariance structure analysis be trusted? *Psychological Bulletin*, 112, p. 351-362, 1992.

HUMPHREYS, L. G.; MONTANELLI JR., R. G. An examination of the parallel analysis criterion for determining the number of common factors. *Multivariate Behavioral Research*, 10, p. 193-206, 1975.

JACKSON, D. N.; CHAN, D. W. Maximum likelihood estimation in common factor analysis: A cautionary note. *Psychological Bulletin*, 88, p. 502-508, 1980.

JÖRESKOG, K. G. A general approach to confirmatory maximum likelihood factor analysis. *Psychometrika*, 34, p. 183-202, 1969.

JÖRESKOG, K. G. Author's addendum. *In*: MAGIDSON, J. (ed.). *Advances in factor analysis and structural equation models*. Cambridge: Abt, 1979. p. 40-43.

KAISER, H. F. The application of electronic computers to factor analysis. *Educational and Psychological Measurement*, 20, p. 141-151, 1960.

KAUFMAN, J. D.; DUNLAP, W. P. Determining the number of factors to retain: Windows-based FORTRANIMSL program for parallel analysis. *Behavior Research Methods, Instruments, & Computers*, 32, p. 389-395, 2000.

LAUTENSCHLAGER, G. J. A comparison of alternatives to conducting Monte Carlo analyses for determining parallel analysis criteria. *Multivariate Behavioral Research*, 24, p. 365-395, 1989.

LAUTENSCHLAGER, G. J.; LANCE, C. E.; FLAHERTY, V. L. Parallel analysis criteria: Revised equations for estimating the latent roots of random correlation matrices. *Educational and Psychological Measurement*, 49, p. 339-345, 1989.

LAWLEY, D. N.; MAXWELL, A. E. *Factor analysis as a statistical method*. 2. ed. Londres: Butterworths, 1971.

LEE, H. B.; COMREY, A. L. Distortions in a commonly used factor analytic procedure. *Multivariate Behavioral Research*, 14, p. 301-321, 1979.

LONGMAN, R. S.; COTA, A. A.; HOLDEN, R. R.; FEKKEN, G. C. PAM: A double-precision FORTRAN routine for the parallel analysis method in principal components analysis. *Behavior Research Methods, Instruments, & Computers*, 21, p. 477-480, 1989a.

LONGMAN, R. S.; COTA, A. A.; HOLDEN, R. R.; FEKKEN, G. C. A regression equation for the parallel analysis criterion in principal components analysis: Mean and 95th percentile eigenvalues. *Multivariate Behavioral Research*, 24, p. 59-69, 1989b.

MITTAL, B.; BALASUBRAMANIAN, S. K. Testing the dimensionality of the Self-Consciousness Scales. *Journal of Personality Assessment*, 51, p. 53-68, 1987.

MONTANELLI JR., R. G. A computer program to generate sample correlation and covariance matrices. *Educational and Psychological Measurement*, 35, p. 195-197, 1975.

MONTANELLI JR., R. G.; HUMPHREYS, L. G. Latent roots of random data correlation matrices with squared multiple correlations on the diagonal: A Monte Carlo study. *Psychometrika*, 41, p. 341-348, 1976.

MULAIK, S. A.; MILLSAP, R. E. Doing the four-step right. *Structural Equation Modeling*, 7, p. 36-73, 2000.

O'CONNOR, B. P. SPSS, SAS, and MATLAB programs for determining the number of components using parallel analysis and Velicer's MAP test. *Behavior Research Methods, Instruments, & Computers*, 32, p. 396-402, 2000.

PILIAVIN, J. A.; CHARNG, H.-W. What *is* the factorial structure of the private and public self-consciousness scales? *Personality and Social Psychology Bulletin*, 14, 587-595, 1988.

ROSNOW, R. L.; ROSENTHAL, R. Focused tests of significance and effect size estimation in counseling psychology. *Journal of Counseling Psychology*, 38, p. 203-208, 1988.

SCHEIER, M. G.; CARVER, C. S. The Self-Consciousness Scale: A revised version for use with general populations. *Journal of Applied Social Psychology*, 15, p. 687-699, 1985.

STEIGER, J. H. Structural model evaluation and modification: An interval estimation approach. *Multivariate Behavioral Research*, 25, p. 173-180, 1990.

STEIGER, J. H. Dispelling some myths about factor indeterminacy. *Multivariate Behavioral Research*, 31, p. 539-550, 1996.

STEIGER, J. H.; SCHÖNEMANN, P. H. A history of factor indeterminacy. *In*: SHYE, S. (ed.). *Theory construction and data analysis*. São Francisco: Jossey-Bass, 1978. p. 136-178.

TEPPER, K.; HOYLE, R. H. Latent variable models of need for uniqueness. *Multivariate Behavioral Research*, 31, p. 467-494, 1996.

TURNER, N. E. The effect of common variance and structure pattern on random data eigenvalues: Implications for the accuracy of parallel analysis. *Educational and Psychological Measurement*, 58, p. 541-568, 1998.

YOEMANS, K. A.; GOLDER, P. A. The Guttman-Kaiser criterion as a predictor of the number of common factors. *The Statistician*, 31, p. 221-229, 1982.

ZWICK, W. R.; VELICER, W. F. Comparison of five rules for determining the number of components to retain. *Psychological Bulletin*, 99, p. 432-442, 1986.

Capítulo 17

PROJETO E ANÁLISE EXPERIMENTAIS, QUASE-EXPERIMENTAIS E NÃO EXPERIMENTAIS COM VARIÁVEIS LATENTES

GREGORY R. HANCOCK[1]

Nas ciências físicas, variáveis comuns como temperatura, pressão, massa e volume tendem a ser medidas com erro relativamente pequeno, quando consideradas em quantidades suficientes. Já nas ciências sociais, as variáveis costumam apresentar níveis bastante grandes de erros de medição. Por exemplo, talvez os pesquisadores de política educacional queiram saber sobre sensações de exaustão, mas só têm medidas de absenteísmo e satisfação no emprego. Pesquisadores que estudam a família podem interessar-se no carinho materno, mas contam apenas com as respostas das mães a uns poucos itens com pontuação a respeito das interações com seus bebês recém-nascidos. Quem faz pesquisa em assistência à saúde pode querer saber sobre a sensação de desesperança de pacientes de AIDS que fazem terapia grupal, mas só dispõe de medições de medicação e adesão ao tratamento por parte dos pacientes. Eis a índole das ciências sociais: constructos de interesse como exaustão, carinho materno ou desesperança são, geralmente, latentes, de modo que nossas análises devem recorrer a variáveis medidas cheias de erros para substituí-las.

Esquemas e análises experimentais com variáveis medidas diretamente já estão consagrados. A análise de variância (ANOVA) constitui, em suas muitas formas, a base para inferências quanto a médias populacionais sobre alguma variável dependente medida como função de uma ou mais variáveis de agrupamento independentes (p. ex., grupo de tratamento, sexo etc.). Tais análises visam facilitar inferências sobre o constructo subjacente à variável dependente medida, mas sua sensibilidade para detectar relações em nível de constructo está sujeita à confiabilidade da operacionalização do constructo na variável medida que se utiliza. Ou seja, a inconfiabilidade de variáveis medidas traz um problema de razão sinal/ruído no contexto de esquema e análise experimental. Nas ciências sociais, a imprecisão

---

1. Trechos deste capítulo apareceram previamente em Hancock (1997) e foram incluídos aqui com autorização da American Counseling Association.

decorrente dos caprichos inerentes ao comportamento humano pode impedir a detecção de diferenças populacionais sutis, embora importantes, em um experimento, um quase-experimento ou um não experimento, podendo levar à sustentação da inexistência de diferenças populacionais aparentes apenas porque aquelas que realmente existiam foram dissimuladas pela inconfiabilidade da medida do resultado.

Essa atenuação da sensibilidade para detectar diferenças populacionais médias específicas foi descrita por Cohen (1988, p. 536). Baseando-se em Cleary e Linn (1969), ele observou que, para uma variável medida, o tamanho de efeito padronizado ES é igual a $(ES^*)(\rho_{YY})^{1/2}$, em que ES^* é a medida do tamanho de efeito padronizado isenta de erro (d para dois grupos ou f para J grupos) (Cohen, 1988), e ρ_{YY} é a confiabilidade de uma única variável medida Y. A consequência direta é que qualquer variabilidade latente entre médias de constructo populacional é atenuada pela confiabilidade do indicador medido selecionado. A partir da clássica teoria de testes (p. ex., Crocker; Algina, 1986), a i-ésima pontuação de uma variável medida Y na j-ésima população pode-se expressar como $Y_{ij} = T_{ij} + E_{ij}$, em que T é a pontuação real hipotética, e é a flutuação aleatória desde esse valor real que seria de esperar que aumentasse em magnitude absoluta quando uma variável menos confiável é escolhida para operacionalizar o constructo de interesse. Dentro da j-ésima população, isso implica (pressupondo-se condições-padrão) que $\mu_{Y_j} = \mu_{T_j}$ e $\sigma_{Y_j}^2 = \sigma_{T_j}^2 + \sigma_{E_j}^2$, em que a última facilita a definição comum de *confiabilidade* como a proporção da variância da pontuação explicada pelo verdadeiro constructo subjacente: $\rho_{YY} = \sigma_T^2/\sigma_Y^2$. Note-se que o termo $\sigma_{Y_j}^2$ representa a variabilidade intrapopulacional (*dentro dos grupos*) homogênea, que aparece a seguir como $\sigma_{Y_{within}}^2$ nas esperanças matemáticas para o numerador e o denominador para a estatística de teste F ANOVA unilateral, intersujeitos de efeitos fixos. Para o caso de n igual, elas são

$$E[MS_{between}] = n\left[\frac{\sum (\mu_{Y_j} - \mu_{Y.})^2}{J - 1}\right] + \sigma_{Y_{within}}^2 \quad (1)$$

e

$$E[MS_{within}] = \sigma_{Y_{within}}^2. \quad (2)$$

Substituindo-se os dados de pontuação real e de erro, o resultado é

$$E[MS_{between}] = n\left[\frac{\sum (\mu_{T_j} - \mu_{T.})^2}{J - 1}\right] + \sigma_{T_{within}}^2 + \sigma_{E_{within}}^2 \quad (3)$$

e

$$E[MS_{within}] = \sigma_{T_{within}}^2 + \sigma_{E_{within}}^2. \quad (4)$$

Na equação (3), para $E[MS_{between}]$, o primeiro termo representa o sinal, enquanto os dois últimos termos de variância representam o ruído. O termo $\sigma_{T_{within}}^2$ poderia ser considerado *ruído verdadeiro*, a variabilidade natural dos sujeitos no *continuum* de interesse subjacente. Por sua vez, o termo $\sigma_{E_{within}}^2$ é *ruído de erro de medição*, causado pela inconfiabilidade da variável dependente. Assim, ao formar-se a razão F observada como $MS_{between}/MS_{within}$, o ruído de erro de medição atenua o numerador e o denominador, podendo mascarar a variabilidade entre médias populacionais verdadeiras (o sinal) contida no primeiro termo da expressão de $E[MS_{between}]$ na equação (3).

Duas estratégias para enfrentar o problema da atenuação resultante de $\sigma_{E_{within}}^2$ são, simplesmente, reforçar o sinal e reduzir o ruído. Quanto ao sinal, seria preciso incrementar as diferenças de grupos de alguma maneira (o que implica alguma mudança do caráter da variável independente e, portanto, da pergunta de pesquisa) e/ou aumentar o tamanho da amostra (uma opção de alto custo, em muitos casos). Por outro lado, de alguma maneira, ao tratar o problema do ruído da inconfiabilidade se tentaria facilitar, tanto quanto possível, um teste de diferenças populacionais no próprio constructo. Por exemplo, se a variável dependente é um instrumento de escala totalizada, talvez pudesse ser alongada com o acréscimo de itens de qualidade, melhorando, assim, a representação do constructo dada pela variável (isto é, pela pontuação total). Uma alternativa é, caso se conheça a confiabilidade do instrumento, incorporar algum tipo de correção da atenuação no numerador e no denominador da razão F. Infelizmente, a própria estimativa de confiabilidade é uma estatística com distribuição de amostragem (cf., p. ex., Hakstian; Whalen, 1976), o que torna qualquer correção

Capítulo 17 / Projeto e análise experimentais, quase-experimentais e não experimentais com variáveis latentes • 359

desse tipo um tanto tênue. Mais promissores são dois enfoques tratados neste capítulo e derivados da modelagem de equação estrutural (SEM, na sigla em inglês). A modelagem de múltiplos indicadores e múltiplas causas (MIMIC, na sigla em inglês) (Jöreskog; Goldberger, 1975; Muthén, 1989) e a modelagem de médias estruturadas (SMM, na sigla em inglês) (Sörbon, 1974) empregam diversas variáveis medidas, em vez de apenas uma, numa espécie de "triangulação" em que seus padrões de covariâncias (e médias) servem para inferir diferenças populacionais no constructo subjacente, que se acredita que tenha motivado tais padrões observados. Embora não ajustem o paradigma da razão F com exatidão, esses métodos facilitam, de fato, a testagem de hipóteses de médias populacionais diretamente no nível do constructo, e não no nível dos indicadores que representam esses constructos, cuja medição é falível, visando, assim, remover o ruído de erro de medição do processo de testagem.

Uma vez que os métodos de SEM tratados neste capítulo recorrem a múltiplas medidas, é fundamental ressaltar que tais métodos diferem, profundamente, de outro procedimento multivariado de comparação de grupos, a análise multivariada de variância (MANOVA, na sigla em inglês). A diferença reside, sobretudo, na índole do *sistema de variáveis* suposto (Bollen; Lennox, 1991; Cohen *et al.*, 1990; Cole *et al.*, 1993). Num sistema de variáveis *emergentes*, acredita-se que as variáveis tenham influência causal no traço subjacente, que é objeto de interesse. Por exemplo, podemos imaginar uma entidade não medida representando o estresse relacionado com variáveis como o relacionamento com os pais e o cônjuge, bem como as exigências do ambiente de trabalho. Nesse caso, é mais razoável supor que mudanças nas variáveis gerem mudanças no estresse, e não que mudanças no estresse geral provoquem mudanças nessas variáveis individuais. Como as variáveis medidas são, teoricamente, os agentes causais, o estresse surge como uma combinação linear das variáveis observadas das quais ele depende. Num sistema de variáveis emergentes como esse, logo, é pertinente falar em diferenças populacionais em termos de uma combinação linear formada pelo sistema de variáveis. Por isso, num sistema de variáveis emergentes, é melhor tratar comparações

populacionais mediante a MANOVA, que avalia diferenças populacionais fazendo uso de combinações que diferenciam maximamente os grupos em espaço multivariado.

Em um sistema de variáveis *latentes*, por outro lado, acredita-se que o constructo (ou "fator", ou "variável latente") tenha influência causal nas variáveis observadas, necessitando, então, da existência de covariância entre essas variáveis. Como exemplo, consideremos variáveis medidas que são respostas de escala Likert aos seguintes itens de questionário: "Não me incomoda meu filho se casar com uma pessoa de outra raça", "Acredito que as escolas deveriam ter alunos de todas as origens raciais" e "Não me incomodaria se uma família de raça diferente se mudasse para a casa ao lado". Aqui, entende-se que o constructo tem influência causal sobre as variáveis: seria de esperar que mudanças de atitude de uma pessoa resultassem em mudanças nas respostas a todos esses itens de questionário. Por consequência, deveria surgir uma covariância substancial entre esses itens, porque todas as suas respostas decorrem de atitudes a respeito da raça; com efeito, os itens poderiam servir, ao menos em parte, como indicadores medidos de um constructo subjacente de atitude racial. Para responder a perguntas de pesquisa referentes a diferenças populacionais quanto a um constructo desse tipo, com frequência, se utilizam métodos de MANOVA. Mas eles são menos eficazes que os métodos SEM de variáveis latentes apresentados neste capítulo, como Hancock, Lawrence e Nevitt (2000) demonstraram, empiricamente, em um amplo leque de condições, e como Kano (2001) também deduziu analiticamente. Além disso, ainda mais importante é o fato de os métodos de MANOVA serem intrinsecamente incompatíveis com o tipo de sistema de variáveis em questão, o que pode levar pesquisadores a fazerem uma avaliação inexata das diferenças populacionais quanto ao constructo de interesse, se essas diferenças não lhes passarem totalmente despercebidas (Cole *et al.*, 1993).

Em suma, os métodos de SEM apresentados neste capítulo ajudam a abordar perguntas de pesquisa sobre diferenças populacionais num sistema de variáveis latentes. Literalmente, usa-se evidência de variáveis medidas para indagar se as médias de constructo latente das populações

360 • SEÇÃO V / MODELOS PARA VARIÁVEIS LATENTES

diferem. Pessoas aleatoriamente incluídas em sessões de aconselhamento grupal ou em sessões de aconselhamento individual têm diferentes percepções gerais sobre os conselheiros? Há diferenças de autoeficácia em matemática entre homens e mulheres? Amostras aleatórias de esposas e esposos diferem na quantidade de confiança conjugal? A modelagem MIMIC e as técnicas de SMM ajudam a abordar tais perguntas. Neste capítulo, apresenta-se uma introdução a ambos os métodos, tomando o cenário de comparação entre dois grupos como contexto para descrever suas representações conceituais, seus pressupostos subjacentes singulares, seus méritos relativos e suas limitações, bem como apontar ampliações metodológicas para além do caso concreto de dois grupos aqui apresentado.

17.1 Informação preliminar

De um ponto de vista pedagógico, seria impossível ministrar conhecimento de modelagem MIMIC e técnicas de SMM sem se pressupor alguma experiência com princípios básicos e implementação de SEM (p. ex., regras não padronizadas de traçado de percursos, técnicas de estimação de parâmetros etc.). O leitor não familiarizado com esses temas pode consultar excelentes textos (cf., Bollen 1989; Hayduk, 1987; Kaplan, 2000; Kline, 1998; Leohlin, 1998; Mueller, 1996; Schumacker; Lomax, 1996). A fim de auxiliar o leitor neste capítulo, apresentamos um panorama geral da notação usada a seguir, bem como uma breve recapitulação de algumas relações algébricas úteis.

17.1.1 Notação

Ao longo da maior parte deste capítulo, utiliza-se notação tradicional de SEM. Concretamente, um constructo independente (exógeno) é denominado ξ, enquanto as variáveis medidas que servem como indicadores desse constructo denominam-se X. O coeficiente de percurso representativo do impacto do constructo ξ sobre cada X (isto é, a carga não padronizada) é rotulado λ_X. A variabilidade em cada X não explicada pelo constructo ξ é um resíduo indicado por δ.

Os constructos dependentes (endógenos) denominam-se η, enquanto seus indicadores se indicam com Y. O coeficiente de percurso não padronizado representativo do impacto do constructo η sobre cada Y é denominado ε. Neste capítulo, os constructos endógenos (η) dependem de um código grupal ("fictício") variável ou de uma covariável exógena latente. Indica-se com X a variável de código grupal, enquanto seu percurso não padronizado para o constructo η é identificado com uma γ. A porção do constructo η não explicada pela variável de código grupal X (e quaisquer covariáveis latentes) é residual; um resíduo do constructo é denominado ζ. Finalmente, como se mostrará depois, algumas equações estruturais vão requerer termos de ordenada na origem, que serão denominados τ para variáveis medidas e κ para variáveis latentes.

Haverá as seguintes exceções à notação tradicional usada neste capítulo: a média, a variância e a covariância populacionais são representadas por $M(\_)$, $V(\_)$ e $C(\_,\_)$, respectivamente; já as estimativas dos parâmetros populacionais deduzidos durante a SEM são indicadas por um acento circunflexo ($\wedge$) em cima do correspondente símbolo do parâmetro. Por exemplo, uma carga X estimada não padronizada seria denominada $\hat{\lambda}_X$; a média, a variância e a covariância populacionais seriam indicadas, respectivamente, por $\hat{M}(\_)$, $\hat{V}(\_)$, e $\hat{C}(\_,\_)$.

17.1.2 Relações algébricas úteis

Ao aplicar métodos de SEM, o pesquisador está realmente tentando solucionar um sistema de relações algébricas para obter estimativas de incógnitas teoricamente relevantes. Essas relações a serem resolvidas envolvem a decomposição de variâncias e covariâncias – e, neste capítulo, também médias – populacionais em suas partes componentes, como prevê o modelo estrutural teórico. O leitor já deve ter algum conhecimento desse processo. Para se lembrar, suponha um possível exemplo com três variáveis independentes (X_1, X_2 e X_3) e três variáveis dependentes (Y_1, Y_2 e Y_3)[2]. Essas variáveis dependentes relacionam-se, teoricamente, com as

---

2. Note-se que este uso da notação X e Y difere daquele descrito na seção anterior e do utilizado nas partes sobre modelagem MIMIC e SMM no capítulo seguinte.

Capítulo 17 / Projeto e análise experimentais, quase-experimentais e não experimentais com variáveis latentes • 361

variáveis independentes pelo seguinte sistema de equações do tipo de regressão:

$$Y_1 = \tau_1 + \gamma_{11}X_1 + \zeta_1, \tag{5}$$

$$Y_2 = \tau_2 + \gamma_{21}X_1 + \zeta_2, \tag{6}$$

$$Y_3 = \tau_3 + \gamma_{32}X_2 + \gamma_{33}X_3 + \zeta_3. \tag{7}$$

Nessas equações, τ representa uma ordenada na origem, γ representa uma inclinação e ζ representa uma variável de erro ("resíduo" ou "perturbação"). Elas podem ser descritas em forma matricial, como

$$\begin{bmatrix} Y_1 \\ Y_2 \\ Y_3 \end{bmatrix} = \begin{bmatrix} \tau_1 \\ \tau_2 \\ \tau_3 \end{bmatrix}$$

$$+ \begin{bmatrix} \gamma_{11} & 0 & 0 \\ \gamma_{21} & 0 & 0 \\ 0 & \gamma_{32} & \gamma_{33} \end{bmatrix} \begin{bmatrix} X_1 \\ X_2 \\ X_3 \end{bmatrix} + \begin{bmatrix} \zeta_1 \\ \zeta_2 \\ \zeta_3 \end{bmatrix} \tag{8}$$

$$\mathbf{y} = \boldsymbol{\tau} + \boldsymbol{\Gamma}\mathbf{x} + \boldsymbol{\zeta}. \tag{9}$$

Supondo que os erros em $\boldsymbol{\zeta}$ não variam conjuntamente uns com os outros nem com quaisquer variáveis independentes em $\mathbf{x}$, regras não padronizadas de traçado de percursos (ou a álgebra de valores esperados) produzem as seguintes relações esperadas para a população:

$$M(Y_1) = \tau_1 + \gamma_{11}M(X_1), \tag{10}$$

$$V(Y_1) = \gamma_{11}^2 V(X_1) + V(\zeta_1), \tag{11}$$

$$C(Y_1, Y_2) = \gamma_{11}\gamma_{21}V(X_1), \tag{12}$$

$$V(Y_3) = \gamma_{32}^2 V(X_2) + \gamma_{33}^2 V(X_3)$$
$$+ 2\gamma_{32}\gamma_{33}C(X_2, X_3) + V(\zeta_3). \tag{13}$$

Há, certamente, mais relações implícitas; com efeito, para as seis variáveis X e Y medidas, seis decomposições de médias, seis decomposições de variâncias e quinze decomposições de covariâncias são possíveis. As relações de decomposição individuais das equações (10) a (13) foram escolhidas por exemplificarem muitos dos tipos de decomposições de médias, variâncias e covariâncias necessárias à compreensão da modelagem de MIMIC e das análises SMM apresentadas neste capítulo.

Finalmente, cabe notar nas relações anteriores, implicadas pelo modelo, que os termos de ordenada na origem não aparecem em decomposições para variâncias e covariâncias. Enquanto o uso de ordenadas na origem é habitual em regressão múltipla para ajudar a captar a relação das médias dos

preditores com a média da variável do critério, na maioria das análises SEM, omitem-se as ordenadas na origem em equações estruturais, porque elas são irrelevantes para o foco da SEM em variâncias e covariâncias. Contudo, como se mostrará depois, será preciso introduzir essas ordenadas na origem em nossas equações estruturais quando realizarmos SMM.

17.2 MODELAGEM DE MIMIC

17.2.1 Desenvolvimento

Como o leitor possivelmente deve se lembrar, é possível realizar testes t (e ANOVA em geral) num modelo de regressão mediante o uso de variáveis fictícias ou variáveis de código de outro grupo. As variáveis fictícias assumem valor 0 ou 1, indicando a ausência ou a presença – respectivamente – de alguma condição, e são incluídas como preditores no modelo linear. Com isso, é possível fazer inferências quanto a diferenças entre populações no referente a uma determinada variável dependente. Pode-se aplicar uma ideia similar com um constructo dependente, permitindo responder perguntas sobre possíveis diferenças entre populações quanto ao constructo que é objeto de interesse. Essa é a base do método de modelagem de MIMIC para testagem de diferenças médias latentes.

A fim de nos aprofundarmos, suponhamos que um pesquisador deseje usar duas amostras para inferir se existe uma diferença entre duas médias populacionais sobre um constructo latente η_1. Ou seja, η_1 pode ser dependente da população à qual um sujeito pertence. Dado o contexto de um sistema de variáveis latentes, o constructo η_1 é definido pela covariação entre seus indicadores medidos. Suponhamos, para esse exemplo, que há três indicadores desse tipo – Y_1, Y_2 e Y_3 –, sendo que Y_1 serve como indicador da escala do constructo ao fixar sua carga no valor 1. Supondo-se as variáveis Y expressas como pontuações de desvio, pode-se expressar esse modelo de medição em forma matricial como

$$\begin{bmatrix} Y_1 \\ Y_2 \\ Y_3 \end{bmatrix} = \begin{bmatrix} 1 \\ \lambda_{Y21} \\ \lambda_{Y31} \end{bmatrix} \eta_1 + \begin{bmatrix} \varepsilon_1 \\ \varepsilon_2 \\ \varepsilon_3 \end{bmatrix} \tag{14}$$

ou, simbolicamente, como

$$\mathbf{y} = \boldsymbol{\Lambda}_Y \eta_1 + \boldsymbol{\varepsilon}. \tag{15}$$

362 • SEÇÃO V / MODELOS PARA VARIÁVEIS LATENTES

Observe-se que as equações não contêm termos de ordenada na origem. Aliás, teria sido possível incluir termos de ordenada na origem nessas equações, mas, uma vez que a modelagem de MIMIC (como a maioria dos SEM) está focada apenas em variâncias e covariâncias entre variáveis medidas, tais ordenadas na origem são irrelevantes para as necessárias decomposições de variância e covariância. Formalmente, omitir os termos de ordenada na origem das equações estruturais implica atribuir valor 0 a esses termos. As ordenadas na origem têm valor 0 quando todas as variáveis têm médias iguais a 0. Por exemplo, quando se expressa cada pontuação como um desvio com relação à média da variável. Assim, na modelagem de MIMIC, supõe-se que todas as variáveis são escaladas como pontuações de desvio e, portanto, têm médias e ordenadas na origem de valor 0. Aparentemente, isso frustraria o objetivo do modelo de MIMIC, a saber, a investigação de diferenças médias sobre um fator latente. Todavia, como as variáveis estão escaladas como desvios com relação às suas médias na amostra combinada e não em cada grupo em separado, as diferenças entre grupos no que tange às variáveis medidas e ao constructo subjacente ficam preservadas.

Quanto à informação sobre os integrantes da população, concebe-se uma variável fictícia X_1, cujos valores representam a presença (p. ex., $X_1 = 1$) e a ausência (p. ex., $X_1 = 0$) de uma de duas condições para cada sujeito. De modo a se captar a possível relação entre essa variável fictícia e o constructo η_1, combinam-se os dados de ambos os grupos numa única amostra e efetua-se a regressão do constructo dependente sobre a variável fictícia dentro de um único modelo estrutural. O coeficiente de regressão que expressa o efeito da variável fictícia X_1 sobre o constructo η_1 é denominado γ_{11}, sendo um parâmetro essencial à análise de MIMIC, porque um impacto estatisticamente significativo de X_1 em η_1 enseja a inferência de que as populações diferem em quantidade média do constructo subjacente. Essa parte de η_1 não explicada pela variável fictícia é captada pelo termo de perturbação ζ_1. Pode-se expressar esse modelo estrutural como

$$\eta_1 = \gamma_{11}X_1 + \zeta_1. \tag{16}$$

Note-se, novamente, que não aparece nenhum termo de ordenada na origem nessa equação estrutural, o que reflete a condição em que todas as variáveis, inclusive a variável de código de grupo X_1, são tratadas como se fossem expressas como pontuações de desvio.

O modelo que contém partes de medição e estruturais é incluído na figura 17.1 (por enquanto, os rótulos de variável podem ser desconsiderados). Mostram-se, também, as variâncias e as covariâncias implícitas no modelo entre as quatro variáveis observadas (isto é, inclusive a variável fictícia X_1), expressas como uma função dos parâmetros a serem estimadas no modelo e deduzíveis a partir de regras não padronizadas de traçado de percurso (ou, diretamente, com base na álgebra de valores esperados). Considere-se, por exemplo, a decomposição teórica da variância de Y_1, $V(Y_1) = V(\eta_1) + V(\varepsilon_1)$; porém, como $V(\eta_1)$ pode ser decomposto em $[\gamma_{11}^2 V(X_1) + V(\zeta_1)]$, a expressão entre colchetes foi introduzida nessa relação e onde quer que $V(\eta_1)$ fizer parte de uma decomposição de variância ou covariância. Ao todo, há dez equações e oito parâmetros únicos a se estimar: duas cargas (λ_{Y21}, λ_{Y31}), um percurso estrutural (γ_{11}), uma variância de variável ($V(X_1)$), uma variância de perturbação ($V(\zeta_1)$) e três variâncias de erro ($V(\varepsilon_1)$, $V(\varepsilon_2)$, $V(\varepsilon_3)$). Ao todo, o modelo está superidentificado com dois ($10 - 8 = 2$) graus de liberdade.

Estimam-se os oito parâmetros do modelo de forma a reproduzir as dez variâncias e covariâncias implícitas no modelo em uma matriz 4×4 de variância-covariância $\hat{\boldsymbol{\Sigma}}$ implícita no modelo de tão próxima quanto possível àqueles dez valores de variância e covariância observados nos dados de $p = 4$ variáveis e contidos numa matriz 4×4 de amostra de variância-covariância $\mathbf{S}$. No contexto de estimação de máxima verossimilhança (ML, na sigla em inglês), especificamente, são escolhidos valores de parâmetros para implicar (reproduzir) a matriz de variância-covariância de uma população da qual a matriz de variância-covariância da amostra dos dados observados tem a máxima verossimilhança de surgir por amostragem aleatória. Como se deduziu em outros textos (p. ex., Hayduk, 1987), esse processo é operacionalizado escolhendo-se parâmetros, de modo a minimizar a função de ajuste

$$F_{\mathbf{ML}} = \ln|\hat{\boldsymbol{\Sigma}}| + \mathrm{tr}(\mathbf{S}\hat{\boldsymbol{\Sigma}}^{-1}) - \ln|\mathbf{S}| - p. \tag{17}$$

Supondo que se chegue a um razoável ajuste do modelo aos dados (isto é, que se encontrem

Figura 17.1 Modelo e relações implícitas para o exemplo de modelagem de múltiplos indicadores e múltiplas causas (MIMIC)

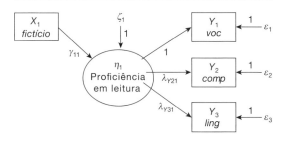

Relações implícitas no modelo

$V(Y_1) = [\gamma_{11}^2 V(X_1) + V(\zeta_1)] + V(\varepsilon_1)$
$V(Y_2) = \lambda_{Y21}^2 [\gamma_{11}^2 V(X_1) + V(\zeta_1)] + V(\varepsilon_2)$
$V(Y_3) = \lambda_{Y31}^2 [\gamma_{11}^2 V(X_1) + V(\zeta_1)] + V(\varepsilon_3)$
$V(X_1) = V(X_1)$
$C(Y_1,Y_2) = \lambda_{Y21}[\gamma_{11}^2 V(X_1) + V(\zeta_1)]$
$C(Y_1,Y_3) = \lambda_{Y31}[\gamma_{11}^2 V(X_1) + V(\zeta_1)]$
$C(Y_2,Y_3) = \lambda_{Y21}\lambda_{Y31}[\gamma_{11}^2 V(X_1) + V(\zeta_1)]$
$C(X_1,Y_1) = \gamma_{11} V(X_1)$
$C(X_1,Y_2) = \gamma_{11}\lambda_{Y21} V(X_1)$
$C(X_1,Y_3) = \gamma_{11}\lambda_{Y31} V(X_1)$

estimativas de parâmetros que deem uma suficientemente próxima de **S**), o parâmetro de maior interesse é o coeficiente de percurso γ_{11} entre a variável fictícia X_1 e o constructo η_1. Esse percurso representa o efeito direto da variável fictícia sobre o constructo, e a sua magnitude reflete, de fato, a diferença entre as duas médias populacionais quanto ao constructo η_1. Para compreender por que, consideremos a equação estrutural relacionando a variável fictícia X_1 ao seguinte constructo: $\eta_1 = \gamma_{11} X_1 + 1\zeta_1$. Para a população codificada $X_1 = 1$, essa equação pode ser escrita como $\eta_1 = \gamma_{11} + 1\zeta_1$, para a população codificada $X_1 = 0$, a equação simplifica-se e se reduz a $\eta_1 = 1\zeta_1$. Como $M(\zeta_1) = 0$, a média populacional esperada para cada grupo é $_1M(\eta_1) = \gamma_{11}$ e $_0M(\eta_1) = 0$ (onde o prefixo indica o código fictício). Assim, $\gamma_{11} = {}_1M(\eta_1) - {}_0M(\eta_1)$, e sua estimativa $\hat{\gamma}_{11}$ representa a diferença estimada entre as duas médias populacionais no que tange ao constructo η_1.

Se a variável fictícia X_1 é a causa de uma parte estatisticamente significativa da variabilidade no constructo η_1, que é determinada por um teste de magnitude da estimativa de parâmetro $\hat{\gamma}_{11}$, inferiríamos que existe uma diferença entre as duas médias populacionais quanto a esse constructo. Se, pelo contrário, X_1 não é a causa de uma parte estatisticamente significativa da variabilidade no constructo η_1, devemos continuar considerando sustentável a hipótese nula, pela qual $_1M(\eta_1) = {}_0M(\eta_1)$. O teste de $\hat{\gamma}_{11}$ precisa de seu erro-padrão associado, aqui denominado $SE(\hat{\gamma}_{11})$, que faz parte do típico resultado de MES computadorizada. Um simples teste z, onde $z = \hat{\gamma}_{11}/SE(\hat{\gamma}_{11})$, verifica se as duas médias populacionais parecem diferir quanto ao constructo que é objeto de interesse.

Havendo significância estatística, deve ser possível interpretar qual população tem "mais" do constructo em questão e quanto mais ela tem. Para tanto, o pesquisador deve ter, primeiro, uma correta interpretação do constructo, efetuada mediante o exame dos signos das estimativas de carga (valores de $\hat{\lambda}$) à luz do que cada variável medida representa. Isto feito, o signo do valor de $\hat{\gamma}_{11}$ indica qual das populações tem mais do constructo – se positivo, a população codificada $X_1 = 1$ tem mais; se negativo, a população codificada $X_1 = 0$ é a que tem mais. Por fim, como detalhado por Hancock (2001), pode-se expressar a magnitude dessa diferença como uma estimativa de tamanho de efeito padronizado $\hat{d}$, em que

$$\hat{d} = |\hat{\gamma}_{11}|/[\hat{V}(\zeta_1)]^{1/2}. \qquad (18)$$

Uma vez que $\hat{V}(\zeta_1)$ é efetivamente uma variância fatorial intragrupo reunida, pode-se interpretar $\hat{d}$ como o número estimado de desvios-padrão latentes separando as duas médias populacionais sobre o *continuum* latente que é objeto de interesse. Esse tamanho de efeito padronizado também poderia ser utilizado em análise de poder *post hoc* e determinação de tamanho de amostra (Hancock, 2001).

17.2.2 Exemplo de MIMIC para dois grupos

A fim de ilustrarmos o método de modelagem de MIMIC para avaliar diferenças de médias latentes, apresentamos um exemplo hipotético quase-experimental. Imaginemos duas amostras intactas de 500 alunos de jardins de infância, a primeira destinada a receber um currículo tradicional de base fônica durante dois anos, enquanto a outra receberá um currículo de método

364 • SEÇÃO V / MODELOS PARA VARIÁVEIS LATENTES

global, também por dois anos[3]. Efetuam-se três avaliações de leitura no fim da primeira série, focadas em vocabulário (*voc*), compreensão (*comp*) e linguagem (*ling*). Acredita-se que esses três aspectos são manifestações observáveis de um constructo subjacente de proficiência em leitura. A tabela 17.1 apresenta estatísticas resumidas desses dados idealizados para duas amostras separadamente, bem como numa amostra combinada com uma variável fictícia (X_1 = 1, fônica; X_1 = 0, linguagem global). Observe-se que na tabela também há informações sobre outras variáveis, a serem usadas depois.

O modelo descrito na figura 17.1 foi ajustado à matriz de covariância (com a variável fictícia) para a amostra combinada, cujas correlações e desvios-padrão (*SD*, na sigla em inglês) aparecem

_____
3. Embora tais dados sejam, em geral, de múltiplos níveis (p. ex., alunos em salas de aula comuns etc.), aqui supomos, para simplificar, que os dados possam ser tratados como simples amostras aleatórias.

na tabela 17.1, aplicando estimação de ML EQS 5.7B (Bentler, 1998). Em primeiro lugar, o ajuste do modelo foi excelente de acordo com quaisquer padrões: $\chi^2(2, N = 1.000) = 2,128$, índice de ajuste comparativo (CFI, na sigla em inglês) = 1,000, raiz quadrada padronizada do resíduo quadrático médio (SRMR, na sigla em inglês) = 0,009 e raiz quadrada do erro de aproximação quadrático médio (RMSEA, na sigla em inglês) = 0,008, com um intervalo de confiança (IC) de 90% = (0,000, 0,064). Depois, estimativas de parâmetros-chave (todos com $p < 0,05$) podem ser resumidas como segue: $\hat{\lambda}_{Y21} = 0,841$, $\hat{\lambda}_{Y31} = 0,723$, $\hat{\lambda}_{11} = 1,872$ e $\hat{V}(\zeta_1) = 16,447$. Como $\hat{\gamma}_{11}$ é positivo e estatisticamente significativo, podemos inferir, a princípio, que a população de fonética ($X_1 = 1$) tem média mais elevada do que a população de linguagem global ($X_1 = 0$) no *continuum* de proficiência de leitura latente. Quanto à magnitude do efeito, o tamanho de efeito padronizado estimado seria calculado

Tabela 17.1 – Estatísticas idealizadas resumidas para amostras separadas e combinadas

				Fonética					
	voc	*comp*	*ling*	*fon*	*alfa*	*impr*		*SD*	*M*
voc	1,000							4,654	70,944
comp	0,770	1,000						3,943	69,606
ling	0,650	0,659	1,000					3,771	66,962
fon	0,223	0,260	0,181	1,000				1,343	3,274
alfa	0,381	0,413	0,313	0,511	1,000			1,325	3,616
impr	0,325	0,349	0,277	0,419	0,640	1,000		1,329	3,300

				Linguagem global					
	voc	*comp*	*ling*	*fon*	*alfa*	*impr*		*SD*	*M*
voc	1,000							4,687	69,166
comp	0,747	1,000						3,901	68,046
ling	0,641	0,631	1,000					4,083	65,400
fon	0,199	0,238	0,174	1,000				1,300	2,774
alfa	0,289	0,315	0,237	0,507	1,000			1,276	2,794
impr	0,267	0,311	0,253	0,439	0,618	1,000		1,238	2,564

				Combinada					
	voc	*comp*	*ling*	*fon*	*alfa*	*impr*	*fictícia*	*SD*	*M*
voc	1,000							4,752	70,055
comp	0,768	1,000						3,997	68,826
ling	0,658	0,657	1,000					4,005	66,181
fon	0,239	0,277	0,207	1,000				1,342	3,024
alfa	0,371	0,400	0,315	0,533	1,000			1,363	3,205
impr	0,332	0,365	0,303	0,456	0,660	1,000		1,335	2,932
fictícia	0,187	0,195	0,195	0,186	0,302	0,276	1,000	0,500	0,500

Capítulo 17 / Projeto e análise experimentais, quase-experimentais e não experimentais com variáveis latentes • 365

como $\hat{d} = |\hat{\gamma}_{11}|/[\hat{V}(\zeta_1)]^{1/2} = 1{,}872/(16{,}447)^{1/2} = 0{,}462$. Esse valor implica que a média da população de fonética é quase meio desvio-padrão mais alta do que aquela da população de linguagem global no *continuum* de proficiência de leitura latente. Segundo os padrões de ciências sociais (p. ex., Cohen, 1988), isso pode ser considerado um tamanho de efeito médio.

17.2.3 Extensões do modelo básico de MIMIC

Em primeiro lugar, o simples cenário de dois grupos apresentado neste capítulo é, na verdade, um caso especial de uma classe mais geral de modelos de MIMIC (cf. Muthén, 1989). Nos modelos de MIMIC em geral, como indica o significado completo de acrônimo, um constructo tem diversos preditores medidos a exercerem efeito causal nele[4]. Portanto, assim como a situação de um único preditor dicotômico nos permite fazer inferências sobre médias latentes para o caso de duas populações, o uso de $J - 1$ variáveis codificadas de grupo permite inferências sobre J populações em geral. Ademais, esses J grupos podem representar populações que variam em apenas uma dimensão, como na ANOVA unilateral, ou ao longo de múltiplas dimensões, como na ANOVA fatorial. Todos os engenhosos esquemas de codificação de grupos (p. ex., fictício, contraste, efeito) podem ser utilizados para abordar as inferências da população que são objeto de interesse, como acontece quando se faz ANOVA dentro de um modelo de regressão (p. ex., Pedhazur, 1997).

Em segundo lugar, quando se inclui o percurso a partir do(s) preditor(es) de código de grupo diretamente até o constructo, como vimos na figura 17.1 e analisamos no exemplo de MIMIC para o caso de dois grupos, faz-se uma suposição sobre a relação entre a variável de código de grupo e as variáveis indicadoras medidas. A suposição é, especificamente, que a única relação entre o(s) preditor(es) de código de grupo e as variáveis indicadoras é a relação indireta mediada pelo constructo de interesse. Em termos mais

práticos, isso implica que a única razão para haver diferenças entre populações nas variáveis indicadoras medidas é a existência de diferenças entre populações quanto ao constructo medido. De fato, é isso que geralmente se supõe e talvez seja o caso ideal. Entretanto, podemos imaginar uma variável indicadora, na qual as diferenças entre populações são acentuadas ou atenuadas em acréscimo às diferenças de constructo (Muthén, 1989). Consideremos o caso de um pesquisador que, num cenário não experimental, deseja avaliar diferenças populacionais entre alunos caucásicos e hispânicos quanto a um constructo de proficiência em língua inglesa, aplicando três testes de vocabulário em inglês como indicadores medidos desse constructo. Se um dos testes de vocabulário consistir em muitas palavras cujas origens latinas são bem mais comuns em espanhol, o desempenho nessa variável indicadora em especial refletirá não só o constructo de proficiência em língua inglesa, como também algo sobre o contexto cultural. Esse é um exemplo do que se conhece como *funcionamento diferencial em teste* na literatura sobre testagem (cf., p. ex., Holland; Wainer, 1993), e não ter esse fator em conta poderia resultar em inferência incorreta quanto a diferenças entre populações a respeito do constructo que é objeto de interesse. No modelo de MIMIC, pode-se detectar esse problema por meio de comparações de modelos ou índices de modificação (testes de multiplicadores de Lagrange), bem como tratá-lo incluindo mais um percurso que vá diretamente do preditor fictício de etnicidade até aquela variável indicadora em especial; com isso, preserva-se a integridade da inferência da população no nível do constructo.

Em terceiro lugar, os modelos de MIMIC também facilitam a inclusão de covariáveis, mesmo quando elas são constructos latentes que têm as suas próprias variáveis indicadoras. Em aplicações de análise de covariância (ANCOVA), de modo geral, uma covariável tem a possibilidade de conter considerável erro de medição. Quer seja especificamente em cenários de ANCOVA (cf. Trochim, 2001), quer seja no conjunto mais geral de modelos de variável mediadora (cf. Hoyle; Kenny, 1999), o erro de medição de covariáveis pode levar a inferências inexatas a respeito de

---

4. Isso também implica que, sendo a variável fictícia exclusiva a única variável causal no caso de dois grupos, o termo *MIMIC* é uma denominação tecnicamente errônea.

366 • SEÇÃO V / MODELOS PARA VARIÁVEIS LATENTES

diferenças médias e/ou relações estruturais. No entanto, quando a variável desejada é operacionalizada como um constructo a partir de um sistema de variáveis latentes de covariáveis medidas, é possível incluir no modelo a covariável latente teoricamente isenta de erro, como um preditor covariante adicional do constructo a respeito do qual se estão investigando diferenças entre populações. Para fins de notação, podemos expressar o preditor de código de grupo original X_1 como um fator de indicador único ξ_1 (isto é, $X_1 = \xi_1$), e a nova covariável latente, como ξ_2 (com, por exemplo, indicadores X_2 a X_4); ξ_1 e ξ_2 têm covariância $C(\xi_1, \xi_2)$, frequentemente expressa como φ_{21}. Assim, a equação (16) pode ser estendida como

$$\eta_1 = [\gamma_{11} \quad \gamma_{12}] \begin{bmatrix} \xi_1 \\ \xi_2 \end{bmatrix} + \zeta_1 \qquad (19)$$

ou, simbolicamente, como

$$\eta_1 = \Gamma \xi + \zeta_1. \qquad (20)$$

Em tais situações, como em ANCOVA em geral, diferenças entre populações acima e além dessas resultantes da covariável são objeto de interesse. Logo, nesse modelo, o percurso principal ainda é γ_{11}, aquele entre a variável de código de grupo (aqui chamada ξ_1) e o constructo de resultado η_1, que, agora, representa uma diferença média latente ajustada por covariável. A figura 17.2 descreve um modelo desse tipo com uma variável latente de três indicadores, e, a seguir, é apresentado um exemplo numérico desse método[5].

---

5. Há uma interessante variação de ANCOVA em modelos de MIMIC que é útil com seleção não aleatória em grupos (p. ex., tratamento e controle). Kaplan (1999) propôs o uso de pontuações de propensão (Rosenbaum; Rubin, 1983), que são probabilidades de seleção condicionada num grupo-alvo (p. ex., tratamento) derivadas de regressão nos *probits* ou logística usando covariáveis como preditores. Os indivíduos são, então, agrupados em faixas de pontuação de propensão, e, simultaneamente, diferentes modelos de MIMIC são ajustados a dados de casos incluídos em cada faixa. Em condições específicas, no que tange à seleção original em grupos e à invariância do modelo de medição entre populações (cf. Kaplan, 1999), é possível tirar conclusões sobre a índole de diferenças entre grupos e a possibilidade de generalizá-la nas faixas.

17.2.4 Exemplo de MIMIC para dois grupos, com covariável latente

No exemplo de MIMIC anterior, a inferência final foi que a população de fonética teve proficiência de leitura latente média mais alta do que a população de linguagem global. Observou-se, porém, que essa inferência era *preliminar*, pois o uso de grupos intactos introduz uma ameaça de seleção à validez interna do estudo. A fim de compensar a falta de controle experimental, podemos recorrer ao controle estatístico de uma covariável latente. Estendendo o exemplo de MIMIC anterior, imaginemos que, no início do jardim de infância (ou seja, antes de receber ensino de leitura), cada professor utilizou escalas de pontuação com 6 pontos para criar pontuações para cada criança em percepção fonêmica (*fon*), princípio alfabético (*alfa*) e conceitos e convenções de impressão (*impr*). Considera-se que essas três medidas são manifestações observáveis de um constructo subjacente de preparo para a leitura. Na tabela 17.1 vemos estatísticas resumidas desses dados idealizados para duas amostras separadamente, bem como numa amostra combinada, com uma variável fictícia ($X_1 = 1$, fonética; $X_1 = 0$, linguagem global).

O modelo exposto na figura 17.2 foi ajustado à matriz de covariância (com variável fictícia) para a amostra combinada, cujas correlações e desvios padrão constam da tabela 17.1, utilizando estimação de ML em EQS 5.7b (Bentler, 1998). O ajuste do modelo foi excelente: $\chi^2(12, N = 1.000) = 10,507$, CFI = 1,000, SRMR = 0,012 e RMSEA = 0, com IC de 90% = (0,000, 0,029). Ademais, todas as estimativas de parâmetros de carga foram estatisticamente significativas ($p < 0,05$): $\hat{\lambda}_{Y21} = 0,853$, $\hat{\lambda}_{Y31} = 0,726$, $\hat{\lambda}_{Y32} = 1,462$ e $\hat{\lambda}_{Y42} = 1,252$. Quanto à estrutura, $\hat{\gamma}_{11} = 0,464$ ($p = 0,087$), $\hat{\gamma}_{12} = 2,481$ ($p < 0,05$), $\hat{C}(\xi_1, \xi_2) = 0,141$ ($p < 0,05$) e $\hat{V}(\zeta_1) = 12,674$. Nesses parâmetros estruturais, os dois efeitos do uso de uma covariável são aparentes. O primeiro é uma redução da variância residual do constructo endógeno, de 16,447 no exemplo anterior para 12,674 com a covariável latente. O segundo é o ajuste da diferença de média populacional estimada, do valor estatisticamente significativo de 1,872, anteriormente, para 0,464, não significativo, com a covariável latente. Esse resultado implica que, quando se levam em consideração as diferenças de preparo para

Figura 17.2 Modelo para o exemplo de múltiplos indicadores e múltiplas causas (MIMIC) com covariável latente

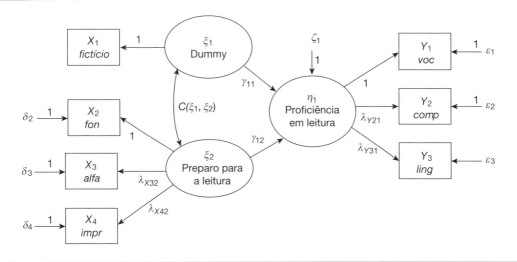

a leitura das amostras intactas, a hipótese nula de que fonética e linguagem global proporcionam uma equivalente proficiência média de leitura parece defensável.

17.3 MODELAGEM DE MÉDIAS ESTRUTURADAS

17.3.1 Desenvolvimento

A relação entre o método de modelagem de MIMIC e o uso do enfoque de SMM é semelhante àquela entre os enfoques de regressão e teste t para avaliar diferenças univariadas entre duas populações. Um método de regressão simples, como a modelagem de MIMIC, usa os dados de ambos os grupos como parte de uma única amostra. A variável do critério é submetida à regressão sobre o preditor fictício, o que permite fazer inferências a respeito de possíveis diferenças quanto a esse critério mediante a magnitude, o signo e a significância estatística do coeficiente de regressão (percurso). Nesse processo, nenhuma média de variável foi diretamente necessária, e a ordenada na origem que costuma fazer parte de uma equação de regressão não teve influência alguma na interpretação sobre diferenças de grupo a respeito do critério. Em modelagem de MIMIC – o análogo de SEM a um método de regressão simples para avaliar diferenças entre populações –, as ordenadas na origem são ignoradas em sua totalidade (por razões aqui já analisadas). Assim como na regressão, as diferenças entre populações quanto ao constructo que é objeto de interesse inferem-se, diretamente, da estrutura de covariância das variáveis; especificamente, utiliza-se o coeficiente de percurso que relaciona o preditor (variável fictícia) com o critério (constructo). Novamente, as médias de grupo individuais referentes às variáveis medidas são desnecessárias.

Por sua vez, o método de SMM para avaliação de diferenças entre populações mantêm separados os dados dos dois grupos, como um teste t. Com isso, não há necessidade de uma variável de código de grupo para diferenciar, já que não se combinam as pontuações de diferentes grupos. Em lugar disso, como no teste t, as médias das variáveis é que são usadas nas análises. Assim, a SMM aplicará equações que incluem médias e, como mostramos na seção introdutória, as respectivas ordenadas na origem da variável. Essas novas equações constituem a estrutura de médias, a ser estimada ademais da estrutura de covariância incluída em toda análise de SEM. A estimação simultânea de estruturas de covariância e de médias associada com as variáveis latentes e observadas há de facilitar o objetivo final, que é fazer inferências sobre médias populacionais a respeito do constructo de interesse.

A fim de compreendermos como a SMM funciona, suponhamos, de novo, que há apenas dois grupos a se comparar em termos de suas médias no constructo. O constructo que é objeto de interesse – ξ_1 – tem três indicadores – X_1, X_2 e X_3 – e sua escala é determinada fixando a carga de X_1 no valor 1. Esse modelo, supostamente válido para ambas as populações, está incluído na figura 17.3. As equações estruturais para uma única população incluem termos de ordenada na origem e podem ser representadas em forma matricial, como segue:

$$\begin{bmatrix} X_1 \\ X_2 \\ X_3 \end{bmatrix} = \begin{bmatrix} \tau_1 \\ \tau_2 \\ \tau_3 \end{bmatrix} + \begin{bmatrix} 1 \\ \lambda_{X21} \\ \lambda_{X31} \end{bmatrix} \xi_1 + \begin{bmatrix} \delta_1 \\ \delta_2 \\ \delta_3 \end{bmatrix} \quad (21)$$

ou, simbolicamente, como

$$\mathbf{x} = \boldsymbol{\tau} + \boldsymbol{\Lambda}_X \xi_1 + \boldsymbol{\delta}. \quad (22)$$

Note-se, também, que se pode inserir uma constante unitária na equação (22) depois do vetor $\boldsymbol{\tau}$ (isto é, $\mathbf{x} = \boldsymbol{\tau} 1 + \boldsymbol{\Lambda}_X \xi_1 + \boldsymbol{\delta}$, expressando que os valores de $\boldsymbol{\tau}$ podem ser considerados percursos para cada X medido a partir de uma *pseudovariável* constante unitária (ou seja, uma variável em que todos os sujeitos têm valor 1). A figura 17.3 mostra essa convenção com percursos até todas as X variáveis a partir de um triângulo representativo dessa constante unitária, indicando, assim, ordenadas na origem da variável medida. Agora, podemos interpretar essas equações estruturais do mesmo modo que na regressão. Por exemplo, considerando a equação estrutural para a variável medida X_2, a carga λ_{X21} é um declive que relaciona a mudança no constructo ξ_1 com a mudança em X_2, enquanto τ_2 representa o valor previsto de X_2 para um sujeito cujo valor é 0 a respeito do constructo ξ_1.

O leitor também vai reparar em outra convenção representada na figura 17.3, aquela de um percurso entre a constante unitária e o constructo ξ_1 e rotulado como $M(\xi_1)$. Como qualquer pontuação de um conjunto pode ser expressa como um desvio com respeito à média do conjunto, as pontuações teóricas quanto ao constructo ξ_1 podem expressar-se como função da média de ξ_1 e um resíduo:

$$\xi_1 = M(\xi_1) + \zeta_1. \quad (23)$$

Como já vimos, observe-se que se pode inserir uma constante unitária na equação (23) depois da média latente $M(\xi_1)$ (ou seja, $\xi_1 = M(\xi_1)1 + \zeta_1$), para indicar que é possível tratar $M(\zeta_1)$ como um percurso entre a constante unitária e o constructo latente ζ_1. Isso é expresso na figura 17.3 por um percurso entre a constante unitária e ζ_1, o que faz ζ_1 parecer um constructo dependente. Entretanto, como a constante unitária não explica variância alguma em ζ_1, este continua a ser exógeno do ponto de vista técnico. Por isso a perturbação ζ_1 que aparece na equação (23) também não é incluída no diagrama.

Com base nas equações estruturais contidas nesse modelo, há relações implícitas referentes a variâncias, covariâncias e médias populacionais, como se vê na figura 17.3. Especificamente, as três variâncias e as três covariâncias entre as três variáveis observadas são vistas como uma função de seis parâmetros a requererem estimação: duas cargas (λ_{X21}, λ_{X31}), uma variância de constructo ($V(\xi_1)$) e três variâncias de erro ($V(\delta_1)$, $V(\delta_2)$, $V(\delta_3)$). Essas relações implícitas no modelo constituem a estrutura de covariância para uma das duas populações a serem comparadas; a estrutura de covariância completa inclui equações similares também

Figura 17.3 Modelos e relações implícitas para modelagem de médias estruturadas (SMM)

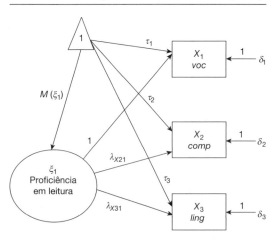

Relações implícitas no modelo
$V(X_1) = V(\xi_1) + V(\delta_1)$
$V(X_2) = \lambda_{X21}^2 V(\xi_1) + V(\delta_2)$
$V(X_3) = \lambda_{X31}^2 V(\xi_1) + V(\delta_3)$
$C(X_1, X_2) = \lambda_{X21} V(\xi_1)$
$C(X_1, X_3) = \lambda_{X31} V(\xi_1)$
$C(X_2, X_3) = \lambda_{X21} \lambda_{X31} V(\xi_1)$
$M(X_1) = \tau_1 + M(\xi_1)$
$M(X_2) = \tau_2 + \lambda_{X21} M(\xi_1)$
$M(X_3) = \tau_3 + \lambda_{X31} M(\xi_1)$

Capítulo 17 / Projeto e análise experimentais, quase-experimentais e não experimentais com variáveis latentes • 369

para a segunda população. Quanto à estrutura de médias, as três últimas relações mostradas na figura 17.3 expressam as médias populacionais para X_1 até X_3 como uma função de quatro parâmetros adicionais a serem estimados (isto é, além das duas cargas, que seriam estimáveis com base apenas no modelo de covariância): três ordenadas na origem (τ_1, τ_2, τ_3) e a média do constructo ($M(\xi_1)$). Essas relações implícitas no modelo constituem a estrutura de médias para uma população; a estrutura de covariância completa inclui equações similares também para a segunda população. Como o leitor talvez tenha notado, porém, a estrutura de médias está subidentificada no momento, isto é, são muito poucas equações para o número de incógnitas que devem ser determinadas. A solução desse problema reside na implementação de importantes restrições entre grupos, como se discute a seguir.

Lembremos o objetivo dos métodos apresentados neste capítulo: fazer inferências sobre médias latentes. Na SMM, isso é feito, ao menos em parte, com o uso de informação fornecida pelas médias de variáveis observadas. Especificamente, supõe-se que quaisquer diferenças entre populações a respeito das variáveis observadas são resultado direto de diferenças entre populações quanto ao constructo subjacente. Para esse pressuposto ser válido, a relação estrutural entre o constructo e cada variável observada deveria ser semelhante em ambas as populações. Ou seja, a SMM geralmente demanda a equivalência das correspondentes cargas (λ_{X21} e λ_{X31}, nesse exemplo) e dos correspondentes termos de ordenada na origem nas populações (de τ_1 até τ_3, nesse exemplo). Na prática, isso se consegue impondo restrições entre grupos quanto a esses parâmetros. Restrições essas que refletem a condição desejada de que o impacto do constructo sobre as variáveis medidas seja *invariante* em ambas as populações e que um valor 0 (ou qualquer valor específico) quanto ao constructo gere a mesma quantidade de uma determinada variável em uma ou outra população. Se isso não ocorrer, a equivalência interpretativa dos constructos nas populações poderia ser questionada, fazendo com que uma comparação de médias a respeito desses constructos seja bastante frágil. Além disso, no que se refere a considerações estatísticas, as restrições aplicadas às ordenadas na origem reduzem o número de parâmetros únicos

a serem estimados dentro do modelo de médias completo e, portanto, ajudam a tornar o modelo identificado (porém, como se mostrará depois, mais uma restrição se faz necessária).

A fim de ilustrar esse pressuposto geral de invariância de ordenadas na origem e cargas em populações, apresentamos um diagrama para X_2 na figura 17.4. As elipses representam hipotéticos diagramas de dispersão de pontos para cada população quanto a ξ_1 e X_2, por meio dos quais passam (por sobreposição) linhas de regressão de melhor ajuste. Por certo, se os diagramas de dispersão das duas populações estivessem identicamente posicionados, seriam invariantes em termos da inclinação (a carga λ_{X21}) e da ordenada na origem (τ_2) de suas linhas. Na figura, as populações estão representadas como se tivessem médias diferentes quanto ao constructo ξ_1 e à variável X_2; todavia, a relação estrutural entre ξ_1 e X_2 (representada pela linha de regressão) continua a ser a mesma em ambos os grupos. Em termos de interpretação, isso implica a condição desejada, que qualquer eventual diferença entre as populações quanto à variável observada seja diretamente atribuível a uma diferença no constructo subjacente e não a diferenças na índole da relação estrutural. Na verdade, em algumas situações, talvez essa invariância não se verifique e, mesmo assim, seja possível extrair inferências relevantes a respeito de médias latentes. Esse problema ainda será abordado de maneira mais completa; por enquanto, a análise em curso prosseguirá tendo por base essa condição de invariância comumente suposta.

Como já mencionamos, a imposição de mais uma restrição entre grupos ainda é necessária para podermos estimar os parâmetros da estrutura da média. Para compreendermos a necessidade dessa restrição, consideremos as relações entre médias implícitas no modelo a partir de ambas as populações com base em nossa discussão até aqui. Essas relações seriam as listadas na figura 17.5, em que um prefixo indica uma determinada população e a ausência de prefixo indica um parâmetro que ficou restrito a ser igual em todas as populações (e, portanto, não precisa de tal diferenciação). Uma vez que os parâmetros de carga (λ_{X21}, λ_{X31}) podem ser estimados a partir apenas do modelo de covariância, as demais relações na estrutura de médias não põem essa estimação em risco. Cinco incógnitas são exclusivas das seis equações da estrutura completa de médias: três ordenadas na origem (de τ_1 a τ_3, limitadas a serem iguais em todos os grupos) e duas médias de constructo ($_1M(\xi_1)$, $_2M(\xi_1)$), sendo essas últimas de crucial importância para se responder à pergunta sobre diferenças entre grupos. Em aparência, com seis equações e cinco parâmetros a se estimar, haveria informação suficiente para identificar a estrutura de médias. Infelizmente, como o leitor pode verificar com um pouco de álgebra, não é bem assim.

Concretamente, quando se tenta resolver o sistema de relações para $_1M(\xi_1)$ ou $_2M(\xi_1)$, não há como isolar um desses parâmetros sem o outro fazer parte da equação. Pode-se isolar uma expressão para a diferença [$_1M(\xi_1)$] − [$_2M(\xi_1)$], mas não para cada média individualmente. O problema é parecido com o que temos quando nos dizem que a diferença entre dois números é 10 e depois nos perguntam quais devem ser esses números; não pode haver uma resposta única sem se pressupor o valor de um desses dois números. O mesmo acontece com as médias de constructo. O único modo possível de usar as relações do modelo de médias para estimar os respectivos parâmetros é fixar uma das médias do constructo num determinado valor numérico. Pode parecer que fixar uma das médias fatoriais implica frustrar o propósito da modelagem de médias, mas não é bem assim. Lembremos que o objetivo é, de fato, aferir a *diferença* entre médias de constructo, não as médias em si. A fixação de uma média de constructo num determinado valor não afeta a diferença entre essas médias, tanto quanto o fato de fixar um dos dois números desconhecidos no exemplo anterior não faria a diferença entre eles ser maior ou menor do que os 10 pontos estabelecidos. Fazer isso permite meramente a determinação de um valor único para o outro número em questão.

Na SMM, é habitual fixar em zero as médias do constructo para uma população. Zero é uma escolha muito prudente, porque, como se verá depois, com um teste de uma amostra sobre a média fatorial livre se consegue realizar com precisão o teste da diferença entre a média fatorial livre e a média fatorial fixa em zero. No exemplo atual, portanto, podemos considerar a População 2 como *população de referência* ao fixar a sua média em zero. Isso simplifica as quatro últimas equações estruturais do modelo de médias mostrado na figura 17.5, de modo tal que cada termo de ordenada na origem é igual à média da variável observada para essa população de referência, possibilitando, assim, uma solução única a ser determinada para a estrutura de médias quando estimada junto com a estrutura de covariância.

Estimar o modelo completo para ambas as populações, com estrutura de covariância e de médias, envolve muitas relações implícitas no modelo e a estimação de muitos parâmetros desconhecidos. Antes de fazê-lo, porém, na prática, faz sentido estimar primeiro a estrutura de covariância (com as restrições de carga aqui já discutidas). Se houver um deficiente ajuste desse modelo aos dados, um ou ambos os seguintes problemas podem se apresentar: primeiro, talvez um modelo de fator único não descreva adequadamente as relações entre as variáveis em um grupo ou nos dois; segundo, é possível que as cargas não sejam invariantes nas populações, como determinado por restrição. Em qualquer dos casos, a pertinência de se prosseguir com a estrutura de médias do modelo é questionável

Figura 17.4 Pressuposto de invariância para modelagem estruturada de médias (SMM)

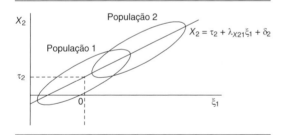

Figura 17.5 Relações implícitas no modelo para estrutura de médias com restrições de invariância de carga e ordenada na origem

$$_1M(X_1) = \tau_1 + {_1M(\xi_1)}$$
$$_1M(X_2) = \tau_2 + \lambda_{X21}[_1M(\xi_1)]$$
$$_1M(X_3) = \tau_3 + \lambda_{X31}[_1M(\xi_1)]$$
$$_1M(X_4) = \tau_4 + \lambda_{X41}[_1M(\xi_1)]$$
$$_2M(X_1) = \tau_1 + {_2M(\xi_1)}$$
$$_2M(X_2) = \tau_2 + \lambda_{X21}[_2M(\xi_1)]$$
$$_2M(X_3) = \tau_3 + \lambda_{X31}[_2M(\xi_1)]$$
$$_2M(X_4) = \tau_4 + \lambda_{X41}[_2M(\xi_1)]$$

Capítulo 17 / Projeto e análise experimentais, quase-experimentais e não experimentais com variáveis latentes • 371

e pode ser desaconselhável. Adiante, veremos mais sobre essa questão.

Supondo-se um ajuste satisfatório da estrutura de covariância, como descrito, é possível estimar as estruturas de covariância e de médias simultaneamente. No exemplo atual (com todas as restrições de carga e ordenada na origem já analisadas), o modelo completo consiste em 18 relações de variância, covariância e médias implícitas no modelo sobre ambas as populações, a requerer a estimação de 14 parâmetros únicos: seis variâncias de erro (três para cada população), duas variâncias de constructo (uma para cada população), duas cargas (λ_{X21}, λ_{X31}), três ordenadas na origem (τ_1, τ_2 e τ_3) e uma média fatorial ($_1M(\xi_1)$). Assim, o modelo tem 4 ($18 - 14 = 4$) graus de liberdade em suas estruturas de covariância e de médias. As seis variâncias e covariâncias implícitas no modelo para as $p = 3$ variáveis aparecem nas matrizes $\hat{\boldsymbol{\Sigma}}_1$ e $\hat{\boldsymbol{\Sigma}}_2$ para a População 1 e a População 2, respectivamente, ao passo que as variâncias e covariâncias observadas estão contidas nas matrizes $\mathbf{S}_1$ e $\mathbf{S}_2$. As três médias implícitas no modelo aparecem nos vetores $\hat{\boldsymbol{\mu}}_1$ e $\hat{\boldsymbol{\mu}}_2$ para a População 1 e a População 2, respectivamente, ao passo que as médias observadas estão contidas nos vetores $\mathbf{m}_1$ e $\mathbf{m}_2$. No contexto da estimação de ML, especificamente, escolhem-se valores de parâmetros que implicam (reproduzem) matrizes de variância-covariância de população e vetores de médias a partir dos quais as matrizes de variância-covariância de população e os vetores de médias da amostra de dados observados têm a máxima probabilidade de surgir de maneira aleatória. Como já apresentado em outros textos (p. ex., Bollen, 1989), esse processo é operacionalizado para o caso de dois grupos mediante a escolha de parâmetros, de modo a minimizar a função de ajuste de múltiplas amostras

$$G_{\text{ML}} = \sum_{j=1}^{2}(n_j/N)\{[\ln|\hat{\boldsymbol{\Sigma}}_j| + \text{tr}(\mathbf{S}_j\hat{\boldsymbol{\Sigma}}_j^{-1})$$
$$- \ln|\mathbf{S}_j| - p] + (\mathbf{m}_j - \hat{\boldsymbol{\mu}}_j)'\hat{\boldsymbol{\Sigma}}_j^{-1}(\mathbf{m}_j - \hat{\boldsymbol{\mu}}_j)\}.$$

$$(24)$$

Depois de se ajustar esse modelo completo, espera-se, novamente, um grau aceitável de ajuste entre dados e modelo (isto é, que $\hat{\boldsymbol{\Sigma}}_1$ e $\hat{\boldsymbol{\Sigma}}_2$ sejam suficientemente próximas a $\mathbf{S}_1$ e $\mathbf{S}_2$,

respectivamente, e que $\hat{\boldsymbol{\mu}}_1$ e $\hat{\boldsymbol{\mu}}_2$ sejam suficientemente próximos a $\mathbf{m}_1$ e $\mathbf{m}_2$, respectivamente). Posto que a invariância da carga nas populações já foi verificada numa análise preliminar de estrutura de covariância, o mau ajuste aos dados nesse modelo pode resultar da tensão na estrutura de médias gerada por restrições insustentáveis à ordenada na origem. Se isso ocorrer, ordenadas na origem suspeitas de não serem invariantes podem ter a restrição liberada antes de se prosseguir com a comparação de médias latentes. Isto se equipara exatamente ao problema de funcionamento do teste diferencial já examinado no contexto de modelos de MIMIC.

Uma vez obtido o ajuste dados-modelo satisfatório ao ajustar as estruturas de covariância e de médias de forma simultânea, finalmente, é possível abordar a principal pergunta de interesse. Como já se mencionou, um teste para verificar se as médias das populações diferem é justamente um teste para conferir se a média estimada do constructo para a População 1, $\hat{M}_1(\xi_1)$, difere de 0 de forma estatisticamente significativa (valor em que a média da população de referência foi fixada). Consegue-se isso com um simples teste z e utilizando o erro padrão associado com a estimativa da média do constructo da População 1, $SE[_1(\hat{M}_1)]$, em que $z = {}_1\hat{M}(\xi_1)/SE[_1\hat{M}(\xi_1)]$. Como na modelagem de MIMIC, a significância estatística requer que se interprete qual das populações tem mais do constructo em estudo. Supondo que o pesquisador tenha interpretado o constructo corretamente, examinando os signos das cargas sobre cada variável específica, o signo do valor de $_1\hat{M}(\xi_1)$ facilita a interpretação: se $_1\hat{M}(\xi_1)$ é positivo, infere-se que a População 1 tem mais (é superior a respeito) do constructo; se $_1\hat{M}(\xi_1)$ é negativo, a População 1 tem menos (é inferior).

Finalmente, como Hancock (2001) detalhou, a magnitude da diferença média latente estimada pode ser expressa como uma estimativa de tamanho de efeito padronizada $\hat{d}$, em que $\hat{d} = {}_1\hat{M}_1(\xi_1)/[\hat{V}(\xi_1)]^{1/2}$, e $\hat{V}(\xi_1)$ é a média ponderada das variâncias fatoriais de duas amostras (com os respectivos tamanhos de amostra como pesos). O valor de $\hat{d}$ pode, mais uma vez, ser interpretado como o número estimado de desvios-padrão latentes separando as duas populações quanto ao *continuum* latente que é objeto de interesse, além de ser útil na análise de poder *post*

SEÇÃO V / MODELOS PARA VARIÁVEIS LATENTES

hoc e na determinação de tamanho de amostras (Hancock, 2001).

17.3.2 Exemplo de SMM para dois grupos

Os dados artificiais de proficiência de leitura expostos na tabela 17.1 (*voc*, *comp* e *ling*) são usados, de novo, para exemplificar o método de SMM para diferenças médias latentes. Conforme o modelo da figura 17.3, todas as cargas livres e as ordenadas na origem ficaram limitadas a serem iguais nas populações. Escolheu-se o primeiro indicador (*voc*) como indicador de escala em ambas as populações (fixando-se a carga em 1), e o grupo de linguagem global (População 2) foi adotado como população de referência (ou seja, fixando a média latente em 0). Recorreu-se, novamente, ao programa EQS 5.7b (Bentler, 1998) para realizar a estimação de ML. Primeiro, como previsto, o ajuste do modelo em ambos os grupos simultaneamente foi excelente: $\chi^2(4, N = 1.000) = 4,036$, CFI = 1,000, SRMR = 0,020 e RMSEA = 0,003, com IC de 90% = (0,000, 0,048). Em segundo lugar, estimativas de parâmetros essenciais (todas com $p < 0,05$) podem resumir-se como segue: $\hat{\lambda}_{X21} = 0,843$, $\hat{\lambda}_{X31} = 0,722$, $\hat{\tau}_1 = 69,118$, $\hat{\tau}_2 = 68,036$, $\hat{\tau}_3 = 65,517$, $_1\hat{M}(\xi_1) = 1,871$, $_1\hat{V}(\xi_1) = 16,454$ e $_2\hat{V}(\xi_1) = 16,375$. Visto que $_1\hat{M}(\xi_1)$ é positivo e estatisticamente significante, podemos, de novo, inferir, a princípio, que a população de fonética tem média latente de proficiência em leitura mais alta que a população de linguagem global. Quanto à magnitude do efeito, primeiro é preciso determinar uma variância fatorial conjunta: $\hat{V}(\xi_1) = [n_1(_1\hat{V}_1(\xi_1)) + n_2(_2(\hat{V}_1))]/(n_1 + n_2) = 16,415$. Depois, calcula-se o tamanho de efeito padronizado estimado como $\hat{d} = |_1\hat{M}(\xi_1)|/[\hat{V}(\xi_1)]^{1/2} = 1,871/(16,415)^{1/2} = 0,448$. Como na modelagem de MIMIC, esse valor implica um tamanho de efeito médio em que a média latente da distribuição em fonética fica quase meio desvio-padrão acima daquela da distribuição em linguagem global quanto ao *continuum* latente de proficiência em leitura.

17.3.3 Extensões do modelo básico de SMM

Assim como a modelagem de MIMIC, a SMM admite extensão para incluir esquemas mais complexos. É possível modelar dados de *J* grupos num esquema unilateral separadamente, mas de forma simultânea, como se fez com dois grupos neste capítulo. Impõem-se restrições iniciais entre grupos, de modo que todas as cargas correspondentes sejam iguais, todas as correspondentes ordenadas na origem sejam iguais e a média do constructo para uma população fique fixa em zero. Todas as outras médias de constructo são resolvidas com relação a essa população de referência; junto com os erros- -padrão que as acompanham, inferências podem ser feitas sobre diferenças entre populações quanto ao constructo que é objeto de interesse. Contudo, incluir esquemas de índole fatorial não é tão simples quanto com as variáveis de código de grupo de um modelo de MIMIC; seria necessária a aplicação criativa de uma série de restrições aos grupos para fazer inferências de efeito principal e interação dentro da SMM.

Como a SMM envolve a modelagem explícita de múltiplos grupos simultaneamente, as questões relativas à invariância desse modelo são importantes para garantir a integridade da resultante inferência de média latente. Muitos autores já discutiram essas questões, gerando um leque de condições de invariância. No extremo mais rigoroso está o que Meredith (1993) denominou *invariância fatorial estrita*, a implicar cargas, variância e covariâncias de erro, variâncias fatoriais e ordenadas na origem iguais para todas as populações. No entanto, esse grau de rigor não é essencial à inferência exata da média latente. Meredith definiu a *invariância fatorial forte* como a condição de igualdade de cargas e de ordenadas na origem entre as populações, condição essa cujo cumprimento ainda há de preservar a integridade da inferência de média latente. As restrições de carga e ordenada na origem antes sugeridas na SMM espelham essa condição desejável. Abaixo dela há uma variedade de condições mais fracas, como a *invariância de medição parcial* (nem todas as cargas são idênticas entre populações e a *invariância parcial de ordenada na origem* (nem todas as ordenadas na origem são idênticas entre populações), analisadas por Byrne, Shavelson e Muthén (1989). Na verdade, se existem cargas e/ou ordenadas na origem realmente não invariantes, e se suas respectivas restrições entre grupos são dispensadas com base em fundamentação teórica *a priori* ou em fundamentação empírica *post hoc* (isto é, índices de modificação), é possível preservar a exata inferência de médias latentes. O desafio consiste em situar essa não invariância com exatidão, e não conseguir fazê-lo poderia induzir aparentes diferenças de média latente onde elas, de fato, não existem ou atenuar a magnitude (e até mudar o signo) daquelas que realmente existem (cf., p. ex., Cole et al., 1993; Hancock; Stapleton; Berkovits, 1999).

Finalmente, como na modelagem de MIMIC, também a SMM pode ser estendida para levar em conta as covariáveis. Como descrito por Sörbom (1978), a incorporação de covariáveis a modelos de médias estruturadas pode facilitar a inferência referente a diferenças de médias latentes entre populações para além daquelas resultantes de diferenças sobre covariáveis (medidas ou latentes). Em tais modelos, a covariável é um constructo exógeno ξ_1, ao passo que, agora, o constructo a respeito do qual as diferenças de médias latentes entre populações são objeto de interesse é rotulado η_1, em razão de sua teórica dependência da covariável. Logo, além de todas as cargas e as ordenadas na origem tidas como invariantes entre populações, a estrutura latente do modelo para cada população pode representar-se como

$$\eta_1 = \kappa_1 + \gamma_{11}\xi_1 + \zeta_1, \quad (25)$$

na qual κ_1 é a ordenada na origem latente que representa o valor previsto de η_1 associado com um valor 0 quanto ao constructo ξ_1. Além disso, visto que se supõe (e se estipula) ser $\hat{\gamma}_{11}$ invariante entre populações para refletir o pressuposto de homogeneidade de inclinação ou *paralelismo* da ANCOVA, pode-se tomar o valor esperado da equação (25) como vemos a seguir. Para a População 1,

$$_1M(\eta_1) = {}_1\kappa_1 + \gamma_{11}[{}_1M(\xi_1)]. \quad (26)$$

Para a População 2,

$$_2M(\eta_1) = {}_2\kappa_1 + \gamma_{11}[{}_2M(\xi_1)]. \quad (27)$$

Se, para fins de identificação, a População 2 passa a ser a população de referência e ambas as suas médias latentes ficam restritas a 0 (isto é, $_2M(\xi_1) = 0$, $_2M(\eta_1) = 0$ e, portanto, $_2\kappa_1 = 0$), apenas a equação (26) torna-se útil. Especificamente, a equação (26) estabelece duas razões pelas quais $_1M(\eta_1)$ pode diferir de $_2M(\eta_1) = 0$: uma diferença no nível médio da covariável (isto é, entre $_1M(\xi_1)$ e $_2M(\xi_1) = 0$) e uma diferença para além da covariável (isto é, entre $_1\kappa_1$ e $_2\kappa_1 = 0$). Assim, o teste da estimativa de parâmetro $_1\hat{\kappa}_1$ (contra 0) é precisamente o teste da diferença entre médias de população a respeito de η_1 para além daquelas explicáveis por uma diferença quanto à covariável ξ_1.

A figura 17.6 representa um modelo desse tipo com uma covariável latente de três indicadores. Vale ressaltar que, para maior clareza, as ordenadas na origem da variável medida foram omitidas na figura, mas a correta execução desse modelo requer as ordenadas na origem para os indica-

Figura 17.6 Modelo para o exemplo de modelagem de médias estruturadas (SMM) com covariável latente

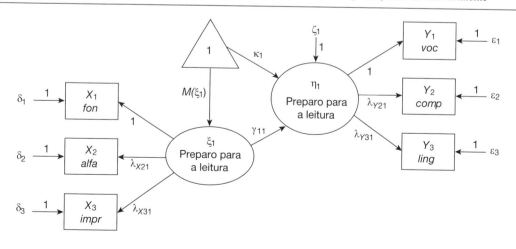

NOTA: Para maior clareza, não mostramos as ordenadas na origem das variáveis.

374 • SEÇÃO V / MODELOS PARA VARIÁVEIS LATENTES

dores de ambos os fatores nas duas populações. O exemplo numérico assemelhado a essa figura – e assemelhado à anterior estratégia de MIMIC com uma covariável – aparece a seguir.

17.3.4 Exemplo de SMM para dois grupos, com covariável latente

No exemplo de SMM anterior, a última inferência preliminar foi que a proficiência latente média em leitura era maior na população de fonética do que na de linguagem global. Tendo em conta a ameaça dos grupos intactos à validez interna, entretanto, talvez queiramos recorrer novamente ao controle estatístico de uma covariável latente. Estendendo o exemplo de SMM anterior (e similarmente ao segundo exemplo de MIMIC), os três indicadores de preparo para a leitura desde o início do jardim de infância (*fon*, *alfa* e *impr*) foram incorporados ao modelo, como se vê na figura 17.6. O modelo apresentado foi ajustado às matrizes de covariâncias e aos vetores de médias das duas amostras mediante estimação de ML em EQS 5.7b (Bentler, 1998), impondo-se todas as restrições de carga e ordenada na origem entre os grupos e tomando como referência a população de linguagem global, fixando-se em zero as médias latentes. Para começar, o ajuste dados-modelo foi excelente: $\chi^2(25, N = 1.000) = 14,646$, CFI $= 1,000$, SRMR $= 0,021$ e RMSEA $= 0,000$, com IC de 90% $= (0,000, 0,002)$. As estimativas de parâmetros de carga limitadas à igualdade para ambos os fatores e as ordenadas na origem limitadas à igualdade para todas as variáveis medidas foram estatisticamente significativas ($p < 0,05$). Os parâmetros estruturais fundamentais tiveram os seguintes valores: $\hat{\gamma}_{11} = 2,486$ ($p < 0,05$), $_1\hat{M}(\xi_1) = 0,562$ ($p < 0,05$), $_1\hat{\kappa}_1 = 0,462$ ($p = 0,088$), $_1\hat{V}(\xi_1) = 12,110$ e $_2\hat{V}(\zeta_1) = 13,150$. Novamente, os dois efeitos do uso de uma covariável são evidentes nesses parâmetros estruturais. Primeiro, há uma redução da variância residual do constructo endógeno, de 16,454 e 16,375 no exemplo de SMM para dois grupos sem a covariável para 12,110 e 13,150 agora. Depois, a diferença média estimada das populações é ajustada do estatisticamente significativo valor anterior, de 1,871, para um não significativo 0,462 com a covariável latente. Esse resultado acompanha o exemplo de MIMIC com covariável, implicando

que, se levadas em consideração as diferenças de preparo para leitura nas amostras intactas, a hipótese nula de que fonética e linguagem global resultam em proficiências de leitura médias equivalentes mostra-se sustentável.

17.4 RESUMO E CONCLUSÕES

Como este capítulo indicou desde o início, a escolha de um método de SEM para lidar com comparações de grupos multivariados baseia-se sobretudo na índole do sistema de variáveis que é objeto de pesquisa. Especificamente, métodos projetados para tratarem da variável latente são mais adequados para lidar com sistemas de variáveis latentes; a aplicação de métodos para sistemas de variáveis emergentes como a MANOVA, ainda que habitual para lidar com sistemas de variáveis latentes, é teoricamente menos adequada e pode ser estatisticamente problemática (Cole *et al.*, 1993). Enquanto os métodos de MANOVA para avaliar diferenças entre grupos envolvem a criação de uma combinação linear de variáveis medidas, incorporando, assim, o erro de medição das variáveis nessa combinação, os métodos de SEM usam um constructo teoricamente isento de erro em testes de diferenças entre grupos. Do mesmo modo, os métodos de SEM permitem a inclusão de covariáveis latentes teoricamente isentas de erro, derivadas de variáveis medidas. Por fim, os métodos de SEM são mais flexíveis por permitirem ajustes de covariância não só no nível do constructo, mas também no nível da variável individual. Por exemplo, os resíduos de variáveis individuais podem ter razão para apresentar covariação para além do constructo comum de suas variáveis, e os métodos de SEM admitem tais relações sem dificuldade.

Quando se trata de escolher entre métodos de MIMIC ou SMM, o leitor pode inferir que a modelagem de MIMIC é preferível apenas em virtude de sua relativa simplicidade. É bem verdade que a SMM é mais complexa, costuma exigir bons valores iniciais para conseguir a convergência do modelo, envolve a estimação de mais parâmetros e talvez precise de um tamanho maior de amostra para fazê-lo de maneira confiável. Todavia, ambos os métodos de SEM têm pressupostos, vantagens e desvantagens que fazem com que a escolha demande considerações para além da aparente simplicidade.

Capítulo 17 / Projeto e análise experimentais, quase-experimentais e não experimentais com variáveis latentes • 375

O principal pressuposto implícito na modelagem de MIMIC é que, pelo fato de os dados dos grupos serem combinados e apenas um modelo resultar, o mesmo modelo de medição vale em ambas as populações. Isto inclui cargas, variância do constructo e variâncias de erro. Com efeito, supõe-se que todas as fontes de covariação entre variáveis observadas são iguais nas duas populações, de sorte que o pressuposto de idênticos modelos de medição equivale a um pressuposto de iguais matrizes de variância-covariância (como, de fato, se supõe também na MANOVA). Como vimos, esse nível de restrição, geralmente, não é necessário na SMM, em que é comum limitar apenas as correspondentes cargas nas populações no modelo completo de covariância. Ademais, pode haver maior flexibilidade para admitir algumas diferenças de carga entre as populações em determinadas configurações de invariância parcial de medição (Byrne *et al.*, 1989).

Considerando taxa de erro de Tipo I e poder estatístico para a testagem de diferenças médias latentes, Hancock *et al.* (2000) fizeram uso de simulação de Monte Carlo para mostrar que a SMM parece controlar o erro de Tipo I aceitavelmente em muitos cenários de carga invariante e não invariante (havendo ou não restrições de carga). O método de MIMIC, por sua vez, controlou a taxa de erro em presença de variâncias generalizadas (determinantes de matriz de covariância) aproximadamente iguais e/ou de iguais tamanhos de amostra, mas não havendo disparidades tanto de tamanho de amostra quanto de variância generalizada. Isto é, quando a amostra com cargas menores tinha maior tamanho, a taxa de erro de Tipo I aumentava. Pelo contrário, se a amostra com cargas menores era de menor tamanho, isto gerava prudência no controle do erro de Tipo I. Finalmente, quanto ao poder em cenários de carga e tamanho de amostra nos quais ambos os métodos controlaram o de Tipo I, os autores recorreram à análise populacional (cf. também Kaplan; George, 1995) para mostrar que, em geral, o poder dos dois métodos para detectar diferenças reais em médias latentes era muito comparável e unilateralmente superior aos métodos de MANOVA (cf. também Kano, 2001).

Por fim, pesa em favor do método de MIMIC a flexibilidade de seu esquema. Concretamente, o uso criativo de preditores de código de grupo do constructo latente em estudo pode facilitar muito inferências semelhantes às de esquemas de ANOVA, bem mais complexos. Embora seja imaginável adaptar a SMM para que funcione do mesmo modo, como já se mencionou, ainda não foram elaborados métodos exatos para fazê-lo.

Em suma, a escolha entre os métodos de MIMIC e de SMM pode ter por base o cenário específico de modelagem com que o pesquisador se depara. Alguns pesquisadores já comprovaram que esses métodos atendem às suas necessidades de pesquisa: Kinnunen e Leskinen (1989), ao examinarem o estresse dos professores; Aiken, Stein e Bentler (1994), ao examinarem o tratamento da dependência química; Gallo, Anthony e Muthén (1994), ao examinarem a depressão: e Dukes, Ullman e Stein (1995), ao examinarem a educação para resistência ao abuso de drogas com crianças no ensino elementar. Existem, porém, muitas outras oportunidades de se responder a perguntas em nível de constructo em todas as ciências sociais. Consideremos dados incluídos em diversas bases de dados da área de ciências sociais nas quais, mesmo não sendo verdadeiramente experimentais no projeto, esses métodos de SEM podem auxiliar na inferência de médias latentes. Na base de dados *Monitoring the Future: Lifestyles and Values of Youth 1976-1992* (Acompanhando o futuro: estilos de vida e valores da juventude 1976-1992), amostras nacionalmente representativas de alunos da última série do ensino médio foram selecionadas todos os anos, entre 1976 e 1992. A partir dessa base de dados, um constructo essencial como objeto de interesse seria a tendência ao risco, cujos indicadores evidentes poderiam ser (mas não apenas) as infrações de trânsito e o uso de substâncias ilícitas. Seria possível pesquisar diferenças entre populações quanto a esse constructo em toda uma variedade de interessantes dimensões intersujeitos, como sexo do aluno, região geográfica no país, grau de urbanização do ambiente da infância do estudante, situação de emprego da mãe na fase decrescimento e ponto no tempo (p. ex., 1976-1980, 1981-1985, 1986-1990). Na base de dados *National Health Survey: Longitudinal Study of Aging, 70 Years and Over, 1984-1990* (Levantamento nacional sobre saúde: estudo longitudinal do envelhecimento, de 70 anos em diante, 1984-1990), foi analisada uma amostra de 7.527 pessoas idosas

376 • SEÇÃO V / MODELOS PARA VARIÁVEIS LATENTES

não residentes em lares de idosos, nos Estados Unidos, a respeito de uma variedade de aspectos (e em diversos pontos no tempo). Três constructos cruciais e objeto de interesse nessa base de dados são a independência no cuidado pessoal (indicada pela capacidade de realizar sete habilidades específicas de cuidado pessoal), a independência no manejo do lar (indicada pela capacidade de realizar seis habilidades específicas de manejo do lar) e a fragilidade de saúde (com variáveis evidentes como extensão dos períodos de hospitalização, tempo em casas de repouso e número de visitas do médico). Poderiam ser avaliadas diferenças médias latentes em variáveis de agrupamento como sexo, raça ou região do país. Finalmente, existe uma base de dados muito interessante na *National Commission on Children: Parent and Child Study* (Comissão nacional sobre a criança: estudo de pais e filhos), na qual se investigou uma amostra nacional de 1.738 pais e mães que vivem com seus filhos em busca de dados de pares pai/mãe-filho. Um constructo-chave é a coesão familiar, avaliada por pais e seus filhos por meio de diversos indicadores medidos. Associado com variáveis intersujeitos como grau de urbanização do ambiente do lar da criança, sexo da criança e classificação de renda, isso pode levar a inferências de médias latentes sumamente interessantes.

Esperamos que a introdução conceitual oferecida neste capítulo ajude e motive outros pesquisadores aplicados para investigarem métodos de médias latentes de maneira mais aprofundada e, em definitivo, acharem aplicações desses métodos para problemas em suas próprias áreas de pesquisa.

Referências

AIKEN, L. S.; STEIN, J. A.; BENTLER, P. M. Structural equation analyses of clinical subpopulation differences and comparative treatment outcomes: Characterizing the daily lives of drug addicts. *Journal of Consulting and Clinical Psychology*, 62, p. 488-499, 1994.

BENTLER, P. M. *EQS structural equations program*. Encino: Multivariate Software, Inc., 1998.

BOLLEN, K. A. *Structural equations with latent variables*. Nova York: John Wiley, 1989.

BOLLEN, K. A.; LENNOX, R. Conventional wisdom on measurement: A structural equation perspective. *Psychological Bulletin*, 110, p. 305-314, 1991.

BYRNE, B. M.; SHAVELSON, R. J.; MUTHÉN, B. Testing for the equivalence of factor covariance and mean structures: The issue of partial measurement invariance. *Psychological Bulletin*, 105, p. 456-466, 1989.

CLEARY, T. A.; LINN, R. L. Error of measurement and the power of a statistical test. *British Journal of Mathematical and Statistical Psychology*, 22, p. 49-55, 1969.

COHEN, J. *Statistical power analysis for the behavioral sciences*. 2. ed. Hillsdale: Lawrence Erlbaum, 1988.

COHEN, P. *et al*. Problems in the measurement of latent variables in structural equations causal models. *Applied Psychological Measurement*, 14, p. 183-196, 1990.

COLE, D. A. *et al*. Multivariate group comparisons of variable systems: MANOVA and structural equation modeling. *Psychological Bulletin*, 114, p. 174-184, 1993.

CROCKER, L. M.; ALGINA, J. *Introduction to classical and modern test theory*. Nova York: Holt, Rinehart & Winston, 1986.

DUKES, R. L.; ULLMAN, J. B.; STEIN, J. A. An evaluation of D.A.R.E. (Drug Abuse Resistance Education), using a Solomon four-group design with latent variables. *Evaluation Review*, 19, p. 409-435, 1995.

GALLO, J. J.; ANTHONY, J. C.; MUTHÉN, B. O. Age differences in the symptoms of depression: A latent trait analysis. *Journal of Gerontology: Psychological Sciences*, 49, p. 251-264, 1994.

HAKSTIAN, A. R.; WHALEN, T. E. A *K*-sample significance test for independent alpha coefficients. *Psychometrika*, 41, p. 219-231, 1976.

HANCOCK, G. R. Structural equation modeling methods of hypothesis testing of latent variable means. *Measurement and Evaluation in Counseling and Development*, 30, p. 91-105, 1997.

HANCOCK, G. R. Effect size, power, and sample size determination for structured means modeling and MIMIC approaches to between-groups hypothesis testing of means on a single latent construct. *Psychometrika*, 66, p. 373-388, 2001.

HANCOCK, G. R.; LAWRENCE, F. R.; NEVITT, J. Type I error and power of latent mean methods and MANOVA in factorially invariant and noninvariant latent variable systems. *Structural Equation Modeling: A Multidisciplinary Journal*, 7, p. 534-556, 2000.

HANCOCK, G. R.; STAPLETON, L. M.; BERKOVITS, I. *Minimum constraints for loading and intercept invariance in covariance and mean structure models*. Estudo apresentado na reunião anual de 1999 da American Educational Research Association, Montreal, Canadá, abr. 1999.

HAYDUK, L. A. *Structural equation modeling with LISREL: Essentials and advances*. Baltimore: Johns Hopkins University Press, 1987.

HOLLAND, P.; WAINER, H. *Differential item functioning*. Hillsdale: Lawrence Erlbaum, 1993.

HOYLE, R. H.; KENNY, D. A. Sample size, reliability, and tests of statistical mediation. *In*: HOYLE, R. H. (ed.). *Statistical strategies for small sample research*. Thousand Oaks: Sage, 1999. p. 195-222.

Capítulo 17 / Projeto e análise experimentais, quase-experimentais e não experimentais com variáveis latentes • 377

JÖRESKOG, K. G.; GOLDBERGER, A. S. Estimation of a model with multiple indicators and multiple causes of a single latent variable. *Journal of the American Statistical Association*, 70, p. 631-639, 1975.

KANO, Y. Structural equation modeling for experimental data. *In*: CUDECK, R.; DU TOIT, S.; SÖRBOM, D. (eds.). *Structural equation modeling: Present and future – A Festschrift in honor of Karl Jöreskog*. Lincolnwood: Scientific Software International, 2001. p. 381-402.

KAPLAN, D. An extension of the propensity score adjustment method for the analysis of group differences in MIMIC models. *Multivariate Behavioral Research*, 34, p. 467-492, 1999.

KAPLAN, D. *Structural equation modeling: Foundations and extensions*. Thousand Oaks: Sage, 2000.

KAPLAN, D.; GEORGE, R. A study of the power associated with testing factor mean differences under violations of factorial invariance. *Structural Equation Modeling: A Multidisciplinary Journal*, 2, p. 101-118, 1995.

KINNUNEN, U.; LESKINEN, E. Teacher stress during the school year: Covariance and mean structure analyses. *Journal of Occupational Psychology*, 62, p. 111-122, 1989.

KLINE, R. B. *Principles and practice of structural equation modeling*. Nova York: Guilford, 1998.

LOEHLIN, J. C. *Latent variable models*. 3. ed. Mahwah: Lawrence Erlbaum, 1998.

MEREDITH, W. Measurement invariance, factor analysis and factorial invariance. *Psychometrika*, 58, p. 525-543, 1993.

MUELLER, R. O. *Basic principles of structural equation modeling: An introduction to LISREL and EQS*. Nova York: Springer-Verlag, 1996.

MUTHÉN, B. O. Latent variable modeling in heterogeneous populations. *Psychometrika*, 54, p. 557-585, 1989.

PEDHAZUR, E. J. *Multiple regression in behavioral research: Explanation and prediction*. Fort Worth: Harcourt Brace, 1997.

ROSENBAUM, P. R.; RUBIN, D. B. The central role of the propensity score in observational studies for causal effects. *Biometrika*, 70, p. 41-55, 1983.

SCHUMACKER, R. E.; LOMAX, R. G. *A beginner's guide to structural equation modeling*. Mahwah: Lawrence Erlbaum, 1996.

SÖRBOM, D. A general method for studying differences in factor means and factor structure between groups. *British Journal of Mathematical and Statistical Psychology*, 27, p. 229-239, 1974.

SÖRBOM, D. An alternative to the methodology for analysis of covariance. *Psychometrika*, 43, p. 381-396, 1978.

TROCHIM, W. M. K. *The research methods knowledge base*. 2. ed. Cincinnati: Atomic Dog Publishing, 2001.

Capítulo 18

APLICAÇÃO DE ANÁLISE FATORIAL DINÂMICA EM PESQUISAS DE CIÊNCIAS COMPORTAMENTAIS E SOCIAIS[1]

JOHN R. NESSELROADE

PETER C. M. MOLENAAR

18.1 INTRODUÇÃO

As ciências comportamentais e sociais têm assistido a um considerável aumento do uso de técnicas correlacionais multivariadas nas três últimas décadas. Grande parte desse aumento envolveu aplicações do modelo fatorial comum, quer em aplicações de análise fatorial isoladas, quer com o chamado modelo de medição, em aplicações de Modelagem de Equação Estrutural (SEM, na sigla em inglês). Neste capítulo, é de especial interesse a aplicação do modelo fatorial comum aos dados obtidos quando participantes individuais (um ou vários) têm muitas variáveis medidas diversas vezes, de modo a produzir séries temporais multivariadas com o propósito de investigar padrões e interrelações definidos em variabilidade intraindividual, em lugar do contexto mais comum de diferenças entre indivíduos.

É bem verdade que o modelo fatorial comum tem sido aplicado a dados de série temporal multivariada por mais de 50 anos para representar de forma mais eficaz o processo e outros tipos de mudanças (p. ex., Cattell, 1963; Cattell; Cattell; Rhymer, 1947), as tentativas concretas para superar as limitações dessas representações iniciais são relativamente recentes. Essas novas conceitualizações mais eficazes parecem capazes de lidar muito melhor com alguns dos principias desafios que apresentam os dados de série temporal multivariada (p. ex., Browne; Nesselroade, 2005; Hamaker; Dolan; Molenaar, 2003; Hershberger; Molenaar; Corneal, 1996; McArdle, 1982; Molenaar, 1985; Nesselroade *et al.*, 2002; Nesselroade; Molenaar, 1999; Wood; Brown, 1994).

Apoiamos, vigorosamente, a ideia de que o estudo de mudanças no comportamento com a idade, por exemplo, é um conjunto de atividades muito mais complexo do que permitem os tradicionais métodos predominantes (p. ex., Molenaar; Nesselroade, 2001; Nesselroade, 2002; Nesselroade; Ghisletta, 2000). Ao que parece, os crescentes desafios aos modos de pensamento predominantes a respeito da realização de pesquisas de desenvolvimento podem,

---

1. Esta obra recebeu apoio do Developmental and Health Research Methodology, da Universidade de Virgínia.

380 • SEÇÃO V/ MODELOS PARA VARIÁVEIS LATENTES

no mínimo, fortalecer os atuais métodos de pesquisa por meio de autoexame e, quando muito, levar a significativos avanços na expressão e na solução de problemas.

Uma das primeiras tentativas sistemáticas de se modelar o caráter da mudança intraindividual com análise fatorial foi chamada de análise fatorial de *técnica P* (Cattell *et al.*, 1947). Ela consistia na aplicação do modelo fatorial comum a muitas medições repetidas de um indivíduo com uma bateria de medidas. Apesar de essas aplicações especiais do modelo terem sido controversas (Anderson, 1963; Cattell, 1963; Holtzman, 1963; Molenaar, 1985; Steyer; Ferring; Schmitt, 1992), a lógica a embasar seu uso parece estar bem fundamentada (p. ex., Bereiter, 1963), e os resultados têm sido essenciais no desenvolvimento de importantes linhas de pesquisa comportamental, como a distinção entre traço e estado (Cattell, 1957; Cattell; Scheier, 1961; Horn, 1972; Kenny; Zautra, 1995; Nesselroade; Ford, 1985; Steyer *et al.*, 1992). Essas aplicações ajudaram a nutrir um duradouro interesse na variabilidade intraindividual como fonte de diferenças individuais mensuráveis (Baltes; Reese; Nesselroade, 1977; Cattell, 1957; Eizenman, Nesselroade; Featherman; Rowe, 1997; Fiske; Maddi, 1961; Fiske; Rice, 1955; Flugel, 1928; Kim; Nesselroade; Featherman, 1996; Larsen, 1987; Magnusson, 1997; Nesselroade; Boker, 1994; Valsiner, 1984; Wessman; Ricks, 1966; Woodrow, 1932, 1945; Zevon; Tellegen, 1982). Neste capítulo, examinaremos, brevemente, algo da história e dos principais problemas das séries temporais multivariadas ao analisarem fatores, e, para exemplificar os métodos, apresentaremos análises de alguns avanços promissores recentes que visam melhorar tais aplicações.

O foco analítico concentra-se em construir uma representação estrutural de padrões de flutuação intrapessoal das variáveis ao longo do tempo. A intenção de Cattell *et al.* (1947) ao apresentarem esse método de análise foi descobrir "traços da fonte" no nível do indivíduo. Cattell (1966) defendeu alguma congruência entre o modo de as pessoas mudarem e o modo de elas diferirem umas das outras. Ele declarou que "deveríamos ficar muito surpresos se o padrão de crescimento de um traço *não* tivesse alguma relação com o seu padrão absoluto, como uma estrutura de diferenças

individuais" (Cattell, 1966, p. 358), argumentando, assim, em favor de uma semelhança dos padrões de mudança intraindividual e de diferenças entre indivíduos (Hundleby; Pawlik; Cattell, 1965). Bereiter (1963, p. 15) observou que

> correlações entre medidas em indivíduos deveriam ter alguma correspondência com correlações entre medidas para os mesmos indivíduos ou outros aleatoriamente equivalentes em diversas ocasiões, e o estudo de diferenças individuais pode ser justificável como um substituto conveniente da técnica *P*, mais difícil.

O lado negativo dessa interpretação, aplicada com não muita frequência, é que algumas das estruturas interpretadas como de diferenças individuais são, na verdade, padrões de variabilidade intraindividual assíncronos entre as pessoas e – talvez erroneamente – congelados no tempo pela limitação das observações a uma única ocasião de medição. Em qualquer caso, é fundamental o grau de convergência entre padrões de mudança intrapessoal e de diferenças interpessoais. Outros autores têm estudado esse tema sob o rótulo de *ergodicidade* (p. ex., Jones, 1991; Molenaar; Huizenga; Nesselroade, 2003; Molenaar; Nesselroade, 2001; Nesselroade; Molenaar, 1999). O ponto essencial é que a investigação da variação (e da covariação) no indivíduo ao longo do tempo é uma tarefa importante e necessária, cujos resultados é preciso integrar ao arcabouço maior de pesquisa e teoria do comportamento.

Muitos estudos de técnica *P* têm sido realizados desde 1947 (resenhas em Jones; Nesselroade, 1990; Luborsky; Mintz, 1972). No início dos anos 1960, nem os proponentes da análise fatorial por técnica *P* – como Cattell – nem seus críticos – como Anderson (1963) e Holtzman (1963) – estavam satisfeitos com a utilidade do método para modelar as sutilezas da mudança intraindividual. Considere-se, por exemplo, a questão da influência exercida sobre variáveis observadas pelos fatores não observados. O modelo fatorial comum, como aplicado em geral a dados sobre diferenças individuais (p. ex., pontuações de testes de habilidade), implica que diferenças individuais nos fatores subjacentes causam diferenças individuais nas variáveis observadas. Em aplicações de técnica *P*, contudo, não há diferenças individuais, porque se efetua a medição em apenas uma pessoa.

Em vez disso, as diferenças estão nas pontuações desse indivíduo entre uma ocasião e outra (isto é, elas são mudanças). Mudanças nas variáveis observadas são modeladas como tendo sido produzidas por mudanças nos fatores subjacentes.

O modelo original de técnica P implica que um fator exerce instantaneamente sua influência total sobre uma variável observada. Restringir dessa maneira o acoplamento entre fatores e variáveis implica que, nas ocasiões em que a pontuação do fator é extrema, a pontuação da variável também tenderá ao extremo, e, nas ocasiões em que a pontuação do fator é moderada, a pontuação da variável também tenderá a ser moderada. O modelo não tem condições de providenciar a representação explícita de padrões mais intrincados (leia-se "realistas") de influência de fatores sobre variáveis como a persistência no tempo (p. ex., gradual dissipação ou fortalecimento dos efeitos de pontuações extremas de fatores em uma ocasião sobre as variáveis em uma ocasião posterior). Além disso, o padrão de gradientes de efeitos pode diferir com distintas variáveis observadas. Afirmações do tipo "Agora estou bem, só parece que não consigo parar de tremer" mostram as diferenças no ritmo em que diversos componentes de um padrão de resposta (p. ex., estado interno autodeclarado e manifestações físicas objetivamente verificáveis) voltam ao equilíbrio depois de o organismo experimentar um nível extremo de ansiedade ou medo. O modelo básico de técnica P é simplesmente incapaz de representar a grande variedade de relações que tendemos a associar com noções de processo.

18.2 MODELOS FATORIAIS DINÂMICOS

O próprio Cattell (1963) propiciou aperfeiçoamentos do modelo de técnica P que permitissem a representação dos efeitos exercidos pelos fatores sobre as variáveis ao se dissiparem ou fortalecerem ao longo do tempo, em lugar de serem apenas concomitantes. Por exemplo, ele queria que fosse possível representar efeitos tardios causados pelos fatores nas variáveis. Entretanto, só na década de 1980, surgiram algumas tentativas importantes que, ao desenvolverem o modelo fatorial de técnica P, melhoraram a sua

capacidade de representar processos de mudança de forma mais veraz (p. ex., Engle; Watson, 1981; Geweke; Singleton, 1981; McArdle, 1982; Molenaar, 1985, 1985). Só na última década começou – aparentemente para valer – a implementação de enfoques mais rigorosos e promissores para o estudo da variabilidade intraindividual intensivamente medida no caso simples mediante modelagem multivariada.

No restante deste capítulo, identificaremos, resumidamente, alguns modelos alternativos e, depois, focaremos um desses métodos, denominado, em outras fontes, modelo de pontuação fatorial de ruído branco (modelo WNFS, na sigla em inglês – Nesselroade *et al.*, 2020) e modelo de análise fatorial de choque (modelo SFA, na sigla em inglês – Browne; Nesselroade, 2005). O primeiro a propor o modelo foi Molenaar (1985). Apresentaremos uma descrição do modelo e um exemplo de seu ajuste a dados empíricos. Com isso, queremos atrair atenção para o crescente interesse nos fenômenos de variabilidade intraindividual em uma ampla variedade de áreas de conteúdo, bem como identificar algumas ferramentas de pesquisa que parecem especialmente promissoras para o rápido progresso nessas áreas. De modo a exemplificar as aplicações concretamente, o modelo fatorial será apresentado, discutido e comparado no contexto de seu ajuste a dados reais mediante software comum de modelagem de equações estruturais (p. ex., Lisrel 8, de Jöreskog; Sörborn, 1993a).

Nesselroade *et al.* (2002) e Browne e Nesselroade (2005) fizeram distinção entre dois promissores modelos fatoriais dinâmicos para dados de série temporal multivariada. Ambos foram desenvolvidos, especificamente, para sanar as falhas da tradicional análise fatorial de técnica P. Browne e Nesselroade – assim como Hamaker *et al.* (2003) – relacionam os modelos fatoriais dinâmicos com os modelos autorregressivos e de médias móveis de análise de séries temporais.

Um dos modelos de análise fatorial dinâmica, estudado por McArdle (1982), constava de uma estrutura de autorregressão e regressão cruzada no nível das variáveis ou dos fatores latentes. Assim, nesse modelo, a "continuidade" ou o processo reside no nível mais abstrato. Os fatores "conduzem" as variáveis manifestas simultaneamente, como na análise fatorial de técnica P

tradicional, mas os valores dos fatores numa determinada ocasião (t) são influenciados pelos valores desses mesmos fatores em ocasiões anteriores ($t - 1$, $t - 2$ etc.). Isso torna possível a preservação das cargas "típicas" dos fatores sobre as variáveis em uma configuração invariante, enquanto admite o tipo de continuidade que tendemos a associar com o termo *processo*. Como Nesselroade *et al.* (2002) mostraram, é possível estimar as regressões defasadas e cruzadas dos fatores sob as restrições da invariância fatorial no tempo nos padrões de carga.

O segundo modelo fatorial dinâmico que consideramos é a especificação desenvolvida e apresentada por Molenaar (1985). Como se verá em detalhe a seguir, esse modelo também se volta para as relações defasadas, mas as detecta entre valores anteriores dos fatores e valores posteriores das variáveis manifestas. Logo, os valores atuais das variáveis (t) são "conduzidos" tanto pelos valores atuais (t) quanto pelos valores anteriores dos fatores ($t - 1$, $t - 2$ etc.). A continuidade ou o sentido do processo está nos padrões de cargas concomitantes e defasadas. Em qualquer momento, os valores dos fatores são entradas do sistema. Nas seções seguintes, examinaremos essas ideias em detalhe.

18.2.1 Aspectos técnicos do modelo fatorial dinâmico

Para esta explicação, apresentaremos o modelo fatorial dinâmico em paralelo com o modelo fatorial comum tradicional, com o qual a maioria dos pesquisadores da área de comportamento tem alguma familiaridade. Isso tem a vantagem, talvez, de "desmistificar" o procedimento em alguma medida, permitindo, também, que o leitor tire proveito de termos e conceitos já conhecidos. Uma das maneiras mais fáceis de se captar as implicações do modelo fatorial comum é compreender o postulado e o teorema – dele derivado – fundamentais da análise fatorial comum. Pode-se expressar o postulado fundamental como

$$\mathbf{z} = \Lambda \cdot \boldsymbol{\eta} + \boldsymbol{\varepsilon},$$

em que

  $\mathbf{z}$ é uma variável vetorial centrada (médias de 0,0) de pontuações a respeito de p variáveis observadas;

Λ é uma matriz $p \times k$ de cargas (pesos do tipo de regressão) de p variáveis a respeito de k fatores comuns;

$\boldsymbol{\eta}$ é uma variável vetorial de k pontuações de fatores comuns; e

$\boldsymbol{\varepsilon}$ é uma variável vetorial de p pontuações de fatores únicos (fatores específicos + erros).

Pressupondo-se que:

- não haja covariância entre fatores comuns e únicos; e
- a matriz de covariância dos fatores únicos ($\boldsymbol{\psi}$) é diagonal,

o valor esperado de $z \cdot z'$ (a matriz de covariância das variáveis em $\mathbf{z}$) dá uma versão do teorema fundamental da análise fatorial. A saber:

$$\Sigma = \Lambda \cdot \phi \cdot \Lambda' + \psi,$$

em que

  Σ é a matriz de covariância;
  Φ é uma matriz de covariância fatorial;
  Ψ é uma matriz diagonal de variâncias únicas; e
  Λ já foi definida anteriormente.

Em termos operacionais, o postulado fundamental diz que as pontuações observadas são combinações lineares dos fatores comuns e um fator único correspondente a cada variável observada. O teorema fundamental diz que a matriz de covariâncias pode ser decomposta no produto das cargas fatoriais vezes a matriz de covariância fatorial vezes a transposta da matriz de cargas de fatores mais a matriz de covariâncias (diagonal) dos fatores únicos. Rotinas de análise fatorial exploratória mais antigas (p. ex., os eixos principais) operavam com base no princípio de achar conjuntos de matrizes que correspondessem a essa descrição e se aproximassem da matriz de covariâncias observadas tanto quanto possível, com as restrições de um determinado algoritmo. Métodos mais recentes (p. ex., técnicas de máxima verossimilhança) envolvem a estimação de elementos das matrizes do lado direito da equação de acordo com o respectivo algoritmo de estimação estatística.

Desde que se aceite e compreenda esse modelo básico de análise fatorial, o modelo fatorial dinâmico essencial (DFA, na sigla em inglês) segue de maneira bastante simples. Com efeito, o equivalente do DFA para o postulado fundamental de análise fatorial é o seguinte:

$$\mathbf{z}(t) = \Lambda(0) \cdot \boldsymbol{\eta}(t) + \Lambda(1) \cdot \boldsymbol{\eta}(t-1)$$
$$+ \cdots + \Lambda(s) \cdot \boldsymbol{\eta}(t-s) + \boldsymbol{\varepsilon}(t)$$

A grande diferença é que os termos do modelo de DFA incluem índices temporais[2], índices esses que, explicitamente, expressam as características dependentes do tempo do modelo de DFA. Assim, por exemplo, as pontuações observadas no tempo t são determinadas, em parte, pelas pontuações dos fatores em tempos anteriores. Certamente, o modelo de DFA tem mais um "trabalho a fazer" além daquele necessário no tradicional modelo fatorial comum. Esse trabalho adicional consiste em representar e explicar relações defasadas nos dados, bem como as relações concomitantes explicadas pelo modelo tradicional.

A fim de esclarecermos de que modo usamos os termos *relações concomitantes* e *defasadas* neste contexto, vejamos o seguinte exemplo empírico[3]. Os dados consistem em pontuações para um participante medido no referente a seis variáveis para 103 dias sucessivos, o que resulta numa matriz 6 × 103 de pontuações. As seis variáveis compreendem seis escalas de avaliação adjetiva: *ativo, animado, vigoroso, lento, cansado* e *exausto*. As seis escalas foram propositalmente escolhidas para marcar dois fatores que poderíamos chamar de *energia* e *fadiga*. Quando essas seis escalas são correlacionadas nas 103 ocasiões de medição, obtém-se uma matriz 6 × 6 de correlações (cf. tabela 18.1).

Nesse padrão de intercorrelações, pode-se ver claramente uma representação de dois fatores, com os três marcadores de *energia* e os três marcadores de *fadiga* agrupando-se entre si, e havendo, entre os dois conjuntos, uma correlação negativa de leve a moderada. É razoável esperar, para uma representação fatorial dessa matriz, uma solução de dois fatores moderadamente correlacionados de forma negativa.

Podem-se defasar as seis escalas em uma ocasião de medição com relação a si mesmas e umas às outras – a tabela 18.2 mostra as correlações defasadas resultantes.

É de notar que essa matriz não é simétrica, porque a correlação entre *ativo* e *animado* é, por exemplo, diferente quando *ativo* se atrasa uma ocasião de medição com relação a *animado* do que quando *animado* se atrasa uma ocasião com relação a *ativo*. Os elementos da diagonal dessa matriz são as conhecidas autocorrelações (atraso 1) das variáveis. Um exame das variáveis indica que as variáveis de *fadiga* apresentam, de fato, alguma previsibilidade entre o tempo t e $t + 1$. Isso não acontece no caso das variáveis de *energia*.

As seis variáveis podem ser defasadas duas ocasiões de medição com relação a si mesmas e umas às outras – a tabela 18.3 mostra as correlações defasadas.

---

2. Outra diferença é que Molenaar (1985) recomendava truncar os termos finais do modelo conforme algum nível de precisão arbitrariamente escolhido. Browne e Nesselroade (2005) e Nesselroade *et al.* (2002) analisaram as implicações disso, que não serão detalhadas aqui.

3. Gostaríamos de agradecer ao Dr. Michael A. Lebo por autorizar o uso desses dados. Alguns deles foram usados por Nesselroade *et al.* (2002) para fins de exemplificação.

Tabela 18.1 – Correlações entre escalas ao longo do tempo

	ativo	animado	vigoroso	lento	cansado	exausto
Atraso 0						
ativo	1,00					
animado	0,64	1,00				
vigoroso	0,56	0,41	1,00			
lento	−0,48	−0,34	−0,42	1,00		
cansado	−0,47	−0,42	−0,47	0,72	1,00	
exausto	−0,43	−0,43	−0,44	0,64	0,83	1,00

384 • SEÇÃO V/ MODELOS PARA VARIÁVEIS LATENTES

Tabela 18.2 – Correlações entre escalas ao longo do tempo com um atraso de 1 ocasião de medição

	ativo	animado	vigoroso	lento	cansado	exausto
ativo	0,06	0,03	0,18	−0,15	−0,08	−0,17
animado	0,10	0,08	0,16	0,03	0,01	−0,10
vigoroso	0,02	0,03	0,15	−0,07	0,05	−0,03
lento	−0,03	0,02	−0,21	0,40	0,30	0,28
cansado	−0,15	0,02	−0,22	0,31	0,25	0,24
exausto	−0,07	0,02	−0,08	0,27	0,17	0,21

Tabela 18.3 – Correlações entre escalas ao longo do tempo com um atraso de 2 ocasiões de medição

	ativo	animado	vigoroso	lento	cansado	exausto
ativo	0,03	0,08	0,09	−0,18	−0,16	−0,12
animado	0,13	0,24	0,13	0,15	−0,23	−0,19
vigoroso	0,01	0,07	0,08	−0,17	−0,14	−0,15
lento	−0,10	0,03	−0,11	0,35	0,32	0,19
cansado	−0,09	−0,01	−0,16	0,30	0,34	0,23
exausto	−0,05	−0,01	−0,08	0,26	0,27	0,10

Assim como a matriz de atraso 1 anterior, essa matriz também não é simétrica. Os elementos da sua diagonal são as conhecidas autocorrelações (atraso 2) das variáveis. Há evidência de "transferência" também com dois atrasos, sobretudo nas variáveis de *fadiga*.

Atrasos adicionais são fáceis de calcular, mas há duas questões sobre a quantidade de atrasos a se ter em conta ao analisar uma série temporal multivariada desse tipo. Uma questão é determinar quando atrasos adicionais deixam de fornecer informação útil. Não adianta calcular mais atrasos se a informação já se esgotou[4]. A segunda é de caráter mais estrutural. Cada atraso "custa" uma ocasião de medição, porque resulta num conjunto de pontuações não pareadas. Por exemplo, se a extensão da série temporal é de 100 ocasiões, para o atraso 1, as observações nas ocasiões 1, 2, 3,..., 99 estão pareadas com as observações nas ocasiões 2, 3, 4,..., 100, respectivamente. Portanto, há apenas 99 pares de pontuações para calcular a covariância ou a correlação. Enquanto o número funcional de observações diminui, o número de variáveis envolvidas aumenta (p. ex., 10 variáveis com atraso 0 tornam-se 20 variáveis com atraso

1, 30 com atraso 2 etc.). Pode ocorrer que logo se chegue a uma proporção desfavorável entre variáveis e ocasiões de medição, resultando, então, em matrizes peculiares de covariância ou correlação.

Uma representação correspondente para o modelo fatorial dinâmico assume a mesma forma que o modelo fatorial comum tradicional anteriormente apresentado, mas com uma característica a mais: a informação defasada é explicitamente incluída no modelo. Por exemplo, a matriz de covariância Σ pode ser representada como uma matriz Toeplitz de blocos, como segue:

$$
\begin{bmatrix}
\Sigma_{(0)} & & & & & \\
\Sigma_{(1)} & \Sigma_{(0)} & & & & \\
\Sigma_{(2)} & \Sigma_{(1)} & \Sigma_{(0)} & & & \\
\cdots & \Sigma_{(2)} & \Sigma_{(1)} & \Sigma_{(0)} & & \\
\Sigma_{(t-1)} & \cdots & \Sigma_{(2)} & \Sigma_{(1)} & \Sigma_{(0)} & \\
\Sigma_{(t)} & \Sigma_{(t-1)} & \cdots & \Sigma_{(2)} & \Sigma_{(1)} & \Sigma_{(0)}
\end{bmatrix}
$$

em que $\Sigma_{(0)}$ representa as covariâncias (e as variâncias) concomitantes das variáveis incluídas numa série temporal. É claro que $\Sigma_{(0)}$ é uma matriz simétrica. A submatriz $\Sigma_{(1)}$ representa as covariâncias assimétricas das variáveis atrasadas por uma ocasião de medição com relação a si mesmas. Ela é assimétrica porque, como já assinalamos, é improvável que a covariância de x defasada um passo com relação a y tenha o mesmo valor que y defasada um passo com relação a x. Do mesmo

---

4. É preciso perceber, porém, que as relações podem ser mais fortes com o atraso $t + k$ do que com o atraso t se, por exemplo, houver algo de cíclico na série temporal.

$$\begin{bmatrix} \Lambda(0) & \Lambda(1) & \Lambda(2) & \cdots & \Lambda(s-1) & \Lambda(s) & 0 & 0 & 0 & 0 & 0 \\ 0 & \Lambda(0) & \Lambda(1) & \Lambda(2) & \cdots & \Lambda(s-1) & \Lambda(s) & 0 & 0 & 0 & 0 \\ 0 & 0 & \Lambda(0) & \Lambda(1) & \Lambda(2) & \cdots & \Lambda(s-1) & \Lambda(s) & 0 & 0 & 0 \\ 0 & 0 & 0 & \Lambda(0) & \Lambda(1) & \Lambda(2) & \cdots & \Lambda(s-1) & \Lambda(s) & 0 & 0 \\ \cdots & \cdots & \cdots & \cdots & \Lambda(0) & \Lambda(1) & \Lambda(2) & \cdots & \Lambda(s-1) & \Lambda(s) & 0 \\ 0 & 0 & 0 & 0 & 0 & \Lambda(0) & \Lambda(1) & \Lambda(2) & \cdots & \Lambda(s-1) & \Lambda(s) \end{bmatrix}$$

modo, a submatriz $\Sigma_{(j)}$ representa a matriz de covariâncias para as variáveis defasadas j ocasiões de medição com relação a si próprias. Utiliza-se a matriz Toeplitz de blocos porque, apesar da óbvia redundância, trata-se de uma matriz total que contém toda a informação defasada e que é simétrica, possibilitando, assim, o uso de software convencional para ajustar diversos modelos a ela.

Pode-se definir o correspondente padrão de carga fatorial de DFA de modo a incluir a informação defasada, como segue:

A correspondente matriz de covariâncias fatoriais pode se definir como

$$\begin{bmatrix} \Phi & 0 & 0 & 0 & 0 & \cdots & 0 \\ 0 & \Phi & 0 & 0 & 0 & \cdots & 0 \\ 0 & 0 & \Phi & 0 & 0 & \cdots & 0 \\ 0 & 0 & 0 & \Phi & 0 & \cdots & 0 \\ \cdots & \cdots & \cdots & \cdots & \cdots & \cdots & \cdots \\ 0 & 0 & 0 & 0 & 0 & \cdots & \Phi \end{bmatrix}$$

E, finalmente, podemos definir a correspondente matriz de covariâncias únicas, ψ, como

$$\begin{bmatrix} diag[C_\varepsilon(0)] & diag[C_\varepsilon(1)] & \cdots & diag[C_\varepsilon(s)] \\ diag[C_\varepsilon(1)] & diag[C_\varepsilon(0)] & \cdots & diag[C_\varepsilon(1)] \\ \cdots & \cdots & \cdots & \cdots \\ diag[C_\varepsilon(s)] & diag[C_\varepsilon(s-1)] & \cdots & diag[C_\varepsilon(0)] \end{bmatrix}$$

Embora a necessária redundância faça com que essas matrizes tenham uma aparência mais esquisita que suas equivalentes habituais, elas podem ser arrumadas de maneira totalmente análoga ao teorema fundamental de análise fatorial anteriormente apresentado, de modo a reproduzir a matriz de covariâncias defasadas Toeplitz de blocos, como segue:

$$\Sigma = \Lambda \cdot \Phi \cdot \Lambda' + \psi,$$

em que

Σ é a matriz de covariâncias defasadas Toeplitz de blocos;
Λ é a supermatriz de cargas fatoriais;
Φ é a supermatriz de covariâncias fatoriais; e

Ψ é a supermatriz das submatrizes diagonais de covariâncias únicas, tudo como se vê anteriormente. A questão é que, multiplicadas e somadas como se indica aqui, as matrizes e a equação delas são equivalentes à representação corrente do modelo fatorial comum.

Resumindo, portanto, quando efetuamos uma análise fatorial dinâmica, obtemos um conjunto de cargas fatoriais, uma matriz de covariâncias ou de correlações fatoriais e uma matriz de covariâncias de unicidade que satisfazem o teorema fundamental da análise fatorial ao reproduzirem a matriz de covariâncias ou correlações de entrada. A diferença crucial é que a matriz de covariâncias ou de correlações de entrada que se está explicando contém tanto as relações defasadas quanto as concomitantes.

18.3 EXEMPLO DE APLICAÇÃO

Nesta seção, mostraremos o ajuste de uma determinada especificação do modelo fatorial dinâmico. Como salientou Molenaar (1985; cf. também Nesselroade *et al.*, 2002), muitas especificações alternativas são possíveis e deveriam ser examinadas como adequadas do ponto de vista das hipóteses do pesquisador quanto à natureza dos processos de mudança.

Tabela 18.4 – Cargas fatoriais para a matriz de correlações com atraso 0 (análise fatorial de técnica P)

	Padrão de carga fatorial com atraso 0		
	Energia	*Fadiga*	*Unicidade*
ativo	0,86	0,00	0,27
animado	0,72	0,00	0,48
vigoroso	0,65	0,00	0,58
lento	0,00	0,76	0,42
cansado	0,00	0,95	0,10
exausto	0,00	0,87	0,25

386 • SEÇÃO V/ MODELOS PARA VARIÁVEIS LATENTES

Tabela 18.5 – Intercorrelação fatorial para análise com atraso

	Fator	
	Energia	Fadiga
Energia	0,00	−0,63
Fadiga	−0,63	0,00

Para fazê-lo, ajustaremos um modelo de DFA à matriz dada anteriormente. Faremos isso em três passos. Primeiro, ajustaremos o modelo às correlações com atraso 0, apresentadas na tabela 18.1. Em seguida, o modelo será ajustado às correlações com atraso 0 e atraso 1 mostradas nas tabelas 18.1 e 18.2. Finalmente, ajustaremos o modelo às correlações com atraso 0, atraso 1 e atraso 2 dadas nas tabelas 18.1, 18.2 e 18.3.

18.3.1 Ajuste das correlações com atraso 0

O ajuste das correlações com atraso 0 é análogo ao ajuste do modelo fatorial de técnica *P* convencional, a depender de que se modelem explicitamente as autocorrelações das partes únicas. Nesse caso, não o fizemos, mas isso será feito quando a modelagem incluir as correlações com atraso 1 e atraso 2. As tabelas 18.4 e 18.5 apresentam o resultado do ajuste de um modelo fatorial comum a essa matriz. Vemos, aqui, uma solução limpa de dois fatores negativamente correlacionados.

18.3.2 Ajuste de correlações com atraso 0 e atraso 1

Nas tabelas 18.6 e 18.7, apresenta-se o resultado do ajuste do modelo fatorial dinâmico às correlações com atraso 0 e atraso 1. Agora, há cargas fatoriais concomitantes e cargas fatoriais com atraso 1 a serem consideradas. As cargas com atraso 1 para

Tabela 18.7 – Intercorrelação fatorial para análise com atraso 1

	Fator	
	Energia	Fadiga
Energia	1,00	−0,65
Fadiga	−0,65	1,00

o fator *fadiga* são, relativamente, consistentes e de acordo com o padrão de correlações defasadas para essas variáveis visto na tabela 18.2.

Ajuste de correlações com atraso 0, 1 e 2

Ao se ajustar o modelo de DFA às correlações com atraso 0, 1 e 2, obtêm-se as matrizes mostradas nas tabelas 18.8 e 18.9. Evidentemente, ainda há informação interessante nas cargas com atraso 2 para o fator *fadiga*. A correlação negativa entre *energia* e *fadiga* manteve-se constante de uma análise para a outra.

18.4 APOIO TÉCNICO

Muitos leitores e aplicadores em potencial de modelos fatoriais dinâmicos não têm condições de escrever seu próprio código de modelo para ajustar esses modelos aos dados. Há duas tarefas principais: (a) desenvolver a matriz de covariâncias ou correlações defasadas e (b) especificar e ajustar um modelo fatorial dinâmico a essa matriz defasada. Desde que Molenaar (1985) apresentou o modelo de DFA, Wood e Brown (1994) puseram à disposição os código de SAS para realizar essas análises[5].

5. R. Nabors-Oberg e P. K. Wood também redigiram um programa de Mx para modelagem fatorial dinâmica.

Tabela 18.6 – Cargas fatoriais para a matriz de correlações com atraso 1

	Cargas fatoriais				
	Energia	Fadiga	Energia	Fadiga	
Variável	Atraso 0	Atraso 0	Atraso 1	Atraso 1	Unicidade
ativo	0,80	0,00	0,24	0,00	0,28
animado	0,71	0,00	0,08	0,00	0,45
vigoroso	0,56	0,00	0,32	0,00	0,56
lento	0,00	0,72	0,00	0,37	0,40
cansado	0,00	0,92	0,00	0,31	0,10
exausto	0,00	0,82	0,00	0,30	0,25

Capítulo 18 / Aplicação de análise fatorial dinâmica em pesquisas de ciências comportamentais e sociais • 387

Tabela 18.8 – Cargas fatoriais para a matriz de correlações com atraso 2

	Cargas fatoriais						
	Energia	Fadiga	Energia	Fadiga	Energia	Fadiga	
Variável	Atraso 0	Atraso 0	Atraso 1	Atraso 1	Atraso 2	Atraso 2	Unicidade
ativo	0,79	0,00	0,16	0,00	0,08	0,00	0,28
animado	0,70	0,00	0,04	0,00	0,10	0,00	0,45
vigoroso	0,57	0,00	0,16	0,00	0,22	0,00	0,57
lento	0,00	0,63	0,00	0,41	0,00	0,34	0,38
cansado	0,00	0,80	0,00	0,18	0,00	0,48	0,08
exausto	0,00	0,71	0,00	0,27	0,00	0,31	0,25

Tabela 18.9 – Intercorrelação fatorial para análise com atraso 2

	Fator	
	Energia	Fadiga
Energia	1,00	−0,65
Fadiga	−0,65	1,00

Nesselroade *et al.* (2002) forneceram alguns exemplos de código Lisrel (Jöreskog; Sörbom, 1993b) para ajustar especificações fatoriais dinâmicas a matrizes de covariâncias ou correlações defasadas. Nesselroade *et al.* examinaram duas especificações básicas: (a) uma elaborada por Molenaar (1985) e (b) uma desenvolvida por McArdle (1982). Portanto quem deseja tentar o ajuste de modelos de DFA a dados já conta com vários pontos de acesso.

18.5 CONCLUSÃO

A modelagem rigorosa da variabilidade intraindividual em diferentes áreas de conteúdo (p. ex., cognição, temperamento) é cada vez mais predominante na literatura de ciências comportamentais. Se comparados com métodos anteriores de modelagem de variabilidade intraindividual e mudança, como a análise fatorial de técnica *P*, os modelos de análise fatorial dinâmica prometem meios muito mais efetivos para extrair informação sobre relações defasadas de dados de séries temporais multivariadas. Como a literatura também está começando a refletir, os avanços na modelagem de variabilidade intraindividual prometem ser a chave para o desenvolvimento de leis nomotéticas mais eficazes relativas ao comportamento (p. ex., Cattell, 1957; Nesselroade;

Ford, 1985; Nesselroade; Molenaar, 1999; Shoda; Mischel; Wright, 1994; Zevon; Tellegen, 1982). Com a disponibilidade de ferramentas como os modelos fatoriais dinâmicos aqui tratados, o estudo sistemático da natureza da variação intraindividual torna-se ainda mais proveitoso e factível. Essas melhoras das possibilidades de modelagem são coadjuvantes oportunos de projetos de pesquisa mais fortes (p. ex., "explosões" de medição) e instrumentos de medição construídos de maneira mais adequada (p. ex., testagem adaptável, medidas sensíveis à mudança).

O exemplo empírico de variabilidade afetiva de curto prazo aqui apresentado mostra com bastante detalhe como um determinado modelo de DFA representa os processos dinâmicos subjacentes a dados de séries temporais. Primeiro, as correlações cruzadas assimétricas com atraso 2 (cf. tabela 18.3) indicam relações avanço-atraso similares aos bem conhecidos esquemas de defasagem cruzada. Por exemplo, a correlação cruzada observada é $r_{[Animado(t), Cansado(t-2)]} = -0,23$, ao passo que a correlação homóloga é $r_{[Cansado(t), Animado(t-2)]} = -0,01$. No marco do esquema de defasagem cruzada, isso poderia ser interpretado como uma influência causal (unilateral) de *cansado* sobre *animado*. Em termos de análise fatorial, tais relações avanço-atraso só podem ser captadas pelos modelos fatoriais dinâmicos. Os modelos espaço-estado não podem retratar essas relações avanço-atraso específico, porque eles restringem as correlações cruzadas à simetria.

Em segundo lugar, a análise fatorial dinâmica explicita que a série do fator *fadiga* tem um efeito posterior mais duradouro (dissipa-se mais devagar) do que a série do fator *energia*. Isto é, leva pelo menos dois dias consecutivos, $t + 1$ e $t + 2$, até a predição da série do fator *fadiga* desde o dia *t* se dissipar, enquanto é muito menos para a série do fator *energia*. Em vista da correlação substancial (−0,65) entre as séries dos fatores *fadiga* e *energia*, o efeito posterior da série do fator *fadiga* também explicará uma parte substancial das correlações sequenciais das pontuações observadas que pesam sobre a série de *energia*. Assim, esse método de modelagem oferece uma maneira de se "preencher a lacuna" notada por Cattell (1963) e outros a respeito das relações defasadas entre fatores e variáveis.

Terceiro, ao aplicar essas técnicas para examinar diferenças entre indivíduos, torna-se factível analisar como os padrões de mudança intraindividual diferem, não só em termos de "dimensionalidade" (p. ex., número de fatores), mas também de complexidade ou organização temporal do comportamento no tempo. Sem dúvida, indivíduos que mostram bem pouca previsibilidade de uma ocasião para outra diferem em grande medida daqueles que evidenciam um considerável nível de tal "continuidade" ao longo do tempo. Por exemplo, Musher-Eizenman, Nesselroade e Schmitz (2002) relataram tais diferenças de organização temporal na variabilidade intraindividual ao compararem crianças em idade escolar com baixo e alto aproveitamento.

Em outras obras, ao defenderem a agregação informada, e não às cegas, de informação de séries temporais multivariadas sobre diversos indivíduos, Nesselroade e Molenaar (1999) apresentaram um método para identificar subconjuntos de pessoas cujas funções de covariância defasada não são diferentes e, portanto, seria justificável que pudessem ser agrupadas para a análise fatorial dinâmica. O agrupamento de informação de covariância defasada, quando assim justificada, aumenta funcionalmente o número de observações em que os parâmetros do modelo se baseiam, sem aumentar excessivamente o fardo da medição sobre os sujeitos individuais. Isso tem importantes consequências para um ótimo projeto. J. L. Horn (comunicação pessoal, dezembro de 2000) – entre outros – ponderou que talvez seria melhor procurar semelhanças e diferenças no nível dos modelos fatoriais dos indivíduos em vez de em suas matrizes de covariâncias defasadas, já que alguns fatores – mas não todos – poderiam ser invariantes em indivíduos. Certamente, há algum mérito nessa sugestão, e alternativas desse tipo

podem ser exploradas dentro de um determinado conjunto de dados, desde que haja abundantes ocasiões para o ajuste dos modelos fatoriais aos dados de cada indivíduo.

Na convicção de que a psicologia está atrasada por se concentrar mais em conceitos e métodos que refletem menos propriedades estáticas e mais dinâmicas, tentamos proporcionar alguma visão de um pequeno subconjunto de possibilidades de modelagem e indicar como aplicar esses métodos àqueles que se interessam pela ideia, mas não sabem como avançar nessa direção. Ao fazer isso, temos minimizado ou desconsiderado diversas questões técnicas e vários possíveis problemas (cf., p. ex., Nesselroade *et al.*, 2002; Nesselroade; Molenaar, 2003). Acreditamos, porém, que melhor se aprende a nadar na água do que na terra. Tendo isso em mente, convidamos o leitor a usar o modelo tradicional de análise fatorial como um trampolim para pular no lado mais fundo da piscina, onde se encontram as águas desafiadoras da mudança e da variabilidade intraindividual.

REFERÊNCIAS

ANDERSON, T. W. The use of factor analysis in the statistical analysis of multiple time series. *Psychometrika*, 28, p. 1-24, 1963.

BALTES, P. B.; REESE, H. W.; NESSELROADE, J. R. *Lifespan developmental psychology: introduction to research methods*. Monterey, CA: Brooks/Cole, 1977.

BEREITER, C. Some persisting dilemmas in the measurement of change. *In*: HARRIS, C. W. (ed.). *Problems in measuring change*. Madison: University of Wisconsin Press, 1963. p. 3-20.

BROWNE, M. W.; NESSELROADE, J. R. Representing psychological processes with dynamic factor models: Some promising uses and extensions of ARMA time series models. *In*: MAYDEU-OLIVARES, A.; MCARDLE, J. J. (eds.). *Contemporary psychometrics: a Festschrift for Roderick P. McDonald*. Mahwah: Lawrence Erlbaum Associates, 2005.

CATTELL, R. B. *Personality and motivation structure and measurement*. Nova York: World Book Co., 1957.

CATTELL, R. B. The structuring of change by *P*-technique and incremental *R*-technique. *In*: HARRIS, C. W. (ed.). *Problems in measuring change*. Madison: University of Wisconsin Press, 1963. p. 167-198.

CATTELL, R. B. Patterns of change: Measurement in relation to state dimension, trait change, lability, and process concepts. *In*: CATTELL, R. B. (ed.). *Handbook of multivariate experimental psychology*. Chicago: Rand McNally, 1966. p. 355-402.

CATTELL, R. B.; CATTELL, A. K. S.; RHYMER, R. M. *P*-technique demonstrated in determining psychophysical source traits in a normal individual. *Psychometrika*, 12, p. 267-288, 1947.

CATTELL, R. B.; SCHEIER, I. H. *The meaning and measurement of neuroticism and anxiety*. Nova York: Ronald Press, 1961.

EIZENMAN, D. R.; NESSELROADE, J. R.; FEATHERMAN, D. L.; ROWE, J. W. Intra-individual variability in perceived control in an elderly sample: The MacArthur Successful Aging Studies. *Psychology and Aging*, 12, p. 489-502, 1997.

ENGLE, R.; WATSON, M. A one-factor multivariate time series model of metropolitan wage rates. *Journal of the American Statistical Association*, 76, p. 774-781, 1981.

FISKE, D. W.; MADDI, S. R. (eds.). *Functions of varied experience*. Homewood: Dorsey, 1961.

FISKE, D. W.; RICE, L. Intra-individual response variability. *Psychological Bulletin*, 52, p. 217-250, 1955.

FLUGEL, J. C. Practice, fatigue, and oscillation. *British Journal of Psychology, Monograph Supplement*, 4, p. 1-92, 1928.

GEWEKE, J. F.; SINGLETON, K. J. Maximum likelihood "confirmatory" factor analysis of economic time series. *International Economic Review*, 22, p. 37-54, 1981.

HAMAKER, E. L.; DOLAN, C. V.; MOLENAAR, P. *Statistical modeling of the individual: rational and application of multivariate time series analysis*. Manuscrito inédito, Universidade de Amsterdã, Departamento de Psicologia, 2003.

HERSHBERGER, S. L.; MOLENAAR, P. C. M.; CORNEAL, S. E. A hierarchy of univariate and multivariate time series models. *In*: MARCOULIDES, G. A.; SCHUMACKER, R. E. (eds.). *Advanced structural equation modeling: issues and techniques*. Mahwah: Lawrence Erlbaum, 1996. p. 159-194.

HOLTZMAN, W. H. Statistical models for the study of change in the single case. *In*: HARRIS, C. W. (ed.). *Problems in measuring change*. Madison: University of Wisconsin Press, 1963. p. 199-211.

HORN, J. L. State, trait, and change dimensions of intelligence. *British Journal of Educational Psychology*, 42(2), p. 159-185, 1972.

HUNDLEBY, J. D.; PAWLIK, K.; CATTELL, R. B. *Personality factors in objective test devices*. San Diego: R. Knapp, 1965.

JONES, C. J.; NESSELROADE, J. R. Multivariate, replicated, single-subject designs and *P*-technique factor analysis: A selective review of the literature. *Experimental Aging Research*, 16, p. 171-183, 1990.

JONES, K. The application of time series methods to moderate span longitudinal data. *In*: COLLINS, L. M.; HORN, J. L. (eds.). *Best methods for the analysis of change: recent advances, unanswered questions, future directions*. Washington: American Psychological Association, 1991. p. 75-87.

JÖRESKOG, K. G.; SÖRBOM, D. *LISREL 8: structural equation modeling with the SIMPLIS command language*. Hillsdale: Lawrence Erlbaum, 1993a.

JÖRESKOG, K. G.; SÖRBOM, D. *LISREL 8 user's reference guide*. Chicago: Scientific Software International, 1993b.

KENNY, D. A.; ZAUTRA, A. The trait-state error model for multiwave data. *Journal of Consulting and Clinical Psychology*, 63, p. 52-59, 1995.

KIM, J. E.; NESSELROADE, J. R.; FEATHERMAN, D. L. The state component in self-reported world views and religious beliefs in older adults: The MacArthur Successful Aging Studies. *Psychology and Aging*, 11, p. 396-407, 1996.

LARSEN, R. J. The stability of mood variability: A spectral analytic approach to daily mood assessments. *Journal of Personality and Social Psychology*, 52, p. 1195-1204, 1987.

LUBORSKY, L.; MINTZ, J. The contribution of *P*-technique to personality, psychotherapy, and psychosomatic research. *In*: DREGER, R. M. (ed.). *Multivariate personality research: contributions to the understanding of personality in honor of Raymond B. Cattell*. Baton Rouge: Claitor's Publishing Division, 1972. p. 387-410.

MAGNUSSON, D. The logic and implications of a person approach. *In*: CAIRNS, R. B.; BERGMAN, L. R.; KAGAN, J. (eds.). *The individual as a focus in developmental research*. Thousand Oaks: Sage, 1997. p. 33-63.

MCARDLE, J. J. *Structural equation modeling of an individual system: preliminary results from "A case study in episodic alcoholism"*. Manuscrito inédito, Universidade de Denver, Departamento de Psicologia, 1982.

MOLENAAR, P. C. M. A dynamic factor model for the analysis of multivariate time series. *Psychometrika*, 50(2), p. 181-202, 1985.

MOLENAAR, P. C. M.; HUIZENGA, H. M.; NESSELROADE, J. R. The relationship between the structure of interindividual and intraindividual variability: A theoretical and empirical vindication of developmental systems theory. In: STAUDINGER, U. M.; LINDENBERGER, U. (eds.). *Understanding human development: dialogues with lifespan psychology*. Norwell: Kluwer Academic, 2003. p. 339-360.

MOLENAAR, P. C. M.; NESSELROADE, J. R. Rotation in the dynamic factor modeling of multivariate stationary time series. *Psychometrika*, 66, p. 99-107, 2001.

MUSHER-EIZENMAN, D. R.; NESSELROADE, J. R.; SCHMITZ, B. Perceived control and academic performance: A comparison of high- and low-performing children on within-person change patterns. *International Journal of Behavioral Development*, 26, p. 540-547, 2002.

NESSELROADE, J. R. Elaborating the different in differential psychology. *Multivariate Behavioral Research*, 37(4), p. 543-561, 2002.

NESSELROADE, J. R.; BOKER, S. M. Assessing constancy and change. *In*: HEATHERTON, T.; WEINBERGER, J. (eds.). *Can personality change?*. Washington: American Psychological Association, 1994. p. 121-147.

NESSELROADE, J. R.; FORD, D. H. *P*-technique comes of age: Multivariate, replicated, single-subject designs for research on older adults. *Research on Aging*, 7, p. 46-80, 1985.

NESSELROADE, J. R.; GHISLETTA, P. Beyond static concepts in modeling behavior. *In*: BERGMAN, L. R.; CAIRNS, R. B. (eds.). *Developmental science and the holistic approach*. Mahwah: Lawrence Erlbaum, 2000. p. 121-135.

390 • SEÇÃO V/ MODELOS PARA VARIÁVEIS LATENTES

NESSELROADE, J. R.; MCARDLE, J. J.; AGGEN, S. H.; MEYERS, J. M. Alternative dynamic factor models for multivariate time-series analyses. *In*: MOSKOWITZ, D. M.; HERSHBERGER, S. L. (eds.). *Modeling intraindividual variability with repeated measures data: advances and techniques*. Mahwah: Lawrence Erlbaum, 2002. p. 235-265.

NESSELROADE, J. R.; MOLENAAR, P. C. M. Quantitative models for developmental processes. *In*: VALSINER, J.; CONNOLLY, K. (eds.). *Handbook of developmental psychology*. Londres: Sage, 2003. p. 622-639.

NESSELROADE, J. R.; MOLENAAR, P. C. M. Pooling lagged covariance structures based on short, multivariate time-series for dynamic factor analysis. *In*: HOYLE, R. H. (ed.). *Statistical strategies for small sample research*. Thousand Oaks: Sage, 1999. p. 223-250.

SHODA, Y.; MISCHEL, W.; WRIGHT, J. C. Intraindividual stability in the organization and patterning of behavior: Incorporating psychological situations into the idiographic analysis of behavior. *Journal of Personality and Social Psychology*, 67, p. 674-687, 1994.

STEYER, R.; FERRING, D.; SCHMITT, M. States and traits in psychological assessment. *European Journal of Psychological Assessment*, 8, p. 79-98, 1992.

VALSINER, J. Two alternative epistemological frameworks in psychology: The typological and variational modes of thinking. *Journal of Mind and Behavior*, 5(4), p. 449-470, 1984.

WESSMAN, A. E.; RICKS, D. F. *Mood and personality*. Nova York: Holt, Rinehart e Winston, 1966.

WOOD, P.; BROWN, D. The study of intraindividual differences by means of dynamic factor models: Rationale, implementation, and interpretation. *Psychological Bulletin*, 116(1), p. 166-186, 1994.

WOODROW, H. Quotidian variability. *Psychological Review*, 39, 245-256, 1932.

WOODROW, H. Intelligence and improvement in school subjects. *Journal of Educational Psychology*, 36, p. 155-166, 1945.

ZEVON, M.; TELLEGEN, A. The structure of mood change: Idiographic/nomothetic analysis. *Journal of Personality and Social Psychology*, 43(1), p. 111-122, 1982.

Capítulo 19

ANÁLISE DE VARIÁVEIS LATENTES: MODELAGEM DE MISTURA DE CRESCIMENTO E TÉCNICAS AFINS PARA DADOS LONGITUDINAIS[1]

BENGT MUTHÉN

19.1 INTRODUÇÃO

Este capítulo dá uma visão geral dos recentes avanços em análise de variáveis latentes. Destaca-se a capacidade de modelagem obtida com o uso de uma combinação flexível de variáveis latentes contínuas e categóricas. Visando focar a discussão e fazer com que seu escopo seja administrável, a análise de dados longitudinais mediante modelos de crescimento será levada em consideração. As variáveis latentes contínuas são comuns na modelagem de crescimento, na forma de efeitos aleatórios que captam a variação individual no desenvolvimento ao longo do tempo. Por sua vez, o uso de variáveis latentes categóricas na modelagem de crescimento talvez seja menos conhecido, e novas técnicas já surgiram. O objetivo deste capítulo é mostrar a utilidade de extensões do modelo de crescimento com uso de variáveis latentes categóricas. O tema tem implicações também para a análise de variáveis latentes de dados transversais.

O capítulo começa com duas partes principais correspondentes a resultados contínuos comparados com resultados categóricos. Dentro de cada parte haverá, primeiro, uma descrição da modelagem convencional com uso de variáveis latentes contínuas, seguida de generalizações recentes que acrescentaram as variáveis latentes categóricas. Isso abrange modelagem de mistura de crescimentos, análise de crescimento de classes latentes e análise de sobrevivência em tempo discreto. A análise de dados com fortes efeitos de base dá origem a uma modelagem cujo resultado é parte binário e parte contínuo, e os dados obtidos com amostragem por grupos dão origem à modelagem multinível. Todos os modelos enquadram-se no esquema geral de variável latente implementado no programa Mplus (Muthén; Muthén, 1998-2003). Há resumos desse esquema de modelagem em Muthén (2002) e Muthén e Asparouhov (2003a, 2003b). Asparouhov e Muthén (2003a, 2003b) abordam aspectos técnicos.

1. A pesquisa contou com o apoio outorgado pelo subsídio K02 AA 00230 da NIAAA. Agradeço à equipe Mplus pelo apoio em *software*, a Karen Nylund e Frauke Kreuter pela ajuda na pesquisa e a Tihomir Asparouhov pelos comentários úteis.

19.2 Resultados contínuos: modelagem de crescimento convencional

Nesta seção, examinaremos brevemente a modelagem de crescimento convencional como base para a modelagem de crescimento mais geral que virá a seguir. Como preparação para essa transição, a representação de modelagem linear mista e multinível da modelagem de crescimento convencional será relacionada com representações que se utilizam de modelagem de equações estruturais e modelagem de variáveis latentes.

A fim de apresentar as ideias, considere-se um exemplo da pesquisa sobre aproveitamento em matemática. O Estudo Longitudinal da Juventude (LSAY, na sigla em inglês) é uma amostra nacional de aproveitamento em matemática e ciência de alunos de escolas públicas nos Estados Unidos (Miller et al., 2000). A amostra contém 52 escolas com uma média de 60 alunos por escola. As pontuações de aproveitamento foram obtidas por equacionamento de teoria de resposta a itens. Houve cerca de 60 itens por teste, com sobreposição parcial de itens entre as séries. Com uma testagem adaptada, fez-se com que os resultados do teste de um ano anterior influenciassem o nível de dificuldade do teste de um ano posterior. Os dados do LSAY aqui usados são da Coorte 2, composta, ao todo, por 3.102 alunos acompanhados da 7ª à 10ª série, começando em 1987. A figura 19.1 mostra trajetórias de indivíduos em matemática entre a 7ª e a 10ª série.

O lado esquerdo da figura 19.1 mostra trajetórias típicas extraídas da amostra completa de alunos. Vê-se um crescimento aproximadamente linear ao longo das séries, e uma linha em negrito indica o crescimento linear médio. A modelagem de crescimento convencional é aplicada para se estimar o crescimento médio, a quantidade de variação entre indivíduos nas ordenadas na origem e inclinações, bem como a influência de covariáveis sobre essa variação. O lado direito da figura 19.1 usa um subconjunto de alunos definido por uma dessas covariáveis, considerando alunos que, na 7ª série, esperam se formar apenas no ensino médio. Observa-se que as ordenadas na origem e as inclinações são consideravelmente mais baixas para esse grupo de alunos com modestas aspirações.

A seguir, formula-se um modelo de crescimento convencional para o desenvolvimento do aproveitamento em matemática relacionado com expectativas educacionais. A fim de facilitar a transição entre tradições de modelagem, opta-se pela notação multinível de Raudenbush e Bryk (2002). Para o ponto no tempo t e o indivíduo i, consideremos as variáveis

y_{ti} = medidas repetidas sobre o resultado (p. ex., aproveitamento em matemática);

a_{1ti} = variável relacionada ao tempo (pontuações temporais) (p. ex., 7ª-10ª séries);

a_{2ti} = covariável que varia no tempo (p. ex., fazer cursos de matemática);

Figura 19.1 Aproveitamento de matemática do LSAY da 7ª à 10ª série

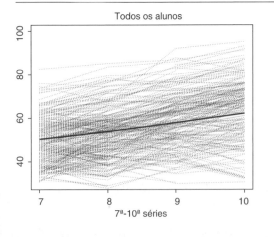
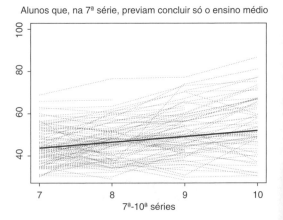

x_i = covariável invariante no tempo (p. ex., expectativas na 7ª série),

e o modelo de crescimento de dois níveis:

Nível 1: $y_{ti} = \pi_{0i} + \pi_{1i} a_{1ti} + \pi_{2ti} a_{2ti} + e_{ti}$, (1)

Nível 2: $\begin{cases} \pi_{0i} = \beta_{00} + \beta_{01}x_i + r_{0i} \\ \pi_{1i} = \beta_{10} + \beta_{11}x_i + r_{1i} \\ \pi_{2i} = \beta_{20} + \beta_{21}x_i + r_{2i} \end{cases}$ (2)

Aqui, π_{0i}, π_{1i} e π_{2i} são ordenadas na origem e inclinações aleatórias variáveis entre os indivíduos. Pressupõe-se que os resíduos e, r_0, r_1 e r_2 estão normalmente distribuídos com médias zero e sem correlação com a_1, a_2 e w. Os resíduos de Nível 2 r_0, r_1 e r_2, possivelmente, estão correlacionados, mas não com e. Geralmente, supõe-se que as variâncias de e_1 são iguais e não correlacionadas ao longo, mas é possível relaxar ambas as restrições[2].

Esse modelo de crescimento é apresentado como um modelo multinível de efeitos aleatórios. Também se pode ver o modelo de crescimento como um modelo de variáveis latentes, no qual os efeitos aleatórios π_0, π_1 e π_2 são variáveis latentes. As variáveis latentes π_0 e π_1 serão chamadas de fatores de crescimento e são de fundamental interesse aqui. Como se verá, o esquema de variáveis latentes considera a modelagem de crescimento como uma análise de um só nível. Obtém-se um caso especial de modelagem de variáveis latentes mediante modelagem de equações estruturais (SEM, na sigla em inglês) de estruturas de médias e covariâncias. A seguir, analisaremos brevemente as relações entre as análises de crescimento multinível, de variáveis latentes e de SEM.

Quando há tempos de observação que variam individualmente, a_{1ti} em (1) varia em i para determinado t. Nesse caso, pode-se ler a_{1ti} como dados. Isto é, em modelagem multinível convencional, π_{1i} é uma inclinação (aleatória) para a variável a_{1ti}. Quando $a_{1ti} = a_{1t}$ para todo valor t, pode-se adotar um ponto de vista inverso. Em SEM, cada a_{1t} é tratada como um parâmetro, sendo a_{1t} uma inclinação que multiplica a va-

riável (latente) π_{1i}. Por exemplo, o crescimento acelerado ou desacelerado de um terceiro ponto no tempo pode ser captado por $a_{1t} = (0, 1, a_3)$, em que a_3 é estimada[3].

Geralmente, em modelagem multinível convencional, a inclinação aleatória π_{2ti} (1) para a covariável variante no tempo a_{2t} é considerada constante no tempo, $\pi_{2ti} = \pi_{2i}$. É possível permitir a variação tanto em t quanto em i, embora talvez seja difícil achar evidência para isso nos dados. Já em SEM, a inclinação não é aleatória, $\pi_{2ti} = \pi_{2i}$, porque a modelagem convencional de estrutura de covariância não pode lidar com produtos de variáveis contínuas latentes e observadas.

Nos esquemas de modelagem de variáveis latentes e na SEM, não se faz distinção entre Nível 1 e Nível 2, mas uma análise normal (de único nível). Isso porque o esquema de modelagem considera o vetor de T dimensões $\mathbf{y} = (y_1, y_2,..., y_T)'$ um resultado multivariado, explicando a correlação no tempo pelos mesmos efeitos aleatórios que influenciam todas as variáveis no vetor de resultado. Por outro lado, a modelagem multinível costuma ver o resultado como univariado, explicando a correlação no tempo pelos dois níveis do modelo. Do ponto de vista de variáveis latentes e SEM, (1) pode ser vista como a parte de medição do modelo em que os fatores de crescimento π_0 e π_1 são medidos pelos múltiplos indicadores y_t. Em (2), a parte estrutural do modelo relaciona fatores de crescimento e inclinações aleatórias a outras variáveis. A figura 19.2 mostra um diagrama de modelo correspondente ao ponto de vista da SEM, diagrama no qual os círculos indicam variáveis latentes e as caixas correspondem a variáveis observadas.

Situar o modelo de crescimento num contexto de SEM ou variáveis latentes tem várias vantagens. É possível fazer a regressão de uns fatores de crescimento sobre outros – por exemplo, estudando o crescimento enquanto são levados em conta não só as covariáveis observadas, mas também o fator de crescimento no estado inicial. Ou talvez um pesquisador queira examinar o crescimento num constructo de variável latente medido com múltiplos indicadores. A modelagem de crescimento num esquema de variáveis latentes tem outras vantagens, como a facilidade

---

2. Também se pode expressar o modelo como um modelo linear misto, relacionando y diretamente a a_1, a_2 e x ao inserir (2) em (1). Como na regressão de dois níveis, quando a_{ti} ou π_{2ti} varia com i, há heteroscedasticidade para y covariáveis dadas e, portanto, não há uma única matriz de covariâncias para testar o modelo.

3. Quando se escolhe $a_{11} = 0$, define-se π_{0i} como o estado inicial do processo de crescimento. Na análise multinível, é comum centrar a_{1ti} na média (p. ex., para evitar a colinearidade quando se usa crescimento quadrático), ao passo que, na SEM, os parâmetros podem ficar sumamente correlacionados.

Figura 19.2 Diagrama de modelo de crescimento

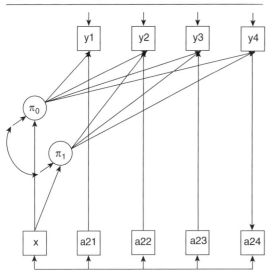

de se realizar a análise de múltiplos processos, tanto simultâneos como sequenciais, bem como de múltiplos grupos com diferentes estruturas de covariância. De um modo mais geral, o modelo de crescimento pode ser apenas uma parte de um modelo maior, incluindo, por exemplo, uma parte de medição de análise fatorial para covariáveis medidas com erros, uma parte de análise de percursos de mediação para variáveis que influenciam os fatores de crescimento ou um conjunto de variáveis influenciadas pelo processo de crescimento (resultados distais).

O método mais geral para abordar o crescimento mediante variáveis latentes vai além do método de SEM ao aplicar (1) como estabelecido (isto é, admitindo tempos de observação e inclinações aleatórias que variam individualmente para covariáveis variantes no tempo). Aqui, $a_{1ti} = a_{1t}$ e $\pi_{2ti} = \pi_{2t}$ são admitidos como casos especiais. Assim, o método de variáveis latentes combina as potencialidades da modelagem multinível convencional e da SEM. Muthén e Asparouhov (2003a) resumem as vantagens desse tipo combinado de modelagem, bem como dão um histórico técnico em Asparouhov e Muthén (2003a). Ademais, a modelagem de variáveis latentes, em geral, permite modelar com uma combinação de variáveis latentes contínuas e categóricas, de modo a representar dados longitudinais de forma mais realista. Este capítulo ocupa-se desse aspecto.

19.3 Resultados contínuos: modelagem de mistura de crescimentos

O modelo expresso em (1) e (2) tem duas características cruciais. De um lado, ele admite diferenças individuais no desenvolvimento ao longo do tempo porque a ordenada na origem do crescimento π_{0i} e a inclinação do crescimento π_{1i} variam entre os indivíduos, dando origem a trajetórias individualmente variantes para y_{ti} ao longo do tempo. Essa heterogeneidade é expressa por efeitos aleatórios (isto é, variáveis latentes contínuas). Por outro lado, o modelo supõe que todos os indivíduos fazem parte de uma única população com parâmetros populacionais comuns. A modelagem de mistura de crescimentos flexibiliza o pressuposto de única população de modo a permitir diferenças

Figura 19.3 Aproveitamento de matemática do LSAY da 7ª à 10 série e abandono escolar no ensino médio

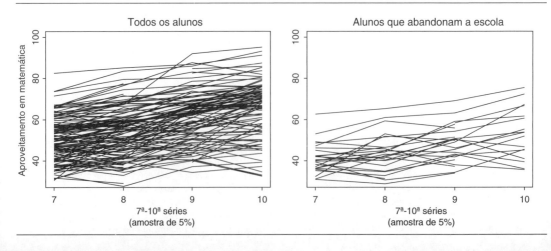

de parâmetros entre subpopulações não observadas. Para tanto, recorre-se ao uso de classes de trajetórias latentes (ou seja, variáveis latentes categóricas). Isso implica que, em vez de considerar a variação individual em torno de uma única curva de crescimento médio, o modelo de mistura de crescimentos admite que diferentes classes de indivíduos variem em torno de diferentes curvas de crescimento médio. O uso combinado de variáveis latentes contínuas e categóricas proporciona um esquema de análise muito flexível. A modelagem de mistura de crescimentos foi apresentada em Muthén e Shedden (1999), com ampliações e visões gerais em Muthén e Muthén (1998-2003) e Muthén (2001a, 2001b, 2002).

Consideremos, novamente, o exemplo de aproveitamento em matemática e o desenvolvimento nessa matéria mostrado no lado direito da figura 19.3. Trata-se do desenvolvimento para alunos depois classificados entre os que abandonaram a escola na 12ª série. Note-se que, enquanto a figura 19.1 tem em conta um antecedente do desenvolvimento – as expectativas na 7ª série –, a figura 19.3 leva em consideração uma consequência do desenvolvimento – o abandono escolar no ensino médio. O que se vê é que, com poucas exceções, os alunos que deixam os estudos no ensino médio têm ponto de partida mais baixo na 7ª série e crescem mais devagar do que a média dos alunos no lado esquerdo da figura. Isso sugere que pode haver uma subpopulação não observada de alunos que, entre a 7ª e a 10ª série, mostram escasso desenvolvimento em matemática e têm alto risco de abandono escolar. Em pesquisas sobre evasão escolar, costuma-se chamar essa subpopulação de "afastada", em que o afastamento tem muitos preditores. Não se sabe quem compõe tal população entre a 7ª e a 10ª série, mas isso se evidencia quando os alunos abandonam o ensino médio. Entretanto é possível inferi-lo com base no desenvolvimento do aproveitamento em matemática entre a 7ª e a 10ª série.

19.3.1 Especificação do modelo de mistura de crescimentos

Para apresentar a modelagem de mistura de crescimentos (GMM, na sigla em inglês), considere-se uma variável categórica latente c_i representativa da composição da subpopulação inobservada para o aluno i, $c_i = 1, 2,\ldots, K$. Aqui, c será denominada variável de classe latente ou, mais especificamente, variável de classe de trajetória. Suponha-se, a princípio, que, no exemplo de aproveitamento em matemática, $K = 2$, representando uma classe afastada ($c = 1$) e uma classe normativa ($c = 2$). Na figura 19.4, o diagrama mostra um exemplo das diferentes partes do modelo. O modelo tem covariáveis x e $xmis$, uma variável de classe latente c, resultados contínuos repetidos y e um resultado dicotômico distal u. A fim de simplificar, nesse exemplo não se incluem covariáveis variantes no tempo. A covariável x exerce influência sobre c e tem efeitos diretos nos fatores de crescimento π_0 e π_1, bem como um efeito direto sobre u. Nesta seção, supõe-se que a covariável $xmis$ não desempenha papel algum no modelo. Seus efeitos serão estudados em seções posteriores.

Considere-se, primeiro, a predição da variável de classe latente pela covariável x usando um modelo de regressão logística multinomial para K classes,

$$P(c_i = k|x_i) = \frac{e^{\gamma_{0k}+\gamma_{1k}x_i}}{\sum_{s=1}^{K} e^{\gamma_{0s}+\gamma_{1s}x_i}}, \qquad (3)$$

com a padronização $\gamma_{0K} = 0$, $\gamma_{1K} = 0$. Com um c binário ($c = 1, 2$), isso dá

$$P(c_i = 1|x_i) = \frac{1}{1+e^{-l_i}}, \qquad (4)$$

em que l é o logit (isto é, logaritmo das chances),

$$\log[P(c_i = 1|x_i)/P(c_i = 2|x_i)] = \gamma_{01} + \gamma_{11}\,x_i, \qquad (5)$$

Figura 19.4   Diagrama de GGMM

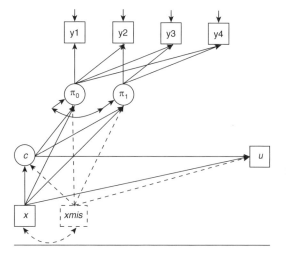

de modo que γ_{11} é o incremento no logaritmo das chances de estar na classe afastada *versus* na classe normativa para um incremento de uma unidade em x. Por exemplo, suponha-se que x é dicotômica e teve pontuação 0, 1 para mulheres *versus* homens. Segue-se, a partir de (4), que é a razão de chances de estar na classe afastada *versus* na classe normativa ao comparar homens com mulheres. Por exemplo $\gamma_{11} = 1$ implica que as chances de fazer parte da classe afastada *versus* a classe normativa é $e^1 = 2,72$ vezes maior para homens do que para mulheres.

Generalizando (1) e (2), a GMM considera um modelo de crescimento distinto para cada uma das duas classes latentes. É comum encontrar importantes diferenças entre classes nos efeitos fixos β_{00}, β_{10} e β_{20} em (2). Por exemplo, a classe afastada teria valores mais baixos de β_{00} e β_{10} (ou seja, médias mais baixas) que a classe normativa. Também pode haver diferenças entre classes na influência das covariáveis, com β_{01}, β_{11} e β_{21} que variam segundo a classe. Além disso, pode haver variâncias e covariâncias que variam entre as classes para os r resíduos. Em (1), o tipo de função de crescimento para o Nível 1 também pode ser diferente conforme a classe. Por exemplo, embora a classe afastada possa ser bem representada pelo crescimento linear, talvez a classe normativa mostre crescimento acelerado em algumas das séries (p. ex., precisando de uma curva de crescimento quadrático). Aqui, a variância para o resíduo de e pode também variar segundo a classe.

Pode-se generalizar a GMM básica de várias maneiras. Uma das generalizações importantes é incluir um resultado previsto com base no crescimento. Um resultado desse tipo costuma ser chamado de *resultado distal*, ao passo que, nesse contexto, os resultados de crescimento se denominam *resultados proximais*. A evasão escolar no ensino médio é um exemplo de tal resultado distal no contexto do aproveitamento em matemática. Uma vez que o crescimento é resumido sucintamente pela variável latente de classe de trajetória, é lógico deixar que ela preveja o resultado distal. Com o exemplo de um resultado distal dicotômico u de valor 0, 1, essa parte do modelo é expressa como regressão logística com covariáveis c e x,

$$P(u_i = 1|c_i = k, x_i) = \frac{1}{1 + e^{\tau_k - \kappa_k x_i}}, \qquad (6)$$

em que o efeito principal de c é indicado pelos limiares variantes com a classe τ_k (uma ordenada na origem com o signo invertido), e κ_k é uma inclinação variante com a classe para x. Aqui também se pode aplicar, a cada classe, a mesma interpretação da razão de chances anteriormente apresentada. Esse tipo de extensões do modelo será chamado de modelagem geral de mistura de crescimentos (GGMM, na sigla em inglês).

19.3.1.1 Análise de crescimento de classe latente

Nagin e colegas estudaram um tipo especial de modelo de mistura de crescimentos (cf., p. ex., Nagin, 1999; Nagin; Land, 1993; Roeder; Lynch; Nagin, 1999) utilizando-se do procedimento PROC TRAJ de SAS (Jones; Nagin; Roeder, 2001). Conferir também a edição especial de 2001 de *Sociological Methods & Research* (Land, 2001). Os modelos estudados por Nagin caracterizam-se por terem variâncias e covariâncias de valor zero para r em (2); isto é, indivíduos integrantes de uma classe são considerados homogêneos com relação a seu desenvolvimento[4]. Neste capítulo, a análise com variâncias e covariâncias zero do fator de crescimento será denominada análise de crescimento de classe latente (LCGA, na sigla em inglês). Como se verá no contexto de resultados categóricos, o uso do termo LCGA é motivado pelo fato de o método ser mais semelhante à análise de classe latente do que à modelagem do crescimento.

A LCGA pode ser útil, principalmente, de duas maneiras. Primeiro, pode ser usada para achar pontos de corte nos fatores de crescimento da GMM. Uma GMM de k classes com variação intraclasse pode ter um ajuste ao modelo similar ao de uma LCGA de $k + m$ classes para algum $m > 0$. As m classes extra podem ser uma forma de achar pontos de cortes objetivamente na variação intraclasse de uma GMM, na medida em que esse agrupamento adicional for substancialmente útil. Essa situação é similar à relação entre análise fa-

---

4. O trabalho de Nagin ocupa-se de dados de contagem valendo-se de distribuições de Poisson. Como se verá em seções posteriores, a modelagem com resultados de contagem e resultados categóricos também pode usar variância distinta de 0 para r.

torial e análise de classe latente, como abordada em Muthén (2001a), em que as classes latentes de indivíduos foram identificadas nas dimensões fatoriais. De um ponto de vista concreto, porém, isso coloca o desafio de se determinar quais classes latentes representam trajetórias fundamentalmente diferentes e quais representam apenas pequenas variações. Em segundo lugar, como assinalado no trabalho de Nagin, as classes latentes de LCGA podem ser entendidas como geradoras de uma representação não paramétrica da distribuição dos fatores de crescimento, o que resulta num modelo semiparamétrico. Essa perspectiva será tratada em maior detalhe na seção seguinte.

A LCGA é simples de se especificar dentro do contexto geral de Mplus. A restrição de variância zero facilita o trabalho com a LCGA, dando uma convergência relativamente rápida. Se o modelo se ajusta aos dados, a simplicidade pode ser uma característica útil na prática. Pode-se, também, usar a LCGA junto à GMM como ponto de partida para análises. A seção 19.3.4.1 aborda o uso da LCGA em dados gerados por uma GMM na qual as covariáveis influem diretamente nos fatores de crescimento, aplicação errada que causa graves distorções na formação das classes latentes.

19.3.1.2 Estimação não paramétrica de distribuições de variáveis latentes

Na GMM já descrita, o pressuposto de normalidade para os resíduos sobre o Nível 1 e o Nível 2 é aplicado a cada classe. Dentro da classe, as variáveis latentes de π_0, π_1 e π_2 de (2) podem ter uma distribuição não normal devido à influência de um covariável x possivelmente não normal, e a distribuição de y em (1) ainda é influenciada por covariáveis de Nível 1 possivelmente não normais. Isso implica que a distribuição dos resultados y pode ser não normal dentro da classe. Obtém-se acentuada não normalidade para y quando se misturam classes latentes com médias e variâncias diferentes.

O pressuposto de normalidade para os resíduos não é inócuo em modelagem de mistura. Outras distribuições resultariam em formações de classe latente um pouco diferentes. A literatura sobre estimação não paramétrica de distribuições de efeitos aleatórios reflete um interesse desse tipo,

em especial com resultados categóricos e de contagem já em modelos de não mistura. A estimação de máxima verossimilhança para modelos logísticos com efeitos aleatórios utiliza-se, geralmente, da quadratura de Gauss-Hermite para integrar e excluir os efeitos aleatórios normais. A quadratura usa nodos e pesos fixos para um conjunto de pontos de quadratura. Como Aitkin (1999) ressaltou, obtém-se uma forma de distribuição mais flexível, estimando tanto os nodos quanto os pesos, e esse método é um exemplo de modelagem de mistura. A figura 19.5 mostra a aproximação do modelo de mistura a uma distribuição contínua de efeito aleatório, como um fator de crescimento aleatório de ordenada na origem, valendo-se de uma distribuição aproximadamente normal e de uma distribuição assimétrica. Em ambos os casos, são utilizados cinco nodos e pesos, correspondentes a uma mistura com cinco classes latentes. Aitkin afirma que o método de mistura pode ser especialmente adequado com resultados categóricos nos quais o habitual pressuposto de normalidade para os efeitos aleatórios tem escassa sustentação empírica. Para ter uma visão geral do trabalho sobre o tema, pode-se conferir, também, Heinen (1996); há uma análise mais recente no contexto da análise logística de crescimento em Hedeker (2000).

Pode-se utilizar o esquema de variável latente Mplus para esse tipo de método não paramétrico. Conforme a figura 19.5, uma distribuição aleatória do fator de crescimento da ordenada na origem pode ser representada por uma mistura de cinco classes. Aqui, a estimação dos nodos é obtida estimando-se as médias do fator de crescimento nas diferentes classes e a estimação dos pesos obtém-se estimando as probabilidades das classes (o parâmetro de variância do fator de crescimento é fixado em zero). Se o modelo considerado é de uma única classe, os outros parâmetros do modelo são mantidos iguais entre as classes; em qualquer outro caso, isso não acontece.

19.3.1.3 Estimação da modelagem de mistura de crescimentos

Pode-se estimar o modelo de mistura de crescimentos por máxima verossimilhança por meio de um algoritmo EM. Para uma determinada solução, é possível estimar a probabilidade de cada indivíduo fazer parte de cada classe, bem como a pontuação do indivíduo nos fatores de crescimento π_{0i} e π_{1i}. Medidas de qualidade de classificação podem ser levadas em consideração com base nas probabilidades de classes individuais, como a entropia. Isso tem sido implementado no programa Mplus (Muthén; Muthén, 1998-2003). O Anexo Técnico 8 do *Mplus User's Guide* (Muthén; Muthén, 1998-2003), Muthén e Shedden (1999) e Asparouhov e Muthén (2003a, 2003b) abordam aspectos técnicos de modelagem, estimação e testagem. Lida-se com dados faltantes a respeito de *y* utilizando MAR. Muthén, Jo e Brown (2003) analisam a modelagem de dados faltantes não ignoráveis mediante indicadores de dados faltantes. Como ocorre com a modelagem de mistura em geral, é comum achar ótimos locais na verossimilhança. Trata-se de um fenômeno bem conhecido, por exemplo, em análise de classes latentes, sobretudo em modelos com muitas classes e dados que contêm limitada informação sobre a inclusão nas classes. É por isso que se recomenda utilizar vários conjuntos diferentes de valores iniciais, o que o Mplus faz automaticamente.

19.3.1.4 O exemplo do LSAY

Para concluir esta seção de maneira concreta fazendo uso de dados do LSAY sobre aproveitamento em matemática, é interessante fazer um breve panorama das análises incluídas na seção 3.5. A figura 19.6 mostra que há três classes de trajetória latente, incluindo suas probabilidades, a trajetória média e a variação individual de cada classe e a probabilidade para cada uma delas abandonar o ensino médio. Observa-se que, dos alunos, 20% pertencem a uma classe desinteressada com fraco desenvolvimento em matemática. Quem faz parte da classe desinteressada tem risco muito maior de abandonar o ensino médio, pois a porcentagem de abandono sobe de 1% e 8% para 69%. A seção 3.5 apresenta as covariáveis que prenunciam a inclusão em classe de trajetória latente, indicando que ter escassas expectativas educacionais e pensar em abandono escolar já na 7ª série são preditores cruciais.

Antes de examinarmos as etapas de análise para o exemplo do aproveitamento em matemática do LSAY, veremos os procedimentos de interpretação, estimação e seleção de modelos. A modelagem de variáveis latentes demanda boas estratégias de análise, em especial no contexto da modelagem de mistura de crescimentos, em que se utilizam variáveis latentes contínuas e categóricas. Muitos procedimentos estatísticos têm sido sugeridos na área estatística relacionada à modelagem de mistura finita (cf., p. ex., McLachlan; Peel, 2000), e aqui trataremos brevemente de algumas ideias-chave e de novas generalizações. Tanto as considerações substantivas quanto as estatísticas são críticas e serão discutidas. Para a modelagem de mistura de crescimentos, também é de interesse a previsão precoce de inclusão em classes, que abordaremos de forma sucinta. No exemplo de aproveitamento em matemática do LSAY, é evidentemente conveniente fazer tais previsões precoces do risco de abandono do ensino médio, de modo a possibilitar intervenções.

Figura 19.5 Distribuições de efeitos aleatórios representadas por misturas

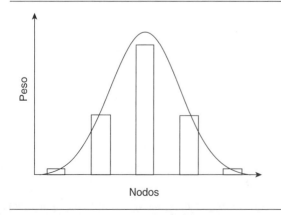
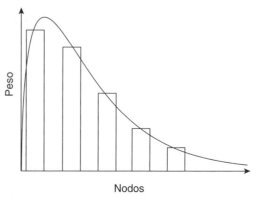

19.3.2 Teoria substantiva e informação auxiliar para prever e compreender resultados do modelo

Deve-se investigar a GGMM aplicando teoria e provas substantivamente fundamentadas. Pode-se usar informação auxiliar para melhor compreender os resultados do modelo ainda numa fase exploratória, quando pouca teoria existe. Uma vez formulada a teoria substantiva, ela pode servir para prever um conjunto de eventos relacionados que possam ser testados.

Geralmente, a elaboração de teoria substantiva não depende de apenas um resultado medido repetidas vezes, acumulando evidência para uma teoria só mediante a divisão em classes de trajetórias observadas quanto a apenas uma variável de resultado. Utilizam-se muitas fontes diferentes de informação auxiliar para verificar a plausibilidade da teoria. Pesquisas sobre saúde mental podem descobrir que um padrão de alto nível de comportamento anormal em idades nas quais isso não é habitual costuma vir acompanhado de diversas consequências sociais negativas, havendo, então, um subtipo característico. Um bom estudo educacional sobre o fracasso escolar leva em consideração, também, o que está acontecendo na vida do aluno, incluindo a previsão de problemas associados. Teorias de interação entre genes e ambiente podem prever o surgimento de problemas como reação a fatos adversos da vida em certas idades. Em situações como essas, a GGMM é especialmente útil, pois ela pode incluir a informação auxiliar no modelo e testar se as classes formadas têm as características previstas pela teoria no que tange às variáveis auxiliares. A informação auxiliar pode consistir em antecedentes, fatos concomitantes ou consequências, brevemente tratados a seguir.

19.3.2.1 Antecedentes

Deve-se incluir informação auxiliar em forma de antecedentes (covariáveis) de inclusão em classes e fatores de crescimentos no conjunto de covariáveis, de modo a especificar corretamente o modelo, achar o número de classes mais adequado e estimar as proporções e a composição das classes. O fato de o "modelo incondicional" sem covariáveis não ser necessariamente o mais apropriado para obter o número de classes não tem sido ponderado em detalhe e será analisado a seguir.

É parte importante da GGMM a previsão de probabilidades de inclusão em classes a partir de covariáveis. Isso dá os perfis dos indivíduos integrantes das classes. A previsão estimada da composição das classes é fundamental ao exame de previsões da teoria. Se as classes não são estatisticamente diferentes com relação a covariáveis que, conforme a teoria, deveriam distinguir as classes, o modelo carece de sustentação essencial.

A variação entre classes da influência de antecedentes (covariáveis) nos fatores ou resultados de crescimento também traz uma melhor compreensão dos dados. Como ressalva, cabe observar que, se um modelo de classe única gerou os dados com significativa influência positiva de covariáveis sobre fatores de crescimento, a GGMM que, incorretamente, dividir as trajetórias em, por exemplo, classes baixa, média e alta poderia descobrir que

Figura 19.6 Aproveitamento em matemática no LSAY da 7ª à 10ª série e abandono do ensino médio

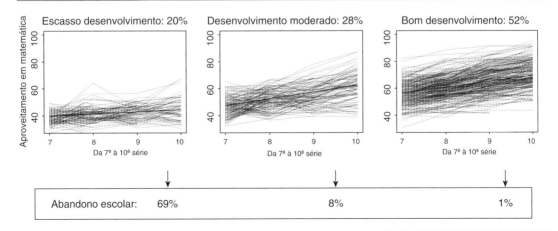

as covariáveis têm influência menor e insignificante na classe baixa devido à seleção quanto à variável dependente. Se uma GGMM gerou os dados, porém, a subpopulação selecionada é a pertinente da qual extrair a inferência. Em ambos os casos, a GGMM oferece uma flexibilidade consideravelmente maior do que se pode conseguir com a modelagem de crescimento convencional. Por exemplo, vejamos a análise de Muthén e Curran (1997) sobre uma intervenção preventiva com forte interação tratamento-nível inicial. A intervenção visava mudar a inclinação da trajetória de comportamento agressivo-desordeiro de crianças entre a 1ª e a 7ª série. Não se encontrou nenhum efeito principal, mas Muthén e Curran valeram-se de modelagem de curva de crescimento latente multigrupal para mostrar que as crianças inicialmente mais agressivas beneficiavam-se da intervenção pela redução da inclinação de suas trajetórias. Todavia a técnica de Muthén-Curran não consegue captar o efeito de uma intervenção não monótona que existe para crianças de nível médio de agressão e não para as crianças muito agressivas ou pouco agressivas. Por outro lado, é possível lidar com tal efeito de intervenção não monótona usando GGMM com a variável fictícia de tratamento/controle como covariável cujas inclinações que variam com a classe (Muthén *et al.*, 2002). Provavelmente há muitos casos em que o efeito de uma covariável não é forte ou até inexiste, exceto numa faixa limitada do fator de crescimento ou do resultado.

19.3.2.2 Eventos concomitantes e consequências (resultados distais)

A modelagem com eventos concomitantes e consequências diz respeito, diretamente, a considerações comuns de validez concomitante e preditiva. Em GGMM, eventos concomitantes podem ser tratados como covariáveis que variam no tempo e cujos efeitos variam conforme a classe, como resultados que variam no tempo previstos pelas classes latentes ou como processos paralelos de crescimento. Pode-se lidar com as consequências como resultados distais previstos pelas classes latentes ou como processos sequenciais de crescimento. São exemplos de resultados distais em GGMM a dependência do álcool prenunciada por classes de trajetórias de alto consumo de bebida

(Muthén; Shedden, 1999) e o câncer de próstata previsto por classes de trajetórias de antígeno prostático específico (Lin *et al.*, 2002).

Uma característica muito útil de GMM – mesmo quando não se pode rejeitar um modelo de crescimento não normal de única classe – é que nela se fornecem pontos de corte para classificação. Por exemplo, os indivíduos que fazem parte da classe alta e têm a maior probabilidade de um resultado distal são identificados, ao passo que a análise de crescimento convencional de única classe não dá essa informação. É bem verdade que essa classificação é feita sob um certo conjunto de pressupostos do modelo (p. ex., normalidade de resultados condicional intraclasse dadas as covariáveis), mas, mesmo que ela não seja incontestável, provavelmente será útil na prática. Em análises de única classe, podemos estimar os valores dos indivíduos nos fatores de crescimentos e tentar uma classificação, mas pode ser muito difícil identificar pontos de corte e a classificação é ineficiente. A informação adicional sobre classificação obtida na GMM e não na modelagem de crescimento convencional de única classe é análoga à discussão anterior sobre o fato de a análise de classe latente e perfil latente acrescentar informação complementar à análise fatorial. Além disso, a classificação da GMM é ferramenta importante de detecção precoce de provável inclusão em uma classe problemática, como se verá no exemplo a seguir.

19.3.3 Aspectos estatísticos da modelagem de mistura de crescimentos: estudo de qualidade e poder da estimação de modelos mediante estudos de simulação de Monte Carlo

Pelo fato de a modelagem de mistura de crescimentos ser uma técnica relativamente nova, bem pouco se sabe sobre requisitos de tamanho de amostra e número de pontos no tempo necessários para uma boa estimação e um grande poder. Os estudos de Monte Carlo são úteis para se adquirir conhecimento sobre isso. A figura 19.4 apresenta um modelo prototípico de mistura de crescimentos com um resultado distal. A seguinte é uma breve descrição de como se pode realizar um estudo de Monte Carlo baseado nesse modelo fazendo uso do Mplus. Quanto a estudos de Monte Carlo sobre modelos de variáveis latentes usando Mplus, cf. Muthén e Muthén (2002). Como se sustenta neste artigo, é improvável que regras gerais sejam confiáveis, mas estudos de Monte Carlo podem ser feitos em condições similares às do estudo em questão.

Cem conjuntos de dados foram gerados de acordo com o modelo da figura 19.4 sem as covariáveis *xmis*, com uma amostra de tamanho 3.000, semelhante à do LSAY. Aqui, as porcentagens das classes são 27% e 73%. Realizou-se a estimação de máxima verossimilhança, e os resultados foram resumidos sobre as 100 repetições. O resultado do Mplus contém estimativas médias de parâmetros, desvios-padrão de estimativas de parâmetros, erros-padrão médios, coberturas de 95% e estimativas de poder. Aqui, *poder* é a proporção das repetições em que a hipótese de o valor do parâmetro ser zero é rejeitada.

Os resultados indicam muito boa estimação de parâmetros e erros-padrão e boa cobertura. A qualidade é função do tamanho da amostra, do número de pontos no tempo, da separação entre as classes e da variação intraclasse. Aqui, as médias do fator de crescimento da ordenada na origem nas duas classes distam um desvio-padrão. Como exemplos das estimativas de poder, o coeficiente de regressão para o fator de crescimento da inclinação sobre a covariável é 0,43 para a classe menor, que tem um coeficiente menor, e 1,00 para a classe maior, cujo coeficiente é maior. Mudando o tamanho da amostra para 300, os resultados ainda são aceitáveis, embora as estimativas de poder para os coeficientes de regressão do fator de crescimento da inclinação caiam, agora, para 0,11 e 0,83.

O sistema Monte Carlo Mplus é bastante flexível. Por exemplo, para estudar o erro de especificação de modelos, podemos analisar um modelo diferente daquele gerado pelos dados. Em modelos de classes latentes, o erro de especificação pode dizer respeito ao número de classes. Para esquemas de Monte Carlo não oferecidos no Mplus, dados gerados externamente podem ser analisados com o utilitário Runall[5]. Lubke e Muthén (2003) oferecem um aprofundado estudo Monte Carlo de modelos de mistura de crescimentos e mistura de fatores afins.

19.3.4 Aspectos estatísticos da modelagem de

---

5. Cf. http://www.statmodel.com/runutil.html.

mistura de crescimentos; procedimentos de escolha de modelos

Esta seção dá uma visão geral de estratégias e métodos de seleção e testagem de modelos, com foco em etapas práticas da análise e recentes avanços em testagem.

19.3.4.1 Etapas da análise

Na modelagem de crescimento convencional, é comum, como estratégia de análise, considerar primeiro um "modelo incondicional" (isto é, não incluir covariáveis para os fatores de crescimento). Essa estratégia pode gerar confusão com a modelagem de mistura de crescimentos. Considere-se o diagrama de modelo de misturas de crescimentos já mostrado na figura 19.4. Aqui, o modelo tem covariáveis x e $xmis$, uma variável de classe latente c, resultados contínuos repetidos y e um resultado dicotômico distal u. A covariável x influencia c e tem efeitos diretos nos fatores de crescimento π_0 e π_1, bem como em u.

Suponha-se, primeiro, uma análise desse modelo sem u e sem as xs. Aqui, a formação da classe baseia-se em informação dada pelas variáveis observadas y, direcionada por meio dos fatores de crescimento. Obtém-se uma análise distorcida quando se excluem as xs, porque elas têm efeitos diretos nos fatores de crescimento. Isso porque as únicas variáveis observadas – y – são erroneamente relacionadas a c se as xs forem excluídas. Pode-se compreender a distorção mediante a analogia de uma análise de regressão incorretamente especificada. Se omitido um preditor importante, a inclinação para o outro preditor fica distorcida. Na figura 19.4, o outro preditor é a variável de classe latente e, e a distorção de seu efeito sobre os fatores de crescimento causa uma incorreta avaliação das probabilidades posteriores na etapa E e, portanto, incorretas estimativas de probabilidade de classe e incorreta classificação dos indivíduos. Se, por outro lado, as covariáveis x não exercerem influência direta sobre os fatores de crescimento (nem influência direta alguma sobre y), o "modelo incondicional" sem as xs é correto e dá probabilidades de classe e curvas de crescimento corretas para y.

Para melhor explicar o raciocínio anterior, suponha-se um conjunto de dados gerado pelo modelo da figura 19.4 sem a covariável $xmis$, usando o recurso de Monte Carlo do Mplus, do

402 • SEÇÃO V/ MODELOS PARA VARIÁVEIS LATENTES

qual já falamos. A análise dos dados gerados pelo modelo correto recupera bem os parâmetros populacionais, como era de se esperar. A probabilidade estimada da Classe 1 – 0,26 – é próxima ao valor real, de 0,27. A entropia não é grande, apesar da precisão do modelo – 0,57 –, mas isso é função do grau de separação entre as classes e da variação intraclasse. De acordo com a discussão anterior, a influência da covariável x é de especial interesse. O modelo que gerou os dados tem inclinação positiva para a influência de x sobre o fato de se fazer parte da classe menor, a Classe 1, inclinações positivas para a influência nos fatores de crescimento e uma inclinação positiva para a influência sobre u. As médias e as variâncias estimadas específicas de classe da covariável x são 0,63 e 0,79 para a Classe 1 e −0,20 e 0,82 para a Classe 2. A média mais alta para a Classe 1 é esperada, em razão da inclinação positiva da influência sobre a inclusão na Classe 1. Estar na Classe 1 implica, por sua vez, médias mais altas para os fatores de crescimento. Dentro da classe, as médias de fatores de crescimento são mais altas devido à influência positiva direta de x sobre os fatores de crescimento. Com x excluída do modelo, a variável de classe latente sozinha tem de explicar as diferenças nos valores de fatores de crescimento entre indivíduos. Por consequência, a estimação das probabilidades de classes é incorreta. No exemplo dos dados gerados, a probabilidade da Classe 1 é, então, erroneamente estimada em 0,35.

Ao analisar o modelo da figura 19.4 excluindo u, mas incluindo corretamente x, obtém-se a resposta correta no que diz respeito a probabilidades de inclusão em classe para c curvas de crescimento para y. Isso porque excluir u não implica relacionar incorretamente as variáveis observadas (y ou x) a c. Excluir u simplesmente aumenta os erros-padrão e piora a precisão da classificação (entropia). No exemplo dos dados gerados, a probabilidade da classe é bem estimada em 0,26, ao passo que a entropia cai para 0,50.

Na prática, a estimação de modelos com e sem resultado distal u pode dar distintos resultados para as probabilidades de classe e curvas de crescimento por duas razões. A primeira, ao incluir u, mas especificar erroneamente o modelo por não permitir efeitos diretos das xs a u, você obtém estimativas distorcidas dos parâmetros (p. ex.,

probabilidades de classes incorretas) pela mesma analogia de especificação errada de regressão que foi feita anteriormente. No exemplo de dados gerados, essa especificação errada deu uma estimativa sumamente distorcida da probabilidade da Classe 1, de 0,40. A segunda, covariáveis essenciais podem ter sido deixadas de fora do modelo (isto é, talvez elas não tenham sido medidas ou estivessem ausentes), ocasionando uma especificação errada do modelo. A notação $xmis$ na figura 19.4 refere-se a uma covariável como essas. Considerem-se dois casos, supondo que não se disponha de $xmis$ em nenhum deles. Primeiro, se $xmis$ influencia apenas u e não os fatores de crescimento, a análise que exclui u dá resultados corretos, mas a análise que inclui u dá resultados incorretos e, portanto, diferentes. Segundo, se $xmis$ influencia tanto os fatores de crescimento quanto u, as análises com e sem u dão resultados incorretos e são diferentes.

Em suma, a apropriada escolha de covariáveis é importante na modelagem de mistura de crescimentos. Teoria substantiva e análises prévias são necessárias para se fazer uma escolha suficientemente inclusiva. Deve-se permitir às covariáveis influenciar não só a inclusão em classes, como também os fatores de crescimento diretamente, salvo se houver razões bem fundadas para não o fazer. Uma análise sem covariáveis pode ser útil para estudar diferentes crescimentos em diferentes classes de trajetória. Entretanto não se deveria esperar que a distribuição de classes ou a classificação de indivíduos permaneçam iguais após a adição de covariáveis. É o modelo com covariáveis adequadamente incluídas que dá a melhor resposta.

Caberia notar, também, que é importante escolher a correta estrutura de variância intraclasse. Os dados anteriores foram gerados a partir de um modelo com variâncias que variam com a classe para os resíduos de e em (1). A especificação errônea do modelo decorrente de manter essas variâncias para todas as classes resulta em uma probabilidade estimada de 0,23 para a Classe 1. Obteríamos distorções maiores se as variâncias de fatores de crescimento diferissem entre as classes.

É instrutivo considerar os resultados da especificação errônea do modelo se os dados gerados pelo modelo de mistura de crescimentos são submetidos a uma análise de crescimento de classe latente. Anteriormente, no exemplo de dados gerados, a LCGA resulta num modelo erroneamente especificado. Pode-se estudar a especificação errada em dois passos: primeiro, restringindo as (co)variâncias de resíduos e, segundo, impedindo também a influência direta de x nos fatores de crescimento. Em ambos os casos, o resultado distal é u. No primeiro passo, obtém-se uma probabilidade estimada da Classe 1 de valor 0,42, muito distante da probabilidade real de 0,27. No segundo passo, a probabilidade estimada da Classe 1 é 0,51, ainda mais distorcida. Vale notar que com LCGA não se pode descobrir o erro de especificação de não deixar x ter um efeito direto nos fatores de crescimento. Observe-se que, nas duas últimas análises, os valores da entropia estão acentuadamente superestimados: 0,80 e 0,85. Também é provável que sejam necessárias duas classes para explicar a variação intraclasse. Isso implica que algumas das classes são apenas pequenas variações quanto a um tema e não tenham significado relevante.

19.3.4.2 Modelos equivalentes

Com os modelos de variáveis latentes em geral e os modelos de mistura em particular, pode-se apresentar o fenômeno de modelos equivalentes. Aqui, *modelos equivalentes* significa que dois ou mais modelos ajustam-se aproximadamente por igual aos mesmos dados, não havendo, então, uma fundamentação estatística na qual basear a escolha de um modelo. Consideremos dois exemplos psicométricos. Primeiro, em análise fatorial exploratória, uma solução rotada com fatores não correlacionados dá a mesma matriz de correlações estimadas que uma solução rotada com fatores correlacionados. Segundo, Bartholomew e Knott (1999) ressaltam o fato psicométrico muito conhecido de que a matriz de covariâncias gerada por um modelo de perfis latentes (um modelo de classes latentes com resultados contínuos) pode ser perfeitamente ajustada por um modelo de análise fatorial. Pode-se ajustar uma matriz de covariâncias obtida com um modelo de k classes mediante um modelo de análise fatorial com $k - 1$ fatores. Molenaar e Von Eye (1994) mostram que uma matriz de covariâncias gerada por um modelo fatorial pode ser ajustada por um modelo de classes latentes. Não se deveria ver isso como um problema, mas apenas como duas maneiras de

se olhar para a mesma realidade. A análise fatorial informa sobre dimensões subjacentes e como elas são medidas pelos itens, enquanto a análise de perfis latentes separa os indivíduos em grupos homogêneos com relação às respostas a itens. As duas análises não competem, mas se complementam.

A questão das explicações alternativas é clássica em estatística de misturas finitas. As misturas têm dois usos distintos: um consiste, simplesmente, em ajustar uma distribuição não normal sem interesse especial nos componentes da mistura; o outro, em captar subgrupos substantivamente significativos. Pode-se ver um resumo histórico, por exemplo, em McLachlan e Peel (2000), que se referem a um debate sobre pressão arterial. Um exemplo clássico envolve dados de uma distribuição lognormal univariada (de classe única) que são bem ajustados por um modelo de duas classes que supõe normalidade intraclasse e tem médias diferentes. Bauer e Curran (2003) abordam o caso multivariado análogo surgido com a modelagem de mistura de crescimentos[6]. Os autores se valem de um estudo de simulação de Monte Carlo para mostrar que se pode chegar a um modelo de mistura de crescimentos com múltiplas classes mediante métodos convencionais de critério bayesiano de informação (BIC, na sigla em inglês) (cf. a seguir) para determinar o número de classes quando os dados, na verdade, foram gerados por uma distribuição multivariada não normal que tem assimetria e curtose. Embora os autores considerem apenas a GMM, a excessiva extração de classe resultante seria mais acentuada para LCGA. O estudo de Bauer e Curran serve como advertência para os pesquisadores não suporem automaticamente que as classes de trajetória latentes de um modelo de mistura de crescimentos têm significado substantivo. Seguem-se três comentários e uma réplica ao artigo deles que situam a discussão num contexto mais amplo. Dois dos comentários – inclusive um de Muthén (2003) – salientam que o BIC não trata do ajuste do modelo aos dados, mas é uma medida do ajuste relativo ao comparar modelos concorrentes. Muthén aborda novos testes de mistura que visam analisar o ajuste aos dados e são mencionados a seguir. Em última instância, o uso desses modelos

---

6. Não são apresentadas fórmulas multivariadas que mostrem equivalência.

404 • SEÇÃO V/ MODELOS PARA VARIÁVEIS LATENTES

alternativos tem de ser orientado por argumentações a respeito de teoria substantiva, informação auxiliar, validez preditiva e utilidade prática.

19.3.4.3 Testes de mistura convencionais

A seleção do número de classes latentes tem sido objeto de ampla discussão na literatura estatística sobre modelagem de misturas finitas (p. ex., McLachlan; Peel, 2000). A razão de verossimilhança ao se comparar um modelo de $k - 1$ com outro de k classes não tem a habitual distribuição qui-quadrado de grande amostra porque o parâmetro de probabilidade de classe está na fronteira (zero) de seu espaço admissível. Como alternativa, usa-se, comumente, o BIC (Schwartz, 1978), definido como

$$BIC = -2 \log L + p \ln n, \qquad (7)$$

em que p é o número de parâmetros e n é o tamanho da amostra. Aqui, o BIC é escalado de modo a um pequeno valor corresponder a um bom modelo com grande valor de log-verossimilhança e não muitos parâmetros.

Tomemos o exemplo dos dados gerados da seção anterior. Aqui, a análise sem a covariável x ou o resultado distal u deu os seguintes valores de BIC para uma, duas e três classes: 39.676,166; 39.603,274; e 39.610,785. Isso aponta corretamente para duas classes, apesar de o modelo estar erroneamente especificado por não incluir x nem seu efeito direto sobre os fatores de crescimento. Todavia não se pode confiar nesse resultado afortunado.

19.3.4.4 Novos testes de misturas

Esta seção descreve, resumidamente, dois novos métodos de teste de misturas. É essencial a necessidade de se verificar em que medida o modelo de mistura se ajusta bem aos dados, e não basear a escolha do modelo apenas no fato de k classes se ajustarem melhor do que $k - 1$ classes. Convém frisar que há muitas possibilidades para checar o ajuste do modelo aos dados em contextos de mistura, bem como é provável que a metodologia para isso se desenvolva bastante no futuro. Um método promissor é o diagnóstico de resíduos

baseado em pseudoclasses, proposto em Wang, Brown e Bandeen-Roche (2002).

Lo, Mendell e Rubin (2001) propuseram um método baseado em razão de verossimilhança para testar $k - 1$ classes em comparação com k classes. O método de Lo-Mendell-Rubin tem sido alvo de críticas (Jeffries, 2003), mas não está claro até que ponto a crítica afeta o seu uso na prática. O teste Lo-Mendell-Rubin de razão de verossimilhança (LMR LRT) evita o clássico problema da testagem qui-quadrado baseada em razões de verossimilhança. Isso concerne a modelos que são agrupados, mas o modelo mais restrito é obtido a partir do menos restrito por um parâmetro com valor situado na fronteira do espaço paramétrico admissível – nesse caso, uma probabilidade de classe latente igual a zero. Sabe-se bem que tais razões de verossimilhança não seguem uma distribuição qui-quadrado. Lo, Mendell e Rubin supõem a mesma razão de verossimilhança, mas deduzem a sua correta distribuição. Um valor p baixo indica que o modelo de $k - 1$ classes tem de ser rejeitado, optando-se por um modelo com, pelo menos, k classes. A implementação do Mplus aplica o pressuposto de normalidade condicional intraclasse dos resultados, dadas as covariáveis, como é habitual na modelagem de misturas com Mplus. Na presença de covariáveis não normais, isso possibilita um certo grau de não normalidade intraclasse dos resultados. O procedimento LMR LRT foi estudado para GMMs mediante simulações de Monte Carlo (Masyn, 2002). Contudo são necessárias mais pesquisas sobre o desempenho na prática, podendo os leitores realizar estudos com facilidade por meio da unidade Monte Carlo para misturas.

Muthén e Asparouhov (2002) propuseram um novo enfoque para testar o ajuste de um modelo de mistura de k classes para resultados contínuos. Ao contrário do LMR LRT, esse procedimento diz respeito a um teste do ajuste de um modelo específico frente aos dados. O procedimento depende de testes que apontem se a assimetria e a curtose (SK, na sigla em inglês) multivariadas estimadas pelo modelo se ajustam às correspondentes quantidades de amostra. As distribuições de amostragem dos testes de SK são avaliadas computando esses valores sobre um número de repetições em dados gerados a partir do modelo de mistura estimado. A obtenção de valores p baixos para assimetria e curtose indica que o modelo de k classes não se ajusta aos dados. Também se fornecem resultados de testes univariados e bivariados para cada variável e par de variáveis, testes esses que podem oferecer um complemento útil ao LMR LRT. Atualmente, os testes de SK não estão disponíveis com dados faltantes. Vista a inerente sensibilidade a valores atípicos, a testagem de SK deveria ser precedida de investigações desses valores. Embora o procedimento de SK precise de mais pesquisa, aqui o oferecemos como exemplo das muitas possibilidades de teste de um modelo de misturas com relação aos dados (cf. também Wang *et al.*, 2002).

19.3.5 O exemplo de aproveitamento em matemática no LSAY

Esta seção volta à análise dos dados de aproveitamento em matemática a partir dos dados do LSAY antes mencionados. Com base na literatura educacional, incluem-se as seguintes covariáveis: sexo feminino; hispânico; negro; educação da mãe; recursos do lar; expectativas educacionais do aluno, medidas na 7ª série (1 = só ensino médio, 2 = formação profissionalizante, 3 = alguma faculdade, 4 = graduação universitária, 5 = mestrado, 6 = doutorado); ideias do aluno sobre abandonar a escola, medidas na 7ª série; se o aluno já foi preso alguma vez, medido na 7ª série; e se já foi expulso, também até a 7ª série. Para indivíduos com dados completos sobre as covariáveis, as análises levam em consideração uma subamostra de 2.757 do total de 3.116 indivíduos. Essas análises foram feitas por estimação de máxima verossimilhança por meio do Mplus Versão 2.13.

19.3.5.1 Checagem estatística

Os valores da amostra de assimetria e curtose univariados nos dados do LSAY são os seguintes:

Assimetria = (0,168   0,030   0,063 −0,077).

$$(8)$$

Curtose = (−0,551   −0,338   −0,602   −0,559).

$$(9)$$

De acordo com a discussão anterior sobre o LMR LRT, devido à baixa não normalidade dos

resultados, é razoável que esse teste seja aplicável na análise do LSAY para testar um modelo de uma classe em comparação com mais de uma classe. Na análise do LSAY, esse teste aponta para, no mínimo, duas classes, com forte rejeição ($p = 0,0000$) do modelo de uma classe. Os testes de SK realizados em 1.538 subamostras presentes na lista rejeitam o modelo de uma classe ($p = 0,000$ tanto para assimetria multivariada quanto para curtose multivariada), mas não rejeitam duas classes ($p = 0,4300$ e $0,5800$). O LMR LRT para duas classes em comparação com três ou mais obteve um alto valor p ($0,613$) sustentando duas classes. Em conjunto, a evidência estatística indica, no mínimo, duas classes. Visto que os testes de assimetria e curtose verificaram que GMMs de duas e três classes ajustam-se aos dados, o LMR LRT é útil para testar as alternativas de várias classes comparando-as entre si.

19.3.5.2 Checagem substantiva e análise estatística adicional

Esta seção compara resultados de análises mediante um modelo de crescimento convencional de uma classe e diferentes formas de GMMs, bem como examina a significância substantiva com base em teoria educacional, informação auxiliar e utilidade prática. A figura 19.7 mostra um diagrama do modelo geral.

19.3.5.2.1 Modelagem de crescimento convencional de uma classe. Para começar, examinam-se os resultados do modelo de crescimento convencional de uma classe. Resumindo, um modelo de crescimento linear ajusta-se razoavelmente bem e tem uma média de taxa de crescimento positiva de cerca de 1 desvio-padrão nas quatro séries. As covariáveis cuja influência é significativa (signo entre parênteses) sobre a situação inicial são: sexo feminino (+), hispânico (−), negro (−), educação da mãe (+), recursos do lar (+), expectativas (+), ideais de abandono escolar (−), prisão (−) e expulsão (−). As covariáveis com influência significativa (signo entre parênteses) sobre a taxa de crescimento são: sexo feminino (−), hispânico (−), recursos do lar (+), expectativas (+) e expulsão (−).

19.3.5.2.2 GMM de duas classes. A solução de duas classes é caracterizada por uma classe baixa de 41% que, em comparação com a classe elevada, tem média e variância mais baixas na situação inicial, menor média e maior variância da taxa de crescimento. É interessante ponderar o que caracteriza esses alunos, para além do fraco avanço de seu aproveitamento em matemática. A regressão logística multinomial para inclusão em classe indica que, com relação à classe elevada, as chances de fazer parte da classe baixa aumentam significativamente para quem é homem, é hispânico, tem mãe com baixo nível de educação, tem baixas expectativas educacionais na 7ª série, pensou em abandonar a escola na 7ª série, foi preso e foi expulso. Vê-se que a classe baixa é uma classe de alunos com problemas dentro e fora da escola. O perfil dessa classe remete a indivíduos em risco de abandonar o ensino médio (cf., p. ex., Rumberger; Larson, 1998 e referências nessa obra). Muitos desses alunos estão "desinteressados", para usar um termo das teorias sobre abandono do ensino médio.

A influência intraclasse das covariáveis sobre os fatores de situação inicial e taxa de crescimento varia significativamente entre as classes. A classe baixa não tem preditores significativos de taxa de crescimento, ao passo que as taxas de crescimento das duas classes mais elevadas melhoram significativamente, como é bem sabido, pelo fato de ser homem, ter mãe com alto nível de educação, um lar de altos recursos e expectativas ambiciosas. Visto que a classe baixa tem significância substantiva, as conclusões sugerem que há diferentes processos em jogo para alunos incluídos na classe baixa.

19.3.5.2.3 GMM de três classes incluindo um resultado distal. A fim de estudar os dados mais especificamente do ponto de vista do abandono escolar no ensino médio e melhor caracterizar a classe baixa, acrescentou-se o resultado binário distal de abandono do ensino médio registrado na 12ª série. A taxa total de abandono escolar na amostra é 14,7%, ou seja, 458 indivíduos. Aqui, a inclusão em classes na GMM também é, até certo ponto, determinada pelo indicador de abandono escolar na 12ª série, e não só pelas covariáveis e pelo avanço do aproveitamento em matemática. Acrescentado o resultado distal, o LMR LRT rejeitou o modelo de duas classes e indicou, no mínimo, três classes ($p = 0,0060$). A solução de três classes gera uma classe baixa mais definida, de 19%; uma classe média de 28%; e uma classe elevada de 52%. Aqui, a classe baixa (estimada em 536 alunos) tem média e variância da taxa de

Figura 19.7 Diagrama de GGMM para dados do LSAY

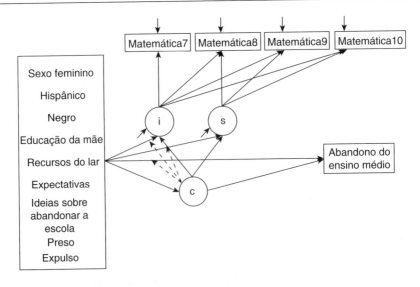

crescimento menores do que na solução de duas classes sem o resultado distal[7].

A parte de regressão de inclusão em classe do modelo indica que, para a classe baixa com relação à classe elevada, as covariáveis significativas são as mesmas que na solução de duas classes, exceto pelo fato de hispânico e educação da mãe não serem significativas, ao passo que negro e recursos do lar são significativas. Curiosamente, quando a classe média é comparada à classe elevada, as covariáveis de desinteresse – baixas expectativas educacionais, ideias de abandono escolar na 7ª série, ter sido preso e ter sido expulso – já não são significativas. Isso sugere que a classe baixa é, agora, mais bem definida, mais especificamente caracterizada como desinteressada e em risco de abandono do ensino médio. Embora as duas classes mais elevadas possam ou não fazer distinção substancial entre os alunos, a sua presença ajuda a isolar a classe baixa. Em uma solução de duas classes com um resultado distal, a classe baixa não é muito diferente da classe baixa mais inespecífica da solução inicial de duas classes sem o resultado distal. É interessante observar que, embora o LMR LRT não aponte para três classes sem o resultado distal, a solução de três classes sem o resultado distal mostra uma classe baixa semelhante à da solução de três classes com o resultado distal. Como se verá a seguir, a solução de três classes com o resultado distal recebe não só apoio estatístico do LMR LRT, mas também apoio substantivo por prever o abandono escolar.

Reforçando a ideia de que a classe baixa é propensa ao abandono do ensino médio, a probabilidade de abandono escolar estimada a partir do modelo de três classes é muito diferente na classe baixa. As probabilidades são 0,692 para a classe baixa; 0,076 para a classe média; e 0,006 para a classe elevada. O modelo de três classes foi acrescido, também, de outros eventos concomitantes e distais, de modo a permitir uma compreensão

mais aprofundada do contexto da classe baixa, incluindo respostas à seguinte pergunta da 10ª série: "Quantos de seus colegas vão abandonar os estudos antes de se formarem no ensino médio?" ($1 = nenhum$, $2 = poucos$, $3 = alguns$, $4 = a$ $maioria$). Tratado como um resultado politômico ordenado influenciado pela classe e pelas covariáveis, isso resultou em probabilidades estimadas para resposta em todas as três categorias mais altas ("poucos", "alguns" e "a maioria"): 0,259 para a classe baixa; 0,117 para a classe média; e 0,030 para a classe alta. Um número consideravelmente maior de alunos da classe baixa tem amigos que também pensam em abandonar os estudos. Já o uso pesado de álcool na 10ª série não foi muito diferente na classe baixa. A figura 19.6 mostra as curvas de crescimento e as trajetórias individuais estimadas.

19.3.5.2.4 Utilidade prática. É provável um pesquisador educacional achar interessante que as análises sugiram a possibilidade de se prever o abandono escolar na 12ª série já no fim da 10ª série, com a ajuda de informação sobre dificuldades no avanço do aproveitamento em matemática. É, em grande parte, uma questão substantiva determinar se a divisão em classes de mistura de crescimentos é pertinente. O resultado distal de abandono do ensino médio oferece um argumento em favor da existência de uma "classe ineficaz" definida. O fato de a porcentagem de abandono escolar ser muitíssimo mais elevada para a classe alta (69%) do que para as outras duas (8% e 1%) sugere que as três classes não são apenas gradações numa escala de avanço do aproveitamento, mas que a classe baixa representa um grupo de alunos bem definido.

Do ponto de vista da intervenção, é útil investigar se é possível conseguir uma classificação confiável na classe baixa antes da 10ª série. A GGMM pode ajudar a responder a essa pergunta. Por exemplo, na 7ª série, as covariáveis e o primeiro resultado de aproveitamento em matemática estão disponíveis, e, dado o modelo de três classes estimado, novos alunos podem ser classificados com base no modelo e em seus dados da 7ª série. A GGMM permite pesquisar se essa informação é suficiente ou se é necessária a informação sobre tendência de aproveitamento em matemática obtida ao acrescentar informação da 8ª série (ou da 8ª e da 9ª).

---

7. O critério de informação de Akaike (AIC, na sigla em inglês) sugere, pelo menos, três classes, enquanto o critério bayesiano de informação (BIC, na sigla em inglês) indica duas classes. Os valores de uma classe de log-verossimilhança, número de parâmetros, AIC e BIC são: −30.021.955; 27; 60.097.909; e 60.257.791. Os valores de duas classes de log-verossimilhança, número de parâmetros, AIC, BIC e entropia são: −29.676.457; 63; 59.478.914; 59.851.971; e 0.552. E os valores de três classes de log-verossimilhança, número de parâmetros, AIC, BIC e entropia são: −29.566.679; 99; 59.331.359; 59.917.591; e 0.620.

408 • SEÇÃO V/ MODELOS PARA VARIÁVEIS LATENTES

19.4 RESULTADOS CATEGÓRICOS: MODELAGEM DE CRESCIMENTO CONVENCIONAL

Com resultados categóricos, a parte do modelo para Nível 1 (1) tem de ser substituída por um modelo que descreva a probabilidade do resultado em diversos pontos no tempo para diferentes indivíduos. Hedeker e Gibbons (1994) estudaram esse modelo. Aqui se aplicará regressão logística, de modo que, com o exemplo de um resultado binário u de valores 0 e 1,

$$P(u_{ti} = 1|a_{1ti}, a_{2ti}, x_i) = \frac{1}{1 + e^{\tau - logit(u_{ti})}}, \quad (10)$$

Nível 1 (dentro): logit $(u_{ti}) = \pi_{0i} + \pi_{1i}a_{1ti} + \pi_{2ti}a_{2ti} + e_{ti}$
$$+ \pi_{2ti}a_{2ti} + e_{ti}, \quad (11)$$

Nível 2 (dentro): $\begin{cases} \pi_{0i} = \beta_{00} + \beta_{01}x_i + r_{0i} \\ \pi_{1i} = \beta_{10} + \beta_{11}x_i + r_{1i}. \quad (12) \\ \pi_{2i} = \beta_{20} + \beta_{21}x_i + r_{2i} \end{cases}$

Uma parametrização talvez mais comum é fixar o parâmetro de limiar τ em (10) em zero, o que possibilita a identificação de β_{00}. A variância de e não é um parâmetro livre, mas fixado de acordo com a regressão logística. Com resultados politômicos ordenados, o Mplus usa o modelo de regressão logística de chances proporcionais (cf., p. ex., Agresti, 1990). Pode-se ver isso como um modelo com limiar para uma variável de resposta latente, de sorte que, com C categorias, há uma série de $C - 1$ limiares ordenados. Os limiares mantêm-se iguais ao longo do tempo. Como padronização, pode-se escolher $\beta_{00} = 0$ ou fixar o primeiro limiar em zero. Hedeker e Gibbons (1994) descrevem a estimação de máxima verossimilhança e mostram que ela requer cálculos mais pesados que com resultados contínuos, recorrendo à integração numérica com uso de métodos de quadratura. A carga computacional relaciona-se diretamente com o número de efeitos aleatórios (isto é, o número de coeficientes π para os quais a variância de r não está fixada em zero).

19.5 RESULTADOS CATEGÓRICOS: MODELAGEM DE MISTURA DE CRESCIMENTOS

A modelagem de crescimento convencional para resultados categóricos dada em (1) e (2) pode ser estendida à modelagem de mistura de crescimentos com classes de trajetórias latentes. Trata-se de uma nova técnica apresentada em Asparouhov e Muthén (2003b), utilizando estimação de máxima verossimilhança baseada num algoritmo de EM com integração numérica. Em conformidade com o método de variáveis latentes para modelagem de crescimento com resultados contínuos discutido na seção 9.2, o método de Asparouhov-Muthén permite tratar a_{1ti} em (11) como dados ou como parâmetros a serem estimados. Ademais, as inclinações de π_{2ti} podem ser aleatórias para as covariáveis a_{2ti} que variam no tempo[8]. O modelo de Hedeker-Gibbons é obtido como um caso especial com uma única classe latente.

Como em (3), o efeito da covariável sobre a inclusão em classe é uma regressão logística multinomial,

$$P(c_i = k|x_i) = \frac{e^{\gamma_{0k} + \gamma_{1k}x_i}}{\sum_{s=1}^{K} e^{\gamma_{0s} + \gamma_{1s}x_i}}. \quad (13)$$

A extensão da mistura de crescimentos de (10) é

$$P(u_{ti} = 1|a_{1ti}, a_{2ti}, x_i, c_i = k)$$
$$= \frac{1}{1 + e^{\tau - logit(u_{tik})}}, \quad (14)$$

em que o condicionamento adicional a c e o subscrito k ressaltam que o modelo de crescimento para u, como expresso pelos logits, varia conforme a classe. De acordo com a extensão para resultados contínuos, as diferentes classes latentes têm os diferentes modelos de crescimento (11) e (12), cujas principais diferenças residem, geralmente, nos coeficientes β, mas também nas (co)variâncias dos resíduos r de Nível 2. Comumente, os limiares τ seriam invariantes com o tempo e a classe para representar a invariância da medição, embora a invariância com a classe seja desnecessária. Também aqui são úteis generalizações para incluir resultados distais u_d:

$$P(u_{di} = 1|c_i = k, x_i) = \frac{1}{1 + e^{\tau_k - \kappa_k x_i}}, \quad (15)$$

com coeficientes que variam entre classes k.

A construção de modelos e as estratégias de testagem para resultados categóricos condizem com aquelas já expostas para resultados contínuos.

---

8. Os parâmetros de limiares são úteis com resultados politômicos ordenados, caso em que se pode fixar β_{00} em zero ou, então, fixar em zero o primeiro limiar.

19.5.1 Resultados categóricos: análise de crescimento de classes latentes (LCGA)

A análise de crescimento de classes latentes para resultados categóricos considera os modelos apresentados de (11) a (13) com a restrição de variância e covariâncias iguais a zero para os resíduos r. As referências que embasam a LCGA são Nagin (1999), Nagin e Land (1993) e Nagin e Tremblay (2001).

É esclarecedor relacionar a LCGA à análise de classes latentes (LCA, na sigla em inglês). Como a LCGA, a LCA considera múltiplas u variáveis tidas como indicadoras de c e condicionalmente independentes, dado c. Como na LCGA, não há variáveis latentes contínuas para melhor explicar a correlação intraclasse entre as u variáveis. Em geral, todos os resultados são categóricos. No entanto, resultados contínuos são possíveis, dando origem a análises de perfis latentes. Na LCA, os diversos indicadores são medidas transversais, não longitudinais. Quando os múltiplos indicadores correspondem a medidas repetidas ao longo do tempo, as classes latentes podem corresponder a diferentes tendências, e é possível impor estruturas de tendências às probabilidades dos indicadores. A fim de esclarecer isso, consideremos (14) novamente:

$$P(u_{ti} = 1 | a_{1ti}, a_{2ti}, x_i, c_i = k) = \frac{1}{1 + e^{\tau - logit(u_{tik})}}. \quad (16)$$

Isso significa que, por exemplo, com crescimento linear sobre T pontos no tempo, as probabilidades das Tu variáveis estão estruturadas segundo uma tendência logit-linear em que os fatores de ordenada na origem e inclinação têm médias diferentes entre as classes. Note-se, aqui, que se mantém τ igual em todos os pontos no tempo. Por sua vez, a LCA considera

$$P(u_{ti} = 1 | x_i, c_i = k) = \frac{1}{1 + e^{\tau_{tk}}}, \quad (17)$$

em que os limiares τ_{tk} variam de maneira irrestrita entre as u variáveis e entre as classes. Assim, a LCGA dá uma descrição dos dados longitudinais mais parcimoniosa que a da LCA.

São também de interesse os modelos com mais de uma variável de classe latente. Há exemplos de LCGA com variáveis de múltiplas classes em Muthén e Muthén (2000), Muthén (2001a) e Nagin e Tremblay (2001). Quanto a isso, é conveniente

atentar para outro tipo importante de modelos de crescimento: a análise de transição latente (LTA, na sigla em inglês). A LTA usa variáveis de classes latentes específicas medidas por múltiplos indicadores em cada ponto no tempo para estudar a mudança na composição das classes ao longo do tempo.

Tanto a LCA quanto a LTA podem ser generalizadas de modo a incluir efeitos aleatórios como na modelagem de mistura de crescimentos (Asparouhov; Muthén, 2003b). Todas essas variações de modelos podem fazer parte de um esquema geral de modelagem de variáveis latentes e estão incluídas no Mplus.

19.5.2 Resultados categóricos: comparação entre LCGA e GMM quanto a dados de criminalidade

Nagin e Land (1993), Nagin (1999), Roeder *et al.* (1999) e Jones *et al.* (2001) usaram PROC TRAJ LCGA para estudar o desenvolvimento da criminalidade entre 10 e 32 anos de idade numa amostra de 411 garotos de um bairro de classe operária de Londres (Farrington; West, 1990). Esses "dados de Cambridge" foram estudados do ponto de vista substantivo da teoria de comportamento antissocial limitado à adolescência *versus* persistente no curso da vida, de Moffitt (1993), que sugere duas classes de trajetória principais. Agregando e modelando os resultados de distintas maneiras, Nagin e Land acharam quatro classes, Nagin achou três, Roeder *et al.* encontraram quatro e Jones *et al.*, três. Nagin (1999) considerou intervalos de dois anos e excluiu os oito garotos mortos durante o estudo, obtendo 11 pontos no tempo e $n = 403$. As distribuições de frequência estão expostas na figura 19.8. Apenas as idades de 11 a 21 anos foram consideradas aqui.

Visto que poucos indivíduos têm mais de duas condenações no intervalo de dois anos, os dados serão codificados como 0, 1 e 2 para zero, uma ou mais condenações; 69% têm o valor 0 em todos os 11 pontos. Será usado um modelo de resposta politômica ordenada, com exemplos de três tipos de análises: análise de crescimento de classes latentes, modelagem de crescimento convencional e modelagem de mistura de crescimentos. As análises baseiam-se em Muthén, Kreuter e Asparouhov (2003).

Figura 19.8 Distribuições de frequência para dados de Cambridge

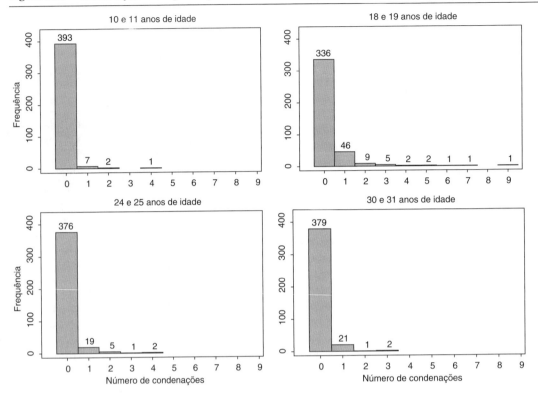

19.5.2.1 Análise de crescimento de classes latentes dos dados de Cambridge

Efetuou-se a análise de crescimento de classes latentes com duas, três e quatro classes, aplicando uma curva de crescimento quadrático para todas as classes. Os valores de BIC correspondentes foram 2.230,014; 2.215,251; e 2.227,976. Portanto o modelo de três classes é o melhor. Ele tem um valor de log-verossimilhança de −1.071,632, 12 parâmetros e uma entropia de 0,821. As porcentagens estimadas para as classes são 3%, 21% e 75%, dispondo-se as curvas de alta para baixa. A LMR LRT também indica três classes, uma vez que o teste do modelo de duas classes em comparação com o de três classes tem um valor p de 0,0030, sugerindo rejeição, ao passo que a comparação do modelo de três classes com o de quatro tem um valor p de 0,1554. As curvas de crescimento estimado de três classes para a probabilidade de ter pelo menos uma condenação estão expostas na figura 19.9.

19.5.2.2 Análise de crescimento e de mistura de crescimentos dos dados de Cambridge

A modelagem convencional de crescimento de uma classe do resultado politômico ordenado centrou a escala de tempo em 17 anos de idade, deixou os fatores de crescimento da ordenada na origem e da inclinação linear serem aleatórios e fixou em zero a variância fatorial quadrática da ordenada na origem. Permitiu-se que a ordenada na origem e a inclinação linear se correlacionassem. Esse modelo de crescimento de uma classe resultou num valor de log-verossimilhança de −1.072,396 com sete parâmetros e um valor de BIC de 2.186,785[9]. A variância da inclinação linear não é significativa e, para simplificar, será fixada em zero em análises posteriores. Nas seguintes análises de mistura de crescimentos, permitiu-se a variação dessa variância da ordenada na origem entre as classes.

---
9. Essa análise foi realizada pelo Mplus Versão 3.

Figura 19.9   LCGA de três classes para dados de Cambridge

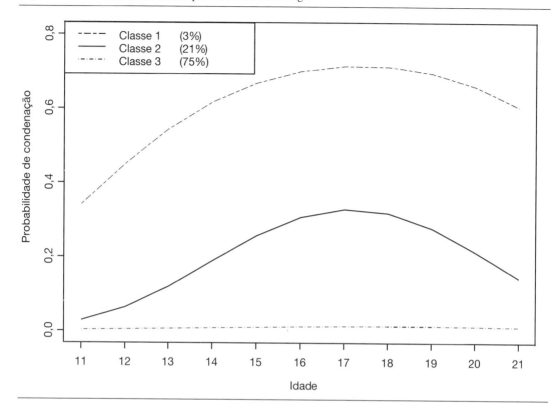

A modelagem de mistura de crescimentos com duas classes resultou num valor de log-verossimilhança de −1.070,898, um BIC de 2.201,785, 10 parâmetros e uma entropia de 0,414. As porcentagens estimadas das classes são 46% e 54%, dispondo-se as classes de alta para baixa. A variância da ordenada na origem é significativa em ambas as classes e menor na classe baixa. O valor p da LMR LRT para uma classe comparada com duas classes é 0,0362, indicando a necessidade de, pelo menos, duas classes.

Em seguida, o estudo considerou um modelo de mistura de crescimentos com três classes, para uma das quais se especificou zero probabilidade de condenação ao longo do período. Essa classe zero corresponde à noção de que alguns indivíduos não se envolvem em atividades criminosas de modo algum. Nas outras duas classes, a variância da ordenada na origem pôde ser estimada de forma livre e diferente entre essas classes. Esse modelo resultou num valor de log-verossimilhança de −1.066,767, um BIC de 2.199,523, 11 parâmetros e uma entropia de 0,535. As porcentagens estimadas das classes são 3%, 50% e 47%, dispondo-se as classes de alta para baixa. A variância da ordenada na origem não é significativa para a classe mais elevada, mas sim para a classe média[10].

Uma conclusão interessante é que essa GMM de três classes que permite a variação intraclasse tem um parâmetro a menos que a LCGA de três classes, mas melhor ajuste no que tange aos valores de log-verossimilhança e BIC. A classe zero é menor na GMM (47%) do que na LCGA (75%). O fato de 69% dos indivíduos terem valores observados em zero do início ao fim, quando a classe zero tem apenas 47% de prevalência, deve-se a que os indivíduos mais propensos a fazer parte da classe baixa conforme probabilidades posteriores têm grande probabilidade de estar na classe média. Cabe observar, porém, que o modelo tem diversos locais ótimos com valores de log-verossimilhança próximos ao da melhor solução, possivelmente indicando uma solução precariamente definida que talvez não se repita com novos dados. As curvas

---

10. Essa análise foi realizada pelo Mplus Versão 3.

estimadas de crescimento com três classes para a probabilidade de ter ao menos uma condenação estão na figura 19.10, visivelmente diferentes das curvas da LCGA, na figura 19.9, pois a Classe 1 e a Classe 2 atingem o pico em diferentes idades no caso da GMM, mas não no da LCGA. Isso pode levar a diferentes interpretações substantivas no contexto da teoria de Moffitt (1993).

19.5.3 Resultados categóricos: análise de sobrevivência em tempo discreto

A análise de sobrevivência em tempo discreto (DTSA, na sigla em inglês) usa as variáveis categóricas u para representar eventos modelados por uma função logística de risco (cf. Muthén; Masyn, 2005). Singer e Willett (1993) apresentam uma visão geral da DTSA convencional. Consideremos um conjunto de variáveis binárias 0/1 u_j, $j = 1, 2,\ldots, r$, em que $u_{ij} = 1$ se o indivíduo experimenta o evento irrepetível no período de tempo j, e definamos j_i como o último período de tempo em que se colheram dados para o indivíduo i. O risco é a probabilidade de se experimentar o evento no período de tempo j não o tendo experimentado antes de j. Expressa-se o risco como

$$h_{ij} = \frac{1}{1 + e^{-(-\tau_j + \kappa_j x_i)}}, \qquad (18)$$

em que se obtém um pressuposto de chances proporcionais ao omitir o subscrito j para κ_j. A análise de sobrevivência em tempo discreto enquadra-se no modelo geral de mistura anterior ao notar que a verossimilhança é a mesma que para u com relação a c e x no modelo de classe única.

O fato de o indivíduo i não ter observações a respeito de u após o período de tempo j é tratado como falta de dados. Por exemplo, com cinco períodos de tempo ($r = 5$), o indivíduo que experimenta o evento no Período 4 tem o vetor de dados $\mathbf{u}'_i$

$$(0 \quad 0 \quad 0 \quad 1 \quad 999),$$

Figura 19.10 LCGA de três classes para dados de Cambridge

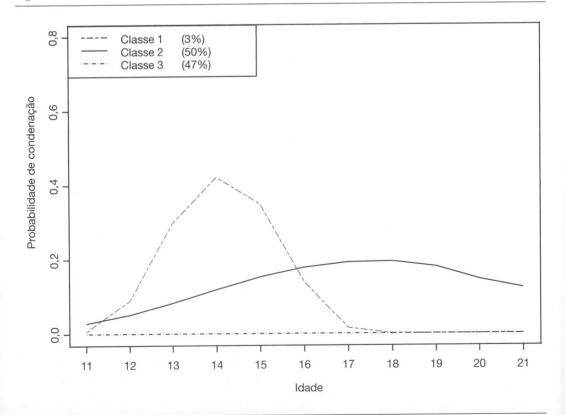

em que 999 representa dados faltantes. Um indivíduo censurado no Período 5 tem o vetor de dados $\mathbf{u}'_i$

$$(0 \quad 0 \quad 0 \quad 0 \quad 0),$$

ao passo que um indivíduo censurado no Período 4 tem o vetor de dados $\mathbf{u}'_i$

$$(0 \quad 0 \quad 0 \quad 999 \quad 999).$$

Muthén e Masyn (2005) também propõem modelos gerais de análise de mistura de sobrevivência em tempo discreto (DTSMA, na sigla em inglês), nos quais diferentes classes latentes têm diferentes funções de risco e sobrevivência. Por exemplo, um modelo de mistura de crescimento para y pode ser combinado com um modelo de sobrevivência para u.

19.6 COMBINAÇÃO DE RESULTADOS CATEGÓRICOS E CONTÍNUOS: MODELAGEM COM ZEROS

Vimos na seção anterior que as u variáveis não precisam representar resultados categóricos convencionais, mas podem servir como indicadores de eventos. Nesta seção, aprofundamos essa ideia ao usar as u variáveis como indicadores de valores zero em uma variável de resultado contínuo e uma de resultado de contagem.

A modelagem de mistura de crescimentos é útil para descrever o crescimento em resultados que podem ser vistos como contínuos, mas distribuídos de forma não normal. Um tipo de não normalidade que misturas de distribuições normais não conseguem captar bem surge em estudos nos quais um número significativo de indivíduos está no valor mais baixo de um resultado, por exemplo, representativo de ausência de um comportamento. Entre as aplicações, o uso de álcool, drogas e tabaco entre adolescentes. É frequente o uso de modelos censurados normais para resultados desse tipo, inclusive a clássica análise de regressão Tobit (Amemiya, 1985; Tobin, 1958) e LCGA no programa PROCTRAJ (Jones *et al.*, 2001). Em artigo recente, Olsen e Schafer (2001) dão uma excelente visão geral de vários trabalhos de modelagem nessa linha. Os modelos censurados normais têm sido alvo de críticas (p. ex., Duan

et al., 1983) em razão da limitação de supor que o mesmo conjunto de covariáveis influencia tanto a decisão de incorrer no comportamento como a quantidade observada. Um método de modelagem e duas partes proposto em Olsen e Schafer evita essa limitação.

De modo a simplificar a discussão, será adotado o zero como valor mais baixo. É conveniente distinguir entre dois tipos de resultados zero. Primeiro, indivíduos podem ter valores zero num determinado ponto no tempo porque sua atividade comportamental é baixa e é zero durante certos períodos ("zeros aleatórios"). Segundo, pode ser que os indivíduos não tenham incorrido na atividade de modo algum e, portanto, tenham zeros em todos os pontos no tempo do estudo ("zeros estruturais"). Olsen e Schafer (2001) propuseram um modelo de duas partes para o caso de zeros aleatórios, enquanto Carlin *et al.* (2001) trataram do caso de zeros estruturais. Em ambos os artigos, os autores valeram-se da regressão logística de efeitos aleatórios para expressar as probabilidades de valores não zero *versus* valores zero.

Olsen e Schafer (2001) estudaram o uso de álcool entre a 7ª e a 11ª série. A fim de captar o estado de zero em mutação, eles expressaram a regressão logística para cada ponto no tempo como um modelo de crescimento de efeitos aleatórios. O termo *modelo de duas partes* alude ao fato de haver uma parte logística do modelo para modelar a probabilidade de resultados não zero *versus* resultados zero (Parte 1) e uma parte contínua normal ou log-normal do modelo para os valores dos resultados não zero (Parte 2). Em Olsen e Schafer, as duas partes têm efeitos aleatórios correlacionados. Ademais, também se permite que as duas partes tenham covariáveis diferentes, o que evita a limitação da modelagem censurada normal.

Carlin *et al.* (2001) estudaram o consumo de cigarros entre adolescentes. Usaram um modelo de duas classes com uma "classe zero" (zeros estruturais) representativa de indivíduos não propensos ao tabagismo constante (também chamados de "imunes"). Como assinalado em Carlin *et al.*, um indivíduo com zeros do início ao fim do estudo não necessariamente pertence à classe zero, pois pode mostrar zeros por acaso. Na análise dos autores, a proporção estimada de imunes foi 69%, enquanto a proporção empírica com todos os zeros foi 77%. Daí que uma análise *ad hoc* baseada

414 • SEÇÃO V/ MODELOS PARA VARIÁVEIS LATENTES

na exclusão de indivíduos com totalidade de zeros pode dar resultados errôneos.

Inspirado por Olsen e Schafer (2001) e Carlin *et al.* (2001), Muthén (2001b) propôs uma generalização da modelagem de mistura de crescimentos para lidar com zeros aleatórios e estruturais num modelo de duas partes. Múltiplas classes latentes representam o crescimento da probabilidade de valores diferentes de zero na Parte 1, bem como o crescimento dos resultados diferentes de zero na Parte 2. Para a modelagem da probabilidade de valores diferentes de zero na Parte 1, Muthén considerou uma alternativa de crescimento de classe latente à modelagem de efeitos aleatórios de Olsen e Schafer (2001) e Carlin *et al.* (2001), isto é, em linha com Nagin (1999). O uso de classes latentes para a modelagem da probabilidade de valores diferentes de zero na Parte 1 pode ser vista como uma alternativa semiparamétrica a um modelo de efeitos aleatórios, em linha com Aitkin (1999). Além de explicar os zeros aleatórios como em Olsen e Schafer, o método da Parte 1 de Muthén incorpora o conceito de Carlin *et al.*, de uma classe zero que tem zero probabilidade de valores diferentes de zero ao longo de todo o estudo. Outra vantagem do método proposto é o fato de as covariáveis poderem ter diferente influência em diferentes classes. Para a modelagem dos resultados diferentes de zero na Parte 2, a modelagem proposta estende o modelo de crescimento de Olsen-Schafer a um modelo de mistura de crescimentos. O modelo de Olsen-Schafer, a versão de mistura de Olsen-Schafer, o modelo de Carlin *et al.* e o modelo de mistura de crescimentos de duas partes de Muthén podem ser incluídos no quadro geral de modelagem de variáveis latentes do Mplus.

A questão do apropriado tratamento dos zeros surge também com variáveis de contagem. Roeder *et al.* (1999) consideraram a modelagem de Poisson inflacionada em zeros (ZIP, na sigla em inglês) (Lambert, 1992) no contexto da LCGA. Quando se aplica o ZIP para modelar um resultado de contagem, supõe-se que há duas razões pelas quais se pode observar um valor zero. O ZIP é um modelo de mistura de duas classes, de índole semelhante ao de Carlin *et al.* (2001). Primeiro, se um indivíduo está na classe zero, uma contagem zero tem probabilidade 1. Segundo, se um indivíduo está na classe diferente de zero, a probabilidade de uma contagem zero é expressa pela distribuição de Poisson. A probabilidade de se fazer parte da classe zero pode ser modelada por covariáveis diferentes daquelas que predizem as contagens para a classe diferente de zero. Em dados longitudinais, pode-se modelar essa probabilidade para variar no tempo. O modelo de Roeder *et al.* considerou um LCGA para a parte diferente de zero.

19.7 MODELAGEM DE MISTURA DE CRESCIMENTOS MULTINÍVEL

Esta última seção volta-se novamente para a análise do exemplo de aproveitamento em matemática do LSAY. Dados longitudinais costumam ser colhidos mediante amostragem em grupos. Assim foi no caso do estudo LSAY, no qual os alunos foram observados dentro de escolas aleatoriamente incluídas na amostra. Isso gera dados em três níveis, com variação no tempo no Nível 1, variação entre indivíduos no Nível 2 e variação entre grupo no Nível 3. Esta seção aborda a modelagem de crescimento em três níveis e sua nova extensão à modelagem de mistura de crescimentos em três níveis. Por falta de espaço, não trataremos aqui detalhes da modelagem, mas abordaremos em termos gerais uma análise do exemplo do LSAY. Quanto aos detalhes técnicos, o leitor pode consultar Asparouhov e Muthén (2003b).

O diagrama de modelo da figura 19.11 é útil à compreensão das ideias gerais da modelagem de mistura de crescimentos multinível. Trata-se do exemplo de aproveitamento em matemática do LSAY examinado na seção 19.3.5. Na figura 19.11, os retângulos variáveis de matemática observados na parte superior representam a variação de Nível 1 ao longo do tempo. Os círculos de variáveis latentes, identificados como i e s, representam a variação de Nível 2 dos fatores de crescimento de ordenada na origem e inclinação entre os alunos. Os círculos de variáveis latentes ib, cb, sb e hb representam a variação de Nível 3 entre escolas. Aqui, b indica variação interescolas. Um objetivo da modelagem de crescimento em três níveis é a decomposição da variância da ordenada na origem em variação i e ib e a decomposição da variância da inclinação em variação s e sb. Além disso, é interessante descrever parte dessa variação por covariáveis em nível escolar, como se vê na parte inferior do diagrama.

A figura 19.11 inclui, também, um resultado distal de abandono do ensino médio e leva em consideração a variação entre escolas da hb da sua ordenada na origem (também pode haver variação de algumas das inclinações entre as escolas). De novo, covariáveis em nível escolar descrevem a variação da ordenada na origem. Essa parte do modelo é análoga à regressão logística em dois níveis (p. ex., Hedeker; Gibbons, 1994). Uma nova característica na figura 19.11 é que um dos preditores da regressão logística em dois níveis é uma variável categórica latente c, a variável de classe de trajetória latente.

Um novo elemento fundamental na figura 19.11 é a variação interescolas cb na variável de classe latente em nível do indivíduo c. Essa parte do modelo faz possível o estudo da influência de variáveis em nível escolar sobre a probabilidade de os alunos fazerem parte de uma classe. Isso equivale à regressão logística multinomial com efeitos aleatórios, exceto pelo fato de a variável dependente ser latente.

O modelo apresentado na figura 19.11 foi analisado por meio de estimação de máxima verossimilhança em Mplus[11]. Uma importante variável em nível escolar utilizada na modelagem foi um índice de pobreza na escola, medido como a porcentagem do corpo discente a receber merenda escolar integral. Verificou-se que esse índice de pobreza na escola não tinha efeito significativo na probabilidade de abando do ensino médio. Mas tinha, sim, influência significativa sobre c, no sentido de que um alto valor do índice resultava em maior probabilidade de o aluno fazer parte da classe com fraca trajetória de aproveitamento em matemática entre a 7ª e a 10ª série. As análises de mistura de crescimentos já mencionadas mostraram que a inclusão na classe ineficaz acarretava alto risco de abandono do ensino médio. Assim, a modelagem de mistura de crescimentos multinível implica que a pobreza na escola não interfere no abandono escolar diretamente, mas sim de forma indireta, pois ela influencia a classe de trajetória de aproveitamento, que, por sua vez, influencia o abandono escolar. Eis um novo tipo de processo de mediação em que o mediador é não só categórico, mas também latente.

O quadro geral de modelagem de variáveis latentes aqui considerado permite a modelagem multinível, como a modelagem de crescimento em três níveis, não só para os resultados contínuos, mas também para os categóricos. Assim, a modelagem multinível está disponível, no Mplus, para GGMM, LCGA, LCA, LTA e DTSMA.

---
11. Essa análise foi realizada pelo Mplus Versão 3.

Figura 19.11   GGMM multinível para dados do LSAY

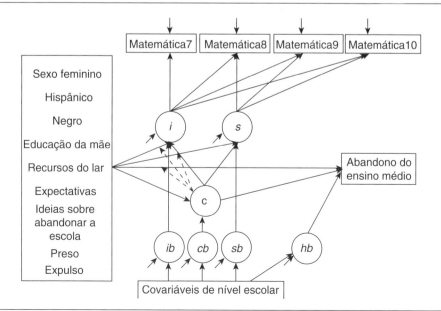

416 • SEÇÃO V/ MODELOS PARA VARIÁVEIS LATENTES

19.8 CONCLUSÕES

Este capítulo mostrou de que maneira a modelagem, por meio de uma combinação de variáveis latentes contínuas e categóricas, proporciona um quadro de análise sumamente flexível. Reunimos diversas tradições, como modelagem de crescimento, análise de classes latentes e análise de sobrevivência, aplicando a modelagem de variáveis latentes como tema unificador. Apresentamos novos avanços nessas áreas. Com isso, além de se criarem opções de análise mais interessantes em cada área, a combinação de partes de modelos que é possível traz ainda mais oportunidades para pesquisar dados. Diversas combinações desse tipo não foram examinadas, como as seguintes (cf. também Muthén, 2001a, 2002; Muthén; Asparouhov, 2003a, 2003b):

- Modelagem de mistura de crescimentos em múltiplos processos:
  Processos paralelos (duplos): estudo de relações entre resultados concomitantes.
  Processos sequenciais: previsão de crescimento posterior com base em crescimento anterior.
- Modelagem de mistura crescimentos com múltiplos grupos: estudo de semelhanças e diferenças entre grupos conhecidos.
- Modelagem de mistura de crescimentos de múltiplos indicadores: estudo do crescimento num constructo de variável latente.
- Modelagem integrada de mistura de crescimentos: combinação do modelo de crescimento com LCA, análise fatorial, análise de percurso e componentes SEM.
- Modelagem combinada de mistura de crescimentos e sobrevivência em tempo discreto: previsão da sobrevivência a partir de classes de trajetória e vice-versa.

O Mplus abrange esses modelos para resultados contínuos, binários, politômicos ordenados, de duas partes, Poisson inflacionado em zero ou combinações destes, admitindo dados faltantes e dados agrupados.

REFERÊNCIAS

AGRESTI, A. *Categorical data analysis.* Nova York: John Wiley, 1990.

AITKIN, M. A general maximum likelihood analysis of variance components in generalized linear models. *Biometrics*, 55, p. 117-128, 1999.

AMEMIYA, T. *Advanced econometrics.* Cambridge: Harvard University Press, 1985.

ASPAROUHOV, T.; MUTHÉN, B. *Full-information maximum-likelihood estimation of general two-level latent variable models.* Manuscrito em preparação, 2003a.

ASPAROUHOV, T.; MUTHÉN, B. *Maximum-likelihood estimation in general latent variable modeling.* Manuscrito em preparação, 2003b.

BARTHOLOMEW, D. J.; KNOTT, M. *Latent variable models and factor analysis.* 2. ed. Londres: Arnold, 1999.

BAUER, D. J.; CURRAN, P. J. Distributional assumptions of growth mixture models: Implications for over-extraction of latent trajectory classes. *Psychological Methods*, 8, p. 338-363, 2003.

CARLIN, J. B.; WOLFE, R.; BROWN, C. H.; GELMAN, A. A case study on the choice, interpretation and checking of multilevel models for longitudinal binary outcomes. *Biostatistics*, 2, p. 397-416, 2001.

DUAN, N.; MANNING, W. G.; MORRIS, C. N.; NEWHOUSE, J. P. A comparison of alternative models for the demand for medical care. *Journal of Business and Economic Statistics*, 1, p. 115-126, 1983.

FARRINGTON, D. P.; WEST, D. J. The Cambridge study in delinquent development: A prospective longitudinal study of 411 males. *In*: KERNERE, H.-J.; KAISER, G. (ed.). *Criminality*: personality, behavior, and life history. Nova York: Springer-Verlag, 1990.

HEDEKER, D. *A fully semi-parametric mixed-effects regression model for categorical outcomes.* Trabalho apresentado em Joint Statistical Meetings, Indianápolis, 2000.

HEDEKER, D.; GIBBONS, R. D. A random-effects ordinal regression model for multilevel analysis. *Biometrics*, 50, p. 933-944, 1994.

HEINEN, T. *Latent class and discrete latent trait models*: similarities and differences. Thousand Oaks: Sage, 1996.

JEFFRIES, N. O. A note on "Testing the number of components in a normal mixture." *Biometrika*, 90, p. 991-994, 2003.

JONES, B. L.; NAGIN, D. S.; ROEDER, K. A SAS procedure based on mixture models for estimating developmental trajectories. *Sociological Methods & Research*, 29, p. 374-393, 2001.

LAMBERT, D. Zero-inflated Poisson regression, with an application to defects in manufacturing. *Technometrics*, 34, p. 1-13, 1992.

LAND, K. C. Introduction to the special issue on finite mixture models. *Sociological Methods & Research*, 29, p. 275-281, 2001.

LIN, H.; TURNBULL, B. W.; MCCULLOCH, C. E.; SLATE, E. Latent class models for joint analysis of longitudinal biomarker and event process data: Application to longitudinal prostate-specific antigen readings and prostate cancer. *Journal of the American Statistical Association*, 97, p. 53-65, 2002.

LO, Y.; MENDELL, N. R.; RUBIN, D. B. Testing the number of components in a normal mixture. *Biometrika*, 88, p. 767-778, 2001.

LUBKE, G.; MUTHÉN, B. *Performance of factor mixture models*. Manuscrito apresentado para publicação, 2003.

MASYN, K. *Latent class enumeration revisited*: application of Lo, Mendell, and Rubin to growth mixture models. Trabalho apresentado na reunião da Society for Prevention Research, Seattle, jun. 2002.

MCLACHLAN, G. J.; PEEL, D. *Finite mixture models*. Nova York: John Wiley, 2000.

MILLER, J. D.; KIMMEL, L.; HOFFER, T. B.; NELSON, C. *Longitudinal study of American youth*: user's manual. Evanston: Northwestern University, International Center of the Advancement of Scientific Literacy, 2000.

MOFFITT, T. E. Adolescence-limited and life-course persistent antisocial behavior. *Psychological Review*, 100, p. 674-701, 1993.

MOLENAAR, P. C.; VON EYE, A. On the arbitrary nature of latent variables. *In*: VON EYE, A.; CLOGG, C. C. (ed.). *Latent variable analysis*. Thousand Oaks: Sage, 1994. p. 226-242.

MUTHÉN, B. Latent variable mixture modeling. *In*: MARCOULIDES, G. A.; SCHUMACKER, R. E. (ed.). *New developments and techniques in structural equation modeling*. Mahwah: Lawrence Erlbaum, 2001a. p. 1-33.

MUTHÉN, B. *Two-part growth mixture modeling*. Rascunho, 2001b.

MUTHÉN, B. Beyond SEM: General latent variable modeling. *Behaviormetrika*, 29, p. 81-117, 2002.

MUTHÉN, B. Statistical and substantive checking in growth mixture modeling. *Psychological Methods*, 8, p. 369-377, 2003.

MUTHÉN, B.; ASPAROUHOV, T. *Mixture testing using multivariate skewness and kurtosis*. Manuscrito em preparação, 2002.

MUTHÉN, B.; ASPAROUHOV, T. *Advances in latent variable modeling, part I*: integrating multilevel and structural equation modeling using Mplus. Manuscrito em preparação, 2003a.

MUTHÉN, B.; ASPAROUHOV, T. *Advances in latent variable modeling, part II*: integrating continuous and categorical latent variable modeling using Mplus. Manuscrito em preparação, 2003b.

MUTHÉN, B. *et al*. General growth mixture modeling for randomized preventive interventions. *Biostatistics*, 3, p. 459-475, 2002.

MUTHÉN, B.; CURRAN, P. General longitudinal modeling of individual differences in experimental designs: A latent variable framework for analysis and power estimation. *Psychological Methods*, 2, p. 371-402, 1997.

MUTHÉN, B.; JO, B.; BROWN, H. Comment on the Barnard, Frangakis, Hill and Rubin article, Principal stratification approach to broken randomized experiments: a case study of school choice vouchers in Nova York City. *Journal of the American Statistical Association*, 98, p. 311-314, 2003.

MUTHÉN, B.; KREUTER, F.; ASPAROUHOV, T. *Applications of growth mixture modeling to non-normal outcomes*. Manuscrito em preparação, 2003.

MUTHÉN, B.; MASYN, K. Mixture discrete-time survival analysis. *Journal of Educational and Behavioral Statistics*, 2005.

MUTHÉN, B.; MUTHÉN, L. Integrating person-centered and variable-centered analyses: growth mixture modeling with latent trajectory classes. *Alcoholism: Clinical and Experimental Research*, 24, p. 882-891, 2000.

MUTHÉN, B.; SHEDDEN, K. Finite mixture modeling with mixture outcomes using the EM algorithm. *Biometrics*, 55, p. 463-469, 1999.

MUTHÉN, L.; MUTHÉN, B. *Mplus user's guide*. Los Angeles: Autor, 1998-2003.

MUTHÉN, L. K.; MUTHÉN, B. How to use a Monte Carlo study to decide on sample size and determine power. *Structural Equation Modeling*, 4, p. 599-620, 2002.

NAGIN, D. S. Analyzing developmental trajectories: A semi-parametric, group-based approach. *Psychological Methods*, 4, p. 139-157, 1999.

NAGIN, D. S.; LAND, K. C. Age, criminal careers, and population heterogeneity: Specification and estimation of a nonparametric, mixed Poisson model. *Criminology*, 31, p. 327-362, 1993.

NAGIN, D. S.; TREMBLAY, R. E. Analyzing developmental trajectories of distinct but related behaviors: A group-based method. *Psychological Methods*, 6, p. 18-34, 2001.

OLSEN, M. K.; SCHAFER, J. L. A two-part random effects model for semicontinuous longitudinal data. *Journal of the American Statistical Association*, 96, p. 730-745, 2001.

RAUDENBUSH, S. W.; BRYK, A. S. *Hierarchical linear models*: applications and data analysis methods. 2. ed. Thousand Oaks: Sage, 2002.

ROEDER, K.; LYNCH, K. G.; NAGIN, D. S. Modeling uncertainty in latent class membership: a case study in criminology. *Journal of the American Statistical Association*, 94, p. 766-776, 1999.

RUMBERGER, R.W.; LARSON, K. A. Student mobility and the increased risk of high school dropout. *American Journal of Education*, 107, p. 1-35, 1998.

SCHWARTZ, G. Estimating the dimension of a model. *The Annals of Statistics*, 6, p. 461-464, 1978.

SINGER, J. D.; WILLETT, J. B. It's about time: Using discrete-time survival analysis to study duration and the timing of events. *Journal of Educational Statistics*, 18, p. 155-195, 1993.

TOBIN, J. Estimation of relationships for limited dependent variables. *Econometrica*, 26, p. 24-36, 1958.

WANG, C. P.; BROWN, C. H.; BANDEEN-ROCHE, K. *Residual diagnostics for growth mixture models*: examining the impact of a preventive intervention on multiple trajectories of aggressive behavior. Original apresentado para publicação, 2002.

Seção VI

Questões fundamentais

Capítulo 20

MODELAGEM PROBABILÍSTICA COM REDES BAYESIANAS

RICHARD E. NEAPOLITAN

SCOTT MORRIS

20.1 INTRODUÇÃO

Dado um conjunto de variáveis aleatórias, a *modelagem probabilística* consiste em adquirir propriedades de uma distribuição de probabilidade conjunta das variáveis e, assim, representar essa distribuição. Essas propriedades podem ser muito importantes, porque, muitas vezes, nos permitem representar uma distribuição de maneira sucinta, bem como fazer inferência com as variâncias. Por exemplo, podemos, talvez, representar concisamente uma distribuição de probabilidade conjunta de doenças e manifestações em uma aplicação em medicina e, com essa representação, calcular a probabilidade de um paciente ter certas doenças quando esse paciente apresenta algumas manifestações. Primeiro, a seção 20.2 dá um breve resumo filosófico da noção de probabilidade como frequência relativa, como pressupõe a modelagem probabilística que usa dados. Em seguida, a seção 20.3 introduz redes bayesianas e modelos de redes bayesianas (também chamados grafos dirigidos acíclicos [DAG, na sigla em inglês]). Depois, a seção 20.4 discute modelos DAG de dedução. Finalmente, a seção 20.5 mostra aplicações de modelos DAG de dedução.

20.2 CONTEXTO FILOSÓFICO

Este capítulo tem foco em modelos DAG de dedução a partir dos dados. A tarefa de se aprender algo sobre uma distribuição de probabilidades com base em dados depende da noção de uma probabilidade como frequência relativa. Logo, começamos por examinar o método de frequência relativa para a probabilidade e, depois, discutimos a sua relação com outro enfoque para a probabilidade, denominado *subjetivo* ou *bayesiano*.

20.2.1 O método de frequência relativa para a probabilidade

Em 1919, Richard von Mises desenvolveu o método de frequência relativa para a probabilidade, que diz respeito a experimentos idênticos repetíveis. Primeiro, descrevemos as frequências relativas; depois, discutimos como podemos aprender algo sobre elas com base nos dados.

20.2.1.1 Frequências relativas

Von Mises (1928/1957) formalizou a noção de experimentos idênticos repetíveis da seguinte maneira: "O termo é 'o *coletivo*' e refere-se a uma sequência de eventos ou processos uniformes que diferem por certos atributos observáveis, como cores, números ou qualquer outra coisa" (p. 12, grifo nosso).

O exemplo clássico de um coletivo é uma sequência infinita de lançamentos da mesma moeda. Cada

SEÇÃO VI / QUESTÕES FUNDAMENTAIS

vez que jogamos a moeda, nosso conhecimento sobre as condições do lançamento é o mesmo (supondo que não "trapaceemos" às vezes, por exemplo, mantendo-a perto do chão e tentando virá-la só uma vez). É claro que há algo diferente nos lançamentos (p. ex., a distância do chão, o torque que aplicamos à moeda etc.), pois, do contrário, a moeda cairia sempre cara ou sempre coroa. Nosso conhecimento quanto às condições do experimento é sempre o mesmo. Von Mises (1928/1957) afirmava que, em tais experimentos repetidos, a fração de ocorrência de cada resultado aproxima-se de um limite, o qual ele chamou de probabilidade do resultado. Tornou-se padrão chamar esse limite de uma *frequência relativa* e utilizar o termo *probabilidade* num sentido mais geral.

Observe-se que o coletivo (sequência infinita) existe apenas em teoria. Não vamos jogar a moeda indefinidamente. Na verdade, a teoria supõe que há uma *propensão* da moeda a cair com a cara para cima, e, quando o número de lançamentos tende a infinito, a fração de caras aproxima-se da propensão. Por exemplo, se m é o número de vezes que lançamos a moeda, S_m é o número de caras e p é o valor real da propensão da moeda a cair com a cara para cima, então

$$p = \lim_{m \to \infty} \frac{S_m}{m}. \tag{1}$$

Sendo a propensão uma propriedade física da moeda, também é chamada de *probabilidade física*. Em 1946, J. E. Kerrich realizou muitos experimentos com jogos de azar (p. ex., lançamentos de moeda) indicando que a fração, de fato, parece se aproximar de um limite.

Observe-se, também, que só se define um coletivo com relação a um *processo aleatório*, que, na teoria de Von Mises, define-se como um experimento repetível para o qual se supõe ser a sequência infinita de resultados uma sequência aleatória. Intuitivamente, *sequência aleatória* é aquela que não mostra regularidade nem padrão algum. Por exemplo, a sequência binária finita "1011101100" parece aleatória, mas a sequência "1010101010" não, porque tem o padrão "10" repetido cinco vezes. Há evidência de que experimentos como jogar uma moeda ou lançar um dado são, de fato, processos aleatórios. A saber, Iversen *et al.* (1971) fizeram muitos experimentos com dados, indicando que a sequência de resultados é aleatória.

Acredita-se que a amostragem sem viés também produz uma sequência aleatória e é, portanto, um processo aleatório. Pode-se ver uma análise completa desse tema em Van Lambalgen (1987), inclusive uma definição formal de *sequência aleatória*. Neapolitan (1990) trata a questão de forma mais intuitiva, menos matemática. Encerramos, aqui, com um exemplo de processo não aleatório. Um dos autores prefere fazer exercício na academia às terças-feiras, às quintas-feiras e aos sábados. Mas, se faltar um dia, ele costuma compensar a falta no dia seguinte. Se acompanharmos os dias em que ele se exercita, acharemos um padrão, porque o processo não é aleatório.

Em 1928, partindo do pressuposto de que a fração se aproxima de um limite e que surge uma sequência aleatória, Von Mises conseguiu deduzir as regras de teoria de probabilidades e o resultado de que os ensaios são probabilisticamente independentes. No que tange a frequências relativas, o que isso significa para os ensaios serem independentes? O exemplo a seguir ilustra o que isso significa. Suponhamos desenvolver muitas sequências de longitude 20 (ou qualquer outro número), em que cada sequência representa o resultado de jogar a moeda 20 vezes. Depois, dividimos o conjunto de todas essas sequências em subconjuntos separados, de modo tal que todas as sequências de cada subconjunto tenham o mesmo resultado nos primeiros 19 lançamentos. Independência significa que a fração de caras no 20º lançamento é igual em todos os subconjuntos (no limite).

Em aplicações como os jogos de azar, é comum atribuir a mesma probabilidade a todos os possíveis resultados elementares. Por exemplo, ao pegar a carta de cima de um baralho de cartas comum, atribui-se uma probabilidade de 1/52 a cada resultado elementar, pois há 52 cartas diferentes. Chamamos essas probabilidades de *razões*. Dizemos usar o *princípio de indiferença* (termo popularizado por J. M. Keynes em 1921/1948) quando atribuímos probabilidades dessa maneira. A probabilidade de um conjunto de resultados elementares é a soma das probabilidades dos resultados incluídos no conjunto. Por exemplo, a probabilidade de um rei é 4/52 porque há quatro reis. Como é que as frequências relativas se relacionam com as razões? Intuitivamente, seria de se esperar que se, por exemplo, embaralhássemos, repetidamente, um maço de cartas e tirássemos a carta de cima, o ás de espadas apareceria, mais ou menos, uma vez em cada 52. No experimento feito por J. E. Kerrich em 1946 (anteriormente mencionado), o princípio de indiferença pareceu aplicar-se e o limite foi, de fato, o valor obtido por meio desse princípio.

20.2.1.2 Amostragem

As técnicas de amostragem estimam uma frequência relativa para um determinado coletivo com base num conjunto finito de observações. Conforme a prática estatística habitual, usamos o termo *amostra aleatória* (ou, simplesmente, *amostra*) para nos referirmos ao conjunto de observações e chamamos o coletivo de *população*. Note-se a diferença entre um *coletivo* e uma *população finita*. Há, hoje, um número finito de fumantes no mundo. A fração deles com câncer de pulmão é a probabilidade (no sentido de razão) de um fumante atual ter câncer de pulmão. A propensão (frequência relativa) de um fumante a ter câncer de pulmão pode não ser exatamente igual a essa razão. Aliás, a razão é apenas uma estimativa dessa propensão. Quando fazemos inferência estatística, às vezes queremos estimar a razão em uma população finita a partir de uma amostra da população, outras vezes queremos estimar uma propensão a partir de uma sequência finita de observações. Por exemplo, quem avalia a audiência de TV, geralmente, deseja estimar a fração real de pessoas do país que assistem a um programa, a partir de uma amostra dessas pessoas. Por sua vez, cientistas médicos querem estimar a propensão dos fumantes a terem câncer de pulmão com base numa sequência finita de fumantes. Pode-se criar um coletivo a partir de uma população finita devolvendo à população um item amostrado antes de amostrar o seguinte item. Isso é chamado de *amostragem com reposição*. Na prática, raramente se faz isso, mas, em geral, a população finita é tão grande que os estatísticos adotam o pressuposto simplificador de que a amostragem é feita com reposição. Ou seja, eles não repõem o item, mas continuam a supor que a população não muda para o seguinte item amostrado. Neste capítulo, são as propensões que sempre nos interessam, não as razões atuais; portanto, esse pressuposto simplificador não nos importa.

Parece fácil estimar uma frequência relativa com base numa amostra. Isto é, usamos, simplesmente, S_m/m como nossa estimativa, sendo m o número de ensaios, e S_m, o número de sucessos. Contudo, temos um problema em determinar nossa confiança na estimativa. A teoria de Von Mises apenas diz que o limite da Igualdade 1 existe fisicamente e é p. Não se trata de um limite matemático, pois, dado um $\varepsilon > 0$, ele não oferece meio algum para achar um $M(\varepsilon)$ tal que

$$\left| p - \frac{S_m}{m} \right| < \varepsilon \ \text{ para } \ m > M(\varepsilon).$$

Com a teoria de probabilidade matemática, podemos determinar a confiança em nossa estimação de p. Primeiro, se assumimos que os ensaios são, probabilisticamente, independentes e a probabilidade para cada ensaio é p, podemos provar que S_m/m é o valor de *máxima verossimilhança* (ML) de p. Isto é, se $\mathbf{d}$ é um conjunto de resultados de m ensaios e $P(\mathbf{d} : \hat{p})$ indica a probabilidade de $\mathbf{d}$ se a probabilidade de sucesso for $\hat{p}$, S_m/m é o valor de $\hat{p}$ que maximiza $P(\mathbf{d} : \hat{p})$. Além disso, podemos provar as leis fraca e forte dos grandes números. A lei fraca diz o seguinte: dados $\varepsilon, \delta > 0$,

$$P\left(\left| p - \frac{S_m}{m} \right| < \varepsilon \right) > 1 - \delta \ \text{ para } \ m > \frac{1}{4\delta\varepsilon^2}.$$

Logo, matematicamente, temos um modo de achar um $M(\varepsilon, \delta)$.

A lei fraca não é aplicada diretamente para obter a confiança em nossa estimativa. Na verdade, obtemos um intervalo de confiança utilizando o seguinte resultado, obtido num texto de estatística corrente como Brownlee (1965). Suponhamos ter m ensaios independentes, sendo p a probabilidade de sucesso em cada ensaio e tendo k sucessos. Sejam

$$0 < \beta < 1,$$

$$\alpha = (1 - \beta)/2,$$

$$\theta_1 = \frac{kF_\alpha(2k, 2[m - k + 1])}{m - k + 1 + kF_\alpha(2x, 2[m - k + 1])},$$

$$\theta_2 = \frac{k}{(m - k + 1)F_{1-\alpha}(2[m - k + 1], 2k) + (k)},$$

em que F é a distribuição de F. Então,

(θ_1, θ_2) é um intervalo de confiança de $\beta\%$ para p.

Isso significa que o intervalo gerado conterá p durante $\beta\%$ do tempo.

424 • SEÇÃO VI / QUESTÕES FUNDAMENTAIS

Exemplo 1. Vamos supor que jogamos um percevejo 30 vezes e ele cai sobre a cabeça oito vezes. Portanto o seguinte é um intervalo de confiança de 95% para p, a probabilidade de cair sobre a cabeça:

$$(0,123,\ 0,459).$$

Uma vez que 95% do tempo vamos obter um intervalo que contém p, estamos bastante confiantes de p estar nesse intervalo.

Não se deveria concluir que a teoria da probabilidade matemática, de alguma maneira, prova que S_m/m será próximo a p e que, portanto, não precisamos da teoria de Von Mises. Sem algum pressuposto quanto a S_m/m se aproximar de p, o resultado matemático nada diria sobre o que está acontecendo no mundo. Por exemplo, sem algum pressuposto como esse, nossa explanação dos intervalos de confiança passaria a ser a seguinte: suponhamos ter um espaço de amostra determinado por m variáveis aleatórias discretas independentes identicamente distribuídas, em que p é a probabilidade de cada uma delas tomar seu primeiro valor. Considere-se a variável aleatória cujos valores possíveis são os intervalos probabilísticos obtidos com o método para calcular um intervalo de confiança de $\beta\%$. Então β é a probabilidade de o valor dessa variável aleatória ser um intervalo que contém p. Esse resultado nada diz sobre o que acontecerá quando, por exemplo, jogamos um percevejo m vezes. No entanto, ao supormos que a probabilidade (frequência relativa) de um evento é o limite da razão de ocorrências do evento no mundo, isso significa que, se fizermos, repetidamente, o experimento de jogar o percevejo m vezes, no limite, 95% do tempo geraremos um intervalo que contém p, que é como descrevemos os intervalos de confiança anteriormente.

Alguns probabilistas criticam a teoria de Von Mises por ela pressupor que a frequência relativa, certamente, se aproxima de p. Por exemplo, Ash (1970, p. 2) diz:

> A tentativa de definição de probabilidade de frequência causará problemas. Se S_n é o número de ocorrências de um evento em n realizações independentes de um experimento, esperamos, fisicamente, que a frequência relativa S_n/n deveria convergir para um limite; todavia, não podemos afirmar que

o limite existe em sentido matemático. No caso de lançar uma moeda sem viés, esperamos que S_n/n 1/2, mas é concebível que o resultado do processo seja a moeda cair sempre com a cara para cima. Ou seja, é possível que S_n/n 1, que S_n/n qualquer número entre 0 e 1 ou que S_n/n *não tenha limite algum.*

Como já mencionamos, em 1946, J. E. Kerrich realizou muitos experimentos com jogos de azar, os quais indicaram que, de fato, a frequência relativa parece aproximar-se de um limite. Porém, mesmo se fosse apenas muito provável a aproximação a um limite, os experimentos de Kerrich podem indicar que isso ocorre. Assim, com o intuito de resolver a objeção formulada por Ash, R. E. Neapolitan obteve, em 1992, os resultados de Von Mises quanto às regras de probabilidade, supondo que S_m/m p somente no sentido da lei fraca dos grandes números.

20.2.2 O enfoque subjetivo/bayesiano sobre probabilidade

Abordaremos, a seguir, um outro enfoque sobre probabilidade, o *enfoque subjetivo* ou *bayesiano.* Começamos por descrever o enfoque; depois, mostramos como seus proponentes aplicam o teorema de Bayes; e, finalmente, discutimos a sua pertinência para frequências relativas.

20.2.2.1 Probabilidades subjetivas

Começamos com um exemplo.

Exemplo 2. Se você pretende apostar no resultado de um jogo de basquete entre os Chicago Bulls e os Detroit Pistons, vai querer determinar quão provável é os Bulls ganharem. Por certo, essa probabilidade não é uma razão, e não é uma frequência relativa, porque não é possível repetir o jogo muitas vezes exatamente nas mesmas condições (na verdade, sendo igual seu conhecimento sobre as condições). De fato, a probabilidade representa apenas a convicção que você tem sobre as chances de os Bulls ganharem.

Uma probabilidade como a do exemplo anterior é chamada de *grau de crença* ou *probabilidade subjetiva.* Há várias maneiras de determinar probabilidades desse tipo. Um dos métodos mais conhecidos foi sugerido por D. V. Lindley em 1985. Esse método diz que um indivíduo deveria equiparar o resultado incerto a um jogo de azar, supondo uma urna com bolas brancas e pretas. O indivíduo deveria determinar para qual fração das bolas brancas lhe seria indiferente receber um pequeno prêmio se o resultado incerto acontecesse (ou acabasse por ser verdadeiro) ou receber o mesmo prêmio pequeno se uma bola branca for tirada da urna. Essa fração é a probabilidade do resultado para o indivíduo. Pode-se conceber tal probabilidade por meio de cortes binários. Se, por exemplo, você achou indiferente quando a fração era 0,75, para você, $P(\{bullsganham\}) = 0,75$. Se para outra pessoa foi indiferente quando a fração era 0,60, para essa pessoa, $P(\{bullsganham\}) = 0,60$. Nenhum dos dois está certo nem errado. Probabilidades subjetivas diferem das razões e das frequências relativas pelo fato de não terem valores objetivos a respeito dos quais todos devemos concordar. Aliás, é por isso que elas são denominadas *subjetivas*. Neapolitan (1996) trata em maior profundidade da elaboração de probabilidades subjetivas.

Quando conseguimos calcular razões ou estimar frequências relativas, as probabilidades obtidas condizem com as crenças da maioria das pessoas. Por exemplo, a maioria dos indivíduos atribuiria uma probabilidade subjetiva de 1/13 de a carta de cima ser um ás porque seria, para eles, indiferente receber um pequeno prêmio se a carta fosse o ás ou receber o mesmo prêmio caso se extraísse uma bola branca de uma urna com 13 bolas ao todo.

20.2.2.2 Uso do teorema de Bayes

Chama-se o enfoque de probabilidade subjetiva de *bayesiano* porque seus proponentes aplicam o teorema de Bayes para inferir probabilidades desconhecidas com base em outras conhecidas. O exemplo a seguir mostra isso.

Exemplo 3. Suponhamos que Joe faz uma radiografia do peito, exigida de todo novo empregado do Colonial Bank para diagnóstico de rotina, e a radiografia dá resultado positivo para câncer de pulmão. Com isso, Joe fica certo de ter câncer de pulmão e se apavora. Mas ele deveria mesmo se apavorar? Sem conhecer o grau de exatidão do teste, Joe não tem

como saber qual a probabilidade de ter câncer de pulmão. Quando descobre que o exame não é absolutamente conclusivo, ele resolve pesquisar sobre a exatidão e fica sabendo que a taxa de falsos negativos é 0,6 e a de falsos positivos, 0,02. Representamos essa exatidão da seguinte maneira: primeiro, definimos estas variáveis aleatórias:

Variável	Valor	Quando a variável tem este valor
Teste	Positivo	Radiografia positiva
	Negativo	Radiografia negativa
Câncer de	Presente	Câncer de pulmão presente
pulmão	Ausente	Câncer de pulmão ausente

Temos, então, estas probabilidades condicionais:

P(Teste = positivo|Câncer de pulmão = presente) = 0,6.

P(Teste = positivo|Câncer de pulmão = ausente) = 0,02.

Diante dessas probabilidades, Joe sente-se um pouquinho melhor. Mas logo se dá conta de que ainda não sabe o quanto é provável ele ter câncer de pulmão. Isto é, a probabilidade de Joe ter câncer de pulmão é *P(Câncer de pulmão = presente|Teste = positivo)*, e não é uma das probabilidades anteriormente mencionadas. Por fim, Joe se lembra do teorema de Bayes e percebe que ainda precisa de uma outra probabilidade para determinar a probabilidade de ter câncer. Essa probabilidade é *P(Câncer de pulmão = presente)*, que é a probabilidade de ele ter câncer antes de haver obtido qualquer informação sobre os resultados do teste. Essa probabilidade não se baseia em nenhuma informação referente aos resultados do teste, mas sim em alguma informação. Concretamente, baseia-se em toda informação (pertinente ao câncer de pulmão) conhecida sobre o Joe antes de ele se submeter ao exame. A única informação sobre o Joe antes de ele fazer o exame era que ele fazia parte de uma classe de empregados que se submetiam ao teste rotineiramente exigido dos novos empregados. Logo, ao saber que apenas um em cada 1.000 novos empregados tem câncer de pulmão, ele atribui o valor 0,001 a *P(Câncer de pulmão = presente)*. Em seguida, ele utiliza o teorema de Bayes, como segue:

$P(presente|positivo)$

$$= \frac{P(positivo|presente)P(presente)}{\begin{array}{c}P(positivo|presente)P(presente) + \\ P(positivo|ausente)P(ausente)\end{array}}$$

$$= \frac{(0,6)(0,001)}{(0,6)(0,001) + (0,02)(0,999)} = 0,029.$$

Portanto, Joe acha, agora, que a probabilidade de ele ter câncer de pulmão é apenas cerca de 0,03 e fica mais tranquilo, à espera dos resultados de exames adicionais.

Uma probabilidade como $P(Câncer\ de\ pulmão = presente)$ é chamada de *probabilidade prévia*, porque, num determinado modelo, ela é a probabilidade de algum evento antes de se atualizar a probabilidade de tal evento, dentro da estrutura desse modelo, com base em nova informação. Não caiamos no erro de pensar que ela significa uma probabilidade prévia a qualquer informação, pois $P(Câncer\ de\ pulmão = presente)$ baseia-se em alguma informação obtida de experiências anteriores. Uma probabilidade como $P(Câncer\ de\ pulmão = presente|Teste = positivo)$ é chamada de *probabilidade posterior*, porque é a probabilidade de um evento, uma vez atualizada a sua probabilidade prévia, dentro da estrutura de algum modelo, com base em nova informação.

Um frequentista rigoroso (p. ex., Von Mises) não poderia inferir a probabilidade de Joe ter câncer de pulmão aplicando o teorema de Bayes. Ou seja, com os dados utilizados para obter a taxa de falsos-negativos, a taxa de falsos-positivos e a probabilidade prévia, um frequentista rigoroso poderia obter intervalos de confiança para os valores reais de frequências relativas e máxima verossimilhança. Porém, como os frequentistas rigorosos não têm probabilidades subjetivas, não podem obter probabilidades subjetivas dos resultados do teste e da presença de câncer a partir dos dados e depois usar essas probabilidades subjetivas para calcular a probabilidade subjetiva de Joe ter câncer de pulmão. Por outro lado, adotando um enfoque subjetivo, Joe pode extrair convicções dos dados e depois aplicar o teorema de Bayes.

Às vezes, estatísticos que usam o teorema de Bayes são chamados de *bayesianos*. I. J. Good (1983) mostra que há 46.656 interpretações bayesianas diferentes (ele frisa que a opinião de Mises não é uma delas). Ele baseia-se em 11 facetas diferentes do enfoque de Bayes a respeito das quais os bayesianos podem divergir. Em resumo, há uma interpretação bayesiana descritiva a sustentar que os humanos raciocinam usando probabilidades subjetivas e o teorema de Bayes, há uma interpretação bayesiana normativa a dizer que os humanos deveriam raciocinar dessa forma e há uma interpretação bayesiana que diz, com base em dados, que podemos atualizar nossas convicções referentes a uma frequência relativa aplicando o teorema de Bayes. Mulaik, Raju e Harshman (1997) discutem e criticam as duas primeiras perspectivas. Os métodos apresentados neste capítulo têm relação só com a terceira perspectiva, que expusemos de forma sucinta no exemplo 3. Na seguinte subseção, abordaremos essa perspectiva em maior detalhe.

Antes disso, ressaltamos que uma das facetas distintivas dos tipos de bayesianos é o conceito de *probabilidade física*, desenvolvido na seção 20.2.1. As três categorias para essa faceta são: (a) é considerada existente; (b) é negada; e (c) é usada como se existisse, mas sem compromisso filosófico. Tanto Good (1983) quantos nós estamos na terceira categoria. Em suma, em aplicações como amostrar indivíduos e determinar se eles têm câncer de pulmão, aparentemente, chega-se perto de um limite. Mas uma sequência infinita de itens amostrados só existe como idealização. Isto é, as circunstâncias do experimento (p. ex., poluição, mudanças na atenção médica etc.) mudam com o passar do tempo. Até a composição de uma moeda muda quando nós a jogamos. Em tais situações, parece filosoficamente difícil sustentar que, em qualquer ponto no tempo, exista uma probabilidade física exata até um número arbitrário de dígitos. Ao que parece, frequências relativas precisas só existem em bem poucas aplicações. Entre elas, aplicações como a repetida extração de uma carta de cima de um baralho, a estimação da razão numa população finita a partir de uma amostra da população (cf. seção 20.2.1.2) e, talvez, algumas aplicações de física, como a mecânica estatística. Na maioria das aplicações concretas, a noção de frequência relativa é uma idealização que pode servir como modelo para um enfoque subjetivo da probabilidade.

20.2.2.3 Dedução bayesiana de frequências relativas

No fim da seção 20.2.1.2, vimos como os frequentistas deduzem alguma informação sobre uma frequência relativa, com base em dados, obtendo um intervalo de confiança para essa frequência relativa. O seguinte exemplo ilustra essa questão:

Exemplo 4. Suponhamos ter extraído uma amostra de 100 homens norte-americanos cuja estatura média tenha sido 1,20 metro. Valendo-nos de um intervalo de confiança, ficaríamos muito certos de que a estatura média dos homens norte-americanos é, aproximadamente, 1,20 metro.

Good (1983) diria que estamos "varrendo nossa experiência prévia para debaixo do tapete" para chegar à conclusão absurda do exemplo anterior. Ele defende que deveríamos atribuir à estatura média uma distribuição de probabilidade prévia baseada em nosso conhecimento anterior, para, depois, atualizarmos essa distribuição com base nos dados. Por outro lado, Mulaik *et al.* (1997) criticam o uso de probabilidades prévias quando afirmam que, "desde o início, a inferência bayesiana subjetiva/pessoal baseada nessas probabilidades subjetivas/pessoais não dá sequer os motivos probatórios para se acreditar em alguma coisa e é incapaz de distinguir na sua inferência o que é subjetivo do que é objetivo e probatório". Os autores têm suas razões; entretanto, as razões deles parecem se referir a circunstâncias diferentes. O exemplo 4 mostrou uma situação em que nós não íamos querer varrer nosso conhecimento prévio para debaixo do tapete. Outro exemplo: suponhamos ver uma determinada moeda cair com a cara virada para cima cinco vezes seguidas. Nós não íamos querer varrer nosso conhecimento prévio sobre moedas para debaixo do tapete e apostar com a convicção de que ela, muito provavelmente, vai cair com a cara virada para cima no próximo lançamento. Optaríamos por atualizar a nossa convicção anterior com os dados consistentes nas cinco caras. Consideremos, por ser de interesse mais prático, o desenvolvimento de um sistema especialista médico, usado para diagnosticar doenças com base em sintomas. Suponhamos ter acesso ao conhecimento de uma autoridade médica de renome. A gente não ia querer varrer para debaixo do tapete o conhecimento dessa autoridade sobre as relações probabilísticas entre as variáveis de domínio e utilizar apenas informação de uma base de dados no nosso sistema. Preferiríamos desenvolver nosso sistema a partir tanto do conhecimento da autoridade quanto do que se puder deduzir na base de dados. Por outro lado, suponhamos que uma empresa farmacêutica esteja testando a eficácia de um novo medicamento mediante um estudo de tratamento e queira informar a comunidade científica sobre o resultado desse estudo. À comunidade científica não interessa a convicção prévia da empresa quanto à eficácia do medicamento, mas apenas aquilo que os dados têm a dizer. Nesse caso, portanto, mesmo que a convicção prévia da empresa fosse de que o medicamento é eficaz, não seria aceitável basear o resultado, em parte, nessa convicção.

Quando obtemos uma distribuição de probabilidades atualizada para uma frequência relativa, podemos obter, por exemplo, um intervalo de probabilidade de 95% para a frequência relativa. O intervalo de probabilidade é o equivalente bayesiano do intervalo de confiança. Neapolitan (2003) mostrou que, em muitos casos, eles são matematicamente idênticos.

20.3 MODELOS DE REDE BAYESIANA (DAG)

Começamos apresentando as redes bayesianas e, depois, examinamos modelos de rede bayesiana (DAG).

20.3.1 Redes bayesianas

Suponhamos ter uma distribuição de probabilidades conjunta P das variáveis aleatórias em algum conjunto $\mathbf{V}$, e uma DAG $G = (\mathbf{V}, \mathbf{E})$. Dizemos que (G, P) satisfaz a *condição de Markov* se, para toda variável, $X \in \mathbf{V}$, X é condicionalmente independente do conjunto de todos os seus não descendentes, dado o conjunto de todos os seus pais. Chamamos (G, P) de *rede bayesiana* se (G, P) satisfaz a condição de Markov. Se (G, P) satisfaz a condição de Markov, é possível demonstrar que P é o produto de suas distribuições condicionais em G, e é assim que P sempre é representada em uma rede bayesiana. Ademais, se especificamos uma DAG G e qualquer distribuição condicional discreta (e muitas contínuas), a distribuição de probabilidade que é o produto das distribuições condicionais satisfaz a condição de Markov com a DAG, e, portanto, obtemos uma rede bayesiana. É assim que se constroem redes bayesianas na prática. Neapolitan (2003) oferece provas e uma discussão mais aprofundada desses fatos.

Se, por exemplo, {X} e {Y, W} são condicionalmente independentes dado {Z} na distribuição de probabilidades P, isso significa que, para todos os valores de x, y, w e z temos:

$$P(x|y, w, z) = P(x|z).$$

Representamos essa independência condicional de forma sucinta por $I_p(\{X\}, \{Y, W\}|\{Z\})$. Se não houve barra condicionante, isso significa que elas são condicionalmente independentes dado o conjunto vazio de variáveis, ou seja, são simplesmente independentes. Se um conjunto contém só um elemento, às vezes não mostramos chaves.

Exemplo 5. Vamos supor que temos as seguintes variáveis aleatórias:

Variável	Valor	Quando a variável tem este valor
S	s1	Há histórico de tabagismo
	s2	Não há histórico de tabagismo
B	b1	Bronquite presente
	b2	Bronquite ausente
L	l1	Câncer de pulmão presente
	l2	Câncer de pulmão ausente
F	f1	Fadiga presente
	f2	Fadiga ausente
X	x1	Radiografia de tórax positiva
	x2	Radiografia de tórax negativa

A figura 20.1 mostra uma rede bayesiana contendo essas variáveis, na qual as distribuições condicionais foram estimadas a partir de dados reais. A distribuição de probabilidades P na rede bayesiana é o produto das distribuições condicionais. Por exemplo:

$P(f1, c1, b1, l1, s1)$
$= P(f1|b1, l1)P(c1|l1)P(b1|s1)P(l1|s1)P(s1)$
$= (0{,}75)(0{,}6)(0{,}25)(0{,}003)(0{,}2) = 0{,}0000675.$

Note-se que há apenas 11 valores de parâmetros na rede bayesiana, mas há 32 valores na distribuição de probabilidade conjunta. Quando a DAG numa rede bayesiana é escassa, uma rede bayesiana é um jeito muito conciso de se representar uma distribuição de probabilidades.

Cada variável na rede é condicionalmente independente de seus não descendentes dados seus pais. Por exemplo, temos:

$$I_P(B, \{L, X\}|\{S\}).$$

Supondo, estimativamente, que existam frequências relativas (cf. o fim da seção 20.2.2.2), há alguma distribuição de frequência relativa real F (por frequência) das cinco variáveis no exemplo 5. Afirma-se que, se extraímos uma DAG causal, F satisfaz a condição de Markov com essa DAG (cf. Spirtes; Glymour; Scheines, 1993, 2000). Com *DAG causal*, referimo-nos a uma DAG na qual cada fronteira representa uma influência causal direta. A DAG na figura 20.1 é uma DAG causal. O exemplo a seguir ilustra, de forma resumida, por que uma DAG causal deve satisfazer a condição de Markov com F. O tabagismo causa câncer de pulmão e bronquite. Logo, a presença de câncer de pulmão torna mais provável que a pessoa seja fumante. Como fumar também causa bronquite, essa maior probabilidade de a pessoa fumar faz com que aumente a chance de ela ter bronquite. Logo, o câncer de pulmão e o tabagismo não são independentes. Mas, se sabemos que a pessoa fuma, ela tem certa probabilidade de ter bronquite com base nessa informação. Como o câncer de pulmão já não pode aumen-

Figura 20.1 Uma rede bayesiana

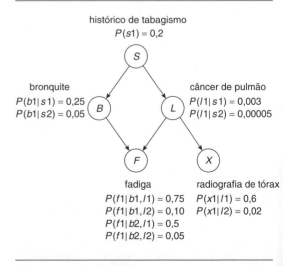

tar a probabilidade do tabagismo (sabemos que a pessoa fuma), ele não pode aumentar a chance da bronquite por meio desse elo. Assim, bronquite e câncer de pulmão são condicionalmente independentes havendo tabagismo, como implica a condição de Markov.

As distribuições condicionais mostradas na figura 20.1 foram obtidas a partir dos dados e são apenas estimativas das reais distribuições condicionais de frequência relativa. Por isso, seu produto P é apenas uma estimativa da distribuição de frequência relativa real F. Todavia seu produto ainda satisfaz a condição de Markov com a DAG porque, como mencionamos anteriormente, se especificamos quaisquer distribuições de probabilidade condicionais discretas, o produto delas satisfaz a condição de Markov com a DAG. Temos, então, uma rede bayesiana que contém uma estimativa da distribuição de frequência relativa.

As redes bayesianas têm duas aplicações principais. A primeira é em sistemas especialistas (Neapolitan, 1990). Um *sistema especialista* é aquele capaz de fazer as inferências e, talvez, tomar as decisões de um especialista. Por exemplo, poderíamos incluir a rede bayesiana da figura 20.1 num sistema especialista destinado a diagnosticar e tratar problemas respiratórios. O sistema precisaria efetuar inferências probabilísticas, como o cálculo de $P(l1|s1, c1)$. Já foram desenvolvidos algoritmos para redes bayesianas, e eles são eficazes para uma grande classe de redes (Castillo; Gutiérrez; Hadi, 1997; Neapolitan, 1990; Pearl, 1988). Todavia, Cooper (1990) mostrou que o problema da inferência em uma rede bayesiana é NP-difícil. Redes bayesianas ampliadas com nodos de decisão e um nodo de valor são chamadas de *diagramas de influência* (Clemen, 2000). Um diagrama de influência pode recomendar decisões como, por exemplo, opções de tratamento no campo da medicina.

No início, a elaboração de redes bayesianas para sistemas especialistas valia-se do conhecimento de especialistas da área. Na década de 1990, porém, houve muita pesquisa feita sobre como deduzir a estrutura (a DAG) e os valores de parâmetros (as probabilidades condicionais) com base em dados. Por exemplo, se tivermos dados sobre as cinco variáveis do exemplo 5, poderemos deduzir a rede bayesiana da figura 20.1.

A segunda aplicação de redes bayesianas tem a ver apenas com dedução. Em tais aplicações, tentamos deduzir algo sobre as relações causais entre as variáveis a partir de dados (Spirtes *et al.*, 1993, 2000).

20.3.2 Modelagem com redes bayesianas

Um *modelo probabilístico M* para um conjunto $\mathbf{V}$ de variáveis aleatórias é um grupo de distribuições de probabilidade conjuntas das variáveis. Geralmente, a especificação de um modelo utiliza-se de um conjunto de parâmetros $\mathbf{F}$ e regras combinatórias para determinar a distribuição de probabilidade conjunta a partir do conjunto de parâmetros. Depois, cada membro do modelo é obtido atribuindo valores aos membros de $\mathbf{F}$ e aplicando as regras. Se a distribuição de probabilidade P é membro do modelo M, dizemos que P está *incluída* em M. Se as distribuições de probabilidade num modelo se obtêm por meio da atribuição de valores aos membros de um conjunto de parâmetros $\mathbf{F}$, isso significa que há alguma atribuição de valores aos parâmetros que geram a distribuição de probabilidade. Diz-se que uma independência condicional comum a todas as distribuições de probabilidade no modelo M está *em M*. Segue-se um exemplo de modelo probabilístico.

Exemplo 6. Suponhamos que vamos jogar um dado e uma moeda, dos quais nenhum é conhecido por ser imparcial. Seja X uma variável aleatória cujo valor é o resultado do lançamento do dado, e seja Y uma variável cujo valor é o resultado do lançamento da moeda. Logo o espaço de X é {1, 2, 3, 4, 5, 6}, e o espaço de Y é {*caras, coroas*}. O exemplo seguinte é um modelo probabilístico M para a distribuição de probabilidade conjunta de X e Y:

1. $\mathbf{F} = \{f_{11}, f_{12}, f_{13}, f_{14}, f_{15}, f_{16}, f_{21}, f_{22}\}$, $0 \leq f_{ij} \leq 1$, $\sum_{j=1}^{6} f_{1j} = 1$, $\sum_{j=1}^{2} f_{2j} = 1$.
2. Para cada combinação permissível dos parâmetros em $\mathbf{F}$, obter um membro de M como segue:

$$P(X = i, Y = caras) = f_{1i} f_{21},$$
$$P(X = i, Y = coroas) = f_{1i} f_{22}.$$

A independência condicional $I_p(X, Y)$ está em M. Toda distribuição de probabilidade de X e Y para a qual X e Y são independentes está incluída em M; qualquer distribuição de probabilidade de X e Y para a qual X e Y não são independentes está incluída em M.

Um *modelo de rede bayesiana* (ou *modelo de DAG*) consiste em uma DAG $G = (V, E)$, sendo V um conjunto de variáveis aleatórias, e um conjunto de parâmetros F cujos membros determinam distribuições de probabilidade condicionais para as DAGs, de modo tal que toda atribuição permissível de valores aos membros de F, a distribuição de probabilidade conjunta de V é dada pelo produto dessas distribuições condicionais, e essa distribuição de probabilidade conjunta satisfaz a condição de Markov com a DAG. Devido à discussão do início da seção 20.3.1, se F determinar distribuições de probabilidade discretas (e muitas contínuas), o produto das distribuições condicionais satisfará a condição de Markov. Para simplificar, costumamos indicar a rede bayesiana só com G (isto é, não mostramos F).

Exemplo 7. A figura 20.2a/b apresenta modelos de rede bayesiana. A independência condicional $I_P(X_3, X_1|\{X_2\})$ está no modelo na figura 20.2a; não há nenhuma independência condicional na figura 20.2b. A distribuição de probabilidade contida na rede bayesiana na figura 20.2c está incluída em ambos os modelos, enquanto aquela da rede bayesiana da figura 20.2d só está incluída no modelo da figura 20.2b. Isto é, mesmo não havendo independências condicionais no modelo da figura 20.2b, a distribuição da figura 20.2c está nesse modelo.

Chama-se *classe* de modelos um conjunto de modelos em que todos eles são para o mesmo conjunto de variáveis aleatórias.

Exemplo 8. O conjunto de modelos de rede bayesiana que contêm as mesmas variáveis aleatórias discretas é uma classe de modelos. Nós a chamamos de *classe de modelos de rede bayesiana multinomial*. A figura 20.2 mostra dois modelos da classe quando $V = \{X_1, X_2, X_3\}$, X_1 e X_3 são binários e X_2 tem tamanho de espaço 3.

Dada alguma classe de modelos, se M_2 inclui a distribuição de probabilidade P e não existe M_1 algum na classe, de modo que M_1 inclui P, e M_1 tem menor dimensão que M_2, então M_2 é cha-

Figura 20.2 Modelos de rede bayesiana

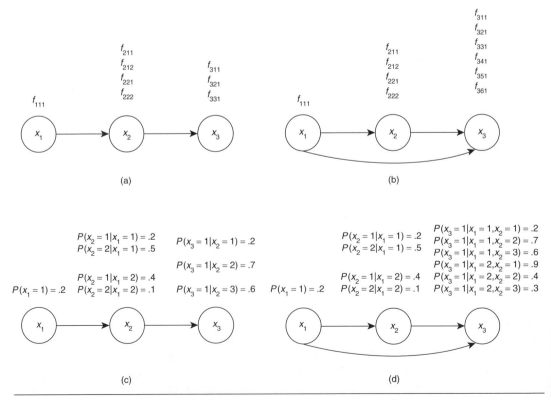

NOTA: Há modelos de rede bayesiana em (a) e (b). A distribuição de probabilidade na rede bayesiana em (c) está incluída em ambos os modelos, ao passo que aquela que aparece em (d) está incluída apenas no modelo em (b).

mado de *mapa óptimo de parâmetros*. No caso de modelos de DAG, a *dimensão* do modelo é o número de parâmetros nos modelos. Contudo, como tratado em Neapolitan (2003), nem sempre é assim. A dimensão do modelo na figura 20.2a é 8, ao passo que a dimensão daquele na figura 20.2b é 11. O modelo na figura 20.2a é um mapa óptimo de parâmetros da distribuição de probabilidade nas redes bayesianas na figura 20.2c.

20.4 MODELOS DAG DE DEDUÇÃO

Em geral, o problema da *seleção de modelos* é achar um modelo conciso que, baseado em uma amostra aleatória de observações da população que determina uma distribuição de probabilidade (frequência relativa) P, inclui P. Logo, dada uma classe de modelos, pretenderíamos achar um mapa óptimo de parâmetros de P. Representamos com $\mathbf{d}$ o conjunto de valores (dados) na amostra. Após tratarmos do método bayesiano para modelos DAG de dedução, apresentamos o método baseado em restrições.

20.4.1 Método bayesiano

Desenvolvemos a teoria fazendo uso de variáveis binárias, mas ela abrange, também, variáveis normalmente distribuídas multinomiais e multivariadas (Neapolitan, 2003).

Uma maneira de se escolher o modelo é desenvolver uma função de *pontuação* (chamada de *critério de pontuação*) que, com base nos dados, atribui uma pontuação de valor $(\mathbf{d}, M)$ a cada modelo considerado. Temos a seguinte definição quanto aos critérios de pontuação:

Definição 1. Seja $\mathbf{d}_M$ um conjunto de valores (dados) de um conjunto de M vetores aleatórios mutuamente independentes, todos com distribuição de probabilidade P, e seja P_M a função de probabilidade determinada pela distribuição de M vetores aleatórios. Ademais, seja *pontuação* um critério de pontuação sobre alguma classe de modelos para as variáveis aleatórias que constituem cada vetor. Dizemos que a *pontuação é consistente* para a classe de modelos se verificadas as duas propriedades a seguir:

1. Se M_1 inclui P e M_2 não a inclui, então

$$\lim_{M \to \infty} P_M(pontuação(\mathbf{d}_M, M_1)$$
$$> pontuação(\mathbf{d}_M, M_2)) = 1.$$

2. Se M_1 e M_2 incluem P e M_1 tem menor dimensão que M_2, então

$$\lim_{M \to \infty} P_M(pontuação(\mathbf{d}_M, M_1)$$
$$> pontuação(\mathbf{d}_M, M_2)) = 1.$$

Chamamos P de *distribuição generativa*. Quando o tamanho do conjunto de dados se aproxima do infinito, o limite da probabilidade de um critério consistente de pontuação escolher um mapa óptimo de parâmetros de P é 1.

O critério de pontuação bayesiana *pontuação*$_B$, que é a probabilidade dos dados tendo em conta a DAG, é um critério de pontuação consistente. Antes de apresentarmos, precisamos analisar a quantificação da nossa convicção sobre uma frequência relativa.

20.4.1.1 Quantificação da nossa convicção prévia

Em primeiro lugar, apresentamos a função de densidade beta.

Definição 2. A *função de densidade beta* com parâmetros a, b, $N = a + b$ (a e b são números reais > 0) é

$$\rho(f) = \frac{\Gamma(N)}{\Gamma(a)\Gamma(b)} f^{a-1}(1 - f)^{b-1} \qquad 0 \le f \le 1.$$

Diz-se que uma variável aleatória F que tem sua função de densidade tem uma *distribuição beta*.

Referimo-nos à função de densidade beta como *beta* $(f; a, b)$.

Γ é a função gama. Se x é um inteiro ≥ 1, é possível mostrar $\Gamma(x) = (x - 1)$. A função de densidade uniforme é *beta*$(f; 1, 1)$. As figuras 20.3 e 20.4 mostram as funções de densidade *beta*$(f; 3, 3)$ e *beta*$(f; 18, 2)$.

Falaremos mais sobre essas figuras depois de apresentarmos o método para quantificar a nossa convicção prévia sobre uma frequência relativa.

Em geral, o enfoque bayesiano consiste em supormos que podemos representar a nossa convicção sobre a frequência relativa com que X é igual a 1 por meio de uma variável aleatória F cujo

Figura 20.3 A função de densidade $beta(f; 3, 3)$

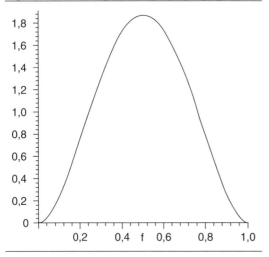

Figura 20.4 A função de densidade $beta(f; 18, 2)$

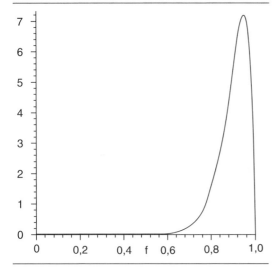

espaço é o intervalo [0, 1]. Supomos, também, que nossas convicções são tais que

$$P(X = 1|f) = f.$$

Ou seja, se soubermos que, para um fato, f é a frequência relativa com que X é igual a 1, nossa convicção quanto à ocorrência de 1 na primeira execução do experimento seria f. Essa situação está representada pela rede bayesiana na figura 20.5.a, em que supusemos que F tem a função de densidade $beta(f; a, b)$. Salientamos que a teoria não nos exige usarmos a função de densidade beta para F. Simplesmente, essa função é de uso habitual e conveniente para esse panorama geral. Chamamos tal rede bayesiana de *rede bayesiana ampliada*, porque ela amplia outra rede bayesiana – nesse caso, uma com o nodo único X – com nodo(s) representando nossas convicções a respeito das frequências relativas. A rede bayesiana com o nodo único X e sua distribuição marginal é dita *incorporada* à rede bayesiana ampliada. Essa rede bayesiana incorporada aparece na figura 20.5b. Observe-se nessa rede que $P(X = 1) = a/(a + b)$. O teorema a seguir obtém esse resultado.

Teorema 1. Suponhamos ter uma rede bayesiana ampliada contendo os nodos X e F, e que F tem a função de densidade $beta(f; a, b)$. Logo, a distribuição marginal de X é dada por

$$P(X = 1) = E(F) = \frac{a}{a+b},$$

sendo E o valor esperado.

Demonstração. A demonstração aparece em Neapolitan (2003).

Utiliza-se a função de densidade beta com frequência para quantificar uma convicção a respeito de frequência relativa. Resumidamente, a razão é a seguinte: repare-se, nas figuras 20.3 e 20.4, que,

Figura 20.5 Uma rede bayesiana ampliada (a) e a rede que ela incorpora (b)

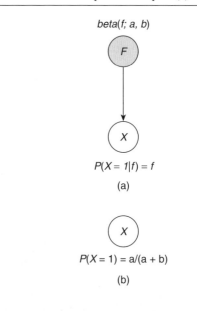

quanto maiores os valores de *a* e *b*, mais concentrada a massa ao redor de $a/(a + b)$. Por essa e outras razões, quando *a* e *b* são inteiros, costumamos dizer que os valores de *a* e *b* são tais que a experiência do avaliador de probabilidade equivale a ter visto o primeiro resultado ocorrer *a* vezes em $a + b$ ensaios. Zabell (1982) examina essa questão mais a fundo e prova que, se fazemos certas suposições sobre as convicções de uma pessoa, essa pessoa deve aplicar a função de densidade beta para quantificar quaisquer convicções prévias sobre uma frequência relativa. Na verdade, o teorema de Zabell diz respeito à distribuição de Dirichlet, uma generalização da distribuição beta para mais de dois resultados. Usamos a distribuição de Dirichlet para quantificar convicções prévias a respeito de frequências relativas quando temos variáveis multinomiais.

20.4.1.2 O critério de pontuação bayesiana

Agora, podemos apresentar o critério de pontuação bayesiana, dado por

$$pontuação_B (\mathbf{d}, G) = P(\mathbf{d}/G)$$

$$= \prod_{i=1}^{n} \prod_{j=1}^{q_i^{(G)}} \frac{\Gamma(N_{ij}^{(G)})}{\Gamma(N_{ij}^{(G)} + M_{ij}^{(G)})}$$

$$\cdot \frac{\Gamma(a_{ij}^{(G)} + s_{ij}^{(G)})\Gamma(b_{ij}^{(G)} + t_{ij}^{(G)})}{\Gamma(a_{ij}^{(G)})\Gamma(b_{ij}^{(G)})} \quad (2)$$

em que N é o número de variáveis na DAG; q_i é o número de diferentes instanciações dos pais de X_i; F_{ij} é uma variável aleatória representando nossa convicção sobre a frequência relativa com que X_i é igual a 1, estando os pais de X_i na *j*-ésima instanciação; F_{ij} tem a função de densidade $beta(f_{ij}; a_{ij}, b_{ij})$, $N_{ij} = a_{ij} + b_{ij}$; M_{ij} é o número de casos em que os pais de X_i estão em sua *j*-ésima instanciação; e, desses M_{ij} casos, s_{ij} é o número nos quais X_i é igual a 1 e t_{ij} é o número nos quais é igual a 2. Esse critério de pontuação é o caso especial de variável binária do critério de pontuação de variável multinomial desenvolvido, primeiramente, em Cooper e Herskovits (1992). Geiger e Heckerman (1994) desenvolveram um critério de pontuação bayesiana no caso de redes bayesianas que contêm variáveis multivariadas normalmente distribuídas.

Neapolitan (2003) mostra que *pontuação$_B$* é consistente para redes bayesianas contendo variáveis multinomiais distribuídas. Dizemos que P admite uma *representação fiel de DAG* se existir uma DAG para a qual a condição de Markov implica todas e tão somente as independências condicionais em P. Nesse caso, dizemos que P e G são mutuamente fiéis. Neapolitan (2003) demonstra, também, que, se uma distribuição generativa P admitir uma representação fiel de DAG (nem toda P o faz), o limite da probabilidade de um critério de pontuação consistente escolher uma DAG fiel a P é 1 quando o tamanho do conjunto dos dados tende a infinito.

A seguir, apresentamos dois exemplos de pontuação mediante o critério de pontuação bayesiana.

Exemplo 9. Suponhamos ter os dados **d** na seguinte tabela:

Caso	1	2	3	4	5	6	7	8
X_1	1	1	1	1	2	2	2	2
X_2	1	1	1	1	2	2	2	2

Seja G_I a DAG sem fronteiras e seja G_D $X_1 \rightarrow X_2$. Portanto, utilizando as redes bayesianas ampliadas prévias da figura 20.6a, b para quantificar nossas convicções prévias, temos

Figura 20.6 Redes bayesianas ampliadas prévias

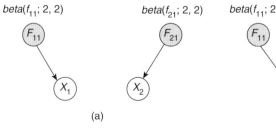

(a)

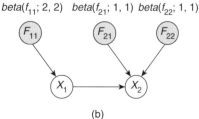

(b)

$$\text{pontuação}_B\,(\mathbf{d}, G_I)$$

$$= \left(\frac{\Gamma(4)}{\Gamma(4+8)}\, \frac{\Gamma(2+4)\Gamma(2+4)}{\Gamma(2)\Gamma(2)} \right)$$

$$\cdot \left(\frac{\Gamma(4)}{\Gamma(4+8)}\, \frac{\Gamma(2+4)\Gamma(2+4)}{\Gamma(2)\Gamma(2)} \right)$$

$$= 4{,}6851 \times 10^{-6},$$

$$\text{pontuação}_B\,(\mathbf{d}, G_D)$$

$$= \left(\frac{\Gamma(4)}{\Gamma(4+8)}\, \frac{\Gamma(2+4)\Gamma(2+4)}{\Gamma(2)\Gamma(2)} \right)$$

$$\cdot \left(\frac{\Gamma(2)}{\Gamma(2+4)}\, \frac{\Gamma(1+2)\Gamma(1+2)}{\Gamma(1)\Gamma(1)} \right)$$

$$\cdot \left(\frac{\Gamma(2)}{\Gamma(2+4)}\, \frac{\Gamma(1+2)\Gamma(1+2)}{\Gamma(1)\Gamma(1)} \right)$$

$$= 8{,}658 \times 10^{-5}.$$

O critério de pontuação bayesiana tem a atraente característica de nos permitir incorporar de probabilidades (convicções) prévias às nossas convicções posteriores quanto aos modelos. Por exemplo, se atribuirmos

$$P(G_I) = P(G_D) = 0{,}5,$$

então, devido ao teorema de Bayes,

$$P(G_I|\mathbf{d}) = \alpha P(\mathbf{d}|G_D)P(G_D)$$
$$= \alpha(4{,}6851 \times 10^{-6})(0{,}5)$$

e

$$P(G_D|\mathbf{d}) = \alpha P(\mathbf{d}|G_I)P(G_I)$$
$$= \alpha(8{,}658 \times 10^{-5})(0{,}5),$$

em que α é uma constante normalizadora igual a $1/P(\mathbf{d})$. Ao eliminarmos α, temos

$$P(G_I|\mathbf{d}) = 0{,}05134$$

e

$$P(G_D|\mathbf{d}) = 0{,}94866.$$

Note-se que passamos a ter muita certeza de que é a DAG que tem a dependência porque, nos dados, as variáveis estão deterministicamente relacionadas.

Exemplo 10. Suponhamos ter os dados $\mathbf{d}$ na seguinte tabela:

Caso	1	2	3	4	5	6	7	8
X_1	1	1	1	1	2	2	2	2
X_2	1	1	2	2	1	1	2	2

Portanto, utilizando as redes bayesianas ampliadas prévias da figura 20.6a, b, temos

$$\text{pontuação}_B\,(\mathbf{d}, G_I)$$

$$= \left(\frac{\Gamma(4)}{\Gamma(4+8)}\, \frac{\Gamma(2+4)\Gamma(2+4)}{\Gamma(2)\Gamma(2)} \right)$$

$$\cdot \left(\frac{\Gamma(4)}{\Gamma(4+8)}\, \frac{\Gamma(2+4)\Gamma(2+4)}{\Gamma(2)\Gamma(2)} \right)$$

$$= 4{,}6851 \times 10^{-6},$$

$$\text{pontuação}_B\,(\mathbf{d}, G_D)$$

$$= \left(\frac{\Gamma(4)}{\Gamma(4+8)}\, \frac{\Gamma(2+4)\Gamma(2+4)}{\Gamma(2)\Gamma(2)} \right)$$

$$\cdot \left(\frac{\Gamma(2)}{\Gamma(2+4)}\, \frac{\Gamma(1+2)\Gamma(1+2)}{\Gamma(1)\Gamma(1)} \right)$$

$$\cdot \left(\frac{\Gamma(2)}{\Gamma(2+4)}\, \frac{\Gamma(1+2)\Gamma(1+2)}{\Gamma(1)\Gamma(1)} \right)$$

$$= 2{,}405 \times 10^{-6}.$$

Se fixarmos

$$P(G_I) = P(G_D) = 0{,}5,$$

ao procedermos como no exemplo anterior, obtemos

$$P(G_I|\mathbf{d}) = 0{,}66079$$

e

$$P(G_D|\mathbf{d}) = 0{,}33921.$$

Note-se que passamos a ter bastante certeza de que é a DAG que tem a dependência porque, nos dados, as variáveis são independentes.

Embora tenhamos exemplificado o método com apenas duas variáveis, a Igualdade 2 pontua DAGs com qualquer número de variáveis e, portanto, evidentemente, o método se aplica ao caso geral de n variáveis.

20.4.1.3 Critérios de pontuação por compressão de dados

Como alternativa ao critério de pontuação bayesiana, Rissanen (1987), Lam e Bacchus (1994) e Friedman e Goldszmidt (1996) desenvolveram e discutiram um critério de pontuação denominado de mínimo comprimento de descrição (MDL, na sigla em inglês). O princípio de MDL estrutura a dedução do modelo em termos de compressão de dados. O MDL visa determinar o modelo que fornece a descrição mais sucinta do conjunto de dados. Recomendamos consultar as referências supracitadas para entender a dedução do critério de pontuação por MDL. Esse critério também é consistente para redes bayesianas com variáveis multinomiais e multivariadas normalmente distribuídas.

Wallace e Korb (1999) desenvolveram um critério de pontuação de compressão de dados denominado de mínimo comprimento de mensagem (MML, na sigla em inglês), critério este que, de forma mais cuidadosa, determina o comprimento da mensagem para codificar os parâmetros no caso de redes bayesianas que contêm variáveis multivariadas normalmente distribuídas.

20.4.1.4 A dedução de DAG é NP-difícil

Em geral, encontrar uma DAG que maximize um critério de pontuação pelo método de força bruta de se considerar todas as DAGs é inexequível, do ponto de vista computacional, quando o número de variáveis não é pequeno. Por exemplo, aplicando uma recorrência estabelecida por Robinson (1977), é possível mostrar que há $4{,}2 \times 10^{18}$ DAGs com apenas 10 nodos. Além disso, Chickering (1996) demonstrou que, para certas classes de distribuições prévias, o problema de encontrar uma DAG que maximize a pontuação bayesiana é NP-difícil. Pode-se lidar com problemas desse tipo desenvolvendo um algoritmo de busca heurística. Os algoritmos de busca heurística procuram uma solução que não é garantidamente ótima, mas costumam encontrar soluções razoavelmente próximas de serem ótimas. Já foram desenvolvidos diversos algoritmos de busca heurística gulosa para descobrir de forma aproximada a DAG que maximiza a pontuação bayesiana. O mais notável deles é, talvez, o algoritmo de busca equivalente gulosa (GES, na sigla em inglês), desenvolvido por Meek em 1997. Em 2002, Chickering provou que, se a distribuição generativa P admite uma representação fiel da DAG, o limite de a probabilidade de GES fornecer uma DAG fiel a P é 1 quando o tamanho do conjunto de dados aproxima-se do infinito.

20.4.2 Método baseado em restrição

Na subseção anterior, supusemos ter um conjunto de variáveis cuja distribuição de frequência relativa é desconhecida e desenvolvemos um método para deduzir a estrutura da DAG a partir de dados, calculando a probabilidade dos dados para diferentes DAGs. Aqui, adotamos um enfoque diferente. Dado o conjunto $\mathbf{IND}_P$ de independências condicionais em uma distribuição de probabilidade P, tentamos encontrar uma DAG para a qual a condição de Markov implica todas e tão somente essas independências condicionais. Isto é, tentamos encontrar uma DAG fiel a P. É o que se chama de *dedução baseada em restrição*. Mostramos a técnica com dois exemplos simples. Desenvolvida, inicialmente, por Spirtes *et al.* (1993, 2000), a técnica foi examinada em detalhe em Neapolitan (2003).

Exemplo 11. Suponhamos que P é uma distribuição de probabilidade conjunta de três variáveis – X, Y e Z – e que o conjunto $\mathbf{IND}_P$ de independências condicionais em P é dado por

$$\mathbf{IND}_P = \{I_P(X, Y)\}.$$

Então a DAG fiel a P é a da figura 20.7. Deve haver uma fronteira entre X e Z, porque, caso contrário, a condição de Markov implicaria que elas são independentes dado algum conjunto (possivelmente vazio) de variáveis. Assim, também deve haver uma fronteira entre Z e Y, e não pode haver fronteira entre X e Y, porque, se houvesse, a condição de Markov não implicaria que elas são independentes. Ambas as fronteiras conectando X e Y com Z devem apontar para Z pela seguinte razão:

Figura 20.7 Esta DAG é fiel a P quando $\mathbf{IND}_P = \{I_P(X,Y)\}$

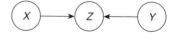

se as fronteiras tivessem qualquer outra direção, a condição de Markov implicaria $I_p(X, Y|Z)$, e essa independência condicional não está presente.

Se estamos apurando uma DAG causal e supomos não haver causas comuns ocultas nem viés na seleção, poderíamos concluir que X causa Z e Y causa Z. Discute-se a apuração causal em detalhe em Neapolitan (2003).

Exemplo 12. Suponhamos que P é uma distribuição de probabilidade conjunta de quatro variáveis – X, Y, Z e W – e

$$\text{IND}_P = \{I_P(X, Y), I_P(X, W|\{Z\}), I_P(Y, W|\{Z\}), I_P(\{X, Y\}, W|\{Z\})\}.$$

Logo, a DAG fiel a P é a da figura 20.8. As ligações (fronteiras independentemente da direção) devem ser aquelas mostradas pela razão tratada no exemplo anterior. Ambas as fronteiras conectando X e Y com Z devem apontar para Z também pelas razões tratadas no exemplo anterior. A fronteira entre Z e W não pode ser $W \rightarrow Z$ pela seguinte razão: se assim fosse, a condição de Markov implicaria que $I_p(X, W)$, e nós não temos essa independência.

Se estamos apurando uma DAG causal e supomos não haver causas comuns ocultas nem presença de viés de seleção, poderíamos concluir que X causa Z e Y causa Z. Neapolitan (2003) mostra que, mesmo se não fizermos esses pressupostos, poderemos concluir que Z causa W. Em suma, se substituirmos a fronteira $Z \rightarrow W$ por $Z \leftarrow H \rightarrow W$, em que H é uma causa comum oculta, a condição de Markov implicaria $I_p(X, W)$, e nós não temos essa independência.

Com base em considerações como as expostas nos exemplos anteriores, Spirtes *et al.* (1993, 2000) desenvolveram um algoritmo que encontra o padrão de DAG fiel a P, quando P admite uma fiel representação da DAG, a partir das dependências condicionais em P. Em 1995, Meek provou a correção do algoritmo. Meek também desenvolveu um algoritmo que determina se p admite uma representação fiel da DAG.

O método baseado em restrição requer conhecimento das independências condicionais numa distribuição de probabilidade. Diante dos dados, é possível utilizar testes estatísticos para estimar quais independências condicionais estão presentes. Spirtes *et al.* (1993, 2000) e Neapolitan (2003) descrevem os testes estatísticos usados em Tetrad II (Scheines *et al.*, 1994), um sistema que contém implementações dos algoritmos desenvolvidos em Spirtes *et al.* (1993, 2000).

20.5 Aplicações

Primeiro mostramos uma aplicação que apura um sistema especialista. Em seguida, apresentamos um exemplo de apuração causal e, para finalizar, alertamos a respeito da aplicação da teoria.

20.5.1 Apuração de um sistema especialista: trauma de medula espinhal cervical

Médicos deparam-se com o problema de avaliarem traumas da medula espinhal cervical. A fim de apurarem uma rede bayesiana capaz de auxiliar os médicos nessa tarefa, Herskovits e Dagher (1997) obtiveram uma base de dados proveniente do Regional Spinal Cord Injury Center do Vale do Delaware. A base de dados consistia em 104 casos de pacientes com lesões da medula espinhal, que foram examinados na fase aguda e tiveram acompanhamento pelo período de um ano. Cada caso consistia nas sete seguintes variáveis:

Variável	O que a variável representa
UE_F	Pontuação funcional da extremidade superior
LE_F	Pontuação funcional da extremidade inferior
Rostral	Ponto mais elevado de edema de medula segundo indicado por RM
Longitude	Longitude do edema de medula segundo indicado por RM
Heme	Hemorragia de medula segundo indicado por RM
UE_R	Recuperação de extremidade superior após um ano
LE_R	Recuperação de extremidade inferior após um ano

Figura 20.8 A DAG é fiel a P quando P tem as independências condicionais no exemplo 12

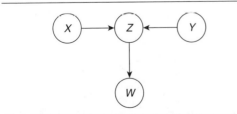

Figura 20.9 A estrutura apurada pelo Cogito para avaliar traumas da medula espinhal cervical

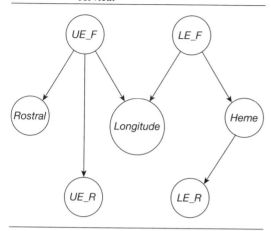

Eles discretizaram os dados e usaram o programa de apuração de rede bayesiana Cogito™ para apurar uma rede bayesiana que contém essas variáveis. Desenvolvido por Herskovits e Dagher, o Cogito faz a seleção por meio do método bayesiano tratado na seção 20.4.1. A estrutura apurada é apresentada na figura 20.9.

Herskovics e Dagher (1997) compararam o desempenho da rede bayesiana por eles apurada com o de um modelo de regressão desenvolvido por outros pesquisadores a partir da mesma base de dados (Flanders *et al.*, 1996). Os outros pesquisadores não discretizaram os dados, mas supuseram que estes seguiam uma distribuição normal. A comparação consistia na avaliação de 40 casos novos que não estavam presentes na base de dados original. Eles incluíram os valores de todas as variáveis, exceto as variáveis dos resultados – *UE_R* (recuperação de extremidade superior após um ano) e *LE_R* (recuperação de extremidade inferior após um ano) – e usaram o programa Ergo™ (Beinlich; Herskovits, 1990) de inferência de rede bayesiana para prever os valores das variáveis de resultado. Os pesquisadores valeram-se, também, do modelo de regressão para prever esses valores. Finalmente, eles compararam as previsões de ambos os modelos com os valores reais para cada caso, verificando que a rede bayesiana previu corretamente o grau de recuperação da extremidade superior o triplo de vezes que o modelo de regressão. Os pesquisadores atribuíram parte desse resultado ao fato de os dados originais não seguirem uma distribuição normal, suposta pelo modelo de regressão. Uma vantagem das redes bayesianas é que elas não precisam supor nenhuma distribuição em particular e, portanto, podem abranger distribuições inusuais.

20.5.2 Apuração causal: retenção de alunos na universidade

Utilizando-se dos dados coletados pela revista *U.S. News and World Report* para classificar universidades, Druzdzel e Glymour (1999) analisaram as influências que afetam a taxa de retenção de alunos universitários. Com *taxa de retenção de alunos*, nos referimos à porcentagem de primeiranistas que se forma na universidade em que se matricularam inicialmente. A baixa taxa de retenção de alunos é uma grande preocupação de muitas universidades norte-americanas, uma vez que a taxa média nos Estados Unidos é de apenas 55%.

A base de dados fornecida pela revista *U.S. News and World Report* contém registros de 204 universidades e faculdades dos Estados Unidos tidas como importantes instituições de pesquisa. Cada registro consiste em mais de 100 variáveis. Os dados foram colhidos separadamente para os anos 1992 e 1993. Druzdzel e Glymour (1999) escolheram as oito seguintes variáveis por considerá-las mais pertinentes a seu estudo:

Variável	O que a variável representa
grad	Fração de calouros que se graduam pela instituição
rejr	Fração de candidatos aos quais não se oferece a inscrição
tstsc	Pontuação padronizada média dos alunos entrantes
tp10	Fração de alunos entrantes incluídos nos 10% melhores da turma de ensino médio
acpt	Fração de alunos que aceitam a inscrição oferecida pela instituição
spnd	Média de despesas educacionais e gerais por aluno
sfrat	Razão aluno/docente
salar	Salário médio dos docentes

Das 204 universidades, eles excluíram aquelas que não tinham dados para alguma dessas variáveis. Assim, restaram 178 universidades no estudo de 1992 e 173 no de 1993. A tabela 20.1 mostra regis-

438 • SEÇÃO VI / QUESTÕES FUNDAMENTAIS

Tabela 20.1 – Registros para seis universidades

Univ.	grad	rejr	tstsc	tp10	acpt	spnd	sfrat	salar
1	52,5	29,47	65,06	15	36,89	9855	12,0	60800
2	64,25	22,31	71,06	36	30,97	10527	12,8	63900
3	57,00	11,30	67,19	23	40,29	6601	17,0	51200
4	65,25	26,91	70,75	42	28,28	15287	14,4	71738
5	77,75	26,69	75,94	48	27,19	16848	9,2	63000
6	91,00	76,68	80,63	87	51,16	18211	12,8	74400

tros exemplificativos correspondentes a seis das universidades.

Druzdzel e Glymour (1999) usaram o Tetrad II (Scheines *et al.*, 1994) para apurar influências causais com base nos dados. O Tetrad II aplica o método baseado em restrição para apurar modelos de DAG e permite ao usuário especificar um ordenamento "temporal" das variáveis. Se a variável Y precede a X nessa ordem, o algoritmo supõe que não pode haver caminho algum de X para Y. É chamado de ordenamento temporal porque, em aplicações à causalidade, se Y preceder X no tempo, nós suporíamos que X não poderia causar Y. Druzdzel e Glymour (1999) especificaram o seguinte ordenamento temporal para as variáveis incluídas neste estudo:

1º: *spnd, sfrat, salar*
2º: *rejr, acpt*
3º: *tstsc, tp10*
4º: *grad*

A razão dos autores para especificar esse ordenamento é que eles acreditaram que a despesa média por aluno (*spnd*), a razão aluno/professor (*sfrat*) e o salário dos docentes (*salar*) são determinados com base em considerações orçamentárias, e não influenciados por alguma das outras cinco variáveis. Eles observaram que a taxa de rejeição (*rejr*) e a fração de alunos que aceitam o oferecimento de inscrição da instituição (*acpt*) precedem, no tempo, às pontuações médias em testes (*tstsc*) e à posição na turma (*tp10*), porque os valores dessas duas últimas variáveis só são obtidos dos alunos matriculados. Ademais, os autores presumiram que a taxa de graduação (*grad*) não causa nenhuma das outras variáveis.

O Tetrad II permite que o usuário introduza um nível de significância. Um nível de significância α indica que, quando uma hipótese de independência condicional é verdadeira, a probabilidade de ela

ser rejeitada é α. Portanto, quanto menor o valor α, menos provável é que rejeitemos uma independência condicional e, por consequência, mais disperso é o nosso gráfico resultante. A figura 20.10 mostra os gráficos que Drudzel e Glymour (1999) apuraram, a partir da base de dados de 1992 da *U.S. News and World Report*, aplicando níveis de significância de 0,2, 0,1, 0,05 e 0,01. Nesses gráficos, uma fronteira $X \ Y$ indica que X tem uma influência causal sobre Y ou X e Y têm uma causa comum oculta, uma fronteira $X \ Y$ indica que X e Y têm uma causa comum oculta, e uma fronteira $X \ Y$ indica que X tem uma influência causal sobre Y.

Embora os gráficos obtidos em diferentes níveis de significância sejam diferentes, todos os que estão na figura 20.10 mostram que a pontuação média do teste padronizado (*tstsc*) tem uma influência causal direta sobre *grad*. Os resultados para a base de dados de 1993 não foram tão irrefutáveis, mas também apontaram *tstsc* como a única influência causal direta sobre *grad*.

Para verificar se a estrutura causal pode ser diferente para universidades líderes em pesquisa, Druzdzel e Glymour (1999) repetiram o estudo apenas com as 50 universidades líderes, segundo o *ranking* da *U.S. News and World Report*. Os resultados foram semelhantes àqueles obtidos para as bases de dados completas.

Esses resultados indicam que, embora fatores como despesa por aluno e salário dos docentes possam ter influência sobre as taxas de graduação, eles só o fazem de forma indireta, ao afetarem as pontuações de testes padronizados de alunos matriculados. Se os resultados modelam corretamente a realidade, as taxas de retenção podem ser melhoradas mediante a inclusão de alunos com pontuações de teste mais altas de qualquer outra maneira. De fato, em 1994, Carnegie Mellon mudou suas políticas de auxílio financeiro para alocar uma

Figura 20.10 Os gráficos de Tetrad II apurados a partir da base de dados de 1992 da *U.S. News and World Report*

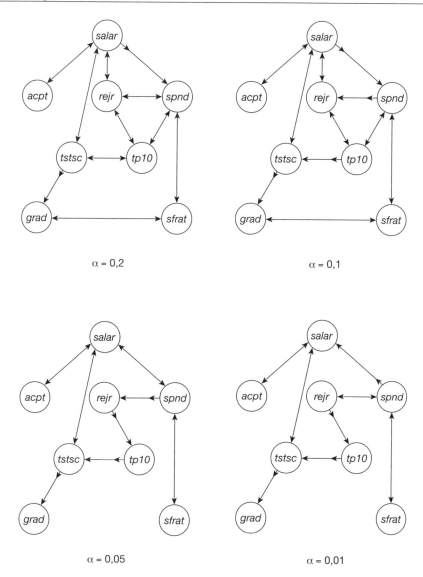

parte de seu fundo para bolsas com base no mérito acadêmico. Druzdzel e Glymour (1999) salientam que isso resultou em elevação das pontuações médias de testes em turmas de calouros matriculados e incremento na retenção de calouros.

Antes de encerrar, observamos que a noção de que a pontuação média do teste tem influência causal sobre a taxa de graduação não se enquadra entre noções comuns de causação, como a referente à manipulação (Neapolitan, 2003). Por exemplo, se manipulássemos a pontuação média de testes de uma universidade acessando a base de dados da agência de testagem e trocando as pontuações dos alunos da universidade por valores muito mais altos, não esperaríamos que a taxa de graduação da universidade aumentasse. Aliás, este estudo mostra que a pontuação do teste é um indicador quase perfeito de alguma outra variável que podemos chamar de *potencial de graduação*.

20.5.3 Uma advertência

440 • SEÇÃO VI / QUESTÕES FUNDAMENTAIS

Apresentamos, a seguir, outro exemplo sobre apuração de causas a partir de dados obtidos em um levantamento, para mostrar problemas com que podemos nos deparar quando usamos tais dados para inferir causação.

Scarville *et al.* (1999) fornecem uma base de dados obtidos de um levantamento em 1996 de experiências de assédio e discriminação racial de pessoal militar nas Forças Armadas norte-americanas. O questionário foi distribuído a 73.496 membros do Exército, da Marinha, dos Fuzileiros Navais, da Força Aérea e da Guarda Costeira dos Estados Unidos. A amostra do levantamento foi escolhida mediante amostragem aleatória estratificada não proporcional, de modo a garantir uma adequada representação de todos os subgrupos. Foram recebidos questionários aproveitáveis de 39.855 membros das forças (54%). O levantamento consistiu em 81 perguntas relacionadas com as experiências de assédio e discriminação racial e atitudes no trabalho. Pediu-se aos respondentes que relatassem incidentes acontecidos nos 12 meses anteriores. O questionário pedia que os participantes indicassem a ocorrência de 57 diferentes tipos de assédio ou discriminação de natureza racial/étnica. A gama de incidentes ia desde as piadas ofensivas até a violência física, incluindo o assédio praticado por pessoal militar e pela comunidade circundante. O assédio sofrido por familiares também foi incluído.

Usamos o Tetrad III com o intuito de apurar influências causais a partir da base de dados. Para a nossa análise, selecionamos 9.640 registros (13%), nos quais não faltavam dados sobre as variáveis de interesse. A análise baseou-se, a princípio, em oito variáveis. Como na situação abordada na última subseção a respeito de taxas de retenção nas universidades, descobrimos que uma relação causal está presente independentemente do nível de significância. Isto é, descobrimos que o fato de a pessoa atribuir ou não aos militares a responsabilidade pelo incidente racial tinha influência causal direta sobre a raça dessa pessoa. Como esse resultado não fazia sentido, pesquisamos quais variáveis estavam envolvidas na apuração dessa influência causal pelo Tetrad III. As cinco variáveis envolvidas eram as seguintes:

Variável	O que a variável representa
raça	Raça/etnia do respondente
yos	Anos de serviço militar do respondente
inc	Se o respondente experimentou um incidente racial
rept	Se o incidente foi informado a pessoal militar
resp	Se o respondente responsabilizou os militares pelo incidente

A variável *raça* consistia em cinco categorias: branco, negro, hispânico, asiático ou de ilhas do Pacífico, nativos americanos ou do Alasca. Os respondentes que declararam etnia hispânica foram classificados como hispânicos, independentemente da raça. A classificação dos respondentes baseou-se na autoidentificação no momento da pesquisa. Os dados faltantes foram substituídos por dados extraídos de registros administrativos. A variável *yos* foi classificada em quatro categorias: 6 anos ou menos; 7 a 11 anos; 12 a 19 anos; e 20 anos ou mais. A variável *inc* foi codificada de maneira dicotômica para indicar se houve o tipo de assédio relatado no levantamento. A variável *rept* indica respostas a uma única pergunta, que indagava se o incidente foi informado a autoridades militares e/ou civis. Se o incidente tivesse sido informado a oficiais militares, a variável era codificada como 1. Os indivíduos que não experimentaram incidente algum, não informaram sobre o incidente ou o informaram apenas a funcionários civis foram codificados como 0. A variável *resp* indica respostas a uma única pergunta, que indagava se o respondente acreditava que os militares eram responsáveis por um incidente de assédio. Essa variável era codificada como 1 se o respondente atribuísse aos militares a responsabilidade por um incidente denunciado ou por parte dele. Se o respondente não relatasse incidente algum, dissesse não saber de quem era a responsabilidade ou que os militares não eram responsáveis, a variável era codificada como 0.

Repetimos o experimento com apenas essas cinco variáveis e, mais uma vez e em todos os níveis de significância, descobrimos que *resp* tem influência causal direta sobre *raça*. Em todos os casos, apurou-se essa influência causal, porque se descobriu que *rept* e *yos* eram probabilisticamente independentes e não havia fronteira alguma entre *raça* e *inc*, isto é, o vínculo causal entre *raça* e *inc* mediado por outras variáveis. A figura 20.11 mostra o gráfico obtido no nível de significância

Figura 20.11 Gráfico apurado pelo Tetrad III a partir do levantamento sobre assédio racial no nível de significância 0,01

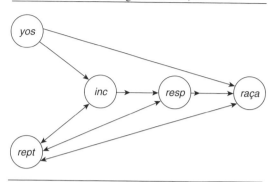

0,01. As fronteiras *yos inc* e *rept inc* apontam para *inc* porque *yos* e *rept* são independentes. A fronteira *yos inc* resultou no direcionamento da fronteira *inc resp* nesse sentido, o que, por sua vez, resultou neste direcionamento da fronteira *resp raça*. Se tivesse havido uma fronteira entre *inc* e *raça*, a fronteira entre *resp* e *raça* não teria sido direcionada.

Parece estranho que não se tenha achado nenhum vínculo causal direto entre *raça* e *inc*. Cabe lembrar, porém, que essas são as relações probabilísticas entre as respostas, e não necessariamente as relações probabilísticas entre os eventos reais. Há um problema em usar respostas sobre levantamentos para representar ocorrências na realidade, porque os sujeitos podem não responder com exatidão. A real relação causal entre *raça*, *inc* e *diz_inc* pode ser como se vê na figura 20.12. Com *inc*, nós nos referimos, agora, a se houve, de fato, um incidente, enquanto *diz_inc* é a resposta

Figura 20.12 Possíveis relações causais entre raça, incidência de assédio e dizer que há um incidente de assédio

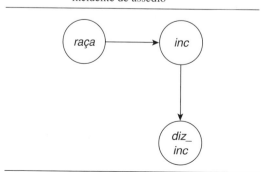

ao levantamento. Pode ser que as raças que experimentaram mais assédio fossem menos propensas a denunciar o incidente, e a influência causal de *raça* sobre *diz_inc* por meio de *inc* foi negada pela influência direta de *raça* sobre *inc*. Outro estudo fundamentou a conjetura anterior. Stangor *et al.* (2002) estudaram a disposição das pessoas a atribuírem um resultado negativo à discriminação quando havia evidência de que o resultado poderia ser influenciado pelo viés. Descobriram que era mais provável os membros de minorias atribuírem o resultado à discriminação quando as respostas eram colhidas em particular, mas isso era menos provável quando essas pessoas tinham de expressar sua opinião publicamente e em presença de um membro do grupo não minoritário. Isso sugere que, embora as minorias sejam mais propensas a perceber a situação como decorrente da discriminação, elas são menos propensas a denunciá-la publicamente. Ainda que o levantamento do pessoal militar se destinasse a ser confidencial, talvez os membros de minorias não tenham se sentido à vontade ao denunciar incidentes de discriminação.

Como vimos na subseção anterior, o Tetrad II (e o III) permite ao usuário incluir um ordenamento temporal. Assim, poderíamos ter posto *raça* primeiro em tal ordenamento, de modo a evitar que ela seja um efeito de outra variável. Mas teríamos de fazê-lo com cuidado. O fato de os dados sustentarem que a raça é um efeito indica que há algo errado com os dados, e, portanto, deveríamos duvidar em tirar deles quaisquer conclusões. Nesse exemplo, Tetrad III mostrou que, de fato, não poderíamos tirar conclusões causais dos dados quando consideramos *raça* como uma raiz. Ou seja, quando fazemos de *raça* uma raiz, o Tetrad III conclui que não há orientação condizente da fronteira entre *raça* e *resp*.

Referências

ASH, R. B. *Basic probability theory*. Nova York: John Wiley, 1970.

BEINLICH, I. A.; HERSKOVITS, E. H. A graphical environment for constructing Bayesian belief networks. *In*: HENRION, M.; SHACHTER, R. D.; KANAL, L. N.; LEMMER, J. F. (eds.). *Uncertainty in artificial intelligence*. Amsterdã: Holanda do Norte, 1990. v. 5.

442 • SEÇÃO VI / QUESTÕES FUNDAMENTAIS

BROWNLEE, K. A. *Statistical theory and methodology.* Nova York: John Wiley, 1965.

CASTILLO, E.; GUTIÉRREZ, J. M.; HADI, A. S. *Expert systems and probabilisti network models.* Nova York: Springer-Verlag, 1997.

CHICKERING, D. Learning Bayesian networks is NP-complete. *In:* FISHER, D.; LENZ, H. (eds.). *Learning from data.* Nova York: Springer-Verlag, 1996. p. 121-130.

CHICKERING, D. Optimal structure identification with greedy search. *Journal of Machine Learning Research,* 3, p. 507-554, 2002.

CLEMEN, R. T. *Making hard decisions.* Boston: PWS-KENT, 2000.

COOPER, G. F. The computational complexity of probabilistic inference using Bayesian belief networks. *Artificial Intelligence,* 33, p. 393-405, 1990.

COOPER, G. F.; HERSKOVITS, E. A Bayesian method for the induction of probabilistic networks from data. *Machine Learning,* 9, p. 309-347, 1992.

DRUZDZEL, M. J.; GLYMOUR, C. Causal inferences from databases: why universities lose students. *In:* GLYMOUR, C.; COOPER, G. F. (eds.). *Computation, causation, and discovery.* Menlo Park: AAAI Press, 1999. p. 521-539.

FLANDERS, A. E.; SPETTELL, C. M.; TARTAGLINO, L. M.; FRIEDMAN, D. P.; HERBISON, G. J. Forecasting motor recovery after cervical spinal cord injury: Value of MRI. *Radiology,* 201, p. 649-665, 1996.

FRIEDMAN, N.; GOLDSZMIDT, M. Building classifiers and Bayesian networks. *In: Proceedings of the National Conference on Artificial Intelligence.* Menlo Park: AAAI Press, 1996. v. 2, p. 1227-1284.

GEIGER, D.; HECKERMAN, D. Learning Gaussian networks. *In:* DE MANTRAS, R. L.; POOLE, D. (eds.). *Uncertainty in artificial intelligence: Proceedings of the Tenth Conference.* San Mateo: Morgan Kaufmann, 1994. p. 235-243.

GOOD, I. J. *Good thinking.* Minneapolis: University of Minnesota Press, 1983.

HERSKOVITS, E. H.; DAGHER, A. P. *Applications of Bayesian networks to health care* (Tech. Rep. No. NSI-TR-1997-02). Baltimore: Noetic Systems Incorporated, 1997.

IVERSEN, G. R.; LONGCOR, W. H.; MOSTELLER, F.; GILBERT, J. P.; YOUTZ, C. Bias and runs in dice throwing and recording: A few million throws. *Psychometrika,* 36, p. 1-19, 1971.

KERRICH, J. E. *An experimental introduction to the theory of probability.* Copenhagen: Einer Munksgaard, 1946.

KEYNES, J. M. *A treatise on probability.* Londres: Macmillan, 1948. Obra original publicada em 1921.

LAM, W.; BACCHUS, F. Learning Bayesian belief networks: An approach based on the MDL principle. *Computational Intelligence,* 10, p. 269-294, 1994.

LINDLEY, D. V. *Introduction to probability and statistics from a Bayesian viewpoint.* Cambridge: Cambridge University Press, 1985.

MEEK, C. Causal influence and causal explanation with background knowledge. *In:* BESNARD, P.; HANKS, S. (eds.). *Uncertainty in artificial intelligence: Proceedings of the Eleventh Conference.* San Mateo: Morgan Kaufmann, 1995. p. 403-410.

MEEK, C. *Graphical models: Selecting causal and statistical models.* Dissertação de doutorado inédita, Carnegie Mellon University, 1997.

MULAIK, S. A.; RAJU, N. S.; HARSHMAN, R. A. There is a time and place for significance testing. *In:* HARLOW, L. L.; MULAIK, S. A.; STEIGER, J. H. (eds.). *What if there were no significance tests?* Mahwah: Lawrence Erlbaum, 1997. p. 65-115.

NEAPOLITAN, R. E. *Probabilistic reasoning in expert systems.* Nova York: John Wiley, 1990.

NEAPOLITAN, R. E. A limiting frequency approach to probability based on the weak law of large numbers. *Philosophy of Science,* 59(3), 1992.

NEAPOLITAN, R. E. Is higher-order uncertainty needed? *IEEE Transactions on Systems, Man, and Cybernetics: Special Issue on Higher Order Uncertainty,* p. 294-302, maio 1996.

NEAPOLITAN, R. E. *Learning Bayesian networks.* Upper Saddle River: Prentice Hall, 2003.

PEARL, J. *Probabilistic reasoning in intelligent systems.* San Mateo: Morgan Kaufmann, 1988.

RISSANEN, J. Stochastic complexity (with discussion). *Journal of the Royal Statistical Society, Series B,* 49, p. 223-239, 1987.

ROBINSON, R. W. Counting unlabeled acyclic digraphs. *In:* LITTLE, C. H. C. (ed.). *Lecture notes in mathematics, 622: Combinatorial mathematics V.* Nova York: Springer-Verlag, 1977. p. 28-43.

SCARVILLE, J.; BUTTON, S. B.; EDWARDS, J. E.; LANCASTER, A. R.; ELIG, T. W. *Armed Forces 1996 Equal Opportunity Survey* (DMDC Rep. No. 97–027). Arlington: Defense Manpower Data Center, 1999.

SCHEINES, R.; SPIRTES, P.; GLYMOUR, C.; MEEK, C. *Tetrad II: User manual.* Hillsdale: Lawrence Erlbaum, 1994.

SPIRTES, P.; GLYMOUR, C.; SCHEINES, R. *Causation, prediction, and search.* Nova York: Springer-Verlag, 1993.

SPIRTES, P.; GLYMOUR, C.; SCHEINES, R. *Causation, prediction, and search.* 2. ed. Cambridge: MIT Press, 2000.

STANGOR, C.; SWIM, J. K.; VAN ALLEN, K. L.; SECHRIST, G. B. Reporting discrimination in public and private contexts. *Journal of Personality and Social Psychology,* 82, p. 69-74, 2002.

VAN LAMBALGEN, M. *Random sequences.* Dissertação de doutorado inédita, University of Amsterdam, 1987.

VON MISES, R. Grundlagen der Wahrscheinlichkeitsrechnung. (The bases of probability calculations). *Mathematische Zeitschrift,* 5, p. 52-99, 1919.

VON MISES, R. *Probability, statistics, and truth.* Londres: Allen e Unwin, 1957. Obra original publicada em 1928.

WALLACE, C. S.; KORB, K. Learning linear causal models by MML sampling. *In:* GAMMERMAN, A. (ed.). *Causal models and intelligent data management.* Nova York: Springer-Verlag, 1999. p. 89-111.

ZABELL, S. L. W. E. Johnson's "Sufficientness" postulate. *The Annals of Statistics,* 10(4), p. 1091-1099, 1982.

Capítulo 21

O RITUAL NULO: O QUE VOCÊ SEMPRE QUIS SABER SOBRE TESTAGEM DE SIGNIFICÂNCIA, MAS TINHA MEDO DE PERGUNTAR

GERD GIGERENZER

STEFAN KRAUSS

OLIVER VITOUCH[1]

Nenhum cientista rejeita hipóteses, ano após ano e em toda e qualquer circunstância, a partir de nível fixo de significância; em lugar disso, o cientista pondera cada caso à luz de sua evidência e suas ideias

(Fisher, 1956, p. 42).

É tentador, se a única ferramenta que se tem é um martelo, encarar todas as coisas como se fossem pregos

(Maslow, 1966, p. 15-16).

Certa vez, um de nós teve um aluno – o qual chamaremos de Pogo – que realizou um experimento para sua tese. Pogo tinha um grupo experimental e um grupo de controle e descobriu que as médias de ambos os grupos eram exatamente iguais. Entendendo que seria anticientífico se limitar a apresentar esse resultado, ele se empenhou em fazer um teste de significância. O resultado do teste foi que as duas médias não diferiam significativamente, como Pogo relatou em sua tese.

Em 1962, Jacob Cohen revelou que os experimentos publicados em uma importante revista de psicologia tinham, em média, uma chance de apenas 50-50 de detectarem um efeito de porte médio caso este existisse. Isto é, o poder estatístico não passava dos 50%. Esse resultado foi amplamente citado, mas será que mudou as práticas dos pesquisadores? Sedlmeier e Gigerenzer (1989) checaram os estudos na mesma publicação, 24 anos depois, prazo que permitiria uma mudança. Ainda assim, apenas dois em cada 64 pesquisadores mencionaram o poder, que nunca foi estimado. Sem ser notado, o poder médio

---

1. Somos gratos a David Kaplan e Stanley Mulaik, pelos comentários úteis, e a Katharina Petrasch, por seu apoio com análises de publicações.

444 ● SEÇÃO VI / QUESTÕES FUNDAMENTAIS

diminuíra (hoje, os pesquisadores usam o ajuste alfa, que reduz o poder). Logo, se tivesse havido um efeito de porte médio, os pesquisadores teriam tido melhor chance de descobri-lo jogando uma moeda do que realizando seus experimentos. Quando examinamos os anos 2000 a 2002, com uns 220 artigos, finalmente achamos nove pesquisadores que calcularam o poder de seus testes. Quarenta anos depois de Cohen, surge um primeiro sinal de mudança.

Editores de grandes publicações – como A. W. Melton (1962) – fizeram da testagem de hipótese nula uma condição necessária para a aceitação de artigos e tornaram pequenos valores p em marca distintiva de excelência da experimentação. Os skinnerianos viram-se forçados a lançar uma nova revista, o *Journal of the Experimental Analysis of Behavior*, para publicar o tipo de experimentos que eles faziam (Skinner, 1984, p. 138). Da mesma forma, uma das razões do lançamento do *Journal of Mathematical Psychology* foi fugir à pressão dos editores pela rotineira testagem de hipótese nula. Um de seus fundadores, R. D. Luce, chamou essa prática de "noção equivocada sobre o que constitui progresso científico" e "teste de hipótese irracional em lugar de fazer boa pesquisa: mensurando efeitos, elaborando teorias substanciais de alguma profundidade e desenvolvendo modelos de probabilidade e procedimentos estatísticos adequados a essas teorias" (Luce, 1988, p. 582).

O aluno, os pesquisadores e os editores haviam se envolvido num ritual estatístico, e não em pensamento estatístico. Pogo acreditou que sempre se deveria fazer um teste de hipótese nula, sem exceção. Os pesquisadores não perceberam o quanto seu poder estatístico era pequeno, nem pareceram se importar: o poder não faz parte do ritual nulo a dominar a psicologia experimental. Eis a essência do ritual:

1. Elabore uma hipótese nula estatística de "nenhuma diferença média" ou "correlação zero". Não especifique as previsões de sua hipótese de pesquisa nem de qualquer outra hipótese pertinente.
2. Tome 5% como convenção para rejeitar o nulo. Se significante, aceite a sua hipótese de pesquisa.
3. Aplique sempre esse procedimento.

O ritual nulo sofisticou aspectos que não abordaremos aqui, como ajuste alfa e procedimentos de ANOVA, mas estes não mudam a essência daquele. Em geral, ele é apresentado sem mencionar seus criadores, como se fosse estatística em si. Alguns sugerem que foi autorizado pelo eminente estatístico *Sir* Ronald A. Fisher, dada a ênfase na testagem de hipótese nula (não confundir com o ritual nulo) em seu livro de 1935. Todavia, Fisher teria rejeitado todos os três ingredientes desse procedimento. Primeiro, *nulo* não se refere a uma diferença ou a uma correlação média igual a zero, mas à hipótese a ser "nulificada", que poderia postular uma correlação de 0,3, por exemplo. Segundo, como a epigrama mostra, Fisher pensava, em 1956, que aplicar como rotina um nível de significância de 5% indicava falta de pensamento estatístico. Terceiro, para Fisher, a testagem de hipótese nula era o tipo mais primitivo em uma hierarquia de análises estatísticas e só deveria ser usada para problemas sobre os quais temos muito pouco ou nenhum conhecimento (Gigerenzer *et al.*, 1989, cap. 3). Os estatísticos oferecem uma caixa de ferramentas de métodos, não apenas um simples martelo. Em muitos – se não na maioria – dos casos, estatística descritiva e análise exploratória de dados são tudo o que se necessita. Como logo se verá, o ritual nulo não teve origem em Fisher nem em nenhum outro estatístico de renome, e não existe na estatística propriamente dita. Foi um invento surgido nas mentes de autores de livros-texto de estatística em psicologia e educação.

Os rituais parecem ser indispensáveis para a autodefinição de grupos sociais e para transições na vida, não havendo nada errado com eles. Porém deveriam ser o tema, e não o procedimento das ciências sociais. São elementos dos rituais sociais: (a) a repetição do mesmo ato, (b) a atenção centrada em números ou cores especiais, (c) o temor a sofrer graves sanções por infringir regras e (d) os pensamentos ilusórios e os enganos que praticamente suprimem o pensamento crítico (Dulaney; Fiske, 1994). O ritual nulo tem todas essas quatro características: sequência repetitiva, fixação no nível de 5%, medo de sanções por parte de editores ou conselheiros e vãs esperanças quanto ao resultado (o valor p) combinadas com falta de coragem para fazer perguntas.

O homólogo de Pogo neste capítulo é uma estudante curiosa que quer entender o ritual em vez de praticá-lo de forma irracional. Ela tem a coragem de suscitar perguntas aparentemente ingênuas à primeira vista, perguntas que outros não se interessam ou não se atrevem a fazer.

21.1 PERGUNTA 1: O QUE SIGNIFICA UM RESULTADO SIGNIFICANTE?

Que pergunta singela! Quem é que não sabe a resposta? Afinal, estudantes de psicologia passam meses em cursos de estatística, aprendendo sobre testes de hipótese nula (testes de significância) e seu produto mais destacado, o valor p. Só para conferir, vejamos o seguinte problema (Haller; Krauss, 2002; Oakes, 1986):

> Suponha que você tem um tratamento e desconfia que ele possa alterar o desempenho em certa tarefa. Você compara as médias de seus grupos de controle e experimental (com, digamos, 20 sujeitos em cada amostra). Além disso, suponha que você utilize um simples teste t de médias independentes e que seu resultado é significante ($t = 2,7$, $df = 18$, $p = 0,01$). Marque as afirmações a seguir como "verdadeira" ou "falsa". *Falsa* significa que a afirmação não segue logicamente as premissas anteriores. Tenha em conta, também, que talvez algumas das afirmações sejam corretas ou nenhuma delas o seja.

1. Você refutou absolutamente a hipótese nula (isto é, não há diferença entre as médias populacionais).
   ☐ Verdadeira ☐ Falsa
2. Você achou a probabilidade de a hipótese nula ser verdadeira.
   ☐ Verdadeira ☐ Falsa
3. Você demonstrou absolutamente a sua hipótese experimental (que há uma diferença entre as médias populacionais).
   ☐ Verdadeira ☐ Falsa
4. Você pode deduzir a probabilidade de a hipótese experimental ser verdadeira.
   ☐ Verdadeira ☐ Falsa
5. Você sabe, se resolver rejeitar a hipótese nula, qual é a probabilidade de estar tomando a decisão errada.
   ☐ Verdadeira ☐ Falsa

6. Você tem uma conclusão experimental confiável no sentido de que se, hipoteticamente, o experimento for repetido muitas vezes, você obteria um resultado significativo em 99% das ocasiões.
   ☐ Verdadeira ☐ Falsa

Quais afirmações são verdadeiras? Se você quer evitar a sensação de "*eu já sabia disso desde o início*", responda às seis perguntas antes de continuar lendo. Quando terminar, considere o que um valor p é de fato: um valor p é a probabilidade dos dados observados (ou de pontos mais extremados nos dados), desde que a hipótese nula H_0 seja verdadeira, definida em símbolos como $p(D|H_0)$. Pode-se reformular essa definição de maneira mais técnica introduzindo o modelo estatístico subjacente à análise (Gigerenzer *et al.*, 1989, cap. 3). Vejamos, agora, quais das cinco respostas são corretas:

Afirmações 1 e 3: É fácil perceber que a afirmação 1 é falsa. Um teste de significância jamais pode refutar a hipótese nula. Testes de significância fornecem probabilidades, não provas concretas. Pela mesma razão, é falsa a afirmação 3, que implica que um resultado significante poderia provar a hipótese experimental. As afirmações 1 e 3 são exemplos da ilusão de certeza (Gigerenzer, 2002).

Afirmações 2 e 4: Lembre-se de que um valor p é uma probabilidade de dados, não de uma hipótese. Em que pese o pensamento ilusório, $p(D|H_0)$ não é igual a $p(H_0|D)$, e um teste de significância não fornece nem pode fornecer uma probabilidade para uma hipótese. Não se pode concluir a partir de um valor p que uma hipótese tem uma probabilidade de 1 (afirmações 1 e 3) ou que ela tem qualquer outra probabilidade (afirmações 2 e 4). Portanto, as afirmações 2 e 4 são falsas. É claro que a caixa de ferramentas estatísticas inclui ferramentas que permitem estimar probabilidades de hipóteses, como a estatística bayesiana (cf. a seguir), mas a testagem de hipótese nula não permite.

Afirmação 5: A "probabilidade de você estar tomando a decisão errada" é também a probabilidade de uma hipótese. Isso porque, quando você rejeita a hipótese nula, a única possibilidade de ter tomado uma decisão errada é a hipótese nula ser correta. Em outras palavras, um olhar mais aprofundado da afirmação 5 revela que ela trata da probabilidade de você vir a tomar a decisão errada, isto é, que H_0 é verdadeira. Assim, ela faz basicamente a mesma alegação que a afirmação 2, e ambas são incorretas.

Afirmação 6: A afirmação 6 importa na falácia de repetição. Lembre-se de que um valor *p* é a probabilidade dos dados observados (ou de pontos mais extremados nos dados), desde que a hipótese nula seja verdadeira. Entretanto a afirmação 6 refere-se à probabilidade de dados "significantes" por si sós, não à probabilidade dos dados se a hipótese nula for verdadeira. O erro na afirmação 6 é supor que $p = 1\%$ implica que esses dados significantes reapareceriam em 99% das repetições. Só poderíamos fazer a afirmação 6 se soubéssemos que a hipótese é verdadeira. Em termos formais, confunde-se $p(D|H_0)$ com $1 - p(D)$. Muitos caem na falácia de repetição, inclusive os editores de importantes publicações. Por exemplo, A. W. Melton, ex-editor do *Journal of Experimental Psychology*, escreveu em seu editorial: "O nível de significância mede a confiança em que os resultados do experimento sejam repetíveis nas condições descritas" (Melton, 1962, p. 553). Uma bela fantasia, mas falsa.

Em suma, todas as seis afirmações são incorretas. Aliás, todas as seis erram na mesma direção de pensamento ilusório, pois superestimam o que se pode concluir a partir do valor *p*.

21.1.1 Erros de interpretação de alunos e professores

Nós apresentamos a pergunta com seis respostas de múltipla escolha a 44 estudantes de psicologia, 39 professores e conferencistas de psicologia e 30 professores de estatística, entre os quais professores titulares de psicologia, conferencistas e professores assistentes. Todos os alunos tinham sido aprovados em um ou mais cursos de estatística que incluíam o ensino de testagem de significância. Ademais, todos os professores confirmaram que lecionavam sobre testagem de hipótese nula. De modo a obtermos uma amostra quase representativa, escolhemos os participantes em seis universidades alemãs (Haller; Krauss, 2002).

Quantos estudantes e professores perceberam que todas as afirmações eram erradas? Como vemos na figura 21.1, nenhum dos estudantes percebeu. Todos endossaram uma ou mais interpretações errôneas quanto ao significado de um valor *p*. Seria possível pensar que esses estudantes carecem dos genes certos para a reflexão estatística e são teimosamente resistentes à educação. Todavia uma olhada no desempenho de seus professores mostra que o pensamento ilusório talvez não seja culpa somente deles. Dos professores e conferencistas, 90% também se iludiram, proporção quase tão alta quanto a dos alunos. Ainda mais surpreendente é que 80% dos professores de estatística compartilharam suas interpretações errôneas com seus alunos. Assim, os erros dos estudantes podem ser consequência direta do pensamento ilusório de seus professores. Note-se que ninguém precisa ser brilhante em matemática para responder à pergunta "O que significa um resultado significante?". Basta compreender que um valor *p* é a probabilidade dos dados (ou dados mais extremados), desde que H_0 seja verdadeira.

Se os alunos "herdaram" as interpretações errôneas de seus professores, de onde é que os professores as tiraram? As interpretações errôneas estavam bem ali, nos primeiros livros-texto a apresentarem a testagem de hipóteses nulas aos psicólogos, desde a década de 1940. Publicada pela primeira vez em 1942, a obra de Guilford intitulada *Fundamental Statistics in Psychology*

Figura 21.1 Quantidade de interpretações errôneas sobre o significado de "$p = 0,01$"

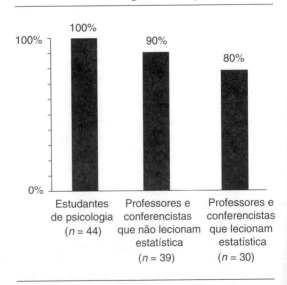

and Education foi, talvez, o livro-texto mais lido nos anos 1940 e 1950. Guilford sugeriu que a testagem de hipóteses revelaria a probabilidade de a hipótese nula ser verdadeira. "Se o resultado sai de um jeito, provavelmente a hipótese é correta, se ele sai de outro jeito, provavelmente a hipótese é errada" (Guilford, 1942, p. 156). A lógica de Guilford não era sempre errônea, mas ia e vinha entre afirmações corretas e incorretas, bem como outras ambíguas que podem ser lidas como manchas de tinta de Rorschach. Ele escreveu frases como "obtivemos diretamente a probabilidade de a hipótese nula ser plausível" e "a probabilidade de desvios extremos por acaso", indistintamente, para se referir à mesma coisa: o nível de significância. Guilford não é exceção. Ele marcou o início do gênero de textos estatísticos que hesitam entre o anseio dos pesquisadores por probabilidades de hipóteses e aquilo que a testagem de significância realmente pode oferecer. Entre os primeiros autores a promoverem a ilusão de que o nível de significância especificaria a probabilidade da hipótese estão Anastasi (1958), Ferguson (1959) e Lindquist (1940). Mas a crença persistiu por décadas, por exemplo, em Miller e Buckhout (1973; apêndice estatístico de Brown), Nunally (1975) e nos exemplos colhidos por Bakan (1966), Pollard e Richardson (1987), Gigerenzer (1993), Nickerson (2000) e Mulaik, Raju e Harshman (1997).

Quais das interpretações errôneas foram endossadas mais frequentemente e quais foram com relativa infrequência? A tabela 21.1 mostra que as afirmações 1 e 3 foram reconhecidas como falsas com maior frequência. Elas reivindicam certeza, não probabilidade. Ainda assim, até um terço dos alunos e constrangedores 10% a 15% do grupo de professores sustentaram essa ilusão de certeza. As afirmações 4, 5 e 6 encabeçaram a lista das interpretações errôneas mais difundidas. Esses erros eram quase igualmente notórios em todos os grupos, como uma fantasia coletiva que parece passar por transmissão cultural de professor a aluno. A última coluna mostra que essas três interpretações errôneas também eram predominantes entre os psicólogos acadêmicos britânicos que responderam à mesma pergunta (Oakes, 1986). Assim como no caso do poder estatístico citado na introdução, no qual pouco aprendizado se observou após 24 horas, não parece que o conhecimento sobre o que é um resultado significante tenha melhorado desde Oakes. Porém um ponto cego para o poder e uma falta de compreensão da significância são coerentes com o ritual nulo.

Apesar de incorrerem o mesmo tipo de erro, as afirmações 2 e 4 receberam diferentes avais. Quando uma afirmação diz respeito à probabilidade da hipótese experimental, ela é bem mais aceita por estudantes e professores como conclusão válida do que aquela que diz respeito à probabilidade da hipótese nula. O mesmo padrão pode ser visto em psicólogos britânicos (tabela 21.1). Por que é mais provável que pesquisadores e estudantes acreditem que o nível de significância determina a probabilidade de H_1 e não a de H_0? Uma possível razão é que os pesquisadores se focam na hipótese experimental H_1, e o desejo de achar a probabilidade de H_1 impulsiona o fenômeno.

Os alunos geraram mais interpretações errôneas que seus professores? Curiosamente, a diferença foi pequena. Em média, os alunos

Tabela 21.1 – Porcentagens de respostas falsas (isto é, afirmações marcadas como verdadeiras) nos três grupos da figura 21.1

		Alemanha 2000		Reino Unido 1986
Afirmação (abreviada)	*Estudantes de psicologia*	*Professores e conferencistas que não lecionam estatística*	*Professores e conferencistas que lecionam estatística*	*Professores e conferencistas*
1. H_0 absolutamente refutada	34	15	10	1
2. Descoberta probabilidade de H_0	32	26	17	36
3. H_1 absolutamente provada	20	13	10	6
4. Descoberta probabilidade de H_1	59	33	33	66
5. Probabilidade de decisão errada	68	67	73	86
6. Probabilidade de repetição	41	49	37	60

NOTA: A título de comparação, a coluna à direita mostra os resultados do estudo de Oakes (1986) com psicólogos acadêmicos no Reino Unido.

448 • SEÇÃO VI / QUESTÕES FUNDAMENTAIS

endossaram 2,5 interpretações errôneas; seus professores e conferencistas que não lecionam estatística aprovaram duas interpretações errôneas; e aqueles que lecionam estatística endossaram 1,9 interpretação errônea.

Seriam essas ilusões coletivas específicas de psicólogos e estudantes alemães? Não, a evidência aponta para um fenômeno global. Como já mencionamos, Oakes (1986) revelou que 97% dos psicólogos acadêmicos britânicos geraram ao menos uma interpretação errônea. Utilizando-se de uma similar pergunta de teste, Falk e Greenbaum (1995) acharam resultados comparáveis para estudantes israelenses, apesar de terem tomado medidas visando eliminar o viés. Falk e Greenbaum acrescentaram, explicitamente, a alternativa correta ("Nenhuma das afirmações é correta"), embora tenham se limitado a salientar que mais de uma ou nenhuma das afirmações poderiam ser corretas. Como medida adicional, eles tinham feito seus alunos lerem o clássico artigo de Bakan (1966), que alerta explicitamente quanto a conclusões equivocadas. Entretanto, apenas 13% dos participantes optaram pela alternativa correta. Falk e Greenbaum (1995, p. 93) concluíram que "a menos que se tomem medidas enérgicas no ensino de estatística, parece haver pouca chance de superar essa concepção errada". Alertar e ler por si só não parece estimular muita reflexão. Então o que fazer?

21.2 PERGUNTA 2: COMO OS ESTUDANTES PODEM SE LIVRAR DAS INTERPRETAÇÕES ERRÔNEAS?

As ilusões coletivas sobre o significado de um resultado significante são constrangedoras para a nossa profissão. Essa situação é especialmente penosa porque os psicólogos – à diferença dos cientistas de ciências naturais – se utilizam, com frequência, da testagem de significância, mas não entendem o significado de seu produto, o valor p. Isso tem remédio?

Sim. O remédio é lançar mão da caixa de ferramentas estatísticas. Em livros-texto de estatística escritos por psicólogos e pesquisadores da educação, costuma-se apresentar a testagem de significância como se ela fosse uma panaceia universal. Na estatística propriamente dita, porém, existe uma caixa de ferramentas completa

em que a testagem de hipótese nula é apenas uma ferramenta entre muitas outras. Como terapia, até mesmo dar uma rápida olhada no conteúdo da caixa de ferramentas pode ser suficiente. Uma maneira rápida de se superar algumas das interpretações errôneas é apresentar a regra de Bayes aos alunos.

A regra de Bayes lida com a probabilidade de hipóteses e, ao apresentá-la juntamente com a testagem de hipótese nula, é possível ver com facilidade quais os pontos fortes e os limites de cada ferramenta. Infelizmente, raras são as menções à regra de Bayes em livros-texto de estatística para psicólogos. Hays (1963) incluiu um capítulo sobre estatística bayesiana na segunda edição de seu muitíssimo lido livro-texto, mas o omitiu nas seguintes edições. Como explicou a um de nós, ele desistiu do capítulo sob pressão de seu editor para produzir um livro de receitas de estatística que não sugerisse a existência de outras ferramentas de inferência estatística. Ademais, Hays acreditava que muitos pesquisadores não têm interesse primordial em pensamento estatístico, mas apenas em terem seus artigos publicados (Gigerenzer, 2000).

Eis, aqui, um breve olhar comparativo sobre duas ferramentas:

1. A testagem de hipótese nula calcula a probabilidade $p(D|H_0)$. A forma de probabilidades condicionais deixa claro que com a testagem de hipótese nula (a) só podem ser obtidas afirmações concernentes à probabilidade dos dados D; e (b) a hipótese nula H_0 funciona como ponto de referência para a afirmação condicional. Isto é, qualquer resposta correta à pergunta sobre o que um resultado significante representa deve incluir a frase condicionante "... desde que H_0 seja verdadeira", ou uma expressão equivalente.

2. A regra de Bayes calcula a probabilidade $p(H_1|D)$. No caso simples de duas hipóteses, H_1 e H_2, que são mutuamente exclusivas e exaustivas, a regra de Bayes é a seguinte:

$$p(H_1 | D) = \frac{p(H_1)p(D | H_1)}{p(H_1)p(D | H_1) \quad p(H_2)p(D | H_2)}.$$

Por exemplo, consideremos a triagem de HIV para pessoas que não fazem parte de nenhum grupo de risco (Gigerenzer, 2002). Nessa população, a probabilidade *a priori* $p(H_1)$ de infecção por HIV é em torno de 1 em 10.000, ou seja 0,0001. A probabilidade $p(D|H_1)$ de o teste dar positivo (D) se a pessoa estiver infectada é 0,999, e a probabilidade $p(D|H_2)$ de o teste dar positivo se a pessoa não estiver infectada é 0,0001. Qual é a probabilidade $p(H_1|D)$ de uma pessoa com teste de HIV positivo realmente ter o vírus? Inserindo esses valores na regra de Bayes, obtemos como resultado $p(H_1|D) = 0,5$. À diferença da testagem de hipótese nula, a regra de Bayes dá realmente uma probabilidade de uma hipótese.

Agora, abordemos o mesmo problema com testagem de hipótese nula. O nulo é que a pessoa não está infectada. A observação é um teste positivo, e a probabilidade de um teste positivo se o nulo é verdadeiro é $p = 0,0001$, que é o nível exato de significância. Por consequência, a hipótese nula de ausência de infecção é rejeitada com alta confiança, aceitando-se a hipótese alternativa de que a pessoa está infectada. No entanto, como o cálculo bayesiano mostrou, dado um teste positivo, a probabilidade de uma infecção por HIV é só 0,5. A triagem de HIV é um exemplo de que a testagem de hipótese nula e a regra de Bayes podem levar a conclusões muito diferentes. Ela também esclarece algumas das possibilidades e limitações de ambas as ferramentas. A limitação mais importante da testagem de hipótese nula é que há apenas uma hipótese estatística, a nula, o que torna impossível a testagem comparativa de hipóteses. A regra de Bayes, pelo contrário, compara as probabilidades dos dados sob duas (ou mais) hipóteses, bem como usa informação anterior sobre probabilidades. Um teste de hipótese nula só pode ser adequado quando se sabe extremamente pouco sobre um tema (de modo a não ser possível sequer especificar as previsões de hipóteses concorrentes).

O estudante que compreender o fato de os resultados da testagem de hipótese nula e da regra de Bayes serem $p(D|H_0)$ e $p(H_1|D)$, respectivamente, há de notar que as afirmações 1 a 5 tratam de probabilidades de hipóteses e, portanto, não podem ser respondidas com testes de significância. Já a afirmação 6 diz respeito à probabilidade de mais resultados significantes, ou seja, probabilidades de dados, e não de hipóteses. Essa afirmação é errada porque não inclui a frase condicionante "... se H_0 é verdadeira".

Note-se que o curso anterior, de dois passos, não demanda instrução aprofundada em estatística bayesiana (Edwards; Lindman; Savage, 1963; Howson; Urbach, 1989). Esse curso mínimo pode ser facilmente estendido a mais algumas ferramentas – por exemplo, acrescentando o teste de Neyman-Pearson, que calcula a razão de verossimilhança $p(D|H_1)/p(D|H_2)$. Os psicólogos conhecem o teste de Neyman-Pearson na forma da teoria de detecção de sinais, uma teoria cognitiva que foi inspirada pela ferramenta estatística (Gigerenzer; Murray, 1987). Os produtos das três ferramentas são fáceis de comparar:

a) $p(D|H_0)$, obtido com a testagem de hipótese nula.
b) $p(D|H_1)/p(D|H_2)$, obtido com o teste de hipótese de Neyman-Pearson.
c) $p(H1|D)$, obtido pela regra de Bayes.

Para a testagem de hipótese nula, só a verossimilhança $p(D|H_0)$ importa; para Neyman-Pearson, importa a razão de verossimilhança; e, para Bayes, a probabilidade posterior importa. Ao abrirmos a caixa de ferramentas estatísticas e comparar, podemos entender com facilidade o que cada ferramenta proporciona ou não. Para a seguinte pergunta, a diferença fundamental entre a testagem de hipótese nula e outras ferramentas estatísticas como a regra de Bayes e o teste de Neyman-Pearson é que, na testagem de hipótese nula, apenas uma hipótese – a nula – está estabelecida com precisão. Com essa técnica, não temos como comparar duas ou mais hipóteses de maneira simétrica ou "justa" e podemos tirar conclusões erradas dos dados.

21.3 PERGUNTA 3: O RITUAL NULO PODE SER PREJUDICIAL?

Mas é só um pequeno ritual. Talvez um pouquinho bobo, mas não pode fazer mal, pode? Pode, sim. Suponha-se um estudo em que os autores tinham duas hipóteses formuladas com precisão, mas, em vez de especificarem as previsões de ambas as hipóteses para seu esquema experimental, eles executaram o ritual nulo. A pergunta era sobre como crianças pequenas avaliam a área dos retângulos, e as duas hipóteses eram as seguintes: as crianças somam altura mais largura ou multiplicam altura vezes largura (Anderson; Cuneo, 1978). Num experimento, crianças de cinco a seis anos avaliaram a área somada de dois retângulos (tarefa nada fácil). A razão para fazê-las avaliar a área de dois retângulos em vez de um só foi desvincular a regra de integração (soma *versus* multiplicação) da função de resposta (linear *versus* logarítmica). Basta dizer que a ideia para o experimento foi engenhosa. A regra de Altura + Largura foi identificada com a hipótese nula de ausência de interação linear em uma análise bifatorial de variância. A previsão da segunda hipótese – a regra de Altura × Largura – não foi especificada, como ela nunca é com a testagem de hipótese nula. Os autores descobriram que as "curvas são quase paralelas e a interação não chegou a ter significância, $F(4, 56) = 1,20$" (Anderson; Cuneo, 1978, p. 532). Eles concluíram que esse resultado e outros semelhantes sustentariam a regra de Altura + Largura e refutariam a regra de multiplicação. Nas palavras de Anderson (1981, p. 33), "crianças de cinco anos julgam áreas de retângulos por uma regra de Altura + Largura".

Entretanto testar uma nulidade é um argumento fraco quando temos algumas ideias sobre o tema em questão, como Anderson e Cuneo (1978) tinham. Portanto vamos extrair as previsões reais de ambas as hipóteses deles para seu esquema experimental (detalhes em Gigerenzer; Murray, 1987). A figura 21.2 mostra as previsões da regra de Altura + Largura e de Altura × Largura. Havia oito pares de retângulos, mostrados pelas duas curvas. Observe-se que o segmento médio (as linhas paralelas) não se diferencia entre as duas hipóteses, como ocorre com os segmentos à esquerda e à direita. Logo, apenas esses dois segmentos são importantes. Aqui, a regra de Altura + Largura prevê curvas paralelas, ao passo que a regra de Altura × Largura prevê curvas convergentes (da esquerda à direita). Pode-se ver que os dados (painel superior) realmente mostram o padrão previsto pela regra de multiplicação e que as curvas convergem ainda mais do que o previsto. Se alguma das duas hipóteses é sustentada pelos dados, trata-se da regra de multiplicação (isto foi sustentado por posterior pesquisa experimental que testou as previsões de meia dúzia de hipóteses; cf. Gigerenzer; Richter, 1990). Contudo o ritual nulo levou os pesquisadores a concluírem,

Figura 21.2 Como tirar conclusões erradas ao utilizar a testagem de hipótese nula

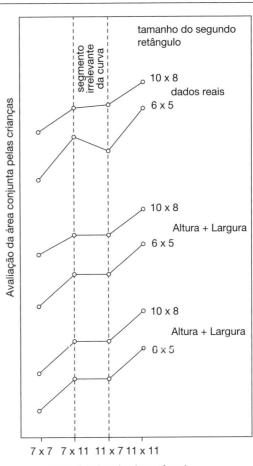

NOTA: Anderson e Cuneo (1978) perguntaram qual das duas hipóteses – Altura + Largura ou Altura × Largura – descreve os juízos de crianças novas quanto à área somada de pares de retângulos. Após testagem de hipótese nula, eles identificaram a regra de Altura + Largura com a falta de significância da interação linear em uma análise de variância e a regra de Altura × Largura com uma interação significante. O resultado não foi significante; a regra de Altura × Largura foi rejeitada e a regra de Altura + Largura foi aceita. Já quando especificadas as previsões de ambas as hipóteses (Gigerenzer; Murray, 1987), a regra de Altura + Largura prevê as curvas paralelas, enquanto a regra de Altura × Largura prevê as curvas convergentes. Pode-se ver que os dados estão realmente mais próximos do padrão previsto pela regra de Altura × Largura (cf. texto).

erroneamente, que os dados sustentariam a regra de Altura + Largura.

Por que o desvio considerável com relação à previsão da regra de Altura + Largura não era estatisticamente significante? Uma razão foi o grande tamanho do erro nos dados: pedir que crianças novas avaliem a área conjunta de dois retângulos resultou em respostas muito inconfiáveis. Isto contribuiu para reduzir o poder dos testes estatísticos, que se manteve sempre abaixo de 10% (Gigerenzer; Richter, 1990)! Isto é, os experimentos foram preparados de modo que a chance de aceitação da regra de Altura × Largura, se verdadeira, fosse menor que 1 em 10.

Mas a hipótese alternativa não prevê sempre um resultado significante? Como a figura 21.2 mostra, não é bem assim. Mesmo se os dados tivessem coincidido exatamente com a previsão da regra de multiplicação, o resultado não teria sido significante (porque o desvio ainda maior com relação aos dados reais também não foi significante). De modo geral, uma hipótese prevê um valor ou uma curva, mas não a significância ou não significância. Essa última é consequência de vários fatores que pouco têm a ver com a hipótese, inclusive o número de participantes, o erro nos dados e o poder estatístico.

Esse exemplo não se destina a ser uma crítica de determinados autores, mas a mostrar como a testagem de hipótese nula pode prejudicar. Ele ensina dois aspectos do pensamento estatístico que são alheios ao ritual nulo. Primeiro, que é importante especificar as previsões de mais de uma hipótese. No presente caso, estatística descritiva e observação cuidadosa teriam sido melhores que o ritual nulo e a análise de variância. Em segundo lugar, que o bom pensamento estatístico se preocupa em minimizar o erro real nos dados, o que é mais importante do que um pequeno valor p. Nesse caso, é possível conseguir um pequeno erro pedindo às crianças que façam comparações pareadas – qual é o maior de dois retângulos (tabletes de chocolate)? À diferença das avaliações, os juízos comparativos geram respostas sumamente confiáveis, esclarecem diferenças entre indivíduos e dão aos pesquisadores a possibilidade de testar hipóteses difíceis de expressar na linguagem de "efeito principal mais interação" da análise de variância (Gigerenzer; Richter, 1990).

21.4 Pergunta 4: Nível de significância e alfa são a mesma coisa?

Apresentemos o Dr. Publique-Pereça. Ele é o pesquisador-padrão, um fiel consumidor de métodos estatísticos. Seu superego diz que ele deveria fixar o nível de significância antes de realizar o experimento. Um nível de 1% seria impactante, não é mesmo? Sim, mas... há um dilema. Ele tem receio de que o valor p calculado a partir dos dados acabe sendo ligeiramente mais alto, algo como 1,1%, o que o obrigaria a apresentar um resultado não significante. Ele não quer correr esse risco. Tem a opção de fixar um nível menos impactante, como 5%. Mas e se o valor p acabar sendo menor do que 1% ou até 0,1%? Ele lamentaria profundamente ter tomado essa decisão, pois teria de apresentar esse resultado como $p < 0,05$. Isso ele também não quer. Logo, acha que a única alternativa restante é trapacear um pouquinho e desobedecer ao seu superego. Espera até ter visto os dados, arredonda o valor p até o seguinte nível convencional e informa que o resultado é significante para $p < 0,001$, $0,01$ ou $0,05$, seja qual for o seguinte. Isso cheira a engodo, e o superego deixa o pesquisador com sentimento de culpa. Mas o que ele deveria fazer quando todo mundo parece praticar esse joguinho trapaceiro?

O Dr. Publique-Pereça não sabe que seu dilema moral decorre de uma simples confusão, produzida por autores de livros-texto que não distinguiram as três principais interpretações do nível de significância, misturando-as totalmente.

21.4.1 Interpretação 1: mera convenção

Até agora, mencionamos só de passagem os estatísticos que criaram e formularam as ideias sobre as quais estamos falando. A maioria dos livros-texto de estatística para psicologia e educação também se omite quanto a essas eminentes pessoas e suas ideias, o que é surpreendente em uma área em que se tende a citar autores de forma compulsiva e na qual não faltam teorias concorrentes.

A primeira pessoa a apresentar é Sir Ronald A. Fisher (1890-1962), um dos estatísticos mais influentes de todos os tempos, que fez também grandes contribuições à genética e foi nomeado cavaleiro por suas realizações. Fisher passou a maior parte de sua carreira no University College, em Londres, onde ocupou a cátedra de eugenia. Publicou três livros de estatística. Para a psicologia, o mais influente deles foi o segundo, intitulado *The Design of Experiments*, publicado

452 • SEÇÃO VI / QUESTÕES FUNDAMENTAIS

pela primeira vez em 1935. Nessa obra, Fisher sugeriu que considerássemos o nível de significância como uma *convenção*. "É habitual e prático para os pesquisadores adotar 5% como nível padrão de significância, no sentido de que eles estão dispostos a ignorar todo resultado que não atingir esse padrão" (Fisher, 1935, p. 13). A afirmação do autor de que 5% (em alguns casos, 1%) é uma convenção a ser adotada por todo pesquisador em todos os experimentos, enquanto os resultados não significantes têm de ser desconsiderados, passou a fazer parte do ritual nulo. Por exemplo, o *Publication Manual*, de 1974, da American Psychological Association, instruía os pesquisadores a tomarem decisões mecanicamente aplicando um nível convencional de significância:

> Atenção: Não infira tendências a partir de dados que, por pequena margem, não atingem os níveis usuais de significância. Tais resultados são mais bem interpretados como causados pelo acaso e é melhor apresentá-los assim. Tome o que vem para você, mas não mais. (Este trecho foi suprimido na 3ª edição [American Psychological Association, 1974, p. 19])

Em defesa do que ele chama de NHSTP (acrônimo em inglês de "procedimento de testagem de significância de hipótese nula"), Chow (1998) prega que os testes de hipótese nula deveriam ser interpretados mecanicamente, aplicando o nível convencional de 5% de significância. Essa perspectiva lembra-nos um lema referente à razão crítica, antecessora do nível de significância: "Uma razão crítica de três, ou não tem doutorado".

21.4.2 Interpretação 2: alfa

A segunda pessoa eminente que gostaríamos de apresentar é o matemático polonês Jerzy Neyman, que trabalhou com Egon S. Pearson (filho de Karl Pearson) no University College, em Londres, e, depois, quando as tensões entre ele próprio e Fisher cresceram demais, mudou-se para Berkeley, na Califórnia. Neyman e Pearson criticavam a testagem de hipótese nula de Fisher por diversas razões, entre as quais o fato de não se especificar nenhuma hipótese alternativa, o

que, por sua vez, não permite o cálculo da probabilidade β de se rejeitar erroneamente a hipótese alternativa (erro de Tipo II) nem do poder do teste $(1 - \beta)$ (Gigerenzer *et al.*, 1989, cap. 3). Na teoria de Neyman-Pearson, o significado de um nível de significância como 3% é o seguinte: se a hipótese H_1 é correta, e o experimento é repetido muitas vezes, o pesquisador rejeitará H_1 erroneamente em 3% dos casos. Rejeitar a hipótese H_1 se ela é correta é um erro chamado de Tipo I, e a probabilidade de rejeitar a hipótese H_1 se ela é correta é chamada alfa (α). Neyman e Pearson insistiram em que se deve especificar o nível de significância *antes* do experimento para que se possa interpretá-lo como α. O mesmo vale para β, que é a taxa de rejeição da hipótese alternativa H_2 se ela é correta (erro de Tipo II). Aqui, temos a segunda interpretação clássica do nível de significância: a taxa de erro α, determinada antes do experimento, embora não por mera convenção, mas por cálculos de custo-benefício que estabelecem um equilíbrio entre α, β e o tamanho da amostra n (Cohen, 1994).

21.4.3 Interpretação 3: o nível exato de significância

Fisher refletiu sobre sua proposta de um nível convencional e expôs essas reflexões com maior clareza em meados dos anos 1950. Em seu último livro, intitulado *Statistical Methods and Scientific Inference* (1956, p. 42), Fisher rejeitou o uso de um nível de significância convencional e ridicularizou tal prática como "absurdamente acadêmica" (cf. epigrama). Todavia o principal alvo de Fisher era a interpretação do nível de insignificância como α, que ele rejeitou como anticientífica. Na ciência, Fisher argumentou, à diferença de no controle de qualidade industrial, não se repete o mesmo experimento uma e outra vez, como supõe a interpretação de Neyman e Pearson do nível de significância como uma taxa de erro no longo prazo. O que os pesquisadores deveriam fazer em lugar disso, conforme a reflexão de Fisher, é divulgar o *nível exato de significância*, por exemplo, $p = 0,02$ (não $p < 0,05$), e comunicar esse resultado a seus colegas pesquisadores.

Assim, a frase *nível de significância* tem três significados:

1. o nível de significância convencional, padrão comum para todos os pesquisadores (Fisher inicial);
2. o nível α, isto é, a frequência relativa de rejeição errônea de uma hipótese no longo prazo se ela é verdadeira, a ser decidido juntamente com β e o tamanho da amostra antes do experimento e independentemente dos dados (Neyman e Pearson);
3. o nível exato de significância, calculado com base nos dados após o experimento (Fisher posterior).

A diferença básica é esta: para Fisher, o nível exato de significância é uma propriedade dos dados, ou seja, uma relação entre um corpo de dados e uma teoria; para Neyman e Pearson, α é uma propriedade do teste, não dos dados. Nível de significância e α não são a mesma coisa. As consequências práticas são simples:

1. *Nível convencional*: especifica-se apenas uma hipótese estatística, a nula, usando sempre o nível de 5% e informando se o resultado é significante ou não é; isto é, é necessário informar que $p < 0,05$ ou $p > 0,05$, como no ritual nulo. Se o resultado é significante, rejeita-se a nula; caso contrário, não se tira conclusão alguma. Não há como confirmar a hipótese nula. A decisão é assimétrica.

2. *Nível alfa*: duas hipóteses estatísticas, H_1 e H_2, são especificadas, de modo a poder calcular o desejado equilíbrio entre α, β e o tamanho de amostra n. Se o resultado é significante (isto é, fica dentro da região alfa), a decisão é rejeitar H_1 e agir como se H_2 fosse verdadeira; se não, a decisão é rejeitar H_2 e agir como se H_1 fosse verdadeira. (Não consideramos, aqui, por simplicidade, a opção por uma faixa de indecisão.) Por exemplo, se $\alpha = \beta = 0,1$, tanto faz o nível de significância ser 0,06 ou 0,001. O nível de significância não tem influência alguma sobre α. Ao contrário do caso da testagem de hipótese nula com um nível convencional, a decisão é simétrica.

3. *Nível exato de significância*: calcula-se o nível exato de significância a partir dos dados, informando, por exemplo, que $p = 0,051$ ou $p = 0,048$. Não é necessário fazer afirmações do tipo "$p < 0,05$", mas sim informar o valor exato (ou arredondado). Nenhuma decisão está envolvida. A informação é comunicada, não se toma decisões de sim ou não.

Essas três interpretações do nível de significância estão misturadas na maioria dos livros-texto utilizados em psicologia e educação. Essa confusão é consequência direta do fato de, infelizmente, esses livros-texto não ensinarem a caixa de ferramentas e as teorias estatísticas concorrentes, mas apenas uma forma de "estatística" aparentemente monolítica, uma mixórdia que inexiste na estatística propriamente dita (Gigerenzer, 1993, 2000).

Agora, voltemos ao Dr. Publique-Pereça e a seu conflito moral. O seu superego exige que ele especifique o nível de significância antes do experimento. Já sabemos que essa doutrina é parte da teoria de Neyman-Pearson. O ego dele personifica a teoria de Fisher, de calcular o exato nível de significância a partir dos dados, mas se mistura com a ideia anterior de Fisher, de tomar uma decisão sim/não baseada num nível de significância convencional. O conflito entre o superego e o ego do pesquisador é a fonte de seus sentimentos de culpa, mas ele não sabe disso. Como nunca ouviu falar da existência de outras teorias, ele tem uma leve sensação de vergonha por fazer algo errado. O Dr. Publique-Pereça não segue nenhuma das três diferentes concepções. Inconscientemente, ele tenta satisfazer todas elas e acaba por apresentar um nível exato de significância, como se fosse um nível alfa, mas arredondando-o, primeiro, para um dos níveis de significância convencionais, $p < 0,05$, $p < 0,01$ ou $p < 0.001$. O resultado não é α nem um nível exato de significância ou um nível convencional. É uma confusão emocional e intelectual.

21.5 PERGUNTA 5: QUE ESTRUTURA EMOCIONAL SUSTENTA O RITUAL NULO?

É provável que o Dr. Publique-Pereça incorra em algumas das interpretações erradas mostradas na primeira seção. Lembremos que a maioria delas envolve a confusão do nível de probabilidade com a probabilidade de uma hipótese. Entretanto qualquer pessoa de inteligência mediana consegue entender a diferença entre $p(D|H)$ e $p(H|D)$, o que sugere que o

454 • SEÇÃO VI / QUESTÕES FUNDAMENTAIS

problema não é intelectual, mas social e emocional. Na linha de Gigerenzer (1993; também ACREE, 1978), continuaremos usando a linguagem freudiana de conflitos inconscientes como analogia para analisar o que leva pessoas inteligentes a se renderem a rituais estatísticos em vez de praticarem o pensamento estatístico.

A teoria de Neyman-Pearson faz as vezes de superego do pensamento estatístico do Dr. Publique-Pereça, exigindo de antemão a especificação precisa de hipóteses alternativas, níveis de significância e poder para calcular o tamanho de amostra necessário, bem como ensinando a doutrina da amostragem aleatória repetida (Neyman, 1950, 1957). Além disso, o superego frequentista proíbe a interpretação de níveis de significância como o grau de confiança sobre a verdade ou a falsidade de uma determinada hipótese. No entender dele, a testagem de hipóteses tem a ver com tomada de decisão (isto é, agir como se uma hipótese fosse verdadeira ou faisa), mas não com afirmações epistêmicas (isto é, acreditar numa hipótese).

A teoria fisheriana de testagem de significância funciona como o ego. O ego consegue fazer coisas no laboratório e publicar artigos. O ego determina o nível de significância depois do experimento e não especifica o poder nem calcula o tamanho de amostra necessário. O ego evita fazer previsões precisas a partir de sua hipótese de pesquisa, mas reivindica apoio a ela rejeitando uma hipótese nula. O ego faz muitas afirmações epistêmicas sobre determinados resultados e hipóteses, mas fica com sentimentos de culpa e vergonha por ter infringido as regras.

As probabilidades posteriores bayesianas formam o id dessa lógica híbrida. Tanto o superego frequentista quanto o ego pragmático censuram essas probabilidades de hipóteses. Porém elas são exatamente o que o id bayesiano quer, e este consegue seu intento mediante pensamento ilusório e impedindo o intelecto de entender o que é realmente um nível de significância.

A analogia freudiana (figura 21.3) ilustra os conflitos inconscientes na mente de estudantes, pesquisadores e editores comuns e oferece uma maneira de entender por que muitos psicólogos se apegam à testagem de hipótese nula como a um ritual e por que eles parecem não querer compreender o que poderiam compreender com facilidade. A analogia põe em primeiro plano a

Figura 21.3 Como tirar conclusões erradas ao utilizar a testagem de hipótese nula

---

O conflito inconsciente

Superego
(Neyman-Pearson)
Duas ou mais hipóteses; alfa e beta determinadas antes do experimento; calcula-se o tamanho da amostra; nenhuma afirmação sobre a verdade da hipótese

Ego
(Fisher)
Somente hipótese nula; nível de significância calculado depois do experimento; beta não considerada; tamanho de amostra pelo método habitual; consegue publicar artigos, mas fica com sentimentos de culpa

Id
(Bayes)
Desejo de probabilidades de hipóteses

---

ansiedade e a culpa, o comportamento compulsivo e a cegueira intelectual associados à lógica híbrida. É como se os ferozes conflitos pessoais e intelectuais entre Fisher e Neyman e Pearson, bem como entre esses frequentistas e os bayesianos, fossem projetados dentro de um conflito "intrapsíquico" nas mentes de pesquisadores. Na teoria freudiana, o ritual é um meio de resolução de conflitos inconscientes.

Autores de livros-texto, por sua vez, têm tentado resolver o conflito consciente entre estatísticos mediante o silêncio coletivo. Raramente se encontra um livro-texto para psicólogos que ressalte sequer alguns problemas no acalorado debate sobre o que seja a boa testagem de hipóteses, abordada em detalhe em Gigerenzer *et al.* (1989, cap. 3 e 6). O método de negação de livro-texto inclui a omissão dos nomes dos pais das diversas ideias – ou seja, Fisher, Neyman e Pearson – salvo quanto a trivialidades como, por exemplo, um reconhecimento pela autorização para reproduzir tabelas. Uma das poucas exceções é Hays (1963), que mencionou em uma frase, na segunda edição, que a teoria estatística progrediu cumulativamente desde Fisher até Neyman e Pearson, mas não se referiu às ideias discordantes ou aos conflitos entre eles. Já na terceira edição, contudo, essa frase foi eliminada, e

Hays regrediu para o padrão habitual. Quando um de nós perguntou-lhe por que havia apagado essa frase, ele disse ter sido pela mesma razão pela qual suprimira o capítulo sobre estatística bayesiana: o editor queria um livro de cozinha com uma única receita, e não nomes de estatísticos cujas teorias pudessem conflitar. Ao que parece, temia-se que uma caixa de ferramentas estatísticas não vendesse tão bem quanto uma só verdade única ou um único martelo.

Muitos autores de livros-texto de psicologia ainda semeiam confusão sobre teorias estatísticas, mesmo depois de terem se informado do correto. Por exemplo, em resposta a Gigerenzer (1993), Chow (1998) reconhece que existem diferentes lógicas de inferência estatística. Algumas linhas depois, porém, ele reincide na fábula de "é tudo a mesma coisa" quando afirma que "para K. Pearson, R. Fisher, J. Neyman e E. S. Pearson, a pesquisa empírica consiste, pura e exclusivamente, em NHSTP" (Chow, 1998, p. xi). Apelar aos heróis do passado para justificar o ritual nulo (ao qual o NHSTP parece equivaler) é desconcertante. Todos esses estatísticos teriam rejeitado o NHSTP. Neyman e Pearson passaram suas carreiras objetando à testagem de hipótese nula e a um mágico nível de 5%, e defendendo o conceito de erro de Tipo II (que Chow proclama não ser pertinente ao NHSTP). A confusão de Chow não é uma exceção. O NHSTP é o sintoma do conflito inconsciente mostrado na figura 21.3. Expor os conflitos entre importantes enfoques em vez de negá-los seria o primeiro passo para compreender as questões subjacentes, um pré-requisito do pensamento estatístico.

21.6 PERGUNTA 6: QUEM FAZ COM QUE OS PSICÓLOGOS TEIMEM NO RITUAL NULO?

Pergunte a alunos de pós-graduação, e eles, provavelmente, apontarão seus orientadores. Os estudantes não querem problemas com suas teses. Quando os reencontramos, já como pós-doutorandos, a resposta deles é que precisam de um emprego. Depois de conseguirem o primeiro emprego, ainda se sentem restritos, porque sua estabilidade depende de uma decisão num par

de anos. Quando estão seguros, como professores adjuntos ou titulares, ainda não é culpa deles, porque acreditam que os editores das principais revistas não publicarão seus artigos sem o ritual nulo. Há sempre mais alguém em quem botar a culpa, e não na própria falta de coragem para saber. Mas os receios de punição por descumprimento de regras não são totalmente infundados. Por exemplo, Melton (1962) insistiu no ritual nulo e esclareceu, em seu editorial, que quer ver $p < 0,01$, não só $p < 0,05$. As razões que ele deu são duas das ilusões mencionadas na seção 21.1. Ele afirmou, erroneamente, que quanto menor o valor p, maior a confiança em que a hipótese alternativa seja verdadeira e maior a probabilidade de uma repetição obter um resultado significante. Nada se menciona no editorial, além de valores p: hipóteses precisas, boa estatística descritiva, intervalos de confiança, tamanhos de efeitos e poder não aparecem no pronunciamento de Melton sobre boa pesquisa. Assim, o ritual nulo parece ser imposto pelos editores.

O relato de um editor recente revela, contudo, que a verdade não é tão simples assim. Em "On the Tyranny of Hypothesis Testing in the Social Sciences", Geoffrey Loftus (1991) resenhou *The Empire of Chance* (Gigerenzer *et al.*, 1989), que apresentou uma das primeiras análises de como psicólogos misturaram ideias de Fisher e de Neyman e Pearson em uma única lógica híbrida. Quando se tornou editor de *Memory & Cognition*, Loftus (1993) deixou claro, em seu editorial, que não queria que os autores apresentassem artigos nos quais valores p, t ou F são calculados e comunicados de maneira irracional. Ele pediu que os autores simplificassem e informassem números com barras de erro, seguindo o provérbio que diz "uma imagem vale mais do que mil valores p". Admiramos Loftus por ter tido a coragem de dar esse passo. Anos depois, um de nós indagou Loftus a respeito do sucesso de sua cruzada contra a testagem de significância feita de forma irrefletida. Loftus lamentou amargamente que a maioria dos pesquisadores rejeitasse a oportunidade de fugir ao ritual. Mesmo quando ele pediu, em sua proposta editorial, que os autores se livrassem de dúzias de valores p, eles insistiram em mantê-las. Há, na mente de muitos pesquisadores, algo profundamente arraigado que faz com que eles ajam da mesma maneira uma e outra vez.

456 • SEÇÃO VI / QUESTÕES FUNDAMENTAIS

21.7 PERGUNTA 7: COMO PODEMOS PROMOVER O PENSAMENTO ESTATÍSTICO?

Não existe uma receita simples para incentivar o pensamento estatístico, mas sim várias boas heurísticas. Nós esboçamos algumas delas, e os leitores podem usá-las para elaborar seu próprio programa ou currículo.

21.7.1 Hipóteses está no plural

Se há um único problema grave com o ritual nulo, é o fato de *hipótese* estar no singular. A testagem de hipóteses sempre deveria ser competitiva, isto é, as previsões de diversas hipóteses teriam de ser especificadas. A figura 21.2 dá um exemplo de como especificar graficamente as previsões de duas hipóteses. Rieskamp e Hoffrage (1999), por exemplo, testam oito hipóteses concorrentes sobre como as pessoas preveem o lucro de empresas, e Gigerenzer e Hoffrage (1995) testam as previsões de seis estratégias cognitivas de resolução de problemas. A multiplicidade de hipóteses tem a vantagem da análise de diferenças individuais: por exemplo, é possível mostrar que as pessoas adotam, sistematicamente, diferentes estratégias para resolver problemas.

21.7.2 Minimize o erro real

O pensamento estatístico não consiste apenas em medir o erro e inserir o valor no denominador da razão t. O bom pensamento estratégico trata de como minimizar o erro real. Com *erro real*, referimo-nos à verdadeira variabilidade de medições ou observações, não à variância dividida pela raiz quadrada do número de observações. Escreveu W. S. Gosset, que publicou o teste t em 1908 sob o pseudônimo "Student": "Obviamente, o importante... é ter um erro real pequeno, não um resultado 'significante' em uma determinada estação. Parece-me que esse último não tem valor algum em si" (*apud* Pearson, 1939, p. 247). Os métodos de minimização do erro real incluem a correta escolha da tarefa (p. ex., comparação pareada em vez de pontuação) (cf. Gigerenzer; Richter, 1990), a adequada escolha de ambiente experimental (p. ex., testar participantes individualmente e não em grandes salas de aula), a adequada motivação (p, ex., por remuneração conforme desempenho em lugar de somas fixas), instruções claras e não ambíguas, bem como evitar enganar participantes desnecessariamente quanto ao propósito do experimento, o que pode acarretar questionamentos posteriores e maior variabilidade de respostas (Hertwig; Ortmann, 2001).

21.7.3 Pense em uma caixa de ferramentas, não num martelo

Lembre-se de que o problema de inferência indutiva não tem uma única solução ótima, mas muitas boas soluções. O pensamento estatístico implica analisar o problema em questão e depois escolher a melhor ferramenta estatística da caixa ou mesmo construir uma ferramenta desse tipo. Nenhuma ferramenta é ideal para todos os problemas. Por exemplo, não existe um método único ideal para representar uma tendência central: é preciso decidir se cabe informar a média, a mediana, o modo ou todos os três valores levando em consideração o problema em pauta. A caixa de ferramentas inclui, entre outras, estatística descritiva, métodos de análise exploratória de dados, intervalos de confiança, testagem de hipótese nula de Fisher, testagem de hipóteses de Neyman-Pearson, análise sequencial de Wald e estatística bayesiana.

O conceito de caixa de ferramentas tem uma consequência importante para o ensino de estatística. *Parem de ensinar o ritual nulo ou o que se chama de NHSTP* (cf., p. ex., Chow, 1998; Harlow, 1997). Ensinem estatística no plural: as principais ferramentas estatísticas juntamente com bons exemplos de problemas que elas podem resolver. Por exemplo, é fácil explicar a lógica da testagem de hipótese nula de Fisher (1956) em três passos:

1. Enuncie uma hipótese estatística nula. A nula não precisa ser uma hipótese de zero (diferença zero).
2. Informe o nível de significância exato (p. ex., $p = 0,011$ ou $0,051$). Não use um nível convencional de 5% (p. ex., $p < 0,05$) e não fale em aceitar ou rejeitar hipóteses.
3. Siga esse procedimento somente se você souber muito pouco sobre o problema em questão.

Observe-se que a testagem de hipótese nula de Fisher é diferente do ritual nulo, em todos os seus passos (cf. introdução). Pode-se ver que o poder estatístico não tem espaço no arcabouço de Fisher, pois é preciso ter uma hipótese alternativa especificada para calcular o poder. Na mesma linha, pode-se explicar a lógica do teste de hipóteses de Neyman-Pearson, que, para o caso de duas hipóteses e um critério de decisão binária, ilustramos como segue:

1. Enuncie duas hipóteses estatísticas, H_1 e H_2, e decida quanto a **α**, **β** e o tamanho da amostra antes do experimento, com base em considerações subjetivas de custo-benefício que definem uma região de rejeição para cada hipótese.
2. Se os dados caírem dentro da região de rejeição de H_1, aceite H_2; caso contrário, aceite H_1. Tenha em conta que aceitar uma hipótese não implica você acreditar nela, mas apenas que você age como se ela fosse verdadeira.
3. A serventia do procedimento limita-se a situações nas quais você tem uma disjunção de hipóteses (p. ex., quer $\mu = 8$ ou $\mu = 10$ seja verdadeira) e o contexto científico pode fornecer as utilidades que introduzem a escolha de alfa e beta.

Uma das aplicações típicas da testagem de Neyman-Pearson é no controle de qualidade. Imagine-se uma fabricante de placas metálicas para instrumentos médicos. Ela considera um diâmetro médio de 8 mm (H_1) como ótimo e um de 10 mm (H_2) como perigoso aos pacientes e, portanto, inaceitável. Por experiência, ela sabe que as flutuações aleatórias de diâmetros estão distribuídas de forma aproximadamente normal e que os desvios-padrão não dependem da média. Isto lhe permite determinar as distribuições de amostragem da média para ambas as hipóteses. Ela entende que aceitar H_1 enquanto H_2 é verdadeira (erro de Tipo II) é o erro mais grave porque pode causar dano aos pacientes e à reputação da empresa. Ela fixa a sua probabilidade em $\beta = 0,1\%$ e $\alpha = 10\%$. Agora, ela calcula o necessário tamanho de amostra n, quantidade de placas que é preciso amostrar para testar a qualidade da produção. Quando aceita H_2, ela age como se houvesse uma anomalia e para a produção, mas isto não significa que ela acredita que H_2 seja verdadeira. Ela sabe que deve esperar um falso alarme em 1 em cada 10 dias nos quais não ocorre anomalia alguma (Gigerenzer *et al.*, 1989, cap. 3).

Pode-se ensinar a lógica básica de outras ferramentas estatísticas da mesma maneira, bem como dar exemplos da utilidade e das limitações dessas ferramentas.

21.7.4 Conheça e mostre seus dados

A estatística descritiva e a análise exploratória de dados fornecem mais informação do que o ritual nulo, concretamente em presença de múltiplas hipóteses. Por exemplo, o gráfico das três curvas mostrado na figura 21.2 é mais informativo que o resultado da análise de variância de que os dados não se desviam significativamente das previsões da nula. Se mostrasse também os pontos de dados individuais ao redor das médias da curva de dados, ou ao menos as barras de erro, seria ainda mais informativo. Do mesmo modo, um gráfico de dispersão que mostra os pontos de dados é mais informativo que um coeficiente de correlação, pois cada gráfico de dispersão corresponde a uma correlação, ao passo que uma correlação de 0,5, por exemplo, corresponde a muitos gráficos de dispersão drasticamente diferentes. Wilkinson e a Task Force on Statistical Inference (1999) dão exemplos de gráficos informativos.

21.7.5 Simplifique

Uma análise estatística deve ser transparente para seu autor e os leitores. Todo método estatístico consiste em uma sequência de operações matemáticas, e, para compreender o que o produto final (pontuações de fatores, pesos de regressão, interações não significantes) significa, é preciso verificar o significado de cada operação em cada passo. A transparência permite ao leitor acompanhar cada passo e compreender ou criticar a análise. O melhor veículo para a transparência é a simplicidade. Se podemos sustentar um aspecto mediante uma simples análise, como representar graficamente as médias e os desvios-padrão, devemos persistir nela em lugar de usar um método menos transparente, como análise fatorial ou análise de percurso. O propósito de uma análise estatística não é impressionar outras pessoas com um

458 • SEÇÃO VI / QUESTÕES FUNDAMENTAIS

método complexo que elas não entendem de todo. Temos testemunhado conversas penosas em que o público realmente demandava esclarecimento, só para se dar conta de que o autor também não compreendia seu método sofisticado. Jamais use um método estatístico que não lhe seja inteiramente transparente.

21.7.6 Valores p precisam de companhia

Se você quer apresentar um valor p, lembre-se de que ele fornece informação muito limitada. Sendo assim, apresente valores p junto com informação sobre tamanhos de efeito ou poder ou intervalos de confiança. Lembre-se de que a hipótese nula que define o valor p não precisa ser uma hipótese de zero (p. ex., diferença zero); qualquer hipótese pode ser uma nula, e muitas nulas diferentes podem ser testadas simultaneamente (p. ex., Gigerenzer; Richter, 1990).

21.8 Pergunta 8: Como podemos divertir-nos mais com a estatística?

Para muitos estudantes, a estatística é árida, enfadonha e monótona. Certamente ela não precisa ser assim; exemplos do mundo real (Gigerenzer, 2002) podem fazer com que o pensamento estatístico seja empolgante. Há outros diversos meios de transformar estudantes em viciados em estatística, ou ao menos fazer com que eles pensem. A primeira heurística é traçar um fio condutor desde o passado até o presente. Compreendemos melhor as aspirações e os medos de uma pessoa se conhecemos a sua história. Conhecer a história de um conceito estatístico pode gerar uma similar sensação de intimidade.

21.8.1 Conexão com o passado

O primeiro teste de uma hipótese nula foi feito por John Arbuthnot em 1710. Seu objetivo era dar uma prova empírica da divina providência, ou seja, de um Deus ativo. Arbuthnot (1710, p. 188) observou que "os acidentes externos a que os homens estão sujeitos (aqueles que devem procurar seu alimento com perigo) causam-lhes grande dano, e que

essa perda supera de longe aquela do outro sexo". Para reparar essa perda, ele argumentou, Deus gera mais homens do que mulheres, ano após ano. Ele testou essa hipótese do propósito divino em oposição à hipótese nula de mero acaso, valendo-se de 82 anos de registros de nascimentos em Londres. O número de nascimentos de homens era maior que o de nascimentos de mulheres em todos esses anos. Arbuthnot calculou a "expectativa" desses dados se a hipótese de fruto do acaso fosse verdadeira. Em termos modernos, a probabilidade de esses dados se a hipótese nula fosse verdadeira era

$$p(D|H_0) = (1/2)^{82}.$$

Uma vez que essa probabilidade era tão pequena, ele concluiu que é a divina providência quem manda, e não o acaso:

> *Escólio.* Segue-se daqui que a poligamia é contrária à lei da natureza e da justiça, e à propagação da raça humana; pois se homens e as mulheres forem em igual número, se um homem tomar vinte esposas, dezenove homens deverão viver em celibato, o que repugna ao desígnio da natureza; nem é provável que vinte mulheres serão tão bem fecundadas por um só homem quanto por vinte. (Arbuthnot *apud* Gigerenzer; Murray, 1987, p. 4-5)

A prova de Arbuthnot sobre Deus evidencia as limitações da testagem de hipótese nula. A hipótese de pesquisa (a intervenção de Deus) não é estabelecida em termos estatísticos. Tampouco há uma hipótese alternativa substancial estabelecida em termos estatísticos (p. ex., 3% de recém-nascidas são abandonadas logo após o nascimento). Apenas a hipótese nula ("acaso") é estabelecida em termos estatísticos – uma hipótese de zero. Um resultado improvável se a nula fosse verdadeira (um baixo valor p) é tomado como "prova" da hipótese de pesquisa não especificada.

O teste de Arbuthnot foi logo esquecido. As técnicas específicas de testagem de hipótese nula – como o teste t (concebido por Gosset em 1908) ou o teste F (F de Fisher, p. ex., na análise de variância) – foram aplicadas primeiro no contexto da agricultura. No primeiro livro sobre estatística de Fisher (1925), os exemplos cheiravam a esterco, batatas e porcos. Em seu segundo livro (1935), Fisher tirara esse cheiro, bem como boa parte da matemática, de modo que os cientistas sociais pudessem se conectar com a nova estatística. As primeiras aplicações desses testes em psicologia deram-se sobretudo em parapsicologia e educação.

Entre 1940 e 1955 houve, nos Estados Unidos, uma notável mudança nas práticas de pesquisa que foi chamada de *revolução da inferência* na psicologia (Gigerenzer; Murray, 1987). Ela levou à institucionalização do ritual nulo como *o* método de inferência científica nos currículos, nos livros-texto e nos editoriais das maiores publicações. Antes de 1940, a testagem de hipótese mediante análise de variância ou o teste *t* era praticamente inexistente: Rucci e Tweney (1980) acharam, ao todo, apenas 17 artigos publicados entre 1934 e 1940 que se utilizaram dela. No início dos anos 1950, metade dos departamentos de psicologia nas principais universidades tinha feito da estatística inferencial um requisito do programa de pós-graduação (Rucci; Tweney, 1980). Em 1955, mais de 80% dos artigos empíricos em quatro publicações de ponta usavam testagem de hipótese nula (Sterling, 1959). Hoje, o número é próximo a 100%. A despeito de décadas de crítica ao ritual nulo, ele continua a ser praticado e defendido pela maioria dos psicólogos. Por exemplo, costuma-se alegar que, se pudermos despir a rotineira testagem de hipótese nula da confusão mental a ela associada, restará alguma coisa de uso limitado, mais importante: "decidir se os dados de pesquisa podem ou não ser explicados em termos de influências fortuitas" (Chow, 1998, p. 188). Voltamos a Arbuthnot: o foco recai no acaso; testar hipóteses alternativas substantivas não é um problema. É justo dizer, em defesa de Arbuthnot, que ele não recomendava esse procedimento como rotina.

Pode-se extrair material que faz ligação com o passado de dois livros seminais de Stephen Stigler (1986, 1999). Seu texto é tão claro e divertido que temos a impressão de ter crescido em meio ao pensamento estatístico. Danziger (1987), Gigerenzer (1987, 2000) e Gigerenzer *et al.* (1989) contam a história do ritual nulo na psicologia.

21.8.2 Controvérsias e polêmicas

A estatística é repleta de controvérsias. Esses relatos de conflitos podem oferecer material

sumamente motivador aos estudantes, pois eles percebem que, diferentemente do que ocorre em seus livros-texto, a estatística tem a ver com pessoas reais, os confrontos entre elas e suas com ideias. Dado o notável talento de Fisher para a polêmica, seus escritos podem servir de ponto de partida. Eis aqui alguns destaques.

Certa vez, Fisher elogiou o Reverendo Thomas Bayes por ter impedido a publicação de seu tratado, só publicado postumamente em 1763/1963. Por que Fisher disse isso? A regra de Bayes pressupõe a disponibilidade de uma distribuição de probabilidade prévia sobre as possíveis hipóteses, e Fisher sustentava que tal distribuição só é relevante quando pode ser verificada por amostragem de uma população. Dados distribucionais como esses estão disponíveis no caso da testagem de HIV (pergunta 2), mas, obviamente, são inusuais para hipóteses científicas. Para Fisher, os bayesianos equivocam-se ao supor que é possível expressar toda e qualquer incerteza em termos de probabilidades (cf. Gigerenzer *et al.*, p. 92-93).

A regra e as probabilidades subjetivas de Bayes não foram o único alvo de Fisher. Ele tachou a postura de Neyman de "infantil" e "horripilante [para] a liberdade intelectual do Ocidente". Com efeito, ele equiparou Neyman a

> russos a quem se instrui no ideal de que a pesquisa em ciências puras pode e deve ser voltada para o desempenho tecnológico, no trabalho organizado e abrangente de um plano quinquenal para a nação... [ao passo que] nos Estados Unidos também a grande importância da tecnologia organizada tem, a meu ver, levado a se confundir o processo adequado para tirar conclusões corretas com aqueles que visam, digamos, acelerar a produção ou poupar dinheiro (Fisher, 1955, p. 70).

Por que Fisher ligou a teoria de Neyman-Pearson aos planos quinquenais de Stalin? Por que os comparou também com os norte-americanos, que confundem o processo de adquirir conhecimento com acelerar a produção e poupar dinheiro? Provavelmente não foi acidental que Neyman tenha nascido na Rússia e, na época do comentário de Fisher, tivesse se mudado para os Estados Unidos. Fisher acreditava que cálculos de custo-benefício, taxas de erro de Tipo I, taxas de erros de Tipo II e decisões de aceitar-rejeitar nada tinham a ver com adquirir conhecimento, mas com tecnologia e com ganhar dinheiro, como no controle de qualidade na indústria. Os pesquisadores não aceitam nem rejeitam hipóteses; na verdade, eles informam seus colegas pesquisadores do nível exato de significância, para que outros possam decidir livremente. Na opinião de Fisher, a livre comunicação era um sinal da liberdade do Ocidente, enquanto ser informado de uma decisão era um sinal de comunismo. Para ele, os conceitos de α, β e poder $(1 - \beta)$ nada têm a ver com a testagem de hipóteses científicas. Eles são definidos como frequências de erros a longo prazo em experimentos repetidos, ao passo que, na ciência, os experimentos não se repetem uma e outra vez.

Fisher traçou uma linha rigorosa entre seus testes de hipótese nula e os testes de Neyman-Pearson, ridicularizando estes como originados na "fantasia de círculos [isto é, matemáticos] bastante distantes da pesquisa científica" (Fisher, 1956, p. 100). Neymand respondeu que alguns testes de Fisher "são, num sentido matematicamente especificável, 'mais do que inúteis'" (Hacking, 1965, p. 99). O que Neyman tinha em mente ao dar esse veredicto? Ele estimara o poder de alguns dos testes de Fisher – inclusive o famoso experimento de degustação de chá em Fisher (1935) – e descobrira que às vezes o poder era inferior a α.

A polêmica pode motivar alunos a fazerem perguntas e compreender as ideias concorrentes subjacentes às ferramentas da caixa. Pode-se ver material útil em Fisher (1955, 1956), Gigerenzer (1993), Gigerenzer *et al.* (1989, cap. 3), Hacking (1965) e Neyman (1950).

21.8.3 Brincando de detetive

Além de exemplos, histórias e polêmicas motivadoras, outro modo de atrair estudantes é desafiá-los a achar os erros de outrem. Por exemplo, dê a seus alunos a tarefa de examinar a seção sobre lógica de testagem de hipótese em livros--texto de estatística para psicologia em busca de pensamento ilusório, como na tabela 21.1. A tabela 21.2 mostra o resultado para um livro-texto muito lido e cujo autor, como de costume, não esclareceu as diferenças entre Fisher, Neyman e Pearson e os bayesianos, mas misturou todos eles. Isto acarretou confusão e pensamento ilusório sobre a onipotência

do nível de significância. A tabela 21.2 mostra citações de três páginas do livro-texto, nas quais o autor tenta explicar ao leitor o significado do nível de significância. Por exemplo, as três primeiras asseverações são ininteligíveis ou francamente erradas e sugerem que um nível de significância forneceria informação sobre a probabilidade de hipóteses, enquanto a quarta importa na falácia de repetição.

Ao longo dos anos, autores de livros-texto em psicologia aprenderam a evitar erros óbvios, mas continuam a ensinar o ritual nulo. Por exemplo, a 16ª edição do muito influente livro-texto *Psychology and Life*, de Gerrig e Zimbardo (2002, p. 37-46), contém seções sobre "estatística inferencial" e "como se tornar um sensato consumidor de estatística" que são simples orientações para o ritual nulo. Apresentado como estatística propriamente dita, o ritual é chamado de "coluna vertebral da pesquisa psicológica" (Gerrig; Zimbardo, 2002, p. 46). Nosso aluno detetive não achará menções a Fisher, Bayes, Neyman ou Pearson nem conceitos como poder, tamanho de amostra ou intervalos de confiança. Pode também se deparar com a linguagem oracular predominante: "Estatísticas inferenciais indicam a probabilidade de a amostra de pontuações obtidas estar realmente relacionada com o que você tenta medir ou se elas podem ter ocorrido por acaso" (Gerrig; Zimbardo, 2002,

Tabela 21.2 – O que significa "Significante ao nível de 5%"

- "Se a probabilidade é baixa, a hipótese nula é improvável"
- "A *improbabilidade* de resultados observados decorrerem de erro"
- "A probabilidade de uma diferença observada ser real"
- "A *confiança estatística*... com chances de 95 em 100 de a diferença observada se sustentar em pesquisas"
- Grau em que resultados experimentais são "levados a sério"
- "O perigo de aceitar um resultado estatístico como real quando, de fato, ele decorre exclusivamente de erro"
- Grau de "fé [que] se pode depositar na realidade da descoberta"
- "O pesquisador pode ter 95% de confiança em que a média da amostra difere realmente da média populacional"
- "Todas essas maneiras diferentes de se dizer a mesma coisa"

FONTE: Nunally (1975).

NOTA: Em três páginas, o autor de um livro-texto muito lido explicou ao leitor que "nível de significância" significava tudo o que foi mencionado anteriormente (Nunally, 1975, p. 194-196). Alunos inteligentes ficarão confusos, mas talvez atribuam – erroneamente – essa confusão à sua própria falta de conhecimento.

p. 44). Todavia, em meio a explanações ininteligíveis e disparatadas como essas, surgem momentos de profunda percepção: "Também se pode fazer uso de estatísticas de forma equivocada ou enganosa, desorientando quem não as entende" (Gerrig; Zimbardo, 2002, p. 46).

21.9 Pergunta 9: E se não existissem testes de significância?

Essa pergunta foi feita em uma série de artigos em Harlow, Mulaik e Steiger (1997) e em debates similares, resumidos na excelente análise de Nickerson (2000). Entretanto há, na verdade, duas perguntas distintas: E se não existisse nenhuma testagem de hipótese nula (testagem de significância), como defendida por Fisher? E se não houvesse ritual nulo (ou NHSTP) algum?

Se alguma coisa os psicólogos eminentes têm em comum é a aversão à irracionalidade da testagem de hipótese nula, contrastando com a preferência das massas. Você não vai pegar Jean Piaget testando uma hipótese nula. Piaget elaborou sua teoria lógica de desenvolvimento cognitivo; Wolfgang Köhler, as leis de percepção de Gestalt; I. P. Pavlov, os princípios de condicionamento clássico; B. F. Skinner, os de condicionamento operante; e Sir Frederick Bartlett, sua teoria de recordação e esquemas, e todos o fizeram sem rejeitar uma hipótese nula. Ademais, F. Bartlett, R. Duncan Luce, Herbert A. Simon, B. F. Skinner e S. S. Stevens protestaram explicitamente contra o ritual nulo (Gigerenzer, 1987, 1993; Gigerenzer; Murray, 1987).

Então, e se não houvesse ritual nulo ou NHSTP algum? Nada se perderia, a não ser confusão, angústia e uma plataforma para pensamento teórico preguiçoso. Muito poderíamos ganhar – conhecimento sobre diversas ferramentas estatísticas, treinamento em pensamento estatística e uma motivação para deduzir previsões exatas de nossas hipóteses. Deveríamos banir o ritual nulo? Certamente, pois é questão de integridade intelectual. Todo pesquisador deveria ter a coragem de não se submeter ao ritual, bem como todo editor, autor de livros-texto e orientador deveria se sentir obrigado a fomentar o pensamento estatístico e rejeitar rituais irracionais.

E se não houvesse nenhuma testagem de hipótese nula, como defendida por Fisher? Não se perderia grande coisa, exceto em situações em que soubéssemos muito pouco, em que um valor p em si pode contribuir em alguma medida. Repare-se que esta pergunta é diferente: a testagem de hipótese nula de Fisher é uma das ferramentas estatísticas na caixa, não um ritual. Deveríamos banir a testagem de hipótese nula? Não, não há motivo para isso, pois ela é apenas uma pequena ferramenta entre muitas. O que precisamos é educar a próxima geração para que se atreva a pensar e se liberte da compulsão a lavar as mãos, da ansiedade e do sentimento de culpa.

Referências

ACREE, M. C. *Theories of statistical inference in psychological research*: A historicocritical study. Ann Arbor: University Microfilms International, 1978. (Microfilmes da Universidade número H790 H7000)

AMERICAN Psychological Association. *Publication manual*. Baltimore: Garamond/Pridemark, 1974.

AMERICAN Psychological Association. *Publication manual*. 3. ed. Baltimore: Garamond/Pridemark, 1983.

ANASTASI, A. *Differential psychology*. 3. ed. Nova York: Macmillan, 1958.

ANDERSON, N. H. *Foundations of information integration theory*. Nova York: Academic Press, 1981.

ANDERSON, N. H.; CUNEO, D. The height + width rule in children's judgments of quantity. *Journal of Experimental Psychology: General*, 107, p. 335-378, 1978.

ARBUTHNOT, J. An argument for Divine Providence, taken from the constant regularity observed in the births of both sexes. *Philosophical Transactions of the Royal Society*, 27, p. 186-190, 1710.

BAKAN, D. The test of significance in psychological research. *Psychological Bulletin*, 66, p. 423-437, 1966.

BAYES, T. An essay towards solving a problem in the doctrine of chances. *In*: DEMING, W. E. (ed.). *Two papers by Bayes*. Nova York: Hafner, 1963. (Obra original publicada em 1763)

CHOW, S. L. Précis of "Statistical significance: Rationale, validity, and utility". *Behavioral and Brain Sciences*, 21, p. 169-239, 1998.

COHEN, J. The statistical power of abnormal-social psychological research: A review. *Journal of Abnormal and Social Psychology*, 65, p. 145-153, 1962.

COHEN, J. The earth is round (p < .05). *American Psychologist*, 49, p. 997-1003, 1994.

DANZIGER, K. Statistical methods and the historical development of research practice in American psychology. *In*: KRÜGER, L.; GIGERENZER, G.; MORGAN, M. S. (eds.). *The probabilistic revolution*: Vol. 2. Ideas in the sciences. Cambridge: MIT Press, 1987. p. 35-47.

DULANEY, S.; FISKE, A. P. Cultural rituals and obsessive-compulsive disorder: Is there a common psychological mechanism? *Ethos*, 22, p. 243-283, 1994.

462 • SEÇÃO VI / QUESTÕES FUNDAMENTAIS

EDWARDS, W.; LINDMAN, H.; SAVAGE, L. J. Bayesian statistical inference for psychological research. *Psychological Review*, 70, p. 193-242, 1963.

FALK, R.; GREENBAUM, C. W. Significance tests die hard. *Theory & Psychology*, 5, p. 75-98, 1995.

FERGUSON, L. *Statistical analysis in psychology and education*. Nova York: McGraw-Hill, 1959.

FISHER, R. A. *Statistical methods for research workers*. Edinburgh: Oliver & Boyd, 1925.

FISHER, R. A. *The design of experiments*. Edinburgh: Oliver & Boyd, 1935.

FISHER, R. A. Statistical methods and scientific induction. *Journal of the Royal Statistical Society, Series B*, 17, p. 69-77, 1955.

FISHER, R. A. *Statistical methods and scientific inference*. Edinburgh: Oliver & Boyd, 1956.

GERRIG, R. J.; ZIMBARDO, P. G. *Psychology and life*.16. ed. Boston: Allyn & Bacon, 2002.

GIGERENZER, G. Probabilistic thinking and the fight against subjectivity. *In*: KRÜGER, L.; GIGERENZER, G.; MORGAN, M. (eds.). *The probabilistic revolution*: Vol. II. Ideas in the sciences. Cambridge: MIT Press, 1987. p. 11-33.

GIGERENZER, G. The superego, the ego, and the id in statistical reasoning. *In*: KEREN, G.; LEWIS, C. (eds.). *A handbook for data analysis in the behavioral sciences*: Methodological issues. Hillsdale: Lawrence Erlbaum, 1993. p. 311-339.

GIGERENZER, G. *Adaptive thinking*: Rationality in the real world. Nova York: Oxford University Press, 2000.

GIGERENZER, G. *Calculated risks*: How to know when numbers deceive you. Nova York: Simon & Schuster, 2002.

GIGERENZER, G. *Reckoning with risk*: Learning to live with uncertainty. London: Penguin, 2003.

GIGERENZER, G.; HOFFRAGE, U. How to improve Bayesian reasoning without instruction: Frequency formats. *Psychological Review*, 102, p. 684-704, 1995.

GIGERENZER, G.; MURRAY, D. J. *Cognition as intuitive statistics*. Hillsdale: Lawrence Erlbaum, 1987.

GIGERENZER, G.; RICHTER, H. R. Context effects and their interaction with development: Area judgments. *Cognitive Development*, 5, p. 235-264, 1990.

GIGERENZER, G.; SWIJTINK, Z.; PORTER, T.; DASTON, L.; BEATTY, J.; KRÜGER, L. *The empire of chance*: How probability changed science and every day life. Cambridge: Cambridge University Press, 1989.

GUILFORD, J. P. *Fundamental statistics in psychology and education*. Nova York: McGraw-Hill, 1942.

HACKING, I. *Logic of statistical inference*. Cambridge: Cambridge University Press, 1965.

HALLER, H.; KRAUSS, S. Misinterpretations of significance: A problem students share with their teachers? *Methods of Psychological Research – Online [Online serial]*, 7(1), p. 1-20, 2002. Extraído em 10 de junho de 2003 de www.mpr-online.de.

HARLOW, L. L. Significance testing: Introduction and overview. *In*: HARLOW, L. L.; MULAIK, S. A.; STEIGER, J. H. (eds.). *What if there were no significance tests?* Mahwah: Lawrence Erlbaum, 1997. p. 1-17.

HARLOW, L. L.; MULAIK, S. A.; STEIGER, J. H. (eds.). *What if there were no significance tests?* Mahwah: Lawrence Erlbaum, 1997.

HAYS, W. L. *Statistics for psychologists*. 2. ed. Nova York: Holt, Rinehart & Winston, 1963.

HERTWIG, R.; ORTMANN, A. Experimental practices in economics: A methodological challenge for psychologists? *Behavioral and Brain Sciences*, 24, p. 383-403, 2001.

HOWSON, C.; URBACH, P. *Scientific reasoning*: The Bayesian approach. La Salle: Open Court, 1989.

LINDQUIST, E. F. *Statistical analysis in educational research*. Boston: Houghton Mifflin, 1940.

LOFTUS, G. R. On the tyranny of hypothesis testing in the social sciences. *Contemporary Psychology*, 36, p. 102-105, 1991.

LOFTUS, G. R. Editorial comment. *Memory & Cognition*, 21, p. 1-3, 1993.

LUCE, R. D. The tools-to-theory hypothesis: Review of G. Gigerenzer and D. J. Murray, "Cognition as intuitive statistics." *Contemporary Psychology*, 33, p. 582-583, 1988.

MASLOW, A. H. *The psychology of science*. Nova York: Harper & Row, 1966.

MELTON, A. W. Editorial. *Journal of Experimental Psychology*, 64, p. 553-557, 1962.

MILLER, G. A.; BUCKHOUT, R. *Psychology*: The science of mental life. Nova York: Harper & Row, 1973.

MULAIK, S. A.; RAJU, N. S.; HARSHMAN, R. A. There is a time and a place for significance testing. *In*: HARLOW, L. L.; MULAIK, S. A.; STEIGER, J. H. (eds.). *What if there were no significance tests?* Mahwah: Lawrence Erlbaum, 1997. p. 65-115.

NEYMAN, J. *First course in probability and statistics*. Nova York: Holt, 1950.

NEYMAN, J. Inductive behavior as a basic concept of philosophy of science. *International Statistical Review*, 25, p. 7-22, 1957.

NICKERSON, R. S. Null hypothesis significance testing: A review of an old and continuing controversy. *Psychological Methods*, 5, p. 241-301, 2000.

NUNALLY, J. C. *Introduction to statistics for psychology and education*. Nova York: McGraw-Hill, 1975.

OAKES, M. *Statistical inference*: A commentary for the social and behavioral sciences. Chichester: Wiley, 1986.

PEARSON, E. S. "Student" as statistician. *Biometrika*, 30, p. 210-250, 1939.

POLLARD, P.; RICHARDSON, J. T. E. On the probability of making Type I errors. *Psychological Bulletin*, 102, p. 159-163, 1987.

RIESKAMP, J.; HOFFRAGE, U. When do people use simple heuristics and how can we tell? *In*: GIGERENZER, G.; TODD, P. M.; THE ABC RESEARCH GROUP (eds.). *Simple heuristics that make us smart*. Nova York: Oxford University Press, 1999. p. 141-167.

RUCCI, A. J.; TWENEY, R. D. Analysis of variance and the "second discipline" of scientific psychology: A historical account. *Psychological Bulletin*, 87, p. 166-184, 1980.

SEDLMEIER, P.; GIGERENZER, G. Do studies of statistical power have an effect on the power of studies? *Psychological Bulletin*, 105, p. 309-316, 1989.

SKINNER, B. F. *A matter of consequences*. Nova York: New York University Press, 1984.

STERLING, R. D. Publication decisions and their possible effects on inferences drawn from tests of significance – or vice versa. *Journal of the American Statistical Association*, 54, p. 30-34, 1959.

STIGLER, S. M. *The history of statistics*: The measurement of uncertainty before 1900. Cambridge: Belknap Press of Harvard University Press, 1986.

STIGLER, S. M. *Statistics on the table*: The history of statistical concepts and methods. Cambridge: Harvard University Press, 1999.

"STUDENT" [W. S. Gosset]. The probable error of a mean. *Biometrica*, 6, p. 1-25, 1908.

WILKINSON, L.; TASK FORCE ON STATISTICAL INFERENCE. Statistical methods in psychology journals: Guidelines and explanations. *American Psychologist*, 54, p. 594-604, 1999.

Capítulo 22

SOBRE EXOGENEIDADE

DAVID KAPLAN[1]

22.1 INTRODUÇÃO

Quando se aplicam modelos estatísticos para estimar relações substantivas, faz-se uma distinção entre variáveis endógenas e variáveis exógenas. Outras denominações dessas variáveis são *dependentes* e *independentes* ou *critério* e *preditor*. No caso de regressão linear múltipla, uma das variáveis é indicada como endógena e as restantes, como exógenas. Em regressão multivariada, escolhe-se um conjunto de variáveis endógenas que é relacionado a uma ou mais variáveis exógenas. No caso de modelagem de equação estrutural, há, em geral, um conjunto de variáveis endógenas relacionadas umas às outras e também a um conjunto de variáveis exógenas.

Na maioria das vezes, a escolha de variáveis endógenas e exógenas é orientada pela pergunta de pesquisa que é objeto de interesse, pouco se levando em consideração as consequências estatísticas dessa escolha. De mais a mais, um exame de livros-texto comuns nas ciências sociais e comportamentais revela definições confusas de variáveis endógenas e exógenas. Por exemplo, Cohen e Cohen (1983, p. 375) escrevem que

> variáveis exógenas são variáveis medidas que não são causadas por qualquer outra variável no modelo, exceto (possivelmente) por outras variáveis exógenas. Elas têm o mesmo significado que as variáveis independentes na análise de regressão

comum, exceto porque elas incluem, explicitamente, o pressuposto de não serem causalmente dependentes das variáveis endógenas do modelo. As variáveis endógenas são – em parte – efeitos de variáveis exógenas e não têm efeito causal sobre elas.

Em outro exemplo, Bollen (1989, p. 12) escreve:

> Os termos "exógeno" e "endógeno" são específicos do modelo. Pode ser que uma variável exógena num modelo seja endógena em outro. Ou que uma variável mostrada como sendo exógena seja, na verdade, influenciada por uma variável do modelo. A despeito dessas possibilidades, a convenção é chamar as variáveis de exógenas ou endógenas de acordo com a representação num determinado modelo.

E, finalmente, de um ponto de vista econométrico, Wonnacott e Wonnacott (1979, p. 257-258) escrevem, quanto ao fato de se tratar a renda (denominada I na definição deles) como variável exógena:

> Deve-se fazer uma importante distinção entre dois tipos de variáveis em nosso sistema. Pressupõe-se que I é uma variável exógena. Uma vez que o valor dessa variável é determinado de *fora* do sistema, muitas vezes ela será chamada de *predeterminada*; contudo, seria preciso reconhecer que uma variável predeterminada pode ser fixa ou *aleatória*. O ponto essencial é que seus valores são determinados em outro lugar.

---

1. Esta pesquisa contou com o apoio de uma bolsa da American Educational Research Association, que recebe fundos para o seu "AERA Grants Program" da National Science Foundation, do National Center for Education Statistics e do Office of Educational Research and Improvement (Departamento de Educação dos Estados Unidos) sob o subsídio da NSF # REC-9980573. As opiniões refletem as ideias do autor, e não necessariamente as dos órgãos financiadores. O autor é grato ao professor Aris Spanos por seus valiosos comentários sobre um rascunho prévio deste capítulo.

466 • SEÇÃO VI / QUESTÕES FUNDAMENTAIS

As definições de variáveis exógenas anteriormente apresentadas são do tipo das que achamos na maioria dos livros-texto de estatística para ciências sociais[2]. No entanto, essas definições e outras similares são problemáticas por várias razões. Em primeiro lugar, essas definições não expressam com precisão o que significa dizer que variáveis exógenas não dependem das variáveis endógenas no modelo. Por exemplo, com a definição de Cohen e Cohen (1983), se uma variável exógena é possivelmente dependente de outras variáveis exógenas, tais variáveis exógenas "dependentes" são, de fato, endógenas, e o que essa definição descreve é um sistema de equações estruturais. Em segundo lugar, a definição de Bollen (1989), embora descreva com exatidão a convenção corrente, parece confundir a representação de uma variável num modelo com exogeneidade. Todavia o fato de uma variável estar incluída num modelo não a torna, necessariamente, exógena. Isto é, a definição de Bollen implica que basta afirmar que uma variável é exógena para ela ser exógena. Além disso, esse autor define *exogeneidade* com relação a um modelo, e não à estrutura estatística dos dados usados para testar o modelo. Terceiro, na definição de Wonnacott e Wonnacott (1979), a noção de "fora do sistema" nunca é desenvolvida de fato. Essas diferentes definições implicam uma confusão entre exogeneidade teórica e exogeneidade estatística, além de consequências para aquela quando esta não se sustenta.

Por nossa análise até aqui, fica claro que essas definições comuns de exogeneidade não oferecem um panorama completo das sutilezas ou da importância do problema. Um estudo mais completo do problema de exogeneidade vem do trabalho de Richard (1982) e de seus colegas dentro do campo da econometria. Portanto este capítulo oferece uma introdução didática à noção econométrica de exogeneidade pertinente à regressão linear com um breve exame do problema referente a modelagem de equação estrutural, modelagem multinível e modelagem de curva de crescimento. O propósito deste capítulo é salientar a importância de examinar cuidadosamente os pressupostos de exogeneidade ao especificar modelos estatísticos,

sobretudo se estes serão usados para prever ou avaliar políticas ou intervenções. A atenção será focada, principalmente, no conceito de exogeneidade fraca e em métodos informais para testar se ela se sustenta. Do mesmo modo, será apresentado o conceito de exogeneidade forte, juntamente com a noção de não causalidade de Granger, que demandará a incorporação de um componente dinâmico ao simples modelo de regressão linear. Será apresentada, ainda, a superexogeneidade junto a conceitos afins de constância e invariância de parâmetros. Métodos de testagem de exogeneidade forte e superexogeneidade também serão descritos. As exogeneidades fraca, forte e super serão ligadas aos usos de um modelo estatístico para inferência, previsão e análise de políticas, respectivamente.

Este capítulo tem a seguinte organização. Na seção 22.2, apresenta-se o problema geral da exogeneidade. Na seção 22.3, será definido o conceito de exogeneidade fraca no caso de regressão linear simples. Também apresentaremos os conceitos auxiliares de *parâmetros de interesse* e *liberdade de variação*, bem como analisaremos a exogeneidade no contexto de modelagem de equação estrutural. Na seção 22.4, vamos ponderar as condições em que cabe supor que a exogeneidade fraca se sustente, bem como as condições em que ela provavelmente será descumprida. Consideraremos, também, três testes indiretos – mas relacionados – de exogeneidade fraca. Na seção 22.5, introduziremos um componente temporal ao modelo que nos conduzirá ao conceito de não causalidade de Granger e, por sua vez, à exogeneidade forte. Abordaremos tais conceitos no que se refere ao uso de modelos estatísticos para previsão. Na seção 22.6, trataremos do problema da superexogeneidade e dos conceitos de constância e invariância de parâmetros. Examinaremos esses conceitos à luz de suas consequências na avaliação de intervenções ou políticas. Finalmente, a seção 22.7 concluirá com uma discussão sobre as implicações do pressuposto de exogeneidade para a prática habitual de modelagem estatística, tocando brevemente na questão das implicações desse pressuposto para duas outras metodologias estatísticas de uso corrente nas ciências sociais e comportamentais. Ao longo de todo este capítulo, os conceitos estarão fundamentados em problemas concretos nas áreas de educação e política educacional.

---

2 Também é bastante comum ver livros-texto evitarem totalmente uma definição de variáveis exógenas.

22.2 O PROBLEMA DA EXOGENEIDADE

Dissemos, na seção 22.1, que, com frequência, as definições de variáveis exógenas e endógenas encontradas em livros-texto de estatística comuns para ciências sociais são confusas. Nesta seção, analisaremos o problema de definir a exogeneidade com mais cuidado, lançando mão de trabalhos de teoria econométrica. Há uma coletânea de artigos pioneiros sobre o problema da exogeneidade em Ericsson e Irons (1994), bem como uma breve discussão desse problema introduzida na literatura de modelagem de equações estruturais por Kaplan (2000).

Para começar, é habitual invocar a heurística de que uma variável exógena é aquela cuja causa é determinada "fora do sistema submetido a pesquisa". Essa heurística está implícita na definição de Wonnacott e Wonnacott (1979) de uma variável exógena, anteriormente apresentada. Em geral, a noção de uma variável gerada "fora do sistema" é outra maneira de se afirmar que há covariância zero entre o regressor e o termo de perturbação. Mas uma observação atenta mostra que essa heurística é problemática, uma vez que ela não define explicitamente o significado de "fora do sistema".

De modo a demonstrar o problema dessa heurística, vejamos o contraexemplo dado por Hendry (1995) de um modelo de regressor fixo. Para dar motivação substancial a essas ideias, considere-se o problema de estimar a relação entre proficiência em leitura em crianças pequenas como função de atividades de leituras dos pais (p. ex., quantas vezes por semana os pais leem para seus filhos). Podemos representar essa relação com este modelo singelo:

$$y_t = \beta x_t + u_t, \tag{1}$$

no qual y representa a proficiência em leitura, x representa as atividades de leitura dos pais, β é o coeficiente de regressão e u é o termo de perturbação, que se supõe ser $NID(0, \sigma_u^2)$. O subscrito t indica o ponto específico da medição no tempo, distinção talvez necessária com a análise de dados de painel.

Geralmente, as atividades de leitura dos pais são tratadas como fixas. Isto é, supõe-se que, no tempo t, os níveis de envolvimento parental em leitura estão estabelecidos e permanecem iguais dali em diante. Se esse pressuposto for verdadeiro, será válida a estimação condicional da proficiência em leitura dado o envolvimento parental em atividades de leitura. Entretanto, na prática, é provável que as atividades parentais de leitura não sejam fixas, mas sim uma função das atividades parentais de leitura anteriores. Isto é, talvez o mecanismo que gera atividades parentais de leitura no tempo t seja mais bem representado por um modelo autorregressivo de primeira ordem,

$$x_t = \gamma x_{t-1} + v_t, \tag{2}$$

em que vamos supor que $|\gamma| < 1$, garantindo um processo autorregressivo estável. Mesmo se o modelo da equação (2) realmente gerar atividades parentais de leitura *antes* de gerar proficiência na leitura, isto ainda não é condição suficiente para tornar exógenas as atividades parentais nesse exemplo. Isto porque tal condição não impede perturbações atuais na equação (1) de serem relacionadas com as perturbações anteriores na equação (2). A saber:

$$u_t = \varphi v_{t-1} + \varepsilon_t. \tag{3}$$

Se a equação (3) vale para $\varphi \neq 0$, *então:*

$$E(x_t, u_t) = E[(\gamma x_{t-1} + v_t)(\varphi v_{t-1} + \varepsilon_t)]$$
$$= \gamma \varphi \sigma_v^2, \tag{4}$$

e, portanto, x_t está correlacionada com u_t, ou seja, não é exógena.

Esse simples contraexemplo serve para ilustrar as sutilezas do problema da exogeneidade. Apesar de tratar as atividades parentais de leitura como um regressor fixo e supor que ele é gerado "de fora do sistema", o verdadeiro mecanismo que gera valores atuais do regressor resulta num modelo em que o regressor se correlaciona com o termo de perturbação, sugerindo que ele é gerado dentro do sistema no que diz respeito ao modelo. Logo é necessária uma definição rigorosa da exogeneidade que não dependa do modelo em estudo, mas se baseie na estrutura real do sistema pesquisado (Hendry, 1995).

22.3 EXOGENEIDADE FRACA

Tendo mostrado que o conceito de exogeneidade é mais sutil do que as definições correntes sugerem, podemos iniciar a nossa discussão formal sobre o

468 • SEÇÃO VI / QUESTÕES FUNDAMENTAIS

problema apresentando o conceito de exogeneidade fraca, que servirá para estabelecer as bases para posteriores análises de outras formas de exogeneidade. De modo a fixar ideias, consideremos uma matriz de variáveis denominada $\mathbf{z}$ de ordem $N \times r$, em que N é o tamanho da amostra e r é o número de variáveis. Pressupondo observações independentes, a distribuição conjunta de $\mathbf{z}$ é dada como

$$f(\mathbf{z}|\boldsymbol{\theta}) = f(\mathbf{z}_1, \mathbf{z}_2, \ldots, \mathbf{z}_N|\boldsymbol{\theta}) = \prod_{i=1}^{N} f(\mathbf{z}_i|\boldsymbol{\theta}), \quad (5)$$

em que $\boldsymbol{\theta}$ é um vetor de parâmetros da distribuição conjunta de $\mathbf{z}$. A maioria das modelagens estatísticas requer que se modele uma partição de $\mathbf{z}$ em variáveis endógenas e que se suponha que a variação e a covariação nas variáveis endógenas decorrem de variáveis exógenas. Chame-se $\mathbf{y}$ a matriz $N \times p$ de variáveis endógenas e denomine-se $\mathbf{x}$ uma matriz $N \times q$ de variáveis exógenas, em que $r = p + q$. Podemos reescrever a equação (1) em termos da distribuição condicional de $\mathbf{y}$ dada $\mathbf{x}$ e a distribuição marginal de $\mathbf{x}$. Ou seja, a equação (1) pode ser relacionada à distribuição condicional na seguinte decomposição:

$$f(\mathbf{y}, \mathbf{x}|\boldsymbol{\theta}) = f(\mathbf{y}|\mathbf{x}, \boldsymbol{\omega}_1) f(\mathbf{x}, \boldsymbol{\omega}_2), \quad (6)$$

na qual $\boldsymbol{\omega}_1$ são os parâmetros associados com a distribuição condicional de $\mathbf{y}$ dada $\mathbf{x}$, e $\boldsymbol{\omega}_2$ são os parâmetros associados com a distribuição marginal de $\mathbf{x}$. Os espaços paramétricos de $\boldsymbol{\omega}_1$ e $\boldsymbol{\omega}_2$ são indicados por $\boldsymbol{\Omega}_1$ e $\boldsymbol{\Omega}_2$, respectivamente.

É evidente que não há perda de informação alguma ao fatorar a distribuição conjunta da equação (5) no produto da distribuição condicional e da distribuição marginal da equação (6). Porém a modelagem estatística corrente foca-se, quase sempre, na distribuição condicional na equação (6). Aliás, costuma-se chamar a distribuição condicional de *função de regressão*. Assim sendo, o fato de se focar na distribuição condicional pressupõe que se pode ter a distribuição marginal por dada (Ericsson, 1994). A questão da exogeneidade concerne às implicações desse pressuposto para os parâmetros de interesse.

22.3.1 Liberdade de variação

Outro conceito importante por sua relação com o problema de exogeneidade é o de *liberdade de variação*, que significa, concretamente, que, para qualquer valor de $\boldsymbol{\omega}_2$ em $\boldsymbol{\Omega}_2$, $\boldsymbol{\omega}_1$ pode assumir

qualquer valor em $\boldsymbol{\Omega}_1$ e vice-versa (Spanos, 1986). Em outras palavras, supõe-se que o par $(\boldsymbol{\omega}_1, \boldsymbol{\omega}_2)$ pertence ao produto de seus respectivos espaços paramétricos – a saber, $(\boldsymbol{\Omega}_1 \times \boldsymbol{\Omega}_2)$ – e que o espaço paramétrico $\boldsymbol{\Omega}_1$ *não é restrito por* $\boldsymbol{\omega}_2$ e vice-versa. Assim, o conhecimento do valor de um parâmetro no modelo marginal não provê informação alguma quanto à faixa de valores que um parâmetro pode assumir no modelo condicional. Por outro lado, ao se restringir $\boldsymbol{\omega}_2$ de algum modo para garantir que $\boldsymbol{\omega}_2$ esteja em $\boldsymbol{\Omega}_2$, não se restringe $\boldsymbol{\omega}_1$ de qualquer modo que não lhe permita assumir todos os possíveis valores em $\boldsymbol{\Omega}_1$.

Como exemplo de liberdade de variação, consideremos um modelo de regressão simples com uma variável endógena y e uma variável exógena x. Os parâmetros de interesse da distribuição condicional são $\boldsymbol{\omega}_1 \equiv (\beta_0, \beta_1, \sigma_u^2)$, e os parâmetros da distribuição marginal são $\boldsymbol{\omega}_2 \equiv (\mu_x, \sigma_x^2)$. Ademais, note-se que $\beta_1 = \sigma_{xy}/\sigma_x^2$, em que σ_{xy} é a covariância de x e y. Segundo Ericsson (1994), se σ_{xy} varia proporcionalmente com σ_x^2, então σ_x^2 – que está em $\boldsymbol{\omega}_2$ – não contém informação relevante para a estimação de $\beta_1 = \sigma_{xy}/\sigma_x^2$, que está em $\boldsymbol{\omega}_1$. Portanto $\boldsymbol{\omega}_1$ e $\boldsymbol{\omega}_2$ são de livre variação. Um exemplo em que a liberdade de variação poderia ser violada se dá nos casos em que um parâmetro do modelo condicional fica restrito a ser igual a um parâmetro do modelo marginal, mas tais casos são raros nas ciências sociais e comportamentais. Mostraremos, a seguir, um exemplo no qual a condição de liberdade de variação não se mantém.

22.3.2 Parâmetros de interesse

A liberdade de variação não garante que se possa desconsiderar o modelo marginal quando o interesse está centrado nos parâmetros do modelo condicional. Como em Ericsson (1994), se o interesse se concentra em estimar as médias condicionais e marginais, tanto o modelo condicional quanto o marginal são necessários[3]. Isto nos exige focar a questão da liberdade de variação nos *parâmetros de interesse*, ou seja, os parâmetros que são função somente dos parâmetros do modelo condicional. Em termos mais formais, os parâmetros de interesse $\boldsymbol{\psi}$ são função de $\boldsymbol{\omega}_1$; isto é, $\boldsymbol{\psi} = g(\boldsymbol{\omega}_1)$.

---

3. Aliás, é possível "recuperar" a média marginal de $\mathbf{x}$ a partir da constante em uma regressão.

22.3.3 Uma definição de exogeneidade fraca

Os conceitos supracitados de fatoração, parâmetros de interesse e liberdade de variação conduzem a uma definição de exogeneidade fraca. Especificamente, de acordo com Richard (1982; também Ericsson, 1994; Spanos, 1986), uma variável x é fracamente exógeno para os parâmetros de interesse (por exemplo, ψ) se e apenas se existir uma reparametrização de θ como ω com $\omega = (\omega_1, \omega_2)$, de modo que:

i) $\psi = g(\omega_1)$ – isto é, ψ é função apenas de ω_1; e

ii) ω_1 e ω_2 são de livre variação – isto é, $(\omega_1, \omega_2) \in \boldsymbol{\Omega}_1 \times \boldsymbol{\Omega}_2$.

22.3.4 Exogeneidade fraca e o problema de regressores nominais[4]

Nas ciências sociais e comportamentais, é muito comum os modelos conterem variáveis regressoras cujas escalas são nominais. São exemplos de tais variáveis as características demográficas de indivíduos, tais como gênero ou raça. Em outras situações, variáveis nominais podem representar componentes ortogonais de um projeto experimental, como a inclusão num grupo de tratamento ou de controle. Em ambos os casos, os regressores são constantes não estocásticas fixas, a serem contrastadas com variáveis aleatórias estocásticas como a situação socioeconômica ou a quantidade de atividades parentais de leitura. Nesses casos, costuma-se submeter os dados a algum pacote de software de análise para estimação. Quando há variáveis de projeto experimental, é comum submeter os dados a um pacote de análise de variância (ANOVA). Muitos livros-texto de projeto experimental incluem uma discussão sobre a possibilidade de se considerar a ANOVA como uma situação especial de modelo de "regressão linear" (p. ex., Kirk, 1995). A semelhança entre a ANOVA e o modelo de regressão linear causa um problema no que tange a nossa discussão sobre a exogeneidade. Concretamente, dada nossa discussão sobre exogeneidade até aqui, seria justo perguntar em que medida variáveis nominais – como

gênero, raça ou arranjos de projeto experimental – são "exógenas" para estimação estatística. Em que sentido essas variáveis são geradas "fora do sistema"?

O simples fato de a questão da "exogeneidade" de regressores nominais ser colocada sugere uma mistura de ideias comumente representadas em livros-texto de estatística nas ciências sociais – concretamente, a combinação do assim chamado *modelo linear de Gauss* e do *modelo de regressão linear* (Spanos, 1999). Com efeito, a semelhança da notação dos dois modelos contribui para a confusão.

De forma resumida, as origens do modelo linear de Gauss se deram como uma tentativa de explicar relações condizentes com as leis, em órbitas planetárias, valendo-se de instrumentos de medição cuja exatidão não é perfeita. Nesse contexto, o modelo linear de Gauss representou uma situação de "projeto experimental", no qual as xs eram constantes fixas não estocásticas, embora sujeitas a erro observacional. Somente a variável y foi considerada aleatória. Aliás, segundo Spanos (1999), o modelo linear original proposto por Legendre (1805) não se sustenta em nenhum argumento probabilístico formal. Na verdade, os argumentos probabilísticos sobre a estrutura dos erros foram acrescentados por Gauss e Laplace para justificar a otimização estatística do método de mínimos quadrados para estimação de parâmetros. Especificamente, caso se pudesse supor que os erros estavam distribuídos de maneira normal, independente e idêntica, o método de mínimos quadrados atingia certas propriedades ótimas. Depois, Fisher aplicou o modelo linear de Gauss a projetos experimentais e adicionou a ideia de randomização.

O importante para a nossa discussão é que o modelo linear de Gauss não estava explicitamente alicerçado em noções probabilísticas de variáveis aleatórias que levassem, por sua vez, a noções de distribuições condicionais *versus* distribuições marginais. Foi Galton quem, com ajuda de Karl Pearson, propôs, posteriormente, o modelo de regressão linear, sem ter ciência de que ele estivesse, de alguma maneira, relacionado com o modelo linear de Gauss. A expectativa era de usar as rígidas ideias de modelagem "com feitio de lei" de Gauss em apoio às nascentes teorias de Galton sobre hereditariedade e

---

4. O autor é grato ao professor Aris Spanos por esclarecer essa questão.

470 • SEÇÃO VI / QUESTÕES FUNDAMENTAIS

eugenia (Spanos, 1999). Porém, foi G. U. Yule (1897) quem demonstrou que o método de mínimos quadrados aplicado para estimar o modelo linear de Gauss também podia ser utilizado para estimar o modelo de regressão linear de Galton (Mulaik, 1985). Nesse caso, supôs-se serem x e y variáveis aleatórias conjuntamente normais e βx foi definida como expectativa condicional de y dada x, sendo x a concretização de uma variável aleatória estocástica X.

Para definir a expectativa condicional, é preciso ser capaz de dividir a distribuição conjunta nas distribuições condicionais e marginais, e isto requer regressores estocásticos aleatórios (Spanos, 1999). Portanto, do ponto de vista da nossa análise da exogeneidade, regressores nominais como raça, gênero ou variáveis de projeto experimental não trazem nenhuma dificuldade conceitual. Quando tais variáveis são objeto de interesse, um modelo linear de Gauss foi especificado. A noção da distribuição condicional não entra na discussão porque só é possível dividir a distribuição conjunta nas distribuições condicionais e marginais no caso de regressores aleatórios estocásticos. No contexto do modelo de regressão linear, contudo, as variáveis não estocásticas entram na média condicional por meio das médias marginais das variáveis estocásticas; isto é, o termo constante é uma função das variáveis estocásticas e, portanto, não é uma constante[5].

22.3.5 Uma extensão à modelagem de equações estruturais

Pode ser interessante examinar como o problema da exogeneidade fraca se estende à modelagem de equações estruturais. Focamo-nos na modelagem de equações estruturais porque ela teve suas origens sobretudo na econometria (há um breve relato em Kaplan, 2000) e certos aspectos de seu desenvolvimento são pertinentes

à nossa análise da exogeneidade. Na seção 22.7, abordamos o problema da exogeneidade com relação a outras metodologias.

A fim de examinarmos a pertinência da exogeneidade fraca para modelos de equações estruturais, deveríamos revisitar a distinção entre a *forma estrutural* e as especificações de *forma reduzida* de um modelo de equações estruturais. A forma estrutural do modelo de equações estruturais expressa-se como (p. ex., Jöreskog, 1973):

$$\mathbf{y} = \alpha + \mathbf{B}\mathbf{y} + \Gamma\mathbf{x} + \zeta, \qquad (7)$$

em que $\mathbf{y}$ é um vetor de variáveis endógenas, α é um vetor de ordenadas estruturais, $\mathbf{B}$ é uma matriz de coeficientes que relacionam variáveis endógenas entre si, Γ é uma matriz que relaciona variáveis endógenas a variáveis exógenas, $\mathbf{x}$ é um vetor de variáveis exógenas e ζ é um vetor de termos de perturbação. Em um modelo de equação estrutural, os parâmetros estruturais de interesse são $\theta = (\alpha, \mathbf{B}, \Gamma, \Psi)$, em que está a matriz de covariância dos termos de perturbação.

Como observamos anteriormente, a equação (7) representa a forma estrutural do modelo. A especificação de elementos fixos ou livres em $\mathbf{B}$ e/ou Γ denota restrições *a priori*, refletindo, provavelmente, uma hipótese subjacente quanto ao mecanismo que gera valores de $\mathbf{y}$. O enfoque habitual para modelagem de equações estruturais exige o cumprimento de certos pressupostos para a aplicação de procedimentos correntes de estimação, como o de máxima verossimilhança. Em geral, de forma concreta, supõe-se que a distribuição condicional das variáveis endógenas, dadas as variáveis exógenas, é multivariada normalmente distribuída. Pode-se lidar com violações desse pressuposto, em princípio, por meio de métodos que captem de maneira explícita a não normalidade dos dados, como o estimador assintótico independente da distribuição (Browne, 1984) ou o estimador de mínimos quadrados ponderados para dados categóricos de Muthén (1984). Se esse e outros pressupostos forem descumpridos, o teste qui-quadrado de razão de verossimilhança padrão, as estimativas e os erros padrão serão incorretos. Pode-se achar uma discussão mais completa dos pressupostos de modelagem de equações estruturais em Kaplan (2000).

Quanto ao pressuposto de exogeneidade, uma leitura de livros-texto e literatura relevante sobre

---

5. Para isso, considere-se a adição de uma variável não estocástica (por exemplo, gênero) a um modelo de regressão com outros regressores estocásticos. A heterogeneidade na média de y e na média de x induzida pelo gênero pode ser modelada como $\mu_y = a(gênero)$ e $\mu_x = d(gênero)$, nas quais a e d são parâmetros. Expresso em termos da função de regressão, $\mu_y = \beta_0 + \beta_1\mu_x$. Após substituição, $a(gênero) = \beta_0 + \beta_1 d(gênero)$, da qual obtemos $\beta_0 = (a - \beta_1 d)gênero$. Assim, o termo constante é uma função de uma variável estocástica.

modelagem de equações estruturais sugere que a exogeneidade das variáveis preditoras – como definida anteriormente – não é tratada de maneira formal, exceto no caso de Kaplan (2000). Com efeito, a literatura existente revela que se fazem apenas considerações teóricas ao delimitar uma variável como "exógena"[6]. Para tratarmos da exogeneidade em termos da estrutura estatística dos dados, é preciso reexaminar a especificação de forma reduzida de um modelo de equação estrutural.

22.3.6 Reexame da especificação de forma reduzida

Em tratamentos econométricos clássicos de modelagem de equações estruturais, a forma reduzida tem um papel central em estabelecer a identificação de parâmetros estruturais. Obtém-se a especificação de forma reduzida de um modelo estrutural reescrevendo a forma estrutural, de modo a deixar as variáveis endógenas num lado da equação e as variáveis exógenas no outro. Concretamente, com base na equação (7), temos:

$$\mathbf{y} = \alpha + \mathbf{B}\mathbf{y} + \Gamma\mathbf{x} + \zeta,$$
$$= (\mathbf{I} - \mathbf{B})^{-1}\alpha + (\mathbf{I} - \mathbf{B})^{-1}\Gamma\mathbf{x} + (\mathbf{I} - \mathbf{B})^{-1}\zeta,$$
$$= \Pi_0 + \Pi_1\mathbf{x} + \zeta^*, \qquad (8)$$

em que se supõe que $(\mathbf{I} - \mathbf{B})$ é não singular. Na equação (8), Π_0 é o vetor de ordenadas na origem de forma reduzida, Π_1 é a matriz de coeficientes de inclinação de forma reduzida e ζ^* é o vetor de perturbações de forma reduzida, em que $\text{Var}(\zeta^*) = \Psi^*$. Para se estabelecer a identificação dos parâmetros, é preciso determinar se eles podem ser solucionados exclusivamente a partir dos parâmetros de forma reduzida (Fisher, 1966). Um exame da equação (8) revela que a forma reduzida nada mais é do que o modelo linear geral multivariado. A partir daqui, a equação (8) pode servir para avaliar a exogeneidade fraca. Especificamente no contexto da forma reduzida do modelo, os parâmetros do modelo condicional são $\omega_1 \equiv (\Pi_0, \Pi_1, \Psi^*)$ e os parâmetros do modelo marginal são $\omega_2 \equiv (\mu_x, \Sigma_x)$, em que μ_x é o vetor médio de $\mathbf{x}$, e Σ_x é a matriz de covariância de $\mathbf{x}$.

---

6. Veja-se, por exemplo, a definição de Bollen (1989) já examinada.

22.4 Avaliação da exogeneidade fraca

Lembremos que a exogeneidade fraca diz respeito à medida em que os parâmetros da distribuição marginal das variáveis exógenas estão relacionados com os parâmetros da distribuição condicional. Nesta seção, abordamos três maneiras inextricavelmente relacionadas de uma possível violação do pressuposto de exogeneidade fraca: (a) violação da normalidade conjunta de variáveis; (b) violação do pressuposto de linearidade; e (c) violação do pressuposto de erros homoscedásticos.

22.4.1 Avaliação da normalidade conjunta

Por simplicidade, examinemos de novo o modelo de regressão linear simples tratado na seção 22.2. Sabe-se que, dentro da classe de distribuições multivariadas elipticamente simétricas, a distribuição normal bivariada possui uma variância condicional (*cedasticidade*) que pode se demonstrar que não depende das variáveis exógenas (Spanos, 1999). Para isso, consideremos a distribuição normal bivariada para duas variáveis aleatórias y e x. As densidades condicional e marginal da distribuição normal bivariada podem ser expressas, respectivamente, como:

$$(y|x) \cong N((\beta_0 + \beta_1 x), \sigma_u^2),$$
$$x \cong N[\mu_x, \sigma_x^2],$$
$$\beta_0 = \mu_y - \beta_1\mu_x, \quad \beta_1 = \frac{\sigma_{xy}}{\sigma_x^2},$$
$$\sigma_u^2 = \sigma_y^2 - \left(\frac{\sigma_{xy}}{\sigma_x^2}\right)^2, \qquad (9)$$

em que $\beta_0 + \beta_1\mu_x$ é a média condicional de y dada x, σ_u^2 é a variância condicional de y dada x, μ_x é a média marginal de x e σ_x^2 é a variância marginal de x. Sejam

$$\theta = (\mu_x, \mu_y, \sigma_x^2, \sigma_y^2, \sigma_{xy}),$$
$$\omega_1 = (\beta_0, \beta_1, \sigma_u^2),$$
$$\omega_2 = (\mu_x, \sigma_x^2). \qquad (10)$$

Note-se que, para a distribuição normal bivariada (e, por conseguinte, a distribuição normal multivariada), x é fracamente exógena para a estimação dos parâmetros em ω_1 porque os parâmetros da distribuição marginal contidos no conjunto ω_2

472 • SEÇÃO VI / QUESTÕES FUNDAMENTAIS

não aparecem no conjunto dos parâmetros para a distribuição condicional ω_1. Isto é, a escolha de valores dos parâmetros em ω_2 não restringe de modo nenhum a gama de valores que os parâmetros em ω_1 podem tomar.

Como vimos anteriormente, a distribuição normal bivariada pertence à classe de distribuições elipticamente simétricas. Essa família inclui outras distribuições, como a t de Student, a logística e a de Tipo III de Pearson. A fim de mostrarmos o problema da violação do pressuposto de normalidade bivariada, podemos colocar o caso em que a distribuição conjunta pode ser caracterizada por uma distribuição t de Student bivariada (isto é, simétrica, mas leptocúrtica). As densidades condicional e marginal sob a t bivariada de Student podem ser expressas como (cf. Spanos, 2000):

$$(y|x) \cong St\bigg((\beta_0 + \beta_1 x),$$

$$\frac{\nu\sigma_u^2}{\nu - 1}\bigg\{1 + \frac{1}{\nu\sigma_x^2}[x - \mu_x]^2\bigg\}\nu + 1\bigg),$$

$$x \cong St[\mu_x, \sigma_x^2; \nu], \qquad (11)$$

sendo ν os graus de liberdade. Sejam

$$\boldsymbol{\theta} = (\mu_x, \mu_y, \sigma_x^2, \sigma_y^2, \sigma_{xy}),$$

$$\boldsymbol{\omega}_1 = (\beta_0, \beta_1, \mu_x, \sigma_x^2, \sigma_u^2),$$

$$\boldsymbol{\omega}_2 = (\mu_x, \sigma_x^2). \qquad (12)$$

Note-se que os parâmetros da distribuição marginal ω_2 aparecem com os parâmetros de distribuições condicionais ω_1. Logo, por definição, x não é fracamente exógena para a estimação dos parâmetros em ω_1.

Essa análise evidencia que um simples teste de exogeneidade há de avaliar o pressuposto de normalidade de y e x por meio, por exemplo, do coeficiente de assimetria e curtose multivariadas de Mardia (1970). Se a distribuição conjunta é diferente da normal, a estimação de parâmetros deve acontecer sob a forma distribucional correta, e, por consequência, inferências adequadas podem demandar a estimação dos parâmetros da distribuição marginal e da distribuição condicional. Visto que é provável a normalidade conjunta não se verificar na prática, esse último ponto é extremamente crítico para o método comum de modelagem estatística nas ciências comportamentais e será tratado em mais detalhe na seção 22.7.

22.4.2 Avaliação do pressuposto de linearidade

A normalidade conjunta de y e x é, certamente, fundamental para se estabelecer a exogeneidade fraca. Uma consequência do pressuposto de normalidade conjunta é que a função de regressão $E(y|x, \theta) = \beta_0 + \beta_1' x$ é linear em x (Spanos, 1986). Isto decorre de duas propriedades da distribuição normal: (a) que uma transformação linear de uma variável aleatória normalmente distribuída é normal e (b) que um subconjunto de variáveis aleatórias normalmente distribuídas é normal (Spanos, 1986). Portanto desvios da linearidade apontam, indiretamente, para violações de normalidade e, logo, para violações da exogeneidade fraca de x. Relações não lineares que não podem ser transformadas em relações lineares mediante transformações bem-comportadas resultarão em estimativas com viés e inconsistentes dos parâmetros do modelo de regressão. Pode-se avaliar a linearidade por meio de inspeção informal de gráficos ou, mais formalmente, aplicando polinômios de Kolmogorov-Gabor ou o método RESET, ambos descritos em Spanos (1986). Caso a linearidade seja rejeitada, talvez seja possível encarar o problema mediante transformações normalizadoras em y e/ou x.

22.4.3 Avaliação do pressuposto de erros homoscedásticos

O pressuposto da normalidade conjunta de y e x implica também o pressuposto de erros homoscedásticos. Isto porque, pelas propriedades da distribuição normal, a função de variância condicional (cedasticidade) $Var(y|x) = \sigma_y^2 - \sigma_{xy}^2/\sigma_x^2$ é livre de x, sendo o quadrado da covariância de y e x. Assim, a heterocedasticidade põe em questão o pressuposto de exogeneidade fraca de x porque ela implica uma relação entre os parâmetros da distribuição marginal e da distribuição condicional. Ademais, a estimação comum de mínimos quadrados que não levar em consideração a heterocedasticidade resultará em estimativas dos coeficientes de regressão que, embora sem viés, serão ineficientes. A maioria dos pacotes de software contém opções fáceis de usar para obter gráficos de dispersão de resíduos para avaliar o pressuposto de homoscedasticidade. White (1980) propôs um teste direto da hipótese de homoscedasticidade, disponível em muitos pacotes de software estatístico. A avaliação do pressuposto de homoscedasticidade no contexto de modelagem de equações estruturais e modelagem multinível acresce complexidades que serão abordadas na seção 22.7.

22.5 Não causalidade de Granger e exogeneidade forte

Ao tratarmos da exogeneidade fraca, na seção 22.3, não especificamos uma estrutura temporal para os dados. Embora se possa motivar o conceito de exogeneidade fraca fazendo uso de modelos com variáveis defasadas (Ericsson, 1994), não é preciso fazê-lo. O conceito de exogeneidade fraca é aplicável a dados transversais, bem como a dados temporais. No entanto, para apresentarmos os conceitos de não causalidade de Granger e exogeneidade forte, temos de expandir nossos modelos para explicar a estrutura dinâmica do fenômeno em estudo. Essas extensões têm importantes consequências para a análise estatística de dados de painel quando se deseja modelar relações dinâmicas corretamente e utilizar esses modelos para previsão ou prognóstico.

Comecemos por considerar uma extensão de nosso problema substantivo de estimar a relação entre proficiência de leitura e envolvimento parental em atividades de leitura. Seja $\mathbf{z}_t$ o vetor de variáveis y_t e x_t. O problema básico é, agora, que há uma dependência de valores atuais de $\mathbf{z}$ com relação a valores passados de $\mathbf{z}$, expressa como $\mathbf{z}_{t-1}$ com elementos y_{t-1} e x_{t-1}. Portanto a decomposição na equação (5) não é mais válida dada a verdadeira estrutura dinâmica do processo. Em lugar disso, precisamos, agora, condicionar ao histórico do processo, ou seja,

$$f(\mathbf{z}_t | \mathbf{z}_{t-1}; \mathbf{\Theta}). \tag{13}$$

O condicionamento na equação (13) leva à decomposição representada como modelo autorregressivo de vetor de primeira ordem da forma

$$\mathbf{z}_t = \pi \mathbf{z}_{t-1} + \varepsilon_t, \tag{14}$$

do qual decorre que

$$y_t = \beta_1 x_t + \beta_2 x_{t-1} + \beta_3 y_{t-1} + u_t, \tag{15}$$

$$x_t = \pi_1 x_{t-1} + \pi_2 y_{t-1} + v_t. \tag{16}$$

Da nossa perspectiva substantiva, a equação (15) modela pontuações de leitura atuais como uma função do envolvimento parental atual e passado, bem como de pontuações de leitura anteriores. A equação (16) modela o envolvimento parental atual como função do envolvimento parental passado e das pontuações de leitura anteriores.

A especificação nas equações (15) e (16) faz sentido substantivamente na medida em que o *feedback* de pontuações de leitura anteriores pode influenciar a quantidade de envolvimento parental atual em atividades de leitura. Em outras palavras, os pais podem notar melhora na proficiência de leitura de seus filhos e sentir-se revigorados para as suas atividades de leitura. A questão, aqui, consiste, porém, em saber se o envolvimento parental exógeno pode ser considerado exógeno à proficiência em leitura e usado para prever a futura proficiência em leitura. Nesse caso, observamos que não basta a exogeneidade fraca para o modelo condicional ser usado para desenvolver previsões de y porque, como em nosso contraexemplo na seção 22.2, valores passados de y predizem valores atuais de x, a menos que $\pi_2 = 0$. A condição de que $\pi_2 = 0$ origina a condição de não causalidade de Granger (1969). A não causalidade de Granger significa, basicamente, que apenas valores defasados de x entram na equação (15).

Junto à não causalidade de Granger, a exogeneidade fraca produz a condição de *exogeneidade forte*. A condição de exogeneidade forte permite considerar x_t (atividades parentais de leitura) como fixa no tempo t para prever os futuros valores de y (proficiência em leitura) mediante o modelo da equação (15). Caso a não causalidade de Granger não vigore (isto é, $\pi_2 \neq 0$), a previsão válida de futuros valores de y requer a análise conjunta do modelo condicional na equação (15) e do modelo marginal na equação (16). Ou seja, será preciso ter em conta o *feedback* inerente no modelo quando $\pi_2 \neq 0$ se o interesse estiver centrado na previsão.

22.5.1 Testagem de exogeneidade forte e não causalidade de Granger

Testar a exogeneidade forte é relativamente simples. Primeiro, convém frisar, novamente, que a exogeneidade forte requer a exogeneidade fraca. Logo, se esta não vigora, tampouco aquela vigorará.

474 • SEÇÃO VI / QUESTÕES FUNDAMENTAIS

Mas a exogeneidade forte tem como requisito, também, a não causalidade de Granger. Assim, se y é causa Granger de x, a exogeneidade forte não existe. O teste para não causalidade Granger é dado na equação (16), em que $\pi_2 = 0$ dá a hipótese nula de não causalidade de Granger[7].

22.6 SUPEREXOGENEIDADE

Os modelos estatísticos têm importante aplicação nas ciências sociais e comportamentais na avaliação de intervenções ou políticas relacionadas com as variáveis exógenas. Por exemplo, pensemos na questão da relação entre o tempo de uso de tecnologia de internet em aula por aluno e o aproveitamento acadêmico em sala de aula. Se o interesse estiver focado no aproveitamento como função do tempo de uso de tecnologia de internet, supõe-se que os parâmetros da equação de aproveitamento (o modelo condicional) são invariantes a mudanças nos parâmetros da distribuição marginal do tempo de acesso à internet em sala de aula.

Talvez um conjunto de políticas referentes a conexões e tempo de acesso à internet em sala de aula tenha a ver com a assim chamada *e-rate*, iniciativa que foi impulsionada durante a administração de [Bill] Clinton, visando oferecer serviços de telecomunicação com desconto a escolas e bibliotecas. O programa tinha a meta específica de amenizar a "exclusão digital" a separar as escolas de classe média e classe média alta das escolas de classe média baixa e dos bairros pobres no que tange ao acesso à tecnologia na sala de aula. As mudanças na política de *e-rate* deveriam, se bem-sucedidas, ensejar mudanças na distribuição de conexões de internet em sala de aula. A questão é se uma mudança nos parâmetros da distribuição marginal de conexões de internet em sala de aula muda a relação fundamental entre o número de conexões de internet e o aproveitamento em sala de aula.

Formalmente, a invariância diz respeito à medida em que os parâmetros da distribuição condicional não mudam quando há alterações nos parâmetros da distribuição marginal. Como Ericsson (1994) salientou, não se deve confundir *invariância* com *liberdade de variação*, como vimos ao tratar do tema da exogeneidade fraca. Apelando para um exemplo de *e-rate*, sejam ω_1 os parâmetros do modelo condicional que descreve a relação entre aproveitamento em sala de aula e tempo dedicado a atividades de internet em aula, e sejam ω_2 os parâmetros da distribuição marginal do tempo dedicado a atividades de internet. Seguindo Engle e Hendry (1993), suponhamos, para simplificar, que dois parâmetros escalares se relacionam pela função

$$\omega_{1t} = \varphi\omega_{2t}, \qquad (17)$$

sendo ω um escalar desconhecido. A liberdade de variação sugere que, ao longo do período em que ω_2 é constante, não há informação em ω_2 que seja útil para a estimação de ω_1. Todavia pode-se ver que ω_1 não é invariante ante mudanças em ω_2, isto é, mudanças nos parâmetros da distribuição marginal por algum período resultam em mudanças nos parâmetros da distribuição condicional. Pelo contrário, a invariância implica que

$$\omega_1 = \varphi_t\omega_{2t}, \quad \forall t. \qquad (18)$$

Quanto a nosso exemplo substantivo, a equação (18) implica que mudanças nos parâmetros da distribuição marginal do tempo de aula dedicado a atividades de internet devidas a, digamos, mudanças na política de *e-rate* não alteram sua relação com o aproveitamento acadêmico. Combinada com o pressuposto de exogeneidade fraca, a invariância desses parâmetros gera a condição de *superexogeneidade*[8].

22.6.1 Testagem da superexogeneidade

Há dois testes comuns para superexogeneidade (Ericsson, 1994), mas vale observar que esta requer, também, que se verifique o pressuposto de exogeneidade fraca. Assim, provando-se que a exogeneidade fraca não se verifica, a superexogeneidade é refutada. O primeiro dos dois testes comuns para a superexogeneidade consiste em estabelecer a estabilidade de ω_1 (parâmetros do modelo condicional) e a instabilidade de ω_2 (parâmetros do modelo marginal). Estabilidade dos parâmetros significa, simplesmente, que os parâmetros que

---

7. Evidentemente, essa hipótese não se verificará de maneira exata. Questões de poder e o tamanho da hipótese alternativa $\pi_2 \neq 0$ tornam-se relevantes porque dizem respeito à precisão das previsões quando a não causalidade de Granger não se verifica.

8. A exogeneidade forte não é precondição da superexogeneidade (cf. Hendry, 1995).

são objeto de interesse mantêm o valor ao longo do tempo. A *estabilidade dos parâmetros* há de ser contrastada com a *invariância*, anteriormente abordada, referente a parâmetros que não mudam como função de mudanças em uma política ou mudanças decorrentes de intervenções.

Prosseguindo, se os parâmetros do modelo condicional permanecem constantes apesar da instabilidade dos parâmetros do modelo marginal, a superexogeneidade é verificada. Chow (1960) criou métodos de determinação da estabilidade. Em resumo, para o teste Chow é preciso decidir sobre um possível ponto de parada no período da análise com base em considerações substantivas. Uma vez decidido o ponto de parada, especifica-se um modelo de regressão para a série antes e depois desse ponto. Sejam β_1 e β_2 e $\sigma_{u_1}^2$ e $\sigma_{u_2}^2$ os coeficientes de regressão e as variâncias de perturbação para os modelos antes e depois do ponto de parada, respectivamente. O teste Chow é, basicamente, um teste de tipo F da forma

$$CH = \left(\frac{RSS_T - RSS_1 - RSS_2}{RSS_1 + RSS_2} \right) \left(\frac{T - 2k}{k} \right), \quad (19)$$

em que T é o número de períodos de tempo, k é o número de regressores e RSS_T, RSS_1 e RSS_2 são a soma residual de quadrados para o período total de amostragem, subperíodo 1 e subperíodo 2, respectivamente. Pode-se usar o teste da equação (19) para testar $H_0 : \beta_1 = \beta_2$ e $\sigma_{u_1}^2 = \sigma_{u_2}^2$ e é distribuído sob H_0 como $CH \approx F(k, T - 2k)$. As limitações do teste Chow foram abordadas em Spanos (1986).

O segundo teste vai além do primeiro da seguinte maneira. Aqui, o objetivo é modelar o processo marginal, de modo a torná-lo empiricamente constante no tempo (Ericsson, 1994). Pode-se conseguir isso acrescentando variáveis fictícias que expliquem mudanças ou intervenções "sazonais" ocorridas ao longo do tempo no processo marginal. Esse exercício consiste em mudar ou intervir no processo marginal. Assim que se comprova que essas variáveis tornam constante o modelo marginal, elas são incluídas no modelo condicional. Se as variáveis que tornam o modelo marginal constante se mostram não significantes no modelo condicional, isto demonstra a invariância do modelo condicional ante mudanças no processo do modelo marginal (Engle; Hendry, 1993; Ericsson, 1994).

Voltando ao exemplo da *e-rate*, consideremos o modelo simples que relaciona o número de conexões com o aproveitamento acadêmico. Aqui, queremos testar a superexogeneidade porque gostaríamos de utilizar a medição de conexões de internet como uma variável de política para prever mudanças no aproveitamento acadêmico como função de mudanças no número de conexões de internet ao longo do tempo. Para começar, temos de testar a exogeneidade fraca do número de conexões de internet, visto que ela é necessária para a superexogeneidade vigorar. Em seguida, usaríamos, por exemplo, um teste Chow para determinar a estabilidade dos parâmetros de interesse dos parâmetros do modelo condicional ante a instabilidade dos parâmetros marginais. Depois, desenvolveríamos um modelo para a mudança no número de conexões de internet ao longo do tempo, mediante a inclusão de variáveis que descrevam essa mudança. Poderiam ser variáveis fictícias, que meçam pontos no tempo em que a política de *e-rate* foi aplicada, ou outras variáveis que descrevam como o número de conexões de internet na sala de aula teria mudado no tempo. Depois, essas variáveis são agregadas ao modelo que relaciona o aproveitamento ao número de conexões de internet. Se essas novas variáveis não forem significantes no modelo condicional, fica demonstrado que os parâmetros que relacionam o aproveitamento ao número de conexões de internet são invariantes ante mudanças nos parâmetros do modelo marginal.

22.6.2 Um aparte: regressão inversa e superexogeneidade

Suponhamos a situação hipotética em que um pesquisador quer fazer a regressão de pontuações de aproveitamento em ciências com relação a atitudes perante a ciência, sendo ambas medidas em uma amostra de alunos de oitava série por meio do modelo na equação (1). Suponhamos, também, que ambos os conjuntos de pontuações são fidedignos e válidos, e que, para efeitos desse exemplo, a medida da atitude é superexógena para a equação de aproveitamento. Isto implica que a medida de atitudes em face da ciência satisfaz o pressuposto de exogeneidade fraca e que os parâmetros de interesse são constantes e invariantes ante mudanças na distribuição marginal de atitudes em face da ciência.

476 • SEÇÃO VI / QUESTÕES FUNDAMENTAIS

Agora, suponhamos que o pesquisador deseje mudar a pergunta e estimar a regressão de atitudes em face da ciência com relação a pontuações de aproveitamento em ciências. Nesse caso, bastaria, simplesmente, inverter o coeficiente de regressão, obtendo $1/\beta$ como coeficiente de regressão inversa. A pergunta é se o modelo inverso ainda mantém a propriedade de superexogeneidade.

Para respondermos a essa questão, temos de considerar a função de densidade para o modelo inverso. Seguindo Ericsson (1994), definamos a densidade bivariada para o modelo de regressão inversa de duas variáveis aleatórias x e y como

$$(x_t|y_t) \approx N[(c + \delta y_t, \tau^2)],$$

$$y_t \approx N(\mu_y, \sigma_y^2), \qquad (20)$$

sendo $\delta = \sigma_{xy}/$, $c = \mu_x - \pi\mu_y$, e $\tau^2 = \sigma_x^2 - \sigma_{xy}^2/\sigma_y$. O modelo da equação (20) pode ser expresso em forma de modelo como

$$x_t = c + \delta y_t + v_{2t} \qquad v_{2t} \approx N(0, \tau^2),$$

$$y_t = \mu_y + \varepsilon_{yt} \qquad \varepsilon_{yt} \approx N(0, \sigma_y^2), \qquad (21)$$

em que os habituais pressupostos de regressão se verificam para esse modelo. Quando a equação (20) é expressa conforme a fatoração de funções de densidade, o resultado é a forma

$$F(\mathbf{z}_t|\boldsymbol{\theta}) = F_{x|y}(x_t|y_t, \boldsymbol{\varphi}_1)F_y(y_t|\boldsymbol{\varphi}_2), \qquad (22)$$

sendo $\boldsymbol{\varphi} \equiv (\varphi_1', \varphi_2') = h(\boldsymbol{\theta})$, uma função individual. Para vermos o problema com regressão inversa, precisamos reconhecer que há um mapeamento individual entre os parâmetros do modelo não inverso $\boldsymbol{\omega}$ da seção 22.3 e do modelo inverso. Observamos, concretamente, que, sendo $\beta = \sigma_{xy}/\sigma_x^2$ e $\sigma_u^2 = \sigma_y^2 - \sigma_{xy}^2/\sigma_x^2$, após um pouco de álgebra, pode-se demonstrar que

$$\delta = \frac{\beta\sigma_x^2}{\tau^2 + \beta^2\sigma_x^2}. \qquad (23)$$

Pode-se ver, na equação (23), que $\delta \neq 1/\beta$, a menos que $\sigma_u^2 = 0$. Além disso, com base em Ericsson (1994), notamos que, se x_t é superexógeno para β e σ_u^2, mesmo se β for constante, δ há de variar devido à variação no processo marginal de x_t por meio do parâmetro σ_x^2. Ou seja, a superexogeneidade é violada porque os parâmetros do modelo inverso são não constantes mesmo quando os parâmetros do modelo não inverso são constantes (Ericsson, 1994, p. 18).

22.6.3 A superexogeneidade, a crítica de Lucas e a importância delas para as ciências sociais e comportamentais

A superexogeneidade desempenha um importante papel filosófico na economia e na análise de política econômica. Especificamente, a superexogeneidade protege a análise de política econômica contra a assim chamada "crítica de Lucas". Este capítulo não se propõe a se aprofundar na história e nos detalhes da crítica de Lucas, mas basta dizer que essa crítica diz respeito ao uso de modelos econométricos para análise de políticas, porque os modelos econométricos contêm informações que mudam em função de alterações no próprio fenômeno que é objeto de estudo. A seguinte citação de Lucas (1976 *apud* Hendry, 1995, p. 529) expõe o problema:

> Uma vez que a estrutura de um modelo econométrico consiste em regras decisórias ótimas para agentes econômicos, e que essas regras variam sistematicamente com mudanças na estrutura da série relevante para o tomador de decisões, segue-se que qualquer mudança em políticas alterará, sistematicamente, a estrutura de modelos econométricos.

Em outras palavras, "não se pode usar um modelo para uma política se a implementação dessa política mudaria o modelo em que ela se baseou, pois, então, o resultado da política não seria o que o modelo previra" (Hendry, 1995, p. 172).

Os tipos de modelos considerados em análises econométricas de políticas diferem em aspectos importantes daqueles considerados nas outras ciências sociais e comportamentais. Por exemplo, modelos tipicamente usados em sociologia ou em educação não consistem em representações específicas do comportamento decisório ótimo de "agentes" e, portanto, não se prestam ao problema exato descrito pela crítica de Lucas. Ademais, modelos usados nas ciências sociais e comportamentais não especificam equações "técnicas" do resultado do sistema objeto de pesquisa. Entretanto a crítica de Lucas sugere, basicamente, uma negação da propriedade de invariância (Hendry, 1995) e, portanto, ainda pode ser pertinente a modelos aplicados à análise de políticas em áreas alheias à economia. Por exemplo, voltando ao caso da *e-rate* e de seu papel no aproveitamento educacional, a crítica de Lucas asseveraria que os parâmetros que representam a relação entre conexões de internet e aproveitamento educacional não são invariantes em face de mudanças no processo marginal induzido pela política de *e-rate*. Contudo, uma vez que os testes de superexogeneidade anteriormente descritos são testes da crítica de Lucas, é possível avaliar empiricamente a gravidade desse problema para a análise de políticas.

22.7 RESUMO E IMPLICAÇÕES

O exame cuidadoso das típicas definições de variáveis exógenas nas ciências sociais e comportamentais mostra que elas estão repletas de ambiguidades. No entanto a exogeneidade é, por certo, de tão vital importância para a modelagem estatística aplicada que é necessária uma conceitualização bem mais rigorosa do problema, incluindo uma orientação quanto a métodos para testar a exogeneidade. Este capítulo se propõe a oferecer uma introdução didática a noções econométricas de exogeneidade, motivando esses conceitos do ponto de vista da regressão linear simples e sua extensão à modelagem de equações estruturais. O problema da exogeneidade, como desenvolvido na literatura de econometria, fornece uma profundidade de conceitualização e rigor que, como afirmamos neste capítulo, é valiosa nas outras ciências sociais e comportamentais.

Em suma, cada forma de exogeneidade relaciona-se com um determinado uso de um modelo estatístico. A tabela 22.1 passa em revista as diferentes formas de exogeneidade, os seus requisitos específicos e os testes informais. Para tanto, lembremos que a exogeneidade fraca tem a ver com o uso de um modelo para fins de inferência.

Ela diz respeito à medida em que os parâmetros da distribuição marginal da variável exógena podem ser desconsiderados quando o foco é a distribuição condicional da variável endógena dada a variável exógena. Se a exogeneidade fraca não se verificar, a estimação deve explicar tanto a distribuição marginal quanto a condicional. A exogeneidade forte complementa o requisito de exogeneidade fraca com a noção de não causalidade de Granger, de modo que as variáveis exógenas podem ser tratadas como fixas para fins de previsão e prognóstico. Se a não causalidade de Granger não se verificar, a predição e o prognóstico devem explicar a estrutura dinâmica subjacente às variáveis exógenas. A superexogeneidade requer a existência da exogeneidade fraca e diz respeito à invariância dos parâmetros da distribuição condicional dadas mudanças concretas nos parâmetros da distribuição marginal. Se uma intervenção ou política resulta em mudanças na distribuição do processo marginal, mas não muda a relação descrita pelo modelo condicional, a variável exógena é superexógena para análise de políticas ou intervenções.

22.7.1 Implicações para a prática estatística comum

É profundo o impacto do pressuposto de exogeneidade na prática estatística comum nas ciências sociais e comportamentais. Para começar, é evidente que o problema da exogeneidade não é exclusivo dos modelos de regressão linear e de equação estrutural. Com efeito, o problema apresenta-se em todo modelo estatístico em que se faz distinção entre variáveis exógenas e endógenas, resultando em uma separação em distribuições condicionais e marginais.

Tabela 22.1 – *Resumo de diferentes formas de exogeneidade*

Forma de exogeneidade	Implicações para	Pressupostos	Testes informais/formais
Exogeneidade fraca	Inferência	Normalidade multivariada da distribuição conjunta; homoscedasticidade; linearidade	Medidas de Mardia; testes de homoscedasticidade e linearidade
Exogeneidade forte	Previsão e prognóstico	Exogeneidade fraca e não causalidade de Granger	Testes de exogeneidade fraca; teste de coeficiente em variável endógena defasada (cf. equação 16)
Superexogeneidade	Análise de políticas	Exogeneidade fraca, constância de parâmetros e invariância de parâmetros	Teste de Chow; não significância no modelo condicional de variáveis que descrevem mudanças de política no modelo marginal

478 ● SEÇÃO VI / QUESTÕES FUNDAMENTAIS

Convém ponderar, brevemente, como o problema da exogeneidade pode surgir em outros modelos estatísticos. Aqui, trataremos da *modelagem multinível* (inclusive modelagem de curva de crescimento), metodologia que desfruta de generalizada popularidade nas ciências sociais e comportamentais (cf., p. ex., Raudenbush; Bryk, 2002). A modelagem multinível é uma poderosa metodologia analítica para o estudo de sistemas sociais hierarquicamente organizados, como escolas ou empresas. Na educação, por exemplo, a modelagem multinível tem ensejado uma compreensão muito maior da estrutura organizacional das escolas no apoio à aprendizagem dos alunos. Nessa metodologia, as variáveis denominadas de "Nível 1" constituem resultados endógenos – como o aproveitamento do aluno –, que podem ser modeladas como uma função de variáveis exógenas em nível de aluno. Entre os parâmetros do modelo de Nível 1 estão a ordenada na origem e a inclinação (ou as inclinações), que têm possibilidade de variar nas assim chamadas unidades de "Nível 2", como as salas de aula. A variação em nível de sala de aula dos coeficientes de Nível 1 podem modelar-se como uma função de variáveis exógenas de sala de aula, tais como medidas da capacitação do professor em habilidades para matérias específicas. Também pode haver variação em unidades de Nível 3, como as escolas, sendo possível incluir variáveis em nível de escola para explicar esse componente de variação.

No futuro, outras pesquisas deveriam examinar o problema da exogeneidade em modelos multinível. Aqui, basta dizer que a exogeneidade entra nos modelos multinível em todos os níveis do sistema. A teoria estatística subjacente à modelagem multinível mostra que, nesses modelos, há problemas intrínsecos de heteroscedasticidade que são resolvidos por métodos de estimação específicos. Todavia ainda resta determinar se é possível demonstrar que os parâmetros de interesse em modelos multinível são livres de variação com relação aos parâmetros das variáveis exógenas em nível de aluno e nível de escola. Como os modelos multinível servem para complementar discussões importantes sobre política educacional, é crucial avaliar a exogeneidade fraca de variáveis pertinentes à política.

Um caso especial de modelagem multinível é a *modelagem de curva de crescimento*, metodologia que também goza de enorme popularidade nas ciências sociais e responde pelas características dinâmicas de dados de painel. Em tais modelos, a variável endógena de Nível 1 é um resultado como, por exemplo, uma pontuação de proficiência em leitura de um determinado aluno medida em diversas ocasiões. Essa pontuação é modelada como função de uma dimensão como o nível da série, bem como covariáveis possivelmente variáveis no tempo, como o envolvimento parental em atividades de leitura. Os parâmetros do modelo de Nível 1 constituem o nível inicial e a taxa de mudança, aos quais se permite variar aleatoriamente nos indivíduos, que, por sua vez, são modelados como uma função de variáveis exógenas que não variam no tempo, como raça/etnia, gênero ou, talvez, experiência em um programa de intervenção na primeira infância. Também se pode modelar a variação no nível médio inicial e na taxa de mudança como função de unidades de Nível 3, como salas de aula ou escolas. O poder dessa metodologia consiste em ela nos permitir estudar contribuições individuais e grupais ao crescimento do indivíduo ao longo do tempo.

O problema da exogeneidade entra nos modelos de curva de crescimento de diversas maneiras. Primeiro, medidas repetidas em indivíduos podem ser função de variáveis que são invariantes no tempo. Por exemplo, na estimação do crescimento da proficiência em leitura nas primeiras séries, variáveis invariantes no tempo incluem o QI das crianças (considerado estável no tempo) e assim por diante. Novamente, supõe-se que essas variáveis são exógenas.

Em segundo lugar, os resultados repetidos podem ser modelados como uma função de covariáveis que variam no tempo. Presume-se que toda variável que varia no tempo é exógena a seus respectivos resultados e é usada para ajudar a explicar, por exemplo, tendências sazonais nos dados. No entanto também se pode permitir que variáveis variantes no tempo tenham um efeito defasado sobre resultados posteriores. Por exemplo, uma covariável variante no tempo como as atividades parentais de leitura no tempo t podem ser especificadas para influenciarem o aproveitamento em leitura no tempo t, bem como o aproveitamento em leitura no tempo $t + 1$. Isto representa a introdução de uma variável exógena defasada no modelo de curva de pleno crescimento, e, portanto, questões de exogeneidade forte e de não causalidade de Granger podem ser pertinentes. Ou seja, o modelo de Nível 1, que caracteriza o aproveitamento no tempo t como uma função de covariáveis variantes no tempo, pressupõe que a covariável variante no tempo no tempo t não é função de aproveitamento no tempo $t - 1$. Se esse pressuposto não se verifica, a covariável variante no tempo não é fortemente exógena.

Além de a exogeneidade representar um problema em diversos modelos estatísticos, deve-se reconhecer, também, que a maioria dos pacotes de software estatístico estima os parâmetros de modelos estatísticos sob o pressuposto não comprovado de que existe exogeneidade fraca. Isto é, pacotes de software que efetuam *estimação condicional* (p. ex., máxima verossimilhança condicional), condicionada ao conjunto de variáveis exógenas, fazem-no supondo não haver, no processo marginal, nenhuma informação relevante para a estimação dos parâmetros condicionais. No entanto, como frisamos anteriormente, a exogeneidade fraca só é válida se a distribuição conjunta das variáveis é normal multivariada – um pressuposto, no mínimo, audacioso. Na prática, é provável que as estimativas obtidas com estimação condicional sejam incorretas. A única situação em que isso não é um problema é na estimação do modelo linear de Gauss com regressores não estocásticos. A pesquisa e o desenvolvimento de software deverão estudar métodos de estimação que expliquem os parâmetros da distribuição marginal junto à distribuição condicional para uma determinada especificação da forma da distribuição conjunta dos dados.

No contexto de regressão linear simples, testar a exogeneidade fraca de maneira informal mediante avaliação da normalidade conjunta e da homoscedasticidade é relativamente simples. Aliás, a maioria dos pacotes de software estatístico comum incluem diversos testes diretos e indiretos desses pressupostos. No contexto da modelagem de equações estruturais, porém, ainda que o pressuposto de normalidade tenha sido objeto de considerável atenção (para rever o tema, cf., p. ex., Kaplan, 2000), escassa atenção foi dada à avaliação de pressupostos de linearidade e homoscedasticidade. Talvez isso se deva ao fato de o tratamento da modelagem de equações estruturais em livros-texto motivar a metodologia do

ponto de vista da forma estrutural do modelo, e, portanto, não é claramente óbvio como se poderia avaliar a homoscedasticidade. Contudo, se a atenção se voltasse para a forma reduzida do modelo descrita na equação (8), os métodos comuns para avaliar o pressuposto de normalidade – inclusive homoscedasticidade e linearidade – seriam fáceis de implementar. Logo quem utiliza a modelagem de equações estruturais deveria ser encorajado a estudar gráficos e outros meios de diagnóstico associados ao modelo linear multivariado para avaliar a exogeneidade fraca.

A questão que aqui se apresenta não é tanto o modo de se avaliar a exogeneidade fraca, mas sim o que fazer se o pressuposto de exogeneidade fraca não for verificado. Reconhecer a importância do pressuposto de exogeneidade deveria ensejar pesquisas proveitosas focadas em métodos de estimação sob especificações alternativas da distribuição conjunta dos dados. No intuito de caracterizar a distribuição conjunta dos dados, todos os meios de exame de dados deveriam ser incentivados. Não se deveria ter a preocupação de "achar um modelo para os dados" porque a distribuição conjunta dos dados é desprovida de teoria[9] (Spanos, 1986). A informação da teoria só passa a ser um problema quando há uma fatoração da distribuição conjunta em distribuição condicional e distribuição marginal, na medida em que esse é o ponto do processo de modelagem no qual se faz uma distinção substantiva entre variáveis endógenas e exógenas e se definem os parâmetros que são objeto de interesse (cf. Spanos, 1999).

O pressuposto de exogeneidade forte tem implicações importantes para a prática estatística quando os modelos são usados para fins de previsão e prognóstico. Em tal caso, a exogeneidade fraca ainda é um requisito necessário, mas, além disso, é imprescindível que se estabeleça a não causalidade de Granger. Do mesmo modo, as implicações do pressuposto de superexogeneidade são importantes quando os modelos se destinam a avaliações de políticas ou intervenções. A superexogeneidade obriga-nos, também, a levar em consideração o requisito de estabilidade e invariância

---

9. Exceto pelo fato de a teoria entrar na escolha do conjunto de variáveis, bem como dos métodos de medição. Essas questões não são triviais nem centrais para a nossa discussão sobre o papel da teoria, pois esta diz respeito à separação de variáveis em endógenas e exógenas.

480 • SEÇÃO VI / QUESTÕES FUNDAMENTAIS

de parâmetros, questões estas que não têm recebido a atenção que deveriam nas ciências sociais e comportamentais. Quando nos focamos na estabilidade e na invariância dos parâmetros, também somos forçados a ponderar se existem invariantes em processos sociais e comportamentais. Aliás, como aponta Ericsson (1994), a estabilidade dos parâmetros é um pressuposto fundamental da maioria dos métodos de estimação e, portanto, de importância vital na estatística em geral.

22.7.2 Comentários finais

Toda essa discussão neste capítulo nos leva a reconhecer a *exogeneidade* como uma descrição de uma característica suposta de uma variável que, por razões teóricas, é escolhida para ser uma variável exógena. A exogeneidade fraca é a condição necessária subjacente a todas as formas de exogeneidade, sendo, então, um pressuposto fundamental que requer confirmação empírica para garantir inferências válidas. Outros pressupostos são necessários para gerar previsões ou avaliações válidas de políticas ou intervenções.

A exogeneidade reside no nexo do real processo gerador de dados (DGP, na sigla em inglês) e do modelo estatístico usado para compreender esse processo. Nos termos mais singelos, o DGP real é o mecanismo concreto que gerou os dados observados. Ele é o ponto de referência tanto para a teoria quanto para o modelo estatístico. No primeiro caso, aplica-se a teoria para explicar a realidade que é objeto de pesquisa – por exemplo, a estrutura organizacional de escolarização que gera rendimento estudantil. No último caso, o modelo estatístico destina-se a captar as características estatísticas do aspecto do DGO real que optamos por estudar e medir (Spanos, 1986; também Kaplan, 2000).

Além do papel que desempenha com relação a distinções fundamentais entre teoria, o DGP e os modelos estatísticos, a exogeneidade suscita muitas outras questões filosóficas importantes que são essenciais à prática da modelagem estatística nas ciências sociais e comportamentais. Por exemplo, uma dessas questões refere-se ao lugar adequado da prospecção de dados como estratégia de pré-modelagem. Descobrimos que a prospecção de dados tem um papel central a desempenhar quando a atenção se volta para a caracterização da distribuição conjunta dos dados. Outra questão surgida em nosso estudo sobre a exogeneidade diz respeito à realidade dinâmica dos fenômenos pesquisados. A não causalidade de Granger e a exogeneidade forte forçam-nos a ponderar que as variáveis exógenas, possivelmente, sejam sensíveis à sua própria estrutura dinâmica, e que esta deve ser corretamente modelada, de modo a obter estimativas precisas para previsão e prognóstico. A superexogeneidade lembra-nos que nossos modelos são sensíveis a mudanças concretas no processo que é objeto de pesquisa. Finalmente, uma análise séria do problema da exogeneidade obriga-nos a reexaminar livros-texto na área das ciências sociais e comportamentais, para esclarecer conceitos ambíguos e desdobramentos históricos. É de se esperar que a reflexão Christensen, sobre a importância do pressuposto de exogeneidade resulte em uma avaliação crítica dos métodos de modelagem estatística nas ciências sociais e comportamentais.

REFERÊNCIAS

BOLLEN, K. A. *Structural equations with latent variables*. New York: John Wiley, 1989.

BROWNE, M. W. Asymptotic distribution free methods in the analysis of covariance structures. *British Journal of Mathematical and Statistical Psychology*, 37, p. 62-83, 1984.

CHOW, G. C. Tests of equality between sets of coefficients in two linear regressions. *Econometrica*, 28, p. 591-605, 1960.

COHEN, J.; COHEN, P. *Applied multiple regression/correlation for the behavioral sciences*. Mahwah: Lawrence Erlbaum, 1983.

ENGLE, R. F.; HENDRY, D. F. Testing super exogeneity and invariance in regression models. *Journal of Econometrics*, 56, p. 119-139, 1993.

ERICSSON, N. R. Testing exogeneity: An introduction. *In*: ERICSSON, N. R.; IRONS, J. S. (ed.). *Testing exogeneity*. Oxford: Oxford University Press, 1994. p. 3-38.

ERICSSON, N. R.; IRONS, J. S. (ed.). *Testing exogeneity*. Oxford: Oxford University Press, 1994.

FISHER, F. *The identification problem in econometrics*. New York: McGraw-Hill, 1966.

GRANGER, C. W. J. Investigating causal relations by econometric models and cross-spectral methods. *Econometrica*, 37, p. 424-438, 1969.

HENDRY, D. F. *Dynamic econometrics*. Oxford: Oxford University Press, 1995.

JÖRESKOG, K. G. A general method for estimating a linear structural equation system. *In*: GOLDBERGER, A. S.; DUNCAN, O. D. (ed.). *Structural equation models in the social sciences*. New York: Academic Press, 1973. p. 85-112.

Capítulo 22 / Sobre exogeneidade • 481

KAPLAN, D. *Structural equation modeling*: Foundations and extensions. Thousand Oaks: Sage, 2000.

KIRK, R. E. *Experimental design*: Procedures for the behavioral sciences. Pacific Grove: Brooks/Cole, 1995.

LEGENDRE, A. M. *Nouvelles méthods pour la détermination des orbites des comètes*. Paris: Firmin Didot, 1805.

LUCAS, R. E. Econometric policy evaluation: A critique. *Journal of Monetary Economics*, 1(Suppl.), p. 19-46, 1976.

MARDIA, K. V. Measures of multivariate skewness and kurtosis with applications. *Biometrika*, 57, p. 519-530, 1970.

MULAIK, S. A. Exploratory statistics and empiricism. *Philosophy of Science*, 52, p. 410-430, 1985.

MUTHÉN, B. A general structural equation model with dichotomous, ordered categorical, and continuous latent variable indicators. *Psychometrika*, 49, p. 115-132, 1984.

RAUDENBUSH, S. W.; BRYK, A. S. *Hierarchical linear models*: Applications and data analysis methods. 2. ed. Thousands Oaks: Sage, 2002.

RICHARD, J.-F. Exogeneity, causality, and structural invariance in econometric modeling. *In*: CHOW, G. C.; CORSI, P. (ed.). *Evaluating the reliability of macro-economic models*. New York: John Wiley, 1982. p. 105-118.

SPANOS, A. *Statistical foundations of econometric modeling*. Cambridge: Cambridge University Press, 1986.

SPANOS, A. *Probability theory and statistical inference*. Cambridge: Cambridge University Press, 1999.

WHITE, H. A heteroskedasticity-consistent covariance matrix estimator and a direct test for heteroskedasticity. *Econometrica*, 48, p. 817-838, 1980.

WONNACOTT, R. J.; WONNACOTT, T. H. *Econometrics*. 2. ed. New York: John Wiley, 1979.

YULE, G. U. On the theory of correlation. *Journal of the Royal Statistical Society*, 60, p. 812-854, 1897.

Capítulo 23

OBJETIVIDADE NA CIÊNCIA E MODELAGEM DE EQUAÇÕES ESTRUTURAIS

STANLEY A. MULAIK

23.1 INTRODUÇÃO

A objetividade é um conceito essencial da ciência. Este capítulo tem por objetivo mostrar o que ela significa, como isso se dá e como ela se desenvolve na ciência em geral e em práticas metodológicas – em especial, a modelagem de equações estruturais. *Objetividade* é o substantivo que denomina o estado de ser objetivo. Por sua vez, *objetivo* é simplesmente um adjetivo formado a partir do substantivo *objeto* com o sufixo *-ivo*, que significa "de ou referente a". Portanto *objetividade* tem algo a ver com objetos. Mais especificamente, o *Merriam-Webster's Collegiate Dictionary* (1993) define *objetivo* como "de, relacionado a ou sendo um objeto, fenômeno ou situação no âmbito da experiência sensível independente de pensamento individual e perceptível por todos os observadores; que tem realidade independente da mente". O dicionário acrescenta um significado afim com implicações metodológicas: "que expressa ou lida com fatos ou situações conforme percebidos, sem distorção por sentimentos, preconceitos ou interpretações pessoais". Nesse sentido, costuma-se contrastar *objetivo* com *subjetivo*, definido pelo *Merriam-Webster's Collegiate Dictionary* como "que expressa ou lida com experiências ou conhecimentos condicionados por características ou estados mentais pessoais…, específico de um determinado indivíduo…, modificado ou afetado por opiniões, experiência ou contexto pessoais". Assim, *sujeito* e *objeto* costumam ser vistos como inextricavelmente ligados numa relação de oposição dialética recíproca. Frequentemente, identifica-se o *objetivo* com o conhecimento do que é real ou "externo", independentemente da mente do observador. Identifica-se o *subjetivo* com distorções no conhecimento causadas pelo conhecedor e por sua perspectiva, seus processos mentais, seus métodos de observação ou seus motivos, e talvez exclusivas deles. Ilusões são interpretações subjetivas do que se apresenta na realidade externa. Outro aspecto da objetividade é que ela tem um componente social, a *intersubjetividade*, isto é, concordância entre observadores quanto ao que se percebe. Segundo algumas descrições da objetividade, esta tem a concordância como única base e, portanto, é apenas um conceito social sem nenhuma base psicológica. Outras descrições salientam certas características perceptivas da objetividade, a percepção de invariantes entre diferentes pontos de vista.

23.2 AVANÇOS INICIAIS NO CONCEITO DE OBJETIVIDADE

É claro que esses conceitos de objetividade não surgiram de repente, e muitos deles não estavam diretamente ligados a um conceito de um objeto, mas sustentavam-se por si mesmos. Por exemplo, a intersubjetividade é um princípio visto na exigência da Paris Académie des Sciences de 1699 de que os experimentos fossem realizados perante uma assembleia ou, no mínimo, vários acadêmicos (Daston, 1994).

Talvez a intersubjetividade já tenha sido um princípio reconhecido na lei inglesa no século XVII, quando se concedeu aos cidadãos comuns o direito a ser julgados por um júri de iguais. A repetibilidade de experimentos também passou a ser automaticamente exigida por essas academias e sociedades científicas, mas era difícil de atingir em muitos casos (Daston, 1994). Uma vez que as rivalidades e as querelas pessoais se exacerbaram entre cientistas ingleses e franceses no século XVII, ameaçando a capacidade de funcionamento dessas sociedades, impôs-se a seus membros o cumprimento de regras de decoro, impessoalidade e imparcialidade (Daston, 1994). Mais uma vez, porém, não se estabelece vínculo algum entre essa exigência e um conceito de um objeto.

Com efeito, o conhecimento de objetos dado pelos sentidos era suspeito e sujeito a enganos, na opinião do cientista, matemático e filósofo francês René Descartes (1596-1650). Era sempre logicamente possível, Descartes (1637/1901, 1641/1901) sustentou, que o que se apresentava a ele (e a outrem) fosse uma realidade ilusória concebida por algum demônio maligno. Logo ele buscava certo conhecimento no que pudesse apreender de maneira clara e precisa em imediata intuição, sem dúvida. Seu estudo da geometria levara-o ao método que o geômetra grego Pappus recomendava para a solução de problemas nesse campo: o método de análise e síntese. *Análise* significava separar ou dividir um todo em suas partes, enquanto *síntese* significava combinar partes ou elementos num todo. Para Descartes, o método era básico para resolver qualquer problema: primeiro, divida-se o problema (análise) em suas verdades e ideias componentes; se necessário, divida-se, também, estas em verdades ainda mais elementares até chegar a verdades fundamentais e básicas. Depois, inverta-se o processo reunindo (síntese) as diversas verdades componentes até reconstruir completamente a coisa a ser entendida ou provada, enquanto se apreende em cada passo como é que os componentes se combinam para obter to-

dos cada vez maiores. Descartes acreditava que a mente funciona com base nesses dois princípios e chamava a atividade mental de análise de *intuição*, pois ela buscava visualizar os componentes de uma coisa ou um problema em termos de ideias claras e precisas que fossem obviamente verdadeiras. A atividade de síntese era *dedução* – não estrita nem necessariamente dedução, como na lógica silogística, mas uma orientação da mente, indo das verdades elementares até composições delas em conjuntos maiores. Podemos compreender o corpo de um animal começando por dissecá-lo em seus órgãos componentes, que veríamos de forma clara e precisa, e vendo, depois, como eles se combinam no corpo como um todo e como poderiam funcionar uns com relação aos outros. O outro aspecto desse método foi a dúvida procedimental: duvide-se de toda e qualquer coisa até se saber de maneira intuitiva que algo é obviamente verdadeiro. Com seu método em filosofia, Descartes afirmava ter identificado certas ideias inatas que eram indubitáveis e não decorrentes da experiência, como causalidade, infinito, negação e número. Ele é conhecido como um dos primeiros "fundacionalistas" na filosofia moderna. Descartes buscava verdades e conhecimento imutáveis procurando basear o conhecimento em um alicerce óbvio e incontestável, como aquilo que ele poderia perceber, de forma clara e precisa, como verdadeiro e indubitável. Depois, a razão podia prosseguir com base em princípios iniciais indubitáveis. Nascera o racionalismo. Todavia o método de resolução de problemas de Descartes tornou-se, de alguma maneira, um princípio metodológico fundamental em todo discurso filosófico, científico e intelectual dali em diante (Mulaik, 1987; Schouls, 1980). Mas, por ter introduzido a ideia de que o que é dado ao conhecedor pelos sentidos pode ser ilusório e não sustentado por realidade alguma, ele fez com que filósofos britânicos pudessem conceber uma mente que conhece apenas seus próprios pensamentos ou as impressões sensoriais das quais está diretamente ciente.

John Locke (1632-1704) foi o primeiro desses filósofos britânicos, que foram conhecidos como empiristas britânicos. Influenciado pelo método de análise e síntese de Descartes, Locke (1694/1962) rejeitou a noção de ideias inatas de Descartes e se propôs a embasar certo conhecimento naquilo que é dado imediata e diretamente na experiência ou na reflexão. A mente é como uma lousa em branco (uma tábula rasa) em que se escreve a experiência. Todas as ideias surgem na experiência. Isto conduziu a uma análise da experiência em ideias fundamentais e simples, como frio e quente, dureza e brandura, solidez, espaço, figura e movimento. Essas ideias são sabidamente claras e distintas umas das outras. Locke acreditava que uma realidade externa fazia com que elas se apresentassem à mente. A ordem, a frequência e a maneira com que ideias simples eram dadas à mente, quer por meio dos sentidos ou de reflexão, determinavam como elas eram combinadas (sintetizadas) em ideias complexas. A realidade externa orientava a formação de ideias complexas a partir de ideias simples. Ele examinou de forma crítica o conceito de substância, tradicionalmente considerada como sendo aquilo a que propriedades como cor e peso se aderiam, ao declarar que uma substância não passa de um certo complexo de ideias simples que coexistem, mas nada existe sob elas como substância em si.

Locke já deitou as bases para os empiristas céticos que viriam a seguir, que seriam sempre céticos de coisas como objetos, substâncias, relações necessárias de causa e efeito, realidade externa e até mesmo o eu.

George Berkeley (1685-1753) rejeitou a necessidade de se postular uma realidade externa por trás das impressões sensoriais como supérflua (Berkeley, 1710/1901, 1713/1901). A única realidade era a mente e o seu conteúdo. Mas ele deu continuidade ao programa empirista iniciado por Locke. Para o empirismo, o problema era explicar como a mente elaborava ideias complexas com base em ideias simples da experiência, o que se conseguiu ao postular-se a existência dos processos associativos da mente.

Nas mãos de David Hume (1711-1776), o empirismo foi levado a seus limites lógicos finais. Hume (1739/1968, 1748/1977) afirmou que a mente experimenta simples impressões perceptivas intensas e vívidas, como cores e sons em certas configurações e certa ordem espaciais e temporais. Estas, por sua vez, são registradas como ideias simples, mais tênues e menos vívidas. A mente era levada – ele disse – pelas impressões que recebia sintetizando ideias complexas a partir de ideias simples mediante os processos associativos de (a)

semelhança, (b) contiguidade e (c) causa e efeito. Tendia-se a reunir conjuntos similares de impressões em classes. Impressões similares que aconteciam conjuntamente nas mesmas configurações espaciais contíguas entre si tornavam-se nossas ideias de certos tipos de coisas no espaço. A sucessão regular de certos tipos de impressões deu origem às ideias de causa e efeito. Porém, ecoando a cética análise de Locke sobre a substância, Hume disse que, por muito que buscasse conhecer por experiência direta o que liga essas impressões em tipos, objetos, substâncias e causas e efeitos, nada conseguia detectar. Nada havia na experiência (a única realidade) por trás de um objeto ou uma conexão causal além de uma habitual expectativa de colagem contígua de impressões ou uma sucessão regular delas. Também não havia necessidade lógica de a sucessão regular ou a colagem contígua de impressões ocorrer no futuro, pois Hume podia conceber logicamente essa não ocorrência. Logo o empirismo, que desenvolvera a ideia de raciocinar por indução – isto é, generalizar com base em particularidades da experiência –, não podia chegar a nenhuma conclusão necessária e incontestável a partir da experiência. Não havia nenhuma ligação necessária. Com efeito, ao fazer introspecção, Hume disse que tudo o que encontrara eram as impressões de seus sentidos e suas ideias, mas nenhum eu, nenhum conhecedor a possui-los. Com isso, Hume dispensava uma mente que pensa ou contém as impressões e as ideias, bem como a ideia de uma realidade externa com necessárias ligações causais. O empirismo britânico ruíra num absurdo ceticismo.

23.3 KANT FORMULA A MODERNA CONCEPÇÃO DE OBJETIVIDADE

Tendo como pano de fundo o racionalismo de Descartes e a rejeição do empirismo britânico a – entre outras coisas – ideias necessárias, objetos externos, substância, ligações causais e o eu, Immanuel Kant (1724-1804) desenvolveu a sua filosofia crítica e uma nova concepção de objetividade fundada no julgamento de objetos (Kant, 1787/1996). Ele admitiu que a tentativa do racionalismo de compreender o mundo dedutivamente com base em ideias inatas óbvias havia fracassado. Por outro lado, embora o empirismo fosse

486 • SEÇÃO VI / QUESTÕES FUNDAMENTAIS

capaz de gerar conhecimento novo por meio da experiência, a justificação desse conhecimento escandalizava-se ante as conclusões céticas que pareciam ser inevitável consequência de seus pressupostos. Kant aceitou a legitimidade de conceitos como substância, identidade, causa e efeito e número como não decorrentes da experiência. Essas eram categorias *a priori*, isto é, não derivadas *a posteriori* da experiência. Elas eram as formas pelas quais a experiência se sintetizou na mente. Mas à diferença dos processos associativos do empirismo britânico, o ordenamento e a organização do material por parte da mente a partir dos sentidos eram espontâneos e não determinados pelos sentidos. Ecoando Aristóteles, Kant argumentou que a mente fornecia as formas *a priori*, e os sentidos forneciam a matéria ou a substância *a posteriori* da experiência. Sem os sentidos, nenhum objeto seria apresentado à mente; e, sem as categorias *a priori* da mente, nenhum objeto poderia ser pensado. "Pensamentos sem conteúdo são vazios; intuições sem conceitos são cegas" (Kant, 1787/1996, A52, B76). O problema, contudo, era justificar o uso das categorias face ao ceticismo humano. No entanto Kant rejeitou a tentativa de Locke de dar-lhes legitimidade vinculando-as "fisiologicamente" a coisas externas na experiência, de modo que elas fossem propriedades de coisas como as coisas são em si próprias.

23.4 DEDUÇÕES DE LEGITIMIDADE

A questão da legitimidade nunca é algo que seja resolvido simplesmente com base na experiência. Assim acontece especialmente nesse caso, pois a argumentação é que estes são conceitos que não se originam naquilo que é dado aos sentidos. Ademais, a legitimidade tem a ver com uma norma e uma comunidade ou um soberano que outorga tal norma. A legitimidade deles, portanto, requeria uma "dedução" diferente, mas Kant não se referia a um argumento silogístico. Ele entendia as deduções como formas de argumentação legal para estabelecer direitos. Nos tribunais de seu tempo, uma dedução não era um argumento silogístico, mas uma exposição do fundamento legal pelo qual se podia adquirir um direito por meio de várias transferências intermediárias desse direito, originado no poder soberano a outorgar

esse direito (Henrich, 1989). Os fatos do caso, que dependiam da experiência, diziam respeito apenas a quem, que, onde e quando relacionados com o modo pelo qual se afirmava ter adquirido o direito. Não eram apresentados na dedução nem como parte dela, mas separadamente. E quem era o soberano a outorgar os direitos de legitimidade a esses conceitos que não se originam na experiência, que Kant chamava de conceitos *a priori* ou *transcendentais*? Seria a comunidade intelectual, embora Kant não o diga explicitamente, motivo pelo qual suas deduções parecem imprecisas. As deduções transcendentais de Kant das categorias *a priori* seguem a estratégia de descrever claramente como elas são usadas ao longo do pensamento de objetos, mas limitam-se à função de proporcionar formas à experiência no pensamento e são incapazes de fornecer conhecimento por deduções lógicas independentes da experiência, como os racionalistas acreditavam. Daí o título de seu grande livro, a *Crítica da razão pura*. Kant mostra que as categorias *a priori são parte indispensável do raciocínio sobre objetos de experiência, mas, ao mesmo tempo, limitadas a essa função e incapazes de dar conhecimento incontestável e certo, mas apenas conhecimento corrigível e provisório a partir da experiência. Por consequência, nega-se o papel controverso desempenhado pelas ideias ou pelas categorias a priori na especulação metafísica dedutiva e rejeita-se a hostilidade do cético para com elas*. Assim, a legitimidade delas é evidente, porque são parte do pensamento de todo mundo, inclusive do cético, e a comunidade tem o direito de sancionar as formas de pensamento que lhe são aceitáveis, pois são as formas de pensamento de todo mundo (Mulaik, 1994a, 1994b).

23.4.1 Categorias a priori de Kant

Voltando-nos, agora, para a concepção de objeto de Kant, focaremos, de forma breve, as categorias que ele declarou intrinsecamente envolvidas no pensamento de objetos e que, hoje, são úteis à elucidação de uma concepção contemporânea da objetividade. Nós nos serviremos delas para ilustrar as ideias de síntese. Kant apresentou uma tabela de categorias que ele considerou categorias originais do aspecto da mente envolvido no pensamento discursivo: a compreensão. Tratava-se de

Tabela 23.1 – Tabela de categorias de Kant

1. Quantidade	2. Qualidade	3. Relação	4. Modalidade
Unidade	Realidade	Inerência e subsistência (*substantia et accidens*)	Possibilidade-Impossibilidade
Pluralidade	Negação	Causalidade e dependência (causa e efeito)	Existência-Não existência
Totalidade	Limitação	Comunidade (interação entre agente e paciente)	Necessidade-Contingência

categorias *a priori* de pura síntese para introduzir apresentações à mente dadas em intuição sensível em combinações. Uma variante dessa tabela de categorias é reproduzida na tabela 23.1.

Cada inserção na tabela 23.1 representa uma forma de síntese. Infelizmente, Kant esquivou-se a oferecer definições detalhadas de cada uma, dizendo que, se o fizesse, se desviaria de seu objetivo. Porém ele observa que elas não foram reunidas ao acaso, mas desenvolvidas sistematicamente.

Segundo Kant (1787/1996, B110), é de se notar que as quatro classes poderiam ser reunidas em duas divisões:

> Os conceitos nas duas primeiras classes [quantidade e qualidade] dirigem-se a objetos de intuição tanto puros [mentais] quanto empíricos; aqueles na segunda divisão [relação e modalidade] dirigem-se à existência desses objetos (esses objetos referem-se tanto uns aos outros quanto à compreensão).

Além disso, os conceitos incluídos na primeira divisão não estão inscritos com "correlatos" (isto é, conceitos associados), mas sim os da segunda divisão. Porém o mais intrigante é saber por que as categorias incluídas em cada classe vêm em trincas. A resposta é que, dada a primeira categoria em cada classe, ela deve ser acompanhada por uma categoria que represente a sua contradição ou algo que contraste com ela, que é a segunda categoria na classe. A terceira categoria é, então, um conceito que representa uma síntese das duas primeiras categorias.

> Esse fato, porém, não deve levar-nos a pensar que a terceira categoria é apenas um conceito derivado – e não um conceito original – de pura compreensão. Para combinar a primeira e a segunda categoria, de modo a gerar o terceiro conceito, é preciso que a compreensão realize um ato especial, diferentemente daquele que ela realiza no caso do primeiro e do segundo conceito. (Kant, 1787/1996, CPR B111)

Este é o esquema que ficou famoso por Hegel e, depois, por Marx, que consiste, primeiro, em uma tese e, depois, em uma antítese, seguidas de uma síntese das duas primeiras.

23.4.1.1 Classe de quantidade

A fim de esclarecer, consideremos que, dentro de *quantidade*, encontramos, primeiro, a *unidade*, que representa a compressão ou a síntese de numerosas coisas na percepção em uma unidade, a ser tratada pela mente como um conceito unitário e contada como um. Por exemplo, numerosas observações de diferentes pontos de vista podem-se sintetizar, conceitualmente, em observações de uma só coisa. À diferença da operação de unidade, talvez só se possa sintetizar observações em diversas unidades distintas e, portanto, não se tenha uma unidade, mas uma pluralidade. Isto corresponde a ver as coisas clara e *precisamente* como diferentes umas das outras – principalmente, em termos de sua quantidade. Mas, então, por um terceiro movimento da mente, talvez se tome uma pluralidade de unidades sintetizadas e se pense nelas como uma totalidade de unidades, como um conjunto completo, uma nova unidade.

23.4.1.2 Classe de qualidade

Novamente, quanto à qualidade, fazemos um juízo que intuímos ser real. Sua contradição ou negação é que algo não é real. Já uma síntese de ambos os conceitos – contendo os dois – seria o conceito de limitação. Algo é limitado em sua realidade como percebido pelos sentidos, no espaço, no tempo ou em ambos.

23.4.1.3 Classe de modalidade

As duas seguintes classes de categorias têm a ver com a existência de objetos, tanto como elas são com respeito umas às outras quanto com respeito à sua consideração na compreensão. Por enquanto deixaremos de lado as categorias, pois nos ocuparemos delas exaustivamente depois de tratarmos da modalidade. A modalidade tem a ver com julgamentos da existência como cogitada no pensamento. Podemos considerar que a existência de uma coisa é possível ou impossível. Isso pode contrastar com um juízo definitivo de que a coisa realmente existe ou não, que descarta a incerteza de considerar a existência como possível ou impossível. O conceito de necessária existência de alguma coisa é que sua existência é garantida por sua possibilidade.

23.4.2 Classe de relação

23.4.2.1 Inerência

Voltemo-nos, agora, para a terceira classe: *relação*. Esta é de considerável interesse para nós no trabalho científico e na estatística. A primeira categoria é a inerência. O significado do termo pode não ser percebido de imediato, mas o conceito é uma coisa com a qual lidamos diariamente, e a operação está consagrada na sintaxe da língua. O *Merriam-Webster's Collegiate Dictionary* (1993) define *inerência* como a relação entre uma qualidade e um objeto ou substância, o que talvez ainda seja um pouco abstrato. Mas é uma relação que usamos o tempo todo. Se você diz "Fulana tem 1,58 metro de altura", está usando a relação de inerência: "Fulana" é o objeto, e ela *tem* a qualidade de ter 1,58 de altura. Ao dizermos que ela *tem* essa qualidade, unimos a qualidade à Fulana. Inerência é a relação que liga qualidades ou atributos a coisas. Nossa língua se vale dessa relação o tempo inteiro, ao formar orações substantivas e orações verbais (cf. figura 23.1).

Em "O gigante verde levanta o pequeno menino", *verde* é um atributo de *gigante*; *pequeno* é um atributo de *menino*; e *levanta* é um verbo que modifica a oração substantiva *gigante verde* em uma frase, ao passo que *pequeno menino* é uma oração substantiva, objeto do verbo *levanta* que qualifica *levanta*. Uma frase é apenas uma síntese, uma junção de orações substantivas e verbais. Cada um dos Vs invertidos representa uma junção, uma síntese, algumas das quais criam uma relação de inerência entre um objeto (sujeito) e uma qualidade. A síntese de *gigante/verde, menino/pequeno* e *gigante/levanta* mostra casos de inerência. Por óbvio, os adjetivos representam qualidades atualmente estáticas do objeto, ao passo que os verbos simbolizam qualidades atualmente dinâmicas do objeto.

Se descrevemos alguém como dotado do atributo de "louro", não nos referimos a uma coisa que está mudando constantemente diante de nossos olhos. Ser "louro" não pode ser algo que varia com o tempo de observação; caso contrário, o que atribuiríamos ao objeto para esse momento? Alguém pode ser louro hoje e moreno amanhã se pintar o cabelo. Logo o atributo é conferido em determinada ocasião ou instante. Alguns desses atributos persistem por muito tempo e tornam-se quase "essenciais" à pessoa.

Na figura 23.2, ilustramos, esquematicamente, o conceito de inerência. Temos, aqui, um objeto B e um atributo att(B). Eles são reunidos (sintetizados) de modo a B ter o atributo att(B), sendo essa síntese representada pelo V invertido no diagrama.

Figura 23.2 Diagrama esquemático da inerência do atributo att(B) no Objeto B

Figura 23.1 Um diagrama de oração mostrando a junção de predicados a coisas

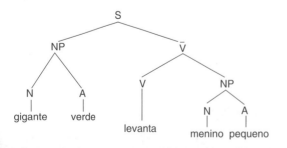

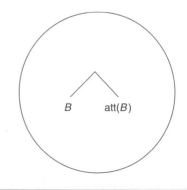

23.4.2.2 Inerência e variáveis

Deixemos Kant por um momento para ponderar as implicações da inerência para a formação de variáveis. A ideia de uma variável se constrói a partir da ideia de inerência. Por exemplo, num determinado momento, o atributo de "cor de cabelo" variará *entre indivíduos*, sendo "louro" apenas um dos *valores* dessa variável, junto com "moreno", "ruivo", "castanho" e assim por diante. *Uma variável é um conjunto de valores, e apenas um deles pode ser atribuído a um objeto em um determinado momento.* ("Louro", "moreno", "ruivo" e "castanho" são valores de cor de cabelo, e nós só atribuímos um deles a uma pessoa em um momento qualquer ao dizer qual cor de cabelo essa pessoa tem.) "Valor" designa um atributo num conjunto de atributos que definem uma variável. Logo, o que estamos descrevendo é um mapeamento entre um conjunto de objetos (nesse caso, pessoas) e um conjunto de valores de atributo (cor de cabelo).

Na figura 23.3, cada seta representa uma relação de inerência. O que faz do conjunto de atributos uma variável é a restrição pela qual a cada objeto se pode conferir só um valor do conjunto de valores de atributo. Essa restrição não impede que se confiram a um objeto diferentes valores de atributo de mais de uma variável. Mas a restrição nos permite escolher quais atributos se reúnem num conjunto de valores de uma variável: são atributos dos quais apenas um pode ser conferido a um objeto em um momento qualquer. Agora, algumas variáveis têm só um número finito de valores possíveis, como "sexo", que tem "masculino", "feminino" e "indeterminado" como valores. Outras variáveis podem ter uma quantidade infinita enumerável de valores (representando uma variável discreta), enquanto outras podem ter uma quantidade infinita não enumerável de possíveis valores (como quantidades contínuas). Mas duas variáveis podem ter o mesmo conjunto de valores possíveis e ainda ser diferentes, devido ao modo pelo qual tais valores são atribuídos a uma coleção de objetos individuais (pessoas). Isto leva ao que alguns filósofos chamam de uma *definição extensiva de uma variável*, como o conjunto de atribuições de seus valores a objetos. Uma variável é definida pelo modo como seus valores se estendem num conjunto de objetos. Duas variáveis com o mesmo conjunto de valores possíveis diferem se, para o mesmo conjunto de objetos, os valores das variáveis são atribuídos aos objetos de diferentes maneiras. Assim, duas variáveis *A* e *B*, representativas de respostas a diferentes perguntas, podem ter os valores {1, 2, 3, 4, 5}, representando respostas em uma escala de 5 pontos, mas elas diferem se a variável *A* (resposta à pergunta A) tem atribuídos valores diferentes daqueles da variável *B* (resposta à pergunta B) num conjunto de indivíduos de pontuação:

	A	B
John	1	3
Alice	2	5
Mary	3	1
Bob	4	2
Lester	5	4

Nesse caso, o ato de se conferir uma resposta a uma escala de pontuação é o ato de atribuir um valor da variável ao indivíduo. John aufere 1 na variável *A*, mas aufere 3 na variável *B*. Alice aufere 2 na variável *A*, mas tem 5 na variável *B*, e assim por diante.

Em estatística multivariada, supomos que há observações dos valores de diversas variáveis para cada indivíduo. O formato de planilha é um modo prático de representar observações e os valores de variáveis (cf. figura 23.4).

As filas da tabela na figura 23.4 correspondem

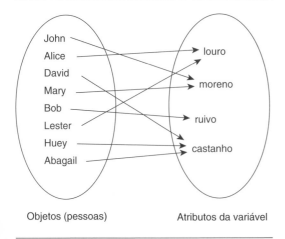

Figura 23.3 Mapeamento de um conjunto de pessoas a um conjunto que contém os valores de uma variável

490 • SEÇÃO VI / QUESTÕES FUNDAMENTAIS

Figura 23.4   Planilha indicativa de atribuição de valores de variáveis a pessoas

	nome	peso (kg)	Altura (m)	QI	média de pontos da classe	sexo
1	Jane Doe	50	1,57	142	3,80	2
2	Bill Smi	66	1,83	121	2,87	1
3	Bob Jone	84	1,86	110	1,79	1
4	Mary Pew	52	1,62	105	1,90	2
5	Jack Cle	88	1,75	121	2,55	1
6	David In	70	1,75	131	3,70	1

a sujeitos (objetos), e as colunas, a variáveis. Em uma determinada linha, podemos ler os valores que o sujeito tem em cada uma das respectivas variáveis.

A estatística multivariada estuda relações entre muitas variáveis. Por exemplo, pode-se calcular tanto a covariância quanto a correlação entre um par de variáveis. É possível, também, buscar as médias de todas as variáveis e inseri-las em uma linha na parte inferior da tabela. Pode-se, ainda, calcular a variância de pontos dentro de cada coluna e colocar todas as variâncias em uma linha na parte inferior da tabela. Além disso, é possível testar se diferentes grupos de indivíduos têm as mesmas médias em diversas variáveis. E pode-se, também, calcular uma equação de regressão para prever uma variável entre outras múltiplas variáveis, ou calcular combinações lineares de variáveis e obter correlações entre estas, como na correlação canônica.

Em estatística, supõe-se que as variáveis são ao menos numéricas, e, quando não o são, em muitos casos, podem ser codificadas de forma numérica e, preferentemente, deveriam representar quantidades. As quantidades são coisas como o número de respostas corretas num teste de muitas perguntas, temperatura, peso, altura e longitude. Às vezes, gostamos de pensar que podemos medir atributos psicológicos quantitativamente, como uma pontuação de QI, uma pontuação que mede a intensidade da preferência de uma pessoa por alguma coisa, ou uma pontuação que representa o quanto um indivíduo sabe sobre algo. Mas, para determinar que realmente se tem uma quantidade, é preciso cumprir certos axiomas (Michell, 1990), o que não é fácil com variáveis psicológicas. Porém não trataremos sobre isso aqui.

Os estudantes de pós-graduação têm o grande problema de aprender a pensar qual é a quantidade medida por uma variável. Deveríamos considerá-la unidimensional. Com muita frequência, a literatura de psicologia social e psicologia industrial denomina as variáveis de tal jeito que fica muito difícil entender qual é mesmo a quantidade medida. Em muitos casos, o que se apresenta como uma variável não é uma variável, mas um processo, uma relação, uma substância ou alguma coisa cuja descrição requereria diversas variáveis. O teórico precisa ser mais específico ao identificar a quantidade que varia. Recentemente, deparei-me com um estudo em que o pesquisador queria medir a "troca entre líder e seguidor". Então questionei: qual é a quantidade que esse nome implica? Há muitas variáveis focadas em trocas entre líderes e seguidores: *Quantas ordens* o líder dá ao seguidor? *Em que medida* o subordinado sente ter liberdade para decidir o que fazer? *Até que ponto* o subordinado diz coisas negativas sobre seu/sua supervisor/a? *Em que medida* diz coisas negativas sobre as ordens do chefe diretamente ao chefe? Até que ponto o seguidor gosta do líder? (Repare no uso das expressões "em que medida", "até que ponto" e "quanto" nessas frases. Elas nos obrigam a pensar em termos de quantidades unidimensionais quando pensamos na variável medida.) Quando se aprende a atravessar a obscuridade do jargão da psicologia social e industrial para centrar o foco em quantidades concretas, fica-se em melhores condições para ponderar quais podem ser as causas dessas quantidades, pois as causas também terão de ser representadas por variáveis. Isto ajudará a escolher possíveis preditores de variáveis dependentes quantitativas. Se eu fosse fazer do meu jeito, nunca deixaria um aluno denominar uma variável teórica com uma palavra ou frase que não incluísse, no seu início, uma das seguintes expressões: "à medida que…", "o número de…", "a quantidade de…", "até que ponto…", "a soma de…", "a pontuação em…" ou uma frase similar.

23.4.2.3 Causa e efeito

Voltando, agora, à classe de categorias de relação de Kant, vemos que a sua segunda categoria nessa classe é causalidade e dependência. É importante não perder de vista a ligação dela com a primeira categoria de inerência. A segunda categoria deve contradizer ou introduzir algo contrastante com a primeira categoria. Para fazermos com que ela atinja o conceito de causação, consideraremos um primeiro objeto com o seu atributo inerente e introduziremos outro objeto com o seu atributo inerente e diremos que o atributo do primeiro objeto é condicionado ao atributo do segundo objeto, dependente dele ou por ele determinado. Na figura 23.5, representamos, esquematicamente, uma relação causa-efeito como Kant a concebeu entre os atributos de dois objetos: A e B. Mostra-se que o atributo att(A) do objeto A é uma causa do atributo att(B) do objeto B usando uma seta para mostrar a ligação e a direção causal. (Os Vs invertidos continuam a representar relações de inerência.) Agora, é bem possível os objetos A e B serem o mesmo objeto, de modo a um dos atributos do objeto determinar outro atributo desse objeto. A concepção de causalidade de Kant exige, explicitamente, que se pense nas causas sempre com relação aos objetos, pois são estes que ostentam os atributos ligados de forma causal. Uma consequência disso nos estudos científicos é que, se temos uma concepção de uma ligação causal entre variáveis, devemos aplicá-la sempre a objetos que condizem com ela. Estudamos a ligação causal em uma coleção de objetos (objetos de pesquisa) e, assim, vemos como valores diferentes da variável causal vinculados a diferentes objetos determinam diferentes valores da variável efeito. Mas devemos ter razão para acreditar que todos os objetos (sujeitos) estudados são homogêneos de alguma maneira em seus atributos, adaptando-se à mesma relação funcional entre as variáveis causal e de efeito. Do contrário, se os atributos estão diferentemente ligados entre

Figura 23.5 Diagrama esquemático mostrando que um atributo att(A) do objeto A é uma causa do atributo att(B) do objeto B

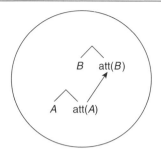

diferentes pares de objetos – ou seja, por diferentes relações funcionais, por exemplo – não temos a mesma ligação causal entre cada par de objetos, e a relação funcional que encontramos pode não existir de fato entre os objetos. Eis aí o problema de se escolher objetos que são causalmente homogêneos.

A categoria de *causação* de Kant estabelece uma característica comum encontrada em diversas concepções de causação. As relações causais têm a ver com o modo como o atributo de um objeto é condicionado a algum outro atributo – amiúde em outro objeto –, é por ele determinado ou dele depende. Lakoff e Johnson (1999) afirmam que causação é um conceito radial, composto de um núcleo central, mas com numerosas características divergentes que servem para fazer uma variedade de conceitos causais. Pode-se ver a categoria de Kant como um esquema elementar que caberia bem como cerne comum da maioria das concepções de causação. Mas, segundo Lakoff e Johnson, já se entendeu a causação de muitas maneiras. Foi entendida como uma força a mudar os atributos de um objeto, como um fazer coisas, como uma procriação pela qual o que a pessoa é depende de seus ancestrais, como uma precedência temporal necessária, como relação funcional, como uma determinação da probabilidade com que valores de uma variável ocorrem (Mulaik, 1995), como razões e explicações para coisas ou, às vezes, como apenas uma correlação entre coisas (Pearson, 1911). Muitas dessas diferentes maneiras de conceber a causação envolvem metáforas, as quais têm a estrutura básica vista na categoria de causação de Kant.

23.4.2.4 Comunidade

A categoria de *comunidade* de Kant tem a ver com visualizar uma comunidade ou uma coleção de objetos cujos atributos determinam-se reciprocamente. Passa-se do nível de se levar em consideração apenas uma ligação causal que se dá em apenas uma direção, de um objeto para outro, para outro nível em que se considera um sistema completo de objetos cujos atributos são mútua e reciprocamente determinados por todos os objetos do sistema.

Ilustramos a ideia de comunidade de forma esquemática na figura 23.6.

O conceito de comunidade foi um avanço conceitual, porque apresentou a noção de um sistema como um todo. Para perceber as implicações desse conceito, tenhamos em conta que o behaviorismo apresentou o problema da compreensão do comportamento como o de se estabelecer uma relação causal entre o ambiente e o organismo. Um enfoque como esse talvez seja estreito demais se o organismo traz propriedades específicas que moderam seu comportamento de maneira peculiar, o que, então, muda o ambiente, que, por sua vez, modifica também o comportamento posterior, que volta, então, a mudar o ambiente, *ad infinitum*. Organismo e ambiente precisam ser estudados como um sistema reciprocamente interativo.

As categorias de relação são, talvez, a contribuição mais compreensível e ainda útil da descrição das categorias feita por Kant. Elas proporcionam um arcabouço claro para se compreender as interligações conceituais entre as relações que envolvem objetos e seus atributos utilizados na ciência. A partir desses conceitos, podemos elaborar a ideia abstrata de uma variável e uma mescla conceitual que envolvem objetos e atributos variáveis mediante um mapeamento de objetos com valores de variáveis, e, a partir dali, podemos considerar relações funcionais entre as propriedades de objetos como relações causais. Pode-se ver uma versão de causalidade como relação funcional aplicada à causalidade probabilística em Mulaik (1986).

Kant também afirmou que seria possível obter conceitos derivados sintéticos *a priori* combinando as diversas categorias com elas próprias e/ou com modos *a priori* de sensibilidade, mas não exemplificou essa afirmação na *Crítica da razão pura*. Ele vislumbrou, porém, a possibilidade de gerar conceitos *a priori* complexos dessa maneira. Assim, o material de intuição sensível poderia ser organizado e sintetizado de modo complexo no pensamento.

23.4.3 Conceito de objeto unifica conforme uma regra

Já falamos o bastante sobre as categorias de Kant por enquanto. Precisamos examinar de que modo outras ideias de Kant também deram forma ao conceito de objetividade, pois elas muito influenciaram a elaboração desse conceito entre filósofos e cientistas alemães no século XIX (Megill,1994). Nesse mesmo período, empiristas britânicos tinham, em geral, grande dificuldade em entender Kant e suas noções de objetividade e subjetividade, pois eles tinham tendência a acreditar que todo conhecimento é essencialmente subjetivo, para começar, e que os objetos eram apenas configurações habitualmente previstas de impressões sensoriais. Em geral, isto acontecia enquanto o empirismo britânico evoluía para o positivismo lógico e o empirismo lógico, nos primeiros sessenta anos do século XX. Enquanto isso, cientistas em atividade prática desenvolviam seus próprios métodos e ideias de objetividade.

Kant, como se tem dito, acreditava que as categorias eram combinadas ainda em conceitos complexos para sintetizar a informação recebida dos sentidos. Ele sustentava que, na realidade, o que

Figura 23.6 Representação esquemática da concepção de comunidade de Kant, que se ocupa de como os atributos de uma comunidade de objetos – *A*, *B* e *C* – se determinam reciprocamente

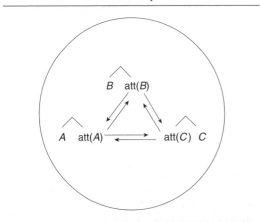

os sentidos nos dão em "aparências" é subjetivo. Embora possamos querer cogitar sobre um objeto externo "x" por trás das aparências, ele nada é para nós além da nossa ideia de um objeto desprovido de todos os seus atributos (isto é, uma ideia *a priori*). O que uma coisa é para nós são as aparências, e é por meio de uma síntese *a priori* das aparências que devemos fabricar objetos para nós. E a primeira regra de um conceito de um objeto é ele ser um conceito que une sinteticamente (por meio do pensamento ativo do conhecedor) muitas aparências de acordo com uma determinada regra de síntese anterior. Deve-se supor que a regra é universalmente válida e necessária. (Não que conceitos empíricos acabarão sendo válidos e necessários de forma universal, mas que conceitos objetivos sejam afirmados como tais.) Porém Kant é sumamente frustrante, porque, embora se pense que ele está prestes a enunciar a ideia de asseverar e testar uma hipótese para estabelecer a objetividade dessa hipótese, contra dados futuros, ele não diz nada sobre isso. Para Kant, basta que as diversas aparências estejam unidas conforme uma regra anterior. A ideia de testar hipóteses, provavelmente, ocorreu a vários cientistas antes de Kant, como Spallanzani, que realizou experimentos controlados para testar e refutar a hipótese de geração espontânea no último terço dos anos 1700, mas a ideia não foi incluída em uma teoria de método científico ideal até William Whewell (1966), kantista e historiador britânico do século XIX, apresentar a ideia de *consiliência* – a qual diz que se pode avaliar uma teoria induzida mostrando que ela é sustentada por outros dados não usados em sua formação.

23.4.4 Intersubjetividade

Entretanto, Kant introduz um último elemento da ideia de objetividade perto do fim da sua obra *Crítica da razão pura*. Se um julgamento de um objeto é encontrado só num único sujeito, isso é apenas "persuasão" e é uma ilusão, pois só tem validez privada. Segundo Kant (1787/1996, A8220 821, B848-849):

> A verdade, porém, reside na concordância com o objeto; consequentemente, quanto ao objeto, os julgamentos de toda compreensão [entre diversos indivíduos] devem concordar... Assim, se o assentimen-

to é convicção [da verdade] ou mera persuasão, sua pedra de toque externamente é a possibilidade de se comunicar o assentimento e de achar que ele é válido para a razão de todo ser humano. Pois então há ao menos uma presunção de que a concordância de todos os julgamentos, apesar da diferença entre os sujeitos, há de residir na base comum, isto é, o objeto, e que então os julgamentos todos concordarão com o objeto e assim hão de provar a verdade do julgamento [conjunto].

Todavia ele afirma que a concordância intersubjetiva não é uma determinação absoluta da verdade, mas simplesmente uma forma de detectar uma possível validez privada. Ele presume que todos os humanos têm o mesmo aparelho cognitivo que funciona com as mesmas categorias *a priori* e que isto possibilita a concordância.

23.5 A CIÊNCIA COGNITIVA DA OBJETIVIDADE

Filósofos interessam-se em compreender, de maneira racional e crítica, a natureza do mundo, como nós, humanos, sabemos o que sabemos e como temos de viver a boa vida. Historicamente, eles tinham a tendência de basear seus raciocínios no que lhes pareceu serem verdades evidentes e de evitar estudos empíricos ou recorrer demasiadamente às ciências. Eles acreditavam que fazer isso implicaria, em muitos casos, basear suas deliberações nas presunções de cientistas, que, para os filósofos, deveriam estar sujeitos a análise filosófica crítica, e não ser o alicerce de tal análise. Mas, na última metade do século XX, os filósofos tenderam cada vez mais a questionar a ideia de fundamentos incontestáveis para pensamento e conhecimento e a se contentar em trabalhar com conhecimento sólido, embora falível, fornecido pelas ciências. Como o pensar é, em si, um objeto central do pensamento filosófico, é compreensível, portanto, que os filósofos tenham recorrido a psicólogos, neurocientistas, linguistas e cientistas cognitivos para ajudá-los a compreender melhor a natureza do pensamento. Então vimos filósofos da ciência, como Ronald Giere (1988), defenderem um enfoque cognitivo para compreender como os cientistas pensam e fazem ciência. Mas, na década seguinte, entrou em cena um grupo de linguistas, teóricos literários e filósofos com capacitação em matemática e ciência cognitiva que também se diziam cientistas cognitivos, a dizer que agora estão fazendo a ciência cognitiva da ética (Johnson, 1993), a ciência cognitiva da matemática (Lakoff; Núñez, 2000), a ciência cognitiva da linguagem (Fauconnier, 1994, 1997; Fauconnier; Turner, 2002; Lakoff, 1987), a ciência cognitiva da literatura e da poesia (Lakoff; Turner, 1989; Turner, 1996), a ciência cognitiva da política (Lakoff, 1996) e a ciência cognitiva da ciência social (Turner, 2001), mas também a ciência cognitiva da própria filosofia (Lakoff; Johnson, 1999). E eles desafiaram pressupostos e crenças fundamentais em todos esses campos. Eles ainda não escreveram o livro sobre ciência cognitiva da ciência, mas isso é uma coisa que podemos esperar, afinal, parece inevitável que haja uma ciência cognitiva da ciência cognitiva.

A mensagem básica dessa nova escola é que a ciência cognitiva tem atingido um nível de sofisticação e um conjunto de ferramentas analíticas que nos permite utilizar os métodos e os achados dessa ciência para esclarecer os processos de pensamento dos seres humanos em todos esses campos básicos da atividade humana. E eles descobrem que muitas das teorias e das crenças defendidas por quem trabalha nessas áreas sobre o modo como as pessoas pensam estão erradas. Por exemplo, muitos cientistas acreditam que a maior parte do pensamento científico e matemático é literal e que metáfora é, simplesmente, uma coisa linguística que envolve uma linguagem floreada e só serve para poetas e escritores. Errado. A maior parte do pensamento – em especial, o pensamento abstrato –, mesmo nas ciências, é metafórico, ao passo que o pensamento literal se limita ao concreto, ao imediato, ao aqui e agora (Lakoff; Johnson, 1999). Ademais, metáfora não é questão de linguagem – embora se mostre na linguagem –, e sim de pensamento. Outra crença é que o pensamento é incorpóreo, simbólico e formal. Errado. O pensamento é corporificado.

Figura 23.7 A metáfora da estrutura localização-acontecimento como mapeamento

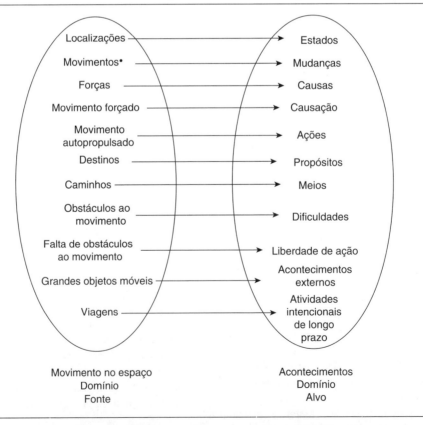

A estrutura conceitual provém de nossa experiência sensório-motora e das estruturas neurais que lhe dão origem. A própria noção de "estrutura" em nosso sistema conceitual é caracterizada por coisas como esquemas imagéticos e esquemas motores... As estruturas mentais são intrinsecamente relevantes em razão de suas ligações com o nosso corpo e a nossa experiência corporificada. Não é possível caracterizá-las adequadamente com símbolos insignificantes... Nossos cérebros são estruturados de modo a projetarem padrões de ativação de áreas sensório-motoras para áreas corticais superiores. Estas constituem o que temos chamado de *metáforas primárias*. Projeções desse tipo nos permitem definir conceitos abstratos com base em padrões inferenciais usados em processos sensório-motores diretamente atrelados ao corpo (Lakoff; Johnson, 1999, p. 77).

23.5.1 Metáfora

Metáfora é um conceito analítico básico que Lakoff usa para entender o raciocínio das pessoas. Ele e seus alunos e colegas catalogaram centenas de metáforas, muitas das quais se apresentam repetidamente em diferentes situações. Lakoff e Johnson (1999) definem *metáfora* como um mapeamento (parcial) de um domínio-fonte a um domínio-alvo para que padrões de inferência do domínio-fonte possam ser aplicados ao domínio--alvo. Por exemplo, uma estrutura metafórica de uso habitual é a estrutura de localização-acontecimento, utilizada para analisar acontecimentos e causas. O domínio-fonte para a metáfora é o domínio do movimento de objetos no espaço. O domínio-alvo é o dos acontecimentos. Diversos conceitos metafóricos seguem-se dessa metáfora.

Por exemplo, estados são tratados como localizações delimitadas no espaço: "estou *num* baixo astral", "ele está à beira do desastre", "não estamos *fora de* perigo". As preposições são indicações espaciais de localização com relação à localização em questão, que representa um estado.

Lakoff e Johnson (1999) argumentam que a maioria das metáforas provém dos esquemas imagéticos e motores de percepção e ação corporificada. Estar dentro e fora de uma região é uma experiência corporal básica muito fácil de se visualizar. Portanto, estados abstratos como "baixo astral", "desastre" e "perigo" podem ser representados pela metáfora

espacial de uma localização, e pode-se pensar que estar em tal estado é como estar nesse local.

Mudanças são movimentos: "estou *entrando* em depressão", "*foi* de quente a frio em uma hora", "acho que estamos *chegando mais perto* do sucesso".

Meios são caminhos: "se seguir estas regras, você estará na estrada do sucesso".

Ação proposital é movimento ao longo de um caminho em direção a uma meta: "vamos pegar esse show na estrada", "temos trabalhado muito *visando* trazer-lhe os produtos que você precisa", "estamos *avançando* com nosso programa nesta *senda* e esperamos *alcançar* nossas metas daqui a uma semana".

Dificuldades são obstáculos ao movimento: "ficamos *atolados* em detalhes ao trabalhar rumo à nossa meta".

Parar a ação proposital é bloquear o movimento pelo caminho para a meta: "não fosse pelos contadores que bloquearam o acesso aos fundos, teríamos conseguidos alcançar a nossa cota", "precisamos fechar todas as vias para eles obterem seus fundos e suas armas".

Atividades de longo prazo são viagens: "um relacionamento amoroso é uma viagem pela vida", "chegamos a uma encruzilhada em nosso casamento", "tem sido uma estrada longa e acidentada, mas nosso casamento sobreviveu".

Muitas das análises de Lakoff e Johnson (1999) são desconstrutivas, mas não destrutivas. Ao exporem as estruturas metafóricas nos pensamentos metafísico, matemático e político, eles expõem a conceitualização à crítica. A crítica não é que os conceitos são meramente metáfora. A metáfora é inevitável no pensamento abstrato. Na verdade, metáforas para se compreender alguma coisa não são únicas – muitas vezes, mais de uma metáfora pode ser aplicável e necessária para se conseguir a plena compreensão – e, além disso, podem não representar aspectos importantes do domínio-alvo, resultando em inferências possivelmente errôneas.

23.5.2 Mesclagem conceitual

Lakoff e Johnson (1999) ocupam-se de expor as metáforas no pensamento, ao passo que Fauconnier e Turner (2002) estudam formas mais complexas do que chamam de "mesclagem conceitual". A metáfora é uma forma intermediária de mesclagem conceitual. Mapeando elementos de um domínio-fonte a um domínio-alvo, a metáfora permite transferir padrões de inferência do domínio-fonte para os elementos correspondentes do domínio-alvo. Como resultado, o domínio-alvo torna-se um novo domínio mesclado a operar com as inferências escolhidas do domínio-fonte. Mas Fauconnier e Turner entendem ser possível ter dois domínios de entrada – que eles chamam de espaços mentais – e escolher certos elementos de cada domínio para incluir num novo domínio. Também é possível transferir padrões de inferência dos espaços de entrada originais para o novo domínio, para agirem sobre os correspondentes elementos. Mapeamentos metafóricos de elementos escolhidos em cada domínio para alguns no outro podem, também, pôr alguns dos elementos de um domínio sob os padrões de inferência do outro domínio. Surgirá uma estrutura com novas regras, de modo a permitir que elementos das duas entradas funcionem juntos. Por exemplo, as mesclas ocorrem em todo o âmbito da matemática. Um espaço vetorial é uma mescla de elementos e axiomas de um grupo abeliano com elementos e axiomas de um campo, junto com estrutura emergente em novos axiomas para dispor como os elementos do grupo funcionam com elementos do campo. Outros desenvolvimentos da mescla vetor--espaço podem envolver axiomas adicionais para alguns dos elementos, tais como axiomas para um produto escalar ser aplicado a elementos do grupo, o que resulta num espaço vetorial unitário.

O método de Fauconnier e Turner (2002) é analisar a mescla conceitual dentro de seus espaços de entrada e, depois, inverter o processo para mostrar como se obteve a mescla. (Novamente, isto é análise e síntese.) Eles o fizeram com muitos casos e desenvolveram um modo padrão de diagramar os espaços mentais, mapeando aspectos de cada um aos outros espaços e criando uma formação das mesclas para tornar o processo compreensível. Mas nós nos desviaríamos do nosso objetivo se abordássemos tudo isso aqui. De qualquer modo, será importante reconhecer que a metáfora e a mesclagem conceitual são formas de síntese cognitiva. E o que esses cientistas cognitivos estão fazendo lembra o programa de Kant para revelar as operações sintéticas por meio das quais a mente pensa. Aliás, algumas das operações de mesclagem deles têm equivalentes nas categorias de Kant. Mas Kant situou suas operações *a priori* de

síntese na compreensão, enquanto os docentes de pensamento discursivo – Lakoff e Johnson (1999) e Fauconnier e Turner (2002) – situam estruturas (relativamente) *a priori* na percepção e na atividade motora corporificadas.

23.5.3 Um objeto como conceito que une observações de acordo com uma regra

Agora, temos de retomar o desenvolvimento do conceito de objetividade onde Kant o deixou. Mas procuraremos usar alguns dos métodos desenvolvidos por Lakoff e Johnson (1999) e Fauconnier e Turner (2002) para mostrar como a objetividade se origina em esquemas de percepção de objetos. Lembremos que, para Kant, um conceito objetivo era um conceito que reunia múltiplas intuições ou percepções numa unidade conforme uma regra. Mas essa regra, como demostraremos, pode não ser a única a fazer isso. Vejamos o gráfico na figura 23.8, em que os pontos redondos correspondem a um conjunto de dados.

Cada uma das curvas do diagrama foi traçada mediante uma equação polinomial de sexto grau, aplicando-se diferentes restrições aos coeficientes da equação para identificar uma solução. Tanto parâmetros quanto pontos a abranger foram liberados e estimados de modo a fazer com que todas as curvas cobrissem os pontos de dados. Isto é, cada curva representava um modelo saturado diferente. De fato, é possível encontrar um número infindável de curvas polinomiais de sexto grau para cobrir esses cinco pontos. Se considerarmos cada curva como um modo de unir os pontos conforme uma regra, veremos que não existe nenhuma regra única com a qual isso possa ser feito. Se cada uma de várias pessoas tem uma regra diferente com equações diferentes – embora saturadas – e diferentes conjuntos de restrições apenas identificadoras, as regras não são mais objetivas, mas subjetivas, por estarem ligadas a determinadas pessoas com correspondentes restrições.

Mas suponhamos obter mais pontos de dados que, embora não usados para formular as curvas, acreditamos representarem dados gerados pelo mesmo processo. Se incluirmos esses pontos como quadrados no diagrama, poderemos ver se alguma das curvas que formulamos no início cobre também esses pontos adicionais. Começamos com 5 pontos e estimamos cinco parâmetros,

Figura 23.8 Gráfico de duas curvas distintas que passam pelos mesmos pontos nos dados

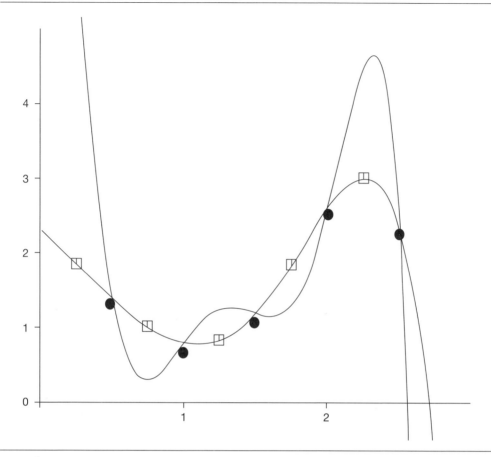

NOTA: É possível traçar duas ou mais curvas adequadas a um dado conjunto de pontos de dados (pontos negros). As curvas unem os pontos de acordo com regras, mas não são únicas. Os quadrados representam dados adicionais não usados no ajuste das curvas e podem servir para testar se alguma das curvas que abrangem os pontos iniciais também abrange os novos pontos.

com o resultado de que ambas as curvas cobrem os pontos à perfeição, necessariamente, uma vez que os pontos foram usados para determinar as curvas. Com 5 pontos adicionais, todavia, temos, agora, 10 pontos ao todo e usamos apenas 5 deles para formular uma curva. Mas temos mais 5 pontos com relação aos quais podemos testar nossas curvas. Vemos, nesse caso, que uma das curvas da figura 23.8 cobre, também, os pontos adicionais, enquanto a outra curva não o faz. Parece que, com cada vez mais pontos se inserindo em uma das curvas, a sustentação de uma delas em detrimento da outra passa a ser esmagadora. No entanto, é bem possível que nenhuma das curvas cubra os pontos adicionais, mas temos agora um caso paradigmático para estabelecermos conceitos objetivos.

23.5.4 Objetividade implica testagem de hipóteses

A ideia de Kant de considerarmos uma regra (p. ex., uma curva) reunindo diversas intuições (pensemos em "pontos de dados") como universalmente válida implica que outras intuições (percepções), tidas como produzidas pelo mesmo objeto, deveriam se adequar também à mesma regra. Não que elas necessariamente o farão. Nenhuma generalização indutiva baseada em experiência se sustenta, necessariamente, ante experiências adicionais. Mas pensar por meio de conceitos é pensar mediante relações necessárias. Estabelecer conhecimento objetivo consiste em tentar reconciliar com a experiência a necessidade com a qual pensamos em coisas que ocorrem conforme regras. Esta é a base para a testagem de hipóteses. Uma hipótese assevera uma regra universal e invariante, e essa regra é testada vendo se ela se une ou se adéqua a dados não usados em sua formulação. Se o teste sustenta a regra, esta ganha uma objetividade provisória. A regra é provisória porque é possível que dados adicionais pressupostos sob seu amparo não se adéquem a ela. Conceitos de experiência assim são "objetivamente válidos". Eles não têm "verdade absoluta". Objetividade não é questão de verdade absoluta. Trata-se de uma maneira de validarmos conceitos ante a experiência, e a validade só é provisória. Pensar que teorias e hipóteses são "verdadeiras" em sentido absoluto suscita muita confusão e debate metafísico. Projeta-se sobre a experiência a "verdade" baseada em lógica formal e matemática porque nos valemos da lógica e da matemática para raciocinar sobre a experiência. Mas matemática e lógica são apenas metáforas para lidar com regularidades aparentes na experiência. Tratar a experiência com lógica formal e matemática é uma mescla conceitual, com os padrões de inferência da lógica e da matemática projetados sobre nossas experiências. Ou seria possível imaginar, como fez o filósofo-matemático Peirce (1931-1958), que a ciência pode, a qualquer momento, ter conhecimento apenas provisório, mas ainda convergir para uma verdade final no futuro distante como um limite absoluto por meio de autocorreções. Mas, novamente, isso projeta um conceito de um limite final da matemática sobre a experiência; porém não temos razão necessária para acreditar que a ciência não continue a rever seus resultados com conceitos mais novos e abrangentes, pois os seres humanos sempre encontram novas experiências.

23.5.5 A metáfora da ciência como conhecimento de objetos

Ainda não determinamos por que o conceito kantiano de conhecimento objetivo como conhecimento que integra a experiência de acordo com regras é tão intuitivamente convincente. Para dar uma razão, lançaremos mão da ciência cognitiva de objetividade. Já foi mencionado que Lakoff, Johnson, Fauconnier e Turrner afirmam que a maioria das metáforas é tirada das experiências primárias de percepção e ação corporificadas.

Logo o que precisamos é proporcionar à objetividade uma metáfora para o conhecimento objetivo em ciência que seja intuitivamente convincente porque surgida da percepção corporificada do objeto. A metáfora é: "ciência é o conhecimento de objetos".

Ora, alguém pode se opor a dizer que essa é uma metáfora porque, historicamente, a ciência sempre teve a ver com objetos, ao menos nas ciências físicas. Mas, se falarmos aqui apenas sobre objetos que percebemos diretamente, isso é falso. Elétrons, fótons e *quarks* da ciência física são objetos físicos, mas não percebidos diretamente, e sim concebidos mediante a integração de muitas experiências perceptivas. E, voltando às ciências sociais e comportamentais, temos diversos conceitos que consideramos objetivos e que não se referem a coisas percebidas diretamente, mas são integrações conceituais de muitas observações (p. ex., "local interno de controle", "inteligência" e "extroversão"). Portanto, para conferirmos *status* objetivo a esses conceitos, não dependemos só de perceber diretamente essas coisas, mas de usar esses conceitos para unir em pensamento numerosas percepções, muitas vezes reconstruídas a partir da memória. Mas conseguimos *status* objetivo para eles, em parte, por meio da testagem de hipóteses.

Esta descrição da objetividade como metáfora tirada da percepção do objeto foi desenvolvida, inicialmente, em Mulaik (1995) e nela se baseia, em grande parte: a maioria dos membros da escola da integração conceitual propõe uma filosofia de "realismo corporificado", segundo a qual os humanos experimentam coisas como seres corporificados. Como seres corporificados, eles se movimentam num mundo de outros corpos e percebem o mundo diretamente como composto de objetos e substâncias com extensão, textura e superfície. Eles reagem ao mundo por meios que a espécie humana tem desenvolvido para sobreviver de maneira eficaz, se não ótima. Eles conseguem perceber diretamente coisas como animais, do tamanho dos ácaros até o tamanho dos mamutes, mas não podem perceber diretamente micróbios nem vírus, nem uma montanha como um todo, salvo a certa distância, e não podem perceber, a olho nu, planetas a orbitarem estrelas distantes, que são apenas pontos de luz no céu noturno. Eles não percebem a terra como sendo redonda.

Também não percebem seus próprios processos perceptivos e cognitivos diretamente.

Grande parte do que eles percebem e pensam envolve sínteses e integrações neurais que ocorrem totalmente fora da percepção consciente. Logo, a cognição humana é limitada e em uma escala de alguma forma comparável ao tamanho humano. Instrumentos de observação, como microscópios e telescópios, servem apenas para pôr as coisas em escala humana. E aquelas vistas por meio de tais dispositivos costumam ser metaforicamente descritas em termos de coisas conhecidas dos humanos em escala humana, como a caracterização de Leeuwenhoek de protozoários e micróbios, vistos através de seu microscópio de gota d'água, como "animálculos" (pequenos animais), ou as "células" (pequenos espaços ou invólucros) de Schleiden e Schwann, vistas através do microscópio nos tecidos de plantas e animais.

23.5.5.1 Teoria da percepção de Gibson

Então é natural Lakoff reconhecer que muitas de suas opiniões sobre realismo e cognição corporificados condizem muito bem com as opiniões de J. J. Gibson (1966, 1979, 1982), o psicólogo da percepção que afirmou que os seres humanos percebem o mundo diretamente como objetos com extensão, textura e superfície, em lugar de construí-los na percepção consciente a partir de categorias de percepção mais fundamentais. Um dos conceitos fundamentais de Gibson é que nós só percebemos quando a informação do estímulo varia. Nosso aparelho perceptivo é sintonizado para ressoar a variação na informação do estímulo, e se não há variação não há percepção. Assim, detectamos superfícies pelas variações na textura transmitidas pela informação do estímulo. A percepção de objetos também depende, em parte, de um observador em movimento, de modo a perceber um fluxo e um movimento mudando continuamente no arranjo perceptivo resultante de seus movimentos. Objetos e superfícies são "invariantes", diferentemente do "fluxo perceptivo" em mutação observado pelo organismo enquanto se move ativamente dentro de seu ambiente. Segundo a descrição da teoria de Gibson feita por Mace (1986, p. 144), essas invariantes correspondem a "traços estáveis do ambiente", que são simplesmente objetos. Mas foi de extrema importância para a minha descrição a ideia de Gibson de que a percepção não envolve só a detecção de objetos invariantes no ambiente externo, mas também a detecção dos efeitos de suas próprias ações e movimentos no ambiente devido a formas normais de mudança no arranjo perceptivo decorrentes do movimento corporal, que variam independentemente dos objetos fixos. Virar a cabeça ou deslocar-se para outra posição muda o arranjo perceptivo de maneira habitual, como quando objetos se deslocam para um lado, sem mudar, e até ficam fora da visão quando viramos a cabeça, ao passo que o vislumbre acontece com pontos sobre as superfícies de coisas em movimento ao longo de linhas irradiando de um ponto quando o observador dele se aproxima ou com pontos sobre as superfícies de coisas que convergem para um ponto no horizonte quando o observador dele se afasta. Deslocar-se para uma posição que apresenta diferente ângulo visual de um objeto muda a aparência do objeto, mas, apesar disso, a aparência há de reter certas características topológicas invariantes, como a ordem de pontos espacialmente contíguos sobre a superfície, mesmo se mudarem as distâncias percebidas entre pontos. Portanto pode-se subdividir a percepção em *exterocepção*, a percepção de objetos invariantes no campo perceptivo; e *propriocepção*, a percepção de mudanças normais no campo perceptivo produzidas por ações e movimentos do observador, da qual o observador recebe informação sobre si próprio.

Turner (1996, p. 117) tem uma explicação similar:

> Suponhamos que vemos um bebê sacudindo um chocalho. Podemos focar, sequencialmente, o sorriso, o nariz, o movimento brusco do ombro, o cotovelo parado, a mão, o chocalho. Nosso foco muda, mas sentimos que, apesar disso, continuamos olhando para a *mesma história*: a criança está brincando com o chocalho. Somos capazes de unificar todas essas percepções, todos esses diferentes focos. Os espaços mentais correspondentes aos diferentes focos terão todos uma criança, um chocalho, um chacoalhar e assim por diante, e nós ligamos esses elementos em cada espaço a seus equivalentes em outros espaços. Concebemos esses diversos espaços considerando todos ligados a uma só história.

Em seguida, ele diz:

> Imaginemos, agora, que vamos para o outro lado do bebê. Nossa experiência visual pode mudar substancialmente. Talvez não vejamos nada do que vimos antes, a rigor. Todavia nossa nova visão não parecerá totalmente nova. O espaço do novo ponto de vista terá um bebê, um ombro, uma mão, um chocalho, um chacoalhar e assim por diante, e nós ligaremos esses elementos a seus equivalentes nos espaços de outros pontos de vista e outros focos, permitindo-nos conceber as pequenas histórias espaciais diferentes que vemos como *uma história*, vista de diferentes pontos de vista e com diferentes focos (Turner, 1996, p. 117).

Conseguimos uma *mescla conceitual* de todos esses pontos de vista e focos, com seus correspondentes elementos ligados, fornecendo características invariantes dos objetos.

23.5.5.2 O esquema de percepção sujeito-objeto como metáfora

A divisão da percepção em exterocepção e propriocepção, que parece presente desde o nascimento e é característica constante da percepção, fornece o esquema fundamental que chamarei de esquema de *sujeito-objeto*, o qual utilizamos metaforicamente para julgar quando temos conceitos objetivos e subjetivos na ciência. Será importante observar que o uso do esquema de sujeito-objeto como metáfora aplica-se a integrações conceituais de informação reunida em pontos amplamente espaçados no tempo e no espaço e recuperada da memória ou de dispositivos de gravação, ao passo que a percepção envolve integração atentiva de informação reunida sobre brevíssimos intervalos no tempo, da ordem de 50 a 200 milissegundos (Blumenthal, 1977). Isto é o que faz desse esquema uma metáfora quando aplicado na formação de conceitos objetivos, porque é aplicado a um domínio diferente do domínio atentivo da percepção.

O esquema de sujeito-objeto tem os seguintes elementos: um sujeito, um objeto, um objeto como invariante na percepção entre diferentes pontos de vista e um sujeito como fonte de mudanças comuns na percepção independente de objetos. Pode-se projetar o esquema sobre características de um cenário científico. O sujeito é o pesquisador, o objeto é uma propriedade invariante observada em muitas observações, e os artefatos no cenário de pesquisa são efeitos dos métodos ou aparelhos observacionais sobre o que é observado e estão ligados ao sujeito. Na figura 23.9, mostramos como se mapeia o esquema de sujeito-objeto ao domínio científico.

Consideremos, por exemplo, o caso da fusão a frio. Em 1989, Stanley Pons e Martin Fleischmann, professores da Universidade de Utah com reputações críveis no campo da química, afirmaram ter descoberto um processo eletroquímico pelo qual a fusão nuclear poderia acontecer

Figura 23.9   Mapeamento metafórico de esquema sujeito-objeto do domínio perceptivo ao domínio científico

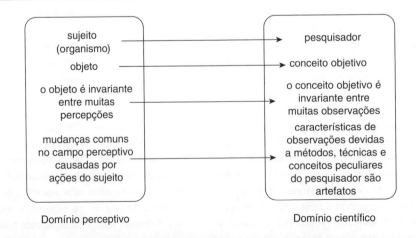

a temperaturas e pressões moderadas e produzir energia para além daquela introduzida no sistema. Aliás, um afirmou ter produzido o efeito em sua cozinha utilizando utensílios comuns, bem como em condições mais controladas no laboratório. Se verdadeiras, essas afirmações teriam revolucionado o setor energético. Ninguém suspeitou de fraude, mas o *establishment* da física desconfiou de erro na técnica experimental e exigiu a imediata repetição. Muitos experimentos foram realizados, geralmente sem se chegar aos proclamados resultados de fusão, e alguns laboratórios que acharam ter repetido as descobertas descobriram depois artefatos experimentais que desmentiam essas suas descobertas. Posteriormente, outros laboratórios realizaram experimentos com o intuito de ver se processos já conhecidos, e não a fusão, poderiam ter gerado os resultados de Pons e Fleischmann, e alguns acreditam que isso aconteceu. Contudo outros laboratórios continuaram estudando o fenômeno, e alguns acreditaram que algum tipo de efeito nuclear diferente estava gerando energia, embora talvez não fosse fusão. Mas físicos da corrente dominante acabaram por rejeitar a ideia da fusão a frio (Goodstein, 1994; Platt, 1998).

No caso da fusão a frio, o requisito de repetição e invariância em diferentes laboratórios e com diferentes métodos e instrumentos correspondia à ideia do objeto como invariante no domínio perceptivo, independentemente dos efeitos do observador. Os artefatos de pesquisa decorrentes dos métodos de instrumentação, observação e execução aplicados pelo pesquisador no experimento correspondem aos efeitos dos atos e dos movimentos do observador sobre o arranjo perceptivo. O pesquisador corresponde ao sujeito, bem como o fenômeno objetivo no domínio científico corresponde ao objeto no domínio perceptivo.

A necessidade de se testar uma hipótese com dados diferentes daqueles usados em sua formulação resulta do fato de que é preciso se verificar que a invariante sustentada pela hipótese é independente do teórico, assim como os objetos são considerados independentes das ações, da perspectiva e dos movimentos do observador quando este se desloca no ambiente, pois eles (objetos) são invariantes não afetados pelas mudanças causadas pelas ações do observador. Quando se formula uma hipótese, em muitos casos, o que se tem é apenas um mero arcabouço para a hipótese e se

recorre a observações do fenômeno que ela visa compreender para ajustá-la de modo a explicar tal fenômeno. Mas isso amarra o bom ajuste ao fenômeno ao teórico que fez as adequações em sua teoria a fim de obter esse ajuste. Não é possível um teste de independência para a invariância no caso desses ajustes porque a forma final da hipótese, necessariamente, se adequará aos aspectos do fenômeno para os quais ela foi ajustada. Para ser um teste, este deve ter a possibilidade lógica de não passar no teste. Portanto, para testar uma hipótese, é preciso usar observações – sobretudo em condições um tanto diferentes – não utilizadas na formulação dessa hipótese.

Estreitamente associada à necessidade de testar hipóteses confrontando-as com dados não usados em sua formulação está a ideia de que teorias e modelos podem ser corrigidos e anulados com futuras experiências. Isto se baseia em experiências de seres humanos que veem uma coisa semelhante a algo que já encontraram antes e, depois, a veem de um ângulo diferente e descobrem que o que veem não é o que já tinham visto. Quase todos tiveram a experiência de se deparar, numa multidão, com uma pessoa que, vista de trás, se parecia com alguém conhecido, para, então, descobrir, quando a pessoa se virou, que o rosto não era o daquele conhecido. Nosso conhecimento de objetos é adquirido aos poucos, de diferentes pontos de vista e gradualmente ao longo do tempo, e é possível que as expectativas que baseamos no passado sejam desmentidas pela experiência atual ou futura. Logo o conhecimento objetivo como experimentado no dia a dia é corrigível, e isto deveria nos levar a esperar que o conhecimento científico seja corrigível.

23.6 OBJETIVIDADE, GRAUS DE LIBERDADE E PARCIMÔNIA

Ao formular modelos matemáticos hipotéticos para representar algum fenômeno, o pesquisador costuma começar com um arcabouço como o do modelo de equações estruturais. Algumas variáveis medidas são consideradas indicadoras de certas variáveis exógenas latentes, ao passo que outras variáveis medidas são consideradas indicadoras de determinadas variáveis endógenas latentes. Ao propor uma hipotética estrutura causal entre as variáveis latentes e as variáveis indicadoras observadas e entre as diversas variáveis latentes, o pesquisador fixa, então, certos coeficientes de percurso em algum valor previamente especificado. Fixar em zero um coeficiente de percurso significa aventar a hipótese de certa variável não ser causa de outra variável. Fixar um coeficiente de percurso em valor distinto de zero significa esperar que uma mudança de uma unidade na variável causal produza uma mudança proporcional no valor do coeficiente fixado na variável afetada. Mas, ao contrário do que muitos acreditam, deixar um coeficiente de percurso livre não é o mesmo que asseverar a existência de uma relação causal entre as respectivas variáveis. Os programas de computação que estimam o coeficiente livre adequarão o parâmetro livre e outros parâmetros livres até encontrar o melhor ajuste do modelo aos dados condicionados aos parâmetros fixos e restritos do modelo, que são mantidos inalterados nos cálculos. Um parâmetro livre pode vir a ter qualquer valor, inclusive zero. Logo, deixar um parâmetro livre não é o mesmo que asseverar alguma coisa a respeito dele na hipótese apresentada, mas é uma asseveração de ignorância. Não se conhece um valor a especificar para o parâmetro. Portanto o modelo é incompleto e é preciso estimar parâmetros não especificados para obter uma reprodução dos dados baseada no modelo e ver se ela se ajusta aos dados reais. Deixar um parâmetro livre é ajustar a hipótese que se apresenta de modo a adaptá-la aos dados da melhor maneira possível, condicionada a quaisquer outras restrições impostas aos parâmetros do modelo. Por isso, se vier a se apresentar alguma falta de ajuste, será devido aos parâmetros restritos, e não aos parâmetros livres. Logo deve-se interpretar o bom ajuste para o modelo como um todo apenas no sentido de ele refletir um teste só das restrições ao modelo, e não quanto aos parâmetros livres.

Com frequência, nas ciências, muitos modelos têm tantos elementos e vínculos entre eles que apresentam mais parâmetros do que elementos. Se a teoria já não especifica valores para esses parâmetros, eles devem ser estimados para se obter um modelo ajustado aos dados. Tome-se, por exemplo, um modelo de equação estrutural que dê forma à matriz de covariâncias entre algumas variáveis observadas como funções de parâmetros que relacionam as variáveis observadas a

variáveis latentes e/ou a relações funcionais ou correlacionais entre variáveis latentes. Cada elemento da matriz de covariâncias é, assim, uma função de alguns dos parâmetros do modelo de equação estrutural. Logo é condição necessária (mas não suficiente) para conseguir resolver para esses parâmetros que o número de parâmetros livres a se estimar não exceda o número de parâmetros observados distintos, que são as variâncias e as covariâncias entre as variáveis observadas. Há $p(p + 1)/2$ variâncias e covariâncias distintas para as variáveis observadas. Como as covariâncias correspondentes para o mesmo par de variáveis em qualquer lado da diagonal principal da matriz de covariâncias não são distintas, apenas um de cada par é um parâmetro distinto. Determinar que se fixou, apropriadamente, um número suficiente de parâmetros no modelo para permitir que os restantes parâmetros livres sejam determinados por elementos distintos da matriz de variância-covariância, independentemente de seus valores, é o que se conhece como problema de identificação. Quando se identifica um modelo e o número de parâmetros a estimar é igual ao número de elementos distintos, diz-se que tal modelo é *exatamente identificado*. Modelos exatamente identificados sempre se ajustam de maneira perfeita a seus dados. Por exemplo, no problema de achar uma curva para cobrir os cinco pontos na figura 23.8, achamos uma curva para um polinômio de sexto grau que tem sete coeficientes:

$$y = a_0 + a_1 x + a_2 x^2 + a_3 x^3 + a_4 x^4 + a_5 x^5 + a_6 x^6$$
$$= a_0 + a_1 + a_2 x^2 + a_3 x^3 + a_4 x^4 + a_5 x^5 + a_6 x^6$$

Dois dos parâmetros do polinômio foram fixados em certos valores, deixando livres apenas cinco parâmetros a serem determinados com base em valores das coordenadas dos cinco pontos. Com cinco conhecidos (as coordenadas dos pontos) e cinco desconhecidos nos parâmetros livres dos polinômios, o resultado foi uma equação exatamente identificada que cobre os pontos com perfeição. Equações exatamente identificadas e modelos exatamente identificados não são úteis do ponto de vista da testagem de modelos porque sempre se ajustam perfeitamente, por necessidade matemática. Ademais, não é possível testar as restrições a parâmetros que alcançam identificação exata porque os modelos se ajustam perfeitamente.

Elas são como conceitos *a priori* que possibilitam os modelos. Nem verdadeiras nem falsas, elas são, antes, uma convenção sobre o modo de representar os dados. Para que um teste com o modelo seja possível, será preciso introduzir restrições a outros parâmetros.

Se mais parâmetros da equação polinomial tiverem seus valores prefixados, talvez não seja possível resolver para os restantes parâmetros de modo que uma curva passe pelos pontos. Em vez de ajuste exato, talvez se precise apenas do ajuste de mínimos quadrados. Quando se especificam outros parâmetros além daqueles que tornam o modelo exatamente identificado, o modelo passa a ser superidentificado. O modelo testa as restrições superidentificadoras no contexto das restrições exatamente identificadoras. Entretanto talvez já não fiquem precisamente definidas quais restrições são superidentificadoras e quais são exatamente identificadoras. Diferentes subconjuntos das restrições podem ser escolhidos para servirem como restrições exatamente identificadoras, sendo as restantes restrições avaliadas em função delas. Se nenhum dos dois modelos superidentificados pode suprimir suas restrições para achar um conjunto de restrições exatamente identificadoras comum a ambos os modelos, esses modelos podem não ser comparáveis, porque se baseiam em diferentes convenções e/ou pressupostos inverificáveis (com relação aos dados).

Modelos superidentificados são necessários ao trabalho científico, porque só com eles a falta de ajuste torna-se logicamente possível, permitindo que se testem modelos avaliando a falta de ajuste aos dados. Mas é importante ter em conta o que se testa: as restrições superidentificadas no contexto de algumas restrições adicionais que possibilitam a identificação. Não se especifica o modelo como um todo se não se especificarem todos os seus parâmetros; logo, o modelo todo não é testado. A falta de ajuste deveria ser dirigida apenas às restrições superidentificadas.

Modelos podem ser comparáveis à medida que forem verificáveis. Em Mulaik (2001), foram propostos os graus de liberdade de um modelo como medida da possibilidade de invalidação do modelo. Mostrou-se que, para modelos que estimavam parâmetros, os graus de liberdade do modelo eram o número de dimensões em que os dados reproduzidos baseados no modelo podiam diferir livremente dos dados observados. Os graus de liberdade de um modelo são as diferenças entre o número de pontos de dados distintos a cobrir e o número de parâmetros livres. Isto é, dadas p variáveis observadas, para um modelo de equação estrutural destinado cobrindo $p(p + 1)/2$ variâncias e covariâncias distintas, estimar m parâmetros resulta para os graus de liberdade $df = p(p + 1)/2 - m$. Quanto menos parâmetros estimados com relação ao número de pontos de dados a se cobrir, mais graus de liberdade. A exiguidade de parâmetros estimados é conhecida como *grau de parcimônia* do modelo, de modo que graus de liberdade e parcimônia são conceitos vinculados. Quando os graus de liberdade aumentam, o número de parâmetros livres diminui e o modelo torna-se mais parcimonioso. Por séculos, tem-se defendido o uso de modelos parcimoniosos como o ideal. Mas foi Karl Popper (1934/1961) que afirmou que modelos mais parcimoniosos são mais falsificáveis, fundamentando, assim, o motivo pelo qual modelos parcimoniosos são preferíveis. Porém ele não conseguiu elaborar em detalhe para mostrar por que os modelos parcimoniosos eram mais falsificáveis. Uma explicação (Mulaik, 2001) mostra que isso ocorre porque modelos que estimam menos parâmetros ficam livres para diferir dos dados em mais dimensões.

Pelo fato de a testagem de modelos fazer parte da determinação da objetividade de aspectos especificados de uma hipótese, os graus de liberdade – que medem o grau em que um modelo pode ser testado – também fazem parte da avaliação da objetividade do modelo. Havendo dois modelos dos mesmos fenômenos que se ajustem aos dados igualmente bem, deve-se preferir aquele com mais graus de liberdade.

23.7 OBJETIVIDADE E INDICADORES MÚLTIPLOS

Se ao menos quatro variáveis observadas são indicadores de uma variável latente e se é possível demonstrar que um único modelo fatorial comum é congruente com elas, isto sustenta a objetividade do fator latente comum.

Se um conjunto de quatro ou mais variáveis tem uma matriz de covariâncias que satisfaz um único modelo fatorial comum, isto estabelece uma invariante entre elas. Uma parte da variação de cada indicador é proporcional à variação de uma variável latente comum. A variação do fator comum é a invariante entre os indicadores porque todos os indicadores a apresentam, embora de forma atenuada ou amplificada, dependendo da carga fatorial. A relação de cada fator com o fator latente comum é análoga a ver o mesmo objeto de diferentes pontos de vista. Há características próprias de cada ponto de vista, bem como algo invariante.

São necessários, pelo menos, quatro indicadores para se estabelecer a objetividade, porque, com isso, é possível fazer um teste para verificar que os indicadores têm um fator comum. Pode-se aplicar o teste de diferença tetrádica de Spearman às correlações entre os indicadores (Anderson; Gerbing, 1988; Glymour *et al.*, 1987; Hart; Spearman, 1913; Mulaik; Millsap, 2000), que testa as seguintes hipóteses: se as quatro variáveis x_1, x_2, x_3 e x_4 têm um fator comum, todas as correlações entre elas devem ser diferentes de zero e satisfazer as equações $\rho_{21}\rho_{34} - \rho_{23}\rho_{14} = 0$, $\rho_{24}\rho_{13} - \rho_{21}\rho_{34} = 0$ e $\rho_{24}\rho_{13} - \rho_{23}\rho_{14} = 0$, sendo ρ_{ij} a correlação entre as variáveis i e j. Ou pode-se avaliar o ajuste de um único fator comum a elas por meio de um programa de modelagem de equações estruturais.

Alguns entenderam que três indicadores e um percurso causal da variável latente para outra variável latente que também tem três indicadores seriam suficientes para estabelecer que há um fator comum entre os três indicadores. Eles o são, mas não estabelecem que o fator comum a eles seja, necessariamente, o fator que você acredita que é. O que eles estabelecem é apenas que existe um fator comum aos três indicadores e o indicador de outra variável latente. Mulaik e Millsap (2000) consideraram um caso no qual o uso de apenas três indicadores por variável latente tornaria impossível descobrir que um aparente efeito causal entre uma variável latente hipotética e outra variável latente não se aplica. A figura 23.11 foi adaptada com base na figura 1 em Mulaik e Millsap (2000).

Na figura 23.11a, supõe-se que ξ é uma causa de η. Pode-se testar se V1, V2 e V3 têm um fator comum testando-os conjuntamente com qualquer dos indicadores de η utilizando o teste de diferença tetrádica de Hart e Spearman (1913). No entanto, se os dados realmente foram gerados, como na figura 23.11b, poderíamos dizer que há algo errado introduzindo outra variável, V7, que é um quarto e imediato indicador de ξ. Nesse caso, vemos que V1, V2 e V3 são indicadores imediatos de outro fator comum, ξ, ele próprio uma confluência de ξ e de outro fator metodológico, μ, que também é uma causa de η. De fato, ξ não é uma causa de η. Tampouco ζ o é. Por certo, ξ é um fator comum de V1, V2 e V3, bem como de V7. Mas V7 não estará correlacionado a nenhum dos indicadores de η de V7. Embora, no modelo da figura 23.11[a], quaisquer indicadores, inclusive V1, V2 e V3, e qualquer dos indicadores de η passariam num teste de diferença tetrádica para um único fator comum, isto não ocorreria no caso de três indicadores quaisquer de ξ e um indicador de η no modelo de figura 23.11b. Quatro testes quaisquer envolvendo V7, dois outros indicadores de ξ (p. ex., V1 e V2) e um indicador de η (p. ex., V5) não passariam no teste de diferença tetrádica. Portanto a inclusão de um quarto indicador de ξ, escolhido cuidadosamente de modo a certificar que ele não use o mesmo método de medição que V1, V2 e V3, aumentaria a possibilidade de se descobrir alguma coisa errada no modelo. Com efeito, incluir quatro ou mais indicadores escolhidos com a convicção de que eles medem a mesma variável latente com métodos diferentes melhora as chances de rejeição do modelo, se outras causas imprevistas estiverem presentes, por aumentar, consideravelmente, os graus de liberdade ou o número de testes que poderiam ser realizados.

Figura 23.10 Um único fator comum pode ganhar sustentação objetiva de quatro ou mais indicadores

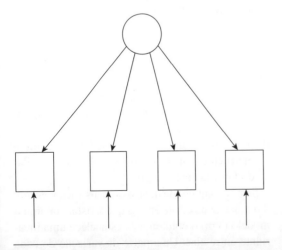

Figura 23.11 Um suposto modelo causal com apenas três indicadores e o modelo gerador dos dados

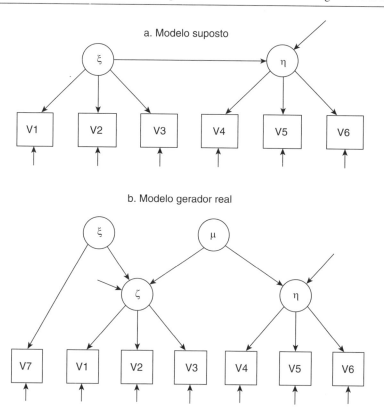

23.8 Conclusões

Temos visto que a objetividade envolve mais do que a concordância intersubjetiva entre observadores ou a manutenção de uma atitude impessoal e desprovida de preconceitos. Ela envolve diversos conceitos sobre o que constitui um objeto, como "um objeto é uma coisa que apresenta propriedades" (inerência). A causalidade também envolve objetos porque tem a ver com o fato de atributos de objetos dependerem de outros atributos e, muitas vezes, de outros objetos. Mostramos como se aplica esse esquema para desenvolver conceitos de uma variável. Aprendemos, também, que os objetos podem ser concebidos como sistemas reciprocamente interagentes nos quais os atributos de cada objeto afetam, mutuamente, aqueles de outros objetos no sistema. Examinamos, ainda, a contribuição de Kant ao desenvolvimento das noções modernas de objetividade – nomeadamente, sua ideia de que um objeto é um conceito considerado universalmente válido, unindo diversas intuições de acordo com uma regra. Isto não implicava que conceitos empíricos eram imutáveis, mas que, quando se raciocina com conceitos, se age como se o conceito aplicável a experiências no presente e no passado, necessariamente, precisasse ser aplicado a elas também no futuro. Mas tais expectativas podem acabar invalidadas pela experiência posterior. Vimos como uma moderna escola de linguistas, filósofos e teóricos literários que também atuam como cientistas da cognição afirma que o pensamento humano costuma envolver diversas formas de síntese, das quais a mais comum são os conceitos metafóricos que adotam metáforas de um domínio-fonte de percepção corporificada e ação coordenada. Metáforas são mapeamentos (aliás, a maioria das sínteses pode ser compreendida em termos de mapeamento) de um domínio de experiência para outro, de sorte que inferências no domínio-fonte possam ser transferidas para o domínio-alvo. Ressaltamos que nenhuma metáfora pode permitir-nos compreender integralmente um determinado fenômeno e que, em muitos casos, várias metáforas são necessárias para alcançar uma compreensão precisa. Todavia metáforas são de complexidade apenas intermédia como as sínteses con̶ ̶uais. Sínteses ou integrações conceituais mais complexas ensejam a fusão de elementos de diversos espaços de entrada no que se conhece como "mesclas conceituais".

Ponderamos, depois, que a noção de objeto de Kant é convincente como conceito que congrega diversas intuições de acordo com uma regra porque corresponde a características fundamentais de percepção e ação corporificadas com relação a objetos. Em seguida, adaptamos as noções de exterocepção (percepção de objetos externos como invariantes no fluxo perceptivo) e propriocepção (conhecimento dos atos e dos movimentos de um organismo, extraído das mudanças correntes por ele produzidas no fluxo perceptivo) de J. J. Gibson para servirem como uma metáfora para o conhecimento científico como o conhecimento de objetos. A ciência procura o conhecimento de invariantes em numerosas observações feitas em pontos amplamente espaçados no tempo e no espaço, e isto corresponde à maneira pela qual a percepção apresenta objetos como invariantes por meio de entradas sensoriais muito próximas no espaço e no tempo, separadas por até 200 milissegundos.

A ciência testa asseverações de invariantes especificadas como hipóteses confrontando-as com dados não utilizados na formulação dessas hipóteses, de modo que, se a hipótese é sustentada, pode-se asseverar que ela é independente de quem a afirmou e, portanto, é um resultado objetivo. A ciência exige, também, repetições de resultados para contar com os diferentes pontos de vista de diversos laboratórios, pesquisadores, instrumentos e indicadores, o que, mais uma vez, equivale a estabelecer invariantes na percepção quando o organismo se desloca para novas posições. Também observamos como artefatos metodológicos e conceituais na ciência equivalem a efeitos subjetivos de quem percebe decorrentes de suas próprias ações. Examinamos, depois, como a testagem de hipótese gera conclusões que são provisoriamente independentes do pesquisador. Em seguida, em penúltimo lugar, analisamos de que maneira os graus de liberdade medem a inverificabilidade de uma hipótese incompletamente especificada. Final-

mente, ponderamos, também, que o uso de múltiplos indicadores reforça a objetividade de uma variável latente e fornece mais meios e graus de liberdade para a testagem de uma hipótese.

REFERÊNCIAS

ANDERSON, J. C.; GERBING, D. W. Structural equation modeling in practice: A review and recommended two-step approach. *Psychological Bulletin*, 103, p. 411-423, 1988.

BERKELEY, G. *Principles of human knowledge.* Ed. A. C. Fraser. Oxford: Oxford University Press, 1901. (Obra original publicada em 1710.)

BERKELEY, G. *Three dialogues between Hylas and Philonous.* Ed. A. C. Fraser. Oxford: Oxford University Press, 1901. (Obra original publicada em 1713.)

BLUMENTHAL, A. L. *The process of cognition.* Englewood Cliffs: Prentice Hall, 1977.

DASTON, L. Baconian facts, academic civility and the prehistory of objectivity. *In:* MEGILL, A. (ed.). *Rethinking objectivity.* Durham: Duke University Press, 1994. p. 37-63.

DESCARTES, R. Discourse on the method of rightly conducting the reason and seeking truth in the sciences. *In:* VEITCH, J. (ed. e trad.). *The method, meditations and philosophy of Descartes.* Washington: M. Walter Dunne, 1901. p. 147-204. (Obra original publicada em 1637.)

DESCARTES, R. The meditations of Descartes. *In:* VEITCH, J. (ed. e trad.). *The method, meditations and philosophy of Descartes.* Washington: M. Walter Dunne, 1901. p. 205-280. (Obra original publicada em 1641.)

FAUCONNIER, G. *Mental spaces*: Aspects of meaning construction in natural language. Cambridge: Cambridge University Press, 1994.

FAUCONNIER, G. *Mappings in thought and language.* Cambridge: Cambridge University Press, 1997.

FAUCONNIER, G.; TURNER, M. *The way we think*: Conceptual blending and the mind's hidden complexities. Nova York: Basic Books, 2002.

GIBSON, J. J. *The senses considered as perceptual systems.* Londres: Allen e Unwin, 1966.

GIBSON, J. J. *The ecological approach to visual perception.* Boston: Houghton-Mifflin, 1979.

GIBSON, J. J. *Reasons for realism*: Selected essays of James J. Gibson. Ed. E. Reed; R. Jones. Hillsdale: Lawrence Erlbaum, 1982.

GIERE, R. *Explaining science*: A cognitive approach. Chicago: University of Chicago Press, 1988.

GLYMOUR, C.; SCHEINES, R.; SPIRTES, P.; KELLY, K. *Discovering causal structure.* Nova York: Academic Press, 1987.

GOODSTEIN, D. Whatever happened to cold fusion? Disponível em: https://calteches.library.caltech.edu/3782/1/Goodstein.pdf. Acesso em: 06 out. 2022.

HART, B.; SPEARMAN, C. General ability, its existence and nature. *British Journal of Psychology*, 5, p. 51-84, 1913.

Capítulo 23 / Objetividade na ciência e modelagem de equações estruturais • 507

HENRICH, D. Kant's notion of a deduction and the methodological background of the first *Critique*. *In*: FÖRSTER, E. (ed.). *Kant's transcendental deductions*. Stanford: Stanford University Press, 1989. p. 29-46.

HUME, D. *A treatise of human nature*. Ed. L. A. Selby Bigge. Oxford: Clarendon, 1968. (Obra original publicada em 1739.)

HUME, D. *An enquiry concerning human understanding*. Ed. E. Steinberg. Indianapolis: Hackett, 1977. (Obra original publicada em 1748.)

JOHNSON, M. *Moral imagination*: Implications of cognitive science for ethics. Chicago: University of Chicago Press, 1993.

KANT, I. *Critique of pure reason*. Trad. W. S. Pluhar. Indianapolis: Hackett, 1996. (Obra original publicada em 1787.)

LAKOFF, G. *Women, fire and dangerous things*: What categories reveal about the mind. Chicago: University of Chicago Press, 1987.

LAKOFF, G. *Moral politics*: What conservatives know that liberals don't. Chicago: University of Chicago Press, 1996.

LAKOFF, G.; JOHNSON, M. *Philosophy in the flesh*. Nova York: Basic Books, 1999.

LAKOFF, G.; NUÑEZ, R. E. *Where mathematics comes from*: How the embodied mind brings mathematics into being. Nova York: Basic Books, 2000.

LAKOFF, G.; TURNER, M. *More than cool reason*: A field guide to poetic metaphor. Chicago: University of Chicago Press, 1989.

LOCKE, J. *Locke's essay concerning human understanding*. Ed. M. W. Calkins. LaSalle: Open Court, 1962. (Obra original publicada em 1694.)

MACE, W. M. J. J. Gibson's ecological theory of information pickup: Cognition from the ground up. *In*: KNAPP, T. J.; ROBERTSON, L. C. (eds.). *Approaches to cognition*: Contrasts and controversies. Hillsdale: Lawrence Erlbaum, 1986. p. 137-157.

MEGILL, A. The four senses of objectivity. *In*: MEGILL, A. (ed.). *Rethinking objectivity*. Durham: Duke University Press, 1994. p. 1-20.

MERRIAM-WEBSTER'S Collegiate Dictionary. 10. ed. Springfield: Merriam-Webster, 1996.

MICHELL, J. *An introduction to the logic of psychological measurement*. Hillsdale: Lawrence Erlbaum, 1990.

MULAIK, S. A. Toward a synthesis of deterministic and probabilistic formulations of causal relations by the functional relation concept. *Philosophy of Science*, 53, p. 313-332, 1986.

MULAIK, S. A. A brief history of the philosophical foundations of exploratory factor analysis. *Multivariate Behavioral Research*, 22, p. 267-305, 1987.

MULAIK, S. A. The critique of pure statistics: Artifact and objectivity in multivariate statistics. *In*: THOMPSON, B. (ed.). *Advances in social science and methodology*. Greenwich: JAI, 1994a. p. 247-296.

MULAIK, S. A. Kant, Wittgenstein, objectivity and structural equations modeling. *In*: REYNOLDS, C. (ed.). *Cognitive assessment*: A multidisciplinary perspective. Nova York: Plenum, 1994b. p. 209-236.

MULAIK, S. A. The metaphoric origins of objectivity, subjectivity, and consciousness in the direct perception of reality. *Philosophy of Science*, 62, p. 283-303, 1995.

MULAIK, S. A. The curve-fitting problem: An objectivist view. *Philosophy of Science*, 68, p. 218-241, 2001.

MULAIK, S. A.; MILLSAP, R. Doing the four-step right. *Structural Equation Modeling*, 7, p. 36-73, 2000.

PEARSON, K. *The grammar of science*: Part I. Physical. Londres: Adam e Charles Black, 1911. (Obra original publicada em 1892.)

PEIRCE, C. S. *Collected papers of Charles Sanders Peirce*. Ed. C. Hartshorne; P. Weiss (v. 1-6); A. W. Burks (v. 7-8). Cambridge: Harvard University Press, 1931-1958. 8 v.

PLATT, C. What if cold fusion is real? *Wired*, 6, nov. 1998. Disponível em: https://www.wired.com/1998/11/coldfusion/. Acesso em: 06 out. 2022.

POPPER, K. R. *The logic of scientific discovery*. Nova York: Science Editions, 1961. (Obra original publicada em 1934.)

SCHOULS, P. A. *The imposition of method*: A study of Descartes and Locke. Oxford: Clarendon, 1980.

TURNER, M. *The literary mind*: The origins of thought and language. Oxford: Oxford University Press, 1996.

TURNER, M. *Cognitive dimensions of social science*. Oxford: Oxford University Press, 2001.

WHEWELL, W. *The philosophy of the inductive sciences founded upon their history*. 2. ed. Nova York: Johnson Reprint Corporation, 1966. (Obra original publicada em 1847.)

Capítulo 24

INFERÊNCIA CAUSAL

PETER SPIRTES

RICHARD SCHEINES

CLARK GLYMOUR

THOMAS RICHARDSON

CHRISTOPHER MEEK[1]

24.1 INTRODUÇÃO

Um dos objetivos principais de muitas ciências é modelar sistemas causais suficientemente bem para fornecer uma visão de suas estruturas e seus mecanismos, bem como obter previsões confiáveis sobre os efeitos de intervenções em políticas. Para ter sucesso em qualquer desses propósitos, em geral, é preciso especificar um modelo de maneira, no mínimo, aproximadamente correta. Nas ciências sociais e comportamentais, costuma-se descrever os modelos causais dentro de uma variedade de formalismos estatísticos: modelos de dados categóricos, de regressão logística, de regressão linear, de análise fatorial, de componentes principais, de equações estruturais e assim por diante. Na prática, esses modelos se obtêm por diversos métodos: experimentação; convicções do pesquisador; conhecimento prévio inconteste; procedimentos de busca automática, como regressão passo a passo e análise fatorial; e quaisquer outros de uma ampla gama de procedimentos de seleção de modelos *ad hoc*. A fim de entender os pressupostos inerentes a esses e outros tipos de modelos, é preciso ter clara compreensão do vínculo entre hipóteses causais e hipóteses probabilísticas ou estatísticas. E, para entendermos as limitações de modelos gerados por métodos comuns, deveríamos compreender as limitações teóricas de todo procedimento de inferência causal.

Desde os anos 1980, pesquisadores de informática, estatística, diversas ciências sociais e filosofia têm generalizado métodos, modelos e conceitos relacionados com a inferência causal que estavam alicerçados em modelagem de equações estruturais. Vamos descrever e ilustrar os resultados dessa pesquisa e abordar as seguintes perguntas:

1. Qual é a diferença entre um modelo causal e um modelo estatístico? Quais são os usos que se podem fazer de modelos causais, mas não de modelos estatísticos? (seção 24.2).
2. Quais são os pressupostos que relacionam causalidade com probabilidade que deveríamos adotar? (seção 24.3).
3. Quais são os limites teóricos à inferência causal? Examinamos a resposta a essa pergunta com base em uma variedade de diferentes pressupostos sobre conhecimento prévio (seção 24.4).

---

1. Agradecemos a S. Mulaik pelos muitos comentários e pelas referências úteis.

510 • SEÇÃO VI / QUESTÕES FUNDAMENTAIS

4. Quais são alguns dos métodos confiáveis de inferência causal? (respondemos a essa pergunta quando supomos não haver causas latentes, na seção 24.4.3; e quando se admite a possibilidade de causas latentes, na seção 24.5).

5. São confiáveis os métodos de inferência causal aplicados em diversas ciências sociais? (seção 24.6).

Focamo-nos sobretudo em duas questões: (a) dada uma informação causal e estatística possivelmente incompleta, como prever os efeitos de intervenções ou políticas?; e (b) como e em que medida se pode obter informação a partir de dados experimentais e não experimentais sob diversos pressupostos sobre os processos subjacentes?

24.2 MODELOS CAUSAIS E MODELOS ESTATÍSTICOS

24.2.1 O significado de causa direta

Causa direta é uma expressão de uma família de frases causais (incluindo *intervenção, manipulação, efeito direto* etc.) que são facilmente interdefiníveis, mas não fáceis de definir em termos não causais. Já se propôs uma variedade de definições de conceitos causais em termos de conceitos não causais, mas, em geral, elas são complicadas e controversas. Aqui, adotamos um enfoque diferente, aplicando o conceito de *causa direta* como uma relação primitiva indefinida entre variáveis aleatórias e introduzindo axiomas geralmente aceitos (às vezes só implicitamente) a relacionar causas diretas e distribuições de probabilidade. Embora, em grande parte da literatura filosófica, se considere a causação como uma relação entre acontecimentos e não entre variáveis, considerá-la como uma relação entre variáveis condiz é bem mais adequado com diversos modelos estatísticos e métodos estatísticos de inferência. (Entender a causação como relação entre variáveis é o enfoque adotado também em James; Mulaik; Brett, 1982; Mulaik, 1986; Simon, 1953.) A vantagem do enfoque axiomático é que a aceitabilidade desses axiomas não necessariamente depende de alguma determinada definição de causalidade. Com isso, poderemos, assim, discutir princípios de inferência causal aceitáveis para uma variedade de escolas

de pensamento sobre o significado de *causalidade* (assim como há ao menos alguns princípios de inferência probabilística que não dependem da definição de *probabilidade*). Encontramos discussões filosóficas sobre o significado e a índole da causação em Cartwright (1989, 1999), Eells (1991), Hausman (1998), Shafer (1996), Sosa e Tooley (1993) e Pearl (2000).

24.2.2 Condicionamento e manipulação

Duas operações fundamentalmente diferentes mapeiam distribuições de probabilidade[2] em outras distribuições de probabilidade. A primeira é *condicionar*, que equivale, aproximadamente, a mapear uma distribuição de probabilidade em uma nova distribuição em resposta ao ato de achar mais informação sobre a situação do mundo (ou *ver*). A segunda é *manipular*, que equivale, aproximadamente, a mapear uma distribuição de probabilidade em uma nova distribuição de probabilidade em resposta ao ato de mudar a situação do mundo (ou *fazer*, na terminologia de Pearl, 2000)[3]. A fim de expor a diferença, abordamos um exemplo simples no qual nossas intuições pré-teóricas sobre causação são incontroversas; em seções seguintes, examinaremos exemplos mais interessantes e realistas. Suponha-se uma população de lanternas, todas com pilhas e lâmpadas, e um interruptor que acende a luz quando na posição de ligado e apaga-a quando na posição de desligado. Cada unidade (lanterna) da população tem algumas propriedades (a posição de interruptor e se a luz está ou não acesa). As variáveis aleatórias *Interruptor* e *Luz* representam as propriedades. *Interruptor* pode assumir os valores *ligado* ou *desligado*, e *Luz* pode assumir os valores *acesa* ou *apagada*. Ainda que nesse exemplo as variáveis sejam binárias para simplificar a ilustração, todos os conceitos aplicam-se também a variáveis discretas com mais de duas categorias, bem como a variáveis contínuas. A variáveis aleatórias têm uma distribuição conjunta na população.

---

2. Nesse caso, somos propositalmente ambíguos quanto à interpretação de *probabilidade*. Os comentários aqui apresentados independem de a interpretação assumida ser frequentista, de propensão ou personalista.

3. Para saber mais sobre a diferença entre condicionar e manipular, cf. Rubin (1977); Spirtes, Glymour e Scheines (2000) e Pearl (2000).

Suponha-se que, nesse caso, a distribuição conjunta seja a seguinte:

$$P(Interruptor = ligado, Luz = acesa) = 1/2$$
$$P(Interruptor = ligado, Luz = apagada) = 0,$$
$$P(Interruptor = desligado, Luz = acesa) = 0$$
$$P(Interruptor = desligado, Luz = apagada) = 1/2.$$

24.2.2.1 Condicionamento

A estatística dedica-se, em grande parte, a achar métodos eficientes para estimar distribuições condicionais. Dada uma lanterna escolhida a esmo, a probabilidade de a lâmpada estar *acesa* é 1/2. No entanto, se alguém observa que uma lanterna tem o interruptor na posição de *desligado*, mas não observa, diretamente, se a luz está *apagada*, a probabilidade de a luz estar *apagada*, condicionada ao interruptor estar *desligado*, é apenas a probabilidade de a luz estar *apagada* na subpopulação em que o interruptor está *desligado*; isto é, $P(Luz = apagada|Interruptor = desligado) = P(Luz = apagada, Interruptor = desligado)/P(Interruptor = desligado) = 1$. Logo o condicionamento a um acontecimento mapeia a distribuição conjunta das variáveis em uma nova distribuição de probabilidade. Do mesmo modo, a probabilidade de o interruptor estar *desligado*, condicionada a que a luz esteja *apagada*, é apenas a probabilidade de o interruptor estar *desligado* na subpopulação em que a luz está *apagada*; isto é, $P(Interruptor = desligado|Luz = apagada) = P(Luz = apagada, Interruptor = desligado)/P(Luz = apagada) = 1$. O condicionamento tem a importante particularidade de a distribuição conjunta determinar, inteiramente, cada distribuição condicional (salvo quando condicionada a um acontecimento cuja probabilidade é zero).

24.2.2.2 Manipulação

A manipulação, como o condicionamento, mapeia uma distribuição de probabilidade conjunto em uma outra distribuição conjunta[4]. À diferença do condicionamento, uma distribuição de probabilidade manipulada não é geralmente uma distribuição em uma subpopulação de uma população existente, mas sim uma distribuição em uma população (possivelmente hipotética) formada ao *forçar* externamente um valor atribuído a uma variável no sistema. Imaginemos que, em vez de ver que um interruptor está *desligado*, conseguíssemos manipular o interruptor e deixá-lo *desligado*. Segue-se da estrutura e da função supostas das lanternas que a probabilidade de a luz estar *apagada* é 1. (Aqui, nós nos baseamos em intuições pré-teóricas sobre o exemplo para deduzir os valores corretos para as probabilidades manipuladas [p. ex., que lanternas em funcionamento estão acesas quando o interruptor está ligado]. Em seções posteriores, descreveremos métodos formais com os quais se podem calcular as probabilidades manipuladas.) Adaptaremos a notação de Lauritzen (2001) e indicaremos a probabilidade pós-manipulação de a luz estar *apagada* como $P(Luz = apagada||Interruptor = desligado)$, usando uma barra dupla "||" para manipulação, a distingui-la da barra única "|" do condicionamento[5]. Note-se que, nesse caso, $P(Luz = apagada||Interruptor = desligado) = P(Luz = apagada|Interruptor = desligado)$. De forma análoga à notação para condicionamento, pode-se, também, situar um conjunto de variáveis **V** no lado esquerdo da barra dupla de manipulação, que representa a probabilidade conjunta de **V** depois de se manipularem as variáveis no lado direito da barra dupla de manipulação[6].

Suponhamos, agora, que, em vez de manipularmos o *Interruptor* para a posição *desligado*, manipulemos a *Luz* para deixá-la *apagada*. Por óbvio, a distribuição de probabilidade resultante depende de como manipulamos a *Luz*

---

4. Mulaik (1986) apresentou uma exposição inicial da noção de que o valor de um efeito é uma função probabilística do valor de uma causa, tendo abordado, também, a independência local no contexto de cadeias de variáveis que formam um processo de Markov.

5. Qual é o período de tempo após a manipulação a que a *distribuição pós-manipulação* se refere? Nesse caso, longo o bastante para o sistema atingir um equilíbrio. Em casos em que não existe equilíbrio ou se menciona algum outro período de tempo, as variáveis relevantes devem ser explicitamente indexadas por tempo.

6. Usamos maiúsculas em negrito para representar conjuntos de variáveis, maiúsculas em itálico para representar variáveis, minúsculas em negrito para representar valores de conjuntos de variáveis e minúsculas em itálico para representar valores de variáveis. Se **V** = {*Interruptor, Luz*} e **v** = {*Interruptor = desligado, Luz = acesa*}, então $P(\mathbf{v})$ representa $P(Interruptor = desligado, Luz = acesa)$. Há diversas notações alternativas a "||" em Spirtes *et al.* (2000) e Pearl (2000).

512 • SEÇÃO VI / QUESTÕES FUNDAMENTAIS

para *apagada*. Se o fizemos desparafusando a lâmpada, a probabilidade de o *Interruptor* estar *desligado* é 1/2, igual à probabilidade de ele estar *desligado* antes da nossa manipulação. Em tal caso, diz-se que a manipulação é uma "manipulação ideal" da *Luz* porque foi introduzida uma causa externa (desparafusar a lâmpada) que foi uma causa direta da *Luz* e não foi causa direta de nenhuma outra variável do sistema. Sob os pressupostos descritos na seção 24.3, qualquer manipulação ideal de uma determinada variável para o mesmo valor produzirá a mesma (distribuição de probabilidade) nos resultados.

Por outro lado, se manipulamos a *Luz* para *apagada* pressionando o *Interruptor* para a posição *desligado*, é claro que a probabilidade de o *Interruptor* estar *desligado* após a manipulação é igual a 1. Mas essa não seria uma manipulação ideal da *Luz*, porque a causa externa foi a causa direta de uma variável do sistema que não é a *Luz* (isto é, uma causa direta do *Interruptor*). Em geral, a teoria de previsão dos efeitos de manipulações diretas que vamos descrever pressupõe que essas manipulações diretas se efetuam com sucesso e são manipulações ideais de variáveis do sistema.

No caso de realizarmos uma manipulação ideal da lâmpada para *apagada* (p. ex., desatarraxando-a), a probabilidade manipulada não se iguala à probabilidade condicional; isto é, P(*Interruptor* = *desligado*||*Luz* = *apagada*) = 1/2 ≠ P(*Interruptor* = *desligado*|*Luz* = *apagada*) = 1. Isto mostra duas peculiaridades cruciais das manipulações: a primeira é que, em alguns casos, a probabilidade manipulada é igual à probabilidade condicional (p. ex., P(*Luz* = *apagada*||*Interruptor* = *desligado*) = P(*Luz* = *apagada*|*Interruptor* = *desligado*) e, em outros casos, a probabilidade manipulada não é igual à probabilidade condicional (p. ex., P(*Interruptor* = *desligado*||*Luz* = *apagada*) ≠ P(*Interruptor* = *desligado*|*Luz* = *apagada*). Nesse exemplo, o condicionamento *Luz* = *apagada* elevou a probabilidade de *Interruptor* = *desligado*, mas manipular a *Luz* para *apagada* não mudou a probabilidade de *Interruptor* = *desligado*. Em geral, se o fato de condicionar ao valor de uma variável X aumenta a probabilidade de um dado acontecimento, manipular X para lhe conferir o mesmo valor pode elevar, baixar ou deixar inalterada a probabilidade de um dado acontecimento. Igualmente, se o fato de condicionar a um determinado valor de uma variável diminui ou deixa inalterada a probabilidade de um dado acontecimento, a correspondente probabilidade manipulada pode ser maior, menor ou igual, dependendo do domínio.

A segunda peculiaridade crucial das manipulações é que embora *Luz* = *acesa* se e somente se *Interruptor* = *ligado* na população original, as distribuições conjuntas que resultaram da manipulação dos valores do *Interruptor* e da *Luz* eram diferentes. Ao contrário do condicionamento, os resultados da manipulação dependem de mais do que a distribuição de probabilidade conjunta. Esse "mais do que a distribuição de probabilidade conjunta", do qual dependem os resultados de uma manipulação de uma variável especificada, consiste nas relações causais entre variáveis. A razão pela qual a manipulação da posição do interruptor mudou a situação da luz é que a posição do interruptor é uma causa da situação da luz; a razão pela qual a manipulação da situação da luz não mudou a posição do interruptor é que a situação da luz não mudou não é uma causa da posição do interruptor. Portanto descobrir (ao menos implicitamente) as relações causais entre variáveis é um passo necessário para inferir de maneira correta os resultados de manipulações.

24.2.2.3 Outros tipos de manipulações

Manipular uma variável atribuindo-lhe um determinado valor (p. ex., *Interruptor* = *desligado*) é um caso especial de tipos mais gerais de manipulação. Por exemplo, em lugar de se atribuir um valor a uma variável, pode-se atribuir uma distribuição de probabilidade a uma variável X. É o que acontece em experimentos randomizados. Suponhamos randomizar a distribuição de probabilidade de *Interruptor* a uma distribuição P', em que P'(*Interruptor* = *ligado*) = 1/4 e P'(*Interruptor* = *desligado*) = 3/4. Nesse caso, indicamos a probabilidade manipulada de *Luz* = *acesa* como P'(*Luz* = *acesa*||P'(*Interruptor*)); ou seja, aparece uma distribuição de probabilidade à direita da barra dupla da manipulação. (A notação P(*Luz* = *apagada*||(*Interruptor* = *desligado*) é o caso especial quando P'(*Interruptor* = *desligado*) = 1.)

De um modo mais geral, dados um conjunto de variáveis **V** e manipulação de um conjunto de variáveis **M** ⊆ **V** para uma distribuição $P'(\mathbf{M})$, a distribuição conjunta de **V** após a manipulação é expressa como $P(\mathbf{V}\|P'(\mathbf{M}))$. A partir de $P(\mathbf{V}\|P'(\mathbf{M}))$ é possível formar distribuições marginais e condicionais entre as variáveis de **V** da maneira habitual. Assim, $P(X = x|Y = y\|P'(\mathbf{Z}))$ expressa a probabilidade de X na subpopulação em que $Y = y$, depois de se manipular a distribuição de **Z** para $P'(\mathbf{Z})$.

No intuito de simplificarmos a discussão, não levaremos em consideração manipulações que atribuem uma distribuição de probabilidade condicional a uma variável (p. ex., $P'(Luz = apagada|Interruptor = ligado) = 1/2$ e $P'(Luz = acesa|Interruptor = ligado) = 0)$), em vez de atribuírem uma distribuição marginal a essa variável. Também, quando múltiplas manipulações forem efetuadas, suporemos, por simplicidade, que, na distribuição manipulada conjunta, as variáveis manipuladas são independentes.

24.2.3 Redes bayesianas: interpretações causais e estatísticas

Redes bayesianas são um tipo de modelo causal/estatístico que oferece um esquema prático para representar e calcular os resultados do condicionamento e da manipulação. As redes bayesianas fornecem também um esquema conveniente para o exame do vínculo entre relações causais e distribuições de probabilidade. Redes bayesianas são modelos gráficos que generalizam modelos recursivos de equações estruturais sem erros correlacionados[7] (descritos de forma mais detalhada na seção 24.2.4); elas têm interpretação tanto estatística quanto causal. Descreveremos, primeiro, a interpretação estatística; depois, a interpretação causal; e, finalmente, a relação entre as duas interpretações. Pearl (1988), Neapolitan (1990), Cowell (1999) e Jensen (2001) apresentam introduções a redes bayesianas. Lauritzen (2001), Pearl (2000) e Spirtes, Glymour e Scheines (2000, cap. 3) descrevem a relação entre as interpretações causais e estatísticas.

24.2.3.1 Interpretação estatística

Uma rede bayesiana consiste em duas partes: um grafo dirigido acíclico (DAG, na sigla em inglês)

e um conjunto de parâmetros livres mapeando o grafo sobre uma distribuição de probabilidade por meio de uma regra que descreveremos a seguir. Exemplificaremos as redes bayesianas fazendo uso de dados de Sewell e Shah (1968), que estudaram cinco variáveis de uma amostra de 10.318 alunos da última série do ensino médio em Wisconsin[8]. Seguem-se as variáveis e os seus valores:

SEXO	[masculino = 0, feminino = 1]
QI =quociente intelectual	[mais baixo = 0, mais alto = 3]
PU = planos para universidade	[sim = 0, não = 1]
EP = encorajamento dos pais	[baixo = 0, alto = 1]
SSE = situação socioeconômica	[mais baixa = 0, mais alta = 3]

A parte gráfica da rede bayesiana que descreveremos para os dados de Sewell e Shah (1968) é apresentada na figura 24.1. Explicaremos a motivação para levantar a hipótese do DAG na seção 24.4.3.

As seguintes definições informais descrevem diversas características de um grafo dirigido[9]. Um grafo dirigido consiste em um conjunto de vértices e um conjunto de fronteiras dirigidas, em que cada fronteira é um par ordenado de vértices. Em G (o grafo dirigido na figura 24.1), os vértices são {QI, SSE, EP, PU, SEXO}, e as fronteiras são {SSE → QI, QI → EP, SEXO → EP, QI → PU, SSE → EP, SSE → PU, EP → PU}. Em G, a SSE é um *pai* do QI; QI é um *filho* da SSE; e a SSE e o QI são *adjacentes*, porque há uma fronteira SSE → QI em G. **Pais**(G, V) denotam o conjunto de pais de um vértice V no grafo dirigido G. Um *percurso* em um grafo dirigido é uma sequência de fronteiras adjacentes (isto é, fronteiras que compartilham um ponto final comum). Um *percurso dirigido* num grafo dirigido é uma sequência de fronteiras adjacentes, todas apontando na mesma direção. Por exemplo, em G, QI → EP → PU é

Figura 24.1 Modelo de causas de planos para universidade

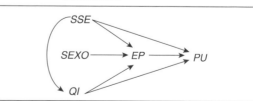

---

7. Há mais tipos gerais de modelos gráficos dos quais as redes bayesianas são um caso especial e que também têm interpretações causais, mas, para simplificar, abordaremos tais modelos posteriormente. Cf. Whittaker (1990), Lauritzen (1996), Edwards (2000) e Spirtes *et al.* (2000).

8. Spirtes *et al.* (2000) e Heckerman (1998) dão exemplos da análise de Sewell e Shoah (1968) usando redes bayesianas.

9. Há definições mais formais em Spirtes *et al.* (2000) e Pearl (2000).

514 • SEÇÃO VI / QUESTÕES FUNDAMENTAIS

um percurso dirigido de *QI* para *PU*. Por sua vez, *SSE* → *EP* ← *SEXO* é um percurso, mas não um percurso dirigido em *G*, porque as duas fronteiras não apontam na mesma direção. O *PU* é um *descendente* de *SEXO* (e *SEXO* é um *ancestral* de *PU*), porque há um percurso dirigido de *SEXO* para *PU*; além disso, por convenção, cada vértice é um descendente (e ancestral) de si mesmo. Um grafo dirigido é *acíclico* quando não existe um percurso dirigido de nenhum vértice para si mesmo: em tal caso, o grafo é um grafo acíclico dirigido ou DAG. A tabela 24.1 mostra essas relações para o DAG na figura 24.1.

Um DAG *G* sobre um conjunto de variáveis **V** *representa* qualquer distribuição conjunta passível de ser fatorada de acordo com a seguinte regra:

$$P(\mathbf{v}) = \prod_{v \in \mathbf{v}} P(v \mid \mathbf{pais}\,(G, V)). \qquad (1)$$

No caso de distribuições contínuas, as probabilidades na equação (1) podem ser substituídas por funções de densidade. Por exemplo, o DAG *G* da figura 24.1 representa qualquer distribuição de probabilidade conjunta passível de ser fatorada conforme a seguinte fórmula:

$$P(qi, sexo, sse, ep, pu) = P(qi|sse) \times P(sexo)$$
$$\times P(sse) \times P(ep|sse, qi, sexo)$$
$$\times P(pu|ep, sse, qi), \qquad (2)$$

e, sendo *qi* um dos valores de *QI*, *P*(*qi*) é uma abreviatura de *P*(*QI* = *qi*).

A equação (2) associa um conjunto de distribuições de probabilidade com o DAG na figura 24.1; o par ordenado formado pelo DAG e o conjunto de distribuições associado é um modelo estatístico. Gostaríamos de poder denominar determinadas distribuições no modelo estatístico rotulando cada distribuição com um conjunto finito de números reais conhecidos como os valores dos parâmetros livres do modelo. Há 128 combinações possíveis

diferentes de valores de *SEXO*, *QI*, *SSE*, *EP* e *PU*. Uma maneira de se denominar uma determinada distribuição conjunta seria listar 128 números reais, em que cada número real é o valor de *P*(*qi*, *sexo*, *sse*, *ep*, *pu*) para alguma combinação de valores de *SEXO*, *QI*, *SSE*, *EP* e *PU*. (Entretanto, visto que a soma total dos valores das variáveis de *P*(*QI*, *SEXO*, *SSE*, *EP*, *PU*) é igual a 1, apenas 127 números são realmente necessários; o valor do 128º estado é simplesmente igual a 1 menos a soma dos primeiros 127 números.) Esse seria um modo razoável de denominar qualquer distribuição conjunta *P*(*QI*, *SEXO*, *SSE*, *EP*, *PU*). Porém nem toda distribuição conjunta *P*(*QI*, *SEXO*, *SSE*, *EP*, *PU*) obedece à fatoração da equação (2). Se quisermos denominar apenas distribuições conjuntas que fatoram conforme a equação (2), esse método é ruim por dois motivos: primeiro, porque não temos certeza de que a distribuição assim denominada possa ser fatorada de acordo com a equação (2); segundo, porque estamos usando muito mais números do que é realmente necessário para denominar apenas membros do conjunto de distribuições de probabilidade que podem ser fatoradas conforme a equação (2).

Outro método de denominação de distribuições de probabilidade que fatoram conforme a equação (2) utiliza-se da própria equação (2) para mapear listas de números em distribuições de probabilidade. Por exemplo, em vez de especificarmos diretamente um determinado valor para *P*(*SEXO* = 0, *QI* = 1, *SSE* = 2, *EP* = 1, *PU* = 0), poderíamos, simplesmente, especificar valores para *P*(*QI* = 1|*SSE* = 2), *P*(*SEXO* = 0) e *P*(*SSE* = 2), *P*(*EP* = 1|*SSE* = 2, *QI* = 1, *SEXO* = 0) e *P*(*PU* = 0|*EP* = 1, *SSE* = 2, *QI* = 1). Para escolher alguns valores arbitrários a título de exemplo, *P*(*QI* = 1|*SSE* = 2) = 0,2, *P*(*SEXO* = 0) = 0,5, *P*(*SSE* = 2) = 0,1, *P*(*EP* = 1|*SSE* = 2, *QI* = 1, *SEXO* = 0) = 0,3 e *P*(*PU* = 0|*EP* = 1, *SSE* = 2, *QI* = 1) = 0,4. Em tal caso, pela equação (2), *P*(*SEXO* = 0, *QI* = 1, *SSE* = 2, *EP* = 1,

Tabela 24.1 – Relações entre vértices na figura 24.1

Vértice	Crianças	Pais	Descendentes	Ancestrais
SSE	{*EP, PU, QI*}	∅	{*EP, PU, QI, SSE*}	{*SSE*}
SEXO	{*EP*}	∅	{*EP, PU, SEXO*}	{*SEXO*}
QI	{*EP, PU*}	{*SSE*}	{*EP, PU, QI*}	{*QI, SSE*}
EP	{*PU*}	{*SSE, SEXO, QI*}	{*PU, EP*}	{*SSE, SEXO, QI, EP*}
PU	∅	{*SSE, EP, QI*}	{*PU*}	{*SSE, EP, QI, SEXO, PU*}

$PU = 0) = 0,2 \times 0,5 \times 0,1 \times 0,3 \times 0,4 = 0,0012$. Ao se atribuírem números a $P(qi)$, $P(sexo)$, $P(sse|qi)$, $P(ep|sse, qi, sexo)$ e $P(pu|ep, sse, qi)$, o valor de $P(QI, SEXO, SSE, EP, PU)$ é determinado para todos os valores de $SEXO$, QI, SSE, EP e PU e a distribuição conjunta sobre $P(QI, SEXO, SSE, EP, PU)$ é especificamente determinada. Novamente, porém, essa lista conteria alguns números redundantes. Por exemplo, uma vez atribuído um valor $P(SEXO = 0)$, $P(SEXO = 1)$, fica determinado que $1 - P(SEXO = 0)$. Quando suprimidas todas as redundâncias desse tipo, a lista resultante contém 80 números reais. Se, para cada vértice V, $P(V|\mathbf{pais}(G, V)$ é uma distribuição de probabilidade, é garantido que a fatoração da distribuição conjunta resultante é conforme a equação (2). O fato de o modelo estatístico com DAG G ter um número de parâmetros livres menor do que o necessário para denominar uma distribuição conjunta arbitrária sobre $SEXO$, QI, SSE, EP e PU implica que as distribuições representadas por G podem ser estimadas com mais eficiência, armazenadas num espaço menor e usadas para calcular probabilidades condicional com mais rapidez. As quantidades $P(qi)$, $P(sexo)$, $P(sse|qi)$, $P(ep|sse, qi, sexo)$ e $P(pu|ep, sse, qi)$ para todos os valores de QI, $SEXO$, SSE, EP e PU (com exceção das quantidades redundantes) são chamadas de parâmetros livres do modelo estatístico com DAG G.

Por definição, um DAG G representa a distribuição de probabilidade P se e somente se P fatora de acordo com o DAG (equação 2). Suponhamos que $I(\mathbf{X}, \mathbf{Y}|\mathbf{Z})_P$ significa que $\mathbf{X}$ é independente de $\mathbf{Y}$ condicionado a $\mathbf{Z}$ na distribuição P – isto é, $P(\mathbf{x}|\mathbf{y}, \mathbf{z}) = P(\mathbf{x}|\mathbf{z})$ – para todos os valores de $\mathbf{y}$ e $\mathbf{z}$ tais que $P(\mathbf{y}, \mathbf{z}) > 0$. Por convenção, $I(\mathbf{X}, \varnothing|\mathbf{Z})_P$ é trivialmente verdadeira e $I(\mathbf{X}, \mathbf{Y}|\varnothing)_P$ denota independência incondicional de $\mathbf{X}$ e $\mathbf{Y}$. (Aqui, o conjunto vazio expressa um conjunto vazio de variáveis aleatórias, *não* um acontecimento nulo. Também, se um conjunto contiver uma só variável, como $\{QI\}$, às vezes omitiremos os colchetes de conjunto.)

A fatoração de P conforme G é equivalente a cada variável X no DAG ser independente de todas as variáveis que não são pais nem descendentes de X em G, condicionadas a todos os pais de X em G. Aplicando-se essa regra ao exemplo do DAG na figura 24.1 para qualquer distribuição de probabilidade que fatorar conforme G (isto é, que

satisfizer a equação 2), verificam-se as seguintes relações de independência condicional em P:

$$I(\{QI\}, \{SEXO\}|\{SSE\})_P I(\{SEXO\}, \{QI, SSE\}|\varnothing)_P,$$
$$I(\{SSE\}, \{SEXO\}|\varnothing)_P I(\{EP\}, \varnothing|\{SSE, QI, SEXO\})_P,$$
$$I(\{PU\}, \{SEXO\}|\{EP, SSE, QI\})_P. \tag{3}$$

Essas relações de independência condicional existem, sejam quais forem os valores atribuídos aos parâmetros livres associados ao DAG G; dizemos que G *implica* as relações de dependência condicional. Contudo o fato de um DAG não implicar uma relação de independência condicional não significa que ela não exista em *nenhuma* atribuição de valores aos parâmetros livres, mas apenas que ela não existe em *toda* atribuição de valores aos parâmetros livres.

As relações de independência condicional listadas em (3) implicam outras relações de independência condicional, como $I(\{SEXO\}, \{SSE\}|\{QI\})_P$. Existe uma relação fácil de calcular, exclusivamente gráfica, chamada de d-separação, pela qual, se um DAG G com o conjunto de vértices $\mathbf{V}$ representa uma distribuição de probabilidade $P(\mathbf{V})$, $\mathbf{X}$ é d-separada de $\mathbf{Y}$ condicionada a $\mathbf{Z}$ em G se e somente se G implica que $\mathbf{X}$ é independente de $\mathbf{Y}$ condicionada a $\mathbf{Z}$ em $P(\mathbf{V})$ (cf. Pearl, 1988. A referência mais completa com demonstrações detalhadas é Lauritzen *et al.*, 1990).

Há diversas formulações equivalentes da relação de d-separação. A definição a seguir baseia-se na intuição de que apenas certos tipos de percursos, que chamaremos de percursos ativos, podem passar informação de X para Y, condicionada a $\mathbf{Z}$, e que um percurso só é ativo quando todo vértice no percurso é ativo (isto é, capaz de transmitir informação condicionada a $\mathbf{Z}$). Então duas variáveis X e Y são d-separadas condicionadas a $\mathbf{Z}$ quando não há percursos ativos entre elas condicionados a $\mathbf{Z}$; isto é, não há percursos que possam passar informação de X para Y condicionados a $\mathbf{Z}$. (As demonstrações de teoremas sobre d-separação não se baseiam em quaisquer intuições sobre transmissão de informação, mas apenas em propriedades de independência condicional.) Um vértice X_i é um *colisor* num percurso U em G se e somente se houver fronteiras $X_{i-1} \rightarrow X_i \leftarrow X_{i+1}$ sobre U em G; do contrário, ele é um *não colisor*. Observe-se que os pontos finais de um percurso sempre são não colisores nesse percurso. Um vértice num percurso U é *ativo* condicionado a um conjunto de variáveis $\mathbf{Z}$ se e somente se ele não é um colisor em U e não está em $\mathbf{Z}$ ou se ele é um colisor em U e tem um descendente em $\mathbf{Z}$. (Note-se que o fato de um vértice ser ou não ser ativo tem relação com um determinado percurso e um determinado conjunto condicionante.) Um percurso U é *ativo* condicionado a um conjunto de variáveis $\mathbf{Z}$ se e somente se todo vértice em U é ativo condicionado a $\mathbf{Z}$. Se $\mathbf{X}$, $\mathbf{Y}$ e $\mathbf{Z}$ são conjuntos disjuntos de variáveis em G, $\mathbf{X}$ e $\mathbf{Y}$ são *d-conectados* condicionados a $\mathbf{Z}$ se e somente se houver um percurso ativo condicionado a $\mathbf{Z}$ entre algum $X \in \mathbf{X}$ e algum $Y \in \mathbf{Y}$; caso contrário, $\mathbf{X}$ e $\mathbf{Y}$ são *d*-separados condicionados a $\mathbf{Z}$.

Para exemplificar esses conceitos, veja-se o DAG na figura 24.1. É fácil demonstrar que se duas variáveis são adjacentes num DAG, elas são *d*-conectadas condicionadas a qualquer subconjunto de outras variáveis. No entanto, *SSE* e *SEXO* não são adjacentes, mas sim *d*-separadas condicionadas a $\{QI\}$, bem como *d*-separadas condicionadas a $\varnothing$; e *SEXO* e *PU* não são adjacentes, mas sim *d*-separadas condicionadas a $\{EP, SSE, QI\}$.

Algumas das consequências da definição são bastante intuitivas, mas outras nem tanto. Por exemplo, é intuitivamente óbvio que o DAG da figura 24.1 implica que *SEXO* e *QI* são incondicionalmente independentes porque não há nenhum percurso dirigido entre elas, e não há uma terceira variável com percursos dirigidos a ambas. E a relação de *d*-separação implica serem *SEXO* e *QI* incondicionalmente independentes, porque elas são *d*-separadas condicionadas ao conjunto vazio; cada percurso entre *SEXO* e *QI* contém um colisor, e nenhum colisor tem um descendente no conjunto vazio.

Entretanto a condição de que um vértice seja ativo sobre um percurso condicionado a $\mathbf{Z}$, se ele for um colisor no percurso e tiver um descendente em $\mathbf{Z}$, não é óbvia nem intuitiva em muitos casos. Por exemplo, *SEXO* e *QI* não são forçosamente independentes condicionadas a $\{EP\}$, porque, no percurso $SEXO \rightarrow EP \leftarrow QI$, *SEXO* e *QI* são não colisores que não estão em $\{EP\}$, e *EP* é um colisor que tem um descendente (ele próprio) em $\{EP\}$; logo *SEXO* e *QI* são *d*-conectadas em $\{EP\}$.

24.2.3.2 *Redes bayesianas: interpretação causal*

Note-se que o conceito de "causa direta" está relacionado a um conjunto de variáveis. Intuitivamente, se relacionada a $\{SEXO, QI, SSE, EP, PU\}$, *SEXO* é uma causa direta de *EP*, e *EP* é uma causa direta de *PU*, mas *SEXO* não é uma causa direta de *EP*, então *SEXO* é uma causa indireta, mas não direta, de *PU*. Suponha-se, agora, um conjunto formado por menos variáveis, como $\{SEXO, PU\}$, em que as variáveis que registram os detalhes do mecanismo pelo qual *SEXO* é uma causa de *PU* (isto é, por afetar *EP*) foram omitidas. Com relação a $\{SEXO, PU\}$, *SEXO* é uma causa direta de PU^{10}.

Pode-se dar interpretação causal à parte gráfica de uma rede bayesiana. Um conjunto de variáveis aleatórias $\mathbf{S}$ é *causalmente suficiente* se $\mathbf{S}$ não omitir quaisquer variáveis que sejam causas diretas (com relação a $\mathbf{S}$) de qualquer par de variáveis em $\mathbf{S}$. Sob a interpretação causal, um grafo com conjunto de variáveis $\mathbf{S}$ causalmente suficiente *representa* as relações causais em uma população N, se houver uma fronteira dirigida de A para B no grafo, se e somente se A for uma causa direta de B com relação a $\mathbf{S}$ para a população N. Por exemplo, sob a interpretação causal do DAG na figura 24.1, há uma fronteira dirigida de QI para PU se e somente se QI for uma causa direta (com relação ao conjunto de variáveis no DAG) de PU para a população. Se o DAG na figura 24.1 é uma correta descrição de um sistema causal, o conjunto de variáveis $\{SEXO, EP, PU\}$ não é causalmente suficiente porque não contém QI nem SSE, ambas causas diretas de um par de variáveis no conjunto. Por outro lado, $\{SEXO, PU\}$ é um conjunto de variáveis causalmente suficiente porque nenhuma das outras variáveis é uma causa direta tanto de *SEXO* quanto de *PU*.

Um *modelo causal* para uma população N é um par consistente num grafo causal sobre um conjunto de variáveis $\mathbf{V}$ causalmente suficiente que representa as relações causais em N e $P(\mathbf{V})$. A parte gráfica de um modelo causal M é denotada

---

10. Existe alguma controvérsia quanto à possibilidade de *SEXO* ser uma causa do que quer que seja, em parte porque é difícil a manipulação do *SEXO*. Muito pouco do que vem a seguir depende de se considerar *SEXO* como uma causa, e nós não levaremos em consideração nenhuma manipulação de *SEXO*.

por $G(M)$. O tipo de causação que estamos descrevendo neste capítulo é aquele entre variáveis (ou tipos de acontecimentos, p. ex., *Interruptor* e *Luz*), não entre acontecimentos individuais (p. ex., o acontecimento de uma determinada lanterna ter o valor *ligado* para *Interruptor* e o acontecimento de a mesma lanterna ter o valor *acesa* para *Luz*). Como a relação causal é entre variáveis, e não entre acontecimentos, é possível que duas variáveis causem uma à outra. Por exemplo, pedalar uma bicicleta pode causar a rotação da roda, e (em alguns tipos de bicicleta) girar a roda pode causar o movimento do pedal. Portanto um grafo causal pode ser cíclico. A teoria de grafos causais cíclicos, discutida na seção 24.5.2.4.2, é importante em econometria, biologia e outros sujeitos, mas é também muito mais difícil e menos desenvolvida que a teoria de grafos causais acíclicos. No restante deste capítulo, vamos supor que todos os grafos causais são acíclicos, desde que não digamos o contrário explicitamente[11].

24.2.4 Modelos de equações estruturais

Conforme Bentler (1985), as variáveis num modelo de equação estrutural (SEM, na sigla em inglês) podem dividir-se em dois conjuntos: os "termos de erro" e as variáveis substanciais. Os termos de erro são latentes (isso significa apenas que seus valores não estão registrados nos dados), e algumas das variáveis substanciais podem ser latentes também. Um SEM consiste em um conjunto de equações estruturais, uma para cada variável substancial, e nas distribuições dos termos de erro; juntos, eles determinam a distribuição conjunta das variáveis substanciais. A equação estrutural para a variável substancial X_i é uma equação com X_i no lado esquerdo e as causas diretas de X_i mais em termo de erro ε_i no lado direito. As equações podem ter qualquer forma matemática, embora a equação linear seja a mais comum. Kaplan (2000) e Bollen (1989) oferecem introduções à teoria de modelos de equações estruturais. Há muitas questões metodológicas relacionadas à construção e à testagem de modelos de equações estruturais tratadas em "SEMNET"[12].

A figura 24.2 contém um exemplo de SEM de variável latente. O conjunto de dados originais veio de Mardia, Kent e Bibby (1979)[13]. As pontuações de teste para 88 alunos em cinco matérias (*mecânica, álgebra vetorial, álgebra, análise* e *estatística*) são as variáveis medidas. As variáveis substanciais latentes são *habilidade em álgebra, habilidade em álgebra vetorial* e *habilidade em análise real*. A distribuição das pontuações de testes é aproximadamente normal multivariada. No modelo M da figura 24.2, são parâmetros livres os coeficientes lineares a, b, c e d, bem como as variâncias e as médias dos termos de erro ε_M, ε_V, ε_{Al}, ε_{An}, ε_S, δ_{Al}, δ_{An} e δ_V. (Nas equações estruturais para *mecânica, álgebra* e *estatística*, os coeficientes foram fixados em 1 para garantir a identificabilidade, como se explica a seguir.) Observe-se que usamos nas equações um operador de atribuição ":=", em vez do sinal de igual mais comum "=", para salientar que a quantidade no lado direito da equação não só é igual à variável aleatória no lado esquerdo como também causa essa variável aleatória. Assim, como sugerido por Lauritzen (2001), é mais adequado chamar esses modelos de *modelos de atribuição estrutural* em vez de *modelos de equação estrutural*.

As redes bayesianas especificam uma distribuição conjunta sobre variáveis com ajuda de um DAG, ao passo que os SEMs especificam um valor para cada variável mediante equações. Eles parecem ser muito diferentes, mas não o são. Um SEM contém informação tanto a respeito da distribuição de probabilidade conjunta sobre as variáveis substanciais quanto a respeito das relações causais entre essas variáveis. A distribuição conjunta dos termos de erro e as equações determinam a distribuição conjunta das variáveis

---

11. Glymour e Cooper (1999) apresentam uma coletânea de artigos que também abrangem muitas questões sobre inferência causal com modelos gráficos. Robins (1986) e Van der Laan e Robins (2003) descrevem um enfoque não gráfico da inferência causal baseado no enfoque contrafactual de Rubin (1977) para a inferência causal.

12. Há diversos pacotes estatísticos destinados a estimar e testar modelos de equações estruturais. Entre eles, os pacotes comerciais EQS (www.mvsoft.com), CALIS, que faz parte do SAS (www.sas.com). EQS e LISREL contêm, também, alguns algoritmos de busca para modificar um determinado modelo causal. O pacote estatístico R (www.r-project. org) também contém um pacote SEM para estimar e testar modelos de equações estruturais.

13. Whittakker (1990) e Spirtes *et al.* (2000, cap. 6) abordam análises desses dados. Edwards (2000) assinala algumas características anômalas dos dados, indicando que eles podem ter sido processados.

Figura 24.2 Modelo de causas de marcas matemáticas

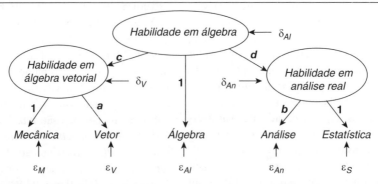

Mecânica = 1 × Habilidade em álgebra vetorial + ε_M, Habilidade em álgebra vetorial: = c × Habilidade em álgebra + δ_M, Estatística: = 1 × Habilidade em análise real + ε_S, Habilidade em análise real: = d × Habilidade em álgebra + δ_{An}

Vetor: = a × Habilidade em álgebra vetorial + ε_V, Álgebra = 1 × Habilidade em álgebra + ε_{Al}, Análise: = b × Habilidade em análise real + ε_{An}, Habilidade em álgebra: = δ_{Al}

---

substanciais. Ademais, cada SEM está associado a um grafo (chamado de *diagrama de percurso*) que representa a estrutura causal do modelo e forma das equações, em que há uma fronteira dirigida de X para $Y(X \rightarrow Y)$ se X é uma causa direta de Y, e há uma fronteira bidirigida entre os termos de erro ε_X e ε_Y se e somente se a covariância entre os termos de erro é diferente de zero. Em diagramas de percurso, variáveis substanciais latentes costumam ser encerradas num contorno oval. Um DAG é um caso especial de diagrama de percurso (sem ciclos nem erros correlatos). Se o diagrama de percurso é um DAG, um SEM é um caso especial de rede bayesiana e pode-se demonstrar que a distribuição conjunta fatora de acordo com a equação (1), mesmo quando as equações são não lineares. Qualquer distribuição de probabilidade representada pelo DAG na figura 24.2 atende à seguinte condição de fatoração descrita pela equação (1), em que f é a densidade:

$f(mecânica, vetor, álgebra, análise, estatística)$
$= f(mecânica|habilidade em álgebra vetorial)$
$\times f(vetor|habilidade em álgebra vetorial) \times f(álgebra|habilidade em álgebra) \times f(análise|habilidade em análise real)$
$\times f(estatística|habilidade em análise real) \times f(habilidade em álgebra vetorial|habilidade em álgebra) \times f(habilidade em análise real|habilidade em álgebra) \times f(habilidade em álgebra).$

Kiiveri e Speed (1982) apontaram pela primeira vez a ligação entre modelos de equações estruturais e a equação de fatoração. Se o diagrama de percurso é cíclico ou inclui erros correlatos, a condição de fatoração não se mantém em geral, mas outras propriedades dos modelos gráficos ainda se mantêm de modo geral nos SEMs, como explicamos na seção 24.5.2.4.2.

24.3 CAUSALIDADE E PROBABILIDADE

A fim de tirarmos conclusões causais confiáveis a partir das frequências dos valores de variáveis aleatórias em uma amostra, temos de empregar alguns pressupostos que vinculam as relações causais a distribuições de probabilidade. Nesta seção, vamos descrever e analisar vários desses pressupostos.

24.3.1 O pressuposto causal de Markov

Já descrevemos uma interpretação de grafos causal e outra estatística. Qual é a relação entre essas duas interpretações? Fazemos o seguinte pressuposto (equivalente àquele estabelecido informalmente em Kiiveri e Speed [1982]):

Pressuposto causal de Markov (fatorização): para um conjunto de variáveis causalmente suficiente **V** em uma população N, se um grafo causal acíclico G representa as relações causais entre **V** em N, ele também representa $P(\mathbf{V})$. Isto é,

$$P(\mathbf{v}) = \prod_{v \in \mathbf{v}} P(v | \mathbf{pais}(G, V)). \qquad (4)$$

No exemplo do DAG causal na figura 24.1, o pressuposto causal de Markov implica

$$P(sexo, qi, sse, ep, pu)$$
$$= P(qi|sse) \times P(sexo) \times P(sse)$$
$$\times P(ep|sse, qi, sexo) \times P(pu|ep, sse, qi). \quad (5)$$

Pressuposto causal de Markov (independência): para um conjunto de variáveis causalmente suficiente **V** em uma população *N*, se um grafo causal acíclico *G* representa as relações causais entre **V** em *N*, cada vértice *X* em **V** é independente do conjunto de variáveis que não são pais nem descendentes de *X* em *G*, condicionadas aos pais de *X* em *G*.

No exemplo do DAG causal na figura 24.1, a versão de independência do pressuposto causal de Markov implica que as relações de independência condicional listadas na equação (3) da seção 24.2.3.1 existem na distribuição de probabilidade *P* na população *N*.

O pressuposto causal de Markov está implícito em grande parte da prática de modelagem de equações estruturais (sem ciclos nem erros correlatos). Em um SEM com termos de erro gaussianos, **X** é independente de **Y** condicionada a **Z** se e somente se para cada $X \in \mathbf{X}$ e $Y \in \mathbf{Y}$, a correlação parcial de **X** e **Y** dada **Z** (indicada como $\rho(X, Y|\mathbf{Z})$) é igual a zero. Assim, a análise causal de SEMs gaussianos lineares depende da análise de correlações parciais que desaparecem e de suas consequências. A famosa análise de Simon (1954) sobre a "correlação espúria" é, justamente, uma aplicação do pressuposto causal de Markov para explicar erros correlatos. Os exemplos de Bollen (1989) sobre por que o termo de perturbação para uma variável *X* poderia estar correlacionado com uma das causas de *X* para além de problemas de amostragem são todos devidos a relações causais entre o termo de perturbação e outras causas de *X*. No contexto de modelos de equações estruturais lineares e não lineares, o pressuposto de que termos de erro causalmente desvinculados são independentes acarreta o pressuposto causal de Markov em sua totalidade. Spirtes *et al.* (2000, cap. 3) analisam o pressuposto causal de Markov, bem como as condições em que não cabe aplicá-lo (p. ex., se o grafo causal correto é cíclico, deve-se adotar uma versão diferente do pressuposto).

O pressuposto causal de Markov implica que existe um procedimento para calcular os efeitos de manipulações de variáveis em redes bayesianas e SEMs. Explicamos as ideias nas duas subseções a seguir.

24.3.2 Cálculo dos efeitos de manipulações em redes bayesianas

Em uma rede bayesiana com DAG causal *G*, pode-se calcular o efeito de uma manipulação ideal de acordo com a seguinte regra: se a distribuição antes da manipulação é $P(\mathbf{v})$ e a distribuição após a manipulação é $P(\mathbf{v}\|P'(\mathbf{S})$, então

$$P(\mathbf{v}\| P'(\mathbf{s})) = P'(\mathbf{s}) \times \prod_{v \in \mathbf{v} \backslash \mathbf{s}} P(v|\mathbf{pais}(G, V)),$$

em que **v** é um conjunto de valores de variáveis em **V**; **s**, um conjunto de valores de variáveis em **S**; **pais**(*G*, *V*), um conjunto de valores de variáveis em **Pais**(*G*, *V*); e **v\s**, um conjunto de valores de variáveis que estão em **V**, mas não em **S**[14]. (Oferece-se uma demonstração em SPIRTES *et al.*, 2000, cap. 3.) Ou seja, na fatoração oficial de *P*(**V**), simplesmente se substitui

$$\prod_{s \in \mathbf{s}} P(s|\mathbf{pais}(G, S)),$$

por $P'(\mathbf{s})$, sendo **S** o conjunto de variáveis manipuladas. A operação de manipulação depende de qual for o grafo causal correto, porque, para cada $S \in \mathbf{S}$, *G* aparece no termo $P(s|\mathbf{pais}(G, S))$. Também, como o valor de **S** na manipulação não depende causalmente dos valores dos pais de **S**, o DAG de pós-manipulação que representa a estrutura causal não contém nenhuma fronteira dentro de **S**. (Manipulações de tipo mais geral não têm essa última propriedade.)

Para voltar ao exemplo da lanterna, o DAG causal de pré-manipulação é *Interruptor* → *Luz*, a distribuição da pré-manipulação é

$$P(Interruptor = ligado, Luz = acesa) =$$
$$P(Interruptor = ligado)$$
$$\times P(Luz = acesa|Interruptor = ligado) = 1/2$$
$$\times 1 = 1/2,$$

---

14. Por exemplo, se **v** = {*Interruptor* = *ligado*, *Luz* = *apagada*} e **s** = {*Luz* = *apagada*}, **v\s** = {*Interruptor* = *ligado*}.

520 • SEÇÃO VI / QUESTÕES FUNDAMENTAIS

$P(Interruptor = desligado, Luz = acesa) =$
   $P(Interruptor = desligado)$
   $\times P(Luz = acesa|Interruptor = desligado)$
     $= 1/2 \times 0 = 0,$
$P(Interruptor = aceso, Luz = apagada) = P(Interruptor = ligado)$
   $\times P(Luz = apagada|Interruptor = ligado) =$
     $1/2 \times 0 = 0,$
$P(Interruptor = desligado, Luz = apagada) =$
   $P(Interruptor = desligado)$
   $\times P(Luz = apagada|Interruptor = desligado)$
     $= 1/2 \times 1 = 1/2.$

Suponha-se que a *Luz* é manipulada para a distribuição $P'(Luz = apagada) = 1$. Portanto a distribuição da manipulação $P(interruptor, luz||P'(Luz))$ é encontrada substituindo $P'(luz)$ para $P(luz|interruptor)$ para cada valor *luz* de *Luz* e cada valor *interruptor* de *Interruptor*:

$P(Interruptor = ligado, Luz = acesa||P'(Luz)) =$
   $P(Interruptor = ligado)$
   $\times P'(Luz = acesa) = 1/2 \times 0 = 0,$
$P(Interruptor = desligado, Luz = acesa||P'(Luz))$
   $= P(Interruptor = desligado)$
   $\times P'(Luz = acesa) = 1/2 \times 0 = 0,$
$P(Interruptor = ligado, Luz = apagada||P'(Luz))$
   $= P(Interruptor = ligado)$
   $\times P'(Luz = apagada) = 1/2 \times 1 = 1/2,$
$P(Interruptor = desligado, Luz = apagada||P'(Luz)) = P(Interruptor = desligado)$
   $\times P(Luz = apagada) = 1/2 \times 1 = 1/2.$

Na distribuição pós-manipulação, *Interruptor* não causa *Luz*, e *Luz* e *Interruptor* são independentes. Logo o grafo de pós-manipulação que representa a distribuição pós-manipulação é formado ao quebrar todas as fronteiras dentro de *Luz*, e não tem fronteira alguma entre *Interruptor* e *Luz*. Mesmo sendo *Interruptor* e *Luz* simétricas na distribuição pré-manipulação $P(Luz = luz, Interruptor = interruptor)$, os efeitos de manipulá-las são assimétricos, porque *Luz* e *Interruptor* não

são simétricas no DAG causal. Em Spirtes *et al.* (2000, capítulos 3, 7), Pearl (2000) e Lauritzen (2001), encontramos descrições de manipulações em redes bayesianas.

Spirtes *et al.* (2000, cap. 3) descrevem uma representação de manipulações que inclui, explicitamente, uma nova causa de *Luz* no grafo causal pós-manipulação. A nova causa é a variável exógena *Política*, cujo valor é *ausente* na população pré-manipulação e *presente* na população pós-manipulação. Essa representação alternativa mostra que um dos pressupostos para uma manipulação ser "ideal" é que a causa da *Luz* na distribuição pós-manipulação (a variável *Política*) seja uma variável exógena que só é causa direta de *Luz* e, portanto, independente de todos os não descendentes de *Luz* (pelo pressuposto causal de Markov).

A teoria de manipulações aqui apresentada só responde a perguntas sobre os efeitos de manipulações ideais. Em alguns casos, quem implementa uma política pode pretender que uma ação seja uma manipulação ideal quando, na verdade, não é. No entanto não faz parte da teoria determinar se uma ação adotada para manipular uma variável é ou não ideal; isso tem de ser respondido fora da teoria.

24.3.3 Manipulações em SEMs

Há, nos SEMs, uma representação diferente – embora equivalente – de uma manipulação. Suponhamos ter o intuito de manipular as pontuações de todos os alunos dando-lhes as respostas às perguntas do teste de *Análise* antes de eles o fazerem. Aplicando a análise de manipulações dada em Strotz e Wold (1960), o efeito de uma manipulação ideal da pontuação no teste de *Análise* sobre a distribuição conjunto pode calcular-se substituindo a equação estrutural para *Análise* por uma nova equação estrutural representativa de seu valor manipulado (ou, de modo mais geral, a distribuição manipulada de *Análise*). Nesse exemplo, a equação estrutural *Análise* $:= b \times$ *Habilidade de análise real* $+$ seria subs-

Figura 24.3   Modelo de causas de marcas matemáticas

Interruptor $\rightarrow$ *Luz*

Grafo pré-manipulação

Interruptor $\rightarrow$ *Luz*

Grafo pós-manipulação

Interruptor   *Luz* $\leftarrow$ *Política*

Grafo pós-manipulação com variável política explícita

tituída pela equação *Análise* := 100. A distribuição pós- manipulação é apenas a distribuição decorrente da distribuição dos termos de erro juntamente com o novo conjunto de equações estruturais. O modelo resultante da manipulação de *Análise* tem um diagrama de percurso da população manipulada formada ao quebrar todas as fronteiras dentro da variável manipulada. Nesse exemplo, a fronteira entre *Habilidade de análise real* e *Análise* seria suprimida.

Tanto em SEMs quanto em redes bayesianas pode-se fazer uma distinção entre o efeito direto de uma variável sobre outra e o efeito total de uma variável sobre outra. O efeito total de A sobre B mede a mudança em B dada uma manipulação que faz uma mudança unitária em A. No exemplo da figura 24.2, o efeito total de *Habilidade em álgebra* sobre *Vetor* é dado por $a \times c$, o produto do coeficiente a associado à fronteira de *Habilidade em álgebra vetorial* e o coeficiente c associado à fronteira entre *Habilidade em álgebra* e *Habilidade em álgebra vetorial*. Em SEMs lineares, o efeito direto de A sobre B é uma medida do quanto B muda ante uma manipulação que produz uma mudança unitária em A, ao passo que todas as variáveis, exceto A e B, são manipuladas para manter seus valores atuais fixos. O efeito direto de A sobre B é dado pelo coeficiente associado à fronteira entre A e B, ou zero, se tal fronteira não existir. Por exemplo, o efeito direto de *Habilidade em álgebra vetorial* sobre *Vetor* é a, e o efeito direto de *Habilidade em álgebra* sobre *Vetor* é zero. Em sistemas não lineares, como as redes bayesianas, não há um número único a resumir os efeitos das manipulações: a diferença entre $P(B)$ e $P(B\|A)$ pode depender tanto do valor de B como do valor de A, e, mesmo se não depender, não se pode resumir o efeito em um único número. Strotz e Wold (1960), Spirtes *et al.* (2000, cap. 3), Pearl (2000) e Lauritzen (2001) descrevem manipulações em SEMs.

24.3.4 Pressupostos de fidelidade causal

O pressuposto causal de Markov expressa que grafos causais implicam relações de independência condicionais, mas nada diz sobre o que as relações de independência condicional implicam quanto a grafos causais. A observância de independência entre *Interruptor* e *Luz* não implica, apenas pelo pressuposto causal de Markov, que *Interruptor* não cause *Luz* nem que *Luz* não cause *Interruptor*. Demonstrou-se que, em um SEM, dado apenas o pressuposto causal de Markov e admitida a possibilidade de causas comuns não medidas de variáveis medidas, qualquer efeito direto de A sobre B é compatível com qualquer matriz de covariância entre as variáveis medidas (Robins *et al.*, 2003). Portanto, para tirar conclusões sobre efeitos diretos de dadas observações, é preciso adotar mais alguns pressupostos. Nesta seção, examinaremos três pressupostos de força crescente desse tipo.

Se uma distribuição de probabilidade $P(\mathbf{V})$ é representada por um DAG G, P é *fiel* a G se e somente se toda relação de independência condicional que se verifica em $P(\mathbf{V})$ decorre (por d-separação) de G – isto é, verifica-se para todos os valores dos parâmetros livres, e não só alguns valores dos parâmetros livres. (Em Pearl [2000], isto é chamado *estabilidade*.) Do contrário, $P(\mathbf{V})$ é *infiel* a G. (Em SEMs gaussianos lineares, isso é equivalente a $P(\mathbf{V})$ ser *fiel* ao diagrama de percurso de G se e somente se toda correlação parcial zero existente em $P(\mathbf{V})$ decorre de G por d-separação.) Ao longo da seção, trataremos da fidelidade em SEMs, porque a aplicação a SEMs é algo mais simples do que a aplicação a redes bayesianas. Em toda ciência há algum tipo de pressuposto de fidelidade, que é apenas uma crença em que um cancelamento improvável e instável de parâmetros não disfarça influências causais reais. Quando uma teoria não consegue explicar uma regularidade empírica, exceto recorrendo a uma parametrização especial, a maioria dos cientistas sente-se desconfortável com ela e procura uma alternativa. A figura 24.2 mostra um exemplo de como uma distribuição infiel pode surgir. Suponhamos que o DAG nessa figura representa as relações causais entre as variáveis padronizadas *Alíquota tributária*, *PIB* e *Receitas fiscais*. Nesse caso, não há restrições de correlação parcial declinantes que decorrem de todos os valores dos parâmetros livres. Mas ρ(*Alíquota tributária*, *Receitas fiscais*) $= \beta_1 + (\beta_2 \times \beta_3)$, então, se $\beta_1 = -(\beta_2 \times \beta_3)$, *Alíquota tributária* e *Receitas fiscais* não estão correlacionadas, ainda que o DAG não implique que elas não estejam correlacionadas (isto é, há um percurso que d-vincula *Alíquota tributária* e *Receitas fiscais* condicionado ao conjunto vazio, a saber, a fronteira entre *Alíquota tributária* e

Figura 24.4 A distribuição é infiel ao DAG quando
$\beta_1 = -(\beta_2 \times \beta_3)$

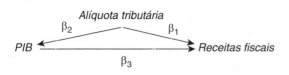

Receitas fiscais). O SEM postula um efeito direto de *Alíquota tributária* sobre *Receitas fiscais* (β_1) e um efeito indireto de cancelamento por meio de $PIB(\beta_2 \times \beta_3)$. A restrição paramétrica indica que esses efeitos se compensam um ao outro *exatamente*, não restando nenhum efeito total.

Fica claro nesse exemplo que distribuições infiéis complicam muito a inferência causal. Como *Alíquota tributária* e *Receitas fiscais* não estão correlacionadas de modo algum, o modelo alternativo incorreto Alíquota Tributária → PIB ← Receitas Fiscais tenderia a ter uma estatística com melhor qualidade de ajuste (porque é mais simples e se ajusta quase tão bem à matriz de correlações de amostra). A violação de fidelidade descrita no exemplo ocorre somente para valores muito especiais dos parâmetros, isto é, $\beta_1 = -(\beta_2 \times \beta_3)$. Em geral, é zero a probabilidade do conjunto de valores de parâmetros livres para qualquer DAG que leve a distribuições infiéis, para qualquer distribuição de probabilidade "suave" prévia[15] (p. ex., normal, exponencial etc.) sobre os três parâmetros. Isto motiva o pressuposto bayesiano a seguir. (Na seção 24.4, descreveremos, em detalhes, os métodos e as consequências da atribuição de probabilidades prévias a grafos e parâmetros causais para fazer inferências bayesianas. Adotamos esses pressupostos para SEMs por praticidade, mas existem versões mais gerais deles, aplicáveis a redes bayesianas de modo mais geral.)

Pressuposto prévio de fidelidade causal. Suponhamos uma população *N* com distribuição *P*(**V**) e um DAG *G* representativo das relações causais em *N*. Se *X* e *Y* são *d*-vinculadas condicionadas a **Z** em *G* (isto é, *G* não implica que $\rho(X, Y|\mathbf{Z}) = 0$ para todos os valores dos parâmetros livres), o conjunto de valores de parâmetros livres para o qual $\rho(X, Y|\mathbf{Z}) = 0$ tem probabilidade prévia nula.

---
15. Ou seja, ela é absolutamente contínua com relação à medida de Lebesgue.

Esse pressuposto é adotado, implicitamente, por todo bayesiano que tem uma distribuição *a priori* sobre os parâmetros obtida das habituais famílias de distribuições. Por certo, essa argumentação é irrelevante para quem rejeita argumentações bayesianas, bem como para bayesianos que aplicam uma distribuição *a priori* sobre os parâmetros não "suaves" e atribuem uma probabilidade diferente de zero a violações à fidelidade.

A seguir, uma versão mais forte do pressuposto prévio de fidelidade causal para a qual não é necessária a aceitação da existência de distribuições de probabilidade prévias[16].

Pressuposto de fidelidade causal (SEMs). Suponhamos uma população *N* com distribuição *P*(**V**) e um DAG *G* representativo das relações causais em *N*. Se *X* e *Y* são *d*-vinculadas condicionadas a **Z** em *G* (isto é, *G* não implica que $\rho(X, Y|\mathbf{Z}) = 0$ para todos os valores dos parâmetros livres), então $\rho(X, Y|\mathbf{Z}) \neq 0$.

O pressuposto de fidelidade causal é um tipo de pressuposto de simplicidade. Se uma distribuição *P* é fiel a um SEM M_1 sem variáveis latentes nem erros correlatos, e *P* resulta também da atribuição de valores aos parâmetros livres de outro SEM M_2 ao qual *P* não é fiel, então M_1 tem menos parâmetros livres do que M_2.

O pressuposto de fidelidade limita os SEMs considerados àqueles nos quais as restrições de população decorrem da estrutura gráfica, não de determinados valores dos parâmetros. Não cabe pressupor fidelidade causal quando existem relações determinísticas entre as variáveis substanciais ou as restrições de igualdade em parâmetros livres porque qualquer deles pode resultar em violações do pressuposto.

Formulação equivalente do pressuposto de fidelidade causal estabelece que, se $\rho(X, Y|\mathbf{Z}) = 0$, o grafo causal real não contém nenhum percurso *d*-vinculante entre *X* e *Y* condicionadas a **Z**. Assim, o pressuposto de fidelidade causal só tem implicações para casos nos quais uma correlação parcial é exatamente igual a zero. É compatível com uma correlação parcial arbitrariamente pequena, ao passo que um coeficiente de fronteira (que é a força de um percurso *d*-vinculante consistente numa única fronteira) é arbitrariamente grande.

---
16. Esse pressuposto é mais forte porque exclui do espaço amostral todo parâmetro que resulte em violações à fidelidade, em vez de se limitar a deixá-las no espaço amostral e atribuir-lhes probabilidade prévia nula.

A seguinte versão mais forte do pressuposto da fidelidade causal elimina essa última possibilidade. Seja a força de um percurso d-vinculante o produto dos coeficientes de fronteira no percurso vezes o produto das fronteiras em percursos entre colisores e membros do conjunto condicionante.

Pressuposto forte de fidelidade causal (SEMs). Suponhamos uma população N com distribuição $P(\mathbf{V})$ e um DAG G representativo das relações causais em N. Se $\rho(X, Y|\mathbf{Z})$ é pequeno, não existe percurso d-vinculante forte entre X e Y condicionadas a $\mathbf{Z}$.

Pode-se tornar essa afirmação mais precisa de várias maneiras. Uma delas é supor que a força de um percurso d-vinculante entre X e Y condicionadas a $\mathbf{Z}$ é simplesmente algum número constante k vezes $\rho(X, Y|\mathbf{Z})$. Logo, o pressuposto de fidelidade causal forte é, na verdade, uma família de pressupostos, indexada por k.

À diferença do pressuposto de fidelidade causal, as violações ao pressuposto de fidelidade causal forte não têm probabilidade nula para toda distribuição *a priori* "suave" sobre os parâmetros. Entretanto métodos comuns de modelagem sugerem que os modeladores costumam adotar, implicitamente, alguma versão de um pressuposto de fidelidade causal forte. Por exemplo, em modelagem causal ocorre, muitas vezes, em diversos domínios, que grande número de variáveis medidas $\mathbf{V}$ são reduzidas mediante a regressão de alguma variável de interesse Y sobre as outras variáveis e excluindo a consideração daquelas variáveis que têm pequenos coeficientes de regressão. Como (para variáveis padronizadas) um pequeno coeficiente de regressão de Y quando da regressão de X sobre todas as variáveis em $\mathbf{V}$ (exceto para própria X) implica que $\rho(X, Y|\mathbf{V}\backslash\{X, Y\}$ é pequena, isto equivale a supor que uma pequena correlação parcial é evidência de um pequeno coeficiente linear de X na equação estrutural para Y.

Spirtes *et al.* (2000) descrevem e discutem as diversas formas de pressuposto de fidelidade causal. Não aprofundaremos, aqui, a discussão sobre a plausibilidade dos pressupostos, mas deduziremos as consequências de cada um deles.

24.4 ESTIMAÇÃO DE MODELOS, INFERÊNCIA CAUSAL E CONSISTÊNCIA

Um objetivo da inferência causal é inferir a correta estrutura causal, isto é, o grafo causal correto ou algum conjunto de grafos que o contenha. Chamaremos isso de *estimação de modelo gráfico.* Um segundo objetivo é inferir o efeito de uma manipulação, que, geralmente, é função do modelo gráfico e dos valores de seus parâmetros livres. Isto é uma estimação de (funções de) parâmetros livres. Costuma-se tratar a estimação de modelos gráficos e a estimação de parâmetros em modelos gráficos como problemas completamente diferentes, mas em termos formais elas são essencialmente o mesmo problema: usar dados para adquirir informação aproximada a partir de um vasto espaço de possibilidades consistente com conhecimento anterior. As técnicas de estimação de modelos gráficos assemelham-se muito a métodos de estimação de parâmetros. A primeira virtude de um procedimento de estimação "pontual" de qualquer tipo é que, no longo prazo, ele, certamente, converge a um valor verdadeiro da característica a se estimar, seja ela qual for – valor de parâmetro ou modelo gráfico. Nós distinguimos três dessas propriedades de "consistência" de estimadores.

24.4.1 O esquema clássico

No esquema clássico, um estimador $\hat{\theta}_n$ é uma função que mapeia amostras de tamanho n em números reais. Um estimador é um estimador *consistente ponto a ponto* de uma quantidade θ (p. ex., o efeito médio de uma manipulação de X sobre Y) se, para cada valor possível de θ, no limite quando o tamanho da amostra tende ao infinito, a probabilidade de a distância entre o estimador e o valor real de θ ser maior do que algum valor finito fixo tende a zero. Em termos mais formais, seja O^n uma amostra de tamanho n das variáveis observadas $\mathbf{O}$, seja $\Omega(G)$ o conjunto de distribuições de probabilidade que resultam ao atribuir valores legais aos parâmetros livres do DAG G, seja Γ algum conjunto de DAGs e seja $\theta(P, G)$ algum parâmetro causal de interesse (que é função da distribuição P e do DAG G). Seja $\Omega\Gamma = \{(P, G):G \in \Gamma, P \in \Omega(G)\}$ (isto é, o conjunto de todos os pares DAG-parâmetro legal) e seja $d[\hat{\theta}_n(O^n), \theta(P, G)]$ a distância entre $\hat{\theta}_n(O^n)$ e $\theta(P, G)$. Um estimador $\hat{\theta}_n$ é *consistente ponto a ponto* se, para todo $(P, G) \in \Omega\Gamma$, $\varepsilon > 0$, $P^n(d[\hat{\theta}_n(O^n), \theta(P, G)] > \varepsilon) \to 0$; isto é, a probabilidade de a distância entre a estimativa e o parâmetro real ser maior do que algum tamanho fixo ε maior que 0 tende a 0 à medida que o tamanho da amostra aumenta.

Contudo a consistência ponto a ponto é apenas uma garantia do que acontece no limite de grandes amostras, não em qualquer tamanho amostral finito. A consistência ponto a ponto é compatível com a existência, em cada tamanho de amostra, de algum valor do parâmetro causal para o qual a probabilidade de o estimador ser distante do valor real seja alta. Suponhamos ter interesse em responder a perguntas deste tipo: qual é o tamanho de amostra necessário para garantir que, independentemente do valor real da quantidade causal, seja "improvável" o estimador estar "longe" da verdade? *Improvável* e *longe* são termos imprecisos, mas é possível torná-los precisos. Pode-se tornar *improvável* preciso escolhendo um ε real positivo, de modo que qualquer probabilidade inferior a ε seja improvável. Pode-se tornar *longe* preciso escolhendo um δ real positivo tal que qualquer distância maior que δ seja "longe". Então podemos reescrever a pergunta da seguinte forma: qual é o tamanho de amostra necessário para garantir que, independentemente do valor real da quantidade causal, a máxima probabilidade de um estimador distar mais do que δ da verdade ser inferior a ε? Dada apenas a consistência ponto a ponto, a resposta pode ser "infinito". Mas uma forma de consistência mais forte – a *consistência uniforme* – garante que respostas a perguntas como as anteriores sejam sempre finitas para quaisquer ε e δ maiores que zero. De modo mais formal, um estimador $\hat{\theta}_n$ é *consistente uniforme* se, para todo ε, δ > 0, existir um tamanho de amostra N tal que, para todos os tamanhos de amostra, $n > N$, $\sup_{(P,\ G)\ \in\ \Omega\ G}$ $P^n(d[\hat{\theta}_n(O^n),\ \theta(P,\ G)] > \delta) < \varepsilon$[17] Não há dificuldade em estender esses conceitos também a vetores de números reais, desde que a distância entre os vetores esteja bem definida.

24.4.2 O esquema bayesiano

No esquema bayesiano, um método de estimação pontual de uma quantidade θ procede a:

1. atribuir uma probabilidade prévia a cada grafo causal;

2. atribuir probabilidades prévias conjuntas aos parâmetros, condicionadas a um determinado grafo causal;
3. calcular a probabilidade posterior de θ (que supomos ser uma função das probabilidades posteriores dos grafos e dos valores de parâmetros de grafos);
4. transformar a probabilidade posterior sobre o efeito médio da manipulação em uma estimativa pontual, retornando o valor de θ cuja probabilidade posterior é a mais alta.

Note-se que tal estimador é função não só dos dados como das probabilidades prévias e pode ter um sentido de consistência mais atenuado do que a consistência ponto a ponto. Se o conjunto de modelos causais (pares grafo-distribuição de probabilidade) para o qual o estimador converge em probabilidade para o valor correto tiver uma prévia probabilidade de 1, diremos que ele é *consistente de Bayes* (com relação ao dado conjunto de probabilidades *a priori*). Uma vez que um estimador consistente ponto a ponto converge em probabilidade para o valor correto de todos os modelos causais no espaço amostral, a consistência ponto a ponto implica consistência de Bayes.

Explicaremos em que condições há – e não há – procedimentos de estimação com essas propriedades de consistência e descreveremos algumas questões abertas. Interessam-nos três tipos de estimação: valores de parâmetros num modelo dado o modelo, modelos gráficos dado o conhecimento anterior e efeitos de manipulações sobre variáveis específicas, isto é, $P(x\|P'(\mathbf{Y}))$. Em todos os exemplos que abordaremos, aplicaremos o pressuposto causal de Markov. Também suporemos a existência de um conjunto causalmente suficiente de variáveis $\mathbf{V}$ que é conjuntamente Normal ou contém todas as variáveis discretas. Tanto nos casos multivariados Normais como nos discretos, a quantidade estimada – $P(X\|P'(\mathbf{Y}))$ – é parametrizada por um vetor finito de números reais. Nem sempre supomos que todas as variáveis em $\mathbf{V}$ são observadas. Suporemos que o grafo causal é acíclico, exceto quando se diga o contrário explicitamente. Supomos, também, que inexistem erros correlatos, exceto quando explicitamente se diga o contrário (caso que será aprofundado na seção sobre variáveis latentes). A menos que frisemos outra coisa, supomos que as amostras são independentes

---

17. Cf. Bickel e Doksum (2001).

Capítulo 24 / Inferência causal • 525

e identicamente distribuídas. É possível admitir algum abrandamento desses pressupostos nos dados sem mudar os resultados básicos apresentados a seguir.

24.4.3 Inferência causal supondo-se que as variáveis medidas são causalmente suficientes

Começaremos por considerar o caso em que existe um conjunto de variáveis **V** causalmente suficientes, todas elas medidas.

24.4.3.1 Grafo causal conhecido

Há estimadores consistentes uniformes dos parâmetros livres de um modelo causal para modelos de DAG Normal ou discreto. No caso de distribuições Normais multivariadas, pode-se obter uma estimativa de probabilidade máxima consistente uniforme dos coeficientes de fronteira mediante a regressão de cada variável sobre seus pais no DAG causal. No caso de modelos de DAG discreto, é possível obter uma estimativa de probabilidade máxima consistente uniforme dos parâmetros $P(v|\mathbf{pais}(G, V))$ usando a frequência relativa de v condicionada a $\mathbf{pais}(G, V)$.

Como vimos nas seções 24.3.2 e 24.3.3, $P(x||P'(\mathbf{Y}))$ é uma função dos parâmetros. Segue-se que existem estimativas consistentes uniformes de $P(x||P'(\mathbf{Y}))$. (A fim de evitar algumas complicações, supomos, no caso de variáveis discretas, que $P'(\mathbf{Y})$ não atribui uma probabilidade distinta de zero a nenhum valor de **Y** cuja probabilidade é zero na população não manipulada.)

24.4.3.2 Grafo causal desconhecido

Dado o pressuposto causal de Markov, mas nenhum dos pressupostos de fidelidade causal, não há nenhum estimador consistente de Bayes, ponto a ponto ou uniforme da direção de fronteiras para nenhum grafo causal desconhecido verdadeiro, contanto que as variáveis sejam dependentes. Isto porque não se pode representar nenhuma distribuição (multivariada Normal ou discreta) por algum submodelo de um DAG no qual os vértices de todos os pares são adjacentes, independentemente da orientação das fronteiras.

No entanto, dado qualquer dos pressupostos de fidelidade causal, em muitos casos, algumas orientações de fronteiras são incompatíveis com a distribuição $P(\mathbf{V})$ e é possível deduzir de maneira confiável, com base em amostras de $P(\mathbf{V})$, um volume consideravelmente maior de informação sobre a estrutura causal e, portanto, sobre os efeitos de manipulações ideais. Isto é explicado nas subseções a seguir.

24.4.3.3 Equivalência de distribuição

Vejamos o exemplo dos planos de fazer faculdade. Há várias maneiras de avaliar quão bem um modelo discreto desse tipo se ajusta a uma amostra, entre elas $p(\chi^2)$ e o critério de informação BIC (bayesiano)[18] (Bollen; Long, 1993). O BIC atribui uma pontuação que premia um modelo por atribuir alta verossimilhança aos dados (sob a estimativa de máxima verossimilhança dos valores dos parâmetros livres) e pune um modelo por ser complexo (o que, para modelos de DAG causal sem variáveis latentes, é mensurável em termos do número de parâmetros livres no modelo). O BIC é também uma boa aproximação à probabilidade posterior no limite de grandes amostras.

Porém, a fim de avaliarmos em que medida os dados sustentam esse modelo *causal*, precisamos saber se existem outros modelos *causais* compatíveis com conhecimentos anteriores que se ajustem igualmente bem aos dados. Nesse caso, para cada um dos DAGs na figura 24.5 e para *qualquer* conjunto de dados D, os dois modelos ajustam-se aos dados igualmente bem e recebem a mesma pontuação (p. ex., $p(\chi^2)$ ou pontuações de BIC). Informalmente, G_1 e G_2 são *equivalentes na distribuição de* **O** se alguma distribuição de probabilidade marginal sobre as variáveis observadas **O** geradas

---

18. O critério bayesiano de informação (BIC, na sigla em inglês) para um grafo acíclico dirigido (DAG) define-se como $\log P(D|_G, G) - (d/2) \log N$, em que D são os dados da amostra, G é um DAG, $_G$ é o vetor de estimativas de máxima verossimilhança dos parâmetros para o DAG G, N é o tamanho da amostra e d é a dimensionalidade do modelo, que, em DAGs sem variáveis latentes, é simplesmente o número de parâmetros livres no modelo. Como $P(G|D) \propto P(D|G)P(G)$, se $P(G)$ é a mesma para todo DAG, pode-se usar a aproximação à pontuação do BIC para $P(D|G)$ como pontuação para aproximar $P(G|D)$.

por uma atribuição de valores aos parâmetros livres do grafo G_1 pode ser gerada também por uma atribuição de valores aos parâmetros livres do grafo G_2 e vice-versa[19]. Se G_1 e G_2 não têm variáveis latentes, diremos, simplesmente, que G_1 e G_2 são *equivalentes em distribuição*. Se dois modelos equivalentes em distribuição são igualmente compatíveis com conhecimentos anteriores e têm os mesmos graus de liberdade, os dados não ajudam a escolher entre eles e, portanto, é importante que se consiga achar o conjunto completo de diagramas de percurso que sejam equivalentes em distribuição a um dado diagrama de percurso. (Ambos os modelos da figura 24.5 têm os mesmos graus de liberdade.)

Como mostraremos a seguir, muitas vezes está longe de ser óbvio o que compõe o conjunto completo de DAGs ou diagramas de percurso que sejam equivalentes em distribuição a um dado DAG ou diagrama de percurso, em especial quando há variáveis latentes, ciclos ou erros correlatos. Vamos chamar esse conjunto completo de *classe de equivalência em distribuição de* **O**. (Novamente, se nos referirmos apenas a modelos sem variáveis latentes, chamaremos um tal conjunto completo de *classe de equivalência em distribuição*.) Se for o conjunto completo de grafos sem erros correlatos nem ciclos dirigidos (isto é, DAGs equivalentes em distribuição de **O**), nós o denominaremos *classe de equivalência em distribuição de* **O** *simples*.

24.4.3.4 Características comuns a uma classe de equivalência de distribuição simples

Uma pergunta importante que se coloca quanto a classes de equivalência em distribuição simples é se é possível extrair as características que o conjunto de diagramas de percurso equivalentes em distribuição simples tem em comum. Por exemplo, na figura 24.5, ambos os grafos têm as mesmas adjacências. A fronteira entre *QI* e *SSE* aponta em diferentes direções nos dois grafos dessa figura. Todavia $EP \to PU$ é igual em ambos os membros da classe de equivalência em distribuição simples. Isto é esclarecedor porque, mesmo que os dados não ajudem a escolher entre membros da classe de equivalência em distribuição simples, na medida em que os dados são evidência para a disjunção dos membros na classe de equivalência em distribuição simples, eles são evidência para a orientação $EP \to PU$. Na seção 24.4.3.6, descrevemos como extrair todas as características comuns a uma classe de equivalência em distribuição simples de diagramas de percurso.

---

19. Por motivos técnicos, uma definição mais formal torna necessária uma ligeira complicação. G é um *subgrafo* de G' quando G e G' têm os mesmos vértices e G tem um subconjunto (não necessariamente apropriado) das fronteiras em G'. G_1 e G_2 são equivalentes na distribuição de **O** se, para todo modelo M tal que $G(M) = G_1$, existe um modelo M' com $G'(M')$ que é um subgrafo de G_2 e a distribuição marginal sobre **O** de $P(M')$ é igual à distribuição marginal sobre **O** de $P(M)$, e para todo modelo M' tal que $G(M') = G_2$, existe um modelo M com $G(M)$ que é um subgrafo de G_1 e a distribuição marginal sobre **O** de $P(M)$ é igual à distribuição marginal sobre **O** de $P(M')$.

24.4.3.5 Equivalência em distribuição para diagramas de percurso sem erros correlatos nem ciclos dirigidos

Lembremos do que vimos na seção 24.2.3.2, que um modelo causal é um par ordenado consistente em um grafo causal e uma distribuição

Figura 24.5 Um exemplo de classe de equivalência de distribuição simples

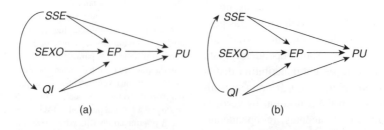

de probabilidade. Se, para o modelo causal M, houver outro modelo causal M' com diferente grafo causal, mas com igual número de graus de liberdade e a mesma distribuição marginal sobre as variáveis medidas em M, $p(\chi^2)$ para M' será igual a $p(\chi^2)$ para M, e eles terão iguais pontuações de BIC. A existência de tais modelos está garantida se houver modelos que tenham o mesmo número de graus de liberdade e contenham grafos equivalentes em distribuição. O Teorema 1 (Spirtes *et al.*, 2000, cap. 4; Verma; Pearl, 1990) mostra como se pode calcular a equivalência de distribuição com rapidez. X é um *colisor não blindado* num DAG G se e somente se G contém as fronteiras $A \to X \leftarrow B$ e A não é adjacente a B em G.

Teorema 1. Para distribuições multivariadas Normais ou discretas, dois modelos causais com grafos causais acíclicos dirigidos, mas sem erros correlatos, são equivalentes em distribuição se e somente se contiverem os mesmos vértices, as mesmas adjacências, e os mesmos colisores não blindados. Stetzl (1986), Lee e Hershberger (1990) e MacCallum *et al.* (1993) discutem a equivalência em modelos de equações estruturais.

24.4.3.6 Extração de características comuns a uma classe de equivalência em distribuição simples

O Teorema 1 é, também, a base de uma representação (chamada de "padrão" em Verma e Pearl [1990]) de toda uma classe de equivalência em distribuição simples. Na figura 24.6, vemos o padrão que representa o conjunto de DAGs da figura 24.5.

Um padrão tem as mesmas adjacências dos DAGs na classe de equivalência em distribuição simples que ele representa. Além disso, uma fronteira tem a orientação de $X \to Z$ no padrão se e somente se ela tiver essa orientação em todo DAG na classe de equivalência em distribuição simples, e tem a orientação $X - 2$ em outros casos. Meek (1995), Chickering (1995) e Andersson, Madigan e Perlman (1995) mostram como gerar rapidamente um padrão representativo da classe de equivalência simples de um DAG a partir do DAG. A seção 24.4.3.9.4 aborda o problema da elaboração de um padrão causal com base em dados de amostra.

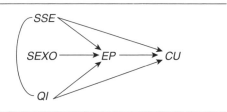

Figura 24.6 Padrão

24.4.3.7 Cálculo dos efeitos de manipulações a partir de um padrão

Spirtes *et al.* (2000, cap. 7) descrevem as regras que especificam quais efeitos de manipulações podem ser calculados a partir de um padrão e como calculá-los, bem como quais efeitos de manipulações não podem ser calculados a partir de um padrão. Damos, aqui, alguns exemplos sem demonstração.

Suponhamos que se saiba que o padrão da figura 24.6 é o causal verdadeiro (isto é, o DAG causal verdadeiro é um membro da classe de equivalência em distribuição simples representada por esse padrão). O padrão representa o conjunto de DAGs na figura 24.5. O DAG da figura 24.5b prevê que $P(qi\|P'(SSE)) = P(qi)$ porque QI não é um efeito de SSE nesse DAG. Porém o DAG da figura 24.5a prevê que $P(qi\|P'(SSE)) \neq P(qi)$ porque QI é um efeito de SSE na figura 24.5a. Assim, saber apenas que o DAG causal verdadeiro é representado pelo padrão da figura 24.6 não determina uma resposta única para o valor de $P(qi\|P'(SSE))$, e não há estimadores consistentes (de nenhum tipo) de $P(qi\|P'(SSE))$.

Por outro lado, ambos os DAGs da figura 24.5 preveem que $P(ep|sse, qi\|P'(QI)) = P(ep|sse, qi)$, sendo que $P(ep|sse, qi\|P'(QI))$ indica a probabilidade de ep condicionada a sse e qi, após a manipulação de QI resultar em $P'(QI)$. Segue-se que, se é sabido que o verdadeiro padrão causal é o da figura 24.6, há estimadores consistentes uniformes de $P(ep|sse, qi\|P'(QI))$.

Finalmente, existem distribuições condicionais que mudam sob manipulação, mas podem calcular-se com base em quantidades que não mudam sob a manipulação. Sabendo-se que o padrão causal verdadeiro é o padrão da figura 24.6, há estimadores consistentes uniformes de $P(pu|ep\|P'(EP))$.

$$P(pu|ep\|P'(EP)) = \sum_{QI, SSE} P(pu|ep, sse, qi) \times P(qi|sse) \times P(sse). \quad (6)$$

528 • SEÇÃO VI / QUESTÕES FUNDAMENTAIS

Com os dados de Sewell e Shah (1968) e supondo que o padrão da figura 24.6 seja o correto, são estimativas de $P(pu|ep||P'(EP))$:

$$P(PU = 0|EP = 0||P'(EP)) = 0,095$$
$$P(PU = 1|EP = 0||P'(EP)) = 0,905,$$
$$P(PU = 0|EP = 1||P'(EP)) = 0,484$$
$$P(PU = 1|EP = 1||P'(EP)) = 0,516.$$

24.4.3.8 Estimadores consistentes dos efeitos de manipulações

Suponhamos que nem o padrão causal verdadeiro nem o DAG causal verdadeiro sejam conhecidos, que os únicos dados fornecidos sejam amostras de uma distribuição de probabilidade Normal conjunta ou variáveis discretas e que se saiba que o conjunto de variáveis é causalmente suficiente. Quais são os pressupostos e as condições sob os quais existem estimadores consistentes de Bayes, ponto a ponto ou uniformes dos efeitos de manipulações?

Se E_n é um estimador de alguma quantidade Q, temos que, conforme as suas definições correntes, a consistência de Bayes, ponto a ponto e uniforme de E_n aproxima-se de Q, independentemente do valor real de Q. Conforme essa definição, não existem estimadores consistentes de nenhum tipo de efeito de qualquer manipulação, mesmo dado o pressuposto de fidelidade causal forte. No entanto, dado o pressuposto prévio de fidelidade causal, o pressuposto de fidelidade causal ou o pressuposto de fidelidade causal forte, há sentidos ligeiramente enfraquecidos de consistência de Bayes, ponto a ponto e uniforme, respectivamente, sob os quais há estimadores consistentes dos efeitos de algumas manipulações. No sentido atenuado, um estimador pode retornar "não sei" além de uma estimativa numérica, e uma estimativa de "não sei" é considerada como situada a uma distância zero da verdade. Para um estimador ser não trivial, deve haver alguns valores de Q para os quais, com probabilidade 1, no limite de grandes amostras, o estimador não retorna "não sei". Daqui em diante, usaremos *estimador consistente de Bayes*, *estimador consistente ponto a ponto* e *estimador consistente uniforme* nesse sentido atenuado.

Suponhamos que nos seja dado um conjunto causalmente suficiente de variáveis multivariadas

Normalmente distribuídas ou discretas **V** e o pressuposto causal de Markov, mas não qualquer versão do pressuposto de fidelidade causal. Se é conhecida a ordem cronológica e não há relações deterministas entre as variáveis, existem estimadores consistentes de qualquer manipulação. Se não se conhece a ordem cronológica, para quaisquer X e Y que são dependentes, seja qual for a real distribuição de probabilidade $P(\mathbf{V})$, não existem estimadores consistentes de Bayes, ponto a ponto ou uniformes de $P(y||P'(X))$. Isto porque há sempre um DAG compatível com o pressuposto causal de Markov em que X é uma causa de Y e outro DAG no qual X não é uma causa de Y.

A tabela 24.2 resume os resultados anteriormente examinados. Em todos os casos, supõe-se que o pressuposto causal de Markov é verdadeiro, que não há relações deterministas entre variáveis e que todas as distribuições multivariadas Normais ou todas as variáveis são discretas. Faltam algumas combinações de condições, porque o pressuposto de fidelidade causal forte implica o pressuposto de fidelidade causal, que implica o pressuposto de fidelidade causal. As quatro primeiras colunas são combinações de pressupostos possíveis, e as três últimas colunas dão as consequências desses pressupostos. O símbolo "⇐" assinala relações de vinculação entre os pressupostos e os resultados. Não é surpreendente que, quanto mais forte a versão de fidelidade causal assumida, mais forte o sentido de consistência que pode ser atingido.

Descreveremos a elaboração de estimadores consistentes de manipulações na seção 24.4.3.9.5. Mesmo dado o pressuposto de fidelidade causal forte, como todos os DAGs representados por um determinado padrão são equivalentes em distribuição, só o padrão causal correto pode ser consistentemente estimado ponto a ponto no limite de grandes amostras. Logo, por vezes, algum estimador consistente dos efeitos de manipulações vai retornar "não sei". Em geral, estimadores consistentes retornam estimativas numéricas (em lugar de "não sei") sempre que o valor da manipulação é função do verdadeiro *padrão* causal (em lugar do verdadeiro DAG causal) e a verdadeira distribuição (como descrita na seção 24.4.3.7). Os resultados apresentados na tabela 24.2 quanto ao pressuposto de fidelidade causal estão demonstrados em Robins *et al.* (2003), enquanto os resultados quanto à versão do pressuposto de fidelidade

Tabela 24.2 – Existência de estimador sob diferentes pressupostos: caso não latente

	Pressupostos			Resultados de existência		
Ordem cronológica	Prévia de fidelidade causal ⇐	Fidelidade causal ⇐	Fidelidade causal forte	Existência de consistente de Bayes ⇐	Existência de consistente ponto a ponto ⇐	Existência de consistente uniforme
Não	Não	Não	Não	Não	Não	Não
Não	Sim	Não	Não	Sim	Não	Não
Não	Sim	Sim	Não	Sim	Sim	Não
Não	Sim	Sim	Sim	Sim	Sim	Sim
Sim	Não	Não	Não	Sim	Sim	Sim

causal forte foram demonstrados em Spirtes *et al.* (2000, cap. 12) e Zhang e Spirtes (2003).

Em geral, a consistência dos estimadores descritos neste capítulo aplica-se apenas a uma classe limitada de modelos (representados por grafos acíclicos dirigidos) e a uma classe limitada de famílias distribucionais (multivariadas Normais ou discretas). Ademais, eles nem sempre se utilizam de todo conhecimento anterior disponível (p. ex., restrições de igualdade de parâmetros). O bom desempenho de um estimador no que tange a dados reais depende de, pelo menos, cinco fatores:

1. a correção do conhecimento anterior inserido no algoritmo;
2. se o pressuposto causal de Markov se verifica;
3. qual dos pressupostos de fidelidade causal fortes (indexados por k) se verifica;
4. se os pressupostos distribucionais adotados pelos testes estatísticos de independência condicional se verificam;
5. o poder dos testes de independência condicional usados pelos estimadores.

Todos esses pressupostos podem ser incorretos em determinados casos. Por consequência, o resultado dos estimadores descritos neste capítulo deveria ser objeto de outros testes sempre que possível. Porém o problema torna-se ainda mais difícil porque, mesmo sob o pressuposto de fidelidade causal forte, por razões de computação, não se sabe como limitar probabilisticamente o tamanho de erros. É possível realizar um teste *bootstrap* da estabilidade do resultado de um algoritmo de estimação repetindo-o muitas vezes em amostras extraídas com reposição da amostra original. Entretanto, embora esse teste possa mostrar que o resultado é estável, ele não demonstra

que o resultado é próximo da verdade porque a distribuição de probabilidade poderia ser infiel, ou quase infiel, ao verdadeiro grafo causal. Recomendamos, também, procedimentos de busca sobre dados simulados do mesmo tamanho que os dados reais, gerados a partir de uma variedade de modelos inicialmente plausíveis. Os resultados podem dar uma indicação da provável exatidão do procedimento de busca e sua sensibilidade aos parâmetros de busca e à complexidade do processo de geração de dados. Por óbvio, se os dados reais forem gerados por uma estrutura extremamente diferente, ou se a real distribuição subjacente de probabilidade ou as características de amostragem não concordarem com as obtidas nas simulações, essas indicações podem ser enganosas. Também se deveria ter em mente que, mesmo quando um modelo sugerido por um estimador ajusta-se muito bem aos dados, podem existir outros modelos que também se ajustem aos dados muito bem e sejam igualmente compatíveis com o conhecimento anterior, sobretudo quando a amostra é de pequeno tamanho.

24.4.3.9 Estimação consistente de modelos causais

Nesta seção, trataremos de algumas das implicações metodológicas dos resultados apresentados nas seções anteriores para estimação de modelos (ou, em terminologia mais comum, seleção ou busca de modelos). A metodologia apropriada depende de o interesse ter como objetivo a elaboração de modelos estatísticos (usados para calcular probabilidades condicionais) ou a de modelos causais (usados para calcular manipulações do verdadeiro padrão causal). Tomaremos sempre como exemplo os dados de planos para estudos universitários. Pode-se chegar a conclusões metodológicas análogas para SEMs. Nesse ponto, não levaremos em consideração as questões sobre como as variáveis no conjunto de dados de planos para estudos universitários foram elaboradas nem imporemos quaisquer restrições aos modelos extraídos de conhecimentos anteriores. Essas considerações adicionais podem ser incorporadas aos algoritmos de busca analisados a seguir e podem alterar seus resultados.

A estimação de modelos estatísticos e de DAGs ou padrões causais requer muitas metodologias diferentes porque um bom modelo estatístico pode ser um modelo causal muito ruim. (p. ex., dois DAGs representados pelo mesmo padrão podem ser modelos estatísticos igualmente bons, mas apenas um deles é um bom modelo causal.)

Por várias razões, a estimação de modelos estatísticos e de DAGs ou padrões causais é muito difícil. Mesmo se excluídas as variáveis latentes, o espaço de DAGs (ou padrões) é enorme: o número de modelos diferentes cresce mais do que exponencialmente com o número de variáveis. É claro que o conhecimento anterior – como a ordem cronológica – pode reduzir muitíssimo o espaço. Todavia, mesmo em razão do conhecimento anterior, o número de alternativas plausíveis *a priori* costuma ser de ordem de magnitude grande demais para a busca manual.

24.4.3.9.1 Estimação de modelos estatísticos. Suponhamos que se aplique um modelo dos dados de planos para estudo universitário para prever o valor de *PU* com base nas outras variáveis observadas. Uma maneira de se fazer isso é estimar $P(pu|sexo, qi, sse, ep)$ e escolher o valor de *PU* com a mais alta probabilidade. A frequência relativa de *PU* condicionada a *sexo, qi, sse* e *ep* numa amostra aleatória é um estimador consistente uniforme de $P(pu|sexo, qi, sse, ep)$. Se o tamanho da amostra for grande, a frequência relativa será um bom estimador de $P(pu|sexo, qi, sse, ep)$; porém, se a amostra for de pequeno tamanho, geralmente não será um bom estimador, porque o número de pontos de amostra com valores dados fixos para *SEXO, QI, SSE* e *EP* será pequeno ou talvez zero, e o estimador terá variância muito elevada e um alto erro quadrático médico. (Se as variáveis forem contínuas, a operação análoga

seria a regressão de *PU* sobre *SEXI, QI, SSE* e *EP*.) Diversas técnicas de aprendizagem de máquina podem ser aplicadas para obter uma regra de previsão (cf. Mitchell, 1997), inclusive algoritmos de seleção de algoritmos, redes neurais, máquinas de vetores de suporte, árvores de decisão e regressão múltipla não linear. Uma vez construído o modelo estatístico, pode-se avaliá-lo de distintas maneiras. Por exemplo, dividir a amostra inicialmente num conjunto de treinamento e um conjunto de teste. Depois, construir o modelo sobre um conjunto de treinamento e calcular o erro quadrático médio de previsões no conjunto de teste. Há também uma variedade de técnicas de validação cruzada às quais se pode recorrer para avaliar modelos. Se vários modelos diferentes forem construídos, pode-se escolher aquele com o menor erro quadrático médio no conjunto de teste. Note-se que não importa se existem diversos modelos estatísticos diferentes que preveem *PU* igualmente bem: nesse caso, cabe usar qualquer um deles, porque o objetivo não é identificar causas de *PU*, mas sim prever o seu valor. Se o objetivo é prever *PU* com base apenas em *EP*, o tamanho da amostra é grande o bastante para que a frequência relativa de *PU* condicionada a *EP* seja um bom estimador de $P(pu|ep)$.

24.4.3.9.2 Estimação bayesiana de DAGs causais. No esquema bayesiano ideal, atribui-se uma probabilidade prévia sobre o espaço de DAGs causais e sobre os valores dos parâmetros livres de cada DAG e, depois, calcula-se a probabilidade posterior de cada DAG com base nos dados. Para transformarmos isso numa estimativa pontual de um DAG causal, podemos extrair o DAG causal com a maior probabilidade posterior. Na prática, precisa-se de muita computação para calcular probabilidades posteriores, e nos contentamos com calcular relações de probabilidades posteriores de DAGs alternativos. (Em princípio, não há razão pela qual não se possa desenvolver também uma teoria de estimação bayesiana de padrões causais.)

Dentro da família de distribuições *a priori* ("distribuições *a priori* BDe") descrita em Heckerman (1998) (que satisfazem o pressuposto prévio de fidelidade causal), assintoticamente com probabilidade 1, a probabilidade posterior do DAG causal verdadeiro não será menor que a probabilidade posterior de qualquer outro DAG. Se todo DAG tem uma probabilidade prévia diferente de zero, um estimador pontual baseado na escolha do DAG com a mais alta probabilidade tem de dar a resposta "não sei" para ser consistente de Bayes, a menos que o DAG com a mais alta probabilidade seja o único membro de uma classe de equivalência distribucional simples. Isso porque, dentro da família de distribuições *a priori* BDe, diferentes DAGs representadas pelo mesmo padrão terão, geralmente, probabilidades posteriores distintas de zero, mesmo no limite.

Há muitas dificuldades computacionais relacionadas com o cálculo de probabilidades posteriores sobre o espaço de DAGs causais ou o espaço de padrões causais. Havendo um enorme número de DAGs possíveis, não é trivial o problema de atribuir distribuições *a priori* a todo DAG causal e aos parâmetros para cada DAG causal. Heckerman (1998) discute técnicas com as quais isso pode ser feito. Em Jordan (1998), encontramos uma coletânea de artigos sobre aprendizagem de modelos gráficos, inclusive o enfoque bayesiano.

Do ponto de vista da computação, na prática é impossível calcular a probabilidade posterior para um DAG causal único, muito menos para todos os DAGs causais. Porém existem técnicas que foram desenvolvidas para calcular, rapidamente, a relação de probabilidades posteriores de dois DAGs quaisquer. Como aproximação da solução bayesiana, portanto, é possível procurar entre o espaço de DAGs (ou o espaço de padrões) e obter o resultado dos DAGs (ou padrões) com as maiores probabilidades posteriores. (Uma variação disso é realizar uma busca sobre o espaço de DAGs, mas convertendo o resultado de cada um dos DAGs ao padrão que representa o DAG como passo final, a fim de determinar se a estimativa pontual do efeito de uma manipulação é consistente de Bayes.) Com base na literatura em aprendizagem de máquina, uma ampla variedade de buscas foi proposta como algoritmos de buscas para detectar os DAGs com as maiores probabilidades posteriores. Entre eles, a simples ascensão (escolhendo-se, em cada etapa, o DAG com a probabilidade posterior mais alta dentre todos os DAGs que possam ser obtidos a partir do melhor DAG candidato atual mediante uma única modificação), algoritmos genéticos, recozimento simulado e assim por diante (resumo em Spirtes *et al.*, 2000, cap. 12).

Como exemplo, consideremos, de novo, os planos de cursar faculdade. Sob o pressuposto de inexistência de causas comuns latentes, em que *SEXO* e *SSE* não têm pais e *PU* não tem filhos, e, sob uma variedade de distribuições *a priori*, os dois DAGs com a maior probabilidade prévia (que diferem na direção da fronteira entre *EP* e *QI*) que foram encontrados estão expostos na figura 24.7a, b. O DAG na figura 24.7b é igual ao DAG da figura 24.5a. O DAG na figura 24.7a, porém, tem probabilidade posterior cerca de 10^{10} vezes maior que o DAG na figura 24.7b. Isso porque, embora o DAG na figura 24.7b se ajuste melhor aos dados, o DAG na figura 24.7a é muito mais simples, pois tem apenas 68 parâmetros livres. (O grande número de parâmetros livres deve-se ao fato de as variáveis serem discretas, logo os parâmetros livres não são a matriz de covariâncias e as médias, como numa distribuição Normal multivariada, mas a probabilidade de cada variável condicional sobre seus pais [cf. seção 24.2.3.1].)

Uma questão interessante e não resolvida é quais seriam os resultados de uma busca baseada em pontuação se mais restrições forem impostas aos parâmetros (p. ex., se a probabilidade de *PU* condicionada a *EP*, *SSE* e *QI* fosse obtida a partir de uma regressão logística).

Figura 24.7 Resultado de busca bayesiana (supondo-se ausência de causas comuns latentes)

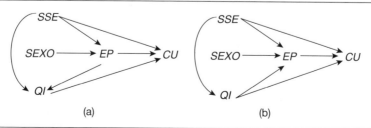

24.4.3.9.3 Estimação de DAGs ou padrões causais com base em pontuação. Por razões de computação, não é possível realizar a solução bayesiana completa do cálculo de probabilidade posterior de cada DAG ou a probabilidade posterior do efeito de uma manipulação. Com efeito, a solução bayesiana aproximada utiliza-se da probabilidade posterior como um modo de se atribuir pontuações a DAGs, que, depois, podem ser incorporadas a um processo que procura os DAGs (ou padrões) com a pontuação mais alta. Há outras diversas pontuações que – dado o pressuposto de fidelidade causal – têm a propriedade de, no limite de grandes amostras com probabilidade 1, o DAG verdadeiro terá uma pontuação não superada por nenhum outro DAG. Heckerman (1998) e Bollen e Long (1993) descrevem vários enfoques diferentes de modelos de pontuação. Como no caso da inferência bayesiana, pode-se efetuar uma variedade de buscas fazendo uso dessas pontuações. Em lugar de se obter um DAG como resultado de uma busca baseada em pontuação, pode-se obter um padrão convertendo o DAG com a pontuação mais alta no padrão que o representa[20]. Chickerin e Meek (2002) descrevem uma busca consistente ponto a ponto baseada em pontuação do padrão causal correto sobre o espaço de padrões. No pior dos casos, ela é demasiadamente intensiva no uso de computação, mas, se o grafo verdadeiro é esparso, pode ser realizada ao menos para dúzias de variáveis.

24.4.3.9.4 Estimação de padrões causais baseada em restrições. O algoritmo de PC é outro exemplo de um estimador consistente ponto a ponto de padrões causais. Ele toma como entrada uma matriz de covariâncias ou contagens de dados discretos, pressupostos distribucionais, conhecimento anterior opcional (p. ex., ordem cronológica) e um nível de significância, e fornece um padrão. Não se pode interpretar o nível de significância como a probabilidade de erro de Tipo 1 para o padrão obtido, mas apenas como um parâmetro da busca. Estudos de simulação mostram que é melhor fixar o nível de significância bastante alto para amostras de pequeno tamanho (p. ex., 0,15 ou 0,2 para amostras de tamanho 100) e bastante baixo para amostras de grande tamanho (p. ex., 0,01 ou 0,001 para amostras de tamanho 10.000), sendo necessárias amostras maiores para modelos discretos. A busca prossegue realizando uma sequência de testes de independência condicional. (O nome *baseado em restrições* vem da testagem de restrições decorrentes de um padrão – nesse caso, restrições de independência condicional.) O tempo que o algoritmo leva a rodar depende do número de pais que cada variável tiver. No pior dos casos (em que alguma variável tem todas as demais variáveis como pais), o tempo que ele leva a efetuar a busca aumenta exponencialmente quando cresce o número de variáveis. Entretanto, em alguns casos, quando cada variável tem relativamente poucos pais, o algoritmo pode fazer buscas sobre 100 ou mais variáveis medidas. O tamanho em que um conjunto de modelos causais é representado pelo resultado depende assimptoticamente de qual for o verdadeiro DAG causal. O resultado da busca é uma estimativa consistente ponto a ponto do padrão causal verdadeiro sob os pressupostos causal de Markov e de fidelidade causal (se o nível de significância dos testes realizados aproxima-se de zero quando o tamanho da amostra tende ao infinito). Todavia, mostrou-se que não existem estimadores consistentes uniformes de padrões causais sob quaisquer dos pressupostos de fidelidade causal descritos na seção 24.3.4 (embora haja estimativas consistentes uniformes dos efeitos de manipulações sob o pressuposto de fidelidade causal forte).

Uma das vantagens de um algoritmo de busca baseado em restrições é que ele não requer nenhuma estimação dos parâmetros livres de um modelo[21]. Uma desvantagem desse algoritmo é que ele fornece só um padrão e não indica se outros padrões explicam os dados quase tão bem

---

20. Buntime (1996) apresenta um resumo de diferentes enfoques de busca sobre redes bayesianas. Há, também, muitos artigos a respeito desse tema em *Proceeding of the Conference on Uncertainty in Artificial Intelligence* (Ata da Conferência sobre Incerteza na Inteligência Artificial) (www.auai.org) e *Proceedings of the International Workshop on Artificial Intelligence and Statistics* (Atas do *Workshop* Internacional sobre Inteligência Artificial e Estatística).

21. Em algumas metodologias que visam inferir o grafo causal correto ou em algum conjunto que contenha os grafos causais corretos, os parâmetros são considerados como uma espécie de parâmetros perturbadores, necessários para testar o ajuste de um modelo, mas desprovidos de interesse em si mesmos (cf. Mulaik; Millsap, 2000).

quanto o padrão fornecido, mas representam grafos causais muito diferentes. Uma resposta parcial a esse problema é aplicar o algoritmo com distintos níveis de significância ou fazer um teste *bootstrap* do resultado. Além disso, pode-se testar o ajuste de um dos modelos representado pelo padrão da maneira habitual, mediante um teste qui-quadrado, que pode ser feito tanto nos mesmos dados usados na busca quanto, de preferência, em dados não inseridos no algoritmo de busca.

O resultado do algoritmo de PC nos dados de planos de universidade (sobre níveis de significância entre 0,001 e 0,05) é o padrão da figura 24.6. Um teste *bootstrap* do algoritmo de PC (com nível de significância 0,001) gerou o mesmo modelo que na figura 24.6 em 8 de 10 amostras. Nas duas amostras restantes, a fronteira entre *EP* e *PU* não foi orientada.

O padrão fornecido pelo algoritmo de PC representa o segundo DAG mais provável encontrado em Heckerman (1998), e, dadas as restrições supostas por Heckerman, esse DAG é o único representado pelo padrão.

Embora o conjunto de modelos causais representados pelo padrão da figura 24.6 contivesse os melhores modelos sem variáveis latentes encontrados pelo algoritmo de PC, pode-se demonstrar que o conjunto de relações de independência condicional tidas como existentes na população mediante a realização de testes de independência condicional não é fiel a nenhum modelo causal sem variáveis latentes. Discutiremos o relaxamento do "pressuposto de ausência de variáveis latentes" estabelecido pelo algoritmo de PC na seção 24.5.2[22].

24.4.3.9.5 De estimadores de modelos causais a estimadores dos efeitos de manipulações. O seguinte exemplo de como se estimar $P(pu| ep\|P'(EP)$ mostra a estratégia geral para estimar consistentemente os efeitos de uma manipulação:

1. Use os dados e algum algoritmo de busca para estimar o verdadeiro padrão causal. Por exemplo, sob o pressuposto de fidelidade causal, o algoritmo de PC é um estimador consistente ponto a ponto de padrões causais e fornece o padrão da figura 24.6.
2. Se o efeito da manipulação não é exclusivamente determinado pelo padrão (como descrito na seção 24.4.3.7), conclua "não sei". Nesse caso, $P(pu|ep\|P'(EP))$ é exclusivamente determinado a partir do padrão.
3. Encontre um DAG que o padrão representa. Nesse caso, por exemplo, o padrão da figura 24.6 representa o DAG mostrado na figura 24.5a.
4. Estime, consistentemente, os parâmetros livres do DAG. Nesse exemplo, há estimativas de máxima verossimilhança dos valores dos parâmetros livres que são uniformemente consistentes.
5. Use a estimativa do padrão e a estimativa dos valores dos parâmetros livres para estimar $P(pu|ep\|P'(EP))$ mediante a equação (6) da seção 24.4.3.7.

Sob o pressuposto de fidelidade causal forte, esse procedimento é um estimador consistente uniforme dos efeitos da manipulação, apesar de o estimador do padrão causal verdadeiro não ser uniformemente consistente. (Informalmente, não há estimadores consistentes uniformes de padrões causais em razão da dificuldade em se distinguir entre um modelo causal G e um modelo causal G' que é formado por meio da adição de fronteiras arbitrariamente fracas ao DAG em G. Os DAGs em G e G' são muito distantes no sentido de conterem DAGs representados por padrões que contêm fronteiras diferentes; no entanto, em termos da previsão dos efeitos de manipulações, são muito próximos, desde que as fronteiras adicionais sejam fracas.)

Um método de estimação análogo se vale de um algoritmo de busca bayesiana para estimar o padrão causal verdadeiro. Em Heckerman (1998), o DAG com probabilidade posterior mais alta que foi achado é o apresentado na figura 24.7a (e não há, na classe de equivalência distribucional simples, outros DAGs que sejam compatíveis com os pressupostos anteriores admitidos por Heckerman). Resulta do DAG na figura 24.7a que:

---

22. Outras aplicações de algoritmos de inferência causal baseados em restrições estão descritas em Glymour e Cooper (1999) e Spirtes *et al.* (2000). Há aplicações biológicas descritas em Shipley (2000). Algumas aplicações em econometria foram descritas em Swanson e Granger (1997), e em Hoover (2001) se descreve o conceito de causalidade em econometria. HUGIN (www.hugin.com) é um programa comercial que contém a implementação de uma modificação do algoritmo de PC. TETRAD IV (www.phil.cmu.edu/projects/tetrad) é um programa gratuito que contém diversos algoritmos de busca, inclusive os algoritmos de PC e FCI (descritos na seção 24.5.2.1).

$$P(cp|pe \| P'(PE)) = \sum_{SES} P(cp|pe, ses) \times P(ses).$$

A seguir, as estimações para $P(pu|ep\|P'(EP))$, com os dados de Sewell e Shah (1968), utilizando-se estimativas de máxima verossimilhança dos parâmetros livres do DAF na figura 24.7a:

$P(PU = 0|EP = 0\|P'(EP)) = 0,08$
$P(PU = 1|EP = 0\|P'(EP)) = 0,92$
$P(PU = 0|EP = 1\|P'(EP)) = 0,516$
$P(PU = 1|EP = 1\|P'(EP)) = 0,484$

Essas estimativas são próximas àquelas derivadas do uso do algoritmo de PC.

24.5 Modelos de variáveis latentes

Para as famílias paramétricas de distribuições que temos considerado, não é preciso introduzir variáveis latentes num modelo para conseguir elaborar estimadores consistentes uniformes de probabilidades condicionais. A introdução de uma variável latente num modelo pode ajudar na elaboração de estimadores consistentes com menor erro quadrático médio sobre pequenas amostras. Isso ocorre, especialmente, no caso de modelos de variáveis discretas, pois modelos como aquele que tem um DAG com uma variável latente que é pai de toda variável medida (às vezes chamado de *modelo de classe latente*) têm se mostrado úteis para fazer previsões.

Entretanto, quando um modelo se destina a prever os efeitos de manipulações, a introdução de variáveis latentes num grafo não só é útil com o intuito de construir estimadores de baixa variância como pode ser essencial à construção de estimadores consistentes. Infelizmente, como se explica nesta seção, os modelos causais de variáveis latentes se deparam com mais problemas do que os modelos causais nos quais as variáveis medidas são causalmente suficientes, problemas esses que dificultam a estimação dos efeitos de manipulações.

24.5.1 Grafo causal conhecido

Em alguns casos, os parâmetros de um modelo de DAG com variáveis latentes ainda podem ser estimados de maneira consistente, apesar da presença de variáveis latentes. Existem diversos algoritmos para tais estimações, inclusive estimadores de variáveis instrumentais, bem como algoritmos que tentam maximizar a verossimilhança. Se é possível estimar os parâmetros do modelo, uma vez que os efeitos de manipulações são funções desses parâmetros, tais efeitos também podem estimar-se consistentemente. Mas a estimação consistente dos parâmetros de um modelo de variável latente apresenta várias dificuldades significativas.

1. Nem sempre os parâmetros do modelo são funções da distribuição sobre as variáveis medidas. Isso acontece, por exemplo, na maioria dos modelos de análise fatorial. Nesse caso, diz-se que os parâmetros do modelo são "subidentificados". Para famílias paramétricas de distribuições, o fato de um parâmetro causal ser ou não subidentificado é sobretudo um problema algébrico. Infelizmente, a aplicação dos algoritmos conhecidos para determinar se um parâmetro causal é subidentificado em mais do que algumas variáveis é cara demais em termos computacionais. Existem diversas condições necessárias conhecidas computacionalmente viáveis para subidentificação e diversas condições necessárias suficientes computacionalmente viáveis para subidentificação (cf. Becker; Merckens; Wansbeek, 1994; Bollen, 1989; Geiger; Meek, 1999).

2. Mesmo quando os parâmetros do modelo são identificáveis, a família de distribuições marginais (sobre as variáveis observadas) associada a um DAG com variáveis latentes não tem muitas propriedades estatísticas desejáveis que existem na família de distribuições associadas a um DAG sem variáveis medidas. Por exemplo, para SEMs com variáveis normalmente distribuídas, não se conhece nenhuma demonstração geral da existência assimptótica de estimadores de máxima verossimilhança dos parâmetros do modelo (cf. Geiger *et al.*, 1999).

Figura 24.8 O critério *backdoor*

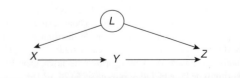

3. Com frequência, efetua-se a estimação de parâmetros de modelos com algoritmos iterativos, que são onerosos em termos computacionais, ressentem-se de problemas de convergência e podem travar em máximos locais (cf. Bollen, 1989).

Há, também, casos em que nem todos os parâmetros do modelo são identificáveis, mas os efeitos de algumas manipulações o são (cf. Pearl, 2000; Pearl; Robins, 1995). Um exemplo simples é a aplicação do "critério *backdoor*" (Pearl, 2000) ao modelo da figura 24.8, em que X, Y e Z são binárias e medidas, e L é ternária e não medida. Em tal caso, os parâmetros do modelo são inidentificáveis. Contudo, pode-se provar que $P'(y = 0) = 1$,

$$P(z|y \| P'(Y)) = \sum_X P(z|x, y) P(x).$$

Que o efeito de uma dada manipulação seja identificável para algumas famílias paramétricas de distribuições é uma questão algébrica. Porém os algoritmos gerais conhecidos para calcular as soluções são onerosos demais em termos computacionais para serem aplicados a modelos com mais do que umas poucas variáveis. Pearl (2000) dá alguns casos computacionalmente viáveis.

24.5.2 Grafo causal desconhecido

Analisamos quais são as condições e os pressupostos para a existência de estimadores consistentes dos efeitos de manipulações quando o conjunto de variáveis medido pode não ser causalmente suficiente.

24.5.2.1 Equivalência de distribuição e independência condicional

Dois grafos dirigidos podem implicar o mesmo conjunto de relações de independência condicional sobre um conjunto de variáveis medidas, mas não ser equivalentes em termos distribucionais de $\mathbf{O}$, desde que pelo menos um deles contenha uma variável latente, um erro correlato ou um ciclo. Por exemplo, o DAG da figura 24.2 não implica relações de independência condicional somente entre as variáveis medidas $\mathbf{O} = \{Mecânica, Vetor, Álgebra, Análise, Estatística\}$; todas

as relações de independência condicional que ele implica envolvem condicionamento a alguma variável latente. Qualquer DAG G' com as mesmas variáveis medidas, mas sem variáveis latentes e no qual todos os pares de variáveis medidas são adjacentes implica, também, que não há relações de independência condicional entre as variáveis medidas. Logo o DAG na figura 24.2 e G' implicam o mesmo conjunto de relações de independência condicional entre as variáveis medidas (isto é, o conjunto vazio). Contudo eles não são equivalentes em distribuição de $\mathbf{O}$, porque o DAG na figura 24.2 implica a restrição de independência não condicional $\rho(Mecânica, Análise)$ $\times \rho(Vetor, Estatística) - \rho(Mecânica, Estatística) \times \rho(Vetor, Análise) = 0$ para todos os valores de seus parâmetros livres, ao passo que G' não implica a restrição para todos os valores de seus parâmetros livres. (Spearman [1904] descreveu essas "restrições tetrádicas que se desvanecem", e Glymour *et al.* [1987] descreveram um algoritmo que mostra como deduzir essas restrições da estrutura gráfica.)

Ainda que seja teoricamente possível determinar quando dois SEMs ou duas redes bayesianas com variáveis latentes são equivalentes em termos distribucionais de $\mathbf{O}$ ou achar características comuns a uma classe de equivalência distribucional de $\mathbf{O}$, na prática, os algoritmos não são viáveis do ponto de vista computacional (Geiger; Meek, 1999) para modelos com mais do que umas poucas variáveis. De mais a mais, se permitida uma quantidade ilimitada de variáveis latentes, o número de DAGs equivalentes em termos distribucionais de $\mathbf{O}$ pode ser infinito. Isso implica que a estratégia aplicada para estimar os efeitos de manipulações quando não há variáveis latentes não pode ser aplicada sem mudanças quando é possível que haja variáveis latentes.

Descreveremos dois métodos para lidar com a dificuldade em se identificar classes de equivalência de distribuição de $\mathbf{O}$.

O primeiro método é fazer buscas sobre uma classe especial de modelos gráficos, *modelos de indicador múltiplo*, o que simplifica o processo de busca, como se descreve na seção 24.5.2.4.1.

O segundo método, descrito nesta seção, não é tão informativo quanto a estratégia computacionalmente inviável de buscar classes de equivalência em distribuição de $\mathbf{O}$, mas ainda assim é correto.

536 • SEÇÃO VI / QUESTÕES FUNDAMENTAIS

Se **O** representa o conjunto de variáveis medidas nos grafos G_1 e G_2, G_1 e G_2 são *equivalentes em independência condicional* de **O** se e somente se implicarem o mesmo conjunto de relações de independência condicional entre as variáveis em **O** (isto é, eles têm as mesmas relações de *d*-separação). Muitas vezes, não é evidente o que constitui um conjunto completo de grafos equivalentes em independência condicional de **O** a um determinado grafo (Spirtes; Richardson, 1997; Spirtes *et al.*, 1998). Chamaremos esse tipo de conjunto completo de *classe de equivalência em independência condicional de* **O**. Se for o conjunto completo de grafos sem erros correlatos ou ciclos dirigidos (ou seja, DAGs equivalentes em independência condicional de **O**), nós o chamaremos de *classe simples de equivalência em independência condicional de* **O**.

Uma classe simples de equivalência em independência condicional de **O** contém um número infinito de DAGs porque não há limite para o número de variáveis latentes que podem aparecer num DAG.

24.5.2.2 Algoritmos de busca baseados em restrições

Certos algoritmos (p. ex., de PC) dão uma estimativa consistente ponto a ponto da classe simples de equivalência em independência condicional (e distribucional) de um DAG sem variáveis latentes ao fornecerem um padrão que representa todas as características que os DAGs da classe de equivalência têm em comum. Do mesmo modo, há um algoritmo (o algoritmo FCI) que fornece uma estimativa consistente ponto a ponto da classe simples de equivalência em independência condicional de **O** do DAG causal verdadeiro (supondo os princípios causal de Markov e de fidelidade causal), na forma de uma estrutura gráfica denominada grafo ancestral parcial que representa algumas das características que os DAGs da classe de equivalência têm em comum. O algoritmo FCI recebe como entrada uma amostra, pressupostos distribucionais, conhecimento anterior opcional (p. ex., ordem cronológica) e um nível de significância, e fornece um grafo ancestral parcial. Ao se utilizar apenas de testes de independência condicional entre conjuntos de variáveis observadas, o algoritmo evita

os problemas de computação que se apresentam ao calcular probabilidades ou pontuações posteriores para modelos de variáveis latentes.

Assim como o padrão pode ser usado para prever os efeitos de algumas manipulações, também se pode usar um grafo ancestral parcial para prever os efeitos de algumas distribuições. Em vez de calcularmos os efeitos de manipulações com as quais todos os membros da classe simples de equivalência em distribuição de **O** concordam, podemos calcular apenas os efeitos das manipulações com as quais todos os membros da equivalência simples de independência condicional de **O** concordam. Isso, geralmente, há de prever os efeitos de menos manipulações do que se imaginaria, dada a classe simples de equivalência distribucional de **O** (porque um conjunto maior de grafos tem de fazer a mesma previsão), mas as previsões ainda serão corretas.

Aplicando-se o algoritmo FCI aos dados de Sewell e Shah (1968), o resultado prevê que $P(PU = 0|EP = 0||P'(EP)) = P(PU = 0)|EP = 0))$ e as seguintes estimativas:

$$P(PU = 0|EP = 0||P'(EP)) = 0,063$$
$$P(PU = 1|EP = 0||P'(EP)) = 0,937,$$
$$P(PU = 0|EP = 1||P'(EP)) = 0,572$$
$$P(PU = 1|EP = 1||P'(EP)) = 0,428.$$

Mais uma vez, essas estimativas são próximas àquelas dadas pelo resultado do algoritmo de PC e o resultado do algoritmo de busca bayesiana. Um teste *bootstrap* do resultado efetuado no nível de significância 0,001 deu os mesmos resultados em 8 de cada 10 amostras. Nas outras duas amostras, o algoritmo não pôde calcular o efeito da manipulação.

No entanto, quando se aplica o algoritmo FCI ao conjunto de dados de marcas matemáticas, o resultado é uma estimativa consistente ponto a ponto da classe simples de equivalência condicional de **O** que contém o verdadeiro DAG causal, mas não é explicativo, porque não é possível prever os efeitos de qualquer manipulação a partir dele; também o tempo de execução do algoritmo que constrói esse resultado é exponencial no número de variáveis. (O tamanho de amostra para os dados de marcas matemáticas é bastante pequeno [88], e o resultado real provém de um conjunto de relações de independência condicional que seria implicado pelo DAG da figura 24.2 se *Álgebra* fosse uma medida muito boa de *Habilidade em* *álgebra*.) Abordaremos modificações que tornam o algoritmo FCI útil para inferências sobre modelos de variáveis latentes, como os da figura 24.2 na seção 24.5.2.4.1.

24.5.2.3 Buscas bayesianas e baseadas em pontuação de modelos de variáveis latentes

As buscas de modelos de variáveis latentes baseadas em pontuação, bem como as bayesianas, enfrentam similares dificuldades. O espaço de busca é infinito, e não se conhece um bom método para decidir em quais partes do espaço se há de procurar. Em princípio, não há problema em calcular a probabilidade posterior de uma variável latente ou sua pontuação BIC, mas isso, geralmente, é inviável em termos computacionais. Todavia Heckerman (1998) descreve alguns métodos de aproximação computacionalmente viáveis e aplica-os a diversos modelos de variáveis latentes do conjunto de dados de planos para estudos universitários (achar um modelo de variáveis latentes muito mais provável do que qualquer modelo de variáveis não latentes – cf., também, Rusakov; Geiger, 2003). Mesmo para modelos Normais multivariados ou de variáveis latentes discretas, não se demonstrou a existência de estimativas de máxima verossimilhança no limite de grandes amostras.

24.5.2.4 Estimadores consistentes de Bayes, ponto a ponto e uniforme

Suponhamos que os únicos dados fornecidos sejam amostras de uma distribuição de probabilidades de variáveis discretas ou Normal multivariada e que o conjunto de variáveis não seja conhecido como causalmente suficiente. Sob quais pressupostos e condições há estimadores consistentes ponto a ponto ou uniforme de manipulações que são funções da amostra quando não se dá o DAG causal? As respostas estão na tabela 24.3. Note-se que as únicas linhas que mudaram com relação à tabela 24.2 são as duas últimas, nas quais nem uma ordem cronológica conhecida nem o pressuposto de fidelidade causal forte implicam a existência de estimadores consistentes uniformes.

Em cada caso, quando permitida a possibilidade de causas comuns latentes, há mais casos em que os estimadores consistentes respondem "não sei" do que ao se supor que não existem causas comuns latentes (cf. Robins *et al.*, 2003; Spirtes *et al.*, 2000, cap. 12; Zhang; Spirtes, 2003).

São questões em aberto se há outros pressupostos razoáveis sob os quais existem estimadores consistentes uniformes dos efeitos de manipulações quando conhecimentos anteriores não descartam variáveis latentes e se há resultados análogos para outras classes de distribuições e diversos pressupostos sobre conhecimentos anteriores.

24.5.2.4.1 Modelos de múltiplos indicadores.

Na figura 24.2, é apresentado um exemplo de modelo de múltiplos indicadores. Pode-se dividir tal modelo em duas partes: as relações causais entre as variáveis latentes formam o que se chama de modelo estrutural; o restante é chamado de modelo de medição. O modelo estrutural é *Habilidade em álgebra vetorial ← Habilidade em álgebra → Habilidade em análise real*, e o modelo de medição consiste no grafo com todas as outras fronteiras. Em geral, a parte em que o interesse se concentra é o modelo estrutural[23].

---

23. Sullivan e Feldman (1979) oferecem uma introdução aos modelos de múltiplos indicadores. Lawley e Maxwell (1971) descrevem a análise fatorial em detalhe. Bartholomew e Knott (1999) dão uma introdução a uma variedade de tipos de modelos de variáveis latentes.

Tabela 24.3 – Existência de estimador sob diversos pressupostos: caso latente

	Pressupostos			Resultados de existência		
Ordem cronológica	Prévia de fidelidade causal $\Leftarrow$	Fidelidade causal $\Leftarrow$	Fidelidade causal forte	Existência de consistente de Bayes $\Leftarrow$	Existência de consistente ponto a ponto $\Leftarrow$	Existência de consistente uniforme
Não	Não	Não	Não	Não	Não	Não
Não	Sim	Não	Não	Sim	Não	Não
Não	Sim	Sim	Não	Sim	Sim	Não
Não	Sim	Sim	Sim	Sim	Sim	Não
Sim	Não	Não	Não	Não	Não	Não

São várias as estratégias de uso de modelos de múltiplos indicadores para fazer inferências causais, que começam por tentar encontrar o modelo de medição correto, mediante uma combinação de conhecimento anterior e busca, para, depois, se utilizarem do modelo de medição para buscar o correto modelo estrutural. Mulaik e Millsap (2000) descrevem um processo de quatro passos para testar modelos de múltiplos indicadores. Anderson e Gerbing (1982) e Spirtes *et al.* (2000, cap. 10) descrevem métodos para construir modelos de medição que pressupõem que se sabe quais variáveis (indicadores) medidas medem qual variável latente e, depois, detectam aqueles indicadores que afetam uns aos outros, ou são afetados por mais de uma variável latente. Se não se conhece o número de latentes ou não se sabe quais variáveis medidas são indicadores de quais latentes, seria esperado que se pudesse recorrer à análise fatorial para criar um modelo de medição correto. Entretanto Glymour (1997) descreve algumas experiências de simulação em que a análise fatorial não dá certo para construir modelos de medição, ou mesmo para determinar o número de variáveis latentes. Pode-se ver, também, em Mulaik e Millsap (2000), a discussão sobre problemas do uso de análise fatorial para escolher o número de variáveis latentes, bem como Mulaik (1972) sobre os fundamentos da análise fatorial.

Caso se conheça o modelo de medição, ele pode ser usado para efetuar buscas do modelo estrutural de várias maneiras diferentes. Por exemplo, pode-se usar o modelo estrutural para realizar testes de independência condicional entre as variáveis latentes. Por exemplo, para testar se ρ(*Habilidade em álgebra vetorial, Habilidade em análise real\Habilidade em álgebra*) = 0, é possível fazer um teste qui-quadrado comparando o modelo na figura 24.2 com o modelo que difere apenas pela adição de uma fronteira entre *Habilidade em álgebra vetorial* e *Habilidade em análise real*. Se a diferença entre os dois modelos não é significativa, entende-se que a correlação parcial é zero. Assim, dados os modelos de medição, o algoritmo FCI ou de PC pode ser aplicado diretamente à estimação do modelo estrutural. Num nível de significância de 0,2, o algoritmo de PC produz o padrão *Habilidade em álgebra vetorial – Habilidade em álgebra – Habilidade em análise real*, padrão esse que representa a parte estrutural do modelo exposto na figura 24.2.

24.5.2.4.2 Distribuição e equivalência de independência condicional para diagramas de percurso com erros correlatos ou ciclos dirigidos. Salvo em casos especiais, a representação de *feedback* mediante grafos cíclicos e a teoria de inferência a grafos cíclicos a partir de dados não estão muito bem desenvolvidas como para DAGs. Existem algoritmos gerais para se testar a equivalência em distribuição para modelos gráficos Normais multivariados com erros correlatos ou ciclos dirigidos, mas os algoritmos conhecidos são, em geral, inviáveis em termos computacionais para mais do que algumas poucas variáveis (Geiger; Meek, 1999). Para variáveis Normais multivariadas, Spirtes (1995) e Koster (1996) demonstraram que todas as relações de independência condicional decorrentes de um grafo com erros correlatos e ciclos são captadas pela (extensão natural) da relação de *d*-separação com grafos cíclicos, e Pearl e Dechter (1996) e Neal (2000) demonstraram um resultado análogo para variáveis discretas. No entanto Spirtes demonstrou que, dadas relações não lineares entre variáveis contínuas, é possível **X** ser *d*-separada de **Y** condicionada a **Z**, mas **X** e **Y** serem dependentes condicionadas a **Z**. Há algoritmos computacionalmente viáveis para testagem de equivalência de independência condicional para modelos gráficos Normais multivariadas com (a) erros correlatos ou (b) ciclos dirigidos, mas sem variáveis latentes. Há extensões do algoritmo de PC para grafos Normais multivariados com ciclos (Richardson, 1996), mas não existe nenhum algoritmo conhecido para inferir grafos com ciclos e variáveis latentes. Lauritzen e Richardson (2002) abordam a representação de *feedback* por meio não de grafos cíclicos, mas de uma extensão de DAGs chamados *grafos de cadeia*.

24.6 ALGUNS ERROS COMUNS NA ESPECIFICAÇÃO DE MODELOS

Nesta seção, examinamos a robustez de diversas práticas nas ciências sociais às vezes usadas para tirar inferências causais.

24.6.1 A formação de escalas

É prática comum, quando se tenta descobrir as relações causais entre variáveis latentes, reunir todos os indicadores de uma dada variável latente e calcular a média deles para formar uma "escala" (embora, às vezes, também se desaconselhe tal prática; cf., p. ex., a discussão sobre SEMNET). Costuma-se chamar essa prática de *parcelamento* na literatura de modelagem de equações estruturais. A variável escalar é substituída, depois, pela variável latente na análise. A prática é codificada na teoria formal de medição como *medição aditiva conjunta*, e o seguinte exemplo simulado mostra por que essa prática não proporciona informação confiável sobre as relações causais entre variáveis latentes.

Para o modelo hipotético na figura 24.9, doravante o "modelo verdadeiro", 2.000 pontos de dados pseudoaleatórios foram gerados. (Os números próximos às fronteiras são os coeficientes lineares associados à fronteira.) Todos os termos de erro variáveis exógenos são variáveis Normais independentes.

Suponhamos que a questão sob investigação é o efeito de *Liderança* sobre *Cognição*, tendo em conta o ambiente do *Lar*. Dado o modelo verdadeiro, a resposta correta é 0: isto é, *Liderança não tem efeito direto sobre Cognição* conforme esse modelo. Considere-se, primeiro, o caso ideal em que supomos que podemos medir *Lar*, *Liderança* e *Cognição* diretamente e com perfeição. Para testar o efeito de *Liderança* e *Cognição*, poderíamos fazer a regressão de *Cognição* sobre *Liderança* e *Lar*. Ao descobrirmos que o coeficiente linear sobre *Liderança* é −0,00575, valor insignificante ($t = -0,26$, $p = 0,797$), concluímos corretamente que o efeito de *Liderança* é insignificante.

Em segundo lugar, vejamos o caso em que *Liderança* e *Cognição* foram medidas diretamente, mas *Lar* foi medido com uma escala que promediou X_1, X_2 e X_3, os indicadores de *Lar*: *Lar* = $(X_1 + X_2 + X_3)/3$. Suponhamos, também, que estimamos o efeito de *Liderança* sobre *Cognição* mediante a regressão de *Cognição* sobre *Liderança* e tendo em conta *Lar* com a variável *Escala de Lar*. Verificamos que o coeficiente sobre *Liderança* é, agora, −0,178, significativo em $P = 0,000$, e concluímos, erroneamente, que o efeito de *Liderança* sobre *Cognição* é prejudicial.

Terceiro, consideremos o caso em que *Liderança*, *Cognição* e *Lar* foram medidos com escalas: *Lar-escala* = $(X_1 + X_2 + X_3)/3$, *Liderança-escala* = $(X_4 + X_5 + X_6)/3$ e *Cog-escala* = $(X_7 + X_8 + X_9)/3$. Suponhamos que estimamos o efeito de *Liderança* sobre *Cognição* fazendo a regressão de *Cog-escala* sobre *Lar-escala* e *Liderança-escala*. Isso dá um coeficiente sobre *Liderança-escala* de −0,109, que é ainda altamente significativo em $p = 0,000$; logo chegaríamos de novo à conclusão incorreta de que o efeito de *Liderança* é prejudicial.

Finalmente, consideremos uma estratégia em que construímos uma escala para *Lar* como fizemos anteriormente, isto é, *Lar-escala* = $(X_1 + X_2 + X_3)/3$. Em seguida, no DAG da figura 24.9, substituímos as variáveis X_1, X_2 e X_3 por *Lar* e *Lar-escala*. Num aspecto importante, o resultado é pior. Nesse caso, o coeficiente de regressão de *Liderança* sobre *Cognição* – tendo em conta o ambiente do lar (*Lar-escala*) – é −0,137, que é altamente significativo em $t = -5,271$ e, portanto, substancialmente errado como estimativa do

Figura 24.9 Estudo de liderança simulada

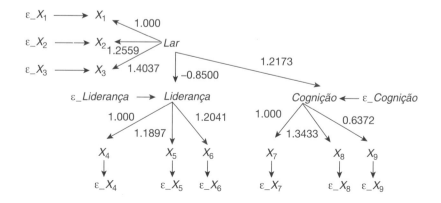

coeficiente estrutural. Todavia o modelo que substitui *Lar* por *Lar-escala* como um todo se ajusta muito bem ($\chi^2 = 14{,}57$, $df = 12$, $p = 0{,}265$) e todos os pressupostos distribucionais são cumpridos, de modo que nada no tratamento estatístico desse caso indicaria que tenhamos errado ao especificar o modelo, ainda que a estimativa da influência de *Liderança* seja incorreta. Observe-se, porém, que o grafo ancestral parcial correto para os modelos variáveis latentes (que contém fronteiras não dirigidas entre cada par de *Liderança*, *Lar-escala* e *Cognição*) indicaria corretamente que não se pode chegar a nenhuma conclusão causal quanto ao efeito de *Liderança* sobre *Cognição*.

24.6.2 Regressão

É bem sabido pelos cientistas sociais em atividade que, para o coeficiente de X na regressão de Y sobre X poder ser interpretado como o efeito direto de X sobre Y, não deve haver nenhuma variável "de confusão" Z que seja uma causa de X e Y (cf. figura 24.10).

O coeficiente da regressão de Y sobre X, sozinho, seria um estimador consistente só se α ou γ fossem iguais a zero. Além disso, observemos que o termo de viés $\alpha\gamma V(Z)/V(X)$ (sendo $V(Z)$ a variância de Z) pode ser positivo ou negativo e de magnitude arbitrária. No entanto o coeficiente de X na regressão de Y sobre X e Z é um estimador consistente de β porque $\mathrm{Cov}(X, Y|Z)/V(X|Z) = \beta$. O perigo apresentado pela não inclusão de variáveis de confusão é bem compreendido pelos cientistas sociais. Com efeito, ele costuma servir como justificação para se ponderar a inclusão de uma "lista longa e prolixa" de "fatores de confusão em potencial" numa determinada equação de regressão. Talvez não seja tão bem compreendido o fato de que a inclusão de uma variável que não é um fator de confusão também pode resultar em estimativas enviesadas do coeficiente estrutural. No exemplo a seguir, Z pode preceder no tempo tanto a X quanto a Y.

Figura 24.10   O problema da confusão

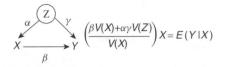

Figura 24.11   Estimativas enviesadas pela inclusão de mais variáveis

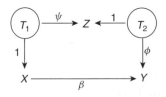

No DAG descrito na figura 24.11, note-se que X e Y não estão confundidas. Dois fatores de confusão não medidos, T_1 e T_2 (de X e Z, e Y e Z, respectivamente) não estão relacionados um ao outro. Pode-se demonstrar que o coeficiente de X na regressão de Y sobre X e Z *não é uma estimativa consistente de* β (a menos que $\rho(X, Z) = 0$ ou $\rho(Y, Z) = 0$) e pode até ter um sinal completamente diferente. No caso de $\beta = 0$, o coeficiente de X na regressão de Y sobre X será zero na população, mas se tornará diferente de zero após a inclusão de Z.

Com frequência, o folclore estatístico parece sugerir que é melhor incluir do que excluir uma variável de uma regressão (salvo problemas estatísticos como pequeno tamanho de amostra). Se o objetivo de um modelo é prever o valor de uma variável não medida, em vez do resultado de uma manipulação, esse conselho é acertado (sem atentar, por enquanto, para problemas estatísticos como o pequeno tamanho de amostra ou a colinearidade). Entretanto, se o propósito de um modelo é descrever relações causais ou prever os efeitos de uma manipulação, o método anterior não é teoricamente acertado. A noção de que acrescentar variáveis é sempre recomendável talvez encontre respaldo pela referência a "ter em conta Z", com a implicação de que ter em conta Z elimina uma fonte de enviesamento; de fato, porém, isso pode intensificar o viés. A conclusão que se tira desses exemplos é que em nenhum sentido se está "agindo com precaução" ao incluir em vez de excluir "possíveis fatores de confusão"; se se eles acabarem por não ser possíveis fatores de confusão, isso poderia transformar uma estimativa consistente em inconsistente. Por certo, isso não significa que, na média, não se esteja em melhor situação fazendo a regressão sobre mais variáveis do que sobre menos: se esse é ou não o caso, depende da distribuição dos parâmetros no domínio. Com base em simulações de modelos epidemiológicos simples, Greenland (2003) afirma que, no domínio da epidemiologia, em média (para além de problemas de amostragem), o condicionamento a mais variáveis causa uma redução do viés geralmente maior do que o viés por ele próprio gerado.

A situação também fica um tanto pior quando se usam definições errôneas de *fator de confusão*: às vezes, diz-se que um fator de confusão é uma variável fortemente correlacionada com X e Y ou até uma variável cuja inclusão muda o coeficiente de X na regressão. Uma vez que, para $\rho(X, Z)$ ou $\rho(Y, Z)$ suficientemente grandes, Z, na figura 24.11, seria considerada um fator de confusão de acordo com qualquer uma dessas definições; além disso, sob uma ou outra definição, incluir "variáveis de confusão" numa regressão pode tornar inconsistente um estimador até então consistente.

Se Y é objeto de regressão sobre um conjunto de variáveis **W**, inclusive X, podemos perguntar o seguinte: em quais SEMs o coeficiente de regressão parcial de X será uma estimativa consistente do coeficiente estrutural β associado à fronteira $X \rightarrow Y$? O coeficiente de X é um estimador consistente de β se **W** *não contém nenhum descendente de Y* e G, e X é d-separado de Y dado **W** no DAG formado ao eliminar a fronteira $X \rightarrow Y$ de G^{24}. Se essa condição não se verificar, para quase todas as instanciações dos parâmetros no SEM o coeficiente de X *não será um estimador consistente de* β. Disso decorre, diretamente, que – quase com certeza – β *não pode ser estimado consistentemente por meio de nenhuma equação de* regressão se existir uma fronteira $X \leftrightarrow Y$ (isto é, ε_X e ε_Y estão correlacionados) ou se X for descendente de Y (por isso que o diagrama de percurso é cíclico).

24.6.3 LISREL e procedimentos afins de procura de feixes

Muitas edições do programa LISREL e de programas similares (p. ex., EQS) contêm procedimentos automáticos para modificar um modelo inicial com o intuito de achar uma alternativa que fornece um melhor ajuste aos dados. Esses procedimentos têm várias dificuldades. Se o grafo causal do modelo inicial não é um subgrafo do verdadeiro grafo causal, eles não podem dar resultados corretos. Como dependem de ajustes iterativos de modelos sucessivos, exigentes em termos computacionais, o procedimento se utiliza de heurística implícita (p. ex., deixando livre em cada etapa apenas o único parâmetro que resulta no ajuste mais aperfeiçoado) – procedimento conhecido em informática como um passo à frente ou procura de feixes – e costuma ser errôneo. Logo, não é de surpreender que não se disponha de nenhuma demonstração da correção assimptótica desses procedimentos. Estudos aprofundados de simulação (Spirtes *et al.*, 2000, cap. 11) têm mostrado que os procedimentos são inconfiáveis em grandes amostras finitas obtidas de SEMs gaussianos conhecidos. (Os manuais do programa também indicam que o resultado de tais buscas pode ser inconfiável e deveria ser tratado apenas como sugestão.)

24.6.4 Agregação

Em muitas áreas, inclusive nas ciências sociais, há modelos causais desenvolvidos para variáveis agregadas sobre muitas unidades. Por exemplo, médias de renda, médias de QI. Os modelos desenvolvidos para variáveis desse tipo podem servir, às vezes, como modelos de relações causais em nível individual (p. ex., que QIs mais altos causam níveis de renda mais altos). Exceto em casos especiais, tais inferências são falaciosas. Relações de independência condicional entre variáveis agregadas podem não indicar relações de independência condicional entre variáveis no nível da unidade ou vice-versa. Há demonstrações de condições suficientes e necessárias para essas inferências serem válidas em Chu *et al.* (2003). (Isso se relaciona com a "falácia ecológica", pela qual se supõe que as correlações no nível agregado são iguais às correlações entre indivíduos.)

REFERÊNCIAS

ANDERSON, J.; GERBING, D. Some methods for respecifying measurement models to obtain unidimensional construct measurement. *Journal of Marketing Research*, 19, p. 453-460, 1982.

ANDERSSON, S.; MADIGAN, D.; PERLMAN, M. *A characterization of Markov equivalence classes for acyclic digraphs* (Tech. Rep. No. 287). Seattle: Department of Statistics, University of Washington, 1995.

---

24. Esse critério é similar ao critério *backdoor* de Pearl (1993), exceto pelo fato de este ter sido proposto como um meio para se estimar o efeito *total* de X sobre Y.

542 • SEÇÃO VI / QUESTÕES FUNDAMENTAIS

BARTHOLOMEW, D.; KNOTT, M. *Latent variable models and factor analysis*. 2. ed. Londres: Edward Arnold, 1999.

BECKER, P.; MERCKENS, A.; WANSBEEK, T. *Identification, equivalent models, and computer algebra*. San Diego: Academic Press, 1994.

BENTLER, P. *Theory and implementation of EQS*: A structural equations program. Los Angeles: BMDP Statistical Software, Inc, 1985.

BICKEL, P.; DOKSUM, K. *Mathematical statistics*: Basic ideas and selected topics. Hillsdale: Prentice Hall, 2001.

BOLLEN, K. *Structural equations with latent variables*. Nova York: John Wiley, 1989.

BOLLEN, K.; LONG, J. *Testing structural equation models*. Newbury Park: Sage, 1993.

BUNTINE, W. A guide to the literature on learning graphical models. *IEEE Transactions on Knowledge and Data Engineering*, 8, p. 195-210, 1996.

CARTWRIGHT, N. *Nature's capacities and their measurement*. Nova York: Oxford University Press, 1989.

CARTWRIGHT, N. *The dappled world*: A study of the boundaries of science. Nova York: Cambridge University Press, 1999.

CHICKERING, D. A transformational characterization of equivalent Bayesian network structures. *In*: BESNARD, P.; HANKS, S. (ed.). *Proceedings of the Eleventh Conference on Uncertainty in Artificial Intelligence*. San Mateo: Morgan Kaufmann, 1995. p. 87-98.

CHICKERING, D.; MEEK, C. Finding optimal Bayesian networks. *In*: DARWICHE, A.; FRIEDMAN, N. (ed.). *Uncertainty in Artificial Intelligence*: Proceedings of the Eighteenth Conference (UAI-2002). San Francisco: Morgan Kaufmann, 2002. p. 94-102.

CHU, T.; GLYMOUR, C.; SCHEINES, R.; SPIRTES, P. A statistical problem for inference to regulatory structure from associations of gene expression measurements with microarrays. *Bioinformatics*, 19, p. 1147-1152, 2003.

COWELL, R. (ed.). *Probabilistic networks and expert systems*. Nova York: Springer-Verlag, 1999.

EDWARDS, D. *Introduction to graphical modelling*. 2. ed. Nova York: Springer-Verlag, 2000.

EELLS, E. *Probabilistic causality*. Nova York: Cambridge University Press, 1991.

GEIGER, D.; HECKERMAN, D.; KING, H.; MEEK, C. On the geometry of DAG models with hidden variables. *In*: HECKERMAN, D.; WHITTAKER, J. (ed.). *Artificial Intelligence and Statistics 99*. San Francisco: Morgan Kauffman, 1999. p. 76-85.

GEIGER, D.; MEEK, C. On solving statistical problems with quantifier elimination. *In*: PRADE, H.; LASKEY, K. (ed.). *Proceedings of the Fifteenth Annual Conference on Uncertainty in Artificial Intelligence (UAI—99)*. San Francisco: Morgan Kaufmann, 1999. p. 216-225.

GLYMOUR, C. Social statistics and genuine inquiry: Reflections on the bell curve. *In*: DEVLIN, B.; FIENBERG, S.; RESNICK, D.; ROEDER, K. (ed.). *Intelligence, genes and success*. Nova York: Springer-Verlag, 1997. p. 257-280.

GLYMOUR, C.; COOPER, G. (ed.). *Computation, causation and discovery*. Cambridge: MIT Press, 1999.

GLYMOUR, C.; SCHEINES, R.; SPIRTES, P.; KELLY, K. *Discovering causal structure*. San Diego: Academic Press, 1987.

GREENLAND, S. Quantifying biases in causal models: Classical confounding versus collider-stratification bias. *Epidemiology*, 14, p. 300-306, 2003.

HAUSMAN, D. *Causal asymmetries*. Nova York: Cambridge University Press, 1998.

HECKERMAN, D. A tutorial on learning with Bayesian networks. *In*: JORDAN, M. (ed.). *Learning in graphical models*. Cambridge: MIT Press, 1998. p. 301-354.

HOOVER, K. *Causality in macroeconomics*. Nova York: Cambridge University Press, 2001.

JAMES, R.; MULAIK, S.; BRETT, J. *Causal analysis*: Assumptions, models, and data. Beverly Hills: Sage, 1982.

JENSEN, F. *Bayesian networks and decision graphs*. Nova York: Springer-Verlag, 2001.

JORDAN, M. *Learning in graphical models*. Cambridge: MIT Press, 1998.

KAPLAN, D. *Structural equation modeling*: Foundations and extensions. Thousand Oaks: Sage, 2000.

KIIVERI, H.; SPEED, T. Structural analysis of multivariate data: A review. *In*: LEINHARDT, S. (ed.). *Sociological methodology*. San Francisco: Jossey-Bass, 1982. p. 209-289.

KOSTER, J. Markov properties of non-recursive causal models. *Annals of Statistics*, 24, p. 2148-2177, 1996.

LAURITZEN, S. *Graphical models*. Oxford: Oxford University Press, 1996.

LAURITZEN, S. Causal inference from graphical models. *In*: BARNSDORFF-NIELSEN, O.; COX, D.; KLUPPENLBERG, C. (ed.). *Complex stochastic systems*. Londres: Chapman & Hall, 2001. p. 63-107.

LAURITZEN, S.; DAWID, A.; LARSEN, B.; LEIMER, H. Independence properties of directed Markov fields. *Networks*, 20, p. 491-505, 1990.

LAURITZEN, S.; RICHARDSON, T. Chain graph models and their causal interpretations (with discussion). *Journal of the Royal Statistical Society, Series B*, 64, p. 321-361, 2002.

LAWLEY, D.; MAXWELL, A. *Factor analysis as a statistical method*. Londres: Butterworth, 1971.

LEE, S.; HERSHBERGER, S. A simple rule for generating equivalent models in covariance structure modeling. *Multivariate Behavioral Research*, 25, p. 313-334, 1990.

MACCALLUM, R.; WEGENER, D.; UCHINO, B.; FABRIGAR, L. The problem of equivalent models in applications of covariance structure analysis. *Psychological Bulletin*, 114, p. 185-199, 1993.

MARDIA, K.; KENT, J.; BIBBY, J. *Multivariate analysis*. Nova York: Academic Press, 1979.

MEEK, C. Causal inference and causal explanation with background knowledge. *In*: BESNARD, P.; HANKS, S. (ed.). *Proceedings of the Eleventh Conference on Uncertainty in Artificial Intelligence*. San Mateo: Morgan Kaufmann, 1995. p. 403-410.

MITCHELL, T. *Machine learning*. Cambridge: WCB/McGraw-Hill, 1997.

MULAIK, S. *The foundations of factor analysis*. Nova York: McGraw-Hill, 1972.

Capítulo 24 / Inferência causal • 543

MULAIK, S. Toward a synthesis of deterministic and probabilistic formulations of causal relations by the functional relation concept. *Philosophy of Science*, 53, p. 313-332, 1986.

MULAIK, S.; MILLSAP, R. Doing the 4-step right. *Structural Equation Modelling*, 7, p. 36-73, 2000.

NEAL, R. On deducing conditional independence from *d*-separation in causal graphs with feedback: The Uniqueness Condition is not sufficient. *Journal of Artificial Intelligence Research*, 12, p. 87-91, 2000.

NEAPOLITAN, R. *Probabilistic reasoning in expert systems*. Nova York: John Wiley, 1990.

PEARL, J. *Probabilistic reasoning in intelligent systems*. San Mateo: Morgan Kaufman, 1988.

PEARL, J. *Causality*: Models, reasoning and inference. Nova York: Cambridge University Press, 2000.

PEARL, J.; DECHTER, R. Identifying independencies in causal graphs with feedback. *In*: JENSEN, F.; HORVITZ, E. (ed.). *Proceedings of the Twelfth Conference on Uncertainty in Artificial Intelligence*. San Francisco: Morgan Kaufmann, 1996. p. 240-246.

PEARL, J.; ROBINS, J. Probabilistic evaluation of sequential plans from causal models with hidden variables. *In*: BESNARD, P.; HANKS, S. (ed.). *Proceedings of the Eleventh Annual Conference on Uncertainty in Artificial Intelligence*. San Francisco: Morgan Kaufmann, 1995. p. 444-453.

RICHARDSON, T. A discovery algorithm for directed cyclic graphs. *In*: JENSEN, F.; HORVITZ, E. (ed.). *Uncertainty in artificial intelligence*: Proceedings of the Twelfth Conference. San Francisco: Morgan Kaufmann, 1996. p. 462-469.

ROBINS, J. A new approach to causal inference in mortality studies with sustained exposure periods: Application to control of the healthy worker survivor effect. *Mathematical Modeling*, 7, p. 1393-1512, 1986.

ROBINS, J.; SCHEINES, R.; SPIRTES, P.; WASSERMAN, L. Uniform consistency in causal inference. *Biometrika*, 90, p. 491-515, 2003.

RUBIN, D. Assignment to treatment group on the basis of a covariate. *Journal of Educational Statistics*, 2, p. 1-26, 1977.

RUSAKOV, D.; GEIGER, D. Automated analytic asymptotic evaluation of the marginal likelihood of latent models. *In*: MEEK, C.; KJORULFF, U. (ed.); *Proceedings of the 19th Conference on Uncertainty and Artificial Intelligence*. San Francisco: Morgan Kaufmann, 2003. p. 501-508.

SCHEINES, R. *Causal and statistical reasoning*, 2003. Disponível em: www.phil.cmu.edu/projects/csr/

SEWELL, W.; SHAH, V. Social class, parental encouragement, and educational aspirations. *American Journal of Sociology*, 73, p. 559-572, 1968.

SHAFER, S. *The art of causal conjecture*. Cambridge: MIT Press, 1996.

SHIPLEY, W. *Cause and correlation in biology*. Cambridge: Cambridge University Press, 2000.

SIMON, H. Causal ordering and identifiability. *In*: HOOD, W.; KOOPMANS, T. (ed.). *Studies in econometric methods*. Nova York: John Wiley, 1953. p. 49-74.

SIMON, H. Spurious correlation: a causal interpretation. *JASA*, 49, p. 467-479, 1954.

SOSA, E.; TOOLEY, M. (ed.). *Causation*. Nova York: Oxford University Press, 1993.

SPEARMAN, C. General intelligence objectively determined and measured. *American Journal of Psychology*, 15, p. 201-293, 1904.

SPIRTES, P. Directed cyclic graphical representation of feedback models. *In*: BESNARD, P.; HANKS, S. (ed.). *Proceedings of the Eleventh Conference on Uncertainty in Artificial Intelligence*. San Mateo: Morgan Kaufmann, 1995. p. 491-498.

SPIRTES, P.; GLYMOUR, C.; SCHEINES, R. *Causation, prediction, and search*. Cambridge: MIT Press, 2000.

SPIRTES, P.; RICHARDSON, T. A polynomial time algorithm for determining DAG equivalence in the presence of latent variables and selection bias. *Proceedings of the 6th International Workshop on Artificial Intelligence and Statistics*, 1997. p. 489-500.

SPIRTES, P.; RICHARDSON, T.; MEEK, C.; SCHEINES, R.; GLYMOUR, C. Using path diagrams as a structural equation modeling tool. *Sociological Methods and Research*, 27, p. 148-181, 1998.

STETZL, I. Changing causal relationships without changing the fit: Some rules for generating equivalent LISREL models. *Multivariate Behavior Research*, 21, p. 309-331, 1986.

STROTZ, R.; WOLD, H. Recursive versus nonrecursive systems: An attempt at synthesis. *Econometrica*, 28, p. 417-427, 1960.

SULLIVAN, J.; FELDMAN, S. *Multiple indicators*: An introduction. Beverly Hills: Sage, 1979.

SWANSON, N.; GRANGER, C. Impulse response function based on a causal approach to residual orthogonalization in vector autoregression. *Journal of the American Statistical Association*, 92(437), p. 357-367, 1997.

VAN DER LAAN, M.; ROBINS, J. *Unified methods for censored longitudinal data and causality*. Nova York: Springer-Verlag, 2003.

VERMA, T.; PEARL, J. Equivalence and synthesis of causal models. *In*: LEMMER, J.; HENRION, M.; BONISSONE, P.; KANAL, L. (ed.). *Proceedings of the Sixth Conference on Uncertainty in AI*. Mountain View: Association for Uncertainty in AI, Inc, 1990. p. 220-227.

WHITTAKER, J. *Graphical models in applied multivariate statistics*. Nova York: John Wiley, 1990.

ZHANG, J.; SPIRTES, P. Strong faithfulness and uniform consistency in causal inference. *In*: MEEK, C.; KJORULFF, U. (ed.). *Proceedings of the 19th Conference on Uncertainty and Artificial Intelligence*. San Francisco: Morgan Kaufmann, 2003. p. 632-639.

ÍNDICE ONOMÁSTICO

Ackerman, T. X, 103, 111
Adachi, K. 48
Aggen, S. H. 379, 383
Agresti, A. 202, 242, 408
Ahlburg, D. A. 223
Ahn, H. 70
Aiken, L. C. 156
Aiken, L. S. 375
Aitkin, M. 397, 414
Albert, J. H. X, 158, 167, 172, 173, 174, 188, 189, 192
Albert, P. S. 242
Alexander, K. L. 264, 268
Algera, J. A. 72
Algina, J. 242, 358
Alison, L. J. 29
Almond, R. G. 94
Alsawalmeh, Y. M. 89
Alvarado, N. 29
Amemiya, T. 413
Anastasi, A. 447
Anderson, J. C. 348, 504, 541
Anderson, L. K. 28
Anderson, N. H. 450
Anderson, T. W. 380
Andersson, S. 527
Andreenkova, A. 87
Andrews, R. L. 231
Andrich, D. 125
Aneshensel, C. S. 229
Ankenmann, R. D. 89
Ansari, A. 217
Anthony, J. C. 375
Arbuthnot, J. 458, 459
Armstrong, R. D. 89
Arsenault, L. 72
Arvey, R. 359, 373
Asefa, M. 242
Ash, R. B. 424
Asparouhov, T. 391, 394, 398, 404, 408, 409, 416

Baas, S. M. 89
Baba, Y. 22
Bacchus, F. 435
Bacon, D. R. 87, 88
Bailey, D. B. 242
Bailey, S. L. 293

Bakan, D. 447, 448
Balasubramanian, S. K. 349
Ball, D. L. 292
Baltes, P. B. 380
Bandeen-Roche, K. 404
Banfield, J. D. 217
Barchard, K. A. 97
Barr, R. 265
Barry, J. G. 29
Bartholomew, D. J. 81, 89, 403, 537
Bartlett, M. S. 4, 346, 352
Batista-Foguet, J. M. 87
Bauer, D. J. 403
Baumert, J. 81, 95
Bayes, T. 460
Becker, P. 534
Beckmann, H. 29
Bedeian, A. G. 85
Bedrick, E. J. 171
Beinlich, I. A. 437
Beishuizen, M. 72
Beltrami, E. 4
Bennet, R. E. 147
Benson, J. 88
Bentler, P. M. 33, 34, 35, 85, 88, 293, 340, 345, 348, 351, 364, 366, 372, 374, 375, 517
Benzécri, J. P. 4, 5, 22, 23, 55
Bereiter, C. 380
Beretvas, S. N. 125, 126
Berger, J. O. 241
Berger, M. P. F. 138
Berglund, B. 29
Berkeley, G. 452, 485
Berkhof, J. 249
Berkovits, I. 373
Best, N. G. 164
Bhattacharya, S. K. 314
Bibby, J. 517
Bickel, P. 136, 143, 146, 524
Bisanz, G. L. 112
Bisanz, J. 29
Blamey, P. J. 29
Blasius, J. 5
Bloxom, B. 41, 48
Blumenthal, A. L. 500
Bock, R. D. 72, 111, 241, 242, 253, 260

546 • Manual de metodologia quantitativa para as ciências sociais

Böckenholt, U. 220
Boker, S. M. 380
Bolger, N. 234
Bollen, K. A. 339, 340, 346, 348, 359, 360, 465, 466, 471, 517, 519, 525, 532, 534, 535
Bolt, D. 125-127
Borrelli, B. 242
Bosker, R. J. 292
Bost, J. E. 87
Bostrom, A. 242
Boughton, K. A. 125
Boulerice, B. 72
Bradley, R. A. 32
Bradlow, E. T. 82, 90
Braham, C. G. 81
Breiman, L. 55
Brennan, R. L. 80, 85, 86 90, 91, 92
Brett, J. 510
Brewer, D. J. 267
Britt, T. W. 349
Brown, C. H. 398, 404
Brown, D. 379, 386
Brown, H. 242
Brown, M. D. 268
Browne, C. H. 312, 313, 342, 346
Browne, M. W. 342, 346, 347, 351, 352, 379, 381, 383, 470
Brownlee, K. A. 423
Brumback, B. 314
Bryk, A. S. 241, 242, 248, 260, 264, 266, 267, 270, 271, 272, 273, 274, 275, 276, 277, 278, 282, 283, 285, 286, 292, 296, 297, 298, 299, 300, 301, 305, 306, 313, 322, 325, 326, 333, 392, 478
Buckhout, R. 447
Buja, A. 55, 74
Burchinal, M. R. 242
Burkam, D. T. 266
Burnkrant, R. E. 349
Burstein, L. 243, 305
Burt, C. 55
Busing, F. M. T. A. IX, 27, 38, 39, 45, 574
Buss, A. H. 349
Button, S. B. 440
Buyske, S. 136
Byar, D. P. 293
Byrne, B. M. 80, 293, 372, 375

Caffrey, J. 88
Caines, P. E. 132
Camilli, G. 324
Campbell, D. T. 292, 303
Campbell, S. K. 242
Canter, D. 29
Capaldi, D. M. 223
Caplan, R. D. 236
Carey, N. 265

Carlin, J. B. 413, 414
Carlson, S. 129, 136, 138
Carpenter, P. A. 94
Carroll, D. 242, 264, 269
Carroll, J. D. 28, 31, 37, 39, 41, 55, 57, 69, 73
Carroll, K. M. 242
Cartwright, N. 510
Carver, C. S. 349
Castillo, E. 429
Cattell, A. K. S. 342, 379, 380, 381
Cattell, R. B. 340, 342, 243, 387, 388, 575
Chan, D. W. 346
Chang, H. X, 129, 134, 135, 136, 137, 138, 139, 140, 141, 143, 144, 145, 146
Chang, J.-J. 41, 69
Charter, R. A. 89
Chassin, L. 242
Chen, F. 352
Cheong, Y. F. 259
Chi, E. M. 247
Chickering, D. 435, 527
Chiu, S. 125
Choi, K. 276, 278, 291, 313
Chou, C.-P. 293
Chow, G. C. 475, 477
Chow, S. L. 452, 455, 459
Christensen, R. 171
Chu, T. 541
Chubb, J. E. 264, 266, 267
Cibois, P. 5
Clark, S. B. 29
Clark, W. C. 29
Clarkson, D. B. 48
Clavel, J. G. 8, 23
Cleary, T. A. 358
Clemen, R. T. 429
Cliff, N. 31
Clogg, C. C. 208
Cnaan, A. 242
Coenders, G. 87
Cohen, A. 105, 111
Cohen, D. K. 292
Cohen, J. 132, 339, 358, 365, 292
Cohen, P. 79, 339, 359
Cole, D. A. 359, 373, 374
Coleman, J. S. 263, 264, 265, 266, 267, 270, 272, 273, 275
Collins, L. M. 242
Commandeur, J. J. F. 48
Compton, W. M. 242
Comrey, A. L. 80, 342
Congdon, R. 259, 297, 547
Cooksey, R. W. 29
Cook, T. D. 303
Coombs, C. H. 17, 28, 29
Cooper, G. F. 429, 433, 517, 533

Cooper, H. 317, 318
Corle, D. K. 293
Corneal, S. E. 379
Cornelius III, E. T. 31
Costner, H. L. 340, 348
Cowell, R. 513
Cowie, H. 29
Cowles, M. K. 174
Cox, D. R. 170, 224, 225
Coxon, A. P. M. 28
Crawford, C. G. 343
Critchlow, D. E. 28
Crocker, L. M. 358
Cronbach, L. J. 11, 60, 74, 80, 86, 87, 89, 292
Croninger, R. G. 266, 267, 276
Croon, M. A. 220
Crosby, L. 223
Crosby, R. D. 242
Crosnoe, R. 266
Crowder, M. 242
Cudeck, R. 346, 347, 351
Cuneo, D. 450
Curran, P. J. 242, 313, 400, 403
Currim, I. S. 217

Dagher, A. P. 436, 437
Danziger, K. 459
Daston, L. 484
Davey, T. 130, 135, 139
Davis, C. S. 242
Davis, J. M. 242
Davison, M. L. 29
Dawis, R. V. 29
Day, D. V. 85
Dayton, C. M. 209, 220
De Bruin, G. P. 29
Dechter, R. 538
DeFord, D. 292
De Haas, M. 72
De Leeuw, J. 4, 5, 30, 37, 55, 57, 66, 72, 259, 292
Delucchi, K. 242
Dempster, A. P. 241
De Rooij, M. 48
DerSimonian, R. 325, 334
DeSarbo, W. S. 28, 48, 214, 220, 325
Descartes, R. 484, 485
De Schipper, J. C. 72
DesJardins, S. L. 223
De Soete, G. 48
Dey, D. K. 80
DiBello, L. V. 94
Diggle, P. 242
Dillon, W. R. 213
Dodd, B. G. 146
Doksum, K. A. 143, 524

Dolan, C. V. 379
Domoney, D. W. 31
Dorans, N. J. 123
Douglas, J. A. 105, 108, 111, 125, 146
Dreeben, R. 265
Druzdzel, M. J. 437, 438, 439
Du, Z. 91
Duan, N. 413
Du Bois-Reymond, M. 72
Dudgeon, P. 85, 88
Duijsens, I. J. 72
Dukes, K. A. 242
Dukes, R. L. 375
Dulaney, S. 444
DuMouchel, W. H. 332
Dunn, M. 29
Dunser, M. 29
Du Toit, R. 29
Dykstra, L. A. 247

Eckart, C. 4, 56
Eckenrode, J. 228
Eckland, B. K. 268
Edwards, J. E. 513, 517
Edwards, W. 449
Eells, E. 510
Eignor, D. 130
Eizenman, D. R. 380, 388
Elder Jr., G. H. 266
Elig, T. W. 440
Elkin, I. 242
Elliott, P. R. 281
Embretson, S. E. 83, 93, 94, 96, 111
Engle, R. F. 381, 474, 475
Ennis, D. M. 31
Ensel, W. M. 225
Epstein, D. 281
Ericsson, N. R. 467, 468, 469, 473, 474, 475, 476, 480
Erol, N. 347
Escofier-Cordier, B. 4
Eurelings-Bontekoe, E. H. M. 72
Everitt, B. S. 30, 31, 80, 211, 242

Fabrigar, L. R. 340, 343, 345
Falk, R. 448
Farrington, D. P. 409
Fauconnier, G. 494, 495, 496, 498
Featherman, D. L. 268, 380
Feldt, L. S. 80, 86, 88, 89, 90
Fenigstein, A. 349
Ferguson, L. 447
Ferring, D. 380
Fienberg, S. E. 35
Finney, D. J. 132

548 • Manual de metodologia quantitativa para as ciências sociais

Fischer, G. H. 28, 29
Fisher, E. 29
Fisher, F. 443, 444, 460, 471
Fisher, M. R. 260
Fisher, R. A. 4, 6, 55, 72, 133, 134, 135, 136, 137, 138, 152, 153, 154, 163
Fiske, A. P. 380, 444
Fiske, D. W. 380
Fitzmaurice, G. M. 242
Fitzpatrick, S. J. 146
Flanders, A. E. 146, 437
Flay, B. R. 255, 260
Fleishman, J. 88
Fleiss, J. L. 183, 319, 320
Flewelling, R. L. 293
Fligner, M. A. 28
Flugel, J. C. 380
Folk, V. G. 138
Folske, J. C. 87, 88
Ford, D. H. 380, 387
Formann, A. K. 199, 209
Fraley, C. 218, 220
Franchini, L. 242
Francis, A. L. 29
Frank, K. A. 28, 313
Franke, G. R. 5
Fraser, C. 111
Freedman, D. 159
Frideman, D. P. 437
Friedman, H. S. 224
Friedman, J. H. 55
Friedman, N. 435
Friendly, M. 152
Frisbie, D. A. 91
Froelich, A. G. 107, 108

Gabriel, K. R. 4, 56
Gail, M. H. 293
Gallagher, T. J. 242
Gallo, J. J. 375
Gamoran, A. 264, 266, 267, 275
Gao, F. 107
Garvey, W. 317
Gattaz, W. F. 29
Gaul, W. 22
Gayler, K. 286
Gearhart, M. 291, 294, 304, 305, 310
Geiger, D. 433, 534, 535, 537, 538
Gelman, A. 413, 433
George, R. 249, 389
Gerbing, D. W. 348, 504, 538
Gerrig, R. J. 460, 461
Gessaroli, M. E. 87, 88
Geweke, J. F. 381
Ghisletta, P. 379

Gibbons, R. D. 242, 259, 260, 408, 415
Gibson, J. J. 499, 506
Giere, R. 493
Gierl, M. J. 94, 125, 127
Gifi, A. 4, 5, 8, 23, 55, 56, 57, 59, 81, 71, 73
Gigerenzer, G. xi, 443, 444, 445, 447, 448, 449, 450, 451, 452, 453, 454, 455, 456, 457, 458, 459, 460, 461, 574
Gilbert, J. P. 422
Gilks, W. R. 164
Gilula, Z. 200
Ginexi, E. M. 236
Girard, R. A. 31
Glaser, D. N. 340, 347, 348, 361
Glass, G. V. 317
Gleser, G. C. 80
Glorfeld, L. W. 344, 345
Glymour, C. xii, 428, 437, 439, 504, 510, 513, 535
Goldberger, A. S. 359, 480
Golder, P. A. 342
Goldhaber, D. D. 267
Goldstein, H. 242, 259, 260, 292, 326
Goldstein, M. G. 80
Goldstein, Z. 89
Goldszmidt, M. 435
Goleman, D. 155
Gonzalez, R. 48
Good, I. J. 426, 427
Goodman, L. A. 152, 163, 195, 206, 208
Goodstein, D. 501
Goodwin, G. C. 132
Gorsuch, R. L. 345
Gower, J. C. 4, 33, 40, 54, 56, 58
Grady, J. J. 253
Granger, C. W. J. 466, 473, 474, 477, 479, 480, 533
Green, B. F. 146
Green, P. E. 44, 48
Green, R. J. 29
Green, S. B. 28
Greenacre, M. J. 5, 8, 9, 22, 23, 55
Greenbaum, C. W. 448
Greenland, S. 541
Greenwald, R. 264
Griffith, B. 29, 317
Griffith, T. L. 317
Griggs, R. A. 31
Groenen, P. J. F. 34, 39, 48
Grove, W. M. 183, 202
Guilford, J. P. 446, 447
Gustafsson, J. 87
Gutiérrez, J. M. 429
Guttman, L. 4, 8, 9, 29, 55, 86, 87, 342, 354

Haberman, S. J. 55
Hacking, I. 460
Hadi, A. S. 429

Hagan, J. 223
Hagenaars, J. A. 205, 206
Hakstian, A. R. 359
Hakstian, R. A. 96
Halikas, J. A. 242
Hall, K. 223
Haller, H. 445, 446
Hamaker, E. L. 379, 381
Hambleton, R. K. 28, 80, 93, 104, 111
Hamilton, M. 247
Hammerslough, C. 234
Hancock, G. R. xi, 89, 357, 359, 363, 371, 373, 375
Hand, D. J. 4, 54, 56, 210, 242
Hansen, J. I. C. 29
Hansen, W. B. 315
Hanson, B. A. 90
Hanushek, E. A. 263, 264, 265
Harlow, L. L. 456, 460
Harris, J. E. 332
Harshman, R. A. 345, 426, 447
Hart, B. 504
Hartley, H. O. 253, 325
Harville, D. A. 325
Hassmen, P. 29
Hastian A. R. 96
Hastie, T. 55
Hattie, J. 108, 109
Hau, K.-T. 135
Hauser, R. M. 268
Hausman, D. 510
Hayashi, C. 4, 55
Hay, J. L. 87
Hayduk, L. A. 340, 347, 348, 360, 362
Hays, W. L. 454
Heckerman, D. 433, 531, 532
Hedeker, D. xi, 242, 247, 255, 259, 260, 397, 408, 415
Hedges, L. V. xi, 264, 317, 318, 323, 324, 325, 332
Heinen, T. 209, 220, 397
Heiser, W. J. ix, 27, 31, 34, 37, 39, 48, 53, 54, 55, 57, 60, 61
Helmes, E. 4
Helms, R. W. 253
Hendry, D. F. 474, 475, 476
Henley, N. M. 28
Henrich, D. 486
Henry, N. W. 195
Herbison, G. J. 437
Hernan, M. 314
Hershberger, S. L. 88, 242, 379, 527
Herskovits, E. 433, 436, 437
Herting, J. R. 340, 348
Hertwig, R. 456
Herzogh, T.
Hetter, R. D. 135
Higgins, N. C. 87

Hill, M. O. 5
Hirschfeld, H. O. 4, 72
Hodges, J. L. 132
Hoffer, T. B. 264, 266
Hoffrage, U. 456
Holland, P. B. 122, 264, 365
Holland, P. W. 314
Holtzman, W. H. 380
Honey, G. D. 29
Hong, G. 314
Hopman-Rock, M. 72
Horn, J. L. 344, 345, 348, 380
Horst, P. 4, 55
Hosmer Jr., D. W. 228, 229
Hotelling, H.
Howe, G. W. 236, 347
Howson, C. 449
Hox, J. 242, 347
Hoyle, R. H. xi, xiii, 346, 347, 350, 365
Hu, L. 345
Hubley, A. M. 92, 94
Hui, S. L. 241
Huizenga, H. M. 380
Humbo, C. 111
Hume, D. 485
Humphreys, L. G. 104, 105, 344
Hundleby, J. D. 380
Hunka, S. M. 94
Hunt, L. 220
Hunter, J. 317, 324, 325
Huttenlocher, J. E. 242
Huyse, F. J. 72
Hyde, J. S. 323, 326

Ioannides, A. A. 29
Irons, J. S. 467
Irwin, H. J. 29
Issanchou, S. 29
Iversen, G. R. 422

Jacklin, C. N. 320, 346
Jackson, D. M. 4
Jackson, D. N. 346
Jagpal, H. S. 220
James, R. 510
Jameson, K. A. 29
Jarvis, S. N. 29
Jason, L. A. 260
Jedidi, K. 220
Jeffries, N. O. 404
Jencks, C. S. 267, 268
Jensen, F. 29, 513
Jessen, E. C. 29

550 • Manual de metodologia quantitativa para as ciências sociais

Jo, B. 398
Johnson, J. L. 92
Johnson, L. 92
Johnson, M. 491, 494, 495, 496, 498
Johnson, M. K. 266
Johnson, P. O. x, 4
Johnson, V. E. 171, 173, 174, 177, 180, 192
Johnson, W. 171
Jolayemi, E. T. 183
Jones, B. L. 380, 396, 409
Jones, C. J. 380
Jones, D. H. 81
Jones, K. 380
Jones, L. V. 18
Jordan, C. 4
Jordan, M. 531
Jöreskog, K. G. 88, 346, 347, 387, 470
Jorgensen, M. 220
Junker, B. W. 85, 93
Just, M. A. 94
Kaiser, H. F. 88, 342
Kalbfleisch, J. D. 224
Kaliq, S. N. 125
Kalish, M. L. 29
Kamakura, W. A. 215, 216
Kane, M. T. 92
Kano, Y. 345, 359, 375
Kant, I. xii, 485, 486, 487, 489, 493
Kaplan, D. 249, 281, 360, 366, 467, 470, 471, 479, 480
Kappesser, J. 29
Kark, J. D. 242
Kelloway, E. K. 85
Kelly, K. 504, 535
Kemmler, G. 29
Kenny, D. A. 365, 380
Kent, J. 517
Keselman, H. J. 242
Kettenring, J. R. 55
Keynes, J. M. 422
Kiiveri, H. 518
Kilgore, S. B. 264
Kim, H. R. 109
Kim, J. E. 380
Kimmel, L. 392
King, H. 534
Kinnunen, U. 375
Kirby, J. 352
Kirk, R. E. 293, 469
Klar, N. 313
Klieme, E. 81, 95
Kline, R. B. 360
Klingberg, F. L. 42, 43, 48
Knapp, T. R. 80
Knott, M. 89, 403, 537

Koch, G. G. 183, 202
Kocsis, R. N. 29
Koehly, L. M. 29
Kolen, M. J. 90
Komaroff, E. 86, 87
Koopman, H. M. 343
Koopman, P. 354
Koopman, R. F. 105
Korb, K. 435
Koster, E. P. 538
Koster, J. 29
Kowalchuk, R. K. 242
Krackhardt, D. 40
Krakowski, K. 108, 109
Krauss, S. xi, 445, 446
Kreft, I. 259, 292
Kreisman, M. B. 281
Kreuter, F. 409
Kruschke, J. K. 29
Kruskal, J. B. 29, 30, 33, 39, 55, 56, 59
Krzanowski, W. J. 55
Kuder, G. F. 4, 6
Kumar, A. 213

Lai, W. G. 225
Laine, R. D. 264
Laird, N. M. 161, 242, 260, 324, 325
Lakoff, G. 491, 494, 495, 496, 498
Lalonde, C. 87
Lam, W. 435
Lambert, D. 414
Lancaster, A. R. 440
Lancaster, H. O. 4
Land, K. C. 396, 409
Landis, J. R. 183, 202
Langeheine, R. 196
Larntz, K. 35
Larsen, R. J. 380
Larson, K. A. 406
Laskaris, N. A. 29
Lattuada, E. 242
Lauritzen, S. 511, 515, 517, 521, 538
Lawley, D. N. 346
Lawrence, F. R. 359
Lazarsfeld, P. F. 195
Lebart, L. 4, 8, 55
Lee, G. 90, 91
Lee, H. B. 342
Lee, M. D. 29
Lee, S. 527
Lee, V. E. 264, 266, 267, 270, 275, 281
Lee, W. 90, 91
Legendre, A. M. 469
Lehmann, E. L. 132

Leighton, J. P. 94
Lemeshow, S. 228, 229
Lennox, R. 359
Leohlin, J. C. 360
Lesaffre, E. 242
Leskinen, E. 375
Leung, K. 139
Levin, H. M. 265
Levy, S. 29
Lewandowsky, S. 31
Lewis, C. 135, 139
Leyland, A. H. 242
Li, H. 89
Liang, K.-Y. 242
Liao, J. 312, 313
Liefooghe, A. P. D. 29
Light, R. J. 183
Likert, R. 5
Lim, N. 309
Lin, H. 121, 225, 400
Lin, N. 312
Lindley, D. V. 424
Lindman, H. 449
Lindquist, E. F. 447
Lindstrom, M. J. 242
Lingoes, J. C. 4, 66
Linn, R. L. 358
Linting, M. 72
Lipsey, M. W. 318
Lissitz, R. W. 89
Littell, R. C. 328
Little, R. J. A. 259, 268
Liu, X. 313
Lo, Y. 404
Lobo, A. 404
Locke, J. 484, 485
Loftus, G. R. 455
Lomax, R. G. 360
Long, J. 532
Longcor, W. H. 422
Longford, N. T. 242, 260, 292, 326
Lord, F. M. 4, 11, 60, 80, 91, 122
Lord, M. F. 130, 132, 133, 134, 136, 145
Losina, E. 242
Lubke, G. 401
Luborsky, L. 380
Lucas, R. E. 476
Luce, R. D. 32, 444
Lundrigan, S. 29
Luo, G. 111
Lynch, K. G. 396
Lyons, C. 292

MacCallum, R. C. 31, 87, 527
Maccoby, E. E. 320

Mace, W. M. 499
MacKay, D. B. 31
Mackie, P. C. 29
MacMillan, P. D. 94
Macready, G. B. 209
Maddi, S. R. 380
Madigan, D. 527
Magidson, J. x, 195, 198, 200, 204, 206, 210, 217, 218, 220
Magley, V. J. 29
Magnusson, D. 380
Manning, W. G. 413
Manor, O. 242
Manzi, R. 29
Marchi, M. 359
Marcoulides, G. A. 89
Marden, J. I. 110
Mardia, K. V. 472
Maris, E. 96
Marriott, F. H. C. 55
Martin, J. T. 135
Martin, L. F. A. 29
Maslow, A. H. 443
Mason, W. M. 296
Masson, M. 55
Masyn, K. 412, 413
Maung, K. 4
Max, I. 66, 69
Maxwell, A. E. 87, 346
Maxwell, S. E. 537
May, K. 90
Mayer, S. E. 267
McArdle, J. J. 281, 379, 381, 387
McBride, J. R. 135
McCall, B. P. 223
McCarthy, B. 223
McCarty, F. A. 125
McCullagh, P. 164, 170
McCulloch, C. E. 400
McCutcheon, A. 197, 198, 199, 201, 206, 210
McDonald, R. P. 80, 97, 105, 111
McDonnell, L. 265
McFall, R. M. 29
McGrath, K. 215
McKinley, R. L. 112
McLachlan, G. J. 210, 212, 217, 398, 403, 404
McLaughlin, M. 292
McMahon, S. D. 260
McNeal, R. B. 266, 267
Meek, C. xii, 435, 436, 527, 532, 538
Megill, A. 492
Meijer, R. R. 92
Mellenbergh, G. J. 80
Melton, A. W. 444, 446, 455
Mendell, N. R. 404
Merckens, A. 534

552 • Manual de metodologia quantitativa para as ciências sociais

Meredith, W. 281, 372
Mermelstein, R. J. 242
Messick, S. 41, 80, 83, 92, 93, 94, 119, 120
Meulman, J. J. ix, 41, 48, 54, 58, 60, 61, 70, 73, 74
Meyers, J. M. 379
Michell, J. 490
Miliken, G. A. 328
Miller, G. A. 447
Miller, J. D. 392
Miller, M. B. 89
Mills, C. N. 135
Millsap, R. E. 125, 340, 347, 348, 351, 504, 532, 538
Mintz, J. 380
Mischel, W. 387
Mislevy, R. J. 134, 147
Mitchell, T. 530
Mittal, B. 349
Moe, T. M. 264, 266, 267
Moffitt, T. E. 409, 412
Molenaar, I. W. xi, 28
Molenaar, P. C. M. 379, 380, 381, 382, 385, 386, 387, 388, 403
Molenberghs, G. 242, 248, 259
Monro, S. 132
Morineau, A. 4, 55
Morris, C. N. xi
Mosier, C. I. 4, 6
Moskowitz, D. S. 242
Mosteller, F. 264
Mounier, L. 5
Moynihan, D. P. 264
Mueller, R. O. 360
Mulaik, S. A. xiii, 29, 340, 346, 348, 351, 426, 427, 447, 461, 484, 486, 491, 492, 498, 504, 511, 532, 538
Mullen, K. 31
Mullens, J. E. 286
Murnane, R. J. 234, 263
Murray, D. J. 449, 450, 458, 459, 461
Murray, D. M. 310, 312, 313
Muthén, B. O. 80, 281, 313, 365, 372, 375, 391, 394, 395, 397, 398, 400, 401, 404, 408, 410, 413, 414, 416, 470
Muthén, L. xi

Nagin, D. S. 396, 409, 410, 414
Nanda, H. 80
Nandakumar, R. x, xiii, 107, 108, 109
Natarajan, R. 242
Navarro, D. J. 29
Neal, R. 538
Neapolitan, R. E. xi, 422, 424, 425, 427, 429, 431, 432, 433, 435, 436, 439, 513
Nel, D. G. 89
Nelder, J. A. 164
Nelson, C. 392

Nering, N. 130, 139
Nesselroade, J. R. xi, 379, 380, 381, 382, 383, 385, 387, 388
Neudecker, H. 89
Neustel, S. 111
Nevitt, J. 359
Newhouse, J. P. 413
Neyman, J. 452, 453, 454, 455, 460
Ng, K. F. 29
Niaura, R. 242
Nicewander, W. A. 90, 92
Nickerson, R. S. 447, 461
Nishisato, I. ix, xiii, 3, 4, 5, 6, 7, 8, 9, 11, 15
Nishisato, S. ix, xiii, 3, 4, 5, 6, 7, 8, 9, 11, 15, 16, 17, 18, 19, 21, 22, 23, 24, 37, 54, 55, 60, 66, 70
Noma, E. 4
Nosofsky, R. M. 29, 32
Novak, J. 301, 309
Novick, M. R. 80
Nøvik, T. S. 80, 86
Nowicki Jr., S. 29
Nunally, J. C. 447, 460
Nuñez, R. E. 494
Nusbaum, H. C. 29

Oakes, J. 265
Oakes, M. 445, 447, 448
O'Connor, B. P. 344, 350
Odondi, M. J. 16
Okada, A. 48
Olivier, D. 161
Olkin, I. 318, 325
Olsen, M. K. 413, 414
Omar, R. Z. 242
Ortmann, A. 456
Oshima, T. C. 125
Owen, R. J. 138

Paddock, J. R. 29
Page, E. 177
Page Jr., T. J. 177, 349
Palardy, G. J. xi, 266, 267, 277, 280, 281, 286
Palen, J. 31
Pallas, A. 264
Palmeri, T. J. 29
Pannekoek, J. 196
Parshall, C. G. 135
Pashley, P. J. 121
Paterson, H. M. 29
Patsula, L. 93
Patton, M. Q. 292
Pawlik, K. 380
Pearl, J. 429, 510, 511, 513, 521, 527, 535, 538
Pearson, E. S. 4, 253, 452, 453, 454, 455, 491
Pearson, K. 455

Índice onomástico • 553

Pearson, V. L.
Pedhazur, E. J. 365
Peel, D. 210, 217, 398, 403, 404
Peirce, C. S. 498
Pendergast, J. F. 242
Pentz, M. A. 293
Perlman, M. 527
Petraitis, J. 255
Phillips, M. 267, 281
Pickles, A. 259
Pigott, T. D. 323
Piliavin, J. A. 349
Pinnell, G. 292
Pisani, R. 159
Plake, B. S. 92, 146
Platt, C. 501
Pollard, P. 447
Pollick, F. E. 29
Pope, G. A. 94
Porter, L. E. 29
Porter, T. 29
Preis, A. 29
Prentice, R. L. 224
Prescott, R. 242
Pukrop, R. 29
Purves, R. 159

Qian, J. 139
Qualls, A. L. 90
Qualls-Payne, A. L. 90

Rabe-Hesketh, S. 30, 31, 259
Raffe, D. 293
Raftery, A. E. 197, 217, 218
Rajaratnam, N. 80
Raju, N. 125, 426, 447
Ramage, P. J. 132
Ramsay, J. O. 29, 30, 55, 59, 108, 111
Rao, J. N. K. 28, 44, 325
Rao, V. R. 48
Raudenbush, S. W. 241, 242, 248, 259, 260, 267, 270,
    271, 272, 273, 274, 275, 276, 277, 278, 283, 284,
    285, 286, 292, 293, 296, 297, 298, 299, 300, 301,
    305, 306, 313, 314, 322, 325, 326, 392, 478
Ravesloot, J. 72
Raykov, T. 80, 87, 88
Reckase, M. D. 106, 111
Reese, H. W. 380
Reinsel, G. C. 247
Reisby, N. 247, 257
Reise, S. P. 111
Reuterberg, S. 87
Rhymer, R. M. 379
Rice, L. 380
Richard, J.-F. 466, 469

Richardson, J. T. E. 447, 536, 538
Richardson, M. 447
Richardson, T. xii, 4, 6
Richter, H. R. 450, 451, 456, 458
Ricks, D. F. 380
Rieskamp, J. 456
Rindskopf, D. x, xiii, 156, 161, 163, 164, 202
Rindskopf, R. 202
Rindskopf, W. 202
Ringwalt, C. L. 293
Rissanen, J. 435
Robbins, H. 132, 133
Robins, J. M. 314, 521, 528, 535, 537
Robinson, R. W. 435
Roeder, K. 396, 409
Rogers, H. J. 80
Rosenbaum, D. P. 293
Rosenbaum, P. R. 314, 365
Rosenthal, R. 89, 156, 318, 320, 324, 347
Roskam, E. E. C. I. 55
Rosnow, R. L. 156, 347
Roszell, P. 223
Rothkopf, E. Z. 28
Rotnitzky, A. G. 242
Rounds Jr., J. B. 29
Roussos, L. x, 110, 121, 124, 127
Rowan, B. 314
Rowe, E. 228
Rowe, J. W. 380
Rozeboom, W. W. 87, 89
Rubin, D. B. 89, 268, 314, 324, 332, 404, 510
Rucci, A. J. 459
Rumberger, R. W. xi, 266, 267, 270, 277, 280, 286, 406
Ruoppila, I. 29
Rupp, A. A. x, 79, 80, 92, 96
Rusakov, D. 537
Rutter, C. M. 229
Ryan, K. E. 125

Salina, D. 260
Samejima, F. 91
Samson, S. 29
Sanders, P. F. 89
Sanford, A. J. 29
Saporta, G. 55
Saris, W. E. 87
Saucier, J. F. 72
Sauer, P. L. 87
Savage, L. J. 449
Saxe, G. B. 294, 304, 305
Sayer, A. G. 242
Scarville, J. 440
Schafer, J. L. 413, 414
Scheier, I. H. 380
Scheier, M. F. 349

554 • Manual de metodologia quantitativa para as ciências sociais

Scheier, M. G. 349
Scheines, R. xii, 428, 510, 513
Schiltz, M. 5
Schlesinger, I. M. 29
Schmidt, E. 4, 56, 317
Schmidt, F. L. 324, 325
Schmitt, M. 380
Schmitz, B. 388
Schnipke, D. L. 121
Schouls, P. A. 484
Schumacker, R. E. 360
Schwartz, G. 404
Schwartz, J. E. 224
Schwartz, S. H. 29
Scullard, M. G. 29
Sechrist, G. B. 441
Sedlmeier, P. 443
Segall, D. O. 80, 89
Seiden, L. S. 247
Seltzer, M. H. xi, xiii, 276, 278, 294, 301, 312, 313, 333
Seraphine, A. E. 108
Sergent, J. 31
Serretti, A. 242
Sewell, W. 513, 536
Shadish, W. R. 303, 311, 312, 313
Shafer, S. 510
Shah, V. 513, 536
Sharma, T. 29
Shavelson, R. J. 80, 265, 372
Shaver, P. R. 85
Shealy, R. 124
Shedden, K. 395, 398
Shell, P. 94
Shepard, R. N. 28, 32, 55, 59
Sheridan, B. 111
Sherman, C. R. 31
Sheskin, D. J. 9
Sheu, W. J. 16
Shivy, V. A. 29
Shoda, Y. 387
Sijtsma, K. 92, 94
Simon, H. 519
Singer, J. D. x, 223, 225, 226, 229, 234, 242, 313, 326, 412
Singleton, K. J. 381
Sireci, S. G. 95
Skinner, B. F. 444
Skrondal, A. 259
Slasor, P. 242
Slate, E. 400
Slater, P. 37
Smeraldi, E. 242
Smid, N. G. 92
Smith, J. 29, 151, 266, 267, 276, 281
Smith, J. B.
Smith, M. 317

Smith, P. K. 29
Smith, R. L. 317
Smith, T. C. 333
Snijders, T. A. B. 249, 292
Snyder, P. 242
Sörbom, D. 373, 387
Sorenson, S. G. 229
Sosa, E. 510
South, S. J. 223
Spanos, A. 469, 470, 471, 472, 479, 480
Spearman, C. 504, 535
Speed, T. 518
Speigelhalter, D. J. 333
Spence, I. A. 31
Spiegelhalter, D. J. 164, 301, 333
Spirtes, P. xii, 428, 429, 435, 436, 510, 511, 513, 517, 519, 520, 521, 523, 527, 529, 531, 536, 537, 541
Spitznagel, E. 242
Staats, P. G. M. 72
Stallen, P. J. 72
Stangor, C. 441
Stanley, J. C. 292
Stapleton, L. M. 373
Steiger, J. H. 340, 348, 350, 461
Stein, B. 375
Steinberg, L. S. 94
Sterling, R. D. 459
Stetzl, I. 527
Stewart, G. W. 56
Steyer, R. 380
Stice, E. 242
Stigler, S. M. 459
Stocking, M. L. 135, 139, 145
Stoolmiller, M. 223
Storms, G. 31
Stout, W. F. x, 104, 105, 107, 109, 110, 121, 124, 126, 127
Strahan, E. J. 340
Strenio, J. F. 341
Strotz, R. 520
Stroup, W. W. 328
Struch, N. 29
Sullivan, L. M. 242, 537
Sulmont, C. 29
Sumiyoshi, C. 29
Sumiyoshi, S. 29
Sumiyoshi, T. 29
Summers, A. A. 268
Swaminathan, H. 104, 111
Swim, J. K. 441
Sympson, J. B. 135, 139

Tabard, N. 55
Tagiuri, R. 265
Tak, E. C. P. M. 72
Takane, Y. 15, 30, 31, 55

Índice onomástico • 555

Takkinen, S. 29
Tallegen, A. 380
Tanner, M. 183
Tartaglino, L. M. 437
Tatsuoka, K. K. 94, 146
Tatsuoka, M. 93, 94
Tavecchio, L. W. C. 72
Taylor, P. J. 29
Tellegen, A. 380, 387
Tenenhaus, M. 55
Te Poel, Y. 72
Tepper, K. 347
Teresi, M. 339
Terry, M. E. 32
Thayer, D. R. 122
Theunissen, N. C. M. 72
Theunissen, T. J. J. M. 89
Thissen, D. 91, 111
Thomas, A. 164, 333
Thomas, S. L. 266, 267
Thomasson, G. L. 135
Thompson, J. K. 29
Thompson, S. G. 242
Thum, Y. M. 266, 267, 276, 278, 313, 314
Tisak, J. 281
Tobin, J. 413
Tomlinson-Keasey, C. 224
Tooley, M. 510
Torgerson, W. S. 4, 11, 33, 58
Torres-Lacomba, A. 9
Traub, R. E. 80
Treat, T. A. 29
Tremblay, R. E. 409, 410
Trochim, W. M. K. 365
Trussel, J. 234
Tsui, S. L. 29
Tsutakawa, R. K. 241
Tucker, J. S. 37, 41, 56, 73, 105
Tucker, L. R. 57
Turnbull, B. W. 400
Turner, M. 494, 495, 496, 499, 500
Turner, R. M. 345
Tweney, R. D. 459

Uchino, B. N. 87, 527
Uebersax, J. 183, 200
Ullman, J. B. 375
Urbach, P. 449

Valez, C. N. 359
Valsiner, J. 380
Van Allen, K. L. 441
Van Buuren, S. 71
Van de Pol, F. 196
Van der Ark, L. A. 200

Van der Burg, E. 55
Van der Ham, T. 72
Van der Heijden, P. G. M. 200
Van der Kloot, W. A. 29, 73
Van der Leeden, R. 239
Van der Linden, W. J. 28, 80, 104, 139
Van de Velden, M. 9
Van Dijk, L. 216
Van Engeland, H. 73
Van Herk, H. 73
Van IJzendoorn, M. H. 73
Van Lambalgen, M. 422
Van Meter, K. M. 5
Van Mulken, F. 72
Van Putten, C. M. 72
Van Rijckevorsel, L. A. 71
Van Strien, D. C. 73
Van Tuijl, H. F. J. M. 73
Van Zyl, J. M. 89
Veerkamp, W. J. J. 138
Velicer, W. F. 342, 343
Verbeke, G. 242, 248, 259
Verboon, P. 41
Verdegaal, R. 55
Verma, T. 527
Vermunt, J. K. x, 195, 198, 200, 204, 206, 210, 216,
    217, 220
Verschuur, M. J. 72
Vevea, J. L. 323, 324
Viken, R. J. 29
Vlek, C. 72
Vogelman, S. 343
Von Eye, A. 403
Von Mises, R. xi, 421, 422, 423, 424, 426
Vrijburg, K. 259

Wainer, H. 82, 91, 111, 130, 365
Wald, A. 248
Walker, C. M. 125, 126
Walker, E. 234
Wallace, C. S. 435
Walsh, D. J. 266
Wang, C. P. 404, 405
Wang, E. Y. I. 405
Wang, T. 82
Wang, X. 89
Wang, Z. 82
Wansbeek, T. 534
Ware, J. H. 260
Warwick, K. M. 4, 55
Wasserman, L. 521, 537
Waterman, R. 95
Waternaux, C. M. 241
Waterton, J. 215
Watson, J. E. 94

Watson, M. 381
Way, W. D. 140, 141
Webb, N. M. 291
Wedel, M. 48, 215, 216
Weeks, D. G. 35
Wegener, D. T. 340
Weinfeld, F. 263, 267, 270
Weisberg, H. I. 313
Welchew, D. E. 29
Wessman, A. E. 380
West, D. J. 409
West, S. G. 156
Whalen, T. E. 359
Wheaton, B. 223, 224, 226
Whewell, W. 493
White, H. 472
Whittaker, J. 513
Wickens, T. D. 33, 155
Wilcox, R. R. 88
Wilkinson, D. L. 153
Wilkinson, L. 457
Willett, J. B. x, 223, 225, 226, 229, 234, 242, 313, 412
Williams, A. C. D. 29
Williams, E. J. 4
Williams, R. H. 88, 89
Willms, J. D. 264, 265, 267, 270
Willner, P. 247
Wilson, D. B. 318
Winsberg, S. 48, 55, 59
Wirtz, P. W. 242
Wish, M. 30
Witte, J. F. 264, 266
Wold, H. 520, 521
Wolfe, B. L. 265, 268
Wolfe, R. 413, 414
Wolff, R. P. 31
Wolfinger, R. D. 253
Wong, G. M. 296, 333
Wong, W. H. 296, 333
Wonnacott, R. J. 465, 466
Wonnacott, T. H. 465, 466
Wood, P. 379, 386
Wood, R. 80

Woodrow, H. 380
Woolf, B. 157
Woschnik, M. 29
Wright, E. M. 242
Wright, J. C. 387
Wrightsman, L. S. 85

Xu, X. 146

Yamashita, I. 29
Yang, C. C. 400
Yang, J. C. 27
Yang, M. 231
Yates, A. 29, 324
Yi, Q. 139
Ying, Z. 134, 135, 137, 138, 139, 146
Yoemans, K. A. 342
Young, F. W. 30, 31, 55, 56
Young, G. 56
Young, M. 87, 88
Youtz, C. 422
Yule, G. U. 470
Yung, Y. F. 220

Zabell, S. L. 433
Zanardi, R. 242
Zatorre, R. J. 29
Zautra, A. 380
Zeger, S. L. 242
Zeijl, E. 72
Zeng, L. 90
Zenisky, A. L. 82, 95
Zevon, M. 380, 387
Zhang, J. 107, 109, 110, 141, 142, 143, 144, 145, 146, 529, 537
Zieky, M. 122
Zielman, B. 31, 48
Zimbardo, P. G. 460, 461
Zimmerman, D. W. 81, 87, 88, 89, 97
Zinnes, J. L. 31
Zumbo, B. D. x, 79, 80, 81, 86, 87, 89, 92, 93, 94, 96, 97
Zwick, W. R. 343

ÍNDICE REMISSIVO

Agrupamento por *k*-médios 218
Akaike, critério de informação de (AIC) 197, 407
Algoritmo de busca equivalente gulosa (GES) 435
Análise de classe latente (ACL) x, xi, 162, 163, 164, 396, 397, 400, 409, 415, 416
Análise de componentes principais (PCA) ix, x, 3, 4, 12, 41, 53, 55, 56, 57, 58, 59, 60, 66, 70, 74, 340
  agrupamento, classificação forçada e 21, 22, 54, 57
  análise de componentes principais não lineares e 57, 66
  análise multivariada e 4, 55, 56, 59, 74, 241, 359
  biplots/triplots e 54, 55, 56, 58, 64
  medida de discriminação e 57
  modelo do centroide e 56, 57, 59, 66, 67, 69, 71
  modelo vetorial e 37, 56, 57, 58, 66, 68, 69, 71
  opções de normalização e 58
  processo de escalonamento não linear ótimo e 54
  qualidade do ajuste e 30, 60
  representação gráfica 30, 60, 155, 171, 176, 229
  splines monótonos/não monótonos e 59, 70
  transformação nominal, quantificações nominais 59, 60, 67, 68, 72, 74
    múltiplas e 59, 73, 74
  cf. também CATPCA, *software*
Análise de componentes principais não lineares 57, 66
  coordenadas vetoriais desordenadas, centroides e 68
  função de objetivo conjunto e 66, 67
  matrizes de indicadores em 66
  quantificação, coordenadas vetoriais e 67, 68
  transformações ordinais/numéricas e 42, 43, 68, 72, 73
  cf. também CATPCA, *software*; análise de componentes principais (PCA)
Análise de correspondência 4, 8, 55, 57, 71, 72, 74, 152, 200
Análise de correspondência múltipla (MCA) 8, 57, 72
Análise de covariância (ANCOVA) 271, 273, 274, 278, 279, 280, 305, 365, 366, 373
Análise de crescimento de classe latente (LCGA) 396, 397, 403, 409, 411f, 412, 413, 414, 415
Análise de dados categóricos 151, 154, 156, 164, 165
  análise de classe latente e x, xi, 162, 163, 164, 396, 397, 400
  análise de correspondência e 4, 8, 55, 57, 71, 72, 74, 152, 200
  dados multivariados e 54, 55, 60, 80, 156, 157

estatística aplicada e ix, xii, 151, 152, 154, 161, 325, 334, 477
  matemática *vs.* análise de dados e 81
  métodos gráficos, variáveis quantitativas e 151, 154, 156, 164, 165
  métodos para taxas, análise de sobrevivência 161
  modelo log-linear não padronizado e 160
  modelos estatísticos complexos e 153
  modelos logit e 92, 158, 159, 161
  modelos log-lineares e 155, 156, 158, 159, 160, 161, 162, 164
  partição qui-quadrado 8, 23, 27, 151, 153, 154, 155, 156, 159, 160, 161
  problema de dados faltantes e 61, 70, 71, 72, 153, 163, 164, 246, 259
  progresso computacional e 154
  realismo, modelos estatísticos e x, 153, 154, 161, 163, 164, 224, 228, 230, 242, 264, 265, 266, 272, 324, 465, 466, 474, 478, 479, 480, 509, 510, 529, 530
  regressão logística e 159, 164, 225, 229, 235, 302, 395, 396, 406, 408, 413, 415, 509, 531
Análise de dados ix, x, xi, 3, 4, 28, 29, 30, 53, 54, 55, 56, 57, 58, 73, 81, 129, 151, 152, 154, 156, 161, 163, 164, 165, 182, 216, 224, 229, 234, 241, 242, 259, 260, 292, 312, 314, 319, 391, 467
  classificação forçada e 21, 22, 54, 57
  dados categóricos x, 3, 4, 5, 8, 9, 11, 21, 54, 55, 57, 80, 88, 149, 151, 152, 153, 154, 156, 162, 163, 164, 165, 183, 235, 259, 470, 509
  dados de comparação em pares 8, 16, 18, 19, 20, 33
  dados de múltipla escolha 4, 8, 11, 14, 15, 21
  dados de ordem hierárquica 4, 8, 16, 19, 20
  dados de triagem 8, 14, 15
  dados faltantes e 61, 70, 71, 72, 153, 163, 164, 246, 259, 268, 269, 398, 405, 413, 416, 440
  escalonamento de dados de dominância 16
  escalonamento de dados de incidência 9
  quantização e 54, 69
  tabelas de contingência 4, 8, 9, 14, 48, 151
  transformações de dados e 48
  cf. também análise de dados categóricos; operações matemáticas
Análise de funcionamento de diferencial de itens 119
  dimensões perturbadoras em 127
  estatística de DIF de Mantel-Haenszel e 122

558 • Manual de metodologia quantitativa para as ciências sociais

estatística SIBTEST e 122
procedimento de desenvolvimento de
hipótese 124, 125
procedimento de testagem de hipótese 345, 351,
359, 444, 445, 446, 447, 448, 449, 450, 451,
453, 454, 455, 456, 457, 458, 459, 460, 461,
497, 498, 506
procedimentos de análise em terminologia de 28, 54,
66, 81, 93, 95, 120, 158, 216, 260, 510, 529
testes isolados e 122, 125, 126
testes vinculados e 122, 123, 126, 127
Análise de homogeneidade 4, 55
Análise de Procusto generalizada 40
Análise de regressão 3, 58, 59, 74, 216, 228, 253, 302,
401, 413, 465
análise de variância e 3, 126, 156, 223, 241, 331,
357, 450, 451, 457, 458, 459, 469
modelo de regressão linear 54, 211, 213, 228, 242,
466, 469, 470, 471
modelo de risco e 169, 174, 227, 228, 229, 231
modelos de classe latente 163, 199, 209, 534, 195,
196, 199, 200, 202, 205, 206, 207, 208, 209,
210, 212, 214, 215, 216, 217, 395, 396, 397, 400,
401, 402, 408, 409, 414, 415, 534
regressão de Cox 225, 234, 559
regressão logística 159, 164, 225, 229, 235, 302,
395, 396, 406, 408, 413, 415, 509, 531
Análise residual 171, 172
estimação de componentes de variância 81, 108,
270, 284, 293, 299
implementação do programa/*software* 192, 295
resíduos bivariados, efeitos diretos e 204, 205
Análise de sobrevivência em tempo discreto (DTSA)
224, 391, 412
dados de sobrevivência x, 225
dicotomização e 235, 236
dilema de censura e 235
efeitos de preditores, variações no tempo em 225,
228, 231, 234, 237, 284
função de risco e 225, 226, 228, 229, 232
função de sobrevivência e 225
medição de tempo/registro de ocorrência de eventos
x, 224, 227, 235
modelagem de mistura de crescimentos e xi, 391,
394, 395, 397, 398, 400, 401, 402, 403, 408,
409, 411, 413, 414, 415, 416
preditores de ocorrência de eventos, modelo de
risco e 227, 229
preditores que variam no tempo 230
único ponto no tempo, preditores 237, 269
Análise de sobrevivência *cf.* análise de dados categóricos; análise de sobrevivência em tempo discreto
Análise de variância (ANOVA) 3, 126, 154, 156, 157,
158, 164, 223, 241, 247, 270, 331, 357, 358, 361,
365, 375, 444, 450, 451, 457, 458, 459, 469

Análise de variável latente x
análise de crescimento de classe latente e 396
análise de sobrevivência em tempo discreto e 224,
391, 412
dados de delinquência de Cambridge 409, 410
Estudo Longitudinal de Juventude 392
modelagem de crescimento convencional, resultados categóricos e 408, 409
modelagem de crescimento convencional, resultados contínuos e 392, 400, 401, 405
modelagem de mistura de crescimento, resultados
contínuos e 242, 259, 320, 391, 394, 395, 401,
403, 404, 408, 409, 415, 416
modelagem de equações estruturais e xii, 28, 80,
223, 381, 392, 393, 467, 470, 471, 473, 474, 479,
483, 504, 509, 519, 539
modelo de mistura de crescimento 395, 397, 398,
402, 403, 411, 413, 414
modelo de mistura de crescimento multinível e 393
modelo de mistura de crescimento, resultados
categóricos e 391, 395, 396, 397, 402, 403, 408,
409, 411, 412, 413, 414
Análise discriminante 4, 21, 58, 72, 218, 220
Análise estatísticas *cf.* análise de dados categóricos;
exogeneidade; testagem de hipótese nula; testagem
de significância
Análise fatorial confirmatória (CFA) 80, 83, 87, 164,
340, 341, 346, 347, 348, 349, 351, 352, 353
Análise fatorial de técnica *P* 380, 381, 382, 385, 387
Análise fatorial dinâmica 379, 381, 385, 387, 388
aspectos técnicos da 382
características dependentes do tempo da 383
dados de série temporal multivariada e 379, 381
exemplo de aplicações xi, 385
modelo de técnica *p* e 381
padrões de variabilidade/ergodicidade
intraindivíduo e 380
postulado de 382, 383
relações com atraso e 385, 387
traços da fonte no nível do indivíduo e 380
Análise fatorial
análise paralela e 342, 344, 345, 348, 349, 350, 351,
352, 353
coeficiente de confiabilidade, estimação do 13, 81,
84, 85, 86, 87, 88, 89, 91, 92, 96, 97
estimativa/estimador de máxima verossimilhança e
133, 137, 151, 152, 153, 163, 170, 172, 172, 173,
174, 176, 178, 179, 180, 196, 248, 260, 297, 322,
323, 326, 328, 342, 345, 346, 347, 348, 349, 351,
353, 362, 397, 401, 405, 408, 415, 423, 470, 525,
533, 534, 537
exemplo de escala de autoconsciência 349, 350,
351, 352
gráfico(s) de escarpa e 341, 343, 344, 348, 349,
350, 351

índice de ajuste comparativo e 348, 351, 352, 364
modelo fatorial irrestrito e 342, 346, 347, 348, 349, 351, 353
número de fatores em xi, 339, 340, 341, 342, 343, 344, 345, 346, 347, 348, 349, 350, 351, 352, 353, 354, 388
regra de Kaiser-Guttman e 341, 348
teste(s) unidimensional(is) 104, 111, 114, 115
variável latente e x, xi, 82, 83, 84, 85, 86, 87, 92, 96, 105, 133, 162, 167, 168, 169, 172, 195, 196, 204, 206, 214, 217, 339, 359, 366, 367, 373, 374, 391, 393, 396, 397, 416, 503, 504, 506, 517, 534, 535, 537, 538, 539
Análise fatorial exploratória (EFA) 340, 341, 342, 343, 344, 345, 346, 347, 348, 349, 351, 353, 382, 403
Análise linear 3, 13, 23
análise de componentes principais e ix, x, 3, 4, 12, 41, 53, 55, 56, 57, 58, 59, 60, 66, 70, 74, 340
escalonamento duplo e ix, 3, 4, 5, 9, 11, 14, 16, 19, 21, 22, 23, 24, 55
modelos lineares hierárquicos 153, 160, 161, 241, 260, 283, 324, 326, 333
cf. também exogeneidade
Análise longitudinal *cf.* modelos lineares hierárquicos (HLMs); análise de variáveis latentes; estudos de locais
Análise multivariada (MVA) 4, 55, 56, 59, 74, 241, 359
dados de série temporal e 313, 379, 381
splines monotônicos/não monotônico e 59, 68, 70, 72
teste de Wald 217, 248, 251, 352
cf. também análise de dados categóricos; exogeneidade transformação nominal, quantificações nominais múltiplas
Análise multivariada de variância (MANOVA) 241, 247, 359, 374, 375
Análise paralela 342, 344, 345, 348, 349, 350, 351, 352, 353
Apoio colegial *cf.* programa SUPPORT
Aprendizagem supervisionada 54, 57
Assimetria *cf.* apresentação em coordenadas baricên-tricas de escalação multidimensional
American Educational Research Association xiii, 465
Avaliação da personalidade 94
Avaliação de matemática integrada (IMA) dados 307
desempenho do aluno 266, 309
diferenças de alinhamento, variáveis de confusão e erro(s)-padrão e 80, 81, 85, 87, 90, 91, 92, 96, 97, 126, 173, 174, 176, 178, 229, 248, 257, 282, 291, 292, 297, 299, 301, 308, 310, 312, 318, 319, 322, 323, 327, 328, 331, 332, 334, 363, 401, 402
esquemas agrupados, efeitos contextuais e 267, 305
centralização em média de grupo/global e 274
resultados em resolução de problemas 308, 309, 310
Avaliação Nacional de Progresso Educacional 275, 283
Benzécri, escola 4, 5, 22, 23, 55

BILOG, *software* 111
Biplots não lineares 54
Bradley-Terry-Luce (BTL), modelo de escolha 32

Cálculo de média recíproca 4
CATPCA, *software* 42, 54, 55, 56, 57, 58, 59, 60, 61, 63, 64, 67, 69, 71, 72, 73, 74
ajuste externo de variáveis 69
alfa/variância de Cronbach registrada e 11, 60, 61, 74, 86, 87, 89, 292
análise de componentes principais não lineares 57, 66
análise de correspondência e 4, 8, 55, 57, 71, 72, 74, 152, 200
aplicações especiais de 72, 380
biplots, centroides/vetores e 64
centroides projetados e 65
dados de escolha preferencial 73
dados de triagem Q/seleção livre 73
dados faltantes e 61, 70, 71, 72, 153, 163, 164, 246, 259, 268, 269, 398, 405, 413, 416, 440
escalas de avaliação/objetos de teste, 73, 383
escalonamento otimizado, análise de correspondência e 59
função de quantização, variáveis contínuas e 54, 69
matriz de correlação, variáveis transformadas e 13, 15, 60, 61, 70, 73, 74, 108
transformações não lineares e 59, 60, 61
variáveis complementares em 62, 69, 71, 72
CATREG, *software* 74
Centralização da média global 254, 257, 273, 278, 284, 305
Centro para Estudos Epidemiológicos-Depressão (CES-D) 83
Centros Educacionais Kaplan 130, 145
Chow, teste de constância de 475, 477
Ciência cognitiva *cf.* objetividade 493, 494
Classificação forçada 21, 22, 54, 57
Coeficiente de correlação 27, 28, 54, 72, 84, 86, 87, 88, 91, 112, 317, 319, 320, 457
Coleman, estudo de 264
COMMIT, intervenção 293
Conceito de consiliência 493
Conceito de desdobramento 37
degeneração, enfoque de penalidade e 38, 39
efeitos principais independentes, correção de dados e 37
exemplo de dados de desjejum 44, 47
tabela quadrada 37, 56
Confiabilidade:
alfa de Cronbach e 11, 60, 61, 74, 86, 87, 89, 292
coeficientes de confiabilidade 13, 81, 84, 85, 86, 87, 88, 89, 91, 92, 96, 97
concruência da pontuação e 140
erros correlacionais e x, xii, 11, 87, 96
esquemas de pontuação, estimativas de erro e 91, 97

560 • Manual de metodologia quantitativa para as ciências sociais

generalizabilidade e 80, 81, 87, 89
maximização da, pontuações compostas e 80, 89
métodos de análise fatorial e 56, 207
modelos de equações estruturais e xii, 28, 80, 223, 286, 360, 361, 362, 368, 370, 381, 392, 393, 466, 467, 470, 471, 472, 477, 479, 483, 501, 504, 509, 513, 517, 518, 519, 521, 527, 539
pontuações de testes, incerteza de medição e 81, 83, 84, 86, 93, 97, 264, 270, 283, 286, 380, 438, 517
precisão de pontuação de testes, estimativas locais de 90
precisão em pontuações, estimativas de 90
tamanho de amostra e 85, 89, 171, 196, 249, 319, 344, 346, 363, 371, 375, 400, 453, 454, 457, 460, 524, 536, 540
testagem de hipóteses e 351, 359, 446, 447, 454, 456, 457, 460, 497, 498
cf. também modelagem de dados de medição; validez
Conselho Nacional de Direções Estaduais de Enfermagem 129
Conselho Nacional de Professores de Matemática (NCTM), normas do 303
Contextos de campo *cf.* estudos de locais
Contingência, tabelas de 4, 8, 9, 11, 12, 154, 159, 183
exemplo de hábitos de mordida de animais 9, 10
Correspondence, *software* 55
Covariâncias condicionais (CCOV) 107, 109
Cox, regressão de 225, 234
Critério bayesiano de informação (BIC) 197, 198, 203, 403, 407, 525
Cronbach, alfa de 11, 60, 61, 74, 86, 87, 89, 292

Dados contínuos 156
Dados de comparação em pares 4, 8, 16, 18, 19, 20, 28, 33
exemplo de planos de festa 20, 21
cf. também dados de comparação
cf. também análise de dados; escalonamento duplo (DS); escalonamento multidimensional (MDS)
Dados de escolha preferencial 73
Dados de incidência ix, 5, 8, 9, 16, 23
Dados de múltipla escolha 4, 5, 8, 11, 14, 15, 21, 22, 89
classificação forçada 21, 22, 54, 57
exemplo de pressão sanguínea/enxaquecas/idade 11
Dados de ordem hierárquica 4, 8, 16, 19, 20
função de quantização e 54, 69
propriedade ipsativa e 16
Dados de seleção livre 73
Dados de seleção-Q 73
Dados de série temporal 313, 379, 381
Dados de testes *cf.* modelagem de dados de medição; validez
Dados dicotômicos *cf.* modelagem de testes
Dados faltantes 61, 70, 71, 72, 153, 163, 164, 246, 259, 268, 269, 398, 405, 413, 416, 440

Decomposição aditiva 33, 36
Decomposição multiplicativa 32
DETECT, ferramenta estatística 107, 109, 110, 111, 113, 114, 115
Diferença de média padronizada 317, 318, 319, 320
Diferenças populacionais *cf.* análise de variáveis latentes; modelagem de múltiplos indicadores, múltiplas causas (MIMIC); modelagem de médias estruturadas (SMM)
Diferenças relacionais 27, 30, 40, 41
análise de espaços individuais e 40, 41, 42, 44, 47
modelo de identidade e 40
modelo de ordem reduzida e 41, 43, 44, 45, 46
modelo de pontos de vista e 40, 41, 42, 66, 483, 487, 500, 501, 504, 506
modelo euclidiano generalizado e 41
modelo euclidiano ponderado e 41, 42, 43, 45, 48
DIMTEST, ferramenta estatística 107, 108, 109, 110, 111, 113, 114, 115
Dominância, dados/relação de ix, 5, 8, 9, 16, 19, 23, 33, 38
DUAL3, programa 7, 9, 18

Eckart-Young, decomposição de 4
Equidade de testes *cf.* análise de funcionamento diferencial de itens
Ergodicidade 380
Erros de medição 92, 342, 357
confiabilidade e 85
esquemas de pontuação e 91
Erros homoscedásticos 471, 472
Escala de autoconsciência 349, 350, 351, 352
Escalonamento de centroide 4
Escalonamento de dados de dominância 16
dados de comparação em pares 4, 8, 16, 18, 19, 20, 28, 33
dados de ordem hierárquica 4, 8, 16, 19, 20
propriedade ipsativa e 16
Escalonamento de dados de incidência: tabelas de contingência e 9
dados de múltipla escolha 4, 5, 8, 11, 14, 15, 21, 22, 89
Escalonamento duplo (DS) ix, 3, 4, 5, 9, 11, 14, 16, 19, 21, 22, 23, 24, 55
análise linear 3, 13, 23
classificação forçada e 21, 22, 54, 57
dados categóricos, tipos de x, 3, 4, 5, 8, 9, 11, 21, 54, 55, 57, 80, 88, 149, 151, 152, 153, 154, 156, 162, 163, 164, 165, 183, 235, 259, 470, 509
dados de comparação em pares 4, 8, 16, 18, 19, 20, 28, 33
dados de múltipla escolha 4, 5, 8, 11, 14, 15, 21, 22, 89
dados de ordem hierárquica 4, 8, 16, 19, 20
dados de triagem 8, 14, 15

Índice remissivo • 561

estrutura de dados em 17, 80, 94, 96, 260, 345
método de médias recíprocas e 4, 6
métrica qui-quadrado, tipos de dados e 8, 23
pontuação de Likert 5, 6, 11, 12, 83
tabelas de contingência 4, 8, 9, 14, 48, 151
cf. também escalonamento multidimensional (MDS)
Escalonamento multidimensional (MDS) 24, 27, 28,
  29, 30, 31, 33, 42, 55, 56, 59
  análise de desdobramento 37
  análise de semelhanças simétricas e 33
  aplicação de dados de grandes potências 42
  assimetria e 30, 31, 32, 33, 35, 38, 48
  decomposição aditiva 33, 36
  decomposição multiplicativa 32
  diferenças relacionais, estratégias de descrição 27, 40,
  dois conjuntos de objetos, análise de proximidade
    30, 31, 36, 37, 39
  equação de regressão não linear 30, 39, 47
  escalonamento multidimensional não métrico 28,
    29, 55, 59
  escalonamento ótimo ix, 3, 4, 5, 53, 54, 55, 57, 59,
    60, 61, 70, 72, 73, 74
  exemplo de dados de desjejum 44, 47
  lei de generalização universal de Shepard 32, 35, 38
  medidas de ajuste, pressupostos distribucionais 30,
    31, 204, 246, 529, 532, 536, 540
  modelo de escolha de Luce 32
  modelos probabilísticos 31
  relações de proximidade ix, 27, 28
  sistemas relacionais, ix, 27
  cf. também análise de componentes principais
    (PCA)
Escalonamento ótimo *cf.* escalonamento duplo; escalonamento multidimensional; análise de componentes principais (PCA)
Escalonamento *cf.* escalonamento duplo (DS); escalonamento multidimensional (MDS)
Escalas de avaliação 73, 383
Esquema bayesiano 90, 524, 530
  análise de notas de alunos, distribuição *a priori* não
    informativa 174, 175
  análises residuais 172
  frequências relativas, aprendizagem bayesiana 421,
    422, 424, 425, 246, 427, 428, 432, 433
  probabilidade subjetiva xi, 424, 425, 426
  cf. também redes bayesianas; inferência causal
Esquema/análise experimental 358
Estatística aplicada *cf.* análise de dados categóricos
  ix, xii, 151, 152, 154, 161, 162, 325, 324, 477
Estimação máxima *a posteriori* (MAP) 170
Estimativa de máxima verossimilhança (MLE) 137,
  170, 172, 525
  análise fatorial exploratória 340, 341, 342, 343,
    344, 345, 346, 347, 348, 349, 351, 353, 382, 403
exemplo de notas de alunos 174, 175

Estimativas de mínimos quadrados ordinários (OLS)
  dados de currículo de Matemática de Transição e
  cf. também modelos hierárquicos lineares (HLMs)
Estimativas empíricas de Bayes (EB) 285, 301
Estruturas agrupadas 294
Estudo Longitudinal da Juventude (LSAY) 392
  checagem estatística e 405
  checagem substantiva e 405
  modelagem de mistura de crescimentos multinível
    414, 415
  modelo de mistura de crescimentos em três
    classes, 414
  resultado distal e 400
Estudo Nacional de Identidade 69
Estudo Nacional Longitudinal de Educação (NELS)
  de 1988 268
Estudos de locais
  adequação de modelos, avaliação de 312
  análise de mínimos quadrados ordinários 250, 285, 295
  covariáveis 325
  dados de implementação, coleta/uso de 310
  dados de série temporal e 313, 379, 381
  dados do programa Avaliação Integrada de Matemá-
    tica/SUPPORT 304, 305, 307, 308, 309, 310, 313
  diferenças de alinhamento e 309
  heterogeneidade em
  erro(s)-padrão 310, 322, 323, 324, 327, 328, 331,
    334, 401, 402
  esquema de estudo em múltiplos locais 311, 312, 313
  esquemas de agrupamento em blocos/dentro do tipo
    de tratamento, comparação de 292, 312, 313
  estruturas agrupadas, efeitos contextuais e 267,
    294, 305
  estudos de sequência de tratamentos 314
  modelos hierárquicos e 153, 211, 216, 260, 291,
    292, 293, 298, 300
  testes SK (assimetria e curtose) 35, 403, 404, 405, 472
  variabilidade de efeitos da TM entre locais
  variáveis de confusão e
Estudos em múltiplos locais *cf.* estudos de locais
  análises PROXSCAL de 33, 43, 48
Exogeneidade xii, 465, 466, 467, 468
  crítica de Lucas, análise de políticas e 476, 477
  distribuição conjunta de dados e 468, 470, 472,
    479, 480
  erros homoscedásticos, pressuposto de 471, 472
  especificação de forma reduzida e 471
  estimação condicional e 467, 479
  exogeneidade forte, não causalidade de
    Granger e 473, 480
  exogeneidade fraca 468, 469, 471, 472, 473, 474,
    478, 479
  função de regressão e 468, 470, 472
  liberdade de variação e 466, 468, 469, 474
  modelagem de curva de crescimento 466, 478

562 • Manual de metodologia quantitativa para as ciências sociais

modelagem de equações estruturais 467, 470, 471, 473, 477, 479
modelagem multinível 478
modelo linear de Gauss 469, 470, 479
não causalidade de Granger 466, 473, 474, 477, 479, 480
normalidade conjunta, avaliação de 471, 472, 479
parâmetros de interesse e 466, 468, 469, 475, 478
pressuposto de linearidade, avaliação do 477
regressão inversa, superexogeneidade e 475, 476
regressão linear simples e 466, 471, 477, 479
regressores nominais e 469, 470
superexogeneidade 474, 475, 476
teste de constância de Chow 475, 477

Gauss, modelo linear de 469, 470, 479
Generalizabilidade: coeficientes de generalizabilidade
medição, inferências 80, 81, 87, 89, 92
Gibson, teoria da percepção de 499
Graduate Management Admission Test (GMAT) 129, 130, 145
Graduate Record Examination (GRE) 126, 129
Gráficos de escarpa 350
Granger, não causalidade de 466, 473, 474, 477, 479, 480

Hayashi, escola 4
Hiperespaço principal 4
Hipótese nula, procedimento de testagem de significância (NHSTP) 452, 455, 456, 461
Hipótese, testagem de 345, 351, 359, 444, 445, 446, 447, 448, 449, 450, 453, 454, 455, 456, 457, 458, 459, 460, 461, 497, 498
processo competitivo de
cf. também testagem de hipótese nula; testagem de significância

IDIOSCAL, modelo 41
Independência local (LI) 83, 103, 104, 105, 115, 133, 134, 202, 203, 205, 206, 210, 218, 219, 511
INDSCAL, dimensões 41, 48
Inferência causal xii, 314, 509, 510, 517, 522, 523, 525, 533
causa direta e 510, 512, 516, 518, 520
escalas, formação de 538
especificação de modelos, erros na 401, 538
estimação de modelos, propriedades de consistência e 523, 529, 530
mapeamento de distribuição de probabilidade e 510, 511, 512, 513, 514, 515, 517, 518, 521, 522, 525, 528, 529, 537
modelos de equações estruturais e 517
modelos de variável latente e 84, 86
operação de condicionamento e 510, 511, 512, 513, 516, 519, 520, 521, 523, 524
operações de manipulação e 510, 511, 512, 513, 516, 519, 520, 521, 523, 524

pressuposto causal de Markov 518, 519, 520, 521, 524, 525, 528, 529, 532
pressupostos de fidelidade causal 521, 525, 529, 532
programa LISREL, procedimentos de busca de feixes 541
redes bayesianas, cálculos de efeitos de manipulações 519, 520, 521
redes bayesianas, interpretação causal 513, 516
redes bayesianas, interpretação estatística 513
regressão, confusão 509, 523, 525, 530, 531
relações causais/distribuições de probabilidades, pressupostos em 512, 513, 516, 517, 518, 519, 521, 523, 537, 538, 539, 540, 541
variáveis agregadas 541
Inferência cf. inferência causal; modelagem de dados de medição; confiabilidade; validez
Instituto Buros de Medições Mentais 85
Intervenção DARE 293

Kaiser-Guttman (K-G), regra de 341, 348
Kuder-Richardson, confiabilidade de consistência interna de 11

Lei "Nenhuma criança fica para trás", de 2001 x, 119
Lei universal de generalização 32
Leiden, grupo de 4, 55
Likert, pontuação de 5, 6, 11, 12, 83, 359
LISREL, programa 220, 351, 387, 517, 541
Lo-Mendell-Rubin, teste de razão de verossimilhança (LMR LRT) 404
Lord, processo de máxima informação de 136
Lucas, crítica de 476, 477
Luce, modelo de escolha de 32

Mantel-Haenszel, estatística de DIF 122
Matemática de Transição (TM), dados do currículo de alunos que se beneficiam 291, 294, 296, 298, 300
análise residual 171, 172
diferenças de esquema, efeitos do programa 302
efeitos de características do local 300, 303, 313
mínimos quadrados ordinários 250, 285, 295
testes t 154, 361
variabilidade de efeitos da TM entre locais 295
variáveis de confusão, cenários quase-experimentais e 292, 293, 301, 302, 309, 311, 314, 540, 541
Matematicamente ótimo 5
Medição educacional 119
cf. também Teste adaptável computadorizado (CAT); modelos de regressão ordinal; pesquisa de eficácia da escola; estudos de locais
Metanálise xi, 164, 317, 318, 319, 320 321, 322, 324, 326, 332, 333
análise de efeitos fixos e 325, 331
análise de modelos lineares hierárquicos, software para 326

Índice remissivo • 563

análise de sensibilidade e 328
análises bayesianas em 332
blocos de coeficientes de regressão, testes
    para 329, 331
coeficiente de correlação e 317, 319, 320
coeficientes de regressão individual, intervalos de
    testes/confiança para 329
componente de variância entre interestudos 321,
    322, 323, 328, 329
diferença média padronizada 317, 318, 319
diferenças entre estudos, tamanho do efeito 325
estimação/estimativa do componente de variância
    residual 334
mínimos quadrados ponderados, estimação com
    326, 328, 329, 331
modelagem hierárquica 314
modelos mistos em 326
programa SAS PROC MIXED 325, 326, 330, 331
razão de chances logarítmica 319, 320
tamanhos de efeitos 318, 319, 325
teste de razão de verossimilhança 322
Metáforas *cf.* objetividade
Método de médias recíprocas (MRA) 4, 6, 16
Metodologia de regra-espaço 94
Métrica qui-quadrado 8, 23
    Estatística qui-quadrado de Pearson 155
    processo de partição
    cf. também análise de dados categóricos
Mínimos quadrados ordinários (OLS), resíduos de
    250, 285, 295, 296
Modelagem de dados de medição 79
    confiabilidade, erro de medição e 92, 342, 357
    generalizabilidade 80, 81, 87, 89, 92
    modelagem estatística, componentes deterministas/
        estocásticos 79, 80, 224, 286, 466, 468, 472,
        470, 477, 479
    modelos de equações estruturais 470, 517, 518,
        519, 527
    modelos de pontuação, escolha de 83, 85, 86, 90,
        91, 532
    modelos em nível de teste *vs.* modelos em
        nível de item 82
    modelos psicométricos 80, 95
    observações comportamentais/estatísticas 82, 92
    qualidade de dados xi, 84
    qualidade inferencial 84
    técnicas de validação 92, 93, 530
    teoria clássica de testes 80, 83, 85
    terminologia em 81
Modelagem de médias estruturadas (SMM) 359, 360,
    361, 367, 368, 369, 370, 372, 373, 374, 375
    ajuste dados-modelo 371, 374
    covariáveis latentes 360, 374
    modelo básico, extensão de 372
    modelo e relações implícitas para 363

pressuposto de invariância em 370
relações entre médias implícitas no modelo em 369
significância estatística 363, 367, 371
tamanho de efeito padronizado 358, 363, 364, 372
taxas de erro em 459
Modelagem de mistura de crescimento (GMM) 395,
    396, 397, 399, 400, 403, 404, 405, 406, 407, 409,
    412, 415
    análise de crescimento de classe latente e 396
    análise de sobrevivência em tempo discreto 224,
        391, 412
    antecedentes/covariáveis 399
    dados de delinquência de Cambridge 409, 410,
        411, 412
    distribuições de variáveis latentes, estimação não
        paramétrica de 397
    especificação de modelos 401, 538
    estratégias de análise 398
    estudos de Monte Carlo, qualidade/poder da estima-
        ção de modelos e 400, 401, 403, 404
    exemplo do Estudo Longitudinal de Juventude 392
    fatos/consequências concomitantes e 399, 400,
        407, 416
    modelagem de crescimento convencional e 400,
        401, 405, 408, 409
    modelagem de mistura de crescimentos e 400,
        401, 402, 403, 408, 409, 411, 413, 414, 415, 416
    modelos equivalentes e 403
    procedimentos de seleção de modelos 509
    resultados categóricos 408, 409, 412, 413
    resultados contínuos 395, 401, 403, 404, 408, 409,
        413, 415, 416
    teoria/prova substantiva, interpretação de
        resultados 399, 402, 404
    teste de Lo-Mendell-Rubin de razão de verossimi-
        lhança (LMR LRT) 404
    testes de mistura convencionais 404
    cf. também modelos lineares hierárquicos (MLHs);
        análise de variáveis latentes
Modelagem de múltiplos indicadores e múltiplas
    causas (MIMIC) 359, 363
    covariáveis latentes, exemplo de dois grupos 360, 374
    flexibilidade de esquemas 375
    modelo básico, extensões de 365, 372
    relações algébricas 360
    cf. também modelagem de médias estruturadas
        (SMM)
Modelagem de testes 103, 110, 111, 113, 115, 116
    algoritmo/fluxograma para 107, 110, 111
    covariâncias condicionais 107, 109
    dimensionalidade essencial 105
    estrutura dimensional de dados de testes,
        avaliação de 107
    estrutura multidimensional, representação
        geométrica de 105, 109

564 • Manual de metodologia quantitativa para as ciências sociais

estrutura simples 105, 109
ferramenta estatística DETECT 107, 109, 110, 111, 113, 114, 115
ferramenta estatística DIMTEST 107, 108, 109, 110, 111, 113, 114, 115
independência local, dimensionalidade e 103, 104, 105, 115
pontuação numericamente correta e 105
resultados de análises de dados 113
Modelagem probabilística xi, 421
enfoque de frequência relativa para 421, 422, 423, 424, 426, 427, 428, 429, 431, 432, 433, 435, 453
jogos de azar e 422, 424
o coletivo em 421, 422, 423
princípio de indiferença e 422, 423
probabilidade física e 422, 426
probabilidades subjetivas e 424, 425, 426, 427
técnicas de amostragem e 423
teorema de Bayes e 424, 425, 426, 434
teoria de probabilidade matemática 423
cf. também redes bayesianas; inferência causal;
Modelo de análise fatorial de choque (SFA) 381
Modelo de centroide 68
biplots, centroides/vetores 54, 55, 56, 58, 64
centroides projetados 58, 65, 70
coordenadas vetoriais desordenadas, centroides 68
função de objetivo conjunto, modelo vetorial 56, 57, 66, 68, 69, 71
cf. também CATPCA, *software*
Modelo de chances proporcionais 170, 173, 174, 175, 176
Modelo de escolha 32
Modelo de identidade 40
Modelo de múltiplos avaliadores 183
distribuições anteriores, parâmetros do modelo e 180, 185, 187, 189, 191, 196
função de verossimilhança 169, 183, 184, 185, 189
Modelo de ordem reduzida 41, 43, 44, 45, 46
Modelo de pontos de vista (POV) 40, 41, 42, 43
Modelo de pontuação fatorial de ruído branco (WNFS) 381
Modelo de regressão linear 54, 211, 213, 228, 242, 466, 469, 470, 471
Modelo de riscos proporcionais 169, 170, 174
Modelo de teoria *g* 80, 81, 82, 86, 87, 90, 91, 92, 95, 96, 97
Modelo vetorial 37, 56, 57, 58, 66, 68, 69, 71
Modelos cognitivos para validação de testes 93
Modelos de aprendizagem de DAG xi, 421
algoritmo de busca equivalente gulosa e 435
apuração causal, exemplo de retenção de alunos na universidade 437
convicção prévia, quantificação da 431

critério bayesiano de informação 197, 198, 203, 403, 407, 525
critérios de pontuação de compressão de dados 435
inferências causais, exemplo de incidência de assédio 441
método baseado em restrição 435, 436, 438
método bayesiano 138, 431
sistema especialista, exemplo de trauma da medula espinhal cervical 436
Modelos de classe latente (CL) 162, 163, 164, 195, 202, 203, 210
ajuste do modelo, avaliação do 196, 197
covariáveis em 195, 197, 209, 210, 217
exemplo de estudos conjuntos baseados em escolha 216
exemplo de tipologia de respondentes a levantamento 217
modelagem não tradicional de classe latente 201, 203
modelagem tradicional de classe latente 220
modelos de mistura simples 211, 213
modelos de múltiplos grupos 207
modelos de regressão x, 195, 211, 213, 214, 215, 216, 217
modelos fatoriais 197, 204, 206
representações gráficas 200
resíduos bivariados, efeitos diretos 204, 205
significância de efeitos, teste de 199
Modelos de coeficiente aleatório 274, 278, 279
Modelos de DAG *cf.* redes bayesianas; modelos de aprendizagem de DAG
Modelos de equações estruturais (SEM) 470, 517, 518, 519, 527
análise de variáveis latentes e 391
coeficiente de confiabilidade, estimadores de 86, 88, 97
diferenças de grupos, testes de 504
relações algébricas em 360
ruído de erro de medição 358, 359
sistemas de variáveis 374
cf. também inferência causal; exogeneidade; modelagem de múltiplos indicadores e múltiplas causas (MIMIC); objetividade; modelagem de médias estruturadas (SMM)
Modelos de grafo acíclico dirigido (DAG) *cf.* modelos de aprendizagem de DAG
Modelos de regressão ordinal x, 167, 169, 170, 172, 178
análise bayesiana, distribuição *a priori* não informativa e 174
análise de máxima verossimilhança e 173
análise residual, qualidade do ajuste e 171, 172
dados ordinais, variáveis latentes 167, 169, 170
estatística de desvio e 172, 178
exemplo de notas de alunos 174, 175

funções de regressão, dados de múltiplos
avaliadores e 189
modelo de múltiplos avaliadores 183
modelo probit ordinal 170, 174, 176, 188
múltiplos avaliadores, dados de 184, 187, 189, 190,
202, 205, 207
previsão de pontuação de redações, atributos
gramaticais e 177
probabilidades cumulativas, interpretação de
modelos e 169, 170
restrições paramétricas, modelos *a priori* e 170
Modelos de resposta a itens (IRT) 103
coeficientes de confiabilidade e 81, 85, 86, 88, 89,
91, 97
especificação de atributos 94
estimativas de erro 91, 97
independência local 83, 103, 104, 105, 115,
133, 134, 195, 202, 203, 205, 206, 210,
218, 219, 511
metodologia de regra-espaço 94
variável de proficiência contínua latente em 93
cf. também análise de funcionamento de item;
modelagem de teste
Modelos euclidianos: modelo generalizado
modelo ponderado 41, 42, 43, 45, 48
Modelos lineares hierárquicos (MLHs) 241, 283, 324,
325, 326, 333
covariáveis que variam no tempo, modelo de
crescimento e 256, 257, 259, 400, 478
dados faltantes/não respostas ignoráveis e 61, 70,
71, 72, 153, 163, 164, 246, 259, 268, 398, 413,
416, 440
dados longitudinais 214, 234, 241, 242, 244, 246,
259, 260, 281, 292, 313, 314, 391, 394, 409, 414
efeito do diagnóstico, crescimento 250
estimativas empíricas de Bayes *vs.* estimativas
de mínimos quadrados 192, 250, 285, 296,
301, 326
modelo de crescimento curvilíneo 251
modelo de crescimento heterogêneo 247
modelo de ordenadas na origem aleatórias 243, 244
modelo de tendência/mudança pessoal 244, 253
modelos de regressão linear 242, 477
modelos lineares generalizados 92, 164, 283
polinômios ortogonais 253, 254
cf. também metanálise; estudos de locais
Modelos *logit* 92, 158, 159, 161
Modelos log-lineares 155, 156, 158, 159, 160, 161,
162, 164
Modelos multinível 264, 265, 268, 269, 272, 276, 478
cf. também pesquisa sobre eficácia escolar
Modelos psicométricos 80, 95
Monte Carlo, algoritmo de cadeia de Markov
(MCMC) 333, 427, 428, 430, 433, 435, 436, 511
Monte Carlo, estudos de simulação de 400

Mplus, programa 164, 301, 391, 397, 398, 400, 401,
402, 404, 405, 408. 409, 410, 411, 414, 415, 416
MULTILOG, *software* 111

Neyman-Pearson, teste de 449, 452, 453, 454, 456,
457, 459, 460
NOHARM, *software* 111

Objetividade 483, 485, 486, 489, 492, 493, 496, 498,
501, 503, 505
ciência cognitiva da 493
conceito de comunidade 492
conceito de consiliência 493
conceito de inerência 505
conceito de objeto, regras de síntese 492, 496
concepção kantiana moderna 485
empirismo cético 485
esquema sujeito-objeto, percepção como
metáfora 500
graus de liberdade/parcimônia, testagem de
modelos 501
indicadores múltiplos 503
intersubjetividade 493
legitimidade, deduções de 486
mesclagem conceitual e 495
metáfora da ciência, conhecimento de objetos 498
metáfora da estrutura localização-acontecimento 494
modalidade, classe de 487, 488
modelo de equações estruturais 483
qualidade, classe de 487
quantidade, classe de 487
racionalismo, verdade/conhecimento imutável 485
relação causa-efeito 491
relação, classe de 488
teoria da percepção 499
testagem de hipóteses 497
variáveis, inerência 491
Operações matemáticas: métrica qui-quadrada, tipos
de dados 457
espaço de linha *vs.* espaço de coluna 23
estrutura de dados 17, 80, 94, 96
cf. também modelagem probabilística
OVERALS, *software*

Padrões de variabilidade intraindividual 380
Pearson, estatística qui-quadrado de 155, 196, 204, 331
Perfil de risco *cf.* análise de sobrevivência em tempo
discreto
Pesquisa sobre eficácia da escola 280
aprendizagem do aluno, influência da escola 267
aproveitamento do aluno, seleção de escola 280
características de alunos 308
curvas de crescimento latente multinível 276, 281
escolas públicas *vs.* escolas particulares 264

566 ● Manual de metodologia quantitativa para as ciências sociais

identificação de escolas eficazes 265, 274, 285, 286
modelo conceitual de ensino 265
modelos de aproveitamento 276
modelos de crescimento multinível 393
modelos multinível em 264, 265, 268, 269, 276, 478
modelos para crescimento do aproveitamento 276, 277
processos da escola 267
recursos da escola 264, 267
relação entre aportes e resultados da escola 271
seleção de amostras em 267, 286
variáveis dependentes em 265, 269, 277
variáveis independentes em 266, 281
viés de amostragem e 268
cf. também estudos de locais
Pontuação aditiva 4
Pontuação apropriada 4
Princípio de consistência interna (PCI) 22
Princípio de partição equivalente (PPE) 22
Processo convergente 6
cf. método de médias recíprocas (MRA)
Programa Internacional de Investigação Social (ISSP) 53, 60, 63
Projeto Matemática Escolar da Universidade de Chicago 291
Propriedade ipsativa 16
Prova de Aptidão Vocacional dos Serviços Armados (ASVAB) 129

Qualidade de ajuste 45, 59, 60, 155, 157
Quantização, função de 54, 69
agrupamento de intervalos iguais, tamanho especificado e 69
Quase-experimentos *cf.* estudos de locais
Racionalismo *cf.* objetividade
Razão de chances logarítmica 319
Recuperação de leitura, intervenção 293
Redes bayesianas 94, 421, 427, 428, 429, 431, 433, 434, 435
aplicação de sistema especialista de 427, 429, 436
interpretação causal de 513
interpretação estatística de 513
cf. também inferência causal; modelos de aprendizagem de DAG; modelagem probabilística
Regressões lineares simultâneas 4
Relações bipolares 28
Relações de proximidade 27, 28
Relações empíricas 29
Relações geométricas 29
Relações não lineares 13, 24, 25, 54, 472, 538
Relações unipolares 28
Resíduos de Bayes empírico (BE) 260, 301
Robbins-Monro, processo de esquema sequencial de 132, 133, 134, 145
SAS PROC MIXED, programa 259, 325, 326, 330, 331

Serviços de Testes Educacionais (ETS) 130, 136, 138, 140, 144, 145, 147
Shepard, lei universal de generalização de 32, 35, 38
SIBTEST, estatística de 122, 123, 124, 125
Síntese de pesquisa quantitativa *cf.* metanálise
Sistemas relacionais 27
diferenças relacionais, estratégias para descrever 27, 30, 40, 41
relações de proximidade/dominância 27, 28
relações empíricas/geométricas 29
relações uni/bipolares 28
cf. também escalonamento multidimensional
Software: programa BILOG 111
análise de dados categóricos 151, 154, 156, 164, 165
CATPCA, programa 42, 54, 56, 57, 58, 59, 60, 61, 63, 64, 67, 69, 71, 72, 73, 74
CATREG, programa 74
DETECT, programa 107, 109, 110, 111, 113, 114, 115
DIMTEST, programa 107, 109, 110, 111, 113, 114, 115
DUAL3, programa 9, 18
LISREL, programa 220, 351, 517, 541
MULTILOG, programa 111
NOHARM, programa 111
OVERALS, programa 74
PREFSCAL, programa 38, 45
SAS PROC MIXED, programa 259, 325, 326, 330, 331
TESTGRAF, programa 111
Spearman-Brown, extrapolação de 86
SUPPORT, programa 304, 305, 306, 307, 308, 309, 310, 313
desempenho de alunos 167, 308
diferenças de alinhamento, variáveis de confusão 309
erros-padrão 308, 310, 312
esquemas agrupados, efeitos contextuais e 305
método do professor, resultados em solução de problemas 308, 309
modelo intraclasse, centralização na média global 305
Teoria clássica de testes (CTT) 80, 83, 85
coeficientes de confiabilidade 81, 85, 86, 88, 89, 91, 97
estimativas de erro 91, 97
pressupostos fundamentais de 103, 104, 130
cf. também modelagem de testes
Teoria da percepção 499
Teoria de decomposição em autovalores (EVD) 4
Teoria de decomposição em valor singular (SVD) 4
Teoria de detecção de sinais 449
Test (GMAT) 129, 130, 145
Teste adaptável computadorizado (CAT) x, 146
aprendizagem na internet 146
controle de exposição a item, restrição de 134

deduções teóricas 142
fenômeno de subestimação/superestimação 136, 146
índice de agregação de itens 140, 142, 143
índice de compartilhamento de itens 141, 143
itens de baixa discriminação 135
método de a estratificado 137, 138, 139
modelo logístico de três parâmetros 111, 131
pressuposto de independência local 133, 134, 202, 203, 205
processo de Robbins-Monro 132, 133, 134, 145
processo de informação máxima de Lord 133, 134, 136
segurança de testes/uso de conjunto de itens e 142, 145, 146
seleções de itens em 143
superestimação 87, 138, 139, 140, 146
Testagem de hipótese nula 444, 445, 446, 448, 449, 450, 451, 452, 452, 453, 454, 455, 456, 458, 459, 461
limitações da 458
nível convencional de significância 452
Testagem de significância 447, 448, 452, 454, 455, 461
inferência indutiva, soluções para 456
Neyman-Pearson, teste de 449, 452, 453, 454, 456, 457, 459, 460
níveis de significância 282, 283, 438, 440, 453, 454, 533
nível de significância alfa 322, 329, 330, 438
nível de significância convencional 452, 453
nível exato de significância 449, 452, 453, 460
ritual nulo e 443, 444, 447, 449, 450, 451, 452, 453, 455, 456, 457, 459, 460, 461
valores p 272, 404, 444, 455, 458
Testes padronizados 119, 120, 126
cf. também análise de funcionamento diferencial de itens
TESTGRAF, *software* 111
Toronto, grupo de 4, 17, 20
Unidades organizacionais *cf.* estudos de locais

Validez 31, 79, 80, 81, 84, 92, 93, 94, 95, 96, 97, 98, 107, 109, 134, 190, 313, 325, 342, 343, 346, 366, 374, 400, 404, 493
estruturas de dados 95, 96, 97
generalizabilidade 80, 81, 87, 89, 92
modelos cognitivos 93, 94, 95
tamanho de amostra 89, 171, 196, 249, 319, 344, 346, 363, 375, 400, 453, 454, 524, 536, 540
Valor p *bootstrap* 196, 202, 203
Variância registrada (VAF) 45, 58, 61, 69
Variáveis latentes 56, 80, 83, 84, 153, 163, 167, 169, 176, 181, 190, 195, 204, 206, 207, 209, 210, 220, 337, 339, 348, 350, 357, 359, 360, 361, 366, 367, 374, 391, 392, 393, 394, 395, 396, 398, 401, 403, 408, 409, 414, 415, 416, 502, 524, 525, 526, 533, 534, 535, 536, 537, 538, 539, 540
dados ordinais 53, 167, 168, 169, 170, 171, 172, 173, 182, 184, 186, 187, 188, 189
probabilidades cumulativas, interpretação de modelos 169, 170, 171
questões de confiabilidade 84
cf. também modelagem de múltiplos indicadores, múltiplas causas (MIMIC); modelagem de médias estruturadas (SMM) 69
Variáveis agregadas 541
Variáveis complementares 69, 71, 72
Variáveis contínuas 69
Variáveis emergentes 359, 374
variáveis endógenas *vs.* variáveis exógenas
cf. também análise fatorial dinâmica; análise de classe latente (ACL)
cf. também escalonamento duplo (DS); exogeneidade
cf. também modelagem de dados de medição; confiabilidade; validez

Wald, teste de 74

SOBRE O EDITOR

David Kaplan recebeu o PhD em Educação pela UCLA em 1987. É professor de Educação e (gentilmente cedido) Psicologia na Universidade de Delaware. Os seus interesses de pesquisa estão no desenvolvimento e na aplicação de modelos estatísticos a problemas na avaliação educacional e na análise de políticas. Atualmente, o seu programa de pesquisa diz respeito ao desenvolvimento de modelos dinâmicos de variáveis contínuas e categóricas latentes para o estudo da difusão de inovações educacionais. Pode ser contatado pelo *e-mail* dkaplan@udel.edu, e é possível encontrar o seu *site* em www.udel.edu/dkaplan.

Sobre os colaboradores

André A. Rupp é professor adjunto da Universidade de Ottawa, em Ontário, Canadá. Seus objetivos de pesquisa são limites inferenciais de avaliações, teoria da validade e confiabilidade, invariância de parâmetros, modelagem de resposta a itens, avaliação cognitivamente diagnóstica, estatística aplicada, metodologia de pesquisa, análise quantitativa de registros e avaliação da linguagem.

Anita J. van der Kooij, MA, é pesquisadora do Departamento de Ciências Educacionais, Grupo de Teoria de Dados, da Universidade de Leiden, na Holanda. Seus objetivos de pesquisa são as técnicas de escalonamento ótimo para análise multivariada e o desenvolvimento de *software*. Pode ser contatado pelo *e-mail* kooij@fsw.leidenuniv.nl.

Bengt Muthén, PhD, é professor de Pós-graduação em Educação e Estudos Informação na UCLA. Foi presidente da Psychometric Society de 1988 a 1989. Possui um *Independent Scientist Award* dos Institutos Nacionais de Saúde para desenvolvimento de metodologia no campo do álcool. É um dos desenvolvedores do programa de computação Mplus, que implementa muitos de seus procedimentos estatísticos. Seus objetivos de pesquisa focam-se no desenvolvimento de metodologia estatística aplicada em áreas de educação e saúde pública.

Bruno D. Zumbo, PhD, professor na Universidade da Columbia Britânica, em Vancouver, Canadá. Seus interesses profissionais concentram-se no desenvolvimento de teoria estatística e métodos quantitativos para realizar medições, pesquisas e avaliações.

Christopher Meek é pesquisador sênior no Grupo de Aprendizado de Máquina e Estatística Aplicada na Microsoft Research. Seu principal interesse de pesquisa reside em métodos estatísticos para aprendizagem a partir de dados. Seu trabalho tem sido focado em métodos de aprendizado e aplicação de modelos probabilísticos para uma variedade de áreas, como reconhecimento de escrita, prospecção de dados, sistemas de recomendação e classificação de textos. Desde seu ingresso na Microsoft Research, Meek trabalhou em muitas aplicações, entre as quais ferramentas de prospecção de dados em SQL Server e Commerce Server, bem como reconhecimento de escrita no Tablet PC. Obteve seu doutorado pela Universidade Carnegie-Mellon em 1997.

Clark Glymour é professor universitário formado pela Universidade Carnegie Mellon e cientista pesquisador sênior no Institute for Human and Machine Cognition de Pensacola, na Flórida.

David Rindskopf é professor de Psicologia Educacional e Psicologia no Centro de Pós-graduação da Universidade da Cidade de Nova York (CUNY, na sigla em inglês). Sua pesquisa e seu trabalho docente estão focados em dados faltantes, dados categóricos, análise fatorial, modelos de equações estruturais, modelos multinível, métodos de pesquisa e teoria de resposta a itens. É membro da American Statistical Association e presidente da Society of Multivariate Experimental Psychology (2003-2004). Pode ser contatado pelo *e-mail* drindskopf@gc.cuny.edu.

Donald Hedeker é professor de Bioestatística da School of Public Health da Universidade de Illinois, em Chicago. Terminou seu doutorado em Psicologia Quantitativa na Universidade de Chicago em 1989. Seu interesse de pesquisa está focado no desenvolvimento e na divulgação de métodos estatísticos para dados agrupados e longitudinais, sobretudo em modelos de efeitos mistos para resultados categóricos.

Frank M. T. A. Busing, MA, é pesquisador do Departamento de Psicologia da Universidade de Leiden, na Holanda. Seus objetivos de pesquisa são escalonamento multidimensional, desdobramento multidimensional e desenvolvimento de *software*. Pode ser contatado pelo *e-mail* busing@ fsw.leidenuniv.nl.

Gerd Gigerenzer é diretor do Instituto Max Planck para o Desenvolvimento Humano, em Berlim. Seus objetivos de pesquisa abrangem heurística rápida e frugal, tomada de decisões, risco, racionalidade limitada e racionalidade social. É autor de *Reckoning With Risk; Bounded Rationality: The Adaptive Toolbox* (com R. Selten) e *Adaptive Thinking* e *Simple Heuristics That Make Us Smart* (com P. Todd e o ABC Research Group).

Gregory J. Palardy é professor adjunto no programa de Pesquisa, Avaliação, Medição e Estatística do Departamento de Psicologia Educacional na Universidade da Geórgia. Seus interesses de pesquisa incluem modelos multinível, modelos de equações estruturais, modelos longitudinais e avaliação de eficácia da escola.

Gregory R. Hancock obteve seu título de doutor em Educação na Universidade de Washington em 1991 e é professor no Departamento de Medição, Estatística e Avaliação da Universidade de Maryland, College Park. Foi presidente do grupo de interesse especial em SEM da American Educational Research Association, atua nos conselhos editoriais de diversas publicações – como *Structural Equation Modeling: A Multidisciplinary Journal* – e ministra *workshops* em muitas cidades dos Estados Unidos. Pode ser contatado pelo *e-mail* ghancock@umd.edu.

Hua-Hua Chang recebeu seu PhD em estatística da Universidade de Illinois, em Urbana-Champaign, em 1992. É professor adjunto no Departamento de Psicologia Educacional da Universidade do Texas, em Austin. Seus interesses de pesquisa abrangem avaliação em grande escala, testagem adaptável computadorizada, funcionamento de itens diferenciais e diagnose de habilidades cognitivas.

Jacqueline J. Meulman é professora de Teoria de Dados Aplicada no Departamento de Ciências Educacionais do Grupo de Teoria de Dados, na Universidade de Leiden. Ela também é professora adjunta de Psicologia no Departamento de Psicologia da Universidade de Illinois, em Urbana-Champaign. Seus objetivos de pesquisa incluem métodos não lineares para análise de dados multivariados, métodos de agrupamento, aprendizado estatístico e métodos de análise de dados em biologia de sistemas (genômica, proteômica, metabolômica). Pode ser contatada pelo *e-mail* meulman@fsw.leidenuniv.nl, e também é possível consultar seu *site* www.datatheaory.nl/pages/meulman.

James E. Albert recebeu seu PhD em Estatística da Universidade Purdue em 1979, quando entrou para a Universidade Estadual de Bowling Green como professor de Matemática e Estatística. É editor de *The American Statistician*. Seu interesse acadêmico abrange a inferência bayesiana, a análise de dados sobre esportes e a estatísticas de ensino.

Jamieson L. Duvall é doutorando no Departamento de Psicologia da Universidade de Kentucky. Seus interesses de pesquisa abrangem a influência de processos autorregulatórios nas decisões de indivíduos de consumir álcool e o uso de técnicas de modelagem de variáveis latentes na análise de dados multionda.

Jay Magidson é fundador e presidente da Statistical Innovations, uma empresa de *software* e consultoria sediada em Boston. Tem muitos trabalhos publicados em diversas revistas profissionais e obteve a concessão de uma patente por um *display* gráfico inovador. É desenvolvedor dos programas SI-CHAID e GOLDMineR e, com Jeroen Vermunt, dos programas Latent GOLD e Latent GOLD Choice. Seus interesses de pesquisa incluem aplicações de modelagem estatística avançada nas ciências sociais, especialmente classe latente, escolha discreta e modelagem de segmentação.

Jerome K. Vermunt é professor do Departamento de Metodologia e Estatística da Universidade de Tilburg, na Holanda. Obteve um PhD em Ciências Sociais pela mesma universidade. Leciona e publica sobre tópicos metodológicos como técnicas para dados categóricos, métodos de análise de dados longitudinais e de históricos de eventos, modelos de classe latente e mistura finita, modelos de traços latentes e modelos multinível e de efeitos aleatórios. É desenvolvedor do programa LEM, para análise de dados categóricos, e, como Jay Magidson, dos pacotes de *software* Latent GOLD e Latent GOLD Choice, para modelagem de classe latente e mistura finita.

John B. Willett é o professor *Charles William Elliot* na Escolas de Pós-graduação em Educação de Universidade de Harvard. Tem doutorado em Métodos Quantitativos conferido pela Universidade de Stanford e títulos de mestre em Estatística e Psicometria outorgados pelas universidades de Stanford e de Hong Kong, respectivamente. Ministra cursos de estatística aplicada e é especialista em métodos quantitativos para medir mudanças ao longo do tempo e analisar ocorrência, ocasião e duração de eventos. É coautor (com Judith D. Singer) de *Applied Longitudinal Data Analysis: Modelling Change and Event Occurrence* (2003).

John R. Nesselroade foi membro do corpo docente da Universidade de West Virginia e da Universidade do Estado da Pensilvânia e é o professor *Hugh Scott Hamilton* de Psicologia da Universidade da Virgínia. Recebeu seu PhD em Psicologia pela Universidade de Illinois em 1967, sob a orientação principal de Raymond B. Cattell. Frequentemente, é cientista sênior visitante no Max Planck Institute for Human Development, em Berlim, na Alemanha.

Judith D. Singer é a professora *James Bryant Conant* na Escola de Pós-graduação de Educação da Universidade de Harvard. Doutora em Estatística pela Universidade de Harvard, ela leciona em cursos de estatística aplicada e é especialista em métodos quantitativos para medir mudanças ao longo do tempo e analisar ocorrência, ocasião e duração de eventos. É coautora (com John B. Willett) de *Applied Longitudinal Data Analysis: Modelling Change and Event Occurrence* (2003).

Larry V. Hedges é professor de Sociologia, Psicologia e Estudos de Políticas Públicas na Universidade de Chicago. Seus interesses de pesquisa abrangem o desenvolvimento de métodos estatísticos para ciências sociais (especialmente métodos para metanálise), modelos para processos cognitivos, demografia do êxito acadêmico e política educacional. Pode ser contatado pelo *e-mail* lhedges@uchicago.edu.

Louis A. Roussos é professor adjunto do Departamento de Psicologia Educacional na Universidade de Illinois, em Urbana-Champaign. Seus interesses de pesquisa abrangem testagem computadorizada, DIF, IRT multidimensional e diagnose de habilidades.

Michael Seltzer é professor adjunto na Escola de Pós-graduação em Estudos de Educação e Informação na UCLA. Sua pesquisa é focada no desenvolvimento e na aplicação de métodos estatísticos para modelagem multinível e análise longitudinal.

Oliver Vitouch é professor de Psicologia e chefe da Cognitive Psychology Unit (CPU) na Universidade de Klagenfurt, na Áustria. Tem publicações em diversas subáreas da psicologia cognitiva e das neurociências cognitivas e nutre uma longa paixão por questões metodológicas e epistemológicas.

Peter C. M. Molenaar é professor catedrático, chefe do Departamento de Metodologia Psicológica e ex-chefe do Grupo de Psicologia do Desenvolvimento Cognitivo na Universidade de Amsterdã. Ele tem experiência estatística nas áreas de análise fatorial dinâmica, dinâmica não linear aplicada, técnicas de filtragem adaptável, análise de espectro, análise de sinais psicofisiológicos, modelagem de rede neural artificial, modelagem de estrutura de covariância e modelagem genética do comportamento. Tem numerosas publicações nessas áreas mencionadas, ressaltando aplicações em desenvolvimento cognitivo, relações cérebro-comportamento, maturação cerebral e cognição, influências genéticas no EEG ao longo da vida e controle otimizado de processos psicoterapêuticos.

Peter Spirtes é cientista pesquisador do Instituto de Cognição Humana e de Máquina, professor de Filosofia na Universidade Carnegie Mellon e integra o conselho do Centro para Aprendizagem Automática e Descoberta dessa universidade. Recebeu um PhD em História e Filosofia da Ciência e um MS em Ciências da Computação pela Universidade de Pittsburgh em 1981 e 1983, respectivamente. Sua pesquisa é focada na dedução de relações causais a partir de dados não experimentais e é de índole interdisciplinar, envolvendo filosofia, estatística, teoria de grafos e ciência da

574 • Manual de metodologia quantitativa para as ciências sociais

computação. A pesquisa atual está focada em estender a aplicação dos resultados sobre inferência causal a um leque mais amplo de fenômenos e investigar até que ponto é possível tornar esses procedimentos de busca mais confiáveis em pequenas amostras.

Ratna Nandakumar é professora na Escola de Educação da Universidade de Delaware, onde leciona em cursos de estatística aplicada e medição educacional. Suas áreas de pesquisa são o desenvolvimento, o aperfeiçoamento e a aplicação de metodologias estatísticas para dados de testes educacionais e psicológicos. Tem trabalhado na área de dimensionalidade e de avaliações de DIF. Recebeu seu PhD pela Universidade de Illinois, em Urbana-Champaign, em 1987.

Richard E. Neapolitan é pesquisador na área de incerteza em inteligência artificial, especialmente redes bayesianas, desde meados da década de 1980. Em 1990, escreveu o texto seminal *Probabilistic Reasoning in Expert Systems*, que ajudou a unificar o campo de redes bayesianas. Consolidou esse campo com seu livro *Learning Bayesian Networks*, lançado em 2003. Além da autoria de livros, ele tem publicado numerosos artigos interdisciplinares nas áreas de ciências da computação, matemática, filosofia da ciência e psicologia. É professor e chefe de Ciências da Computação na Universidade do Nordeste de Illinois, enquanto atua também como acadêmico visitante na Universidade Monash, na Austrália.

Richard Scheines recebeu seu PhD em Filosofia da Ciência pela Universidade de Pittsburgh em 1987. É professor de Filosofia, de Aprendizagem automática e descoberta e de Interação homem-computador na Universidade Carnegie-Mellon. Além de pesquisas sobre descoberta causal, desenvolveu um curso *on-line* sobre causação e estatística: o Carnegie Mellon Curriculum on Causal and Statistical Reasoning (www.phil.cmu.edu/projects/csr).

Rick H. Hoyle é cientista pesquisador sênior do Institute of Public Policy and the Department of Psychology: Social and Health Sciences, na Duke University. É diretor adjunto para serviços de dados no Center for Child and Family Policy

e diretor do Data Core in the Trans-Disciplinary Prevention Research, financiado pelo Institute on Drug Abuse. Membro da Society for the Psychological Study of Social Issues e editor do *Journal of Social Issues*. É editor de *Structural Equation Modeling: Concepts, Issues, and Applications and Statistical Strategies for Small Sample Research* e autor (com Harris e Judd) de *Research Methods in Social Relations* (7. ed.).

Russell W. Rumberger é professor da Escola Gervitz de Pós-graduação em Educação na Universidade da Califórnia, em Santa Bárbara, e diretor do Linguistic Minority Research Institute da Universidade da Califórnia. Recebeu um PhD em Educação e um MA em Economia pela Universidade de Stanford em 1978, bem como um BS em engenharia elétrica pela Universidade Carnegie-Mellon em 1971. Sua pesquisa em educação e trabalho tem focado os benefícios econômicos da escolaridade e os requisitos educacionais do trabalho. Já a sua pesquisa sobre alunos em risco tem focado as causas, as consequências e as soluções do problema de abandono escolar; as causas e as consequências da mobilidade do aluno; a educação de estudantes de idioma inglês; e o impacto da segregação escolar no aproveitamento do aluno.

Scott Morris é professor adjunto de Psicologia do Instituto de Tecnologia de Illinois, onde leciona cursos em estatística multivariada e seleção de pessoal. Seus principais interesses de pesquisa são a tomada de decisão em contextos de emprego e metanálise. Recebeu seu PhD em Psicologia Industrial/Organizacional da Universidade de Akron em 1994.

Shizuhiko Nishisato recebeu seu PhD pela Universidade da Carolina do Norte, em Chapel Hill, sob a orientação de R. Darrell Bock. Dedicou toda a sua carreira ao desenvolvimento do escalonamento duplo. Tendo sido editor da *Psychometrika*, presidente da Psychometric Society e membro da American Statistical Association, é professor emérito da Universidade de Toronto, no Canadá.

Spyros Konstantopoulos é professor adjunto de Educação e Política Social na Universidade Northwestern. Seus interesses de pesquisa incluem a extensão e a aplicação de métodos estatísticos a questões de educação, ciências sociais e estudos sobre políticas. Seu trabalho metodológico envolve métodos estatísticos para síntese de pesquisa quantitativa (metanálise) e modelos de efeitos mistos com estrutura agrupada (modelos lineares hierárquicos). O trabalho concreto abrange pesquisa sobre efeitos de tamanho de classe, efeitos da tecnologia (uso de computador), efeitos do professor e da escola, avaliação de programas, desempenho de adultos jovens no mercado de trabalho e distribuição social do êxito acadêmico.

Stanley A. Mulaik é professor emérito de Psicologia no Instituto de Tecnologia da Geórgia, onde leciona cursos de estatística multivariada, análise fatorial, modelagem de equações estruturais, teoria psicométrica e teorias de personalidade. Seus interesses de pesquisa centram-se na filosofia da ciência, sobretudo com relação à filosofia da causalidade e da objetividade. Recebeu seu PhD em Psicologia Clínica da Universidade de Utah em 1963, trabalhou no Psychometric Laboratory da Universidade da Carolina do Norte em Chapel Hill entre 1966 e 1970 e é membro do corpo docente do Georgia Institute of Technology, em Atlanta, Geórgia, desde 1970. Aposentou-se parcialmente em 2000.

Stefan Krauss é cientista pesquisador do Max Planck Institute for Human Development, em Berlim. Seus objetivos de pesquisa abrangem raciocínio bayesiano, pensamento estatístico e psicologia educacional.

Terry Ackerman é professor no Departamento de Metodologia de Pesquisa Educacional da Universidade da Carolina do Norte, em Greensboro. Seus objetivos de pesquisa são a modelagem de IRT unidimensional e multidimensional, o funcionamento de item/teste diferencial e a testagem de avaliação diagnóstica. Pode ser contatado pelo *e-mail* taackerm@uncg.edu.

Thomas Richardson recebeu seu BA em Matemática e Filosofia pela Universidade de Oxford em 1992; um MSc em Lógica e Computação; e um PhD em Lógica, Computação e Metodologia da Ciência pela Universidade Carnegie Mellon, em 1995 e 1996, respectivamente. Membro do Center for Advanced Studies in the Behavioral Sciences

em Stanford, também foi Rosenbaum Fellow do Isaac Newton Institute, em Cambridge, no Reino Unido, em 1997. Codirigiu o *Workshop* 2001 sobre Inteligência Artificial e Estatística e foi editor associado do *Journal of the Royal Statistical Society Series B* (Metodológica) de 1999 a 2003. Seu trabalho de pesquisa está focado em algoritmos para descobrir estruturas causais a partir dos dados, particularmente em contextos nos quais pode haver variáveis ocultas. Em 1996, entrou para o Departamento de Estatística da Universidade de Washington, onde é professor adjunto.

Valen E. Johnson recebeu seu PhD em estatística pela Universidade de Chicago e foi professor na Universidade Duke até 2002, quando se tornou professor de Bioestatística na Universidade de Michigan. É membro da American Statistical Association, coautor de *Ordinal Data Modeling* (com James Albert) e autor de *Grade Inflation: A Crisis in College Education*. Seus interesses de pesquisa abrangem a modelagem de dados ordinais e hierárquicos, a análise bayesiana de imagens, a modelagem bayesiana de confiabilidade, os diagnósticos de convergência para algoritmos Monte Carlo de cadeia de Markov e o diagnóstico bayesiano de qualidade de ajuste e avaliação educacionais.

Willem J. Heiser, PhD, é professor de Psicologia, inclusive métodos estatísticos e teoria de dados, na Universidade de Leiden, na Holanda. Seu interesse de pesquisa abrange escalonamento e desdobramento multidimensionais, análise multivariada não linear e métodos de classificação. Pode ser contatado pelo *e-mail* heiser@fsw.leidenuniv.nl.

William Stout é profssor emérito do departamento de estatística as Universidade de Illinois, em Urbana-Champaign, e ex-diretor do Statistical Laboratory for Educational and Psychological Measurement da Universidade de Illinois. Recebeu seu PhD em Matemática pela Universidade Purdue e é membro do Institute of Mathematical Statistics e ex-presidente da Psychometric Society. Foi editor associado da *Psychometrika* e do *JEBS*. Seus interesses de pesquisa abrangem equidade de testes, multidimensionalidade latente e diagnose de habilidades de dados de testes padronizados.

Conecte-se conosco:

facebook.com/editoravozes

@editoravozes

@editora_vozes

youtube.com/editoravozes

+55 24 2233-9033

www.vozes.com.br

Conheça nossas lojas:
www.livrariavozes.com.br

Belo Horizonte – Brasília – Campinas – Cuiabá – Curitiba
Fortaleza – Juiz de Fora – Petrópolis – Recife – São Paulo

EDITORA VOZES LTDA.
Rua Frei Luís, 100 – Centro – Cep 25689-900 – Petrópolis, RJ
Tel.: (24) 2233-9000 – E-mail: vendas@vozes.com.br